FUEL CELL FUNDAMENTALS

Third Edition

RYAN O'HAYRE
Department of Metallurgical and Materials Engineering
Colorado School of Mines
[PhD, Materials Science and Engineering, Stanford University]

SUK-WON CHA
School of Mechanical and Aerospace Engineering
Seoul National University
[PhD, Mechanical Engineering, Stanford University]

WHITNEY G. COLELLA
The G.W.C. Whiting School of Engineering, and The Energy, Environment, Sustainability and Health Institute
The Johns Hopkins University
Gaia Energy Research Institute
[Doctorate, Engineering Science, The University of Oxford]

FRITZ B. PRINZ
R.H. Adams Professor of Engineering
Departments of Mechanical Engineering and Material Science and Engineering
Stanford University

WILEY

Fuel Cell *Fundamentals*

Third Edition

Ryan O'Hayre
Suk-Won Cha
Whitney Colella
Fritz B. Prinz

제3판

연료전지개론

| 차석원 옮김 |

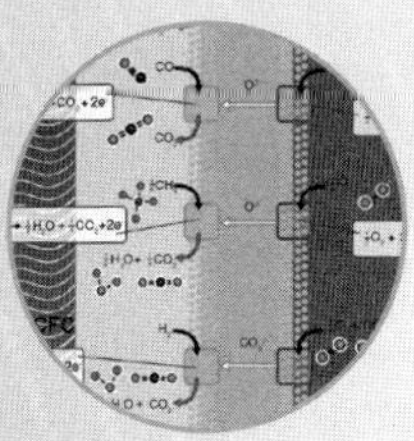  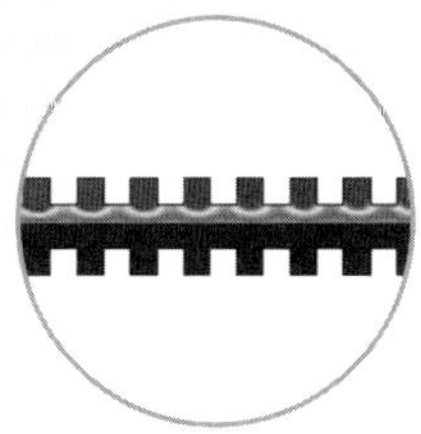

WILEY

TEXTBOOKS
텍스트북스

Fuel Cell Fundamentals 3/E
Ryan O'Hayre, Suk-won Cha, Whitney Colella, Fritz B. Prinz

ISBN 978-11-19113-80-5

옮긴이 소개

차석원 서울대학교 기계항공공학부 swcha@snu.ac.kr

연료전지개론 제3판

발행일 2024년 3월 30일 3판 1쇄 발행

지은이 Ryan O'Hayre, Suk-Won Cha, Whitney Colella, Fritz B. Prinz

옮긴이 차석원

발행인 임은정 **발행처** (주)텍스트북스

주소 서울시 영등포구 양평로 30길 14, 세종앤까뮤스퀘어 1109호

전화 02-702-5725 **팩스** 02-702-5727 **웹사이트** www.textbooks.co.kr

등록번호 제2022-000098호

ISBN 979-11-91679-26-7 93550 **정가** 37,000원

CONTENTS

PART II : 연료전지 기술

APPENDIX

저자 서문

배기구에서 순수한 물만이 나오는 연료전지 자동차를 운전하며 집으로 가고 있는 모습을 상상해본 적이 있는가. 한 번의 충전으로 30시간 동안 동작하는 노트북 컴퓨터를 상상할 수 있는가. 현재의 자동차나 발전소에서 배출하는 공해물질이 극히 일부분에 불과한 세계를 상상해 보라. 이러한 꿈들이 오늘의 연료전지 연구에 대한 동기이다. 일부 꿈(극히 낮은 배기가스만 배출하는 연료전지 자동차가 꽉 들어찬 도시 같은)은 아직 요원하지만, 다른 꿈(30시간 구동이 가능한 연료전지 노트북 컴퓨터)들은 당신이 생각하는 것보다 가까이 있을지 모른다.

꿈의 세계에서 현실 세계로 연료전지를 가져오기 위해, 이 책은 당신에게 기술적인 측면 뒤에 있는 과학을 가르친다. 이 책은 "어떻게"와 "왜"라는 질문에 초점을 맞춘다. 이 책 안에서 당신은 어떻게 연료전지가 작동하는지, 왜 그것이 높은 효율로 전위를 공급하는지, 어떻게 그 독보적인 장점을 가장 잘 이용할 수 있는지에 대한 직접적인 설명을 찾게 될 것이다.

여기에서의 주안점은 연료전지 작동을 지배하는 근본적인 과학적 원리이다. 이러한 원칙들은 연료전지 종류와 기술에 상관없이 따라야 하는 것이고, 보편적으로 적용이 가능하다.

이러한 철학에 따라 책의 첫 부분, '연료전지 원리'는 기본적인 연료전지의 역학들에 대해 집중적으로 다루고 있다. 이 책에 그려진 도표, 예시, 글상자, 그리고 과제 문제들 전부 연료전지에 대한 통일되고 직관적인 이해를 전달하기 위한 것이다. 물론, 그 어떤 연료전지에 대한 논의도 연료전지 기술의 실용적 측면에 대한 최소한의 기초적인 논의 없이는 이루어질 수 없다. 이러한 내용은 책의 후반부 '연료전지 기술'에 나타나 있다. 기술에 대한 이해를 위해 제공된 도표, 표, 그리고 예시들을 통해 주요 연료전지 기술을 쉽게 검토할 수 있다. 이 책의 중간부터는 주어진 적용 상황에서 어떻게 알맞은 연료전지를 고를 것인지, 어떻게 시스템을 완성하는지 배우게 될 것이다. 마지막으로 연료전지 기술의 잠재적인 환경적 영향을 평가하게 될 것이다.

책의 내용에 대한 논평이나 질문, 제안 혹은 오타, 그리고 이 책의 설명이 좀 더 발전될 수 있다는 의견과 논의를 위한 다른 중요한 개념에 대한 제안을 하고 싶거나, 또는 이 책 전부가 잘못 되었다는 생각이 있다면 fcf3@yahoogroups.com으로 이메일을 통해 연락을 주기 바란다. 이는 다음 개정판을 위해 신중히 고려될 것이다. 그리고 웹사이트 http://groups.yahoo.com/group/fcf3에는 이러한 논의나 책과 관련된 홍보자료, 그리고 추가적인 교육 자료 등이 게시된다. 이 책의 독자들에게 감사드린다.

역자 서문

이 책은 미국 Colorado School of Mines의 Ryan O'Hayre 교수, 미국 Johns Hopkins University의 Whitney Colella 교수, 미국 Stanford University 기계공학과 석좌교수로 재직중인 Fritz B. Prinz와 본인이 공동으로 집필한 『Fuel Cell Fundamentals』의 3판(2016년 Wiley & Sons Inc. 출판)을 번역한 것이다. 한티미디어를 통해 2007년도에 1판을 번역하여 출판한 이후에 최근 출간된 3판을 번역, 출판하게 되어 개인적으로 대단히 기쁘게 생각한다.

19세기부터 시작된 석유 문명의 축복은 인류에게 값싼 양질의 에너지를 공급하였고, 이에 힘입어 인류는 보다 나은 삶을 영위하게 되었다. 어떤 면에서 보면 한 국가에서 개인의 삶의 수준을 평가하는 좋은 척도는 개인의 에너지 소비량이다. 지금 이 순간에도 인류는 문명의 풍요로움을 누리기 위해 엄청난 양의 석유와 에너지를 소비하고 있고, 이러한 혜택과 편리함을 포기할 이유가 현재로서는 없어 보인다. 오히려 많은 국가들(가령 중국, 인도 등의 개발도상국)은 급속도로 에너지 소비량을 늘려 나가면서 문명의 발전을 가속화하고 있다. 인류문명 발전의 혁명을 가져오리라 예상되는 인공지능과 로봇 등의 미래 기술들도 인류의 두뇌와 노동력을 대체하기 위해서 그 이면에는 엄청난 양의 에너지 사용이 뒷받침되어야 한다.

불행하게도, 인류가 소모하고자 하는 에너지의 양은 향후 지속적으로 증가할 것이고, 석유를 비롯한 유한한 에너지원은 언젠가 바닥을 드러낼 것이다. 이는 단순한 에너지 가격의 상승에서 그치는 것이 아니라, 이러한 연료(특히 화석 연료)의 소비 과정에서 지구 온난화와 환경 파괴 등 대가를 치뤄야 하고, 에너지 소비가 증가되지 못하는 시점이 온다면, 이는 직접적인 문명의 퇴보를 가져올 수 있다.

많은 학자들에 의해 예측된 화석연료의 정확한 고갈 시점에 대해서는 여러 가지 의견이 서로 대립하고 있으나, 화석연료가 머지않은 장래에 고갈될 것이라는 데는 모든 의견이 일치하고 있다. 한 가지 중요한 점은 이러한 화석연료의 고갈에 대비해 인류문명을 지속하려면 적극적인 대비책을 마련해야 한다는 것인데, 이에 대해 우리는 두 가지 중요한 질문을 던질 수 있다. 이러한 대비책을 준비하는 데 얼마나 오랜 시간이 걸릴 것이며, 얼마나 많은 노력(가령 자본과 인력)이 필요한가 하는 것이다. 이는 답하기가 너무나 어려운 질문이지만 이 책에서 설명하고자 하는 연료전지의 예를 들어 생각해 보자.

연료전지는 1839년 영국의 William Grove 경이 발명한 것으로 알려져 있다. 수소와 산소의 화학에너지를 직접 전기에너지로 변환하여, 고효율 발전이 가능하고, 물만이 생산되어 환경친화적이기 때문에 현재 널리 사용되는 열기관에 비해 훨씬 더 이상적인 기관에 가깝다. 그러나 가격적 요인과 기술적 제약으로 인하여 매우 오랜 연구/개발의 역사에도 불구하고 제한적인 상용화에만 성공하였다. 더 나중에 개발된 Otto의 4행정 내연기관(1854년)이 오늘날 자동차의 표준동력으로 자리잡은 것을 고려하면, 연료전지에 연관된 기술적 어려움을 어느 정도 이해할 수 있으리라 본다. 한 가지 짚고 넘어 갈 것은 우리가 오늘날 편리하게 사용하는 모든 동력기관들이 수많은 연구자들에 의해 아주 오랜 기간 동안 (경우에 따라서는 100년 이상) 발전되고 개선되어 왔다는 것이다. 이러한 역사적 배경을, 앞서 언급한 두 질문에 대한 답변이 왜 어려운가를 이해할 수 있으리라 본다.

이 책은 연료전지를 이해하기 위한 기본적인 이론을 설명하고자 쓰여졌다. 연료전지의 기본원리는 전기화학에 그 근원을 바탕에 두고 있지만, 연료전지의 구현을 위해서는 물리와 화학 등의 기초 학문을 비롯하여 화학공학, 기계공학, 재료공학 등 여러 응용 학문에 대한 지식과 이해를 필요로 한다. 따라서 대부분의 사람들에게 연료전지는 이해하기 어렵고, 접근하기 어려운 연구분야로 인식되기 쉽다. 이 책은 이러한 어려움을 극복하고자 대학 수준의 물리, 화학, 수학 그리고 역학에 대한 기본적인 지식이 있으면, 누구나 쉽게 이해 할 수 있도록 연료전지의 이해에 필요한 기초 이론들을 여러 분야에서 발췌하고 체계적으로 정리하였으며, 그 응용에 대하여 설명한다. 따라서 연료전지에 관심이 있는 대학생, 연구원, 엔지니어가 연료전지의 전기화학적 현상을 이해하고 문제를 해결하거나, 독자적으로 관련분야의 연구를 수행하여 나갈 수 있는 능력을 배양하기 위한 출발점이 되었으면 하는 바램이다.

향후 인류가 현재의 화석연료로부터 탈피하여 지속 가능한 에너지 경제를 구현하기 위해서는 신재생에너지를 중심으로 한 대체에너지를 이용하는 수소경제가 가장 이상적인 형태로 생각되어 왔다. 그리고 연료전지는 앞서 언급한 장점(고효율, 환경친화적)을 바탕으로 수소경제에 가장 적합한 발전기관으로 그 중심에 자리하고 있다. 비록 이러한 이상적인 에너지 경제를 구현하는 작업이 많은 경제적, 인적, 시간적 지원을 필요로 하고, 먼 훗날의 일처럼 느껴질지 모르지만 에너지가 우리의 삶과 사회에 미치는 방대하고 막대한 영향을 고려할 때, 언제 닥칠지 모르는 화석연료의 고갈로 인한 에너지 위기를 장기적인 관점에서 체계적이고 지속적으로 대비하여야 한다. 이는 인류의 생존을 위해서 선택사항이 아닌 필수적인 문제이고, 역사적인 화석연료 가격 변동과 공급/수요 추이를 볼 때, 위기는 우리가 예측하지 못하는 시점에서 언제든 다가올 수 있다. 따라서 이 책의 내용이 향후 미래 사회의 에너지 문제 해결을 위한 실마리를 독자에게 전할 수 있기를 바란다.

끝으로 이 책의 출판에 도움을 준 원저의 저자인 Ryan O'Hayre, Whitney Colella, 그리고 Fritz B. Prinz에게 감사의 말을 전하고 싶다. 그리고 과거와 현재에 서울대학교 기계항공공학부 재생에너지변환실험실에서 이 책의 번역에 큰 도움을 준 이대홍, 지영석, 최훈, 고정식, 장익황, 나세윤, 박준호, 지상훈, 변상민, 오창은, 박태현, 유원종, 이희윤, 강창범, 구본현, 김기영, 이예근, 김유성, 성동환, 송창희, 이상훈, 류상봉 연구원과 다른 연구원들에게도 그동안의 노고에 감사의 마음을 전한다. 출판에 도움을 주신 서울대학교 기계항공공학부 여러 교수님들께도 감사드리고, 마지막으로 원고를 작업하는 동안 물심양면으로 지원해 준 사랑하는 가족 남언정, 차승환, 차승주에게 감사의 말을 전하고 싶다.

2024년 2월 25일
관악산에서 차석원 적음

NOMENCLATUR

Symbol	Meaning	Common Units
A	Area	cm^2
A_c	Catalyst area coefficient	Dimensionless
a	Activity	Dimensionless
ASR	Area specific resistance	$\Omega \cdot cm^2$
C	Capacitance	F
C_{dl}	Double-layer capacitance	F
c^*	Concentration at reaction surface	mol/cm^2
c	Concentration	mol/m^3
c	Constant describing how mass transport affects concentration losses	V
c_p	Heat capacity	$J/mol \cdot K$
D	Diffusivity	cm^2/s
E	Electric field	V/cm
E	Thermodynamic ideal voltage	V
E_{thermo}	Thermodynamic ideal voltage	V
E_T	Temperature-dependent thermodynamic voltage at reference concentration	V
F	Helmholtz free energy	J, J/mol
F	Faraday constant	96,485 C/mol
F_k	Generalized force	N
f	Reaction rate constant	Hz, s^{-1}
f	Friction factor	Dimensionless

Symbol	Meaning	Common Units
G, g	Gibbs free energy	J, J/mol
g	Acceleration due to gravity	m/s^2
$\Delta G^{\ddagger}$	Activation energy barrier	J/mol, J
ΔG_{act}	Activation energy barrier	J/mol, J
H	Heat	J
H, h	Enthalpy	J, J/mol
H_C	Gas channel thickness	cm
H_E	Diffusion layer thickness	cm
h	Planck's constant	6.63×10^{-34} J · s
$\hbar$	Reduced Planck constant, $h/2\pi$	1.05×10^{-34} J · s
h_m	Mass transfer convection coefficient	m/s
i	Current	A
J	Molar flux, molar reaction rate	$mol/cm^2 \cdot s$
$\hat{J}$	Mass flux	$g/cm^2 \cdot s$, $kg/m^2 \cdot s$
J_C	Convective mass flux	$kg/m^2 \cdot s$
j	Current density	A/cm^2
j_0	Exchange current density	A/cm^2
j_0^0	Exchange current density at reference concentration	A/cm^2
j_L	Limiting current density	A/cm^2
j_{leak}	Fuel leakage current	A/cm^2
k	Boltzmann's constant	1.38×10^{-23} J/K
L	Length	m
M	Molar mass	g/mol, kg/mol
M	Mass flow rate	kg/s
M_{ik}	Generalized coupling coefficient between force and flux	Varies
m	Mass	kg
mc_p	Heat capacity flow rate	kW/kg · °C
N	Number of moles	Dimensionless
N_A	Avogadro's number	6.02×10^{23} mol^{-1}
n	Number of electrons transferred in the reaction	Dimensionless
n_g	Number of moles of gas	Dimensionless
P	Power or power density	W or W/cm^2
P	Pressure	bar, atm, Pa
Q	Heat	J, J/mol
Q	Charge	C
Q_h	Adsorption charge	C/cm^2
Q_m	Adsorption charge for smooth catalyst surface	C/cm^2
q	Fundamental charge	1.60×10^{-19} C
R	Ideal gas constant	8.314 J/mol · K
R	Resistance	Ω
R_f	Faradaic resistance	Ω

Meaning	Common Units
Reynolds number	Dimensionless
Entropy	J/K, $J/mol \cdot K$
Steam-to-carbon ratio	Dimensionless
Sherwood number	Dimensionless
Temperature	K, °C
Thickness	cm
Internal energy	J, J/mol
Mobility	$cm^2/V \cdot s$
Mean flow velocity	cm/s, m/s
Voltage	V
Volume	L, cm^3
Reaction rate per unit area	$mol/cm^2 \cdot s$
Velocity	cm/s
Hopping rate	s^{-1}, Hz
Molar flow rate	mol/s, mol/min
Work	J, J/mol
Parasitic power load	W
Mole fraction	Dimensionless
Vacancy fraction	mol vacancies/mol sites
Yield of element *X*	Dimensionless
Impedance	Ω
Height	cm

Meaning	Common Units
Charge transfer coefficient	Dimensionless
Coefficient for CO_2 equivalent	Dimensionless
Channel aspect ratio	Dimensionless
Coefficient for CO_2 equivalent	Dimensionless
Activity coefficient	Dimensionless
Denotes change in quantity	Dimensionless
Diffusion layer thickness	m, cm
Efficiency	Dimensionless
Efficiency of fuel processor	Dimensionless
Efficiency of fuel reformer	Dimensionless
Efficiency of heat recovery	Dimensionless
Efficiency overall	Dimensionless
Efficiency, electrical	Dimensionless
Porosity	Dimensionless
Strain rate	s^{-1}

Symbol	Meaning	Common Units
η	Overvoltage	V
η_{act}	Activation overvoltage	V
η_{conc}	Concentration overvoltage	V
η_{ohmic}	Ohmic overvoltage	V
λ	Stoichiometric coefficient	Dimensionless
λ	Water content	Dimensionless
μ	Viscosity	kg · m/s
μ	Chemical potential	J, J/mol
$\tilde{\mu}$	Electrochemical potential	J, J/mol
ρ	Resistivity	Ω cm
ρ	Density	kg/cm^3, kg/m^3
σ	Conductivity	S/cm, $(\Omega \cdot cm)^{-1}$
σ	Warburg coefficient	$\Omega/s^{0.5}$
τ	Mean free time	s
τ	Shear stress	Pa
φ	Electrical potential	V
φ	Phase factor	Dimensionless
ω	Angular frequency ($\omega = 2\pi f$)	rad/s

Superscripts

Symbol	Meaning
0	Denotes standard or reference state
eff	Effective property

Subscripts

Symbol	Meaning
diff	Diffusion
E, e, elec	Electrical (e.g., P_e, W_{elec})
f	Quantity of formation (e.g., ΔH_f)
(HHV)	Higher heating value
(LHV)	Lower heating value
i	Species i
P	Product
P	Parasitic
R	Reactant
rxn	Change in a reaction (e.g., ΔH_{rxn})
SK	Stack
SYS	System

연료전지 원리

PART I

CHAPTER 1

서론

지금부터 여러분은 연료전지와 전기화학의 세계로 여행을 시작할 것이다. 이 장은 이후의 장들의 내용을 소개하며 포괄적인 용어로 연료전지에 대한 다음의 주제들을 소개할 것이다. 연료전지란 무엇인가? 어떻게 작동하는가? 그리고 연료전지의 장점과 단점은 무엇인가? 각 장에서 이러한 주제들을 바탕으로 연료전지의 기본 원리에 대해 설명하고, 관련된 내용에 대해 소개할 것이다.

1.1 연료전지란 무엇인가?

연료전지는 연료를 공급하여 전기를 발생시키는 하나의 '공장'이라 생각할 수 있다(그림 1.1). 연료전지는 공장과 같이 원재료(연료)가 공급되는 한 계속적으로 생산물(전기)을 만

그림 1-1. 수소-산소(H_2-O_2) 연료전지의 일반적인 개념

들어 낸다. 이것이 연료전지와 배터리의 가장 큰 차이점이다. 연료전지와 배터리 모두 전기화학 반응에 의해 동작하지만, 연료전지는 전기를 생산할 때 자체의 에너지를 소모하지는 않는다. 연료에 저장된 화학적인 에너지를 전기적인 에너지로 변환하는 실제 공장과 같은 것이다.

이러한 관점에서 내연기관 역시 '화학적 공장'이라 할 수 있다. 내연기관도 연료에 저장된 화학적 에너지를 유용한 기계적 에너지 또는 전기적 에너지로 변환하는 역할을 한다. 그러면 내연기관과 연료전지의 차이점은 무엇인가?

내연기관 내에서 연료는 연소되며 열을 방출한다. 다음의 가장 간단한 예를 고려해 보면, 수소의 연소는 다음과 같다.

$$H_2 + \frac{1}{2}O_2 \rightleftharpoons H_2O \qquad \text{식 (1.1)}$$

분자단위에서는 수소분자와 산소분자 사이의 충돌이 반응을 일으키며, 수소분자들이 산화되어 물과 열을 방출한다. 특히 원자 단위에서는 1조 분의 1초(picoseconds) 단위로 수소-수소 결합과 산소-산소 결합이 분리되면서 수소-산소 결합이 생성된다. 이러한 화학결합들은 분자 간 전자들의 이동에 의해서 분리되고 생성된다. 생성된 물의 결합에너지는

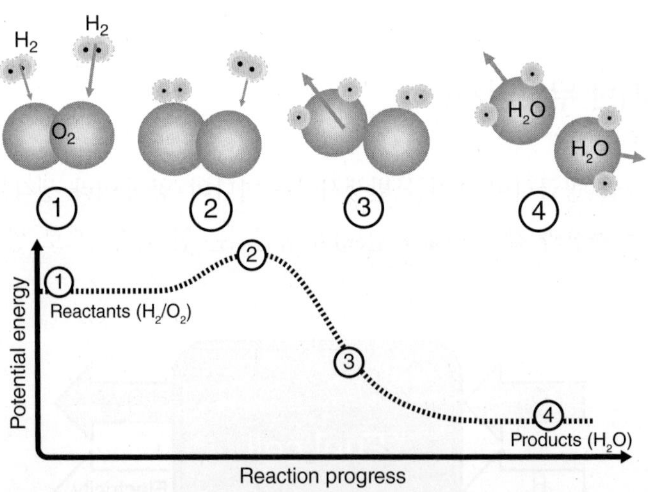

그림 1-2. H_2–O_2 연소반응의 개략도(화살표는 반응에 참여하는 분자들의 상대운동을 나타낸다). 반응물 H_2–O_2 기체들은 (1)에서 시작하여, 수소-수소와 산소-산소 화학결합이 분리되어야 한다. 수소-산소 화학결합이 생성되기 전에 (2)에서 에너지 흡수가 필요하며, (3), (4)에서 에너지를 방출한다.

초기 상태의 수소기체와 산소기체의 결합에너지보다 작다. 이 에너지 차이가 열로 방출된다. 초기 상태와 최종 상태의 에너지 차이는 한 결합 상태에서 또 다른 결합 상태로 변환되는 순간 전자들의 재배열에 의하여 생성되지만, 이러한 에너지는 화학결합의 재배치가 소립자 상태에서 1조 분의 1초 단위로 일어나기 때문에 오직 열로써만 얻어진다(그림 1.2). 전기를 생산하기 위해서 이러한 열에너지는 기계적 에너지로 변환되어야 하며, 그후 기계

화학 결합과 에너지

원자는 사회적으로 존재한다. 즉, 그들은 거의 항상 다른 원자들과 같이 존재한다. 원자들이 서로 모이면 화학적 결합을 형성하며 전체 에너지는 작아진다. 그림 1.3은 수소-수소 결합에 대한 전형적인 에너지 준위 곡선이다. 수소 원자들이 서로 멀리 떨어져 있으면(1), 화학결합은 생성되지 않고 그 시스템의 에너지 준위는 높은 상태를 유지한다. 수소원자들이 서로 접근하면 가장 안정한 화학결합 상태에 다다를 때까지(2) 시스템의 에너지는 낮아진다. 원자들 사이의 거리가 더 좁아지면 원자핵 사이의 반발력이 지배적인 영향을 미치므로 에너지 관점에서는 보다 불안정한 상태가 된다(3).

- 화학결합이 생성될 때 에너지는 방출된다.
- 화학결합이 분리될 때 에너지는 흡수된다.

에너지의 방출이 일어나는 반응에서, 생성물들의 화학 결합 형성에 의해 방출된 에너지는 반응물들의 화학결합을 깨기 위해 흡수되는 에너지보다 더 많아야 한다.

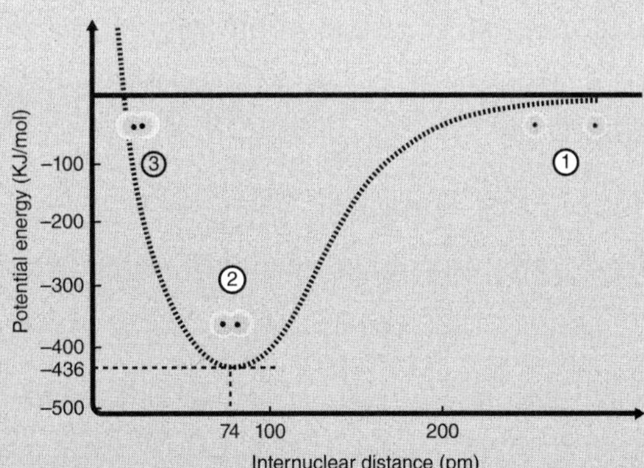

그림 1-3. 수소-수소결합의 원자핵간 거리에 따른 결합에너지. (1) 화학결합이 존재하지 않는 상태, (2) 가장 안정된 화학 결합 형성, (3) 원자간 과도하게 근접한 경우 원자핵간 반발에 의해 불안정한 상태

적 에너지는 다시 전기적 에너지로 변환되어야 한다. 이 모든 단계를 거치는 것은 본질적으로 복잡하며 비효율적이다.

하나의 대안은 높은 에너지 상태에 있는 반응물의 화학결합들이 낮은 에너지 상태의 화학결합으로 변환될 때 발생하는 전자들을 이용하여 전기화학반응으로부터 직접적으로 전기를 생산하는 것이다. 실제로 이것이 바로 연료전지의 역할이다. 그런데 한 가지 의문이 있다면, 우리가 어떻게 소립자 상태에서 1조 분의 1초 단위로 재배치되는 전자들을 이용할 수 있을까? 그 답은 수소와 산소 반응물을 공간적으로 분리하여 화학결합의 재배치가 이루어질 때 필요한 전자의 이동이 매우 길게 확장된 경로를 통해 이루어지도록 하는 것이다. 그러면 전자가 연료 물질인 수소에서 산화 물질인 산소로 이동하면서 전류가 흐르게 된다.

1.2 연료전지의 기본 원리

연료전지 내에서 수소의 **연소** 반응은 2개의 **전기화학적** 반쪽반응으로 나눌 수 있다.

$$H_2 \rightleftharpoons 2H^+ + 2e^- \qquad \text{식 (1.2)}$$

$$\tfrac{1}{2}O_2 + 2H^+ + 2e^- \rightleftharpoons H_2O \qquad \text{식 (1.3)}$$

위 반응들은 공간적으로 분리되어 연료인 수소분자로부터 이동된 전자들은 외부 회로를 통해 흐르게 되고(전류 생성) 전자들의 반응이 끝날 때까지 유용한 일을 한다.

공간적 분리는 전해질을 사용함으로써 가능하다. 전해질은 이온(전하를 가진 원자)들은 이동할 수 있지만 전자들은 이동할 수 없는 물질이다. 연료전지는 2개의 전극(electrode)을 포함해야 하며, 각 전극은 전해질에 의해 분리되어 있어 각각 전기화학적으로 반쪽반응이 일어난다.

그림 1.4는 가장 간단한 H_2–O_2 연료전지의 예이다. 이 연료전지는 황산 용액(수용성의 산성 전해질)에 잠겨 있는 2개의 백금 전극으로 구성되어 있다. 왼쪽 전극을 지나는 수소 기체는 식 (1.2)에 따라 양성자(proton, H^+)와 전자(electron)로 분리된다. 양성자는 전해질을 통해 이동할 수 있지만(황산 용액은 H^+의 '바다'와 같다) 전자들은 이동하지 못한다. 대신 전자들은 두 백금 전극을 연결한 전선을 통해 왼쪽에서 오른쪽으로 흐르게 된다. 다만 일반적인 정의에 따라 전류는 전자의 흐름과 반대 방향으로 흐르도록 정의되어 있다는 점을 주의하도록 한다. 전자가 오른쪽 전극에 도달하면 양성자와 산소 기체들과 재결합하여

식 (1.3)과 같이 물을 생성하게 된다. 만약 전구와 같은 부하가 전자의 이동경로에 연결되어 있다면 흐르는 전자들은 부하에 전기를 공급하여, 전구를 켤 수 있다. 즉, 연료전지가 전기를 생산해 내는 것이다. 1839년 William Grove가 고안한 첫 번째 연료전지는 이와 같이 단순한 형태의 것이었다.

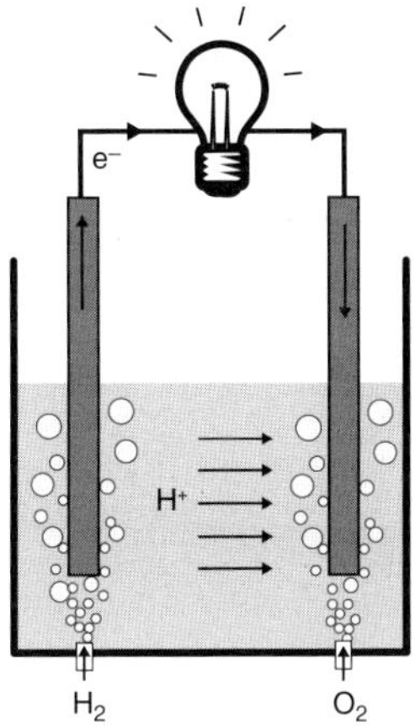

그림 1-4. 간단한 연료전지의 예

에너지, 전력, 에너지 밀도, 전력밀도

연료전지가 내연기관 또는 배터리와 어떻게 비교되는지를 이해하기 위해서는 몇 가지 정량적 단위, 즉 **성능 계수**(*figures of merit*)가 필요하다. 에너지 변환 장치를 비교하기 위해서 사용되는 가장 일반적인 성능 계수는 **전력밀도**(*power density*)와 **에너지 밀도**(*energy density*)이다. 전력밀도와 에너지 밀도를 이해하기 위해서는 먼저 에너지와 전력의 차이를 이해해야 한다.

- **에너지**(*energy*)는 일을 할 수 있는 능력으로 정의된다. 에너지는 일반적으로 joule(J) 또는 calorie(cal)로 측정된다.
- **전력**(*power*)은 에너지가 소산하거나 발생하는 변화율로 정의된다. 다시 말해 전력은 에너지 사용 또는 발생의 **강도**(*intensity*)를 말한다. 전력은 변화율이다. 일반적인 단위는 watt(W)를 사용하며 1초당 사용되거나 생산된 에너지의 총량을 지칭한다(1 W=1 J/sec).

이상의 정의로부터 에너지는 전력과 시간의 곱이라는 것을 알 수 있다.

$$에너지= 전력 \times 시간 \qquad 식\ (1.4)$$

국제 규약(SI)에 의해 에너지의 단위로서 joule을 사용하지만, 에너지는 watt-hour(Wh) 또는 kilowatt-hour(kWh)로 표현될 수도 있다. 이러한 단위는 식 (1.4)에서와 같이 전력의 단위(W)가 시간의 단위(hour)와 곱해졌을 때 나타난다. 간단한 계산을 통해 watt-hour를 joule로, 또는 그 역으로 환산이 가능하다.

$$1\ \text{Wh} \times 3600\ \text{s/h} \times 1\ (\text{J/s})/\text{W} = 3600\ \text{J} \qquad \text{식 (1.5)}$$

여러 에너지와 전력 단위의 환산표는 부록 A에 나와있다. 휴대용 연료전지와 다른 이동 가능한 에너지 변환 장치들에서는 전력과 에너지보다는 전력밀도와 에너지 밀도가 더 중요한 특성이 된다. 이는 한 시스템이 특정한 양의 전력 또는 에너지를 출력하려면 **크기가 얼마나 커야 하는지**를 알 수 있기 때문이다. 전력밀도는 시스템의 단위 질량 또는 단위 체적당 생산될 수 있는 총 전력의 양을 말한다. 에너지 밀도는 시스템의 단위 질량 또는 단위 체적당 이용할 수 있는 전체 에너지의 양을 의미한다.

- **체적 전력밀도**(*volumetric power density*)는 어떤 장치가 단위 체적당 공급할 수 있는 전력의 총량을 의미한다(W/cm^3 or kW/m^3).
- **중량 전력밀도 또는 비동력**(*gravimetric power density or specific power*)은 어떤 장치가 단위 질량당 공급할 수 있는 전력의 총량을 의미한다(W/g or kW/kg).
- **체적 에너지 밀도**(*volumetric energy density*)는 어떤 장치가 단위 체적당 이용할 수 있는 에너지의 총량을 의미한다(Wh/cm^3 or kWh/m^3).
- **중량 에너지 밀도 또는 비에너지**(*gravimetric energy density or specific energy*)는 어떤 장치가 단위 질량당 이용할 수 있는 에너지의 총량을 의미한다(Wh/g or kWh/kg).

1.3 연료전지의 장점

연료전지는 연료가 공급되는 한 계속 전기를 생산하는 '공장'이기 때문에 연소기관과 몇 가지 비슷한 특성을 가지고 있다. 또한 연료전지는 기본적인 원리를 전기화학 반응에 의존하는 전기화학적인 에너지 변환 장치이기 때문에 1차 전지와도 몇 가지 비슷한 특성을 가지고 있다. 사실상 연료전지는 연소기관과 전지의 여러 장점들을 결합한 것이다.

연료전지는 화학적 에너지로부터 직접 전기를 발생시키기 때문에 연소기관보다 더 효율적이고, 모두 고체상태이며, 움직이는 구성품이 없어 기계적으로 이상적인 시스템이 될 수

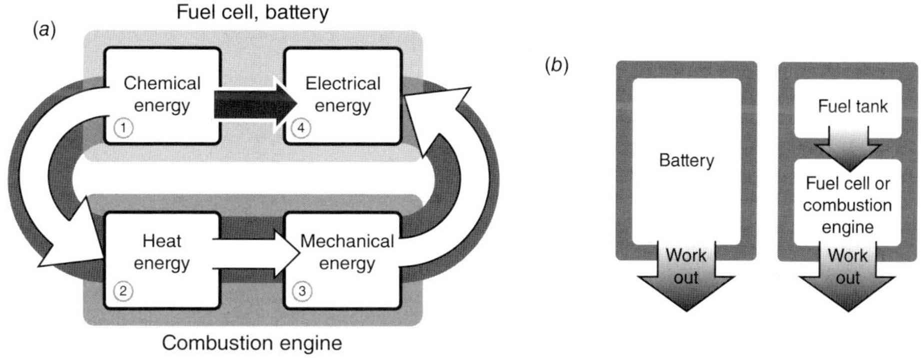

그림 1-5. 연료전지, 배터리, 연소기관의 도식적 비교. (a) 연료전지와 배터리는 화학적 에너지로부터 직접 전기를 생산해낸다. 반면에, 연소기관은 화학적 에너지를 열로, 열을 기계적 에너지로, 기계적 에너지를 전기로 변환한다(기계적 에너지를 바로 사용하기도 한다). (b) 배터리에서 전력과 용량은 보통 밀접한 관계를 가진다(배터리는 에너지 저장장치이자 에너지 변환장치이다). 반면, 연료전지와 연소기관은 전력(연료전지나 연소기관의 크기에 의해 결정)과 용량(연료탱크의 크기에 의해 결정)을 구분하여 결정할 수 있다.

있다. 따라서 보다 높은 신뢰성과 지속성, 정숙성을 가진 시스템이 될 수 있다. 또한 대기 오염의 주범인 NO_x, SO_x, 그리고 분진 등의 배출물이 사실상 없다.

일반 배터리와는 달리 연료전지는 보다 쉽게 (연료전지의 크기에 의해 결정되는) 전력과 (연료저장용기의 크기에 의해 결정되는) 용량의 독립적인 선택이 가능하다. 일반 전지는 전력과 용량이 서로 종속적인 관계를 가지기 때문에 체적을 키워도 출력 전력의 변화 폭에 제한을 받지만, 연료전지는 1W 급(휴대폰)에서 MW 급(발전소)까지 다양하게 구성할 수 있다. 또한 일반전지에 비해 높은 에너지 밀도를 제공하며 연료의 재공급으로 빠른 재충전이 가능하나 배터리는 한 번 사용 후 버려야 하거나 오랜 시간 동안 재충전을 해야 한다. 그림 1.5는 연료전지, 배터리, 연소기관의 유사점과 차이점을 도식적으로 나타낸 것이다.

연료전지, 태양전지, 그리고 배터리

연료전지, 태양전지, 배터리는 화학적 에너지(연료전지, 배터리의 경우)나 태양에너지(태양전지의 경우)를 직류로 변환하여 전기를 만들어낸다. 그림 1.6에서 물이 담긴 물통을 이용하여 이 세 가지 장치의 중요한 특징을 비교하였다. 세 장치 모두 출력전력은 작동전압(물통에서 물의 높이)과 전력밀도(물통 아래쪽의 수도에서 나오는 물의 양)에 의해 결정된다.

연료전지와 태양전지는 열역학적 정상상태(steady state)에서 작동하므로 '열린' 열역학적 시스템으로 간주한다. 즉, 연료전지(또는 태양전지)의 작동전압은 외부에서 연료(또는 광자)를 지속적으로 공급받는 동안은 시간이 지나도 일정하게 유지된다. 그림 1.6에서 연료전지와 태양전지 통 속의 물은 아래쪽 수도에서 나가는 양만큼 위에서 지속적으로 보충된다. 결과적으로 일정한 수위(일정한 작동전압)가 유지된다.

반면에, 대부분의 배터리는 고갈될 수 있는 한정적인 내부의 화학적 에너지(반응물)를 이용하는 닫힌 열역학적 시스템이다. 시간에 따라 반응물의 양이 감소하면 배터리의 전압도 점점 줄어든다. 그림 1.6에서 배터리 통의 물은 보충되지 않아 시간이 지남에 따라 배터리가 방전되면서 수위도 줄어드는 것(작동전압의 감소)을 확인할 수 있다. 중요한 것은 방전 중에 배터리의 전압이 선형적으로 감소하지 않는다는 점이다. 대부분의 방전과정에서는 전압이 거의 일정하게 유지되다가 급격하게 감소하는 비선형적 특성을 보인다. 이러한 현상은 배터리 '물통'의 모양이 이상한 형태를 가지고 있다면 설명될 수 있다.

연료전지, 태양전지, 배터리의 열역학적 작동 방식의 차이점에 덧붙여, 그림 1.6은 연료전지가 태양전지와 배터리에 비해 통상적으로 훨씬 큰 전류밀도 범위에서 작동함을 보여준다. 이러한 특성으로 인해 연료전지에서는 옴(Ohm, 또는 '*IR*') 손실을 줄이기 위한 낮은 저항의 물질을 사용하는 것이 매우 중요하다. 4장에서 옴 손실의 최소화에 대해 배울 것이다.

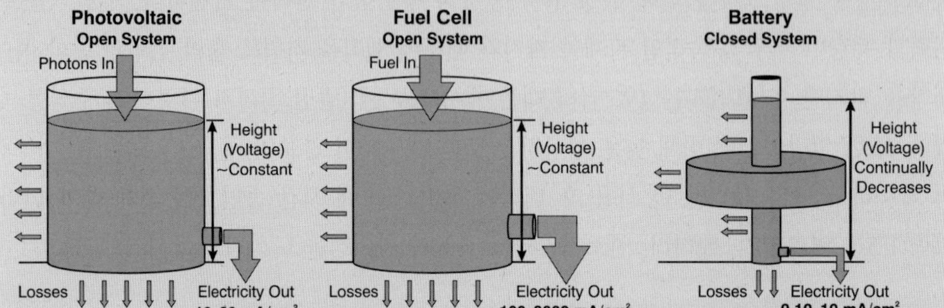

그림 1-6. 연료전지, 태양전지, 그리고 배터리. 이 모식도는 전기를 생산하는 일반적인 에너지 변환 기술들의 유사점과 차이점을 다른 시각으로 보는 방법을 나타낸다.

1.4 연료전지의 단점

연료전지는 뛰어난 장점들이 있는 반면, 여러 심각한 단점 역시 가지고 있다. 연료전지 실용화의 가장 큰 장벽은 가격이다. 연료전지의 엄청난 가격 때문에 현재의 연료전지 기술은 우주왕복선 내부의 장비같이 고도로 전문화된 분야에서만 가격적인 경쟁력을 확보할 수 있다. 그리고 또 다른 중요한 한계는 전력밀도다. 전력밀도는 연료전지가 단위 체적당 또는 단위 질량당 얼마나 많은 전력을 출력할 수 있는지를 나타낸다. 비록 지난 수십 년간 연료전지의 전력밀도가 상당히 증가되었지만 휴대용 전원 또는 자동차의 동력원으로 경쟁력을 가지기 위해서는 전력밀도가 더 향상되어야 한다. 일반적으로 차량용 연소기관과 전지의 단위 체적당 전력밀도는 연료전지보다 우수하나 중량당 전력밀도에서 차이는 보다 줄어든다(그림 1.7).

연료의 가용성과 저장 방법은 더 큰 문제이다. 연료전지의 연료는 수소기체가 가장 좋으나 이 수소기체는 사용하기가 어렵고, 체적당 에너지 밀도가 낮으며 저장이 어렵다(그림 1.8). 가솔린, 메탄올, 개미산(formic acid)과 같은 대체 연료들은 직접적으로 사용하기 어려우며, 보통의 경우 수소를 분리해 내기 위해 개질(reforming) 과정을 거쳐야 한다. 이러한 문제들은 연료전지의 성능과 효율을 감소시키며, 부수적인 장치들을 필요로 한다. 그러므로 가솔린이 에너지 밀도 측면에서 보다 매력적인 연료로 보이지만 연료전지에 사용하기에는 적절하지 않다.

또 다른 연료전지의 문제점은 작동 온도의 호환성 문제와 외기에 의한 피독성에 대한 민감도, 그리고 '시동-정지' 사이클에서의 내구성 문제가 있다. 이러한 단점들을 극복하기는 쉽지 않지만, 이 어려운 난관들을 극복할 수 있는 기술적 방안이 개발되어야 연료전지의 실용화가 가능할 것이다.

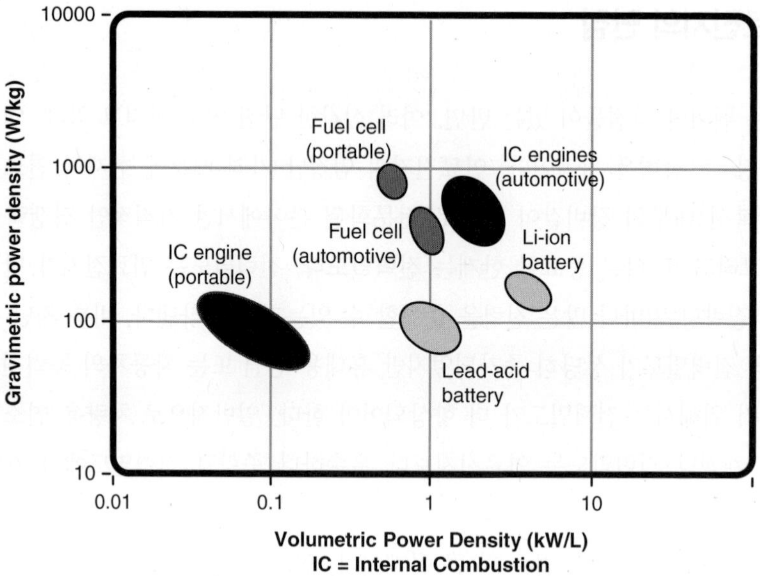

그림 1-7. 전력밀도 비교

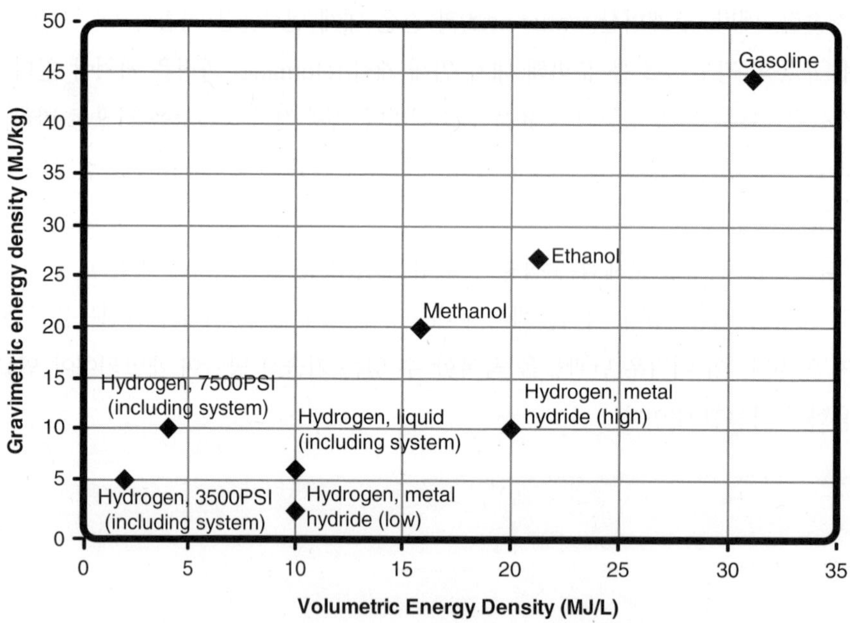

그림 1-8. 연료들의 에너지 밀도 비교(저위 발열량, Lower Heating Value-LHV)

1.5 연료전지의 종류

연료전지는 전해질의 종류에 따라 크게 다섯 가지로 분류된다.

1. 인산형 연료전지(phosphoric acid fuel cell – PAFC)
2. 고분자 전해질 연료전지(polymer electrolyte membrane fuel cell – PEMFC)
3. 알칼라인 연료전지(alkaline fuel cell – AFC)
4. 용융탄산염 연료전지(molten carbonate fuel cell – MCFC)
5. 고체 산화물 연료전지(solid–oxide fuel cell – SOFC)

표 1.1 주요 연료전지 종류

	PEMFC	PAFC	AFC	MCFC	SOFC
Electrolyte	Polymer membrane	Liquid H_3PO_4 (immobilized)	Liquid KOH (immobilized)	Molten carbonate	Ceramic
Charge carrier	H^+	H^+	OH^-	CO_3^{2-}	O^{2-}
Operating temperature	80℃	200℃	60–220℃	650℃	600–1000℃
Catalyst	Platinum	Platinum	Platinum	Nickel	Perovskites (ceramic)
Cell components	Carbon based	Carbon based	Carbon based	Stainless based	Ceramic based
Fuel compatibility	H_2, methanol	H_2	H_2	H_2, CH_4	H_2, CH_4, CO

위 다섯 종류의 연료전지는 모두 전기화학적 원리를 기반으로 하지만, 서로 다른 온도 영역에서 작동하며, 각 종류마다 사용하는 재료가 다르다. 따라서 표 1.1에서 보는 바와 같이, 사용하는 연료에 차이가 있으며 성능 특성 역시 달라지게 된다. 이 교재의 예제들은 대부분 PEMFC 또는 SOFC에 초점을 맞추었다. 이 두 연료전지를 간단하게 비교해보자.

- PEMFC는 얇은 **고분자** 막을 전해질로 사용한다(고분자 막은 플라스틱 랩과 비슷한 형태이다). 양성자는 PEMFC 막 내에서 전하를 운반하는 운반체 역할을 한다. 이미 보았듯이 H_2–O_2 PEMFC 내의 전기화학적 반쪽반응은 다음과 같다.

$$\begin{aligned} H_2 &\rightarrow 2H^+ + 2e^- \\ \tfrac{1}{2}O_2 + 2H^+ + 2e^- &\rightarrow H_2O \end{aligned} \qquad \text{식 (1.6)}$$

PEMFC는 낮은 작동 온도와 높은 전력밀도로 인해 많은 분야에 적용 가능하다.

- SOFC는 얇은 세라믹(*ceramic*) 막을 전해질로 사용한다. 산소 이온(O^{2-})이 SOFC 막 내에서 전하 운반체이다. H_2-O_2 SOFC에서 전기화학적 반쪽반응은 다음과 같다.

$$\begin{aligned} H_2 + O^{2-} &\rightarrow H_2O + 2e^- \\ \tfrac{1}{2}O_2 + 2e^- &\rightarrow O^{2-} \end{aligned} \qquad \text{식 (1.7)}$$

SOFC는 고온(>600℃)에서만 적절하게 작동한다. 효율이 높고, 다양한 연료를 사용할 수있어 고정형 시스템 분야에 많이 사용된다.

이동하는 전하 운반체가 변할 때 연료전지의 화학적인 반응이 어떻게 변하는지는 눈여겨볼 필요가 있다. PEMFC에서의 반쪽반응들은 양성자(H^+)의 이동에 의해 이루어지고, 공기극(cathode)에서 물이 생성된다. SOFC에서는 산소이온(O^{2-})의 이동에 의해 반쪽반응들이 이루어지며, 연료극(anode)에서 물이 생성된다. 표 1.1은 다른 연료전지들에서 OH^-나 CO_3^{2-}가 이온화된 전하 운반체로서 어떻게 이용되는지를 나타내었다. 이러한 연료전지에서 각각 다른 화학적 반응이 일어나며, 그에 따른 독특한 장점과 단점을 수반한다.

이 교재의 1부에서는 모든 연료전지에 적용될 수 있는 기본적으로 중요한 원리가 소개된다. 여러분이 여기서 배우는 이론들은 PEMFC나 SOFC 또는 다른 형태의 연료전지에 동등하게 적용될 수 있을 것이다. 2부에서는 다섯 가지의 대표적인 연료전지의 주요 기술적 특징들이 논의되고, 단위 전지의 적층 방법, 연료 공급 과정, 제어, 환경적 측면과 같은 연료전지 시스템의 실제적인 현안들이 논의된다.

1.6 연료전지의 기본적인 작동

연료전지에서 생성되는 전류(current, electricity)는 반응물과 전극, 전해질이 만나는 반응 면적의 크기에 비례한다. 즉, 연료전지의 면적을 두 배로 하면 생성되는 전류도 거의 두 배가 된다.

이러한 경향은 단순한 직관에 의한 것으로 보이지만, 전기화학적인 방법으로 전기가 생성되는 근본적인 원리의 깊은 이해를 통해 설명할 수 있다. 앞서 논의된 바와 같이 연료전지는 1차 에너지원인 연료를 전자의 흐름으로 변환함으로써 전기를 생산한다. 이러한 변환은 연료로부터의 에너지가 전류를 만들어내는 전자들의 흐름을 따라 이동하는 에너지 전환 단계를 수반한다. 이러한 에너지 전환은 유한한 변환 속도를 가지며 반드시 경계면이나 반응면에서 일어난다. 그러므로 생성된 전기의 총량은 에너지 전환에 이용할 수 있는 반응면의 넓이나 경계면의 넓이에 비례한다. 즉 표면적이 넓을수록 더 많은 전류를 생산할 수 있는 것이다.

체적당 면적비를 최대로 하는 큰 반응면을 만들기 위해 연료전지는 그림 1.9에서 보는 바와 같이 주로 얇은 평면 구조로 만들어진다. 전극은 반응면적을 증가시키고 기체의 접촉을 용이하게 하기 위해 다공성 물질로 이루어져 있다. 평면 구조의 한쪽 면은 연료가 공급되는 반면(연료극, anode), 반대쪽 면은 산화물이 공급된다(공기극, cathode). 얇은 전해질층은 연료 전극과 산화물 전극을 공간적으로 분리하여, 2개의 개별적인 반쪽반응이 서로 분리되어 일어나도록 한다. 이러한 평면 구조의 연료전지와 앞서 그림 1.4에서 논의하였던 간단한 연료전지를 비교해보자. 두 장치는 서로 상당히 달라 보이지만 이들 사이에는 주목할 만한 유사점들이 존재한다.

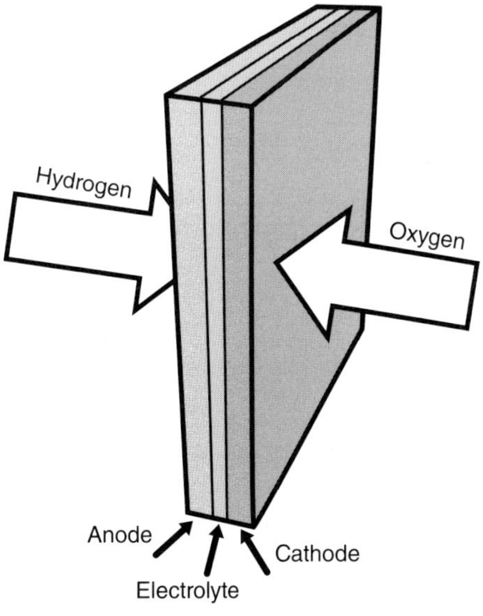

그림 1-9. 연료전지의 단순화된 평면 연료극-전해질-공기극(anode-electrolyte-cathode) 구조

연료극 = 산화, 공기극 = 환원

전기화학에 대한 논의를 이해하기 위해서는 **산화**, **환원**, **연료극**과 **공기극**이라는 용어의 개념을 분명히 할 필요가 있다.

산화와 환원

- 산화(oxidation)는 물질로부터 전자가 **제거**되는 과정을 말한다. 전자는 반응에 의해 유리된다.
- 환원(reduction)은 물질에 전자가 **첨가**되는 과정을 말한다. 전자는 반응에 의해 **소비**된다.

예를 들어, H_2-O_2 연료전지에서 일어나는 전기화학적 반쪽반응을 생각해보자.

$$H_2 \rightarrow 2H^+ + 2e^- \qquad \text{식 (1.8)}$$

$$\frac{1}{2}O_2 + 2H^+ + 2e^- \rightarrow H_2O \qquad \text{식 (1.9)}$$

수소반응은 전자가 반응에 의해 유리되므로 산화반응이다. 산소반응은 전자가 반응에 의해 소비되므로 환원반응이다. 그러므로 위의 전기화학적 반쪽반응은 **수소산화반응**(*hydrogen oxidation reaction*, HOR)과 **산소환원반응**(*oxygen reduction reaction*, ORR)으로 알려져 있다.

연료극과 공기극

- 연료극(anode)은 산화가 일어나는 전극을 말한다. 더 일반적으로 다이오드나 저항과 같이 2개의 단자를 가진 장치의 연료극은 전자가 **흘러 나가는** 전극이다.
- 공기극(cathode)은 환원이 일어나는 전극을 말한다. 더 일반적으로 공기극은 전자가 **흘러 들어오는** 전극이다.

수소-산소 연료전지에서

- 연료극은 HOR이 일어나는 전극이다.
- 공기극은 ORR이 일어나는 전극이다.

주목할 것은 위의 정의가 어떤 전극이 양극이고 어떤 전극이 음극인지를 결정하는 것과는 아무런 관계가 없다는 것이다. **유의하라!** 연료극과 공기극은 양 극이 될 수도 음극이 될 수도 있다. **갈바니 전지**(*galvanic cell*, 연료전지와 같이 전기를 **생성하는** 전지)에서 연료극은 음극이고 공기극은 양극이다. **전해조**(*electrolytic cell*, 전기를 **소비하는** 전지)에서는 연료극이 양극이고 공기극은 음극이다.

Anode = 산화, Cathode = 환원이라는 점만 기억하면 항상 옳을 것이다.

그림 1.10은 평면형 연료전지의 **단면도**이다. 이 그림을 지도로 사용하여 이제 연료전지에서 전기를 생산하는 것과 관련된 주요 단계를 간단하게 살펴볼 것이다. 그림에 매겨진 번호 순서대로 순차적으로 각 단계를 살펴보면 다음과 같다.

1. 연료전지 내부로의 반응물 전달
2. 전기화학적 반응
3. 전해질을 통한 이온의 전도와 외부 회로를 통한 전자의 전도
4. 연료전지로부터 생성물 제거

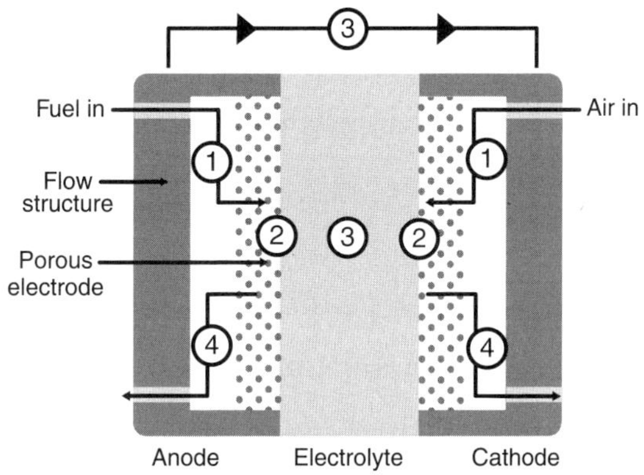

그림 1-10. 그림 1.10 연료전지의 단면. 전기화학적인 방법으로 전기를 생산하기 위한 주요 단계를 보여준다. (1) 반응물의 전달, (2) 전기화학적 반응, (3) 이온과 전자의 전도, (4) 생성물의 배출

이 교재의 마지막 부분에서 각 단계에 숨겨져 있는 물리학적 원리를 상세히 이해하게 될 것이다. 그러나 지금은 각 단계의 내용을 개괄적으로 이해하는 데 중점을 두기로 한다.

1단계: 반응물 전달

연료전지가 전류를 생성하기 위해서는 연료와 산화물이 계속 공급되어야 한다. 이 단순해 보이는 일은 꽤 복잡해질 수 있다. 연료전지가 높은 전류를 출력하게 될 때는 상당량의 반응물이 공급되어야 한다. 만약 반응물이 연료전지로 신속하고 충분하게 공급되지 않으면, 연료전지는 반응물이 부족해서 작동을 멈추게 된다. 반응물의 효율적인 전달은 다공성 전극 구조물과 결합된 **유로 평판**(*flow field plates*)을 사용함으로써 가장 효과적으로 이루어질 수 있다. 유로 평판은 기체가 흐를 수 있고 전체적인 반응면으로 기체를 확산시킬 수 있는 정밀한 유로(channel) 또는 홈(groove)들을 갖고 있다. 유로의 형상과 크기, 패턴은 연료전지 성능에 상당한 영향을 끼친다. 유로 구조와 다공성 전극의 기하학적 형상이 연료전지의 성능에 얼마나 영향을 미치는지 이해하기 위해서는 물질전달(mass transport), 확산(diffusion), 유체역학(fluid mechanics)의 기초에 대한 이해가 선행되어야 한다. 유로를 형성하고 있는 구조물과 전극의 재료적 측면 또한 상당히 중요하다. 연료전지를 이루고 있는 부품들은 전기, 열, 기계적으로 상당히 까다로운 조건을 충족시켜야 하며 부식에 대한 저항성을 가지고 있어야 한다. 반응물의 전달과 유로 형상 설계에 대한 자세한 내용은 5장에서 다룰 것이다.

2단계: 전기화학 반응

일단 반응물들이 전극에 도달하면 전기화학적 반응이 시작되어야 한다. 연료전지에서 생성되는 전류는 전기화학 반응이 얼마나 빠르게 일어나는지와 직접적인 연관이 있다. 빠른 전기화학 반응은 연료전지로부터 높은 전류를 출력할 수 있도록 한다. 반응이 느리면 전류의 출력은 낮다. 연료전지에서는 보다 높은 전류를 출력하는 것이 바람직하다. 따라서 전기화학적 반응의 속도와 효율을 증가시키기 위해 일반적으로 촉매(catalyst)가 사용된다. 연료전지의 성능은 촉매를 올바르게 선택했는지, 그리고 반응 영역을 잘 설계했는지에 상당한 영향을 받게 된다. 종종 전기화학 반응 속도는 연료전지 성능에 영향을 주는 가장 큰 제한 조건으로 나타난다. 전기화학 반응 속도에 대한 자세한 내용은 3장에서 다룰 것이다.

3단계: 이온 전도와 전자 전도

2단계에서 일어난 전기화학적 반응은 이온과 전자들을 생성하거나 소모한다. 하나의 전극에서 생성된 이온들은 반드시 다른 전극에서 소멸되어야 한다. 전자들도 마찬가지이다. 전하의 균형을 유지하기 위해 이 이온들과 전자들은 생성된 곳에서 소모되는 곳으로 반드시 이동되어야 한다. 전자의 이동은 꽤 쉽게 이루어질 수 있다. 전기 전도성이 좋은 경로가 주어지면, 전자들은 한 전극에서 다른 전극으로 흐를 수 있을 것이다. 예를 들어 그림 1.4의 간단한 연료전지에서는 전선으로 두 전극 사이의 전자들의 이동 경로를 만들 수 있다. 그러나 이온의 경우에는 이동이 좀 더 어려울 수 있다. 본질적으로 전자보다 이온이 더 크고 무겁기 때문이다. 이온들이 흐를 수 있는 경로를 제공하기 위해서는 전해질이 사용되어야 한다. 많은 전해질들 내부에서 이온들은 'hopping' 원리를 통해 이동한다. 전자의 이동과 비교하였을 때 이러한 과정은 훨씬 비효율적이다. 따라서 이온들의 이동은 상당한 저항 손실(resistance loss)을 수반할 수 있으며, 이는 연료전지의 성능을 저하시킨다. 이러한 손실을 기술적으로 감소시키기 위해서는 전해질을 가능한 얇게 하여 이온 전도가 일어나야 하는 거리를 최소화한다. 이온 전도에 대한 자세한 내용은 4장에서 다룰 것이다.

4단계: 생성물 배출

전기 외에도 모든 연료전지 반응은 최소한 하나 이상의 물질을 만들어낸다. H_2-O_2 연료전지는 물을 생성한다. 탄화수소를 사용하는 연료전지는 일반적으로 물과 이산화탄소(CO_2)를 만들어 낸다. 만약 이러한 생성물들이 연료전지로부터 배출되지 않는다면, 생성된 물질들은 시간이 지남에 따라 계속적으로 축적되어 새로운 연료와 산화물이 반응하는 것을 막아 결국은 연료전지의 구동을 멈추게 한다. 다행히 연료전지 내부로 반응물을 공급하는 것은 생성물을 연료전지로부터 배출시키는 데 도움을 준다. 1단계에서 반응물들의 전달을 최적화하는 데 중요했던 물질전달, 확산, 유체역학의 이론들이 생성물을 배출시키는 데도 동일하게 적용될 수 있다. 경우에 따라 연료전지에서 생성물의 배출은 쉽게 이루어지면, 자주 무시된다. 그러나 특정 연료전지(가령 PEMFC)에서는 생성된 물에 의한 '침수(flooding)'가 중요한 문제가 될 수 있다. 생성물의 배출은 반응물의 이동을 설명하는 물리적 원리와 과정이 그대로 적용될 수 있기 때문에 역시 5장에서 다루게 될 것이다.

1.7 연료전지의 성능

연료전지의 성능은 전류-전압 특성 그래프로 요약될 수 있다. i–V 곡선이라 불리는 이 그래프는 생성되는 전류량에 해당하는 전압을 보여준다. 그림 1.11은 PEMFC의 전형적인 i–V 곡선의 예이다. 전류량은 연료전지의 면적으로 표준화된 전류밀도(A/cm^2)로 나타남에 유의하여야 한다. 큰 연료전지가 작은 연료전지보다 더 많은 전기를 생산하기 때문에 결과를 동일한 조건에서 비교하려면 i–V 곡선을 면적으로 표준화하여야 한다.

이상적인 연료전지는 (충분한 연료가 공급되는 한) 열역학적으로 정의된 일정한 전압을 유지하며 어떤 양의 전류라도 공급할 수 있어야 하나, 실제의 전압 출력은 열역학적으로 예상된 전압보다 작아진다. 게다가 실제 연료전지로부터 더 많은 전류를 끌어낼수록 전체 전력은 제한되면서 전압이 낮아지게 된다. 연료전지의 출력(P)은 전류의 전압의 곱으로 나타낸다.

$$P = iV \qquad \text{식 (1.10)}$$

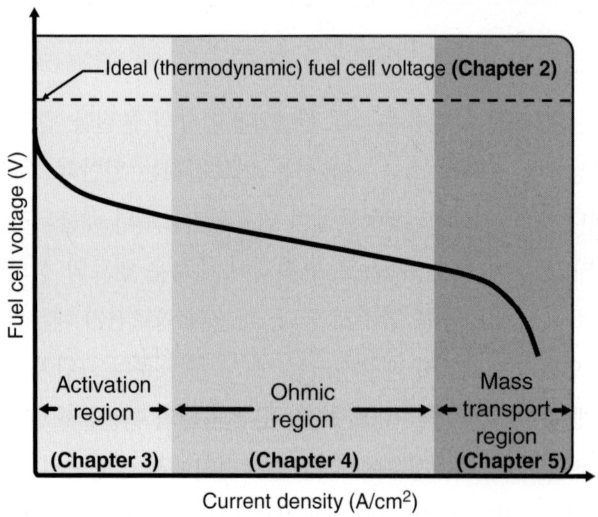

그림 1-11. 연료전지의 i–V 곡선 개략도. 연료전지의 열역학적 예상전압(점선)인 이상적인 경우와 다르게 실제 전압(실선)은 내부 손실에 의해 보다 낮게 나타난다. 세 가지 주요 손실은 i–V 곡선의 형상에 영향을 끼치는데 3장~5장에 걸쳐 설명되어 있다.

전류밀도의 함수로 표현되는 연료전지의 **전력밀도곡선**은 연료전지의 i–V 곡선의 정보로 그려진다. 전력밀도곡선은 i–V 곡선 각 점에서의 전류밀도와 이에 해당하는 전압을 곱하여 얻어진다. 연료전지 i–V 곡선과 전력밀도곡선이 결합된 예가 그림 1.12에 나타나 있다. 전압은 왼쪽 y축이며, 전력밀도는 오른쪽 y축이다.

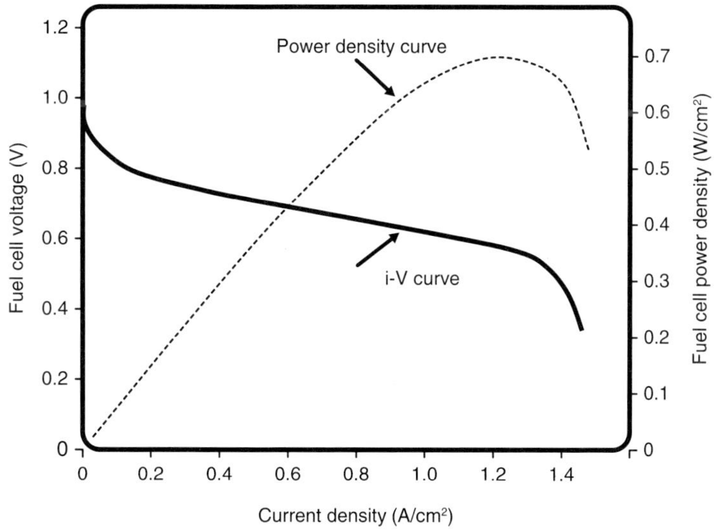

그림 1-12. 연료전지 i–V 곡선과 전력밀도곡선. 전력밀도곡선은 i–V 곡선 각 점에서의 전류밀도와 이에 해당하는 전압을 곱하여 얻어진다. 연료전지 전력밀도곡선은 전류밀도가 증가함에 따라 증가하다가 최고점에 다다르고 그 이상의 전류밀도에서는 감소한다. 연료전지는 전력밀도 최고점이나 그 이하에서 작동하도록 설계된다. 전력밀도 최고치 이하의 전류밀도점에서 전압 효율은 향상되지만 전력밀도는 떨어진다. 전력밀도 최고치 이상의 전류밀도점에서 전압 효율과 전력밀도는 모두 떨어지게 된다.

연료전지에 의해 생산되는 전류는 연료 소비량에 정비례한다(연료 1몰당 n몰의 전자를 생성한다). 그러므로 연료전지의 전압이 낮아질수록 단위 연료량당 생산된 전력도 줄어든다. 이런 식으로 연료전지의 전압을 효율의 척도로 볼 수 있다. 즉, 연료전지의 전압 축을 '효율 축'으로 보아도 무방하다. 즉 높은 전류 부하에도 높은 전압을 유지하는 것이 기술의 성공도를 결정짓는다고 할 수 있다.

허나 실제에서는 모든 전류 부하에서 고전압을 유지하는 것은 매우 어렵다. 실제 연료전지의 전압 출력은 비가역적인 손실들 의해 열역학적으로 예상되는 전압보다 낮아진다. 끌어내는 전류가 커질수록 이 손실들은 커지게 된다. 연료전지 i–V 곡선의 독특한 형상을 만드는 주된 손실은 세 가지이다. 각각의 손실은 앞에서 설명된 기본적인 단계들과 관련된다.

1. 활성화 손실(activation losses): 전기화학 반응에 의한 손실
2. 저항 손실(Ohmic losses): 이온과 전자 전도에 의한 손실
3. 농도 손실(concentration losses): 물질 전달에 의한 손실

연료전지의 실제 전압 출력은 열역학적으로 예상된 전압에서 여러 손실에 의한 전압 강하량을 빼면 된다.

$$V = E_{\text{thermo}} - \eta_{\text{act}} - \eta_{\text{ohmic}} - \eta_{\text{conc}} \qquad \text{식 (1.11)}$$

V = 연료전지의 실제 전압 출력

E_{thermo} = 열역학적 예상 전압 출력, 2장에서 언급

η_{act} = 반응 속도에 의한 활성화 손실, 3장에서 언급

η_{ohmic} = 이온과 전자 전도에 의한 저항 손실, 4장에서 언급

η_{conc} = 물질 전달에 의한 농도 손실, 5장에서 언급

이 세 가지 손실 각각은 연료전지 i–V 곡선의 독특한 형상에 기여한다. 그림 1.11에서 알 수 있듯이, 활성화 손실은 보통 곡선의 처음 부분에 영향을 준다. 저항 손실은 곡선의 중간 부분에서 가장 뚜렷하게 나타난다. 농도 손실은 i–V 곡선의 마지막 부분에서 중요하다.

식 (1.11)은 앞으로 나올 6개의 장을 설명한다. 각 장을 진행하면서 연료전지의 주요 손실들을 이해할 수 있을 것이다. 식 (1.11)을 사용하는 것을 시작으로 결국 실제 연료전지의 성능을 평가하고 모델링을 할 수 있게 될 것이다.

1.8 성능 평가와 모델링

성능 평가와 모델링은 연료전지 기술의 개발과 발전에 있어 중추적인 구실을 한다. 이론과 실제를 일치시킴으로써 성능 평가와 모델링 연구는 우리로 하여금 연료전지가 어떻게 작동하는지 이해하는 데 도움을 주는 것은 물론 성능 개선으로 가는 길을 제시한다.

이 주제가 큰 통찰력을 줄 수 있기 때문에 각각 서로 다른 장에서 따로 설명되어 있다. 연료전지 모델링은 6장에서, 연료전지 성능 평가 기술은 7장에서 다루어진다. 이 6장과 7장에서 연료전지가 어떻게 테스트되는지, 어떻게 성능을 분석하는지, 연료전지의 거동을 예측하는 간단한 수학적 모델을 어떻게 세우는지에 대하여 실질적으로 이해할 수 있을 것이다.

1.9 연료전지 기술

이 책의 대부분은 연료전지에 관한 기본적인 원리를 이해하는 데 할애되었다. 하지만 연료전지의 실제적인 기술에 대한 논의 없이는 연료전지를 언급함에 있어 완벽하다고 할 수 없다. 이것이 이 책의 두 번째 부분에서의 목표이다. 일련의 장들이 다섯 가지의 주요 연료전지 타입 각각과 관련된 특정한 기술적 측면뿐만 아니라 단전지 적층과 시스템 설계에 관한 주요 고려사항들에 대해 소개할 것이다. 여러분이 실제적인 연료전지 기술의 개발에 관한 역사적인 통찰력뿐만 아니라 연료전지 설계의 최신기술에 관한 식견도 얻기를 바란다.

1.10 연료전지와 환경

올바르게 적용된다면 연료전지는 환경친화적인 기관이다. 사실, 이것이 다른 에너지 변환 장치와 비교했을 때 연료전지가 가지는 가장 큰 장점이다. 하지만 연료전지를 어떻게 사용하는지에 따라 환경에 미치는 영향이 달라진다. 만약, 신중하게 사용되지 않으면 연료전지는 현재 사용되고 있는 화석 연료 변환 시스템보다도 못할 것이다! 이 책의 마지막 장에서 연료전지를 설치하는 몇 가지 방법들을 살펴볼 것이며, 공정 사슬 분석법(process chain analysis)을 이용하여 유망한 연료전지의 미래를 알아볼 수 있을 것이다.

그중 하나인 '수소 경제'가 그림 1.13에 표현되어 있다. 수소 연료전지는 전해조(elec-

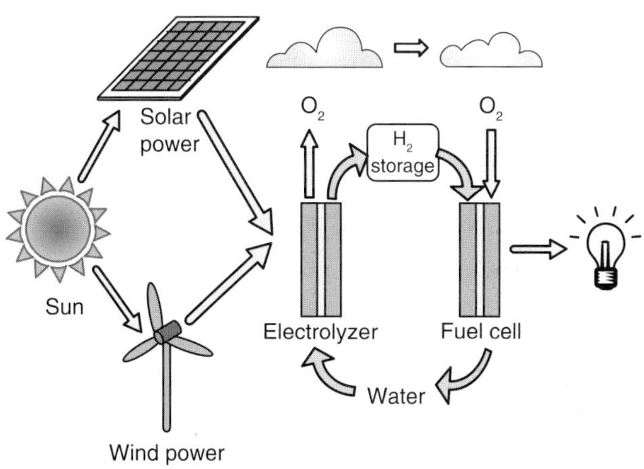

그림 1-13. 수소 경제의 모식도

trolyzer)와 연결되어 있고, 친환경(풍력이나 태양력과 같은) 에너지 변환 장치들이 완전히 닫힌 에너지 순환계(closed-loop) 안에서 무공해 에너지를 제공한다. 이런 시스템에서 연료전지는 매우 중요한 역할을 수행한다. 햇빛이 강하거나 바람이 세게 불면 태양과 풍력에너지로부터 생산된 전기가 직접 도시로 전달되고, 여분의 에너지는 전기분해를 통해 수소로 변환된다. 바람이 그치거나 밤이 되면, 필요한 곳에 분산 배치된 연료전지는 저장된 수소를 전기로 변환함으로써 요구되는 전력을 생산해낸다. 이런 경우에, 화석연료의 사용은 완전히 배제시킬 수 있다.

현재로써는 언제 수소 경제가 실현될지 불분명하다. 아니 영원히 오지 않을지도 모른다. 수소 경제를 가로막는 여러 기술적, 경제적 장애물들을 넘기 위한 다양한 연구가 계속되고 있다. 각 연구마다 세부적인 차이는 있겠지만 수소 경제로의 전환이 어렵고, 많은 비용이 소모되며, 오래 걸릴 것이라는 것은 분명하다. 수소 경제가 근시일 내에 올 것이라는 기대는 하지 않는 것이 좋다. 그동안 우리는 화석 연료 세계에 살아왔다. 그러나 화석 연료 세계에 살더라도 기존의 전기생산 기술에 비해 더 높은 효율을 보이고, 크기 변환에 있어서 더 용이하며, 더 적은 오염물질을 배출하는 연료전지의 여러 장점들을 인지하는 것이 중요하다. 연료전지는 여태까지 적용 가능한 틈새시장을 찾아왔고, 앞으로도 계속 찾을 것이다. 수소 경제의 꿈이 이루어지든 그렇지 않든, 연료전지의 적용분야는 수 십년 동안 지속적으로 발전되어야 한다.

1.11 요약

이 장의 목적은 연료전지를 배우는 무대를 마련하고 연료전지 기술에 대한 광범위하고 개괄적인 소개를 위한 것이다.

- 연료전지는 직접 전기화학 에너지 변환 장치이다. 연료전지는 전기화학반응을 통해 화학적 에너지 형태를 전기 에너지 형태로 직접 변환한다.
- 배터리와 달리 연료전지는 연료가 고갈되지 않는다. 즉, 외부에서 연료가 공급되는 한 전기를 계속 생산하는 '공장'과 같다.
- 최소한 연료전지는 전해질로 분리된 2개의 전극이 있어야 한다(연료극과 공기극).
- 연료전지의 출력은 그 크기에 의해 결정되며, 연료전지의 용량(에너지 용량)은 연료

저장고의 크기에 의해 결정된다.

- 연료전지는 전해질에 따라 크게 다섯 종류로 분류된다.
- 전기화학 시스템은 2개의 짝을 이루는 반쪽반응이 반드시 있어야 한다. 그중 하나는 산화, 다른 하나는 환원반응이다. 산화는 전자를 분리하는 반응이고, 환원은 전자를 소모하는 반응이다.
- 산화는 연료극에서, 환원은 공기극에서 일어난다.
- 연료전지에서 전기를 만들기 위한 네 가지 주요 단계는 (1) 반응물 이동, (2) 전기화학 반응, (3) 이온(전자) 전도, (4) 생성물 제거이다.
- 연료전지의 성능은 전류–전압 곡선으로 평가할 수 있다. 전류–전압 곡선은 주어진 전류 부하에 따른 연료전지의 전압을 보여준다.
- 이상적인 연료전지의 성능은 열역학적으로 정해진다.
- 실제 연료전지의 성능은 손실 때문에 이상적인 연료전지의 성능보다 항상 낮다. 손실의 주요 원인으로는 (1) 활성화 손실, (2) 저항 손실, (3) 농도 손실이 있다.

연습문제

복습문제

1.1 연료전지의 세 가지 주요 장점과 세 가지 주요단점을 다른 전력변환장치와 비교하여 나열하라. 연료전지만의 특성이 잘 맞는 최소한 두 가지 이상의 가능한 응용분야에 대하여 논하라.

1.2 일반적인 관점에서 이동형 연료전지는 저출력 고용량(긴 작동시간) 응용분야와 고출력 저용량(짧은 작동시간) 응용분야 중 어디에 적합할지에 대하여 논하라.

1.3 다음 반응들이 산화반응인지 환원반응인지 결정하라.

(a) $Cu \rightarrow Cu^{2+} + 2e^-$

(b) $2H^+ + 2e^- \rightarrow H_2$

(c) $O^{2-} \rightarrow \frac{1}{2}O_2 + 2e^-$

(d) $CH_4 + 4O^{2-} \rightarrow CO_2 + 2H_2O + 8e^-$

(e) $O^{2-} + CO \rightarrow CO_2 + 2e^-$

(f) $\frac{1}{2}O_2 + H_2O + 2e- \rightarrow 2(OH)^-$

(g) $H_2 + 2(OH)^- \rightarrow 2H_2O + 2e-$

1.4 문제 1.3에서 나온 반응(혹은 역반응)으로부터 완전한 전기화학 반쪽반응의 쌍들을 나열하라. 각 쌍들에 대해 산화반응과 환원반응을 구분하라.

1.5 7500 psi의 압축 수소와 액체 수소의 상대적인 체적 에너지 밀도와 질량 에너지 밀도를 생각해보자. 어느 쪽이 연료전지 버스에 적합하겠는가? (*힌트*: 버스의 효율은 전체 차량의 무게에 민감하다.)

1.6 연료전지에서 전기를 생산할 때, 네 가지 주요 단계에 대해서 서술하라. 각 단계에서 연료전지 성능에 손실을 가져올 잠재적 이유를 서술하라.

계산문제

1.7 수소와 산소로부터 물이 생성되면 에너지가 발생한다. 이 에너지는 수소–수소 결합과 산소–산소 결합보다 수소–산소 결합의 전체적인 에너지 상태가 낮기 때문에 발생한다. 아래의 표준 결합 엔탈피(standard bond enthalpy) 표를 이용하여, 정압 상태의 다음 반응에서 생성되는 에너지를 생성물의 kJ/mol 단위로 계산하라.

$$H_2 + \frac{1}{2}O_2 \rightleftharpoons H_2O \qquad \text{식 (1.12)}$$

표준결합 엔탈피는 결합이 STP 조건(298 K, 1 atm)에서 파괴될 때 흡수되는 엔탈피를 말한다.

Standard Bond Enthalpies
H–H = 432 kJ/mol
O = O = 494 kJ/mol
H–O = 460 kJ/mol

1.8 연료전지 자동차가 60 mph(mile per hour)의 속도에서 30 kW의 전력을 소모하고, 이때 효율은 40%이다(즉 수소 탱크에 저장된 수소 연료의 에너지 중 40%만이 전력으로 변환된다). 만약 연료 보충 없이 300마일을 60 mph의 속도로 갈 수 있는 연료전지 시스템의 제작을 의뢰 받았다면, 다음의 정보를 가지고 이러한 연료전지 시스템(연료전지 + 연료탱크)의 최소 부피와 무게 조건을 구하라.

- 연료전지 출력밀도: 1 kW/liter, 500 W/kg
- 연료탱크 에너지 밀도(압축 수소): 4 MJ/liter, 8 MJ/kg

1.9 그림 1.11에 보여진 연료전지 *i*–*V* 곡선에서 대략의 전류밀도 대비 전력의 곡선을 그려라.

1.10 지름이 9 cm, 길이가 42.5 cm, 무게가 7 kg인 메탈 하이드라이드(metal hydride) 실린더가 900 리터의 수소를 저장할 수 있다. 수소의 저위 발열량(lower heating value, LHV)이 244 kJ/mol 일 때, 에너지 밀도를 계산하라.

(a) 3.6 kWh/liter

(b) 3.6 MWh/liter

(c) 1.0 Wh/liter

(d) 1.0 kWh.liter

CHAPTER 2

연료전지 열역학

열역학은 한 형태에서 또 다른 형태로의 에너지 변환을 논하는 에너지론의 한 분야이다. 연료전지는 에너지변환장치이기 때문에 연료전지 열역학은 화학적 에너지의 전기적 에너지로의 변환을 이해하는 열쇠가 된다. 열역학은 어떤 연료전지 반응이 실제로 자발적으로 일어나는지를 판단할 수 있게 해준다. 또한 열역학으로부터 우리는 반응에서 끌어낼 수 있는 최대 전압의 한계치를 알 수 있다. 따라서 열역학은 연료전지에서 무엇이 가능한지에 대한 이론적 경계를 제시한다. 즉, 열역학은 '이상적인 경우'를 알려준다고 생각하면 되겠다.

실제로 어떤 연료전지도 이론적 한계치보다 낮은 영역에서 동작한다. 실제 연료전지의 성능을 이해하는 것은 열역학 외에 동역학에 관한 지식도 요구한다. 이 장에서 우리는 연료전지의 열역학을 다루고, 이어지는 장들은 연료전지의 실제 성능을 결정하는 연료전지 성능상의 주요 손실들을 다룰 것이다.

2.1 열역학

이 절에서는 열역학의 주요 법칙들을 간략히 복습할 것이다. 이러한 기초 이론들은 보통 공업열역학 과정에서 배우게 된다. 이후 이러한 개념들은 연료전지의 동작을 이해하는 데 필요한 변수들로 확장된다. 필요하다면 열역학 책을 참고하는 것도 좋은 방법이다.

2.1.1 열역학이란 무엇인가?

잘 알려진 열역학적 양의 의미를 아무도 이해하지 못한다는 것은 공공연한 비밀이다. 예를 들면, 노벨 물리학상 수상자 리처드 파인만은 그의 저서 '**물리학 강의**(*Lectures on Physics*)'에 다음과 같이 썼다. "오늘날 현대 물리에서 우리가 에너지가 무엇인지에 관해 아는 것이 하나도 없다는 것을 깨닫는 것이 중요하다."[1] **엔탈피**나 **자유에너지** 같은 용어가 무엇인지 직관적으로 알기 힘들다. 열역학에서 기본적으로 가정하는 것들은 인간의 경험에 기반한다. 이러한 경험에 의해 학자들은 가설을 세우고, 이는 가장 과학적인 방법이다. 우리는 단지 경험에서 모든 것이 성립하므로 에너지가 생성되거나 없어질 수 없다고 **가정**한다(열역학 제1법칙). 그렇지만 왜 그렇게 되는지는 아무도 모른다.

그러나 이러한 몇 개의 기본적인 가설들을 받아들인다면, 에너지, 온도, 압력 그리고 부피 같은 중요한 양들이 어떻게 관계되어 있는지를 알려주는 모순되지 않는 수학적 특징을 발견할 수 있다. 이것이야말로 열역학의 모든 것이다. 이것은 몇 가지 기본적인 가설 아니면 '법칙'에서 시작하여 모순 없는 방식으로 시스템의 특징을 파악할 수 있게 해주는 정교한 계산 법칙표라 할 수 있다.

2.1.2 내부 에너지

연료전지는 연료에 저장되어있는 에너지를 다른, 더 유용한 형태의 에너지로 변환시킨다. 연료나 어떤 다른 물질의 고유한 에너지의 총량은 내부 에너지(U)라는 특성으로 측정된다.

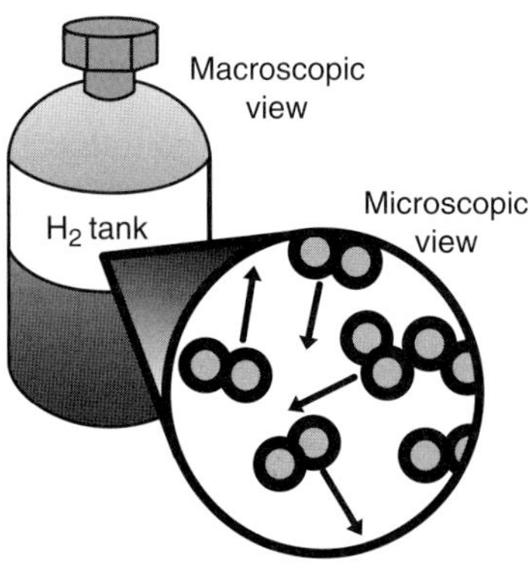

그림 2-1. 한 통의 수소 기체는 눈에 보이는 에너지를 갖고 있지는 않지만, 열역학적으로 내부 에너지를 갖고 있다. 내부 에너지는 원자 규모에서 미소한 운동(운동 에너지)과 입자 사이의 상호작용(화학적/포텐셜 에너지)과 관계 있다.

내부 에너지는 원자와 분자 규모의 미소한 운동과 입자들 사이의 상호작용에 관계된 에너지이며, 움직이는 물체처럼 육안으로 보이는 정도로 정돈된 에너지와는 구별된다. 예를 들어, 탁자 위에 놓여있는 수소 기체 통은 외견상 에너지가 없는 것처럼 보인다. 그러나 수소 기체는 실제로 내부 에너지를 가지고 있다(그림 2.1). 현미경으로 살펴보면 그것은 초당 수백 미터를 이동하는 분자들의 회오리바람이다. 내부 에너지는 또한 수소 원자 사이의 **화학 결합**과 관계 있다. 연료전지는 한 통의 수소 기체의 내부 에너지 중 **단지 일부만**을 전기 에너지로 변환할 수 있다. 수소 기체의 내부 에너지를 얼마나 많이 전기 에너지로 변환할 수 있는지는 열역학 제1법칙과 제2법칙에 의해 결정된다.

2.1.3 열역학 제1법칙

열역학 제1법칙은 에너지는 생성되거나 소멸할 수 없다는 에너지 보존 법칙으로 알려져 있으며, 다음과 같이 표현된다.

$$d(\text{Energy})_{\text{univ}} = d(\text{Energy})_{\text{system}} + d(\text{Energy})_{\text{surroundings}} = 0 \qquad \text{식 (2.1)}$$

다시 말하면, 이 식은 시스템 내부의 어떠한 에너지 변화도 시스템 주변과의 에너지 전달로 완전히 설명되어야 한다는 것을 의미한다.

$$d(\text{Energy})_{\text{system}} = -d(\text{Energy})_{\text{surroundings}} \qquad \text{식 (2.2)}$$

에너지가 밀폐 시스템과 그 주변 사이에서 전달되는 방법은 **열**(Q)이나 **일**(W)을 통한 두 가지 방법이 있다. 따라서 열역학 제1법칙은 다음과 같은 일반적인 형태로 나타낼 수 있다.

$$dU = dQ - dW \qquad \text{식 (2.3)}$$

이 식으로부터 밀폐 시스템의 내부 에너지의 변화(dU)는 시스템으로 전달된 열(dQ)과 시스템에 의해 행해진 일(dW)의 차와 같다. 식 (2.2)로부터 이 식을 이끌어내기 위해서 $d(\text{Energy})_{\text{system}}$을 dU로 치환했다. 적절한 기준점을 선택하면, 시스템에서의 모든 에너지 변화는 내부 에너지의 변화라 할 수 있다. 여기서 시스템에 의해 주변에 행해진 일을 정방향(양의 값)으로 정의한다.

단순히 기계적인 일만이 시스템에 의해 행해진다고 가정하자. 기계적인 일은 다음 식과 같이 압력에 대한 시스템의 팽창으로 쓸 수 있다.

$$(dW)_{\mathrm{mech}} = p\,dV \qquad \text{식 (2.4)}$$

여기서 p는 압력이고 dV는 부피 변화이다. 지금은 시스템에 의해 행해진 전기적 일을 무시하고, 나중에 고려하기로 하자. 단지 기계적 일만을 고려할 때 시스템의 내부 에너지의 변화를 다음과 같이 쓸 수 있다.

$$dU = dQ - p\,dV \qquad \text{식 (2.5)}$$

2.1.4 열역학 제2법칙

열역학 제2법칙은 **엔트로피**라는 개념을 도입한다. 엔트로피는 시스템의 가능한 미소상태의 수, 즉 시스템을 구성하는 가능한 방법의 수로 결정된다. 이런 이유에서 엔트로피의 증가는 시스템을 구성하는 방법의 수의 증가를 암시하므로 엔트로피는 '무질서도'라고도 볼 수 있다. 가장 간단한 경우인 고립 시스템에서의 엔트로피는 다음과 같다.

$$S = k \log \Omega \qquad \text{식 (2.6)}$$

여기서 S는 시스템의 총 엔트로피, k는 볼츠만 상수, 그리고 Ω는 시스템의 가능한 미소상태의 수를 나타낸다.

미소상태는 예를 들어 설명하면 이해하기 쉽다. 그림 2.2a와 같이 동일한 100개의 원자들로 구성된 '완벽한' 시스템을 살펴보자. 이 시스템의 구성 가능한 미소상태나 **배치**는 단 하나뿐이다. 이는 100개의 원자들이 완벽히 동일하여 서로 구분할 수 없기 때문이다. 만약 한 원자를 다른 원자와 '위치를 바꾼다'고 하더라도, 그 시스템은 우리가 보기에 완벽하게 같다. 따라서 이 완벽한 100 원자 결정체의 엔트로피는 0이다($S=k\ \log\ 1=0$). 이제 그림 2.2b를 살펴보자. 여기서는 3개의 원자가 원래의 위치에서 벗어나 결정체의 표면에 붙어있

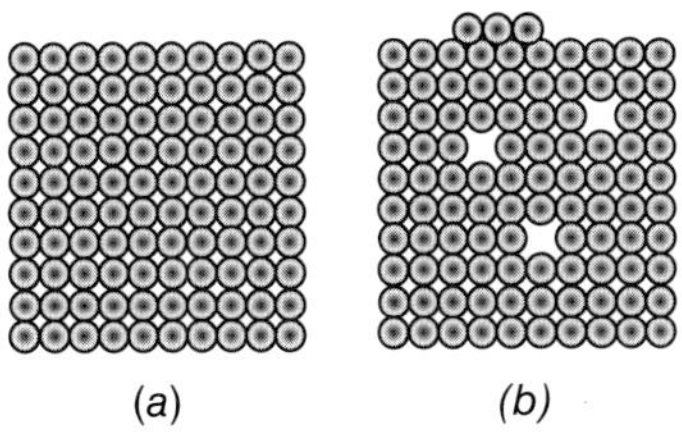

그림 2-2. (a) 이 100개의 원자들로 구성된 완벽한 결정의 엔트로피는 0이다. 왜냐하면 이 구조를 만들 수 있는 원자들의 가능한 구조는 하나밖에 없기 때문이다. (b) 3개의 원자가 원래의 결정에서 제거되어 표면에 붙게 되면 엔트로피는 증가한다. 왜냐하면 100개의 원자 중에서 3개가 제거된 시스템을 구성하는 방법은 수도 없이 많기 때문이다.

다. 3개의 원자는 100개의 원자 중 어떤 것이라도 가능하며, 어떤 원자가 뽑혔는지에 따라 시스템의 마지막 구조가 달라진다. 이 경우에는 많은 경우의 수가 있다(그림 2.2b는 단지 그것들 중 하나만을 보여준다). 총 Z개의 원자들 중에서 N개의 원자를 취하는 경우 가능한 방법이 몇 가지인지를 구하면, 시스템의 구성 가능한 미소상태의 수를 계산할 수 있다.

$$\Omega \equiv \frac{Z(Z-1)(Z-2)\cdots(Z-N+1)}{N!} = \frac{Z!}{(Z-N)!(N!)} \qquad \text{식 (2.7)}$$

그림 2.2b에는 원자가 총 100개이고, 100개 중 3개를 취하므로 가능한 방법의 수는 다음과 같다.

$$\Omega = \frac{100!}{97!3!} = 1.62 \times 10^5 \qquad \text{식 (2.8)}$$

여기서 $S = 7.22 \times 10^{-23}$ J/K가 됨을 알 수 있다.

'일'과 '열'

내부 에너지와는 달리, 일과 열은 주변 환경이나 사람의 몸과 같은 어떤 특정 시스템이나 물질의 특성이 아니다. 그것들은 **운반 상태의 에너지**, 즉 주변 환경이나 사람의 몸 사이에서 전달되는 에너지를 나타낸다.

일의 경우, 어떠한 거리를 이동해서 힘을 가하면 이러한 에너지가 전달된다. 한편 열은 물질들이 서로 다른 열에너지를 가지고 있을 때, 즉 온도의 차이가 있을 때마다 물질 사이에서 전달된다.

곧 논의할 열역학 제2법칙의 간접적 영향으로 일은 종종 에너지의 가장 '고귀한' 형태라 불린다. 일은 보편적인 공여자이다. 일이라는 관점에서 에너지는 이론적으로 100%의 효율로 어떤 다른 형태의 에너지로든 전환될 수 있다. 이와 대조적으로 열은 에너지의 가장 '비천한' 형태이다. 열은 보편적인 인수자이다. 어떤 형태의 에너지도 결국 열의 형태로 주변 환경으로 100% 사라진다. 하지만 열은 절대로 일의 형태로 100% 변환될 수 없다.

열에 비해 일의 고귀함은 연료전지와 내연기관의 중요한 차이점 중 하나를 증명한다. 내연기관은 열을 생산하여 그 열의 일부를 일로 변환하기 위하여 연료를 태운다. 내연기관은 처음에 에너지를 열로 변환하기 때문에 연료의 잠재적 일의 일부를 버리는 셈이 된다. 안타깝게도 이러한 잠재적 일이 파괴되는 것을 '열 병목현상'이라 한다. 연료전지는 이 열 변환 단계를 우회하기 때문에 열 병목현상을 피하게 된다.

이 예와 같이 극히 간단한 시스템을 제외하면 실제 엔트로피를 정확히 계산하는 것은 불가능하다. 대신 시스템의 엔트로피는 열 전달이 시스템의 엔트로피를 얼마나 변화시키는지에 근거하여 유추할 수 있다. 압력이 일정할 때 가역적인 열 전달에서 시스템의 엔트로피는 다음과 같이 변한다.

$$dS = \frac{dQ_{\text{rev}}}{T} \qquad \text{식 (2.9)}$$

여기서 dS는 일정 온도(T)에서 가역적인 열 전달(dQ_{rev})과 관련한 시스템의 엔트로피 변화이다. 즉, 열과 같은 에너지를 시스템 안으로 '집어넣는 것'은 시스템의 엔트로피를 증가시킨다. 즉, 추가적인 에너지를 시스템에 공급함으로써 시스템의 엔트로피를 증가시켜 시스템이 또 다른 미소상태로 바뀔 수 있게 할 수 있다. 비가역적인 열 전달에서 엔트로피는 식 (2.9)에서 예상되는 것보다 훨씬 더 많이 증가할 것이다. 이것이 열역학 제2법칙의 핵심이다.

열역학 제2법칙의 가장 널리 알려진 형태는 시스템과 그 주위 계의 엔트로피의 변화가 어떤 과정에서든 항상 증가하거나 최소한 0이 된다는 것이다.

$$dS_{\text{univ}} \geq 0 \qquad \text{식 (2.10)}$$

이 부등식은 열역학 제1법칙과 함께 열역학적으로 '자발적인' 과정과 '비자발적인' 과정을 구분할 수 있게 해준다.

2.1.5 열역학적 포텐셜

열역학 제1법칙과 제2법칙에서 에너지가 어떻게 한 형태에서 다른 형태로 전달되는지를 기술하는 '규칙'들을 알 수 있다. 이러한 규칙들을 열역학적 포텐셜이라 한다. 우리가 이미 알고 있는 열역학적 포텐셜 중 하나로 시스템의 내부 에너지가 있다. 열역학 제1법칙과 제2법칙(식 2.3과 2.9)으로부터의 결과를 결합하면, 두 변수인 엔트로피 S와 부피 V의 변화에 따른 내부 에너지의 변화에 관한 식을 얻을 수 있다.

$$dU = T\,dS - p\,dV \qquad \text{식 (2.11)}$$

$T\,dS$는 가역적인 열 전달을, 그리고 $p\,dV$는 기계적인 일을 뜻한다는 것을 상기하자. 앞서 언급했듯이, 이 식에서 시스템의 내부에너지 U가 엔트로피와 부피의 함수라는 결론을 내릴 수 있다.

$$U = U(S, V) \qquad \text{식 (2.12)}$$

또한 **종속변수**들(T와 p)이 **독립변수**들(S와 V)의 변화에 어떻게 관계되는지는 다음과 같이 유도된다.

$$\left(\frac{dU}{dS}\right)_V = T \qquad \text{식 (2.13)}$$

$$\left(\frac{dU}{dV}\right)_S = -p \qquad \text{식 (2.14)}$$

S와 V의 실험적 측정은 매우 어렵다. ('엔트로피 측정기' 같은 것은 없다.) 따라서 U와 등가이지만 S나 V보다 측정하기 쉬운 다른 양에 의존하는 새로운 열역학적 포텐셜이 필요하다. 여기에는 온도 T와 압력 p가 적합하다. 다행스럽게도 **르장드르 변환**(*Legendre transform*)을 이용하면 수학적으로 이러한 변환이 간단하게 이루어진다. U의 단계별 변화는 새로운 열역학적 포텐셜인 $G(T,p)$를 다음과 같이 정의하고 시작한다.

$$G = U - \left(\frac{dU}{dS}\right)_V S - \left(\frac{dU}{dV}\right)_S V \qquad \text{식 (2.15)}$$

이때 $(dU/dS)_V = T$이고, $(dU/dV)_S = -p$ 이므로, 위의 식은 다음과 같이 된다.

$$G = U - TS + pV \qquad \text{식 (2.16)}$$

이 함수는 깁스 자유에너지(Gibbs free energy)라 한다. 이제 G가 온도와 압력의 함수인지를 검증해 보자. G의 변화(수학적으로는 dG)는 다음과 같다.

$$dG = dU - T\,dS - S\,dT + p\,dV + V\,dp \qquad \text{식 (2.17)}$$

$dU = T\,dS - p\,dV$ 이므로, 위의 식은 다음과 같다.

$$dG = -S\,dT + V\,dp \qquad \text{식 (2.18)}$$

그러므로 깁스 자유에너지는 결국 시스템의 S와 V 대신 T와 p에 의존하는 열역학적 특징이다.

비슷하게 S와 p에 의존하는 포텐셜을 계산할 수도 있다. U가 S와 V의 함수라는 것을 상기하고, S와 p의 함수인 열역학적 포텐셜을 얻고 싶다면 V에 대하여 U를 변화시키면 된다. 식 (2.15)와 유사하게 새로운 열역학적 포텐셜인 H를 다음과 같이 정의하자.

$$H = U - \left(\frac{dU}{dV}\right)_S V \qquad \text{식 (2.19)}$$

앞에서 $(dU/dV)_S = -p$ 이므로,

$$H = U + pV \tag{식 (2.20)}$$

여기서 H는 엔탈피(enthalpy)라 한다. 미분을 통해서 우리는 H가 S와 p의 함수라는 것을 보일 수 있다.

$$dH = dU + p\,dV + V\,dp \tag{식 (2.21)}$$

앞에서 $dU = T\,dS - p\,dV$ 이므로, 위의 식은 다음과 같다.

$$dH = T\,dS + V\,dp \tag{식 (2.22)}$$

지금까지 우리는 $U(S,V)$, $H(S,p)$, $G(T,p)$ 이렇게 3개의 열역학적 포텐셜을 정의했다. 온도와 부피에 의존하는 네 번째이자 마지막 열역학적 포텐셜인 $F(T,V)$를 정의하면 대칭구조를 완성시킬 수 있다.

$$F = U - TS \tag{식 (2.23)}$$

여기서 F는 헬름홀츠 자유에너지(Helmholtz free energy)이다. 위 식을 마찬가지의 방식으로 미분하고 계산하면 다음과 같다.

$$dF = -S\,dT - p\,dV \tag{식 (2.24)}$$

그림 2.3은 이 4개의 열역학적 포텐셜의 요약을 나타낸다. 원래 Schroeder[2]가 제안한 이 간결한 도표에서 이러한 열역학적 포텐셜 사이의 관계를 쉽게 기억할 수 있다. 간략하게 이 4개의 포텐셜들은 다음과 같이 정의된다.

- **내부에너지(U)**: 온도나 부피의 변화가 없는 경우 시스템을 구성하는 데 필요한 에너지
- **엔탈피(H)**: 시스템을 구성하는 데 필요한 에너지+(부피가 0일 때부터) 그 시스템이 차지하는 공간을 만드는 데 필요한 일
- **헬름홀츠 자유에너지(F)**: 시스템을 구성하는 데 필요한 에너지 – 등온상태에서 자발적인 열 전달 때문에 시스템의 주변으로부터 얻는 에너지
- **깁스 자유에너지(G)**: 시스템을 구성하고 그 시스템이 차지하는 공간을 만드는 데 필요한 에너지에서 열 전달로 인해 시스템 주변에서 얻는 에너지를 뺀 양. 즉, G는 주변환경이 자동적으로 공급해준 양을 제외하고, 등온상태에서 무시할 만큼 작은 초기 부피로부터 시스템을 형성하기 위한 전체 에너지를 나타낸다.

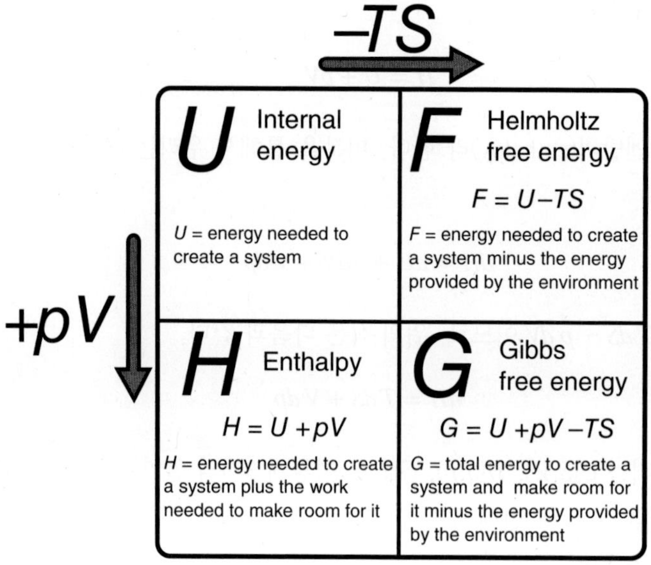

그림 2-3. 네 가지 열역학적 포텐셜의 요약도. 이 포텐셜들은 서로 '주변으로부터의 에너지'인 *TS*와 '팽창 일'인 *pV*에 관하여 대칭 관계가 있다. 위 그림은 포텐셜 서로간의 관계를 기억하는데 도움이 된다. (Daniel V. Schroeder [2]의 *An Introduction to Thermal Physics* 151쪽 그림 5.2, Copyright ©2000 by Addison Wesley Longman. Reprinted by permission of Pearson Education, Inc.)

2.1.6 몰 용량

열역학에서 일반적으로 고유(instrinsics) 변수와 비고유(extrinsic) 변수는 구별해서 표시한다. 온도나 압력 같은 고유 변수들은 시스템의 크기와 상관없으나, 내부 에너지와 엔트로피 같은 비고유 변수들은 시스템 크기와 비례한다. 예를 들어 기체 분자가 들어있는 상자의 크기가 두 배가 되고 상자 안의 분자의 수도 역시 두 배가 된다면, 온도와 압력은 변화가 없지만 내부 에너지와 엔트로피는 두 배가 된다. 이때 고유한 양들은 소문자로 쓰고 (p), 고유하지 않은 양들은 대문자(U)로 쓰는 것이 관례이다.

기체의 몰당 내부 에너지, $\hat{u}$ (kJ/mol 단위), 같은 몰 양들은 고유한 양이다. 화학반응에서는 몰 양에 기반하여 에너지 변화를 계산하는 것이 일반적이다.

$$\Delta\hat{g}_{\text{rxn}}, \Delta\hat{s}_{\text{rxn}}, \Delta\hat{v}_{\text{rxn}}$$

Δ는 화학반응 같은 열역학적 과정에서 초기 상태와 최종 상태 사이의 변화를 나타낸다. 따라서 에너지 변화가 음수라는 것은 에너지가 반응을 거치면서 방출되었다는 것을 의미

한다. 마찬가지로 부피 변화가 음수라는 것은 반응을 거치면서 부피가 줄었다는 것을 의미한다. 예를 들어 H_2-O_2 연료전지에서의 전체 반응,

$$H_2 + \tfrac{1}{2}O_2 \rightarrow H_2O \qquad \text{식 (2.25)}$$

는 실온, 대기압 상태에서 $\Delta\hat{g}_{rxn} = -237\text{kJ/mol } H_2$이다. 즉 1몰의 수소 기체(아니면 ½몰의 산소 기체)가 소모될 때마다 깁스 자유에너지의 변화는 −237kJ이다. 만약 5몰의 산소 기체가 반응했다면, **비고유 양**인 깁스 자유에너지의 변화(ΔG_{rxn})는 다음과 같이 계산된다.

$$5\text{ mol } O_2 \times \left(\frac{1\text{ mol } H_2}{(1/2)\text{ mol } O_2}\right) \times \left(\frac{-237\text{ kJ}}{\text{mol } H_2}\right) = -2370\text{ kJ} \qquad \text{식 (2.26)}$$

이 반응에서도 **고유한** 깁스 자유에너지는 $\Delta\hat{g}_{rxn} = -237\text{kJ/mol } H_2$이다.

2.1.7 표준상태

대부분의 열역학적 양은 온도와 압력에 의존하기 때문에 표준화된 조건을 모든 것에 대해 기준으로 잡으면 편리하다. 이러한 일련의 조건들을 표준상태라 한다. 표준상태조건에는 두 가지 경우가 있다.

- **열역학적 표준상태**는 어떠한 열역학적 양의 참고 값이 주어지는가에 따른 표준조건을 의미한다. 표준상태조건은 모든 반응물과 생성물 종들이 단일 활동에 있어 순수하고 가장 안정된 형태로 존재하는 것을 말한다(활동성에 관한 설명은 2.4.3절에 되어 있다). 표준상태조건은 위첨자 0으로 지정된다. 예를 들어 $\Delta\hat{h}^0$는 열역학적 표준상태에서의 엔탈피 변화를 나타낸다. 중요한 점은 열역학적 표준상태의 정의에 '표준온도'는 없다는 것이다. 하지만 대부분의 표들이 열역학적 표준상태 양을 25℃(298.15K)에서 표기하기 때문에 이 온도가 주로 적용된다. 25℃이외의 온도에서는 25℃하에서 구해진 $\Delta\hat{h}^0$와 $\Delta\hat{s}^0$의 값에 온도 보정을 적용하는 것이 때때로 필요하지만 이 값들은 작은 온도 변화에 대해서는 간단히 근사될 수 있으며 그에 따라 이 문제는 무시할 수 있다. 반면 25℃와 차이가 큰 온도에 대해서는 이러한 근사가 수행될 수 없다. 이 문제는 예제 2.2와 연습문제 2.9에서 다뤄볼 수 있다.

  온도에 따른 $\Delta\hat{g}^0$의 값은 훨씬 더 크게 변한다는 사실을 인지해야 하며, 그에 따라 $\Delta\hat{g}^0$의 값은 반드시 적어도 식 (2.39)의 선형 관계를 통한 예측에 따라 적용되어야 한

다. 예제 2.2에 이러한 선형 온도 관계의 적용이 나와 있다.

- **표준 온도 및 압력**(*standard temperature and pressure*), 혹은, STP는 대부분 보통 기체법칙의 계산과 연관 있는 표준상태이다. STP 상태들은 상온(298.15 K), 대기압의 조건으로 간주된다. (표준상태 기압은 1 bar=100 kPa로 정의되며 대기압은 1 atm=101.325 kPa로 간주되는데, 이 약간의 차이는 보통 무시된다.)

2.1.8 가역성

연료전지의 열역학에 관해 다룰 때 '가역적'이라는 개념이 자주 나온다. 가역적이라는 것은 평형 상태를 의미한다. 가역적인 연료전지 전압은 열역학적 평형에서 연료전지에 의해 생산된 전압이다. 어떤 과정에서 반응을 일으키는 힘에 반대방향으로 가해진 아주 극소의 힘이 그 반응을 역방향으로 진행되게 할 수 있다면 이 과정은 열역학적으로 가역적이다. 그리고 이런 시스템은 항상 평형 상태에 있다.

가역적인 연료전지 전압에 관련된 식들은 단지 평형상태조건들에만 적용된다. 연료전지에서 전류가 생기는 순간 평형은 깨지고 가역적인 연료전지 전압 방정식들은 더 이상 적용될 수 없다. 이 책에서는 가역적인 연료전지 전압과 비가역적인 연료전지 전압을 구분하기 위해 E와 V라는 기호를 사용할 것이다. 이때 E는 연료전지의 (열역학적으로 예상되는) 가역전압을, 그리고 V는 연료전지의 (비가역적인) 작동 전압을 나타낸다.

2.2 연료의 열 포텐셜: 반응 엔탈피

지금까지는 일반적인 열역학을 살펴보았고, 이제 재미있는 주제를 다루도록 하자. 우리가 열역학에 관해 알고 있는 것들을 연료전지에 적용하는 것이다. 연료전지의 목표는 연료에서 내부 에너지를 추출해서 그것을 더 유용한 형태의 에너지로 바꾸는 것이다. 연료에서 뽑아낼 수 있는 에너지의 양은 최대 얼마일까? 이 최댓값은 연료에서 에너지를 열의 형태로 뽑아내느냐 아니면 일의 형태로 뽑아내느냐에 달려있다. 이 절에서 알 수 있듯이, 연료에서 뽑아낼 수 있는 최대 열에너지는 (정압 과정에서) 연료의 반응 엔탈피에 의해 구해진다.

앞에서 살펴보았던 엔탈피에 대한 미분식이다(식 2.22).

$$dH = T\,dS + V\,dp \qquad \text{식 (2.27)}$$

정압 과정($dp=0$)에서 식 (2.27)은 아래와 같다.

$$dH = T\,dS \qquad \text{식 (2.28)}$$

여기서 dH는 가역반응에서 전달된 열(dQ)과 같다. 이런 이유로 엔탈피는 압력이 일정하다는 조건 하에서 시스템의 열 포텐셜 값으로 볼 수 있다. 즉, 정압반응에서 엔탈피 변화는 반응에 의해 생성된 열의 양을 표현한다. 그러면 이 열은 어디서 나오는가? 정압상태에서 dH를 dU의 형태로 표현하면 답을 얻을 수 있다.

$$dH = T\,dS = dU + dW \qquad \text{식 (2.29)}$$

이 식에서, 반응에서 생성된 열은 일로 변화된 에너지와 시스템의 내부 에너지의 변화 때문임을 알 수 있다. 시스템에서 내부 에너지의 변화는 주로 화학결합의 재구성 때문이다. 예를 들면, 이전 장에서 설명했듯이 수소를 태우면 분자 결합이 재구성되기 때문에 열이 방출된다. 생산물인 물은 처음의 반응물인 수소와 산소보다 낮은 내부 에너지를 가진다. 일로 변한 에너지를 빼면, 나미지 내부 에너지의 차이는 반응하는 동안 열로 변화한 것이다. 이 상황은 공을 언덕 아래쪽으로 굴리는 것과 유사하다. 공의 포텐셜에너지는 높은 포텐셜에너지를 가진 초기 상태에서 낮은 포텐셜에너지를 가진 최종 상태로 구르면서 운동에너지로 변한다.

연소반응과 관계된 엔탈피 변화는 **연소열**이라 한다. 연소열이라는 이름은 정압 화학반응에서 엔탈피와 열 포텐셜 사이의 밀접한 관계를 암시한다. 일반적으로 어떤 화학반응과 관계된 엔탈피 변화는 **반응 엔탈피**나 **반응열**이라 불린다. 이 책에서는 반응 엔탈피(ΔH_{rxn} 혹은 $\Delta \hat{h}_{rxn}$)를 주로 쓸 것이다.

2.2.1 반응 엔탈피의 계산

반응 엔탈피는 주로 반응 과정에서 화학결합의 재구성과 관계있으므로, 반응물과 생성물 사이의 결합 엔탈피의 차이를 이용해서 계산할 수 있다. 예를 들면, 연습문제 1.7에서 반응물인 O–O 결합과 H–H 결합의 엔탈피를 생성물인 H–O 결합의 엔탈피와 비교함으로써 수소 연소반응에서 얼마나 많은 열이 방출될지를 **대략적으로 계산**했었다.

결합 엔탈피 계산은 다소 부정확하며 단지 초보적인 추정값만을 구할 수 있다. 따라서 반응 엔탈피 값은 보통 반응물과 생성물 사이의 **형성 엔탈피** 차이를 계산함으로써 구할 수 있다. 표준상태에서 형성 엔탈피 $\Delta\hat{h}_f^0(i)$는 STP에서 1몰의 화학물 i를 만드는 데 얼마나 많은 엔탈피가 필요한지를 알려준다. 일반적인 반응을 살펴보자.

$$aA + bB \rightarrow mM + nN \qquad \text{식 (2.30)}$$

여기서 A와 B는 반응물, M과 N은 생성물, a, b, m, n은 각각 A, B, M, N의 몰 수를 나타낸다. 이때 $\Delta\hat{h}_{\mathrm{rxn}}^0$은 다음과 같이 계산된다.

$$\Delta\hat{h}_{\mathrm{rxn}}^0 = \left[m\,\Delta\hat{h}_f^0(\mathrm{M}) + n\,\Delta\hat{h}_f^0(\mathrm{N})\right] - \left[a\,\Delta\hat{h}_f^0(\mathrm{A}) + b\,\Delta\hat{h}_f^0(\mathrm{B})\right] \qquad \text{식 (2.31)}$$

그러므로 반응 엔탈피는 **몰 질량**의 반응물과 생성물의 형성 엔탈피 차이로부터 계산된다. 다른 에너지 변화와 마찬가지로 엔탈피 변화도 **최종 상태-초기 상태, 즉 생성물-반응물**의 형성으로부터 계산된다는 것을 기억하라.

식 (2.31)과 유사한 표현이 반응에 참여하는 종들의 표준 엔트로피 값 $\Delta\hat{s}_{\mathrm{rxn}}^0$을 이용함으로써 표준상태 반응 엔트로피 $\hat{s}^0$에도 쓰인다. 예제 2.1에서 구체적인 예를 살펴보자.

예제 2.1.

직접 메탄올 연료전지(Direct Methanol Fuel Cell, DMFC)는 연료로 수소 대신 메탄올을 사용한다. 메탄올 연소반응에서 $\Delta\hat{h}_{\mathrm{rxn}}^0$와 $\Delta\hat{s}_{\mathrm{rxn}}^0$를 계산하라.

$$CH_3OH_{(liq)} + \tfrac{3}{2}O_2 \rightarrow CO_2 + 2H_2O_{(liq)} \qquad \text{식 (2.32)}$$

풀이

부록 B에서 CH_3OH, O_2, CO_2, H_2O의 $\Delta\hat{h}_f^0$와 $\hat{s}^0$ 값들을 찾으면 다음과 같다.

Chemical Species	$\Delta\hat{h}_f^0$(kJ/mol)	$\hat{s}^0$[J/(mol · K)]
$CH_3OH_{(liq)}$	−238.5	127.19
O_2	0	205.00
CO_2	−393.51	213.79
$H_2O_{(liq)}$	−285.83	69.95

식 (2.31)에 따라 메탄올 연소의 $\Delta\hat{h}_{\mathrm{rxn}}^0$는 다음과 같이 계산된다.

$$\Delta \hat{h}^0_{\text{rxn}} = \left[2\,\Delta \hat{h}^0_f(\text{H}_2\text{O}_{(\text{liq})}) + \Delta \hat{h}^0_f(\text{CO}_2)\right] - \left[\tfrac{3}{2}\,\Delta \hat{h}^0_f(\text{O}_2) + \Delta \hat{h}^0_f(\text{CH}_3\text{OH}_{(\text{liq})})\right]$$
$$= [2(-285.83) + (-393.51)] - \left[\tfrac{3}{2}(0) + (-238.5)\right] \qquad \text{식 (2.33)}$$
$$= -726.67 \text{ kJ/mol}$$

같은 방식으로 $\Delta \hat{s}^0_{\text{rxn}}$도 계산할 수 있다.

$$\Delta \hat{s}^0_{\text{rxn}} = \left[2\hat{s}^0(\text{H}_2\text{O}_{(\text{liq})}) + \hat{s}^0(\text{CO}_2)\right] - \left[\tfrac{3}{2}\hat{s}^0(\text{O}_2) + \hat{s}^0(\text{CH}_3\text{OH}_{(\text{liq})})\right]$$
$$= [2(69.95) + (213.79)] - \left[\tfrac{3}{2}(205.00) + (127.19)\right] \qquad \text{식 (2.34)}$$
$$= -81.00 \text{ J/(mol} \cdot \text{K)}$$

2.2.2 엔탈피의 온도 의존성

어떤 물질이 흡수할 수 있는 열에너지의 양은 온도에 따라 변한다. 따라서 어떤 물질의 형성 엔탈피 또한 온도에 따라 변한다. 이 엔탈피의 온도 의존성은 물질의 **열용량**에 관한 식으로 표현될 수 있다.

$$\Delta \hat{h}_f = \Delta \hat{h}^0_f + \int_{T_0}^{T} c_p(T)\,dT \qquad \text{식 (2.35)}$$

여기서 $\Delta \hat{h}_f$는 임의의 온도 T에서 물질의 형성 엔탈피, $\Delta \hat{h}^0_f$는 온도 T_0 = 298.15 K에서 물질의 표준 생성 엔탈피, $c_p(T)$는 온도에 따른 물질의 정압 열용량(그 자체로 T에 대한 함수임을 알 수 있다)을 말한다. 만약 온도 T_0에서 T로 변하는 과정에서 상변화가 생긴다면, 그와 관계된 엔탈피 변화가 포함되어야 하므로 주의를 요한다.

같은 방식으로 물질의 엔트로피 또한 온도에 따라 변한다. 즉, 이 변화는 물질의 열용량에 따른 함수로 표현된다.

$$\hat{s} = \hat{s}^0 + \int_{T_0}^{T} \frac{c_p(T)}{T}\,dT \qquad \text{식 (2.36)}$$

식 (2.31), (2.35), (2.36)을 통해서 $\Delta \hat{h}^0_f$, $\hat{s}^0$, c_p 같은 기본적인 열역학적 데이터가 주어진다면 어떤 온도에서 어떤 반응의 $\Delta \hat{h}_{\text{rxn}}$과 $\Delta \hat{s}_{\text{rxn}}$를 계산할 수 있다. 부록 B에서 연료전지와 관련된 다양한 화학 물질들의 기본적인 열역학적 데이터들을 찾을 수 있을 것이다.

열용량의 영향은 일반적으로 중요하지 않기 때문에 $\Delta \hat{h}^0_f$와 $\hat{s}^0$ 값은 열역학적 계산을 간단히 하기 위해 보통은 온도에 독립적이라고 가정한다. 예제 2.2에서 이를 설명한다.

이상적인 세계에서는 화학반응을 통하여 유용한 일을 하기 위해 필요한 엔탈피를 모두 뽑아낼 수 있다. 하지만 안타깝게도 열역학에서 이것이 불가능하다는 것을 알 수 있다. 화학반응과 관련된 에너지의 단지 일부만이 유용한 일로 변환될 수 있다. 연료전지와 같은 전기화학적 시스템에서 전기적 일을 할 수 있는 에너지의 최댓값은 깁스 자유에너지를 이용하여 계산할 수 있다.

2.3 연료의 일 포텐셜: 깁스 자유에너지

2.1.5절에서 깁스 자유에너지는 시스템을 생성하고 그것을 위한 공간을 만드는 데 필요한 전체 에너지에서 자발적인 열 전달 때문에 주변으로 받은 에너지를 뺀 만큼의 에너지로 생각하면 된다고 했다. 따라서 G는 시스템을 생성하기 위해 전달해야만 하는 에너지이다. (주변은 물론 열로서 다소간의 에너지를 전달했다. 하지만 G는 이것을 제외한 값이다.) 만약 G가 시스템을 생성하기 위해 전달해야만 하는 전체 에너지라면, G는 시스템으로부터 뽑아낼 수 있는 최대의 에너지이어야 한다. 즉, 깁스 자유에너지는 시스템의 이용할 수 있는 에너지 포텐셜, 즉 **일 포텐셜**(*work potential*)인 것이다.

2.3.1 깁스 자유에너지의 계산

깁스 자유에너지는 반응의 일 포텐셜을 구하기 위한 열쇠이므로 $\Delta\hat{h}_{rxn}$와 $\Delta\hat{s}_{rxn}$ 값을 계산하듯이 $\Delta\hat{g}_{rxn}$ 값도 계산해야 한다. 그런데 $\Delta\hat{g}_{rxn}$ 값을 $\Delta\hat{h}_{rxn}$와 $\Delta\hat{s}_{rxn}$ 값에서 **직접적으로** 구할 수 있다. G의 정의를 떠올려보면, G는 이미 H를 분명히 포함하고 있다. 왜냐하면 $G=U+PV-TS$이고, $H=U+PV$이기 때문이다. 따라서 우리는 깁스 자유에너지를 다음과 같이 쓸 수 있다.

$$G = H - TS \qquad \text{식 (2.37)}$$

위 식을 미분하면

$$dG = dH - T\,dS - S\,dT \qquad \text{식 (2.38)}$$

온도를 고정하고(등온 과정), 이 관계식을 몰당량의 식으로 다시 쓰면 아래와 같다.

$$\Delta \hat{g} = \Delta \hat{h} - T\Delta \hat{s} \quad \text{식 (2.39)}$$

그러므로 등온 과정에서 $\Delta \hat{g}$를 $\Delta \hat{h}$와 $\Delta \hat{s}$의 식으로 바꿔서 계산할 수 있다. 이 등온 과정이라는 가정은 반응하는 동안 온도가 일정하다는 것을 의미한다. 다른 반응 온도에서의 $\Delta \hat{g}$ 값을 계산하는 데도 식 (2.39)를 사용할 수 있다는 것을 기억하자.

예제 2.2.

다음 반응이 더 이상 자발적으로 일어나지 않는 온도를 구하라.

$$CO + H_2O_{(g)} \rightarrow CO_2 + H_2 \quad \text{식 (2.40)}$$

풀이

이 문제의 답을 구하기 위해서 우리는 이 반응의 깁스 자유에너지를 온도에 대한 함수로 구한 후, 이 반응의 깁스 자유에너지가 0이 되는 온도를 구해야 한다.

$$\Delta \hat{g}_{rxn}(T) = \Delta \hat{h}_{rxn}(T) - T\Delta \hat{s}_{rxn}(T) = 0 \quad \text{식 (2.41)}$$

납을 구하기 위해 $\Delta \hat{h}_{rxn}$와 $\Delta \hat{s}_{rxn}$가 온도에 독립적이라 가정하자. (열용량의 효과를 무시한다.) 이 경우에 온도에 대한 $\Delta \hat{g}_{rxn}$의 식은 다음과 같다.

$$\Delta \hat{g}_{rxn}(T) = \Delta \hat{h}^0_{rxn} - T\Delta \hat{s}^0_{rxn} \quad \text{식 (2.42)}$$

CO, CO_2, H_2, H_2O의 $\Delta \hat{h}^0_f$, $\hat{s}^0$ 값은 부록 B에서 찾을 수 있다.

Chemical Species	$\Delta \hat{h}^0_f$(kJ/mol)	$\hat{s}^0$[J/(mol · K)]
CO	−110.53	197.66
CO_2	−393.51	213.79
H2	0	130.68
H_2O(g)	−241.83	188.84

식 (2.31)에 따라 $\Delta \hat{h}^0_{rxn}$을 계산하면

$$\begin{aligned}\Delta \hat{h}^0_{rxn} &= \left[\Delta \hat{h}^0_f(CO_2) + \Delta \hat{h}^0_f(H_2)\right] - \left[\Delta \hat{h}^0_f(CO) + \Delta \hat{h}^0_f(H_2O)\right] \\ &= [(-393.51) + (0)] - [(-110.53) + (-241.83)] \\ &= -41.15 \text{ kJ/mol}\end{aligned} \quad \text{식 (2.43)}$$

마찬가지로 $\Delta\hat{s}^0_{\mathrm{rxn}}$을 계산하면

$$\begin{aligned}\Delta\hat{s}^0_{\mathrm{rxn}} &= [\hat{s}^0(CO_2)+\hat{s}^0(H_2)] - [\hat{s}^0(CO)+\hat{s}^0(H_2O)] \\ &= [(213.79)+(130.68)] - [(197.66)+(188.84)] \\ &= -42.03\ \mathrm{J/(mol\cdot K)}\end{aligned} \qquad \text{식 (2.44)}$$

위 두 식을 식 (2.42)에 대입하면

$$\Delta\hat{g}_{\mathrm{rxn}}(T) = -41.15\ \mathrm{kJ/mol} - T[-0.04203\ \mathrm{kJ/(mol\cdot K)}] \qquad \text{식 (2.45)}$$

위 식을 살펴보면, 낮은 온도에서는 엔탈피 항이 엔트로피 항보다 지배적이고, 자유에너지가 음수가 됨을 알 수 있다. 그러나 온도가 올라감에 따라 엔트로피가 결국 우세해지며 반응이 자발적이지 않게 된다. 이 식을 0이라 놓고 T에 대해 풀면 이 반응이 더 이상 자발적이지 않게 되는 온도를 구할 수 있다.

$$-41.15\ \mathrm{kJ/mol} + T[0.04203\ \mathrm{kJ/(mol\cdot K)}] = 0 \quad T \approx 979\ \mathrm{K} \approx 706^\circ\mathrm{C} \qquad \text{식 (2.46)}$$

이 반응은 수성가스 전환반응(water-gas shift reaction)이라 한다. 이 반응은 고온에서 직접 탄화수소 연료전지(direct hydrocarbon fuel cell)의 내부 개질에 중요하다. 이러한 연료전지는 수소 기체 외에도 메탄 같은 단순한 탄화수소 연료로도 동작한다. 이 연료들은 탄소를 포함하므로 일산화탄소가 종종 발생한다. 이 수성가스 전환반응은 발생한 일산화탄소에서 추가적인 수소 기체가 생기도록 한다. 그러나 이 연료전지가 700℃ 이상에서 동작한다면, 이 수성가스 전환반응은 열역학적으로 불리하게 된다. 따라서 고온의 직접 탄화수소 연료전지를 작동하기 위해서는 반응열역학(저온에서 더 유리함)과 반응속도론(고온에서 좋아짐) 사이에서 적절한 균형을 잡는 것이 필요하다.

2.3.2 깁스 자유에너지와 전기적 일의 관계

지금까지 Δg를 어떻게 계산하는지 배웠으므로 연료전지의 일 포텐셜을 계산할 수 있다. 그런데 우리는 연료전지의 전기적 일에 특히 관심이 있다. 이제 연료전지 반응에서 뽑아낼 수 있는 전기적 일의 최대 양을 계산해보자.

식 (2.17)에서 깁스 자유에너지의 변화를 다음과 같이 정의하였다.

$$dG = dU - T\,dS - S\,dT + p\,dV + V\,dp \quad \text{식 (2.47)}$$

이전과 마찬가지로, 열역학 제1법칙에 기반한 dU의 식(식 2.3)을 위의 식에 대입한다. 그러나 이번에는 dU의 일(Work) 항이 기계적 일과 전기적 일을 모두 포함하도록 한다.

$$\begin{aligned} dU &= T\,dS - dW \\ &= T\,dS - (p\,dV + dW_{\text{elec}}) \end{aligned} \quad \text{식 (2.48)}$$

이제 dG는 다음과 같다.

$$dG = -S\,dT + V\,dp - dW_{\text{elec}} \quad \text{식 (2.49)}$$

등온, 정압 과정(dT, $dp = 0$)에서 위의 식은 다음과 같다.

$$dG = -dW_{\text{elec}} \quad \text{식 (2.50)}$$

따라서 등온, 정압 과정에서 시스템이 할 수 있는 최대의 전기적 일은 그 과정의 깁스 자유에너지 차이의 음수값이 된다. 몰당량을 사용하면, 이 식은 다음과 같이 쓸 수 있다.

$$W_{\text{elec}} = -\Delta g_{\text{rxn}} \quad \text{식 (2.51)}$$

여기서 사용한 등온, 정압이라는 가정은 실제로 그렇게 제한적이지는 않다. 단지 유일한 제한이라면 온도와 압력이 반응 과정 동안에 변하지 않는다는 것이다. 연료전지는 일반적으로 일정한 온도와 압력 하에서 작동되기 때문에 이 가정은 합리적이다. 그리고 위에서 이끌어낸 식은 온도와 압력 값이 반응하는 동안에 변하지만 않는다면 다른 온도와 압력 하에서도 유효하다. 이 식을 $T=200$ K, $p=1$ atm에 적용할 수 있고, $T=400$ K, $p=5$ atm에도 적용할 수 있다. 나중에 (처음의 어떤 상태에서 새로운 상태로 작동조건이 변할 때) 온도와 압력이 어떻게 연료전지의 최대 전기적 일에 영향을 미치는지를 확인할 것이다.

일정 온도 압력에서의 열역학적 엔진 작동(선택적 내용)

연료전지 작동에 관한 열역학은 다른 열역학적 엔진(혹은 열기관)과 비슷하게 분석될 수 있다. 연료전지의 경우, 일반적으로 등압등온조건에서 정상상태 작동이 일어난다. 그림 2.4는 이러한 열기관의 작동을 보여준다.

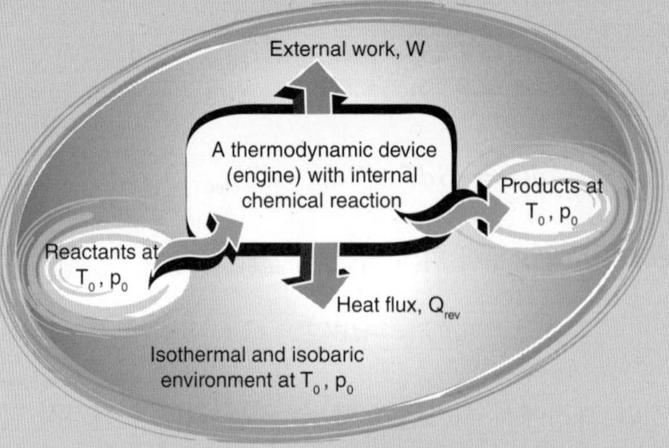

그림 2-4. 일정 압력 온도 하에서 작동하는 가역 열역학적 엔진(혹은 열기관)의 도표. 반응물과 생성물이 각자 일정 압력 온도 상태에서 엔진에 들어가고 나온다. 이 엔진은 반응물의 화학(열)에너지로 외부 일을 생성한다. 또한, 이 엔진은 등온등압 환경에 사용되지 않은 화학적 에너지를 내놓는다.

주변의 온도 기압인 T_0, p_0의 반응물들이 엔진에 들어간다. 이때 이 반응물들은 총 화학적(열) 에너지 혹은 $H_{\text{Reactant}}(T_0, p_0)$의 엔탈피를 지닌다. 엔진에서 화학반응이 일어난 후에는 생성물들은 엔진에서 $H_{\text{Product}}(T_0, p_0)$를 지닌 채 주변의 온도 기압인 T_0, p_0 상태로 나온다. 엔진은 화학반응에서 발생한 열에너지로 외부 일 W를 생성한다. 동시에, 엔진은 사용되지 않은 열 $Q(=-Q_{\text{rev}})$를 주변 온도 T_0의 환경에 방출한다.

정상상태에서 장치 내에 에너지 축적이 없다고 가정하면, 열역학 제1법칙으로 본 시스템의 열평형과 에너지 평형을 다음과 같은 식으로 적을 수 있다.

$$H_{\text{Reactants}}(T_0, p_0) = H_{\text{Products}}(T_0, p_0) - Q_{\text{rev}} + W \qquad \text{식 (2.52)}$$

W에 대해 식을 정리하면 다음과 같다.

$$\begin{aligned} W &= H_{\text{Reactants}}(T_0, p_0) - H_{\text{Products}}(T_0, p_0) + Q_{\text{rev}} \\ &= -\Delta H(T_0, p_0) + Q_{\text{rev}} \end{aligned} \qquad \text{식 (2.53)}$$

엔진이 열역학적으로 가역적이므로 열역학 제2법칙에서 다음과 같은 식을 얻을 수 있다.

$$dS(T_0,\ p_0) = \frac{dQ_{rev}}{T_0} \qquad \text{식 (2.54)}$$

양변을 적분하고 Q_{rev}에 대해 풀면,

$$\begin{aligned}\int dS(T_0,\ p_0) &= S_{Products}(T_0,\ p_0) - S_{Reactants}(T_0,\ p_0) = \Delta S(T_0,\ p_0)\\ &= \int \frac{dQ_{rev}}{T_0} = \frac{Q_{rev}}{T_0} \qquad \text{식 (2.55)}\\ Q_{rev} &= -T_0 \Delta S(T_0,\ p_0)\end{aligned}$$

식 (2.55)를 식 (2.53)에 대입하고 W에 대해 풀면,

$$\begin{aligned}W &= -\Delta H(T_0,\ p_0) + Q_{rev}\\ &= -\Delta H(T_0,\ p_0) + T_0 \Delta S(T_0,\ p_0) \qquad \text{식 (2.56)}\\ &= -\Delta G(T_0,\ p_0)\end{aligned}$$

따라서 등압등온조건에서 작동한다는 전제하에 정상상태의 엔진은 깁스 자유에너지와 동등한 최대량의 에너지를 생성할 수 있다. 이러한 조건에서 연료전지는 전기적 형태로 일 W를 생성할 수 있는 열역학적 엔진의 한 종류이다. 이미 이러한 조건에서 최대로 구할 수 있는 열역학적 일 포텐셜이 시스템의 깁스에너지와 같다는 사실을 배웠기에 이는 놀랄만한 결과가 아니다.

2.3.3 깁스 자유에너지와 반응의 자발성의 관계

반응에서 끌어낼 수 있는 전기적 일의 최대 양을 결정하는 것 외에도 깁스 자유에너지는 반응의 자발성을 결정하는 데도 유용하다. 만약 어떤 반응에서 ΔG가 0이라면, 어떤 전기적 일도 끌어낼 수 없을 것이다. 만약 ΔG가 0보다 크다면, 그 반응이 일어나기 위해서는 일을 해주어야만 한다. 따라서 ΔG의 부호는 반응의 자발성 여부를 암시한다.

$\Delta G > 0$ 비자발적 (에너지 관점에서 비우호적)

$\Delta G = 0$ 평형상태

$\Delta G < 0$ 자발적 (에너지 관점에서 우호적)

자발적인 반응은 에너지 관점에서 우호적이다. 즉 '내리막' 과정이다. 그런데 자발적인 반응이 에너지적으로 우호적이라 하더라도, 자발성 여부가 이 반응이 실제로 발생하는지 아니면 얼마나 빨리 발생할 것인지를 알려주는지는 보장할 수는 없다. 많은 자발적인 반응들이 활성화 장벽에 막혀 발생하지 않는다. 예를 들어, STP 조건에서 다이아몬드에서 흑연으로의 변환은 에너지적으로 우호적이다($\Delta G < 0$). 다이아몬드를 사랑하는 사람들에게는 다행스럽게도, 활성화 장벽이 이러한 변환이 발생하는 것을 막는다. 마찬가지로 연료전지도 비슷한 영향을 받는다. 연료전지에서 생산되는 전기량은 비슷한 현상에 의해 제한된다. 이러한 현상은 3~5장에서 다룰 것이다. 그러나 반응속도론을 다루기 전에, 연료전지의 전기적 일 용량이 어떻게 전지의 **전압**으로 바뀌는지를 이해할 필요가 있다.

2.3.4 깁스 자유에너지와 전압의 관계

전기적 일을 하기 위한 시스템의 포텐셜은 전압(**전기적 포텐셜**, *electrical potential*)으로 측정된다. 볼트로 나타나는 전기적 포텐셜의 차이 E를 통해, 쿨롱(coulomb, C)으로 측정되는 전하 Q의 움직임에 의해 행해진 전기적 일은 다음과 같다.

$$W_{\text{elec}} = EQ \qquad \text{식 (2.57)}$$

만약 전하가 전자에 의해 수송된다고 가정한다면

$$Q = nF \qquad \text{식 (2.58)}$$

여기서 n은 전달되는 전자의 몰 수, F는 패러데이 상수(Faraday's constant)이다. 식 (2.51), (2.52), (2.53)을 결합하면 다음과 같다.

$$\Delta \hat{g} = -nFE \qquad \text{식 (2.59)}$$

그러므로 깁스 자유에너지는 전기화학적 반응의 가역전압의 크기를 결정한다. 예를 들어, 수소-산소 연료전지에서 반응은

$$H_2 + \tfrac{1}{2}O_2 \rightleftharpoons H_2O \qquad \text{식 (2.60)}$$

표준상태조건에서 생성물이 물(액체)일 때 깁스 자유에너지 변화가 -237 kJ/mol이다. 따라서 표준상태조건에서 수소-산소 연료전지의 가역전압은 다음과 같다.

$$
\begin{aligned}
E^0 &= -\frac{\Delta \hat{g}^0_{\mathrm{rxn}}}{nF} \\
&= -\frac{-237,000\ \mathrm{J/mol}}{(2\ \mathrm{mol\ e^-/mol\ reactant})(96,485\ \mathrm{C/mol})} \\
&= +1.23\ \mathrm{V}
\end{aligned}
\qquad \text{식 (2.61)}
$$

여기서 E^0는 반응의 표준상태 가역전압이고, $\Delta \hat{g}^0_{\mathrm{rxn}}$는 반응의 표준상태 자유에너지 변화량이다.

열역학으로부터 STP에서 H_2-O_2 연료전지의 최대 전압이 1.23 V임을 알 수 있다. 만약 10 V가 필요하다면 이 또한 가능하다. 연료전지에서의 화학반응에 의해 가역 전지 전압이 결정된다. 다른 화학반응을 사용하는 연료전지는 다른 가역 전지 전압을 나타낼 것이다. 그러나 대부분의 실현 가능한 연료전지 화학반응에서 가역 전지 전압은 보통 0.8~1.5 V이다. 따라서 연료전지에서 10 V를 얻기 위해서는 보통 여러 개의 전지를 직렬로 적층하고 이를 스택(stack)이라 부른다.

2.3.5 표준전극전위: 가역전압 계산

식 (2.59)를 통해 전지 전압을 어떻게 계산하는지 배웠지만, 많은 반응의 전지 포텐셜들은 이미 **표준전극전위표**에 구해져 있다. 이 전극전위표를 사용해서 가역전압을 구하는 것이 훨씬 쉽다. 표준전극전위표는 수소 환원반응에 대한 다양한 화학적 반쪽반응의 표준상태 가역전압을 보여준다. 이 테이블에서 수소 환원반응의 표준상태전위는 0으로 정의되어 있어서 다른 반응과 쉽게 비교할 수 있게 해준다.

표 2.1 표준전극전위표의 일부

Electrode Reaction	E^0 (V)
Fe^{2+} + 2e- Fe $\rightleftharpoons$	−0.440
$CO^2 + 2H^+ + 2e^- \rightleftharpoons CHOOH_{(aq)}$	−0.196
$2H^+ + 2e^- \rightleftharpoons H_2$	+0.000
$CO_2 + 6H^+ + 6e^- \rightleftharpoons CH_3OH + H_2O$	+0.03
$O_2 + 4H^+ + 4e^- \rightleftharpoons 2H_2O$	+1.229

전극전위의 개념을 보여주기 위하여 간략한 리스트를 표 2.1에 나타내었다. 더 자세한 전극전위표는 부록 C에 있다.

완전한 전기화학적 시스템에 의해 생성된 표준상태 전압을 찾기 위해서는 회로 안의 모든 전위들을 단지 더해주기만 하면 된다.

$$E^0_{\text{cell}} = \sum E^0_{\text{half reactions}} \qquad \text{식 (2.62)}$$

nF라는 양

연료전지나 다른 전기화학적 시스템을 공부할 때 nF라는 양을 포함하는 식들을 자주 만나게 된다. 이 양은 화학 종들의 몰 수를 논하는 열역학적 세계와 전류와 전압을 논하는 전기화학적 세계를 연결하는 다리이다. 사실, nF라는 양은 전기화학에서 가장 기초가 되는 것 중 하나이다. 반응하는 화학물질 사이에서 전류의 형태로 양자화된 전자의 흐름인 것이다. 어떤 전기화학 반응에서 반응하는 화학 종들의 몰 수와 전달되는 전자의 몰 수는 정수 배의 관계가 있다. 예를 들어 H_2-O_2 연료전지 반응에서는 H_2 1몰이 반응할 때마다 2몰의 전자가 전달된다. 이 경우 $n=2$이다. 이 전자의 몰 양을 전하의 양으로 변환하기 위해서는 먼저 전자의 수를 구하기 위해 n에 아보가드로의 수($N_A = 6.022 \times 10^{23}$ electrons/mol)를 곱하고, 총 전하를 구하기 위해 전자당 전하량($q = 1.68 \times 10^{-19}$ C/electron)을 곱한다.

$$Q = nN_A q = nF \qquad \text{식 (2.63)}$$

패러데이 상수라 불리는 것은 실제로는 $N_A q$의 값($F = (6.022 \times 10^{23}$ electrons/mol) $\times$ (1.60×10^{-19} C/electron) $\fallingdotseq$ 96,485 C/mol)이다. 흥미롭게도 패러데이 상수가 큰 수라는 사실은 중요한 기술적 의의를 지닌다. F가 크기 때문에 적은 양의 화학반응에서도 많은 전류를 생산할 수 있다. 이 관계가 연료전지 기술을 실현 가능하게 만드는 요소 중 하나가 된다.

학생들은 반응에서 전달된 전자의 몰 수(n)가 반응물 기준인지, 생성물 기준인지, 아니면 또 다른 무언가를 기준으로 하는 것인지를 종종 헷갈려 한다. 정답은 일관적이기만 하면 된다는 것이다. 예를 들어 다음 반응을 생각해보자.

$$A + 2B \rightarrow C + 2e^- \quad \Delta G_{\text{rxn}} \qquad \text{식 (2.64)}$$

이 반응에서 반응물 A 1몰이나 생성물 C 1몰, 생성물 B 2몰을 기준으로 $n=2$이다. 생성물 B 1몰을 기준으로 한 n을 원한다면 반응식은 다음과 같이 적용되어야 한다.

$$\frac{1}{2}A + B \rightarrow \frac{1}{2}C + e^- \qquad \frac{1}{2}\Delta G_{rxn} \qquad \text{식 (2.65)}$$

자, 이제 반응물 B 1몰 기준으로 n은 1이 되었다. 물론 반응물 A ½몰이나 생성물 C ½몰 기준으로도 $n=1$이다. 그렇지만 식 (2.65) 반응의 ΔG 값도 원래 반응의 ΔG 값의 ½이 된다는 것을 잊지 말아야 한다. 반응식에서 n과 ΔG 값이 일관적인 한, 헷갈릴 일은 없을 것이다.

예를 들자면, 수소–산소 연료전지의 표준상태전위는 다음과 같이 계산된다.

$$\begin{aligned} &H_2 \rightarrow 2H^+ + 2e^- && E^0 = -0.000 \\ &+\tfrac{1}{2}(O_2 + 4H^+ + 4e^- \rightarrow 2H_2O) && E^0 = +1.229 \\ &= H_2 + \tfrac{1}{2}O_2 \rightarrow H_2O && E^0_{cell} = +1.229 \end{aligned}$$

과급(stoichiometry)을 충족시키기 위해 O_2 관계식에 ½을 곱하였다. 그러나 E^0 값에는 ½을 곱하면 안 된다. E^0 값은 반응하는 물질의 양과는 관계없다. 또한 이 계산에서 수소 반응의 방향이 바뀌었다는 것을 기억해야 한다. (수소–산소 연료전지에서 수소는 산화되지 환원되지 않는다.) 반응의 방향을 바꿀 때는 그 반응의 전위 부호도 역시 바꿔주어야 한다. 수소반응에서는 +0.000 V= −0.000 V임으로 차이가 없다. 하지만 예를 들어 철 산화반응

$$Fe \rightleftharpoons Fe^{2+} + 2e^- \qquad \text{식 (2.66)}$$

의 표준상태 전위는 +0.440 V가 된다.

완전한 전기화학반응은 일반적으로 산화반응 1개와 환원반응 1개, 이렇게 2개의 반쪽반응으로 구성된다. 그러나 전극전위표의 모든 반응들은 다 환원반응이다. 2개의 반쪽반응 중에서 무엇이 산화반응으로, 또 무엇이 환원반응으로 작용해야 반응이 자발적인지를 어떻게 알 수 있을까? 반응의 전극전위의 크기를 비교하면 알 수 있다. 전극전위는 실제로 자유에너지를 나타내기 때문에 전위가 증가하면 '반응 강도'도 증가한다. 한 쌍의 전기화학적 반쪽반응 중에서, 큰 전극전위를 가진 반응은 쓰여진 대로 발생하고, 작은 전극전위를 가진 반응은 쓰여진 반대방향으로 발생한다. 예를 들어 위의 표에서 $Fe^{2+}-H^+$ 반응을 생각해보자. 수소 환원반응은 철 환원반응보다 큰 전극 전위를 가지므로(0 V>−0.440 V) 쓰여진 대로 발생할

것이고, 철 환원반응은 역방향으로 발생할 것이다.

$$\begin{array}{ll} 2H^+ + 2e^- \rightarrow H_2 & E^0 = +0.000 \\ Fe \rightarrow Fe^{2+} + 2e^- & E^0 = +0.440 \\ \hline Fe + 2H^+ \rightarrow Fe^{2+} + H_2 & E^0 = +0.440 \end{array}$$

따라서 열역학은 이 시스템에서 철은 자발적으로 산화되어 Fe^{2+}가 되고, 수소 기체가 발생할 것이고, 전체 전지전위는 +0.440 V가 될 것임을 알려준다. 이 반응은 표준상태라는 조건하에서 열역학적으로 자발적인 반응이다. 열역학적으로 자발적인 전기화학적 반응은 양수의 전지전위를 가질 것이다. 물론, 0.440 V보다 큰 외부 전압이 전지에 작용한다면, 이 반응은 역방향으로 발생할 수도 있다. 이 경우에 전원 공급기는 이 시스템의 열역학을 극복하기 위하여 전지에 일을 하게 되는 것이다.

예제 2.3.

직접 메탄올 연료전지(Direct Methanol Fuel Cell, DMFC)는 수소 대신 메탄올(CH_3OH)을 연료로 사용한다.

$$CH_3OH + \tfrac{3}{2}O_2 \rightarrow CO_2 + 2H_2O \qquad \text{식 (2.67)}$$

DMFC에서 표준 상태 가역 전위를 계산하라.

풀이

위 반응식을 2개의 전기화학적 반쪽반응식으로 쪼개보자.

$$\begin{array}{ll} CH_3OH + H_2O \rightleftharpoons CO_2 + 6H^+ + 6e^- & E^0 = -0.03 \\ \tfrac{3}{2}(O_2 + 4H^+ + 4e^- \rightleftharpoons 2H_2O) & E^0 = +1.229 \\ \hline CH_3OH + \tfrac{3}{2}O_2 \rightarrow CO_2 + 2H_2O & E^0 = +1.199 \end{array}$$

따라서 DMFC의 전체 전지 포텐셜은 H_2-O_2 연료전지와 거의 같은 +1.199 V가 된다. 산소 환원 식에 $\frac{3}{2}$을 곱했지만, E^0 값에는 $\frac{3}{2}$을 곱하면 안 된다. E^0 값은 반응하는 물질의 양과 관계가 없다.

2.4 표준상태가 아닐 때 연료전지의 가역전압 계산

표준상태에서 연료전지의 가역전압(E^0 값)은 단지 표준상태 조건(실온, 대기압, 모든 물질의 단위 활동도)하에서만 유용하다. 연료전지는 표준상태와는 매우 다른 조건 하에서 작동될 때가 많다. 예를 들면, 고온 연료전지는 700~ 1000℃에서 작동되고, 자동차용 연료전지는 종종 3~5기압 하에서 작동되고, 거의 모든 연료전지에서 반응물의 농도(그리고 그에 따른 활동도) 변화를 고려해야 한다.

이어지는 절에서 연료전지의 가역전압이 표준상태에서 멀어질 때 어떻게 영향을 받는지 체계적으로 살펴볼 것이다. 먼저 연료전지의 가역전압에 대한 온도의 영향을 살펴보고, 다음으로 압력의 영향을, 마지막으로 물질들의 활동도(농도)의 영향을 다룰 것인데, 이것은 Nernst 식으로 표현된다. 결국 임의의 조건 하에서 연료전지의 가역전압을 예측할 수 있는 열역학적 도구를 갖게 되는 것이다.

2.4.1 온도에 따른 가역전압 변화

가역전압이 온도에 따라 어떻게 변하는지를 이해하기 위해서는 깁스 자유에너지의 본래의 미분 식을 살펴볼 필요가 있다.

$$dG = -S\,dT + V\,dp \quad \text{식 (2.68)}$$

이 식은 다음과 같이 쓸 수 있다.

$$\left(\frac{dG}{dT}\right)_p = -S \quad \text{식 (2.69)}$$

몰당량으로 바꾸면 위 식은 다음과 같다.

$$\left(\frac{d(\Delta\hat{g})}{dT}\right)_p = -\Delta\hat{s} \quad \text{식 (2.70)}$$

이전에 깁스 자유에너지와 가역전지 전압은 다음과 같은 관계가 있다고 증명하였다.

$$\Delta\hat{g} = -nFE \quad \text{식 (2.71)}$$

식 (2.70)과 (2.71)을 결합하면 가역전지 전압을 온도의 함수로 나타낼 수 있다.

$$\left(\frac{dE}{dT}\right)_p = \frac{\Delta\hat{s}}{nF} \qquad \text{식 (2.72)}$$

임의의 온도 T에서의 가역전지 전압을 E_T라 하면, 압력이 일정할 때 E_T는 다음과 같이 계산된다.

$$E_T = E^0 + \frac{\Delta\hat{s}}{nF}(T - T_0) \qquad \text{식 (2.73)}$$

일반적으로 $\Delta\hat{s}$은 온도에 독립적이라고 가정한다. 더 정확한 E_T 값이 필요하다면, $\Delta\hat{s}$를 온도의 함수로 놓고 열용량을 적분하면 된다.

식 (2.73)에서 화학반응의 $\Delta\hat{s}$가 양수라면 E_T가 온도에 정비례하고, $\Delta\hat{s}$가 음수라면 E_T가 온도에 반비례함을 알 수 있다. 대부분의 연료전지반응에서 $\Delta\hat{s}$는 음수이므로, 온도가 증가하면 연료전지의 가역전압은 감소하는 경향이 있다.

예를 들어 친숙한 H_2-O_2 연료전지를 살펴보자. 부록 B의 데이터를 이용하여 계산해보면 (생성물이 $H_2O_{(g)}$일 때) $\Delta\hat{s}_{rxn} = -44.43$ J/(mol · K)이다. 따라서 온도에 따른 전지 전압의 변화는 다음과 같이 계산된다.

$$\begin{aligned} E_T &= E^0 + \frac{-44.34\,\text{J/(mol}\cdot\text{K)}}{(2)(96,485)}(T - T_0) \\ &= E^0 - (2.298 \times 10^{-4}\,\text{V/K})(T - T_0) \end{aligned} \qquad \text{식 (2.74)}$$

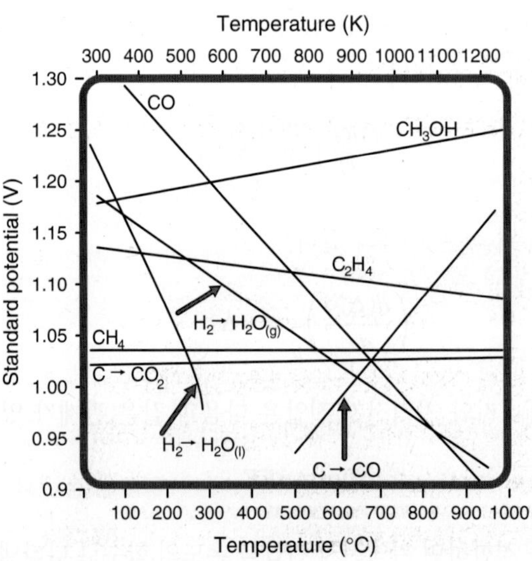

그림 2-5. 다양한 연료의 전기화학적 산화반응에서 온도에 따른 가역전압(E_T) [3]

그러므로 전지 온도가 100℃ 증가할 때마다 전지 전압은 약 23 mV만큼 감소한다. 1000 K에서 동작하는 H_2−O_2 SOFC의 가역전압은 약 1.07 V이다. 다른 많은 연료의 전기화학적 산화반응에서 온도에 따른 변화는 그림 2.5에 나타나 있다.

대부분의 경우 연료전지의 가역전압은 온도가 증가하면 감소한다. 그렇다면 연료전지의 작동 온도를 가능한 한 낮추어야만 할까? 꼭 그렇지는 않다. 3장과 4장에서 배우겠지만, 반응 손실(kinetic loss)은 온도가 증가하면 감소하는 경향이 있다. 따라서 온도가 증가하면 열역학적으로 가역전압은 **감소하지만**, 실제 연료전지의 출력 성능은 대부분 **증가한다**.

2.4.2 압력에 따른 가역전압 변화

온도의 영향을 계산할 때와 마찬가지로 전지 전압에 대한 압력의 영향도 깁스 자유에너지의 미분 식에서부터 계산을 시작한다.

$$dG = -S\,dT + V\,dp \qquad \text{식 (2.75)}$$

이 식을 다시 쓰면,

$$\left(\frac{dG}{dp}\right)_T = V \qquad \text{식 (2.76)}$$

몰당량으로 바꾸면 위 식은 다음과 같다.

$$\left(\frac{d(\Delta\hat{g})}{dp}\right)_T = \Delta\hat{v} \qquad \text{식 (2.77)}$$

이전에 깁스 자유에너지와 가역전지 전압은 다음과 같은 관계가 있다고 보인 바 있다.

$$\Delta\hat{g} = -nFE \qquad \text{식 (2.78)}$$

이 식을 식 (2.77)에 대입하면 가역전지 전압을 압력에 대한 함수로 표현할 수 있다.

$$\left(\frac{dE}{dp}\right)_T = -\frac{\Delta\hat{v}}{nF} \qquad \text{식 (2.79)}$$

즉, 압력에 따른 가역전지 전압의 변화는 반응의 부피 변화와 관계가 있다. 만약 반응의 부피 변화가 음수라면(예를 들어 반응에 의해 생성된 기체의 몰 수가 소비된 기체의 몰 수보다 적다면), 전지 전압은 압력이 증가함에 따라 증가할 것이다. 이것이 시스템의 압력이 증가하면 그 압력을 감소시키는 방향으로 반응이 일어난다는 **르 샤틀리에**(*Henry–Louis Le Chatelier*) 원리의 한 예이다.

보통 단지 기체 물질만이 감지할 수 있을 정도의 부피 변화를 일으킨다. 이상 기체 법칙이 적용된다고 가정하면 식 (2.79)는 다음과 같이 쓸 수 있다.

$$\left(\frac{dE}{dp}\right)_T = -\frac{\Delta n_g RT}{nFp} \qquad \text{식 (2.80)}$$

여기서 Δn_g는 반응에서 기체의 총 몰 수의 변화를 나타낸다. 만약 n_p를 생성물(product) 기체의 몰 수, n_r을 반응물(reactant) 기체의 몰 수라고 한다면 $\Delta n_g = n_p - n_r$이 된다.

온도와 마찬가지로 압력도 가역전압에 미치는 영향은 미미하다. 곧 나올 예제에서 H_2-O_2 연료전지에 압력을 가해 H_2를 3기압, O_2를 5기압으로 만들어도 가역전압은 단지 15 mV밖에 상승하지 않는다는 것을 알게 될 것이다.

2.4.3 농도에 따른 가역전압 변화: Nernst 식

농도에 따른 가역전압의 변화를 이해하기 위해서는 **화학적 포텐셜**의 개념을 도입할 필요가 있다. 화학적 포텐셜은 시스템의 화학적 성질이 변함에 따라 깁스 자유에너지가 어떻게 변하는지를 알게 해준다. 시스템의 각 화학물질들은 각자의 화학적 포텐셜이 있다.

$$\mu_i^\alpha = \left(\frac{\partial G}{\partial n_i}\right)_{T,p,n_{j\neq i}} \qquad \text{식 (2.81)}$$

여기서 μ_i^α는 물질 i의 α상(相, phase)에서의 화학적 포텐셜이고, $(\partial G/\partial n_i)_{T,p,n_{j\neq i}}$는 물질 i의 양이 미소하게 증가할 때 (물론 시스템의 다른 모든 물질의 온도, 압력, 양은 일정하게 고정된다.) 시스템의 깁스 자유에너지가 얼마나 변하는지를 나타낸다. 연료전지의 화학 물질의 양(농도)을 변화시키면, 시스템의 자유에너지가 변한다. 이러한 자유에너지의 변화는 연료전지의 가역전압을 변화시킨다. 화학적 포텐셜을 이해하는 것은 농도의 변화가 어떻게 가역전압에 영향을 끼치는지를 이해하는 것이 열쇠이다.

화학적 포텐셜은 **활동도** a를 통해 농도와 관계를 가진다.

$$\mu_i = \mu_i^0 + RT \ln a_i \qquad \text{식 (2.82)}$$

여기서 μ_i^0는 표준상태조건에서 물질 i의 표준 화학 포텐셜이고, a_i는 물질 i의 활동도이다. 물질의 활동도는 그 물질의 화학적 특징과 관계가 있다.

- **이상 기체**에서 $a_i = p_i/p^0$이다. 여기서 p_i는 기체의 분압(부분 압력), P^0는 표준상태 압력(1 atm)이다. 예를 들어 1기압에서 공기 중 산소의 활동도는 약 0.21인데, 2기압으로 압축된 공기 중 산소의 활동도는 0.42가 된다. 보통 P^0=1 atm으로 보기 때문에 편의상 $a_i = p_i$라 하면, p_i는 **무차원화된** 기체 분압이 된다.
- **비이상적 기체**에서 $a_i = \gamma_i(p_i/p^0)$이다. 여기서 γ_i는 이상기체의 특성에서 벗어나는 정도를 표시하는 활동도 상수$(0 < \gamma_i < 1)$이다.
- **희석한 (이상적) 용액**에서 $a_i = c_i/c^0$이다. 여기서 c_i는 그 물질의 몰 농도, c^0는 표준상태 농도(1 M=1 mol/L)이다. 예를 들어, 0.1 M NaCl의 Na^+이온의 활동도는 0.10이다.
- **비이상적 용액**에서 $a_i = \gamma_i(c_i/c^0)$이다. 다시 한번, 이상 용액에서 벗어난 정도를 표시하는데 γ_i가 사용되었다$(0 < \gamma_i < 1)$.
- **순물질**에서 $a_i = 1$이다. 예를 들어 순금 한 덩이에서 금의 활동도는 1이다. 백금 전극에서 백금의 활동도도 1이다. 액체인 물의 활동도는 보통 1로 한다.
- **금속의 전자**에서 $a_i = 1$이다.

식 (2.81)과 (2.82)를 결합하면 화학물질 i에 대한 시스템의 깁스 자유에너지 변화를 계산할 수 있다.

$$dG = \sum_i \mu_i dn_i = \sum_i (\mu_i^0 + RT \ln a_i) dn_i \qquad \text{식 (2.83)}$$

다음과 같이 물질 A 1몰에 대한 임의의 화학 반응식을 생각해보자.

$$1\text{A} + b\text{B} \rightleftharpoons m\text{M} + n\text{N} \qquad \text{식 (2.84)}$$

여기서 A와 B는 반응물, M과 N은 생성물, 1, b, m, n은 각각 A, B, M, N의 몰 수를 나타낸다. 이 반응에서 물질 A 1몰에 대한 $\Delta \hat{g}^0$는 (단일상이라는 가정 하에) 반응에 참여하는 다른 물질들의 화학적 포텐셜로부터 계산된다.

화학적 포텐셜이란?

2.1.5절에서 나온 대로 U, F, H, G는 비고유 양으로 시스템의 원자수에 따라 증가하는 양이다. 그러나 열역학적 포텐셜을 처음 논의하였을때, 이러한 비고유한 성분에 대한 의존성은 포함하지 않았다. 열역학적 포텐셜은 2개의 독립 변수로만 정의되었다. 그러나 시스템에 존재하는 원자들의 개수에 따른 열역학적 의존성을 고려하려면, i 종의 원자 혹은 분자 개수, n_i를 세 번째 변수로 구체적으로 추가하여야 한다. 따라서 4개의 열역학적 포텐셜은 $U = U(S, V, n_i)$, $G = G(T, p, n_i)$, $H = H(S, p, n_i)$, $F = F(T, V, n_i)$ 와 같이 3개의 독립적인 변수에 의존하게 된다. U, F, H, G가 n_i와 어떻게 연관되어 있는가를 나타내는 양을 화학포텐셜(chemical potential), μ_i이라고 한다. 화학포텐셜은 어떤 시스템에서 i 종의 농도(부피당 개수) 혹은 활성도(정규화된 농도)의 로그값과 상관관계를 가진다.

$$\mu_i = \mu_i^0 + RT \ln a_i$$

이러한 로그상관관계는 큰 시스템과 작은 시스템에서 원자를 추가할 때 발생하는 상대적인 효과로 이해할 수 있다. 열역학적 시스템이 매우 작을 때에는 종의 개수가 적으므로 몇몇 입자를 더하거나 빼는 것이 활성도에 큰 영향을 미치고, 화학포텐셜에도 같은 영향을 미친다. 역으로, 시스템에 존재하는 종의 개수가 매우 크다면, 적은 수의 종의 변화는 활성도 혹은 화학포텐셜에 작은 영향을 미친다. 다시 말하면 화학포텐셜의 변화의 크기는 종 i의 원자 혹은 분자수에 의존한다. 이러한 '크기 민감도'는 성분의 자연로그값을 사용하는 수학식으로 표현된다.

2.4.4절에서 곧 논의하겠지만, 전하를 띤 입자를 다룰 때는 화학포텐셜의 개념의 확장이 필요하다. 전하 입자는 화학 성분뿐만 아니라 전기장의 영향을 받는다. 이러한 상황에서, 우리는 전하입자의 전기포텐셜을 화학포텐셜에 더하여 화학포텐셜의 개념을 전기화학포텐셜로 확장할 수 있다. 가장 기본적인 정의로서, 전기화학포텐셜은 표준상태의 1몰 이온을 정렬하여 정의된 화학적 농도와 전기포텐셜을 가지게 할 때 필요한 일을 나타낸다.

$$\Delta\hat{g} = (m\mu_{\mathrm{M}}^0 + n\mu_{\mathrm{N}}^0) - (\mu_{\mathrm{A}}^0 + b\mu_{\mathrm{B}}^0) + RT \ln \frac{a_{\mathrm{M}}^m a_{\mathrm{N}}^n}{a_{\mathrm{A}}^1 a_{\mathrm{B}}^b} \quad \text{식 (2.85)}$$

위의 식에서 괄호로 묶여있는 표준상태 화학적 포텐셜 항들이 결국 반응의 표준상태 몰 자유에너지 변화인 $\Delta\hat{g}^0$임을 생각하면, 최종적으로 다음과 같이 단순화할 수 있다.

$$\Delta\hat{g} = \Delta\hat{g}^\circ + RT\ln\frac{a_M^m a_N^n}{a_A^1 a_B^b} \qquad \text{식 (2.86)}$$

van't Hoff isotherm이라 불리는 이 식은 깁스 자유에너지의 변화량을 반응물과 생성물의 (농도나 기체분압과 관련된) 활동도 함수로 나타낸다.

앞에서 살펴보았던 열역학 부분에서(2.3.4절), 우리는 깁스 자유에너지와 가역전지 전압은 다음의 관계가 있음을 알았다.

$$\Delta\hat{g} = -nFE \qquad \text{식 (2.87)}$$

식 (2.86)과 (2.87)을 결합하면 가역전지 전압을 화학물의 활동도에 대한 함수로 쓸 수 있다.

$$E = E^0 - \frac{RT}{nF}\ln\frac{a_M^m a_N^n}{a_A^1 a_B^b} \qquad \text{식 (2.88)}$$

임의의 수의 반응물과 생성물이 있는 시스템이라면 이 식을 다음과 같이 일반화할 수 있다.

$$E = E^0 - \frac{RT}{nF}\ln\frac{\prod a_{\text{products}}^{v_i}}{\prod a_{\text{reactants}}^{v_i}} \qquad \text{식 (2.89)}$$

각 물질의 활동도에 그에 대응하는 과급 계수(stoichiometric coefficient) v_i가 위첨자로 쓰여 있음을 항상 주의해야 한다. 예를 들어 만약 어떤 반응이 $2Na^+$와 관계 있다면, Na^+의 활동도는 2제곱이 된다($a_{Na^+}^2$). 여기서 중요한 점은, 반응물 혹은 부산물로서 화학반응에 직접 참여하는 물질들만이 식에 나타난다는 점이다(수소연료전지에서는 O_2, H_2 및 H_2O). 비반응성, 비활성, 희석된 물질(공기 중의 N_2와 같은)들의 활동도나 분압은 사용되어서는 안 된다.

이 중요한 결과가 바로 Nernst 식이다. Nernst 식은 가역적인 전기화학적 전지 전압의 변화를 물질의 농도, 기체 압력과 기타 다른 것들의 함수로 나타내게 해준다. 이 식은 연료전지 열역학의 핵심이고 반드시 기억해야 한다.

이 식이 얼마나 유용한지 알아보기 위해, 우리에게 이미 친숙한 수소-산소 연료전지를 예로 들어 적용해보자.

$$H_2 + \tfrac{1}{2}O_2 \rightleftharpoons H_2O \qquad \text{식 (2.90)}$$

이 반응의 Nernst 식은 다음과 같다.

$$E = E^0 - \frac{RT}{2F} \ln \frac{a_{H_2O}}{a_{H_2} a_{O_2}^{1/2}} \quad \text{식 (2.91)}$$

앞의 활동도 관련 설명에 따라 수소와 산소의 활동도를 각각의 무차원화된 분압으로 대치하였다($a_{H_2} = p_{H_2}, a_{O_2} = p_{O_2}$). 만약 이 연료전지가 100℃ 이하에서 작동되어 액체인 물이 생성된다면, 물의 활동도는 1이 된다($a_{H_2O}=1$). 따라서 위 식은 다음과 같이 쓸 수 있다.

$$E = E^0 - \frac{RT}{2F} \ln \frac{1}{p_{H_2} p_{O_2}^{1/2}} \quad \text{식 (2.92)}$$

압력, 온도, Nernst 식

Nernst 식은 2.4.2절에서 논의했었던 것과 같이 압력의 영향을 설명한다. 식 (2.89)나 식 (2.79)는 압력에 따른 가역전압의 변화를 계산하는 데 사용할 수 있다. 둘 중 하나를 선택했다면, 다른 하나는 사용하지 않아야 한다. 식 (2.79)는 반응에서의 부피 변화(이상 기체 법칙을 이용하여 반응 기체의 압력에 대한 식으로 표현되어야 한다)를 요구하는 반면, Nernst 식은 반응물과 생성물의 압력으로부터 전압의 영향을 바로 계산한다. 보통의 경우 Nernst 식이 더 편하다.

온도가 Nernst 식에 변수로서 들어가 있지만, Nernst 식은 가역전압이 온도에 따라 어떻게 변하는지를 완전히 설명하지 *못한다*. 임의의 온도 $T \neq T_0$에서 Nernst 식은 다음과 같이 수정되어야 한다.

$$E = E_T - \frac{RT}{nF} \ln \frac{\prod a_{\text{products}}^{v_i}}{\prod a_{\text{reactants}}^{v_i}} \quad \text{식 (2.94)}$$

여기서 E_T는 식 (2.73)에서 다음과 같이 주어졌다.

$$E_T = E^0 + \frac{\Delta \hat{s}}{nF}(T - T_0) \quad \text{식 (2.95)}$$

따라서 이 식은 온도, 압력, 활성도에 따라 가역 셀 전압이 어떻게 변하는가를 보여준다.

$$E = E^0 + \frac{\Delta \hat{s}}{nF}(T - T_0) - \frac{RT}{nF} \ln \frac{\prod a_{\text{products}}^{v_i}}{\prod a_{\text{reactants}}^{v_i}} \quad \text{식 (2.96)}$$

요약하자면, 온도와 압력 변화를 잘 설명하려면 식 (2.96)을 사용하거나 식 (2.73)과 (2.79)를 사용해야 한다.

이 식으로부터, 반응 기체의 분압을 상승시키기 위해 연료전지에 압력을 가하는 것은 가역전압을 증가시킴을 알 수 있다. 그러나 압력 항은 자연로그항 안에 있기 때문에 전압은 단지 약간 상승할 뿐이다. 예를 들어, 실온에서 H_2-O_2 연료전지를 3기압의 순수한 H_2와 5기압의 공기로 작동시킨다면, 열역학적으로 계산된 전지 전압은 1.254 V가 된다.

$$E = 1.229 - \frac{(8.314)(298.15)}{(2)(96,485)} \ln \frac{1}{(3)(5 \times 0.21)^{1/2}} \qquad \text{식 (2.93)}$$
$$= 1.254 \text{ V}$$

이는 연료전지 스택에 압력을 가하는 추가적인 일에 비해서는 그다지 전압증가는 아니다. 즉 열역학적인 관점에서 보면 별로 득될 것이 없다는 뜻이다. 3장과 5장에서 배우게 되겠지만, 연료전지에 압력을 가하는 것에는 반응속도와 관련한 이유가 있다.

한편, 저압에서 작동하면 어떻게 될까? 아마 여러분들은 거의 모든 연료전지가 순수한 산소 대신 공기로 작동하는 것에 대해 걱정하고 있을 것이다. 공기에는 단지 21%의 산소만이 있을 뿐이며, 따라서 1기압에서 공기 중 산소의 분압은 단지 0.21에 불과하다. 이것이 실온에서 H_2-O_2 연료전지의 가역전압에 얼마나 영향을 끼칠까?

$$E = 1.229 - \frac{(8.314)(298.15)}{(2)(96,485)} \ln \frac{1}{(1)(0.21)^{1/2}} \qquad \text{식 (2.97)}$$
$$= 1.219 \text{ V}$$

공기 중에서 작동해도 가역전압은 단지 10 mV밖에 떨어지지 않는다. 즉, 반응속도와 관계된 요소가 공기 중 작동에서 더 해로울 수 있다. 그러나 열역학이 고려되는 한 공기 중 작동은 문제가 되지 않는다.

2.4.4 농도전지

농도전지의 흥미로운 현상들로부터 Nernst 식의 놀라운 물리적 의미를 배울 수 있다. 농도전지에서는 양 전극에 **같은** 화학 물질이 있으나, 농도가 다르다. 놀랍겠지만 이런 전지도 한 전극과 다른 전극에서 화학 물질의 농도(활동도)가 서로 다르기 때문에 전압을 생성한다. 예를 들어 한 전극에는 소금물, 다른 전극에는 맹물로 구성된 **소금물 전지**도 양 전극에서 소금의 농도가 다르기 때문에 전압을 생산한다.

두 번째 예로, 다단의 백금–전해질–백금 막(membrane) 구조로 구분된 압축된 수소 연료 칸과 극저압의 진공 칸으로 구성된 **수소농도전지**(그림 2.6)를 살펴보자. 이 '수소연료전지'는 수소와 반응할 산소는 없지만 상당한 전압을 생산한다. 따라서 이 연료전지는 산소가 없는 우주에서 사용할 수 있을 것이다. 이 전지에 의해 생산되는 열역학적 전압은 진공 칸에 대한 연료 칸의 수소의 농도와 관계 있다. 예를 들어 수소 연료 칸은 100 atm의 H_2로 압축되고, 진공 칸은 10^{-8} atm로 비워진다면(아마 남은 것은 대부분 H_2일 것이다), 이 장치는 다음과 같이 Nernst 식으로 계산된 만큼의 전압을 생성할 것이다.

$$E = 0 - \frac{(8.314)(298.15)}{(2)(96,485)} \ln \frac{10^{-8}}{100} \qquad \text{식 (2.98)}$$
$$= 0.296\,\text{V}$$

실온에서 단지 수소의 농도 차이를 이용함으로써 거의 0.3 V를 끌어낼 수 있다. 어떻게 이것이 가능할까? 이 전압은 막 한쪽의 수소의 화학적 포텐셜이 다른 쪽 수소의 화학적 포텐셜과 엄청나게 다르기 때문에 생긴다. 화학적 포텐셜의 차이 때문에 연료 칸의 수소 중 일부가 백금 촉매 전극에서 수소 이온(proton)과 전자(electron)로 분해된다. 수소 이온은 백금 촉매 전극을 타고 흘러 다른 쪽의 백금 촉매 전극에서 전자와 결합해 다시 수소 기체가 된다. 만약 두 백금 전극이 연결되어 있지 않다면, 진공 칸에서는 전자가 고갈되고 연료 칸에는 여분의 전자들이 매우 빠르게 축적되면서 전기적 포텐셜 차이가 생길 것이다. 이러한 전기적 포텐셜 차이는 수소가 연료 칸에서 진공 칸으로 이동하는 것을 늦춘다. 이 전기적

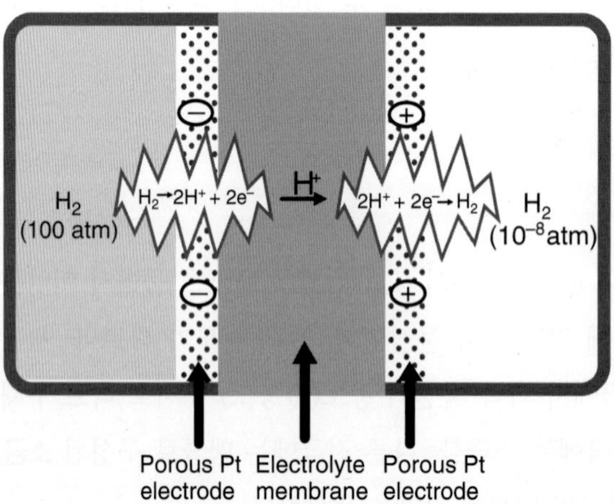

그림 2-6. 수소농도전지. 고압 수소 칸과 저압 수소 칸이 백금-전해질-백금 막 구조로 구분되어 있다. 이 장치는 두 칸 사이의 수소의 화학적 포텐셜의 차이 때문에 전압을 발생시킨다.

포텐셜 차이가 화학적 포텐셜 차이와 균형을 맞출 만큼 충분히 형성되면 평형상태가 된다(이것은 반도체의 $p-n$ 연결부에서 발생하는 '접합 전압'과 매우 비슷하다). 수소 농도의 큰 차이로 인해 두 전극에 생긴 화학적 포텐셜 차이는 크기는 같지만 부호가 반대인 전기적 포텐셜이 생기면서 상쇄된다. 열역학적 평형을 유지하기 위해 서로를 상쇄하는 화학적, 그리고 전기적 포텐셜의 개념은 **전기화학적 포텐셜**이라 불리는 양으로 요약할 수 있다.

$$\tilde{\mu} = \mu_i + z_i F\phi_i = \mu_i^0 + RT\ln a_i + z_i F\phi_i \qquad \text{식 (2.99)}$$

여기서 $\tilde{\mu}_i$는 물질 i의 전기화학적 포텐셜, μ_i는 물질 i의 화학적 포텐셜, z_i는 물질의 전하수(예: $z_{e^-} = -1, z_{Cu^{2+}} = +2$), F는 패러데이 상수, ϕ_i는 물질 i에 생긴 전기적 포텐셜이다. 평형상태에서 시스템을 구성하는 물질들의 전기적 포텐셜의 전체 변화량은 0이어야만 한다. 이 말은 결국 화학적 포텐셜과 전기적 포텐셜은 서로를 상쇄시킨다는 뜻이다. 다음 반응을 생각해보자.

$$\begin{aligned}\left(\sum_i \upsilon_i\tilde{\mu}_i\right)_{\text{products}} - \left(\sum_i \upsilon_i\tilde{\mu}_i\right)_{\text{reactants}} &= 0 \\ \left(\sum_i \upsilon_i\mu_i\right)_{\text{products}} - \left(\sum_i \upsilon_i\mu_i\right)_{\text{reactants}} &= -z_i F\,\Delta\phi_i\end{aligned} \quad \text{(at equilibrium)} \qquad \text{식 (2.100)}$$

이 식을 식 (2.59)와 비교해 보자. 이 두 식이 정말 같은 것을 표현한다는 것을 알 수 있겠는가? 식 (2.82)에서 식 (2.86)까지의 과정을 비슷하게 적용하면 전기화학적 포텐셜의 기본식으로부터 Nernst 식을 다시 유도할 수 있다.

$$\tilde{\mu}_i = \mu_i^0 + RT\ln a_i + z_i F\phi_i = 0 \qquad \text{식 (2.101)}$$

Nernst 식을 재유도하는 이 트릭은 전자가 산화극(anode)에서 환원극(cathode)로 이동하면서 생기는 전기화학적 포텐셜의 변화를 포함하면서 반응물이 생성물로 바뀌는 과정에서 생기는 전기화학적 포텐셜의 변화를 나타내는 것이다. 산화극에 대한 환원극에서의 전자의 전기적 포텐셜의 차이($\Delta\phi_{e^-}$)를 계산하면 전지 포텐셜 E를 구할 수 있다. 만약 화학반응의 1몰당 n몰의 전자가 산화극에서 환원극으로 이동한다면,

$$\Delta\phi_{e^-} = E = -\frac{\Delta\hat{g}^0}{nF} - \frac{RT}{nF}\ln\frac{\prod a_{\text{products}}^{\upsilon_i}}{\prod a_{\text{reactants}}^{\upsilon_i}} \qquad \text{식 (2.102)}$$

이것은 다시 다음과 같이 쓸 수 있다.

$$E = E^0 - \frac{RT}{nF} \ln \frac{\prod a_{\text{products}}^{\upsilon_i}}{\prod a_{\text{reactants}}^{\upsilon_i}} \qquad \text{식 (2.103)}$$

이 식의 자세한 유도 과정은 이 장 끝의 숙제 문제로 남겨둔다.

지금까지 농도전지에 대하여 논의했는데, H_2-O_2 연료전지를 단순히 수소 농도전지로 생각하는 것도 가능하다는 것을 알아야 한다. 산소는 환원극에서 단지 화학적으로 편하게 수소를 '잡기 위해' 사용된 것이다. O_2 기체는 환원극에서 수소의 농도를 극도로 낮게 유지시키면서 상당한 열역학적 전압을 생산하도록 한다.

전기화학적 평형

이 부분에서는 전기화학적 평형을 계산함에 있어 추가적인 세부사항들을 보여준다. 한 가지 예를 들어 그림 2.7에 표현된 Cu^{2+} 농도전지의 Nernst 식을 유도할 것이다.

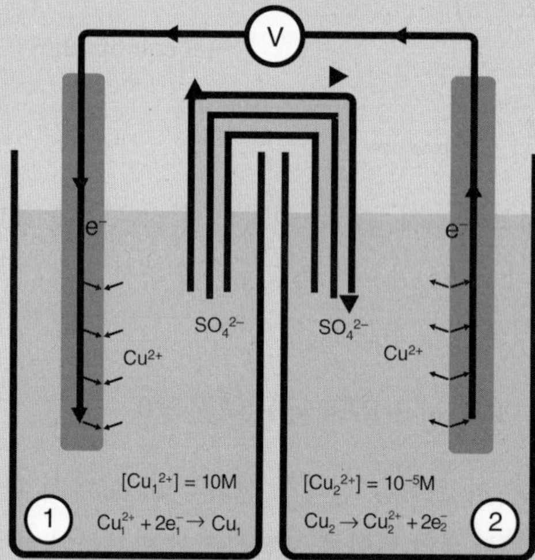

그림 2-7. 구리 농도전지

이 농도전지에는 SO_4^{2-} 염다리로 연결된 다른 Cu^{2+} 이온(이온 전하 균형을 위한 SO_4^{2-} 이온과 함께) 농도를 가진 두 전해질 용기가 있다. 구리 전극은 양쪽 용기에 모두 배치되고, 두 용기 사이의 Cu^{2+} 농도 차로 인한 화학적 포텐셜 차이의 균형을 정확히 맞춰주는 두 전극 간의 전압 전위 평형이 생성된다. 용기 1에서의 높은 Cu^{2+} 이온 농도로 인해 다음과 같은 반응이 일어난다.

$$Cu_1^{2+} + 2e_1^- \rightarrow Cu_1 \qquad \text{식 (2.104)}$$

구리 이온은 용액에서 반응 과정에서의 전자들을 소모하고 전해질을 양극화 시키며 발생한다. 용기 2에서는 낮은 Cu^{2+} 이온 농도로 인해 반대 반응이 일어난다.

$$Cu_2 \rightarrow Cu_2^{2+} + 2e_2^- \qquad \text{식 (2.105)}$$

구리는 전해질 2에서 녹으며 음전하를 쌓는다. 이러한 전해질 1,2 사이의 전하의 축적은 용기 1,2 사이의 Cu^{2+} 이온 불균형으로 인한 화학적 포텐셜 차이가 정확히 상쇄될 만큼 전압이 충분히 커질 때까지 진행된다. 이 지점에서 전기화학적 평형이 만들어진다.

이 전기화학적 평형을 수학적으로 설명하기 위해 식 (2.100)이 반드시 쓰여야 한다. 이 농도전지에서 일어나는 전체 반응은

$$Cu_2 + Cu_1^{2+} + 2e_1^- \rightarrow Cu_2^{2+} + 2e_2^- + Cu_1 \qquad \text{식 (2.106)}$$

이것은 위의 절반의 셀 반응 2개를 단순히 합해 놓은 것이다. 다음 단계는 전체 반응에서 각 물질들의 전기화학적 포텐셜들을 쓰는 것이다(식 2.99 참조를 보라).

$$\begin{aligned}
\tilde{\mu}^1_{Cu^{2+}} &= \mu^0_{Cu^{2+}} + RT\ln a^1_{Cu^{2+}} + 2F\varphi^1_{Cu^{2+}} \\
\tilde{\mu}^2_{Cu^{2+}} &= \mu^0_{Cu^{2+}} + RT\ln a^2_{Cu^{2+}} + 2F\varphi^2_{Cu^{2+}} \\
\tilde{\mu}^1_{e^-} &= \mu^0_{e^-} + RT\ln a^1_{e^-} - 1F\varphi^1_{e^-} = \mu^0_{e^-} - 1F\varphi^1_{e^-} \\
\tilde{\mu}^2_{e^-} &= \mu^0_{e^-} + RT\ln a^2_{e^-} - 1F\varphi^2_{e^-} = \mu^0_{e^-} - 1F\varphi^2_{e^-} \\
\tilde{\mu}^1_{Cu} &= \mu^0_{Cu} + RT\ln a^1_{Cu} = \mu^0_{Cu} \\
\tilde{\mu}^2_{Cu} &= \mu^0_{Cu} + RT\ln a^2_{Cu} = \mu^0_{Cu}
\end{aligned} \qquad \text{식 (2.107)}$$

이 식들을 쓰는 데 있어 Cu^{2+} 이온에는 $z = +2$, e^-에는 Z=−1를 사용했다. 금속 내 전자의 움직임은 순수 구성물(Cu)의 움직임과 같이 1로 정의되며 따라서 이 항들은 식에서 제거된다. 식 (2.113)을 전체 반응 (2.106)에 대입하면 다음과 같다.

$$\begin{aligned}
&(\mu^0_{Cu} + \mu^0_{Cu^{2+}} + RT\ln a^2_{Cu^{2+}} + 2F\varphi^2_{Cu^{2+}} + 2\mu^0_{e^-} - 2F\varphi^2_{e^-}) \\
&\quad - (\mu^0_{Cu} + \mu^0_{Cu^{2+}} + RT\ln a^1_{Cu^{2+}} + 2F\varphi^1_{Cu^{2+}} + 2\mu^0_{e^-} - 2F\varphi^1_{e^-}) = 0
\end{aligned} \qquad \text{식 (2.108)}$$

각 경우에 전자의 화학량 계수가 2이므로 전자 항의 전기화학적 포텐셜에 2를 곱해줘야 함을 상기시키자. 항들을 지우고 식을 다시 정리하면,

$$RT \ln a^1_{Cu^{2+}} + 2F\varphi^1_{Cu^{2+}} - RT \ln a^2_{Cu^{2+}} - 2F\varphi^2_{Cu^{2+}} = 2F(\varphi^1_{e^-} - \varphi^2_{e^-}) \tag{식 (2.109)}$$

여기서 중요한 사실은 두 용기를 연결하는 염다리로 이온전하 평형을 유지한다는 것이다. 다시 말해, Cu^{2+} 이온이 용기 1에서 소모되고 용기 2에서 생성될 때 이온 다리는 SO_4^{2-} 이온이 용기 1에서 용기 2로 넘어가 균형을 맞추게 함으로써 양쪽 용기의 총 이온 전하량이 0으로 유지된다. 수학적으로 이는 $\varphi^1_{Cu^{2+}} = \varphi^2_{Cu^{2+}}$를 의미한다. 이를 적용하면 다음과 같다.

$$RT \ln \frac{a^1_{Cu^{2+}}}{a^2_{Cu^{2+}}} = 2F(\varphi^1_{e^-} - \varphi^2_{e^-}) = 2FE \tag{식 (2.110)}$$

여기서 $(\varphi^1_{e^-} - \varphi^2_{e^-})$는 두 용기 사이의 Cu^{2+} 이온 농도 차이로 인한 두 전극 간의 전기적 포텐셜 차이의 평형을 보여준다. 이 마지막 식 결과는 농도전지의 Nernst 식이다.

2.4.5 요약

표준상태 조건이 아닐 때 가역적인 전기화학적 전지 전압의 변화에 대해 간략히 요약해보자. 앞서 언급한 내용에서 우리는 온도, 압력, 화학적 구성의 변화가 연료전지의 가역전압에 어떻게 영향을 미치는지 예상하기 위해 고전적인 열역학을 사용하였다. (부수적으로 이러한 관계식들은 단지 연료전지만이 아니라 어떤 다른 전기화학적 시스템에도 마찬가지로 적용될 수 있다.)

- 온도에 따른 가역전지 전압의 변화는 다음과 같다.

$$\left(\frac{dE}{dT}\right)_p = \frac{\Delta \hat{s}}{nF} \tag{식 (2.111)}$$

- 압력에 따른 가역전지 전압의 변화는 다음과 같다.

$$\left(\frac{dE}{dp}\right)_T = -\frac{\Delta n_g RT}{nFp} = -\frac{\Delta \hat{v}}{nF} \tag{식 (2.112)}$$

- 화학적 활동도(화학적 구성, 농도, 기타 등등)에 따른 가역전지 전압의 변화는 다음과 같다.

$$E = E^0 - \frac{RT}{nF} \ln \frac{\prod a_{\text{products}}^{v_i}}{\prod a_{\text{reactants}}^{v_i}} \qquad \text{식 (2.113)}$$

  Nernst 식은 가역전지 전압에 대한 압력의 영향을 설명하지만(식 2.112), 온도의 영향을 충분히 설명하지는 못한다. $T \neq T_0$일 때, Nernst 식의 E^0는 E_T로 대체되어야 한다. 중요한 점은, 전기화학적으로 활성화된 물질들(예를 들어 H_2 연료전지의 O_2, H_2 그리고 H_2O)만 Nernst 식에서 보인다는 것이다. 비반응성, 비활성, 희석된 물질(공기 중의 N_2와 같은)들의 활동도나 분압은 포함되지 않는다.

이러한 식들은 임의의 조건 하에서 연료전지의 가역 전압을 예상할 수 있게 해준다.

2.5 연료전지 효율

어떤 에너지 변환 장치에서나 효율은 매우 중요하다. 효율을 논하는 데 있어서 중요한 것은 '이상적인(가역적인)' 효율과 '실제' 효율의 개념이다. 연료전지의 이상적인 효율은 100%라고 생각하고 싶겠지만, 실제는 그렇지 않다. 연료전지로부터 뽑아낼 수 있는 전기적 일이 ΔG에 의해 결정된다고 열역학을 통해 알게 되었는데, 연료전지의 이상적인 효율도 역시 ΔG에 의해 결정된다. 실제 연료전지 효율에 대한 내용은 더 좋지 않다. 실제 연료전지는 작동 중에 비이상적인 비가역적 손실이 생기기 때문에 이상적인 연료전지보다 언제나 효율이 낮다. 실제 연료전지 효율에 대한 논의는 앞으로 나올 장들을 예상할 수 있게 하는데, 거기서 이러한 비열역학적 손실들을 논의할 것이다.

2.5.1 이상적인 가역 연료전지 효율

변환과정의 *효율* ε은 어떤 과정에서 뽑아낼 수 있는 총 에너지의 양에 대한 그 과정으로부터 뽑아낼 수 있는 이용 가능한 에너지의 양으로 정의된다.

$$\varepsilon = \frac{\text{useful energy}}{\text{total energy}} \quad \text{식 (2.114)}$$

만약 어떤 화학반응에서 일을 뽑아내고 싶다면, 효율은 다음과 같다.

$$\varepsilon = \frac{\text{work}}{\Delta \hat{h}} \quad \text{식 (2.115)}$$

연료전지에서 일을 할 수 있는 에너지의 최대 양은 깁스 자유에너지에 의해 결정된다는 것을 생각하면, 연료전지의 가역 효율은 다음과 같이 쓸 수 있다.

$$\varepsilon_{\text{thermo, fc}} = \frac{\Delta \hat{g}}{\Delta \hat{h}} \quad \text{식 (2.116)}$$

실온, 대기압 상태에서 H_2–O_2 연료전지는 $\Delta \hat{g}^0 = -237.3$ kJ/mol, $\Delta \hat{h}^0_{\text{HHV}} = -286$ kJ/mol을 가진다. 이 값들로 계산해보면, STP에서 H_2–O_2 연료전지의 가역 HHV(higher heating value, 고위 발열량) 효율은 83%가 된다.

$$\varepsilon_{\text{thermo, fc}} = \frac{-237.17}{-285.83} = 0.83 \quad \text{식 (2.117)}$$

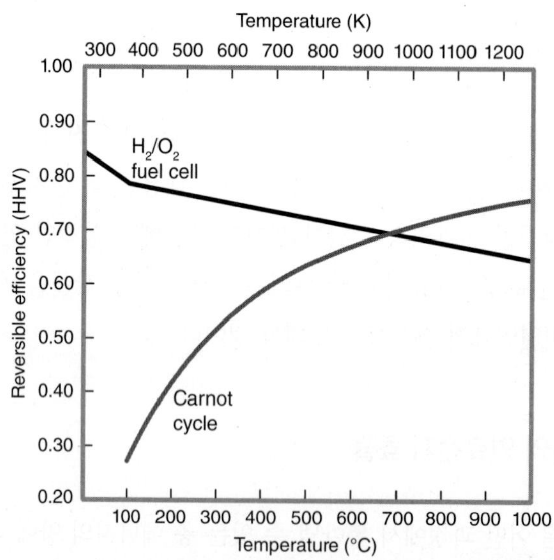

그림 2-8. 열기관(Carnot 사이클, 배출 온도 273.15 K)의 가역 효율과 H_2–O_2 연료전지의 가역 HHV 효율의 비교. 연료전지는 저온에서 열역학적으로 상당한 효율상의 장점이 있지만, 고온에서는 이 장점을 잃어버린다. 100℃에서 연료전지의 효율 곡선이 꺾이는 것은 액체인 물과 기체인 수증기 사이의 엔트로피 차이 때문이다.

연료전지와는 달리, 기존의 열/팽창 기관의 이론적 최대 효율은 Carnot 사이클로 계산된다. 이 효율은 고전적인 열역학으로 계산할 수 있다. 그 유도과정을 생략하고, 결과만을 쓰면 다음과 같다.

$$\varepsilon_{\text{Carnot}} = \frac{T_H - T_L}{T_H} \qquad \text{식 (2.118)}$$

이 식에서 T_H는 열기관의 최대 온도, T_L은 열기관의 배출 온도이다. 400℃(673 K)에서 작동하고 50℃(323 K)의 열을 배출하는 열기관에서 가역 효율은 52%이다.

Carnot 식으로부터 열기관의 가역 효율은 작동 온도가 올라가면 **개선**된다는 것을 알 수 있다. 그러나 연료전지의 가역 효율은 작동 온도가 올라가면 **감소**하는 경향이 있다.

예를 들어 H_2−O_2 연료전지의 가역 HHV 효율은 그림 2.8에서 온도의 함수로 열기관의 가역 효율과 비교된다. 연료전지는 저온에서 열역학적으로 상당한 효율상의 장점이 있지만, 고온에서는 이 장점을 잃어버린다. 연료전지의 효율 곡선은 100℃에서 꺾인다는 점을 주목하자. 이 기울기의 변화는 액체인 물과 기체인 수증기 사이의 엔트로피 차이 때문에 발생한다.

고위 발열량 효율

물을 액체에서 기체상태로 바꾸려면 열이 필요하다. 이때 요구되는 열을 기화열 혹은 기화 잠열이라 한다. 이 기화열 때문에, 수소−산소 연료전지의 $\Delta\hat{h}_{\text{rxn}}$는 생성되는 물이 액체인지 기체인지에 따라 현저하게 달라진다. 액체인 물이 생성된다면 $\Delta\hat{h}_{\text{rxn}}$=−286 kJ/mol이지만, 기체인 수증기가 생성된다면 $\Delta\hat{h}^0_{\text{rxn}}$=−241 kJ/mol이다. 기본적으로 이러한 두 값의 차이로부터 우리는 생성된 수증기가 액체인 물로 액화될 수 있다면 더 많은 열을 회수할 수 있음을 알 수 있다. 물의 액화로 회수되는 추가적인 열이 바로 기화열이다. 수증기의 액화는 더 많은 열을 회수할 수 있게 하므로, 액체인 물의 $\Delta\hat{h}^0_{\text{rxn}}$를 고위 발열량(Higher Heating Value, HHV)이라 하고, 기체인 수증기의 $\Delta\hat{h}^0_{\text{rxn}}$를 저위 발열량(Lower Heating Value, LHV)이라 한다.

이 둘 중에서 연료전지의 효율을 계산하려면 무엇을 사용하여야 할까? 연료전지 효율을 계산할 때는 고위 발열량을 사용하는 것이 가장 합리적이다. 저위 발열량 대신 고위 발열량을 사용하는 이유는, 그것이 수소 연소 반응으로부터 이론적으로 회수할 수 있는 총 열을 알려주기 때문이다. 저위 발열량을 사용하면 효율 값이 높게 나와 혼돈이 올 수도 있을 것이다.

이 책의 모든 계산과 예에서는 고위 발열량을 사용할 것이다. 따라서 식 (2.116)을 명확히 하려면 다음과 같이 써야 한다.

$$\varepsilon_{\text{thermo, fc}} = \frac{\Delta \hat{g}}{\Delta \hat{h}_{\text{HHV}}} \qquad \text{식 (2.119)}$$

이렇게 효율을 계산하는 데에서는 할 때는 상변화를 고려한 $\Delta \hat{g}$를 구하는 것이 중요하다. 따라서, 100℃ 이상에서 작동하는 수소-산소 연료전지에서 $\Delta \hat{g}$를 구하려면, 수증기의 형성 엔탈피와 엔트로피를 사용해야 한다. 100℃ 이하에서의 $\Delta \hat{g}$를 구하려면, 액체인 물의 형성 엔탈피와 엔트로피를 사용해야 한다. 그런데 효율을 계산할 때, 액체인 물에 기반한 $\Delta \hat{h}_{\text{HHV}}$를 사용하면서, 100℃ 이상의 수증기에 기반한 $\Delta \hat{g}$를 계산하는 것이 모순은 아니다. 이 계산이 말하고자 하는 바는 우리가 100℃ 이상에서 연료전지를 작동하면 생성물인 물의 기화열을 유용한 일로 바꾸는 능력을 잃어버리게 된다는 것이다.

2.5.2 실제 연료전지 효율

앞에서 언급했듯이, 연료전지의 실제 효율은 항상 가역적인 열역학적 효율보다 낮다. 이유를 크게 두 가지 말하자면 다음과 같다.

1. 전압 손실
2. 연료 이용 손실

연료전지의 실제 효율 $\varepsilon_{\text{real}}$은 다음과 같이 계산할 수 있다.

$$\varepsilon_{\text{real}} = (\varepsilon_{\text{thermo}}) \times (\varepsilon_{\text{voltage}}) \times (\varepsilon_{\text{fuel}}) \qquad \text{식 (2.120)}$$

여기서 $\varepsilon_{\text{thermo}}$는 연료전지의 가역적인 열역학적 효율, $\varepsilon_{\text{voltage}}$는 연료전지의 전압 효율, $\varepsilon_{\text{fuel}}$은 연료전지의 연료 이용 효율이다. 각각의 항들을 간략히 설명하면 다음과 같다.

- **가역적인 열역학적 효율** $\varepsilon_{\text{thermo}}$는 지난 절에서 설명했다. 이것은 심지어 이상적인 조건 하에서도 유용한 일을 하기 위해 연료가 갖고 있는 모든 엔탈피를 뽑아낼 수 없다는 것을 보여준다.
- **연료전지의 전압 효율** $\varepsilon_{\text{voltage}}$는 연료전지에서 비가역적인 반응의 영향 때문에 생기는 손실을 포함한다. 이러한 손실이 연료전지의 i–V 곡선에 반영되어 있다는 것은 1.7절

에서 확인할 수 있다. 연료전지의 전압 효율은 연료전지의 열역학적 가역 전압(E)에 대한 연료전지의 실제 작동 전압(V)의 비이다.

$$\varepsilon_{\text{voltage}} = \frac{V}{E} \quad \text{식 (2.121)}$$

연료전지의 작동 전압은 i–V 곡선이 주어지듯이 연료전지로부터의 전류(i)에 의존한다. 따라서 $\varepsilon_{\text{voltage}}$는 전지로부터의 전류에 따라 변한다. 전류 부하가 크다면 전압 효율은 낮아진다. 그러므로 연료전지는 **낮은 부하일 때 가장 효율적**이다. 이것은 일반적으로 최대 부하일 때 가장 효율적인 내연 기관과 직접적으로 비교가 되는 점이다.

- **연료 이용 효율** $\varepsilon_{\text{fuel}}$은 연료전지에 공급되는 연료가 전기화학적 반응에 전부 참여하지는 않는다는 사실과 관계 있다. 연료의 일부는 전력을 생산하지 않는 부(副)반응을 수행할 수도 있다. 연료의 일부는 아무 반응 없이 단순히 연료전지를 통과하여 흐른다. 그래서 연료 이용 효율은 연료전지에 공급되는 총 연료에 대한 전류를 생성하기 위해 전지가 사용한 연료의 비가 된다. i가 연료전지에 의해 생성된 전류, v_{fuel}이 연료전지에 공급되는 연료의 속도(mol/sec)라면,

$$\varepsilon_{\text{fuel}} = \frac{i/nF}{v_{\text{fuel}}} \quad \text{식 (2.122)}$$

연료전지에 연료가 과다하게 공급된다면 그것은 곧 낭비가 되고 $\varepsilon_{\text{fuel}}$에 영향을 미친다. 보통 연료전지에서 연료는 전류에 따라 조절하여 공급하며, 어떤 부하에서든 필요로 하는 연료보다 항상 조금 더 공급한다. 이러한 방식으로 작동하는 연료전지는 **과급률**(*stoichiometric factor*)을 정의한다. 예를 들어, 100% 연료 이용에 필요한 것보다 1.5배 많은 연료가 공급되는 연료전지는 과급률(λ)이 1.5배인 것이다. 과급 조건 하에서 작동하는 연료전지에서 연료 이용률은 전류에 독립적이며, 연료 이용 효율은 다음과 같이 쓴다.

$$\varepsilon_{\text{fuel}} = \frac{1}{\lambda} \quad \text{where } \lambda = \left(\frac{v_{\text{fuel}}}{i/nF}\right) \quad \text{식 (2.123)}$$

열역학, 비가역적인 반응 손실, 연료 이용 손실을 결합하면, 실제 연료전지의 실제 효율은 다음과 같다.

$$\varepsilon_{\text{real}} = \left(\frac{\Delta\hat{g}}{\Delta\hat{h}_{\text{HHV}}}\right)\left(\frac{V}{E}\right)\left(\frac{i/nF}{v_{\text{fuel}}}\right) \quad \text{식 (2.124)}$$

연료전지가 고정된 과급적 조건 하에서 작동된다면, 이 식은 다음과 같이 간단히 쓸 수 있다.

$$\varepsilon_{\text{real}} = \left(\frac{\Delta\hat{g}}{\Delta\hat{h}_{\text{HHV}}}\right)\left(\frac{V}{E}\right)\left(\frac{1}{\lambda}\right) \quad \text{식 (2.125)}$$

그림 2.9에 표현된 바와 같이, 일정 유량 조건에 따른 일정 과급 조건 하에서의 작동은 연료전지 효율에 큰 영향을 준다. 일정 과급 조건하에서 연료전지 효율 곡선은 $j-V$ 곡선의 모양을 따라가며(연료 유량이 연료전지 전류에 맞춰 일정하게 적용되기 때문에) 그래서 **낮은 전류밀도에서 효율이 가장 높다**. 반대로, 일정유량 조건에서는 대부분의 연료가 낭비되었기 때문에 **낮은 전류밀도에서 효율이 가장 낮다**. 그리고 일반적으로 대부분의 환경에서 일정 과급 조건이 바람직하나, 이는 연료 유량이 연료전지 전류에 맞춰 적용되는 시스템 제어 계획이 필요하다.

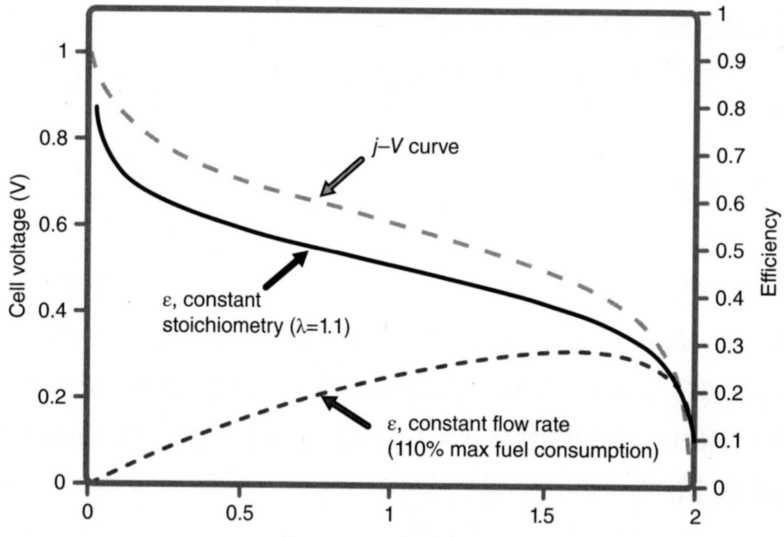

그림 2-9. 일정 유량 조건에 따른 일정 과급 조건 하에서의 연료전지 효율. 일정 과급 조건(λ=1.1) 에서는 연료전지 효율 곡선이 연료전지 $j-V$ 곡선을 따라가며, 낮은 전류밀도에서 효율이 가장 높다. 일정 유량 조건(이 경우 최대 전류에서 필요한 속도의 110%)하에서는, 연료전지 효율은 낮은 전류밀도에서 낮고(대부분의 연료가 낭비되었기 때문에) 대부분의 연료가 사용되었을 때 높은 전류밀도에서 최대치에 도달한다.

2.6 연료전지의 열 및 물질 균형

연료전지는 에너지 **전환** 장치이지, 에너지 **창조** 장치가 아니다(에너지 창조는 열역학 제1법칙에 위배된다). 연료전지는 화학적 에너지를 전기적 에너지로 전환한다(우리가 배운 엔트로피와 열역학 제2법칙에 의해 일부 불가피한 열 손실과 함께). 예를 들어 수소 연료전지는 수소와 산소를 소모하여 물과 열 그리고 전기를 생성한다. 수소, 산소가 소모되는 반면 에너지 법칙과 질량 변환으로 그에 상응하여 비례하는 양의 물과 열 그리고 전기가 생성된다. 연료전지에서 나가고 들어오는 연료, 산소, 물, 열 그리고 전기의 정확한 양을 설명할 수 있음이 중요하다. 운이 좋게도, 이 열과 질량 균형의 측정이 질량 에너지 전환 법칙에서 간단히 수행될 수 있다.

식 (2.63)에서 연료전지의 반응물 소모율 v(mol/s)은 전류 i와 연관이 있다.

$$i = Q/s = nFv \qquad \text{식 (2.126)}$$

만약 반응 연료의 엔탈피, $\Delta\hat{h}$(J/mol)을 안다면, 연료전지로의 입력 에너지율 P_{in}(J/s)은

$$P_{\text{in}} = |\Delta\hat{h}|v = P_h + P_e = P_h + V \times i \qquad \text{식 (2.127)}$$

여기서 P_h(J/s), P_e(J/s), V(V), i(A)는 각각 연료전지의 열생산율, 출력전력, 작동전압, 작동전류를 의미한다. 식 (2.127)은 간단하지만 연료전지에 투입되는 연료가 전기적 에너지와 열로 어떻게 변환되는지를 설명하는 중요한 에너지 평형식이다. 식 (2.126)과 식 (2.127)을 묶으면 다음과 같다.

$$\begin{aligned} P_h &= P_{\text{in}} - P_e = |\Delta\hat{h}|v - V \times i \\ &= \left(\frac{\lambda \left|\Delta\hat{h}\right|}{nF} - V \right) \times i = (\lambda E^H - V) \times i \end{aligned} \qquad \text{식 (2.128)}$$

λ는 화학식량 변수이다. 이 장의 앞 절을 다시 보면, λ가 전류 i($\lambda = nFv/i$)에서의 작동에서 요구되는 과급량과 비교해서 얼마만큼의 연료가 연료전지에 전달되는지를 설명한다. 이 식에서 연료전지가 특정 전압 V, 전류 i에서 전기를 생산할 때 연료전지가 얼마만큼의 열을 생성하는지를 알 수 있다. 식 (2.128)에서 $E^H = \frac{|\Delta\hat{h}|}{nF}$항은 '열 중립 전압'이다. E^H는 반응 엔탈피로부터 계산된 '이상적인' 전압으로, 반응의 깁스 자유에너지로부터 이상 가역전압($E^0 = \frac{|\Delta\hat{g}|}{nF}$)이 계산되는 것과 비슷하다. 비록 E^H는 연료전지에서 직접적인 물리적 의미

는 없지만, 연료전지에서의 열 방출량을 계산하는 데 매우 유용하다. 연료전지에 들어가는 반응 엔탈피와 연료전지의 전력 출력의 차이는 반드시 열로 소산된다. 반응물 엔탈피 항을 '가상의' 전압과 바꿔주면, 이 열 손실은 그림 2.10에서와 같이 연료전지 $j-V$ 곡선에 개략적으로 표현될 수 있다.

예를 들어, STP에서 수소연료전지의 경우 다음과 같이 계산할 수 있다.

$$E^H = \frac{|\Delta \hat{h}|}{nF} = \frac{286,000\ \text{J/mol}}{2 \times 96,485\ \text{C/mol}} = 1.48\ \text{V}$$

만약 연료전지가 100% 연료를 활용하는(λ=1) STP 조건에서 0.7 V와 10 A에서 작동한다면 이는 7 W의 전력과(P_e=0.7 V×10 A=7 W) 7.8 W의 열 [식 2.128을 이용하면, P_h=(1.48 V−0.7 V)×10 A=7.8 W]을 생산한다. 많은 현실적인 연료전지들의 경우처럼, 이 연료전지는 전력보다 열을 더 많이 생산한다.

연료전지의 열 생산이 두드러지기 때문에 연료전지를 제작함에 있어 열의 제거가 반드시 있어야 한다. 연료전지로부터의 열은 (1) 연료전지에 냉각수를 흐르게 하거나, (2) 사용되지 않고 가열된 연료와 산소를 연료전지 밖으로 내보내거나, (3) 외부 환경에 연료전지를 전도 혹은 대류할 수 있게 하여 제거될 수 있다. 연료전지의 열 관리는 12장에 더 자세히 논의되어 있다.

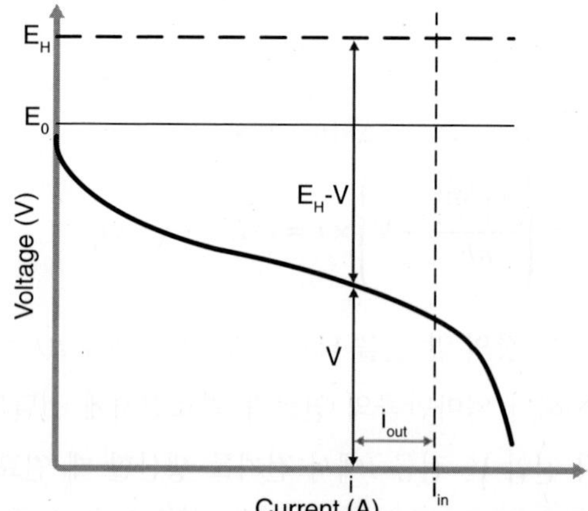

그림 2-10. 연료전지의 열평형. 작동 전압 V와 가상의 열평형 전압의 차이는 연료전지의 총 에너지 손실을 의미하는 반응 엔탈피($E^H = \frac{|\Delta \hat{h}|}{nF}$)로부터 계산될 수 있다. 이 에너지는 열로 전환된다. 반응물들의 입력, 소모, 출력 흐름은 질량 균형을 만족하는 등가전류로 전환될 수 있다.

대부분의 연료전지는 소모하는 것보다 더 많은 연료와 산소를 공급받는다. 연료전지 내의 연료와 산소 부족은 성능저하와 연료전지 구조에 영구적 손상을 가져올 수 있기 때문에 초과된 양의 연료와 산소가 셀에 공급된다. 사용되지 않은 반응물들은 단순히 연료전지의 열을 가지고 나간다. 이 물질들에는 연료전지에서 나가는 양과 연료전지에 들어오는 양에 생산되거나/소모된 양을 더하거나 빼준 양과 반드시 같다는 전체 질량 평형이 필요하다.

$$v_{\text{out}} = v_{\text{in}} \pm \frac{i}{nF} \qquad \text{식 (2.129)}$$

v_{in} (mol/s)과 v_{out} (mol/s)는 각각 물질들의 입력 몰 유량과 출력 몰 유량을 나타내며, i/nF은 연료전지에서 생산된/소모된 물질을 의미한다. 음의 기호는 연료전지에서 물질이 소모되었을 때, 양의 기호는 생산되었을 때 해당된다.

예를 들어, 1000 kA의 전류를 생성하고, 20 mol/s로 공기를 공급받는 수소/산소 연료전지를 고려해보자. 식 (2.129)를 쓰면, 연료전지로부터의 산소 출력 흐름을 알 수 있다.

$$\begin{aligned} v_{O_2,\text{out}} &= v_{O_2,\text{in}} - \frac{i}{nF} = v_{\text{Air,in}} \times w_{O_2} - \frac{i}{nF} \\ &= 20\,\text{mol/s} \times 0.21 - \frac{1{,}000{,}000\,\text{A}}{4 \times 96{,}485\,\text{C/mol}} = 1.6\,\text{mol/s} \end{aligned} \qquad \text{식 (2.130)}$$

w_{O_2}=(0.21)는 공기 중 산소의 몰분율을 나타낸다. 하나의 O_2 분자가 4개의 전자를 받기 때문에 n=4임을 명심해야 한다. 반면, 연료전지의 물 생산율은(또는 수소 소모율)은

$$\left(v_{H_2O} = v_{H_2} = \frac{i}{nF} = \frac{1000\ \text{kA}}{2 \times 96485\ \text{C/mol}} \right) = 5.18\ \text{mol/s}$$

반응물의 입출력 유량은 식 (2.126)을 이용해 등가전류로 전환될 수 있고 양극화 곡선에 그려질 수 있다(그림 2.10 참조). 예를 들어 수소 연료전지에서 20 mol/s의 공기 공급으로 1621 kA까지 생산할 수 있다($nFv_{O_2} = nFv_{\text{air}}w_{O_2}$ =4×96,485 C/s×0.21=1621 kA). 이 연료전지가 이 산소 공급으로 1000 kA를 생성하지만 1621 kA 만큼을 생성할 수 있기 때문에 공기 과급 변수는 1.62(1621 kA)/(1000 kA)=1.62)가 된다.

2.7 가역 연료전지의 열역학

특정 연료전지는 정방향 혹은 역방향으로 둘 다로 구동하게 설계될 수 있다. 다시 말해, 이 연료전지들은 '연료전지' 모드에서 수소와 산소를 물과 전기로 바꾸거나 '전기분해' 모드에서 물과 전기를 수소와 산소로 바꿀 수 있다. 이 두 모드는 아래의 식 (2.131)에서 비교되어 있다.

$$\begin{aligned} &\text{Fuel cell mode:} && H_2 + \tfrac{1}{2}O_2 \rightarrow H_2O + \text{Electricity} \\ &\text{Electrolyzer mode:} && H_2O + \text{Electricity} \rightarrow H_2 + \tfrac{1}{2}O_2 \end{aligned} \qquad \text{식 (2.131)}$$

연료전지는 **가역 연료전지**로 알려진 바와 같이 양 방향으로 작동할 수 있다. 전기분해 모드에서는 시스템에 공급된 전기에너지로 나누어진 시스템에서 공급된 연료의 화학적 에너지(엔탈피)로 효율이 계산될 수 있다. 따라서 전기분해 효율의 이상적(열역학적) 최대 한계는 다음과 같다.

$$\eta_{\text{thermo,electrolyzer}} = \frac{\Delta \hat{h}}{\Delta \hat{g}} \qquad \text{식 (2.132)}$$

상온 대기압에서의 물 전기분해에 대해 각각 $\Delta\hat{g}^0 = 237.17$ kJ/mol과 $\Delta\hat{h}^0_{\text{HHV}} = 286$ kJ/mol의 값을 지닌다(연료전지 모드 작동의 값에 단순히 반대이다). 이는 STP에서 120% 가역 HHV 물 전기분해 효율을 나타낸다!

$$\varepsilon_{\text{thermo,electrolyzer}} = \frac{286}{237} = 1.2 \qquad \text{식 (2.133)}$$

이상적인 열역학적 물 전기분해 효율이 어떻게 100%를 넘는 것일까? 답은 연료전지 모드와 비교했을 때 전기분해 모드에서의 비가역적 엔트로피 열 흐름의 방향에 있다(예를 들어 $T\Delta s$항). 수소-산소 연료전지 작동에서 전기 생산량(Δg로 주어진)은 **주변으로의 비가역적 엔트로피 열 손실**($T\Delta s$의 양으로 나타난)로 인해 화학에너지 공급량(Δh 주어진)보다 적다. 그러나 전기분해 모드에서 이는 반대 상황이 발생한다. 전기분해에 필요한 전기의 양(Δg로 주어진)은 주변환경으로부터의 비가역적 엔트로피 열($T\Delta s$의 양으로 나타난)로 인해 생산되는 화학에너지 양(Δh 주어진)보다 적다. 그러므로 주변 환경으로부터의 열이 물을 수소로 분해하는 과정에 쓰였기 때문에 전기분해는 100% 이상의 효율(효율의 정의에 기반해서)을 가질 수 있다. 이는 관계식 $\Delta g = \Delta h - T\Delta s$를 식 (2.132)에 대입하여 계산할 수 있다.

$$\eta_{\text{thermo,electrolyzer}} = \frac{\Delta \hat{h}}{\Delta \hat{g}} = \frac{\Delta \hat{h}}{\Delta \hat{h} - T\Delta s} \qquad \text{식 (2.134)}$$

100%가 넘는 물 전기분해의 열역학적 효율이 열역학 법칙들에 위배되지 않음에 유의해야 한다. 가역 연료전지에서는 연료전지모드 작동에서 발생한 엔트로피 손실이 전기분해모드 작동에서의 엔트로피 증가를 상쇄하므로 전기분해로 물을 분해하여 생성된 수소로 전기를 생산하는 것이 포함되는 총 과정에서의 이상적인 열역학적 왕복 효율이 정확히 100%가 된다. 다시 말해,

$$\varepsilon_{\text{thermo,electrolyzer}} \times \varepsilon_{\text{thermo, fc}} = 1.2 \times 0.83 = 1.0 \qquad \text{식 (2.135)}$$

사실, 연료전지의 일반적 효율이 열역학적 한계치보다 작은 것과 같은 이유로 아주 좋은 전기분해장치라 하더라도 실제 효율은 일반적으로 100%보다 작다. 이러한 현실적 측면으로 인해 일반적인 전기분해장치의 작동 전압은 이상적 STP 열역학적 전압인 보다 크게 되며(보통 전기분해에 혹은 그 이상의 전압이 가해진다.) 물을 분해하는데 이상적인 열역학적 예측 값보다 더 많은 전기가 든다는 의미가 된다. 한편, 연료전지모드에서 소모되었을 때 생산되는 전압은 필연적으로 이상적 STP 열역학적 전압인 보다 작아진다. 따라서 전기분해와 연료전지 작동을 더한 일반적인 왕복 효율이 필연적으로 100%보다 훨씬 작아진다.

2.7.1 가역 연료전지의 열 균형

2.6절에서 연료전지의 열과 물질 균형에 대해 다루었다. 그러나 전기분해모드 하에서의 가역 연료전지 작동은 열 평형에 미묘한 차이가 있다. 그림 2.11은 이 차이를 보여준다.

2.6절에 논의된 대로 연료전지의 열 평형은 작동 전압 V와 열균형 전압인 $E^H = \frac{|\Delta \hat{h}|}{nF}$의 비교로 $j-V$ 곡선에 바로 나타난다. 연료전지모드에서는 E^H와 V의 차이로 인한 열의 순 생산량이 존재한다. 그러나 연료전지모드에서 전기분해모드로 전환한다면 상황은 뒤바뀐다. 전기분해 전류밀도가 낮을 때 전기분해에 의한 순 열 소모량이 존재한다. 전기분해장치의 열 소모량은 전기분해장치에의 전력 공급(작동 전압 V와 전류 i가 주어졌을 때)과 전기분해장치에서 생산된 화학적 '힘'(E^H와 i로 주어진)의 비교로 그려질 수 있다.

$$\begin{aligned} P_{h,\text{electrolysis}} &= P_{e,\text{in}} - P_{\text{chem, out}} = V \times i - |\Delta \hat{h}| \frac{i}{nF} \\ &= \left(V - \frac{|\Delta \hat{h}|}{nF} \right) \times i = (V - E^H) \times i \end{aligned} \qquad \text{식 (2.136)}$$

이 분석에서 전기분해장치의 패러데이 효율은 100%로 가정한다. 이는 전기분해장치에 공급되는 전류의 100%가 수소연료를 생산하는데 쓰인다는 의미이다.

이 식과 그림 2.11에서 볼 수 있듯, 전기분해장치의 작동 전압 V가 열중립 전압 E^H보다 작을 때 낮은 전류밀도에서의 순 열 소모를 보여준다. 그러나 엔트로픽 열 소모가 전기분해장치의 활성화 손실, 저항 손실, 질량 수송 손실에 의한 비가역적 열 생산을 상쇄하고 남기 때문에 열중립 전압 이상일 때는 전기분해모드에서 순 열이 생성된다. 흡열(순 열 소모

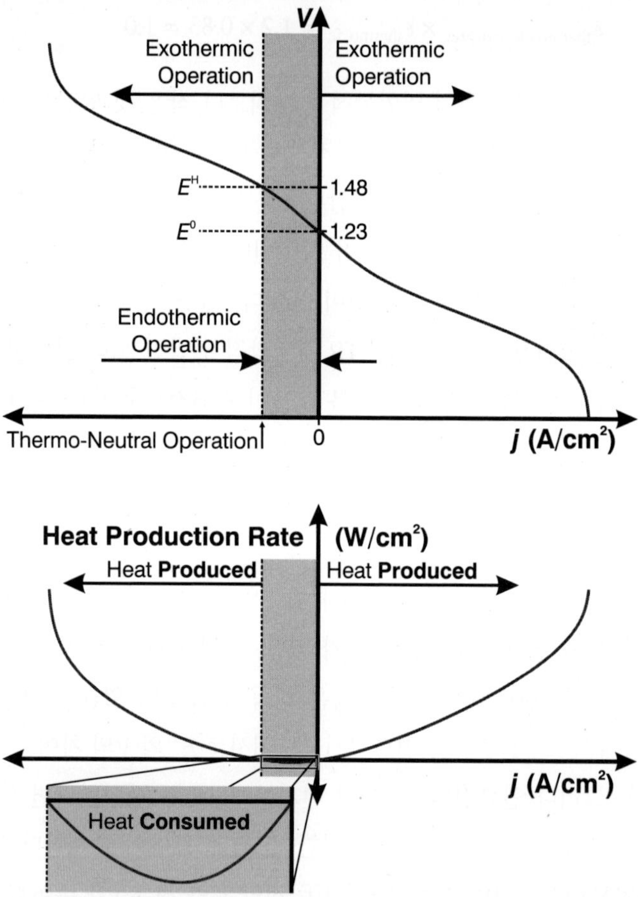

그림 2-11. 연료전지와 전기분해장치 작동 영역을 보여주는 가역 연료전지의 열 평형. 연료전지 작동에서는 작동 전압 V와 열중립 전압 E^H ($E^H = \frac{|\Delta \hat{h}|}{nF}$)의 차이가 연료전지의 열 손실을 보여준다. 전기분해모드 작동에서는 작동 전압 V가 열중립 전압 E^H보다 작을 때 낮은 전류밀도에서 순 열소모가 나타난다. 그러나 열중립 전압을 넘어, 엔트로피 열 소모가 전기분해장치의 활성화 손실, 저항 손실, 질량 수송 손실에 의해 상쇄되고 남기 때문에 비가역적 열 생산 전기분해 모드에서 순 열이 생산된다. 흡열(순 열소모)상태에서의 전기분해를 하는 동안 시스템의 온도를 유지하기는 어렵다. 그러므로 대부분의 전기분해장치들은 열중립 전압이나 그 이상에서 작동하도록 제작된다.

량)상태로 전기분해 할 때 시스템의 온도를 유지하는 것은 어려울 수 있다. 그러므로 대부분의 전기분해장치들은 열중립 전압이나 그 이상에서 작동하도록 제작된다.

그림 2.12는 연료전지와 전기분해모드의 중요한 차이점을 보여준다. 그림 2.8에 표현된 대로 수소-산소 연료전지의 이상적인 열역학적 효율은 비가역적 엔트로피 손실($T\Delta s$ 손실) 온도가 높아짐에 따라 줄어든다. 그림 2.12에 보이는 대로 이 상황은 전기분해장치와 반대이다. 그러므로 전기분해장치의 이상적인 열역학적 효율은 온도가 상승함에 따라 **증가한다**. 동시에, 높은 온도에서 역학적, 질량 수송 손실은 줄어드는 경향을 보인다(연료전지 작동과 같이). 그러므로 고품질의 폐열이 발생하는 상황들에서는 높은 온도의 전기분해장치가 높은 효율로 작동할 수 있다는 흥미로운 조건이 될 수 있다.

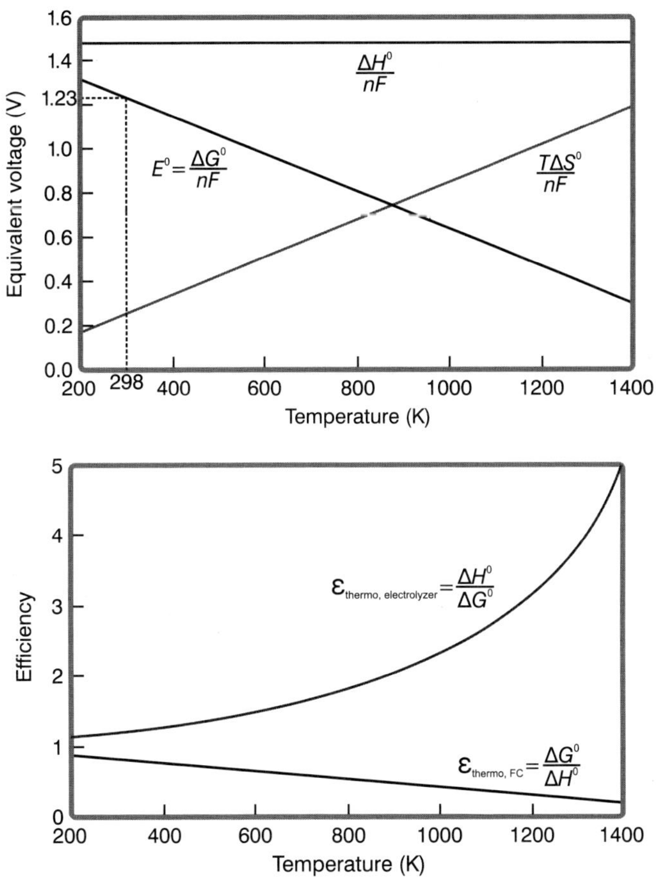

그림 2-12. 수소-산소 연료전지와 비교한 물 전기분해의 가역적 HHV 효율. 전기분해의 열역학적 효율은 온도가 높아질수록 높아지는 반면 열역학적 연료전지 효율은 온도가 높아질수록 낮아진다.

2.8 요약

이 장의 목적은 열역학적 원칙들을 적용함으로써 연료전지 성능의 이론적 한계를 이해하는 것이다. 이 장에서 소개된 중요한 것들은 다음과 같다.

- 열역학은 연료전지 성능의 이론적 한계, 이상적인 경우를 알게 해준다.
- 연료의 열 포텐셜은 연료의 연소열, 즉 더 일반적으로는 반응의 엔탈피로 주어진다.
- 연료의 모든 열 포텐셜이 유용한 일을 하는 데 이용되지는 않는다. 연료의 일 포텐셜은 깁스 자유에너지 ΔG로 주어진다.
- 전기에너지는 자발적인 ('내리막') 화학 반응에서만 뽑아낼 수 있다. ΔG의 크기는 전기적 일을 할 수 있는 ('자유') 에너지의 양을 알려준다. 따라서 ΔG의 부호는 전기적 일을 할 수 있는지의 유무를, ΔG의 크기는 전기적 일이 얼마나 많이 일어날지를 알려준다.
- 연료전지의 가역전압 E는 몰당 깁스 자유에너지와 $\Delta \hat{g} = -nFE$의 관계가 있다.
- ΔG는 반응의 양에 비례하지만, $\Delta \hat{g}$와 E는 반응의 양과는 관계없다.
- $dE/dT = \Delta \hat{s}/nF$ 이므로 E는 온도에 따라 변한다. 연료전지에서 $\Delta \hat{s}$는 일반적으로 음수이므로 가역 연료전지 전압은 온도가 증가함에 따라 감소하는 경향이 있다. $dE/dp = -\Delta n_g RT/(nFp) = -\Delta \hat{v}/nF$ 이므로, E는 압력에 따라서도 변한다.
- Nernst 식은 반응물/생성물의 활동도에 따라 E가 어떻게 변하는지를 알려준다.

$$E = E^0 - \frac{RT}{nF} \ln \frac{\prod a_{\text{products}}^{v_i}}{\prod a_{\text{reactants}}^{v_i}}$$

- Nernst 식은 본래 가역전지 전압에 대한 압력의 영향을 포함하지만, 온도의 영향을 충분히 설명하지는 못한다.
- 이상적인 HHV(고위 발열량) 연료전지 효율 $\varepsilon_{\text{thermo}} = \Delta \hat{g}/\Delta \hat{h}_{\text{HHV}}$.
- 열역학적인 연료전지 효율은 일반적으로 온도가 증가하면 감소한다. 이것은 일반적으로 온도가 증가하면 열역학적인 효율도 증가하는 열기관과 대조적이다.
- 실제 연료전지 효율은 이상적인 열역학적 효율보다 항상 낮다. 이것의 주요 원인은 비가역적인 반응 손실과 연료 이용 손실이다. 전체적인 효율은 각각의 효율의 곱이 된다.
- 연료전지는 에너지와 질량 교환 법칙을 따른다. 따라서 연료전지의 열 균형과 질량 균형은 연료전지의 에너지와 질량의 입력, 출력, 교환 흐름에서 얻을 수 있다.

연습문제

복습문제

2.1 만일 어떤 기체의 등온 반응이 큰 체적감소를 가져온다면, 이 반응의 엔트로피 변화는 음수일지 양수일지를 결정하고 이유를 설명하라.

2.2 (a) 만일 어떤 반응의 $\Delta\hat{h}$가 음수이고, $\Delta\hat{s}$가 양수라면, 이 반응의 자발성(spontaneity)은 어떠한가? (b) 만일 $\Delta\hat{h}$는 음수이고 $\Delta\hat{s}$도 음수라면? (c) 만일 $\Delta\hat{h}$는 양수이고 $\Delta\hat{s}$는 음수라면? (d) 만일 $\Delta\hat{h}$는 양수이고 $\Delta\hat{s}$도 양수라면?

2.3 반응 A에 대해 $\Delta\hat{g}_{rxn}=-100$ kJ/mol이다. 반응 B에 대해서는 $\Delta\hat{g}_{rxn}= -200$ kJ/mol이다. 이 두 반응과 관련해서 반응속도에 대해 논하라.

2.4 ΔG는 반응량과 비례하지만, 왜 E는 비례하지 않는가? 예를 들어 1몰 수소의 연소 ΔG^0_{rxn}는 −237 kJ이지만, 2몰 수소는 $2\times-237 = -474$kJ이다. 양쪽 모두 가역전지 전압 E^0은 1.23 V이다.

2.5 일반적인 관점에서 반응물의 농도(활성도)를 증가시키면, 전기화학 시스템의 가역 전지 전압은 증가하겠는가 감소하겠는가?

2.6 식 (2.101)로부터 다음의 일반적인 화학 반응에 대한 Nernst 방정식을 유도하라.

$$ze^-_A + 1\text{A} + b\text{B} \rightleftharpoons m\text{M} + n\text{N} + ze^-_C \qquad \text{식 (2.137)}$$

2.7 $\varepsilon = \Delta\hat{g}/\Delta\hat{h}$로 정의된 연료전지의 열역학적 효율은 1보다 커질 수 있는가? 답에 대한 이유를 설명하라. 수소−산소 연료전지뿐만 아닌 다른 모든 연료전지 화학식을 고려하라.

2.8 x mol/s의 메탄올과 y mol/s의 공기가 V (volts)의 전압에서 i의 전류를 생성하는 직접 메탄올 연료전지(DMFC)가 있다고 가정하자. (a) 메탄올($v_{\text{MeOH, out}}$), 공기($v_{\text{air, out}}$), 물($v_{\text{H}_2\text{O, out}}$) 그리고 이산화탄소($v_{\text{CO}_2\text{, out}}$)의 출력 질량유량(mol/s)을 표현하라. (b) 주어진 값들을 통해 메탄올(λ_{MeOH})과 공기(λ_{air})의 과급 계수를 표현하라(모든 경우에서 각 n에 대해 수치적 값을 명확히 표기하라).

계산문제

2.9 예제 2.2에서 $\Delta\hat{h}_{rxn}$와 $\Delta\hat{s}_{rxn}$는 온도의 함수가 아니라고 가정하였다. 여기서는 이러한 가정이 해답에 얼마만큼의 오차를 가져오는지 알아보도록 한다. 반응에 관여하는 모든 종의 열용량이 상수라고 가정하고 예제 2.2를 다시 풀어라. 열용량은 다음의 표에 나와 있다.

Chemical Species	c_p (J/mol · K)
CO	29.2
CO_2	37.2
H_2	28.8
H_2O(g)	33.6

2.10 (a) 만일 연료전지가 압력은 p_1 온도는 T_1일 때 E_1의 가역전압을 보인다면, 압력이 p_2일 때 가역전압 E_1을 가지기 위한 온도 T_1의 식을 구하라.

(b) 상온 대기압에서 동작하는 수소/산소(순수산소) 연료전지에 대해, 압력이 본래보다 10배 감소하였다면, 본래의 전압을 유지하기 위해서는 어떤 온도가 요구되는가?

2.11 2.4.4절 농도전지에 대한 설명에서, 수소/산소 연료전지는 수소 농도전지의 환원극에서 수소를 잡기 위해 산소가 추가된 것과 같다고 하였다. 산소가 수소를 잡는 능력은 수소/산소 반응의 깁스 자유에너지로 측정된다. STP 조건에서(환원극은 공기로 가정), 환원극에서 산소가 유지할 수 있는 유효 수소 압력을 계산하라.

2.12 전형적인 수소/산소 PEMFC는 0.75 V에 $\lambda=1.10$의 조건에서 동작한다. STP 조건에서 이러한 연료전지의 효율을 계산하라. (HHV를 사용하고 환원극은 순수산소로 동작한다고 가정)

2.13 직접 메탄올 연료전지(DMFC)가 0.3 V에서 1000 A를 생성한다. 메탄올과 공기는 연료전지에 각각 0.003 mol/s과 0.03 mol/s로 공급된다. (a) 메탄올($v_{MeOH,\,out}$), 공기($v_{air,\,out}$), 물($v_{H_2O,\,out}$) 그리고 이산화탄소($v_{CO_2,\,out}$)의 출력 질량유량(mol/s)을 계산하라. (b) 주어진 값들을 통해 메탄올(λ_{MeOH})과 공기(λ_{air})의 과급 계수를 계산하라. (c) STP 조건에서 $\Delta\hat{h}_{rxn}=-719.19$ kJ/mol의 메탄올 연소에 대해 이 연료전지의 열 생성률(J/s)을 계산하라.

2.14 $j = 3$ A/cm^2, $P = 1.5$ W/cm^{2}에서 작동하도록 만들어진 연료전지가 주어졌다. 2 kW의 전력을 전달하기 위한 연료전지 활성 영역의 면적(cm^2 단위)은 얼마인가? (이는 일반적인 가정에 필요한 충분한 양이다.)

(a) 296.3 cm^2 (b) 1333.3 cm^2

(c) 444.4 cm^2 (d) 666.6 cm^2

2.15 위의 문제 2.14에서 설명된 연료전지에 대해 순수 수소연료로 작동한다는 가정하에, $P = 2$ kW에서 24시간 동안 얼마만큼의 물이 생산되는지 계산하라. (물의 몰질량은 18 g/mol, 밀도는 1 g/cm^{3}이다.)

(a) 0.49 L (b) 10.7 L

(c) 32.2 L (d) 66.3 L

2.16 전체 반응이 3A(g) + 2B(g) → 2C(g)와 같은 연료전지가 주어졌을 때, 균등하게 증가하는 셀 압력이 열역학적 전압에 어떤 영향을 미치는가?

(a) E가 감소한다.

(b) E가 증가한다.

(c) E가 일정하다.

(d) 알 수 없다.

2.17 다음과 같은 반쪽 셀 반응이 주어졌을 때,

1. $O^{2-} + CO(g) \rightarrow CO_2(g) + 2e^-$

2. $2O^{2-} \rightarrow 4e^- + O_2(g)$

3. $8e^- + 2H_2O(g) + CO_2(g) \rightarrow 4O^{2-} + CH_4(g)$

4. $\frac{1}{2}O_2(g) + H_2O(g) + 2e^- \rightarrow 2(OH)^-$

(a) 이들 중에 두 반쪽반응을 이용하여 **연료전지**(연료와 산소를 소모하는)의 전체 셀의 반응식을 적어라.

(b) 이들 중에 두 반쪽반응을 이용하여 **전기분해 전지**(연료와 산소를 생성하는)의 전체 셀의 반응식을 적어라. 어느 반응이 연료극에서 일어나는지, 공기극에서 일어나는지 명시하라.

2.18 주택에서의 고체 산화물 연료전지는 메탄(CH_4)으로 작동하고, 가정에 열과 전기를 모두 공급하기 위해 제작되었다.

(c) 연료전지가 $j = 2$ A/cm^2, $V = 0.6$ V에서 작동한다고 가정하면, 3 kW의 전력을 전달하기 위한 연료전지 활성 영역의 면적(cm^2 단위)은 얼마인가? (이는 일반적

인 가정에서 사용되는 충분한 양이다.)

(d) 표준 작동 조건(750℃, 1기압)의 연료전지는 메탄 연소의 Δh, Δg가 각각 −802 kJ/mol, −801 kJ/mol이다(이는 오타가 아니고, 이 반응에서 Δh, Δg는 거의 비슷한 값을 가진다). 연료가 100% 활성화 되었다고 가정할 때, $j=1$ A/cm^2, $V=0.6$ V에서 작동할 때 연료전지의 열 생산율(P_{heat}, kW 단위로)은 얼마인가?

(e) 연료가 100% 활성화 되었다고 가정하고 $P=3$ kW서 24시간 동안 작동할 때 얼마만큼의 물이 생산되는가? (물의 몰질량은 18 g/mol이고 물의 밀도는 1 g/cm^{3}이다.)

(f) 가정에서 평균 물 소모량이 ~200 gal/day(~750 L/day)일 때, 이 연료전지는 가정에서의 총 일일 물 요구량과 이것의 전력 요구량에 맞게 공급할 수 있는가? (답의 근거를 제시하라.)

CHAPTER 3

연료전지 반응속도론

연료전지에서 어떤 것이 이상적으로 가능한지를 이전 장에서 공부하였다. 3장에서는 연료전지 반응속도론에 대한 실질적인 부분을 논의하도록 한다. 연료전지 반응속도론은 연료전지 반응이 어떻게 발생하는가에 대한 기본적인 내용을 설명해 준다.

가장 기본적 수준에서의 연료전지 반응(또는 임의의 전기화학 반응)을 생각해보면 전극 표면과 그에 인접한 화학 종 사이에서 전자가 이동함을 알 수 있다. 연료전지에서는 화학에너지로부터 (전류형태의) 전기에너지를 얻기 위해 열역학적으로 유리한 전자 이동 작용을 이용한다. 우리는 앞에서 열역학적으로 유리한 전기화학 반응을 어떻게 구분하는지에 대해 공부하였다. 이제 우리는 전기화학 반응의 속도에 대해, 즉 전자 이동 과정의 메커니즘을 공부하게 된다. 전기화학 반응은 하나 혹은 그 이상의 전자를 이동시키기 때문에 연료전지에 의해 생성된 전류(단위 시간당 전자 수)는 전기화학 반응속도(단위 시간당 반응 수)에 의존하게 된다. 따라서 전기화학 반응속도를 증가시키는 것은 연료전지의 성능 향상에 아주 중요한 역할을 한다. 전기화학 반응속도를 증가시키기 위한 촉매작용, 전극 설계 외 다른 방법들도 소개하도록 한다.

3.1 전극 반응속도 소개

이 절에서는 전기화학 시스템에서 혼동을 야기하기 쉬운 몇 가지 기본적인 개념들에 대해 논의한다. 이러한 기본적인 개념들을 머리 속에 구체화하면, 전기화학을 좀 더 쉽게 이해할 수 있을 것이다.

3.1.1 전기화학반응과 화학반응의 차이

모든 전기화학반응은 전극과 화학 종 사이에서의 전하(전자) 이동을 수반한다. 이것은 전기화학반응을 화학반응과 구분시켜 준다. 화학반응에서는 두 화학 종 사이에서 자유 전자가 유리되지 않아 직접 전하가 이동하게 된다.

3.1.2 전기화학 작용의 이질성

전기화학반응은 전극과 화학 종 사이(즉 서로 다른 물질 사이)에서의 전하 이동을 다루기 때문에 필연적으로 이질적이다. 수소산화반응(HOR)과 같은 전기화학반응은 전극과 전해질 사이에서의 경계면에서만 발생할 수 있다.

$$H_2 \rightleftharpoons 2H^+ + 2e^- \qquad \text{식 (3.1)}$$

그림 3.1에서 수소 기체와 수소 이온(H^+)은 금속 전극 내에 존재할 수 없는 반면, 자유 전자는 전해질 내에 존재할 수 없다. 따라서 수소, 수소 이온(H^+), 전자의 반응은 전극과 전해질이 교차하는 곳에서 일어나야만 한다.

3.1.3 전류는 속도다

전자는 전기화학 반응에 의해 생성되거나 소모되기 때문에 이로 인해 발생되는 전류 i는 곧 전기화학의 반응속도 값이다. 전류의 단위는 암페어이다. 암페어는 초당 쿨롬(C/s)의 단위를 갖는다. 패러데이 법칙으로부터

$$i = \frac{dQ}{dt} \qquad \text{식 (3.2)}$$

Q는 전하(C)이고 t는 시간을 나타낸다. 그러므로 전류는 전하 이동의 속도를 나타낸다. 전기화학 반응으로 n개의 전자가 이동하면

$$i = nF\frac{dN}{dt} = nFv \quad \text{식 (3.3)}$$

dN/dt는 전기화학 반응속도(mol/s)이고 F는 패러데이 상수(전자의 몰을 쿨롬 단위의 전하로 바꾸기 위해 필요)이다.

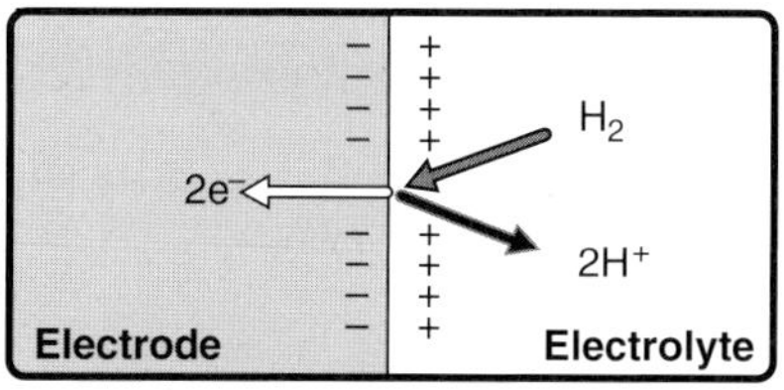

그림 3-1. 전기화학 반응은 이질적이다. 위의 개략도가 보여주듯이 HOR은 전극과 전해질 사이의 경계면에서만 발생하는 표면에 제한된 반응이다.

예제 3.1.

STP 상태에서 100% 연료 이용 시 5 sccm의 H_2가 공급되어 연료전지가 생성할 수 전류는 얼마나 되는가? (1 sccm = 1 standard cubic centimeter per minute; 분당 표준 입방 센티미터) 산화물은 충분히 공급된다고 가정하자.

풀이

문제에서 수소 기체의 체적 유량이 주어졌다. 전류를 계산하기 위해 체적 유량을 몰(질량) 유량으로 바꿔주고 이 값을 다시 전류로 바꿔줘야 한다. 수소 기체를 이상 기체로 생각하면 몰 유량은 이상 기체 법칙의 체적 유량과 관련 지어진다.

$$v = \frac{dN}{dt} = \frac{p(dV/dt)}{RT} \quad \text{식 (3.4)}$$

v는 몰 유량이고 dV/dt는 체적 유량이다. STP 상태에서

$$v = \frac{dN}{dt} = \frac{(1\ \text{atm})(0.005\ \text{L/min})}{[0.082\ \text{L}\cdot\text{atm}/(\text{mol}\cdot\text{K})](298.15\ \text{K})} = 2.05\times10^{-4} \quad \text{식 (3.5)}$$

수소 기체 1몰의 반응으로 전자 2몰이 이동하므로 n=2이다. 식 (3.3)에 n과 dN/dt을 대입하고 분(minute)을 초(second)로 변환하면

$$i = nF\frac{dN}{dt} = (2)(96{,}485\,\mathrm{C/mol})(2.05 \times 10^{-4}\,\mathrm{mol\,H_2/min})(1\,\mathrm{min}/60\,\mathrm{s}) = 0.659\,\mathrm{A} \quad \text{식 (3.6)}$$

따라서 100% 연료가 이용된다면 5 sccm의 H_2는 0.659 A의 전류를 유지할 수 있는 양이다.

3.1.4 전하는 양이다

비율(rate)을 시간에 대해 적분하면 양(amount)을 얻을 수 있다. 패러데이 법칙(식 3.2)을 적분하면

$$\int_0^t i\ dt = Q = nFN \quad \text{식 (3.7)}$$

쿨롬 단위로 측정된 생성된 전기의 총 전하량(Q)은 전기화학 반응에 참여하는 물질의 몰 수에 비례한다.

예제 3.2.

연료전지가 2A의 전류 부하에서 1시간 동안 작동하고, 5A의 전류 부하에서 5시간 동안 작동한다. 이러한 작동 과정에서 연료전지에 의해 소모되는 수소 기체의 총 몰 수를 계산해보자. 반응하는 수소 기체의 질량은 얼마나 되는가? 100% 연료가 이용된다고 생각하자.

풀이

주어진 시간–전류 프로파일로부터 연료전지에 의해 생성되는 총 전기량을 계산할 수 있다. 그런 다음 식 (3.7)을 사용하면 반응에 참여하는 수소의 총 몰 수를 계산할 수 있다.

생성되는 전기의 총 양은 작동 시간에서의 전류 부하 프로파일을 합하여 계산할 수 있다. 이 예제에서는 계산이 매우 간단하다.

$$Q_{\mathrm{tot}} = i_1t_1 + i_2t_2 = (2\,\mathrm{A})(3600\,\mathrm{s}) + (5\,\mathrm{A})(7200\,\mathrm{s}) = 43{,}200\,\mathrm{C} \quad \text{식 (3.8)}$$

1몰의 수소 분자 반응으로 전자 2몰이 이동하기 때문에 $n=2$이다. 그러므로 반응에 참여하는 수소 분자의 총 몰 수는

$$N_{\mathrm{H_2}} = \frac{Q_{\mathrm{tot}}}{nF} = \frac{43200\,\mathrm{C}}{(2)(96{,}485\,\mathrm{C/mol})} = 0.224\,\mathrm{mol\,H_2} \quad \text{식 (3.9)}$$

수소 분자의 몰 질량은 약 2 g/mol이기 때문에 반응한 수소 기체의 질량은 약 0.448 g이다.

3.1.5 전류보다 근본적인 전류밀도

전기화학 반응은 경계면에서만 발생하기 때문에 생성된 전류는 대개 경계면의 면적에 비례한다. 반응 경계면을 두 배로 하면 반응속도는 두 배가 된다. 따라서 전류밀도(단위 면적당 전류)는 전류보다 더 근본적인 개념이다. 단위 면적을 기준으로 하는 전류밀도를 통해 서로 다른 표면들의 반응도를 비교할 수 있다. 전류밀도 j는 일반적으로 제곱 센티미터당 암페어 (A/cm²)의 단위로 표현된다.

$$j = \frac{i}{A} \qquad \text{식 (3.10)}$$

여기서 A는 면적을 나타낸다. 전류밀도와 마찬가지로 전기화학 반응속도도 단위 면적에 대하여 표현될 수 있다. 단위 면적당 반응속도는 기호 J로 표시한다. 면적에 대해 평준화된 반응률은 대체로 제곱 센티미터와 시간당 몰(mol/cm² · s) 단위로 표시된다.

$$J = \frac{1}{A}\frac{dN}{dt} = \frac{i}{nFA} = \frac{j}{nF} \qquad \text{식 (3.11)}$$

3.1.6 전기에너지를 조절하는 전위

전위(전압)는 전자에너지를 나타낸다. 밴드이론(band theory)에 따라 금속 내의 전자에너지는 **페르미 준위**에 의해 측정된다. 전극 전위를 조절하여 반응의 방향에 영향을 줌으로써 전기화학 시스템의 전자에너지(페르미 준위)를 조절할 수 있다. 예를 들어 전극에서 산화, 환원 형태로 발생하는 일반적인 전기화학 반응을 생각해보자.

$$\mathrm{Ox} + e^- \rightleftharpoons \mathrm{Re} \qquad \text{식 (3.12)}$$

전극의 전위가 평형 전위보다 상대적으로 음전기를 띠면 환원 반응으로 기울 것이다(즉 음전극은 전기활성 종으로 전자를 내보내고, 전자를 덜 받아들이게 된다). 반면 전극의 전위가 평형 전위보다 상대적으로 양전기를 띠면 산화 반응으로 기울 것이다. (양전극은 전기활성 종으로부터 전자를 끌어당긴다.) 그림 3.2는 이러한 개념을 도식적으로 설명해준다.

반응을 조절하기 위해 전위를 이용하는 것은 전기화학에서는 아주 중요하다. 이 장의 후반부에서 반응속도(전기화학 반응에서는 전류와 동일)가 전압과 어떻게 관련되는지를 이해하기 위한 기본 원리를 공부한다.

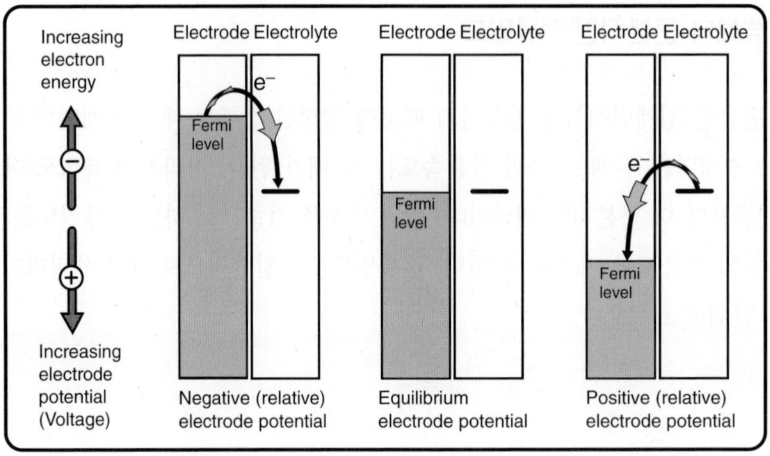

그림 3-2. 전극 전위는 환원(왼쪽)이나 산화(오른쪽)가 일어나도록 조절할 수 있다. 열역학적 평형 전위(중간)는 산화와 환원 과정이 균형을 이루는 것을 의미한다.

3.1.7 제한된 반응속도

전기화학 반응이나 다른 임의의 반응에서 명백히 반응 속도는 제한된다. 이는 전기화학 반응으로 생성된 전류 또한 제한됨을 의미한다. 에너지 측면에서 '내리막(downhill)'일지라도 (**활성화 에너지**라 불리는) 에너지 장벽이 반응물에서 생성물로의 변환을 방해하기 때문에 반응속도는 제한되게 된다. 그림 3.3에 나타나듯이 반응물이 생성물로 변하기 위해서는 먼저 활성화 '언덕(hill)'을 넘어서야 한다. 반응물이 이러한 장벽을 극복할 수 있는 확률이 반응 속도를 결정하게 된다. 다음 절은 전기화학 반응이 왜 활성화 장벽을 가지는지에 대해 논의한다.

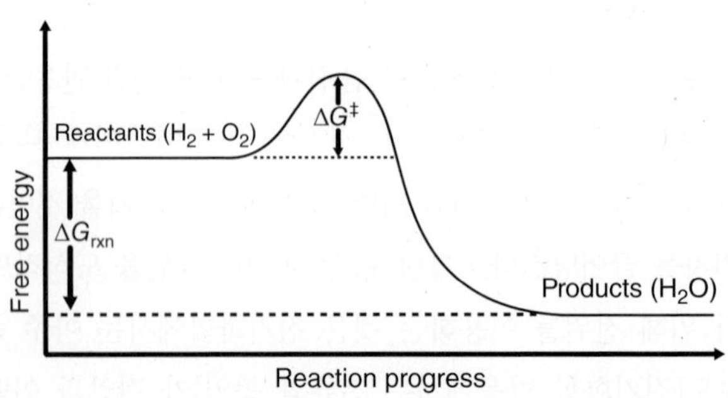

그림 3-3. 활성화 장벽($\Delta G^{\ddagger}$)은 반응물이 생성물로 변하는 것을 방해한다. 이러한 장벽 때문에 반응물이 생성물로 변환되는 속도는 제한되게 된다.

3.2 전하 이동반응은 왜 활성화 에너지를 가지는가?

수소산화반응(HOR)과 같은 단순한 반응을 포함한 모든 반응은 연속적인 몇 개의 기본적인 단계들로 이루어져 있다. 예를 들어 수소 분자의 반응($H_2 \rightleftharpoons 2H^+ + 2e^-$)은 다음과 같은 단계들을 통해 이루어진다.

1. 전극으로 수소 기체의 물질 이동
$$(H_{2(bulk)} \rightarrow H_{2(near\ electrode)})$$

2. 전극 표면으로 수소 분자의 흡착
$$(H_{2(near\ electrode)} + M \rightarrow M \cdots H_2)$$

3. 수소 분자가 분리되어 전극 표면에 2개의 수소 원자가 결합(화학 흡착)
$$(M \cdots H_2 + M \rightarrow 2M \cdots H)$$

4. 전해질로 수소 이온이 방출과 흡착된 수소 원자에서 전극으로 전자 이동
$$2 \times [M \cdots H \rightarrow (M + e^-) + H^+_{(near\ electrode)}]$$

5. 전극에서 전해질로 수소 이온의 물질 전달
$$2 \times [H^+_{(near\ electrode)} \rightarrow H^+_{(bulk\ electrolyte)}]$$

군대가 가장 빠르게 진군하는 속도는 가장 느린 구성원의 속도로부터 결정되듯이, 연속적인 반응단계 중 가장 느린 단계의 속도에 의해 전체 반응속도는 제한된다. 위의 반응은 화학 흡착된 수소와 금속 전극 표면 사이에서의 전자 이동(4번째 단계)에 의해 제한된다. 이 단계는 다음과 같이 표현할 수 있다.

$$M \cdots H = (M + e^-) + H^+ \qquad \text{식 (3.13)}$$

이 식에서 M…H는 금속 표면에 화학 흡착된 수소 원자를 나타내고, $(M+e^-)$는 분리된 금속 표면부와 금속 내부의 자유 전자를 나타낸다. 이러한 반응은 그림 3.4에 물리적으로 묘사되고, 그림 3.5는 에너지 관계를 보여준다. 먼저 그림 3.5의 곡선 1을 생각해보자. 이 곡선은 금속 전극 표면에서 멀어지는 화학 흡착된 수소원자의 자유에너지를 묘사한다. 우리는 원자 상태의 수소가 불안정하다는 것을 알고 있다. 수소 원자가 금속 전극 표면에 화학적으로 흡착되면 안정성이 증가한다. 금속 표면에의 화학 흡착은 자유에너지를 낮추어

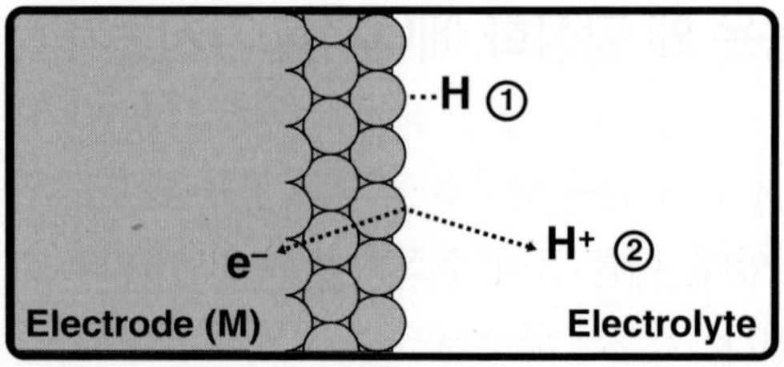

그림 3-4. 화학 흡착된 수소 전하 이동반응의 개략도. 흡착된 수소 원자(MH)의 상태가 1로 표시되어 있다. 2에 나타나는 전하 이동반응을 마치기 위해 금속으로 자유 전자가 유리되고 전해질로 자유 수소 이온(H^+)이 유리되어야 한다.

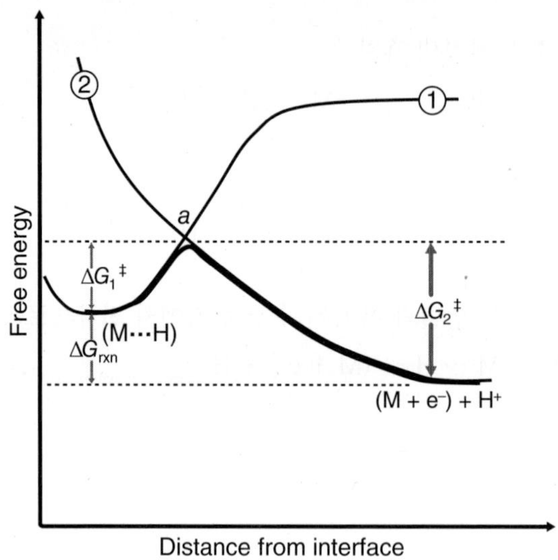

그림 3-5. 화학 흡착된 수소 전하 이동 반응의 에너지 상태를 나타내는 개략도. 선도 1은 수소 원자와 금속 표면이 떨어진 거리에 대한 함수로 반응물 상태([MH])의 자유에너지를 나타낸다. 선도 2는 수소 이온과 금속 표면이 떨어진 거리에 대한 함수로 생성물 상태($[(M+e^-)+H^+]$)의 자유 에너지를 나타낸다. 굵은 실선은 [MH]에서 ($[(M+e^-)+H^+]$)로의 변환에 있어 "가장 쉬운(최소의)" 에너지 경로를 의미한다. 활성화 상태는 *a*로 표시된다.

주며 부분적으로 수소의 결합 요건을 만족시켜주게 된다. 금속 표면에서 수소 원자를 분리하는 것은 자유에너지를 증가시키며 이러한 결합을 파괴시키게 된다.

전해질 내 수소 이온(H^+)의 자유 에너지를 묘사하는 곡선 2를 생각해보자. 이 곡선은 대전된 이온과 금속 표면 사이에 반발력을 거슬러 표면으로 수소 이온을 가져오는 데 필요한 에너지를 나타낸다. 금속 상과 함께 존재하는 수소 이온은 에너지 측면에서 유리하지 않기 때문에 수소 이온이 금속 표면에 가까워질수록 에너지는 급격히 증가한다. 수소 이온의 자유에너지는 금속 표면에서 매우 멀리 떨어진 전해질의 내부에서 가장 낮다.

그림 3.5의 굵은 실선은 화학 흡착된 수소가 H^+와 $(M+e^-)$로 변환되는 '가장 쉬운(최소의)' 에너지 경로이다. 이러한 에너지 경로는 반드시 자유 에너지의 최대점을 넘어서야 한다. 에너지 측면에서 안정된 반응물과 생성물의 상태로부터 벗어나려면 자유에너지가 증가하기 때문에 (곡선 1과 2가 설명하는) 최대점이 발생하게 된다. *a*로 표시된 점은 **활성화 상태**라 불려진다. 활성화된 상태의 화학 종들은 자유에너지 장벽을 넘어선 것이다. 따라서 다른 방해 없이 생성물이나 반응물로 변환될 수 있다.

3.3 활성화 에너지는 반응속도를 결정한다

활성화된 화학 종만이 반응물에서 생성물로 변환될 수 있다. 따라서 반응물에서 생성물로의 변환 속도는 반응물질이 활성화된 상태로 변할 확률에 의해 결정된다. 이 책에서 다루는 이론적 범위를 넘어서기는 하지만, 통계역학적 관점에서 볼 때 어떤 종이 활성화 상태에 이르는 확률은 활성화 장벽 크기의 지수함수에 따라 결정된다.

$$P_{\text{act}} = e^{-\Delta G_1^{\ddagger}/(RT)} \qquad \text{식 (3.14)}$$

P_{act}는 반응물이 활성화 상태에 이르는 확률이다. $\Delta G_1^{\ddagger}$는 반응물과 활성화 상태 사이의 에너지 장벽의 크기, R은 기체 상수, T는 온도(K)이다. 이 확률로부터 반응속도는 반응물이 활성화 상태에 이를 확률, 활성화된 종이 생산물로 되기 위해 붕괴되는 빈도, 반응에 참여하는 반응물질의 수(단위 반응 면적당)를 통해 통계학적으로 설명된다.

$$\begin{aligned} J_1 &= c_R^* \times f_1 \times P_{\text{act}} \\ &= c_R^* f_1 e^{-\Delta G_1^{\ddagger}/(RT)} \end{aligned} \qquad \text{식 (3.15)}$$

여기서 J_1은 정방향 반응속도(반응물 → 생성물), c_R^*은 반응물 표면 농도(mol/cm^2), f_1은 생성물로의 붕괴율이다. 생성물로의 붕괴율은 활성화된 종의 수명과 반응물로 되돌아가지 않고 생산물로 변환될 가능성으로부터 결정된다. (활성화된 종은 어디로든 '떨어질' 수 있다. 붕괴율에 대한 더 자세한 내용은 이어지는 설명에 나와 있다.)

붕괴율에 대한 보충 설명 (선택적 내용)

앞서 언급했듯이 생성물로의 붕괴율은 활성화 종의 수명과 반응물로 돌아가지 않고 생성물로 변환되는 확률로 결정될 수 있다.

$$f_1 = \frac{P_{a \to p}}{\tau_a} \qquad \text{식 (3.16)}$$

$P_{a \to p}$는 활성화 상태가 생성물 상태로 붕괴되는 확률이고, τ_a는 활성화 상태의 수명이다. 생성물로의 붕괴율(f_1)과 반응물로의 붕괴율(f_2) 모두 계산할 수 있다. 일반적으로 붕괴율은 활성화 상태에서 자유에너지 표면의 곡률에 의해 결정된다.

단순하게 생각해서, 종종 반응물이 생성물 상태로 변환될 확률은 같다고 가정한다 ($P_{a \to p} = P_{a \to r} = \frac{1}{2}$). 더불어 τ_a는 $h/2kT$로 어림잡을 수 있다. k는 Boltzmann 상수, h는 Planck 상수이다. 이러한 경우 생성물과 반응물로의 붕괴율은 같다.

$$f_1 = f_2 = \frac{kT}{h} \qquad \text{식 (3.17)}$$

반응속도 식(식 3.15)과 간소화된 붕괴율 식을 결합하면 반응속도에 대한 정리된 표현을 얻을 수 있다.

$$J_1 = c_R^* \frac{kT}{h} e^{-\Delta G_1^{\ddagger}/(RT)} \qquad \text{식 (3.18)}$$

3.4 순(net)반응속도의 계산

전체 반응속도를 계산할 때는 정–역방향의 반응속도를 모두 고려해줘야 한다. 순반응속도는 정반응과 역반응의 속도 차이로 주어진다. 예를 들어 화학 흡착되는 수소의 반응(식 3.13)은 다음과 같이 정반응과 역반응으로 나눌 수 있다.

$$\text{Forward reaction: } M \cdots H \rightarrow (M + e^-) + H^+ \qquad \text{식 (3.19)}$$

$$\text{Reverse reaction: } (M + e^-) + H^+ \rightarrow M \cdots H \qquad \text{식 (3.20)}$$

정반응속도를 J_1, 역반응속도를 J_2라 하면 순(net)반응속도 J는

$$J = J_1 - J_2 \qquad \text{식 (3.21)}$$

일반적으로 정반응과 역반응의 반응속도는 같지 않을 것이다. 그림 3.5에서 화학 흡착되는 수소 반응의 자유에너지 곡선을 통해 정반응 활성화 장벽이 역반응 활성화 장벽보다 매우 작다는 것을 알 수 있다($\Delta G_1^{\ddagger} < \Delta G_2^{\ddagger}$). 이러한 경우 정반응속도는 역반응속도보다 매우 클 것이라 유추할 수 있다.

반응속도 공식(식 3.15)을 사용하면 순반응속도 J는 다음과 같이 쓸 수 있다.

$$J = c_R^* f_1 e^{-\Delta G_1^{\ddagger}/(RT)} - c_P^* f_2 e^{-\Delta G_2^{\ddagger}/(RT)} \qquad \text{식 (3.22)}$$

c_R^*는 반응물 표면 농도, c_P^*는 생성물 표면 농도, $\Delta G_1^{\ddagger}$는 정반응 활성화 장벽, $\Delta G_2^{\ddagger}$는 역반응 활성화 장벽이다. 그림으로부터 $\Delta G_2^{\ddagger}$는 $\Delta G_1^{\ddagger}$, ΔG_{rxn}와 연관되어 있음을 알 수 있다. 활성화 에너지를 계산함에 있어서 부호를 주의할 필요가 있다. ΔG는 항상 '마지막 상태 − 처음 상태'로 계산된다. $\Delta G_1^{\ddagger}$와 $\Delta G_2^{\ddagger}$를 계산함에 있어 마지막 상태는 항상 활성화 상태이다. 따라서 활성화 장벽의 부호는 항상 양(+)이다. 부호가 적절히 고려되면,

$$\Delta G_{\text{rxn}} = \Delta G_1^{\ddagger} - \Delta G_2^{\ddagger} \qquad \text{식 (3.23)}$$

식 (3.22)는 정반응 활성화 장벽 $\Delta G_1^{\ddagger}$으로만 표시될 수 있다.

$$J = c_R^* f_1 e^{-\Delta G_1^{\ddagger}/(RT)} - c_P^* f_2 e^{-(\Delta G_1^{\ddagger} - \Delta G_{rxn})/(RT)} \qquad \text{식 (3.24)}$$

식 (3.24)에서 순반응속도는 정−역반응의 반응속도 차이로 주어지고, 두 반응속도 모두 활성화 장벽 $\Delta G_1^{\ddagger}$에 지수적으로 의존한다.

3.5 평형 상태에서의 반응속도: 교환전류밀도

우리는 연료전지에서의 전기화학 반응을 통해 전류를 생성시키는 데 관심이 있다. 따라서 반응속도에 대한 표현을 전류밀도에 관한 것으로 바꿔줄 필요가 있다. 3.1.3절에서 전류밀도 j와 반응률 J의 관계를 $j = nFJ$로 나타내었다. 정반응 전류밀도는 다음과 같이 표현될 수 있다.

$$j_1 = nFc_R^* f_1 e^{-\Delta G_1^{\ddagger}/(RT)} \qquad \text{식 (3.25)}$$

마찬가지로 역반응 전류밀도는 다음과 같다.

$$j_2 = nFc_P^* f_2 e^{-(\Delta G_1^{\ddagger} - \Delta G_{rxn})/(RT)} \quad \text{식 (3.26)}$$

열역학적 평형상태에서 정반응–역반응 전류밀도는 서로 균형을 이루어, 순전류밀도는 0이 되어야 한다. ($j=0$) 다시 말하면,

$$j_1 = j_2 = j_0 \quad \text{(at equilibrium)} \quad \text{식 (3.27)}$$

여기서 j_0를 '교환전류밀도'라 한다. 평형상태에서 순반응속도가 0일지라도 정반응과 역반응은 동역학적 평형을 나타내는 j_0의 속도로 발생하고 있다.

3.6 평형상태에서의 반응전위: GALVANI 전위

반응의 평형 상태를 이해하기 위한 또 다른 방법이 그림 3.6(화학 흡착된 수소 시스템)에 나타나 있다. 화학 흡착된 수소 반응의 화학적 자유에너지 경로를 보여주는 그림 3.5를 간단히 표현하면 그림 3.6a가 된다.

반응물 상태 (M…H)의 자유에너지는 생성물 상태 ($[M+e^-]+H^+$)의 자유에너지보다 높고, 이에 따라 역반응의 활성화 장벽이 정반응보다 크게 된다. 따라서 앞에서 논의했듯이 역반응속도보다 정반응속도가 더 빠른 것이라고 예상할 수 있을 것이다. 그런데 이러한 서로 다른 반응속도에 의해 처음에 금속 전극에는 전자가, 전해질에는 수소 이온이 축적될 것이다. 이러한 전하 축적은 (그림 3.6b에 표현되는) 반응 계면간의 반응물 전위차($\Delta\phi$)가 정확히 반응물과 생성물 상태의 화학 자유에너지 차이와 평형을 이룰 때까지 계속되게 된다. 이러한 균형은 2장의 식 (2.100)에서 보여진 전기화학적 평형에 대한 열역학적 상태를 설명해 준다. 화학적 포텐셜과 전기적 전위가 결합되어, 정반응과 역반응의 속도를 같게 하고 에너지 균형을 이루게 함을 보여준다(그림 3.6c). 이전에 보았듯이, 평형상태에서의 반응 속도는 교환전류밀도 j_0로 나타난다.

계면 전위($\Delta\phi$)가 발생하기 전, 정반응속도가 역반응속도보다 훨씬 빠른 경우를 생각해 보자. 계면 전위의 증가는 정반응 활성화 장벽 $\Delta G_1^{\ddagger}$을 $\Delta G^{\ddagger}$로 증가시키고, 역반응 활성화 장벽을 $\Delta G_2^{\ddagger}$에서 $\Delta G^{\ddagger}$로 감소시켜 평형상태를 형성한다. 평형 상태에서의 정–역반응 전류밀도는 다음과 같다.

$$j_1 = nFc_R^* f_1 e^{-(\Delta G^{\ddagger})/(RT)} \quad \text{식 (3.28)}$$

$$j_2 = nFc_P^* f_2 e^{-(\Delta G^{\ddagger} - \Delta G_{rxn} - nF\Delta\phi)/(RT)} = nFc_P^* f_2 e^{-(\Delta G^{\ddagger})/(RT)} \quad \text{식 (3.29)}$$

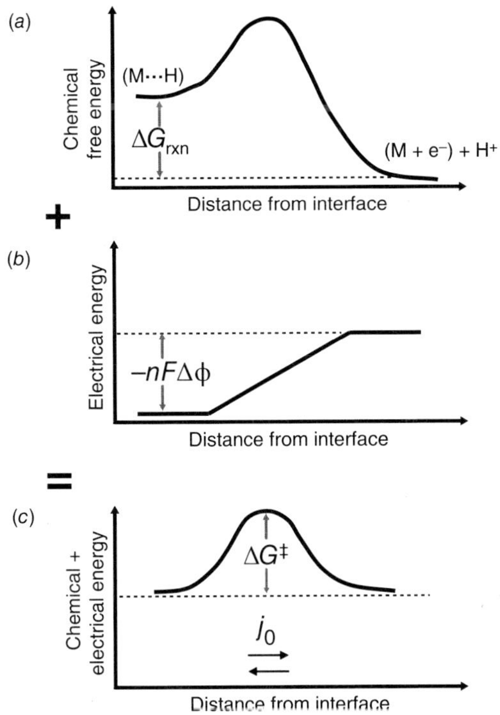

그림 3-6. 평형상태에서, 반응 계면에서의 (a) 화학적 자유에너지 차이는 (b) 전기적 전위 차이에 의해 균형을 이루어 (c) 순반응속도는 0이 된다.

그림 3.6으로부터 수소반응이 논의되었지만, 공기극에서의 산소반응 또한 쉽게 설명될 수 있다. 수소반응과 마찬가지로 공기극에서 반응물과 생성물의 화학적 자유에너지 차이는 전기적 전위차를 발생시킨다. 열역학적 평형상태에서의 화학적 포텐셜과 전기 전위의 균형은 동적 평형상태를 이루어 순반응을 0으로 만든다. 3.14절에 연료극과 공기극의 계면들에 대한 총합적이고 더 자세한 견해가 설명되어 있다.

그림 3.7은 연료극과 공기극의 계면 전위 차이의 합은 연료전지의 열역학적 평형 전압을 나타낸다.

그림 3.7에 나타나는 연료극($\Delta\phi_{\text{anode}}$)과 공기극($\Delta\phi_{\text{cathode}}$)에서의 계면 전위는 *Galvani* 전위라 불린다. Galvani 전위 값은 아직 정확히 아직 알려져 있지 않기 때문에 여기서 논의하지는 않을 것이다. 과학자들은 연료전지의 순열역학적 전압($E^0 = \Delta\phi_{\text{anode}} + \Delta\phi_{\text{cathode}}$)을 얻기 위해 연료극과 공기극의 Galvani 전위를 합해야 한다는 것을 알고는 있지만 cathode 경계면과 anode 경계면 각에 대한 전위 값은 결정할 수 없다. 따라서 그림 3.7은 연료 전지

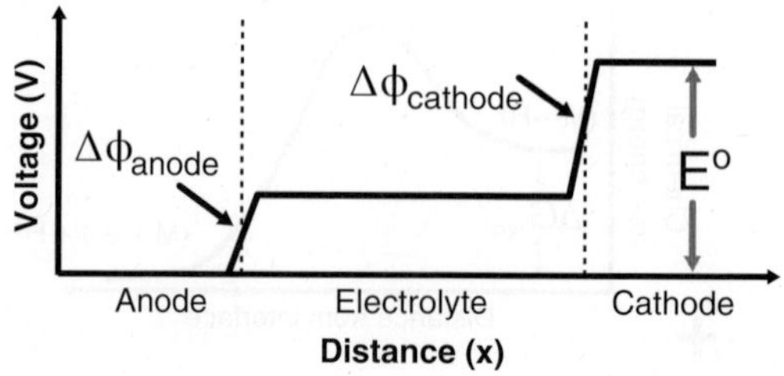

그림 3-7. 가상적인 연료전지 전압 그래프의 예. 과학자들은 E^0를 결정할 수 있으나 $\Delta\phi_{anode}$나 $\Delta\phi_{cathode}$는 결정할 수 없다. 열역학적 전지 전압 E^0을 얻기 위해 연료극과 공기극에서의 Galvani 전위들을 더해주어야 한다.

전압 분포의 가능한 한 예를 보여주는 것이다. 연습 문제를 통해 또 다른 경우의 전압 분포를 그려보도록 하자.

3.7 전위와 반응속도: Butler-Volmer 식

전지(cell) 전위를 바꾸어 활성화 장벽의 크기를 조절할 수 있는 것은 전기화학 반응의 독특한 특징이다. 전기화학 반응에 있어서 반응물 혹은 생성물은 대전된 화학 종이며 그것의 자유에너지는 전압에 의해 변하기 쉽다. 전지 전압을 바꾸어주면, 반응에 참여하는 대전된 화학 종의 자유에너지가 변화하고, 이는 활성화 장벽의 크기에 영향을 준다.

그림 3.8은 이러한 개념을 보여준다. 반응 계면을 통한 총 Galvani 전위의 일부를 감소시키면서, 정반응을 촉진시키도록 시스템 에너지 상태를 원하는 쪽으로 치우치도록 할 수 있다. 즉 열역학적으로 유용한 전지 전압의 일부를 감소시키면, 연료전지로부터 순 전류를 생성할 수 있다. 연료전지에서 순 전류를 얻기 위해서는 Gavani 전위는 연료전지로부터 순 전류를 뽑아내기 위해 연료극, 공기극에서 모두 감소해야 한다. 그림 3.9는 연료극과 공기극의 Galvani 전위가 감소하면, 연료전지의 출력 전압이 어떻게 감소하는가를 보여준다.

그림 3.8은 연료극-전해질 계면에서 어떤 일이 일어나는지에 대한 상세한 관점이다. 유사하게 상세한 공기극-전해질 계면에 대한 관점은 나오지 않았지만 비록 전압 단계의 크기가 반드시 같지 않더라도 그림 3.8과 유사하다. 연료극과 공기극의 프로세스를 포함하는 전체적이고 상세한 그림이 이 단원 마지막에 제공되는 그림 3.19이다.

그림 3.8c은 η만큼 감소한 Galvani 전위에 의해 정반응 활성화 장벽은 감소되고 ($\Delta G_1^\ddagger < \Delta G^\ddagger$), 역반응 활성화 장벽은 증가함을 보여준다($\Delta G_2^\ddagger > \Delta G^\ddagger$). 이 그림을 잘 살펴

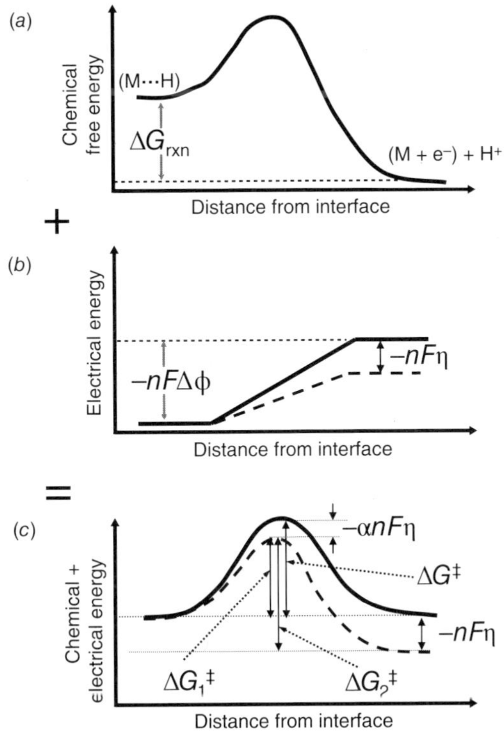

그림 3-8. 반응 계면에 걸린 Galvani 전위가 감소하면 자유에너지 측면에서 정반응이 역반응보다 유리해질 것이다. 반응계의 화학에너지(a)는 전과 같지만 전기적 전위(b)의 변화를 통해 정-역반응 활성화 장벽의 균형은 무너지게 된다(c). Galvani 전위의 감소량(η)으로 인해 정반응 활성화 장벽은 감소하고($\Delta G_1^{\ddagger} < \Delta G^{\ddagger}$) 반응 활성화 장벽은 증가하게 된다($\Delta G_2^{\ddagger} > \Delta G^{\ddagger}$).

보면 정반응 활성화 장벽은 $\alpha nF\eta$ 만큼 감소하는, 역반응 활성화 장벽은 $(1-\alpha)nF\eta$ 만큼 증가한다는 것을 알 수 있다.

α는 활성화 장벽의 좌우 대칭성에 의해 결정되는 값이다. 전달계수(transfer coefficient)라 불리는 α는 역반응에 대한 정반응 활성화 장벽 크기 변화에 의해 반응 계면에 걸린 전기 전위가 어떻게 변하는지를 보여준다. α 값은 항상 0과 1 사이이고, '대칭' 반응에서는 0.5이다. 대부분의 전기화학 반응에서 α는 0.2~0.5의 값을 가진다.

평형 상태에서의 정-역반응 전류밀도는 j_0를 통해 얻어진다. 평형 상태에서 벗어나면, j_0와 정-역반응 활성화 장벽의 변화를 고려하여, 새로운 정-역반응 전류밀도식을 세울 수 있다.

$$j_1 = j_0 e^{(\alpha nF\eta/(RT))} \tag{식 (3.30)}$$

$$j_2 = j_0 e^{-(1-\alpha)nF\eta/(RT)} \quad \text{식 (3.31)}$$

순 전류($j_1 - j_2$)는

$$j = j_0 (e^{\alpha nF\eta/(RT)} - e^{-(1-\alpha)nF\eta/(RT)}) \quad \text{식 (3.32)}$$

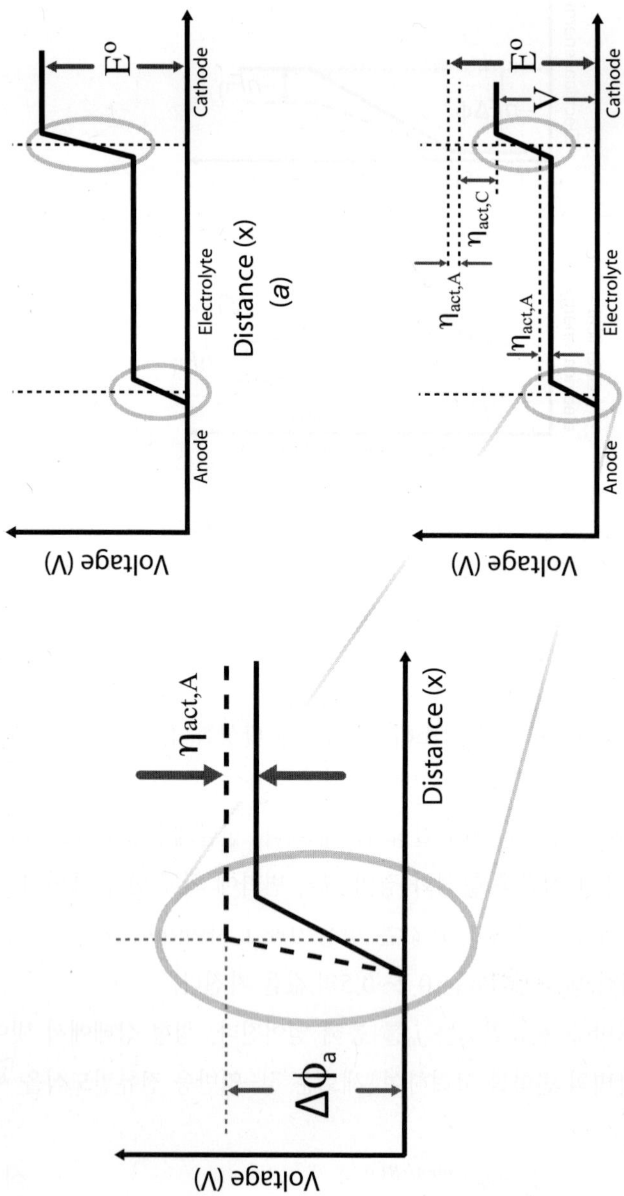

그림 3–9. 연료전지로부터 전류를 뽑기 위해선 연료극과 공기극 Galvani 전위 일부의 손실이 필요하다. 연료극 Galvani 전위는 $\eta_{act,\,A}$ 만큼 낮아지고, 공기극 Galvani 전위는 $\eta_{act,\,c}$ 만큼 낮아진다. 그림에 보여지듯이 $\eta_{act,\,A}$와 $\eta_{act,\,c}$는 반드시 같지는 않다. 전형적인 H_2–O_2 연료전지에서 $\eta_{act,\,c}$은 대개 $\eta_{act,\,A}$ 보다 매우 크다.

분명히 나타나 있지는 않지만, 이 식에서는 반응물과 생성물 화학 종의 농도가 순 반응속도의 영향을 받지 않는다고 가정한다(앞서 배운 대로 j_0는 c_R^*, c_P^*에 의존한다. 식 3.25와 3.26 참고). 하지만 실제로 반응물과 생성물 화학 종의 표면 농도는 순 반응속도의 영향을 받는다. 예를 들어 정반응속도가 빠르게 증가하고, 역반응속도가 급격히 감소하면 반응물 화학 종의 표면 농도는 고갈될 것이다. 이러한 경우 교환전류의 농도에 의한 영향을 명백하게 다음 식에서 반영할 수 있다.

$$j = j_0^0 \left(\frac{c_R^*}{c_R^{0*}} e^{\alpha nF\eta/(RT)} - \frac{c_P^*}{c_P^{0*}} e^{-(1-\alpha)nF\eta/(RT)} \right) \quad \text{식 (3.33)}$$

η는 전압 손실, n은 전기화학 반응을 통해 이동한 전자의 수, c_R^*과 c_P^*는 반응속도를 제한하는 화학 종의 실제 표면 농도이다. j_0^0는 기준 반응물, 생성물 농도 값 c_R^{0*}, c_P^{0*}의 조건에서 측정된 값이다. 대체로 j_0^0는 '표준 농도' 상태에서의 교환전류밀도를 나타낸다.

식 3.32(혹은 3.33)에 나타나는 Butler–Volmer 식은 전기화학 속도론의 토대를 이룬다. 이 식은 전기화학 시스템에 있어서 전류와 전압이 어떤 관계가 있는지를 설명하기 위한 출발점으로 사용된다. 이 식은 영원히 기억하여야 한다. Butler–Volmer 식은 기본적으로 전기화학 반응에 의해 생성된 전류가 **활성화 과전압**(*activation overvoltage*)과 지수함수의 관계에 있음을 보여준다. η으로 표시되는 활성화 과전압은 전기화학 반응에 있어서 활성화 장벽을 이겨내기 위해 필요한 내부손실 전압을 나타낸다. 그러므로 Butler–Volmer 식은 연료전지에서 더 많은 전기(전류)를 얻으려면 손실 전압의 형태로 반드시 대가를 치뤄야 한다는 것을 말해준다.

그림 3.10은 Butler–Volmer 식을 함수로 나타낸 것이다. 2개의 특징적인 영역[선형 영역(linear region)과 지수 영역(exponential region)]이 표시되어 있는데, 이는 식 (3.32)를 단순화하여 반응속도를 다루기 쉬운 형태로 바꿀 수 있게 한다. 이러한 단순화에 대해서는 3.9절에서 논의한다.

활성화 과전압, η_{act}

η가 활성화에 따른 전압 손실임을 좀 더 명확히 나타내기 위해 일반적으로 하첨자 ηact를 붙여 η_{act}로 표시한다. 이는 다음 장에서 소개될 η로 표시되는 또 다른 전압 손실과 구분할 수 있도록 해준다. 이제부터는 Butle–Volmer 식에서의 활성화 손실을 η_{act}로 표시하도록 하자.

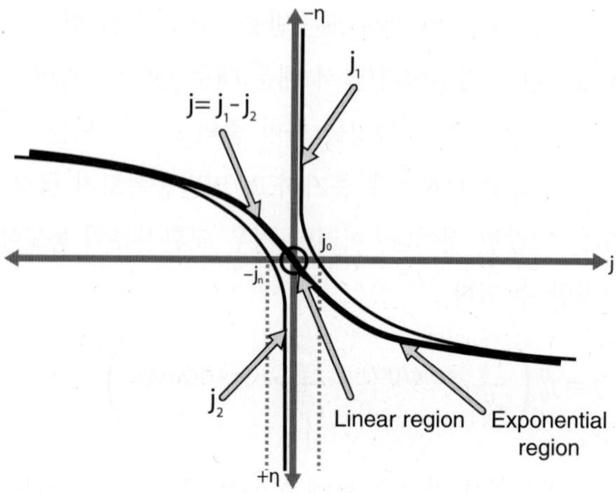

그림 3-10. Butler-Volmer 식에서 η와 j의 관계. 가는 실선은 각각 정반응 전류밀도(j_1)와 역반응 전류밀도(j_2)를 나타내고, 굵은 실선은 Butler-Volmer 식에서 얻어지는 순 전류밀도(j)를 보여준다. Butler-Volmer 곡선은 명백히 낮은 전류밀도에서는 선형적(linear)이고 높은 전류밀도에서는 지수함수적(exponential)이다. 이 영역에서 단순화된 Butle-Volmer 식(3.9절에서 소개)이 이용될 수 있다. 그림 3.11과 직접적으로 비교하기 위해서 η축의 방향(즉, 부호)이 바뀌었다는 것에 주의하라.

앞에서 Butler-Volmer 식은 특정한 반응에 한하여 유도되었지만, 특정 반응 예를 사용하여 Butler-Volmer 방정식을 유도하는 데 반해, 실제로 Butler-Volmer 방정식은 근본적으로 단전자 전달에 대해서만 적용될 수 있다. 그렇기는 하지만 Butler-Volmer 방정식은 일반적으로 대부분의 개별 단계 전기화학 반응에 대해 근사할 수 있으며 심지어 율속 단계

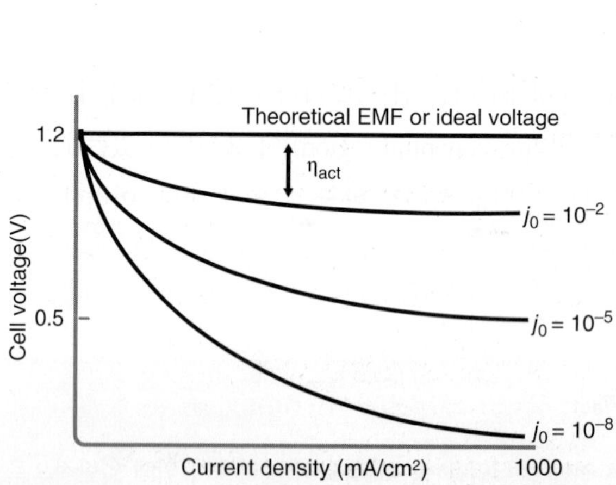

그림 3-11. 연료전지 성능에 대한 활성화 과전압의 영향. Butler-Volmer 식에 의해 결정되는 반응속도로부터 j–V 곡선상의 손실은 지수함수의 형태로 나타난다. 이러한 손실의 크기는 j_0의 영향을 받게 된다. (α=0.5, n=2, T=298.15 K일 때 다양한 j_0 값에 따라 계산된 곡선들)

가 본질적으로 다른 단계보다 훨씬 느린 다단계 전기화학 반응에 대해서도 마찬가지이다. 다단계 반응에서 몇몇 단계가 서로 비슷한 반응속도를 가지고 있다면 Butler–Volmer 식은 수정되어야 한다(이러한 식은 중요하기는 하지만 이 책의 범위를 넘어선다). 하지만 복잡한 다단계 반응에서도 Butler–Volmer 반응속도는 1차 근사치로서 비교적 훌륭한 결과를 보여준다.

간단한 전기화학 시스템에서 반응간 관찰되는 차이는 Butler–Volmer 식에 나타난 α, j_0와 같은 반응속도 파라미터로 조절할 수 있다. 연료전지 성능과 관련해서 보면, 반응속도는 그림 3.11에서 보듯이 연료전지의 j–V 곡선에 지수함수 형태의 손실을 특징적으로 나타낸다. 이 곡선은 E_{thermo}에서 η_{act}를 빼면 얻을 수 있다. j와 η_{act}의 상관관계는 Butler–Volmer 식(식 3.32)에서 얻을 수 있다. 활성화 손실의 크기(η_{act}의 크기)는 반응속도 파라미터들에 의해 결정되는데, 특히 그림 3.11에 나타난 것처럼 j_0의 크기에 의존하게 된다. j_0이 높을수록 연료전지 성능은 좋아진다. 이제 j_0를 증가시키기 위한 효과적인 방법들을 생각해 보기로 하자.

예제 3.3.

상온에서 α=0.5, n=2인 연료전지 반응에서 정반응 전류 밀도를 10배 증가시키고, 역반응 전류 밀도를 10배 감소시키기 위한 활성화 과전압은 얼마나 되는가?

풀이

α=0.5이므로, 반응은 대칭적이다. 전류밀도를 10배 변화시키기 위한 과전압의 정–역반응 항을 Butler–Volmer 식에서 찾을 수 있다. 정반응 항을 이용하면

$$\frac{10j_1}{j_1} = \frac{j_0(e^{\alpha nF\eta_{\text{act2}}/(RT)})}{j_0(e^{\alpha nF\eta_{\text{act1}}/(RT)})} \qquad \text{식 (3.34)}$$
$$10 = e^{\alpha nF\Delta\eta_{\text{act}}/(RT)}$$

여기서 정반응 전류밀도를 10배 증가시키기 위해 필요한 활성화 과전압($\eta_{\text{act2}} - \eta_{\text{act1}}$)은 $\Delta\eta_{\text{act}}$로 나타내었다. $\Delta\eta_{\text{act}}$에 대해 풀면

$$\Delta\eta_{\text{act}} = \frac{RT}{\alpha nF}\ln 10 = \frac{(8.314)(298.15)}{(0.5)(2)(96{,}485)}\ln 10 = 0.059\,\text{V} \qquad \text{식 (3.35)}$$

정반응 전류밀도를 10배 증가시키고, 역반응 전류밀도를 10배 감소시키기 위해선 약 60mV의 활성화 과전압이 필요하다. 반응의 교환 전류밀도가 10^{-6} A/cm^{2}라면 순 전류밀도를 백

만 배 큰 1 A/cm^2 만큼 (일반적인 연료전지 작동 전류밀도) 증가시키기 위해선 6×60 mV = 0.36 V만큼의 활성화 과전압이 필요할 것이다. 0.3~0.4 V의 활성화 과전압 손실은 연료전지에서 일반적이다.

3.8 교환 전류와 전기촉매: 반응속도 성능을 개선하는 방법

반응속도 성능을 향상시키려면 j_0를 증가시켜야 한다. 어떻게 j_0를 증가시킬 수 있는지를 이해하기 위해 j_0가 어떻게 정의되는지를 생각해보자. j_0는 평형상태에서 반응물과 생성물 상태간의 '교환속도'라는 것을 상기하자. 우리는 정 혹은 역반응 방향에 대하여 j_0를 정의할 수 있다. 단순하게 농도효과를 포함한 정반응(식 3.25를 참고)을 생각해 보면

$$j_0 = nFc_R^* f_1 e^{-\Delta G_1^\ddagger/(RT)} \qquad \text{식 (3.36)}$$

에 반응물 농도 효과를 고려하였으므로, Butler−Volmer 식으로 식 (3.32)를 사용해야 한다. 식 (3.36)을 살펴보면 n, F, f_1(미소 변화는 가능), R 값은 변화시킬 수 없다는 것을 알 수 있다. 따라서 j_0를 증가시키기 위한 방법은 오직 세 가지가 있다. 그리고 식에서는 나타나지 않는 네 번째 방법을 포함하여, j_0를 증가시키기 위한 방법은 사실 네 가지가 있다.

1. 반응물 농도 c_R^* 증가
2. 활성화 장벽 $\Delta G_1^\ddagger$ 감소
3. 온도 T 증가
4. 가능한 반응 지점(reaction site)의 수를 증가(가령 반응 계면의 비표면적 증가)

이제 각 항목에 대해서 논의해 보자.

3.8.1 반응물 농도 증가

지난 장에서 대수형태를 가진 Nernst 식을 살펴보면 반응물의 농도 증가로부터 얻는 열역학적 이득은 별로 없다는 것을 알았다. 반대로, Bulter−Volmer 식에서 보이듯이 반응물 농도 증가에 선형적으로 비례하는 반응속도의 이득은 매우 크다(선형적 이득 > 대수적 이득). 고압에서 연료전지를 작동시키면 반응기체 화학 종의 농도 증가를 통해 반응속도를 증가

시킬 수 있다. 아쉽게도 반응물 농도를 감소시키면 반응속도의 저하 또한 매우 크다.

실제 연료전지에서 반응속도에 대한 반응물의 농도 효과는 몇몇 이유들로 인해 저하된다. 첫째로 대부분의 연료전지는 공기극에서 순수한 산소 대신 공기를 사용한다. 이로 인해 순수한 산소 작동과 비교해서 산소반응속도가 약 5배 정도 감소하게 된다. 둘째로 5장에서 공부하겠지만, 고전류밀도 영역에서 작동하는 연료전지의 전극에서는 반응물의 농도가 감소하는 경향이 있다(이는 물질 전달의 한계 때문이다). 필연적으로 반응물이 소모되는 속도가 공급되는 속도보다 더 빠르면, 국지적으로 반응물의 농도가 감소할 수 있다. 이러한 고갈 효과는 반응속도에 부정적 영향을 끼친다. 이러한 반응속도와 물질전달 간의 상호작용은 5장에서 설명하는 농도 손실 효과에 있어서 매우 중요한 부분이다.

3.8.2 활성화 장벽 감소

식 (3.36)에 나타나듯이 활성화 장벽의 크기($\Delta G_1^\ddagger$)를 감소시키면 j_0는 증가한다. $\Delta G_1^\ddagger$의 감소는 전극면의 촉매로서의 역할을 나타낸다. 촉매 전극은 반응시 활성화 장벽을 현저하게 감소시킨다. $\Delta G_1^\ddagger$는 지수 항이기 때문에 아주 적은 활성화 장벽의 감소도 큰 효과로 나타나게 된다. 고활성 촉매 전극을 사용하면 j_0는 급속히 증가하게 된다.

촉매 전극은 어떻게 활성화 장벽을 감소시킬까? 이는 반응의 자유에너지 표면을 변화시키는 것이다. 그림 3.5를 생각해보면 수소 전하 이동 반응에서 활성화 장벽의 크기는 자유에너지 곡선([M···H], $[(M+e^-)+H^+]$)의 형태와 관련이 있다. 따라서 그림 3.5에서의 자유에너지 곡선은 전극 금속(M)의 성질에 따라 결정되고, 서로 다른 자유에너지 곡선과 이에 따른 활성화 장벽은 M···H 결합의 화학적 성질에 의존하게 된다.

수소 전하 이동 반응의 경우 중간 강도의 결합이 촉매 효과를 최대로 만든다. 중간 강도의 결합이 왜 가장 효과적일까? [M···H] 결합이 아주 약하면 수소가 애초에 전극 표면에 결합하기 어렵고 더불어 수소에서 전극으로 전하를 이동시키기 어렵다. 반면 [M···H] 결합이 아주 강하면 수소가 전극 표면에 너무 잘 결합하게 된다. 그렇게 되면 수소 이온(H^+, proton)이 자유롭게 떨어져 나가기가 어려워지고, 전극 표면은 반응하지 못한 [M···H] 쌍에 의해 막히게 된다. 따라서 결합과 반응도 사이의 최적 절충점은 중간 강도의 [M···H] 결합에서 생긴다. 촉매 반응도가 매우 높은 물질로는 백금계 금속과 이에 가까운 금속인 Pt, Pd, Ir, Rh 등이 있다. 좋은 촉매를 만드는 것은 무엇인지에 대한 더 많은 내용은 3.13절의 Sabatier 법칙을 참고하길 바란다.

촉매의 선택에 영향을 받는 α

촉매의 선택은 α 값에 영향을 끼친다. α는 활성화 상태 근처에서 전극의 자유에너지 곡선의 대칭성에 기반을 둔다. 전극 자유에너지 곡선의 변화는 α의 변화를 가져오리라 예측할 수 있다. Butler-Volmer 식에서 α를 증가시키면 전류밀도가 증가함을 알 수 있다. 따라서 α가 큰 촉매가 α가 작은 촉매보다 바람직하다. 보통 α는 촉매의 종류에 따라 거의 변화하지 않기 때문에 촉매의 다른 효과와 비교해서 무시되곤 한다.

3.8.3 온도 증가

식 (3.36)은 반응 온도를 증가시키면 j_0가 증가함을 보여준다. 반응 온도를 증가시키면 시스템에서의 열역학적으로 유용한 에너지는 증가하게 된다. 시스템의 모든 입자들은 빠르게 움직이고, 강렬하게 진동한다. 이러한 열역학적 반응도의 증가를 통해 반응물이 활성화 상태에 이르기 위한 충분한 에너지를 가질 가능성은 높아진다. 활성화 장벽의 변화와 마찬가지로 온도의 변화도 j_0에 지수함수적인 영향을 미치게 된다.

실제로 온도에 관한 완전한 설명은 이보다 더 복잡하다. 높은 과전압 상태에서 온도를 증가시키면 전류밀도는 오히려 감소하게 된다. 이러한 효과에 관심이 있다면 나중에 나오는 보충설명을 참고하기 바란다.

3.8.4 반응지점의 증가

식 (3.36)에는 잘 나타나지 않지만 j_0를 증가시키기 위한 네 번째 방법으로 단위 면적당 유효한 반응 지점의 수를 증가시키는 것이 있다. j_0는 전류밀도 혹은 **단위 면적당** 반응 전류를 나타낸다는 것을 상기하자. 전류밀도는 일반적으로 평면이나 전극에 투영된 기하학적 면적을 기준으로 한다. 전극 표면이 매우 거칠면 실제 전극 표면적은 기하학적 전극 표면적보다 몇 백만 배나 커질 수 있다. 반응속도 측면에서 보았을 때, 매우 거친 전극 표면은 부드러운 전극면과 비교하여 훨씬 더 많은 반응지점을 제공한다. 따라서 단순히 표면적이 크기 때문에 유효한 값은 부드러운 전극 표면보다 클 것이다. 이러한 관계는 식 (3.37)을 통해 나타낼 수 있다.

$$j_0 = j'_0 \frac{A}{A'} \quad \text{식 (3.37)}$$

이 식에서 j'_0는 아주 평평한 전극 표면의 고유교환전류밀도를 나타낸다. A/A'비는 완벽하게 평평한 표면을 가지는 전극(면적 A')에 대한 실제 전극(면적 A)의 면적 증가비율을 나타낸다. 이러한 정의를 통해 특정한 전기화학 반응에 있어서 j'_0를 전극의 본질적 특성으로 규정할 수 있게 된다. 예를 들어 황산 수용액에서 표준 상태인 백금의 수소 산화 반응의 j'_0는 대략 10^{-3} A/cm^{2}로 알려져 있다. 부드러운 표면의 백금보다 1000배의 유효 표면적을 가지는 백금 촉매 전극의 유효 j_0는 약 1 A/cm^{2}이다.

3.9 단순화된 활성화 속도: Tafel 식

연료전지 반응 속도를 생각하다 보면, Butler–Volmer 식은 종종 불필요하게 복잡할 때가 있다. 이 절에서 두 가지 유용한 근사법을 이용해 반응 속도식를 단순화 해보자. 이러한 근사법은 Butler–Volmer 식에서 활성화 과전압이 매우 작거나 또는 매우 클 때 적용할 수 있다.

- **활성화 과전압이 매우 작을 때.** 활성화 과전압이 작으면(상온에서 대략 15 mV보다 작을 때 또는 좀 더 이론적으로는 $j << j_0$일 때) 지수 항들의 Taylor 급수 전개에서 1보다 큰 지수 항은 무시 될 수 있다(작은 x에 대해 $e^x \approx 1+x$). 이러한 방법으로 식 (3.38)을 얻을 수 있다.

$$j = j_0 \frac{nF\eta_{\text{act}}}{RT} \quad \text{식 (3.38)}$$

즉 평형상태에서 약간 벗어난 경우, 전류와 과전압은 선형적 관계이고 α와는 관계가 없음을 알 수 있다. 이론적으로 j_0 값은 η_{act}이 작을 때 j와 η_{act}의 관계를 측정하면 얻을 수 있다. 앞에서 말한 바와 같이 j_0는 연료전지 성능에 중요한 영향을 미치기 때문에 그것을 측정할 수 있다면 아주 유용하게 활용된다. 아쉽게도 불순 전류, 저항 손실 그리고 물질 전달 효과와 같은 실험적 오차 요소들은 이러한 측정을 어렵게 만든다. 대신 j_0 값은 대개 높은 과전압 상태에서 측정된다. (다음 내용을 보자.)

- **활성화 과전압이 클 때.** 활성화 과전압이 클 때(상온에서 50~100 mV보다 클 때) Butler–Volmer 식에서 두 번째 지수 항은 무시될 수 있다. 다시 말하면, 완전한 비가 역적 반응에 맞추어 순반응 방향이 지배적이 된다. Butler–Volmer 식은 다음과 같이 단순화된다.

$$j = j_0 e^{\alpha nF\eta_{act}/(RT)} \quad \text{식 (3.39)}$$

η_{act}에 대해서 풀면

$$\eta_{act} = -\frac{RT}{\alpha nF}\ln j_0 + \frac{RT}{\alpha nF}\ln j \quad \text{식 (3.40)}$$

$\ln j$에 대한 활성화 과전압(η_{act})의 그래프는 직선 형태이다. $\ln j$ 또는 $\log j$에 대한 η_{act} 값의 선형 맞춤(fitting)을 통하여 j_0와 값을 결정할 수 있다. 보다 정확한 결과를 구하기 위해, 가급적이면 선형 맞춤은 전류가 10배 혹은 그 이상 되는 구간에서 일관성이 있어야 한다. 이 식은 다음과 같은 형태로 일반화 되면

$$\eta_{act} = a + b\log j \quad \text{식 (3.41)}$$

이 식은 *Tafel* 식으로 널리 알려져 있고, b는 *Tafel* 기울기라 불린다. 사촌격인 Butler–Volmer 식과 같이 이 식 또한 전기화학 반응속도론에서는 매우 중요하다. 사실 Tafel 식이 Butler–Volmer 식보다 역사적으로 먼저 성립되었다. 이 식은 전기화학적 관찰을 기반으로 한 경험 식에서 출발하였는데, 훨씬 뒤에 기본 원리를 이용한 반

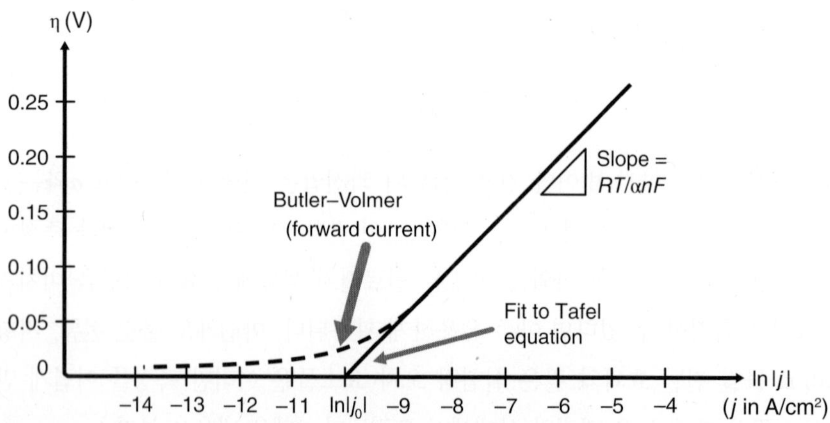

그림 3-12. 가상적인 전기화학 반응에서의 $j-\eta$ 그래프. 높은 과전압 상태에서 Tafel 근사식에 선형 맞춤하여 j_0와 α 값을 얻을 수 있다. 낮은 과전압 상태에서는 Tafel 근사식과 Butler–Volmer 식 간에 차이가 생기게 된다.

응속도론에 의해 Tafel 식이 설명된다. 100년 전의 학생들과 비교하면, 여러분은 운 좋게도 기본 원리로부터 이 식을 배울 기회를 가지게 되는 것이다!

연료전지에서 우리는 주로 순 전류가 큰 상태에 관심이 있다. 이러한 상태에서는 정반응 방향이 지배적인 비가역 반응 과정의 경우이다. 따라서 대부분의 논의에 있어서 Butler-Volmer 식의 두 번째 단순화(Tafel 식)가 더 유용하다.

전형적인 전기화학 반응에서 선형적인 $\eta-\ln j$ 거동을 보여주는 Tafel 그래프의 예가 그림 3.12에 보여진다. 높은 과전압 상태에서 선형 Tafel 식은 곡선과 거의 일치한다. 하지만 낮은 과전압 상태에서의 Tafel 근사식는 Butler-Volmer 식과 차이를 보인다. 선형 맞춤을 통해 구한 기울기와 절편 값으로부터 j_0와 α 값을 구할 수 있다. (대부분의 Tafel 그래프는 $\log j$에 대한 η_{act}를 나타낸다. $\log j$를 $\ln j$의 형태로 전환시 필요한 변환을 염두에 두도록 하라.)

예제 3.4.

그림 3.12의 가상적인 반응에 대해 j_0와 α를 계산하라. 그림에 묘사된 반응은 n=2일때 상온에서의 전기화학 반응으로 생각하라.

풀이

그림 3.12의 수치에 선형 Tafel 맞춤을 수행하면 j_0와 α를 얻을 수 있다. 그림에서 Tafel 선의 j축 절편으로부터 $\ln j_0=-10$이다. 따라서

$$j_0 = e^{-10} = 4.54 \times 10^{-5}\ \mathrm{A/cm^2} \qquad \text{식 (3.42)}$$

이 그림에서 대략적인 Tafel 기울기(slope)는

$$\text{Slope} \approx \frac{0.25 - 0.10}{-5-(-8)} = 0.05 \qquad \text{식 (3.43)}$$

Tafel 식에서 이 기울기는 $RT/\alpha nF$와 같다. α에 대해 풀면

$$\alpha = \frac{RT}{\text{slope} \times nF} = \frac{(8.314)(298.15)}{(0.05)(2)(96{,}400)} = 0.257 \qquad \text{식 (3.44)}$$

이 반응에서 α는 0.257로 상당히 작고, j_0는 $4.54 \times 10^{-5}\ \mathrm{A/cm^2}$로 적당한 값이다. 이러한 반응속도 파라미터들은 느린 전기화학 반응을 나타낸다.

온도 효과에 대한 보충설명 (선택적 내용)

높은 과전압 상태에서 실제로 온도 증가는 전류밀도를 감소시킬 수 있다. 이것이 어떻게 가능할까? 온도가 증가하면 j_0는 증가하지만, 활성화 과전압에는 반대의 효과를 주게 된다. 충분히 높은 과전압 수준에서 이러한 '부정적' 온도 영향은 사실상 '긍정적' 온도 영향보다 커지게 된다. 이러한 역전 현상은 높은 과전압 상태에서만 발생하기 때문에 이를 자세히 알아보기 위해 Butler–Volmer 식의 Tafel 근사를 이용할 수 있다.

$$j = j_0 e^{\alpha n F \eta_{act}/(RT)} \qquad \text{식 (3.45)}$$

j_0의 온도 효과를 고려하고, 상수 A로 온도에 대한 모든 비종속 상수들을 표현하면

$$j = Ae^{-\Delta G_1^{\ddagger}/(RT)} e^{\alpha n F \eta_{act}/(RT)} \qquad \text{식 (3.46)}$$

이 식에서, $\alpha n F \eta_{act} < \Delta G_1^{\ddagger}$ 일 때 온도가 증가하면 전류밀도 j는 증가하고, $\alpha n F \eta_{act} > \Delta G_1^{\ddagger}$일 때 온도가 증가하면 전류밀도는 감소한다. 다시 말해 활성화 과전압이 $\Delta G_1^{\ddagger}/\alpha n F$보다 크면, 온도 증가는 전류밀도를 감소시키게 된다.

이런 미묘한 온도 효과는 실험에서는 좀처럼 관찰하기 힘들다. 온도 증가를 통한 다른 긍정적 효과(이온 전도도나 물질 전달의 증가 등)는 대개 이러한 반응 속도 효과보다 크다. 그럼에도 불구하고 이러한 현상은 전기화학 반응의 복잡함을 강조하며 흥미 있는 측면을 보여준다.

3.10 서로 다른 연료전지 반응에 의한 서로 다른 반응 속도

이전에 언급했듯이 일반적으로 Butler–Volmer 식은 모든 단순한 전기화학 반응에 적용된다. 반응속도 파라미터 α, j_0의 변화는 반응간의 변화를 잘 나타낸다. 완만한 반응속도(낮은 α와 j_0 값)는 성능에 매우 부정적인 영향을 끼치고, 빠른 반응속도는(높은 α와 j_0 값) 부정적인 영향이 거의 없다. 기본적인 H_2–O_2 연료전지를 예로 들어보자. H_2–O_2 연료전지에 있어서 수소산화반응(hydrogen oxidation reaction, HOR)의 속도는 매우 빠른 반면 산소환원반응(oxygen reduction reaction, ORR)의 속도는 매우 느리다. 그러므로 대부분의 활성화 과전압 손실은 산소환원반응이 일어나는 공기극에서 발생한다. 전형적인 저온 H_2–O_2 연료전지의 연료극과 공기극 활성화 손실 분포가 그림 3.13에 나타나 있다.

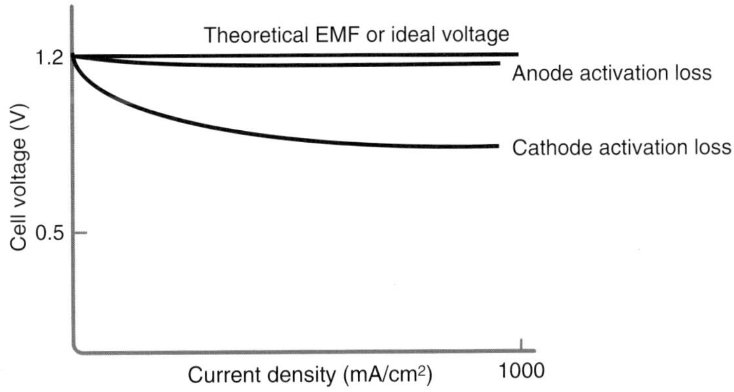

그림 3-13. H_2–O_2 연료전지의 공기극과 연료극 활성화 손실의 상대적 비교. 활성화 과전압 손실의 대부분은 느린 산소환원반응에 의해 공기극에서 발생한다.

표 3.1 표준상태($T \approx$ 300K, 1 atm)하의 다양한 금속 표면에서 수소산화반응의 교환전류밀도

Surface	Electrolyte	$j'0$ (A/cm^2)
Pt	Acid	10^{-3}
Pt	Alkaline	10^{-4}
Pd	Acid	10^{-4}
Rh	Alkaline	10^{-4}
Ir	Acid	10^{-4}
Ni	Alkaline	10^{-4}
Ni	Acid	10^{-5}
Ag	Acid	10^{-5}
W	Acid	10^{-5}
Au	Acid	10^{-6}
Fe	Acid	10^{-6}
Mo	Acid	10^{-7}
Ta	Acid	10^{-7}
Sn	Acid	10^{-8}
Al	Acid	10^{-10}
Cd	Acid	10^{-12}
Hg	Acid	10^{-12}

주석: (가장 가까운 10단위로 반올림된 수치임). 수치들은 금속의 실제 단위 표면적으로 표준화 되었다.[3,4]

표 3.2 표준상태($T \approx 300K$, 1 atm)하의 다양한 표면에서 산소환원반응의 교환전류밀도

Surface	Electrolyte	$j'0$ (A/cm^2)
Pt	Acid	10^{-9}
Pd	Acid	10^{-10}
Ir	Acid	10^{-11}
Rh	Acid	10^{-11}
Au	Acid	10^{-11}
	Alloys in PEMFC	
Pt−C	Nafion	3×10^{-9}
PtMn−C	Nafion	6×10^{-9}
PtCr−C	Nafion	9×10^{-9}
PtFe−C	Nafion	7×10^{-9}
PtCo−C	Nafion	6×10^{-9}
PtNi−C	Nafion	5×10^{-9}

주석: 수치들은 금속의 실제 단위 표면적으로 표준화 되었다. 비록 동일한 족의 금속이 수소산화반응과 산소환원반응에서 가장 높은 활동도(reactivity)를 보여주지만, 산소환원반응의 교환전류밀도가 수소산화반응보다 백만 배나 작다. PEMFC에서 순수 백금보다는 백금 합금이 근소한 성능 개선을 가져올 수 있다.[6]

산소환원반응은 복잡하기 때문에 속도가 느리다. 산소환원반응을 완료하기 위해선 수많은 개별 단계를 거치고 상당한 분자 재배치가 필요하다. 그와 대조적으로 수소산화반응은 상대적으로 단순하다. 표 3.1, 3.2에 제시된 다양한 금속 표면에 대한 수소산화반응과 산소환원반응의 j_0' 수치에서 H_2와 O_2의 반응속도가 대조적으로 강조된다. 백금(Pt) 표면은 두 반응에 대해 매우 활성화되지만, 산소환원반응의 j_0'는 수소산화반응보다 백만 배 이상 작다는 것을 알 수 있다. 게다가 대부분의 연료전지는 순수 산소보다는 공기를 사용한다. 이전 장에서 보았듯이, 공기를 이용한 작동은 열역학적으로 치명적인 영향을 끼치지 않는다. 하지만 반응속도 측면에서 상당히 불리하다. 산소 농도는 Butler−Volmer 식이나 j_0에 나타나기 때문에 (선택하는 Butler−Volmer 식의 형태에 따라 결정된다) 공기(대략 1/5의 산소)로 작동하면, 순수 산소 작동에서의 속도보다 5배의 손해를 입게 된다.

수소산화반응은 단순하고 빠르기 때문에 수소 연료를 사용하면 반응속도 측면에서 매우 좋다. 구조가 복잡한 탄화수소 연료를 사용하면, 연료극 반응은 공기극 반응만큼 혹은 그 이상 복잡해지고, 느려지게 될 것이다. 게다가 탄소를 포함하는 연료는 연료전지를 피

독시키는 바람직하지 못한 중간생성물을 만드는 경향이 있다. 이 중 저온 연료전지에 있어서 가장 심각한 것은 일산화탄소(CO)이다. CO는 백금에 영구적으로 흡착되게 되어 반응지점들을 막아 버린다. CO가 입혀진 백금 표면은 '피독되고(poisoned)', 더 이상의 전기화학적 반응은 일어나지 않게 된다.

이러한 대부분의 반응속도문제들은 고온 연료전지에서 해결된다. SOFC에서 일산화탄소는 오히려 독이 아닌 연료로 사용된다. 게다가 고온 작동은 산소 활성화 손실을 대단히 감소시키며 산소 반응 속도와 탄화수소 연료의 반응도 또한 증가 시킨다. 그러나 고온 연료전지라도 피독은 일어날 수 있다. 특히, 황 피독과 'coking'이라 불리는 탄화수소 연료에 의해 생성되는 탄소가 전극과 촉매 표면에 흡착되는 피독이 있다.

온도와 사용되는 연료의 종류뿐만 아니고 전해질의 종류도 연료전지 반응속도를 변화시킨다. 예를 들어 전하 운반자(carrier)가 H^+인 (산성의) PEMFC에서 수소산화반응(HOR)은 식 (3.47)로 나타낼 수 있다.

$$H_2 \rightarrow 2H^+ + 2e^- \tag{식 3.47}$$

전하 운반자가 OH^-인 알칼리 연료전지(Alkaline Fuel Cell, AFC)에서의 수소산화반응과 비교해보자.

$$H_2 + 2OH^- \rightarrow 2H_2O + 2e^- \tag{식 3.48}$$

전하 운반자가 O^{2-}인 SOFC에서의 수소산화반응과 비교해보자.

$$H_2 + O^{2-} \rightarrow H_2O + 2e^- \tag{식 3.49}$$

화학 반응의 차이와 연료전지 작동 온도의 차이는 서로 다른 촉매가 사용된다는 것을 말한다. 저온 산성 연료전지(PEMFC와 PAFC)에서는 백금 계열 촉매가 사용되고, AFC에서는 니켈 계열 촉매가 사용된다. SOFC에서는 니켈계열이나 세라믹 계열 촉매가 사용된다. 관심이 있는 독자들을 위해, 이 책의 8장 8.2~8.6절에서는 다양한 연료전지의 촉매 물질들의 특징을 소개한다. 그리고 촉매 물질에 대한 추가 내용은 9장에서 다루도록 하겠다.

3.11 촉매-전극 설계

지금까지 살펴본 바에 의하면, 교환전류밀도를 최대화하면 활성화 손실을 최소화시킬 수 있다. 촉매 물질과 총 반응 표면적은 교환전류밀도에 상당한 영향을 끼치므로 최고의 성능에 도달하기 위해선 이러한 두 가지 파라미터에 초점을 맞춘 최적의 촉매-전극을 설계할 필요가 있다.

반응 표면적을 최대화 하려면, 기체 상의 기공, 전기 전도성의 전극, 이온 전도성의 전해질이 밀접한 접촉을 이루는 다공성 나노(nano)구조 전극을 제작해야 한다. 이러한 나노구조는 연료전지의 총 반응지점 수를 최대로 하기 위해 신중히 고안된 것이다. 연료전지 문헌에서는 이러한 반응지점을 **삼상계면**(*triple phase zones* 또는 *triple phase boundaries*, TPB)이라 부른다. 이러한 명칭은 3개의 중요한 상(전해질, 기체, 전기적으로 연결된 촉매 영역)이 접촉하는 곳에서만 연료전지의 반응이 일어날 수 있음을 말해준다. 모든 반응이 일어나는 곳은 바로 삼상계면인 것이다! 단순화된 삼상계면의 개략도를 그림 3.14를 통해 볼 수 있다.

두 번째 파라미터로 최적 촉매 물질은 이전에 언급했듯이 연료전지의 화학반응과 작동 온도와 관련된다. 효과적인 촉매가 갖추어야 할 주요 요건들은 다음과 같다.

- 높은 기계적 강도
- 높은 전기 전도도
- 낮은 부식성

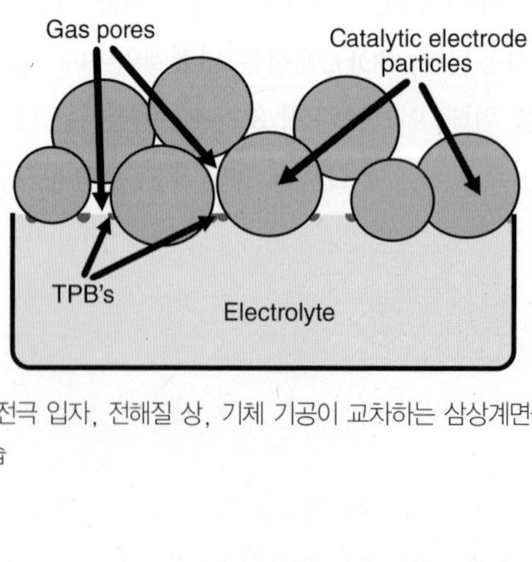

그림 3-14. 활성화된 촉매 전극 입자, 전해질 상, 기체 기공이 교차하는 삼상계면을 보여주는 연료전지의 전극-전해질 경계면의 단순화된 모습

- 높은 기공률
- 제작 용이성
- 높은 촉매 활동도(높은 j_0)

PEMFC에서 가장 좋은 촉매로 알려진 것은 백금(혹은 백금이 포함된 합금)이다. 고온 연료전지는 니켈이나 세라믹 계열 촉매를 주로 사용한다. 앞에서 말했듯이 상세한 기술에 따른 촉매 선택은 8.2~8.6절에서 자세히 다루도록 한다. 새로운 촉매를 설계하기 위해서는 집중적인 연구가 필요하다. 다음 절에서는 촉매 시뮬레이션과 설계에 대한 양자역학적 접근법에 관해 간략히 다룬다.

촉매의 종류에 상관없이 촉매 층의 두께는 각별히 주의해야 될 변수이다. 실제로 대부분의 연료전지 촉매 층의 두께는 약 10~50 μm이다. 얇은 촉매 층은 기체 확산과 촉매 활용에 있어서 유리하고, 두꺼운 촉매 층은 촉매 양을 증가시켜, 삼상계면을 증가시킨다. 따라서 물질 전달과 촉매 활동도의 미묘한 균형을 고려하여 촉매 층을 최적화하여야 한다.

일반적으로 촉매 층은 두꺼운 다공성 전극 지지층에 의해 구조적으로 보강된다. PEMFC에서 이러한 전극 지지층은 기체 확산층(gas diffusion layer, GDL)으로 부른다. 기체확산층은 민감한 촉매 구조를 보호하고, 기계적 강도, 촉매로의 기체 접근성 및 전기적 전도도를 증가시킨다. 대개 전극 지지층의 두께는 100~400 μm이다. 촉매층과 마찬가지로, 전극 지지층이 얇으면 기체 접근성이 좋아지지만, 전기 저항이 증가하거나 기계적 강도를 감소시킬 수 있다.

연료전지의 종류에 따라 촉매-전극 설계는 다양하게 이루어진다. 자세한 내용은 8장에서 주요 연료전지에 대하여 논의한다. 반면 9장에서는 고분자 전해질 막 연료전지와 고체 산화물 연료전지의 설계와 제작방법뿐만 아니라 촉매-전극 물질에 대한 더 상세한 내용을 다룬다.

3.12 양자역학: 연료전지의 촉매작용을 이해하기 위한 기본 틀

연료전지에서 촉매 역할을 이해하는 것은 차세대 연료전지 시스템의 설계에 있어서 매우 중요하다. 앞 절에서 논의했듯이 실질적으로 오늘날의 모든 PEMFC는 백금이나 백금 합금을 촉매로 이용한다. 아쉽게도 백금은 매우 귀하고, 비싼 금속이다. 따라서 새로운 촉매를 설계하고 찾기 위한 노력이 지속적으로 진행되고 있다.

지금까지 대부분의 촉매는 시행착오법에 의해 발견되었다. 하지만 광범위한 물질 조합 가능성을 생각해보면 더 나은 촉매가 아직도 누군가에 의해 발견되기만을 기다리고 있을 듯하다. 시행착오로 최적의 촉매를 찾는 것은 많은 시간과 비용이 든다. 다행히도 비용이 적게 드는 체계적인 시뮬레이션 조사와 실험적 검증을 통한 보완법이 최근 가능해졌다. 백금과 동등한 혹은 더 나은 성능의 새로운 촉매 물질을 찾는 데 있어 이러한 시뮬레이션적 접근법은 곧 많은 도움이 될 것이다. 최신 양자역학 시뮬레이션 도구는 이러한 연구에 중요한 역할을 할 것이다. 이러한 도구의 가능성에 대한 근원적 이해는 연료전지 과학자들과 공학자들에게 매우 중요할 것이다. 이 장에서는 어떻게 양자역학이 새로운 촉매 탐색에 있어 도움이 될 수 있는가에 대해 간략히 소개한다.

연료전지 촉매는 정확히 어떻게 작용하는가? 지금까지는 연속체 관점에서 촉매에 대해 논의해왔다. 하지만 양자역학 기반 시뮬레이션은 보다 깊은 통찰력을 제시한다. 예를 들어 양자 관점에서 연료전지 공기극을 생각해보자. 수소 기체는 분자 형태로 연료전지 연료극에 들어간다. 그림 3.15a에서 볼 수 있는 것처럼 수소 분자는 수소 원자 2개의 강한 전자 결합으로 구성된다. 그림 3.15a에서 수소 분자 주위에 그려진 3차원 곡면은 전자밀도의 물리적 표현이다. 사실상 전자밀도 분포가 분자의 공간적 '크기'와 '형상'을 만들게 된다. 그림 3.15는 **밀도함수이론**(density functional theory, DFT)으로 알려진 양자역학 시뮬레이션

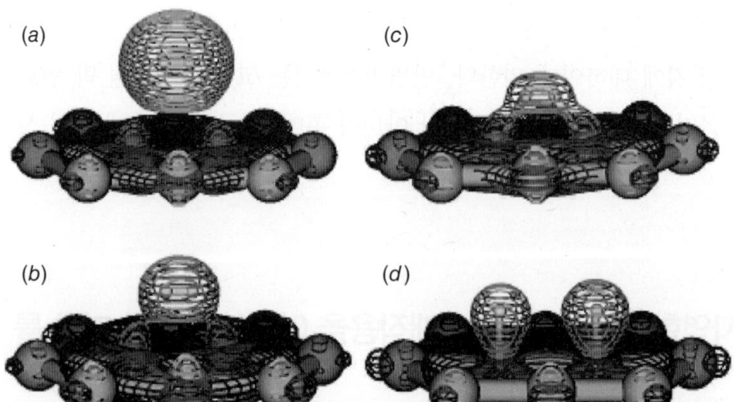

그림 3-15. 수소 분자가 백금 원자들의 클러스터에 접근할 때 전자 궤도의 변화. (a) 백금과 수소 분자는 아직 반응하지 않는다. (b, c) 원자 궤도가 겹치기 시작하면서 결합을 현성한다. (d) 가장 낮은 에너지 상태에 도달하는 것과 동시에 수소 원자의 완전한 분리가 이루어진다.

기술을 사용하여 계산된 것이다. 특히 Gaussian[1]이라 불리는 상용 도구를 이용해 전자밀도와 양자 시스템의 최소 에너지를 결정할 수 있다. Gaussian과 같은 상용 도구들이 널리 사용된 지는 10년이 채 안 되었다. 이러한 상용 도구는 양자역학의 수학적 기본 틀에 기반을 두는데, 자세한 내용은 참고문헌을 보기 바란다.

그림 3.15b에서 수소 분자는 백금 촉매 클러스터(cluster)와 상호 작용하기 시작한다. 수소 분자들이 가까워질수록(그림 3.15b에서 d) 수소 분자와 백금 원자는 결합이 형성된다. 새로운 백금과 수소 간의 결합은 수소-수소 결합을 약하게 하며 분열을 일으키게 한다. 이와 같이 수소 분자는 백금 촉매에 의해 수소 원자로 분열되는 것이다. 백금 클러스터 없이는 이러한 반응은 자연적으로 발생하지 않을 것이며 분열을 일으키기 위해 상당한 에너지가 필요로 하게 될 것이다.

그림 3.15d에서 보면 분열된 수소 원자는 백금 클러스터와 전자를 공유하고 있다. 다음 반응 단계에서 수소 원자는 전자를 남겨두고 백금 표면에서 떨어져 나가야 한다(수소 이온 형태로). 그렇게 되면 전자는 전극에 모이게 되고 유용한 전류를 생성할 수 있게 된다. 대부분의 PEMFC 작동에서 수소 이온과 물 분자는 결합하여 옥소늄 이온(oxonium ion, H_3O^+)을 형성하고 백금 표면에서 떨어져 나가게 된다. 그림 3.16은 이러한 반응을 순차적으로 보여주고 있다.

옥소늄 이온이 형성되면 수소 이온은 백금 표면에서 떨어지게 된다. 옥소늄 이온 형성

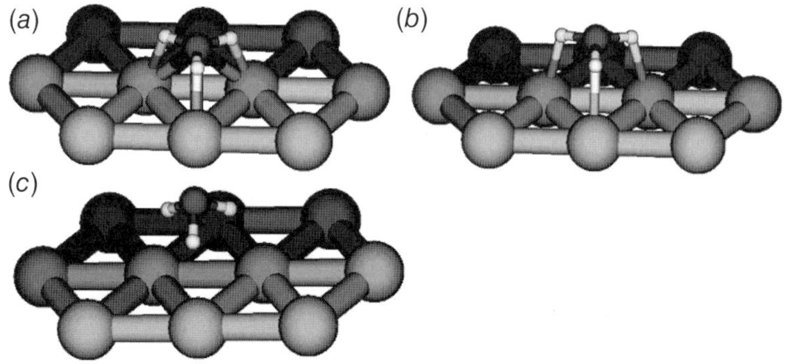

그림 3-16. 옥소늄 이온의 형성. 물은 백금 표면에서 양전하를 가진 양성자에 붙어서 옥소늄 이온을 형성한다. 옥소늄 이온은 이후 표면에서 탈착된다. 단순화를 위해 전자궤도를 제외하고 원자핵만 표시되었다.

1 Gaussian은 에너지, 분자 구조, 분자 시스템의 진동수를 예측하는 Gaussian Inc. 사의 컴퓨터 소프트웨어이다.

및 촉매 표면에서의 이탈을 위해선 작은 에너지 장벽을 넘어설 필요가 있다. 촉매 표면의 열진동이나 주위 물 분자의 운동을 통해 에너지가 공급될 수 있다. 주어진 온도에서 열에너지는 $E \sim kT$와 같이 추정될 수 있다. 여기서 k는 볼츠만 상수(eV/K)를 가리킨다. 옥소늄 이온이 떨어져 나가게 되면 백금 표면은 또 다른 반응에 참여하게 된다. 새로운 수소 분자가 백금 표면에 결합되고 위의 반응이 반복되게 된다.

그림 3.17은 연료전지 공기극에서의 양상을 보여준다. 그림 3.17a는 백금 표면에 접근하는 산소 분자를 보여주고, 그림 3.17b는 백금 클러스터 표면에 산소가 결합되는 것을 보여준다. 그림에 나타나듯이 백금 표면에서 O_2를 분리시키는 것은 H_2보다 힘들다. 산소-산소 결합은 약해지지만 백금과 결합 후에 붕괴되진 않는다. 이때 여전히 2.3 eV의 결합 강도를 보이며 이와 비교해 백금 촉매 표면 없이는 8.8 eV의 결합 강도를 가진다. 따라서 흡착된 산소 종과 양성자(옥소늄 이온)를 통해 물을 형성하기 위해선 상당한 에너지가 필요하다. 이러한 양자역학적 묘사는 산소 반응이 왜 수소 반응보다 더 느린지를 설명해준다.

여기에 묘사된 그림들은 불가피하게 단순화 시켰다는 것을 염두에 둬야 한다. 여러가지 세부사항들, 즉 추가적인 물 분자의 참여, 백금 표면의 구조, 전압의 영향 등은 무시된다. 예를 들어 공기극에 대한 더 정교한 시뮬레이션은 부분적으로 깨어진 산소 분자와 양성자 간에 생성된 OH^- 그룹이 과산소붕괴에 필요한 에너지를 더욱 감소시킨다는 것을 보여준다[2]. 이러한 반응은 대부분의 저온 PEMFC에서 발생한다고 여겨진다.

이러한 사항들을 고려하더라도, 앞서 논의된 단순한 모델은 촉매가 정성적으로 어떻게 작용하는지를 잘 보여준다. 곧 이러한 차세대 양자역학 도구를 통해 나노구조 표면과 대체 촉매 물질을 찾을 수 있으리라 기대할 수 있다. 밑에서 거론된 Sabatier 법칙은 촉매 활

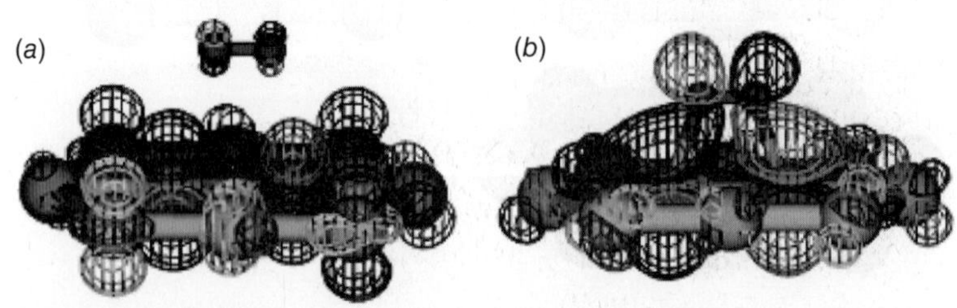

그림 3-17. (a) 산소 분자가 백금 촉매 표면에 접근한다. (b) 혼합궤도를 형성하여 가장 낮은 에너지 상태에 도달하여도, 산소 분자는 개별 산소 원자로 완전히 분리되지 않는다.

2 백금의 전자들의 스핀 상태 또한 산소 결합을 끊는 에너지에 영향을 준다. 자세한 내용은 부록 D를 참고한다.

동에 영향을 미치는 요인에 대한 더 높은 질적인 이해와 어떻게 차세대 양자역학 도구가 새로운 촉매물질을 개발하는 데 쓰일 수 있는지에 대한 통찰력을 제공한다.

3.13 촉매 선택을 위한 Sabatier 법칙

연료전지 공기극에서의 ORR 또는 연료극 HOR과 같은 주어진 화학반응 상황에서 알맞은 촉매를 고르는 것은 경쟁력 있는 연료전지를 만드는 데 굉장히 중요하다. 9장에서 논의되겠지만 금속, 합금 그리고 화합물로 만들어진 각각의 촉매들에 대한 연구는 저온과 고온 연료전지에 대해서 매우 활발하게 이루어지고 있다. 새로운 화합물과 합금을 형성하는 방법은 거의 무한에 가깝기 때문에 언젠가는 더 강력한 촉매가 발견될 것이라고 기대할 수 있다. 사실 물질과 함량을 조합할 수 있는 방법의 수는 너무나 많아서 과학자들은 발견을 위해 점점 더 컴퓨터를 이용하는 방법들을 적용하고 있다. 이러한 변화는 컴퓨터의 연산능력이 기하급수적으로 증가하는 동시에, 이를 이용하는 비용은 지속적으로 감소하고 있으나, 실현 가능한 대체 물질의 실험적 발견은 점점 더 시간이 많이 드는 문제가 발생하고 있기 때문이다.

컴퓨터 계산에 유용한 원리 중 하나는 서로 다른 촉매물질 간의 장단점에 대한 통찰을 주는 Sabatier 법칙이다. Sabatier 법칙은 촉매와 반응에 참여하는 화학종 간의 접착력에 따라 최적의 촉매성능(catalytic activity)이 결정된다고 말한다. 촉매표면에서 화학종들이 너무 세게 결합되어 있으면, 반응물에서 반응생성물로 전이되는 빈도가 낮아지게 된다. 즉, 이는 촉매 표면을 가로막는다. 대신 반응물이 촉매표면과 거의 결합하지 못한다면(즉 반응물의 결합이 매우 약하다면), 촉매는 역할을 못하고, 만약 한다하더라도, 아주 미미한 화학반응만 일어날 것이다. 촉매 활성도는 화학반응이 촉매표면에서 일어나는 속도를 가지고 정량화 될 수 있다. 촉매의 단위 표면적(또는 단위 질량)에서 단위 시간당 생성된 생산물의 몰 수로 측정 가능하다. 촉매활성도는 또한 촉매 반응이 발생하는 구역당 (그리고 단위 시간당) 반응속도를 측정하는 이론적인 변수인 전이주파수로 정량화 될 수도 있다.

Sabatier 법칙은 그림 3.18과 같이 전이주파수(활성도)에 대한 접착력의 그래프를 그려봄으로써 이해를 도울 수 있다. 이러한 방식으로 수많은 가능한 촉매 후보군 들에 대한 그래프를 함께 그려본다면, 반응물 들이 중간 정도의 접착력을 가진 조건에서, 가장 높은 촉매활성도를 가지는 '화산(volcano)' 모양의 곡선이 생성된다. 양자역학을 이용하여 접착력을

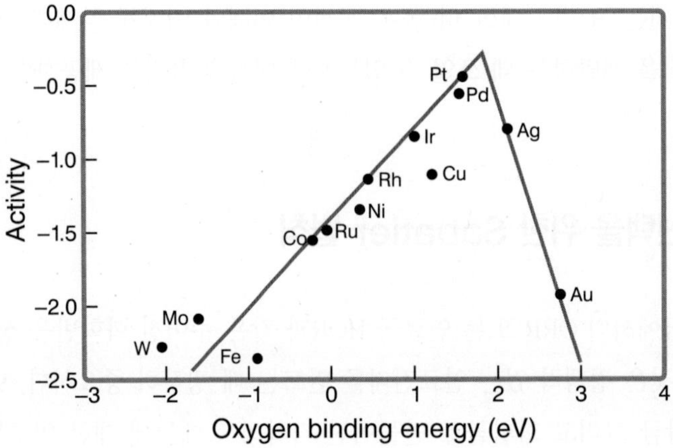

그림 3-18. 이러한 '화산(volcano)' 곡선은 중간 정도의 접착력을 가진 반응물이 산소환원반응에서의 가장 큰 촉매활성도을 가지는 것을 보여준다. 백금과 팔라듐은 이 곡선에서 가장 높은 값을 보여준다. [6b]

계산할 수 있으므로 '화산(volcano)' 곡선을 쉽게 다시 얻을 수 있고, DFT 계산(부록 D)을 통해 예측이 가능하다. 그러므로 이러한 기술은 효율적으로 개선된 촉매 물질을 발견하는데 상당한 유용할 수 있다. 더 자세한 내용은 참고문헌[6a]에서 확인할 수 있다.

3.14 Butler−Volmer와 Nernst 방정식의 연계 (선택적 내용)

지금까지 배운 대로 순 전류를 연료전지에서 생성하기 위해서 연료극과 공기극에 생성되는 평형 전기 포텐셜의 일부분은 그림 3.8에서처럼 반드시 손실된다. 이러한 손실된 전기적 포텐셜은 활성화 과전압으로 표현될 수 있다. Butler−Volmer 방정식은 연료전지의 작동(그림 3.8과 같이 순방향 전류밀도를 증가시키기 위해 활성화 과전압이 평형을 깨는)과 평형(η_{act}이 0이고, 따라서 j가 0일 때) 둘 다 잘 설명한다. 사실 Butler−Volmer 방정식은 평형상태에서 비평형 상태로의 (또 그 반대로의) 연속적인 반응동역학의 진행을 설명할 수 있다. 이러한 견지에서 이러한 흥미로운 평형상태, 즉 전류밀도가 0일때의 Butler−Volmer 방정식의 역할에 대한 주제에 대해 면밀하게 생각해 볼 수 있다.

2.4절을 되돌아 보면 Nernst 방정식이 평형상태에서의 연료전지의 전압에 대해서 설명할 수 있었다는 것 기억할 것이다. 그러나 위에서 우리가 이야기 했듯이 Butler−Volmer 방정식 역시 평행상태($j=0$일 때)에서 적용할 수 있다. 그러므로 Butler−Volmer 방정식은 평

형상태에서 Nernst 방정식에 비해 가치가 낮다고 생각할 수 있다. 이러한 생각은 맞을 수 있고 그러므로 이번 장에서는 이러한 두 방정식의 관계가 설명되어 있다.

Nernst 방정식과 Butler–Volmer 방정식의 관계를 이해하기 위해 연료극과 공기극에서 동시에 일어나는 완전한 반응역학에 대한 설명을 해야 한다. 시작하기 전에 먼저 3.7절에서 배웠던 Butler–Volmer 방정식에 대해 다시 한번 써보자.

$$j = j_o^0\left(\frac{C_R^*}{C_R^{0*}}\exp^{\alpha nF\eta/(RT)} - \frac{C_P^*}{C_P^{0*}}\exp^{-(1-\alpha)nF\eta/(RT)}\right) \quad \text{식 (3.50)}$$

이 식은 근본적으로 Butler–Volmer 방정식의 기초이지만 이 식은 단 하나의 반응종이나 생성종이 반응에 참여한다는 가정을 하고 있다. 이번 장에서는 (도함수 없이) 하나 이상의 반응종이나 생성종이 동시에 반응에 참여하는 좀 더 일반적인 Butler–Volmer 방정식을 사용할 것이다.

$$j = j_o^0\left(\prod\left(\frac{C_{R,i}^*}{C_{R,i}^{0*}}\right)^{\upsilon_i}\exp^{\alpha nF\eta/(RT)} - \prod\left(\frac{C_{P,i}^*}{C_{P,i}^{0*}}\right)^{\upsilon_i}\exp^{-(1-\alpha)nF\eta/(RT)}\right) \quad \text{식 (3.51)}$$

이렇게 확장된 방정식에서 각 종의 농도 i는 반응에 참여하는 종의 몰 수를 나타내는 지수항 υ_i를 포함하고 있다. 공기극과 연료극에서의 반응을 설명하기 위해 이 식을 사용한다. 다음은 연료극과 공기극에서의 반쪽반응에 대해 각각 살펴보도록 한다.

$$\text{연료극}: H_2 \leftrightarrow 2H^+ + 2e^- \quad \text{식 (3.52)}$$

$$\text{공기극}: 2H^+ + 2e^- + \tfrac{1}{2}O_2 \leftrightarrow H_2O \quad \text{식 (3.53)}$$

식 (3.51)을 사용하여 다음과 같은 각 전극과 관련된 반응역학을 설명할 수 있다.

연료극:

$$j^A = j_0^A\left(\frac{C_{H_2}^{*,A}}{C_{H_2}^{0*,A}}\exp^{2\alpha^A F\eta^A/(RT)} - \left(\frac{C_{H^+}^{*,A}}{C_{H^+}^{0*,A}}\right)^2\left(\frac{C_{e^-}^{*,A}}{C_{e^-}^{0*,A}}\right)^2\exp^{-2(1-\alpha^A)F\eta^A/(RT)}\right) \quad \text{식 (3.54)}$$

공기극:

$$j^C = j_0^C\left(\left(\frac{C_{H^+}^{*,C}}{C_{H^+}^{0*,C}}\right)^2\left(\frac{C_{e^-}^{*,C}}{C_{e^-}^{0*,C}}\right)^2\left(\frac{C_{O_2}^{*,C}}{C_{O_2}^{0*,C}}\right)^{\frac{1}{2}}\exp^{2\alpha^C F\eta^C/(RT)} - \frac{C_{H_2O}^{*,C}}{C_{H_2O}^{0*,C}}\exp^{-2(1-\alpha^C)F\eta^C/(RT)}\right) \quad \text{식 (3.55)}$$

이 방정식에서의 위첨자 A와 C는 각각 연료극과 공기극을 나타낸다.

단전극에서 활성화 과정이 서술된 그림 3.8과 유사하게 그림 3.19는 연료극과 공기극이 함께 결합되어 있는 상황을 설명한다. 각 전극에서의 활성화 과전압은 독립적이며 대체

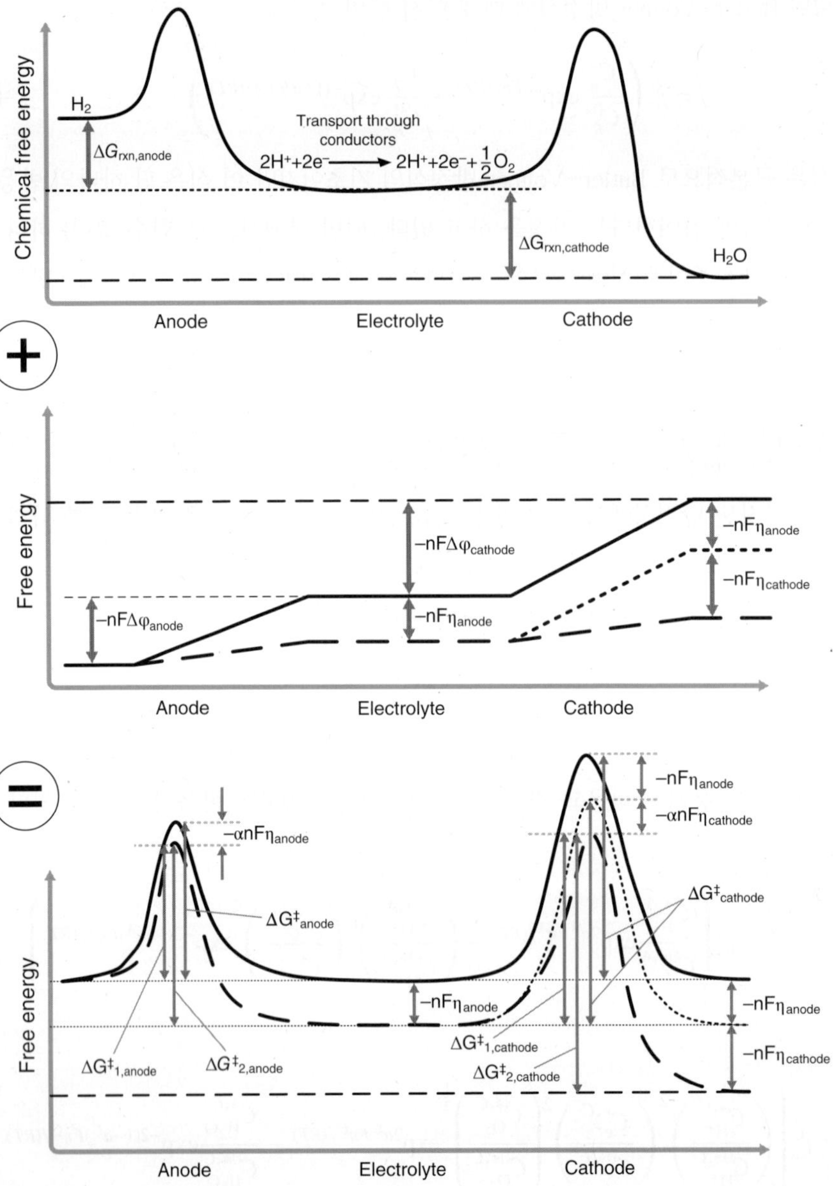

그림 3-19. 연료극과 공기극에서의 과전압은 각 전극에서의 전류에 따른 활성화 에너지를 바꾼다. 정상상태에서 연료극과 공기극의 전류는 같아야 한다. 과전압과 농도는 이러한 조건을 만족시킴으로 인해 결정된다.

적으로 서로 같지 않다($\eta^A \neq \eta^C$). 정상상태에서 비록 연료극과 공기극의 활성화 전압이 꼭 같지는 않지만 연료극과 공기극을 통하는 전류는 같아야 한다($j^A = j^C = j$). 식 (3.54)와 (3.55)를 유심히 살핀다면 양자 ($C^{*,A}_{H^+}$, $C^{*,C}_{H^+}$), 전자($C^{*,A}_{e^-}$, $C^{*,C}_{e^-}$), 수소($C^{*,A}_{H_2}$), 산소($C^{*,C}_{O_2}$) 그리고 물($C^{*,C}_{H_2O}$)의 농도 또는 과전압(η^A, η^C)과 같은 중요한 몇 가지 변수를 조정한다면 이러한 조건은 성립한다는 것을 알 수 있다. $C^{*,A}_{H_2}$, $C^{*,C}_{O_2}$, $C^{*,C}_{H_2O}$과 같은 몇몇 변수들은 연료진지로 전달되는 가스 흐름의 조성에 의해 특정될 수 있다.

이제 평형일 때, 즉 ($j^A = j^C = j = 0$) 어떤 일이 일어나는지 살펴보자. 이러한 조건에서 식 (3.54)는 다음과 같이 된다.

$$0 = j_0^A \left(\frac{C^{*,A}_{H_2}}{C^{0*,A}_{H_2}} \exp^{2\alpha F \eta^A/(RT)} - \left(\frac{C^{*,A}_{H^+}}{C^{0*,A}_{H^+}} \right)^2 \left(\frac{C^{*,A}_{e^-}}{C^{0*,A}_{e^-}} \right)^2 \exp^{-2(1-\alpha^A)F\eta^A/(RT)} \right) \quad \text{식 (3.56)}$$

이 식을 정리하면 다음을 얻을 수 있다.

$$\frac{C^{*,A}_{H_2}}{C^{0*,A}_{H_2}} \exp^{2\alpha F \eta^A/(RT)} = \left(\frac{C^{*,A}_{H^+}}{C^{0*,A}_{H^+}} \right)^2 \left(\frac{C^{*,A}_{e^-}}{C^{0*,A}_{e^-}} \right)^2 \exp^{-2(1-\alpha^A)F\eta^A/(RT)} \quad \text{식 (3.57)}$$

양변에 자연로그함수를 적용하여

$$\ln\left(\frac{C^{*,A}_{H_2}}{C^{0*,A}_{H_2}} \right) + \frac{2\alpha^A F \eta^A}{RT} = \ln\left(\frac{C^{*,A}_{H^+}}{C^{0*,A}_{H^+}} \right)^2 + \ln\left(\frac{C^{*,A}_{e^-}}{C^{0*,A}_{e^-}} \right)^2 - \frac{2(1-\alpha^A)F\eta^A}{RT} \quad \text{식 (3.58)}$$

다시 한번 식을 정리하면

$$\frac{2F\eta^A}{RT} = -\ln\left(\frac{C^{*,A}_{H_2}}{C^{0*,A}_{H_2}} \right) + \ln\left(\frac{C^{*,A}_{H^+}}{C^{0*,A}_{H^+}} \right)^2 + \ln\left(\frac{C^{*,A}_{e^-}}{C^{0*,A}_{e^-}} \right)^2 \quad \text{식 (3.59)}$$

또는 활성화의 정의를 사용하여

$$\eta^A = \frac{RT}{2F}(-\ln(a^{*,A}_{H_2}) + \ln(a^{*,A}_{H^+})^2 + \ln(a^{*,A}_{e^-})^2) \quad \text{식 (3.60)}$$

비슷한 방법으로 식 (3.55)에서부터 시작하는 공기극에서의 다음과 같은 식을 얻는다.

$$\eta^C = \frac{RT}{2F}\left(-\ln\left(a^{*,C}_{H^+}\right)^2 - \ln(a^{*,C}_{e^-})^2 - \ln(a^{*,C}_{O_2})^{\frac{1}{2}} + \ln(a^{*,C}_{H_2O}) \right) \quad \text{식 (3.61)}$$

이제 식 (3.60)과 (3.61)를 결합하여 다음과 같은 식을 얻는다.

$$\eta^A + \eta^C = \frac{RT}{2F}\left(\ln\frac{a_{H_2O}^{*,C}}{a_{H_2}^{*,A}\left(a_{O_2}^{*,C}\right)^{\frac{1}{2}}} - \ln\left(\frac{a_{H^+}^{*,C}}{a_{H^+}^{*,A}}\right)^2 - \ln\left(\frac{a_{e^-}^{*,C}}{a_{e^-}^{*,A}}\right)^2\right) \quad \text{식 (3.62)}$$

이 식은 연료전지의 평형상태나 전류밀도가 '0'인 상황에서의 활성화 과전압을 설명한다는 것을 기억해야 한다. 따라서 이러한 과전압은 실제 전압 그리고 연료전지의 기준 전압과 다를 수밖에 없다($\eta^A + \eta^C = E^0 - E$).

$$E = E^0 - \frac{RT}{2F}\left(\ln\frac{a_{H_2O}^{*,C}}{a_{H_2}^{*,A}\left(a_{O_2}^{*,A}\right)^{\frac{1}{2}}} - \ln\left(\frac{a_{H^+}^{*,C}}{a_{H^+}^{*,A}}\right)^2 - \ln\left(\frac{a_{e^-}^{*,C}}{a_{e^-}^{*,A}}\right)^2\right) \quad \text{식 (3.63)}$$

위 식은 실제 Nernst 방정식이지만 전해질에서의 양자와 전자의 농도기울기를 설명하는 2개의 추가적인 항이 있다. 2.4.4절에서 우리는 전해질에서의 수소 농도 기울기를 통해 Nernst 전압을 계산하였다. 비슷하게 양자와 전자의 농도 기울기도 Nernst 전압을 구할 수 있다. 일반적으로 양자와 전자의 활성화항은 무시될 수 있으며 (평형상태에서, 양자와 전자의 활성도는 일정하다고 가정한다) 이를 통해 수소와 산소 반응물의 간단한 Nernst 방정식을 구할 수 있다.

Nernst 방정식은 주어진 전기화학적 반응 평형에서 전압과 농도의 관계를 설명할 수 있다. Butler–Volmer 방정식도 비평형조건에서 똑같은 역할을 한다. 위에서 설명한 분석은 Nernst 방정식은 전류밀도가 '0'일 때, 즉 전기화학적 평평반응일 때의 Butler–Volmer 방정식의 특별한 경우의 형태이다.

3.15 요약

3장에서는 연료전지의 반응 과정에서 어떻게 성능 손실이 발생하는지를 학습하였다. 반응 과정에 대한 연구는 반응속도론으로, 속도 한계에 의한 전압 손실은 활성화 손실로 불린다. 이 장에서 소개된 주요 내용은 다음과 같다.

- 전기화학 반응에서는 전자가 이동하고, 표면에서 발생한다.
- 전기화학 반응에서는 전자가 이동하기 때문에 생성된 전류는 반응속도의 척도가 된다.
- 전기화학 반응은 표면에서 발생하기 때문에 반응속도(전류)는 반응 표면적에 비례하게 된다.
- 전류밀도는 전류보다 더 근본적이다. 우리는 시스템의 크기 효과를 표준화하기 위해 전류밀도(단위 면적당 전류)를 사용한다.
- 활성화 장벽은 반응물이 생성물로 변환하는 것을 방해한다(반대 과정에서도 마찬가지).
- 활성화 장벽을 낮춰주기 위해서는 연료전지의 전압에 손실이 생기고, 이는 반응물이 생성물로 변환하는 속도를 증가시키고, 생성되는 전류밀도도 증가하게 된다.
- 이러한 손실 전압은 활성화 과전압 η_{act}으로 불린다.
- 전류밀도 출력과 활성화 과전압의 관계는 지수함수적이다. 이것은 Butler–Volmer 식 $j = j_0(e^{\alpha nF\eta_{act}/(RT)} - e^{-(1-\alpha)nF\eta_{act}/(RT)})$으로 나타난다.
- 교환전류밀도 j_0는 활성화 과전압이 없을 때 반응물과 생성물의 평형 속도를 나타낸다. j_0가 크면 반응이 빠르고, j_0가 작으면 반응이 느리다.
- j_0를 최대로 하면 활성화 과전압은 최소화시킬 수 있다. j_0를 증가시키는 방법은 네 가지가 있다: (1) 반응물 농도 증가, (2) 반응 온도 증가, (3) 활성화 장벽 감소(촉매를 사용), (4) 반응지점의 수 증가(전극 표면적 증가와 3차원 구조의 반응 경계면 형성).
- 대부분 연료전지는 상대적으로 높은 전류밀도(높은 활성화 과전압)에서 작동된다. 높은 활성화 과전압 상태에서 연료전지 반응속도는 Butler–Volmer 식의 단순한 형태인 $j = j_0e^{\alpha nF\eta_{act}/(RT)}$로 근사화 될 수 있다. 이는 일반화된 대수함수 형태로 Tafel 식($\eta_{act} = a + b\log j$)으로 잘 알려져 있다(b는 Tafel 기울기).
- H_2–O_2 연료전지에서 수소(연료극) 반응속도는 빠르며 활성화 손실은 작다. 반대로 (저온에서) 산소 반응 속도는 느리며 활성화 손실은 크다.
- 연료전지 반응속도를 결정하는 세부사항으로 연료, 전해질에서의 화학반응 그리고 작동 온도 등이다. 대부분의 저온 연료전지는 백금을 촉매로 사용한다. 고온 연료전지는 니켈 및 세라믹계 촉매를 사용한다.
- 효과적인 촉매의 주요 요건은 (1) 활동도, (2) 전도도, (3) 안정도(특히 연료전지 작동 환경에서 열적, 기계적, 화학적 안정도)이다.
- j_0를 증가시키기 위해선 단위 면적당 반응지점의 수가 최대가 되도록 촉매–전극을 설계해야 한다. 반응지점의 수를 증가시키는 것은 전해질, 반응물, 활성화된 촉매전극

표면이 만나는 삼상계면을 최대화하는 것을 의미한다. 촉매–전극은 최적화를 위해선 다공성의 높은 표면적을 지닌 구조가 필요하다.

연습문제

복습문제

3.1 이 문제는 세 부분으로 나뉘어 있다.

(a) 다음의 반응을 고려하자.

$$\tfrac{1}{2}O_2 + 2H^+ + 2e^- \rightleftharpoons H_2O$$

이 반응의 표준 전극 전위는 1.23 V이다. STP에서 전극의 전위가 1.0으로 감소하였다면, 이는 반응을 순방향으로 진행시킬지 역방향으로 진행시킬지 답하라.

(b) 다음 반응에서

$$H_2 \rightleftharpoons 2H^+ + 2e^-$$

표준 전극 전위는 0 V이다. STP에서 전극의 전위가 0.1 V가 되었다면, 이는 반응을 순방향으로 진행시킬지 역방향으로 진행시킬지 답하라.

(c) 다음 반응의 수소/산소 연료전지에서 전체적인 반응속도를 증가시키자.

$$H_2 + \tfrac{1}{2}O_2 \rightleftharpoons H_2O$$

여기서 반쪽반응은 다음과 같다.

$$H_2 \rightleftharpoons 2H^+ + 2e^-$$
$$\tfrac{1}{2}O_2 + 2H^+ + 2e^- \rightleftharpoons H_2O$$

A와 B의 답을 고려하여 이 반응의 전위차(출력전압)는 어떻게 될지 논하라.

3.2 그림 3.7은 연료전지에서 가능한 전압 분포의 한 경우를 보여준다. 전체적으로 같은 전압이 걸리지만 매우 다른 Galvani 전위가 걸릴 수 있는 두 가지 전압 분포의 경우를 그려라. 한 Galvani 전위는 음수지만 전체 전압은 양수인 경우가 가능한가?

3.3 α에 대하여 설명하라. Galvani 전위가 반응 계면을 통과하면서 선형적으로 변한다고 가정할 때 $\alpha>0.5$, $\alpha=0.5$, $\alpha<0.5$가 되는 각 경우의 자유에너지 선도를 그려라.

3.4 교환전류밀도는 무엇을 뜻하는가?

3.5 (a) Tafel 식에서 Tafel 기울기 b는 α와 어떤 연관이 있는가?

(b) 절편 a와 교환전류밀도는 어떤 연관이 있는가? (Tafel 식은 ln 대신 log로 정의됨을 기억하라.)

3.6 산소이온이 전해질에서 전도되는 SOFC에서 CO는 피독 물질이 아닌 연료로 사용 가능하다. CO가 어떻게 연료로 쓰일 수 있는지를 설명하는 전기화학 반쪽반응을 찾아라.

3.7 효과적인 연료전지 촉매 물질의 주요 요건을 열거하라. 효과적인 연료전지 촉매–전극 구조의 주요 요건을 열거하라.

3.8 3.14절에서 연료극과 공기극 양쪽에서의 반쪽반응은 2개의 전자를 전달한다고 가정되었다. 대신 이 과정을 전달 운반 반응이라고 다음과 같이 가정할 수 있다.

$$\text{Anode:} \quad \tfrac{1}{2}H_2 \leftrightarrow H^+ + e^-$$

$$\text{Cathode:} \quad H^+ + e^- + \tfrac{1}{4}O_2 \leftrightarrow \tfrac{1}{2}H_2O$$

이러한 단전자 반쪽 반응에서 시작하여서 연료전지 평형에 대해 식 (3.51)을 사용하여 식 (3.63)을 얻을 수 있다는 것을 보여라.

3.9 수소연료전지에서의 반쪽반응은 가끔 다음과 같은 다단계 과정을 사용하여 설명된다.

$$\text{Anode: } H_2 \leftrightarrow 2H^+ + 2e^-$$

$$\text{Cathode: } 2H^+ + 2e^- + O_2 \leftrightarrow H_2O_{2,ad}$$

$$H_2O_{2,ad} \leftrightarrow H_2O + \tfrac{1}{2}O_2$$

이러한 다단계 반쪽반응을 통해서 우리가 여전히 식 (3.51)을 활용하여 연료전지 평형상태에서 식 (3.63)을 얻을 수 있다는 것을 보여라.

3.10 다음과 같은 연료전지 연료극에서의 일반적이고 단순한 반쪽반응이 있다.

$$\text{Anode: } R \leftrightarrow P$$

이 반응의 Butler–Volmer 방정식은 다음과 같다.

$$j = j_0\left(\frac{C_R^*}{C_R^{0*}}\exp^{\alpha nF\eta/(RT)} - \frac{C_P^*}{C_P^{0*}}\exp^{-(1-\alpha)nF\eta/(RT)}\right)$$

(a) 전류밀도가 0일 때 또는 평형일 때 반응종(C_R^{**})과 생성종(C_P^{**})의 농도가 기준 농도(C_R^{0*}과 C_P^{0*})와 같지 않다면 평형상태에서 연료극의 활성화 과전압을 구하라.

(b) (a)에서 얻어진 $\eta' = \eta - \eta_A$라는 새로운 과전압에 대해 정의하자(η'는 평형에서 0이 된다). η'을 사용하여 Butler–Volmer 방정식을 새롭게 써라. 그리고 기준 농도를 평형농도(C_R^{**}과 C_P^{**})로 사용하고 있었다면 이 식도 Butler–Volmer 방정식의 형태를 취하고 있다는 것을 보여라. 이 식에서 교환전류밀도는 무엇인가?

계산문제

3.11 두 전기화학 반응을 고려하자. 반응 A는 반응물 1몰당 2몰의 전자가 이동되고, 5 A의 전류를 2 cm^2 면적의 전극에서 발생시킨다. 반응 B는 반응물 1몰당 3몰의 전자가 이동되고, 15 A의 전류를 5 cm^2 면적의 전극에서 발생시킨다. 반응 A와 B의 순 반응속도는 얼마인가? (단위는 반응물의 몰/cm^2 s로 한다.) 어느 반응의 순 반응속도가 더 큰가?

3.12 다음의 문제를 풀어라.

(a) 만약 휴대용 전자기기가 2.5 V에서 1 A를 사용한다면, 이 기기의 전력 요구량은 얼마인가?

(b) 0.5 V의 전압에서 1 A의 전류를 생산하는 연료전지를 설계하였다. 위의 전자기기를 작동하기 위해서는 몇 개의 연료전지가 필요한가?

(c) 앞서 언급한 전자기기를 100시간 동안 작동시키고 싶다. 100% 연료 사용률을 가정하면, 필요한 최소의 수소연료양은? 그람 단위로 답하라.

(d) 만일 수소 연료가 500기압 압축기체로 저장되어 있다면, 얼마나 많은 체적을 차지하는가? (상온의 이상기체로 가정하라.) 만일 5% 질량 저장률을 가지는 수소저장합금을 이용한다면, 같은 경우의 부피는 얼마인가? (수소저장합금의 밀도는 10 g/cm^3이다.)

(e) 만약 연료전지가 수소가 아닌 메탄올(CH_3OH)을 사용한다면 100% 연료 사용률을 가정했을 때 100시간 작동을 위한 최소한의 메탄올 양(단위는 g)은 얼마인가? 메탄올은 몰 질량은 32 g/mol이다. 이에 해당되는 액체 메탄올의 부피는 얼마인가? (액체 메탄올의 밀도는 0.79 g/cm^3)

3.13 모든 조건이 동일하다고 할 때, 교환전류밀도의 변화를 온도의 함수로 나타내라. (예를 들면, 임의의 온도 T에서의 $j_0(T)$를 기준온도 T_0에서의 $j_0(T_0)$에 관한 함수로 나타내라.) 만약 어떤 반응이 300K에서 $j_0 = 10^{-8}$ A/cm^{2}이고 600 K에서 $j_0 = 10^{-4}$ A/cm^{2}을 보인다면, $\Delta G^{\ddagger}$을 계산하라. 여기서 j_0 식의 비례상수는 온도와 무관하다고 가정하라.

3.14 (a) 모든 조건이 동일하다고 할 때, 교환전류밀도의 변화를 반응물 농도의 함수로 나타내라.

(b) 이 결과와 문제 3.11의 결과를 이용하여 다음을 답하라. $\Delta G^{\ddagger}$=20 kJ/mol인 반응에 대해서 어떤 온도 변화(300 K부터 시작한다고 가정)가 j_0 반응물의 농도를 10배 증가시키는 것과 같은 효과를 나타내는가? 여기서 j_0 식의 비례상수는 온도와 무관하다고 가정하라.

3.15 모든 조건이 동일하다고 할 때, 활성화 과전압이 주어지면, 온도(K)를 2배로 증가시키는 것과 활성화 장벽을 절반으로 감소시키는 것 중 어떤 효과가 반응의 순 전류밀도를 더 많이 증가시키는가? 결과를 식으로 설명하라. 여기서 j_0 식의 비례상수는 온도와 무관하다고 가정하라.

3.16 백금 촉매 없이 산소 분자를 분리하는 데 필요한 열에너지를 추정하라. 이 에너지를 온도(℃)로 변환하고, PEMFC에서 백금의 역할에 대해 논하라.

CHAPTER 4

연료전지의 전하이동

이전 장에서 전기화학적 반쪽반응을 통한 전하의 생산과 소비를 다루었고, 전기화학적 전기 생산의 가장 근본적인 단계 중 하나인 반응속도론에 대해 서술하였다. 이번 장에서는 역시 전기화학적 전기 생산에서 중요한 단계인 전하 이동에 초점을 맞춘다. 전하 이동은 전자가 생산된 전극으로부터 전자가 소비되는 전극까지 전하를 이동시킴으로써 '회로를 완성'한다.

중요한 두 가지 전하를 띤 화학종(charged species)이 있는데 전자와 이온이 그것이다. 전자와 이온 모두 전기화학 반응에 수반되기 때문에 두 종류의 전하는 모두 이동되어야만 한다. 전자와 이온의 이동은 근본적으로 다른데 이는 둘 사이의 질량 차이가 크기 때문이다. 대부분의 연료전지에서 이온 전하의 이동은 전자 전하의 이동보다 훨씬 더 어렵다. 그러므로 우리는 주로 이온 전도도에 관해 관심을 가질 것이다.

나중에 알게 되겠지만, 전하 이동에 대한 저항이 연료전지의 전압 손실을 가져온다. 이 전압 손실은 옴의 법칙을 따르기 때문에 이를 **옴 손실**(*ohmic loss*) 또는 *IR* **손실**이라고 부른다. 연료전지의 옴 손실은 전해질을 가능한 얇게 만들고 높은 전도성을 가지는 물질을 사용함으로써 최소화할 수 있다. 높은 이온 전도성을 가지는 물질을 탐구하기 위해서는 이온 전하 이동의 근본적인 메커니즘에 대한 논의와 가장 중요한 전해질 물질군에 대한 고찰을 필요로 한다.

4.1 전하는 힘에 의하여 움직인다

전하가 어떤 물질을 통해 이동하는 비율은 플럭스(flux, J로 표기)에 의하여 정량화된다. 플럭스는 주어진 양이 어떤 물질을 통해 단위 면적, 단위 시간당 얼마나 많이 흘렀는지를 측정한다. 그림 4.1은 플럭스의 개념을 설명하고 있다. 10 L/s이 유량으로 이 관을 흘러 내리는 물을 생각해보자.

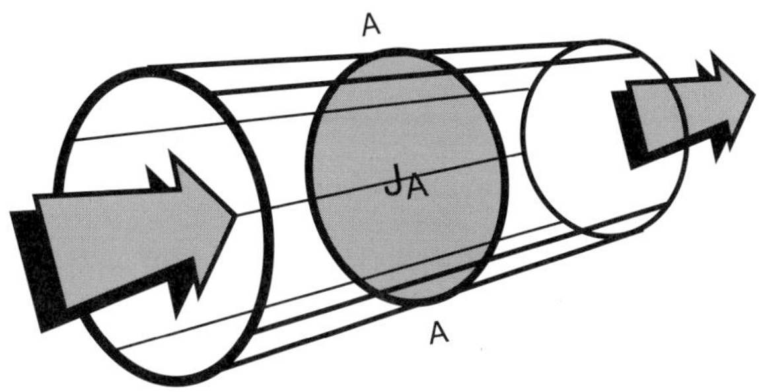

그림 4-1. 플럭스의 개략도. 이 관을 10 L/s의 유량으로 흘러 내리는 물을 떠올려보라. 이 유량을 관의 단면적 (A)로 나누면 관을 흐르는 물의 플럭스 J_A를 얻는다. 일반적으로 플럭스는 체적에 대한 양보다는 몰 단위로 측정하기 때문에 이 예에서도 리터가 몰로 변환되어야 한다.

만약 우리가 이 유량을 관 (A)의 단면적으로 나눈다면, 우리는 관을 따라 내려가고 있는 물의 용적 플럭스 J_A를 얻게 된다. 바꾸어 말하면, J_A는 관을 통하는 물의 단위 면적당 유량을 알려준다. 여기서 조심할 것은 플럭스와 유량은 같지 않다는 것을 염두에 두어야 한다. 플럭스를 계산함으로써 단면적에 의해 유량을 표준화하게 된다.

가장 일반적인 플럭스의 종류는 몰 플럭스(일반적인 단위는 mol/cm^2 · s)이다. **전하 플럭스**는 단위 면적, 단위 시간당 어떤 물질을 통해 흐르는 전하의 양을 측정하는 특수한 플럭스의 한 종류이다. 전하 플럭스의 일반적인 단위는 C/cm^2 · s=A/cm^{2}이다. 이 단위들로부터 전하 플럭스가 전류밀도와 같은 것이라는 사실을 알 수 있다. 전하 플럭스가 전류밀도를 나타내고 몰 플럭스와 다른 단위를 지니고 있다는 것을 표시하기 위해 기호 j를 부여한다. z_iF는 몰 플럭스 J에서 전하 플럭스 j로 변환하기 위해 필요한 양이고, z_i는 운반자의 전하수(charge number; 예로, 전하수는 Na^+의 경우 +1, O^{-2}의 경우 −2)이며 F는 Faraday 상수이다.

$$j = z_i F J \qquad \text{식 (4.1)}$$

z_i와 n에 대한 혼동을 없애라

전기화학 반응속도(3장)에 대한 주제에서 전하이동(4장)에 대한 주제로 넘어가는 과정에서 z_i와 n의 차이를 인식하는 것은 매우 중요하다. 이 책에서 n은 전기화학반응에서 이동하는 전자의 수를 의미한다. 예를 들면, 아래와 같은 전기화학 반쪽반응식에서,

$$H_2 \rightarrow 2H^+ + 2e^-$$

1몰의 H_2가스가 반응할 때, 2몰의 전자가 이동하므로 $n=2$이다. 반면에, 4장에서 z_i는 대전된 물질에 의해 운반된 전하의 총량을 의미한다. 예를 들면, 대전된 H^+의 경우에는 $z_i=+1$이며 반면에 대전된 e^-의 경우에는 $z_i=-1$이다.

모든 물질에서 전하 이동이 나타나기 위해서는 반드시 힘이 전하 운반자(즉,물질내부의 이동 전자 또는 이온들)에 작용해야 한다. 만약 전하 운반자에 작용하는 힘이 없다면, 그들이 이동할 이유가 없다! 이동 현상의 지배 방정식은 다음과 같이 일반화(1차원인 경우)될 수 있다.

$$J_i = \sum_k M_{ik} F_k \qquad \text{식 (4.2)}$$

여기서 J_i는 i 종의 플럭스를 나타내고, F_k는 i에 작용하는 k번째 힘을 나타내며 M_{ik}들은 힘과 플럭스 사이의 결합 계수이다. 결합 계수들은 구동력(driving force) 자체의 유효 크기뿐만 아니라 주어진 힘에 의한 한 종의 상대적인 운동 능력을 반영한다. 그러므로 결합 계수들은 움직이는 종과 그것이 통과하는 물질의 성질 양쪽 모두의 특성이다. 이 일반적인 식은 어떤 종류의 이동(전하, 열, 질량 등등)에도 유효하다. 연료전지에서 전하 이동을 일으키는 구동력으로 전기적 구동력(전기 포텐셜 구배 dV/dx로 표현), 화학적 구동력(화학 포텐셜 구배 $d\mu/dx$로 표현), 그리고 기계적 구동력(압력 구배 dP/dx로 표현) 등 세 가지가 있다.

이 힘들이 어떻게 연료전지에서전하 이동을 발생시키는지 알아보기 위한 한 예로 앞서 다루었던 수소-산소 PEMFC를 생각해보자(그림 4.2). 이 연료전지에서 수소가 반응하면 양성자(수소이온, proton)과 전자들이 산화극에서는 축적되고, 환원극에서는 소모된다. 두 전극에서의 전자의 축적과 소모는 산화극로부터 환원극으로 전자의 이동을 추진하는 전압 구배를 발생시킨다. 전해질에서는 양성자의 축적과 소모가 전압 구배와 농도 구배를 발생시킨다. 그리고 이 복합된 구배들은 산화극으로부터 환원극으로의 양성자의 이동을 추진한다.

금속 전극에서는 오직 전압 구배만이 전자의 전하 이동을 발생시킨다. 하지만 전해질에서는 농도(화학적 포텐셜) 구배와 전압(전기적 포텐셜) 구배 모두 이온 이동을 추진한다. 두 구동력 중 어느 쪽이 더 중요한지 어떻게 알 수 있을까? 대부분의 경우 전기적 구동력이 연료전지의 이온 이동을 좌우한다. 즉, 전하 이동에서는 양성자(proton)의 축적과 소모에서 오는 전기적인 효과가 화학적 농도 효과보다 훨씬 중요하다. 왜 전기적 구동력이 연료전지의 전하 이동에서 지배적인가에 대한 근본적인 이유는 관심있는 독자들을 위해 이 장의 마지막 절(4.7절)에 설명하였다.

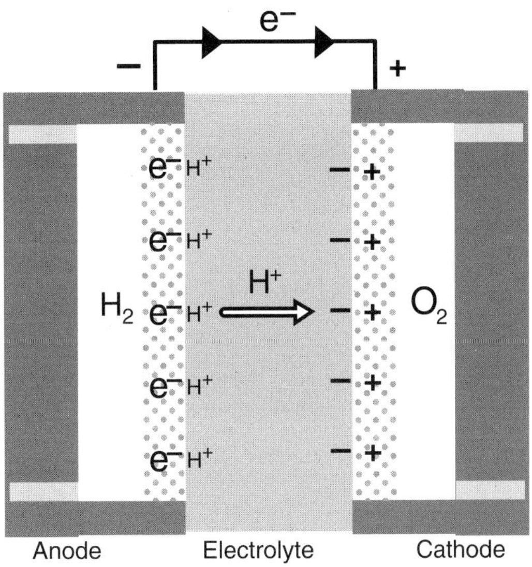

그림 4-2. H_2-O_2 연료전지에서 연료극에서 양성자(proton)/전자가 축적되고, 공기극에서 소모되어 전압 구배가 생기며 이는 전하를 이동시키게 된다. 전자들은 음으로 대전된 연료극 전극에서 양으로 대전된 공기극 전극으로 이동한다. 양성자들은 전해질 내에서 (상대적으로) 양으로 대전된 연료극 쪽에서 (상대적으로) 음으로 대전된 공기극 쪽으로 이동한다. 전해질 내에서 연료극과 공기극의 상대적인 전하는 양성자의 농도 차이에서 기인한다. 이 농도 차이는 연료극과 공기극 사이의 양성자 이동에도 영향을 준다.

전하 이동이 전기적 구동력에 의해 지배적인 경우 식 (4.2)는 다음과 같이 쓸 수 있다.

$$j = \sigma \frac{dV}{dx} \qquad \text{식 (4.3)}$$

j는 전하 플럭스(몰 플럭스가 아님), dV/dx는 전하 이동의구동력인 전기장, σ는 전도도이며 전기장에서 어떤 물질의 전하를 흐르게 하는 성향을 측정한 것이다. 이는 식 (4.2)에서 나온 중요한 응용식으로 연료전지 전하 이동의 항을 단순화한다. 어떤 드문 상황에서는

농도 효과와 전기적 포텐셜 효과가 모두 중요할 수 있다. 이런 경우에는 전하 이동식이 훨씬 더 복잡해진다.

식 (4.3)을 (4.2)와 비교하면 전도도 σ는 단지 플럭스와 전기적 구동력의 관계를 설명하는 결합 계수임을 분명히 알 수 있다. 화학적 포텐셜(농도) 구배로 인한 이동을 설명하는 관련 결합 계수는 **확산도**(*diffusivity*)라고 부른다. 압력구배에 의한 이동에서 관련 결합 계수는 **점성**(*viscosity*)이라고 부른다. 이 이동 과정들은 몰 플럭스량으로 표 4.1에 정리되어 있다.

표 4.1 전하 이동과 관련된 이동 과정의 요약

Transport Process	Driving Force	Coupling Coefficient	Equation
Conduction	Electrical potential gradient, dV/dx	Conductivity σ	$J=\frac{\sigma}{\lvert z_i\rvert F}\frac{dV}{dx}$
Diffusion	Concentration gradient, dc/dx	Diffusivity D	$J=-D\frac{dc}{dx}$
Convection	Pressure gradient, dp/dx	Viscosity μ	$J=\frac{Gc}{\mu}\frac{dp}{dx}$

주석: 이 표의 대류에 대한 이동 식은 Poiseuille의 법칙을 바탕으로 하고, 여기서 G는 기하학적 상수이고 c는 이동하는 종의 농도이다. 대류 플럭스는 종종 단순히 $J=vc_i$로 계산하기도 하는데, 여기서 v는 이동 속도이다.

4.2 전하 이동은 전압 손실을 수반한다

전하 이동 과정에 마찰이 발생하므로 전하 이동에는 손실이 생긴다. 연료전지에서 전하 이동에 대한 대가는 전압의 손실이다. 왜 전하 이동은 전압 손실을 가져오는가? 답은 연료전지의 도체가 완벽하지 않고 전하 흐름에 대해 고유한 저항을 가지고 있기 때문이다.

그림 4.3과 같은 균일한 도체를 생각해보자. 이 도체는 일정한 단면적 A와 길이 L을 가지고 있다. 이 도체의 기하학적 구조를 전하 이동공식 (4.3)에 적용하면 다음과 같은 식을 얻을 수 있다.

$$j=\sigma\frac{V}{L} \qquad \text{식 (4.4)}$$

이를 V에 대해 정리하면 다음과 같다.

$$V=j\left(\frac{L}{\sigma}\right) \qquad \text{식 (4.5)}$$

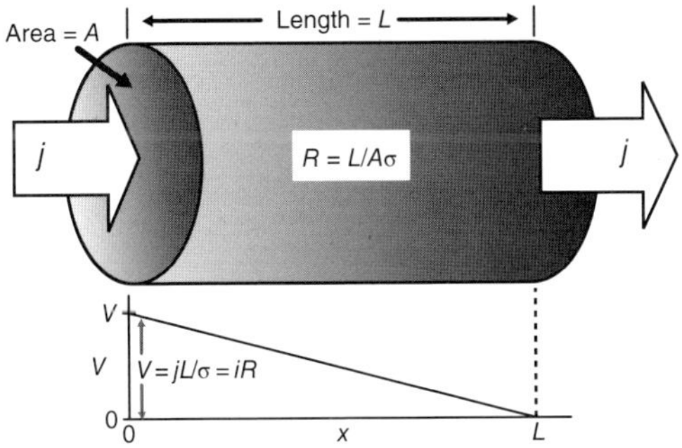

그림 4-3. 단면적 A, 길이 L, 전도도 σ를 가진 균일한 전도체에서 전하 이동의 예. 전압 구배 dV/dx는 전하가 전도체를 통해 이동하도록 한다. 전하 이동 식 $j=\sigma(dV/dx)$과 전도체의 형상으로부터 옴의 법칙을 유도할 수 있다: $V=iR$. 전도체의 저항은 전도체의 형상과 전도도에 따라 변한다: $R=L/\sigma A$.

이 식이 옴의 법칙과 비슷하다는 것을 알아챘을 것이다: $V=iR$. 전하 플럭스(전류밀도)와 전류는 $i=jA$의 관계가 있으므로 식 (4.5)를 다음과 같이 수정할 수 있다.

$$V = i\left(\frac{L}{A\sigma}\right) = iR \qquad \text{식 (4.6)}$$

여기서 우리는 $L/A\sigma$값이 도체의 저항 R과 같음을 확인하였다. 이 식에서 전압 V는 i로 주어진 속도로 전하를 이동시키기 위해 반드시 가해야 하는 전압을 나타낸다. 따라서 이 전압은 손실을 뜻한다. 이는 전하의 이동을 위해 소비되는 또는 희생되는 전압을 의미한다. $1/\sigma$로 구체화되듯이 이 전압 손실은 도체에서전하 이동에 대한 고유 저항으로 인해 발생한다.

이 전압 손실이 옴의 법칙을 따르기 때문에 이를 '저항'손실이라고 부른다. 이전 장에서 소개된 활성화 과전압(η_{act})과 같이 이러한 전압 손실에도 η기호를 사용한다. 특별히 η_{act}와 구별하기 위해 η_{ormic}으로 표기한다. 식 (4.6)에 이와 같은 표기를 반영하고 연료전지 저항에서 전자(R_{elec})와 이온(R_{ionic})의 영향을 명확하게 구분하면 다음과 같은 식을 얻는다.

$$\eta_{ohmic} = iR_{ohmic} = i(R_{elec} + R_{ionic}) \qquad \text{식 (4.7)}$$

이온 전하 이동이 전자 전하 이동보다 더 어려운 경향이 있기 때문에 R_{ohmic}에서 이온의 영향이 지배적이다.

작동 중인 연료전지의 전해질에서 전압 구배의 방향은 직관적으로 이해하기 어려울 수 있다. 그림 4.4c가 보여주듯이 비록 전체 연료전지의 전압은 연료극부터 공기극까지 증가하지만 전해질의 연료극 쪽과 공기극 쪽 사이의 전압은 전하 이동의 구동력을 발생시키기 위해 반드시 감소되어야만 한다.

예제 4.1.

10 cm^2 면적의 PEMFC가 0.10 $\Omega^{-1} \cdot cm^{-1}$의 전도도를 가지는 전해질 막을 사용한다. R_{elec}은 0.005 Ω이다. 이외에 다른 전지 저항 요소는 전해질 막의 저항만을 고려한다고 가정할 때, 1 A/cm^2의 전류밀도에서 연료전지의 저항 전압 손실(η_{ohmic})을 다음의 각 경우에 대해 결정하여라. (a) 전해질 막의 두께가 100 μm일 때, (b) 전해질 막의 두께가 50 μm일 때

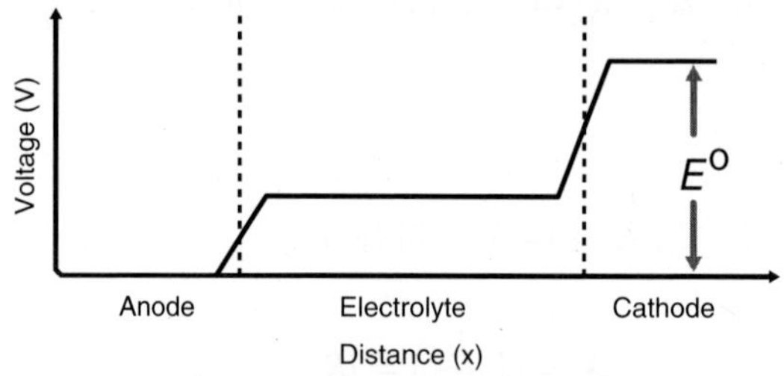

(a)

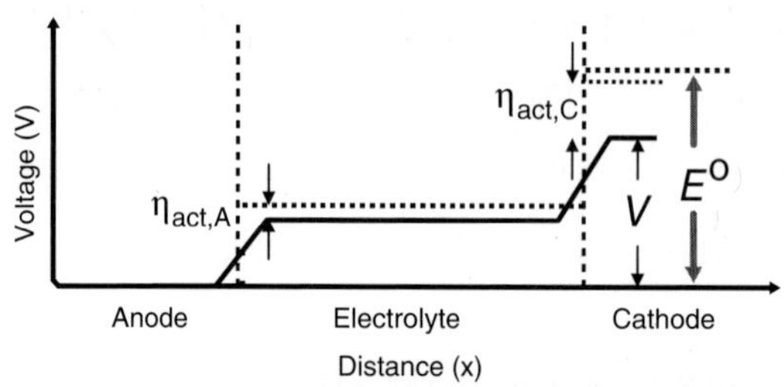

(b)

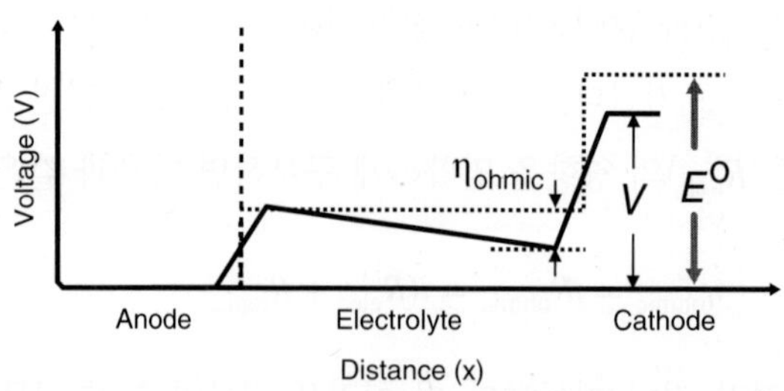

(c)

그림 4-4. (a) 열역학적 평형상태에서 연료전지의 가상 전압 분포도(그림 3.7 참고). 연료전지의 열역학적 전압은 E^0로 주어진다. (b) 연료전지 전압 분포에 대한 연료극과 공기극에서의 활성화 손실의 영향(그림 3.9 참고). (c) 연료전지 전압 분포에 대한 옴저항 손실의 영향. 연료극에서 공기극으로 가면서 전체 전압은 증가하지만 전하 이동에 대한 구동력을 발생시키기 위해서는 전해질 내 연료극 쪽과 공기극 쪽 사이에서 전압이 감소해야만 한다.

풀이

전해질 크기를 바탕으로 한 R_{ionic}을 구한 다음 식 (4.7)을 이용하여 η_{ohmic}을 구한다. 연료전지의 면적이 10 cm^{2}이므로 연료전지의 전류 i는 10 A이다.

$$i = jA = 1\ \text{A/cm}^2 \times 10\ \text{cm}^2 = 10\ \text{A} \qquad \text{식 (4.8)}$$

식 (4.6)으로부터 문제에서 주어진 (a), (b)의 두 가지 경우에 대한 R_{ionic}을 구할 수 있다.

$$\begin{aligned}\text{Case (a)}: R_{\text{ionic}} &= \frac{L}{\sigma A} = \frac{0.01\ \text{cm}}{(0.10\ \Omega^{-1}\cdot\text{cm}^{-1})(10\ \text{cm}^2)} = 0.01\ \Omega \\ \text{Case (b)}: R_{\text{ionic}} &= \frac{0.005\ \text{cm}}{(0.10\ \Omega^{-1}\cdot\text{cm}^{-1})(10\ \text{cm}^2)} = 0.005\ \Omega\end{aligned} \qquad \text{식 (4.9)}$$

이 값들을 식 (4.7)에 대입하고 i=10 A임을 이용하면 다음과 같이 η_{ohmic} 값을 구할 수 있다.

$$\begin{aligned}\text{Case (a)}: \eta_{\text{ohmic}} &= i(R_{\text{elec}} + R_{\text{ionic}}) = 10\ \text{A}(0.005\ \Omega + 0.01\ \Omega) = 0.15\ \text{V} \\ \text{Case (b)}: \eta_{\text{ohmic}} &= 10\ \text{A}(0.005\ \Omega + 0.005\ \Omega) = 0.10\ \text{V}\end{aligned} \qquad \text{식 (4.10)}$$

다른 모든 조건이 동일하다면, 막을 얇게 만들수록 저항 손실이 감소한다! 하지만 이 저항 손실의 감소량이 막 두께에 전적으로 비례하는 것은 아니다. 이 예제의 결과를 살펴보면 막 두께가 절반으로 줄어들어도 저항 손실은 1/3만 감소하였다. 이것은 모든 연료전지의 저항이 전해질로부터 비롯되는 것은 아니기 때문이다.

4.3 연료전지 전하 이동 저항의 특성

식 (4.7)이 의미하듯이 전하 이동은 전류가 증가함에 따라 연료전지의 작동 전압을 선형적으로 감소시킨다. 그림 4.5는 이 효과를 설명하고 있다. 저항이 감소하면 연료전지의 성능은 분명히 향상될 것이다.

연료전지 저항은 몇 가지 중요한 속성을 보여준다. 우선 식 (4.6)에서 명확하게 알 수 있는 것처럼 저항은 기하학적 형상에 의존적이다. 저항은 면적에 따라 변한다. 이 효과를 표준화하기 위해서 서로 다른 크기의 연료전지를 비교하는데 면적-비저항(area specific resistance)이 쓰인다. 또한 저항은 두께에 따라서도 달라진다. 이 이유로 인해 연료전지의

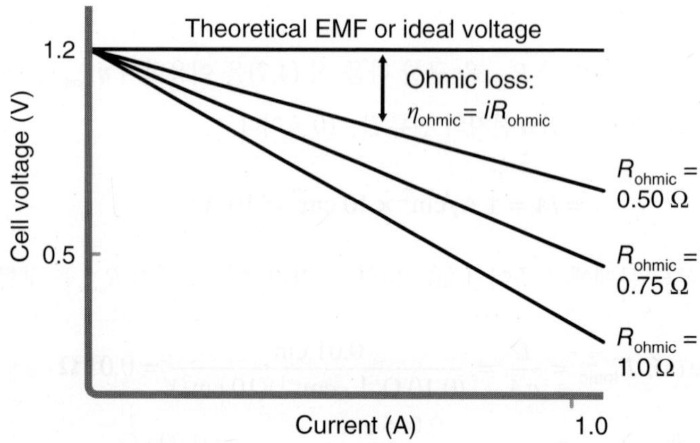

그림 4-5. 연료전지 성능에 대한 저항 손실의 영향. 전하 이동 저항은 옴의 법칙에 따라 연료전지의 작동 전압을 선형적으로 감소시킨다(식 4.7). 이 손실의 크기는 R_{ohmic}의 크기에 의해 결정된다. (곡선들은 각각 0.50 **Ω**, 0.75 **Ω**, 1.0 **Ω**의 R_{ohmic}에 대해 구한 것이다.)

전해질은 일반적으로 가능한 얇게 만들어진다. 게다가 저항들은 더해서 계산해야 한다. 연료전지 내의 다른 부분에서 발생하는 저항 손실들은 직렬로 더해질 수 있다. 연료전지 내 다양한 구성요소로의 저항에 대한 영향을 연구한 결과 연료전지의 저항 중 이온(전해질) 요소가 지배적이라는 것이 밝혀졌다. 실제로, 전해질의 개선을 통해서 성능 개선을 이룰 수 있다. 지금부터는 이런 점들에 대해 하나씩 다루게 될 것이다.

4.3.1 면적에 따른 저항

연료전지들은 일반적으로 전류 대신 전류밀도를 사용하여 단위 면적 기준으로 비교되므로 저항 손실에 대해 논의할 때 보통 면적에 대해 표준화된 저항값을 사용하는 것이 필요하다. 면적-비저항(area specific resistance, ASR)이라고 알고 있는 면적-표준화 저항은 $\Omega \cdot cm^2$의 단위를 쓴다. ASR을 쓰면 저항 손실은 전류밀도로부터 다음과 같이 계산될 수 있다.

$$\eta_{ohmic} = j(ASR_{ohmic}) \qquad \text{식 (4.11)}$$

ASR_{ohmic}는 연료 전지 전체의 ASR을 뜻한다. 면적-비저항은 연료전지 저항이 면적에 따라 달라짐을 설명하며 따라서 다른 크기의 연료전지를 비교할 수 있도록 한다. 이는 연료전지의 전기적 저항 R_{ohmic}에 그 면적을 곱하여 계산될 수 있다.

$$ASR_{ohmic} = A_{fuel\ cell}\ R_{ohmic} \qquad \text{식 (4.12)}$$

ASR을 구할 때 저항에 면적을 나누는 것이 아니라 곱해야 한다는 것에 조심하라! 이 계산은 아마 처음에는 직관적이지 않은 것처럼 보일 것이다. 큰 연료전지는 작은 연료전지에 비해 전류가 흐를 수 있는 면적이 훨씬 더 크기 때문에 저항이 훨씬 더 낮다. 하지만 단위면적 기준에서는 그 저항들은 거의 같을 것이다. 그러므로 큰 연료전지의 저항은 그 면적으로 곱해져야만 한다. 이 개념은 식 (4.6)에서의 저항에 대한 원래 정의를 떠올려보면 이해하는데 도움이 될 것이다.

$$R = \frac{L}{A\sigma} \qquad \text{식 (4.13)}$$

저항이 면적에 반비례하기 때문에 면적을 곱하는 것이 면적에 독립적인 저항을 구하는데 필요하다. 이 점은 예제 4.2에서 보충설명된다.

예제 4.2.

그림 4.6과 같은 두 연료전지를 생각해보자. 전류밀도가 1 A/cm^{2}일 때, 두 언료전지의 저힝 진압 손실을 구하라. 어떤 연료전지의 저항 전압 손실이 더 큰가?

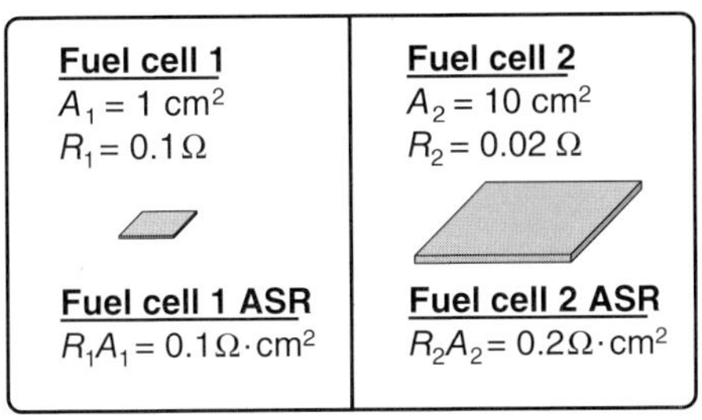

그림 4-6. ASR의 중요성이 이 두 연료전지에 의해 설명된다. 연료전지 2는 연료전지 1보다 낮은 전체 저항을 가지고 있지만 주어진 전류밀도에 대해 더 큰 저항 손실을 초래한다. 연료전지의 저항은 *R*보다 ASR을 사용함으로써 가장 잘 비교될 수 있다.

풀이

이 문제를 푸는 방법은 두 가지가 있다. 전류밀도를 바탕으로 전압 손실을 구하기 위해, 연료전지의 저항을 ASR로 변환하여 식 (4.11)을 이용하거나(풀이 1) 전류밀도를 전류로 변환하여 식 (4.6)을 이용할 수 있다(풀이 2).

풀이 1: 두 연료전지의 ASR을 구하면 아래와 같다.

$$\begin{aligned} \mathrm{ASR}_1 &= R_1\mathrm{A}_1 = (0.1\ \Omega)(1\ \mathrm{cm}^2) = 0.1\ \Omega\cdot\mathrm{cm}^2 \\ \mathrm{ASR}_2 &= R_2\mathrm{A}_2 = (0.02\ \Omega)(10\ \mathrm{cm}^2) = 0.2\ \Omega\cdot\mathrm{cm}^2 \end{aligned} \quad \text{식 (4.14)}$$

그리고 식 (4.11)을 이용하여 두 전지의 저항 전압 손실을 구할 수 있다.

$$\begin{aligned} \eta_{1,\mathrm{ohmic}} &= j(\mathrm{ASR}_1) = (1\ \mathrm{A/cm}^2)(0.1\ \Omega\cdot\mathrm{cm}^2) = 0.1\ \mathrm{V} \\ \eta_{2,\mathrm{ohmic}} &= j(\mathrm{ASR}_2) = (1\ \mathrm{A/cm}^2)(0.2\ \Omega\cdot\mathrm{cm}^2) = 0.2\ \mathrm{V} \end{aligned} \quad \text{식 (4.15)}$$

풀이 2: 두 연료전지의 전류밀도를 전류로 변환하면 다음과 같다.

$$\begin{aligned} i_1 &= j\mathrm{A}_1 = (1\ \mathrm{A/cm}^2)(1\ \mathrm{cm}^2) = 1\ \mathrm{A} \\ i_2 &= j\mathrm{A}_2 = (1\ \mathrm{A/cm}^2)(10\ \mathrm{cm}^2) = 10\ \mathrm{A} \end{aligned} \quad \text{식 (4.16)}$$

그리고 식 (4.6)을 이용하여 두 전지의 저항 전압 손실을 구할 수 있다.

$$\begin{aligned} \eta_{1,\mathrm{ohmic}} &= i_1(R_1) = (1\ \mathrm{A})(0.1\ \Omega) = 0.1\ \mathrm{V} \\ \eta_{2,\mathrm{ohmic}} &= i_2(R_2) = (10\ \mathrm{A})(0.02\ \Omega) = 0.2\ \mathrm{V} \end{aligned} \quad \text{식 (4.17)}$$

두 가지 풀이 모두 같은 답을 얻는다. 전지 2가 더 큰 전압 손실을 입는다. 전지 2의 총 저항이 전지 1보다 더 낮지만(0.02 Ω과 0.1 Ω), 전지 2의 ASR은 전지 1의 ASR보다 더 높다. 따라서 면적에 대해 표준화했을 때 전지 1보다 전지 2가 실제로 더 '저항이 크고' 더 나쁜 성능을 보인다.

4.3.2 두께에 따라 변하는 저항

식 (4.6)에 따르면 저항은 도체의 단면적뿐만 아니라 도체의 길이(두께)에도 영향을 받는 것이 분명하다. ASR을 써서 표준화하면 다음과 같다.

$$\mathrm{ASR} = \frac{L}{\sigma} \quad \text{식 (4.18)}$$

도체의 길이 L이 짧을수록 저항은 낮아진다. 짧은 경로가 작은 저항을 갖게 한다는 것은 직관적으로 알 수 있다.

이온 전도도는 경우에 따라 금속의 전자 전도도보다 백만 배 이상 작기 때문에 전해질의 저항을 최소화하는 것이 필수적이다. 따라서 연료극으로부터 공기극까지 이온의 이동 거리를 최소화하는 것이 바람직하다. 그러므로 연료전지의 전해질은 가능한 얇게 설계된다.

비록 전해질 두께를 줄이는 것이 연료전지의 성능을 향상시키지만 전해질을 얇게 만드는 데는 몇 가지 실제적인 문제점들이 있다. 가장 중요한 제한들은 다음과 같다.

- **기계적 강도**: 고체 전해질은 파손되거나 구멍이 생길 위험이 있기 때문에 막을 너무 얇게 만들 수는 없다. 막이 파손되면 치명적인 연료와 산소의 혼합(!)이 발생한다.
- **불균일성**: 기계적으로 견고하고 작은 구멍도 없는 전해질조차도 그 두께가 일정하지 않다면 파손될 수 있다. 전해질이 얇은 부분은 급격한 악화와 파손에 이르게 되는 취약점(hot spot)이 될 수 있다.
- **전기적 단락**: 극도로 얇은 전해질(고체 또는 액체)은 전기적 단락의 위험이 있는데 전해질의 두께와 전극의 거칠기가 서로 비슷한 크기라면 특히 위험하다.
- **연료 투과**: 전해질의 두께가 줄어들면 연료극과 공기극 사이에서 전해질을 통해 반응물의 투과(crossover)가 증가한다. 이는 바람직하지 않은 기생 손실을 초래하고, 이 손실은 궁극적으로 매우 커져서 두께를 너무 얇게 하면 오히려 역효과가 생긴다.
- **접촉 저항(contact resistance)**: 전해질 저항의 일부분은 전해질과 전극 사이의 계면에서 발생한다. 이 '접촉' 저항은 전해질의 두께와는 관련이 없다.
- **절연 파괴(dielectric breakdown)**: 고체 전해질 두께에 대한 궁극적인 물리적 제한은 전해질의 절연 파괴 특성에 의해 정해진다. 전해질이 너무 얇게 만들어져서 막에 가해지는 전기장이 물질의 절연 파괴 한계치를 초과할 때 이러한 제약에 도달하게 된다.

대부분의 고체 전해질 물질에서 두께에 대한 궁극적인 제한은 절연 파괴 한계치에 의해 예측되는데 그 이러한 두께는 몇 나노미터 정도이다. 하지만 위에 열거한 다른 실제적인 제한들에 따라 실현 가능한 두께는 전해질에 따라 10~100 μm정도로 결정된다.

4.3.3 부가되는 연료전지의 저항

그림 4.7이 개념적으로 설명하듯이 연료전지의 전체 전기적 저항은 각각 다른 구성 요소들에서 발생하는 저항들의 합이다. 요구되는 정확도에 따라서 각각의 저항들을 전기적 상호 연결부, 연료극, 공기극, 연료극 촉매층, 공기극 촉매층, 전해질 등등에 할당할 수 있다. 또한 연료전지의 다양한 층간 계면과 연관된 접촉 저항들도 표현할 수 있다(예를 들어, 유로/전극 접촉 저항). 연료전지에서 발생되는 전류는 반드시 이 영역들을 직렬로 통과하여

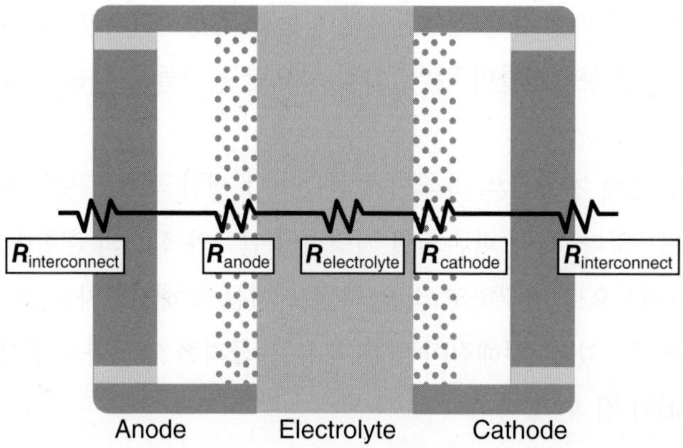

그림 4-7. 연료전지의 총 전기 저항은 실제로 연료전지의 각 구성요소의 저항을 조합하여 구할 수 있다. 이 그림에서 연료전지 저항은 상호연결부, 연료극, 전해질, 공기극 부분으로 나누어진다. 전류가 모든 구성요소를 직렬로 흐르기 때문에 총 연료전지 저항은 각각의 부분 저항들을 더하여 얻을 수 있다.

흐르게 되므로 전체 저항은 각 부분의 모든 저항들을 단순히 더한 값이다. 불행히도 다양한 출처의 모든 저항 손실을 구별하는 것은 실험적으로 매우 어렵다.

하나의 장치로 조립하기 이전에 연료전지의 각 구성요소들의 저항을 실험적으로 측정하는 일은 상대적으로 쉬울 것이라고 생각할 수 있다(예를 들어, 전극, 유로, 상호연결부, 막). 하지만 그러한 측정들은 결코 연료전지 장치의 전체 저항을 완전히 반영하지 못한다. 접촉 저항, 조립 과정, 작동 조건에서의 편차들이 전체 저항을 예측하기 어렵게 만든다. 7장에서 논의하듯이 이러한 요소들 때문에 연료전지 성능 평가가 힘들고 연료전지 동작 중(in situ) 성능 평가가 필요함이 강조된다. 연료전지 저항 손실의 모든 출처를 정확하게 지적하는 것은 실험적으로 어려움이 수반되지만 대부분의 연료전지는 전해질에서 가장 큰 저항 손실을 나타낸다.

4.3.4 이온 (전해질) 저항이 일반적으로 지배적이다

연료전지에 사용되는 가장 좋은 전해질의 이온 전도도는 약 0.10 $\Omega^{-1} \cdot cm^{-1}$정도이다. (매우 얇은) 50 μm 정도의 두께에서조차도 0.05 $\Omega \cdot cm^2$의 ASR을 발생시킨다. 이와 대조적으로 50 μm 두께의 다공성 탄소섬유 전극(carbon cloth electrode)의 ASR은 5×10^{-6} $\Omega \cdot cm^2$ 이하이다. 이 예는 연료전지에서 전해질 저항이 지배적임을 설명한다.

잘 설계된 연료전지는 전체 ASR이 0.05~0.10 $\Omega \cdot cm^2$의 범위 내이고, 전해질 저항이 전체의 대부분을 차지한다. 만약 전해질의 두께를 줄일 수 없다면 저항 손실을 줄이는 것은 높은 σ의 이온 전도체를 찾는데 달려 있다. 불행히도 만족스러운 이온 전도체를 개발하는 것은 매우 힘들다. 4.5.1~4.5.3절에서 논의하게 될 세 가지 주요 전해질 종류는 수용성, 고분자, 세라믹 전해질이다. 이 세 전해질 종류의 이온 전도 방법과 물질 속성은 상당히 다르다. 하지만 그에 대해 논의하기에 앞서 일반적인 전도도의 물리적인 개념을 명확하게 하는 것이 도움이 된다.

4.4 전도도의 물리적 의미

전도도는 전기장에 의해 힘을 받을 때 전하를 흐르게 하는 능력을 정량한 것이다. 즉, 전도도는 한 물질이 전하 이동을 얼마나 잘 수용하는가의 척도이다. 한 물질의 전도도는 두 가지 주요 요인에 의해 영향을 받는다. 얼마나 많은 운반자가 전하를 이동하는데 이용될 수 있는가와 그 물질 내에서 운반자들의 **이동도**(*mobility*)에 따라 결정된다. 다음의 식은 σ를 이러한 항들로 정의한다.

$$\sigma_i = (|z_i|F)c_i u_i \qquad \text{식 (4.19)}$$

c_i는 전하 운반자의 몰농도(단위 부피당 얼마나 많은 몰 수의 운반자가 이용 가능한지)를 나타내고 u_i는 물질 내에서 전하 운반자의 이동도이다. $|z_i|F$는 전하 운반자의 농도를 몰 단위에서 쿨롬(coulomb, C) 단위로 변환하는데 필요한 양이다. 여기서 z_i는 운반자의 전하수(charge number)이고(예를 들어, Cu^{2+}의 경우 z_i=+2, e^-의 경우 z_i=−1), 절댓값 함수는 전도도가 항상 양수임을 말해주며, F는 Faraday 상수이다.

전도도와 이동도

전도도(conductivity)와 이동도(mobility)의 차이를 비유로써 설명해 보자. 우리는 고속도로를 통과하는 (차 안의) 사람들의 이동에 대해 연구하고 있다. 이동도는 고속도로에서 차가 얼마나 빨리 달리는지를 말해준다. 하지만 전도도는 여기에 고속도로에 차가 얼마나 많이 있는지, 각 자동차에 얼마나 많은 사람들이 타고 있는지에 대한 정보도 포함한다. 이 비유는 완벽하지는 않지만 두 용어를 이해하는데 도움을 줄 수 있을 것이다.

그러므로 한 물질의 전도도는 운반자 농도 c_i와 운반자 이동도 u_i에 의해 결정된다. 이 속성들은 각각 물질 내의 구조와 전도 방법에 따라 정해진다. 앞서 배웠던 전하 이동식은 전자 전도와 이온 전도에 동일하게 적용한다. 하지만 그 방향은 서로 다르다. 전자와 이온 전도 메커니즘이 크게 다르기 때문에 전자와 이온 전도도 또한 꽤 다르다.

4.4.1 전자 전도체와 이온 전도체

전자와 이온의 근본적인 본질의 차이는 전자와 이온 전도 방법의 차이로 이어진다. 그림 4.8은 전형적인 전자 전도체(금속)와 전형적인 이온 전도체(고체 전해질)을 도식적으로 대조하고 있다.

그림 4.8a는 금속 전자 전도체의 자유 전자 모델을 설명하고 있다. 이 모델에서 금속 원자들과 결합된 '원자가 전자(valence electron)'들은 원자 격자로부터 떨어져 나와 금속을

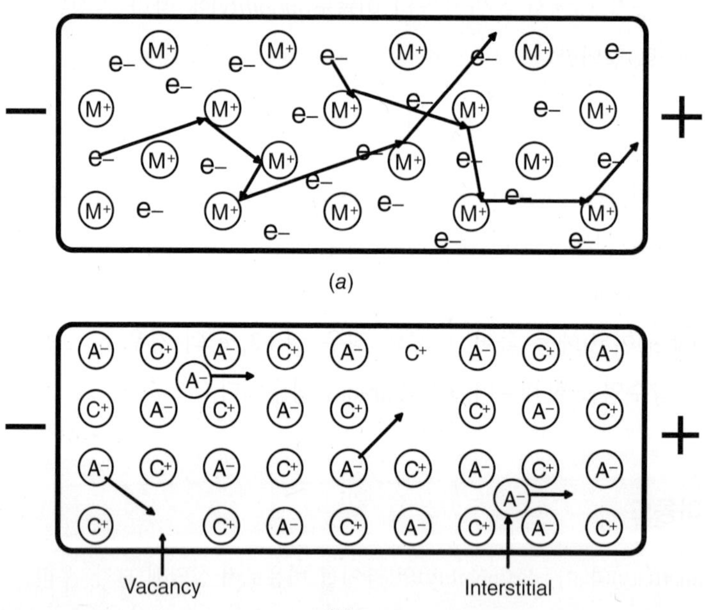

그림 4-8. 전하 이동 메커니즘의 예. (a) 자유 전자를 가진 금속의 전자 이동. 원자가 전자(valence electron)들이 고정된 금속 원자핵으로부터 떨어져 나와서 외부에서 걸린 장(field)에 반응하여 자유롭게 이동한다. 이때 전자들의 속도는 격자로부터의 산란에 의해 결정된다. (b) 이러한 결정질 이온 전도체(crystalline ion conductor) 내의 전하 이동은 격자 내의 한 위치에서 다른 위치로 hopping하는 이동성 음이온에 의해 이루어진다. Hopping 과정은 오직 원자의 공동이나 원자의 침입같은 격자 결함이 있는 곳에서만 일어난다.

자유롭게 돌아다닌다. 그동안 금속 이온들은 변화가 없고 움직이지 않는다. 자유로운 원자가 전자들은 외부에서 걸린 장(field)에 반응하여 움직일 수 있는 이동 전하의 '바다'를 구성한다.

대조적으로 그림 4.8b는 고체 상태 이온 전도체의 hopping(건너뛰는)모델을 설명하고 있다. 이 이온 전도체의 결정 격자는 양이온과 음이온으로 구성되어 있고 모두 특정한 결정학적 위치에 고정되어 있다. 때때로 원자 공동(vacancy)이나 원자 침입(interstitial)과 같은 결함들이 물질 내에 나타날 수 있다. 전하 이동은 물질 전체의 이러한 결함들의 위치 간 'hopping'에 의해 이루어진다.

두 종류의 전도체 간의 구조적 차이는 캐리어(carrier) 농도 측면에서 큰 차이를 만든다. 금속에서 자유 전자가 많은데 비해 결정질의 고체 전해질의 캐리어는 희박하다. 그림 4.8에서 설명한 전하 이동 메커니즘의 차이는 캐리어 이동도의 측면에서 큰 차이를 이끈다. 둘을 조합하면 캐리어 농도와 캐리어 이동도의 차이가 금속에서의 전자 전도도와 고체 전해질에서의 이온 전도도의 매우 큰 차이로 이어지게 된다. 이에 대해 간략하게 살펴보자.

4.4.2 금속의 전자 전도도

금속과 같은 간단한 전자 전도체에서 Drude 모델은 자유 전자의 이동도가 산란[음향양자(phonon), 격자 결함,불순물 등]에 의해 제한된다고 예측하였다.

$$u = \frac{q\tau}{m} \qquad \text{식 (4.20)}$$

여기서 τ는 산란 발생 간 평균 자유 시간을 의미하며, m은 전자의 질량(m=9.11×10^{-31} kg)이고 q는 기본 전자 전하(q=1.68×10^{-19}C)이다.

이미 구한 전자 이동도(식 4.20)를 전도도에 대한 식(식 4.19)에 대입하면 다음을 얻는다.

$$\sigma = \frac{|z_e F| c_e q\tau}{m} \qquad \text{식 (4.21)}$$

금속 내의 캐리어 농도는 자유 전자의 밀도로부터 계산한다. 일반적으로 각 금속 원자들은 거의 하나의 자유 전자에 관여한다. 원자충진도(atomic packing density)는 보통 10^{28} atom/m^3 정도이고 이때 운반자의 몰 농도는 10^4 mol/m^3 정도이다.

식 (4.21)에 일반적인 수치들을 넣으면 대략적인 전자 전도도를 계산할 수 있다. 물론 전자의 전하수는 −1이다($|z_e|$=1). 일반적인 산란 시간(상대적으로 순수한 금속에서)은 10$^-$

^{12}~10^{-14}초이다. $c_e \approx 10^4$임을 이용하여 금속에서 일반적인 전자 전도도가 10^6~10^8 $\Omega^{-1} \cdot m^{-1}$(10^4~10^6 $\Omega^{-1} \cdot cm^{-1}$)범위임을 알 수 있다.

4.4.3 결정질 고체 전해질의 이온 전도도

그림 4.8b에서 볼 수 있듯이 고체 이온 전도체에서의 hopping 과정을 통한 전도는 금속의 전자 전도체와 비교하여 매우 다르게 표현된다. 그림 4.8b에서와 같이 물질의 이온 이동도는 격자 내의 한 위치에서 다른 위치로 건너뛰는 속도에 의존한다. 이전 장에서 다루었던 반응 속도와 같이 이 hopping 속도는 지수적으로 활성화된다. Hopping 과정의 유효성은 물질의 확산도 D에 의해 특징지어진다.

$$D = D_o e^{-\Delta G_{\text{act}}/(RT)} \qquad \text{식 (4.22)}$$

D_0는 hopping 과정을 얼마나 자주 시도하는가를 나타내는 빈도(attempt frequency)를 반영하는 상수이고 ΔG_{act}는 hopping 과정의 활성화 장벽, R은 기체 상수, T는 온도(K)를 나타낸다. 일반적으로 고체 전해질에서 이온의 전체적인 이동도는 다음과 같이 주어진다.

$$u = \frac{|z_i|FD}{RT} \qquad \text{식 (4.23)}$$

$|z_i|$는 이온의 전하수이고 F는 Faraday 상수, R은 기체 상수, T는 온도(K)이다.

이동도의 식(식 4.23)을 전도도 식(식 4.19)에 대입하면 다음과 같이 주어진다.

$$\sigma = \frac{c(z_i F)^2 D}{RT} \qquad \text{식 (4.24)}$$

결정질 전해질에서 캐리어 농도는 이동성 결함 종의 밀도에 의해 조절된다. 대부분의 결정질 전해질은 공동 메커니즘을 통해 전도된다. 이 빈 자리(공동, vacancy)들은 도핑(dopping)에 의해 의도적으로 격자에 삽입될 수 있다. 가장 효율적인 공동 도핑 수준은 약 8~10%이고 이는 10^2~10^3 mol/m^{3}의 캐리어 농도를 이끌어낸다.

일반적인 이온 확산도는 액체 전해질에서 10^{-8} m^2/s, 고분자 전해질에서는 10^{-8} m^2/s, 700~1000 ℃의 세라믹 전해질에서 10^{-11} m^2/s이다. 일반적인 이온 캐리어 농도는 액체 전해질에서 10^3~10^4 mol/m^3, 고분자 전해질에서 10^3~10^4 mol/m^3, 700~1000 ℃의 세라믹 전해질에서 10^2~10^3 mol/m^{3}이다. 이 값들을 식 (4.24)에 대입하면 10^{-4}~10^2 $\Omega^{-1} \cdot m^{-1}$(10^{-6}~10^0 $\Omega^{-1} \cdot cm^{-1}$)의 이온 전도도값을 얻을 수 있다.

고체 전해질 이온 전도도값은 금속의 전자 전도도값보다 훨씬 낮다. 앞서 기술하였듯이 이온 전하 이동은 전자 전하 이동보다 훨씬 더 어려운 경향이 있다. 그러므로 많은 연료전지에 대한 연구의 초점이 더 좋은 전해질을 찾는데 맞춰져 있다.

4.5 연료전지 전해질 종류에 대한 고찰

더 나은 전해질에 대한 연구는 수용성, 고분자, 세라믹 전해질 등 연료전지에 이용 가능한 세 가지 주요 후보 물질 종류의 개발로 이어졌다. 하지만 종류에 관계없이 어떤 연료전지 전해질도 다음 조건들을 반드시 만족시켜야만 한다.

- 높은 이온 전도도
- 낮은 전자 전도도
- (산화 및 환원 분위기에서) 높은 안정성
- 낮은 연료 투과(crossover)
- (고체의 경우) 적당한 기계적 강성
- 제작 편의성

높은 전도도 조건을 제외하고도 전해질의 안정성 조건은 매우 만족시키기 어렵다. 연료극의 높은 환원 환경과 공기극의 높은 산화 환경의 양쪽 모두에서 안정한 전해질을 찾는 일은 매우 어려운 과제이다.

4.5.1 수용성 전해질/이온성 액체의 이온 전도

이번 절에서 수용성 전해질과 이온성 액체에서의 이온 전도에 대해 논의한다. 수용성 전해질은 전하를 이동할 수 있는 이온이 용해된 수용액이다. 이온성 액체는 그 자체만으로 액체이면서 동시에 이온성인 물질이다. 물에 용해된 염화 나트륨이 수용성 전해질의 한 예이다. NaCl은 물을 통해 이동함으로써 전하를 이동할 수 있는 이동성 Na^+ 이온과 Cl^- 이온으로 분리된다. 용융 NaCl(높은 온도로 가열하였을 때)은 이온성 액체의 한 예이다. 50℃의 순수한 H_3PO_4은 이온성 액체의 또 다른 예이다. 실온에서 H_3PO_4는 어느 정도 유연하고 흰 결정질 고체이다. 하지만 42℃ 이상으로 가열하면 점성이 있는 액체가 되고 여기에는 H^+

이온과 PO_4^{3-} 이온, H_3PO_4 분자들이 포함되어 있다.

거의 모든 수용성/액체 전해질 연료전지는 전해질을 고정화하거나 지지하는 매트릭스 물질을 사용한다. 이러한 매트릭스는 다음의 세 가지 역할을 수행한다.

1. 전해질의 기계적 강도 증가
2. 전기적 단락을 막으면서 전극간의 거리 최소화
3. 전해질을 통한 반응물 기체의 투과 방지

마지막에 언급한 반응물 투과는 고체 전해질보다 수용성/액체 전해질에 있어서 큰 문제이다. 지지되지 않은 액체 전해질에서, 반응물 기체의 투과는 심각하다. 이러한 상황에서는 압력이 균형 잡히지 않거나 고압으로 가압하여 연료전지를 동작하는 것은 불가능하다. 매트릭스 물질을 사용하면 매우 얇은 전해질(0.1~1.0 mm)을 사용하면서도 기계적 강도를 보장하고, 투과문제를 줄일 수 있다.

알칼리 연료전지는 농축된 수용성 수산화칼륨(KOH) 전해질을 사용하고, 인산형 연료전지는 농축된 인산(H_3PO_4)수용액이나 순수한 인산을 전해질로 사용한다. 용융탄산염 연료전지(molten carbonate fuel cell, MCFC)는 매트릭스 지지체에 고착된 용융 $(K/Li)_2CO_3$을 사용한다. $(K/Li)_2CO_3$ 물질은 450℃ 근처에서 액체(용융) 전해질이 된다. (따라서 MCFC는 450℃ 이상에서 작동해야 한다.)

수용성/액체 환경에서 이온의 전도도는 구동력(driving force)/마찰력(frictional force) 평형 모델을 사용하여 가장 잘 접근할 수 있다. 액체에서 이온은 마찰항력(frictional dragforce)이 정확히 반대로 작용할 때까지 전기장에 의한 힘에 의해 가속된다. 전기장과 마찰항력 간의 평형은 이온의 최종 속도(terminal velocity)를 결정한다.

전기장력(F_E)는 다음과 같이 주어진다.

$$F_E = z_i q \frac{dV}{dx} \qquad \text{식 (4.25)}$$

z_i는 이온의 전하수이고 q는 기본 전자 전하(1.6×10^{-19}C)이다. 비록 여기서 증명하진 않지만 마찰항력 F_D는 Stokes의 법칙에 의해 다음과 같이 근사된다.

$$F_D = 6\pi\mu r v \qquad \text{식 (4.26)}$$

μ는 액체의 점성, r은 이온의 반경, v는 이온의 속도이다. 이 두 힘을 같게 하면 이동도 u_i를 결정할 수 있고, 이동도는 적용된 전기장과 그로 인한 이온의 속도간의 비로써 정의된

다. (이동도는 양의 값으로 정의되므로 절댓값으로 표현된다.)

$$u_i = \left| \frac{v}{dV/dx} \right| = \frac{|z_i|q}{6\pi \mu r} \quad \text{식 (4.27)}$$

따라서 이동도는 이온의 크기와 액체의 점성에 의해 결정된다. 이 식은 직관적으로 이해할 수 있다. 큰 이온이나 점성이 큰 액체는 이동도를 낮추고, 비점성 액체와 작은 이온은 높은 이동도를 갖게 한다. 표 4.2에 수용액에서 다양한 이온의 이동도(mobility)가 주어져 있다. 수용액에서 H^+ 이온은 하나 또는 그 이상의 물 분자에 의해 수화(hydrated)되는 경향이 있다. 그러므로 이 이온 종들은 H_3O^+나 $H \cdot (H_2O)_x^+$로 생각하는 것이 더 좋다. 여기서 x는 양성자를 '수화'한 물 분자의 수를 의미한다.

전도도에 대한 식(식 4.19)을 다시 확인하면

$$\sigma_i = (|z_i|F)c_i u_i \quad \text{식 (4.28)}$$

표 4.2의 이온 이동도 값을 이 식에 대입하면 다양한 수용성 전해질의 이온 전도도를 계산할 수 있을 것이다. 불행히도 이 계산들은 오직 이온 농도가 낮은 묽은 수용액에서만 정확하다. 높은 이온 농도(또는 이온성 액체)에서 이온들 사이의 강한 전기적 상호 작용은 전도도 계산을 훨씬 더 어렵게 만든다. 일반적으로 높은 농도의 수용액이나 순수한 이온성 액체의 전도도는 식 (4.28)에서 예측되는 값보다 훨씬 더 낮다. 예를 들어, 순수한 H_3PO_4의 전도도는 실험적으로는(온도에 따라) 0.1~1.0 $\Omega^{-1} \cdot cm^{-1}$이지만 식 (4.28)에서 순수한 H_3PO_4의 전도도는 약 18 $\Omega^{-1} \cdot cm^{-1}$ 정도로 예측된다.

표 4.2로부터 또 다른 유용한 통찰력을 얻을 수 있다. 예를 들어, 왜 KOH가 알칼리인 연료전지의 전해질로 쓰이는지 알려준다. 비용이 적다는 점 이외에도, KOH는 어떤 수산화

표 4.2 25℃에서 무한하게 희석된 수용액에서의 각 이온 이동도[6]

Cation	Mobility, u ($cm^2/V \cdot s$)	Anion	Mobility, u ($cm^2/V \cdot s$)
$H^+(H_3O^+)$	3.63×10^{-3}	OH^-	2.05×10^{-3}
K^+	7.62×10^{-4}	Br^-	8.13×10^{-4}
Ag^+	6.40×10^{-4}	I^-	7.96×10^{-4}
Na^+	5.19×10^{-4}	Cl^-	7.91×10^{-4}
Li^+	4.01×10^{-4}	HCO_3^-	4.61×10^{-4}

Source: From Ref. [6a].

계(hydroxide) 화합물에 대해 가장 높은 이온 전도도를 보인다. (K^+의 u 값을 Na^+나 Li^+ 등 수산화물이 될 수 있는 다른 양이온들과 비교해보라.) 알칼리 연료전지는 상당히 농도가 높은 (30~65%) KOH 용액을 사용하여 전도도가 0.1~0.5 $\Omega^{-1} \cdot cm^{-1}$ 정도이다. 훨씬 묽은 전해질을 쓰면 전도도가 얼마나 감소할까? 그 답을 얻기 위해 예제 4.3에서는 식 (4.28)을 이용하여 0.1 M KOH 전해질 용액에서 전도도의 근삿값을 구한다.

예제 4.3.

0.1 M의 KOH 수용액의 전도도를 근사적으로 구하라.

풀이

식 (4.28)을 참고한다. 0.1 M KOH가 K^+ 이온과 OH^- 이온으로 완전히 분해된다고 가정하면 (실제로 그렇듯이), K^+와 OH^-의 농도도 역시 0.1 M이 될 것이다. 이 농도를 입방센티미터당 몰(mol/cm^3)의 단위로 변환하면 다음과 같다.

$$\begin{aligned} c_{K^+} &= (0.1 \text{ mol/L})(1 \text{ L}/1000 \text{ cm}^3) = 1 \times 10^{-4} \text{ mol/cm}^3 \\ c_{OH^-} &= (0.1 \text{ mol/L})(1 \text{ L}/1000 \text{ cm}^3) = 1 \times 10^{-4} \text{ mol/cm}^3 \end{aligned} \qquad \text{식 (4.29)}$$

K^+와 OH^-의 이동도는 표 4.2에 주어져 있다. 이 값들을 식 (4.28)에 대입하면 아래와 같다.

$$\begin{aligned} \sigma_{K^+} &= (1)(96,485)(1 \times 10^{-4} \text{ mol/cm}^3)(7.62 \times 10^{-4} \text{ cm}^2/\text{V} \cdot \text{s}) \\ &= 0.0073 \ \Omega^{-1} \cdot \text{cm}^{-1} \\ \sigma_{OH^-} &= (1)(96,485)(1 \times 10^{-4} \text{ mol/cm}^3)(2.05 \times 10^{-3} \text{ cm}^2/\text{V} \cdot \text{s}) \\ &= 0.0198 \ \Omega^{-1} \cdot \text{cm}^{-1} \end{aligned} \qquad \text{식 (4.30)}$$

전해질의 총 이온 전도도는 양이온(cation)과 음이온(anion) 각각의 전도도를 더하여 구한다.

$$\sigma_{total} = \sigma_{K^+} + \sigma_{OH^-} = 0.0073 + 0.0198 = 0.0271 \ \Omega^{-1} \cdot \text{cm}^{-1} \qquad \text{식 (4.31)}$$

실제로 0.1 M KOH 용액의 전도도는 이 예상되는 값보다 약간 낮을 것이다. 전도도의 대부분이 K^+ 이온보다 OH^- 이온에 의해서 주어짐에 주의하라. 이것은 OH^- 이온의 이동도가 더 높기 때문이다.

4.5.2 고분자 전해질의 이온 전도

식 (4.22)와 (4.24)에서 볼 수 있듯이 일반적으로 고분자 전해질에서 이온 이동은 지수 관계식을 포함하고 있다. 이 두 식을 조합하면 다음과 같은 식을 얻는다(연습문제 4.11 참고).

$$\sigma T = A_{PEM} e^{-E_a/kT} \qquad \text{식 (4.32)}$$

A_{PEM}은 빈도인자(preexponential factor)를 의미하고, E_a는 활성화 에너지(eV/atom)를 나타낸다($E_a = \Delta G_{act}/F$, 여기서 F는 Faraday 상수이다). 이 식이 가리키듯이 전도도는 온도가 증가함에 따라 지수적으로 증가한다. 대부분의 고분자와 결정질 이온 전도체는 이 모델로 잘 설명된다.

고분자가 좋은 이온 전도체가 되기 위해서는 최소한 다음의 구조적 속성을 갖추어야만 한다.

1. 고정 대전 지점(fixed charge site)의 존재
2. 자유 체적(free volume; 열린 공간)의 존재

고정된 대전 지점은 움직이는 이온과 반대 전하를 띠어야만 고분자 전체의 순 전하 균형을 유지할 수 있다. 고정 대전 지점은 움직이는 이온을 받아들이고 내보내는 일시적인 중심이 된다. 고분자 구조에서 이러한 대전 지점의 농도는 전도도를 높이는데 결정적이다. 하지만 이온으로 대전된 곁사슬(side chain)을 과도하게 추가하면 고분자의 기계적 안정성을 상당히 약하게 하기 때문에 연료전지에 적합하지 않게 된다.

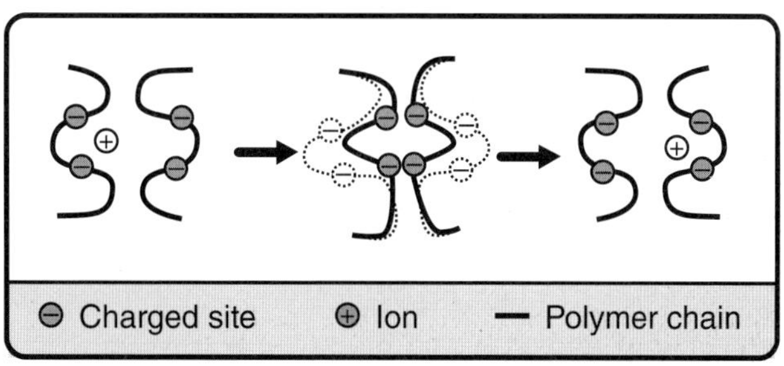

그림 4-9. 고분자 사슬 사이의 이온 이동의 개략도. 자유 체적 내에서 움직이거나 진동할 수 있는 고분자 조각들은 한 대전 지점(chaged site)에서 다른 대전 지점으로 이온을 물리적으로 전달한다.

자유 체적은 고분자의 공간적 구조와 관련된다. 일반적으로 전형적인 고분자 구조는 완전히 조밀하지는 않다. 작은 기공 구조(pore structure) 혹은 자유 체적은 거의 항상 존재한다. 고분자의 자유 체적이 증가하면 고분자 내에서 작은 스케일의 구조적 진동과 운동의 범위도 증가한다. 이러한 운동은 고분자를 가로질러 한 지점에서 다른 지점으로 이온을 물리적으로 전달시킨다(그림 4.9 참조).

이러한 자유 체적 효과 때문에 고분자 막은 다른 고체 상태의 이온 전도 물질(세라믹 등)과 비교하여 상대적으로 높은 이온 전도도를 보인다.

고분자 자유 체적은 '매체 메커니즘(vehicle mechanism)'으로 알려진 또 하나의 잘 알려진 이동 메커니즘을 가능하게 한다. 매체 메커니즘에서 이온은 자유 체적 공간을 통해 어떤 자유로운 종(매체)에 편승하여 이 매체들이 이동함에 따라 전달된다. 물은 이러한 일반적인 매체이다. 물 분자가 고분자 막의 자유 체적을 통해 이동하면 이온들이 편승하여 움직일 수 있다. 이 경우 고분자 전해질에서 이온의 전도 거동은 수용성 전해질에서와 비슷하다. 보통 Nafion으로 알려진 Persulfonated polytetrafluoroethylene(PTFE)은 매체 메커니즘을 바탕으로극도로 높은 양성자 전도도를 가지고 있다. Nafion은 PEMFC의 가장 대중적이고 중요한 전해질이기 때문에 다음 절에서 그 속성을 살펴본다.

Nafion의 이온 전도 Nafion은 polytetrafluoroethylene(Teflon)와 비슷한 기반(backbone) 구조를 가지고 있다. 하지만 Teflon과 달리 Nafion은 술폰산(sulfonic acid, $SO_3^-H^+$) 장용기를 포함하고 있다. 술폰산($SO_3^-H^+$) 사슬이 양성자를 이동시키기 위한 대전 지점을제공하고, Teflon 기반(backbone)은 기계적 강성을 제공한다. 그림 4.10이 Nafion의 구조를 설명하고 있다.

Nafion의 자유 체적은 술폰산($SO_3^-H^+$)군에 의해 둘러싸인 나노미터 크기의 서로 연결된 작은 기공이 형성되어 있는 것으로 생각된다. 물이 있으면 이 기공에서 양성자(H^+)는 옥소늄 복합체 (H_3O^+)를 형성하여 술폰산 곁사슬로부터 분리된다. 이 기공이 물로 가득 차 있다면 옥소늄 이온은 수용액 상태에서 이동할 수 있다. 이러한 환경 하에서 Nafion의 이온 전도는 액체 전해질에서의 전도(4.5.1절)와 유사하다. 추가적으로 Teflon 기반의 소수적(hydrophobic) 특성은 막을 통한 물의 이동을 더욱 가속시키는데 이는 작은 기공의 소수성 표면이 물을 반발시키는 성질이 있기 때문이다. 이러한 요인들로 인해 Nafion은 액체 전해질과 필적할만한 양성자 전도도를 보인다. 이 놀랄 만한 전도도를 유지하기 위해서는 Nafion이 반드시 물에 의해 완전히 수화되어야 한다. 일반적으로 연료전지로 들어가는 연료와 산화 기체들을 가습하여 이러한 수화가 이루어진다. 다음 절에서 Nafion의 주요 속성을 더 자세하게 살펴본다.[1]

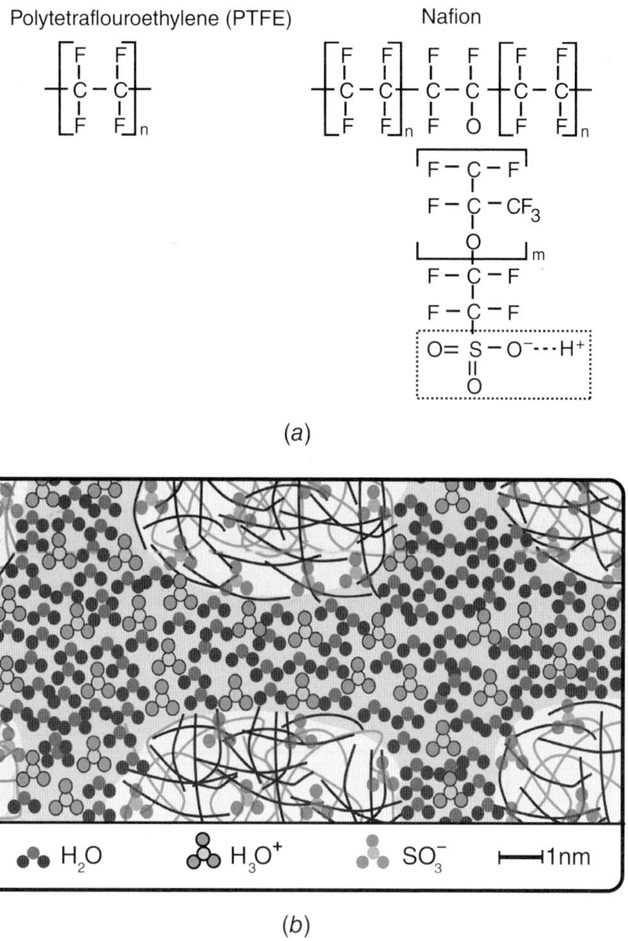

그림 4-10. (a) Nafion의 화학적 구조. Nafion은 기계적 안정성을 위한 PTFE 기반 구조와 함께 양성자 전도도를 증가시키기 위한 술폰산기($SO_3^-H^+$)를 가지고 있다. (b) Nafion 내 양성자 전도 과정을 미시적인 관점에서 바라본 개략도. 수화(hydration)를 통해, 나노미터 크기의 기공이 부풀어 올라서 대체로 서로 연결된다. 양성자들은 물 분자들과 결합하여 옥소늄(oxonium, H_3O^+) 복합물을 형성한다. 기공 주변의 술폰산군(sulfonic group)은 옥소늄 이온을 전도한다.

1 여기에 사용된 나피온 모델은 Springer 등에 의해 제시되었다. [8]

Nafion은 많은 물을 흡수한다. Nafion의 기공 구조는 상당한 양의 물을 수용할 수 있다. 사실 Nafion은 매우 많은 물을 흡수할 수 있어서 완전히 수화되면 22% 정도까지 체적이 팽창한다. (alcohol과 같은 강한 극성 액체는 Nafion을 88% 정도까지 부풀어 오르게 할 수 있다!) 이온 전도도와 물 함량은 서로 밀접하게 연관되어 있기 때문에, 물의 함량을 알아내는 것은 막의 전도도를 결정하는데 필수적이다. Nafion의 물 함량(λ)은 대전 ($SO_3^-H^+$) 지점의 수에 대한 물 분자의 수의 비로 정의된다. 실험 결과에 의하면 λ는 거의 0(완전히 탈수된 Nafion)에서 22(정해진 조건 하에서 포화시)까지 변한다. 그림 4.11에서 볼 수 있듯이 실험값을 통해 연료전지의 가습 조건과 Nafion의 물 함량의 연관성을 알 수 있다. 따라서 만약 연료전지의 가습 조건이 알려져 있으면 막의 물 함량을 가늠할 수 있다. 그림 4.11에서 습도는 수증기의 활동도 a_w(상대 습도와 같은 의미)으로써 정량화된다. 수증기의 활동도는

$$a_w = \frac{p_w}{p_{\text{SAT}}} \qquad \text{식 (4.33)}$$

여기서 p_w는 시스템에서 수증기의 실제 분압을 의미하고 p_{SAT}는시스템의 작동 온도에서 포화 수증기압을 의미한다. 그림 4.11의 데이터들은 수식으로 다음과 같이 표현된다.

$$\lambda = \begin{cases} 0.043 + 17.18a_w - 39.85a_w^2 + 36.0a_w^3 & \text{for } 0 < a_w \le 1 \\ 14 + 4\left(a_w - 1\right) & \text{for } 1 < a_w \le 3 \end{cases} \qquad \text{식 (4.34)}$$

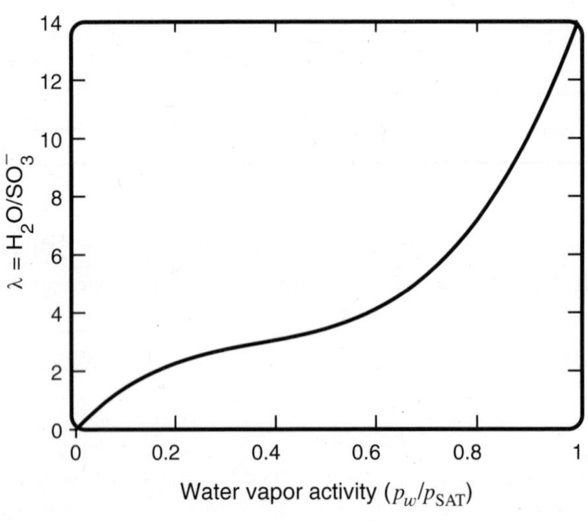

그림 4-11. 식 (4.34)에 따른 303 K(30℃)에서 Nafion 117의 물 활동도에 대한 물 함량. 수증기 활동도는 정해진 온도에서 시스템의 실제 수증기압(p_W)의 포화 수증기압(p_{SAT})에 대한 비로 정의한다. [8]

식 (4.34)는 온도의 영향을 고려하지 않지만, 80℃ 부근에서 정상적으로 동작하는 PEMFC에서 충분히 정확하다.

포화 수증기압

주어진 온도에서 어떤 기체의 수증기 분압(p_W)이 포화수증기압(p_{SAT})에 다다르면 수증기는 응축하기 시작하여 물방울이 생성되기 시작할 것이다. 즉, $p_W=p_{SAT}$일 때 상대 습도는 100%인데, p_{SAT}는 온도에 따른 함수이다.

$$\log_{10} p_{SAT} = -2.1794 + 0.02953T - 9.1837\times10^{-5}T^2 + 1.4454\times10^{-7}T^3 \quad \text{식 (4.35)}$$

이 식에서 p_{SAT}는 bar(1 bar = 100,000 Pa)로 주어지고, T는 섭씨온도(℃)이다. 예를 들어 만약 완전히 가습된 공기가 80℃, 3 atm으로 연료전지에 공급되면, 그 때의 수증기압은 다음과 같다.[9]

$$p_{SAT} = 10^{-2.1794+0.02953\times80-9.1837\times10^{-5}\times80^2+1.4454\times10^{-7}\times80^3} = 0.4669\text{bar} \quad \text{식 (4.36)}$$

이는 이상기체를 가정했을 때 완전히 가습된 공기에서 물의 몰분율이 0.4669 bar/3 atm = 0.4669 bar/(3×1.0132501 bar) = 0.154임을 알려준다.

같은 조건 하에서 만약 부분 가습된 공기를 사용하면, 물의 몰분율이 0.1일 때, 수증기의 활동도(또는 상대 습도)는 (다시 이상기체를 가정하고) 다음과 같을 것이다.

$$a_w = \frac{p_{H_2Ow}}{p_{SAT}} = \frac{x_{H_2O}\times p_{total}}{x_{H_2O,SAT}\times p_{total}} = \frac{0.1}{0.154} = 0.65 \quad \text{식 (4.37)}$$

Nafion 전도도는 물 함량과 밀접한 관련이 있다. 앞서 언급했듯이 Nafion에서 전도도와 물 함량은 매우 밀접한 관계가 있다. 전도도와 온도 또한 매우 밀접하게 연관되어 있다. 그림 4.12와 4.13의 실험값들로부터 볼 수 있듯이 일반적으로 Nafion의 양성자 전도도는 물 함량이 증가함에 따라 선형적으로 증가하고, 온도가 증가함에 따라 지수적으로 증가한다. 이렇게 실험적으로 결정된 관계를 식으로 표현하면 다음과 같이 요약될 수 있다.

$$\sigma(T,\lambda) = \sigma_{303K}(\lambda)\exp\left[1268\left(\frac{1}{303} - \frac{1}{T}\right)\right] \quad \text{식 (4.38)}$$

$$\sigma_{303K}(\lambda) = 0.005193\lambda - 0.00326 \quad \text{식 (4.39)}$$

σ는 막의 전도도(S/cm)를 나타내고 T(K)는 온도이다.

Nafion의 전도도는 물 함량에 따라 부분적으로 다를 수 있기 때문에 막의 총 저항은 부분 저항을 막의 두께에 걸쳐 적분하여 구할 수 있다.

$$ASR_m = \int_0^{t_m} \rho(z)dz = \int_0^{t_m} \frac{dz}{\sigma[\lambda(z)]} \qquad \text{식 (4.40)}$$

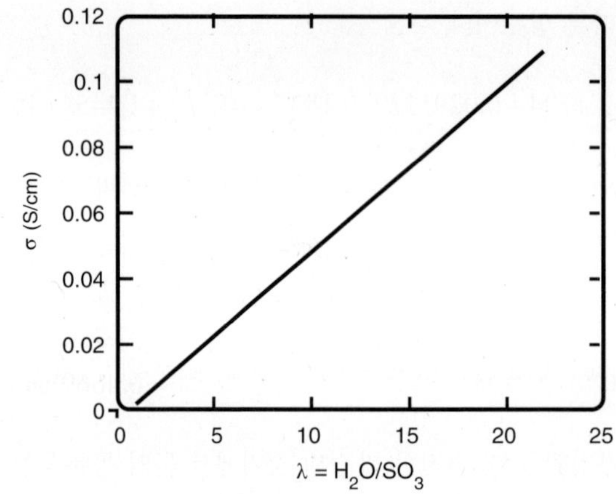

그림 4-12. 식 (4.38)과 (4.39)에 따라 303 K에서 물 함량 λ에 대한 Nafion의 이온 전도도

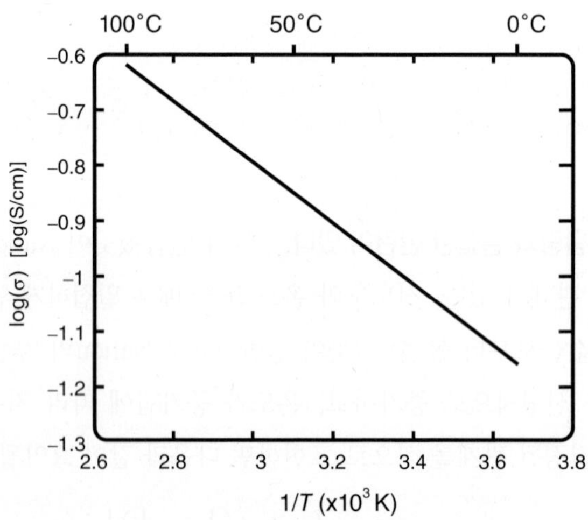

그림 4-13. 식 (4.38)에 따라 λ=22에서 온도에 대한 Nafion의 이온 전도도

양성자는 물을 끌고 이동한다. Nafion의 전도도가 물 함량에 달려있기 때문에 Nafion 막에서 물 함량의 분포를 아는 것이 필수적이다. 연료전지가 작동하는 동안 Nafion 막에 따른 물 함량은 균일하지 않다. 물 함량은 몇 가지 요인에 의해 Nafion 막 내에서 달라진다. 아마 가장 중요한 것은 Nafion의 기공을 통해 이동하는 양성자[2]가 하나 이상의 물 분자를 함께 끌고 간다는 사실이다. 이 잘 알려진 현상은 **전기삼투견인**(*electro−osmotic drag*)이라고 불린다. 양성자가 물의 운동을 유도하는 정도는 전기삼투견인계수 n_{drag}에 의해 정량화되는데, 이 계수는 각 양성자의 운동을 견인되는 물 분자들의 수로 정의된다($n_{\mathrm{drag}}=n_{\mathrm{H_2O}}/\mathrm{H}^+$). 분명한 것은 양성자 하나당 얼마나 많은 물이 끌려가는가는 첫째로 Nafion 막 내에 물이 얼마나 많은가에 달려있다. 완전히 수화된 Nafion(λ=22일 때)에서 $n_{\mathrm{drag}}=2.5\pm0.2$ (30~50℃)로 측정된다. λ=11일 때, $n_{\mathrm{drag}}=\sim0.9$이다. 보통 n_{drag}는 λ에 따라 선형적으로 변한다고 가정한다.

$$n_{\mathrm{drag}} = n_{\mathrm{drag}}^{\mathrm{SAT}}\frac{\lambda}{22} \quad \text{for } 0 \le \lambda \le 22 \qquad \text{식 (4.41)}$$

여기서 완전 수화시의 계수 $n_{\mathrm{drag}}^{\mathrm{SAT}}\approx2.5$이다. 전체 전류 j가 PEMFC를 통해 흐를 때 전기삼투견인계수를 알면 산화극으로부터 환원극까지 전기삼투견인에 의한 플럭스를 구할 수 있다.

$$J_{\mathrm{H_2O,drag}} = 2n_{\mathrm{drag}}\frac{j}{2F} \qquad \text{식 (4.42)}$$

J는 전기삼투견인에 의한 물의 몰 플럭스(mol/cm^2)이고, j는 연료전지의 작동 전류밀도(A/cm^2), $2F$는 전류밀도를 수소 플럭스로 변환하기 위한 양이다. 오른쪽 항에 있는 계수 2는 수소 플럭스를 양성자 플럭스로 변환한다. 6장에서 보게 되겠지만 drag 계수는 PEMFC에서 Nafion 막의 거동을 모델링하는데 매우 중요하다.

물의 역확산 PEMFC에서 전기삼투견인 물을 산화극에서 환원극으로 이동시킨다. 하지만 이 물이 환원극에 축적되면 역확산(back diffusion)이 발생하여 물을 환원극에서 산화극으로 역방향 이동시킨다. 이 역확산 현상은 환원극에서 물의 농도가 산화극에서 물의 농도보다 훨씬 더 높기 때문에 발생한다(전기화학적 반응에 의해 환원극에서 물이 생성되는 것도

2 실제로 양성자는 앞서 설명했듯이 옥소늄 복합물의 형태로 이동한다. 하지만 단순화를 위해서,이번 장에서는 옥소늄 복합물을 '양성자'라는 용어로 사용하겠다. 또한 좀더 직관적으로 전기삼투견인계수를 옥소늄 복합물 하나당 끌려가는 물 분자의 개수로 정의하는 대신에 양성자 하나당 끌려가는 물 분자의 개수라고 정의하겠다.

이 현상을 악화시킨다). 역확산은 전기삼투견인의 영향을 상쇄시킨다. 산화극/환원극에서의 물의 농도 구배에 의해 발생하는 물의 역확산 플럭스는 다음과 같이 결정된다.

$$J_{H_2O,\text{back diffusion}} = -\frac{\rho_{dry}}{M_m} D_\lambda \frac{d\lambda}{dz} \qquad \text{식 (4.43)}$$

ρ_{dry}는 건조상태 Nafion의 밀도(kg/m^3), M_n은 Nafion의 등가중량(kg/mol), z는 막의 두께 방향을 가리킨다.

이 식의 중요한 요소는 Nafion 막에서 물의 확산도(D_λ)이다. 불행하게도 D_λ는 상수가 아니고 물 함량 λ의 함수이다. 전체적인 물 플럭스가 단순히 전기삼투견인와 역확산의 합이기 때문에 다음과 같은 식을 얻는다.

$$J_{H_2O} = 2n_{drag}^{SAT} \frac{j}{2F} \frac{\lambda}{22} - \frac{\rho_{dry}}{M_m} D_\lambda(\lambda) \frac{d\lambda}{dz} \qquad \text{식 (4.44)}$$

이렇게 합쳐진 식은 Nafion에서 물 플럭스가 λ의 복잡한 함수임을 분명하게 밝혀준다. (이 식에서 물 함량의 함수임을 강조하기 위해 물의 확산도를 $D_\lambda(\lambda)$으로 표기하였다.)

요약 연료전지의 작동 조건(습도와 전류밀도)에 기초하여 식 (4.34)와 (4.44)를 이용하면 막 내의 물 함량을 추정할 수 있다. 물 함량을 추정하고 나면 식 (4.38)을 이용하여 막의 이온 전도도를 계산할 수 있다. 이 방법에서 PEMFC의 저항 손실은 정량화될 수 있을 것이다. 이 과정을 예제 4.4에서 예시하였다. 6장에서 이러한 식들을 다른 연료전지 손실 항목들과 합쳐서 완성된 PEMFC 모델을 만들 수 있다.

예제 4.4.

외부 부하에 0.7 A/cm^2 동력을 공급하는 수소 PEMFC를 생각해보라. 전해질 막의 산화극과 환원극 쪽에서 수증기의 활성도는 각각 0.8과 1.0이다. 연료전지의 작동온도는 80℃이다. Nafion 막의 두께가 0.125mm일 때, 이 막에 걸친 저항 과전압을 구하라.

풀이

식 (4.34)를 이용하여 Nafion 표면의 물 활동도를 물 함량으로 변환할 수 있다.

$$\begin{aligned} \lambda^A &= 0.043 + 17.18 \times 0.8 - 39.85 \times 0.8^2 + 36.0 \times 0.8^3 = 7.2 \\ \lambda^C &= 0.043 + 17.18 \times 1.0 - 39.85 \times 1.0^2 + 36.0 \times 1.0^3 = 14.0 \end{aligned} \qquad \text{식 (4.45)}$$

이 값들을 경계 조건으로 식 (4.44)를 푼다. 이 식에는 두 미지수 J_{H_2O}와 λ가 포함되어 있다. 편의상 $J_{H_2O}=\alpha N_{H_2}=\alpha(j/2F)$로 두는데, 여기서 α는 수소 플럭스에 대한 물 플럭스의 비를 의미하는 미지수이다. 식 (4.44)를 다시 정리하면 아래와 같이 된다.

$$\frac{d\lambda}{dz} = \left(2n_{\text{drag}}^{\text{SAT}}\frac{\lambda}{22} - \alpha\right)\frac{jM_m}{2F\rho_{\text{dry}}D_\lambda} \qquad \text{식 (4.46)}$$

이 식은 λ에 대한 상미분방정식이지만, D_λ가 λ의 함수이기 때문에 이 식을 해석적으로 풀 수 없을 것이다. 하지만 막의 λ가 경계 조건인 7.2와 14.0 사이의 값을 가진다고 가정하면 그림 4.14로부터 이 범위에서는 물 확산도가 거의 일정함을 볼 수 있다. 평균값을 λ=10이라고 가정하면 식 (4.51)에서 D_λ를 다음과 같이 구할 수 있다.

$$\begin{aligned} D_\lambda &= 10^{-6}\exp\left[2416\left(\frac{1}{303}-\frac{1}{353}\right)\right] \\ &\quad \times (2.563 - 0.33\times 10 + 0.0264\times 10^2 - 0.000671\times 10^3) \\ &= 3.81\times 10^{-6}\ \text{cm}^2/\text{s} \end{aligned} \qquad \text{식 (4.52)}$$

이제 식 (4.46)을 풀 수 있는데 이 식의 해석적 해를 다음과 같이 구할 수 있다.

$$\begin{aligned} \lambda(z)\frac{11\alpha}{n_{\text{drag}}^{\text{SAT}}} + C\exp\left[\frac{jM_m n_{\text{drag}}^{\text{SAT}}}{22\,F\ \ \rho_{\text{dry}}D\lambda}z\right] &= \frac{11\alpha}{2.5} \\ + C\exp\left[\frac{(0.7\ \text{A/cm}^2)\times(1.0\ \text{kg/mol})\times 2.5}{(22\times 96,485\ \text{C/mol})\times(0.00197\ \text{kg/cm}^3)\times(3.81\ \text{cm}^2/\text{s})}z\right] \\ = 4.4\alpha + C\exp(109.8z) \end{aligned} \qquad \text{식 (4.53)}$$

여기서 z는 센티미터 단위이고 상수 C는 경계 조건으로부터 결정된다. 만약 산화극쪽을 z=0으로 두면 식 (4.45)에서 $\lambda(0)$=7.2, $\lambda(0.0125)$=14라고 할 수 있다. 따라서 식 (4.53)은 아래와 같이 된다.

$$\lambda(z) = 4.4\alpha + 2.30\exp(109.8z) \quad \text{where} \ \ \alpha = 1.12 \qquad \text{식 (4.54)}$$

따라서 수소(또는 양성자) 하나당 약 1.12(또는 0.56개)개의 물 분자가 이동하는 것을 알 수 있다. 그림 4.15a는 이 예제에서 막에서의 λ의 변화를 보여준다. 이 계산의 처음에서 7.2~14 범위의 λ에 대해서 상수 D_λ를 가정했다. 그림 4.15에서 이 가정이 합당함을 확인할 수 있다.

이제 식 (4.38)과 (4.54)로부터 막의 전도도 분포를 결정할 수 있다.

$$\sigma(z) = \{0.005193[4.4\alpha + 2.30\ \exp(109.8z)] - 0.00326\}$$
$$\times \exp\left[1268\left(\frac{1}{303} - \frac{1}{353}\right)\right]$$
$$= 0.0404 + 0.0216\exp(109.8z) \quad \text{식 (4.55)}$$

그림 4.15b는 이 결과를 도시하고 있다. 마지막으로 식 (4.40)을 이용하여 막의 저항을 결정할 수 있다.

$$ASR_m = \int_0^{t_m} \frac{dz}{\sigma[\lambda(z)]} = \int_0^{0.0125} \frac{dz}{0.0404 + 0.0216\exp(109.8z)} = 0.15\ \Omega \cdot \mathrm{cm}^2 \quad \text{식 (4.56)}$$

따라서 이 PEMFC에서 막의 저항으로 인해 발생하는 저항 과전압은 근사적으로 다음과 같다.

$$V_{\mathrm{ohm}} = j \times ASR_m = (0.7\ \mathrm{A/cm^2}) \times (0.15\ \Omega \cdot \mathrm{cm^2}) = 0.105\ \mathrm{V} \quad \text{식 (4.57)}$$

등가중량

어떤 종의 등가중량(equivalent weight)은 원자량 또는 화학식량을 원자가로 나누어 정의한다.

$$\text{Equivalent} = \frac{\text{üüüüüüüüüüü}}{\text{valence}} \quad \text{식 (4.47)}$$

원자가는 그 종이 제공하거나 받아들일 수 있는 전자의 수로 정의된다. 예를 들어 수소는 1가이다(H^+). 산소는 2가이다(O^{2-}). 따라서 수소의 등가중량은 1.008 g/mol/1=1.008 g/mol, 산소의 등가중량은 15.9994 g/mol/2=7.9997 g/mol이다. 황산염 기(SO_4^{2-})의 경우 화학식량은 (1×32.06)+(4×15.9994)=96.058 g/mol이다. 따라서 등가중량은 96.058 g/mol/2=48.029 g/mol이다.

Nafion 내의 술폰군($SO_3^-H^+$)은 오직 하나의 양성자만을 받아들일 수 있기 때문에 원자가가 1가이다. 따라서 Nafion의 등가중량은 하나의 양성자를 받아들일 수 있는 고분자 사슬 구조의 평균 중량과 같다. 다음 식에서와 같이 Nafion의 등가 중량은 Nafion 내에서 술폰기(SO_3^-)의 전하 농도 계산을 용이하게 하기 때문에 매우 유용하다.

$$C_{SO_3^-}(\mathrm{mol/m^3}) = \frac{\rho_{\mathrm{dry}}(\mathrm{kg/m^3})}{M_m(\mathrm{kg/mol})} \quad \text{식 (4.48)}$$

여기서 ρ_{dry}는 Nafion의 건조시 밀도(kg/m^3)이고, M_m은 Nafion 등가중량(kg/mol)이다.

비슷한 방법으로 Nafion내의 물 함량 $\lambda(H_2O/SO_3^-)$는 다음과 같이 물 농도로 변환될 수 있다.

$$C_{H_2O}(\mathrm{mol/m^3}) = \lambda \frac{\rho_{dry}(\mathrm{kg/m^3})}{M_m(\mathrm{kg/mol})} \qquad \text{식 (4.49)}$$

일반적으로 Nafion의 등가중량은 약 1~1.1 kg/mol이고 건조시 밀도는 약 ~1970 kg/m^{3}이다. 따라서 Nafion의 전하밀도를 구하면 다음과 같다.

$$C_{SO_3^-}(\mathrm{mol/m^3}) = \frac{1970\mathrm{kg/m^3}}{1\mathrm{kg/mol}} = 1970\mathrm{mol/m^3} \qquad \text{식 (4.50)}$$

Nafion의 물 확산도

앞서 강조했듯이 Nafion의 물 확산도(D_λ)는 물 함량 λ의 함수이다. 실험(자기 공명 기술을 이용)적으로, 이 관계는 다음과 같이 측정된다.

$$\begin{aligned} D_\lambda &= \exp\left[2416\left(\frac{1}{303} - \frac{1}{T}\right)\right] \\ &\times (2.563 - 0.33\lambda + 0.0264\lambda^2 - 0.000671\lambda^3) \times 10^{-6} \\ &\text{for } \lambda > 4 \quad (\mathrm{cm^2/s}) \end{aligned} \qquad \text{식 (4.51)}$$

다항식 부분은 표준 온도 303 K에서의 λ에 따른 변화를 말해주고 지수부분은 온도에 따른 변화를 설명한다. 이 식은 오직 λ>4인 경우에만 유효하다. λ<4인 경우에 대해서는 그림 4.14에서 실험값들을 찾아서 읽어야 한다.

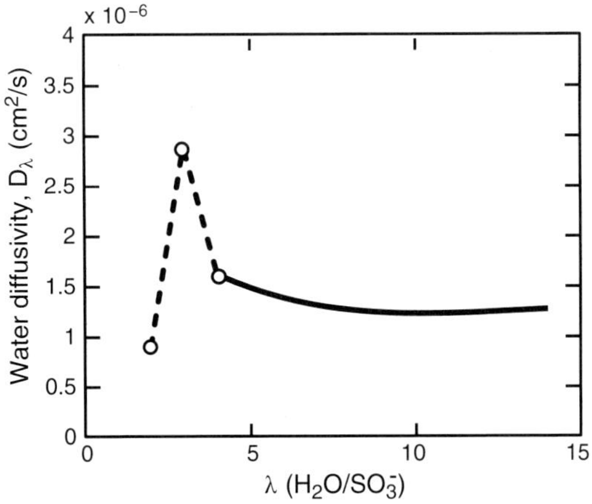

그림 4-14. 303 K에서 물 함량 λ에 대한 Nafion 내 물 확산도 D_λ[8]

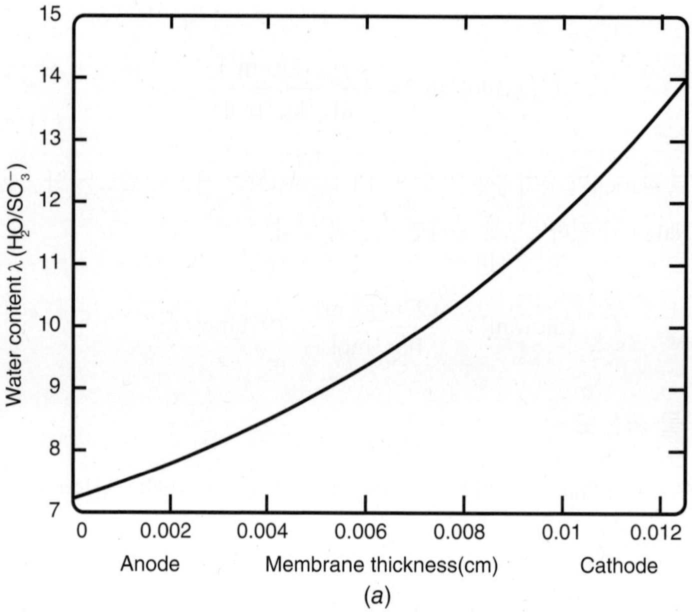

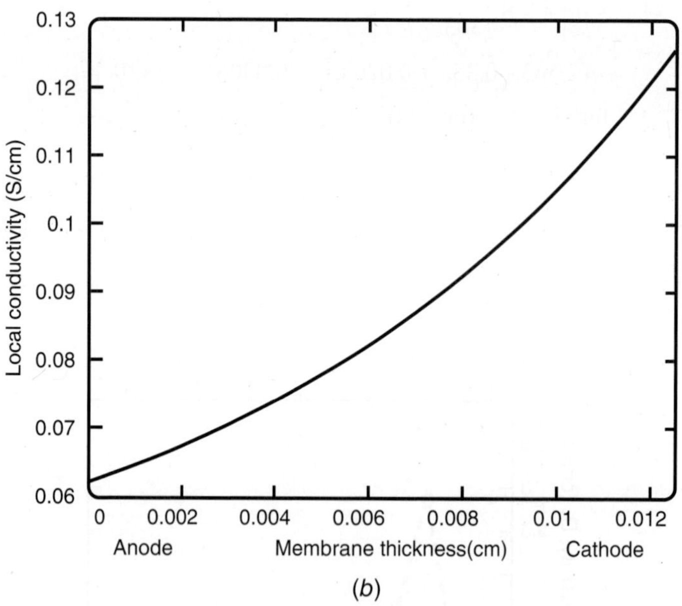

그림 4-15. 예제 4.4에서 구한 Nafion 막의 특성. (a) Nafion 막의 물 함량 분포. (b) Nafion 막의 전도도 분포

이번 절에서는 Nafion에 대해서 집중적으로 다루어 보았다. 하지만 다른 고분자 전해질의 전도 특성이나 성질에 대해서도 관심 있는 독자를 위해 9장에서 다루어보도록 하겠다.

4.5.3 세라믹 전해질의 이온 전도

이 절에서는 SOFC 전해질 내에서 이온 이동의 기초적인 물리적 현상들에 대해 설명한다. 그 이름에서 알 수 있듯이, SOFC 전해질은 이온을 전도할 수 있는 결정질의 고체 물질이다. 가장 많이 사용되는 SOFC 전해질 물질은 YSZ(yttria stabilized zirconia)이다. 일반적인 YSZ 전해질은 8%의 yttria가 zirconia와 혼합되어 이루어져 있다. zirconia와 yttria의 의미가 무엇일까? zirconia는 금속 zirconium과 연관이 있고 yttria는 또 다른 금속 yttrium에서 비롯되었다. Zirconia는 ZrO_2의 화학 조성을 가지고 있다. 이것은 zirconium 산화물이다. 같은 맥락에서 yttria 혹은 Y_2O_3은 yttrium 산화물이다. Yttria가 zirconia 결정 구조를(전도성이 가장 좋은) 입방형태(cubic phase)로 안정화(stabilize)하기 때문에 zirconia와 yttria의 혼합물을 yttria–stabilizedzirconia라고 부른다. 하지만 더 중요한 것은 yttria가 zirconzirco 결정 구조 안에 산소 공동(vacancy)의 농도를 높게 하는 것이다. 이 높은 산소 공동 농도는 YSZ가 높은 이온 전도도를 가지도록한다.

Yttria를 zirconia에 첨가하면 총 전하량을 유지하려는 전하 보상 효과 때문에 산소 공동이 생기게 된다. 그림 4.16a에서 볼 수 있듯이 순수한 ZrO_2는 Zr^{4+}이온과 O^{2-} 이온으로 이루어진 이온 격자를 형성한다. Y^{3+} 이온을 이 격자에 추가하면 전하 균형이 어긋나게 된다. 그림 4.16b에서 볼 수 있듯이 Y^{3+} 이온 2개가 Zr^{4+} 이온 2개를 대체하게 되면 전체 전하를 중성으로 유지하기 위해 하나의 산소 공동이 생긴다. 8% (몰 단위) yttria를 zirconia에 첨가하면 약 4%의 산소 위치가 비게 된다. 그림 4.8에서 볼 수 있듯이 높은 온도에서 이러한 산소 공동들이 격자 내 산소 이온의 이동을 쉽게 한다.

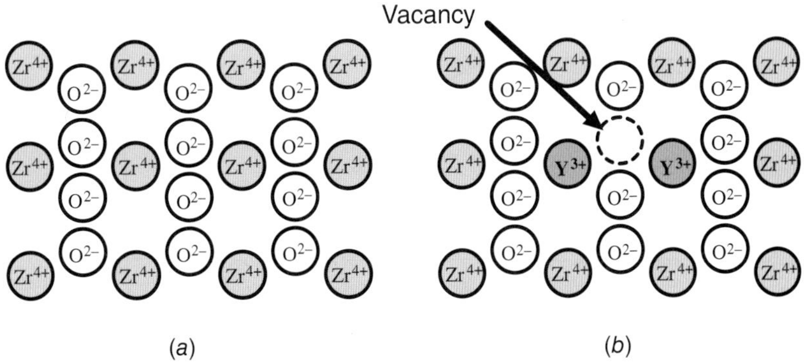

그림 4-16. (a) 순수한 ZrO_2에서의 (110) 결정면과 (b) YSZ에서의 (110) 결정면을 나타낸 그림. YSZ에서 전하 보상 효과가 산소 공동을 만든다. 격자에 첨가된 yttria 원자 2개당 하나의 산소 공동이 생긴다.

4.4절에서 논의했듯이 물질의 전도도는 **캐리어 농도 c와 운반자 이동도 u**의 조합에 의해 결정된다.

$$\sigma = (|z|F)cu \quad \text{식 (4.58)}$$

YSZ의 경우 캐리어의 농도는 ytrria 도핑(dopping)의 세기에 의해 결정된다. 공동이 YSZ 격자 내 이온의 운동에 필요하기 때문에 산소 공동들이 이온의 전하 '캐리어'라고 생각할 수 있다. Yttria 함량을 증가시키면 산소 공동 농도를 증가시킬 것이고 이는 전도도를 향상시킬 것이다. 하지만 불행하게도 도핑에는 상한이 있다. 불순물이나 공동이 어떤 특정 농도를 넘게 되면 결함들은 서로 상호작용하기 시작하여 그들의 운동 능력을 떨어뜨리게 된다. 이 농도 이상에서 전도도는 감소한다. 불순물 농도에 대한 전도도의 선도는 결함 간 상호작용 또는 '회합(association)'이 발생하기 시작하는 최대점을 보여준다. YSZ에서는 이 최댓값이 몰 단위로 약 8%의 yttria 농도에서 나타난다(그림 4.17 참조).

캐리어 농도와 캐리어 이동도를 조합하여 4.4.3절에 설명했던 것과 같이 전도도식을 표현하면 다음과 같다.

$$\sigma = \frac{c(zF)^2D}{RT} \quad \text{식 (4.59)}$$

운반자 이동도는 결정 격자 내의 캐리어 확산도 D에 의해 표현된다. 확산도는 결정 격자 내에서 한 위치로부터 다른 위치로 이동하는, 또는 확산하는 능력을 나타낸다. 확산도가 높으면 캐리어가 결정을 빠르게 통과할 수 있기 때문에 높은 확산도는 높은 전도도로 해석할 수 있다. 확산도를 원자 단위에서 설명하고 그에 따르는 물리적 해석은 나중에 상세하게 설명할 것이다. 하지만 지금은 SOFC 전해질에서의 캐리어 확산도가 온도와 지수적인

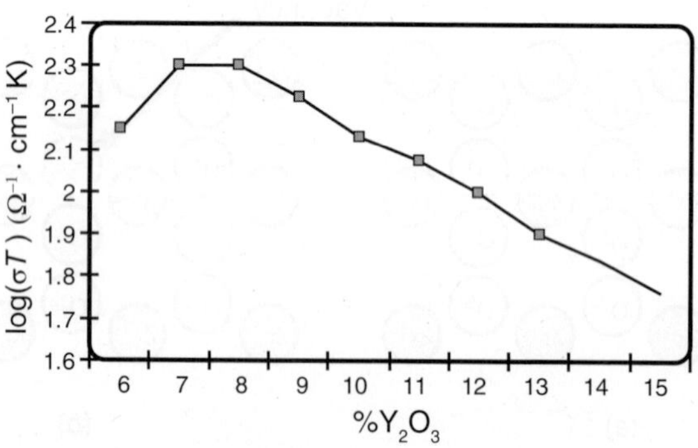

그림 4-17. %Y_2O_3(몰 기준)에 대한 YSZ 전도도[10]. YSZ 전도도는 $\sigma(\Omega^{-1} \cdot cm^{-1})$와 T(K)의 곱으로 나타낸다. 다음 절에서 그림 4.18이 왜 σ와 T의 곱으로 표현하는 것이 편리한지 명확히 설명한다.

관계가 있음을 아는 것으로 충분하다.

$$D = D_0 e^{-\Delta G_{act}/(RT)} \qquad \text{식 (4.60)}$$

D_0(cm^2/s)는 상수이며, ΔG_{act}(J/mol)는 확산에 대한 활성화 장벽, R은 기체상수, 그리고 T는 온도 (K)를 의미한다. 식 (4.59)와 식 (4.61)을 결합하면 SOFC 전해질의 전도도를 다음과 같이 표현할 수 있다.

$$\sigma = \frac{c(zF)^2 D_0 e^{-\Delta G_{act}/(RT)}}{RT} \qquad \text{식 (4.61)}$$

고유 캐리어와 비고유 캐리어

YSZ와 대부분의 다른 SOFC 전해질에서 공동(또는 다른 전하 캐리어)의 농도를 의도적으로 높이기 위해 불순물을 사용한다. 이 캐리어들은 의도적인 도핑에 의해 비고유한(extrinsic) 방법으로 생겨났기 때문에 **비고유 캐리어**(*extrinsic carrier*)라고 알려져 있다. 하지만 어떠한 결정도, 심지어 도핑되지 않은 것도 자연적인 캐리어를 가지고 있기 마련이다. 이 자연적인 전하 캐리어들은 결정의 자연적인 에너지에 의해 고유(intrinsic)하게 발생했기 때문에 **고유 캐리어**(*intrinsic carrier*)라고 언급된다. 고유 캐리어들은 (만약 절대 0도 아니라면) 어떠한 결정도 완전할 수 없기 때문에 발생한다. 모든 결정들은 전도를 위한 전하 캐리어처럼 작용하는 공동들과 같은 '실수'들을 가지고 있다. 이러한 실수들은 실제로 에너지의 측면에서는 유리하게 작용하는데, 이는 결정의 엔트로피를 증가시키기 때문이다(2.1.4절 참조). 공동의 경우, 공동을 만드는데 필요한 엔탈피와 그로 인한 엔트로피의 이익을 통해 에너지 균형을 유지하게 된다. 이 균형을 해석해보면 이온 결정에서 온도의 함수로서 고유한 공동 농도의 식을 다음과 같이 얻을 수 있다.

$$x_V \approx e^{-\Delta h_v/(2kT)} \qquad \text{식 (4.62)}$$

여기서 x_V는 (관심 대상인 종의 비어 있는 격자 위치들의 분율로 나타낸) 공동농도분율 Δh_v는 전자 볼트 단위의 공동형성 엔탈피(다른 말로, 공동을 '만들기 위한' 엔탈피), k는 Bolz-mann 상수, T는 켈빈 온도를 나타낸다. 이 식은 결정 내 고유한 공동의 농도가 온도에 따라 지수적으로 증가함을 말한다. 하지만 Δh_v가 일반적으로 1 eV 이상의 값이기 때문에 고유 공동농도는 고온에서조차 매우 낮은 것이 보통이다. 800℃에서 순수한 ZrO_2의 고유 공동농도는 약 0.001, 즉 원자 1000개당 하나의 공동이 존재한다. 비고유한 방법으로 도핑된 결정 구조의 공동농도는 0.1, 즉 원자 10개당 하나의 공동이 존재하므로 차이를 알 수 있다.

이 식은 전하 캐리어가 고유한 것인지 비고유한 것인지에 따라 세분할 수 있다.

- 비고유 캐리어의 경우 c는 전해질의 도핑에 따라 결정된다. 이 경우, c는 상수이고 식 (4.62)는 그대로 사용할 수 있다.
- 고유 캐리어의 경우 c는 온도와 지수적인 관계가 있고 식 (4.62)는 다음과 같이 수정된다.

$$\sigma = \frac{c_{\text{sites}}(zF)^2 D_0 e^{-\Delta h_v/(2kT)} e^{-\Delta G_{\text{act}}/(RT)}}{RT} \qquad \text{식 (4.63)}$$

여기서 c_{sites}는 관심 있는 종의 물질 내부에서 격자 위치(lattice sites) 농도(moles of sites/cm^3)를 의미한다.

대부분의 유용한 연료전지의 전해질 재료는 전하 캐리어의 수를 증가시키기 위한 의도적인 도핑에 의해 보통 고유 캐리어의 농도는 비고유 캐리어의 농도에 비해 무시할 정도로 작다(앞 페이지의 글상자 참조). 실제적으로 식 (4.62)는 식 (4.63)에 비해서 전해질의 이온 전도도를 설명하는 데 있어서 훨씬 중요하다. 식 (4.62)는 지수 앞의 항을 하나의 계수로 함께 묶음으로써 다음과 같이 표현할 수 있다.

$$\sigma T = A_{\text{SOFC}} e^{-\Delta G_{\text{act}}/RT} \qquad \text{식 (4.64)}$$

식 (4.32)와 유사하게 $\Delta G_{\text{act}}/RT$를 E_a/kT로 표현하면 다음과 같다.

$$\sigma T = A_{\text{SOFC}} e^{-E_a/kT} \qquad \text{식 (4.65)}$$

식 4.64(혹은 식 4.65)에서 설명한 관계는 실험에 의해 확인할 수 있다.

그림 4.18은 YSZ와 gadolinea-doped ceria(GDC, SOFC 전해질의 한 종류)의 $1/T$에 대한 $\log(\sigma T)$값의 실험 결과를 그래프로 보여준다. σ와 T의 곱은 이 그래프의 기울기가 이온 이동의 활성화 에너지 ΔG_{act}를 나타냄을 확인시켜준다. ΔG_{act}의 크기는 SOFC 전해질의 전도도를 결정하는데 중요하다. 일반적으로 그 값은 약 50,000~120,000 J/mol (0.5~1.2 eV)사이의 범위에 있다.

YSZ와 GDC를 포함하여 특정 연료전지 전해질에 대한 재료적 특성에 대해서는 9장에서 좀 더 자세히 다루어보도록 하겠다.

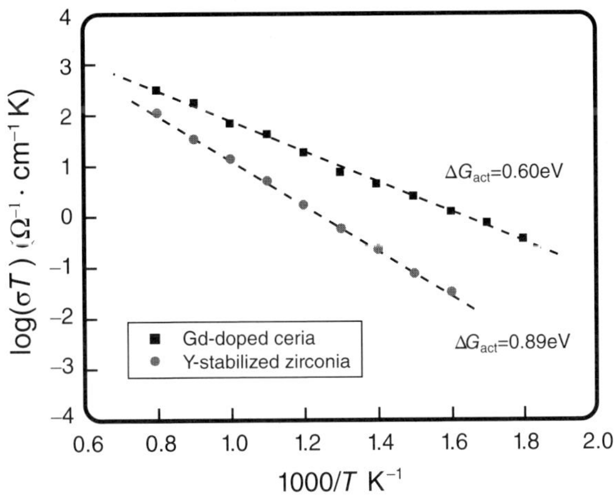

그림 4-18. 온도에 대한 YSZ와 GDC 전해질의 전도도

결정질 세라믹 재료 내의 비고유 결함농도 계산

앞서 언급했듯이, 대부분의 유용한 연료전지의 세라믹 전해질은 의도적인 도핑(doping)에 의해서 전하 캐리어의 수가 증가하고 따라서 전도 과정에서의 비고유 캐리어의 수는 고유 캐리어의 수를 압도한다. 비고유 캐리어의 농도(c)를 계산하기 위해서는 식 (4.62)의 재료의 구성정보, 도핑 농도, 그리고 결정구조 혹은 농도가 필요하다.

예를 들면, zirconia를 몰 단위로 8%의 yttria로 도핑한 전형적인 8YSZ를 생각해보자. 그림 4.16에서 보이듯이, 2 Y가 ZrO_2 격자에 첨가될 때마다 1개의 산소 공동 vacancy이 생성된다. 이렇게 비고유적으로 생성된 산소 공동은 물질이 이온 전도성을 가지도록 하는 원천이다. 8YSZ를 생성하기 위해서는 몰 기준 8%의 Y_2O_3와 몰 기준 92%의 ZrO_2을 혼합해야 한다. 따라서 8YSZ의 화학식은 $0.92(ZrO_2)+0.08(Y_2O_3)=Zr_{0.92}Y_{0.16}O_{2.08}$이다. Y 도핑물질(dopant)과 생성되는 산소 공동은 2 대 1의 상관관계를 가지므로 산소 공동의 수를 $Zr_{0.92}Y_{0.16}O_{2.08}V_{0.08}$의 식으로서 표현할 수 있다. 따라서 이러한 1몰의 물질은 0.08몰만큼의 산소 공동을 가지게 된다. 비어 있는 산소 위치의 비율 x_v는 0.08/2.16=0.037이다. 이러한 **공동비**(*vacancy fraction*)는 분자량과 재료밀도 혹은 재료의 몰 부피의 개념을 적용하여 공동 **농도**(c_v, 공동수/cm^2)로 변환될 수 있다.

만약 재료의 밀도를 알 수 있다면, 이 정보를 통해서 다음과 같이 몰 기준의 공동비를 공동 농도로 변환할 수 있다.

$$c_v = x_v c_o = x_v \frac{n_o}{\overline{V}} \qquad \text{식 (4.66)}$$

c_0는 물질의 산소 위치 농도(mol/cm²) n_0는 물질의 몰 수당 산소원자의 몰 수, 그리고 $\overline{V}$는 물질의 몰 부피(cm³/mol)를 의미한다. 몰 부피는 다음과 같이 분자량(M, g/mol)과 밀도(ρ, g/cm³)를 통해 계산된다.

식 (4.67)

8YSZ의 경우, ρ=6.15 g/cm³ 그리고 M=(91.22 g/mol×0.92+88.9 g/mol×0.16+16 g/mol×2.08)=131.4 g/mol이다. 따라서,

$$\overline{V} = \frac{131.4\text{g/mol}}{6.15\text{g/cm}^3} = 21.4\text{cm}^3 \qquad \text{식 (4.68)}$$

$$\begin{aligned} c_v &= 0.037\ \text{vacancies/O site}\left(\frac{2.16\ \text{mol O sites/mol YSZ}}{(21.4\text{cm}^3/\text{mol YSZ})}\right) \\ &= 0.0037\ \text{mol vacancies/cm}^3 \end{aligned} \qquad \text{식 (4.69)}$$

만약, 격자가 일정하고 물질의 격자구조를 알 수 있다면, 이러한 정보를 활용하여 유사한 방식을 통해 공동 비를 공동농도로 변환하는 것이 가능하다. 이러한 경우에는 셀에 대한 정보를 통해서 몰부피를 계산할 수 있다. 예를 들어, 8YSZ는 격자 상수가 a=5.15 Å인 정육면체의 구조를 가지며, 단위 셀당 4개의 ZrO_2로 구성된다(즉, 4개의 양이온과 8개의 음이온).

이러한 정보에 기반하여, 몰 부피는 다음과 같이 계산된다.

$$\overline{V} = \frac{(5.15\text{A})^3 \times (6.022 \times 10^{23})}{4} = 20.5\text{cm}^3 \qquad \text{식 (4.70)}$$

식 (4.68)에서 밀도 정보를 통해 도출한 값과 비교하면 거의 비슷함을 볼 수 있다. 즉 식 (4.69)를 활용하기 전에 이러한 물질 구조 측면에서 공동 농도 c_v를 계산해 볼 수 있다.

4.5.4 이온-전자 전도성 혼합 전도체

현재까지 이 절에서는 오직 이온 전도성만을 가진 순수 이온 전도체에 대해서 다루었다. 전자에 대한 전도성은 내포하지 않은 채, 대전된 이온을 이동시키는 물질이 존재한다. 하지만 이러한 고전적인 형태의 순수 이온 전도체(pure ionic conductor)와 순수 전자 전도체(pure electronic conductor)를 뛰어넘어 이온과 전자를 모두 전도할 수 있는 물질이 존재한다. 이러한 물질을 이온-전자 전도성 혼합 전도체(mixed ionic-electronic conductor, MIEC), 혹은 간단히 혼합 전도체(mixed conductor)라고 부른다.

많은 도핑된 금속 산화 세라믹(metal oxide ceramic) 물질은 전자 전도성과 이온 전도성을 동시에 가진다. 이는 도핑이 산소 공동과 같은 이온성 결함과 자유전자 혹은 자유 홀(free hole)과 같은 전자성 결함을 만들기 때문이다. 이온성 결함과 전자성 결함은 물질에 전반적으로 발생하고, 물질이 이온 전도성과 전자 전도성을 동시에 가질 수 있게 만든다. 만약 산화물이 혼합 전도체일 경우, 그 혼합 전도체는 낮은 전자 전도성으로 인해서 연료전지의 전해질로 활용될 수 없다. 하지만 SOFC의 **전극** 구조에서는 MIEC는 전기화학적 반응성을 증가시키고 따라서 연료전지의 성능을 높일 수 있기 때문에 MIEC는 전해질로서의 역할을 잘 수행할 수 있다.

왜 MIEC는 전기화학적 활성도를 높이는 것일까? 3장 3.11절의 내용을 상기해보면, 연료전지 반응은 전해질, 전극, 그리고 가스가 모두 접촉해야만 발생할 수 있다. 이러한 필수조건을 기체 기공, 전극, 전해질이 교차하는 삼상계면(triple-phase zone)이라는 개념을 통해 표현하였다. 삼상계면의 수를 최대화하기 위해서 대부분의 연료전지는 전극과 전해질상의 조화가 잘 이루어지도록 전극과 전해질 사이에 나노구조의 간극을 도입한다. 하지만 반응영역의 수를 늘리는 또 다른 전략은 혼합 전도체 전극을 활용하는 것이다. MIEC는 이온과 전자를 모두 전도하기 때문에 전기화학적 반응에 필요한 이온물질과 전자를 모두 제공할 수 있다. 이러한 경우에는 한가지의 추가적인 상(가스 상, gas phase)만이 전기화학적 반응을 위해 필요하다. 즉, 연료전지 반응은 가스 상과 접촉하는 모든 MIEC 표면에서 발생한다. 그림 4.19는 개략적으로 기본적인 연료전지의 전극(그림 4.19a)과 MIEC 전극(그림 4.19b)의 차이를 묘사한다.

알다시피 MIEC는 과학적으로 매력적인 물질이다. 대부분의 MIEC는 세라믹 물질이며 따라서 SOFC의 전극으로 활용되는데, 특히 공기극의 전극 물질로 활용된다. 반면에 낮은 작동온도를 지닌 PEMFC에 대한 MIEC의 연구는 거의 진행되지 않았지만 향후에 흥미로

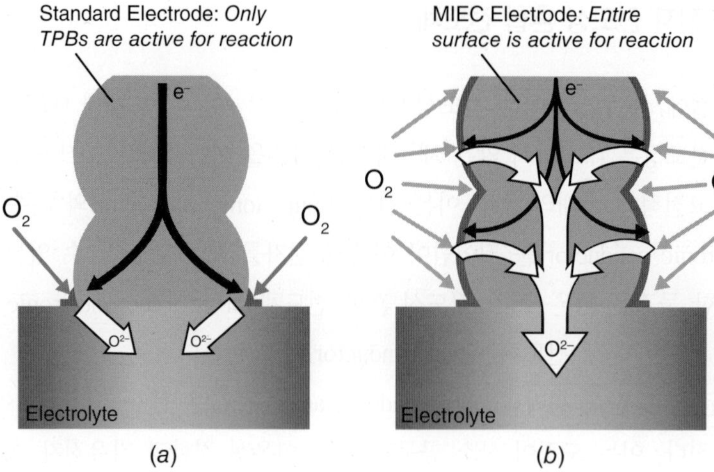

그림 4-19. 기본적인 SOFC 공기극 전극(a)과 이온-전자 전도성(MIEC) SOFC 공기극 전극(b)

운 분야로 성장할 것이다. 보통의 MIEC는 (La,Sr)MnO_3(LSM)이다. LSM은 많은 SOFC의 공기극 전극으로 활용된다. LSM에서는 산소 공동과 전자 홀을 생성하기 위해서 Sr^{2+}이 도핑물질로 작용하는 La^{3+}에 의해서 대체된다. Sr^{2+}와 La^{3+}의 전하적 차이 때문에 전하가 평형을 이루기 위해서는 산소 공동 혹은 전자 홀이 반드시 생성되어야 한다. 결함 반응(defect reaction)은 다음과 같다.

$$\text{산소 공동 생성: } 2\mathrm{O}_o^x \rightarrow 2\mathrm{Sr}'_{\mathrm{La}} + V_o^{\cdot\cdot}$$

$$\text{전자 홀 생성: null} \rightarrow 2\mathrm{Sr}'_{\mathrm{La}} + 2h^{\cdot}$$

첫 번째 반응에서는 2개의 Sr^{2+}마다 하나의 산소 공동($V_o^{\cdot\cdot}$)이 생성된다. 이 반응은 YSZ의 공동 생성과정과 동일하다(4.5.3절 참조). 두 번째 반응에서는 2개의 Sr^{2+}마다 2개의 홀($h^{\cdot}$)이 생성된다. 보통 SOFC의 작동 환경에서는 LSM 내의 홀을 통한 전도가 산소 공동을 통한 전도에 비해 지배적으로 일어난다. 따라서 LSM은 MIEC로 활용하면 그 효과가 미미하다. 그럼에도 불구하고 LSM은 매우 안정하며 다른 SOFC 물질과의 호환성이 좋기 때문에 SOFC 설계에 많이 활용된다.

최근에 더 좋은 MIEC 물질을 개발하기 위한 연구가 많이 진행됐는데, 그중 몇몇은 LSM에 비해서 이온 전도도를 증가시킬 수 있고 따라서 혼합 전도(mixed conduction) 성능을 높일 수 있는 La 기반의 페로브스카이트 물질이다. 이러한 물질에는 (La,Sr)(Co,Mn)O_3, (La,Sr)FeO_3, 그리고 (La,Sr)CoO_3가 있다. 이러한 물질들은 LSM에 비해서 높은 이온 전도도를 보이며, 따라서 이온-전자 전도성 혼합 전도체로서의 진정한 역할을 수행할 수 있다. 하지만 이러한 물질들은 LSM에 비해서 안정도가 떨어지고 따라서 실제 SOFC 설계에 적용하기 어렵다. 그럼에도 불구하고, MIEC 전극을 통해 얻게 되는 전기화학적 이득은 상당하기 때문에 MIEC의 개발은 여전히 흥미로운 연구 분야로 남아있다. 이러한 물질에 대한 자세한 내용은 관심 있는 독자들을 위해 9장에서 다루도록 하겠다.

4.6 확산도와 전도도 (선택적 내용)

이번 절에서는 전도도와 확산도를 좀 더 상세하게 알아보고자 원자론적으로 접근한다. 전하 이동이 'hopping' 유형의 메커니즘을 수반하는 전도체에서, 전도도와 확산도는 직관적으로 연관되어 있음은 이미 다루었다. 확산도는 이 hopping 과정의 고유한 속도를 나타낸다. 전도도는 전기장의 구동력(driving force)이 있을 때 이 hopping 과정이 어떻게 수정되는가와 관계가 있다. 그러므로 실제로 확산도가 더 근본적인 변수다.

확산도가 원자 운동의 보다 근본적인 파라미터인 이유는 구동력이 전혀 없을 때도 여전히 격자 내 이온의 hopping이 확산도에 의해 특성화된 속도로 발생하기 때문이다. 물론 구동력이 없으면 이온의 순 이동은 0이지만, 격자 위치 간의 교환은 여전히 일어나고 있기 때문이다. 이것은 **동역학적 평형**의 또다른 예이다. 이를 3장에서 다루었던 교환전류밀도 현상과 비교해보라.

4.6.1 확산도의 원자론적 기원

그림 4.20b의 개략도를 보면 확산도의 원자론적 개념을 유도할 수 있다. 이 그림에서 원자들은 평행한 원자 평면에 나란히 배열되어 있다. 그림 4.20에서 회색 원자들의 왼쪽에서 오른쪽으로 A라는 가상의 평면(물질 내의 두 실제 원자 평면 사이에 놓인)을 지나는 순 플럭스(순 이동)를 계산할 수 있을 것이다. 그림에서 원자 평면 1을 살펴보면 회색 원자들의 정방향 hopping 플럭스(평면 A를 통과하는)는 단순히 건너 뛸 수 있는 회색 원자의 수(농도)와 hopping 속도를 곱하여 결정된다고 생각할 수 있다.

$$J_{A+} = \frac{1}{2}\upsilon c_1 \Delta x \qquad \text{식 (4.71)}$$

여기서 J_{A+}는 평면 A를 통과하는 정방향 플럭스, v는 hopping 속도, c_1은 평면 1 내 회색 원자들의 체적 농도(mol/cm^3), Δx는 체적 농도를 평면 농도(mol/cm^2)로 변환하기 위한 원자 간격이고, 평균적으로 오직 도약의 절반만이 '정방향' 도약이라는 사실 때문에 1/2을 곱한다. (평균적으로무작위한 도약의 절반은 왼쪽으로, 나머지 절반은 오른쪽으로 향할 것이다.)

유사하게, 회색 원자들의 평면 2에서 평면 1로의 역방향 hopping 플럭스는 다음과 같이 주어질 것이다.

$$J_{A-} = \frac{1}{2} v c_2 \Delta x \tag{식 (4.72)}$$

여기서 J_{A-}는 평면 A를 통과하는 역방향 플럭스이고 c_2는 평면 2 내 회색 원자의 체적 농도(mol/cm^3)이다. 그러므로 평면 A를 건너는 회색 원자의 순 플럭스는 평면 A를 통과하는 정방향과 역방향 플럭스 사이의 차이에 의해 주어진다.

$$J_{\text{net}} = \frac{1}{2} v \Delta x (c_1 - c_2) \tag{식 (4.73)}$$

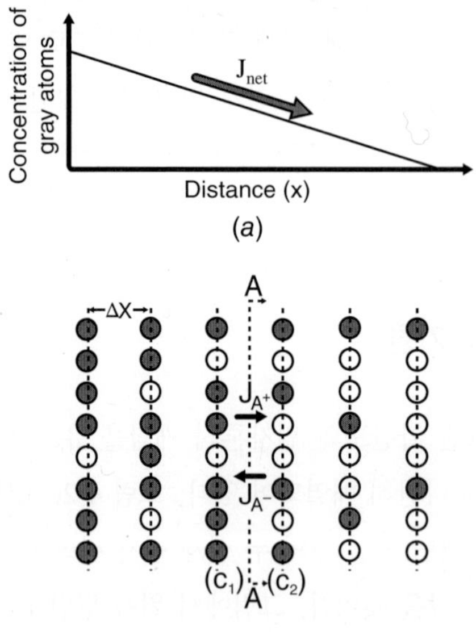

그림 4-20. (a) 확산의 거시적 표현. (b) 확산의 원자론적 개념도. 이 결정질 격자 내 가상의 평면 A를 지나는 회색 원자들의 순 플럭스는 평면 1에서 평면 2로 건너뛰는 회색 원자의 플럭스에서 평면 2에서 평면 1로 건너뛰는 회색 원자의 플러스를 빼서 얻을 수 있다. 평면 2보다 평면 1에 회색 원자들이 더 많기 때문에 회색 원자의 순 플럭스는 평면 1로부터 평면 2로 향할 것이다. 이 순 플럭스는 두 평면 사이의 회색 원자의 농도 차이에 비례할 것이다.

이 식은 이미 친숙한 확산에 대한 식 $J=-D(dc/dx)$와 같이 표현할 수 있다. 식 (4.73)을 다음과 같이 농도 구배에 대한 식으로 표현할 수 있다.

$$\begin{aligned} J_{net} &= -\frac{1}{2}v(\Delta x)^2 \frac{(c_1 - c_2)}{\Delta x} \\ &= -\frac{1}{2}v(\Delta x)^2 \frac{\Delta c}{\Delta x} \\ &= -\frac{1}{2}v(\Delta x)^2 \frac{dc}{dx} \quad \text{(for small } x) \end{aligned} \qquad \text{식 (4.74)}$$

일반적인 확산 식 $J=-D(dc/dx)$와 비교하면 확산도가 다음과 같음을 확인할 수 있다.

$$D = \frac{1}{2}v(\Delta x)^2 \qquad \text{식 (4.75)}$$

그러므로 확산도가 물질 내 원자들의 고유한 hopping 속도 (v)에 대한 정보와 물질과 연관된 원자 간 거리 스케일(도약 거리)에 대한 정보를 표현하고 있음을 알 수 있다.

앞서 언급하였듯이, v로 표현된 hopping 속도는 지수적으로 활성화된다. 그림 4.21b는 원자가 한 격자 위치에서 이웃하는 격자 위치로 건너뛸 때의 자유 에너지 곡선을 보여준다. 두 격자 위치가 본질적으로 등가이기 때문에 구동력이 없을 때 건너뛰는 원자는 처음 위치와 나중 위치에서 같은 자유에너지를 가질 것이다. 하지만 활성화 장벽은 원자가 위치 사이를 건너뛸 때 이를 방해한다. 원자가 격자 위치 사이의 결정 격자를 통과할 때 이 활성화 장벽과 원자 변위를 관련시켜 생각할 수 있다. (그림 4.21a는 hopping 과정의 물리적인 개념을 보여준다.)

이전 장에서 살펴본 반응 속도 이론과 유사한 방법으로 hopping 속도를 다음과 같이 나타낼 수 있다.

$$v = v_0 e^{-\Delta G_{act}/(RT)} \qquad \text{식 (4.76)}$$

여기서 ΔG_{act}는 hopping 과정의 활성화 장벽이고 v_0는 도약 시도 빈도이다.

이러한 활성화된 확산 모델을 바탕으로 확산도에 대한 식을 완성하면 다음과 같다.

$$D = \frac{1}{2}(\Delta x)^2 v_0 e^{-\Delta G_{act}/(RT)} \qquad \text{식 (4.77)}$$

지수 부분 앞의 상수들을 일괄하여 D_0로 두면 다음과 같다.

$$D = D_0 e^{-\Delta G_{act}/(RT)} \qquad \text{식 (4.78)}$$

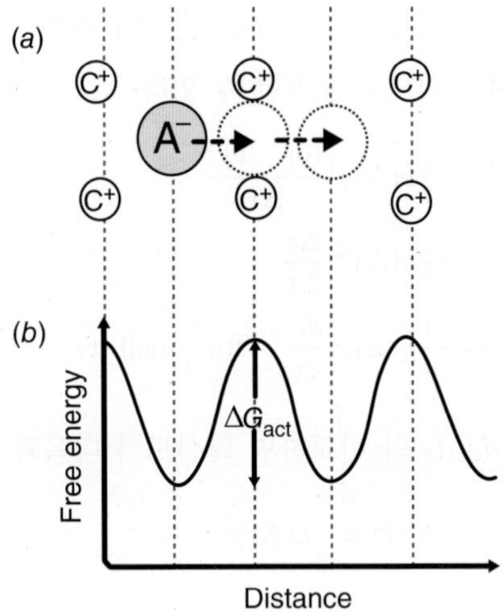

그림 4-21. hopping 과정의 원자론적 개념도. (a) hopping 과정의 물리적 개념도. 음이온 (A^-)가 원래 있던 격자 위치에서 인접한, 비어있는 격자 위치로 건너뛰기 위해서는 반드시 결정 격자 내의 간격이 좁은 지점을 지나야만 한다. (b) hopping 과정의 자유에너지 곡선. 결정 격자 내의 간격이 좁은 지점은 hopping 과정의 에너지 장벽을 의미한다.

4.6.2 전도도와 확산도 사이의 관계 (1)

전도도가 확산도와 어떤 관계가 있는지 이해하기 위해서 전기장이 적용되었을 때 확산 확률에 어떤 영향을 미칠지에 대해 살펴볼 필요가 있다. 그림 4.22는 hopping 과정의 활성화 장벽에 대한 선형 전압 구배의 영향을 보여준다. 이 그림을 보면 '역방향' hop의 활성화 장벽은 $\frac{1}{2}zF\Delta x(dV/dx)$만큼 증가하고 '정방향' hop의 활성화 장벽은 $\frac{1}{2}zF\Delta x(dV/dx)$만큼 감소하는 것을 확인할 수 있다. (활성화 상태가 두 격자 위치 사이의 정확히 중간에서 일어난다고 가정한다. 즉 $\alpha=1/2$라고 생각한다.) 그러므로 정방향과 역방향 속도는 다음의 식으로 표현된다.

$$\begin{aligned} v_1 &= v_0 \ \exp\frac{-\left[\Delta G_{act} - \frac{1}{2}zF\,\Delta x\,(dV/dx)\right]}{RT} \\ v_2 &= v_0 \ \exp\frac{-\left[\Delta G_{act} + \frac{1}{2}zF\,\Delta x\,(dV/dx)\right]}{RT} \end{aligned} \qquad \text{식 (4.79)}$$

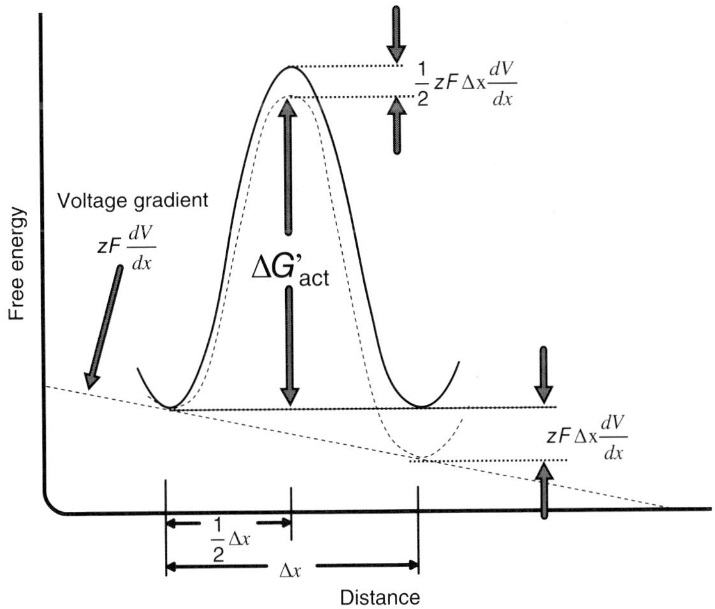

그림 4-22. hopping의 활성화 장벽에 미치는 선형적 전압 구배의 영향. 거리에 따른 전압의 선형적인 변화는 거리에 따라 자유에너지를 선형적으로 낮춘다. 이는 정방향 활성화 장벽을 감소시킨다($\Delta G'_{act}<\Delta G_{act}$). 두 인접한 격자 위치들은 Δx만큼 떨어져 있다; 그러므로 두 지점 사이의 총 자유에너지 강하는 $zF\Delta x(dV/dx)$로 주어진다. 만약 활성화 장벽이 두 격자 위치 사이의 정 중간지점에서 나타난다면, ΔG_{act}는 $1/2zF\Delta x(dv/dx)$만큼 감소할 것이다. [즉, $\Delta G'_{act}=\Delta G_{act}-1/2zF\Delta x(dV/dx)$이다.]

이렇게 활성화 장벽이 전압 구배에 의해 수정되는 부분은 매우 작다. 사실,

$$\frac{1}{2}\frac{zF}{RT}\Delta x\frac{dV}{dx} \ll 1$$

이기 때문에 지수의 두 번째 항에 $e^x \approx 1+x$의 근사식을 쓸 수 있다. 이 근사식을 사용하여 hopping 속도 식을 다음과 같이 다시 정리할 수 있다.

$$v_1 \approx v_0 e^{-\Delta G_{act}/(RT)}\left(1+\frac{1}{2}\frac{zF}{RT}\Delta x\frac{dV}{dx}\right)$$
$$v_2 \approx v_0 e^{-\Delta G_{act}/(RT)}\left(1-\frac{1}{2}\frac{zF}{RT}\Delta x\frac{dV}{dx}\right) \qquad \text{식 (4.80)}$$

앞서 언급했듯이, 물질 내 가상의 평면 A를 지나는 순 플럭스는 아래와 같이 쓸 수 있다.

$$J_{net} = J_{A+} - J_{A-} = \frac{1}{2}\Delta x(c_1 v_1 - c_2 v_2) \qquad \text{식 (4.81)}$$

지금은 전도도에 대해 알아보고자 하므로 순수하게 전압 구배에 의해 유도된 플럭스만을 고려할 것이다. 즉, $c_1=c_2=c$로 두어서 농도 구배에 의한 영향을 모두 제거한다. 이를 v_1와 v_2의 공식에 대입하면 다음과 같은 식을 얻는다.

$$\begin{aligned} J_{\text{net}} &= \frac{1}{2}\Delta x\, v_0 e^{-\Delta G_{\text{act}}/(RT)} \left(\frac{czF}{RT}\Delta x \frac{dV}{dx}\right) \\ &= \frac{1}{2}(\Delta x)^2 v_0 e^{-\Delta G_{\text{act}}/(RT)} \left(\frac{czF}{RT}\frac{dV}{dx}\right) \end{aligned} \qquad \text{식 (4.82)}$$

우항의 앞부분이 앞서 살펴본 확산 계수 D와 같으므로 위 식은 아래와 같이 쓸 수 있다.

$$J_{\text{net}} = \frac{czFD}{RT}\frac{dV}{dx} \qquad \text{식 (4.83)}$$

이 식을 전도도 식

$$J = \frac{\sigma}{zF}\frac{dV}{dx}$$

와 비교해보면, σ와 D가 다음과 같은 관계가 있음을 볼 수 있다.

$$\sigma = \frac{c(zF)^2 D}{RT} \qquad \text{식 (4.84)}$$

확산성의 hopping을 바탕으로 한 전하 이동 메커니즘을 가지는 전도체에서는 이러한 결과가 물질의 **전도도**를 운반자의 원자론적 **확산도**와 관련시킨다. 이 식은 결정질 물질 내 이온 전도도의 원자론적 토대를 이해하는데 중요한 열쇠가 된다.

4.6.3 전도도와 확산도 사이의 관계 (2)

전기화학적 포텐셜을 유도하여 Nernst 식을 이해하는 대체 방법을 제시했던 2.4.4절을 다시 생각해 보자. 유사한 방법으로 전기화학적 포텐셜의 관점으로 전하 이동을 살펴보는 것은 전도도와 확산도 사이의 관계를 이해하는 대체적인 방법을 제시할 수 있다. 전기화학적 포텐셜에 대한 정의를 떠올려보면 (식 2.99)

$$\tilde{\mu}_i = \mu_i^0 + RT\ln a_i + z_i F\phi_i$$

만약 활동도가 순수하게 농도에만 관련한다고 가정하면($a_i=c_i/c^0$), 전기화학적 포텐셜은 다음과 같이 쓸 수 있다.

$$\widetilde{\mu}_i = \mu_i^0 + RT\ln\frac{c_i}{c^0} + z_i F\phi_i \qquad \text{식 (4.85)}$$

전기화학적 포텐셜의 구배에 의한 전하 이동 플럭스는 농도 구배에 의한 플럭스 부분과 포텐셜 구배에 의한 플럭스 부분을 모두 포함할 것이다.

$$J_i = -M_{i\mu}\frac{\partial\widetilde{\mu}}{\partial x} = -M_{i\mu}\left(RT\frac{d\left[\ln\left(c_i/c^0\right)\right]}{dx} + z_i F\frac{dV}{dx}\right) \qquad \text{식 (4.86)}$$

자연 로그로 된 농도 부분은 미분의 연쇄 법칙(chain rule)을 이용하여 정리한다.

$$\frac{d[\ln(c_i/c^0)]}{dx} = \frac{c^0}{c_i}\frac{d(c_i/c^0)}{dx} = \frac{1}{c_i}\frac{dc_i}{dx} \qquad \text{식 (4.87)}$$

그러므로 전기화학적 포텐셜 구배에 의한 총 전하 이동 플럭스는 실제로 농도 구배에 의한 플럭스와 전압 구배에 의한 플럭스로 구성된다.

$$J_i = -\frac{M_{i\mu}RT}{c_i}\frac{dc_i}{dx} - M_{i\mu}z_i F\frac{dV}{dx} \qquad \text{식 (4.88)}$$

이 식에서 농도 구배 항을 앞서 살펴본 확산에 대한 식과 비교해보면 $M_{i\mu}$를 확산도로 표현할 수 있다.

$$\frac{M_{i\mu}RT}{c_i} = D \qquad M_{i\mu} = \frac{Dc_i}{RT} \qquad \text{식 (4.89)}$$

이 식에서 전압 구배 항을 앞서 살펴본 전도에 대한 식과 비교해보면 σ를 확산도로 표현할 수 있다.

$$M_{i\mu}zF = \frac{\sigma}{|z|F}, \text{ where } \sigma = \frac{c_i(zF)^2 D}{RT} \qquad \text{식 (4.90)}$$

전기화학적 포텐셜을 이용하여 이전과 같은 결과에 도달했다. 흥미로운 점은 이번에는 이동 과정의 메커니즘에 대한 어떠한 가정도 할 필요가 없었다는 점이다. 따라서 확산도와 전도 사이의 관계가 보편적임을 알 수 있다(즉, hopping 메커니즘을 적용하지 않았다). 확산과 전도의 근본적인 구동력들이 전기화학적 포텐셜을 통해 연관되어 있기 때문에 물질의 전도도와 확산도 역시 서로 연관되어 있다.

4.7 왜 전하 이동에서 전기적 구동력이 지배적인가 (선택적 내용)

앞서 살펴본 전도도와 확산도 사이의 관계를 통해 왜 전하 이동에서 전기적구동력이 지배적인지 설명할 수 있다.

금속 전자 전도체에서, 극도로 높은 자유 전자의 바탕 농도(background concentration)는 전도체 전체에 걸쳐서 전자 농도가 본질적으로 변화가 없음을 의미한다. 이는 전자의 화학적 포텐셜 구배가 도체 내부에 존재하지 않음을 뜻한다. 또한 금속 전도체가 고체 물질이기 때문에 압력 구배는 존재하지 않는다. 그러므로 금속 내 전자 전도는 전압 구배에 의해서만 일어나게 된다.

이온 전도체의 경우는 어떨까? 금속 전도체와 같이 대부분의 연료전지 이온 전도체들 역시 고체 상태이기 때문에 압력 구배는 존재하지 않는다. (액체 전해질을 사용하는 연료전지들에서도 보통 전해질의 두께가 얇기 때문에 대류는 크게 영향을 미치지 않는다.) 유사하게 이온 전하 운반자의 바탕 농도 또한 일반적으로 크기 때문에 큰 농도 구배도 발생하지 않는다. 하지만 큰 농도 구배가 생기더라도 전압 구배 구동력의 '유효 세기'가 농도 구배 구동력의 유효 세기보다 훨씬 더 크다. 이 점을 설명하기 위해 농도 구배에 의해 발생한 전하 플럭스를 전압 구배에 의해 발생한 전하 플럭스와 비교해본다. 농도 구배에 의해 발생한 전하 플럭스(j_c)는 다음과 같이 주어진다.

$$j_c = zFD\frac{dc}{dx} \qquad \text{식 (4.91)}$$

전압 구배에 의해 발생한 전하 플럭스(j_v)는 다음과 같이 주어진다.

$$j_v = \sigma\frac{dV}{dx} \qquad \text{식 (4.92)}$$

zF는 확산 식에서 몰을 쿨롬 단위의 전하량으로 변환하기 위해 필요한 양이다. 앞서 다루었듯이 σ와 D는 다음과 같은 관계가 있다.

$$\sigma = \frac{c(zF)^2D}{RT} \qquad \text{식 (4.93)}$$

물질 전체에 걸친 농도 구배에 의해 최대한 지속할 수 있는 전하 플럭스는 다음과 같다.

$$j_c = zFD\frac{c_0}{L} \qquad \text{식 (4.94)}$$

여기서 L은 물질의 두께이고 c_0는 전하 운반자의 평균 농도이다. 등가의 전하 플럭스를 발생하기 위해 요구되는 전압 V는 다음의 과정으로부터 구할 수 있다.

$$j_v = j_c$$

$$\frac{c_0(zF)^2D}{RT}\frac{V}{L} = zFD\frac{c_0}{L} \qquad \text{식 (4.95)}$$

V에 대해 풀면

$$V = \frac{RT}{zF} \qquad \text{식 (4.96)}$$

실온에서 z=1일 때, RT/zF=0.0257 V이다. 그러므로 농도 영향에 의한 최대 화학적 구동력은 물질의 두께에 걸쳐 25.7 mV 정도의 전압 강하를 발생시키는 셈이다. 사실상 RT/zF는 전기적 구동력의 세기를 화학적 (농도) 구동력과 연결하는 양이다. RT/zF가 작기 때문에 (실제로 관심이 있는 연료전지 온도 범위에서) 연료전지 전하 이동은 화학적 포텐셜 구동력보다 전기적 구동력에 의해 좌우된다.

4.8 산화물 전해질 내의 이온 전도에 대한 양자역학기반 시뮬레이션 (선택적 내용)

이전 절에서 전도와 확산에 대한 원자론적 메커니즘에 대해서 알아보았다. 특히 결정질의 산화물 전해질(oxide electrolyte)에서 hopping 과정의 따라서 발생하는 확산(전도)에 대해서 배우고, hopping 과정의 속도는 운동에 대한 에너지 장벽 ΔG_{act}에 의해서 결정됨을 볼 수 있었다. 보통, 에너지 장벽의 크기가 낮은 물질은 이온 확산도가 높기 때문에 높은 이온 전도도를 지니게 된다. 그림 4.18은 GDC가 YSZ보다 ΔG_{act} 낮기 때문에 더 높은 이온 전도도 특성을 지님을 예시로서 보여주고 있다. 새로운 고체 산화물 전해질에 대한 연구는 높은 농도의 이동성 결함(mobile defects)과 낮은 활성화 장벽을 지닌 물질을 생성하는 데 초점이 맞춰진다.

새로운 촉매의 개발과 마찬가지로 새로운 전해질의 개발에는 많은 시행착오가 뒤따르게 된다. 연구자들은 먼저 새로운 후보 물질을 개발하면, 그것이 안정하고 높은 이온 전도도를 가지는지에 대해서 확인한다. 하지만 최근에는 새로운 촉매 물질을 확인하기 위해 개발된 양자역학 기술(3.12절 참조)이 새로운 산화물 전해질을 확인하는 데 적용되고 있다. 기본적인 아이디어는 양자역학 기술을 결정질 격자를 통해서 원자의 운동과 관련된 활성화 장벽의 크기를 계산하는 데 활용하는 것이다. 이렇게 계산된 장벽의 높이를 기반으로 새로운 전해질 물질의 전도도를 이론적으로 추정한다.

YSZ에 적용되는 양자 시뮬레이션 접근법에 대해서 알아보자. YSZ 내에서 확산 물질은 산화물 이온이며, 격자의 점유 위치(occupied site)에서 인접한 (비점유) 공동으로 도약한다. 이러한 도약과 관련된 장벽의 높이는 인접한 모든 원자의 성질과 균형에 의해서 결정된다. 단 하나의 원자를 감싸는 이웃한 원자는 격자 구조에서 매우 다르게 나타난다. 실제로 세부연구에서는 YSZ 내의 인접한 공동으로 산화물이 도약할 때, 산화물이 마주할 수 있는 서로 다른 원자적 구조가 42가지나 존재함을 밝혔다[11]! (그리고 이 연구에서는 오직 가장 가까운 이웃과 그 다음으로 가까운 이웃만을 고려하였다.) 각 구조의 변화에 따라

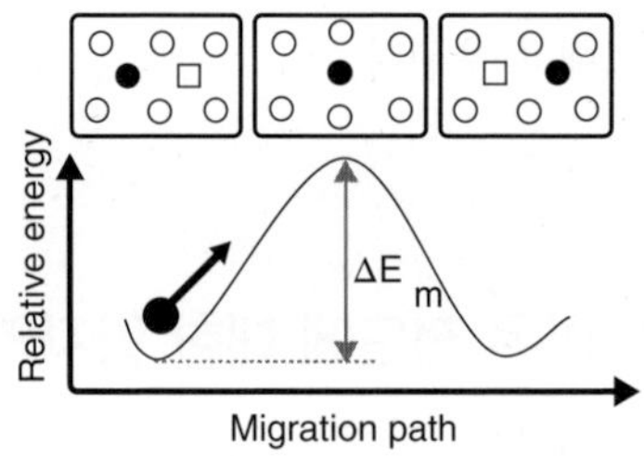

그림 4-23. 이동 에너지 장벽의 묘사. 중간점은 안장점에 해당하며 이 부분에서는 산화 이온이 계속 나아가 시작한 위치에 공동을 만들기 전에 산소 이온과 zirconia와 같은 2개의 양이온이 같은 평면상에 놓이게 된다.

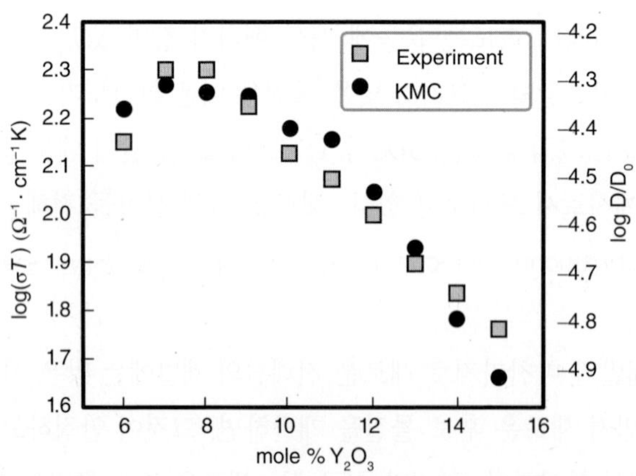

그림 4-24. YSZ 내의 몰 기준 Y_2O_3 비율에 대한 전도도와 T의 곱의 로그 값 그래프. 실험(사각형)과 계산(원) 결과를 비교하고 있다.

서 지엽적인 환경이 변하기 때문에 이러한 42가지의 서로 다른 원자적 구조에 따른 장벽의 높이는 각각 다르다. 장벽의 높이는 절대 영도(0K)에서의 원자 시스템의 에너지 정도를 계산할 수 있는 슈뢰딩거의 방정식을 통해 추정할 수 있다. 산화물이 공동으로 움직이는 과정에 따른 전체 원자 구조의 에너지를 단계적으로 결정하는 방식으로 원자가 공동으로 이동하는 것과 관련된 장벽의 높이를 계산한다. 그림 4.23은 YSZ에서 가능한 42개의 가능한 구성 중에서 한 가지 구성을 선택한 후, 원자적 구조를 고려하여 단계적으로 장벽 높이를 계산하는 개념에 대해서 보여주고 있다. 하나의 구조에 대한 계산이 마무리되면, 나머지 41개의 원자적 구조에 대해서도 동일한 방식으로 계산을 진행한다. 이는 매우 힘들고 시간이 오래 걸리는 작업이다!

하나의 원자가 격자 위치에서 공동으로 움직이는 운동과 관련된 42가지의 장벽 높이가 계산된 이후, 다음 단계는 통계 열역학 기법을 도입하여 거시적인 확산도를 계산하는 것이다. 통계 열역학을 통해서 낮은 높이의 장벽의 원자적 구조가 높은 높이의 장벽의 원자적 구조보다 빈번하게 일어남을 알 수 있다. 따라서 거시적인 확산도는 훨씬 빈번하게 발생하는 낮은 장벽을 가지고 있는 원자적 구조에 의해서 지배 받게 된다. 보통 확산 과정은 Kinetic Monte Carlo (KMC) 기법에 의해서 모사되는데 4.5.3절에서 언급한 것처럼 KMC는 장벽 높이에 따라 원자가 공동으로 이동하는 확률이 기하급수적으로 결정된다고 가정하며, 이러한 확률을 기반으로 모든 원자는 무작위로 운동한다고 가정한다. KMC 기법에서는 원자의 도약이 성공하는 비율을 확산에 대한 장벽 높이의 개념을 포함하는 지수형태의 볼츠만 계수와 임의의 난수를 곱하여 결정한다. KMC 기법으로 단일 원자의 수 십만 번의 도약을 시뮬레이션 해봄으로써물질의 평균 거시적 확산도를 측정할 수 있다. 이러한 확산도 정보는 새로운 이온 전도체의 성능을 예측하거나 현재의 이온 전도체의 특성을 이해하는 데 활용할 수 있다.

양자역학과 KMC을 융합한 기법에 대한 성능을 보여주는 예시로서, 그림 4.24은 yttria 도핑물질 농도에 따른 YSZ의 전도도에 대한 실험 측정값과 이론적인 예측값을 비교하고 있다. 4.5.3절에서 언급되었듯이, 과도한 yttria를 zirconia에 투입하면 결함이 서로 상호작용을 일으키는 문제로 인해서 도약 능력의 감소가 발생하고 이온 전도도 또한 감소한다. 이러한 민감한 영향은 양자역학과 KMC를 융합한 기법에서는 아름답게 포착되었다.

4.9 요약

- 연료전지의 전하 이동은 전압 구배에 의한 전하 이동이 지배적이다. 이 전하 이동 과정은 전도라고 알려져 있다.
- 전도성 전하 이동을 발생시키기 위해 소비되는 전압은 연료전지의 성능에 손실로 나타난다. 저항 과전압으로 알려진 이 손실을 일반적으로 옴의 법칙 $V=iR$을 따르고 여기서 R은 연료전지의 전기 저항이다.
- 연료전지의 전기 저항은 전극, 전해질, 상호연결부 등의 저항을 포함한다. 하지만 일반적으로 전해질 저항이 지배적이다.
- 저항은 전도체의 면적 A, 두께 L, 전도도 σ에 따라 달라진다: $R=L/\sigma A$.
- 저항이 면적에 따라 달라지기 때문에 연료전지의 면적-비저항(ASR)은 다른 크기의 연료전지들을 서로 비교하기 위해 계산한다(ASR=$A\times R$).
- 저항이 두께에 따라 달라지기 때문에 연료전지 전해질은 가능한 얇게 만들어진다.
- 저항이 전도도에 따라 달라지기 때문에 높은 전도도의 전극과 전해질 물질을 개발하는 것이 중요하다.
- 전도도는 캐리어 농도와 캐리어 이동도에 의해 결정된다: $\sigma_i=(|z_i|F)c_iu_i$.
- 금속과 이온 전도체는 상당히 다른 구조와 전도 메커니즘을 보이는데 이는 상당히 다른 전도도를 이끌어 낸다.
- 아무리 좋은 전해질이라 할지라도 이온 전도도는 일반적으로 금속의 전자 전도도보다 만 배 이상 더 낮다.
- 좋은 전해질은 높은 전도도 가지는 것 이외에도, 높은 환원 분위기와 높은 산화 분위기에서 모두 안정해야 한다. 이것은 매우 어려운 문제이다.
- 연료전지에 쓰이는 세 가지 주요 전해질 종류는 (1) 액체, (2) 고분자, (3) 세라믹 전해질이다.
- 수용성 전해질에서 이동도(따라서 전도도)는 전기장 내에서 이온의 가속과 유체의 점성에 의한 마찰항력 사이의 균형에 의해 결정된다. 일반적으로 크기가 더 작고 전하량이 큰 이온일수록 더 높은 이동도를 가진다.
- Nafion(고분자 전해질)의 전도도는 물 함량에 의해 좌우된다. 물 함량이 높을수록 전도도가 높아진다. Nafion 전도도는 막 내의 물 함량을 모델링하여 결정할 수 있다.
- 세라믹 전해질의 전도도는 결정 격자 내 결함들에 의해 조절된다. 자연적인 (고유한)

결함의 농도는 일반적으로 낮기 때문에 도핑에 의해 의도적으로 격자 내 (비고유한) 결함의 농도를 높인다.

- 이온-전자 전도성 혼합 전도체(MIEC)는 전자와 이온 모두를 전도한다. 전자와 이온에 대한 전도도를 모두 가지게 되면, 삼상계면을 두가지 상의 반응영역(two-phase reaction zone)으로 변환하고 반응성을 높이는 요인으로 작용하므로 MIEC는 SOFC의 전극으로 활용된다.
- (선택적 내용) 원자론적인 단계에서 전도도는 확산도 D라고 알려진 더 기본적인 파라미터에 의해 결정된다. 확산도는 물질 내 원자 이동의 고유한 속도를 나타낸다.
- (선택적 내용) 확산과 전도의 원자론적 개략도를 통해 확산도와 전도도를 명쾌하게 연관시킬 수 있다: $\sigma = c(zF)^2D/(RT)$.
- (선택적 내용) 전도도와 확산도 사이의 관계를 이용하여 왜 전압 구동력(즉 전도)이 전하 이동에서 지배적인지 이해할 수 있다.

연습문제

복습문제

4.1 전하의 이동이 연료전지 전압 손실을 가져오는 이유를 설명하라.

4.2 만약 연료전지의 면적이 10배 증가하고, 저항이 9배 감소하였다면 연료전지의 저항 손실은 증가하는가 감소하는가?(주어진 전류밀도에서 모든 조건이 동일한 경우)

4.3 물질의 전도도를 결정하는 두가지 주 요인은 무엇인가?

4.4 왜 금속의 전자 전도도와 전해질의 이온 전도도는 큰 차이를 보이는가?

4.5 연료전지 전해질이 갖추어야 할 조건을 최소한 네 가지 이상 거론하라. 높은 전도도를 제외한 어느 조건이 주로 만족시키기 어려운가?

계산문제

4.6 O^{2-}가 전도되는 SOFC에 대하여 그림 4.4c를 재구성하라. 어떠한 차이가 그림에 나타나는가?

4.7 활성화 손실과 저항 손실이 동시에 나타나도록 연료전지 전압분포를 그림 4.4와 유사하게 그려라.

4.8 연료전지 전압이 1 V 내외라고 할 때, SOFC 전해질의 절연 파괴(dielectric breakdown) 한계가 10^8 V/m라면, SOFC 전해질의 최저 두께는 얼마인가?

4.9 4.3.2절에서 연료전지 전해질의 저항은 두께에 비례한다고 논의되었다(즉 L/σ에 비례). 전해질 두께의 범위를 제한하는 여러가지 요소들이 거론되었다. 이 중 연료 투과에 의한 기생 손실이 매우 커질 수 있기 때문에 두께를 너무 줄이는 것은 오히려 해로울 수 있다고 논의하였다. 다시 말하면, 주어진 전류 밀도에서 최적의 전해질 두께가 존재할 수 있고, 두께를 이보다 더 줄이는 것은 오히려 연료전지 손실을 증가시킬 수 있다. 우리는 이 현상의 모델을 만들고 싶다. 전해질을 통한 누설 전류 j_{leak}가 $\eta_{leak}=A \ln j_{leak}$의 형태로 손실을 가져온다고 가정하자. 그리고 j_{leak}는 전해질의 두께(L)와 반비례 한다고 가정하자($j_{leak}=B/L$). 주어진 전류밀도 j에 대해 $\eta_{ohmic}+\eta_{leak}$ 최소화하는 좌적의 전해질 두께를 결정하라.

4.10 5 cm^2 면적의 연료전지가 R_{elec}= 0.01 Ω과 $\sigma_{electrolyte}$=0.10 ($\Omega^{-1} \cdot cm^{-1}$)을 가진다. 만약에 전해질의 두께가 100 μm이면, j = 500 mA/cm^2일 때 저항 전압 손실을 예측하라.

4.11 식 (4.22)와 (4.24)를 사용하여 (4.32)를 유도하라.

4.12 70℃에서 0.8 A/cm^2의 전류를 생산하는 PEMFC를 생각해보자. 상대습도 80%, 90℃의 수소연료가 8 A의 속도로 연료전지에 공급된다. 연료전지의 면적은 8 cm^2이고 수소분자 1개당 물분자 0.8개가 연료극에서 공기극으로 끌려간다. 배출되는 수소의 물 활동도를 계산하라. 연료전지와 입출구 기체는 1기압으로 가정하고, 배출 수소의 온도는 연료전지의 온도인 70℃로 가정하라.

4.13 1 A/cm^2의 출력을 내는 2개의 수소-산소 PEMFC를 생각해보자. 각 연료전지는 다음과 같은 서로 다른 가습 조건에서 운전되고 있다. (a)$a_{W,anode}$ = 1.0, $a_{W,cathode}$=0.5 (b)$a_{W,anode}$=0.5, $a_{W,cathode}$=1.0. 두 연료전지의 작동온도가 80℃일 때 저항 과전압을 계산하라. 두 연료전지 모두 125 μm 두께의 Nafion 전해질을 사용한다고 가정하라. 계산 결과에 근거해서 연료극의 가습효과와 공기극의 가습효과에 대하여 논하라.

4.14 (a) T=1000℃, ΔG_{act}=100 kJ/mol, $v_0=10^{13}$ Hz일 때, 순수한 ZrO_2 전해질에서 산소 이온의 확산계수를 계산하라. ZrO_2는 격자상수(lattice constant) a=5 Å의 입방체 단위구조를 가지고 이는 4개의 Zr 원자와 8개의 O 원자를 포함한다. 산소

원자간 도약거리 Δx=0.5a라 가정한다.

(b) Δh_v=1 eV일 때, 고유 캐리어 농도(intrinsic carrier concentration)를 계산하라(공동이 지배적인 캐리어라고 가정한다).

(c) (a)와 (b)의 답으로부터 1000℃에서 전해질의 고유 전도도를 계산하라.

4.15 100 μm 두께와 1.0 cm^{2}의 면적을 가지는 YSZ 전해질의 저항이 T=700 K에서 47.7 Ω, T=1000 K에서 0.680 Ω의 저항을 가진다. 8% 몰의 Y_2O_3가 도핑된 이 전해질의 D_0와 ΔG_{act}을 계산하라.

문제 4.14에서 순수한 ZrO_2는 격자상수 a=5 Å인 입방체 단위 구조를 가지고 이는 4개의 Zr과 8개의 O로 이루어져 있다고 설명하였다. 격자상수는 도핑에 따라 변하지 않는다고 가정하라.

4.16 Nafion 기반의 PEMFC가 상온에서 건조한 H_2/건조한 공기를 통해 작동 중일 때, 이에 대한 다음의 설명 중 옳은 것은 무엇인가?

(a) 전기삼투압(electro−osmotic drag)과 역확산은 모두 물을 연료극에서 공기극으로 이동시킨다.

(b) 전기삼투견인과 역확산은 모두 물을 공기극에서 연료극으로 이동시킨다.

(c) 전기삼투견인은 물을 공기극에서 연료극으로 이동시키는 반면, 역확산은 물을 연료극에서 공기극으로 이동시킨다.

(d) 전기삼투견인은 물을 연료극에서 공기극으로 이동시키는 반면, 역확산은 물을 공기극에서 연료극으로 이동시킨다.

4.17 고체 산화물 연료전지의 전해질은 T=726.85℃에서 ASR=0.20 Ω이고 T=926.85℃에서는 ASR=0.05 Ω이다.이 전해질 물질의 전도에 대한 활성화 에너지(ΔG_{act})는 얼마인가?

CHAPTER 5

연료전지 물질 전달

1장에서 논의했듯이 전기를 생산하기 위해서 연료전지는 끊임없이 연료와 산화물을 공급해야만 한다. 동시에 생산물은 전지의 성능 저하를 피하기 위해 끊임없이 배출되어야 한다. 이러한 반응물의 공급과 생산물의 제거과정을 **연료전지의 물질 전달**이라고 한다. 여러분은 앞으로 배우면서 이 간단해 보이는 과정이 상당히 복잡하다는 것을 알 수 있을 것이다.

앞선 장에서 우리는 전기화학 반응 과정(3장)과 전하이동 과정(4장)에 대해서 배웠다. 물질 전달은 논의될 마지막 주요한 연료전지 과정을 나타낸다. 이 장을 마치면 여러분은 연료전지 작동을 이해하는 데 필요한 기본적인 도구를 모두 얻게 될 것이다.

이 장에서 우리는 연료전지 안에서의 반응물과 생성물의 움직임에 집중해야 할 것이다. 앞 장(전하이동)에서는 이미 여러분에게 한 장소에서 다른 곳으로 물질을 이동시키는 과정을 지배하는 많은 기본적인 식을 소개했다. 실제로 이온 전하이동은 물질 전달의 특별한 부분으로 이동되는 물질은 전하를 띤 이온으로 구성되어 있다. 이제 **전하를 띠지 않은 물질**을 다룰 것이며 따라서 앞선 장에 나온 것과는 구별이 된다. 전하를 띠지 않은 물질은 전위차의 영향을 받지 않기 때문에 우리는 이 대신에 대류와 확산에 의한 운동에 의존해야만 한다. 더 나아가 대부분 **기체상(相)의 전달**(그리고 가끔은 액체상(相)의 전달)에 대해서만 다룬다. 이것은 앞선 장에서 논의된 대부분이 고체상(相)인 이온 전달과는 대조가 된다.

왜 우리는 연료전지의 물질 전달에 관심을 가지는가? 이것에 대한 답은 불충분한 물질 전달이 연료전지의 성능 손실에 중요하게 연관되기 때문이다. 왜 불충분한 물질 전달이 성능의 손실로 이어질 수 있는지 이해하기 위해서 연료전지 입구에서가 아니라 **촉매층**

에서의 반응물과 생성물의 농도가 연료전지의 성능을 결정한다는 것을 기억해야 한다. 그러므로 촉매층에서 반응물의 고갈(또는 생성물의 축적)은 성능에 해로운 영향을 끼친다. 이러한 성능의 손실을 연료전지 '농도 손실(concentration loss)' 또는 물질 전달 손실(mass transportation loss)이라고 부른다. 연료전지 전극과 연료전지 유로에서의 물질 전달을 적절히 최적화하면 농도 손실을 최소화 할 수 있다.

5.1 전극과 유로 구조에서의 물질 전달

이 장은 두 가지 주요한 부분으로 나누어진다. 하나는 연료전지 전극에서의 물질 전달이고 다른 하나는 연료전지 유로에서의 물질 전달이다. 우리는 왜 이러한 구별을 하는가? 그리

대류 vs 확산

대류와 확산의 차이를 이해하는 것은 중요하다.

- **대류**는 유체의 집단 운동에 의한 물질 이동과 관련된다. (역학적인 힘에 의함)
- **확산**은 농도 구배에 의한 물질 이동과 관련된다.

그림 5.1은 2개의 전달 방식 사이의 차이를 나타낸다. 흥미롭게도 (그리고 연료전지에서 중요하게도) 대류가 물질 이동에 있어서 확산과 비교해 훨씬 '효율적'이라는 것이 판명되었다. 예를 들어 기본 온도, 압력조건에서 500 μm 두께의 다공성 전극을 관통하는 O_2 플럭스는 최대 4×10^{-5}(mol/cm$^2\cdot$s) 정도이다. 이 플럭스는 O_2의 대류 유동을 통하면 0.01 m/s (또는 보다 적은) 정도의 작은 유량이다.

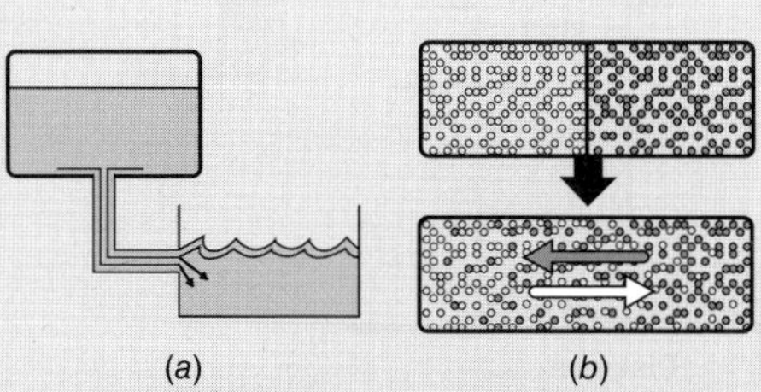

그림 5-1. 대류와 확산. (a) 이 시스템 안의 대류에 의한 전달은 수조의 높은 부분으로부터 낮은 부분으로 물질을 움직인다. (b) 흰색과 회색 입자 사이의 농도 구배는 회색 입자를 왼쪽으로 그리고 흰색 입자를 오른쪽으로 전달하는 확산을 초래한다.

고 이것들의 차이점은 무엇인가?

이 두 영역의 차이 중 하나는 길이의 크기다. 그러나 더 중요한 것은 이 길이의 크기 차이가 전달 메커니즘의 차이로 연결된다는 것이다. 유로의 크기 범위는 일반적으로 밀리미터, 센티미터 단위이다. 유동 패턴은 일반적으로 기하학적으로 잘 정의된 유로 배열로 이루어져 있으며 이것은 유체역학의 법칙을 따르고 있다. 이러한 유로속의 기체의 전달은 유체 유동과 대류의 지배를 받는다. 반면에 연료전지의 전극은 마이크로미터, 나노미터의 크기의 다공질 구조를 가진다. 사행도(tortuosity)를 가지고, 보호 구조를 지닌 이러한 전극 구조는 유동 유로에 존재하는 대류의 힘이 기체 분자에 전달되는 것을 막는다. 대류로부터 보호된 전극속의 기체의 전달은 확산에 의해 지배를 받는다.

유로 속에서 전달을 지배하는 대류의 힘은 어디서부터 오는 것인가?이것은 연료전지내부로 일정 비율의 연료와 산소를 공급하기 위해 사용자(즉 우리들)가 부과한다. 연료전지 내부로 일정 비율로 공급하기 위해 필요한 압력은 유체역학을 이용해 계산된다. 높은 유동률은 연료전지 반응물의 분배를 향상시키지만, 불가피하게 높은 압력이 요구되거나 다른

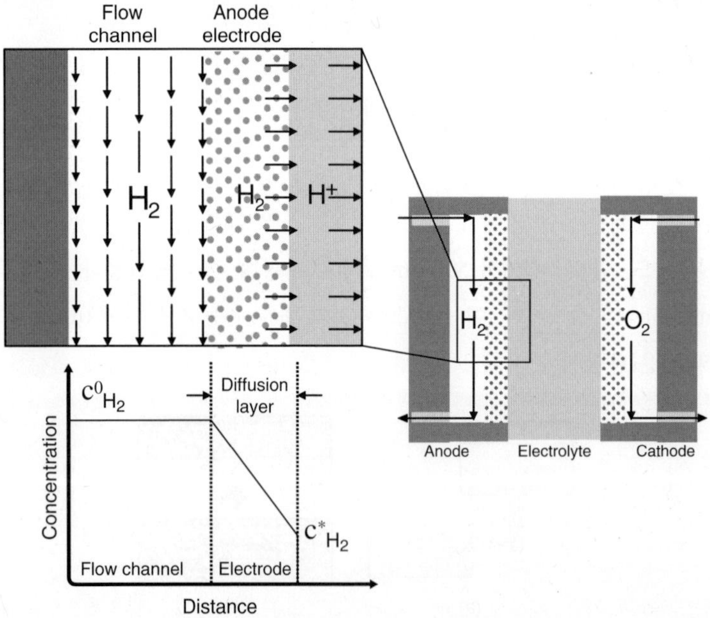

그림 5-2. 작동되고 있는 H_2−O_2 연료전지의 연료극에서 형성되는 확산층의 개략도. 연료극과 전해질의 경계에서 H_2 기체의 소모는 전극 내에서의 H_2의 고갈을 초래한다. H_2 기체의 농도는 유동 유로에서의 평균값($c^0_{H_2}$)으로부터 촉매층에서는 훨씬 작은 값($c^*_{H_2}$)으로 감소한다. 유동 유로에서의 H_2 기체 속도의 크기는 개략적으로 화살표의 크기로 나타내었다. 확산층의 시작 부분으로 나타낸 유로와 전극의 경계 부근에서 H_2 기체의 속도는 0으로 떨어진다.

문제가 발생할 수 있다.

전극 속에서 확산에 의한 전달을 지배하는 농도 구배는 어디서부터 오는 것인가? 이것은 촉매층에서 화학 종의 소비(또는 생산)에 의해 **발생된다**. 그림 5.2에 묘사되어 있듯이, 높은 전류밀도에서 작동되는 연료전지의 연료극에서는 엄청난 비율로 H_2 분자가 소모된다. 이것은 촉매층 부근에서의 H_2의 고갈로 연결이 되며 전극으로까지 미치게 된다. 농도 구배의 결과는 전극으로부터 반응 영역으로 H_2의 확산 전달을 위한 구동력을 제공한다.

대류가 지배적인 유동과 확산이 지배적인 유동 사이의 경계 혹은 '분할선'은 종종 연료전지 기체 유로와 다공성의 전극이 만나는 곳에서 발생한다. 유동 유로 안에서 대류는 기체 흐름이 잘 섞이도록 유지해주며 따라서 농도 구배는 발생하지 않는다. 그러나 마찰에 의한 효과로 인해 전극-유로의 경계(그림 5.2에 나와있듯이)에서 기체 흐름의 속도는 0으로 된다. 대류에 의한 섞임이 없는 경우 전극의 정체된 기체 속에서는 농도 구배가 형성된다. 확산이 물질 전달을 지배하는 영역이기 때문에 우리는 이러한 기체가 정체된 영역을 **확산층**이라고 부른다. 대류에 의한 전달이 끝나는 부분과 확산에 의한 전달이 시작되는 부분의 경계선이 애매하므로 종종 정확한 확산층의 두께를 정의하기는 어렵다. 더 나아가 이것은 유동의 상태, 유동 유로의 형상 또는 전극 구조에 따라 변할 수 있다. 예를 들어 매우 느린 기체 속도에서 확산층은 유동 유로의 중간 부분까지 확장될 수 있다. 반면에 매우 빠른 기체 속도에서 대류에 의한 섞임은 전극 자체의 내부까지 침투할 수 있으며 확산층의 감소를 야기한다.

앞으로 나올 이 장의 두 가지 주요한 절에서 우리는 전극에서 확산을 이용한 물질 전달을 먼저 다룰 것이다. 그 다음에 유로 안에서 유체 역학을 이용한 물질 전달을 다룬다.

5.2 전극에서의 전달: 확산에 의한 전달

이 부분에서 우리는 연료전지 전극에서의 물질 전달을 검토한다. 기술적으로 확산층에서의 물질 전달을 다룰 것인데 이 논의를 위해서 전극의 두께가 확산층의 두께와 일치한다는 가정을 한다. 대부분의 유동 상태에서 이것은 적당한 가정이다. 앞에서 언급했듯이 빠른 속도의 유동 혹은 일반적이지 않은 유동의 패턴은 확산층을 감소시킬 수 있다. 이러한 경우의 실제 확산층 두께의 계산은 정교한 모형이 필요하다. 마찬가지로 느린 유동 속도는 확산층을 증가시킬 수 있지만 다시 정교한 모형에 의한 취급이 필요하다.

5.2.1 전기화학 반응에 의한 확산

대부분의 유동 과정에 있어서 연료전지 전극에서의 물질 전달 상태는 그림 5.3에 나타난 것과 비슷하다. 그림에 묘사되어 있듯이 전극의 한쪽 끝에서 일어나는 전기화학 반응과 전극의 반대 편에서 대류에 의한 혼합은 농도 구배를 일으키고 전극 속에서 확산에 의한 전달을 발생시킨다. 이 그림으로부터 촉매층에서 전기화학 반응이 반응물의 고갈(그리고 생산물의 축적)을 일으킨다는 것을 알 수 있다. 다시 말하면 $c_R^* < c_R^0$이고 $c_P^* > c_P^0$이다. 여기서 c_R^*, c_P^*는 **촉매층**에서의 반응물과 생성물의 농도를 각각 나타내며 c_R^0, c_P^0는 반응물과 생성물의 평균 **농도**(유로에서)를 각각 나타낸다. 이러한 반응물의 고갈(그리고 생성물의 축적)은 연료전지의 성능에 두 가지 형태로 영향을 주며 이것을 간단하게 기술하면

1. **Nernst 손실**: 가역적 연료전지 전압은 Nernst 식에서 예측이 가능하듯이 촉매층에서의 반응물의 농도가 유로 농도에 비해 상대적으로 감소하고, 촉매층에서의 생성물의 농도가 유로 농도에 비해 상대적으로 증가하기 때문에 감소할 것이다.

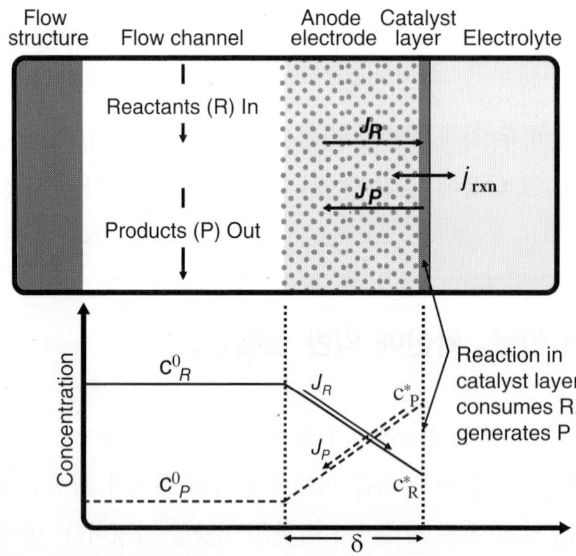

그림 5-3. 전형적인 연료전지 전극에서의 물질 전달 상태의 개략도. 유동 유로에서의 반응물과 생성물의 대류에 의한 혼합은 확산층 바깥에서 일정한 평균 농도(c_R^0와 c_P^0)를 가진다. 촉매층에서의 각 화학 종의 (일정한 비율 j_{rxn}로) 소모와 생성은 반응물의 고갈과 생성물의 축적($c_R^* < c_R^0$과 $c_P^* > c_P^0$)을 일으킨다. 확산층을 통해 반응물의 농도 구배는 c_R^0와 c_R^*사이에서 생기고, 생성물의 농도구배는 c_P^0와 c_P^* 사이에서 일어난다.

2. **반응 손실**: 반응 속도(활성화) 손실은 촉매층에서의 반응물의 농도가 유로 농도에 비해 상대적으로 감소하고 생성물의 농도가 유로 농도에 비해 상대적으로 증가하기 때문에 증가할 것이다.

이 두 가지 손실 영향의 조합을 합쳐서 연료전지 농도(또는 물질 전달) 손실이라고 부른다. 농도 손실의 크기를 정하기 위해서 촉매층에서의 반응물과 생성물의 농도 값이 각각의 유로 평균 값과 얼마나 차이가 나는지 정확히 측정하는 것이 중요하다. 이 측정을 어떻게 할 것인가? 만약 연료전지 전극에서 확산이 일어나는 과정을 보다 가까이 관찰할 수 있다면 이 답을 찾을수 있을 것이다.

그림 5.4에 묘사된 연료전지 전극을 살펴보자. $t = 0$일 때 연료전지를 '전원을 켰다'고 하고 고정된 전류밀도 j의 전기를 생산하기 시작한다고 상상하자. 처음에 연료전지의 모든 곳에서의 반응물과 생성물의 농도는 일정(c_R^0와 c_P^0로 주어진다)하다. 그러나 연료전지에서 전류를 생성하자마자 촉매층에서의 전기화학 반응은 반응물의 고갈(생성물의 축적)을 일으킨다. 반응물은 촉매층 주변에서 촉매층으로 확산되기 시작하는 반면에 생성물은 촉매층으로부터 주변으로 확산되기 시작한다. 시간이 지나면서 반응물과 생성물의 농도 프로파일은 그림에 나타난 것처럼 진행된다. 결국 정상 상태에서는 굵은 선으로 가리킨 것처럼 된다. 정상 상태에서 반응물과 생성물의 농도 프로파일은 대략 선형적으로 전극(확산층)을 가로지르는 거리에 따라서 감소한다. 더 나아가 이러한 감소하는 농도 구배를 따라 생긴 반응물과 생성물의 플럭스는 촉매층에서의 반응물과 생성물의 소모/고갈되는 비율과 정확하게 일치한다. (이것은 직관적으로도 알 수 있다. 정상상태에서 소모되는 비율은 공급되는 비율과 반드시 일치해야만 한다.) 수식적으로

$$j = nF J_{\text{diff}} \qquad \text{식 (5.1)}$$

여기서 j는 연료전지의 작동 전류밀도(전류밀도는 전기화학 반응률의 크기임을 기억하라)와 J_{diff}는 촉매층으로 향하는 반응물의 확산 플럭스(또는 촉매층으로부터 나오는 생산물의 확산 플럭스)이다. 이제 친숙한 정량인 nF는 물론 몰 확산 플럭스를 전류밀도의 단위로 환산시키는데 필요하다.

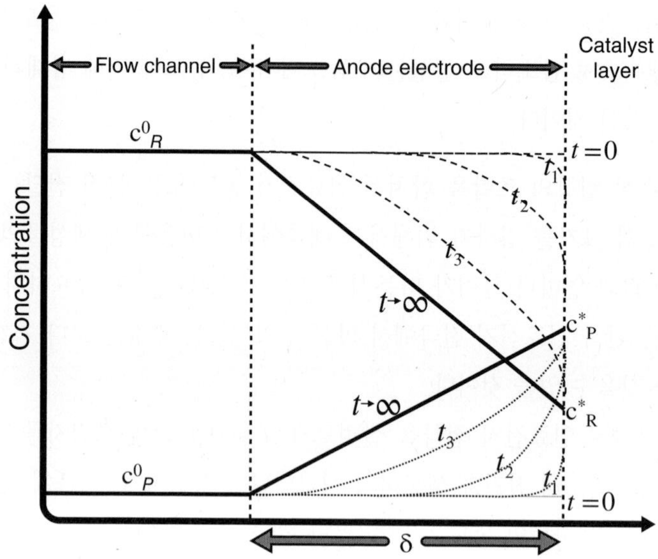

그림 5-4. 전극에서 반응물과 생성물의 농도 분포는 시간에 의존한다. 연료전지는 $t = 0$일 때 전류를 생성하기 시작한다. 일정한 초기값(c_R^0과 c_P^0)으로부터 시작해서 반응물과 생성물의 농도의 분포는 시간이 $t_1 < t_2 < t_3$로 지나면서 진행된다. 결국에 분포는 농도가 확산층을 가로지르는 거리에 따라 (대략적으로) 선형적으로 변화하는 정상 상태(어두운 굵은 선)로 근접한다. 정상 상태에서 이러한 선형적인 농도 구배에 따라 생성된 확산 플럭스는 정확하게 촉매층에서의 반응 플럭스와 균형을 맞춘다.

일반적인 확산계수의 계산

i라는 종의 기체 확산은 i의 성질뿐만 아니라 i가 확산하는 j라는 종의 성질에도 의존한다. 이러한 이유 때문에 이종 기체 확산계수는 일반적으로 D_{ij}라고 쓰여지며 여기서 i는 확산하는 종을, j는 확산이 일어나는 곳에 있는 종을 나타낸다. 두 가지 기체의 이종 시스템에서 D_{ij}는 i와 j의 온도, 압력 그리고 분자량의 따르는 함수다. 낮은 압력에서 일반적인 확산계수는 다음과 같은 기체의 운동 이론을 기본으로 한 식으로 계산을 할 수 있다. [12]

$$p \cdot D_{ij} = a\left(\frac{T}{\sqrt{T_{ci}T_{cj}}}\right)^b (p_{ci}p_{cj})^{1/3}(T_{ci}T_{cj})^{5/12}\left(\frac{1}{M_i}+\frac{1}{M_j}\right)^{1/2} \qquad \text{식 (5.2)}$$

여기서 p는 전압력(total pressure; atm), D_{ij}는 이종 확산계수(cm^2/s) 그리고 T는 온도(K); M_i, M_j는 i와 j라는 종의 분자량(g/mol) 그리고 T_{ci}, T_{cj}, P_{ci}, P_{cj}는 i와 j라는 종의 임계 온도와 압력이다. 표 5.1은 몇몇의 유용한 기체의 T_c와 P_c의 값을 요약한다. 식 (5.2)에서 마지막

변수는 a와 b다. 일반적으로 H_2나 O_2 그리고 N_2와 같은 무극성의 기체에서 $a=2.745\times10^{-4}$ 그리고 $b=1.823$로 사용할 수 있다. H_2O(극성)를 포함한 극성의 단일 기체의 경우 $a=3.640\times10^{-4}$ 그리고 $b=2.334$를 사용할 수 있다. 확산계수를 계산하는 다른 식들은 참고문헌에서 찾을 수 있다.

표 5.1 기체의 임계 값

Substance	Molecular Weight (g/mol)	T_c(K)	p_c (atm)
H_2	2.016	33.3	12.80
Air	28.964	132.4	37.0
N_2	28.013	126.2	33.5
O_2	31.999	154.4	49.7
CO	28.010	132.9	34.5
CO_2	44.010	304.2	72.8
H_2O	18.015	647.3	217.5

Source: From Ref. [12].

유효 확산계수의 계산

다공성의 구조물에서 기체 분자는 작은 기공의 벽에 의해 방해를 받게 된다. 확산 플럭스는 이러한 방해물에 의한 영향을 설명할 수 있도록 보정해야만 한다. 보통 이것은 수정된 또는 유효 확산계수를 사용해서 보정한다. Bruggemann 보정식을 따르면 다공성 구조에서 유효 확산계수는 다음처럼 표현할 수 있다.[13]

$$D_{if}^{\text{eff}} = \varepsilon^{1.5} D_{ij} \qquad \text{식 (5.3)}$$

여기서 ε은 기공의 공극률(porosity)을 나타낸다. 공극률은 전체 부피에 대한 기공 부피의 비를 나타낸다. 보통 연료전지 전극은 기공에 의해 점유된 부피가 전극 부피의 40%를 뜻하는 0.4 정도의 공극률을 가진다. 개방된 공간의 경우 공극률은 1이고 $D_{ij}^{\text{eff}}=D_{ij}$이다. 종종 식 (5.3)은 사행도(tortuosity) τ를 포함하기 위해 수정된다.

$$D_{ij}^{\text{eff}} = \varepsilon^{\tau} D_{ij} \qquad \text{식 (5.4)}$$

사행도는 구불구불하거나 복잡한 유동 경로에 의해 발생하는 확산에 대한 추가적인 방해를 나타낸다. 심한 '미로' 혹은 구불구불한 다공성의 구조는 높은 사행도 값을 가진다. 비틀림은 다공성 구조의 형태에 의존하면서 1.5부터 10까지 변화할 수 있다고 알려져 있다. 그러나 높은 온도에서의 유효 확산계수에 대해서는 또 다른 보정식이 보다 정확하다고 알려져있다. [14]

$$D_{ij}^{\text{eff}} = D_{ij}\frac{\varepsilon}{\tau} \quad \text{식 (5.5)}$$

확산 플럭스 J_{diff}는 확산 식을 이용해서 계산된다. 앞선 장(표 4.1)을 기억하면 확산 전달은 다음처럼 나타난다.

$$J_{\text{diff}} = -D\frac{dc}{dx} \quad \text{식 (5.6)}$$

그림 5.4에서 확인한 정상 상태에서 이 식은 다음과 같이(반응물 플럭스로 써서) 된다.

$$J_{\text{diff}} = -D^{\text{eff}}\frac{c_R^* - c_R^0}{\delta} \quad \text{식 (5.7)}$$

여기서 c_R^*는 촉매층의 반응물 농도, c_R^0는 유로 평균 반응물 농도이며 δ는 전극(확산층)의 두께 그리고 D^{eff}는 촉매층에서의 유효 확산계수다. (유효 확산계수는 복잡한 구조와 전극의 사행도 때문에 일반적인 확산계수보다 작다. 일반적인 확산계수와 유효 확산계수를 계산하는 방법은 보충설명에 나와 있다.) 식 (5.1)과 (5.7)을 조합하면 촉매층에서의 반응물의 농도를 계산할 수 있다.

$$j = nF\,D^{\text{eff}}\frac{c_R^* - c_R^0}{\delta} \quad \text{식 (5.8)}$$

$$c_R^* = c_R^0 - \frac{j\delta}{nF\,D^{\text{eff}}} \quad \text{식 (5.9)}$$

이 식이 말하는 것은 촉매층에서 반응물의 농도(c_R^*)는 j, δ 그리고 D^{eff}에 따르고, 항상 유로 평균 농도 c_R^0보다 작다는 것이다. j가 증가함에 따라 반응물의 고갈 효과는 강해진다. 따라서 높은 전류밀도는 농도 손실을 악화시킨다. 그러나 이러한 농도 손실은 확산층의 두께 δ를 줄이거나 유효 확산계수 D^{eff}가증가하면서 완화될 수 있다.

5.2.2 한계전류밀도

촉매층에서 반응물의 농도가 0으로 떨어질 때의 상황을 고려해보면 흥미롭다. 이것은 물질 전달의 한계점을 나타낸다. 연료전지는 반응물의 농도가 0으로 떨어지는 상황보다 더 높은 전류밀도를 결코 발생할 수 없다. 우리는 이러한 전류밀도를 연료전지의 **한계전류밀도**(*limiting current density*)라고 부른다. 한계전류밀도(j_L)는 $c_R^* = 0$이라고 설정한 식 (5.8)로부터 계산이 된다.

$$j_L = nFD^{\text{eff}} \frac{c_R^0}{\delta} \qquad \text{식 (5.10)}$$

연료전지 물질 전달 설계 전략은 한계전류밀도를 증가시키는 것에 초점을 맞춘다. 이러한 설계 전략은 다음과 같다.

1. 높은 c_R^0의 확보(균일하게 반응물이 분배되는 좋은 유로 구조를 설계)
2. D^{eff}를 크게 그리고 δ를 작게 확보(연료전지 작동조건, 전극 구조 그리고 확산층의 두께를 신중하게 최적화함으로써)

일반적인 값으로 δ는 약 100~300 μm이고 D^{eff}는 10^{-2} cm^2/s이다. 그러므로 일반적인 한계전류밀도는 1~10 A/cm^{2}이다. 이 물질 전달 영향은 연료전지의 극한 한계를 나타낸다. 연료전지는 결코 한계전류밀도에 의해 결정된 것보다 높은 전류밀도를 생산할 수 없다. (그러나 다른 연료전지의 손실 예를 들어 저항, 활성화 손실이 한계전류밀도에 도달하기 전에 연료전지 전압을 0으로 줄일 수 있다는 것을 명심해라.)

한계전류밀도가 연료전지 물질 전달의 근본적인 한계라고 정의하지만 농도 손실은 낮은 전류밀도에서 또한 여전히 발생한다. 5.2.1절로부터 촉매층에서의 농도 차이는 연료전지 성능에 두 가지 형태로 영향을 끼친다는 것을 기억하자. 첫째로 Nernst(열역학적) 전압을 낮추고 둘째로 활성화(반응속도) 손실을 증가시킨다. 우리는 이제 이 두 가지 영향을 자세히 검토할 것인데, 놀랍게도 둘 다 같은 결과에 이른다는 것을 확인하게 될 것이다. 이 결과는 일반화하여 연료전지의 '농도' 과전압(concentration overvoltage) η_{conc}이라 부른다.

분명하게 그리고 단순화를 위해서 다음 절에서 농도 과전압 표현에 대해 오직 반응물의 고갈에 의한 영향만을 고려할 것이다. 이러한 표현은 생성물의 축적에 의한 영향에 대해서도 유사한 방식으로 나타낼 수 있다.

연료극과 공기극에서의 한계전류밀도

일반적으로 한계전류밀도는 연료전지의 각각의 반응물의 종류에 따라 계산이 된다. 예를 들어 H_2-O_2 연료전지에서 j_L값은 연료극(H_2에 기반을 둔)과 공기극(O_2에 기반을 둔)을 가지고 계산이 된다. 모든 경우에 있어서 식 (5.10)의 정확한 n 값을 가지고 고려된 반응물의 종류와 일치하도록 조심해야 한다. H_2의 경우 1 mol의 H_2는 $2e^-$를 공급할 것이고 따라서 $n = 2$이다. 그러나 O_2의 경우 1 mol의 O_2는 $4e^-$를 소모할 것이고 따라서 $n = 4$이다. 대부분의 연료전지는 물질 전달 손실을 결정할 때 오직 산소의 j_L만이 고려된다. 산소 이동에 의한 물질 전달의 한계는 일반적으로 수소의 경우보다 훨씬 심각하다. 이것은 (순수한 산소보다는) 공기가 일반적으로 사용되고 O_2가 H_2보다 더 느리게 확산되기 때문이다.

5.2.3 농도가 Nernst 전압에 끼치는 영향

농도가 연료전지 성능에 끼치는 영향의 첫 번째 경우는 Nernst 식을 통한 것이다. 이것은 연료전지의 실제 가역적인 열역학적 전압이 연료의 입구가 아니라 반응이 일어나는 곳에서의 반응물과 생성물의 농도에 의해 결정되기 때문이다. 2장으로부터 Nernst 식의 형태를 기억해 보자(식 2.89).

$$E = E^0 - \frac{RT}{nF}\ln\frac{\Pi a_{\text{products}}^{v_i}}{\Pi a_{\text{reactants}}^{v_i}} \qquad \text{식 (5.11)}$$

단순화를 위해서 하나의 반응물만이 있는 연료전지를 고려할 것이다. 앞서 언급했듯이 이것을 다루는데 있어서 생성물 축적의 영향은 무시할 것이며, 앞선 절에서부터의 사용된 표기를 유지한다: c_R^* = 촉매층에서의 반응물 농도, c_R^0 = 유로 평균 반응물 농도

우리는 촉매층에서의 반응물의 고갈 때문에 증가하는 전압손실을 계산하려 한다(이것을 η_{conc}라고 부른다). 다른 말로 c_R^0 값 대신에 c_R^* 값을 사용할 때 Nernst 전압이 얼만큼 변화하는지를 계산하기를 원한다.

$$\begin{aligned}\eta_{\text{conc, Nernst}} &= E_{\text{Nernst}}^0 - E_{\text{Nernst}}^* \\ &= \left(E^0 - \frac{RT}{nF}\ln\frac{1}{c_R^0}\right) - \left(E^0 - \frac{RT}{nF}\ln\frac{1}{c_R^*}\right) \\ &= \frac{RT}{nF}\ln\frac{c_R^0}{c_R^*}\end{aligned} \qquad \text{식 (5.12)}$$

여기서 E^0_{Nernst}는 c^0값을 이용한 Nernst 전압이고 E^*_{Nernst}는 c^*값을 이용한 Nernst 전압이다. c^0_R가 한계전류밀도의 형태로 나타낼 수 있다는 것을 기억하자. (식 5.10으로부터)

$$c^0_R = \frac{j_L \delta}{nFD^{\text{eff}}} \tag{식 (5.13)}$$

그리고 c^*_R는 확산 식 (5.9)의 형태로 나타낼 수 있다.

$$\begin{aligned} c^*_R &= c^0_R - \frac{j\delta}{nFD^{\text{eff}}} \\ &= \frac{j_L \delta}{nFD^{\text{eff}}} - \frac{j\delta}{nFD^{\text{eff}}} \end{aligned} \tag{식 (5.14)}$$

그러므로 c^0_R / c^*_R의 비는 다음과 같이 쓸 수 있다.

$$\begin{aligned} \frac{c^0_R}{c^*_R} &= \frac{j_L \delta / nFD^{\text{eff}}}{j_L \delta / nFD^{\text{eff}} - j\delta / nFD^{\text{eff}}} \\ &= \frac{j_L}{j_L - j} \end{aligned} \tag{식 (5.15)}$$

이 결과를 우리가 표현한 η_{conc}에 대입하면, 최종 결과를 얻을 수 있다.

$$\eta_{\text{conc,Nernst}} = \frac{RT}{nF} \ln \frac{j_L}{j_L - j} \tag{식 (5.16)}$$

이 표현이 오직 $j < j_L$(j는 어떻게 되었든 j_L보다 결코 클 수 없다)일 때만 타당하다는 것을 주목해라. $j << j_L$의 경우 이 표현은 농도 손실 η_{conc}가 중요하지 않다는 것을 암시한다. 그러나 $j \rightarrow j_L$이 됨에 따라 η_{conc}는 급격하게 증가한다.

5.2.4 농도가 반응속도에 끼치는 영향

농도가 연료전지 성능에 끼치는 영향의 두 번째 경우는 반응속도론을 통한 것이다. 이것은 반응속도론 또한 반응이 일어나는 곳에서의 반응물과 생성물의 농도에 의존하기 때문이다. 3장으로부터 반응속도론은 Butler−Volmer 식 (3.33)에 의해 나타내어진 것을 기억하자.

$$j = j^0_0 \left(\frac{c^*_R}{c^{0*}_R} e^{\alpha nF\eta_{\text{act}}/(RT)} - \frac{c^*_P}{c^{0*}_P} e^{-(1-\alpha)nF\eta_{\text{act}}/(RT)} \right) \tag{식 (5.17)}$$

여기서 c_R^*와 c_P^*는 임의의 농도이며 j_0^0는 반응물과 생성물의 농도의 표준값 c_R^{0*}과 c_P^{0*}에서 얻어진다. (c_R^{0*}과 c_P^{0*}는 반응물과 생성물의 표준값이며 연료전지의 반응물과 생성물의 유로 평균 농도인 c_R^0과 c_P^0와는 다르다는 것을 명심해라.)

우리는 주로 높은 전류밀도 지역에 관심을 갖는다. 이것은 농도의 영향이 가장 뚜렷하게 나타나기 때문이다. 높은 전류밀도에서 Butler−Volmer 식의 두 번째 항은 없어지고 식은 다음과 같이 간단하게 된다.

$$j = j_0^0 \left(\frac{c_R^*}{c_R^{0*}} e^{\alpha n F \eta_{\text{act}}/(RT)} \right) \quad \text{식 (5.18)}$$

과 전압항에 관하여 정리하면 다음과 같이 된다.

$$\eta_{\text{act}} = \frac{RT}{\alpha n F} \ln \frac{j c_R^{0*}}{j_0^0 c_R^*} \quad \text{식 (5.19)}$$

앞의 절에서 촉매층에서 반응물의 고갈 때문에 증가하는 전압의 손실(다시 η_{conc}라고 부르자)을 계산하고자 했다. 다른 말로, c_R^0 값 대신에 c_R^* 값을 이용할 때 활성화 과전압이 얼만큼 변하는지 계산하고자 했다. (c_R^{0*}과 c_R^0가 다르다는 것을 명심해라.)

$$\begin{aligned} \eta_{\text{conc, BV}} &= \eta_{\text{act}}^* - \eta_{\text{act}}^0 \\ &= \left(\frac{RT}{\alpha n F} \ln \frac{j c_R^{0*}}{j_0^0 c_R^*} \right) - \left(\frac{RT}{\alpha n F} \ln \frac{j c_R^{0*}}{j_0^0 c_R^0} \right) \\ &= \frac{RT}{\alpha n F} \ln \frac{c_R^0}{c_R^*} \end{aligned} \quad \text{식 (5.20)}$$

여기서 $\eta^0{}_{\text{act}}$는 c^0값을 이용한 활성화 손실이고 $\eta^*{}_{\text{act}}$는 c^*값을 이용한 활성화 손실이다. 앞에서처럼 c_R^0/c_R^*의 비율을 다음과 같이 쓸 수 있다.

$$\frac{c_R^0}{c_R^*} = \frac{j_L}{j_L - j} \quad \text{식 (5.21)}$$

이 결과를 우리가 표현한 η_{conc} 대신 사용하면 앞에서처럼 거의 똑같은 최종 결과를 제공한다.

$$\eta_{\text{conc, BV}} = \frac{RT}{\alpha n F} \ln \frac{j_L}{j_L - j} \quad \text{식 (5.22)}$$

이 결과는 앞서 표현한 농도 손실(식 5.16)과 오직 α라는 요소만 다르다. 두 가지 영향이 사실상 동일하기 때문에 총 손실을 다음과 같이 일반화 시킬 수 있다.

$$\eta_{\text{conc}} = \eta_{\text{conc,Nerst}} + \eta_{\text{conc,BV}} = \left(\frac{RT}{nF}\right)\left(1+\frac{1}{\alpha}\right)\ln\frac{j_L}{j_L - j} \qquad \text{식 (5.23)}$$

가장 일반적인 형태로 쓰면 이는 다음과 같이 된다.

$$\eta_{\text{conc}} = c \ln\frac{j_L}{j_L - j} \qquad \text{식 (5.24)}$$

여기서 c는 상수이다.

5.2.5 *j*–*V* 곡선 상에서의 농도 손실에 대한 설명

이 절에서, 농도 손실이 어떻게 연료 전지의 $j-V$ 곡선에 영향을 끼치는지 좀 더 자세히 알아본다. 식 (5.12)와 (5.20)에 따르면, 촉매 표면의 반응물 농도(c_R^*)와 벌크 농도(c_R^0)의 차이가 농도 손실을 일으킨다. 촉매층에서 농도 감소가 클수록(다시 말해서 더 낮은 c_R^*) 농도 손실은 더 커진다.

우선 'Nernst' 농도 손실을 생각해보자. 식 (5.12)는 반응물의 농도 감소가 Nernst 전위의 감소를 야기한다는 것을 말해준다. 이 Nernst 농도 감소의 영향은 그림 5.5에서 볼 수 있듯이 연료전지 $j-V$ 곡선에서 직접적으로 나타난다.

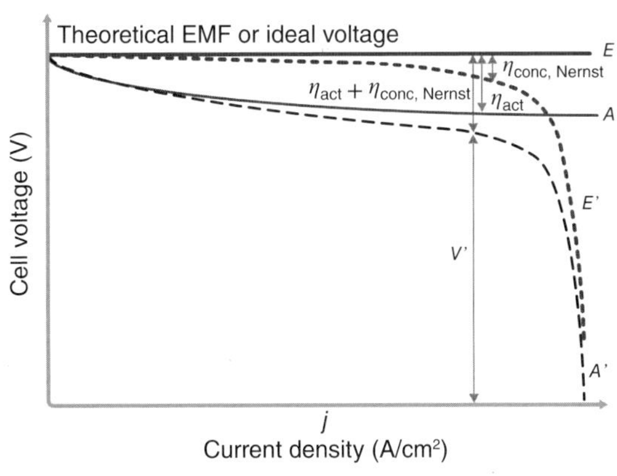

그림 5-5. Nernst 효과에 따른 농도 손실. 연료 전지가 전류밀도 j에서 작동할 때, 반응물이 소모되면서 표면 농도가 벌크 농도 이하로 감소한다. 따라서 주어진 $\eta_{\text{conc,Nernst}}$의 양에 따라 이상적인 전위가 E에서 E'로 떨어진다.(지금부터 농도 감소에 따른 추가적인 활성화 손실은 고려치 않는다. 따라서 활성화 손실 곡선(η_{act})은 간단히 A에서 A'로 변화한다.)

그림 5.5에 표현된 이상적인 전압 곡선 E와 활성화 손실 A는 촉매층의 농도가 벌크 농도와 정확히 같을 때의 성능을 나타낸다(감소 없음). 전형적으로 이런 무손실 상태는 전류밀도가 0일 때만 발생한다. 일단 연료전지가 전류를 생성하기 시작하면 반응물 소모가 촉매 표면의 반응물 농도 감소를 야기한다. 그리고 Nernst 전압은 촉매 표면의 반응물 농도에 따라 달라지기 때문에 연료전지의 촉매층의 반응물 농도 감소가 거기에 상응하는 이상적 Nernst 전압의 감소를 야기한다. 이 새로운 Nernst 전압 곡선은 그림 5.5에 E'로 나타나 있다. E와 E' 간의 차이는 식 (5.12)로부터 얻어진 농도 손실을 나타낸다. 현재는 활성화 손실 곡선의 농도 손실의 영향을 무시하자. 하지만 비록 활성화 손실로 인한 농도의 영향을 무시하더라도, 활성화 손실 곡선은 여전히 E에서 E'로 변한것 때문에 A에서 A'로 이동한다는 것을 인식해야 한다. 반응물 손실로 인해 증가한 Nernst 손실은 E에서 E'로의 변화를 통해 알 수 있다. 이 손실로 인해 그에 상응하는 만큼 연료전지 전압 곡선이 V에서 V'로 이동하게 된다.

비록 그림 5.5에서는 무시되었지만 활성화 손실 곡선에서 농도 손실의 영향을 고려하자. 식 (5.20)에서 알 수 있듯이, 촉매층에서의 반응물 손실은 활성화 손실을 증가시킨다. 그림 5.6에 나타난 대로이는 활성화 손실 곡선을 A'에서 A^*로 이동시킨다. A'와 A^*의 차이는 식 (5.20)에서 구한 활성화 손실을 나타낸다(Butler−Volmer 반응속도론에 따라). 이 손실은 그림 5.6에 $\eta_{\text{conc,BV}}$ 표시되어 있다. 그러므로 $\eta_{\text{conc,BV}}$와 $\eta_{\text{conc,Nernst}}$가 합쳐진 손실이 전체 연료전지 전압을 V^*로 낮추고, 농도로 야기된 Nernst와 활성화 손실 모두를 나타낸다.

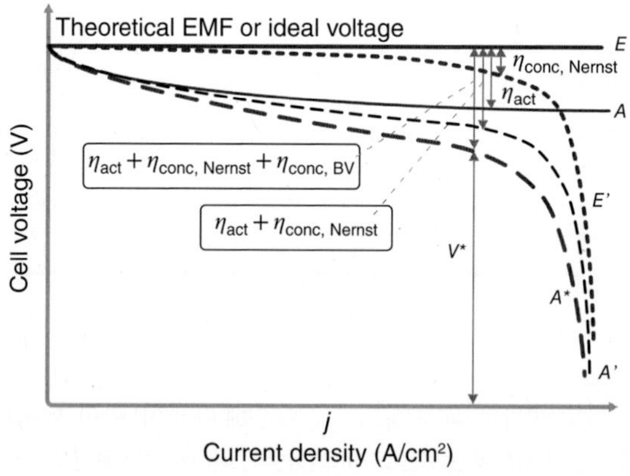

그림 5−6. Nernst 효과와 활성화 효과로 인한 농도 손실이다. 새로운 활성화 곡선 A^*는 전류밀도가 증가함에 따라 촉매 표면의 농도의 감소로 인한 추가적인 역학적 손실을 나타낸다. A^*와 A'의 차이는 이 농도로 야기된 농도 손실($\eta_{\text{conc,BV}}$)을 나타낸다.

그림 5.6의 점선은 활성화 손실과 농도 손실 모두를 고려한 연료전지의 j–V 성능 동작을 나타낸다. 전류밀도가 증가함에 따라 이에 상응하는 만큼 촉매층에서 반응물 농도가 감소한다. 이처럼, 농도 손실은 j–V 곡선의 높은 전류밀도 영역에서 특히 감소가 심하다.

5.2.6 연료선지 농도 손실의 요약

앞선 절에서 어떻게 촉매층에서 반응물과 생성물의 고갈/축적이 연료전지의 성능 손실로 이어지는지 살펴봤다. 이 성능 손실은 연료전지 농도 손실(또는 물질 전달 손실)이라고 부르며 일반적인 형태로

$$\eta_{\text{conc}} = c \ln \frac{j_L}{j_L - j} \qquad \text{식 (5.25)}$$

로 표시된다. 여기서 c는 상수이며 근사식의 형태로 다음과 같다.

$$c = \frac{RT}{nF}\left(1 + \frac{1}{\alpha}\right) \qquad \text{식 (5.26)}$$

흥미롭게도 실제의 연료전지의 특성은 위의 식 (5.26)에 의해 예측된 것보다 훨씬 더 큰 c 값을 사용해야 한다. 그러므로 많은 경우에 c는 실험적으로 얻어진다. '실제' c 값과 이 책의 이론적 토대로 예측한 값에는 차이가 있을 수 있음에 주의하자. S.B.Beale은 연료전지의 물질 전달 손실에 대한 좀 더 일반적인 논의를 제공했다. 이 논의에 기초하여 Beale은 농도 손실을 계산하기 위해서는 다음 공식을 사용해야 한다고 제안한다.

$$\eta_{\text{conc}} = \frac{RT}{\alpha nF} \ln\left(\frac{1 + rB}{1 + B}\right)$$

여기서 B는 일반화된 물질 전달 원동력을 나타낸다.[1]

1 좀 더 일반화된 물질 전달 분석 결과를 적용하는 데 관심이 있는 학생들은 이 문헌에서 도움을 얻을 수 있을 것이다. S.B.Beale, Calculation procedure for mass transfer in fuel cells, *Journal of Power Sources*, 128:185–192, 2004.

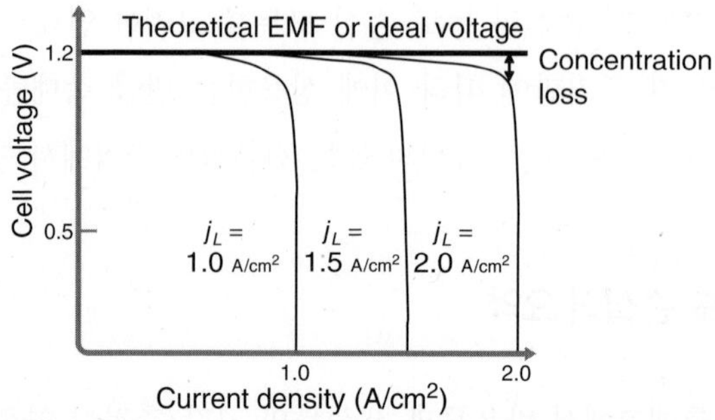

그림 5-7. 연료전지 성능의 농도 손실 효과. 촉매층에서 농도 효과는 식 (5.25)에 의해 결정된 연료전지 작동 전압의 특징적인 감소에 기여한다. 이 손실의 형태는 c와 j_L에 의해 결정된다. (곡선은 각각 1, 1.5, 2 A/cm^2 그리고 상수로 유지된 c 값에 의해 계산된다. c 값은 T=300 K, n=2, α=0.5일 때 식 (5.26)을 이용해서 0.0388 V로 고정된다.)

그림 5.7은 연료전지의 $j-V$ 특성 위에 농도 손실을 나타낸다. 그림의 곡선은 다양한 j_L 값(각각 1, 1.5 그리고 2 A/cm^2)과 상수로 유지된 c 값(T=300 K, n=2, α=0.5를 이용한 c=0.0388 V)으로 그려졌다. 곡선의 모양에서 알 수 있듯이 농도 손실은 높은 전류밀도(j가 j_L에 근접할 때)에서만 연료전지 성능에 상당한 영향을 끼치며 이러한 손실은 빠르고 급격하게 증가한다. 상당한 농도 손실의 발생은 연료전지의 작동 영역의 실질적인 한계를 나타낸다.

그림에 나타나 있듯이 j_L값의 증가는 연료전지의 작동 영역을 크게 확장시킬 수 있다. 그러므로 물질 전달의 설계는 연료전지 연구에서 실질적으로 효과가 있는 분야다. j_L이 어떻게 정의되었는지 기억하자.

$$j_L = nFD^{\text{eff}}\frac{c_R^0}{\delta} \qquad \text{식 (5.27)}$$

앞서 토론했듯이 이 식은 D^{eff}, c_R^0 그리고 δ에 의존하는 한계전류밀도를 나타낸다. 여기서 D^{eff}와 δ는 대부분 전극에 의해 결정된다. 전극의 설계에 많은 제약이 존재하며 따라서 전극의 물질 전달 속성을 좋게 하기 위해 단독으로 전극을 최적화하는 것은 일반적으로 어렵다. 대신에 유로 구조 설계를 통해 종종 물질 전달의 최적화를 위한 가장 좋은 기회를 얻을 수 있다. 유로 설계는 한계전류밀도에 영향을 준다. 왜냐하면 이는 유동 유로에서 c_R^0, 즉 반응물(혹은 생성물)의 유로 평균 농도를 결정하기 때문이다. 항상 염두에 둬야 할 점은 연료전지 유동 유로에서 c_R^0가 일정하지 않다는 것이다. (우리가 원하지는 않지만!) 대신에 c_R^0는 반응물이 소모되고 있기 때문에 연료전지 유동 유로의 이동거리에 따라 감소한다.

가장 좋은 유로 설계는 기체의 고갈의 효과를 최소화함으로써 c_R^0을 연료전지 장치 전체에 걸쳐 지속적으로 높일 수 있는 설계다.

다음 절에서 배울 것이지만 지속적으로 높은 c_R^0 값을 유지하는 것은 종종 연료전지에서 농도 손실을 최소화하는 가장 최선의 방법이다.

예제 5.1.

80℃에서 작동하는 연료전지를 생각해보자. 공기극에서 1.0기압의 습한 공기가 0.2몰분율의 수증기과 같이 공급된다. (a) 이 온도의 습공기 내에서 공기극 산소의 확산계수는 0.1 cm^2/s이고 공기극은 두께 500 μm, 40%의 다공질일 때 한계전류밀도 j_L을 계산하라. (b) 이 연료전지가 2.0 A/cm^{2}의 전류 밀도에서 동작할 때, 농도 과전압(η_{conc})을 구하라. α = 0.5, c = 0.1 V라고 가정하라.

풀이

편의를 위해 식 (5.27)에서 나타낸 한계전류밀도를 다시 나타내보자.

$$j_L = nFD^{\text{eff}}\frac{c_R^0}{\delta}$$

이 식에서 대부분의 값은 문제에서 주어졌다. 하지만 c_R^0 값은 계산할 필요가 있다. 기체 농도는 이상기체법칙의 기체 분압을 이용하여 계산할 수 있다.

$$c_R^0 = \frac{n_R^0}{V} = \frac{P_R^0}{RT}$$

문제에서 공기극에 0.2몰분율의 수증기가 포함된 전체 1.0기압의 습공기가 공급된다고 하였다. 공기는 78%의 질소와 21%의 산소로 이루어져 있다. 하지만 이 경우에는 20%의 수증기 때문에 남은 80% 중에 78%가 질소, 21%가 산소인 희석된 공기이다. 다시 말해서, 산소의 분압은 0.8×0.21=0.168이다. 이 값을 이상기체법칙에 넣으면,

$$c_{O_2}^0 = \frac{P_{O_2}^0}{RT} = \frac{0.168 \times (101{,}300\ \text{Pa/atm})}{(8.314\ \text{J/mol}\cdot\text{K}) \times (353\ \text{K})} = 5.8\ \text{mol/m}^3 = 5.8 \times 10^{-6}\ \text{mol/cm}^3$$

이상기체법칙을 이용할 때는 주의가 필요하다!!! 단위의 혼동으로 생기는 문제를 피하기 위해 모든 값에 SI 단위를 적용해야 한다(예를 들어, 기압은 pascal 단위로 바꿔야 한다). SI 단위를 사용하면, 계산된 농도는 mol/m^{3}의 단위를 가질 것이다.

식 (5.3)과 문제에서 주어진 연료전지 내 공기극의 산소 유효 확산계수 값을 사용하여 계산하면

$$D^{\text{eff}}_{O_2,N_2} = \varepsilon^{1.5} D_{O_2,N_2} = (0.4^{1.5})(0.2\ \text{cm}^2/\text{s}) = 0.0506\ \text{cm}^2/\text{s}$$

마지막으로 이 결과를 j_L를 구하는 식에 넣으면

$$j_L = nFD^{\text{eff}} \frac{c_R^0}{\delta} = 4(96,485\ \text{C/mol})(0.0506\ \text{cm}^2/\text{s}) \frac{5.8 \times 10^{-6}\ \text{mol/cm}^3}{0.05\ \text{cm}}$$
$$= 2.26\ \text{A/cm}^2$$

j_L을 공기극(산소)에서 계산하기 때문에 n = 4인 것을 기억하자. 1~10 A/cm^{2}의 한계전류밀도는 대부분의 연료전지의 전형적인 값이다. 한계전류밀도 값을 계산하는 것은 일반적으로 간단한 일이다. 하지만 단위가 항상 문제 발생의 원인이다. 이런 식을 계산할 때 항상 주의하라!

농도 과전압은 식 (5.25)를 이용하여 계산할 수 있다.

$$\eta_{\text{conc}} = c \ln \frac{j_L}{j_L - j} = 0.1 \ln \left[\frac{2.26\ \ \text{A/cm}^2}{2.26\ \ \text{A/cm}^2 - 2\ \ \text{A/cm}^2} \right] = 0.22\ \text{V}$$

5.3 유로에서의 전달: 대류에 의한 전달

연료전지 유로는 반응물이 연료전지를 가로지르면서 골고루 분포시키도록 설계된다. 아마도 여러분이 상상할 수 있는 가장 간단한 '유로 구조'는 단일 챔버(chamber) 구조일 것이다. 단일 챔버구조는 연료전지의 전체 연료극을 분리되지 않은 단 하나의 공간에 두고 H_2 기체를 한쪽에서 주입한다. 불행하게도 이 단일 챔버 설계는 연료전지 성능을 저하시킨다. 이는 챔버 내에서 H_2의 정체가 일어나 반응물의 불균일한 분포와 높은 물질 전달 손실로 이어지기 때문이다.

실제의 연료전지에서 물질 전달 손실은 다수의 작은 유동 유로를 포함하는 복잡한 유로를 사용함으로써 최소화된다. 단일 챔버구조와 비교하면 다수의 작은 유로를 사용하는 설계는 반응물이 지속적으로 연료전지를 가로지르고 균일한 대류, 혼합 그리고 균일한 반응물 분배를 도와준다. 작은 유동 유로 설계는 또한 전극의 표면을 가로지르며 더 많은 접촉점을 가져 연료전지의 전류를 모으는 데 도움이 된다.

연료전지 유동 유로의 제작은 일반적으로 틀로 찍거나 식각(etch), 또는 기계 가공을 통해 이루어진다. 유로(수십 개에서 수백 개가 존재할 수 있음)는 종종 한쪽의 기체 입구로부터 다른 쪽의 기체 출구로 사형(snake) 모양 또는 나선형(spiral) 모양 그리고 뒤틀린 형태로 유동판을 가로지른다. 이와 같이 복잡한 실제 유로 형상에서 대류에 의해 발생하는 기체 전달의 해석은 오직 수치해석적으로만 가능하다. 일반적인 방법으로는 전산유체역학(CFD)으로 알려진 컴퓨터 가상 도구를 이용한 기술이며 6장에서 이에 대해 살펴볼 것이며 13장에서 더 자세한 내용을 공부하게 될 것이다. 그러나 CFD를 사용하지 않고도 간단한 유동의 기초적인 해석이 여전히 가능하다. 유체역학의 원리에 의존하는 이러한 기초적인 해석은 연료전지 물질 전달과 유로 설계에서 훌륭한 통찰력을 여전히 제공할 수 있다. 그러므로 이 장의 나머지는 연료전지의 유동 유로에서 대류를 단순화시키기 위한 유체역학 원리의 적용에 초점을 맞춘다. 이를 위해 간단히 유체역학에 대해 복습을 한다.

5.3.1 유체역학 복습

연료전지 물질 전달에서 '유체'에 대해 이야기를 할 때 일반적으로 기체에 대해서 이야기한다는 것을 깨닫는 것이 중요하다. 유체역학의 과학에서 유체가 액체를 의미해야만 하는 것은 아니다. **기체도 유체다.** 우리는 연료전지의 유동 유로를 통해서 어떻게 기체가 **흐르는지를** 좌우하는 규칙을 세우기 위해서 유체역학을 이용한다.

공간적으로 제한된 유로에서 유체 유동의 본질은 *Reynolds* 수, *Re*라고 알려진 중요한 무차원 상수에 의해 정의된다.

$$\mathrm{Re} = \frac{\rho VL}{\mu} = \frac{VL}{\nu} \qquad \text{식 (5.28)}$$

여기서 V는 유동의 대표속도(m/s), L은 유동의 대표길이(m), ρ는 유동의 밀도(kg/m^3), μ는 유동의 점성계수(kg/m · s 혹은 N · s/m^2) 그리고 ν는 운동 점성계수(m^2/s)다. (운동 점성계수는 ρ에 대한 μ의 비율이다.) 물리적으로 Reynolds 수는 유체 유동에서 점성력에 대한 관성력의 비율을 나타낸다. 유체의 형태, 유동의 속도 혹은 형상에 관계없이 같은 Reynolds 수를 가진 유동은 비슷한 점성 특성을 보여준다.

모든 유체는 특징적인 점성계수를 가진다. 점성계수는 유체 유동의 저항을 측정한다. 미시적인 관점에서 점성계수는 전단력에 의해 움직일 때 얼마나 쉽게 분자가 옆으로 미끄러지는지를 나타낸다. 그러므로 이것은 내부 유동 '마찰'의 측정으로 생각될 수 있다. 수학적으로 점성계수는 변형률 $\dot{\epsilon}_{xy}$(strain rate)에 대한 전단력 τ_{xy}(shear force)과 관련이 있다. 예를

들어 물이나 기체와 같은 간단한 유체에서 전단력과 변형률 사이의 관계는 선형적이다.[2]

$$\tau_{xy} = 2\mu\dot{\varepsilon}_{xy} = 2\mu \cdot \frac{1}{2}\left(\frac{\partial u}{\partial y} + \frac{\partial v}{\partial x}\right) \qquad \text{식 (5.29)}$$

여기서 u는 x방향으로의 유체의 속도(m/s) 그리고 v는 y방향으로의 유체의 속도(m/s)다.

점성계수의 미시적인 기원을 고려하면 μ가 온도에 크게 의존한다는 것에 놀라지 않을 것이다. 점성계수는 온도가 증가하면서 커진다. 희석된 기체에서 점성계수의 온도 의존도는 간단한 거듭제곱 법칙(power law)에 의해 근사화되거나

$$\frac{\mu}{\mu_0} \approx \left(\frac{T}{T_0}\right)^n \qquad \text{식 (5.30)}$$

또는 기체의 운동이론[15]을 이용한 Sutherland의 법칙에 의해 근사될 수 있다.

$$\frac{\mu}{\mu_0} \approx \left(\frac{T}{T_0}\right)^{1.5} \frac{T_0 + S}{T + S} \qquad \text{식 (5.31)}$$

이 식들에서 n, μ_0, T_0 그리고 S는 실험 혹은 기체 운동 이론으로부터 얻을 수 있다. 대부분의 유용한 기체에 관하여 이 식들로부터 얻어지는 점성계수 값은 넓은 온도의 범위(0~1000℃)에 걸쳐 3% 이내의 오차를 보인다. 표 5.2에 연료전지와 관련 있는 일반적인 기체의 값들을 정리했다.

표 5.2 점성계수 계산에 필요한 파라미터

Gas	μ_0 (10^{-6} kg/m · s)	T_0(K)	n	S
Air	17.16	273	0.666	111
CO_2	13.7	273	0.79	222
CO	16.57	273	0.71	136
N_2	16.63	273	0.67	107
O_2	19.19	273	0.69	139
H_2	8.411	273	0.68	47
H_2O (vapor)	11.2	350	1.15	1064

Source: From Ref. [16].

2 이러한 공식을 따르는 유체를 뉴톤유체라고 한다.

평판 사이 유동

그림 5.8에 나와있듯이 유체가 고정된 아래쪽 평판과 이와 평행하게 일정한 속도 V로 오른쪽으로 이동하는 위쪽 평판 사이에 존재한다고 가정하자. 평판이 오직 x방향으로만 이동하므로 $u=V$이고 $v=0$이다. 이 경우 식 (5.29)는 다음처럼 된다.

$$\tau_{xy} = 2\mu \cdot \frac{1}{2}\left(\frac{\partial u}{\partial y} + \frac{\partial u}{\partial x}\right) = \mu \cdot \frac{\partial u}{\partial y} = \text{const} \qquad \text{식 (5.32)}$$

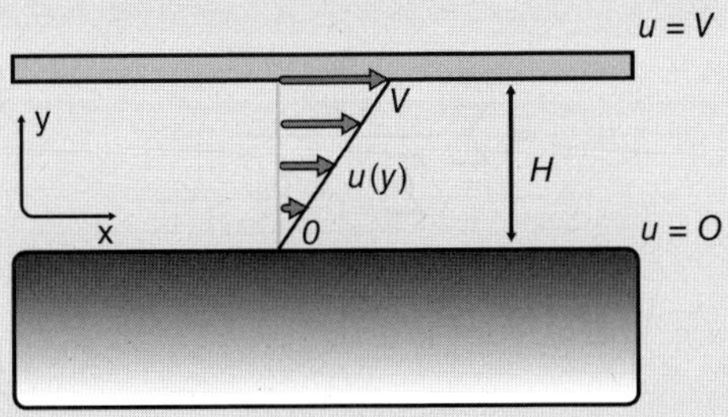

그림 5-8. 두 평행 판 사이의 유체 유동

여기서 시스템이 가속이나 압력변화가 없는 정상상태이므로 τ는 일정하다. $u(0)=0$ 그리고 $u(H)=V$(여기서 H는 두 평판 사이의 거리다)라고 가정하고, 식 (5.32)를 풀면 y방향으로의 속도 $u(y)$ 프로파일을 얻을 수 있다.

$$u(y) = V\frac{y}{H} \quad \text{and} \quad \tau = \mu \cdot \frac{V}{H} \qquad \text{식 (5.33)}$$

식 (5.33)을 얻기 위해서 우리는 $u(0)=0$ 그리고 $u(H)=V$라는 중요한 가정을 하였다. 다시 말하면 유체 속도가 유체/평판의 경계 두 곳에서 평판의 속도와 같다고 가정했다. 이것은 유체 유동에서 가장 널리 알려진 경계 조건이고 이것은 일반적으로 좋은 가정이다. 일반화된 형식으로 이 가정은 다음과 같이 표현될 수 있다.

$$V_{\text{fluid}} = V_{\text{solid}} \qquad \text{식 (5.34)}$$

여기서 V는 벡터다. 이 가정은 일반화하여 **점착조건**(*no slip condition*)이라 부른다. 어떤 경우에는 이 대신에 슬립경계조건(slip boundary condition)을 사용해야만 한다. 슬립경계조건이 사용되어야 하는 상황은 마이크로 유로 속의 가스 유동 또는 극도로 낮은 압력에서의 가스 유동을 포함한다. 이러한 과정은 일반적으로 연료전지와는 관련이 없다.

점성계수는 또한 압력의 영향을 받으며 압력이 상승함에 따라 천천히 증가한다. 연료전지는 5 atm보다 높은 기체 압력을 필요로 하는 경우는 거의 없다. 이러한 낮은 압력에서는 점성계수에 적합한 '낮은 밀도 한계'가 적용되고 점성계수에서 압력에 의한 영향은 안전하게 무시될 수 있다. 그러므로 점성계수의 압력에 의한 영향은 이 책에서 고려하지 않을 것이다.

연료전지 기체의 흐름은 거의 한 가지 종류로 구성되지 않는다. 대신에 우리는 보통 기체 **혼합물**(예를 들어 O_2 그리고 N_2)을 다룬다. 반 경험적인 다음의 식은 기체 혼합물의 점성계수의 좋은 근삿값을 제공한다. [17]

$$\mu_{\text{mix}} = \sum_{i=1}^{N} \frac{x_i \mu_i}{\sum_{j=1}^{N} x_j \Phi_{ij}} \qquad \text{식 (5.35)}$$

여기서 Φ_{ij}는 무차원 상수로 다음으로부터 얻어진다.

$$\Phi_{ij} = \frac{1}{\sqrt{8}}\left(1 + \frac{M_i}{M_j}\right)^{-1/2}\left[1 + \left(\frac{\mu_i}{\mu_j}\right)^{1/2}\left(\frac{M_i}{M_j}\right)^{1/4}\right]^2 \qquad \text{식 (5.36)}$$

여기서 N은 혼합물의 모든 종류의 숫자이며 x_i, x_j는 i와 j 종의 몰분율이고 M_i, M_j는 i와 j 종의 분자량(kg/mol)이다.

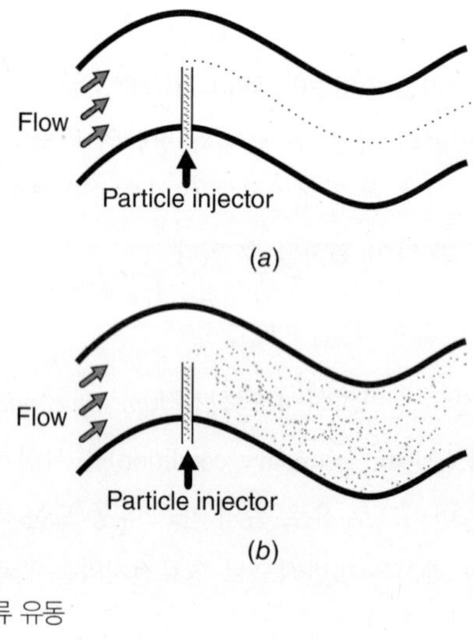

그림 5-9. (a)층류 유동, (b)난류 유동

대부분의 조건하에서 연료전지의 유동 유로에서 기체유동은 상당히 매끄러운 층류 유동이다. 대신에 극도로 빠른 유동에서 기체 유동은 난류 유동이 될 수 있다. 층류와 난류 유동 사이의 차이점은 그림 5.9에 묘사되어 있다. 연료전지 유동 유로에서 난류 유동은 거의 없다. 층류와 난류 유동 사이의 경계는 Reynolds 수, Re에 의해 결정된다. 예를 들어 원형 관에서 층류 유동은 $Re \leq 2000$일 때 발생하는 반면, 난류 유동은 $Re \geq 3000$에서 발생한다.

예제 5.2.

80℃에서 작동하는 연료전지를 생각해라. 공기극에서 1 atm으로 가습이 된 공기가 물분율 0.2의 수증기와 같이 공급된다. 연료전지가 직경 1 mm의 원형 유로를 사용할 때 계속 층류 유동을 유지할 수 있는 최대 공기 속도를 찾아라.

풀이

식 (5.30)과 표 5.2를 사용하면 가습이 된 공기 흐름의 각각의 기체 성분의 점성계수를 결정할 수 있다. 예를 들어 N_2의 점성계수는 다음과 같이 계산할 수 있다.

$$\mu_{N_2|80°C} = \mu_0\left(\frac{T}{T_0}\right)^n = 16.63 \times 10^{-6}\left(\frac{353.15}{273}\right)^{0.67}$$
$$19.76 \times 10^{-6}\,kg/m \cdot s \quad \text{식 (5.37)}$$

비슷하게 $\mu O_2|80℃=22.92\times10^{-6}$ kg/m · s 그리고 $\mu_{H_2O|80℃}=11.32\times10^{-6}$ kg/m · s을 얻을 수 있다. 식 (5.36)을 이용해 혼합물의 총 점성계수를 계산하기 위해 먼저 다음의 파라미터를 모아서 정리해야 한다.

	Species	Mole Fraction, x_i	Molecular Weight, M_i	Viscosity, μ_i (10^{-6} kg/m · s)
1.	N_2	0.8×0.79 = 0.632	28.02	19.76
2.	O_2	0.8×0.21 = 0.168	32.00	22.92
3.	H_2O	0.200	18.02	11.32

그리고 나서 다음을 얻기 위해 식 (5.36)을 사용할 수 있다.

Species i	Species j	M_i/M_j	μ_i/μ_j	Φ_{ij}	$x_j\Phi_{ij}$	$\sum_{j=1}^{3} x_j\Phi_{ij}$
1. N_2	1. N_2	1.000	1.000	1.000	0.632	
	2. O_2	0.876	0.862	0.930	0.156	1.059
	3. H_2O	1.555	1.746	1.356	0.271	
2. O_2	1. N_2	1.142	1.160	1.079	0.682	
	2. O_2	1.000	1.000	1.000	0.168	1.146
	3. H_2O	1.776	2.025	1.482	0.296	
3. H_2O	1. N_2	0.643	0.573	0.776	0.491	
	2. O_2	0.563	0.494	0.732	0.123	0.814
	3. H_2O	1.000	1.000	1.000	0.200	

최종적으로 식 (5.35)는 혼합물의 점성계수를 제공한다.

$$\mu_{\text{mix}} = \left(\frac{0.632 \times 19.76}{1.059} + \frac{0.168 \times 22.92}{1.146} + \frac{0.200 \times 11.32}{0.814}\right) \times 10^{-6}$$
$$= 17.93 \times 10^{-6}\,\text{kg/m}\cdot\text{s}$$

혼합물의 분자량은 다음으로 주어진다.

$$M_{\text{mix}} = \sum_{i=1}^{N} x_i M_i = 0.632 \times 28.02 + 0.168 \times 32.00 + 0.200 \times 18.02$$
$$= 26.69\,\text{g/mol}$$

그리고 혼합물의 밀도는 이상 기체 방정식을 이용해서 얻을 수 있다.

$$\rho = \frac{p}{RT/M_{\text{mix}}} = \frac{101{,}325\,\text{Pa}}{\dfrac{8.314\,\text{J/mol}\cdot\text{K}}{0.02669\,\text{kg/mol}}(273.15 + 80)} = 0.921\,\text{kg/m}^3 \qquad \text{식 (5.38)}$$

개략적으로 Re≤2000이 층류 유동이라는 것을 적용하면

$$V_{\text{max}} = \frac{\text{Re}^{\text{max}}\mu_{\text{mix}}}{\rho L} = \frac{2000 \times (17.93 \times 10^{-6}\,\text{kg/m}\cdot\text{s})}{(0.921\,\text{kg/m}^3) \times (0.001\,\text{m})} \qquad \text{식 (5.39)}$$
$$= 38.03\ \text{m/s}$$

이는 1 mm 직경의 유로를 생각해보면 매우 빠른 속도의 유동이다.

5.3.2 유동 유로에서의 물질 전달

유동 유로에서의 압력강하 그림 5.10은 이차원적으로 연료전지 유동 유로에서 일반적인 물질 전달 상태를 나타낸다. 이 그림은 평균속도 $\bar{u}$로 유동 유로를 따라 왼쪽에서 오른쪽으로 이동하는 기체를 보여준다. 입구(P_{in})와 출구(P_{out}) 사이에서 압력의 차이는 유체 유동을 일으킨다. 입구와 출구 사이에서 압력강하의 증가는 유로에서 대류를 향상시키면서 평균 기체 속도를 증가시킬 것이다.

원형 유체 유로에서 압력강하와 평균 기체 속도 사이의 관계는 다음의 관계로부터 계산이 된다.

$$\frac{dp}{dx} = \frac{4}{D}\bar{\tau}_w \qquad \text{식 (5.40)}$$

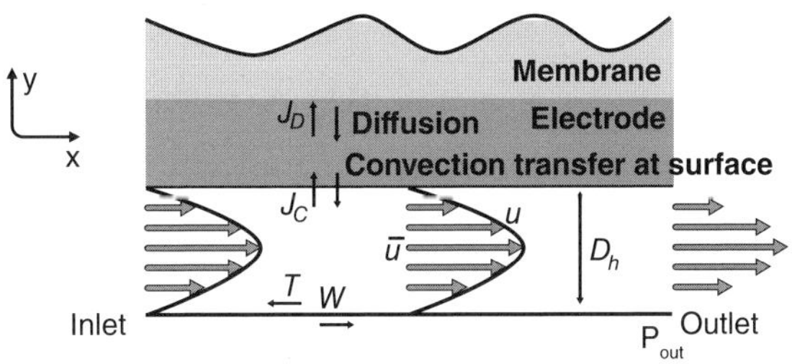

그림 5-10. 연료전지 유동 유로에서의 물질 전달의 개략도

여기서 dp/dx 압력 구배이며 D는 유로의 직경이다. 그리고 벽면의 평균 전단력 $\bar{\tau}_w$는 마찰계수 f라 불리는 무차원 상수로부터 계산이 된다.

$$f = \frac{\bar{\tau}_w}{1/2\rho\bar{u}^2} \qquad \text{식 (5.41)}$$

여기서 ρ는 유체의 밀도(kg/m^3)이고 $\bar{u}$는 평균 유동 속도(m/s)이다. 여기서 유로 크기 또는 유동 속도와 관계없이 원형 유로에서는 $f \cdot \mathrm{Re}=16$임을 알 수 있다. 또한 원형 유로에서 Re는 다음과 같다.

$$\mathrm{Re} = \frac{\rho\bar{u}D}{\mu} \qquad \text{식 (5.42)}$$

그러므로 식 (5.40), (5.41) 그리고 (5.42)를 이용하고, $f \cdot \mathrm{Re}=16$이라는 사실로부터, 압력강하 그리고 평균 기체 속도는 다음과 같은 관계가 있다.

$$\frac{dp}{dx} = \frac{32\overline{u}}{D^2} \qquad \text{식 (5.43)}$$

불행하게도 대부분의 연료전지 유동 유로는 원형 대신에 직사각형이다. 직사각형 유로에서는 식 (5.43)을 사용할 수 없다. 원형 유로와 비교해서 직사각형 유로에서는 유효 Reynolds 수를 계산해야 하고, 이를 위해 '수력직경(hydraulic diameter)'을 사용한다.

$$\mathrm{Re}_h = \frac{\rho\overline{u}D_h}{\mu} \qquad \text{식 (5.44)}$$

여기서

$$D_h = \frac{4A}{P} = \frac{4 \times \text{cross-sectional area}}{\text{perimeter}} \qquad \text{식 (5.45)}$$

원형유로에서 $D_h=D$이다. 여기서 D_h는 원형이 아닌 유로에서 '유효'직경으로 생각할 수 있다.

직사각형 유로에서 Re_h와 f 사이의 관계는 원형 유로의 경우에 비해서 훨씬 복잡하다. 이것은 다음과 같이 근사화될 수 있다. [18]

$$f\mathrm{Re}_h = 24(1 - 1.355\alpha^* + 1.9467\alpha^{*2} - 1.7012\alpha^{*3} + 0.9564\alpha^{*4} - 0.2537\alpha^{*5}) \qquad \text{식 (5.46)}$$

여기서 α^*은 유로 단면의 종횡비다. $\alpha^*=b/a$이며 여기서 $2a$와 $2b$는 유로 모서리의 길이다. 식 (5.46)은 그림 5.11에 α^*의 함수로 그려진다.

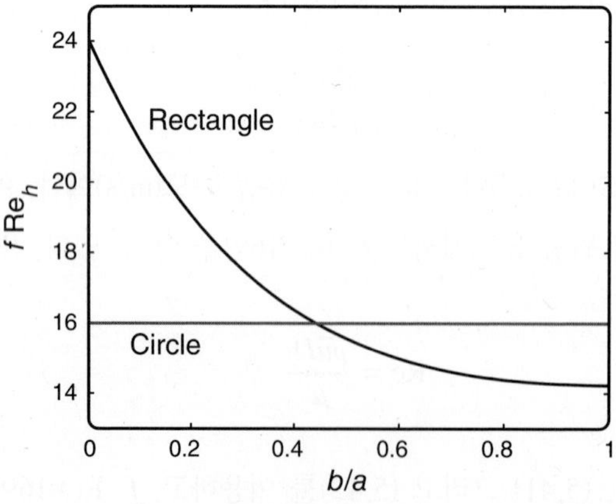

그림 5-11. 원형과 직사각형 유로의 마찰계수

식 (5.41), (5.44) 그리고 (5.46)으로부터 직사각형 유로에서 τ_w를 결정하여, 압력 구배는 식 (5.40)을 이용해서 정할 수 있다(D 대신에 D_h를 사용하는 것을 명심한다).

예제 5.3.

유체는 1 mm의 폭, 2 mm의 높이, 20 cm 길이의 직사각형 유로를 1 m/s의 속도로 흐르고 있다. 유체 유동의 점성계수가 17.9×10⁻⁶ kg/m · s일 때 유로에서의 압력강하를 찾아라.

풀이

$$\begin{aligned}\frac{dp}{dx} &= \frac{4}{D_h}\bar{\tau}_w = \frac{4}{D_h}f\frac{1}{2}\rho\bar{u}^2 \\ &= \frac{4}{D_h}\frac{f\,\mathrm{Re}_h}{\mathrm{Re}_h}\frac{1}{2}\rho\bar{u}^2 = \frac{4}{D_h}\frac{f\mathrm{Re}_h\mu}{\rho\bar{u}D_h}\frac{1}{2}\rho\bar{u}^2 \\ &= \frac{2}{D_h^2}f\,\mathrm{Re}_h\mu\bar{u}\end{aligned} \qquad \text{식 (5.47)}$$

$\alpha^*=b/a=1/2$라고 가정하면 식 (5.46)으로부터

$$\begin{aligned}f\,\mathrm{Re}_h = 24(1 &- 1.3553\cdot 0.5 + 1.9467\cdot 0.5^2 - 1.7012\cdot 0.5^3 \\ &+ 0.9564\cdot 0.5^4 - 0.2537\cdot 0.5^5) = 15.56\end{aligned} \qquad \text{식 (5.48)}$$

그리고

$$D_h = \frac{4\times(1\times 2)}{2\times(1+2)} = 1.33\,\mathrm{mm} = 0.00133\,\mathrm{m}$$

식 (5.47)로부터

$$\frac{dp}{dx} = \frac{2}{(0.00133\ \mathrm{m})^2}15.56\times 17.9\times 10^{-6}\,\mathrm{kg/m\cdot s}\times 1\ \ \mathrm{m/s} = 315\,\mathrm{Pa/m} \qquad \text{식 (5.49)}$$

그러므로 압력강하는

$$P_{\mathrm{drop}} = L\times\frac{dp}{dx} = 0.2\ \ \mathrm{m}\times 315\ \ \mathrm{Pa/m} = 63\ \ \mathrm{Pa} \qquad \text{식 (5.50)}$$

유동유로로부터 전극으로의 대류에 의한 물질 전달 그림 5.10에 나타나 있듯이 유동 유로를 따라 x 방향으로 왼쪽부터 오른쪽으로 기체가 흐르지만 대류에 의한 물질 전달은 y축 방향을 따라 유동 유로로부터 전극으로 일어난다. 이러한 형태의 대류에 의한 물질 전달은 i라는 종의 기체 밀도가 전극 표면에서 유동 유로의 평균값에 비해 다를 때 발생한다. 예를 들어 물이 연료전지의 공기극에서 생성될 때 전극 표면에서의 물의 부분적인 밀도는 유동 유로의 평균적인 물의 밀도보다 클 것이고 전극 표면으로부터 나오는 물은 대류에 의한 물질 전달로 이어진다. 수학적으로 이러한 형태의 대류에 의한 물질 전달에서 오는 질량 플럭스는 다음과 같이 계산된다.

$$J_{C,i} = h_m(\rho_{i,s} - \bar{\rho}_i) \qquad \text{식 (5.51)}$$

여기서 $J_{C,i}$는 대류에 의한 질량 플럭스(kg/m^2 · s), $\rho_{i,s}$는 전극 표면에서의 i라는 종의 밀도(kg/m^3), $\bar{\rho}_i$는 유로 유동에서 i라는 종의 평균 밀도(kg/m^3)이고 h_m은 물질 전달 대류계수(m/s)이다. h_m 값은 유로의 형상, i와 j의 물리적인 속성 그리고 벽면의 상태에 의존한다.

일반적으로 h_m은 Sherwood 수(혹은 Nusselt 수. Nusselt 수는 열 전달 문제의 대류에서 적용된다. 열과 물질 전달의 상사성 때문에 둘 다 본질적으로 같다)라 불리는 무차원수로부터 계산된다.[3]

$$h_m = \mathrm{Sh}\frac{D_{ij}}{D_h} \qquad \text{식 (5.52)}$$

Sh는 Sherwood number, D_h는 수력직경(hydraulic diameter) 그리고 D_{ij}는 i와 j라는 종의 이원 확산계수(binary diffusion coefficient)다. Sherwood 수는 유로의 형상에 의존한다. 표 5.3은 연료전지 유동 유로가 일반적으로 지닌 형상에서의 Sh 수를 요약했다. 대부분의 경우 연료전지의 직사각형 유로에서 오직 하나의 벽면만이 대류에 의한 물질 전달에 참가한다. (표에서 세 번째 경우를 나타낸다.) 또한 이 표는 두 가지 다른 Sherwood 수를 구별한다. Sh_D값은 밀도 ρ_i가 유로를 따라 균일할 때 적용된다. Sh_F는 플럭스 $J_{C,i}$가 유로를 따라 균일할 때 적용된다. 만약 유로를 따라 밀도와 플럭스가 모두 균일하지 않으면 식 (5.51)과 (5.52)는 사용할 수 없다.

---

3 Nusselt 수는 대류 열전달 문제에 적용된다. 열전달과 물질전달의 유사성으로 인해, 두 수는 본질적으로 같다.

표 5.3 원형, 직사각형 그리고 3면 이벽인 직사각형 관에서 층류 유동의 Sherwood 수

Cross Section		$\alpha=0.2$	$\alpha=0.4$	$\alpha=0.7$	$\alpha=1.0$	$\alpha=2.0$	$\alpha=2.5$	$\alpha=5.0$	$\alpha=10.0$
	Sh_D				4.36				
	Sh_F				3.66				
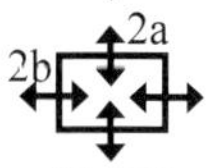	Sh_D	4.80	3.67	3.08	2.97	3.38	3.67	4.80	5.86
	Sh_F	5.74	4.47	3.75	3.61	4.12	4.47	5.74	6.79
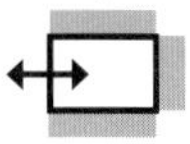	Sh_D	0.83	1.42	2.02	2.44	3.19	3.39	3.91	4.27
	Sh_F	0.96	1.60	2.26	2.71	3.54	3.78	4.41	4.85

주석: 유로 형상비 alpha = b/a이고 b와 a는 유로의 크기이다.
Source: From Ref. [19].

5.3.3 유동 유로를 따라 고갈되는 기체

유동 유로를 따라 계속적으로 수소(연료극)와 공기(공기극) 모두 소모되기 때문에 이러한 반응물은 특히 출구에서 고갈되는 경향이 있다. 반응물의 농도가 감소함에 따라 농도 손실은 증가하기 때문에 반응물의 고갈은 연료전지 성능에 나쁜 영향을 준다.

이 절에서 우리는 연료전지의 공기극에서의 간단한 이차원 물질 전달 모델을 설명할 것이다. 우리는 어떻게 산소의 밀도(농도)가 유동 유로를 따라 감소하는지 미시적인 질량 플럭스 균형을 이용하여 결정한다.

그림 5.12에 보여진 단순한 PEMFC의 절반 형상을 고려해 보자. 순수한 산소는 유동 유로를 따라 왼쪽으로부터 오른쪽으로 흐르는 것을 이 그림에서 연료전지의 입구로부터 출구로 묘사했다. 기체가 유동 유로를 따라서 왼쪽으로부터 오른쪽으로 움직임에 따라 기체는 또한 소모된다.

y방향으로의 플럭스 $J_{O_2}|_{y=E}$는 유동 유로로부터 기체 확산층으로 대류에 의한 물질 전달로 제거되는 산소 기체를 나타낸다. 이 산소 기체는 연료전지 전류를 생산하는 반응을 하는 촉매층으로 확산된다.

이 간단한 모형에서 우리는 유동 유로가 정사각형의 단면을 가진다고 가정한다. 또한 단순화를 위해서 몇 가지 추가적인 조건을 가정한다.

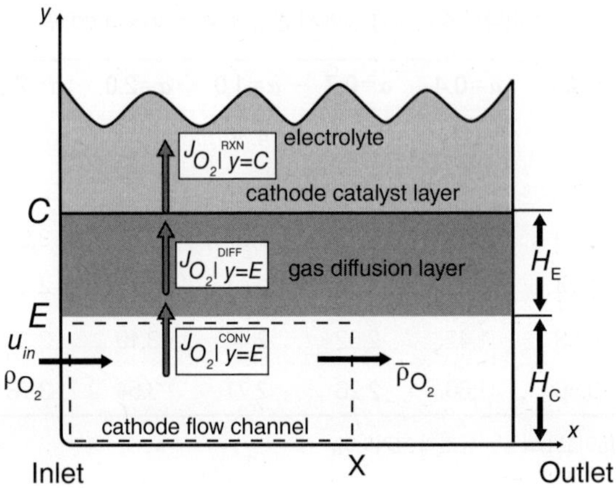

그림 5-12. 확산과 대류를 포함하는 이차원 연료전지 전달 모델 개략도

1. 촉매층은 무한히 얇다.[4]
2. 물은 오직 수증기 형태로만 존재한다.
3. 확산층에서는 확산에 의한 물질 전달만이 일어난다. 또한 오직 y축 방향으로만 확산이 일어난다.
4. 유동 유로에서는 대류에 의한 물질 전달만이 일어난다.

산소의 농도가 x축 방향을 따라 변화하기 때문에 연료전지에서 생성된 전류밀도는 x축 방향을 따라 변할 것이다. 우리는 연료전지의 X라는 위치에서 생성된 부분적인 전류밀도를 $j(X)$로 표시한다. Faraday 법칙으로부터 연료전지가 X라는 위치에서 전류밀도 $j(X)$를 생산한다면 소모되는 산소의 질량 플럭스는 다음과 같다.

$$\hat{J}_{O_2}|^{rxn}_{x=X,y=C} = M_{O_2}\frac{j(X)}{4F} \qquad \text{식 (5.53)}$$

여기서 $\hat{J}_{O_2}$는 산소 질량 플럭스(kg/cm^2)이고 $y=C$는 촉매층(여기서 전기를 생산하는 반응이 일어난다)을 나타내고 M_{O_2}는 산소의 분자량(kg/mol)이다.

전기화학 반응에 의해서 소모되는 산소 플럭스는 기체 확산층에서 확산에 의해 제공된다. 앞서 설명했듯이 확산에 의한 물질 전달은 Fick의 법칙에 의해 나타난다.

---

4 PEMFC에서 실제 촉매층은 기체 확산층 100~350 μm에 비해서 매우 얇기(~10 μm) 때문에 이러한 가정은 타당하다고 볼 수 있다.

$$\hat{J}_{O_2}|^{\text{diff}}_{x=X,y=E} = -D^{\text{eff}}_{O_2}\frac{\rho_{O_2}|_{x=X,y=C} - \rho_{O_2}|_{x=X,y=E}}{H_E} \qquad \text{식 (5.54)}$$

여기서 H_E는 확산층의 두께다. 이 식에서 우리는 보통 Fick의 법칙에서 사용되는몰농도를 물질 농도(밀도 ρ는 실제로 '물질 농도'다)로 전환했다. 플럭스 $\hat{J}_{O_2}$는 그러므로 몰 플럭스가 아닌 질량 플럭스다.

기체의 확산층을 통한 확산에 의한 전달되는 산소 플럭스는 유동 유로와 기체의 확산층 표면(그림에서 $\hat{J}_{O_2}|^{\text{conv}}_{y=E}$로 표현된) 사이에서 대류에 의한 물질 전달에 의해 제공된다. 식 (5.51)에 의해 나타낼 수 있는 이 대류에 의한 물질 전달 과정을 생각해보면

$$\hat{J}_{O_2}|^{\text{conv}}_{x=X,y=E} = -h_m(\rho_{O_2}|_{x=X,y=E} - \bar{\rho}_{O_2}|_{x=X,y=\text{channel}}) \qquad \text{식 (5.55)}$$

여기서 h_m은 대류 물질 전달계수 그리고 $\bar{\rho}_{O_2}$는 유동 유로에서의 평균 산소밀도다. 플럭스의 균형을 유지하기 위해서 식 (5.53), (5.54) 그리고 (5.55)에서의 산소 플럭스는 같아야만 한다. (정상 상태 조건) 이를 식으로 다시 쓰면

$$\hat{J}_{O_2}|^{\text{rxn}}_{x=X,y=C} = \hat{J}_{O_2}|^{\text{diff}}_{x=X,y=E} = \hat{J}_{O_2}|^{\text{conv}}_{x=X,y=E} \qquad \text{식 (5.56)}$$

그러므로 다음과 같은 관계를 얻을 수 있다.

$$\hat{J}_{O_2}|^{\text{conv}}_{x=X,y=E} = M_{O_2}\frac{j(X)}{4F} \qquad \text{식 (5.57)}$$

$$\rho_{O_2}|_{x=X,y=E} = \bar{\rho}_{O_2}|_{x=X,y=\text{channel}} - M_{O_2}\frac{j(X)}{4F}\frac{H_E}{D^{\text{eff}}_{O_2}} \qquad \text{식 (5.58)}$$

$$\rho_{O_2}|_{x=X,y=E} = \bar{\rho}_{O_2}|_{x=X,y=\text{channel}} - M_{O_2}\frac{j(X)}{4F}\frac{1}{h_m} \qquad \text{식 (5.59)}$$

이제 y축 방향으로의 산소의 물질 전달을 그림 5.12의 검사체적(control volume, 점선으로 된 상자부분)에서 전체적인 플럭스 균형을 고려함으로써 유동 유로에서의 x축 방향으로의 산소의 물질 전달과 연결한다. 산소는 왼쪽으로부터 이 검사체적으로 들어가고 오른쪽으로 나간다. 왼쪽으로부터 들어오는 산소의 양과 오른쪽으로 나가는 산소의 양 사이의 차이는 위쪽으로 나가서 기체의 확산층으로 들어가는 산소의 양과 같다. 수학적으로

$$\underbrace{u_{\text{in}}H_C\bar{\rho}_{O_2}|_{x=0,y=\text{channel}}}_{\text{왼쪽으로부터 들어오는 기체의 양}} - \underbrace{u_{\text{in}}H_C\bar{\rho}_{O_2}|_{x=0,y=\text{channel}}}_{\text{오른쪽으로 나가는 기체의 양}} = \underbrace{\int_0^X \left(\hat{J}_{O_2}|^{\text{conv}}_{y=E}\right)dx}_{\text{위로 나가는 기체의 양}} \qquad \text{식 (5.60)}$$

다음으로 식 (5.57)은 검사체적의 위쪽으로 나가는 기체와 연료전지로부터 생산되는 전류밀도를 연관시켜 준다.

$$\int_0^X (\hat{J}_{O_2}|^{\text{conv}}_{y=E})\,dx = \int_0^X \frac{M_{O_2} j(x)}{4F} dx \qquad \text{식 (5.61)}$$

우리가 촉매층에서 x축 방향으로의 산소 분포에 대한 표현을 찾고자 한다는 것을 다시 한번 기억하자. (다른 말로 하면 우리는 $\rho_{O_2}|_{x=X,y=C}$를 찾고자 한다.) 식 (5.58)을 시작으로 $\rho_{O_2}|_{x=X,y=C}$는 식 (5.59), (5.60) 그리고 (5.61)을 통해서 결정할 수 있다. 이것은 다음과 같이 된다.

$$\rho_{O_2}|_{x=X,y=C} = \bar{\rho}_{O_2}|_{x=0,y=\text{channel}} - \frac{M_{O_2}}{4F}\left(\frac{j(X)}{h_m} + \frac{H_E j(X)}{D^{\text{eff}}_{O_2}} + \int_0^X \frac{j(x)}{u_{\text{in}} H_C} dx\right) \qquad \text{식 (5.62)}$$

정확한 답을 찾기 위해서 식 (5.62)는 Tafel 식과 연계해 풀 수 있다. 그러나 수학적인 복잡함을 피하기 위해서 전류밀도 j가 x축 방향을 따라 일정하다고 가정한다. (이 가정은 상당히 정확하지 못하다. 산소 농도는 x축 방향을 따라 변화하고 따라서 부분적인 전류밀도 또한 변할 것이다. 그러나 산소의 농도가 작게 변한다면, 전류밀도의 변화는 작을 것이다.

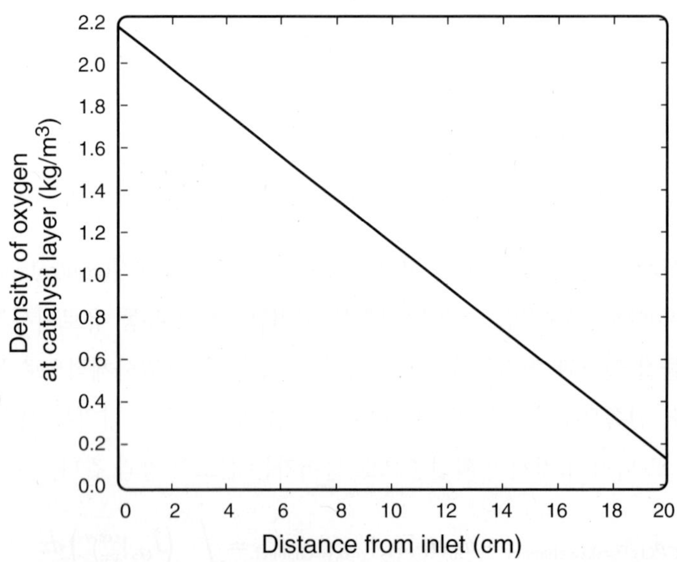

그림 5-13. 식 (5.65)를 이용하여 다음 경우의 산소 밀도 분포를 계산한다. 전극의 공극률 ε=0.4, 입구 기체의 압력 p=2 atm, 온도 T=80℃, 전류밀도 j=1 A/cm^2, 입구의 기체 속도 u_{in}=10 cm/s, 유로의 높이 H_C=0.1 cm, 전극 두께 H_E=0.035 cm, Sherwood 수 Sh_F=2.71

예를 들어, ρ_{O_2}가 입구와 비교하여 출구에서 4 이상 감소하여 산소 농도가 그림 5.13처럼 변화한다. 이는 출구에 비해 입구의 부분적인 전류밀도가 오직 20%만큼만 감소하는 원인이 된다.) 전류밀도가 일정하다는 가정을 사용하면 식 (5.62)는 다음과 같이 된다.

$$\rho_{O_2}|_{x=X,y=C} = \bar{\rho}_{O_2}|_{x=0,y=\text{channel}} - M_{O_2}\frac{j}{4F}\left(\frac{1}{h_m} + \frac{H_E}{D_{O_2}^{\text{eff}}} + \frac{X}{u_{\text{in}}H_C}\right) \quad \text{식 (5.63)}$$

식 (5.52)를 사용하면 유동 유로에서 일정한 플럭스 조건의 Sherwood 수, Sh_F를 이용하여 h_m을 계산할 수 있다.

$$h_m = \frac{\text{Sh}_F D_{O_2}}{H_C} \quad \text{식 (5.64)}$$

이 결과를 식 (5.63)에 대입하면 산소 분포에 대한 최종적인 식을 구할 수 있다.

$$\rho_{O_2}|_{x=X,y=C} = \bar{\rho}_{O_2}|_{x=0,y=\text{channel}} - M_{O_2}\frac{j}{4F}\left(\frac{H_C}{\text{Sh}_F D_{O_2}} + \frac{H_E}{D_{O_2}^{\text{eff}}} + \frac{X}{u_{\text{in}}H_C}\right) \quad \text{식 (5.65)}$$

식 (5.65)는 산소 밀도가 X의 증가에 따라 선형적으로 감소한다는 것을 말해준다.[5] 다시 말하면 산소 농도는 기체가 유로를 따라 움직이면서 선형적으로 고갈된다. 괄호 안의 세 가지 항은 유로 크기 H_C의 영향, 확산층의 두께 H_E의 영향, 그리고 입구 유동 속도 u_{in}의 영향을 차례대로 표현한다. 더 많은 산소(u_{in}의 증가)를 공급하면 물질 전달을 증진시키며 따라서 촉매층에서의 산소 밀도 $\rho_{O_2}|_{x=X,y=C}$를 증가시킨다. 비슷하게 확산층의 두께 H_E의 감소는 또한 촉매층에서의 산소밀도를 증가시킨다. 유로의 크기 H_C의 영향은 H_C가 괄호 안에서 첫 번째와 세 번째 항에 둘 다 나타나므로 직관적으로 생각하기가 약간 어렵다.

그러나 우리가 연료전지에 공급되는 총 기체(부피 또는 질량 모두)가 일정하다고 가정을 하면 우리는 다음과 같은 관계를 얻을 수 있다.

$$N_{\text{total}} = u_{\text{in}}H_C = \text{const} \quad \text{식 (5.66)}$$

그러므로 만약 산소 공급률이 일정하다면 셋째 항의 $u_{\text{in}}H_C$는 고정된다. 이 경우에 유로의 크기 H_C의 감소는 산소 밀도를 증가시킬 것이다. 식 (5.65)로부터 주어진 산소 분포 예측의 한 예를 그림 5.13에 나타내었다.

5 문제 5.8 참조

5.3.4 유로 설계

유로의 재료 유로는 두 가지 가장 일반적이며 주요한 목적을 제공한다. (1) 반응물 기체를 공급하고 반응된 생성물을 제거한다. (2) 연료전지에서 생성된 전기적 전류를 모은다. 이처럼 보기에 간단해 보이는 기능을 수행하기 위해서,유로는 다음 같은 매우 만족시키기 어려운 조건들을 충족시켜야 한다.[19]

- 높은 전기 전도도
- 부식에 대한 높은 저항력
- 높은 화학적 호환성
- 높은 열 전도도
- 낮은 기체 투과성
- 높은 기계적 강도
- 작은 무게와 부피
- 가공의 용이성
- 가격 경쟁력

낮은 온도에서 작동하는 연료전지의 유동판으로 가장 흔하게 사용되는 재료는 그라파이트(graphite)이다. 그라파이트는 위에서 언급된 대부분의 기준을 만족시키지만, 다음의 단점이 있다: (1)가공의 어려움, (2)비싼 가격, (3)취성으로 인한 낮은 기계적인 강도. 이런 기준들은 비싼 가공 요구 조건과 재료의 본질적인 취성 측면 때문에 만족시킬 수 없다. 그라파이트의 가공 비용은 매우 비싸서 그라파이트 유로판이 연료전지 비용의 절반을 차지한다는 것은 놀라운 일이다.[21] 그라파이트 재료의 대안으로 부식에 대해 저항을 가진 금속, 예를 들어 스테인리스 강이 연구되고 있다.[22, 23] 일반적으로 금속판은 낮은 가공 비용과 그라파이트판에 비해서 높은 기계적 강도를 제공한다. 얇은 금속 유동판은 연료전지 시스템의 부피와 무게를 상당히 줄여줄 수 있다. 한 가지 금속판과 관련된 중요한 문제는 금속 표면의 산화층 형성이다. 심지어 아주 얇은 금속 산화층은 유동판과 전극 사이의 접촉 저항을 증가시킬 것이고 연료전지 성능을 저하시키는 결과를 초래한다.[23–25] 이 문제는 부식에 대해 저항을 가지는 표면 코팅을 통해 부분적으로 극복해 왔지만[24,25] 이러한 코팅의 장기적인 안정성은 아직 개선이 필요하다.

높은 온도에서 작동하는 연료전지의 유동판은 lanthanum chromite(아주 높은 온도인 경우)과 같은 세라믹이나 스테인리스 강(일반적인 온도인 경우)으로부터 만들어진다. 이 물질들은 9장에서 자세히 다룰 것이다. SOFC와 MCFC에서 유동판의 안정성과 내구성은 높은 작동 온도가 분해를 촉진하기 때문에 중요하다. 또한 금속판과 전극 재료 사이의 열응력 측면에서 잘못된 조합은 작동되는 동안 심각한 기계적 응력의 원인이 될 수 있다. 그러므로 유동판의 열특성은 연료전지 시스템의 나머지 부분과 주의해서 조합을 해야만 한다. 관모양의 SOFC와 같은 경우는 유동판이 필요 없고 높은 온도에서 밀봉(sealing)과 관련된 문제를 피할 수 있다. 이런 설계들에 대해서는 10장에서 논의할 것이다.

유로 패턴 앞서 언급했듯이 유동판은 연료전지의 표면에 기체 유동을 분배시킬 수 있는 수십 개 혹은 심지어 수백 개의 정교한 유로(혹은 '홈')을 포함한다. 유동 유로의 형태, 크기 그리고 패턴은 연료전지 성능의 상당히 영향을 줄 수 있다. 올바른 유동 패턴을 선택하는 것은 PEMFC에서 특히 중요하다. PEMFC에서 유동장의 설계는 종종 공기극 쪽에서의 물 제거 능력에 초점을 맞춘다. 유로 형상의 잘못된 설계는 특정 영역에서 생성물(water)의 불충분한 제거로 인해 기체의 접근을 방해하며 연료전지의 출력을 저하시킨다.

이러한 차난된 부분은 성능의 저하뿐만 아니라 실제로 연료전지에 비가역적인 손해를 발생시킬 수 있다. 연료전지의 극성이 기체가 부족한 부분에서는 부분적으로 반대가 될 수 있기 때문에 이것은 부식과 재료의 성능저하로 이어진다.[26]

그동안 수많은 유동 패턴이 개발되었는데, 이는 세 가지 기본적인 유동 패턴으로 크게 구분된다(그림 5.14).

1. 평행 유동(Parallel flow)
2. 사형 유동(Serpentine flow)
3. 인터디지데이트 유동(Interdigitated flow)

평행 유동 평행 유동에서, 유동은 입구에서 평행 배치된 직선 유로로 분배되고, 출구를 통해서 빠져 나온다(그림 5.15a). 평행한 패턴의 중요한 이점은 기체의 입구와 출구 사이의 전체적으로 낮은 압력 강하이다. 그러나 유동장의 폭이 상대적으로 클 때, 각각의 유로에서 유동의 분배는 균일하지 않다. 따라서, 일부 유로에서 물이 축적될 수 있고, 이는 물질 전달 손실을 증가시킨다. (그리고 전류밀도의 감소와 일치한다.) 여러 연료전지 개발자들이(IFC, 에너지 파트너) 이러한 형태의 유로를 휴대용 연료전지 시스템에 적용하고 있다.

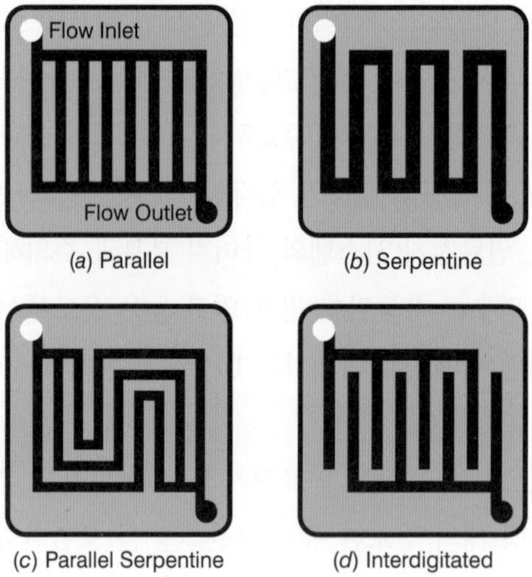

그림 5-14. 주요한 유동 유로의 형상: (a)평행(parallel), (b)사형(serpentine),(c)평행-사형(parallelserpentine), (d)인터디지테이트(interdigitated). 유동 유로의 형상은 압력강하에 의한 손실을 최소화하고 물의 제거 능력을 최대화하여 전극의 표면에 걸쳐서 반응물을 고르게 분포시켜야 한다.

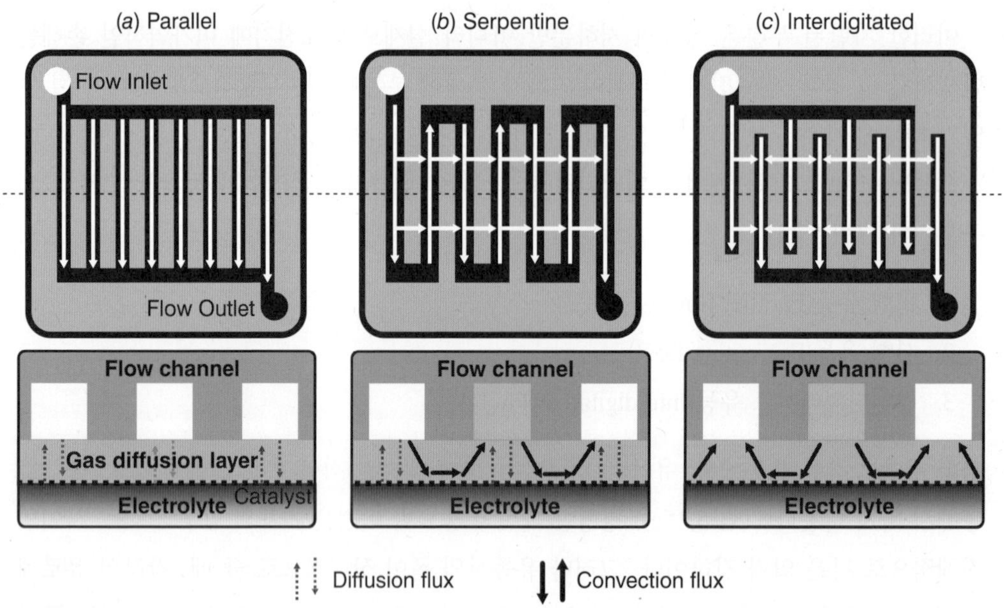

그림 5-15. 다양한 유동 유로 형상에서의 기체 전달 형태. 각각의 유로 형태는 전극에서 서로 다른 대류 수송을 발생시킨다.

사형 유동 일반적인 연료전지에서 찾을 수 있는 가장 흔한 형상이다. 사형 유로 패턴의 장점은 물의 제거 능력에 있다. 이 패턴에서는 오직 하나의 유로가 있어서 액체상의 물을 유로 출구로 강제로 보낸다(그림 5.15b). 불행하게도 넓은 면적의 연료전지에서 사형 유동의 설계는 입출구 사이에 큰 압력강하를 일으킨다. 몇몇의 변화된 사형 유동 설계, 예를 들어 평행-사형(parallel-serpentine) 유동 형태와 같은 것이 연구되어 왔다. 사형 유동과 평행 유동 패턴의 장점만을 조합한 이러한 혼합 설계는 Ballard사의 PEMFC 스택에 사용되는 것으로 유명하다.

인터디지테이트 유동 서로 얽힌(interdigitated) 형태의 설계는 기체 확산층을 통한 기체 반응물의 강제 대류를 증가시킨다(그림 5.15c). 근래 많은 관심에 따른 다양한 연구에서 이 설계는 물질 전달을 증진시키는 좀더 나은 물 관리 방법를 제공한다는 것을 보여준다.[27] 기체 확산층을 통한 강제 대류는 상당한 압력강하 손실을 가져온다. 이러한 주요한 단점은 극도로 작은 개별 유로간의 격벽(rib)을 사용함으로써 부분적으로 극복할 수 있다.[28]

유로의 패턴에 덧붙여서 유로의 형태 그리고 크기는 또한 연료전지 성능에 상당한 영향을 끼칠 수 있다.[24][28-31] 이러한 파라미터의 효과는 실험이나 컴퓨터의 수치 시뮬레이션을 이용해서 가장 잘 관찰된다. 이러한 시뮬레이션 기술로는 CFD(computation fluid dynamics) 모델이 가장 널리 쓰이고, 9장에서 논의할 것이다.

5.4 요약

- **물질 전달**은 연료전지에서 반응물과 생성물의 공급과 제거를 지배한다.
- 불충분한 물질 전달에 따른 반응물의 고갈(또는 생성물의 축적)로 인한 영향은 연료전지 성능의 손실로 이어진다.
- 연료전지 전극에서의 물질 전달은 일반적으로 확산에 의해 지배된다. 연료전지 유로에서의 물질 전달은 일반적으로 대류에 의해 지배된다.
- **대류**는 유체의 평균 운동에 의한 물질 전달을 일컫는다. 확산은 농도 구배에 의한 물질 전달을 일컫는다.

- 전극에서 확산에 의한 전달의 한계점은 한계전류밀도 j_L로 이어진다. 한계전류밀도는 연료전지의 촉매층에서 반응물의 농도가 0으로 떨어지는 점과 일치한다. 연료전지는 결코 j_L보다 높은 전류밀도를 유지할 수 없다.
- 반응물의 고갈은 Nernst 전압과 운동 반응속도 양쪽에 다 영향을 끼친다. 고갈은 양쪽 모든 경우에 비슷한 손실로 이어진다. 이 '농도 손실'은 $\eta_{\text{conc}}=c\ln[j_L/(j_L-j)]$로 일반화시킬 수 있다. 여기서 c는 연료전지의 형상과 물질 전달 특성에 영향을 받는 상수다.
- 농도 손실은 유로에서의 대류에 의한 전달 상태를 고려함으로써 효과적으로 최소화될 수 있다.
- 연료전지 유로에서의 대류는 유동의 점성 작용을 정의하는 무차원 상수 Reynolds 수 Re에 의해 특징지어진다. 보통, 연료전지 내에서의 기체 유동은 층류이다.
- 점성계수 μ는 흘러가기 위한 유체의 저항을 정의한다. 점성계수는 유체에서 '내부 마찰'의 척도로 생각될 수 있다.
- 기체 혼합물의 점성계수는 온도와 혼합물의 구성 성분에 영향을 받는다.
- 압력 차이는 유로를 통해 기체 유동을 움직이게 하는 데 필요하다.
- 유로에서의 압력강하는 주로 유체와 유로의 벽면 사이에서의 마찰에 의해 발생된다. 이 마찰은 벽면 전단력 $\bar{\tau}_w$로 양을 잴 수 있다. 압력강하는 Reynolds 수와 유로의 형상에 의존하는 마찰계수 f를 이용해서 결정할 수 있다.
- 연료전지에서 기체는 유로를 따라 움직이지만, 유로와 전극 사이로 전달되기도 한다. 이것은 대류에 의한 물질 전달로 알려져 있다. 대류에 의한 물질 전달은 Sherwood 수, Sh에 의해 계산되는 대류 물질 전달계수 h_m에 의해 정의된다.
- 간단한 이차원 2차원 연료전지의 물질 전달 모델은 어떻게 반응 기체가 입구로부터 출구로 유동 유로 안에서 고갈되는지를 보여준다. 일반적으로 기체 유동 속도의 증가, 유로 크기의 감소 혹은 확산층 두께의 감소는 유동 유로의 길이에 따른 물질 전달 고갈을 개선시킬 것이다.
- 유동장 패턴의 선택은 물질 전달 손실에 상당한 영향을 끼친다. 공기극에서 액상의 물이 형성되기 때문에 PEMFC 유로는 물을 잘 제거해야 한다.
- 사형(Serpentine) 또는 평행-사형(parallel-serpentine)의 유로설계는 유동장에서 가장 일반적으로 사용된다. 이것은 압력강하와 물 제거 능력 사이에서 상당히 좋은 절충안이 된다.

연습문제

복습문제

5.1 모든 조건이 같다고 가정할 때, 합성된 공기(21% 산소, 79% 헬륨)와 실제 공기(21% 산소, 79% 질소) 중에서 연료전지에 더 큰 농도 손실을 가져오는 기체는 어느 것인가? 이유를 설명하라.

5.2 공기극 유로 구조가 SOFC에서 PEMFC보다 덜 중요한 이유를 논하라. (힌트: 일반적인 SOFC의 작동온도와 온도의 j_L에 대한 효과를 고려하라.)

5.3 j_L을 결정하는 요소를 논하라. j_L을 증가시키는 방법을 세 가지 이상 열거하라.

계산문제

5.4 식 (5.10)을 이용하여 STP 조건에서 공기를 사용하는 연료전지의 한계전류밀도를 계산하라. 산소와 질소만을 고려하고, 수증기는 무시하라. 확산층의 두께는 500 μm이고 공극률은 40%이다.

5.5 그림 5.7과 비슷한 선도를 c=0.1, 0.05, 0.01일 때 각각의 값에 대해 그려라. j_L=2.0 A/cm^{2}로 가정하라.

5.6 800℃, 1 atm에서 동작하는 연료전지를 고려하자. 공기극에는 수증기의 몰분율이 0.1인 공기가 공급된다. 연료전지가 지름 1 mm의 원형 유로를 사용한다면, 층류가 유지될 수 있는 최대 유속을 계산하라. 여기서 얻어진 결과를 예제 5.2와 비교하라.

5.7 예제 5.2에 사용된 조건에서 1 A/cm^{2}의 전류밀도로 동작하는 연료전지의 최대 면적을 구하라. 과급률(stoichiometric number)을 2라고 가정하라. 연료전지는 연료극, 공기극 모두 1개의 직선유로로 이루어져 있고, 유로의 양 옆은 격벽(rib)들로 막혀 있고, 각 격벽의 폭은 유로 폭의 반이다. 연료전지의 유동이 항상 층류로 가정되는 이유를 논하라.

5.8 5.3.3절의 예제와 비슷하게 유로 방향을 따른(촉매에서 x축 방향으로) 산소의 분포를 구하라. u_{in}= 1 m/s, H_C = 1 mm, T = 80℃라고 가정하라. ε = 0.4, p = 1 atm으로 가정하고 식 (5.2)와 (5.3)으로부터 D_{O_2,H_2O}와 $D^{eff}_{O_2,H_2O}$를 추정하라.

5.9 5.3.3절의 예제와 비슷하게 연료전지 유로를 따라 (촉매층에서) 수증기의 밀도 분포

에 대한 식을 유도하라.

5.10 (촉매층에서) 유로를 따른 산소 밀도 분포를 5.3.3절의 예제와 같이 구하라. 단 이번엔 전류가 상수가 아니라 전압이 상수라고 가정하라. 결과로 얻은 분포를 예제와 비교하교 차이점을 논하라. (힌트: x방향으로 미소한 검사체적에 대하여 질량보존 법칙과 Tafel 식을 이용하여 $j(X)$에 대한 상미분방정식을 세워라.)

5.11 T = 95℃인 **직접 메탄올형** 연료전지를 가정하자. 1 M 메탄올 연료가 공급되고, $D^{eff}=10^{-5}$ cm²/s과 $\delta=150$ μm가 주어졌을 때, 연료극의 j_L을 계산하라.

(a) 386 A/cm² (b) 0.386 A/cm²

(c) 8.52 A/cm² (d) 0.00852 A/cm²

5.12 모든 조건이 같다고 가정할 때, 1 M 메탄올과 비교하여 5 M 메탄올에서 작동하는 직접 메탄올 연료전지(DMFC)의 한계전류밀도(생성가능한 최대 전류밀도)는 어떠하겠는가?

(a) 감소한다. (b) 증가한다.

(c) 변함 없다. (d) 알 수 없다.

5.13 **참 혹은 거짓**. 만약 기온과 압력이 같은 비율로 모두 증가한다면, 한계전류밀도 j_L는 증가한다.

CHAPTER 6

연료전지 모델링

이전 장에서 연료전지의 기본적 작동을 설명하기 위해서 필요한 지식을 배웠다. 이 장에서는 그 시스템을 완성시킨다. 완전한 연료전지 모델을 세우기 위해서 식과 용어들을 추가하기로 한다. 2장에서 열역학, 3장에서 반응속도, 4장에서 전하 이동, 그리고 5장에서는 물질 전달을 다루기 때문에 이러한 내용을 추가하는 것은 이제 걱정할 필요 없이 매우 단순하다. 더 나아가, 모델링은 이전 장에서 배운 것들을 합칠 수 있는 좋은 기회이다.

연료전지 모델을 지금까지 배운 내용에 따라 큰 밑그림을 그려 설명한 후에 보다 복잡한 모델로 접근하기로 한다. 하나의 예가 PEMFC와 SOFC를 모델에서 사용하는 플럭스 보존(flux balance)이다. 뿐만 아니라 여전히 복잡한 것은 연료전지 모델링에 대한 전산유체역학적인 측면이다. 전산유체역학 모델링을 수치적으로 시뮬레이션 하기 위한 채널 구조, 유체역학, 다상 유동, 전기화학적 반응 사이의 자세한 설명을 하도록 한다. 이런 정교한 모델링 기술은 성능 예측에 도움이 되고, 설계자가 연료전지를 실험실에서 테스트 하기 이전에 연료전지의 최적 조건을 찾도록 해준다.

6.1 종합: 기본적인 연료전지 모델

1장의 내용을 다시 상기해보면 연료전지의 실제 전압은 열역학적 예상 전압에서 몇 가지 과전압 손실을 빼서 계산할 수 있다.

$$V = E_{\text{thermo}} - \eta_{\text{act}} - \eta_{\text{ohmic}} - \eta_{\text{conc}} \qquad \text{식 (6.1)}$$

V = 연료전지의 작동 전압

E_{thermo} = 연료전지의 열역학적 전압

η_{act} = 반응 속도에 따른 활성화 손실

η_{ohmic} = 이온과 전자 저항으로 인한 저항 손실

η_{conc} = 물질 수송에 따른 농도 손실

지난 4개의 장에서 식 (6.1)에서 각각의 양을 위한 기본적인 표현을 유도하였다. 예를 들면, 3장에서 활성화 손실을 Butler–Volmer 식에서 어떻게 설명하는지 배웠다. 또한 연료전지 성능에서 활성화 손실의 효과를 보여주는 그래프를 그렸고 4장, 5장에서는 연료전지 성능에서 전하와 물질 전달의 효과를 설명하는 그래프도 그렸다. 식 (6.1)에서 설명한 바와 같이 전체 성능은 다양한 손실의 효과를 고려하여 주어진다. 기하학적으로 그 개념은 그림 6.1에서 설명한다. 열역학적으로 예상되는 연료전지 전압과 활성화 손실 저항 손실, 농도 손실을 뺌으로써 순수한 연료전지 성능을 얻는다. 수학적으로 연료전지 j–V 거동은 다음과 같이 쓴다.

$$V = E_{\text{thermo}} - (a_A + b_A \ln j) - (a_C + b_C \ln j) - (j\,\text{ASR}_{\text{ohmic}}) - \left(c \ln \frac{j_L}{j_L - j}\right) \qquad \text{식 (6.2)}$$

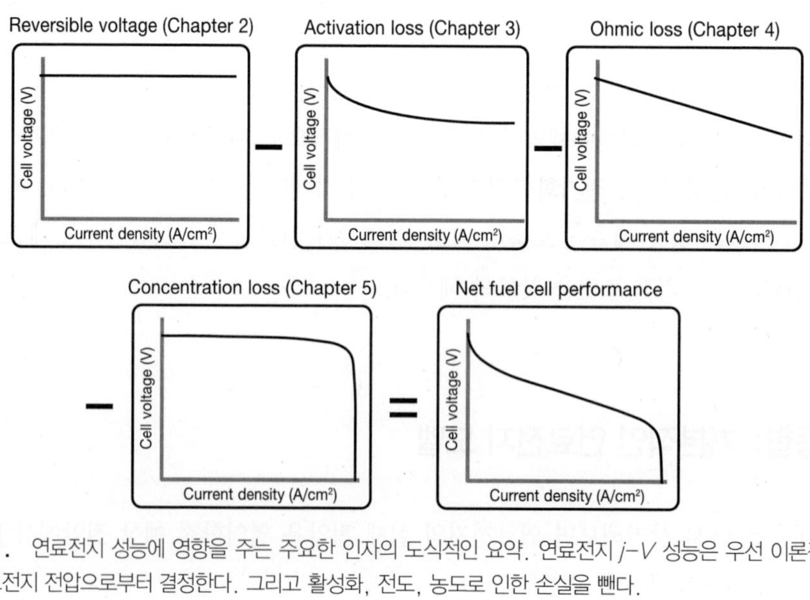

그림 6–1. 연료전지 성능에 영향을 주는 주요한 인자의 도식적인 요약. 연료전지 j–V 성능은 우선 이론적인 열역학적 연료전지 전압으로부터 결정한다. 그리고 활성화, 전도, 농도로 인한 손실을 뺀다.

이때,

$\eta_{\text{act}} = (a_A + b_A \ln j) + (a_C + b_C \ln j)$: 산화극(A)과 환원극(B)에서 Tafel 식에 의한 활성화 손실

$\eta_{\text{ohmic}} = j\text{ASR}_{\text{ohmic}}$: 전류밀도와 ASR에 의한 오믹 저항

$\eta_{\text{conc}} = c \ln \frac{j_L}{j_L - j}$: 식 (5.25)에 의한 연료전지 물질 전달 손실, c는 실증적 상수

연료전지 반응을 위해서 Tafel 근사화를 사용하기 때문에 이 모델은 오직 $j >> j_0$에서만 유효하다. 저전류밀도 영역에서의 구체적 모델링을 위해서는 완전한 Butler−Volmer 식 형태가 필요하다.

단순 연료전지 모델은 식 (6.2)에 의해 7개 상수(fitting constant: a_A, a_C, b_A, b_C, c, $\text{ASR}_{\text{ohmic}}$, j_L)로 표현된다. 그러나 수소/산소 연료전지에서 산화극의 반응 손실은 환원극의 반응 손실에 비교해서 간혹 무시할 수 있다. 그리고 a, b, c의 경우 '기본 원리'를 따른다면, 그것이 상수 α와 j_0과 관련이 있다는 것을 알고 있다. 따라서 매우 간략화된 경우 단지 4개의 변수(α_C, $j_{0,C}$, $\text{ASR}_{\text{ohmic}}$, J_L)가 요구된다.

실제적으로 대부분의 연료전지 시스템의 실제 거동을 반영하기 위해서는 하나의 항이 추가적으로 필요하다. 이 추가된 항 j_{leak}은 전류 누수, 연료 크로스오버 그리고 비정상적 반응으로 인한 기생 손실과 관련이 있다. 거의 모든 연료전지 시스템에서 전류는 이러한 기생 과정으로 인해 손실이 발생한다. 이전 장에서 연료 크로스오버 대해 잠시 언급한 것을 명심하자. 이 기생 전류 손실의 영향은 j_{leak}에 의해 주어진 양만큼 연료전지의 작동 전류가 j−V 곡선에서 왼쪽으로 평행 이동하는 것을말한다. 즉 연료전지는 기생 전류 효과로 인해 손실되는 전류를 보상하기 위한 추가적 전류를 만들어 내야만 한다. 이 손실 효과가 기하학적으로 그림 6.2에 설명되어 있다. 수학적으로는

$$j_{\text{gross}} = j + j_{\text{leak}} \qquad \text{식 (6.3)}$$

J_{gross}는 연료전지 전극에 생산되는 총 전류이고 j_{leak}는 누수되는 손실 전류이다. 그리고 실제로 j는 측정 및 사용할 수 있는 연료전지 작동 전류이다. 반응 속도와 물질 농도는 전류 손실에 의해서도 영향을 받기 때문에 연료전지 모델에서 η_{act}와 η_{conc}는 j_{gross} 항을 기반으로 한다. 그러나 연료전지의 작동 전류 j만이 실제로 전지를 통과하기 때문에 η_{ohmic}는 j를 기반으로 한다. 누수 전류는 전극에서 부반응(side−reaction) 혹은 비전기화학적 반응에 의해 소모된다. 그리고 옴 저항을 유발하는 이온이 전해질을 통과하는 반응을 발생시키지 않기

때문에 전지를 통해서 실제 전류 흐름이 발생하지는 않는다. 그러므로 아래에 최종적인 형식의 연료전지 모델을 다시 쓸 수 있다.

$$V = E_{\text{thermo}} - [a_A + b_A \ln(j + j_{\text{leak}})] - [a_C + b_C \ln(j + j_{\text{leak}})] - (j\,\text{ASR}_{\text{ohmic}}) - \left(c \ln \frac{j_L}{j_L - (j + j_{\text{leak}})} \right) \quad \text{식 (6.4)}$$

누수 전류의 가장 두드러지는 영향은 열역학적 예상 전압 이하로 연료전지의 개회로 전압(open circuit voltage, 전류가 0일 때의 전압)을 낮추는 것이다. 제한 전류밀도는 고전류밀도 영역에서 누수 전류에 의해 줄어든다. 그러나 중간 영역의 전류밀도에서는 누수 전류 효과가 미미하거나 보통은 중요하지 않다. 그림 6.2의 2개 곡선의 차이가 이 효과를 설명한다.

식 (6.4)에 의해 설명되는 단순한 연료전지 모델은 사실상 무한이 많은 경우에서도 사용할 수 있다. 예를 들어 이러한 모델은 일반적인 저온 연료전지와 고온 연료전지의 j–V 거동을 비교하기 위해서 사용할 수 있다. 수소/산소 PEMFC의 활성화 손실은 낮은 작동 온도로 인해 크다. 반면 저항 손실은 PEMFC에서 사용하는 고분자 막의 높은 전도도 덕분에 상대적으로 작다. 이와는 반대로 저항 손실이 수소/산소 SOFC에서는 지배적이다. 반면 활성화 손실은 높은 작동 온도로 인해 작다.

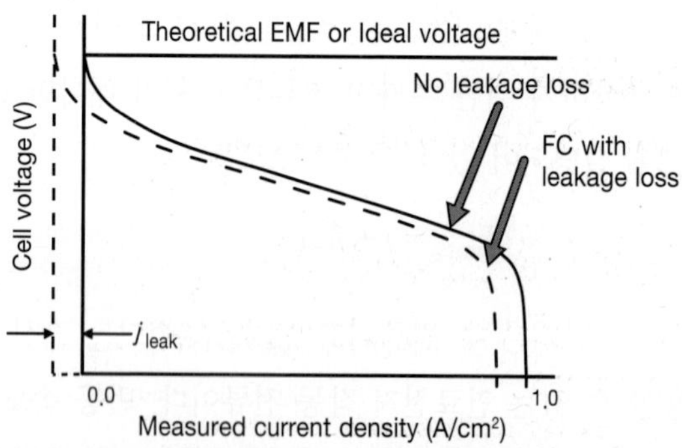

그림 6-2. 연료전지 성능에 누수 전류 손실의 효과의 도식적인 설명. 누수 전류는 그림에서 보는 바와 같이 연료전지 j–V 곡선에서 평행이동 된다. 이것은 열역학적인 예상 전류를 감소시키므로 연료전지의 개회로 전압(open circuit voltage)에 중요한 영향을 미친다.

수소/산소를 이용하는 PEMFC와 SOFC에 대한 일반적인 모델 변수는 표 6.1에서 요약되어 있다. 이 변수 값들을 단순 모델에 사용하면 그림 6.3에 보여지는 것과 같은 서로 대조적인 $j-V$ 거동을 그릴 수 있다. SOFC에서는 j_0값이 크기 때문에 완전한 Butler–Volmer 식을 사용해서 η_{act}를 계산해야 하나 다른 방법으로는 j_0가 크고 η_{act}가 작기 때문에 작은 η_{act}에 대한 Butler–Volmer 근사식을 사용할 수 있다(식 3.38에서 $\eta_{act} \approx [(RTj)/(nFj_0)]$로 근사됨을 기억하자).

6.2 1차원 연료전지 모델

이전 절에서는 단순한 연료전지 모델에 대해 다루었고 이제는 보다 발전된 1차원 SOFC와 PEMFC에 대해 소개한다. 이 모델은 플럭스 보존(flux balance) 개념을 기초로 한다. 플럭스 보존은 연료전지에 유입, 유출, 그리고 통과하는 모든 물질을 고려하도록 한다. 연료전지에 대한 플럭스 보존 모델은 널리 사용되고, 수많은 참고문헌에서 찾을 수 있다. 이 장에서 유도할 모델은 참고문헌에서 찾을 수 있는 지난 수 십 년간 발전된 모델을 단순화한 것이다.[8,32–37]

표 6.1 저온형 PEMFC와 고온형 SOFC의 전형적인 물성치 요약

Parameter	Typical Value for PEMFC	Typical Value for SOFC
Temperature	350 K	1000 K
E_{thermo}	1.22 V	1.06 V
$j_0(H_2)$	0.10 A/cm^2	10 A/cm^2
$j_0(O_2)$	10^{-4} A/cm^2	0.10 A/cm^2
$\alpha(H_2)$	0.50	0.50
$\alpha(O_2)$	0.30	0.30
ASR_{ohmic}	0.01Ω · cm^2	0.04Ω · cm^2
j_{leak}	10^{-2} A/cm^2	10^{-2} A/cm^2
j_L	2 A/cm^2	2 A/cm^2
c	0.10 V	0.10 V

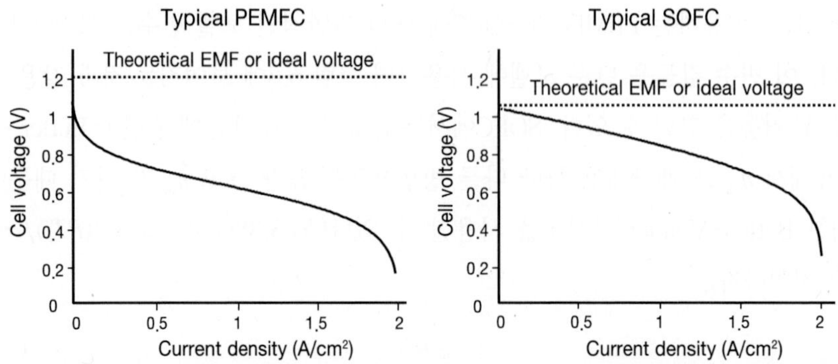

그림 6-3. 일반적인 PEMFC와 SOFC를 위한 단순 모델의 결과 비교. 곡선의 모양에서 보는 바와 같이 PEMFC는 높은 열역학적 전압이 이점이지만 매우 큰 활성화 손실이 있다. SOFC 성능은 저항과 농도 손실의 지배를 받는다. 이 모델 결과를 만들기 위해서 사용된 입력 변수 값은 표 6.1에 요약되어 있다.

플럭스 보존 모델은 PEMFC나 SOFC 모두 적용 가능하다. 일반적으로 PEMFC는 물이 막을 통해서 이동하기 때문에 모델화가 상대적으로 어렵다. 더군다나 PEMFC에서는 물이 액체 상태이다. 물은 액체 상태일 때가 증기 상태일때보다 모델화가 매우 어렵다. 그러나 SOFC의 반응물과 생성물은 기체 상태로 존재하고, 따라서 모델화가 쉽다. 그러나 SOFC 모델링은 비등온(non-isothermal) 현상 그리고 열 팽창으로 인한 기계적 응력 등에 의해 보다 복잡해질 수 있다. 이러한 문제들이 구조설계를 고려한 SOFC 모델로 합쳐지면, 문제의 복잡성은 상상을 초월한다. 그러므로 우리는 연료전지의 물질 전달에만 초점을 맞출 것이다. 연료전지내의 물질 농도 변화를 잘 추적하면, 전기화학적 손실과 $j-V$ 곡선을 이끌어 낼 수 있다.

6.2.1 연료전지 내 플럭스 보존

정확한 1차원 연료전지 모델을 만드는 것은 연료전지 내 모든 화학 물질의 입력, 출력과 통과하는 플럭스를 계산하는 데서 출발한다. 그림 6.4에서 1차원 연료전지 모델에서 필요한 플럭스에 대해 거시적 관점에서 설명한다. 이 그림에서 각각의 플럭스는 순차적인 번호로 매겨져 있다. 각각 플럭스 항의 정확한 의미가 지금 당장은 중요하지는 않지만, 이 그림에서 산화극측의 물과 수소, 환원극측의 물, 질소, 산소의 유입과 유출을 확인하고, 물과 수소이온(PEMFC의 경우), 산소이온(SOFC의 경우)의 전해질을 통한 이동을 추적할 수 있다.

그림 6.4에서 나온 플럭스들은 플럭스 보존의 원리에 따라 서로 연관된다. 플럭스 보존

은 기본적으로 들어온 물질이 반드시 나가야만 한다는 것을 의미하고, 연료전지 내 모든 플럭스는 오직단 하나의 특성 플럭스인 전류밀도 혹은 전하 플럭스와 연관되어 있다. 전류밀도(그림 6.4a에서 플럭스 14)가 PEMFC 내 다른 플럭스와 어떻게 관계가 되는지 예를 들어 보자. 그림 6.4a에서 플럭스의 확인을 토대로 다음과 같이 쓸 수 있다.

$$\text{flux } 14 = \text{flux } 5 = \text{flux } 1 - \text{flux } 4 = \text{flux } 8 - \text{flux } 13 \qquad \text{식 (6.5)}$$

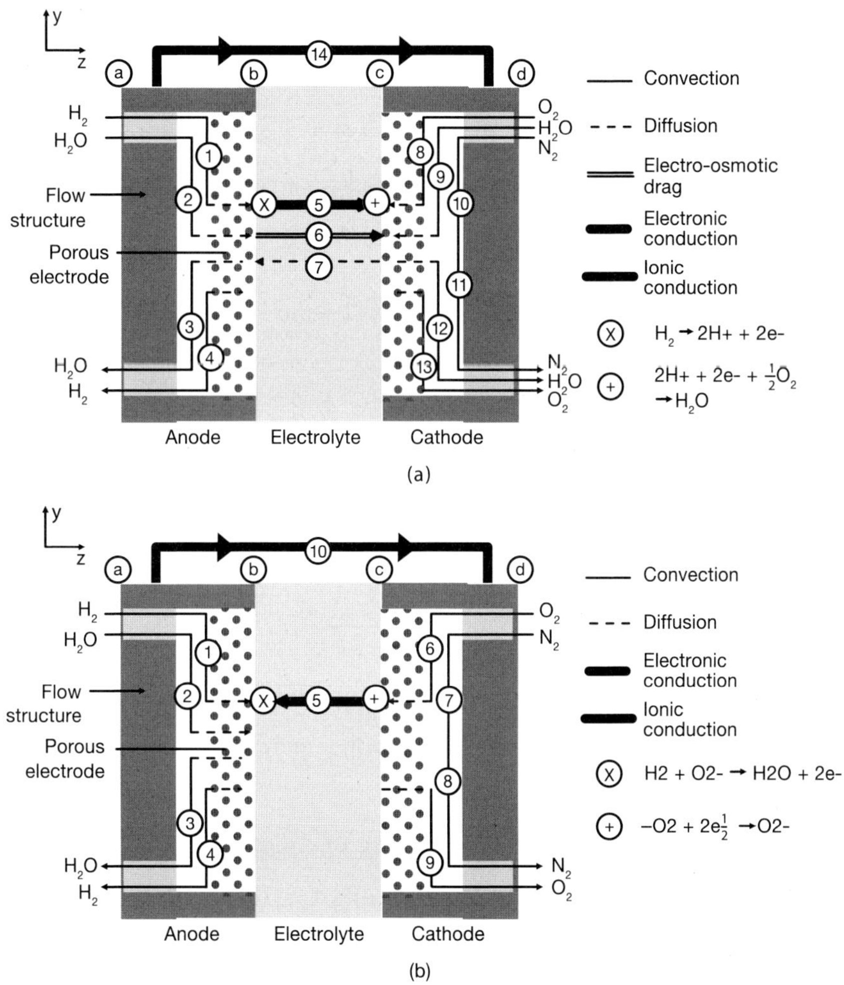

그림 6-4. (a) 1차원 PEMFC 모델과 (b) 1차원 SOFC 모델에서의 플럭스 개념도. (a) PEMFC에서 물과 수소 이온은 전해질을 통과해서 이동한다. (b) SOFC에서는 산소 이온이 전해질을 통과한다.

즉 연료전지에 의해 생성되는 전류밀도는 전해질을 가로지르는 양성자 플럭스와 같고, 그리고 그 양성자 플럭스는 산화극 촉매층으로의 수소분자 플럭스와 동일해야만 한다. 마지막으로 그 수소분자 플럭스는 환원극 촉매층으로의 산소 분자 플럭스와 동일하다. 이것을 수학적으로 나타내면

$$\frac{j}{2F} = \frac{J_{H^+}}{2} = J^A_{H_2} = 2J^C_{O_2} = S^C_{H_2O} \qquad \text{식 (6.6)}$$

j, F 그리고 J는 전류밀도(A/cm^2), Faraday 상수(96,484 C/mol) 그리고 몰 플럭스(mol/s · cm^2)를 각각 나타낸다. $J^A_{H_2}$는 산화극의 수소 순 플럭스를 나타낸다. 순 수소 플럭스는 수소 유입 플럭스와 유출 플럭스의 차이이기 때문에, 그것은 반응에 의해 연료전지 내부에 소모되는 수소를 말한다. 마찬가지로 $J^C_{O_2}$는 환원극의 산소의 순 플럭스이다. 또한 환원극 측의 물 생성률($S^C_{H_2O}$)은 순 수소 플럭스와 동일하다.(수소 1몰이 소모되는 동안 물 1몰이 만들어진다.) 유사한 방법으로 다음의 물 플럭스 보존 또한 만족되어야 한다.

$$\underbrace{\text{flux}\,2 - \text{flux}\,3}_{\text{anode}} = \underbrace{\text{flux}\,6 - \text{flux}\,7}_{\text{membrane}} = \underbrace{\text{flux}\,12 - \text{flux}\,9 - \text{flux}\,5}_{\text{cathode}} \qquad \text{식 (6.7)}$$

즉 산화극 촉매층으로의 순 물 플럭스는 전해질을 통과하는 순 물 플럭스[전기삼투견인(electro-osmotic drag)과 역확산 물 플럭스의 합으로 주어진다]와 동일해야만 한다. 그리고 그것은 환원극 촉매층에서 빠져나가는 순 물 플럭스와 동일해야만 한다. 환원극의 물 생성률(플럭스 5) 또한 플럭스 보존을 이룬다. 이것을 수학적으로 나타내면

$$J^A_{H_2O} = J^M_{H_2O} = J^C_{H_2O} - \frac{j}{2F} \qquad \text{식 (6.8)}$$

$J^A_{H_2O}$는 산화극 촉매층으로의 순 플럭스를, $J^M_{H_2O}$는 전해질을 통과하는 순 플럭스를, $J^C_{H_2O}$환원극 밖으로 나오는 물의 순 플럭스를 나타낸다. $j/2F$는 전기화학적 반응에서 오는 환원극에서의 물 생성률을 나타낸다.

편의상 다시 미지수 α(4장의 예제 4.4 참조)를 도입하는데, 이는 전해질을 투과하는 물 플럭스와 전해질을 투과하는 전하 플럭스 사이의 비를 나타낸다.

$$\alpha = \frac{J^M_{H_2O}}{j/2F} \qquad \text{식 (6.9)}$$

식 (6.9)와 (6.6)을 사용함으로써 J와 α의 항에 관한 식 (6.8)을 쓸 수 있다.

$$J^C_{H_2O} = \frac{j}{2F}(1+\alpha) \qquad \text{식 (6.10)}$$

식 (6.6), (6.8), (6.9), 그리고 (6.10)을 합하면, 연료전지 내의 모든 플럭스는 j와 α로 나타낼 수 있다.

$$\frac{j}{2F} = \frac{J^M_{H^+}}{2} = J^A_{H_2} = 2J^C_{O_2} = \frac{J^A_{H_2O}}{\alpha} = \frac{J^M_{H_2O}}{\alpha} = \frac{J^C_{H_2O}}{1+\alpha} \qquad \text{식 (6.11)}$$

이것은 PEMFC 모델을 위한 총괄적인 플럭스 보존식이다. 이 식에 사용된 플럭스 보존 원리는 **보존법칙**과 관련있다. 식 (6.11)에 도달하기 위해, 우리는 **질량보존법칙**, **물질보존법칙** 그리고 **전하량 보존법칙**을 사용하였다.

유사한 방법으로 그림 6.4b에서 보이는 것과 같이 SOFC를 위한 플럭스 보존식을 세울 수 있다.

$$\frac{j}{2F} = J^M_{O^{2-}} = J^A_{H_2} = 2J^C_{O_2} = -J^A_{H_2O} \qquad \text{식 (6.12)}$$

SOFC에서는 오직 산소이온만 전해질로 이동하기 때문에 전체 플럭스 보존식은 PEMFC보다 훨씬 단순하다. SOFC는 산화극에서 물이 생성되기 때문에 산화극의 물 생성 플럭스는 전류밀도와 같다. 또한 환원극의 물 플럭스는 0이다.

연료전지 모델링을 위해서 산화극, 전해질, 그리고 환원극를 위한 지배방정식을 세우면 PEMFC는 식 (6.11), SOFC는 식 (6.12)에 의해 서로 연결된다. 전류밀도(j)는 보통 플럭스 보존에서 알려진 양이다. j의 함수로서 모델식의 해를 구하면, 환원극의 산소 농도와 전해질에서 물의 농도 분포를 자세히 알 수 있다. 이러한 정보로부터 연료전지를 위한 활성화 과전압과 저항 과전압을 계산할 수 있고 작동 전압을 결정할 수 있다.

6.2.2 단순화 가정

앞서 연료전지 내 물질을 위한 플럭스 보존을 알고 있으므로 이제 물질이 연료전지 내에서 어떻게 움직이고 교환되는지 표현하는 방정식들을 세워야 한다. 이러한 식들은 지배방정식이라 일컫는다. 연료전지 내부에 발생하는 모든 과정들을 포함하고자 하면 표 6.2에 실린 모든 항목에 대한 지배방정식을 써야 한다. 서로 다른 물질과 서로 다른 현상에 대해서로 다른 영역에서 이러한 지배방정식을 세우는 것은 어려운 일이다. 다행히 아래의 단순한 가정을 통해 표 6.2의 항목 대부분이 무시될 수 있다.

표 6.2 PEMFC(이탤릭체는 SOFC)의 모델에서 필요한 전기화학적 전달 현상에 대한 설명

Domains	Convection	Diffusion	Conduction	Electrochemical Reaction
Anode				
Flow channels	(1) H_2, $H_2O_{(g)}$, $H_2O_{(1)}$	(2) H_2, $H_2O_{(g)}$, $H_2O_{(1)}$	(3) e^-	—
	(1) *H_2, $H_2O_{(g)}$*	(2) *H_2, $H_2O_{(g)}$*	(3) *e^-*	—
Electrode	(1) H_2, $H_2O_{(g)}$, $H_2O_{(1)}$	(6) H_2, $H_2O_{(g)}$, $H_2O_{(1)}$	(3) e^-	—
	(1) *H_2, $H_2O_{(g)}$*	*H_2, $H_2O_{(g)}$*	(3,5) *e^-, O^{2-}*	(5) *$H_2 + O^{2-} \rightarrow H_2O + 2e^-$*
Catalyst	(1) H_2, $H_2O_{(g)}$, $H_2O_{(1)}$	(5) H_2, $H_2O_{(g)}$, $H_2O_{(1)}$	(3,5) e^-, H^+	(4) $H_2 \rightarrow 2H^+ + 2e^-$
	(1) *H_2, $H_2O_{(g)}$*	(5) *H_2, $H_2O_{(g)}$*	(3,5) *e^-, O^{2-}*	*$H_2 + O^{2-} \rightarrow H_2O + 2e^-$*
Electrolyte	—	(6) $H_2O_{(1)}$	(6) H^+, $H_2O_{(1)}$[a]	—
	—	—	*O^{2-}*	—
Cathode				
Catalyst	(1) N_2, O_2, $H_2O_{(g)}$, $H_2O_{(1)}$	(5) N_2, O_2, $H_2O_{(g)}$, $H_2O_{(1)}$	(3,5) e^-, H^+	(6) $2H^+ + 1/2O_2 + 2e^- \rightarrow H_2O_{(1)}$
	(1) *N_2, O_2*	(5) *N_2, O_2*	(3,5) *e^-, O^{2-}*	*$1/2O_2 + 2e^- \rightarrow O^{2-}$*
Electrode	(1) N_2, O_2, $H_2O_{(g)}$, $H_2O_{(1)}$	(6) N_2, O_2, $H_2O_{(g)}$, $H_2O_{(1)}$	(3) e^-	—
	(1) *N_2, O_2*	*N_2, O_2*	(3,5) *e^-, O^{2-}*	(5) *$1/2O_2 + 2e^- \rightarrow O^{2-}$*
Flow channels	(1) N_2, O_2, $H_2O_{(g)}$	(2) N_2, O_2, $H_2O_{(g)}$, $H_2O_{(1)}$	(3) e^-	—
	(1) *N_2, O_2*	(2) *N_2, O_2*	(3) *e^-*	—

주석) 각 항목의 숫자는 본문에서 설명한 단순화 가정에 해당되는 항목이다. 단순화 후 이 표는 표 6.3으로 다시 정리된다.

[a] 정확히 말해서 물의 이동은 전기삼투견인(electro-osmotic drag) 때문이나 양성자 전도와의 연관성으로 인해 편의상 전도로 분류되었다.

1. 대류 전달은 무시한다. 특별한 경우를 제외하고 대류에 대한 해석적 해를 얻는 것은 매우 어렵다. 대류는 연료전지 내에 지배적인 물질 전달 현상이다. 그러나 우리는 1차원 모델을 고려하므로 대류 현상은 무시할 수 있다. 그림 6.4에 보이듯이, 대류 전달은 y축을 따라 움직이지만, 우리가 고려하는 1차원 모델은 오직 z축 방향만을 포함한다.
2. 유로 내 확산으로 인한 전달은 무시한다. 유로 내에서 확산은 대류보다 훨씬 더 미약하다. 이미 대류 전달을 무시하므로 자동적으로 유로 내의 확산 또한 무시된다(하지만 전극에서의 확산은 고려 대상이다).
3. 모든 저항 손실은 전해질에서 온다고 가정한다. 대부분의 연료전지에서 이 가정은 합리적인데, 전해질 막의 이온 전도로부터의 저항 손실은 다른 저항 손실보다 두드러지기 때문이다. 이러한 가정하에서 전극, 촉매층, 그리고 유로 내에서 발생하는 어떠한 전도 현상도 무시할 수 있다.
4. 산화극의 반응 속도는 무시한다. H_2/O_2 연료전지에서 산화극 활성화 손실은 보통 환원극 활성화 손실보다 매우 작다. 이는 산소 환원이 가장 느린 과정이기 때문이다(3장 참조). 이러한 가정에 따라 반응속도 손실은 환원극 촉매층에 산소 농도에 의해서만 결정된다(박스 내 보충 설명 참조).
5. 촉매층은 매우 얇거나 '계면'으로 가정한다. 이 가정과 함께 촉매층 내의 모든 대류, 확산, 전도 현상는 무시한다. PEMFC에서 촉매층(10 μm)은 전극(100~350 μm)에 비해서 매우 얇기 때문에 이는 합리적인 가정이다. 그러나 대부분의 SOFC에서 촉매층과 전극은 하나의 단일체이다. 따라서 이온 전도와 전기화학적 반응이 두께를 따라 전극의 전체에서 발생할 수 있다. 그러나 보통은 낮은 이온 전도도 때문에 전기화학반응은 촉매층/전해질 막과 경계를 이루는 전극의 얇은 지역에 국한적으로 발생한다. 이 경우에 위의 가정은 여전히 합리적이다.
6. 마지막으로 상당한 논란의 여지가 있는 가정은 물은 오직 증기상태로만 존재한다는 것이다. SOFC에서는 이 가정은 정당하다. (SOFC 작동 온도에서는 오직 증기상만 존재한다.) 그러나 PEMFC는 액상과 증기 둘 다 존재한다. 그러나 불행히도 **이상 유동**(*two-phase flow*)이라 불리는 액상/기상 혼합상태의 복합 전달 현상을 모델하기는 매우 어렵다. (이는 현재 가장 활발히 연구되는 분야 중의 하나이다.) 이상 유동을 무시함에 따라PEMFC 환원극의 물 분포 결과에 중요 오차가 야기될 수도 있다. 이것은 환원극 과전압에 영향을 주고, 우리의 모델이 현실과 다른 양상을 보일 수도 있다. 이는 특히 상당한 액상의 물이 환원극에서 형성되는 높은 전류밀도 상태에서

현저하게 나타날 것이다. 이는 실제 연료전지에서 환원극의 침수(flooding)를 초래하나 복잡성 때문에 본 모델에서는 다루지 않기로 한다.

위에 언급된 단순화 가정들에 의해 모델을 단순화하면, 표 6.3과 같이 정리할 수 있다.

표 6.3 단순화된 PEMFC(이탤릭체는 SOFC) 모델에서 필요한 전기화학적 전달 현상에 대한 설명

Domains	Convection	Diffusion	Conduction	Electrochemical Reaction
Anode				
Flow channels	—	—	—	—
Electrode	—	H_2, $H_2O_{(g)}$	—	—
	—	*H_2, $H_2O_{(g)}$*	—	—
Catalyst	—	—	—	—
	—	—	—	*$H_2 + O^{2-} \rightarrow H_2O_{(g)} + 2e^-$*
Electrolyte	—	$H_2O_{(g)}$	H^+, $H_2O_{(g)}$	—
			O^{2-}	
Cathode				
Catalyst	—	—	—	$2H^+ + 1/2O_2 + 2e^- \rightarrow H_2O_{(g)}$
	—	—	—	*$1/2O_2 + 2e^- \rightarrow O^{2-}$*
Electrode	—	N_2, O_2, $H_2O_{(g)}$	—	—
	—	*N_2, O_2*	—	—
Flow channels	—	—	—	—

주석: 이 표에서 모델에 사용되는 항목들은 다음 절에서 지배방정식으로 설명한다.

SOFC의 구조와 모델링 가정의 연관성

산화극(연료극) 지지형 SOFC에서는 앞서 언급된 몇몇 모델링 가정이 문제가 될 수 있다. SOFC의 세라믹 부품은 깨지기 쉽기 때문에 산화극, 환원극, 전해질 중 하나는 구조적 지지체로서 역할을 하기 위해서 충분히 두꺼워야만 한다. 그러므로 산화극 지지형, 전해질 지지형, 환원극 지지형의 세 가지 구조가 존재한다. 산화극 지지형 SOFC를 모델링 할 때 위에 언급된 모델링 가정에 몇 가지 문제가 생긴다. 예를 들어 산화극 지지형 SOFC에서 산화극 반응 손실을 무시하는 것은 어렵다. 이는 두꺼운 산화극 내에서 수소 확산이 제한될 수 있고, 물질 수송 제한에 따라 빠른 산화극 반응 속도에도 불구하고 높은 산화 반응 손실이 있을 수 있다. 따라서 본문에서 언급된 가정은 환원극 지지형이나 전해질 지지형 SOFC에 적합하다.

6.2.3 지배방정식

이제 표 6.3에 나온 각 영역(domain)에 대해서 적합한 지배방정식을 부여하려 한다. 실은 이미 이전 장에서 모든 필요한 지배방정식을 배웠다. 이 지배방정식의 해를 구하면 수소, 산소, 물, 질소의 농도가 연료전지에서 어떻게 변화하는지를 알 수 있다(z축 방향에 해당). 이런 농도 분포로부터 각각의 전류밀도 j에 따른 물질 전달 과전압 η_{conc}, 활성화 과전압 η_{act} , 그리고 저항 과전압 η_{ohmic}을 계산할 수 있다. 그리고 이러한 정보로 최종적으로 $j-V$ 곡선을 그릴 수 있다.

전극층 먼저 전극을 위한 지배방정식을 서술한다. 전극에서는 수소, 산소, 물과 질소에 대한 확산 과정을 모델화한다. 식 (5.7)에 의해 설명된 기본적인 확산 모델의 수정된 형식으로부터 출발한다.

$$J_i = \frac{-pD_{ij}^{\text{eff}}}{RT}\frac{dx_i}{dz} \qquad \text{식 (6.13)}$$

x_i는 종 i의 몰분율을 나타내고 p는 전극에서 기체의 진체 압력(Pa)이며, $p_i=px_i$를 만족시킨다. 이 식은 농도 대신에 기체의 압력으로 표현되어 식 (5.7)보다 우리가 원하는 모델에 편리하게 사용할 수 있다. 이는 이상기체 방정식($p_i=c_iRT$)을 사용하면 식 (5.7)로부터 쉽게 유도된다. 유효 확산계수 D_{ij}^{eff}가 전극구조의 공극률(porosity)을 기초로 5장의 식 (5.2)~(5.5)에서 어떻게 계산되는가를 상기하자.

식 (6.13)은 두 가지 기체가 관련된 확산 과정을 설명하기에 충분하다. 그러나 PEMFC의 환원극에서는전형적으로 세 가지 기체(질소, 산소, 물)가 존재한다. 이러한 경우에 Maxwell-Stefan 식과 같은 다성분 확산 모델을 적용하여야 한다. 그러나 연료전지 내에서 질소의 확산은 일어나지 않기 때문에 (질소는 생성도 소모도 되지 않는다!) 질소 플럭스를 무시할 수 있다. 이는 모델의 정확도를 일부 희생하고 오직 물과 산소를 기초로 한 단순한 이종확산모델(binary diffusion model)을 사용할 수 있다. 보다 정확한 다성분확산모델에 대해서는 다음의 보충설명을 참고하라.

연료전지에서의 확산모델

이종확산모델

단순 경우에 있어서, 확산율은 농도 구배에 직접 비례한다(5장에서 설명함).

$$J_i = -D_{ij} \frac{dc_i}{dz} \qquad \text{식 (6.14)}$$

이 식은 이종 확산의 Fick의 법칙이라 일컫는데, 오직 두 종(i와 j)만이 확산에 참여하는 이종 시스템에 잘 맞는다. 이종 시스템의 좋은 예는 가습된 수소의 유동이다. 수소와 증기의 혼합물에서 오직 가능한 확산 과정은 수증기(종 j) 안에서 수소(종 i)의 확산 혹은 그 반대 과정(수소 안에서 수증기의 확산)이다. 이 확산계수 D_{ij}는 식 (5.2)에서 계산되는데, j종이 i종 속에서 확산될 때 Fick의 법칙을 이용하면 확산 플럭스는 다음과 같다.

$$J_j = -D_{ij} \frac{dc_j}{dz} \qquad \text{식 (6.15)}$$

확산의 정의로부터 $J_i + J_j = 0$이고, 이 관계로부터 $D_{ij} = D_{ji}$의 관계가 성립한다.

Maxwell-Stefan 모델

3개나 그 이상의 물질이 확산 과정에 참가할 때 다성분 확산을 고려해야 한다. 낮은 밀도에서 다성분 기체의 확산은 Maxwell-Stefan 식에 의해 근사화 될 수 있다.[38]

$$\frac{dx_i}{dz} = RT \sum_{j \neq i} \frac{x_i J_j - x_j J_i}{p D_{ij}^{\text{eff}}} \qquad \text{식 (6.16)}$$

이 식은 혼합물을 구성하는 j종과의 상호작용에 의한 효과를 모두 더하여 i종의 z 방향 분포를 계산하도록 한다. 이 식에서 x_i와 x_j는 i와 j종의 몰분율을 나타내고 J_i와 J_j는 i와 j의 몰플럭스(mol/m^2s)를 나타낸다. R은 기체상수(J/mol·K)를 나타내고, T는 온도(K), p는 전체압력(atm), 그리고 D_{ij}^{eff}은 유효 이종 확산계수(m^2/s)이다. 수학적으로 복잡하기에 이 책에서는 사용하지 않지만, 보다 정교한 모델에서는 널리 사용되는 식이다.[8]

전해질 전극에서는 기체 전달을 설명하기 위해 확산식을 사용하였고, 이제 전해질에서의 물질 전달을 위한 지배방정식을 세우도록 한다. 우리가 사용할 지배방정식은 SOFC의 경우와 PEMFC의 경우 서로 다르게 된다. SOFC에서는 전해질을 통한 산소 이온(O^{2-}) 플럭스만을 고려하면 된다. 플럭스 보존 식 (6.12)에서 산소 이온 플럭스는 다음과 같이 전류밀도와 관련된다.

$$J^M_{O^{2-}} = \frac{j}{2F} \qquad \text{식 (6.17)}$$

그 다음, 식 (4.11)을 이용하여 저항 전압 손실을 결정할 수 있다.

$$\eta_{\text{ohmic}} = j(\text{ASR}_{\text{ohmic}}) = j\left(\frac{t^M}{\sigma}\right) \qquad \text{식 (6.18)}$$

여기서 t^M은 전해질 막의 두께이다. 전해질 전도도를 구하기 위해서는 식 (4.64)를 이용한다.

$$\sigma = \frac{A_{\text{SOFC}} e^{-\Delta G_{\text{act}}/(RT)}}{T} \qquad \text{식 (6.19)}$$

여기서 A_{SOFC}(K/Ω · cm)와 ΔG_{act}(J/mol)는 보통 실험으로부터 얻어진다.

PEMFC의 경우 식 (6.11)부터 양성자 플럭스를 알 수 있지만 전해질 내에서 물 플럭스도 고려해야 한다. 물의 분포에 따라 전해질의 전도도가 부분적으로 변하게 된다. 그러므로 전해질 내부의 물의 분포를 계산하여야 한다. Nafion 막에서는 2개의 물 플럭스(역확산과 electro-osmotic drag)가 존재한다. 4장의 식 (4.44)를 기억하면, 전해질 내에서 이 두 플럭스에 따라 다음의 물 플럭스 식이 세워진다.

$$J^M_{H_2O} = 2n^{\text{SAT}}_{\text{drag}} \frac{j}{2F}\frac{\lambda}{22} - \frac{\rho_{\text{dry}}}{M_m} D_\lambda \frac{d\lambda}{dz} \qquad \text{식 (6.20)}$$

이 식에서 물 함량(λ)은 상수가 아니고, z의 함수[$\lambda = \lambda(z)$]라는 것을 기억해야 한다. 물 함량분포 $\lambda(z)$를 얻으면, 전해질의 저항을 계산할 수 있다. 이 과정에 대한 구체적인 설명과 예는 4.5.2절에서 이미 다루었다.

촉매 촉매층의 지배방정식은 꽤 명확하다. 이전에 언급하였듯이, 우리는 환원극의 반응속도만을 고려한다. 환원극의 산소 분압이 환원극 과전압을 결정짓는 지배적인 요소이기 때문에 5.2.4절으로부터 Butler-Volmer 식의 근사 형태를 사용한다.

$$\eta_{\text{cathode}} = \frac{RT}{4\alpha F} \ln \frac{j c^0_{O_2}}{j_0 c_{O_2}} \qquad \text{식 (6.21)}$$

여기서 분모의 4는 산소 분자의 전자 원자가(valance number)를 나타낸다. 이상 기체식을 적용하면, 위 식은 다음과 같이 된다.

$$\eta_{\text{cathode}} = \frac{RT}{4\alpha F} \ln \frac{j}{j_0 p^C x_{O_2}} \qquad \text{식 (6.22)}$$

p^C는 환원극의 전체 압력이고 x_{O_2}는 환원극 촉매층의 산소 몰분율이다. 압력 p의 단위로서 atm을 사용하고, 이때 기준 압력 p_0는 1 atm으로 식에서 없어진다는 것에 주의하자.

6.2.4 계산 예

이전 절에서 1차원 연료전지 모델에 쓰일 단순화된 지배방정식을 유도하였고, 이를 이용한 SOFC와 PEMFC 모델로부터 $j-V$ 곡선을 어떻게 얻을 수 있는 보여주는 몇 가지 예를 소개한다.

1차원 SOFC 모델의 예 1차원 SOFC 예제를 보여주기 위해 그림 6.4b를 사용한다. 식 (6.13)에서 산화극 수소와 물의 전달은 다음과 같이 표현된다.

$$\begin{aligned} J_{H_2}^A &= \frac{-p^A D_{H_2,H_2O}^{\text{eff}}}{RT} \frac{dx_{H_2}}{dz} \\ J_{H_2O}^A &= \frac{-p^A D_{H_2,H_2O}^{\text{eff}}}{RT} \frac{dx_{H_2O}}{dz} \end{aligned} \qquad \text{식 (6.23)}$$

식 (6.12)로부터, $J_{H_2}^A$와 $J_{H_2O}^A$는 연료전지 전류밀도(j)를 관련 짓는다. 그러나 식 (6.23)을 통합할 때 경계조건(boundary condition)이 필요하게 된다. 다행히도 우리는 연료전지 입구(그림 6.4b에서 계면 a)에서의 x_{H_2}와 x_{H_2O}의 값을 알고 있다. 이 입구에서의 값은 경계조건으로 활용된다. 식 (6.23)을 풀면 산화극에서 수소와 물의 농도로 선형 분포를 얻는다.

$$\begin{aligned} x_{H_2}(z) &= x_{H_2}|_a - z\frac{jRT}{2Fp^A D_{H_2,H_2O}^{\text{eff}}} \\ x_{H_2O}(z) &= x_{H_2O}|_a + z\frac{jRT}{2Fp^A D_{H_2,H_2O}^{\text{eff}}} \end{aligned} \qquad \text{식 (6.24)}$$

산화극–막 계면(그림 6.4b의 계면 b)에서의 수소와 물 농도에 대해 식을 풀면 다음과 같이 된다.

$$x_{H_2}|_b = x_{H_2}|_a - t^A \frac{jRT}{2Fp^A D^{\text{eff}}_{H_2,H_2O}}$$
$$x_{H_2O}|_b = x_{H_2O}|_a + t^A \frac{jRT}{2Fp^A D^{\text{eff}}_{H_2,H_2O}} \qquad \text{식 (6.25)}$$

여기서 t^A는 산화극의 두께를 나타낸다. 비슷한 과정을 따르면 환원극의 산소 분포를 얻을 수 있다.

$$x_{O_2}|_c = x_{O_2}|_d - t^C \frac{jRT}{4Fp^C D^{\text{eff}}_{O_2,N_2}} \qquad \text{식 (6.26)}$$

질소 플럭스가 0(질소는 연료전지 내에서 생성도 소모도 되지 않는다)이기 때문에 질소의 분포는 무시된다는 것을 염두에 두자. 환원극 촉매층에서 산소 농도를 결정하였으니, 식 (6.26)과 (6.22)를 연계하여 환원극 과전압을 계산할 수 있다.

$$\eta_{\text{cathode}} = \frac{RT}{4\alpha F} \ln \left[\frac{j}{j_0 p^C \left\{ x_{O_2}|_d - t^C jRT / \left(4Fp^C D^{\text{eff}}_{O_2,N_2} \right) \right\}} \right] \qquad \text{식 (6.27)}$$

이 식에서는 산소 농도의 효과가 고려되었기에 활성화 손실과 농도 손실이 모두 효과적으로 고려되었다. 이제 남은 일은 저항 손실을 계산하는 것이다. 식 (6.18)과 (6.19)에서 다음과 같이 저항 손실을 계산할 수 있다.

$$\eta_{\text{ohmic}} = j(\text{ASR}_{\text{ohmic}}) = j\frac{t^M}{\sigma} = j\frac{t^M T}{A_{\text{SOFC}} e^{-\Delta G_{\text{act}}/(RT)}} \qquad \text{식 (6.28)}$$

최종적으로 다음과 같이 연료전지 전압을 얻는다.

$$\begin{aligned} V &= E_{\text{thermo}} - \eta_{\text{ohmic}} - \eta_{\text{cathode}} \\ &= E_{\text{thermo}} - j\frac{t^M T}{A_{\text{SOFC}} e^{-\Delta G_{\text{act}}/(RT)}} - \frac{RT}{4\alpha F} \ln \left[\frac{j}{j_0 p^C \left\{ x_{O_2}|_d - t^C \left[jRT / \left(4Fp^C D^{\text{eff}}_{O_2,N_2} \right) \right] \right\}} \right] \end{aligned}$$

식 (6.29)

여기서 E_{thermo}는 열역학적 예상 연료전지 전압이다.

실제적인 SOFC의 성능을 예측하기 위해서 식 (6.29)를 적용해 보자. 예를 들어 표 6.4에 나온 변수 값과 조건을 고려해 보자. 전류밀도 500 mA/cm^{2}에서 이 SOFC의 위한 출력

전압을 계산하면

$$\eta_{\text{ohmic}} = 0.5\,\text{A/cm}^2\left(\frac{10^4\text{cm}^2}{\text{m}^2}\right)\frac{(0.00002\,\text{m})(1073\,\text{K})}{(9\times10^7\,\text{K}\cdot\Omega^{-1}\cdot\text{m}^{-1})e^{-(100{,}000\,\text{J/mol})/(8.314\,\text{J/mol}\cdot\text{K}\times1073\,\text{K})}}$$
$$= (0.5\,\text{A/cm}^2)(0.176\,\Omega\ \text{cm}^2) = 0.088\,\text{V}$$

식 (6.30)

$$\eta_{\text{cathode}} = \frac{(8.314\,\text{J/mol}\cdot\text{K})\,(1073\,\text{K})}{4\times0.5\times96485\,\text{C/mol}}\ln\left[\frac{0.5\,\text{A/cm}^2}{0.1\,\text{A/cm}^2\cdot1\,\text{atm}\times101300\,\text{Pa/atm}}\right.$$
$$\left.\times\frac{1}{0.210-0.0008\,\text{m}\dfrac{5000\,\text{A/m}^2\times8.314\,\text{J/}\,(\text{mol}\cdot\text{K})\times1073\,\text{K}}{(4\times96{,}485\,\text{C/mol})\times101{,}325\,\text{Pa}\times0.00002\,\text{m}^2/\text{s}}}\right]$$
$$= 0.158\,\text{V}$$

식 (6.31)

표 6.4 예제에 사용된 SOFC의 물리적 물성치

Physical Properties	Values
Thermodynamic voltage, $E_{\text{thermo}}(V)$	1.0
Temperature, $T(K)$	1073
Hydrogen inlet mole fraction, $x_{H_2}\|_a$	0.95
Oxygen inlet mole fraction, $x_{O_2}\|_d$	0.21
Cathode pressure, p^C(atm)	1
Anode pressure, p^A(atm)	1
Effective hydrogen (or water) diffusivity, $D^{\text{eff}}_{H_2,H_2O}$($m^2$/s)	1×10^{-4}
Effective oxygen diffusivity, $D^{\text{eff}}_{O_2,N_2}$(m^2/s)	2×10^{-5}
Transfer coefficient, α	0.5
Exchange current density, j_0(A/cm^2)	0.1
Electrolyte constant, A_{SOFC}(K/$\Omega\cdot$m)	9×10^7
Electrolyte activation energy, ΔG_{act}(kJ/mol)	100
Electrolyte thickness, t^M(μm)	20
Anode thickness, t^A(μm)	50
Cathode thickness t^C(μm)	800
Gas constant, R(J/mol $\cdot$ K)	8.314
Faraday constant, F(C/mol)	96,485

$$V = 1.0\,\text{V} - 0.088\,\text{V} - 0.158\,\text{V} = 0.754\,\text{V} \qquad \text{식 (6.32)}$$

여러 전류밀도 값에 대해 이 과정을 반복하면 완전한 j–V 곡선을 얻을 수 있다. 그림 6.5는 이 예제에서 완성된 j–V 곡선을 나타낸다.

1차원 PEMFC 모델 예 이제 그림 6.4a에 보이는 PEMFC 모델을 살펴보자. SOFC 산화극과 같이 PEMFC 산화극에서도 수소와 물을 고려한다. 식 (6.13)으로부터 다음의 모델식을 얻는다.

$$J^A_{H_2} = \frac{-p^A D^{\text{eff}}_{H_2,H_2O}}{RT}\frac{dx_{H_2}}{dz}$$
$$J^A_{H_2O} = \frac{-p^A D^{\text{eff}}_{H_2,H_2O}}{RT}\frac{dx_{H_2O}}{dz} \qquad \text{식 (6.33)}$$

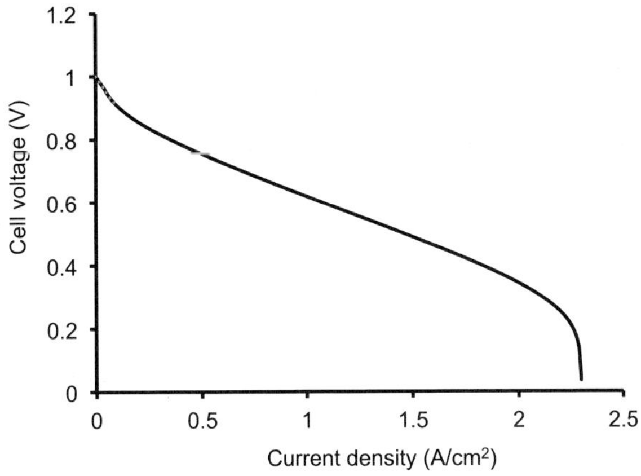

그림 6-5. 지배방정식으로부터 구한 1차원 SOFC 모델의 j–V 곡선. 활성화 과전압은 저전류에서 지배적이고, Ohm 과전압은 모든 전류 구간에서 지배적이다. 물질 전달 과전압은 고전류에서 급격히 증가한다.

이 식은 SOFC 산화극의 식 (6.23)과 정확히 같은 형태이다. 그러나 하나의 중요한 차이점은 플럭스 보존식 (6.11)에서 α를 알 수 없기 때문에 이 PEMFC 모델에서 $J^A_{H_2O}$는 미지수이다. 이 플럭스 보존식을 이용하여 다음과 같은 결과를 얻을 수 있다(아직 α는 미지수이다).

$$x_{H_2}(z) = x_{H_2}|_a - z\frac{jRT}{2Fp^A D^{\text{eff}}_{H_2,H_2O}} \qquad \text{식 (6.34)}$$

$$x_{H_2O}(z) = x_{H_2O}|_a - z\frac{\alpha^* jRT}{2Fp^A D^{\text{eff}}_{H_2,H_2O}} \qquad \text{식 (6.35)}$$

전달 상수(transfer coefficient, α)와의 혼돈을 피하기 위해서 미지값 α에 첨자를 추가한 것을 주목하자. 위 식으로부터 산화극–막 계면(그림 6.4a에서 계면 b)의 수소와 물 농도를 계산할 수 있다.

$$x_{H_2}|_b = x_{H_2}|_a - t^A \frac{jRT}{2Fp^A D^{\text{eff}}_{H_2,H_2O}} \quad \text{식 (6.36)}$$

$$x_{H_2O}|_b = x_{H_2O}|_a - t^A \frac{\alpha^* jRT}{2Fp^A D^{\text{eff}}_{H_2,H_2O}} \quad \text{식 (6.37)}$$

유사한 방법으로 환원극–막 계면 'c'에서의 산소와 물 농도를 구할 수 있다.

$$x_{O_2}|_c = x_{O_2}|_d - t^C \frac{jRT}{2Fp^C D^{\text{eff}}_{O_2,H_2O}} \quad \text{식 (6.38)}$$

$$x_{H_2O}|_c = x_{H_2O}|_d + t^C \frac{(1+\alpha^*)jRT}{2Fp^C D^{\text{eff}}_{O_2,H_2O}} \quad \text{식 (6.39)}$$

이 전과 마찬가지로 모델을 단순화 하기 위해서 질소 플럭스는 무시한다. 산화극의 결과와 비슷하게 환원극의 결과도 미지수 α*를 포함한다. SOFC 모델과 같이 계면 'c'에서의 산소 농도를 얻으면 식 (6.27)을 통해 환원극 과전압을 계산할 수 있다.

PEMFC 모델의 가장 큰 어려움은 저항 과전압을 구하는 것이다. 물 분포는 전해질 저항을 계산하도록 하기 때문에 이를 얻는 것은 매우 중요한 문제이다. 막의 물 분포는 미지값 α*와 함께 전해질의 물 플럭스 식 (6.20)을 풀어서 얻을 수 있다. 식 (6.37)과 (6.39)는 경계조건으로 활용된다.

식 (6.20)에 대한 해는 4장(예제 4.4의 식 4.53)에서 이미 다루었다.

$$\begin{aligned}\lambda(z) &= \frac{11\alpha^*}{n^{\text{SAT}}_{\text{drag}}} + C\exp\left(\frac{jM_m n^{\text{SAT}}_{\text{drag}}}{22F\rho_{\text{dry}}D_\lambda}z\right) = \frac{11\alpha^*}{2.5} \\ &\quad + C\exp\left(\frac{j\,(\text{A/cm}^2)\times 1.0\,\text{kg/mol}\times 2.5}{22\times 96{,}485\,\text{C/mol}\times 0.00197\,\text{kg/cm}^3\times D_\lambda(\text{cm}^2/\text{s})}z(\text{cm})\right) \quad \text{식 (6.40)} \\ &= 4.4\alpha^* + C\exp\left(\frac{0.000598\cdot j\,(\text{A/cm}^2)\cdot z(\text{cm})}{D_\lambda(\text{cm}^2/\text{s})}\right)\end{aligned}$$

이 식을 이용하여 산화극–막 계면 'b'와 환원극–막 계면 'c'의 물 함유량 λ를 구할 수 있다.

$$\lambda|_b = \lambda(0) = 4.4\alpha^* + C \qquad \text{식 (6.41)}$$

$$\lambda|_c = \lambda(t^M) = 4.4\alpha^* + C\exp\left(\frac{0.000598 \cdot j\left(\mathrm{A/cm^2}\right) \cdot t^M(\mathrm{cm})}{D_\lambda(\mathrm{cm^2/s})}\right) \qquad \text{식 (6.42)}$$

여기서 t^M은 전해질의 두께를 나타낸다. 우리는 2개의 미지수(위의 식에서 나온 C와 식 6.37과 6.39로부터 나온 α^*)를 보았다. 물 플럭스 관련식 (6.37)과 (6.39)를 물 함유량 관련식 (6.41)과 (6.42)에 연관지으면 풀이과정을 계속 진행할 수 있다.

4.5.2절에서 이미 설명한 바와 같이 Nafion의 물 함유량은 주변 수증기압에 대한 비선형적 함수이다. 이 비선형 식을 이용하는 것은 매우 복잡하기 때문에 2개의 단순화 가정을 도입한다.

1. Nafion 막의 물 함유량은 물 활동도에 따라 선형적을 증가한다. 그러므로 다음과 같은 식 (4.34)를 선형화한 함수를 사용한다.

$$\lambda = 14a_W \qquad \text{for} \quad 0 < a_W \le 1 \qquad \text{식 (6.43)}$$

$$\lambda = 10 + 4a_W \qquad \text{for} \quad 1 < a_W \le 3 \qquad \text{식 (6.44)}$$

   이러한 구획별로 나누어진 식은 그림 4.11에 보이는 실제 물 함유량의 함수를 선형적으로 근사화한 것이다.

2. Nafion의 물 확산계수는 일정하다. 물 확산계수는 우리가 관심 있는 조건에서 물 함유량의 변화에 민감하지 않으므로 이것은 매우 합리적인 가정이다.

$a_w|_b = p^A x_{H_2O}|_b / p_{SAT}$이고 식 (6.43)과 (6.37)을 조합하면 다음과 같이 된다.

$$\lambda|_b = 14a_w|_b = 14\frac{p^A}{p_{SAT}}\left(x_{H_2O}|_a - t^A\frac{\alpha^* jRT}{2Fp^A D^{\mathrm{eff}}_{H_2,H_2O}}\right) \qquad \text{식 (6.45)}$$

유사하게 환원극을 위한 식 (6.39)와 (6.44)를 조합하면 다음과 같이 된다.

$$\lambda|_c = 10 + 4a_w|_c = 10 + 4\frac{p^C}{p_{SAT}}\left(x_{H_2O}|_d + t^C\frac{(1+\alpha^*)jRT}{2Fp^C D^{\mathrm{eff}}_{O_2,H_2O}}\right) \qquad \text{식 (6.46)}$$

위 두 식을 보면 'b'에서는 $a_w < 1$이고 'c'에서는 $a_w > 1$이란 가정을 하였다. 'b'에서는 물 플럭스가 Nafion 측으로 제공되므로 물이 소모가 되고, 'c'에서는 물이 생성된다. 물이 'b'에서는 고갈되고, 'c'에서는 생성되므로, 물 활동도에 대한 이러한 가정은 합리적이다.

표 6.5 예제에 사용된 PEMFC의 물리적 물성치

Physical Properties	Values
Thermodynamic voltage, $E_{thermo}(V)$	1.0
Operating current density, j(A/cm^2)	0.5
Temperature, $T(K)$	343
Vapor saturation pressure, p_{SAT} (atm)	0.307
Hydrogen mole fraction, x_{H_2}	0.9
Oxygen mole fraction, x_{O_2}	0.19
Cathode water mole fraction, x_{H_2O}	0.1
Cathode pressure, p^C (atm)	3
Anode pressure, p^A (atm)	3
Effective hydrogen (or water) diffusivity, $D^{eff}_{H_2,H_2O}$ (cm^2/s)	0.149
Effective oxygen (or water) diffusivity, $D^{eff}_{O_2,H_2O}$ (cm^2/s)	0.0295
Water diffusivity in Nafion, D (cm^2/s)	3.81×10^{-6}
Transfer coefficient, α	0.5
Exchange current density, j_0 (A/cm^2)	0.0001
Electrolyte thickness, $t^M(\mu m)$	125
Anode thickness, $t^A(\mu m)$	350
Cathode thickness $t^C(\mu m)$	350
Gas constant, R(J/mol · K)	8.314
Faraday constant, F(C/mol)	96,485

식이 세워졌으니 이제 예제를 풀도록 하자. 표 6.5에 실린 연료전지 물성치 값을 고려해 보자. 이 물성치를 식 (6.45)와 (6.46)으로 대입하면, 다음 식으로 주어진다.

$$\begin{aligned}\lambda|_b &= 14\frac{3\,\text{atm}}{0.307\,\text{atm}} \\ &\times\left(0.1 - 0.00035\,\text{m}\frac{\alpha^* \times 0.5\,\text{A}/0.0001\,\text{m}^2 \cdot 8.314\,\text{J/mol K} \times 343\,\text{K}}{(2\times 96{,}485\,\text{C/mol})(3\times 101{,}325\,\text{Pa})(0.149\times 0.0001\,\text{m}^2/\text{s})}\right) \\ &= 13.68 - 0.781\alpha^*\end{aligned}$$

식 (6.47)

$$\lambda|_c = 10 + 4\frac{3\,\text{atm}}{0.307\,\text{atm}}$$
$$\times\left(0.1 + 0.00035\,\text{m}\frac{(1+\alpha^*)\times 0.5\,\text{A}/0.0001\,\text{m}^2\cdot 8.314\,\text{J}/\text{mol}\cdot\text{K}\times 343\,\text{K}}{(2\times 96{,}485\,\text{C}/\text{mol})(3\times 101{,}325\,\text{Pa})(0.0295\times 0.0001\,\text{m}^2/\text{s})}\right)$$
$$= 15.04 - 1.127\alpha^*$$

식 (6.48)

그리고 식 (6.41)과 (6.42)는 다음과 같이 된다.

$$\lambda|_b = \lambda(0) = 4.4\alpha^* + C \qquad \text{식 (6.49)}$$

$$\lambda|_c = 4.4\alpha^* + C\exp\left(\frac{0.000598\times 0.5\,\text{A}/\text{cm}^2\times 0.0125\,\text{cm}}{3.81\times 10^{-6}}\right) = 4.4\alpha^* + 2.667C \qquad \text{식 (6.50)}$$

이제 식 (6.47)과 (6.49)를 함께 풀고, (6.48)과 (6.50)을 함께 풀면 α=2.034, C=3.141을 얻는다.

식 (4.38)과 (6.40)으로부터 전해질 전도도 분포를 결정할 수 있다.

$$\sigma(z) = \left\{0.005193\left[4.4\alpha + C\,exp\left(\frac{0.000598\times 0.5}{3.81\times 10^{-6}}z\right)\right] - 0.00326\right\}\times\exp\left[1268\left(\frac{1}{303}-\frac{1}{343}\right)\right] = 0.0704 + 0.0266\exp(78.48z) \qquad \text{식 (6.51)}$$

최종적으로 식 (4.40)을 이용하여 전해질의 저항을 결정한다.

$$ASR_m = \int_0^{t_m}\frac{dz}{\sigma(z)} = \int_0^{0.0125}\frac{dz}{0.0704 + 0.0266\exp(78.48z)} = 0.109\,\Omega\cdot\text{cm}^2 \qquad \text{식 (6.52)}$$

그러므로 이 PEMFC에서 전해질 저항 때문에 발생하는 저항 과전압은 대략적으로 다음과 같이 된다.

$$\eta_{\text{ohmic}} = j\times\text{ASR}_m = 0.5\ \ \text{A}/\text{cm}^2\times 0.109\,\Omega\cdot\text{cm}^2 = 0.0505\,\text{V} \qquad \text{식 (6.53)}$$

그리고 식 (6.27)을 사용하여 환원극 과전압을 계산할 수 있다.

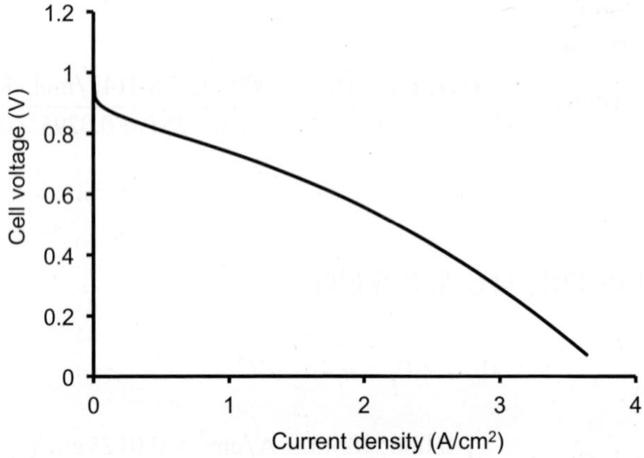

그림 6-6. 단순화된 지배 방정식으로부터 구한 1차원 PEMFC 모델의 $j-V$ 곡선. 전류밀도가 0근처일 때 급격히 전압이 떨어지는 것에 주목하라(PEMFC의 전형적인 특징). $j-V$ 곡선에서 전류밀도가 1 A/cm^{2}보다 커지면 물이 양이온 교환막에서 고갈되고, Ohm 저항이 증가하여 기울기가 점점 변화한다. (4장에서 학습한 대로) 전류밀도가 증가하면 전기삼투현상에 의해 막의 수분이 감소한다. 이전의 1차원 SOFC 예제에서는 물질 전달 과전압이 두꺼운 환원극(800 μm, 표 6.4)에 의해 고전류영역에서 명백히 관찰되었다. 이 예제에서는 환원극의 두께(350 μm, 표 6.5)가 작기 때문에 물질 전달 과전압을 관찰하기 어렵다.

$$\eta_{\text{cathode}} = \frac{(8.314\,\text{J/mol}\cdot\text{K})(343\,\text{K})}{4\times 0.5\times 96485\,\text{C/mol}} \ln\left[\frac{0.5\,\text{A/cm}^2}{0.0001\,\text{A/cm}^2\times 3\,\text{atm}\times 101300\,\text{Pa/atm}} \right.$$
$$\left. \times \frac{1}{\left(0.19 - 0.00035m\dfrac{5000\,\text{A/m}^2\times 8.314\,\text{J/mol}\cdot\text{K}\times 343\,\text{K}}{(4\times 96{,}485\,\text{C/mol})(3\times 101{,}325\,\text{Pa})(0.0295\times 0.0001\,\text{m}^2/\text{s})}\right)}\right]$$
$$= 0.135\ \text{V}$$

식 (6.54)

이제 다음과 같이 연료전지 전압으로 구할 수 있다.

$$V = 1.0\,\text{V} - 0.0505\,\text{V} - 0.135\,\text{V} = 0.810\,\text{V} \qquad \text{식 (6.55)}$$

그림 6.6은 1차원 PEMFC 모델의 완성된 $j-V$ 곡선을 보여준다.

연료 고갈 효과를 고려한 1차원 SOFC 모델의 수정 지금까지 예제로 다룬 모델들은 연료전지 입구에서 수소와 산소가 무한 공급된다고 가정한 것이다. 물리적으로 이것은 그림 6.4b의 경계 'a'와 'b'에서 종의 몰분율을 일정하게 함으로써 가능하다. 그러나 이제 산소의 상대적인 공급과 소모에 따라 이 경계에서 산소가 고갈될 수 있는 보다 현실적인 상황을 고려한다. 유사한 방법론이 PEMFC에도 적용될 수 있지만, 계산의 복잡성을 고려하여 SOFC 모델만을 생각해 보자. 또한 우리는 산소 부족 효과만을 고려할 것이다. 이는 모델에서 산화극 과전압 손실을 무시하기 때문에 수소 고갈은 고려할 필요가 없기 때문이다. 환원극 출구(경계 'd')에서 다음과 같은 식이 유도된다.

$$x_{O_2}|_d = \frac{J^C_{O_2,\text{outlet}}}{J^C_{O_2,\text{outlet}} + J^C_{N_2,\text{outlet}}} \qquad \text{식 (6.56)}$$

분모는 연료전지 환원극 출구의 모든 총 물질 플럭스를 나타낸다. 이 식은 단순히 경계 'd'에서 산소의 몰분율이 출구의 산소 플럭스와 전체 기체 플럭스의 비로 주어진다는 것을 말한다. 산소가 연료전지에서 소모되면 산소의 몰분율은 'd'에서 줄어 들것이다. 모델에서 유입 플럭스가 고정되어 있더라도 유출 플럭스는 산소의 사용(전류밀도와 관련)에 따라 변하게 될 것이다.

이제 앞선 식에서 $J^C_{O_2,\text{outlet}}$과 $J^C_{N_2,\text{outlet}}$를 알려진 값으로 대체하자. SOFC 플럭스 보존식 (6.12)로부터 다음의 관계를 알 수 있다.

$$J^C_{O_2,\text{outlet}} = J^C_{O_2,\text{inlet}} - J^C_{O_2} = J^C_{O_2,\text{inlet}} - \frac{j}{4F} \qquad \text{식 (6.57)}$$

일반적으로 연료전지 작동에 있어서 입구에서의 산소 유입 플럭스 $J^C_{O_2,\text{inlet}}$는 과급률(stoichiometric number)에 따라 조정된다. 과급률의 개념은 보충설명에 간단히 설명되어 있다. 과급률의 정의로부터 다음의 식을 얻는다.

$$J^C_{O_2,\text{inlet}} = \lambda_{O_2} J^C_{O_2} \qquad \text{식 (6.58)}$$

위 식을 식 (6.57)에 대입함으로써 과급률에 따른 $J^C_{O_2,\text{outlet}}$를 구할 수 있다.

$$J^C_{O_2,\text{outlet}} = (\lambda_{O_2} - 1) J^C_{O_2} = (\lambda_{O_2} - 1)\frac{j}{4F} \qquad \text{식 (6.59)}$$

$J^C_{N_2,\text{outlet}}$를 구하는 것은 더 쉽다. 질소는 소모되지 않고 다음과 같이 나타낸다.

$$J^C_{N_2,\text{outlet}} = J^C_{N_2,\text{inlet}} = \omega J^C_{O_2,\text{inlet}} = \omega\lambda_{O_2} J^C_{O_2} = \omega\lambda_{O_2}\frac{j}{4F} \qquad \text{식 (6.60)}$$

여기서 ω는 공기에서 질소와 산소의 몰 비율을 나타낸다(일반적으로 $\omega = 0.79/0.21 = 3.76$).

과급률

2.5.2절에서 설명한 바와 같이 연료전지의 효율을 극대화 시키기 위해서 일정한**과급률**에서 연료전지를 작동시키는 것이 일반적이다. 과급률 λ는 반응물의 공급률에 대한 소모율의 비를 말한다. 예를 들어 $\lambda=2$는 연료전지에 공급되는 반응물의 양이 필요한 양의 두 배임을 말한다. 최적의 λ를 고르는 것은 매우 미묘한 작업이다. 큰 λ 값은 낭비가 심해 기생 출력 소모와 연료 손실을 초래한다. 1에 가까운 λ 값에서는 반응물 고갈 효과가 심하게 일어난다. 분명하게도 연료전지에서는 수소와 산소에 대해 두 가지 과급률이 정의되어야 한다. 예제의 SOFC 모델에서는 과급률이 입구 플럭스에 대한 소모 플럭스의 비로 정의할 수 있다.

$$\lambda_{H_2} = \frac{J_{H_2,\text{inlet}}}{J^A_{H_2}} \qquad \lambda_{O_2} = \frac{J_{O_2,\text{inlet}}}{J^C_{O_2}} \qquad \text{식 (6.62)}$$

이제 식 (6.59)와 (6.60)을 식 (6.56)에 대입하고 $x_{O_2}|_d$를 구하면

$$\begin{aligned} x_{O_2}|_d &= \frac{(\lambda_{O_2}-1)[j/(4F)]}{(\lambda_{O_2}-1)[j/(4F)] + \omega\lambda_{O_2}[j/(4F)]} \\ &= \frac{\lambda_{O_2}-1}{(1+\omega)\lambda_{O_2}-1} \end{aligned} \qquad \text{식 (6.61)}$$

$\lambda_{O_2}=1$일 때 식 (6.61)에서 $x_{O_2}|_d$이 되는데, 이는 산소가 연료전지에서 모두 소모되기 때문이다.

우리는 식 (6.61)을 (6.29)에 단순히 대입하여, 연료 고갈 효과를 SOFC 모델에 포함시킬 수 있다. 이에 따른 최종적인 모델식은 다음과 같다.

$$\begin{aligned} V &= E_{\text{thermo}} - \eta_{\text{ohmic}} - \eta_{\text{cathode}} \\ &= E_{\text{thermo}} - j\frac{t^M T}{A_{\text{SOFC}} e^{-\Delta G_{\text{act}}/(RT)}} \\ &\quad - \frac{RT}{4\alpha F}\ln\left[\frac{j}{j_0 p^C\left(\dfrac{\lambda_{O_2}-1}{(1+\omega)\,\lambda_{O_2}-1} - t^C\dfrac{jRT}{4Fp^C D^{\text{eff}}_{O_2,N_2}}\right)}\right] \end{aligned} \qquad \text{식 (6.63)}$$

λ_{O_2}=1.5와 j=500 mA/cm^{2}일 때 이전의 SOFC의 예와 같이 계산하면,

$$n_{\text{cathode}} = \frac{(8.314\,\text{J/mol}\cdot\text{K})(1073\,\text{K})}{4\cdot 0.5\cdot 96485\,\text{C/mol}} \ln\left[\frac{0.5\,\text{A/cm}^2}{0.1\,\text{A/cm}^2\cdot 1\,\text{atm}\times 101300\,\text{Pa/atm}}\right.$$

$$\left.\times \frac{1}{\left(\dfrac{1.5-1}{(1+3.76)\,1.5-1} - 0.0008\,\text{m}\dfrac{5000\,\text{A/m}^2\times 8.314\,\text{J/mol}\cdot\text{K}\times 1073\,\text{K}}{(4\times 96{,}485\,\text{C/mol})(101{,}325\,\text{Pa})(0.00002\,\text{m}^2/\text{s})}\right)}\right]$$

$$= 0.228\,\text{V}$$

식 (6.64)

$$V = 1.0\,\text{V} - 0.088\,\text{V} - 0.228\,\text{V} = 0.684\,\text{V} \qquad \text{식 (6.65)}$$

첫 번째 모델에 비교하면 훨씬 더 높은 환원극 과전압이 나온다는 점을 주목하자. 이는 낮은 λ_{O_2}값(=1.5)이 연료 부족 효과를 가져왔기 때문이다. (처음 예제에서 $x_{O_2}|_d$=0.21이었으나 지금 예제에서 $x_{O_2}|_d$=0.0814이다.)

그림 6.7은 이러한 수정된 SOFC 모델의 완성된 $j-V$ 곡선을 나타낸다.

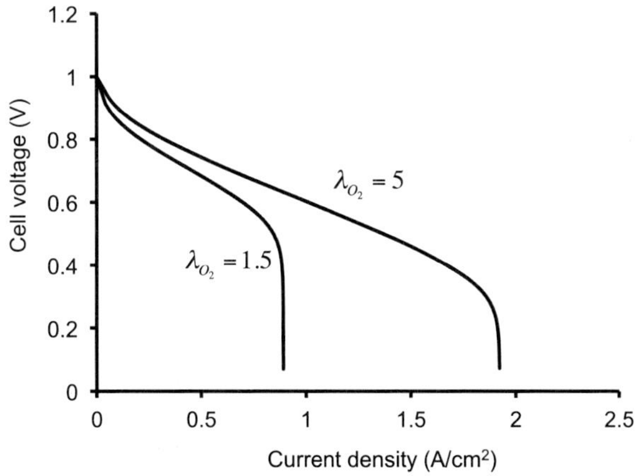

그림 6-7. 과급률을 고려한 1차원 SOFC 모델의 $j-V$ 곡선. 두 곡선은 산소 과급률이 1.5(교재에서의 예제)와 5일 때를 나타낸 것이다. 물질전달 과전압은 과급률이 고려되지 않은 그림 6.5의 그래프와는 상당히 다르다. 그림 6.5의 예제는 환원극에서의 확산 제한만을 고려했다. 즉 산소 과급률이 무한히 크다고 가정된 것이다. 이 예제에서는 물질 전달 과전압이 더 크며, 한계 전류가 크게 감소하였다.

6.2.5 추가적인 고려사항

세부적인 내용이 단계적으로 추가됨에 따라 연료전지 모델은 매우 빨리 복잡하고 어려워진다. 1차원 모델의 경우에 시스템을 다루기 쉽게 하기 위해 6.2.2절에서 어떻게 일련의 단순한 가정을 적용하였는지 기억하자. 이러한 가정 중 몇 개를 변화시켜 보다 정교한 연료전지 모델을 만들 수 있다. 그러한 정확성은 복잡성을 수반한다.

보다 발전된 연료전지 모델은 열과 구조효과를 포함해야 한다. 연료전지의 열적 모델은 매우 어렵다. 수많은 열 유동(공기와 연료를 통한 대류 열전달, 연료전지 구조를 통한 열전도, 물의 상변화에 따른 잠열, 전기화학적 반응으로부터 엔트로피 손실, 다양한 과전압에 따른 열발생)이 고려되어야만 한다. 구조 모델링도 이와 같은 문제가 있다.

대부분의 경우에 이러한 문제는 수치해석을 바탕으로 한 복잡한 컴퓨터 소프트웨어 프로그램을 사용하여 해결된다. 다음 절에서 이전 절에서 무시된 사항들을 고려하는 전산유체역학(computational fluid dynamics, CFD)을 기초로 한 연료전지 모델을 소개한다.

6.3 전산유체역학(CFD)을 기반으로 한 연료전지 모델(선택적 내용)

전산유체역학 모델링은 넓은 연구 분야이다. 이 분야의 복잡성은 이 책의 범위를 넘어선다. 이 절의 목적은 이 주제를 간략히 소개하는 것이다. 이 장에서는 사형 유로를 가진 PEMFC를 시뮬레이션 하기 위해 CFD를 사용한다. CFD를 내부의 지배방정식과 이론을 이

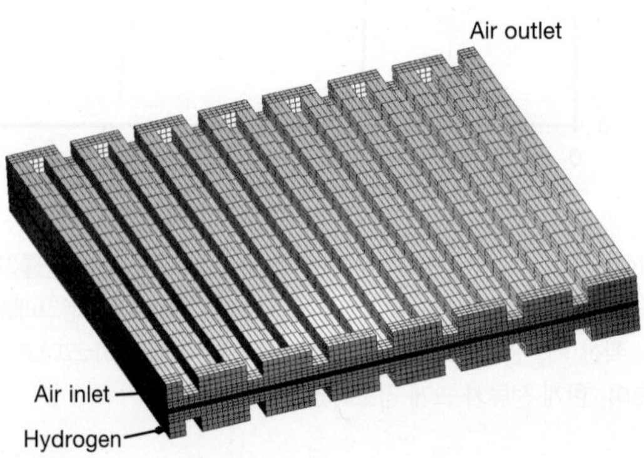

그림 6-8. 사형(serpentine) 유로 연료전지 모델(500 μm 크기 채널)의 정사영(isometric) 도면

야기하기 보다는 CFD 기술의 이용성, 장점, 한계를 설명하기 위하여 사형 유로의 예를 든다. CFD 모델링과 논의에 흥미 있는 학생들은 13장을 참고하길 바란다.

그림 6.8은 사형 유로 연료전지의 CFD 모델이다. 이 연료전지에서 구현하여야 하는 복잡한 유동 형상을 해석적인 모델로 해결하기는 매우 어렵거나 불가능하다. 다행히도 컴퓨터를 기반으로 한 수치해석 모델로 구현하는 것은 생각보다 쉽다. 그림 6.8에서 보는 바와 같이 이 연료전지는 산화극과 환원극 모두 단일 사형 유로를 이용한다. 환원극 구조는 위에 위치하고 산화극 구조는 아래에 있다. 기체의 입구와 출구 위치는 그림에 표시되어 있다. 표 6.6은 이 연료전지 모델에서 사용되는 주요한 물리적 물성을 요약한다.

그림 6.9는 CFD 모델로부터 얻어진 $j-V$ 곡선이다. 이 $j-V$ 곡선은 단순한 해석적 연료전지 모델에 의해 구해진 곡선으로부터 크게 달라 보이지는 않는다. 그러나 이 $j-V$ 곡선뿐만 아니라 CFD 모델에서는 형상의 영향을 시각화하고 조사할 수 있다. 여기에 CFD의 진정한 장점이 있다. 예를 들어 그림 6.10과 6.11에 보여주는 것과 같이 사형 유로의 반응부에 산소 분배를 조사하기 위한 CFD 모델을 사용한다. 그림 6.10은 사형 패턴의 중심을 가로지르는 단면을 보여 준다. 위쪽의 환원극을 보면 공기가 왼쪽에 입구로부터 오른쪽 출구로 이동하면서 산소 농도가 점진적으로 낮아진다. 그 결과로 연료전지 성능은 균일하지

표 6.6 CFD 연료전지 모델에 사용된 물리적인 물성치

Properties	Values
Fuel cell area	14×14 mm
Electrode thickness, t_g	0.25 mm
Catalyst thickness, t_c	0.05 mm
Membrane thickness, t_m	0.125 mm
Flow channel width, w_f	0.5 mm
Flow channel height, t_f	0.5 mm
Rib width, w_r	0.5 mm
Relative humidity of inlet gases	100%
Temperature, T	50℃
Hydrogen inlet flow rate	1.8 A/cm^2 equivalent
Air inlet flow rate	1.9 A/cm^2 equivalent
Outlet pressure	1 atm

주석: 여기서 기체 유량은 등가의 전류밀도로 표시되었다.

못하다. 산소 기체가 소모됨에 따라 출구 근처에서는 훨씬 더 적은 전류가 생성된다. 그림 6.11은 유로간 격벽(rib) 구조가 산소 고갈을 어떻게 야기하는지 설명한다. 유로간 격벽은 확산 플럭스를 막아 소위 국부적인 'dead zone'을 형성한다. 여기서 CFD 모델은 성능을 높일 수 있는 단서를 제공한다. 예를 들어 유로 수 여러 개로 하거나 격벽을 좁게 하면 산소 고갈 문제가 완화될 수도 있다.

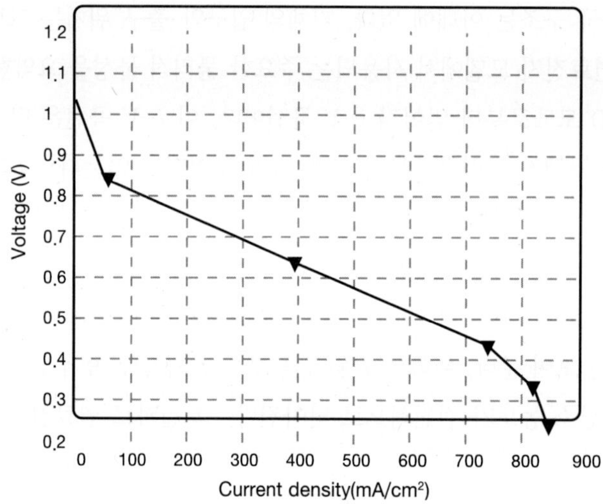

그림 6-9. 사형(serpentine) 유로 연료전지 모델의 $j-V$ 곡선. 활성화, 저항, 농도 손실을 명확히 관찰할 수 있다.

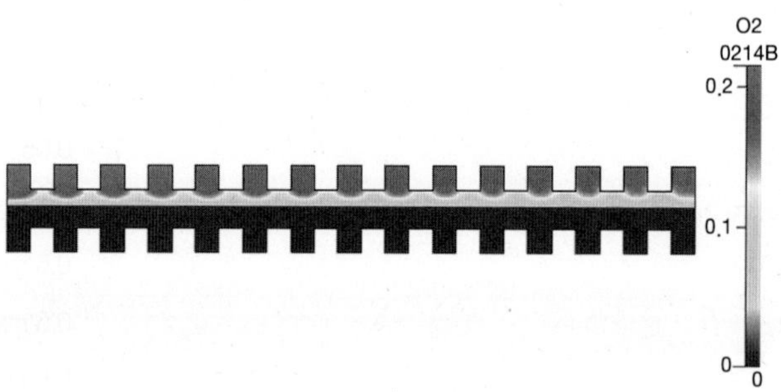

그림 6-10. 0.8 V 과전압 하에서의 환원극 산소 농도. 사형 유로의 가운데를 가로지르는 단면 그림은 산소 농도가 입구에서 출구로 어떻게 변하는지 보여준다.

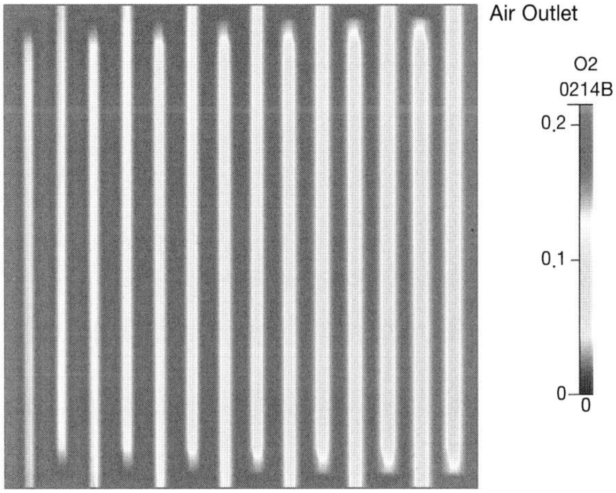

그림 6-11. 0.8 V 과전압 하에서의 환원극 산소 농도. 평면도에서 환원극 표면을 가로 질러 산소 농도 변화를 보여준다. 유로의 격벽(rib)이 산소 플럭스를 차단하여 격벽 아래에서는 낮은 산소 농도가 관찰된다.

1차원이나 2차원 연료전지 모델에서 이러한 형상의 영향을 관찰하기 힘들다. CFD 모델링에 이해 제시되는 시각화 도구는 연료전지의 형상 영향를 조사하고 이해하기 위한 매우 직관적인 방법을 제공한다. 실험적인 조사가 어렵거나 비현실적일 때 CFD 모델은 특히 유용하다. 실험과 함께 사용될 때 CFD 모델은 연료전지 설계 과정을 신속하고 효과적으로 만들 수 있다.

6.4 요약

연료전지 모델은 연료전지 거동을 예측하고 이해하는 데 사용한다. 단순 모델은 기본적인 경향(예를 들어 온도가 증가하거나 압력이 낮아질 때 어떤 현상이 생기는지)을 이해하는 데 사용하고, 정교한 모델은 상세 설계 시 참고가 된다(예를 들어 확산층 두께가 500 μm에서 100 μm로 줄었을 때 어떠한 현상이 생기는지). 모든 연료전지 모델은 가정을 포함한다. 모델 결과를 해석할 때는 주요한 가정들과 제한사항들을 충분히 고려해야 한다.

- 세 가지 중요한 연료전지 손실로는 활성화 손실(η_{act}),저항 손실(η_{ohmic}), 농도 손실(η_{conc})이 있다.

- 단순한 연료전지 모델은 열역학적 연료전지 전압 계산으로부터 시작한다. 그리고 세 가지 손실 항으로 열역학적 전압으로부터 뺀다: $V = E_{\text{thermo}} - \eta_{\text{act}} - \eta_{\text{ohmic}} - \eta_{\text{conc}}$.
- 대부분의 연료전지의 거동을 정확히 묘사하기 위해서는 누수 손실(j_{leak})로 알려진 추가적인 항을 도입해야만 한다.
- 누수 손실(j_{leak})은 전류 누수, 연료 투과, 부반응 등에 의한 기생 손실과 관련된다. 이 기생 전류 손실의 순 효과는 j_{leak}에 의해 주어진 양만큼 연료전지 작동 전류를 왼쪽으로 평행 이동시킨다. 이것은 열역학적으로 예상되는 값보다 연료전지의 개회로(open circuit) 전압을 감소시킨다.
- 기본적인 연료전지 모델은 네 가지 변수를 요구한다. 2개의 변수(α와 j_0)는 반응 손실을 설명하고, 하나의 변수(ASR_{ohmic})는 저항 손실을, 마지막으로 또 다른 하나의 변수(j_L)은 농도 손실을 설명한다.
- 다양한 연료전지 거동은 기본적인 몇 개의 변수를 변화시키며 조사할 수 있다.
- 모든 모델은 가정을 포함한다. 가정의 종류와 수는 모델의 복잡함과 정확성을 결정한다.
- 보다 정교한 연료전지 모델은 연료전지 거동과 물리적 법칙을 연관시키기 위해 보존 법칙과 지배방정식을 사용한다.
- 연료전지 모델의 지배방정식들은 플럭스 보존과 물질 보존 법칙에 의해 서로 연결되어 있다. 적절한 경계조건(boundary condition)이 해를 결정하는 데 필요하다.
- SOFC에서 적절한 모델의 가정은 전극와 전해질의 기하학적 형상에 큰 영향을 받는다.
- PEMFC에서 물 분포에 대한 적절한 모델이 중요하다.
- CFD 연료전지 모델은 연료전지 거동을 수치해석적으로 시뮬레이션 하기 위해 사용한다. CFD 모델링은 전기화학적 전달 현상의 시각화와 구체적인 연구를 가능하게 한다. CFD는 실험적인 연구가 어렵거나 비현실적일 때 매우 유용하다. CFD는 연료전지 설계 도구로서 매우 유망하고 효과적이다.

연습문제

복습문제

6.1 다음의 설명들을 그림 6.12에 나타난 다섯 가지 가상의 $j-V$ 곡선과 연결하라.

(a) 매우 큰 전해질 저항에 의해 성능이 제한된 SOFC

(b) 큰 누설 전류에 의해 성능이 저하된 PEMFC

(c) 반응 속도 제한에 의해 성능이 저하된 PEMFC

(d) 매우 낮은 Ohm 저항손실을 보이는 PEMFC

(e) 반응물 부족으로 성능이 저하된 SOFC

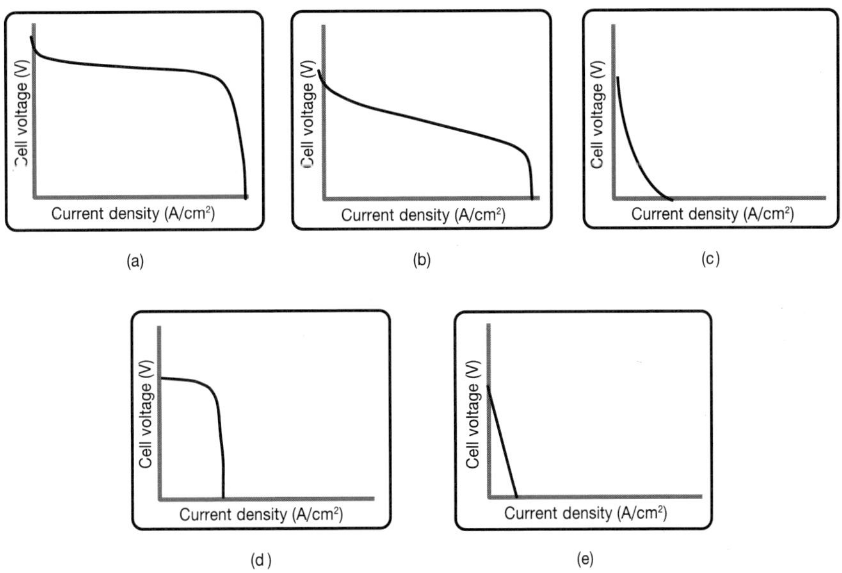

그림 6-12. 문제 6.1을 위한 그래프

6.2 효율 측면에서 볼 때, 그림 6.3의 연료전지(SOFC와 PEMFC) 중 어떠한 것이 더 바람직한가?

계산문제

6.3 이 문제에서는 j_{leak}에 의한 개회로 전압(open circuit voltage)의 변화를 추정하고자 한다. 환원극의 활성화 에너지만 고려하는 단순한 연료전지 모델을 생각해보자. 순수한 수소-산소 연료전지의 환원극에서 $n=2$, $j_0 \approx 10^{-3}$이고 $\alpha \approx 0.3$이다. 이 값들을 이용하여 STP 조건하에서 $j_{leak}=10$ mA/cm^{2}일 때 개회로전압을 결정하라. (힌트: 적절한 Bulter-Volmer 식의 근사 형태를 이용하고 문제의 답에 대해 근사화 가정이 적절하였는지를 확인하라.)

6.4 다음에 주어진 각 문제를 해결하여 본문에서 논의한 단순한 연료전지 모델을 유도하라.

(a) 330 K에서 대기압의 수소와 공기로 작동하는 PEMFC의 E_{thermo}를 계산하라.

(b) 다음과 같이 주어진 상수를 이용하여 a_c와 b_c(Tafel 식의 자연 log항의 상수)를 구하라. $j_0=10^{-3}$ A/cm^2, $n=2$, $\alpha=0.5$

(c) 막의 두께는 100 μm, 전도도는 0.1 $\Omega^{-1} \cdot \text{cm}^{-1}$일 때 ASR_{ohmic}을 계산하라. 이외에 전지 저항에 영향을 끼지는 다른 요소는 없다고 가정한다.

(d) 환원극의 공기 중에서 O_2의 유효 이종확산계수를 계산하라. 수증기의 효과는 무시하고(공기 중 질소와 산소만 고려) 환원극의 공극률을 20%라 가정하라.

(e) 환원극의 제한전류밀도를 계산하라. $\delta=500$ μm라고 가정하라.

(f) $c=0.1$ V(농도 손실식의 상수), $j_{leak}=5$ mA/cm^{2}을 가정하고, 산화극의 효과는 무시하여 모델을 완성하고 $j-V$ 곡선과 전력밀도 곡선을 그려라.

(g) 최대 전력밀도는 얼마이고, 어느 전류밀도에서 발생하는가?

(h) 90% 연료 이용률을 가정하고, 최대 전력밀도에서 연료전지의 전체 효율을 계산하라.

6.5 $J_i+J_j=0$과 $x_i+x_j=1$을 이용하여, $D_{ij}=D_{ji}$임을 보여라. (힌트: Fick의 법칙을 이용하라.)

6.6 Maxwell-Stefan 식(식 6.15)이 $x_1+x_2+\cdots+x_N=1$을 만족함을 증명하라.

6.7 (a) 본문에 나온 1차원 SOFC의 예에서 $j-V$ 곡선을 그려라.

(b) 저항 과전압과 환원극 과전압을 전류밀도에 대하여 그려라. $j-V$ 곡선으로부터 제한 전류밀도를 구하라.

6.8 (a) 본문의 1차원 SOFC 예와 모든 조건을 동등하게 놓고(표 6.4), 단지 작동온도를 873 K로 하여 $j-V$ 곡선을 완성하라.

(b) 저항 과전압과 환원극 과전압을 전류밀도에 대하여 그려라. 이 결과를 문제 6.7의 결과와 비교하고 어느 과전압이 더 큰 변화를 보이는지 논하라.

6.9 (a) 본문의 1차원 SOFC 모델을 이용하여, 200 μm 두께의 전해질, 50 μm 두께의 환원극과 산화극에 대하여 $j-V$ 곡선을 그려라. 산화극의 과전압은 무시하고, 표 6.4에 나온 물성치를 이용하라.

(b) (a)의 과정을 873 K의 작동 온도에 대하여 반복하라. 전해질 지지형 SOFC가 왜 저온 동작이 적합하지 않은지에 대하여 논하라.

6.10 본문에서 예시한 1차원 SOFC 모델은 산화극 과전압은 고려하지 않는다. 이 문제에서는 이를 고려하도록 한다.

(a) 선형으로 근사화된 Bultler−Volmer 식

$$j = j_0 \frac{p}{p_0} \frac{2\alpha F}{RT} \eta_{act} \qquad \text{식 (6.66)}$$

을 이용하여, 산화극의 과전압이 다음과 같음을 보여라.

$$\eta_{anode} = \frac{RT}{2\alpha F} \frac{j}{j_0 p^A \left(x_{H_2}\big|_a - t^A \dfrac{jRT}{2Fp^A D^{eff}_{H_2,H_2O}} \right)} \qquad \text{식 (6.67)}$$

(b) 표 6.4를 바탕으로 이 SOFC 모델의 환원극과 산화극의 과전압을 그려라. (표 6.4의 j_0와 α가 SOFC 환원극에도 적용된다고 가정하라. 산화극에 대해서는 $j_{0,A}$=10 A/cm²과 α_A=0.5를 사용하라.)

6.11 (a) 100 μm 두께의 산화극과 50 μm 두께의 환원극을 사용한 산화극 지지형 SOFC의 $j-V$ 곡선을 그려라. 식 (6.27)과 (6.67)에서 산화극과 환원극 과전압을 고려하라. 표 6.4의 물성치를 이용하라. (표 6.4의 j_0와 α가 SOFC 환원극에도 적용된다고 가정하라. 산화극에 대해서는 $j_{0,A}$=10 A/cm²과 α_A=0.5를 사용하라.)

(b) 산화극과 환원극 과전압을 그려라.

(c) 각 전극의 과전압 선도에서 제한 전류를 찾아라. 어느 전극의 손실이 더 큰가? 산화극 지지 SOFC에서 산화극 과전압을 무시할 경우기대되는 영향을 논하라.

6.12 (a) 본문의 1차원 PEMFC 모델 예에서 $j-V$ 곡선을 완성하라.

(b) Ohm 저항의 과전압을 전류밀도의 함수로 그려라. 이 곡선은 선형적인가? 그렇지 않다면 이유를 설명하라.

6.13 (a) 본문의 마지막 1차원 SOFC 모델에 대한 $j-V$ 곡선을 완성하라. 소 과급률은 1.2로 가정하라.

(b) 이 연료전지에는 공기 과급률이 1.2일 때 연료전지 출력의 10%를 사용하는 공기 공급기가 사용된다. 공기 과급률이 2.0일 때는 출력의 20%를 사용한다고 한다. 다른 기생전력요인은 모두 무시할 때 어느 과급률에서 연료전지 시스템의 출력이 큰가? 결과를 전력밀도 곡선을 통해 자세히 설명하라.

6.14 SOFC의 $j-V$ 곡선이 '측면 포물선(sideways parabola)' 형태인 $V=0.5(4-j)^{1/2}$($j>0$, $V>0$일 때)로 근사된다고 가정하자. J는 전류밀도(A/cm^2)이며 V는 작동 전압(V)이다.

(a) 이 연료전지의 개방회로전압(Open Circuit Voltage, OCV)은 얼마인가?

(b) 이 연료전지의 한계 전류(j_L)는 얼마인가?

(c) 이 연료전지의 전력밀도(P)와 전류밀도(j)에 대한 관계식을 구하라.

(d) 이 연료전지가 생산할 수 있는 최대 전력은 무엇이며 이때의 전류밀도는 얼마인가?

(e) 이 연료전지의 $j-V$ 곡선과 $j-P$ 곡선을 그려라. 모든 축에 레이블과 단위를 표시하고 중요한 부분을 표시하라. 특히, V_{OCV}, j_L, P_{max}와 P_{max}와 관련된 전류밀도를 표시하라.

6.15 침수(flooding)는 저온 PEMFC에서 큰 문제이다. 상온과 대기압에서 H_2/공기 PEMFC를 고려하라.

(a) 이 연료전지의 환원극에서 $D_{O_2,air}=0.2\ cm^2/s$, 공극률$=0.4$, 사행도$=2.5$일 때 $D^{eff}_{O_2,air}$를 구하라.

(b) 이 연료전지의 환원극에서 $\delta=200\ \mu m$일 때, j_L을 구하라. 환원극에는 표준 상태의 공기가 공급된다.

(c) 액체상태 물에 의한 침수는 전극의 공극률을 감소시키며 물질 전달에 영향을 준다. 환원극의 침수에 의해 $\varepsilon=0.26$으로 감소하고, 사행도$=3$으로 증가할 때, 침수가 발생한 환원극에서 $D^{eff}_{O_2,air}$를 구하라.

(d) 침수가 발생한 환원극의 j_L을 구하라.

(e) $j=0.5\ A/cm^2$일 때 침수가 발생한 연료전지와 침수가 발생하지 않은 연료전지의 η_{conc}를 구하라.

(f) 침수가 발생한 연료전지의 η_{conc}가 침수가 발생하지 않은 경우에 비해 몇 배가 큰가?

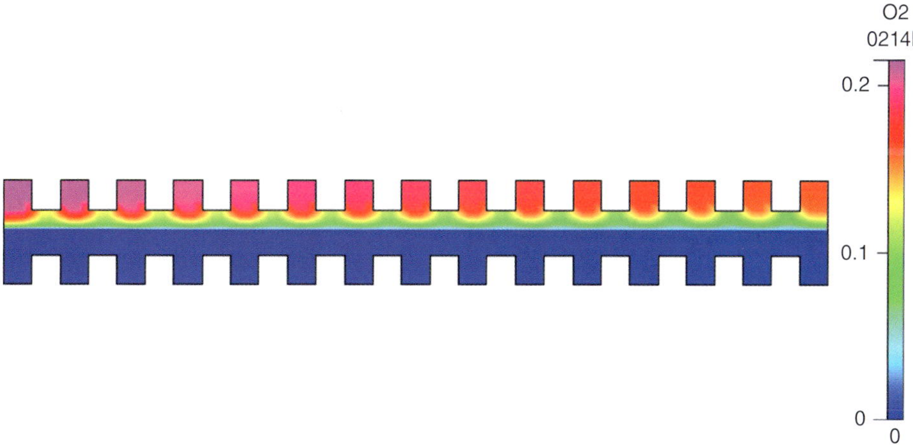

그림 6-10. 0.8V 과전압 하에서의 환원극 산소 농도. 사형유로의 가운데를 가로지르는 단면그림은 산소 농도가 입구에서 출구로 어떻게 변하는지 보여준다.

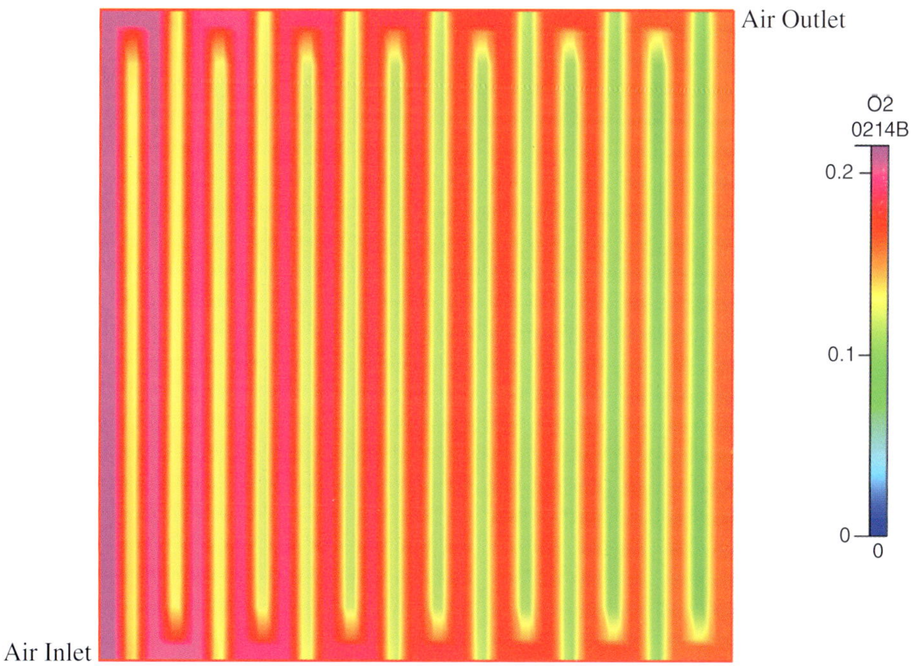

그림 6-11. 0.8V 과전압 하에서의 환원극 산소 농도. 평면도에서환원극 표면을 가로 질러 산소 농도 변화를 보여준다. 유로의 격벽(rib)이 산소 플럭스를 차단하여 격벽 아래에서는 낮은 산소 농도가 관찰된다.

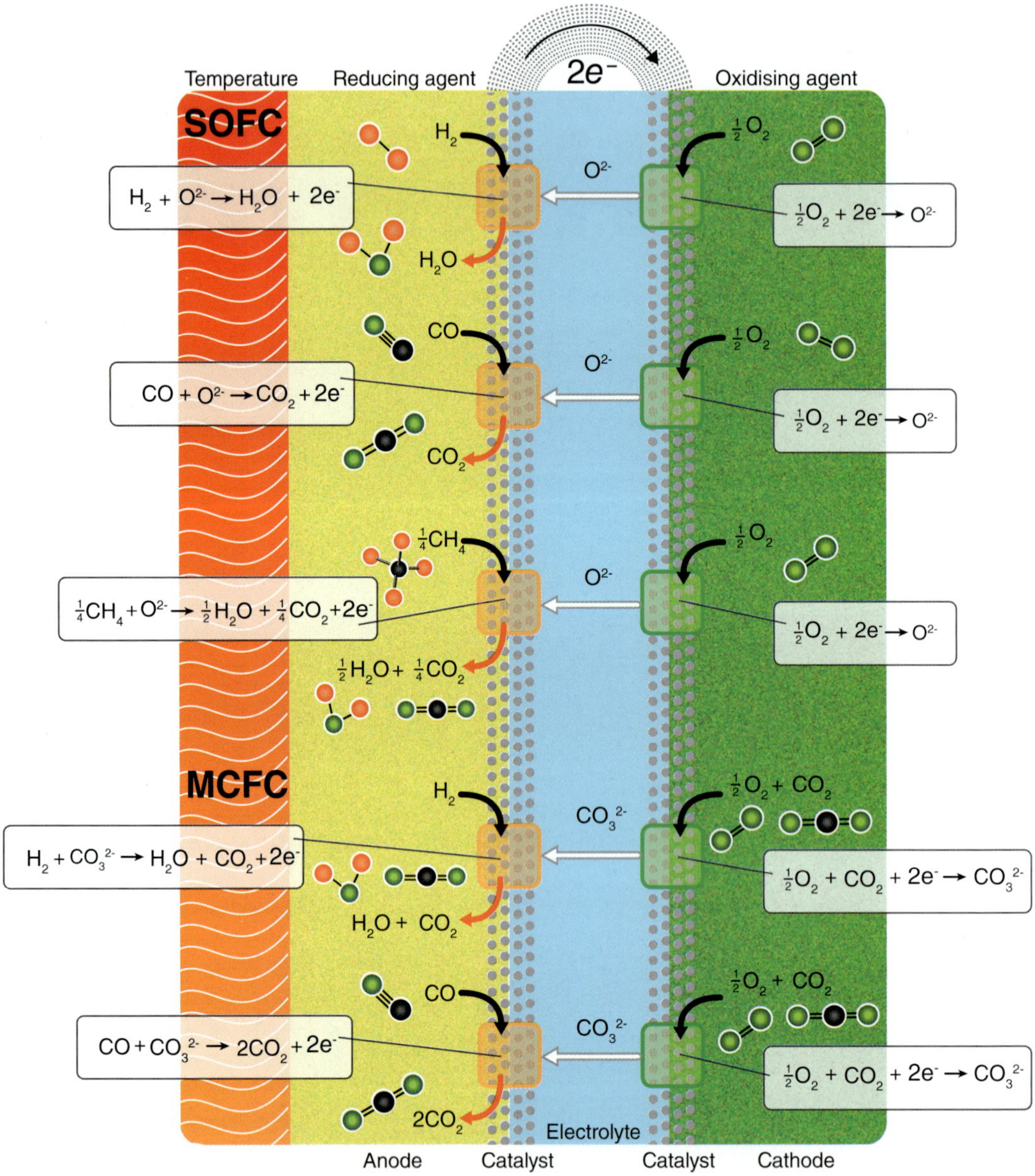

(a)

그림 8-18a. 주요 연료전지의 비교 도표

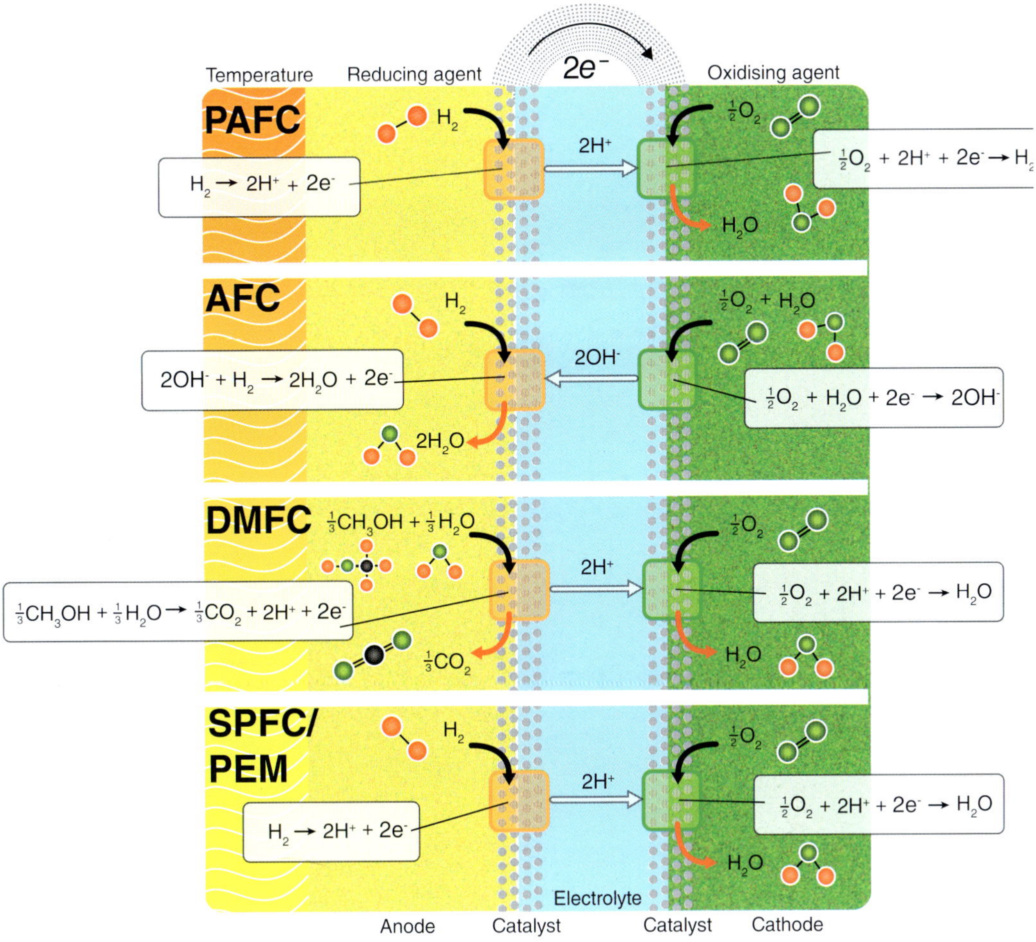

(*b*)

그림 8-18b. 주요 연료전지의 비교 도표

(a)

(b)

그림 8-4. (a)2015 현대 ix35 연료전지 자동차의 동력 전달계. PEMFC 스택은 100kW의 전기를 발생시킨다. 24kW급 리튬 이온 배터리가 시동과 가속시에 모터에 고출력 전기에너지를 공급하고, 제동시에 회생되는 전기에너지를 저장한다. 동력전달계는 모터, 트랜스미션, 드라이브축, 최고출력이 100kW 최대 토크가 302.8N · m인 AC 인덕션 모터로 구성되어 있다. 인버터가 연료전지 스택에서 나오는 DC 전기 출력을 구동력을 위한 AC 전기 출력으로 바꾼다. 고압의 수소 탱크는 5.64kg의 수소를 700atm에서 저장한다. 연비는 수소 0.95kg/100km이고 완충된 수소 연료 탱크로 594km의 주행거리를 가진다. 최고속력은 160km/h이며, 0~100km 가속에 12.5초가 걸린다.(b) 혹한 및 혹서 시험중인 현대 ix35 연료전지 자동차. 자동차의 수명과 관련된 내구성능 외에도 PEMFC는 자동차에 적용되기 위해서 여러 문제를 직면한다. 이러한 문제들은 냉시동과 연료전지 스택의 냉각에 대한 문제를 포함한다. 연료전지 스택과 시스템 내부의 물은추운 날씨에서 시동이 꺼진 후 얼어붙을 수 있다. 또한 시동 후 얼어붙은 연료전지는 내부의 얼음이 녹기 전까지 정상적으로 작동하지 않을 수 있다. 연료전지 시스템에 대한 영리한 디자인과 제어를 통해, 최신의 연료전지 자동차는 −25℃에서도 시동을 할 수 있다. 연료전지 스택의 냉각은 또 다른 큰 문제이다. 연료전지의 이상적인 작동온도가 80℃이기 때문에, 더운 날씨(~45℃)에서는 연료전지 냉각 시스템이 쉽게 과부하가 될 수 있다. 과부하를 피하려면, 온도 차이는 단지 35℃이지만, 100kW 급의 연료전지에서 발생되는 모든 열이 외부로 배출되어야 한다. 따라서 자동차 제조업체는 그들의 연료전지 자동차를 특이한 산이나 사막 환경에서 재미로 운전하는 것이 아니라, 지속적으로 심각한성능 시험을 수행하고 있는 것이다.(Hyundai Motor Company 제공)

6.16 $T=80℃$, $P_{cathode}=P_{anode}=1$ atm에서 동작하는 순수 H_2-O_2 연료전지를 고려하라.

(a) $E^0=1.23$ V, $\Delta S_{rxn}=-163$ J/K · molH_2(E^0는 STP 조건에서 주어진 값이며, 물은 액체상태로 생성)일 때, 열역학적 전압을 구하라.

(b) $j=1$ A/cm^{2}에서 $\alpha=0.3$, $n=4$, $j_0=10^{-3}$A/cm^{2}로 주어질 때 환원극의 η_{act}를 구하라. 가정 및 단순화에 대해 점검하라.

(c) $D_{eff}=10^{-2}$ cm^2/s, $\delta=150$ μm일 때 j_L을 구하라.

(d) $j=1$ A/cm^{2}일 때 환원극의 η_{conc}를 구하라($c=0.10$ V로 가정하라).

(e) 연료전지를의 환원극을 10 atm으로 가압했다(산화극은 여전히 1 atm이다). 이 때 새로운 열역학적 전압을 구하라.

(f) $j=1$ A/cm^{2}에서 $\alpha=0.3$, $n=4$, $j_0=10^{-3}$ A/cm^{2}로 주어질 때 가압된 환원극의 η_{act}를 구하라. j_0는 1 atm에서 주어진 것이며, η_{act}는 새로운 환원극 압력에서 정정되어야 한다. 가정 및 단순화에 대해 점검하라.

(g) 가압된 연료전지 환원극에서 $D_{eff}=10^{-2}$ cm^2/s, $\alpha=150$ μm일 때 j_L을 구하라.

(h) $j=1$ A/cm^{2}일 때 가압된 연료전지 환원극의 η_{conc}를 구하라($c=0.10$ V로 가정하라). $j=1$ A/cm^{2}로 작동할 때, 10 atm으로 환원극의 압력이 상승하면 전체 전압은 얼마나 증가하는가?

CHAPTER 7

연료전지 성능 분석

측정기술(characterization techniques)을 통해 좋은 시스템과 그렇지 못한 시스템을 구분함으로써 연료전지 시스템의 정량적인 분석을 할 수 있다. 또한 가장 효율적인 측정기술은 연료전지의 성능이 좋을 때와 나쁠 때의 이유를 설명해준다. 이러한 '이유'를 묻는 질문에 답하기 위해서는 성능을 지배하는 요인을 정확하게 나타낼 수 있는 정밀한 시험기술이 요구된다. 다시 말해 가장 좋은 측정기술은 연료전지 내의 여러 손실 – 연료가 막을 투과해 넘어가는 손실이나 활성화 손실, Ohm 저항 손실, 농도 손실들을 구별하는 기술이다.

앞 장에서 언급한 대로 In Situ(연료전지 작동 중 행해지는) 시험 기술은 꼭 필요한 요소이다. 일반적으로 연료전지의 성능은 개별적인 구성요소의 단순한 합으로 정해지지 않는다. 각 구성요소 자체의 손실 외에도, 구성요소의 경계면은 연료전지 전체 손실에 중요한 원인이 된다. 그러므로 연료전지를 조립하고 실제 운전 상황에서 구동될 때의 연료전지의 모든 특징을 관찰하는 것이 중요하다.

이 장에서는 가장 많이 쓰이고 효과적인 연료전지 측정기술에 대하여 소개하고 논의한다. 작동 중인 연료전지의 거동에 대한 많은 정보를 얻을 수 있기 때문에 전기적 In Situ 측정기술을 집중적으로 살펴볼 것이다. In Situ 시험의 중요성에도 불구하고 In Situ 시험의 결과를 보충하거나 강조하는 유용한 Ex Situ(연료전지의 작동과 별도로 행해지는) 측정기술들도 많이 사용되고 있다. 이러한 Ex Situ 기술들에 대해서도 알아본다.

7.1 무엇을 측정할 것인가?

먼저 우리가 측정하고자 하는 연료전지의 다양한 특성들에 대한 목록을 살펴보자.

- 연료전지 성능($j-V$ 곡선, 전력밀도)
- 반응 속도(η_{act}, j_0, α, 전기화학 반응 표면적)
- 저항 특성(R_{ohmic}, 전해질 전도도, 접촉 저항, 전극 저항, 집전 저항)
- 물질 전달 특성(j_L, D^{eff}, 압력손실, 반응물/생성물 균질성)
- 기생 손실 [j_{leak}, 부반응, 연료 투과(fuel crossover)]
- 전극 구조 [다공성, 사행도(tortuosity), 전도도]
- 촉매 구조 [두께, 다공성, 촉매 함유량, 입자 크기, 전기화학 반응 표면적, 촉매 사용률(catalyst utilization), 삼상계면(triple-phase boundaries), 이온 전도도, 전기 전도도]
- 유로 구조(압력 강하, 기체 분포, 전기 전도도)
- 열 발생/균형
- 내구성(수명 시험, 분해, 반복시험, 시동/정지 시험, 고장, 부식, 피로)

이 목록이 모든 것을 포함하고 있는 것은 아니지만 연료전지의 성능과 거동에 영향을 주는 수백 가지는 아니더라도 수십 가지의 특성, 효과, 문제들을 알려준다. 이러한 특성 중에 일부는 중요한 영향을 주고 일부는 그렇지 않을 수 있다. 어떠한 특성을 주목할 것인가? 어떠한 특성이 중요한가? 본질적으로 이러한 질문들에 대한 답은 여러분의 관심이나 목표, 세부사항에 따라 달라질 수 있다.

이번 장에서는 가장 널리 사용되는 몇 가지 측정기술에 대해서 관심을 가지고 알아보도록 할 것이다. 연료전지의 특성을 측정하는 두 가지의 중요한 이유로부터 우리의 목적을 정리해 보자.

1. 좋은 성능의 연료전지와 나쁜 성능의 연료전지를 구분
2. 연료전지의 성능이 왜 이렇게 나오는지를 이해

좋은 성능의 연료전지와 나쁜 성능의 연료전지를 구분하는 것은 매우 간단하다. 주로 $j-V$ 성능을 측정함으로써 구분할 수 있는데 필요한 전류밀도에서 높은 전압 값을 나타내는 것이 좋은 연료전지이다. 물론 연료전지의 $j-V$ 성능은 운전 조건이나 시험 방법과 같은 요인에 의해서 급격하게 변할 수 있다. $j-V$ 성능을 정확하게 비교하기 위해서 동일한

운전조건, 시험방법, 장비 이력 등이 반드시 필요하다. 또한 $j-V$ 성능은 연료전지의 기술 개발을 위해 꼭 필요한 기본적인 시험이다. 예를 들어 초고전도성을 가지는 전해질이나 기적 같은 새로운 연료전지 촉매를 개발해도, 새로 개발한 물질을 연료전지에 적용하여 좋은 성능을 보이는 것을 보여야 과학적으로 인정을 받을 수 있다.

연료전지가 왜 이러한 성능을 보이는지를 이해하는 것은 매우 어려운 일이다. 일반적으로 이러한 문제를 다루는 가장 좋은 방법은 연료전지의 성능을 중요한 주요한 몇 가지 손실(활성화 손실, 저항 손실, 농도 손실, 누설 손실 등)의 관점에서 살펴보는 것이다. 이러한 손실들의 각기 상대적인 크기를 알아 낸다면 연료전지의 문제점을 이해하기가 보다 쉬워질 것이다. 예를 들어, 농도 손실이 성능을 떨어뜨리고 있다는 사실을 알아낸다면, 유로 구조를 재설계해 볼 수 있다. 또 다른 예로는 시험을 통해서 연료전지의 저항 손실이 비정상적으로 크다는 것을 알아냈다면, 이러한 경우에는 전해질이나 전기적 접점, 전도성 코팅, 집전체 등을 점검해보아야 할 것이다.

이러한 예가 보여주듯이, 연료전지 진단 시험은 η_{act}, η_{ohmic}, η_{conc} 등의 여러 연료전지의 손실을 구별할 수 있어야 한다. 이상적인 경우에 측정기술을 통해 연료전지의 j_0, α, $\sigma_{\mathrm{electrolyte}}$, D^{eff} 등의 근본적인 특성들까지도 알아낼 수 있어야 한다.

이 장의 여러 절을 통해 이러한 측정 목적을 위한 방법을 살펴볼 것이다. 연료전지의 전반적인 성능에 대한 정량적인 정보를 얻을 수 있는 기본적인 시험에서부터 시작하여 보다 복잡하고 다양한 연료전지의 손실을 구분할 수 있는 측정기술에 대해 알아볼 것이다. 이러한 실험들을 주의 깊게 행한다면 j_0, D^{eff}와 같은 근본적인 특성을 결정할 수도 있다.

7.2 측정기술 개요

연료전지 측정기술은 다음과 같이 두 가지 종류로 구분할 수 있다.

1. **전기화학적 측정기술(In Situ)** 이 기술은 전압, 전류, 시간과 같은 전기화학적 변수들을 사용하여 구동 중인 연료전지의 성능을 측정한다.
2. **Ex Situ 측정기술** 이 기술은 연료전지의 상세 구조나 개별적인 요소의 특성을 측정한다. 하지만 일반적으로 연료전지에서 분리되어 작동을 하지 않는 상태의 요소만을 측정한다.

In Situ 전기화학 측정법의 네 가지 주요한 방법에 대해 살펴보면 다음과 같다.

1. **전류-전압(j-V) 측정법** 가장 널리 사용되는 연료전지 측정기술로서, j-V 측정방법은 연료전지의 성능과 전력밀도에 대한 정량적 수치를 측정한다.
2. **전류차단측정법(Current Interrupt Measurement)** 이 방법은 연료전지의 성능에서 저항의 부분과 저항이 아닌 부분을 분리한다. 다양하게 쓰일 수 있고, 직관적이며, 빠른 전류차단측정법은 고출력 연료전지 시스템에서도 쓰일 수 있다. j-V 측정법과 쉽게 병행하여 사용할 수 있다.
3. **전기화학 임피던스 측정법(Electrochemical Impedance Spectroscopy, EIS)** 보다 정교한 방법을 통해 저항 손실, 활성화 손실, 농도 손실 등을 구분할 수 있는 기술이다. 하지만 결과를 해석하기가 쉽지는 않다. 게다가 EIS는 상대적으로 시간이 많이 소모되고, 고출력의 연료전지에 적용하기 어렵다.
4. **순환전압전류법(Cyclic Voltammetry, CV)** 또 다른 정교한 측정방법으로 연료전지의 반응 속도에 대한 정보를 얻을 수 있다. EIS처럼 시간이 많이 소모되며 해석이 용이하지 않다. 또한 시험방법에 맞게 연료전지를 수정해야 할 필요도 있고, 아르곤(Ar)과 질소(N2) 같은 추가적인 시험 기체가 필요하다.

Ex situ 전기화학 측정법의 방법은 다음과 같다.

1. **공극률(Porosity) 측정** 효과적인 연료전지의 전극과 촉매는 높은 공극률을 지녀야 한다. 많은 측정법이 시료 구조의 공극률을 측정할 수 있지만, 이 중 상당수의 방법은 측정 중 시료를 파괴한다. 보다 정교한 측정법은 대략적인 공동의 크기 분포까지도 보여준다.
2. **B.E.T. 표면적 측정법(Brunauer-Emmett-Teller Surface Area Measurement)** 매우 큰 반응면적을 가지는 촉매는 연료전지의 성능에 있어서 매우 중요한 역할을 한다. 몇몇 전기화학적 측정법은 대략의 반응 면적의 값을 측정하게 한다. 하지만 BET 방법은 Ex situ 시험으로 사실상 모든 종류의 시료의 반응 면적을 매우 정확하게 측정할 수 있다.
3. **기체 투과도(Gas Permeability)** 공극률이 높은 연료전지 전극이라도 공동의 분포 형태에 따라 기체 투과도는 그만큼 좋지 않을 수 있다. 그러므로 연료전지 전극 내에서 물질 이동을 이해하기 위해서 공극률뿐만 아니라 기체 투과도 측정이 필요하

다. 전극과 촉매층의 기체 투과도는 높아야 하는 반면, 전해질은 기밀이 유지되어야 한다. 기체 누출이 문제를 일으킬 수 있기 때문에 전해질의 기체 투과도 시험은 초박막 개발에 있어 매우 중요하다.

4. **구조 분석** 다양하고 널리 쓰이는 현미경과 회절 기술은 연료전지 물질을 연구하는 데 사용된다. 구조는 입계크기(grain size), 결정구조, 결정방향, 조직 등을 이야기한다. 새로운 촉매나 전극, 전해질이 개발되었을 때나 새로운 공법이 사용되었을 때 구조 측정이 중요하게 사용된다.
5. **화학적 분석** 물리적인 구조를 관찰하는 것뿐 아니라 연료전지 재료의 화학적 조성을 관찰하는 것 또한 중요하다. 다행히 많은 기술들을 통해 화학 조성과 분석 내용을 알 수 있다. 어려운 점은 주어진 상황에 어떠한 측정이 가장 좋은 방법인지 결정을 하는 것이다.

7.3 IN SITU 전기화학 측정방법

이번 절에서는 가장 널리 사용되는 in situ 전기화학 측정방법에 대해 상세하게 다룰 것이다. 모든 in situ 전기화학 측정방법은 전압과 전류를 측정한다. 물론 이러한 시험은 전압과 전류를 제외한 다른 변수들의 변화도 포함한다. 예를 들어 온도, 압력, 유량, 습도 등을 변화시키고자 하면 모든 경우에 다음과 같은 질문에 답해야 한다. 주어진 변수들이 연료전지 전압과 전류에 어떤 영향을 줄 것인가? 전압과 전류는 연료전지 성능의 '최종 지표'가 된다.

7.3.1 기본적인 전기화학 변수: 전압, 전류, 시간

전기화학 실험에서 세 가지 근본적인 변수는 전압(V), 전류(i), 시간(t)이다. 우리는 시스템의 전압을 측정하거나 조절할 수 있고, 시스템의 전류를 측정하거나 조절할 수 있다. 그리고 이를 시간의 함수로도 측정할 수 있다. 그런데 가능한 측정방법은 이것이 전부이다. 전기적 측정 관점에서 보았을 때 더 이상 우리가 할 수 있는 것이 없다는 뜻이다. 또한 전압과 전류는 연료전지에서 직접적인 관계를 가지기 때문에 **두 가지 변수를 동시에 독립적으로 변화시킬 수 없다**. 전압을 조절한다면 전기화학적으로 시스템의 전류가 결정이 된다. 대신에 전류를 조절한다면 전압이 전기화학적으로 결정이 된다. 이러한 전압과 전류의 상호의존성으로 인해 *potentiostat* 법과 *galvanostat* 법, 이 두 가지 기본적인 전기화학적 측정법만이 존재한다.

1. **Potentiostat 법** 시스템의 **전압**을 조정하고 그에 따른 **전류**를 **측정**하는 방법이다. 정상상태(측정하는 동안 전압이 상수인 경우)나 동적상태(측정하는 동안 시간에 따라 전압이 변하는 경우)에서 모두 측정이 가능하다.
2. **Galvanostat 법** 시스템의 **전류**를 조정하여 그에 따른 **전압**을 **측정**하는 방법이다. 역시 정상상태와 동적상태에서 모두 측정이 가능하다.

Potentiostatic 측정법과 gavanostatic 측정법 모두 연료전지에 적용이 가능하다. 예를 들어 연료전지의 $j-V$ 곡선은 일반적으로 정상상태의 potentiostat 법이나 gavanostatic 법을 통하여 얻어진다. 사실 정상상태에서는 연료전지의 $j-V$ 곡선을 얻기 위해 potentiostat 법이나 gavanostatic 법 중 어느 것을 사용해도 관계가 없다. 두 측정법은 동전의 양면과 같은 결과를 보여준다. 정상상태 조건에서는 같은 지점에서 측정한 시스템은 potentiostat 법이나 gavanostatic 법에서 동일한 결과를 보인다. 다시 말해 정상상태 gavanostatic 측정법으로 연료전지 전류 1.0 A의 점에서 전압 0.5 V를 얻었다면 정상상태로 같은 연료전지의 전압 0.5 V인 점에서 전류 1.0 A를 얻을 수 있다.

짧은 시간이나 정상상태가 아닌 조건에서 두 측정법의 결과는 서로 달라지게 된다. 이러한 차이는 보통 시스템이 정상상태로 들어갈 때까지 충분한 시간이 주어지지 않았기 때문에 일어난다. 실제로 느린 안정화 과정으로 인한 정상상태로부터 생기는 차이가 연료전지의 거동을 이해하는 데 도움을 줄 수 있다. 이 점을 통해 보다 정교한 동적인 측정기술들을 도입할 수 있다. 연료전지의 동적인 거동을 이용하는 측정기술 중의 하나가 바로 전류차단측정법이다. 실제 정상상태의 $j-V$ 측정법과 전류차단측정법의 차이에 대해 개략적으로 살펴보자.

- **정상상태 전류–전압 측정법** 연료전지의 전류를 고정시켜 놓고 시간이 지나 평형이 된 뒤에 연료전지 **전압의 정상상태** 값을 기록한다. 또는 연료전지의 전압을 고정시킨 뒤에 평형 상태로 안정을 시키고 **전류의 정상상태** 값을 측정한다.
- **전류차단측정법** 시간 $t=0$일 때 전류를 갑자기 상승시키거나 하강시킨 뒤 시간에 따라 정상상태에 접근하는 시스템의 전압 값을 측정한다.

시간에 독립적인 측정은 연료전지의 정상상태의 특성에 대한 유용한 정보를 주는 반면에, 시간에 따라 변화하는 측정은 성능에 영향을 주는 다양한 손실에 대해 핵심적인 정보를 제공해 준다. 또 전류차단측정법뿐만 아니라 또 다른 두 가지의 동적인 측정방법인 순환전압전류법(CV)과 전기화학 임피던스 측정법(EIS)도 이 장에서 역시 다룰 것이다. 이 두 가지 방법에 대해서 개략적으로 비교해 본다.

- **순환전압전류법(cyclic voltammetry)** 이 측정방법은 시스템에 가해진 전압이 시간에 따라 관찰하고자 하는 영역에서 선형적으로 변하면서 왕복한다. 이 방법으로 얻어진 순환적인 전류는 시간의 함수로 측정이 되나 전압에 대한 함수로 나타낸다.
- **전기화학 임피던스 분광법(EIS)** 이 측정법에서는 사인 곡선 형태의 작은 교란 신호(일반적으로 전압을 교란시킨다)를 시스템에 흘려주어 전류의 진폭과 위상 변화을 결과로 측정한다. 광범위한 주파수 영역에서 측정이 가능하여, 결과는 임피던스 스펙트럼(*impedance spectrum*)으로 나타낸다.

앞에서 이야기한 모든 측정법은 기본적인 시험용 연료전지와 표준 전기화학 측정장비가 필요하다. 그러므로 이러한 측정법에 대해서 자세히 알아보기 전에 기본적인 연료전지 시험장치의 요구조건에 대해서 개략적으로 알아보도록 한다.

7.3.2 기본적인 연료전지 시험장치 요구조건

그림 7.1에 in situ 연료전지 측정에 사용되는 기본적인 시험 장치의 개략도를 나타내었다. 이 그림은 엄밀히 말하면 PEMFC 시험 장치의 개략도이지만 다른 종류의 연료전지에도 이와 유사하게 설정하여 측정할 수 있다. 연료전지의 성능은 운전 조건에 크게 좌우되기 때문에 좋은 시험 장치는 작동 압력, 온도, 습도, 유량과 반응 기체를 자유롭게 조절할 수 있어야 한다.

유량조절기, 압력계, 온도센서 등을 가지고 시험 중에 연료전지의 운전 조건을 연속적으로 관찰할 수 있다. Potentiostatic/galvanostatic 측정장비나 임피던스 측정장비 같은 전기화학 측정 장비들을 연료전지에 연결한다. 이러한 측정에는 최소한 2개의 도선을 연결해야 한다. 하나는 연료전지의 산화극에, 다른 하나는 환원극에 연결한다. 세 번째 도선은 보통 표준전극(reference electrode)에 연결된다. 상업적으로 많이 사용되는 potentiostat

은 전류-전압 곡선 측정, 전류차단, 순환전압전류법을 포함하는 광범위한 potentiostatic/galvanostatic 실험을 수행할 수 있다. 전기화학 임피던스 분광법(EIS)은 전용 임피던스 분석장비 또는 potentiostat에 추가적인 주변기기가 부착된 장비가 필요하다.

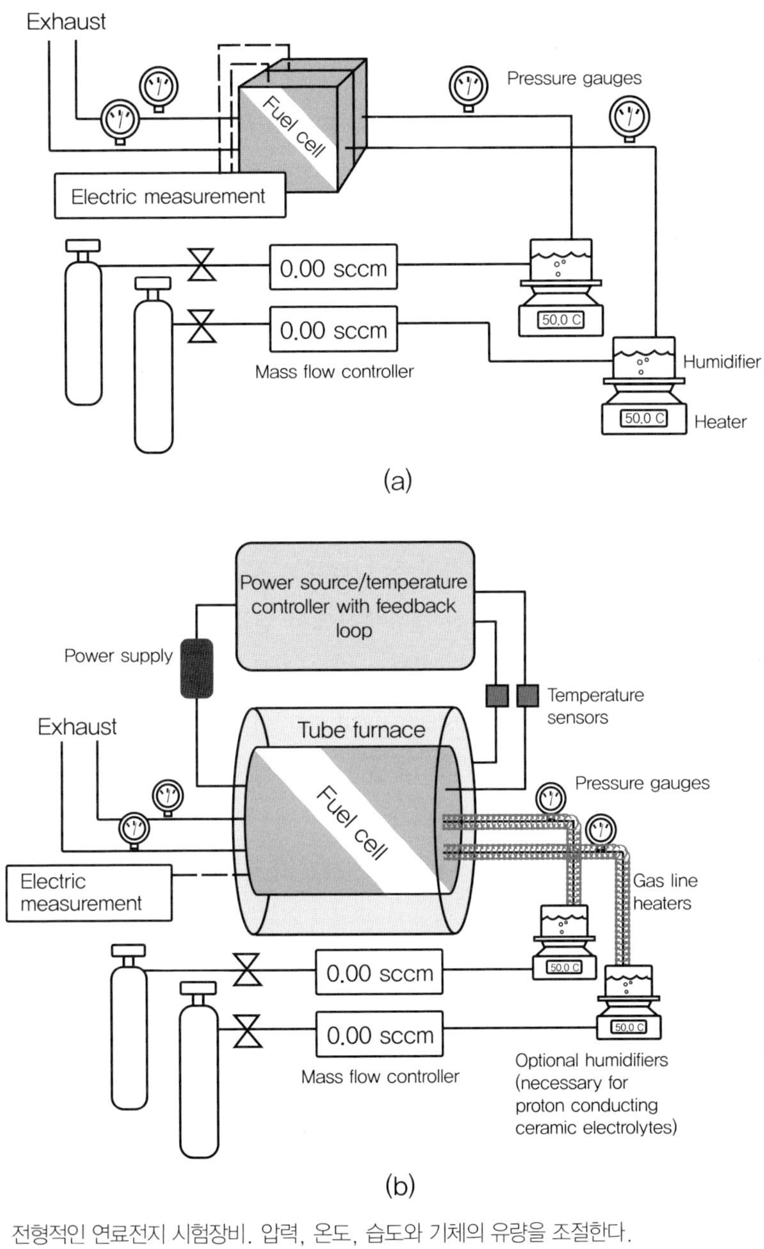

그림 7-1. 전형적인 연료전지 시험장비. 압력, 온도, 습도와 기체의 유량을 조절한다.

PEMFC와 비교하여 SOFC는 보다 정교한 시험 장치가 필요하다(그림 7.1b). SOFC는 고온에서 작동하고 단순한 수소보다는 탄화수소를 주로 사용하게 되는데, 따라서 시험 장치는 넓은 온도범위를 가지고 정교한 온도 조절이 가능한 가열로 안에 있어야 한다. 이러한 고온의 작동온도는 밀봉, 전선, 연료전지와의 연결 등에 있어서 어려움을 준다. 또한 연료전지 작동 조건을 관찰하는 것 또한 고온의 작동온도에서는 힘들다. SOFC는 탄화수소 계열 연료를 자주 사용하는 것을 고려할 때, 복잡하더라도 적절한 시험 장치를 설계해야 한다. 탄화 수소 연료는 고온에서 크랙이 일어나고, 탄소 코팅을 연료전지나 시험 장치에 남길 수 있다. 탄소 잔여물의 제거, 연소, 조절 방법은 고온에서 탄화수소를 연료로 사용하는 시험 장치에서 필수적인 요소이다. SOFC 시험 장치는 많은 제약과 필수조건이 따르지만 PEMFC와 달리 다양한 연료를 사용할 수 있다.

그림 7.1과 같이 준비된 연료전지 시험 장치를 가지고 수십 가지의 특성 실험을 하는 것이 가능하다. 이 중에서 첫 번째로 하게 될 실험은 j–V 곡선 측정이다.

7.3.3 전류–전압 측정

앞서 소개한 대로 연료전지의 성능을 가장 잘 나타내는 것은 전류–전압 반응 또는 j–V 곡선(그림 1.11)이다. j–V 곡선은 주어진 전류부하에서 연료전지의 전압 출력을 보여준다. 좋은 성능의 연료전지는 손실이 적고 그러므로 같은 전류부하에서 높은 전압이 발생된다. 연료전지의 j–V 곡선은 주로 potentiostat/galvanostat 시스템으로 측정한다. 이 시스템은 연료전지에서 고정된 전류를 발생시키고 그때의 대응하는 전압을 측정한다. 천천히 단계적으로 전류를 변화시켜가면서 연료전지의 전체 j–V 응답을 결정할 수 있다.

연료전지의 j–V 곡선을 측정할 때, 다음의 두 가지 조건을 반드시 고려해야 한다.

- 정상상태를 반드시 유지해야 한다.
- 실험 조건을 반드시 기록해야 한다.

이 조건들에 대해서 알아보자.

정상상태 신뢰할 수 있는 j–V 곡선 측정은 정상상태를 필요로 한다. 정상상태란 전압과 전류의 기록이 시간에 대해서 변하지 않는 상태를 의미한다. 연료전지에서 전류가 생산되면, 발생 전류에 따라 높아지는 손실로 인해 전압강하가 생긴다. 하지만 여기서 전압강하는 순간적으로 일어나는 현상이 아니다. 전압이 안정화되어 완전히 정상상태가 되려면 수초나 수 분 혹은 몇 시간이 걸릴 수도 있다. 온도의 변화나 반응 농도의 변화와 같은 미묘한 변화가 연료전지 전체에 전파되는 시간 때문에 시간의 지연이 생기게 된다. 일반적으로 연료전지가 커질수록 정상상태에 이르는 시간이 더 오래 걸린다. 대형 차량용 또는 주거용 연료전지 스택에서 급격한 전류나 전압의 변화 후에 정상상태에 이르는데 30분 정도 소요되는 것은 특별한 일이 아니다. 정상상태에 이르기 전에 연료전지의 전류나 전압을 측정하면 비정상적으로 높거나 낮게 기록될 것이다.

대형 연료전지 시스템에서 $j-V$ 곡선 시험을 하는 것은 지루하고 시간이 많이 소모되는 작업이다. 측정은 보통 galvanostatic 측정법으로 행해진다. 연료전지에 주어진 전류부하를 걸어주고 더 이상 눈에 띄는 변화가 없을 때까지 전압의 반응을 관찰하고 이 전압을 기록한다. 그리고 전류부하를 미리 정해진 새로운 값으로 상승시키고 위 과정을 반복한다. 보통 시간적인 제약 때문에 10~20개의 점으로 연료전지의 $j-V$ 곡선을 그리게 된다. 데이터가 조밀하지 못해도 일반적으로 연료전지 성능의 경향을 보는 데는 충분하다.

소형 연료전지 시스템에서는 저속스캔(slow-scan)법으로 $j-V$ 곡선을 얻을 수 있다. 저속스캔은 연료전지의 요구전류를 시간에 따라서 0부터 정해놓은 값까지 점차적으로 증가시키며 측정하는 방법이다. 연료전지의 전압은 전류가 증가함에 따라 연속적으로 감소하게 된다. 전류의 변화 속도가 충분히 느리다면 $j-V$ 곡선의 전압과 전류는 의사 정상상태(pseudo-steady-state)로 생각할 수 있다. 문제는 전류가 변화하는 속도가 어느 정도일 때 충분히 느리다고 말할 수 있는가에 있다. 이 문제는 여러 가지의 다른 스캔 속도로 전류를 변화시켜 $j-V$ 측정 곡선군을 만듦으로써 해결할 수 있다. 스캔 속도가 너무 빠르면 $j-V$ 곡선이 부자연스럽게 높게 나타난다. 스캔 속도가 감소하여도 $j-V$ 곡선에 영향을 주지 않는다면 충분히 느리다고 말할 수 있다.

시험 조건 시험 조건은 연료전지의 성능에 매우 큰 영향을 끼친다. 그러므로 시험 시에 운전 조건, 시험 과정, 장비 이력 등을 자세하게 기록하는 것에 유의하여야 한다. 성능이 좋지 않은 연료전지를 80℃에서 5 atm의 가습된 수소와 산소로 실험한다면 성능이 좋은 연료전지를 30℃, 대기압 조건에서 실험하는 것보다 $j-V$ 곡선의 성능이 좋게 나올 것이다. 하지만 두 연료전지를 동일한 조건에서 시험한다면 실제로 성능이 좋은 연료전지를 확실히 구별할 수 있을 것이다.

가장 중요한 시험 조건에 대해서 개략적으로 알아보자.

- **Warm-up** 연료전지 시스템이 확실하게 평형이 되게 하기 위해서 전지의 성능을 측정하기 전에 표준화된 워밍업을 시켜 준다. 일반적인 워밍업은 고정된 전류부하에서 측정 전에 30~60분 정도 운전을 해주는 과정이다. 적절한 워밍업을 해주지 못하면 불안정한 상태가 되어 정상상태의 거동을 보이지 못한다.
- **온도** 측정 중에 연료전지의 온도를 일정하게 유지하고 기록하는 것이 중요하다. 연료전지 자체의 온도뿐 아니라 입구측과 출구측 기체의 온도도 측정해야 한다. 보다 정교한 측정방법은 연료전지 전체의 온도 분포를 실시간으로 측정할 수 있다. 일반적으로 온도가 상승하면 동적 특성과 전도도의 향상으로 인해 성능이 좋아진다. (PEMFC의 경우 80℃까지 성능이 좋아지고, 그 이상이 되면 막이 건조해져서 문제가 발생하게 된다.)
- **압력** 기체 압력은 일반적으로 입구와 출구에서 측정한다. 이를 통해 셀 안에서의 압력 강하뿐만 아니라 연료전지의 내부 압력도 알 수 있다. 압력의 증가는 연료전지의 성능을 향상시킨다. (하지만 압력을 높이는 것은 팬이나 압축기와 같은 장비를 구동시키는 에너지가 추가로 필요하게 된다.)
- **유량** 유량은 보통 유량조절기로 제어한다. *j–V* 곡선을 측정할 때 반응 유량을 조절하는 두 가지 주요 방법이 있다. 첫 번째는 전 시험과정에서 큰 전류밀도에서도 부족하지 않도록 충분한 유량을 일정하게 공급해 주는 방법이다. 이 방법을 **고정유량 조건**(*fixed-flow-rate condition*)이라고 한다. 두 번째는 유량이 전류에 따라 화학양론적(stoichiometric)으로 조절되는 방법으로 반응물의 공급량과 전류소모량의 비율이 일정하게 유지된다. 이 방법을 **고정과급률 조건**(*fixed stoichiometry condition*)이라고 한다. *j–V* 곡선을 올바르게 비교하려면 같은 유량 조건에서 측정을 해야 한다. 유량이 증가하게 되면 일반적으로 성능도 향상된다. (PEMFC의 경우 지나치게 가습되어 있거나 지나치게 건조한 공기는 연료전지의 물 균형상태를 깨뜨려서 실제 성능의 저하를 가져온다.)
- **압축력** 대부분의 연료전지 조립체는 가장 좋은 성능을 내는 최적화된 압축력(compression force)이 존재한다. 그러므로 이 압축력을 기록하고 관찰해야 한다. 낮은 힘으로 압축된 전지는 저항 손실이 증가하게 되고 큰 힘으로 압축된 셀은 압력 손실이나 농도 손실이 증가하게 된다.

측정된 *j*-*V* 곡선의 해석 일반적으로 $j-V$ 곡선 측정은 연료전지의 전체 성능을 정량적으로 보여주는 데 사용된다. 언뜻 보아서는 $j-V$ 곡선에서 다양한 손실(예: 활성화, 저항, 농도 손실)의 작용을 개별적으로 구분하는 것이 불가능하게 보인다. 하지만 데이터를 주의 깊게 분석하면 Tafel 방정식을 이용하여 대략적인 활성화 손실을 구분할 수 있다(적어도 PEMFC에서는).

PEMFC에서 낮은 전류밀도가 흐를 때, 일반적으로 저항손실이 활성화 손실에 비하여 작다. 그러므로 저항손실은 무시할 수 있고, 측정된 자료에서 직접적으로 활성화 손실을 근사적으로 계산할 수 있다. 로그 스케일로 그래프를 그리면 낮은 전류밀도 영역은 Tafel

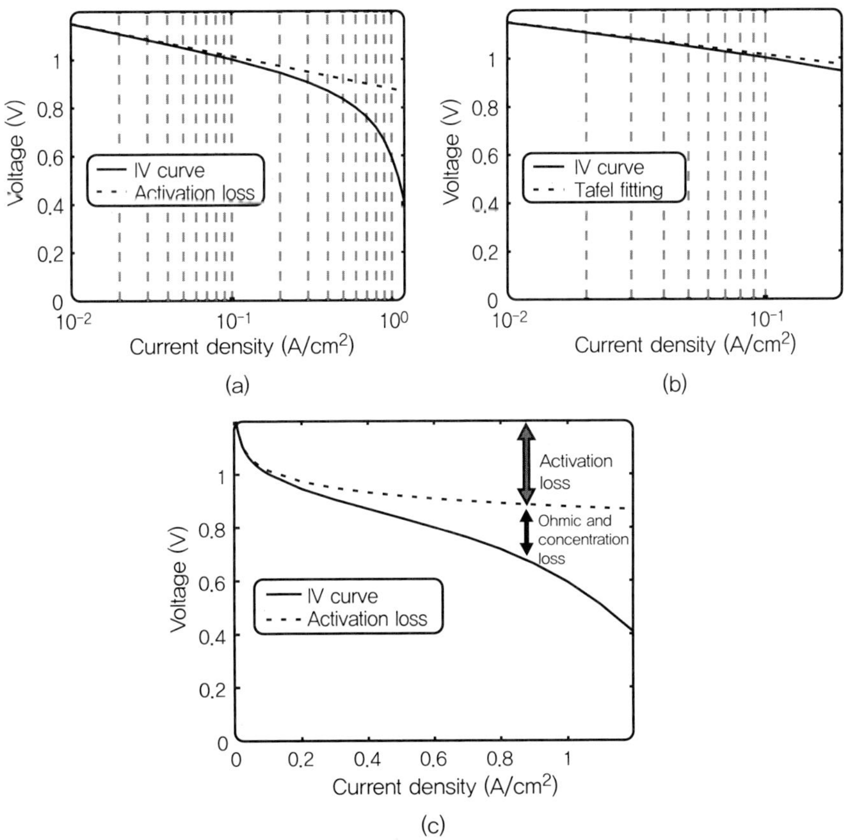

그림 7-2. (a) 전형적인 로그 스케일의 $j-V$ 곡선. 활성화 손실을 점선으로 나타내었다. (b) $j-V$ 곡선의 낮은 전류밀도 영역은 로그 스케일에서 선형 거동을 보여준다. 이 선을 Tafel 방정식에 맞추면 전달계수와 교환전류밀도를 구할 수 있다. (c) 전체 $j-V$ 곡선 영역에서의 활성화 손실 그래프를 나타내었다. 활성화 손실 그래프와 $j-V$ 곡선의 차이는 저항손실과 농도손실의 합이다.

방정식에서 예측한 대로 선형적으로 나타난다. 측정된 값을 직선으로 처리하면 전달계수(transfer coefficient)와 교환전류밀도 값을 얻을 수 있다. 직선을 $j-V$ 곡선 전체로 확장하여 각 전류밀도에서의 대략적인 활성화 손실을 정의할 수 있다. 그림 7.2에 이 과정을 개략적으로 나타내었다.

7.3.4 전기화학 임피던스 측정법

$j-V$ 곡선이 연료전지 성능을 일반적으로 정량화하여 보여준다면 연료전지에서의 손실들을 정밀하게 구분하기 위해서 보다 정교한 시험법이 필요하다. 전기화학 임피던스 측정법(Electrochemical Impedance Spectroscopy, EIS)은 손실들을 구분하는 데 가장 널리 사용되는 기술이다.

EIS 기초 임피던스는 저항과 같이 전기적 흐름을 방해하는 성질을 측정한 값이다. 저항과는 달리 임피던스는 시간이나 주파수에 따라 변화하는 현상으로 다룰 수 있다. 전압과 전류의 비로 저항을 나타낸 옴의 법칙을 다시 살펴보면

$$R = \frac{V}{i} \qquad \text{식 (7.1)}$$

유사한 방법으로 임피던스 Z는 시간에 따른 전압과 시간에 따른 전류의 비로 주어진다.

$$Z = \frac{V(t)}{i(t)} \qquad \text{식 (7.2)}$$

임피던스 측정은 보통 사인파 형태의 교란전압(sinusoidal voltage perturbation), $V(t)=V_0\cos(wt)$을 걸어주고, 그 결과 발생하는 응답전류 $i(t)=i_0\cos(wt)$를 측정한다. 위 식에서 $V(t)$와 $i(t)$는 시간 t에서의 전압과 전류이고 V_0와 i_0는 전압과 전류 신호의 진폭이며 w는 방사 주파수(radial frequency)이다. 방사 주파수 w(초당 라디안의 변화로 나타낸다)와 주파수 f(Hz로 나타낸다)의 관계는 식 (7.3)과 같다.

$$w = 2\pi f \qquad \text{식 (7.3)}$$

일반적으로 시스템의 응답전류(current response)는 교란전압의 위상이 이동된 형태로 나타난다. 이러한 상의 이동은 ϕ로 표시한다. 사인파 형태의 교란전압과 응답전류의 관계를 그래프로 나타내면 그림 7.3과 같다(선형 시스템의 경우).

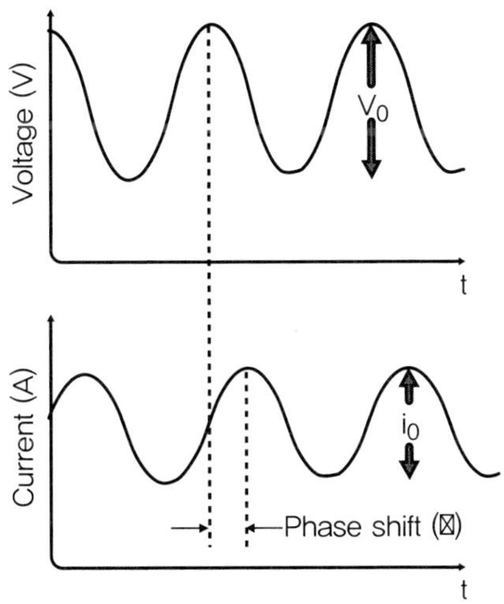

그림 7-3. 사인파 형태의 교란전압과 사인파 형태의 응답전류. 응답전류는 교란전압과 주파수(주기)는 같지만 ϕ만큼 위상이 이동된다.

식 (7.2)로부터 시스템의 사인파 형태의 임피던스 반응을 다음과 같이 나타낸다.

$$Z = \frac{V_0 \cos(wt)}{i_0 \cos(wt - \phi)} = Z_0 \frac{\cos(wt)}{\cos(wt - \phi)} \qquad \text{식 (7.4)}$$

또 다른 방법으로 복소수 표기법을 이용하면, 시스템의 임피던스 반응을 실수부와 허수부로 다음과 같이 표기할 수 있다.

$$Z = \frac{V_0 e^{jwt}}{i_0 e^{(jwt - j\phi)}} = Z_0 e^{j\phi} = Z_0(\cos\phi + j\sin\phi) \qquad \text{식 (7.5)}$$

그러므로 시스템의 임피던스는 임피던스의 크기 Z_0와 위상의 이동 ϕ, 또는 실수부($Z_{real} = Z_0 \cos\phi$)와 허수부($Z_{imag} = Z_0 \sin\phi j$)로 표현할 수 있다. 여기서 j는 전류밀도가 아니라 허수($j = \sqrt{-1}$)이다. 일반적으로 임피던스 데이터는 실수부와 허수부로 그래프에 나타낸다(Z_{real}을 x축에, $-Z_{imag}$를 y축에 표시한다). 이렇게 표시된 임피던스 그래프를 *Nyquist* 선도라고 한다. 임피던스의 값은 수십 혹은 수 백 가지의 다른 주파수에서 측정되기 때문에 Nyquist 선도는 일반적으로 여러 차수 범위의 주파수에서 임피던스의 거동을 보여준다.

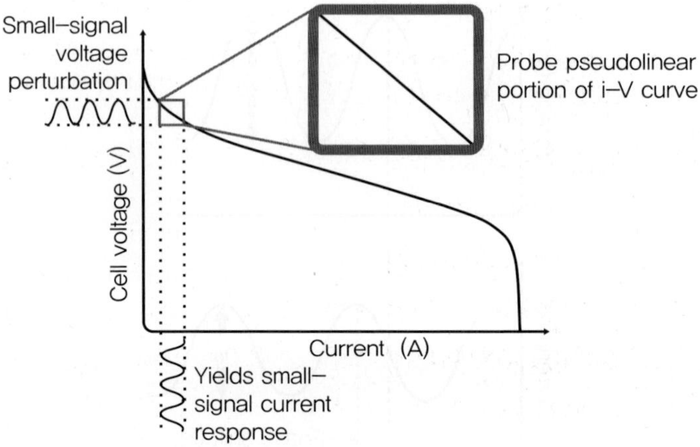

그림 7-4. 작은 교란 전류신호를 이용하여 임피던스를 $i-V$ 곡선의 직선으로 가정한 부분에서만 측정한다.

임피던스의 분석을 쉽게 하기 위해서 시스템의 선형적이어야 한다. 선형 시스템에서 전류를 두 배로 하면 전압도 두 배가 된다. 분명한 것은 전기화학 시스템은 선형이 아니라는 것이다(Bulter–Volmer 속도론을 보면 전압과 전류는 지수함수 관계에 있다). 임피던스를 측정할 때 사인파 형태의 교란전압을 작은 신호로 가해주면서 이러한 문제를 피할 수 있다. 그림 7.4에서 보는 것처럼 $i-V$ 곡선에서 충분히 작은 영역을 취하면 **직선으로 볼 수 있다**. 일반적인 EIS 실험 시에 1~20 mV의 교류신호를 연료전지에 가해준다. 이 신호는 일반적으로 연료전지의 $i-V$ 곡선을 직선으로 근사할 수 있는 충분히 작은 값이다.

EIS와 연료전지 임피던스 이론에 대하여 자세히 알아보기 전에 연료전지 특성을 측정하는 EIS의 기능들에 대해 간단하게 살펴보기로 한다. 다음과 같은 손실이 있는 연료전지를 가정해 보자.

1. 연료극 활성화 손실
2. 전해질 저항 손실
3. 공기극 활성화 손실

그림 7.5는 연료전지의 EIS Nyquist 선도의 예를 보여준다. 이 스펙트럼을 이해하는 것에 대해서 미리 걱정하지 않아도 된다. 중요한 것은 이 그래프 안에 2개의 반원의 정점을 찾는 것이다. 앞에서 가정한 연료전지에서 2개의 반원의 크기는 2개의 손실(산화극과 환원

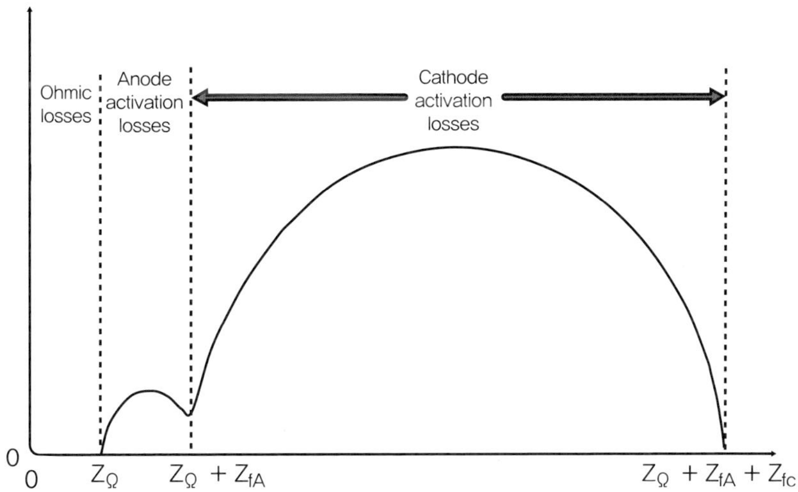

그림 7-5. 가상적인 연료전지의 Nyquist plot의 예. 임피던스 선도가 저항 손실, 산화극 활성화 손실, 환원극 활성화 손실의 세 부분으로 나뉘어진다. 각 부분의 상대적인 크기는 연료전지에서 각 손실의 상대적인 크기를 나타낸다.

극)의 크기를 나타낸다. 그림을 좀 더 자세히 살펴보면 Z_Ω, Z_{fA}, Z_{fC}로 나타내는 세 가지의 임피던스의 영역이 구분하는 반원에 의해 x축에 교점이 생긴다. 세 가지 임피던스의 크기는 연료전지에서 η_{ohmic}, $\eta_{\text{act,anode}}$, $\eta_{\text{act,cathode}}$의 상대적인 크기와 일치한다. 그러므로 이 예에서 저항손실과 산화극 활성화 손실이 작고, 환원극의 활성화 손실이 연료전지의 성능에 지배적이라는 것이 명확하게 나타난다.

EIS를 이용하여 이 스펙트럼을 어떻게 얻는지, 이 스펙트럼에서 다양한 교점들을 어떻게 연료전지의 손실 과정과 연결시킬 것인지에 대한 내용을 임피던스 이론과 등가회로 모델에 대한 논의를 통해 이해할 수 있다.

EIS와 등가회로 모델 연료전지 내부에서 일어나는 반응은 회로의 구성요소를 이용하여 모델화할 수 있다. 예를 들면, 저항과 축전기(capacitor)를 조합하여 전기화학적 반응속도, 전기전도 과정(ohmic conduction process), 그리고 질량이동까지 묘사할 수 있다. 이렇게 연료전지의 거동을 회로로 표현하는 것을 **등가회로 모델**(*equivalent circuit model*)이라고 한다. 연료전지의 임피던스를 측정하고 이를 적절한 등가회로 모델과 비교하면, 반응속도와 전기전도 과정, 질량이동과 다른 특성에 대한 정보를 추출할 수 있게 된다.

이제 연료전지의 거동을 묘사하는 데 사용되는 일반적인 회로요소들에 대해서 소개하려고 한다. 이러한 회로요소들을 이용하여 연료전지의 등가회로 모델의 예를 그림으로 나타

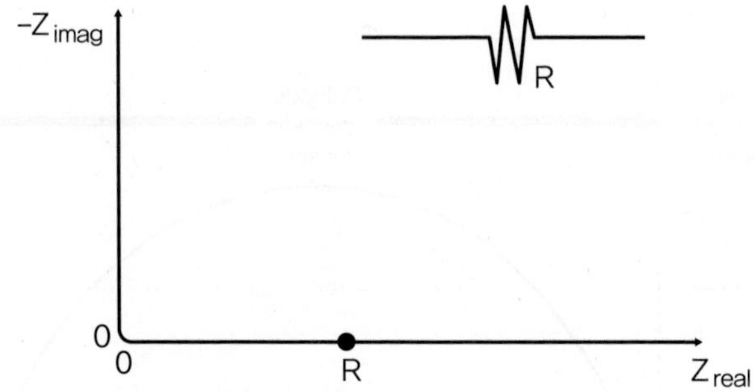

그림 7-6. 저항의 회로도와 Nyquist plot. 저항의 임피던스는 실수축(x축) 위에 R 값에 한 점으로 나타난다. 저항의 임피던스는 주파수에 독립적이다.

낼 것이다. 우선 전기전도 과정부터 살펴보도록 한다.

전기 저항 전기전도 과정의 등가회로 표현은 저항만으로 매우 간단하게 표현된다.

$$Z_\Omega = R_\Omega \qquad \text{식 (7.6)}$$

앞에서 언급한 대로 임피던스 데이터는 일반적으로 Nyquist 선도에 표현된다. 시스템의 임피던스는 실수부($Z_{real}=Z_0\cos\phi$)와 허수부($Z_{imag}=Z_0\sin\phi j$)로 표현된다는 임피던스의 복소수 정의를 상기해보자.

$$Z = Z_0\cos\phi + jZ_0\sin\phi \qquad \text{식 (7.7)}$$

Nyquist 그래프는 넓은 주파수의 영역에서 임피던스의 실수부를 허수부(실제로는 허수부의 음의 값)에 대하여 표시한다. 단순한 저항으로 구성된 회로의 경우에 저항의 허수부는 0이 되고 $\phi=0$이며, 임피던스는 주파수와 상관없이 일정한 값을 갖는다. 그러므로 Nyquist 선도에서 저항은 실수축(x축) 위에 R 값의 점으로 표시된다. 단순한 저항에 대한 등가회로와 이에 대응하는 Nyquist 선도를 그림 7.6에 나타내었다.

전기화학 반응 전기화학 반응에 대한 등가회로 표현은 좀 더 복잡하다. 그림 7.7은 계면에서의 전기화학 반응을 보여주고 있다. 그림에서 보는 것처럼 계면반응의 임피던스는 저항(R_f)과 축전기(C_{dl})의 병렬회로로 모델화 할 수 있다. 여기서 *Faraday* 저항 R_f는 전기화학 반응속도를 표현하고, 전기이중층 전기용량계수(*double layer capacitance*) C_{dl}은 계면의 전기용량 특성을 보여준다. R_f와 C_{dl}에 대해 좀 더 알아보자.

가장 시각화하기 쉬운 것은 C_{dl}이다. 그림 7.7에서 보는 것처럼 전기화학반응이 일어날 때 전극에는 전자가 축적되고 전해질에는 이에 대응하는 이온이 축적되면서 반응계면을 따라 전하의 분리가 일어난다. 전하의 분리는 계면을 축전기처럼 작동하게 한다. 이 축전기의 용량이 C_{dl}의 크기로 표시된다. 완벽한 곡선인 전극-전해질 계면에서 C_{dl}은 일반적으로 30 $\mu F/cm^2$ 정도이다. 하지만 넓은 반응 면적을 가지는 연료전지의 전극에서는 C_{dl}이 이보다 더 큰 차수로 나타날 수 있다.

축전기의 임피던스는 순수한 허수부로 나타난다. 축전기에서 전압과 전류의 관계식은

$$i = C\frac{dV}{dt} \qquad \text{식 (7.8)}$$

위 식에 사인파 형태 교란전압($V=V_0e^{jwt}$)을 대입하면

$$i(t) = C\frac{d(V_0e^{jwt})}{dt} = C(jw)V_0e^{jwt} \qquad \text{식 (7.9)}$$

이 되고, 임피던스의 식에 대입하면

$$Z = \frac{V(t)}{i(t)} = \frac{V_0e^{jwt}}{C(jw)V_0e^{jwt}} = \frac{1}{jwC} \qquad \text{식 (7.10)}$$

이 된다.

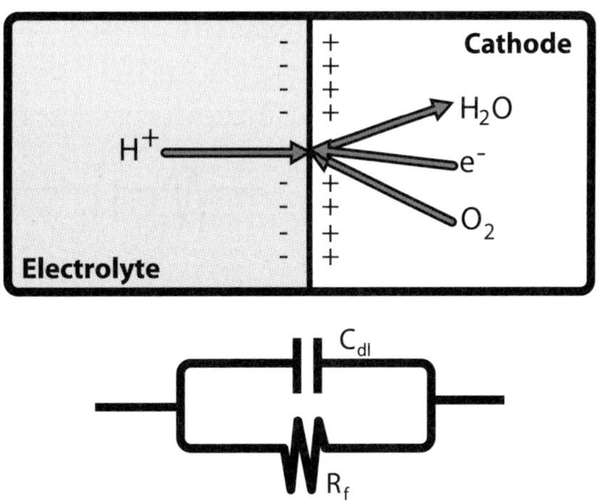

그림 7-7. 전기화학 반응 표면의 개략도와 등가회로 모델이다. 전기화학 표면 반응의 임피던스 거동은 캐패시터와 저항의 병렬회로로 모델링 된다. 캐패시터(C_{dl})는 표면에서 이온과 전자의 분리로 묘사되고 저항(R_f)은 전기화학 반응 과정의 속도 저항으로 묘사된다.

축전기가 저항과 직렬로 연결이 되어 있다면 실제 임피던스는 두 항의 합으로 나타난다. 다시 말해서 임피던스의 직렬연결은 저항과 같이 합으로 나타낸다.

$$Z_{\text{series}} = Z_1 + Z_2 \qquad \text{식 (7.11)}$$

축전기와 저항의 직렬연결의 실제 임피던스는

$$Z = R + \frac{1}{jwC} \qquad \text{식 (7.12)}$$

등가회로와 이에 해당하는 저항-축전기 직렬조합의 Nyquist 임피던스 선도를 그림 7.8에 나타내었다. Nyquist 선도의 한 가지 단점은 각 점에서 주파수 값을 알 수 없다는 것이다. 그림 7.8에서는 참고가 되도록 주파수의 일반적인 경향을 기록하여 단점을 보완하였다.

그림 7.7에서 계면반응은 저항과 축전기가 직렬이 아닌 병렬로 나타난다. 하지만 병렬 임피던스에 관해 이야기하기 전에 Faraday 저항 R_f에 대하여 자세하게 알아보자.

반응과정이 R_f로 모델화되는 원리를 이해하기 위해 반응 속도를 나타내는 Tafel 방정식(식 3.40)을 다시 써보자.

$$\eta_{\text{act}} = -\frac{RT}{\alpha nF}\ln i_0 + \frac{RT}{\alpha nF}\ln i \qquad \text{식 (7.13)}$$

임피던스의 계산을 용이하게 하기 위해 전류밀도 j를 전류 i로 바꿔서 계산한다. 작은 사인파 형태 교란신호에서 임피던스 응답 $Z=V(t)/i(t)$는 $Z=dV/di$로 쓸 수 있다. (다시 말해서 임피던스는 한 점에서 $i-V$ 응답 곡선의 순간 기울기이다.) 그러므로 Tafel 방정식으

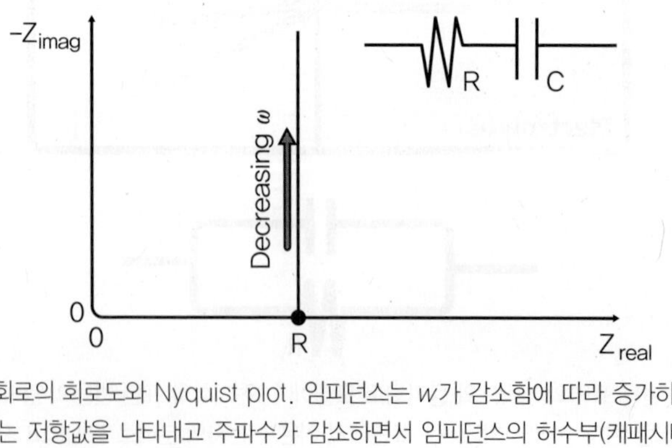

그림 7-8. 직렬 *RC*회로의 회로도와 Nyquist plot. 임피던스는 *w*가 감소함에 따라 증가하는 수직선으로 나타난다. 임피던스의 실수부는 저항값을 나타내고 주파수가 감소하면서 임피던스의 허수부(캐패시터로 주어짐)의 영향이 증가하게 된다.

로 유도된 임피던스는 다음과 같이 계산할 수 있다.

$$Z_f = \frac{d\eta}{di} = \frac{RT}{\alpha nF}\frac{1}{i} \qquad \text{식 (7.14)}$$

$i = i_0 e^{\alpha nF\eta_{\text{act}}/(RT)}$를 대입하면

$$Z_f = R_f = \left(\frac{RT}{\alpha nF}\right)\frac{1}{i_0 e^{\alpha nF\eta_{\text{act}}/(RT)}} \qquad \text{식 (7.15)}$$

위 식에서 Z_f는 허수부가 존재하지 않으므로 순수한 저항으로 표현할 수 있다($Z_f = R_f$). R_f의 크기는 전기화학 반응의 속도에 따라 변하게 된다. R_f의 값이 크다는 것은 전기화학 반응의 저항이 크다는 것을 의미한다. i_0 값이 크거나 활성화 손실(η_{act})이 크면 반응의 동적인 저항이 감소하여 R_f가 줄어든다.

앞에서 언급한 대로 전기화학 계면반응의 전체 임피던스 모델은 전기화학 이중층 임피던스와 Faraday 저항 임피던스의 병렬연결 조합으로 주어진다. 저항의 병렬연결처럼 두 임피던스의 병렬 연결은 다음과 같아 나타낸다.

$$\frac{1}{Z_{\text{parallel}}} = \frac{1}{Z_1} + \frac{1}{Z_2} \qquad \text{식 (7.16)}$$

저항과 축전기가 연결된 경우에는

$$\frac{1}{Z} = \frac{1}{R_f} + jwC_{\text{dl}} \qquad \text{식 (7.17)}$$

과 같고 그러므로

$$Z = \frac{1}{1/R_f + jwC_{\text{dl}}} \qquad \text{식 (7.18)}$$

이다.

이 계면반응을 모델화한 등가회로와 Nyquist plot을 그림 7.9에 나타내었다. 임피던스가 반원 반응의 특성을 나타낸다는 것을 명심하라. 그림에서 맨 왼쪽의 점은 주파수가 가장 높은 점으로 주파수는 그래프의 왼쪽에서 오른쪽으로 갈수록 점차 감소한다. **대부분의 전기화학 시스템에서 임피던스의 실수부는 주파수가 감소하면 증가한다(혹은 변하지 않는다).**

그림 7.9를 보면 고주파수에서 반원의 x축 교점은 0이고, 저주파수의 교점은 R_f이다. 그러므로 반원의 지름을 통해 연료전지의 활성화 저항의 크기를 알 수 있다. 반응속도가 빠른 연료전지는 반원의 크기가 작다. 반면에 **차단전극**(*blocking electrode*; 전극이 전기화학 반응을 막아서 R_f가 무한한 전극)은 그림 7.8에 보이듯이 축전기와 같은 모습을 보여준다.

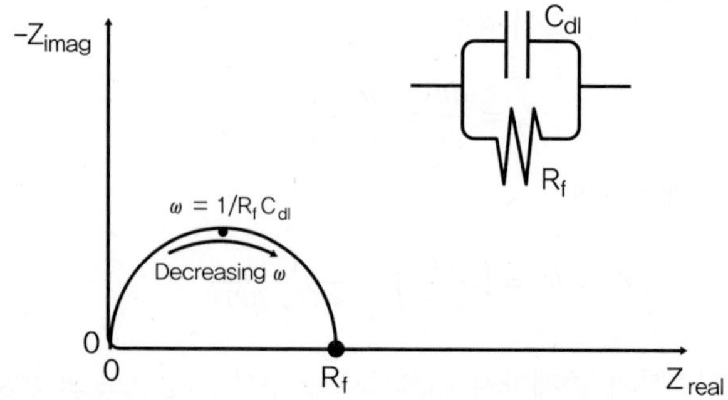

그림 7-9. 병렬 *RC*회로의 회로도와 Nyquist plot. 반원 형태의 임피던스는 계면 전기화학반응의 일반적인 형태이다. 고주파수에서 실수축과 반원의 교점은 0이고, 저주파수에서 반원의 교점은 R_f이다. 반원의 지름(R_f)으로 계면의 전기화학 반응 속도를 알 수 있다. 반원이 작으면 반응이 수월하게 일어나는 것이고, 반원이 크면 반응이 느리게 일어나는 것을 말한다.

식 (7.18)에 $w \to \infty$일 때와 $w \to 0$일 때를 대입해보면 위와 같은 결과를 얻을 수 있다. 중간 범위의 주파수에서는 임피던스가 실수부와 허수부를 모두 가진다. 반원의 최고점에서의 주파수는 계면의 시정수(*RC* time constant): $w = 1/(R_f C_{dl})$로 주어진다. 이 값을 통해 C_{dl}을 구할 수 있다.

그림 7.9에 나타난 임피던스의 거동은 *RC* 회로 모델을 꾸며봄으로써 쉽게 이해할 수 있다. 매우 높은 주파수 영역에서는 축전기가 회로에 단락이 일어난 것처럼 거동하고 매우 낮은 주파수 영역에서는 축전기가 회로에 단선이 일어난 것처럼 거동한다. 그러므로 고주파수에서 전류는 완전히 축전기 쪽으로 흐르고 이 회로모델의 임피던스는 0이 된다. 반면에 저주파수에서는 모든 전류는 저항 쪽으로 흐르게 되고 회로모델의 임피던스는 저항 값과 같게 된다. 중간영역의 주파수에서는 임피던스가 두 가지 상황의 중간상태로서 저항과 축전기의 요소를 둘 다 가지게 된다.

Mass transport 연료전지에서 물질전달은 *Warburg* 회로로 모델링 할 수 있다. 시간상 Warburg 회로를 여기서 증명할 수는 없지만, 이 회로는 확산 과정에 기초하며 이를 통해 유도될 수 있다. '무한' Warburg 회로의 임피던스는 (무한히 두꺼운 확산층일 때) 다음 식과 같이 나타낼 수 있다.

$$Z = \frac{\sigma_i}{\sqrt{w}}(1 - j) \qquad \text{식 (7.19)}$$

σ_i(전도도가 아니다)는 *Warburg* 상수이고 i는 종을 나타내며 다음과 같이 정의된다.

$$\sigma_i = \frac{RT}{(n_iF)^2A\sqrt{2}}\left(\frac{1}{c_i^0\sqrt{D_i}}\right) \quad \text{식 (7.20)}$$

A는 전극 면적, c_i^0는 i의 평균농도(bulk concentration), D_i는 i의 확산계수이다. 그러므로 σ_i는 i가 반응면에서부터 또는 반응면으로 이동하는 정도를 나타낸다. i가 충분하다면 (c_i^0 값이 크다) 확산은 매우 빠르게 일어나고(D_i 값이 크다) σ_i 값이 작아져서 i의 물질 전달에 의한 임피던스는 무시해도 좋을 만큼 작게 된다. 반면에 농도가 낮고 확산이 느리다면 σ_i 값이 커서 임피던스에 끼치는 물질 전달의 영향을 무시할 수 없을 것이다. 식 (7.19)에서 Warburg 임피던스는 전압의 교란 주파수에도 영향을 받는다는 사실을 기억하자. 고주파수에서는 반응물이 멀리까지 확산하지 못하기 때문에 Warburg 임피던스가 작다. 하지만 저주파수에서 반응물이 멀리 확산되기 때문에 Warburg 임피던스는 증가한다.

무한 Warburg 임피던스 요소의 등가회로와 Nyquist plot을 그림 7.10에 나타내었다. Warburg 임피던스는 ω가 감소함에 따라 선형적으로 증가하는 성질을 보인다. 무한 Warburg 임피던스는 기울기가 1인 직선의 형태이다.

무한 Warburg 임피던스의 형태는 확산층의 두께가 무한할 때에만 유효하다. 실제 연료전지에서는 이러한 경우를 거의 찾을 수 없다. 5장에서 배웠듯이 연료전지 유로에서 대류에 의한 혼합은 보통 확산층을 전극의 두께까지로 제한한다. 이러한 상황에서 저주파수에서의 임피던스는 Warburg 식을 따르지 않는다. 이러한 경우에 *porous bounded Warburg* 모델('O' diffusions element)을 따르는 것이 좋다.

$$Z = \frac{\sigma_i}{\sqrt{w}}(1-j)\tanh\left(\delta\sqrt{\frac{jw}{D_i}}\right) \quad \text{식 (7.21)}$$

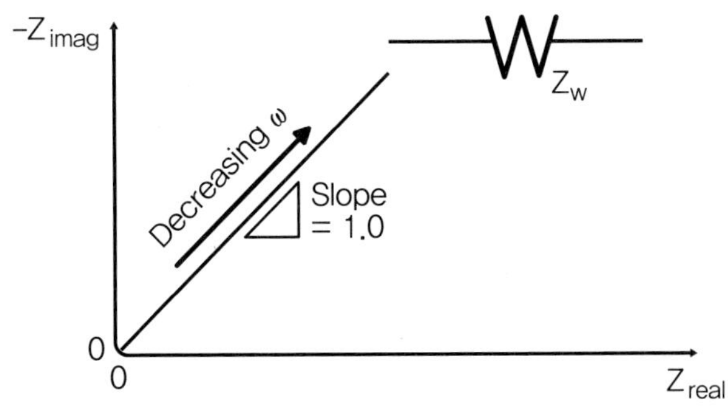

그림 7-10. 확산 모델을 나타내는 Warburg 요소의 회로도와 Nyquist plot. 임피던스 그래프는 기울기가 1인 대각선으로 나타난다. 왼쪽에서 오른쪽으로 이동하면서 주파수가 감소함에 따라 임피던스는 증가한다.

여기서 δ는 확산층의 두께이다. 그림 7.11에서처럼 고주파수에서나 δ가 큰 경우 porous bounded Warburg 모델은 무한 Warburg 모델로 수렴한다. 하지만 저주파수에서나 확산층이 작은 경우 porous bounded Warburg 임피던스는 실수축으로 돌아가게 된다.

우리는 이제 등가 회로요소를 이용하여 기본적인 연료전지의 과정들을 설명할 수 있는 충분한 준비가 되었다. 지금까지 설명한 등가 회로요소들에 몇 가지를 더 추가해서 표 7.1에 요약하였다.

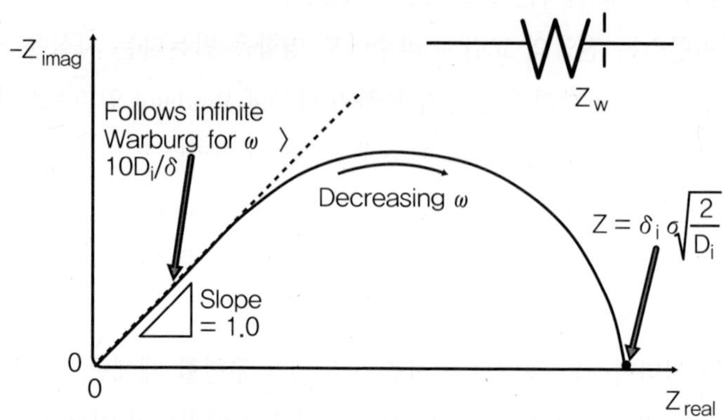

그림 7-11. 유한한 확산 과정(반응물이 무한히 공급되는 체적에서 고정된 두께의 확산층을 통해 확산됨)을 나타내는 porous bounded Warburg 요소의 회로도와 Nyquist plot. 이 상황은 일반적인 연료전지 시스템의 모델이다. 고주파수에서 porous bounded Warburg 임피던스의 반응은 무한 Warburg와 유사하고 저주파수 영역에서는 실수축으로 향한다. (이것은 직관적으로 이해할 수 있다. 유한한 확산층의 두께는 유한한 실제 임피던스를 가져야 한다.) 저주파수에서 실수축과 임피던스 그래프의 교점을 통해 확산층의 두께를 알 수 있다.

표 7.1 일반적인 등가 회로 요소의 임피던스 요약

Circuit Element	Impedance
Resistor	R
Capacitor	$1/jwC$
Constant-phase element	$1/[Q(jw)^{\alpha}]$
Inductor	jwL
Infinite Warburg	$(\sigma_i\sqrt{w})(1-j)$
Finite (porous bounded) Warburg	$(\sigma_i\sqrt{w})(1-j)\ \tanh(\delta\sqrt{jw/D_i})$
Series impedance elements	$Z_{series} = Z_1 + Z_2$
Parallel impedance elements	$1/Z_{parallel} = 1/Z_1 + 1/Z_2$

간단한 연료전지의 등가회로 모델 앞에서 이야기한 대로 연료전지의 각 요소를 간단한 등가회로로 모델링 해보자. 주어진 연료전지에는 다음과 같은 손실이 있다고 가정한다.

1. 연료극 활성화 손실
2. 공기극 활성화 손실
3. 공기극 물질 전달 손실
4. 저항 손실

단순화를 위해 환원극 물질전달 과정을 무한 Warburg 임피던스 요소로 모델링 할 수 있다고 가정한다. 또한 산화극의 반응속도가 환원극의 반응속도에 비하여 빠르다고 가정한다. 연료전지의 등가회로의 회로도와 이에 대응하는 Nyquist plot이 그림 7.12에 나타나있다. Nyquist plot은 표 7.2에 주어진 등가회로 값을 사용하여 작성되었다. 연료전지 모델의 임피던스가 회로의 각각의 요소로부터 어떻게 조합되었는지에 주목해보자. Nyquist plot은

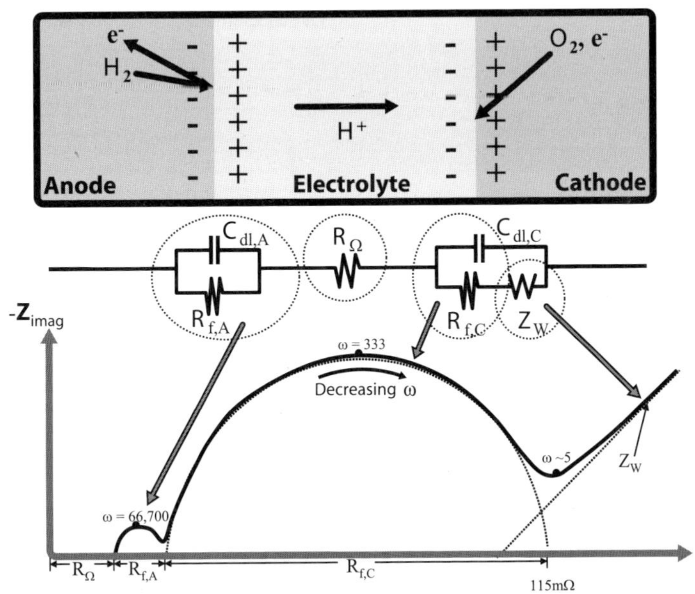

그림 7-12. 간단한 연료전지 임피던스 모델의 물리적 개략도, 회로도, Nyquist plot. 이 연료전지의 등가회로모델은 산화극과 환원극의 활성화 반응속도를 나타내는 2개의 *RC* 병렬회로와 연료극의 물질 전달을 나타내는 무한 Warburg와 저항 손실을 나타내는 전기 저항으로 구성되어 있다. 개략도에서는 전해질 영역만 나타나 있지만 연료전지의 저항 손실은 모든 영역(전해질, 전극)에서 나타난다. Nyquist 선도에 표현된 임피던스는 표 7.2에 나타난 회로 요소의 값으로 나타내었다. 각각의 회로요소들은 그림에 나타난 대로 Nyquist plot에 표현되었다. 전기 저항은 고주파수 영역에서의 임피던스의 교점을 나타낸다. 작은 반원은 산화극의 *RC*요소이고 큰 반원은 환원극의 *RC*요소이다. 저주파수 영역의 직선은 무한 Warburg를 나타낸다.

2개의 반원에 대각선 그래프가 따라오는 형태이다. 고주파수에서 실수축과 그래프의 교점은 연료전지의 전기저항을 나타낸다. 첫 번째 반원은 산화극의 활성화 반응의 *RC* 모델이고 두 번째 반원은 환원극의 활성화 반응의 모델이다. 첫 번째 반원의 지름은 산화극의 R_f 값이고 두 번째 반원의 지름은 환원극의 R_f 값이다. 환원극의 반지름이 산화극보다 큰 원인에 주목해보자. 그림이 설명해주듯이 환원극의 활성화 손실이 산화극의 활성화 손실보다 크다는 것을 알 수 있다. R_f 값으로부터 식 (7.15)에서 산화극과 환원극 반응의 반응속도를 알 수 있다. C_{dl} 값은 연료전지 전극의 유효반응면적을 나타내준다.

저주파수 영역의 대각선 그래프는 무한 Warburg 임피던스로 모델링한 물질 전달을 의미한다. 이 직선의 주파수–임피던스 관계에서 연료전지의 물질 전달 특성을 유도할 수 있다. 또한 porous bounded Warburg를 사용하면 확산층의 두께도 유도가 가능하다.

표 7.2 그림 7.12의 Nyquist 선도에 사용된 물성치의 요약

Fuel Cell Process	Circuit Element	Value
Ohmic resistance	R_Ω	10 mΩ
Anode Faradaic resistance	$R_{f,A}$	5 mΩ
Anode double-layer capacitance	$C_{dl,A}$	3 mF
Cathode Faradaic resistance	$R_{f,C}$	100 mΩ
Cathode double-layer capacitance	$C_{dl,C}$	30 mF
Cathode Warburg coefficient	σ	15 mΩs$^{1/2}$

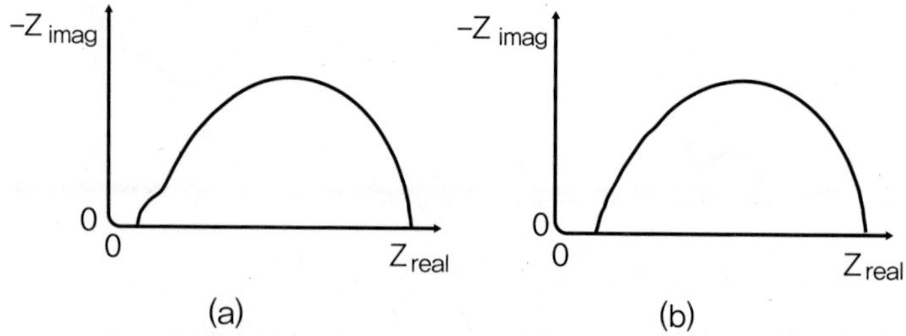

그림 7–13. 수소–산소 연료전지의 환원극 임피던스는 보통 산화극 임피던스보다 매우 크게 나타난다. 이러한 경우에 환원극 임피던스가 그림 (a)와 (b)에서처럼 여러가지 크기를 가지고 산화극 임피던스를 덮을 수 있다. 산화극과 환원극의 반응의 *RC* 시정수(time constant)가 중첩될 때에서 이렇게 반원의 병합이 일어난다. 산화극의 R_f가 매우 작으면, 산화극의 *RC* 시정수(time constant)는 대부분의 임피던스 장비의 주파수의 한계를 넘는 값을 가질 것이다. (EIS는 보통 1 MHz 이하의 주파수값을 가진다.) 이 경우에 산화극의 임피던스는 측정할 수 없다.

이 예제에서는 명확한 설명을 위해, 2개의 반원이 잘 구분될 수 있는 산화극과 환원극의 *RC* 값을 신중히 정하였다. 하지만 실제 많은 연료전지에서는 그림 7.13처럼 산화극의 반원과 환원극의 반원이 겹친다.

연료전지의 거동을 완전히 이해하기 위해서 $i-V$ 곡선 위의 여러 점에서 임피던스를 측정하는 것이 중요하다. 연료전지의 임피던스 거동은 어떠한 손실이 지배적인가에 따라 $i-V$ 곡선을 따라 달라지게 된다. 낮은 전류에서는 활성화 손실이 지배적이 되어 R_f 값이 큰 반면에, 물질 전달은 무시할 수 있다. 이러한 상황에서 임피던스는 그림 7.14a의 예와 유사하다. 높은 전류(높은 활성화 분극)에서는 η_{act} 값이 증가하여 반응속도가 빨라지면서 R_f 값이 감소한다(식 7.15 참조). 그러므로 그림 7.14b에서처럼 활성화 임피던스의 반원은 작아진다. 활성화 분극이 증가하면서 임피던스가 감소하는 것은 활성화된 전기화학 반응을 의미한다. 높은 전류에서는 물질 전달 효과가 발생하고 임피던스는 그림 7.14c와 같이 보여진다.

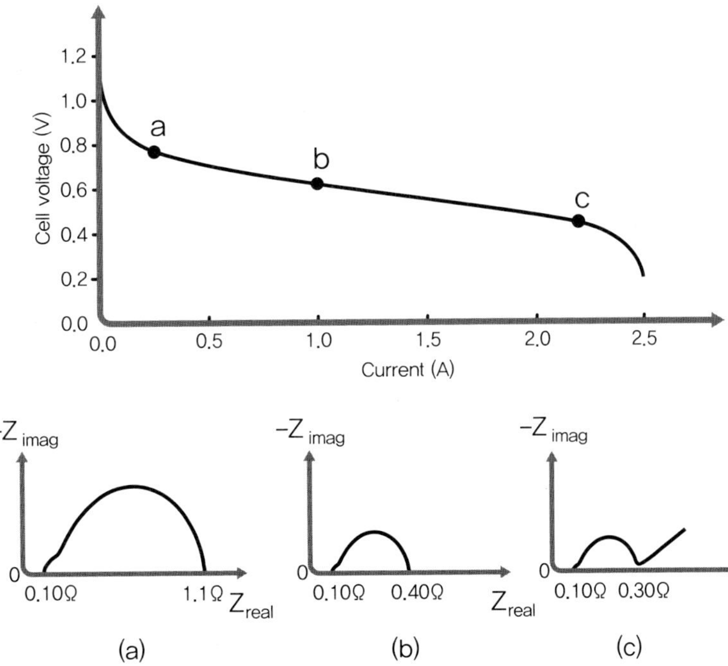

그림 7-14. 연료전지의 EIS 측정은 $i-V$ 곡선을 따라 여러 점에서 임피던스를 측정한다. 임피던스 값은 운전 전압에 따라 변하게 된다. (a) 낮은 전류에서 활성화 반응이 지배적이며 R_f 값이 크고 물질 전달 효과는 무시된다. (b) 중간의 전류 영역에서(활성화 과전압이 커지면) Rf가 감소함에 따라 η_{act}가 증가하고 활성화 반원이 작아진다(식 7.15 참조). (c) 높은 전류 영역에서 활성화 반원이 계속 작아지지만 물질 전달의 효과가 생기기 시작하면서 저주파수 영역에서 직선의 Warburg가 나타난다.

EIS는 매우 효과적인 시험 방법이지만, 실험 방법이 복잡한 데다 많은 함정이 존재한다. 이를 반드시 명심하라! 시간과 지면의 제약 때문에 여기 소개된 EIS에 대한 내용은 포괄적이지 못하다. 연료전지의 측정에 EIS를 사용하려고 하는 독자는 방대한 참고문헌을 살펴보도록 권한다.[39–41]

예제 7.1.

그림 7.14에서 $i-V$ 곡선의 점 a의 i=0.25 A, V=0.77 V라고 가정하고, 점 b에서는 i=1.0 A, V=0.62 V로 가정하자. 그림 7.14의 EIS 데이터로부터 연료전지의 $i-V$ 곡선의 점 a, b에서의 η_{ohmic} 값과 η_{act} 값을 계산하라. 연료전지의 성능에 저항 손실과 활성화 손실만이 작용한다고 가정한다. 활성화 손실이 공기극에만 작용한다고 생각하고 i_0와 α 값을 계산하여 η_{act} 값을 계산하라 (T=300 K, n=2, E_{thermo}=1.2 V).

풀이

점 a에서 i=0.25 A, R_{ohmic}=0.10 Ω, η_{tot}=1.2 V−0.77 V=0.43 V이므로,

$$\begin{aligned} \eta_{ohmic} &= iR_{ohmic} = (0.25\,\text{A})(0.10\,\Omega) = 0.025\,\text{V} \\ \eta_{act} &= \eta_{tot} - \eta_{ohmic} = 0.43\,\text{V} - 0.025\,\text{V} = 0.405\,\text{V} \end{aligned} \qquad \text{식 (7.22)}$$

주: R_f가 i에 대한 함수로 값이 변하기 때문에 $\eta_{act}=iR_f$로 쓰는 것은 적절치 않다. 그러므로 최선의 방법은 전체 손실에서 저항 손실을 뺀 값으로 활성화 손실을 계산하는 것이다. 점 b에서 i=1.0 A, R_{ohmic}=0.10 Ω, η_{tot}=1.2 V−0.62 V=0.58 V이므로,

$$\begin{aligned} \eta_{ohmic} &= iR_{ohmic} = (1.0\,\text{A})(0.10\,\Omega) = 0.10\,\text{V} \\ \eta_{act} &= \eta_{tot} - \eta_{ohmic} = 0.58\,\text{V} - 0.1\,\text{V} = 0.48\,\text{V} \end{aligned} \qquad \text{식 (7.23)}$$

점 b에서 R_f 값은 감소하지만, 전체 활성화 손실은 조금씩 증가한다(0.405 V에서 0.48 V로)는 사실을 주지하자. 이것은 예측된 결과로서 전류가 증가함에 따라 전체 활성화 손실은 증가하지만 활성화 과정의 '유효 저항(effective resistance)'은 감소한다. 식 (7.13)에 a와 b의 값을 대입하여 j_0와 α 값을 구할 수 있다.

$$\begin{aligned} \eta_{act} &= -\left(\frac{RT}{\alpha nF}\right)\ln i_0 + \left(\frac{RT}{\alpha nF}\right)\ln i \\ 0.48\,\text{V} &= -\left(\frac{RT}{\alpha nF}\right)\ln i_0 \end{aligned} \qquad \text{식 (7.24)}$$

α 값을 구하기 위해 a에 대하여 풀면

$$\eta_{\text{act}} = -\left(\frac{RT}{\alpha nF}\right)\ln i_0 + \left(\frac{RT}{\alpha nF}\right)\ln i$$
$$0.405\,\text{V} = 0.48\,\text{V} + \left(\frac{RT}{\alpha nF}\right)\ln 0.25 \qquad \text{식 (7.25)}$$
$$\alpha = 0.239 \quad \text{for} \quad T = 300\,\text{K}, n = 2$$

b의 식에 α 값을 다시 대입하면 i_0를 구할 수 있다.

$$0.48\ \text{V} = -\left(\frac{(8.314)(300)}{(0.239)(2)(96400)}\right)\ln i_0 \qquad \text{식 (7.26)}$$
$$i_0 = 1.4 \times 10^{-4}\,\text{A}$$

연료전지의 면적을 알고 있다면 R_{ohmic}과 i_0로부터 보다 기본적인 특성인 $\text{ASR}_{\text{ohmic}}$과 j_0를 구할 수 있다.

7.3.5 전류차단 측정법

전류차단 측정법(current interruption method)은 EIS와 비슷한 결과를 보여줄 수 있다. 임피던스 측정법만큼 정확하거나 자세하지는 않지만 전류차단은 임피던스와 비교하여 몇 가지 장점이 있다.

- 측정속도가 매우 빠르다.
- 측정장비가 일반적으로 간단하다.
- 고출력 연료전지에 적용 가능하다. (고출력 시스템에는 일반적으로 EIS 적용이 힘들다.)
- j–V 곡선 측정과 병행하여 측정할 수 있다.

이러한 이유들 때문에 전류차단은 연료전지 연구에 널리 적용되어 왔고 특히 대형 연료전지 측정(주거용이나 차량용 연료전지 스택)에 사용되고 있다.

전류차단 기술의 기본적인 원리를 그림 7.15에 나타내었다. 연료전지 시스템에 일정한 전류부하를 주다가 갑자기 멈추게 되면 연료전지의 각 요소의 전기저항 특성이나 축전기의 특성이 시간에 따른 전압의 변화로 나타날 것이다. 연료전지의 임피던스 거동을 분석하기 위해 사용되었던 등가회로 모델이 연료전지의 전류차단 거동을 이해하기 위해 사용된다.

예를 들어, 그림 7.15a의 간단한 연료전지 모델의 등가회로를 생각해보자. 이 회로에 흐르는 전류가 그림 7.15b와 같이 갑자기 멈추면 시간에 따른 전압의 변화가 그림 7.15c와 같이 일어난다. 전류가 멈추게 되면 전압이 즉시 상승하게 되고 이어서 시간에 따라 전압의 상승이 일어난다. 즉각적인 전압의 상승은 연료전지의 전기적 저항과 관련이 있다. 시간에 따른 전압의 상승은 훨씬 느린 반응과 물질전달 과정과 관련이 있다.

전압 상승의 과정은 그림 7.15a의 회로를 통해 이해할 수 있다. 그림에서 보여주는 것처럼, 반응과 물질전달 과정은 *RC* 회로와 Warburg 요소로 모델링 된다. 이들이 가지고 있는 축전기의 성질 때문에 전압이 회복되는 데는 시간이 걸리게 된다. *RC* 요소의 회복시간은

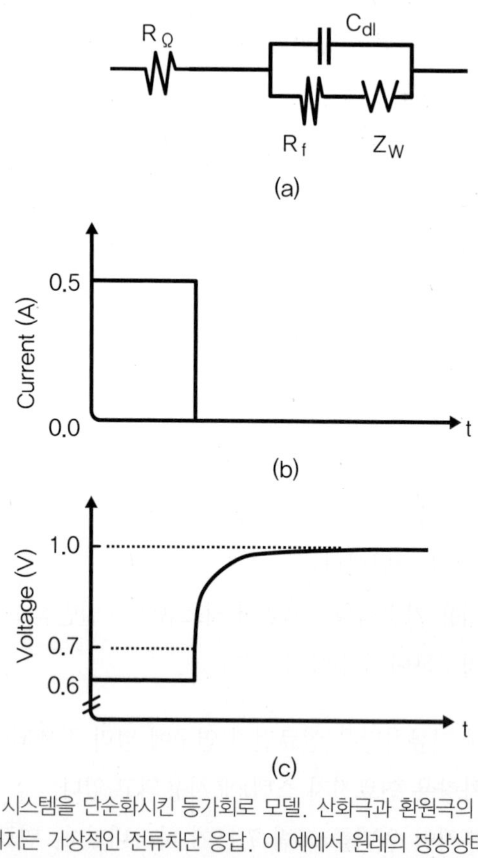

그림 7-15. (a) 연료전지 시스템을 단순화시킨 등가회로 모델. 산화극과 환원극의 *RC* 성분을 하나로 합쳐서 나타내었다. (b) 회로(a)에 주어지는 가상적인 전류차단 응답. 이 예에서 원래의 정상상태 전류 부하 500 mA가 순간적으로 0이 된다. (c) (b)에서 전류가 갑자기 멈출 때 연료전지 전압의 시간에 따른 가상적인 반응. 전압의 순간적인 상승은 시스템의 순수한 저항손실과 관계되고 시간에 따른 전압의 상승은 시스템의 활성화 손실과 물질전달 손실과 관계된다.

시정수(*RC* time constant)로 근사될 수 있다. *RC*/Warburg에 발생되는 전압은 시간에 따라 변하는 반면에 저항에서는 전압은 즉시 변하기 때문에 전압–시간의 관계는 두 가지 효과를 구분하는 데 사용될 수 있다. 예제 7.2에 이 방법을 나타내었다.

예제 7.2.

그림 7.15에서 전류차단 측정 데이터를 이용하여 η_{ohmic} 값과 R_{ohmic} 값을 구하라.

풀이

그림 7.15에서 연료전지가 500 mA의 전류부하가 걸려있을 때 정상상태의 전압은 0.60 V이다. 전류가 순간적으로 0이 되면 셀의 전압은 0.70 V까지 상승한다. 이러한 셀 전압의 순간적인 상승을 연료전지에서의 저항과 연결시킬 수 있다. 그러므로 500 mA의 부하가 걸릴 때 연료전지에서 100 mV의 저항손실이 생긴다.

$$\eta_{\text{ohmic}} = 0.70\ \text{V} - 0.60\ \text{V} = 0.10\ \text{V} \quad (\text{at } i = 500\ \text{mA}) \qquad \text{식 (7.27)}$$

전기 저항은 η_{ohmic} 값과 전류로 계산할 수 있다.

$$R_{\text{ohmic}} = \frac{\eta_{\text{ohmic}}}{i} = \frac{0.10\ \text{V}}{0.50\ \text{A}} = 0.2\ \Omega \qquad \text{식 (7.28)}$$

충분히 안정화를 시키면 연료전지의 전압은 최종적으로 1.0 V로 상승한다. 그러므로 연료전지에서의 활성화 손실과 농도손실은 500 mA의 전류에서 0.30 V이 된다(1.0 V−0.7 V=0.30 V).

전류차단 기술을 이용하여 정확한 결과를 얻기 위해서 전류는 뚜렷하고 분명하게 (마이크로 초나 밀리 초 단위로) 변화하여야 하고 전압을 기록하기 위해서 정밀한 오실로스코프가 필요하다. 전류차단은 종종 *i*–*V* 곡선 측정과 병행하여 작동되도록 만들어진다. 이것은 연료전지의 *i*–*V* 곡선의 각 지점에서 손실의 저항 요소를 결정하는 데 매우 유용하게 쓰인다. 일반적으로 *i*–*V* 곡선의 점을 기록한 뒤에 전류차단측정법으로 해당 지점에서 R_Ω을 결정한다. 그 뒤에 다른 전류값에서 정상상태로 평형을 만들어 *i*–*V* 측정을 진행한다. 이 방법에서 *i*–*V* 곡선의 데이터는 각 점에서의 저항 손실의 정보와 함께 얻어진다. 그리고 나서 *i*–*V* 곡선 데이터에서 저항 손실의 영역을 제거할 수 있는데 이러한 곡선을 '*iR*–free' 또는 '*iR*–corrected' *i*–*V* 곡선이라고 한다. Tafel 방정식에 대입하면 이 '*iR*–corrected'로 활성화 손실과 농도 손실을 분리할 수 있다. 이 결과는 연료전지의 저항, 활성화, 농도 손실을 거의 완전하게 정량화 할 수 있다.

7.3.6 순환전압전류법

순환전압전류법(cyclinc voltammetry, CV)은 일반적으로 연료전지 촉매의 작용을 좀 더 자세히 측정하기 위해 사용된다. 일반적인 CV 측정에서 시스템의 전압이 상한값과 하한값 사이에서 왕복하며 변화할 때의 전류의 변화를 측정한다. 전압의 변화는 일반적으로 시간에 대하여 선형으로 변화하고 결과로 얻어지는 전압에 대한 전류의 그래프를 순환전압전류도(cyclic voltammogram)라고 한다. 일반적인 CV 파형을 그림 7.16에 나타내었다.

연료전지에서 CV 측정은 '수소펌프모드(hydrogen-pump-mode)'를 사용하여 in situ로 촉매활동을 측정할 수 있게 한다. 이 조건에서는 산화극에는 수소가 공급되고, 아르곤 기체가 산소를 대신하여 환원극에 공급된다. CV 측정은 산화극에 대하여 0에서 1 V 사이에서 전압을 변화시키며 측정한다. 수소펌프모드에서 CV 결과의 예를 그림 7.17에 나타내었다. 전압이 0 V에서부터 증가하면 전류가 흐르기 시작한다(그림 7.17 참조). 이 전류에 영향을 주는 두 가지 변수가 있는데, 첫 번째 변수는 상수로 선형으로 변하는 전압에 의해 발생하는 단순한 축전기에 의한 충전 전류이다. 두 번째 변수는 비선형이고 산화극 촉매 표면의 전기화학반응에서 일어나는 수소의 흡수에 따라 생긴다. 전압이 더 증가하게 되면

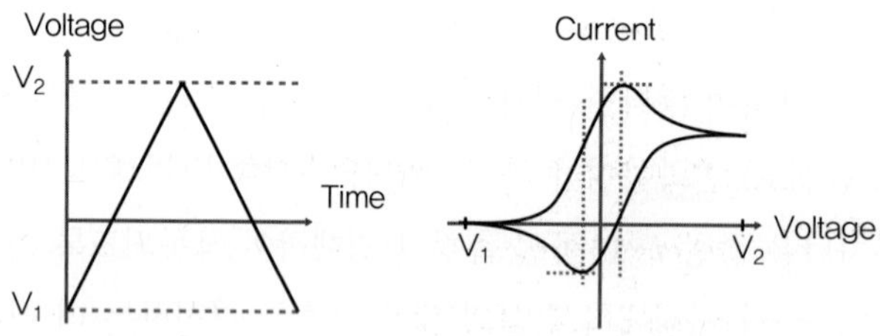

그림 7-16. CV 파형과 일반적인 응답전류의 개략도. (a) CV 실험에서 전압은 그림에 V_1과 V_2로 표시된 두 전압의 한계 사이에서 선형적으로 앞 뒤로 이동한다. (b) 응답전류는 전압의 함수로 표시된다. 전압이 변하면서 활발한 전기화학 반응에 따라 전류응답은 증가한다. 이러한 최초 증가의 이후 반응물의 소모에 따라 고점을 지나 응답전류는 감소하기 시작한다. 전류의 감소는 반응물이 소모될 때까지 계속된다. 반대방향으로 전압이 변할 때 전기화학 반응의 역반응(전류의 방향도 반대로 진행)이 진행된다. 최고/최저점 값의 모양과 크기를 통하여 시스템의 상대적인 반응속도와 확산속도를 알 수 있다.

반응 전류는 최고점에 이르게 되고 촉매표면의 수소가 포화되어 전류가 떨어지게 된다. 반응촉매표면적(active catalyst surface area)은 촉매표면에서 흡수되는 수소에 의해 생기는 전체 전하(Q_h)를 정량화하여 얻을 수 있다. 전체 전하는 전압축을 시간으로 변환한 후 수소 흡수 반응 시 CV의 최고점 아래의 면적에서 축전기에 의한 충전의 영향을 제거한 값과 일치한다.

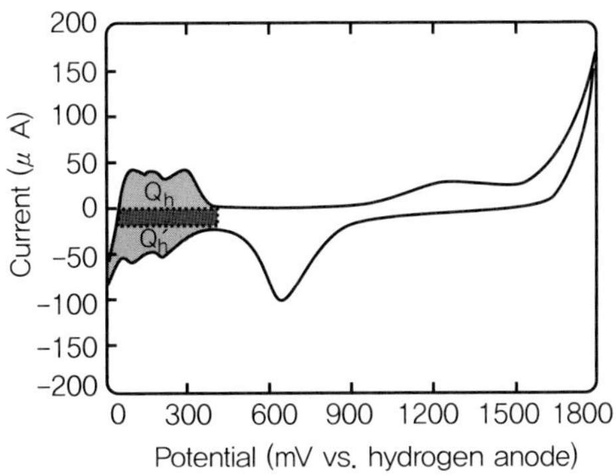

그림 7-17. 연료전지의 CV 곡선. Q_h와 Q'_h으로 표시된 고점은 연료전지의 백금 촉매에서 수소가 흡착되고 탈착되는 것을 각각 나타낸다. 두 고점 사이에 회색으로 표시된 부분은 대략적인 캐패시턴스 충전 전류의 영향을 나타낸다. 촉매반응면적은 Q_h와 Q'_h 아래의 면적으로 계산할 수 있다[실험에서 주사속도(scan rate)를 안다면 전압축을 시간축으로 변환하여 구할 수 있다].

반응촉매면적 상수 A_c는 측정된 반응촉매면적 값과 원자 단위의 편평도를 가진 같은 크기의 매끄러운 촉매전극의 반응면적의 비로 나타낼 수 있다.

$$A_c = \frac{\text{measured active catalyst surface area}}{\text{geometric surface area}} = \frac{Q_h}{Q_m A_{\text{geometric}}} \qquad \text{식 (7.29)}$$

여기서 Q_m은 앞서 원자단위의 편평도를 가진 촉매 표면에 흡수된 전하의 양이고, 보통 매끄러운 백금 표면에서는 210 μC/cm² 정도이다.

앞에서 이야기한 대로 기공이 많게 잘 제작된 연료전지 전극의 반응면적은 기하학적인 면적과 비교하면 몇 차수의 차이가 난다. 이러한 효과는 A_c에서 표현된다.

7.4 EX SITU 측정기술

직접적인 in situ 전기적 측정기술이 연료전지거동 연구에 가장 많이 쓰이는 반면에 간접적인 ex situ 측정기술은 연료전지 성능에 대한 수많은 부가적인 정보를 줄 수 있다. 대부분의 ex situ 기술은 어떤 요소가 연료전지 성능에 가장 중요한 영향을 주는지에 대하여 밝히고자 연료전지 구조를 물리적 또는 화학적으로 평가하는 데 집중하고 있다. 기공 구조, 촉매표면적, 전극/전해질 미세구조와 전극/전해질의 화학구조 등이 가장 중요한 평가 대상들이다.

7.4.1 공극률 측정

재료의 공극률(porosity) ϕ는 재료의 전체 부피에 대한 빈공간의 비로 정의된다. 전극과 촉매층은 공극률이 높아야 효과적이다. 또한 이 기공들은 서로 연결되어 있어야 하고 표면쪽으로 개방되어 있어야 한다. 공극률을 측정할 수 있는 방법은 몇 가지가 있다. 첫 번째, 질량과 부피를 측정해서 다공성의 시편의 밀도(ρ_s)를 측정할 수 있고 시편을 제작한 원재료의 밀도(ρ_b)를 알고 있으면 공극률은 다음과 같이 정해진다.

$$\phi = 1 - \frac{\rho_s}{\rho_b} \quad \text{식 (7.30)}$$

하지만 연료전지의 경우 **유효 공극률**(*effective porosity*)이 전체 공극률보다 중요하다. 기공이 표면에 개방되어 연결되어 있는 경우에만 유효 공극률로 계산한다(다시 말하면 개방되어 있지 않은 기공은 무시한다). 유효 공극률은 체적 침투(volume infiltration)법을 이용해서 구할 수 있다. 가령, 다공성 시료의 전체 체적은 시료를 기공에 침투하지 않는 액체 속에 집어넣어 측정할 수 있다. 예를 들면, 낮은 압력에서 수은은 표면장력 때문에 기공에 침투하지 않는다. 그리고 시편을 부피를 알고 있는 비활성 기체가 들어있는 상자에 넣는다. 상자의 압력을 기록하고, 부피를 알고 있는 진공의 또 다른 상자를 연결하여 새로운 시스템의 압력을 기록한다. 이상기체 상태방정식을 이용하여, 시편 내에 있는 개방된 기공의 부피를 얻을 수 있고 이것이 유효 공극률이 된다.

기공 크기의 분포는 수은압입법(mecury porosimetry)으로 구할 수 있다. 이 방법은 다공성의 시편을 챔버 안에 넣고 진공 상태를 만들어 준다. 그리고 나서 수은을 다공성의 시편에 넣어 준다. 처음에는 매우 낮은 압력에서 실시하고 점차 압력을 올려준다. 각각의 압력에서 흡수된 수은의 압력을 기록한다. 수은은 챔버 내의 압력이 아래와 같거나 클 때 반지름 r의 기공 속으로 들어간다.

$$p \geq \frac{2\gamma}{r}\cos\theta \qquad \text{식 (7.31)}$$

γ는 수은의 표면장력이고 θ는 수은의 접촉각이다. 이 식에 수은의 흡수된 압력 실험 결과를 대입하면 대략의 기공 크기 분포 곡선을 계산할 수 있다.

7.4.2 BET 표면적 측정

앞서 수차례 이야기 했듯이, 가장 효율적인 연료전지 촉매층은 실제 반응 면적이 매우 넓어야 한다. 그런 점에서 표면적 측정은 중요한 측정 도구이다. CV에서 공부하였듯이, 전기화학적 반응 면적은 특별한 in situ 전기화학 측정법으로 측정할 수 있다. 또한 매끄러운 반응계면은 약 30 μF/cm^{2}의 전기용량를 가진다는 것을 이용하여 임피던스 측정으로부터 구한 이중층전기용량(double layer capacitance) C_{dl} 값으로 표면적을 추정할 수 있다. 하지만 가장 정확한 표면적 측정방법은 Brunauer–Emmett–Teller(B.E.T.) 방법으로 알려진 ex situ 기술이나.

BET 방법은 질소(N2), 아르곤(Ar), 크립톤(Kr)과 같은 비활성 기체의 미세한 층이 극저온에서 시편 표면에 흡수된다는 성질을 사용한다. 일반적인 실험에서, 건조한 시편을 진공상태로 만들고 액체질소의 온도, 77 K로 냉각시킨다. 비활성 기체층이 시편의 표면에 물리적으로 고착되고, 분석 챔버 안에 있는 기체의 압력을 낮추게 한다. 실험을 통해 측정한 등온상태에서 흡수된 양으로부터 시편의 표면적을 계산할 수 있다.

7.4.3 기체 투과도

연료전지의 전극과 촉매구조가 투과도가 낮다면 반응면적이 넓고 기공이 많아도 성능이 좋을 수 없다. 투과도(permeability)는 기체가 재료를 얼마나 쉽게 통과하는가의 정도를 나타낸다. 기공이 많은 재료라도 기공이 닫혀 있거나 연결되어 있지 않으면 투과도가 낮다. 연료전지 전극과 촉매층은 높은 투과도를 가져야 한다. 반면에 연료전지 전해질은 기체가 통과하지 못해야 한다. 기체 투과도 K는 주어진 압력강하($\Delta p = p_1 - p_2$)에서 주어진 시간 Δt 동안 시편을 통과하는 기체의 부피 ΔV로 주어진다.

$$K = \frac{I}{\Delta p} - \frac{\Delta V}{\Delta t}\frac{2p_2}{(p_1 + p_2)\Delta p} \quad \text{식 (7.32)}$$

여기서 I는 상수이다.

7.4.4 구조 분석

미세구조, 공극률, 기공크기분포와 연결 등의 중요한 정보를 현미경을 통해 얻을 수 있다. 광학 현미경(optical microscope, OM), 주사전자현미경(scanning electron microscope, SEM), 투과전자현미경(transmission electron microscope, TEM), 원자력현미경(atomic force microscopy, AFM) 등은 매우 중요한 기술이다. 특별히 정량화된 구조에 대한 정보는 X선 회절(x-ray diffraction, XRD)을 통해 얻을 수 있는데 결정구조, 방향, 화학 조성에 대한 정보를 얻을 수 있다. 이러한 정보들은 새로운 전극, 촉매 또는 전해질 물질을 개발할 때 매우 중요하다. 또한 XRD의 고점 확대(peak broadening) 측정을 통해 입자크기(촉매 분말 시료에서), 결정립(grain) 크기(결정 시료 조각에서)등을 알 수 있다. XRD는 TEM과 함께 사용하여 10 Å 크기의 촉매입자의 구조적, 화학적, 입자 크기의 분포 성질들을 알 수 있다.

7.4.5 화학적 분석

새로운 촉매, 전극, 전해질 물질 등을 개발할 때, 무엇을 가지고 있는가에 대해 아는 것이 항상 중요하다. 그러므로 조성, 상, 결합과 공간의 분포에 대한 화학 분석이 구조 분석만큼이나 중요하다. 화학 분석에서 TEM과 XRD는 매우 중요하게 쓰인다. 게다가 Auger 전자분광법(Auger electron spectroscopy, AES)이나 X선 광전자분광법(X-ray photoelectron spectroscopy, XPS), 이차이온 질량분광법(secondary-ion mass spectroscopy, SIMS)을 통해서도 중요한 정보를 얻을 수 있다. 이러한 기술들의 장점과 단점에 대해서 기술하는 것은 이 책의 범위를 넘어서는 일이지만, 관심이 있는 독자는 이 주제에 대하여 참고문헌을 찾아보기를 권한다.

7.5 요약

이번 장에서 연료전지를 측정하는 중요한 기술들에 대해서 알아보았다. 연료전지의 측정은 두 가지 중요한 목적이 있다. (1) 정량적으로 좋은 연료전지 설계와 나쁜 연료전지 설계를 구별하는 것 (2) 연료전지의 설계가 왜 좋고 나쁜지에 대한 이유를 이해하는 것이다.

- In situ의 전기적 측정기술은 연료전지의 거동을 이해하기 위해 세 가지 기본적인 전기화학적 변수(전압, 전류, 시간)를 사용한다.
- Ex situ 측정기술은 연료전지의 성능과 연료전지 요소의 구조[공극률(porosity), 결정립크기(grain size), 형태, 표면적 등]나 화학적 성질(조성, 상, 공간분포)을 연결하는 데 초점을 둔다.
- 주요한 in situ의 전기적 측정기술은 (1) $j-V$ 곡선 측정, (2) 전기화학 임피던스 분광법(electrochemical impedance spectroscopy, EIS), (3) 전류차단측정법, (4) 순환전압전류법(cyclic voltammetry, CV) 등이 있다.
- 정밀한 j V 곡선 측정을 통해 조건들을 잘 기록한 정상상태의 연료전지 성능을 알 수 있다. 연료전지의 $j-V$ 곡선은 측정 과정과 시험 조건에 민감하다. 연료전지의 $j-V$ 곡선을 비교할 때는 같은 측정 과정과 시험 조건에서 행해진 결과로 비교해야 한다.
- 전류차단측정법, EIS, CV 측정은 연료전지의 성능에 영향을 주는 주요 작용을 이해하기 위해 비정상상태(동적)의 거동을 이용한다.
- 전류차단측정법은 연료전지의 저항(ohmic)과 비저항(nonohmic) 작용을 구별한다. 전류가 멈춘 후에 순간적인 전압의 상승은 저항 과정과 관계되고, 시간에 따르는 전압 상승은 활성화와 물질 전달 과정과 관계된다. 전류차단측정법은 빠르고 상대적으로 쉬운 방법이다. 이 방법은 특별히 고출력 시스템에 적합하다.
- EIS에서 연료전지 시스템의 임피던스는 많은 차수의 주파수 범위에서 측정한다. 임피던스 측정 결과의 Nyquist 선도를 연료전지의 등가회로 모델과 대응시킬 수 있다. 이러한 대응을 통해 연료전지에서 저항 손실, 활성화 손실, 물질 전달 손실 등을 구별할 수 있다. 전기화학 임피던스 분광법(EIS)은 측정속도가 느리고 장치가 복잡하다. 그리고 고출력의 시스템에 적용하기 어렵다.
- 임피던스에 대한 내용은 복잡하지만 공통된 연료전지의 등가회로모델(equivalent circuit model)과 이러한 모델이 나타내는 임피던스의 결과에 대하여 익숙해져야 한다.

- 보통의 CV 측정에서 시스템의 전압이 두 한도 사이를 앞뒤로 이동하며 변할 때 발생되는 전류를 측정한다. 일반적으로 CV 측정은 자세한 반응속도 분석을 위해 사용되기도 하지만, in situ 촉매 활동도를 측정하기 위해서도 사용된다.
- 보다 많이 사용되는 ex situ 측정기술에는 공극률 측정, 표면적 측정, 기체 투과도 측정, 현미경 검사(OM, SEM, TEM, AFM)와 화학 분석(XRD, AES, XPS, SIMS) 등이 있다.

연습문제

복습문제

7.1 연료전지 측정의 두 가지 주 목적은 무언인가?

7.2 연료전지 성능에 영향을 주는 세 가지 주요 동작 변수를 열거하라. 각 변수에 대해 연료전지 성능과 연관되어 있는 중요한 식을 구하라.

7.3 전류차단측정법과 EIS 방법의 장단점을 비교하여 논하라.

7.4 연료전지의 j–V 곡선이 두 가지 다른 주사속도 1 mA/s와 100 mA/s에 의해 측정되었다.

(a) 어느 주사속도에서 더 높은 연료전지 성능이 측정되는가? (측정은 영점 전류로부터 시작한다.)

(b) j–V 곡선의 어느 부분(저전류밀도, 중전류밀도, 고전류밀도 영역)이 가장 크게 주사속도의 영향을 받겠는가?

7.5 (a) 하나의 차단전극(blocking electrode, 직렬 RC 회로로 표시)과 하나의 활성전극(activated electrode, 병렬 RC 회로로 표시)으로 구성된 연료전지의 EIS 선도를 그려라. 병렬 RC 회로의 RC 값이 직렬 RC 회로의 RC 값보다 매우 작다고 가정하라.

(b) 병렬 RC 회로의 RC 값이 직렬 RC 회로의 RC 값보다 매우 클 경우 EIS 선도를 그려라.

(c) 2개의 병렬 RC 회로, 저항회로, porous bounded Warburg 회로로 구성된 연료전지의 EIS 선도를 그려라. 두 RC 회로의 RC 값이 최소한 100배 이상 차이 난다

고 가정하라.

7.6 공극률은 높지만 투과도는 낮은 물질의 예를 개략적으로 그려라.

계산문제

7.7 예제 7.1에서 $i-V$ 곡선과 그림 7.14 EIS 데이터의 a와 b를 이용하여 η_{ohmic}, η_{act}, i0, α를 계산하였다. 이제 $i-V$ 곡선과 그림 7.14 EIS 데이터의 b와 c를 이용하여 η_{ohmic}, η_{act}, i_0, α를 계산하라. c점에서 $i=2.2$ A, $V=0.45$ V, $T=300$ K, $n=2$를 이용하고 활성화 손실은 환원극에서만 발생한다고 가정하라.

7.8 활성화된 백금 전극의 면적 계수를 그림 7.17의 CV 곡선에서 구하라. 전극의 크기는 0.1 cm×0.1 cm 이고 주사속도(scan rate)는 10 mV/s이다.

7.9 **참-거짓 문제:** 연료전지가 간단한 병렬 *RC* 회로라고 가정하고, 연료전지의 저항이 증가하고 축전 용량이 일정할 경우, 갑작스러운 전압 변화에 대해 전류 변화가 긴 시간에 걸쳐 일어난다.

7.10 **참-거짓 문제:** 전기화학적 임피던스 분광법에서, Warburg 요소는 주로 Butler-Volmer 반응속도에 대한 것을 모델링한 것이다.

7.11 전기화학적 임피던스 분광법을 통해 $j_0=1\times10^{-3}$ A/cm^{2}인 PEMFC의 환원극에서 $j=0.5$ A/cm^{2}일 때, $\eta_{act}=0.2$ V임을 측정하였다. 나머지 조건이 같을 때, Tafel 방정식을 통해 $j=1$ A/cm^{2}일 때의 η_{act}를 구하라.

연료전지 기술 PART II

CHAPTER 8

연료전지의 종류

8.1 소개

이 책의 첫 장에서 설명하였듯이, 연료전지는 전해질의 성분에 따라 크게 다섯 종류로 구분된다.

1. 인산형 연료전지(phosphoric acid fuel cell, PAFC)
2. 고분자 전해질 연료전지(polymer electrolyte membrane fuel cell 혹은 proton exchange membrane fuel cell, PEMFC)
3. 알칼라인 연료전지(alkaline fuel cell, AFC)
4. 용융탄산염 연료전지(molten carbonate fuel cell, MCFC)
5. 고체 산화물 연료전지(solid oxide fuel cell, SOFC)

이 책의 앞선 논의와 예제는 PEMFC와 SOFC에 초점을 맞추었다. 모든 연료전지 종류 중, PEMFC와 SOFC는 미래의 유망한 기술로 자리잡고 있다. 하지만 이외의 연료전지들도 개괄적으로 살펴볼만한 독특한 장점과, 특징, 그리고 역사를 가지고 있다. 이번 절에서는 다섯 종류의 주요한 연료전지 타입에 대하여 간단하게 논의해 보도록 한다. 또한 전통적인 정의에서 벗어나는 '비표준적인' 연료전지의 종류와 관련된 전기화학적 장치에 대해서도 간단히 소개할 예정이다. 이러한 연료전지는 직접 액화-연료전지(직접 메탄올, 직접 포름산, 직접 수소화붕소 연료전지), 생체 연료전지, 무전해질 연료전지, 금속-공기 전지, 단실형 고체 산화물 연료전지, 직접-화염 고체산화물 연료전지, 액체-주석 연료전지, 양이온 전도 세라믹 연료전지, 가역 연료전지/전해조, 산화환원 흐름전지(redox flow battery) 등이 있다. 주요한 연료 전지 종류에 상대적인 장점들의 요약으로 이 장을 마무리할 것이다.

8.2 인산형 연료전지

PAFC에서 액상의 H_3PO_4 전해질(순 물질 또는 고농도의)은 백금 촉매로 코팅된 2개의 다공성 graphite 전극 사이의 얇은 SiC 구조에 들어있다. 수소가 연료로 사용되고, 공기 또는 산소가 산화제로 사용된다. 산화극과 환원극의 반응은 다음과 같다.

$$\begin{aligned} &\text{산화극: } H_2 \rightarrow 2H^+ + 2e^- \\ &\text{환원극: } \tfrac{1}{2}O_2 + 2H^+ + 2e^- \rightarrow H_2O \end{aligned} \qquad \text{식 (8.1)}$$

PAFC의 개략도는 그림 8.1에서 볼 수 있다. 그림 8.2는 상용화된 200 kW 급 정치식(stationary) 발전용 PAFC 시스템의 사진이다. 순수 인산은 42℃에서 응고한다. 그러므로 PAFC는 이보다 높은 온도에서 작동되어야 한다. 인산이 얼었다 녹는 과정은 심각한 응력(stress) 문제를 야기시키기 때문에, 작동하는 PAFC는 주로 일정한 온도로 유지된다. 최적 성능은 180~210℃의 온도에서 발생한다. 210℃가 넘으면, H_3PO_4는 상변이가 일어나며 전해질로의 사용이 부적합하게 된다. SiC 구조는 전해질에 기계적 강도를 주고, 두 전극의 분리 상태를 유지시키며, 반응 가스의 투과(crossover)를 최소화 시킨다. 작동 중에 H_3PO_4는 점차 주변으로 기화되기 때문에 (특히 고온 작동 시) 지속적으로 재공급되어야 한다. PAFC 장치의 전기적 효율은 40% 정도이고, 열병합(combined heat and power) 작동시 약 70% 정도의 효율을 보인다.

PAFC는 백금 촉매를 사용하기 때문에 산화극의 일산화탄소와 황에 의한 피독(poisoning)에 민감하다. 순수 수소를 이용할 경우에는 이 점이 문제가 되지 않지만, 개질 연료나 불순물이 포함된 연료를 이용하는 작동 시에는 중요한 문제가 될 수 있다. 이러한 피독에 대한 민감도는 온도에 의존한다. PAFC의 경우 PEMFC보다 높은 온도에서 운전되기 때문에 다소 큰 저항성을 보여준다. 산화극에서의 일산화탄소 저항성은 실제 조건에 따라 0.5~1.5% 정도를 보인다. 산화극에서의 황 저항성은 주로 나타나는 H_2S에 대해 약 50 ppm(parts per million, 백만분의 1) 정도이다.

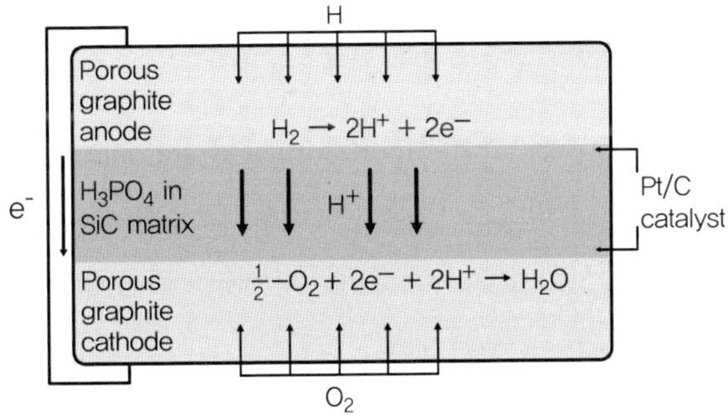

그림 8-1. H_2-O_2 PAFC 개략도. 인산 전해질은 다공성 SiC 구조 안에 고정된다. Pt 촉매 혼합물로 코팅된 다공성 그라파이트(graphite) 전극은 산화극과 환원극에 모두 사용된다. 물은 환원극에서 생성된다.

PAFC 장점

- 기술적 성숙도
- 뛰어난 신뢰성 및 장시간의 성능 안정
- 비교적 저렴한 전해질

PAFC 단점

- 고가의 백금 촉매
- CO와 S의 피독에 대한 민감도
- 운전 중에 지속적으로 공급되어야 하는 부식성의 액체 전해질

그림 8-2. 상용 200 kW PAFC 발전 시스템(PureCell™ 200). 이 장치는 천연가스를 H_2 연료로 변환하는 개질기를 포함한다. 이 시스템은 뉴욕 시 경찰서에서 알래스카의 주요 우편 시설, 네브라스카의 신용카드 처리 시스템 시설, 일본의 과학센터까지의 여러 지역에서 깨끗하고, 신뢰성이 높은 전력을 제공한다. 건물을 위한 열을 제공할 수도 있다.

8.3 고분자 전해질 연료전지

PEMFC는 주로 과불소화 술폰산 고분자(perfluorinated sulfonic acid polymer)인 양성자(proton) 전도성 고분자 전해질 막으로 만들어져 있다. 고분자 막이 양성자 전도체이기 때문에, PEMFC (PAFC처럼)에서의 산화극과 환원극 반응은 다음과 같다.

$$\begin{aligned} &\text{산화극: } H_2 \rightarrow 2H^+ + 2e^- \\ &\text{환원극: } \tfrac{1}{2}O_2 + 2H^+ + 2e^- \rightarrow H_2O \end{aligned} \qquad \text{식 (8.2)}$$

PEMFC의 개략도는 그림 8.3에서 볼 수 있다. 그림 8.4는 PEMFC로 구동하는 Hyundai ix35 연료전지 자동차의 시스템 개략도이다.

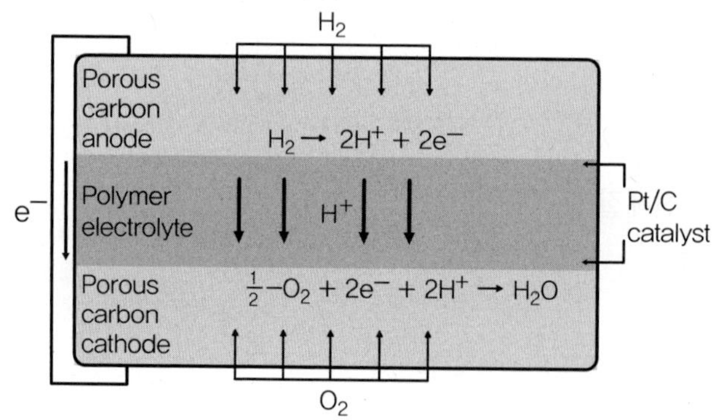

그림 8-3. H_2–O_2 PEMFC 개략도. 다공성탄소 전극 –종종 탄소종이(carbon paper)나 탄소천(carbon cloth)으로 만들어지는– 은 산화극과 환원극에 모두 사용된다. 이러한 전극은 백금 촉매 혼합물로 도금된다. 물은 환원극에서 생성된다.

PEMFC에서 사용되는 고분자 막은 얇고(20~200 μm), 유연하며 투명하다. 막의 양면에는 얇은 층의 백금 기반의 촉매와 다공성의 탄소 전극 지지 물질이 코팅되어 있다. 이 전극–촉매–막–촉매–전극 샌드위치 구조를 막–전극 복합체(혹은 조립체; membrane electrode assembly, MEA)라고 부른다. 전체 MEA는 1 mm보다 얇다. 고분자 막이 충분한 전도성을 유지하기 위해 액상의 물로 가습되어야 하기 때문에(4장 참고), PEMFC의 작동온도는 90℃ 이하로 제한된다. 이러한 낮은 작동온도 때문에 백금 기반의 물질만이 현재 유일하게 사용 가능한 촉매이다. 수소가 최상의 연료이긴 하지만, 저출력(< 1 kW)의 휴대형 기기에서는 메탄올과 포름산(formic acid) 같은 액상 연료 또한 고려될 만하다. 이런 액상 연료 용액 중 하나를 사용하는 직접 메탄올 연료전지(DMFC)는 전기를 만들기 위해 직

접 메탄올(CH_3OH)을 산화시키는 PEMFC의 한 종류이다. DMFC는 (2016년) 현재 집중적인 연구가 진행 중이다. 어떤 연구자들은 이러한 연료를 사용하는 PEMFC를 따로 분류하기도 한다. 8.7.1절에서 DMFC에 관한 추가적인 내용을 다룰 것이다.

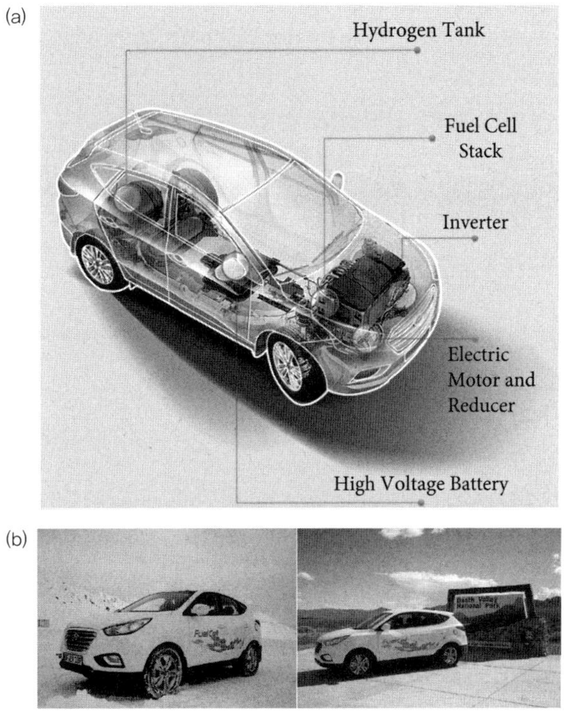

그림 8-4. (a) 2015 현대 ix35 연료전지 자동차의 동력 전달계. PEMFC 스택은 100 kW의 전기를 발생시킨다. 24 kW급 리튬 이온 배터리가 시동과 가속 시에 모터에 고출력 전기에너지를 공급하고, 제동 시에 회생되는 전기에너지를 저장한다. 동력 전달계는 모터, 트랜스미션, 드라이브축, 최고 출력이 100 kW 최대 토크가 302.8 N · m인 AC 인덕션 모터로 구성되어 있다. 인버터가 연료전지 스택에서 나오는 DC 전기 출력을 구동력을 위한 AC 전기 출력으로 바꾼다. 고압의 수소 탱크는 5.64 kg의 수소를 700 atm에서 저장한다. 연비는 수소 0.95 kg/100 km이고 완충된 수소 연료 탱크로 594 km의 주행거리를 가진다. 최고속력은 160 km/h이며, 0~100 km 가속에 12.5초가 걸린다. (b) 혹한 및 혹서 시험 중인 현대 ix35 연료전지 자동차. 자동차의 수명과 관련된 내구성능 외에도 PEMFC는 자동차에 적용되기 위해서 여러 문제를 직면한다. 이러한 문제들은 냉시동과 연료전지 스택의 냉각에 대한 문제를 포함한다. 연료전지 스택과 시스템 내부의 물은 추운 날씨에서 시동이 꺼진 후 얼어붙을 수 있다. 또한 시동 후 얼어붙은 연료전지는 내부의 얼음이 녹기 전까지 정상적으로 작동하지 않을 수 있다. 연료전지 시스템에 대한 영리한 디자인과 제어를 통해, 최신의 연료전지 자동차는 −25℃에서도 시동을 할 수 있다. 연료전지 스택의 냉각은 또 다른 큰 문제이다. 연료전지의 이상적인 작동온도가 80℃이기 때문에, 더운 날씨(~45℃)에서는 연료전지 냉각 시스템이 쉽게 과부하가 될 수 있다. 과부하를 피하려면, 온도 차이는 단지 35℃이지만, 100 kW 급의 연료전지에서 발생되는 모든 열이 외부로 배출되어야 한다. 따라서 자동차 제조업체는 그들의 연료전지 자동차를 특이한 산이나 사막 환경에서 재미로 운전하는 것이 아니라, 지속적으로 심각한 성능 시험을 수행하고 있는 것이다.(Hyundai Motor Company 제공)

PEMFC는 모든 종류의 연료전지 중에서 가장 높은 전력밀도를 보여준다(500~2500 mW/cm^2). 또한 가장 빠른 시동 성능과 운전/정지순환 특성을 보여준다. 이러한 이유로 이동형 전원과 운송분야에 적합하다. 주요 완성차 업체들이 연구하고 있는 연료전지의 대부분이 PEMFC에 집중되어 있다.

PEMFC 장점

- 모든 연료전지 중 가장 높은 전력밀도
- 좋은 운전–정지능력
- 이동형 전원에 적합한 저온 작동

PEMFC 단점

- 고가의 백금 촉매
- 고비용의 고분자 막과 부가적인 요소들
- 능동적인 물 관리가 필요
- 매우 열약한 CO와 S 저항성

8.4 알칼라인 연료전지

AFC는 수산화칼륨(potassium hydroxide, KOH) 수용액 전해질을 이용한다. H^+가 산화극에서 환원극으로 전달되는 산성 연료전지와 대조적으로 알칼라인 연료전지에서는 OH^-가 환원극에서 산화극으로 전달된다. 산화극과 환원극에서의 반응은 다음과 같다.

$$\begin{aligned} &\text{산화극: } H_2 + 2OH^- \rightarrow 2H_2O + 2e^- \\ &\text{환원극: } \tfrac{1}{2}O_2 + 2e^- + H_2O \rightarrow 2OH^- \end{aligned} \qquad \text{식 (8.3)}$$

이런 식으로 AFC의 환원극에서는 물이 소비되고, 산화극에서는 물이 생성된다(두 배의 속도로). 만일 과잉의 물이 제거되지 않는다면 KOH 전해질을 묽게 만들어 성능감소를 일으킨다. AFC의 개략도는 그림 8.5와 같다. 그림 8.6은 미항공우주국(NASA)의 아폴로 계획(*Apollo missions*)에서 사용되었던 AFC 연료전지 장치의 사진이다.

아직 원리가 완전히 알려지지는 않았지만, 비슷한 온도에서 작동하는 산성연료전지와 비교했을 때 AFC의 환원극 활성화 손실이 매우 작다. 어떤 조건하에서는 백금대신에 니켈(nickel) 촉매가 환원극에서 사용될 수도 있다. 알칼리 매질에서는 산성 매질에 비해서 산소환원반응속도(ORR kinetics)가 빠르기 때문에 AFC는 0.875 V에 달하는 작동 전압을 얻을 수 있다. 높은 작동 전압은 높은 효율을 얻을 수 있다는 사실을 기억하라. 특히, 연료의 가격이 치솟을 때는 아주 중요한 점이다.

전해질 내의 KOH의 농도에 따라서 AFC는 60~250℃ 사이의 온도에서 작동이 가능하다. 알칼라인 연료전지는 대기 수준의 이산화탄소에도 견디지 못하기 때문에 연료와 산화제로 순수수소와 순수산소를 필요로 한다. AFC 내의 CO_2는 다음과 같이 KOH 전해질의 성능을 감소시킨다.

시간이 지나면서 전해질 내의 OH^-의 농도는 감소한다. 부가적으로 K_2CO_3는 전해질에 침전되기 시작하여(낮은 용해도 때문에), 심각한 문제를 야기한다. 이러한 문제들은 CO_2 흡착제를 사용하고, 지속적으로 새로운 KOH 전해질을 공급함으로써 부분적으로 완화시킬 수 있다. 그러나 두 가지 방법 모두 상당한 추가 비용과 장비를 필요로 하게 된다.

이러한 한계 때문에 AFC는 지상에서 전력 설비로는 경제적으로 실용성이 없다. 그러나 AFC는 우주상의 상비 장비 등에서 매우 높은 효율과 전력밀도를 실증해 보였고, 아폴로 계획과 우주왕복선 등에서 사용되었다.

$$2OH^- + CO_2 \rightarrow CO_3^{2-} + H_2O \qquad \text{식 (8.4)}$$

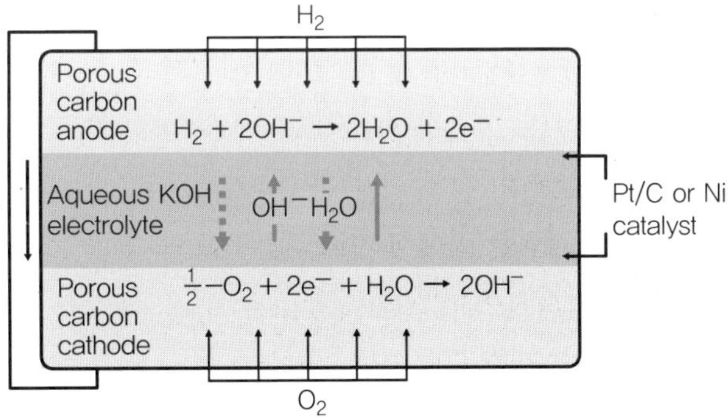

그림 8-5. H_2–O_2 AFC 개략도. 다공성 탄소나 니켈(nickel) 전극이 산화극과 환원극에 모두 사용된다. 백금 혹은 비귀금속 촉매를 사용할 수 있다. 물은 산화극에서 생성되고 환원극에서 소모된다. 따라서 물은 산화극 배출 증기에서 추출되거나 전해질 순환에 의해 전해질로부터 재사용되어야 한다.

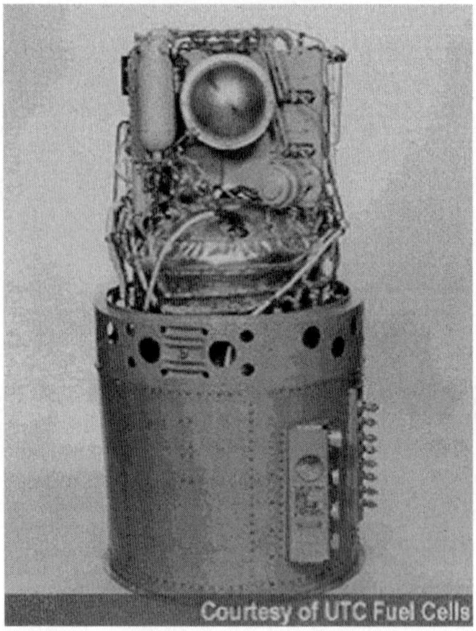

그림 8-6. UTC Fuel Cell의 AFC 사진. 이들 연료전지 장치는 아폴로 계획에서 주요 전력을 공급하였다. 장치는 무게 250 lb, 출력 1.5 kW(최고 출력 2.2 kW)로 평가되었고, 극저온 H_2와 O_2로 구동된다. 아폴로 계획에서의 이 연료전지의 성능은 성공적인 평가를 받았다. 10,000시간을 넘는 작동으로 비행 중 사고 없이 18개의 임무를 수행하였다. (UTC Fuel Cell, Inc. 제공)

최근 많은 고체-고분자에 기반한 알칼라인 연료전지 전해질 물질들이 AFC 작동에 관련한 CO_2 불안정성 문제를 부분적으로 완화시켰다. 따라서 많은 연구 계획에서 AFC는 지상에서 사용할 수 있는 이동식 장치로 재평가 받고 있다.

AFC 장점

- 향상된 환원극 성능
- 비귀금속 촉매의 이용 가능성
- 낮은 재료 단가와 매우 저렴한 전해질 가격

AFC 단점

- 순수 H_2-O_2만을 사용
- KOH 전해질의 지속적인 공급 필요
- 산화극에서 물을 반드시 제거해야 함

8.5 용융탄산염 연료전지

MCFC의 전해질은 LiO−AlO$_2$ 구조 안에 고착된 Li_2CO_3와 K_2CO_3의 알칼리 탄산염의 용융 혼합물이다. 탄산염 이온(CO_3^{2-})은 MCFC에서 전하운반자 역할을 한다. 산화극과 환원극의 반응은 다음과 같다.

$$\begin{aligned}&\text{산화극: } H_2 + CO_3^{2-} \rightarrow CO_2 + H_2O + 2e^- \\ &\text{환원극: } \tfrac{1}{2}O_2 + CO_2 + 2e^- \rightarrow CO_3^{2-}\end{aligned} \qquad \text{식 (8.5)}$$

MCFC에서 CO_2는 산화극에서 생성되고 환원극에서 소모된다. 그러므로 MCFC 시스템은 산화극에서 CO_2를 추출하고 환원극으로 재순환시켜줘야 한다. (이 경우는 CO_2를 환원극에서 빼내야만 하는 AFC와는 대조적이다.) CO_2 재순환 과정은 사실 생각보다 복잡하지 않다. 대개 산화극의 배기 유동은 잉여 연료로 연소되는 연소기로 공급된다. 결과물로 나오는 수증기와 CO_2의 혼합물은 새로운 공기와 혼합되어 환원극으로 공급된다. 연소기에서 발생하는 열은 반응 공기를 데워주고, 이는 MCFC의 효율을 개선하고, 작동온도를 유지시켜준다. MCFC의 개략도는 그림 8.7에 나와 있다. 그림 8.8은 2.5 MW급 가압형 MCFC의 사진이다.

일반적인 MCFC의 전극은 니켈금속 기반이다. 산화극은 주로 니켈/크롬 합금으로 되어 있고, 환원극은 리튬 흡수된 니켈산화물(lithiated nickel oxide)로 되어 있다. 양 전극에서

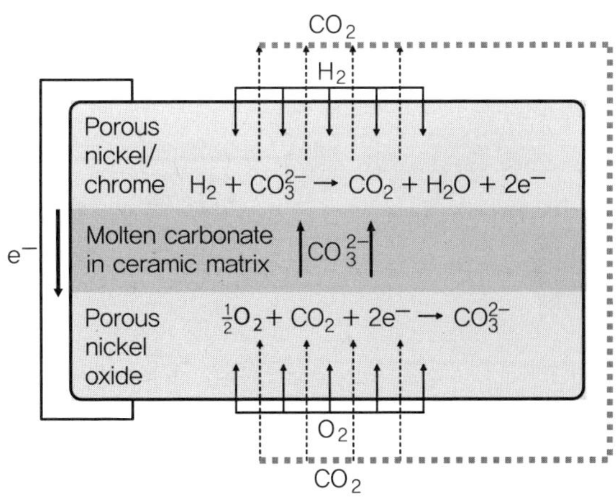

그림 8-7. H_2−O_2 MCFC 개략도. 용융탄산염 전해질은 세라믹 구조에 고착된다. Nickel 기반 전극은 부식에 강하고, 전기 전도도와 촉매 반응성이 좋다. MCFC 작동을 위해서는 CO_3^{2-} 이온의 고갈을 막아야 하기 때문에 산화극에서 환원극으로 CO_2를 재순환해야 한다. 물은 산화극에서 생성된다.

니켈은 촉매 역할과 전도체 역할을 동시에 수행한다. 산화극에서 크롬은 높은 다공성과 전극 구조의 표면적을 유지하기 위해서 추가된다. 환원극에서 리튬 흡수된 니켈산화물은 연료전지 성능에 나쁜 영향을 미치는 니켈의 붕괴를 최소화 시켜준다.

(a)

(b)

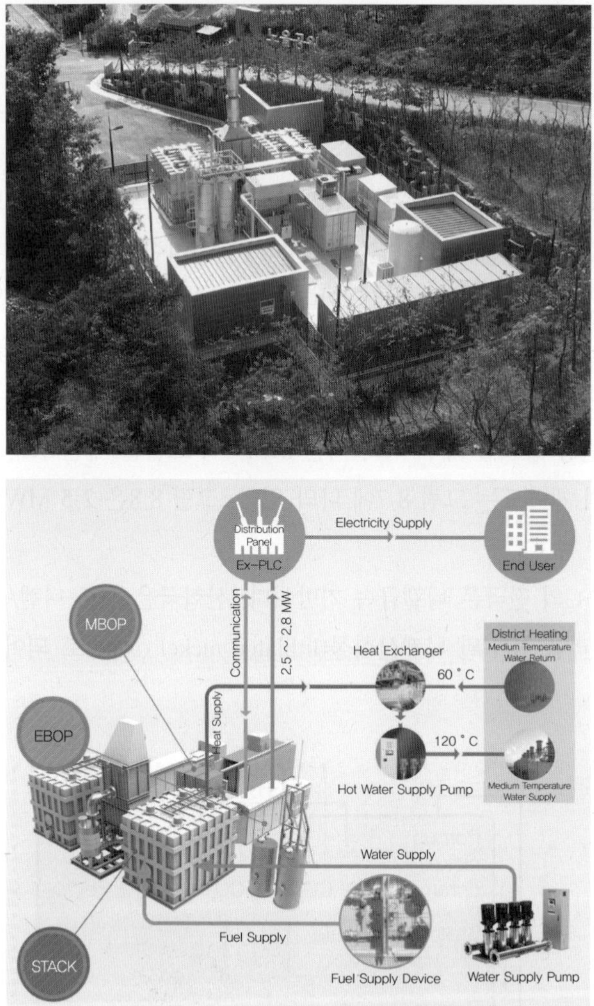

그림 8-8. 2.5 MW급 가압형 MCFC 시스템. (a) 시스템은 액화천연가스, 바이오가스, 합성된 천연가스를 연료로 사용하여 대략적으로 3,500개의 개인 가정에서 사용할 수 있는 전력을 생산한다. 시스템이 차지하는 면적은 500 m^2이다. (b) 시스템은 연료전지 스택, MBOP(Mechanical Balance of Plant), EBOP(Electrical Balance of Plant)로 이루어져 있다. MBOP는 연료, 공기, 공정 용수에 대한 처리, 예열, 가습 기능을 한다. 이 시스템은 연료전지의 폐열로부터 가열된 물을 주변이나 산업용으로 공급한다. EBOP를 통해 연료전지는 전력망에 연결되고, 생산된 전기를 사용자에게 공급한다. EBOP는 DC/AC 컨버터, 전력 계량기, 전환 시스템, 변압기를 포함한다. (POSCO Energy 제공)

MCFC의 비교적 높은 작동온도(650℃)는 연료 선택의 융통성을 제공한다. MCFC는 수소, 저분자량 탄화수소(methane 같은)나 저분자량 알콜로 작동 가능하다. MCFC에서 CO는 문제가 되지 않는다. CO는 피독현상을 일으키지 않고, 오히려 연료로 사용된다!

운전/전지 시의 전해질의 동결/해동 과정에 의해 생기는 응력 때문에 MCFC는 고정형의 지속 동작하는 발전 용도에 가장 정합하다. 일반적인 MCFC의 전기적 효율은 50% 정도이다. 열병합 복합 장치의효율은 90%도 가능할 수 있다.

MCFC 장점

- 연료의 융통성
- 비귀금속 촉매
- 열병합 발전에 유리한 고온의 폐열(waste heat)

MCFC 단점

- CO_2 재순환이 필요하다.
- 부식성의 용융 전해질
- 장기성능저하/수명 문제
- 상대적으로 비싼 재료

8.6 고체산화물 연료전지

SOFC는 고체 세라믹 전해질을 사용한다. 주로 사용되는 SOFC의 전해질 물질은 산소 이온(산소 공동) 전달체인, yttria–stabilized zirconia (YSZ)이다. O^{2-}가 전하운반자이기 때문에 산화극과 환원극에서의 반응은 다음과 같다.

$$\begin{aligned}&\text{산화극: } H_2 + O^{2-} \rightarrow H_2O + 2e^- \\ &\text{환원극: } \tfrac{1}{2}O_2 + 2e^- \rightarrow O^{2-}\end{aligned} \qquad \text{식 (8.6)}$$

SOFC에서는 환원극보다는 산화극에서 PEMFC처럼 물이 생성된다. SOFC의 개략도는 그림 8.9에 나와있다. 그림 8.10은 SOFC 발전시스템의 사진이다.

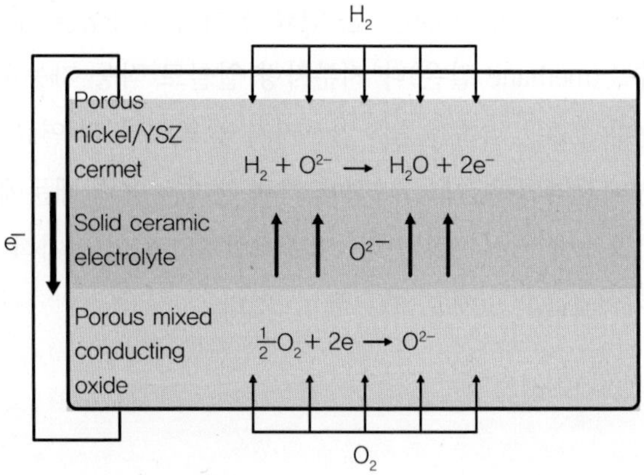

그림 8-9. H_2-O_2 SOFC 개략도. 세라믹 전해질은 고체 상태이다. 니켈-YSZ 서멧산화극과 혼합 전도 세라믹 환원극은 높은 SOFC 작동 온도에서 요구되는 열적, 기계적 그리고 촉매적 특성을 만족시킨다. 물은 산화극에서 생성된다.

그림 8-10. Siemens-Westinghouse의 220 kW 하이브리드 SOFC/마이크로 가스터빈 시스템. 이 시스템은 2000년 5월 남부 캘리포니아 에디슨에 설치되었다.(Siemens-Westinghouse 제공)

SOFC는 산화극과 환원극의 물질이 다르다. 연료극은 고온의 환원 환경을 견딜 수 있어야 하는 반면 공기극은 고온의 산화 환경에서 견딜 수 있어야 한다. SOFC 산화극물질로 가장 널리 쓰이는 것은 니켈-YSZ 서멧(세라믹과 금속의 혼합물, cermet)이다. 니켈은 전자 전도와 촉매 반응을 일으킨다. YSZ는 이온 전도성, 열팽창 안정성, 그리고 기계적 안정성을 제공하고 높은 다공성, 높은 표면적을 유지하도록 해준다. 환원극은 주로 이온 전도성과, 전자 전도성을 동시에 가지는 세라믹 혼합전도체이다. 전형적인 환원극 물질은 란탄-스트론튬-망간 산화물(strontium-doped lanthanum manganite, LSM), 란탄-스트론튬-철 산화물(lanthanum-strontium ferrite, LSF), 란탄-스트론튬-코발트 산화물(lanthanum-strontium cobaltite, LSC), 그리고 란탄-스트론튬-코발트-철 산화물(lanthanum strontium cobaltiteferrite, LSCF)이다. 이러한 물질들은 환원극에서의 훌륭한 산화 저항성과 높은 촉매 반응성을 보여준다.

SOFC의 작동온도는 600~1000℃ 정도이다. 높은 작동온도에서는 문제점과 장점이 동시에 존재한다. 문제점은 스택 하드웨어, 밀봉, 그리고 집전체에 존재한다. 높은 온도는 재료 요구조건과 기계적 문제, 신뢰성 문제, 그리고 열팽창 문제를 더욱 어렵게 한다. 장점은 연료 융통성, 높은 효율, 그리고 폐열을 이용하는 열병합 발전 형태가 가능하다는 것이다. SOFC의 전기적 효율은 50~60% 정도이다. 열병합 효율은 90%에 이른다.

중온 SOFC(400~700℃)는 SOFC의 뛰어난 장점을 유지한 채로 고온 작동과 관계되는 대부분의 단점을 제거할 수 있다. 이러한 SOFC는 더 저렴한 기밀 기술과 견실하고 세라믹보다 저렴한 금속을 스택의 구성요소로 사용할 수 있다. 동시에 이런 SOFC는 상당히 높은 효율과 연료의 융통성을 갖는다. 하지만 여전히 낮은 온도의 SOFC의 정상적인 작동을 달성하기 전에 해결해야 할 다양한 근본적인 문제들이 산재해 있다.

SOFC 장점

- 연료의 융통성
- 비귀금속 촉매
- 열병합을 위한 양질의 폐열
- 고체 전해질
- 상대적으로 높은 전력밀도

SOFC 단점

- 고온 재료 문제
- 밀봉 문제
- 상대적으로 비싼 구성요소/제작 문제

8.7 기타 연료전지

연료전지는 아주 풍부하고 다채로운 기술이다. 연료전지를 다섯 가지의 표준 혹은 '전형적인' 종류로 분류했음에도 불구하고, 이러한 표준 종류의 연료전지나 전형적인 분류에 맞아떨어지지 않는 많은 연료전지들이 있다. 이러한 비표준적인 연료전지 종류는 직접 액체-연료전지(직접 메탄올, 직접 포름산, 직접 수소화붕소 연료전지), 생체 연료전지, 무전해질 연료전지, 금속-공기 전지, 단실형 고체 산화물 연료전지, 직접-화염 고체산화물 연료전지, 액체-주석 연료전지, 양이온 전도 세라믹 연료전지, 가역 연료전지/전해조, 산화환원 흐름전지 등이 있다. 이 절에서는 다양하고 흥미로운 비표준적인 연료전지 기술에 대해 간단히 논하고자 한다.

8.7.1 직접 액체-연료전지

직접 액체-연료전지는 메탄올, 에탄올, 포름산, 수소화붕소와 같은 액화연료로부터 직접 전기를 생산해낸다. 이 연료전지에서는 액체 연료가 연료전지로 직접 공급되며, 이곳에서 H_2O와 다른 생성물로 산화된다. 액체 연료의 직접 작동은 높은 에너지 밀도와 액체 연료라는 편리함 때문에 매력적이다. 저온형 연료전지(PEMFC)에서는 저알코올(메탄올, 에탄올), 포름산, 수소화붕소 용해액(연료전지 촉매하에서 수소가스를 방출하는) 같은 단순한 액체 연료가 사용된다. 상대적으로 단순한 연료일지라도 전기화학적 반응성은 수소에 비해 상당히 느리고, 따라서 직접 액체-연료전지는 낮은 전력밀도와 낮은 효율을 보인다.

전형적인 직접 액체-연료전지는 직접 메탄올 연료전지(DMFC)이다. PEMFC 환경과 같은 산성 전해질에서의 메탄올 전기-산화 반응은 다음과 같다.

$$CH_3OH + H_2O \rightarrow CO_2 + 6H^+ + 6e^-$$

메탄올로 가동되는 연료전지는 산화극에서 추가적인 반응물로서 물이 필요하다. 또한 산화극에서 반응의 산물로 CO_2가 생성된다.

DMFC는 메탄올의 높은 에너지 밀도로 인해 이차전지를 대체할 이동형 전력원으로 널리 연구되어 왔다. 그림 8.11은 휴대용 DMFC의 최근 프로토타입이다.

H_2–O_2 PEMFC와 함께 저온형 메탄올 연료전지에서 최고의 촉매는 백금 기반의 촉매이다. 불행하게도 메탄올 반응의 j_0 값은 상당히 낮기 때문에 산화극과 환원극에서 큰 활성

화 손실이 생긴다. 낮은 교환 전류밀도는 복잡한 메탄올 산화반응에서 기인한다. 이 반응은 여러 단계를 걸쳐서 일어나고, 이들 중 다수는 피독을 일으키는 CO와 같은 예기치 못한 중간물질을 만든다.

일산화탄소에 내성을 가지기 위해 Ru, Sn, W, Re와 같은 부수적인 물질을 Pt와 합금으로 만든다. 루세늄은 일산화탄소 내성을 가지기 위한 가장 효율적인 물질로 평가된다. 이 물질은 OH_{ads}종을 형성이 가능한 흡착 장소를 만들어낸다. 이러한 OH_{ads}종은 CO와 반응하여 CO_2를 형성하고, 따라서 피독을 제거한다. 현재 DMFC의 전력 밀도는 30~100 mW/cm^2정도 된다(H_2 PEMFC의 전력밀도는 500~2500 mW/cm^2 정도 된다). 추가적으로 산화극에서 큰 활성화 손실이 발생하며, DMFC는 전해질에서 메탄올 크로스오버가 발생한다.

이러한 단점들을 극복하기 위해 연구자들은 알칼라인 기반 직접 메탄올 연료전지와 직접 에탄올 연료전지에 대해서도 연구하고 있다. 알칼리 환경의 산화극에서 메탄올 산화 반응은 다음과 같다.

$$CH_3OH + 6OH^- \rightarrow CO_2 + 5H_2O + 6e^-$$

(a)

(b)

그림 8-11. 최근 이동식 DMFC 시스템 프로토타입. (a) 20 W급 DMFC 노트북용 충전기는 작동시간을 늘리기 위해 노트북이나 컴퓨터 내부의 충전 가능한 배터리에 직접 전력을 공급한다. 메탄올 카트리지(컴퓨터 뒤쪽의 540 cm^3 크기의 메인 유닛으로부터 분리된 작은 상자)가 130 cm^3의 순수 메탄올 연료를 저장한다. 이 시스템은 160 Wh의 출력을 가지고 전체 에너지 밀도는 230 Wh/L이다. (b) 2 W급 DMFC 시스템 프로토타입은 10 cm^3 메탄올 카트리지를 이용하여 휴대폰을 2시간 동안 충전할 수 있다. 시스템 부피는 약 150 cm^3이다.

환원극에서의 산소 환원 반응은 다음과 같다.

$$\frac{3}{2}O_2 + 3H_2O + 6e^- \rightarrow 6OH^-$$

메탄올의 전기 산화 반응과 산소 환원 반응은 알칼리 환경에서 산성 환경에 비해 크게 개선되어 크게 성능이 향상된다. 추가적으로 니켈, 은, 다양한 체브렐 상의 칼코겐 이원 화합물(chevrel phase chalcogenides; 주로 셀레늄이 첨가된 몰리브데늄을 포함한) 등 백금이 아닌 촉매가 있어 알칼라인 기반 직접 알코올 연료전지의 뛰어난 가능성을 보여준다. 그러나 이 장 앞에서 언급했듯이 산성 PEMFC에서 알칼라인 연료전지로의 전환은 전해질에서의 CO_2 저하와 같은 새로운 문제를 일으킨다.

직접 메탄올 연료전지와 직접 에탄올 연료전지 외에 추가적으로 기타 액체-연료전지 또한 발전되어 왔다. 이 중 하나는 직접 포름산 연료전지이다.[42] 포름산(HCOOH)은 메탄올과 같이 상온에서 액체이며 연료전지에서 복잡한 외부 개질 없이 바로 이용될 수 있다. 직접 포름산 연료전지의 반응은 다음과 같다.

$$\text{산화극: } HCOOH \rightarrow CO_2 + 2H^+ + 2e^-$$
$$\text{환원극: } \tfrac{1}{2}O_2 + 2H^+ + 2e^- \rightarrow H_2O$$
$$\text{전체: } HCOOH + \tfrac{1}{2}O_2 \rightarrow CO_2 + H_2O$$

산화극 촉매가 다르기는 하지만(주로 Pt보다는 Pd 기반 촉매를 사용) 대다수의 직접 포름산 연료전지는 직접 메탄올 연료전지처럼 PEMFC 기술에 기반한다.

또 다른 직접 액체-연료 전지는 직접 수소화붕소 연료전지이다. 직접 수소화붕소 연료전지는 수소화붕소나트륨 용해액 혹은 대체물로 수소화붕소암모늄을 연료로 사용할 수 있다. 직접 수소화붕소 연료전지는 수소화붕소 연료가 높은 알칼리성을 띠기 때문에 알칼라인 연료전지 기술에 기반을 두고 있다. 직접 수소화붕소나트륨 연료전지의 반응 산물은 셀을 CO_2 피독으로부터 보호되고, 이는 알칼라인 연료전지에서 CO_2 문제를 제거해준다. 직접 수소화붕소나트륨 연료전지의 반응은 다음과 같다.

$$\text{환원극: } 2O_2 + 4H_2O + 8e^- \rightarrow 8OH^-$$
$$\text{산화극: } NaBH_4 + 8OH^- \rightarrow NaBO_2 + 6H_2O + 8e^-$$
$$\text{전체: } NaBH_4 + 2O_2 \rightarrow NaBO_2 + 2H_2O$$

이론적인 직접 수소화붕소나트륨 연료전지의 개회로전압은 1.64 V(STP 조건)이다. 수소화붕소나트륨 연료전지는 건조한 조건(파우더 형태)에서 매우 높은 에너지 밀도를 가지고 있다. 하지만 연료전지에 공급하기 위해서 전형적으로 물과 KOH과 섞이기 때문에 연료의 에너지 밀도는 낮아지지만 이용하기 용이하다. 수산화붕소 연료전지는 고체 반응 산물 $NaBO_2$ (borax)가 생성되기 때문에 특이하다. Borax는 세제나 비누에 공통적으로 들어가는 첨가물이며, 상대적으로 비독성이다. 또한 borax는 KOH 수용액에 용해 가능하기 때문에 용해되어 연료 순환 시스템에 의해 제거된다.

직접 액화–연료전지가 액화–연료 개질기 + 연료전지 시스템이랑 매우 다른 것은 자명하다. 액화–연료 개질기 + 연료전지 시스템에서는 액화 연료가 개질기에 공급되고, H_2와 CO_2를 발생한 후, H_2가 전통적인 연료전지 시스템으로 들어가 전력과 H_2O를 발생시킨다. 예를 들어, 비직접 수소화붕소나트륨 연료전지의 경우, $NaBH_4$가 촉매 반응기로 들어가 H_2를 생성하고, H_2가 전통적인 PEMFC로 공급된다. 이러한 접근에서 개질기의 반응은 다음과 같다.

$$\text{개질기 반응: } NaBH_4 + 2H_2O \rightarrow NaBO_2 + 4H_2$$

수소는 전통적인 H_2/O_2 PEMFC에서 아래와 같이 사용된다.

$$\text{산화극: } H_2 \rightarrow 2H^+ + 2e^-$$
$$\text{환원극: } {}^1\!/\!{}_2O_2 + 2H^+ + 2e^- \rightarrow H_2O$$

직접 사용하는 방식과 개질기를 거쳐 사용하는 방식 모두 장단점을 가지고 있다. 이러한 장단점은 10장의 10.3.2절에서 자세히 다룰 것이다.

8.7.2 생체 연료전지

생체 연료전지(biological fuel cells)는 화학에너지(주로 메탄올과 같은 저알코올이나 포도당과 같은 단당)를 전기에너지로 바꾸기 위해 살아있는 세포, 생체 촉매, 마이크로유기물, 효소를 사용하는 연료전지이다.[43] 이 연료전지에서는 박테리아나 효소의 촉매 반응을 통해 바이오연료로부터 전력을 생산한다.

여타 연료전지와 같이 생체 연료전지는 산화극과 환원극이 전해질로 분리되어야 한다. 대부분의 생체 연료전지에서는 산화극은 연료(대표적으로 포도당)가 산소 없이 공급된다. 혐기성(산소가 없는) 조건에서, 산화극의 마이크로유기물은 당을 산화시키며 이산화탄소, 양이온, 전자를 생산한다. 이 반응은 다음과 같다.

$$C_{12}H_{22}O_{11} + 13H_2O \rightarrow 12CO_2 + 48H^+ + 48e^-$$

이 전자들은 직접적으로 얻어지거나(비매개체 방식) 무기물 매개체를 통해 간접적으로 얻어진다(매개체 방식). 비매개체 방식은 전기화학적으로 활성화된 산화–환원 효소를 포함한 박테리아를 사용한다. 시토크롬은 이러한 효소 중 하나이며 박테리아의 외막에 위치해 있다.[44] 이러한 박테리아에는 *Shewanella putrefaciens*와 *Aeromonas hydrophila*가 있다. 이 박테리아는 연료의 산화반응에서 발생한 전자를 금속 (혹은 그라파이트) 전극으로 직접 전달한다.

매개체 방식은 산화–환원이 활성화된 염료 분자(티오닌, 메틸 블루, 휴민산, 뉴트럴 레드)를 사용하며, 이들은 산화극에서 매개체의 전자를 방출하기 위해 산화, 환원 두 상태에서 모두 존재한다. 대부분의 생체 연료전지에서 박테리아나 마이크로유기물 중 아주 소수만이 직접적으로 금속 전극이나 그라파이트 전극으로 전자를 넘겨주기 때문에 매개체 방식이 사용된다. 반면, 매개체는 전자를 박테리아로부터 뺏고, 산화극으로 실어 나를 수 있어야 한다.

다른 연료전지와 같이 산화극으로 모인 전자들은 외부 회로를 통해 보내진(유용한 일을 하며) 후, 환원극에서 양이온(전해질을 통해 넘어온), 산화제와 재결합하면서 회로가 완성된다. 환원극의 산화제는 산소가 될 수 있으며, 이 경우 생체 연료전지는 다른 연료전지와 비슷해 보인다. 그러나 생체 연료전지 실험에서 산화극에 많은 양의 기체를 순환시키기는 것은 어렵기 때문에 많은 연구자들은 높은 농도와 화학적 작용이 강한 산화제를 환원극에서 산소 대용으로 사용한다.

8.7.3 무전해질 연료전지

무전해질 연료전지(membraneless fuel cells)는 마이크로 유로 채널에서의 층류를 이용하여 전해질이 필요없도록 만든 것이다. 그림 8.12는 무전해질 연료전지의 개략도를 보여준다. 개략도에서 보여주듯이, Y모양의 마이크로 유로 채널에서 두 액체의 흐름이 합쳐진다. 하나는 산화제/전해질 용액을 포함하며, 다른 하나는 연료/전해질 용액을 포함한다. 산화제와 연료는 층류 영역에서 흐르기 때문에 섞이지 않는다.[45] 다른 연료전지와 같이, 연료는 산화극에서 산화되며, 양이온과 전자를 방출한다. 전자는 외부 회로를 통해 흐르며, 유용한 일을 하고, 동시에 양이온은 층류를 통해 환원극으로 이동하고 전자와 양이온, 산화제가 환원극에서 반응하면서 회로가 완성된다. 마이크로 스케일의 채널 폭은 층류 조건을 위해 꼭 필요하다. 층류 조건은 연료와 산화제가 난류에 의해 혼합되는 것을 방지한다. 그러나 연료와 산화제가 전극 주변에서 고갈되면서, 중심부에서 확산에 의해 혼합되기 시작한다. 이러한 두 과정은 연료전지의 최대 유효 길이(전형적으로 마이크로미터~밀리미터 스케일)를 결정한다.

무전해질 연료전지는 매우 단순하며 초소형으로 만들 수 있다. 이러한 장점으로 인해 무전해질 연료전지는 마이크로 스케일의 전력원이 될 수 있는 가능성을 가지고 있다. 그러나 무전해질 연료전지는 일반적으로 낮은 전력밀도와 낮은 효율을 가진다. 또한 작동하는 데 있어서 산소를 포함한 환원극/전해질 유량과 연료를 포함한 산화극/전해질 유량 모두 일정해야 한다. 효과적인 방식의 유체의 재순환이 없다면, 두 유체의 저장소의 부피 때문에 무전해질 연료전지를 적용하는 것은 어려울 것이다.

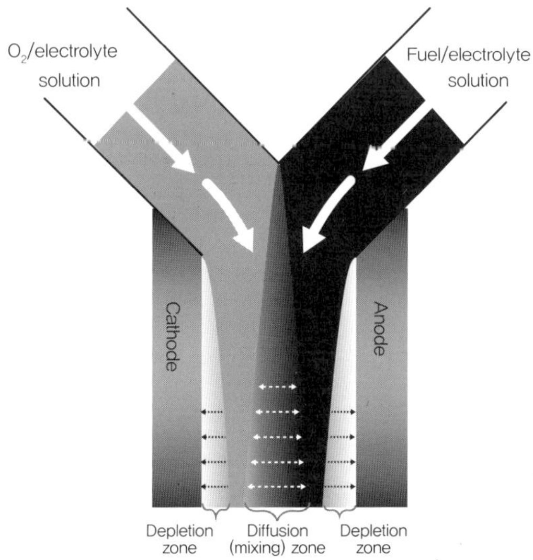

그림 8-12. Y형 마이크로 유로 채널을 이용한 무전해질 연료전지 디자인으로 연료와 산화제 흐름이 섞이지 않고 확산 경계로 들어온다. 왼쪽에서는 산화된 전해질이 환원극을 따라 흐르며, 오른쪽에서는 연료 포화 상태의 전해질이 산화극을 따라 흐른다. 양이온은 흐름을 가로질러 전도되지만, 연료와 산화제는 층류로 흐르기 때문에 섞이지 않는다. 그러나 연료와 산화제가 전극 부근에서 고갈되면 중심부에서 확산에 의해 섞이기 시작한다. 이러한 두 과정은 연료전지의 최대 유효 길이를 제한한다(주로 수 마이크로미터-수 밀리미터).

8.7.4 금속-공기 전지

금속-공기 전지(metal-air cells)는 근본적으로 연료전지와 배터리를 반씩 합쳐 놓은 것이다. 금속-공기 전지에서 산화극의 연료는 고체(파우더 형태)이며 반응성이 높은 금속이다. 배터리와 마찬가지로 한정된 수명을 가지며, 고체-금속 연료가 소모되면 고갈된다. 그러나 배터리와는 달리 금속-공기 전지는 또 다른 금속 전극을 환원극으로 사용하지 않고 산소가 공급되는 환원극을 사용한다. 이런 점에서는 연료전지와 비슷하다. 금속-공기 전지는 산화극 금속과 공기의 산소 사이의 높은 전기화학적 반응성을 이용하여 전기를 발생시킨다. 환원극에서 무거운 금속 전극 대신 공기 중의 산소를 이용하기 때문에 금속-공기 전지는 배터리보다 매우 높은 에너지 밀도를 가진다. 하지만 전력 밀도는 보통이기 때문에 금속-공기 전지는 저전류/저전력에 적용될 때 매우 적합하다.

전형적인 금속-공기 전지는 아연, 알루미늄, 마그네슘을 연료로 한다. 그림 8.13은 아연-공기 전지의 작동원리를 개략적으로 보여준다. 아연-공기 전지는 아연 산화극과 수계 알칼리성 전해질(주로 KOH), 다공성이 높고 전기전도가 되며 산소 공급이 가능한 환원극(주로 산소 환원 촉매를 포함한 탄소 기반)으로 이루어져 있다.
산화극에서 아연은 OH^- 이온에 의해 산화되어 ZnO를 생성하며 전자를 방출한다.

$$\text{산화극 반응: } Zn + 2OH^- \rightarrow ZnO + H_2O + 2e^- \qquad \text{식 (8.7)}$$

전자는 외부 회로를 통해 흐르며, 유용한 일을 한 후 환원극에서 O_2와 물과 만나 새로운 OH^- 이온을 생성한다.

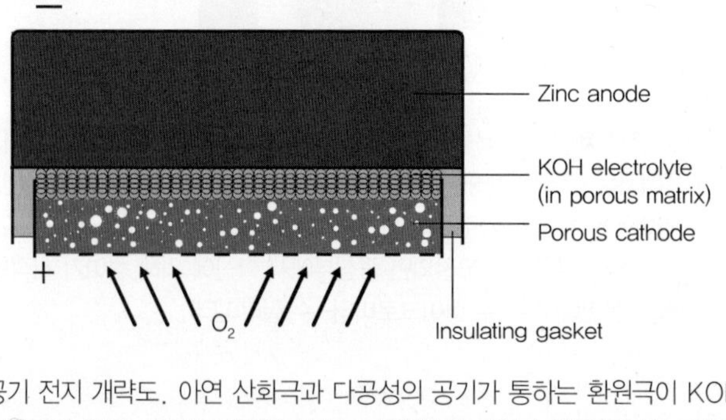

그림 8-13. 아연-공기 전지 개략도. 아연 산화극과 다공성의 공기가 통하는 환원극이 KOH 수용액이 포화된 다공성 전해질에 의해 분리되어 있다. 공기로부터의 산소는 산화극의 아연과 반응하여 ZnO를 생성하고, 이 과정에서 전기를 생산한다. 산화극과 환원극은 전형적으로 절연된 가스켓에 의해 전기적으로 고립되고 밀봉된 코인-셀(coin-cell) 안에 있다.

$$\text{환원극 반응: } \frac{1}{2}O_2 + H_2O + 2e^- \rightarrow 2OH^- \qquad \text{식 (8.8)}$$

OH^- 이온은 전해질을 통해 산화극으로 이동하며, 회로가 완성된다.

$$\text{전체 반응: } \frac{1}{2}O_2 + Zn \rightarrow ZnO \qquad \text{식 (8.9)}$$

아연-공기 전지의 전압은 전형적으로 1.4 V이며 H_2/O_2연료전지보다 약간 높다. 아연-공기 전지는 아연 산화극이 고갈되거나 ZnO가 너무 많아져 Zn의 공급을 막을 때까지 전기를 생산한다. 금속-공기 전지 기술은 많은 저전력 장치에 적용되고 있으며, 대표적으로 보청기의 배터리나 긴 수명을 가진 센서의 고용량(저전류) 배터리에 사용되고 있다.

8.7.5 단실형 고체 산화물 연료전지

단실형 SOFC는 고체 산화물 연료전지 종류 중의 하나로 하나의 챔버에서 작동하며, 연료와 공기가 혼합되어 공급된다.[46] 그림 8.14는 단실형 SOFC의 디자인을 보여준다. 단실형 SOFC가 제대로 동작하기 위해서는 매우 제한적인 산화극과 환원극이 필요하다. 산화극 물질은 연료만 산화시켜야 하며(산소를 무시한다), 동시에 환원극 물질은 산소만 환원시켜야 한다(연료를 무시한다). 백금과 같은 물질이 단실형 SOFC에 사용될 경우, 백금은 연료 산화 반응, 산소 환원 반응에 모두 촉매로서 작용하기 때문에 전지는 전기를 생산하지 못한다. 백금 전극은 단순히 연료+공기 혼합물을 연소시킬 뿐이다. Ni-YSZ(일반적인 SOFC 연료극 물질), LSM(일반적인 SOFC 환원극 물질)과 같은 다른 일반적인 SOFC 전극 물질은 선택적 촉매 반응을 충분히 하지 못하기에 단실형 SOFC 물질로 사용될 수 없다. 그러나 선택적 촉매 반응도가 뛰어난 여러 물질들이 발전됨에 따라 실제 작동이 가능한 단실형 SOFC의 프로토타입이 개발되었다. 전형적인 선택적 전극 물질은 산화극은 Ni-GDC(GDC= gadolinium-doped ceria) 서멧(cermet)이며, 환원극은 $Sm_{0.5}Sr_{0.5}CoO_{3-x}$ (SSC)이다.

단실형 SOFC 구조는 여러가지 주목할 만한 장점을 가지고 있다. 단실형 구조는 매우 간단하고 고온에서의 밀봉이 필요하지 않다. 전해질은 가스가 통하지 않도록 제작될 필요가 없으며(산화극과 환원극을 전기적으로 분리할 수만 있으면 된다), 전해질 제작 조건이 상당히 편리해진다. 단실형 SOFC 구조의 내부 간결성과 기체-매니폴드 필요조건의 감소로 인해 소형화 시킬 수 있다. 그러나 단실형 SOFC는 여러 심각한 한계가 있다. 연료-공기 혼합물의 폭발 위험은 심각한 문제이다. 따라서 대부분의 단실형 SOFC는 매우 희석된(전형적으로 4% 이하) 연료 혼합 환경에서 작동되며, 성능을 감소시킨다. 이러한 한계에도 불구하고, 단실형 연료전지는 주목할만한 간결한 구조로 인해 연구가 계속되고 있다.

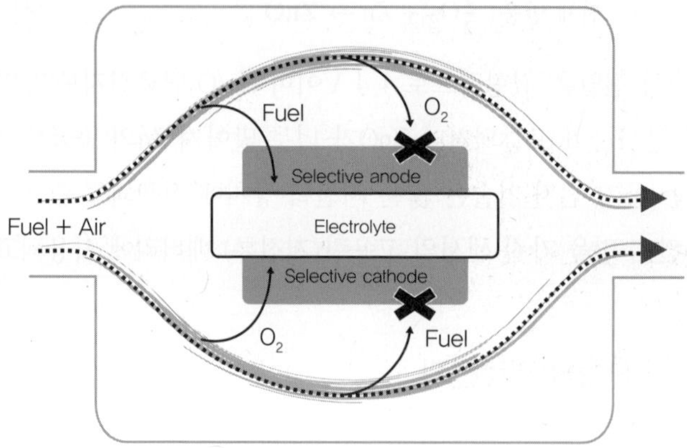

그림 8-14. 단실형 SOFC의 작동 원리. 단실형 SOFC는 오직 연료와 반응하는 선택적 산화극과 오직 산소와 반응하는 선택적 환원극을 사용한다. 이러한 선택적 반응에 의해 연료와 산소가 하나의 챔버에 들어갈 수 있으므로 연료전지 디자인과 밀봉을 단순화시킨다.

8.7.6 직접 화염 고체 산화물 연료전지

그림 8.15에 설명되어 있는 직접 화염 SOFC의 개념은 개방된 공간(챔버가 없는)에서의 고체 산화물 연료전지에 연소 화염을 조합한 것이다. 직접 화염 SOFC에서 연료-과급 화염이 산화극으로부터 수 밀리미터 떨어져 있다. 연료-과급 화염은 부분적으로 산화/개질된 연료를 산화극에 공급함과 동시에 SOFC 작동에 필요한 열을 공급한다. 환원극은 대기 환경에 노출되어 있다. 셀이 화염보다 다소 크기만 하면, 밀봉이 필요하지 않으며 장치는 챔버가 없는 환경에서 작동할 수 있다.

직접 화염 SOFC는 많은 흥미로운 장점을 제공한다. 첫째로, 시스템이 연료 다양성을 가진다. 중간 화염의 종이 탄화수소연료와 비슷하기 때문에 사실상 모든 탄소 기반 연료로 작동할 수 있다. 두 번째로, 전지가 매우 간단하다. 산화극은 연료-과급 화염과 가까운 배기가스 속에 있으며, 동시에 환원극은 대기의 공기를 공급한다. 시스템은 열적으로 자가 평형을 이루고 있으며, 밀봉이 필요하지 않다. 결론적으로 시스템의 시동이 초 단위로 매우 빠르며, 연료전지의 열적 질량에 따라 다르다. 단점은 낮은 효율, 낮은 전력밀도, 코킹(화염의 화학적 성질에 따라), 열 충격(빠른 열사이클)이다. 그럼에도 불구하고, 직접 화염 연료전지는 긴급 상황이나 여가 활동에서 사용할 수 있는 흥미로운 장치이다. 예를 들어 직접 화염 연료전지가 여러분이 피운 캠프의 모닥불로부터 전기를 생산하는 것을 상상해 볼 수 있다!

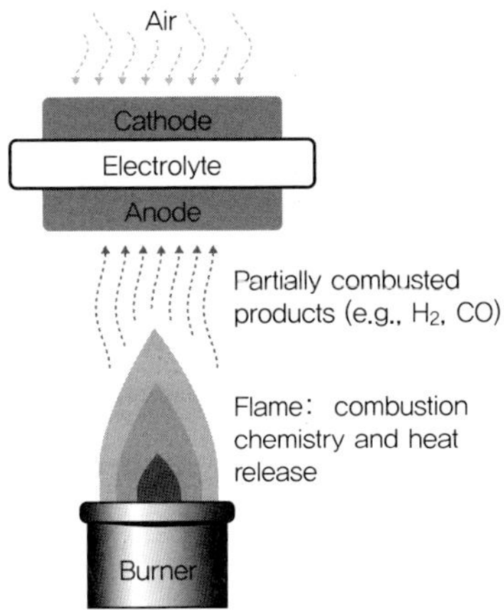

그림 8-15. 직접 화염 연료전지의 개략도. 직접 화염 연료전지는 챔버가 없는 환경에서 작동하도록 설계되었다. 연료극은 열과 연소된 연료를 제공해주는 연소 화염에 노출되어 있으며, 환원극은 대기에 노출되어 있다.

8.7.7 액체-주석 산화극 고체 산화물 연료전지

메사추세츠 웨스트브로의 CellTech Power사에서 개발한 액체-주석 산화극 고체 산화물 연료전지(Liquid-Tin Anode SOFC, LTA-SOFC)[48]는 탄소 기반의 연료를 직접 변환시킬 수 있는 아주 흥미로운 연료전지의 이형이다. LTA-SOFC의 주요 장점은 바이오매스, JP8(군 병참용 sulfur-rich 연료), 석탄, 톱밥, 비닐봉지를 포함한 거의 모든 연료를 통해 작동할 수 있는 것이다. LTA-SOFC는 전통적인 SOFC 전해질과 환원극을 사용하지만 산화극은 액체 주석을 사용한다. 액체 주석 산화극은 LTA-SOFC의 특징이다. 이는 모든 탄소 기반의 연료를 개질이나 연료 가공없이 직접 산화시킬 수 있다. 또한 액체 주석 산화극은 내구성이 뛰어나 코킹이나 황 피독의 영향을 받지 않는다(황은 대신 연료로 사용된다).

LTA-SOFC의 기본 작동 원리는 그림 8.16에 나타나 있다. LTA-SOFC는 Sn/SnO_2의 산화/환원 반응을 통해 연료를 산화시킴으로써 작동한다. 산화극과 전해질의 계면에서 액체 주석은 SnO_2로 산화된다. SnO_2는 산화극/연료 계면으로 이동하고, 연료가 있는 환경에서 환원된다. 환원 과정은 간단하고 황(SO_2를 생성), 탄소나 일산화탄소(CO_2를 생성), 수소(H_2O를 생성), 탄화수소(CO_2+H_2O 생성)를 포함한 여러 연료를 대상으로 한다. LTA-

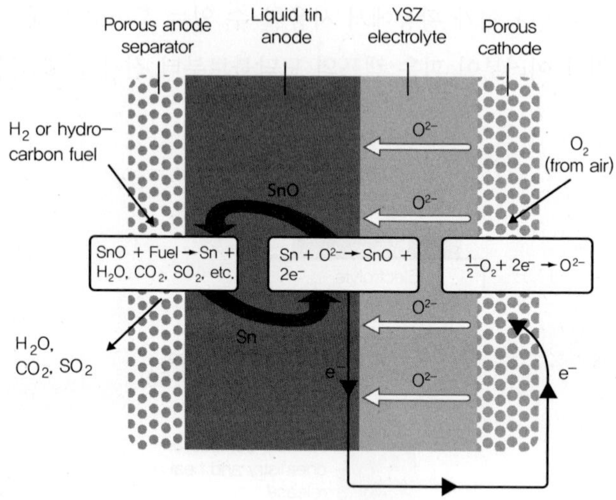

그림 8-16. 액체-주석 산화극 SOFC(LTA-SOFC)의 작동 원리. 전통적인 SOFC 전해질과 환원극에 기반하여, 어떠한 탄화수소 화학종을 직접 사용할 수 있다. 액체 주석은 산화 환원 사이클을 겪으며 매개체 역할을 하고, 액체-주석 YSZ 계면에서 SnO_2로 산화되며 액체 주석-연료 계면에서 다시 환원된다.

SOFC는 아직 초기 발전단계이지만, 다양한 연료를 사용할 수 있는 측면에서 매우 매력적인 기술이라고 할 수 있다. 현재 요구되는 작동온도가 꽤 높고(900℃ 이상), 전력밀도가 낮으며, 수명/내구성 문제에 대한 연구가 진행 중이다.

8.7.8 양이온 전도 세라믹 연료전지

최근 양이온 전도 세라믹 연료전지(Protonic Ceramic Fuel Cells, PCFC)가 연료전지 학계에서 큰 관심을 받고 있다. PCFC는 고체 상태의 이온 전도 산화물 전해질에 기반을 두고 있다. 하지만 산소 이온을 전도하는 세라믹 전해질에 기반을 둔 SOFC와는 달리, PCFC는 양이온을 전도하는 세라믹에 기반을 둔다. PCFC는 SOFC와 공통적인 특징이 많다. 이 둘은 고온에서 작동하며(주로 500℃ 이상), 비수소연료도 사용 가능하며, 상대적으로 저렴한 산화물을 사용한다(귀금속 촉매가 소량 필요하거나 사용되지 않음). PEMFC와 마찬가지로 PCFC는 환원극에서 물이 생성된다. 이는 산화극 연료가 생성물인 수증기에 의해 희석되지 않음을 의미하며, 작동 전압과 효율을 상승시킬 수 있다. SOFC에서는 이와 반대로 산화극에서 물이 생성되며, 산화극에서 연료를 희석시킨다.

가장 일반적인 양이온 전도 세라믹 전해질은 $BaZrO_3$, $BaCeO_3$에 기반을 둔 억셉터가 도핑된 페로브스카이트 구성을 가지고 있다. SOFC와 마찬가지로 PCFC 전해질은 이온의 이동에 필요한 호핑 과정의 활성화 에너지가 높기 때문에 이온 전도를 위해 높은 온도가 필요하다. 그러나 양이온은 산소 이온에 비해 가볍고 결합이 약하기 때문에 PCFC의 전해질은 저온에서도 쓸만한 이온 전도도를 가질 수 있다. 따라서 연구자들은 현재 350℃ 정도의 낮은 온도에서 가동되는 PCFC 장치에 대해 연구 중이다! PCFC 전해질 물질은 이 책의 9장에 추가적으로 설명되어 있다.

현재 PCFC의 가장 큰 과제는 저온에서 PCFC 전해질과 호환 가능한 새로운 전극 물질(특히 새로운 환원극 물질)의 개발이다. 초기 PCFC는 SOFC에서 개발된 전극 물질을 사용하였으나 이는 좋지 못한 성능의 원인이 되었다. 800~1000℃에서 작동하는 SOFC를 위한 산소이온 전도 전극 물질은 양이온 전도 전해질에 적용되어 500℃에서 작동할 때, 일반적으로 좋지 못한 성능이 나왔다. PCFC 전극을 위한 여러가지 새로운 양이온-전자 혼합 전도체 산화물이 현재 개발 중이다.

8.7.9 고체산 연료전지

고체산 연료전지(Solid Acid Fuel Cells, SAFC)는 무기 산성염에 기반을 둔 고체 양이온 전도 전해질을 사용한다. 화학적으로 고체산은 일반 염과 일반 산의 중간 단계로 생각할 수 있다. 예를 들어 황산(H_2SO_4)이 황산 세슘염(Cs_2SO_4)과 반응하면, 고체산 $CsHSO_4$가 생성된다.

$$\frac{1}{2}H_2SO_4 + \frac{1}{2}Cs_2SO_4 \rightarrow CsHSO_4 \qquad \text{식 (8.10)}$$

$CsHSO_4$는 대부분의 SAFC에서 프로토타입의 고체산이다. 상온에서 $CsHSO_4$와 같은 대부분의 고체산의 구조는 매우 질서 정연하고 결정질이다. 이러한 조건에서 약간 높은 온도(주로 50~150℃ 사이)에서, 이들은 'superprotonic 상 변화'를 겪는데, 이때 발생하는 흐트러진 구조에 의해 이온 전도도가 급격히 증가한다(100~1000배). 대부분의 고체산은 250℃ 이하에서는 분해되지 않기 때문에, 이들은 superprotonic 상 변화가 일어나는 온도와 분해가 일어나는 온도 사이에서 완벽한 연료전지 전해질이 된다. 따라서 SAFC는 100℃ 이상에서 높은 성능을 가진 PEM 종류의 연료전지를 가능하게 한다. 캘리포니아 공과대학의 Haile 등은 SAFC 기술을 지난 15년간 발전시켜왔다. 고체산 연료전지에 대한 추가적인 정보는 9장의 9.1.5절에 실려있다.

SAFC는 중간 온도(100~200℃)에서 작동할 수 있기 때문에 PEMFC와 PAFC의 장점들을 고루 가진다. PEMFC와 같이, SAFC는 고체 전해질을 기반으로 하기 때문에 얇게 만들 수 있고 기계적으로 튼튼하다. PAFC와 같이, SAFC의 높은 작동온도는 CO 및 다른 연료의 불순물에 대한 내성을 가진다. 실제로, SAFC의 상용화를 위해 노력하고 있는 SAFCell사에서는 디젤에서 개질한 프로판가스로 SAFC를 작동시킨다. SAFC에 관한 주요 과제는 장기 작동시 발생하는 고체산의 성능 저하를 막는 것과 전극에 필요한 귀금속을 줄이는 일이다.

8.7.10 산화환원 흐름전지

산화환원(Redox Flow Battery; 산화–환원) 흐름전지는 액체 연료와 액체 산화제를 사용하는 충전 가능한 전지이다. 산화환원 흐름전지는 연료와 산화제를 전지 밖의 분리된 탱크에 저장한다는 점에서 연료전지와 매우 비슷하다. 탱크로부터 나오는 액체 연료는 펌프를 통해 산화극으로 유입되고 산화된다(전자를 방출한다). 반대편인 환원극에서는 액체 산화제가 환원된다(전자를 얻는다). 반응으로 사용된 연료와 산화제는 다시 탱크로 들어간다. 따라서 각각의 탱크에는 새 연료(혹은 산화제)와 사용된 연료(혹은 산화제)가 혼합되어 저장된다.

산화환원 흐름전지의 핵심적인 특징은 시스템이 충전될 수 있는 반응의 가역성이다. 연료와 산화제가 산화극과 환원극을 통해 흐르는 동안, 충전 전압을 걸어줌으로써 전자흐름의 방향을 역으로 바꿀 수 있다(방전에서 충전으로). 이것은 산화극과 환원극의 반쪽 전지 반응을 역으로 바꾼다. 충전하는 동안, 사용된 연료(혹은 산화제)는 새 연료(혹은 산화제)로 바뀐다. 산화환원 흐름전지의 가역성을 보장하기 위해서는 연료와 산화제를 현명하게 선택해야 한다. 유명한 예로서, 바나듐(all–vanadium) 산화환원 흐름전지가 있다. 바나듐은 많은 산화 상태((예: V^{5+}, V^{4+}, V^{3+}, V^{2+})를 가진 전이 금속 원소이다. 산화바나듐(V_2O_5)이 황산에 용해되면 네 가지의 모든 바나듐 산화 상태가 수계 전해질에서 VO_2^+, VO^{2+}, V^{3+}, V^{2+}의 상태로 존재할 수 있다. 이 전해질을 액체 연료와 액체 산화제로서 사용하게 되면 산화극과 환원극에서의 반쪽 전지 반응은 다음과 같다.

$$\text{산화극: } V^{2+} \rightarrow V^{3+} + e^- \qquad \text{식 (8.11)}$$

$$\text{환원극: } VO_2^+ + 2H^+ + e^- \rightarrow VO^{2+} + H_2O \qquad \text{식 (8.12)}$$

따라서 전체 반응은 다음과 같다.

$$\text{전체 반응: } V^{2+} + VO_2^+ + 2H^+ \rightarrow V^{3+} + VO^{2+} + H_2O \qquad \text{식 (8.13)}$$

여기서 알 수 있듯이, 전기적 평형을 유지하기 위해 물과 양이온이 필요하다(이는 황산 전해질에 의해 제공된다). 이 반응은 충전 시에는 역으로 바뀐다. 또한 산화극과 환원극 사이의 양이온 교환이 필요한 것을 알 수 있다. 따라서 양이온 교환막이 산화극과 환원극 사이에 위치한다. 이는 산화환원 흐름전지가 구조와 재료는 다르더라도 원리적으로 PEMFC와 비슷하다는 것을 알 수 있다. 산화환원 흐름전지에 관련된 과제는 낮은 에너지 밀도와 낮은 전력밀도, 시스템의 복잡성이다. 그럼에도 불구하고 다른 고체 2차 전지에 비해 저렴한 가격으로 인해 큰 스케일의 에너지 저장소와 백업용 전력 공급 시스템(1MW 전력과 수 MWh 용량)으로 상업화가 진행 중이다.

8.7.11 전기분해 및 가역 연료전지-전해조

전기분해반응은 전형적으로 연료전지반응의 역반응이다. 물의 전기분해에서 물 분자를 산소와 수소로 분리시키기 위해 전류가 가해진다. 전체 반응은 수소-산소 연료전지 반응의 역반응과 같다. 전기분해 셀에서는 양극과 음극이 연료전지와 비교하여 반대가 된다. 양극이 산화극이 되며, 음극이 환원극이 된다. **이 전극 명명의 명백한 '역'은 전자가 항상 환원극으로 들어오고 산화극에서 나간다는 것에 대한 혼동을 주지 않아야 한다.** 이것은 연료전지, 배터리, 전기분해 등에 모두 해당된다. 전기의 원천이 재생에너지라면 전기분해는 재생에너지를 통한 수소를 만드는 하나의 방법이 된다. 물 전기 분해에 기반을 둔 전해조는 잠수함의 내부에 산소를 제공하거나 수소 시장에서 고순도의 수소 필요한 부분에 이를 제공하는 등 소규모로 상업적으로 이용되고 있다.

PEM 전기 분해에서는 PEMFC 반응이 역으로 일어난다. 그림 8.17에서 보여주듯이 산화극과 환원극의 반응은 다음과 같다.

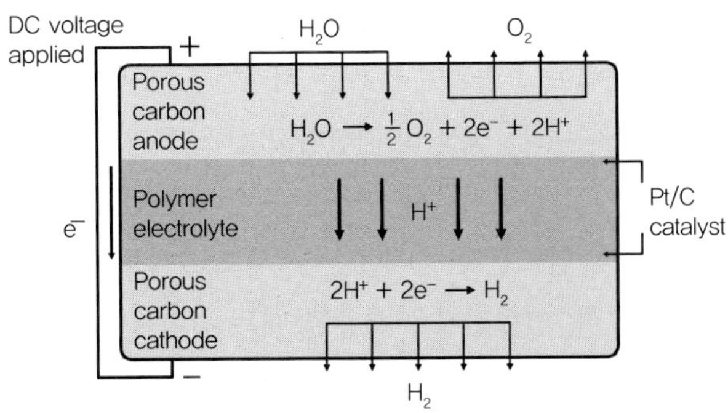

그림 8-17. 물을 수소와 산소로 변환시키는 PEM 물 전해조 단위 셀의 개략도

$$\text{산화극: } H_2O \rightarrow \frac{1}{2}O_2 + 2H^+ + 2e^- \qquad \text{식 (8.14)}$$
$$\text{환원극: } 2H^+ + 2e^- \rightarrow H_2$$

양극(산화극)에서는 물이 산소 분자와 수소 양이온과 반응한다. PEM 전해질은 양이온을 전도시킨다. 외부 전력원이 가해지면 전자가 외부 회로를 통해 양극(산화극)에서 음극(환원극)으로 흐른다. 음극(환원극)에서는 외부 회로로부터 유입된 전자가 전해질을 통해 전도된 양이온과 반응하여 수소를 생산한다. 전체 반응은 다음과 같다.

$$\text{전체 반응: } H_2O \rightarrow \frac{1}{2}O_2 + H_2 \qquad \text{식 (8.15)}$$

4장의 4.5.2절에서는 PEMFC에서 양이온이 전해질을 가로질러 물을 끌어오는 것을 설명했다. 이와 마찬가지로 PEM 전해조에서도 물이 전해질을 통해 이동할 것이다. 이에 대한 결과로 환원극에서 배기된 수소는 고압의 저장소로 가기 전에 제습을 해주어야 한다.

PEMFC의 디자인과 마찬가지로 많은 양의 수소와 산소를 생산하기 위해 전형적인 전해조 스택은 함께 연결된 수많은 PEM 전기분해 셀로 구성된다. 10.1절에 나와 있는 PEMFC 스택에 대한 시스템과 마찬가지로 PEM 전해조 스택 또한 유량과 에너지 흐름을 관리하기 위한 여러 서브시스템이 있어야 한다. PEM 전해조 시스템은 다음과 같은 서브시스템을 포함한다.

1. 저장, 정제, 및 산화극에 정제된 물을 전달할 수 있는 서브시스템
2. 스택에서 사용되는 제어기와 센서, 그리드의 AC 전력을 스택에서 사용할 수 있는 DC 전력으로 바꿔줄 수 있는 변환 장치를 포함한 전력 관리 서브시스템
3. 산화극에서 생산한 산소를 저장할 수 있는 서브시스템
4. 환원극에서 생산한 수소를 제습할 수 있고 저장할 수 있는 서브시스템

PEM 전해조 제조업자를 대상으로 한 설문조사에 기반하여 전기적 효율 조사한 결과, 수소 1 kg 당 54 kWh의 전력이 소비되며 가까운 미래에 50 kWh로 될 것이다.[48a, 48b] 이 조사에서 PEM 전해조는 수소를 생산 및 저장하고 산소를 대기 중으로 내보냈다.

몇몇 디자인들은 전해조가 연료전지로서 작동할 수 있게 하였다. 이러한 장치를 가역 연료전지-전해조라 한다. 가역 연료전지-전해조는 전해조로 작동될 때 연료와 산소의 저장 시스템으로 사용할 수 있으며, 연료전지로 사용될 때는 전력원이 된다. 같은 장비가 전기화학적 스택으로 사용되지만, 전해조와 연료전지 작동시 전류의 방향은 다르다. 가역 연료전지-전해조는 연료전지와 전해조로만 작동하는 두 장치를 조합한 것에 비해 낮은 전

기 효율과 수명을 가지지만, 장치의 무게와 부피가 줄어든다. 즉, 가역 연료전지-전해조는 높은 질량당·부피당 에너지 밀도를 가진다. 이러한 개념은 10장에 자세히 설명되어 있다. 이러한 디자인은 우주선이나 항공기에서 특별히 중요하다.

8.8 요약 비교

현재, 어떠한 종류의 연료전지도 상용화를 위한 준비가 되지는 않았다. 가격, 전력밀도, 신뢰성 그리고 내구성 등이 현저하게 개선되고 있지만 연료전지는 틈새 기술로 남아있다. 논의된 다섯 가지 종류의 연료전지 중, PEMFC와 SOFC는 개선과 상용화에 있어서 가장 전망이 밝다. 연료전지 역사의 초기에는 PAFC와 AFC의 장점이 많았지만, 다른 종류의 연료전지들이 그 장점을 따라잡고, 향후에 더욱 매력적인 장점이 있을 것으로 기대되고 있다. PEMFC와 DMFC는 높은 에너지/전력 밀도와 낮은 작동온도로 이동형 용도에 특히 적합한 것으로 나타나고 있다. PEMFC와 SOFC는 가정용 전원과 소규모 고정형 전원에 적용될 수 있다. 고진력 응용분야(250 kW를 상회하는)의 경우, SOFC와 복합발전기술(SOFC-터빈)이 최선이다. 고온 연료전지의 경우 효율과 연료의 융통성에서 이점을 보이고 있다. 또한, 복합발전에 이용될 수 있는 높은 수준의 폐열이 생성된다. 모든 연료전지가 수소를 이용할 때 최고의 성능을 보이지만, 이러한 고온에서의 작동은 불순물에 대한 저항성과 탄화수소의 내부 개질에 의한 탄화수소 연료에 대한 가능성을 보여준다. 표 8.1에 이 장에서 다룬 다섯 가지 종류의 연료전지에 대한 주요한 이점과 특성을 정리하였고, 그림 8.18에서 편리한 도표를 제공한다.

표 8.1 다섯 가지 주요 연료전지 종류의 요약 비교

Fuel Cell Type	Electrical Efficiency (%)	Power Density (mW/cm^2)	Power Range(kW)	Internal Reforming	CO Tolerance	Balance of Plant
PAFC	40	150~300	50~1000	No	Poison (<1%)	Moderate
PEMFC	40~50	500~2500	0.001~1000	No	Poison (<50 ppm)	Low-moderate
AFC	50	150~400	1~100	No	Poison (<50 ppm)	Moderate
MCFC	45~55	100~300	100~100,000	Yes	Fuel	Complex
SOFC	50~60	250~500	10~100,000	Yes	Fuel	Moderate

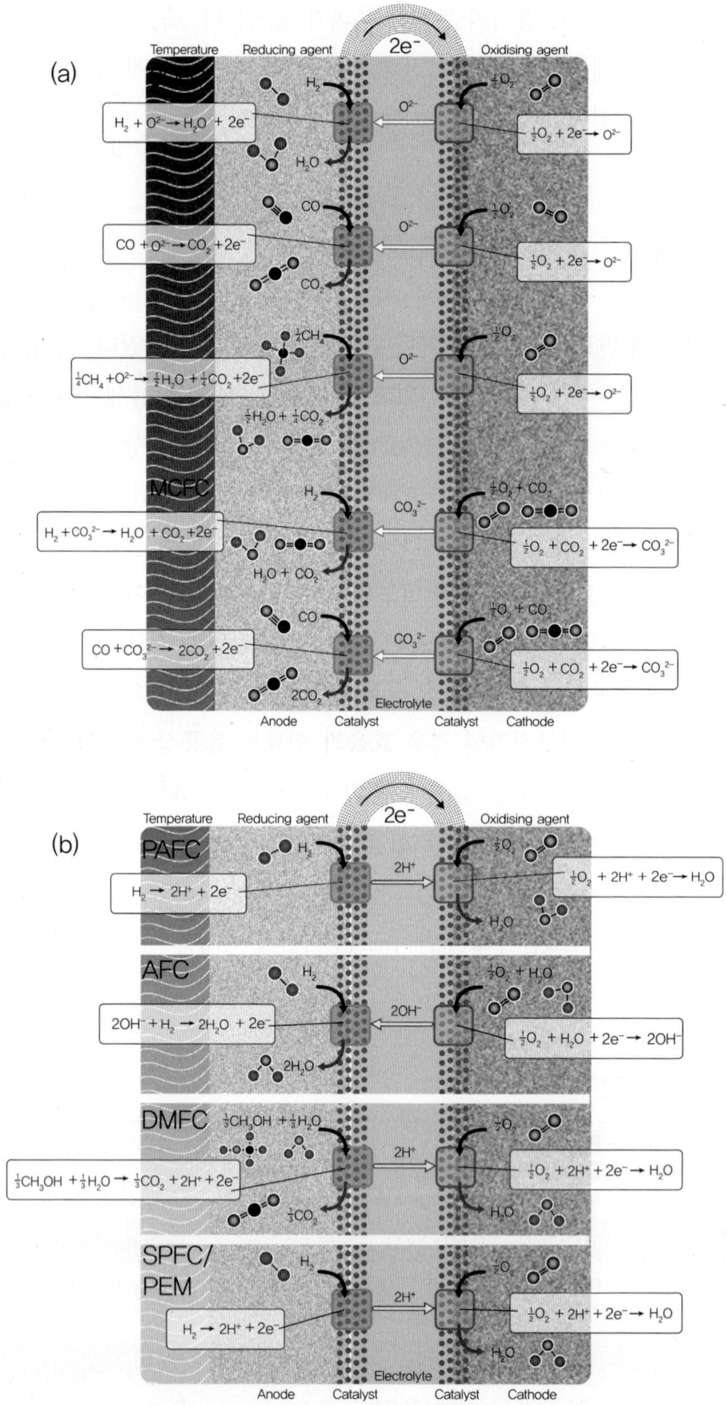

그림 8-18. 주요 연료전지의 비교 도표

8.9 요약

이 장에서는 다섯 가지의 주요 연료전지 종류에 관하여 간단히 다루었다. 서로 다른 종류의 전해질은 화학 반응, 작동온도, 전지 재료 및 설계에 있어서 차이점을 만든다. 이러한 차이점은 다섯 가지 연료전지의 상대적인 장단점과 특성을 결정짓게 한다.

- 다섯 가지의 주요 연료전지 종류는 인산형 연료전지(PAFC), 고분자 전해질 연료전지(PEMFC), 알칼라인 연료전지(AFC), 용융탄산염 연료전지(MCFC), 그리고 고체산화물 연료전지(SOFC)로 나뉜다. 이러한 구분은 전해질에 기초해서 나뉘어진다.
- 다섯 가지 주요 연료전지 타입에 있어서 화학반응, 작동온도, 전지 설계, 촉매, 그리고 전극 물질의 중요한 차이점에 관해서 구분하고, 설명할 수 있어야 한다.
- 다섯 가지 주요 연료전지에서 H_2-O_2 산화극과 환원극의 반쪽반응을 쓸 수 있어야 한다.
- PAFC는 기술적인 성숙도, 신뢰성, 그리고 저렴한 전해질 가격 등이 장점이다. 단점으로는 고가의 백금 촉매, 피독에 대한 민감도, 그리고 액체 전해질의 부식성 등이다.
- PEMFC는 높은 진력밀도, 낮은 작동온도, 훌륭한 운전-정지사이클의 내구성이 장점이다. 단점으로는 고가의 백금 촉매, 고가의 전해질 막과 전지 구성요소, 취약한 피독 저항성, 그리고 물 관리 문제이다.
- AFC는 높은 환원극 성능, 비귀금속 촉매, 그리고 저렴한 전해질/전지 재료가 장점이다. 앞에서 언급되었던 단점으로는 환원극에서의 물 제거에 따른 시스템의 복잡성, KOH 전해질의 주기적 재공급 문제, 그리고 순수한 H_2와 O_2의 필요성 등이 있다.
- MCFC는 연료 융통성, 비귀금속 촉매, 그리고 복합 발전을 위한 양질의 폐열 생성이 장점이다. 단점으로는 CO_2 재순환의 필요성에 따른 시스템의 복잡성, 용융 전해질의 부식성, 그리고 상대적으로 고가의 전지 재료가 있다.
- SOFC는 연료 융통성, 비귀금속 촉매, 완전한 고체상의 전해질, 그리고 복합 발전에 사용가능한 양질의 폐열 생성이 장점이다. 단점으로는 고온에 따른 시스템 복잡성, 고온 기밀의 어려움(특히 열사이클에서), 그리고 상대적으로 고가의 전지 요소와 제작 비용이 있다.
- 연료전지의 연료로는 수소가 최상이지만, 고온 연료전지들은 직접 전기산화나 내부개질을 통해 저분자량 탄화수소나 CO를 연료로 쓸 수 있다.

- 역사적으로 PAFC와 AFC는 광범위한 연구개발 결과에서 얻는 이점이 있었다. 오늘날, PEMFC와 SOFC는 가장 유망한 전력원으로 자리잡고 있다. PEMFC는 특히 이동형과 소규모 고정형 발전에 유리하고, SOFC의 경우에는 분산 발전과 공공 규모의 전력원으로 적합하다고 평가된다.

연습문제

복습문제

8.1 (a) 니켈전극이 고온 연료전지에 사용되는 이유를 설명하라.

(b) SOFC 산화극에 YSZ가 니켈에 혼합되는 이유를 설명하라.

(c) MCFC 산화극에서 크롬이 니켈에 첨가되는 이유를 설명하라.

8.2 저온 연료전지와 비교해서 고온 연료전지의 가장 중요한 한 가지 장점을 들고 이유를 설명하라.

8.3 그림 8.9와 비슷한 그림을 CO 연료로 동작하는 SOFC에 대하여 그려라. 산화극과 환원극의 반쪽반응을 명확히 표시하고 반응물, 산화물, 그리고 이온 종을 명기하라.

계산문제

8.4 그림 8.8의 설명을 참고로 하여, MCFC 시스템의 단위 부피당 전력밀도(W/m^3)를 계산하라. (시스템의 높이는 3 m로 가정하라.)

8.5 그림 8.4에 나타난 연료전지 자동차는 한번의 수소충전으로 500 km를 100 km/h의 속도로 이동할 수 있다. 그림 8.4의 설명을 바탕으로 이동시 필요한 평균 전력 출력을 계산하라. 수소는 이상기체로 가정하고, 연료전지의 효율을 55%로 가정하라.

8.6 효율 55%의 SOFC를 고려하자. 이 연료전지는 800℃의 열을 방출한다.

(a) 만약 열기관이 연료전지부터 열을 흡수하고, 100℃로 방출한다면, 이 열기관의 Carnot 효율은 얼마인가?

(b) 열기관의 실제적인 효율이 Carnot 효율의 60%라고 가정하자. 이 경우, 열기관과 연료전지의 순 복합 효율은 얼마인가?

8.7 DMFC의 전체 반응은 $CH_3OH + (3/2)O_2 \rightarrow CO_2 + 2H_2O$이다. DMFC에서 생성된 물 1몰당 몇 개의 전자가 이동하는가?

(a) 2

(b) 3

(c) 4

(d) 6

CHAPTER 9

PEMFC와 SOFC 물질들

이 장의 목적은 PEMFC, SOFC 기술과 관련된 다양한 물질의 선택에 대한 일반적인 소개를 제공하는 것이다. 특정 연료전지에 적용될 최적의 물질들을 개발하고 제작하는 것은 치열한 연구 활동이 요구되는 분야이다. 사실 무엇을 골라야 할지 모를 만큼 많은 가능한 물질들과 제작 조건들을 보게 될 것이다. 비록 PEMFC에 대한 우리의 논의가 주로 기존의 Pt/C 촉매와 결합된 나피온(Nafion) 전해질 기반의 막에 관한 것이 대부분이지만, 이 장에서 말 그대로 수십 개의 가능한 고분자 전해질과 도움이 될 가능성이 있는 (물론 도움이 안될 때도 있지만) 촉매 물질 혼합물들이 있다는 사실을 알게 될 것이다. 같은 방식으로 SOFC에 관한 논의는 YSZ 기반 전해질과 Ni-YSZ 연료극과 LSM 공기극의 조합에 초점이 맞춰져 있었다. 다시 말하면, 이 장에서 많은 흥미롭고 때로는 매우 설득력 있는, 대체할 수 있는 SOFC 전해질, 연료극, 공기극 물질들에 대해 배울 것이다.

이 장에서는 일반적으로 쓰이는 PEMFC 전해질, 전극, 촉매 물질들 전반에 대해 다루고, 이와 대등하게 일반적인 SOFC 전해질, 전극, 촉매 물질들 전반에 대해서 다룬다. 이 장에서 지속적으로 살펴볼 주제는 높은 성능과 안정성의 두 가지 조건이다. 어떤 연료전지 재료들(전해질, 전극 혹은 촉매 물질 중 어느것이라도)이라도 절대 높은 성능만 내어서는 안 되고 연료전지 환경에서 반드시 안정성과 지속성이 있어야 한다. 연료전지 환경은 꽤 험하기 때문에 이 두 요구조건을 만족하는 것이 필요하다.

9.1 PEMFC 전해질 물질

4장에서 살펴보았듯, 전해질 물질들은 전자가 아닌 이온 전도체여야 한다. 이는 또한 기체가 투과되어서도 안 되고(연료극과 공기극의 기체들이 섞이지 않기 위해) 최대한 얇아야 한다(저항을 최소화 하기 위해).

PEMFC 전해질은 수소 이온이 전도되는 얇은 고분자 막에 기반한다. 많은 이러한 고분자 물질들은 이온 수송에 있어 물을 기반으로 전달된다(4.5.2절에 이러한 이동원리에 대해 자세히 설명되어 있다). 이 전해질 물질들에서 물은 이온 수송 사슬의 역할을 하며, 이온 전도도는 물의 양에 매우 민감한 경향을 지닌다. 건조한 상태나 100℃ 이상의 온도에서는 이온 전도가 이에 따라 철저히 제한되거나 불가능하게 된다. 이러한 물과 온도의 문제로 인해 섬세한 물과 온도의 관리는 대부분의 PEMFC 기반 시스템에서 매우 중요시 된다.

물 관리를 획기적으로 간단하게 하는 동시에 전기화학적 성능과 불순물 허용치를 향상시킬 수 있는 100℃ 이상의 온도에서 작동할 수 있는 전해질 물질의 구성은 매우 필요하다(3장에서 온도에 따라 전기화학 반응 속도가 어떻게 증가하는지에 대한 내용을 돌이켜보라). 물 의존도를 줄이고 작동온도를 상승시키는 것 이외에 PEMFC 전해질 재료들은 높은 이온 전도도와 우수한 기계적 물성치를 지녀야 하며(그래야 이들은 얇고 내구성이 높은 막으로 가공될 수 있다), PEMFC 환경에서 높은 안정성과 내구성을 지녀야 하고, 합리적인 가격이어야 한다. 이후의 절들에서는 이러한 가능성이 있는 고분자 기반 전해질 재료들에 대해 간략히 다룬다.

9.1.1 과불소화 고분자(예: 나피온)

최근에 나피온(Nafion™)과 같은 과불소화 고분자는 PEMFC나 DMFC의 전해질에 많이 사용되며 매우 중요하다. 나피온 이외에 다른 과불소화 고분자 물질들에는 Neosepta-F™(Tokuyama), Gore-Select™(W. L. Gore and Associates, Inc.), Flemion™(Asahi Glass Company), Asiplex™(Asahi Chemical Industry), DOW도 있다. 원형의 물질인 나피온은 4.5.2절에 상세히 설명되어 있으므로 여기서는 자세히 다루지 않겠다. 다만 간략히 다시 살펴보면, 나피온은 폴리테트라플루오로에틸렌[polytetrafluoroethylene, 상품명 테플론(Teflon™)]과 유사한 뼈대 구조를 지니고 있다. 그러나 테플론과는 다르게 나피온은 술폰산(sulfonic acid, $SO_3^-H^+$) 작용기를 지닌다. 테플론의 뼈대 구조가 기계적 강도가 높은 구조를 제공하고, 동시에 술폰산기는 양성자의 전하 통로를 만들어 준다. 나피온이 테플론과 유사한 고분자 물질이기 때문에 매우 안정적이고 내구성이 높다. 게다가 나피온은 높은 이온 전도도를 지닌다. 그러나 이러한 높은 전도도를 유지하기 위해서는 나피온은 액체상태의 물로 완전히 수화(혹은 가습)되어야 한다. 보통 수화는 연료전지에 공급되는 연료와 산소 가스를 가습하여 이루어진다. 이러한 수화 조건 때문에 나피온 막은 보통 100℃ 이하의 온도에서 작동하도록 제한된다.[51–52] 게다가 나피온 전도도가 물이 적어질 때 크게 감소하므로 나피온 기반 연료전지는 작동하는 동안 완전히 수화가 되도록 신중한 물 관리 방법이 반드시 수행되어야 한다. 이러한 물 관리 방법으로 인해 나피온 기반 연료전지의 부피가 상당히 커지고 비용이 올라갈 수 있다. 게다가 나피온 자체도 매우 비싸다(최근 가격은 \$400/m^2 이상).[53] 최종적으로 낮은 작동 온도는 전기촉매 문제로 이어진다. 나피온을 사용하는 연료전지는 귀금속 촉매가 필요하고, CO와 S에 매우 취약하다.[55]

9.1.2 술폰화 탄화수소 고분자 물질(예: Polyaryletherketone= PEEK)

화학적, 열적으로 안정된 방향족 탄화수소 고분자 물질들은 양성자–전도 고분자 전해질에 이용될 수 있다. 과불소화 고분자 물질 대신에 탄화수소 고분자 물질을 사용하면 다음과 같은 장점들이 있다.

- 탄화수소 고분자 물질은 과불소화 고분자 물질에 비해 더욱 다양하고 비용이 저렴하다.
- 극성 작용기들을 포함한 탄화수소 고분자 물질은 넓은 온도 범위에서 물을 더 많이 흡수할 수 있어 고온에서의 수화를 개선시킨다.
- 탄화수소 고분자 물질은 통상적인 방법으로 쉽게 재활용될 수 있다.

탄화수소 기반 고분자 물질의 단점은 다음과 같다.

- 탄화수소 고분자 물질은 과불소화 고분자 물질에 비해 일반적으로 덜 안정적(화학적, 열적으로)이다.
- 탄화수소 고분자 물질은 보편적인 작동 조건(높은 습도, 60~80℃) 과불소화 고분자 물질에 비해 일반적으로 낮은 이온 전도도를 보인다.

가장 일반적으로 활용되는 방향족 고분자 물질에는 PEEK 물질이 포함되고 이는 에테르(ether), 케톤(ketone) 단위로 구성된 비불소화 고분자 물질군에 기반한다. 케톤과 에테르의 상대비율에 따라 막 화학물질은 PEEK, PEEKK, PEK 그리고 PEKKEK 등의 축약어로 표현된다. 그러나 우리는 이 막들을 총칭하여 간단히 'PEEK'로 표기하겠다.

술폰화 PEEK의 구조가 이러한 물질 종류 중 대표적인 예로 그림 9.1에 주어져 있다. 나피온과 같이 이러한 방향족 탄화수소 막들은 양성자 전도도를 위해 일반적으로 술폰화되어 있다. 반면, 탄화수소 막은 불소화되어 있지 않으므로(nonflourinated), 나피온에 비해 제작비용이 크게 낮다. 유감스럽게도 경제적 이득에도 불구하고, 탄화수소 막은 과불소화 고분자 물질의 이온 전도도 성능에 따라가지 못한다. 예를 들어 100℃ 이하의 온도에서는 PEEK 막의 이온 전도도가 나피온에 비해 일반적으로 10~100배 낮다.[56] 150℃ 이상의 높은 온도에서는 PEEK의 성능이 나피온에 가까워지는데 이는 PEEK나 다른 방향족 탄화수소 막들이 높은 온도에서 사용될 가능성을 보여준다. PEEK와 그 외 관련된 탄화수소 막 후보군의 추가적인 세부사항은 최근의 몇몇 조사문헌들에 나와 있다.[57–58]

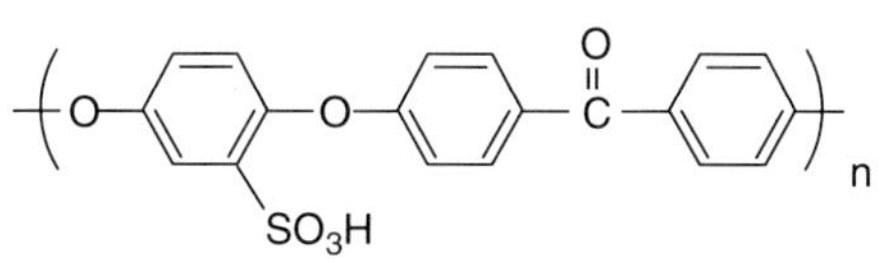

그림 9–1. 술폰화된 PEEK의 일반적인 화학적 구조

9.1.3 인산함침 폴리벤지미다졸

인산이 함침된 폴리벤지미다졸(Phosphoric acid doped polybenzimidazole, PBI)은 액체 물이 필요 없는 양성자 전도 작용을 하므로 100℃ 이상에서 효과적으로 작동한다. PBI의 구조는 그림 9.2에 나와 있다. PBI는 방향족 탄화수소 물질인데, PEEK와 크게 다르지 않다. 그러나 고분자 물질 사슬이 직접적으로 술폰화되기보다는 강산(일반적으로 H_3PO_4) 물질을 도핑하여 이온 전도를 발생시킨다. 이러한 전도 방법은 비교적 기본적인 고분자 물질과 도핑하는 강산 사이의 산성 기반 복합화를 이용한다. 양성자 전도는 우선적으로 H_3PO_4를[59,60] 통한 자유산이송원리(free–acid vehicle mechanism)를 거쳐 일어날 것으로 생각되는 반면, 부분 운동(segmental motion)에 의한 양성자의 이동도 관찰된 전도도에 기여한다고 여겨진다.[61–62] PBI 막은 현저히 낮은 습도 의존도를 가지고, 나피온과 비슷한 전도도 값을 보인다(80℃, 40% RH에서 ~0.02 S · cm^{-1}).[63] PBI는 1995년에 처음 연료전지에 적용되었다. 나피온과 비교해 PBI는 몇 가지 중요한 장점을 지닌다. 430℃ 이상의 유리전

이온도를 가지고, 뛰어난 열 안정성을 지닌다.[65–66] 나피온과 비교하여 PBI 막은 더 높은 기계적 강성을 지닌다고 알려져 있으며[67], 제작비용이 100배 이상 저렴하다. 결론적으로 PBI 막은 약 200℃까지 동작할 수 있어서 확연히 개선된 불순물 허용치(특히)를 가지며[69–70], 단일상태의 물(수증기)을 생성하고, 고품질의 폐열을 생성한다.[71] 이러한 장점들에도 불구하고 PBI에는 몇 가지 고려사항이 있는데, 이는 인산침출(phosphoric acid-leaching)에 의한 내구성 문제[72–74], 막의 산화 변성[72], 인산 환경에서 느린 산소 산화 반응[72] 등이다. 게다가 PBI 혼합물의 전기화학 촉매 잉크의 최적화는 나피온/백금/탄소 촉매 잉크와 비교해서 크게 개선되어야 한다.[72,75] PBI와 그 외 관련된 화학물질에 대한 추가적인 세부사항이 최근의 몇몇 조사자료들에 나와 있다.[72,75–77]

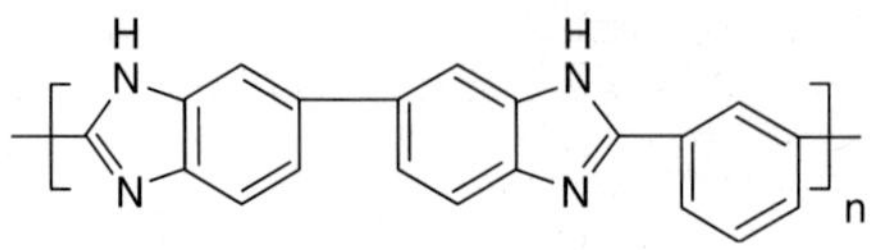

그림 9-2. PBI(일반적으로 polybenzimidazole로 알려진 Poly-2,2′-*m*-(phenylene)-5,5′-bibenzimidazole)의 화학적 구조

9.1.4 고분자 무기물 혼합막

고온(100℃ 이상) 막을 합성하려는 노력으로 다양한 무기물질들이 기존의 고분자 막에 첨가되었다. 흡습성 산화물(예를 들어 SiO_2 혹은 TiO_2)을 포함시키면 고온에서 물 보유량을 증가시킬 수 있다.[78–79] 그 결과 이 혼합물 막은 순수 나피온이 물 손실로 인해 사용될 수 없는 온도인 140℃ 이상의 온도에서 주목할만한 전도도를 보였다. 인산염[예를 들어 지르코늄 인산염(zirconium phosphate)]과 헤테로다중산(heteropolyacid), 예를 들어 포스포텅스텐산(phosphotunstic acid)과 규소텅스텐산(silicotunstic acid)과 같은 양성자를 전달하는 나노/마이크로 입자들 또한 고온에서 물 보유량과 양성자 전도도를 높이기 위해 고분자 물질 막에 포함시켰다.[80] 이 혼합물 막을 사용하는 연료전지는 가습된 수소와 산소를 사용하여 100℃ 이상의 고온에서 600 mW/cm^2 이상의 높은 전력밀도를 보여준다. 그러나 높은 온도에서도 이 혼합물 막들의 양성자 전도도는, 예를 들어 80℃ 정도의 적당한 온도에서 작동하는 나피온의 양성자 전도도에 미치지 못한다. 게다가 나피온과 같이 이 혼합물 막들도 여전히 높은 양성자 전도도를 유지하기 위해 습도를 유지해야 하며, 기계적 강성

또한 더 개선될 필요가 있다. 혼합물 막에 대한 다른 정보들은 몇몇 최근 참고자료에서 볼 수 있다.[81–83]

9.1.5 고체산막

고체산들은 고분자 물질이 아니다. 그럼에도 불구하고 이들은 잠재적으로 기존의 PEMFC들과 비슷하게 연료전지 제작에 적용할 수 있을 정도의 흥미로운 중저온용 양성자 전도물질이기 때문에 이 절에 포함되었다.

고체산들은 H_2SO_4나 H_3PO_4와 같은 보통의 산과 K_2SO_4와 같은 보통의 염들의 혼합으로 이루어진다. 고체산 형태에서는 보통의 산들의 수소원자 일부가 다른 양이온으로 대체될 때, 이 물질은 양성자를 내어 줄 수 있게 된다. 연료전지에 사용하는 가장 널리 알려진 고체산으로는 $CsHSO_4$와 CsH_2PO_4이 있다.[84–86] 이 물질들은 상온에서 고체(완전한 결정구조는 아니고 보통은 불규칙한 구조임)이며 막 구조로 만들어질 수 있다. 고체산막(solid acid membrane)에서의 전도는 양성자가 회전운동하는 4가 산소이온(SO_4^{2-}나 PO_4^{3-}과 같은) 사이를 지나가는 회전확신전달 원리(rotational diffusion transfer mechanism)로 설명된다.[87] 고체산막은 100~200℃에서 상변화가 일어나며, 양이온 전도도가 수십 만배 증가한다($>10^{-2}$ S · cm^1). 고체산막은 200℃ 이하에서 일반적으로 안정적이다. 그에 따라 고체산막들은 중간 온도에서 동작하는 PEMFC들에 쓰인다. 그러나 환원 환경(연료전지 연료극에서와 같이)에서, 특히 일반적인 연료전지 촉매가 존재하면 고체산막은 분해가 가속화된다. 이러한 분해로 H_2S와 같은 물질이 생성되는데, 이는 연료전지 작동이 불가능하게 하는 비가역적 촉매 피독을 일으킨다.[88] 복합물 기반의 막을 제작할 수는 있지만, 얇은 고체산막을 구성하는 것은 낮은 기계적 물성치와 고체산 물질의 낮은 연성으로 인해 어렵다.[89] 수용성이라는 점과 열팽창과 관련된 다른 중요한 문제들 또한 아직 해결되지 않았다.

9.2 PEMFC 전극/촉매 물질

연료전지 전극은 두 가지 목적을 지닌다. 연료전지로부터 전자들을 효과적으로 운반하고/모아야 하며, 반응물/생성물들을 연료전지로부터 운반하고/모아야 한다. 이 두 가지 요구조건으로 인해 연료전지 전극은 높은 전기 전도성과 높은 다공성을 동시에 지녀야 한다.

게다가 높은 촉매 활동성이 특히 전극/전해질 경계에서 필요하다. 애석하게도 PEMFC 촉매는 보통 백금과 같이 비싼 물질에 기반하기에 촉매 물질을 최대한 적게 사용해야 한다. 이런 이유로 PEMFC전극 구조는 2중층으로 구성된다. 얇지만(보통 10~30 μm 두께) 높은 활성도를 지닌 촉매층은 주로 비싼 다공성의 Pt/C 촉매와 전해질 물질의 혼합물로 구성되고 전해질 표면에 직접 접착된다. 그리고 훨씬 두꺼운 (보통 100~500 μm 두께) 저렴하고 다공성의 전기 전도도를 지닌 전극층(촉매가 없는)이 촉매층 보호와 전류집진의 목적으로

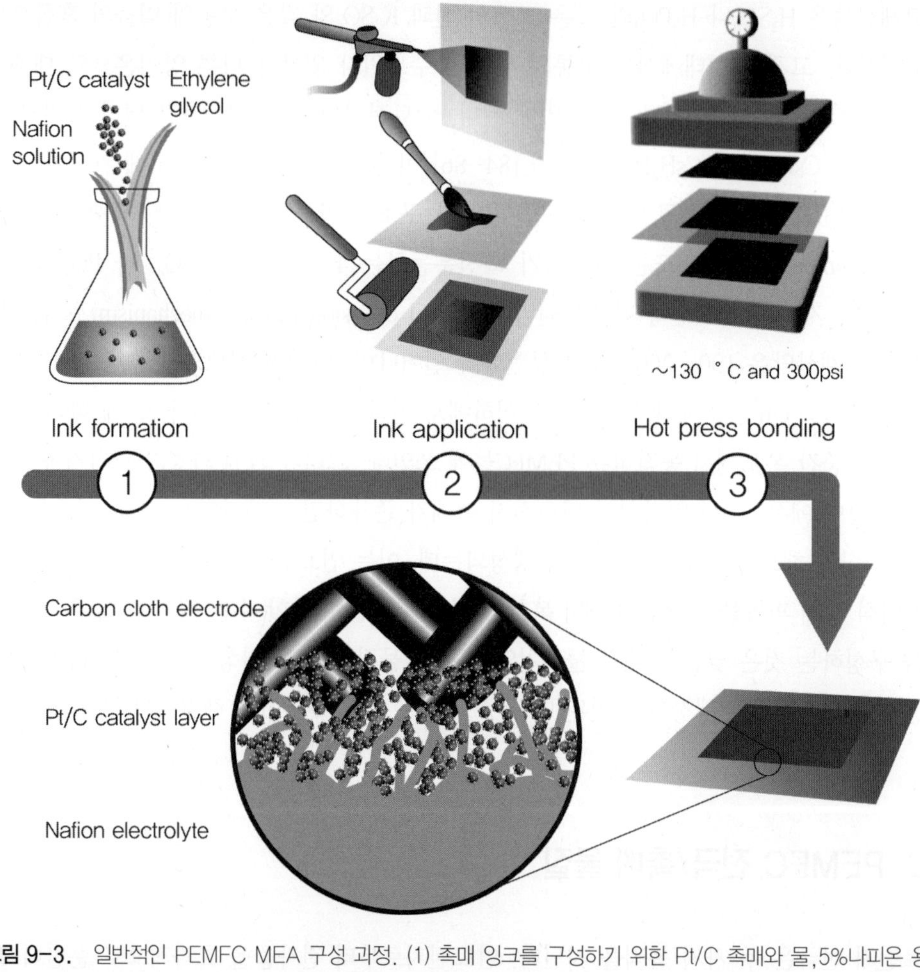

그림 9-3. 일반적인 PEMFC MEA 구성 과정. (1) 촉매 잉크를 구성하기 위한 Pt/C 촉매와 물, 5%나피온 용액 그리고 에틸렌글리콜의 혼합물. (2) 촉매 잉크를 막에 적용하기 위한 방법들, (3) 탄소천(carbon cloth) 혹은 탄소지(carbon paper) 전극을 촉매가 발린 막의 한 면에 고온 프레스로 접합한다. 세부적인 그림들은 만들고자 하는 최종적인 MEA의 미세구조를 보여준다.

촉매층의 위에 붙는다. 이는 그림 9.3에 상세히 보이는 바와 같이 2중층 촉매/전극 구조가 된다(이 구조가 어떻게 만들어졌는지 더 상세히 보려면 이 장의 뒷부분에 PEMFC MEA 구성에 관한 도표 상자를 참고하라). 이 2중층 구조는 가격을 최소화하며 촉매의 활성과 기체의 접근성, 생성물 제거, 전기 전도성을 최대화한다. 촉매층과 전극층에 사용되는 특정한 물질의 종류와는 상관없이 이 2중층 방법은 대부분의 PEMFC MEA 제작에 사용된다. 이 2중층 PEMFC 제작방법은 다음 절에 더 상세히 다뤄져 있다.

PEMFC MEA 제작

3장(3.11절)에서 보았듯이, 연료전지 반응은 전해질, 전극과 기체가 모두 만날 때만 일어난다. 이러한 요구조건은 '삼상영역(triple phase zone)'의 개념으로 표현되고, 이는 기체 구멍과 전극 전해질들이 만나는 지점을 말한다(그림 3.14 참조). 삼상영역의 수를 최대화하기 위해 대부분의 연료전지 전극/전해질 계면에는 전극과 전해질의 영역(기체의 기공과 함께)이 섞이는 나노 단위의 미세구조가 형성된다. 이 나노 단위의 전극/전해질 계면을 제작하는 것은 과학이라기보다 미술에 가까울 정도로 섬세한 과정이다. 그림 9.3에는 초기의 PEMFC MEA 제작 방법이 표현되어 있다.

비싼 백금 촉매의 효율을 최대화하기 위한 기본적인 개념은 표면적이 넓은 탄소분말에 초미세(2~3 nm) 백금 입자를 입히는 것이다. 이 분말은 고분자 전해질 물질과 섞여 혼합물질을 형성하고 세 가지 상(기체 기공, 촉매활성전극, 전해질)이 잘 섞일 수 있게 한다. 이러한 방법은 1990년대에 Los Alamos 국립 연구소의 Wilson과 Gottesfeld가 개발하였다. 이후 다양한 연구들이 진행되었지만 기본적인 접근법은 다음과 같다.

- **잉크 형성**: 촉매 '잉크'는 촉매가 담지된 탄소물질과 5% 나피온 용액, 물, 점도 조절을 위한 글리세린이 섞여 만들어진다.
- **잉크 주입**: 이 잉크를 전해질 막 양쪽에 스프레이로 뿌리거나 붓으로 바르거나, 스크린 인쇄하는 방법 중에 하나를 통해 입힌다. 스크린 인쇄가 일반적으로 가장 좋은 두께 조절 능력과 재현성을 제공한다.
- **전극 부착**: 다공성 탄소천 혹은 탄소지 전극을 막의 양쪽에 가열 프레스 엠보싱(약 120~140℃, 70~90 atm)을 통해 결합한다. 이 다공성 전극은 촉매층을 보호하고 제자리에 고정시킨다.

9.2.1 2중층 방법(기체 확산층/촉매층)

이전에 논의된 바와 같이, 대부분의 PEMFC는 그림 9.3에 표현된 바와 같이 2중층 구조로 만들어진다. 이 절에서는 2중층 방법으로 촉매층과 전극층의 제작에 필요한 세부 내용들을 더 알아본다.

촉매층의 요구조건 PEMFC 촉매들이 매우 비싸기 때문에 일반적으로 촉매층에 직접 이용되지는 않는다. 대신 주로 나노 단위(2~3 nm)의 촉매 입자들이 표면적이 큰 탄소 분말(Vulcan XC-72와 같은) 위에 코팅된다. 촉매 입자들을 탄소의 상부 표면에 고정시켜서 매우 작은 양의 촉매물질이 매우 넓은 촉매 반응 면적을 가지도록 한다.

더 좋은(더 싼) 촉매물질과 더 나은 상부 표면의 탄소지지물질을 만드는 것은 매우 활발한 연구 분야이다. 촉매입자는 그들의 역할이 전기화학적 연료전지 반응을 더 용이하게 하는 것인 만큼, 그 스스로 높은 활성(지속성)을 띠어야 한다. 한편, 탄소지지물질은 저렴하고 안정적이며 부식되지 않고 전기적으로 연결된 다공성의 구조여야 한다. 이 탄소 지지층은 필수적으로 촉매 입자들과 위에서 덮고 있는 연료전지 전극을 '연결'해야 한다. 전해질 물질들 또한 일반적으로 촉매입자들을 연료전지 전해질에 연결하기 위해 촉매층에 추가되어야 한다. 촉매입자에서 전기화학 반응에 의해 발생한 자유로운 이온들은 전해질 막을 향해 가는 전해질 영역으로 스며든다. 그동안에 촉매입자에서 전기화학적 반응을 통해 해방된 (혹은 소모된) 전자들은 위에 덮인 다공성의 전극층으로 향하는 탄소입자 연결체에 스며든다.

촉매층의 주요 요구조건은 다음과 같다.

- 높은 촉매 활성도
- 높은 표면적/높은 밀도의 삼상계면(TPB)
- 혼합된 전기 전도도와 이온 전도도
- 높은 안정성과 내식성
- 높은 피독/불순물 저항성
- 최소한의 열화(degradation)
- 저렴한 비용(가능하다면!)

기체 확산층 조건 두껍고 튼튼한 연료전지 전극 구조의 두 번째 층은 '기체 확산층(gas diffusion layer)' 혹은 GDL이라 불리며 이는 보호역할과 전기전도체 역할을 동시에 제공하며 기체를 촉매층으로 확산시키는 역할을 한다. GDL은 연료전지에서 액체 물의 제거하는 결정적인 역할도 수행한다. 이러한 이유로 많은 사람들은 이를 기체 확산층보다는 '다공성 전달층'이라고 부르는데, 이 표현이 기체 수송뿐 아니라 액체 물의 수송과 전기적 수송을 관리하는 역할을 표현하기에 더 정확하기 때문이다. GDL의 기공도, 두께, 상대적인 친수성 혹은 소수성 특성에 따라 선택된 특정 물질은 PEMFC의 성능에 큰 영향을 준다.

GDL의 주요 요구조건은 다음과 같다.

- 높은 전기 전도도
- 높은 기체 투과성
- 높은 안정성과 내식성
- 용이한 물의 제거
- 좋은 기계적 물성치
- 저렴한 비용

다음 절에서는 이 물질 특성들이 GDL의 선택과 어떤 연관이 있는지 간략하게 알아보겠다. 그 이후의 절들에서 기존에 자리잡은 Pt/C 기준을 뛰어넘은 PEMFC 촉매물질 선택에 대해 알아보겠다.

9.2.2 GDL 전극 물질들

대부분의 PEMFC는 탄소섬유 기반의 GDL 물질들을 사용한다. 가장 보편적인 두 GDL 물질은 탄소천(짜여진)과 탄소지(짜여지지 않은)이다. 탄소섬유물질은 좋은 전기 전도도와 높은 다공성(일반적으로 70% 이상)으로 인해 사용된다. 게다가 탄소섬유물질은 높은 안정성을 띠고 좋은 기계적 물성치로 인해 내식성이 뛰어나다. 탄소천과 탄소지 물질은 모두 전기 전도도에 있어 비등방성을 띤다. 면 상(in-plane)의 전기 전도도가 면 사이(through-plane)의 전기 전도도보다 확연히 높은(보통 10~50배 정도) 경향이 있다. 그림 9.4에 보이는 바와 같이 면 상의 전도도가 더 중요한데 이는 면 상의 전도 통로의 길이가 면 사이의 전도 통로의 길이보다 10배 이상 길기 때문이다. 그러므로 면 상의 전도도는 GDL 재료에 있어 중요한 수치가 되고 섬유시트결합(결과적으로 높은 면 상의 전도도에 의해)은 합리적

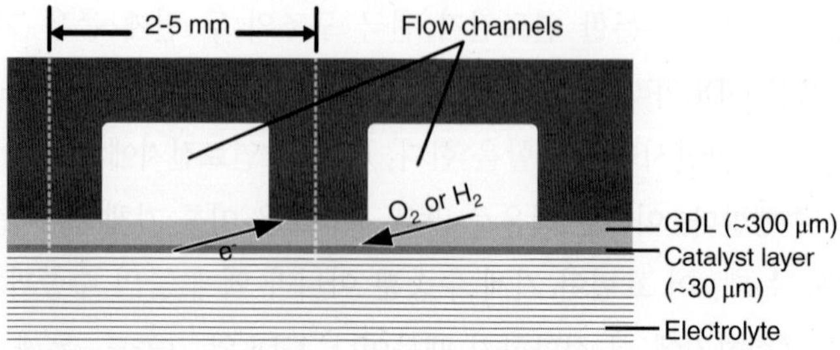

그림 9-4. 연료전지 GDL에서의 기체와 전자 수송. GDL에서는 측면(면 상의) 수송이 수직(면 바깥의) 수송보다 더 중요하다. 예를 들어 연료전지 유로의 중간에서 생성된 전자들이 전류가 모이는 뼈대(rib) 구조에 도달하기 위해 옆으로는 1~2 mm 이동해야 하지만 수직으로는 ~300 μm만 이동하면 된다. 비슷하게, 유로에서의 기체들이 뼈대 구조에의 반응 영역에 도달하기 위해 옆으로는 1~2 mm이동해야 하지만 수직으로는 ~300 μm만 이동하면 된다.

인 방법이 된다.

탄소천 탄소섬유천은 탄소 섬유선('실')을 얇고 신축성 있는 섬유와 같은 물질로 짜는 과정을 이용해 제작된다. 탄소천은 기계적 탄성이 있고(매우 잘 휘어지는), 낮은 밀도(~0.3 g/cm^3)와 높은 투과성(~50 Darcys)을 지닌다.[91]PEMFC GDL 기기에 적용된 카본천은 일반적으로 350~500 μm 두께이지만 연료전지 결합에 체결되면 30~50% 정도나 압축될 수 있다. 중요하게도, 이 압축으로 전기 전도도와 기체의 투과도가 크게 변한다.

탄소지 탄소섬유지 물질들은 무작위의 '건초더미 같은' 탄소섬유들을 얇고 강하고 가벼운 종이 같은 시트로 결합하여 생산된다. 카본지는 짜여지지 않았으므로 접합제(일반적으로 탄소수지)로 기계적 결합이 유지되어야 한다. 접합제 혹은 '그물 짜기'는 각각의 섬유 사이의 공간을 메워주고 그로 인해 카본지 물질은 빽빽해지고(~0.45 g/cm^3), 탄소천에 비해 덜 투과적이게(~10 Darcys) 된다. 추가적으로 탄소섬유지는 부드럽고 유연하기보다는 뻣뻣하고 부서지기 쉽다. 이 탄소지 GDL은 일반적으로 150~250 mm 두께로 사용되고, 뻣뻣함으로 인해 탄소천이 연료전지 결합에 고정될 때 보다 더 적게(10~20%) 압축된다.

소수성 처리 GDL 물질들은 반드시 연료전지에서 액체 물을 제거할 수 있어야 한다. 연료전지의 촉매층 혹은 GDL층에 액체 물이 축적되면, 반응물의 공급을 막고 연료전지의 성능이 저하된다. 이러한 현상을 '침수 혹은 플러딩(flooding)'이라고 한다. 플러딩을 막기 위해 대부분의 GDL 물질들은 PTFE(polytetrafluoroethelyne, Teflon™)을 사용해 소수성을 높인다. PTFE는 일반적으로 대부분의 탄소섬유 연료전지 GDL들에 5~30% 정도 포함되어 있다. 대부분의 GDL은 수용성 PTFE 현탁액(suspension)에 담근 후, 350~400℃ 온도의 오븐에서 열처리하여, 잔여 용액을 제거하고 PTFE 입자들을 GDL 섬유들에 규화/고정시키는 과정을 거친다. 수용성 PTFE 현탁액의 농도를 조절함으로써 PTFE 함량을 조절할 수 있다.

미세다공층 GDL과 촉매층 사이의 계면을 활성화하기 위해 두 층 사이의 중간 미세다공층을 적용하는 방법이 더욱 보편적으로 사용되고 있다. 미세다공층은 GDL의 큰 크기의 기공(10~30 μm)과 촉매층의 작은 크기의 기공(10~100 nm) 사이의 전이를 만들어준다. 미세다공층은 또한 촉매층으로부터 액체 물을 빨아들이고, GDL과 촉매층 사이의 전기적 접촉저항을 줄인다. 미세 다공층은 일반적으로 마이크로미터 이하 단위의 흑연과 고분자 접합제, 보통 PTFE의 혼합물로 만들어진다. 이 혼합물로 된 얇은 층이 GDL의 한쪽 면에 적용되고 열처리되어 얇고 균일한 약 20~50 μm 두께의 미세다공성 흑연층으로 형성된다. GDL의 미세다공화된 표면을 촉매로 코팅된 전해질 막에 접합하면, 소위 말하는 '7개 층'의 MEA 혹은 'ELAT(Electrode Los-Alamos Type)'가 된다. (7개의 층은 연료극 GDL, 연료극 미세다공층, 연료극 촉매층, 전해질, 공기극 촉매층, 공기극 미세다공층, 공기극 GDL이다.)

다른 GDL 물질 탄소천과 탄소지가 대부분의 PEMFC를 제작함에 있어 중요한 GDL 물질이지만, 연구자들은 가끔 다른 선택 또한 연구해왔다. 한 가지 선택은 GDL을 완전히 제거하는 것이다. 이 경우는 촉매층이 면 상에서 전기전도를 하기에는 측면으로 전기저항이 너무 높아서 촉매층으로부터 전기를 모으기 위해 미세한 집전층[예를 들어 미세 패턴화된 금속그물망(mesh)]이 사용될 때나 가능하다. 두 번째 경우는 일반적인 탄소섬유 GDL에 확장된 금속 그물망이나 다공성 금속 폼(foam) 물질을 적용하는 것이다. 그러나 금속기반 GDL 물질은 중요한 개선점이 있다. 이러한 물질들은 잘 부식되고, 과도한 친수성을 띠며 사용 가능한 기공도가 일반적으로 너무 크다.

9.2.3 PEMFC 연료극 촉매

백금(수소 연료전지용) 표준적인 수소 연료전지에서 PEMFC 연료극 촉매는 반드시 수소의 산화반응(hydrogen oxidation reaction, HOR)이 용이해야 한다.

$$H_2 \rightarrow 2H^+ + 2e^-$$

현재 최고의 HOR 촉매는 백금(Pt)이다. 백금의 매우 높은 활성도는 최적에 가까운 백금과 수소 사이의 결합 친화력 때문이라고 여겨진다. 이 결합은 기체상태의 수소가 백금 표면으로 손쉽게 흡수되고 그 이후의 전자가 전달되기에는 충분히 강하지만, 그 결과로 생긴 수소이온이 전해질로 탈착될만큼 충분히 약하다. 반면 텅스텐(W), 몰리브덴(Mo), 니오븀(Nb), 탄탈륨(Ta)과 같은 금속들은 수소와 너무 강한 결합을 하여 안정적인 수소화 상태를 유지한다. 다른 한편으로는 납(Pb), 주석(Sn), 아연(Zn), 은(Ag), 구리(Cu), 금(Au) 등의 금속은 수소와 너무 약한 결합을 하여 거의 흡수하지 못한다.

비록 백금이 비싸지만 이는 매우 효율적인 HOR 촉매이다. 잘 개발된 Pt/C 촉매를 쓰면, 매우 작은(2~3 nm) 백금 입자가 탄소분말의 상부 표면에 지지될 때 매우 적은 양의 백금 촉매만 필요하다. 일반적인 PEMFC 연료극의 백금 함량은 0.05 mg Pt/cm^{2}에 가깝게 성공적으로 줄어 들었다. 이 정도면, 다른 연료전지의 구성요소의 가격에 비해 연료극 백금 촉매의 가격은 상대적으로 그다지 크지 않다. 예를 들어, 1.0 W/cm^{2}의 전력밀도에서 작동하는 50 kW급 휴대용 연료전지 스택은 연료극 촉매로 2.5 g의 백금이 필요하다. 백금 가격이 $1200/ounce이면, 백금 비용은 $100 정도이다. 백금 촉매를 증착시키는 획기적인 방법들(예를 들어 매우 얇게 스퍼터 증착된 백금층)은 연료극의 백금 함량을 더욱 줄일 수 있다. 따라서 비록 촉매의 내구성과 열화 문제는 유심히 지켜봐야 하지만, 백금 기반 연료극 촉매들을 수소연료 PEMFC에 사용하는 것은 완벽하게 실현가능하다(이는 이 장의 다른 절에서 논의될 것이다).

백금 합금(직접 알코올 연료전지용) 백금이 수소 연료 PEMFC 연료극에는 완벽히 부합하지만(그리고 완전히 실현 가능한), 순수 백금 촉매는 직접 메탄올 연료전지 혹은 직접 에탄올 연료전지 등에 적합하지 않다. 메탄올 산화 반응과 같은 직접 알코올 연료전지 반응은 복잡하고 몇 가지 개별단계가 연속해서 수행된다. 이 반응과정 중 일부는 독극물로 작용할 수 있는 일산화탄소와 같은 예상치 못한 중간물을 생성한다. 일산화탄소는 백금 표면에 강력하고 비가역적으로 흡수되어, 순수 백금 촉매는 피독된다. 백금 표면에 흡수된 일산화탄소가 쌓이면, 전기화학반응을 막는다.

백금을 루테늄, 주석, 텅스텐, 레늄 등의 이차 물질과 합금으로 만들면 일산화탄소 내성이 생긴다. 루테늄(Ru)은 내성을 만드는 데 가장 효율적이라고 알려져 있다. 백금 표면에 루테늄을 더하면 알코올기(OH) 물질을 형성할 수 있는 새로운 흡수 공간이 만들어진다.

이 알코올기 물질들은 일산화탄소와 반응하여 이산화탄소와 수소이온을 생성하므로 일산화탄소를 제거할 수 있다. 연구자들은 또한 나노 단위의 수산화루테늄 물질이 백금루테늄 촉매에서 메탄올을 더 잘 산화시키는 역할을 한다는 사실을 알아냈다.[92] 더욱 최근에는 백금, 루테늄 그리고 세 번째 구성물(텅스텐 혹은 몰리브덴)으로 이루어진 삼중 촉매가 백금 루테늄보다 더 효과적이라는 사실을 알아냈다.

비록 백금-루테늄 합금이 메탄올 산화반응을 매우 잘 일으키지만, 에탄올 산화반응에는 효과적이지 않다고 알려져 있다. 에탄올은 탄소-탄소 결합을 끊는 촉매작용이 필요한 또 다른 문제가 있다. 가장 효과적인 에탄올 산화 촉매는 비록 에탄올 산화가 알칼리 연료전지 환경에서만 효과적이지만, 백금-주석 촉매나 비귀금속 주석 합금이 사용된다.

PEMFC 기반 직접 알코올 연료전지는 높은 에너지 밀도와 수소에 비해 용이한 액체연료의 보급 때문에 기술적으로 매력적이다. 그러나 현재의 불충분한 알코올 산화 전기 촉매로 인해 효율과 전력밀도는 받아들이 못할 만큼 낮다. 따라서 알코올 산화 촉매를 개선하려는 활발한 연구가 진행되고 있다.

9.2.4 PEMFC 공기극 촉매

PEMFC의 연료가 수소든 액체 알코올이든 아니면 다른 연료원이든 상관없이 공기극에서의 반응은 산소환원반응(oxygen reduction reaction, ORR)이다.

$$\frac{1}{2}O_2 + 2H^+ + 2e^- \rightarrow H_2O$$

연료극 HOR 반응과 같이 공기극 ORR 또한 백금이 지배적인 촉매이다. 불운하게도, 백금은 HOR에 비해 ORR에서 반응성이 더 낮다. 이는 PEMFC 공기극에서 요구되는 백금의 용량 수준이 더 높다는 의미이다. 연료극에서의 백금 용량 수준은 약 0.05 mg Pt/cm^{2}까지 성공적으로 줄였지만, 공기극에서의 용량 수준은 0.4~0.5 mg Pt/cm^2 정도로 8~10배 정도로 많다. 이러한 용량 수준에서 순수 백금 공기극 촉매는 대규모 PEMFC 용도로 쓰기엔 너무 비싸다. 그래서 PEMFC의 촉매 비용을 줄이기 위한 상당한 노력이 계속되고 있다. 자동차용 PEMFC의 상업화에 맞는 가격을 구현하기 위해서는 최대 전력효율과 전지효율을 유지하면서 전지 전압 손실 없이 공기극 백금 용량을 0.40에서 0.10 mg Pt/cm^{2}까지 줄여야 한다.[95]

PEMFC 공기극의 촉매 가격을 낮추기 위한 접근법은 대략 세 가지 전략을 따른다. (1)

현재의 Pt/C 촉매 최적화(백금 입자의 크기 축소와 백금의 분포/분산의 개선을 통해), (2) ORR에 순수 백금보다 더 효과적인 백금 합금 촉매를 개발하는 것, (3) 백금 촉매보다 활성도가 떨어지지만 백금이 없는 저렴한 촉매를 개발하는 것

백금 백금 공기극 촉매는 일반적으로 질량 활성도(mass activity)와 고유 활성도(specific activity) 두 가지로 수량화될 수 있다. 질량 활성도 $i^*_{m(0.9V)}$는 0.9 V에서 공기극 촉매의 단위 질량당 연료전지에서 생성된 전류의 양을 의미한다(표준 자동차용 PEMFC 조건인 100 kPa O_2, 80℃, 완전 가습 조건). 질량 활성도의 일반적인 단위는 A/mg Pt이다. 고유 활성도 $i^*_{s(0.9V)}$는 0.9 V에서 공기극 촉매의 단위 면적당 연료전지에서 생성된 전류의 양을 의미한다(표준 자동차용 PEMFC 조건인 100 kPa O_2, 80℃, 완전 가습 조건). 고유 활성도의 일반적인 단위는 $\mu A/cm^2$ Pt이다. 최신의 백금 공기극 촉매는 0.16 A/mg Pt의 질량 활성도와 200 $\mu A/cm^2$ Pt의 고유 활성도 값을 지닌다.[96] 질량 활성도와 고유 활성도는 비표면적(specific surface area, s^*)과 연관된다.

$$i^*_{m(0.9V)} = i^*_{s(0.9\,V)} \times s^* \qquad \text{식 (9.1)}$$

이때 s^*는 촉매의 비표면적이다(단위 질량당 촉매 표면 면적).

최근의 Pt/C 촉매의 최적화에 관한 연구는 백금 촉매의 입자크기를 줄이고 백금 촉매의 분포/분산을 개선하는 데 초점이 맞추어져 있다. 기본적인 아이디어는 백금 입자들을 더 작고 좋게 분산시켜서 s^*백금 단위 질량당 활성 표면 영역의 면적을 늘리는 데 있다. 안타깝게도, 입자 크기를 줄이는 데는 한계가 있어 보인다. 최근의 Pt/C 촉매의 백금 입자는 2~3 nm 정도로 작으며 80~90 m^2/g Pt 정도의 비표적을 가진다. 그러나 백금 입자의 크기가 더 감소한다고 해서 질량 활성도가 더 좋아지는 것은 아니다. 이는 입자의 크기가 작아질수록 비표면적(s^*)이 더 커진다 하더라도, 고유 활성도($i^*_{s(0.9V)}$)가 백금 입자가 작아짐에 따라 작아지기 때문이다. 다시 말해 2~3 nm 이하 크기의 백금 입자들은 더 낮은 활성 촉매가 된다. 이러한 안타까운 백금 입자 크기의 '비활성화' 효과는 수산화물(OH_{ads}, 산소환원반응의 활성을 저해한다고 여겨진다)들의 흡수가 크기에 의존해서 변하기 때문이라고 추측된다.[96]

이러한 입자 크기의 영향으로 인해 백금 입자의 크기를 2~3 nm 이하로 줄이는 것은 비생산적이며 그로 인해 공기극의 백금 용량을 0.4 mg Pt/cm^2 이하로 줄이는 것은 순수 백금을 사용해서는 불가능할 수도 있다. 백금 입자의 크기 감소는 또한 불안정성과 열화문제

를 가속하는데, 이는 너무 작은 백금 입자들에서는 부식이나 조대화(coarsengin)를 유도하는 강한 에너지로 인해 촉매의 효율이 떨어지게 되기 때문이다. 이 문제들은 이 장의 다른 절에서 상세히 다룰 것이다.

백금 합금 순수 백금 촉매가 PEMFC 공기극으로서 부족함이 있기에 ORR에서 순수 백금보다 더 활동적인 백금합금 촉매를 개발하기 위한 상당한 연구가 진행되고 있다.

PEMFC 공기극에 적합한 백금 합금으로 백금-니켈, 백금-크롬, 백금-코발트, 백금-철 그리고 백금-티타늄(주로 백금 75%, 다른 금속 25%의 비율) 등이 연구되었다. 비록 촉매 활성도의 비교가 매우 어렵고 의견이 분분하지만, Pt_3Cr와 Pt_3Co 같은 특정 백금 촉매들은 순수 백금에 비해 2~4배 향상된 ORR 비활성도를 나타냈다. 백금-코발트 촉매가 특히 매력적인 듯한데, 백금-코발트 합금 시스템에서 서로 다른 조성을 찾는 다양한 연구가 진행되고 있다.

비록 백금 합금 촉매로 활성도를 높이고 PEMFC 공기극 촉매의 가격을 낮추는 것이 가능해 보이지만, 몇 가지 새로운 문제에 직면한다.

- 순수 백금 촉매와 비교해 백금 합금 촉매는 탄소 기반 지지체에 아주 높은 표면적을 가지도록 분산하여 제작하기 어렵다.
- 백금 합금 촉매에 포함된 전이금속(코발트, 크롬, 철, 니켈, 티타늄과 같은)은 침출(leaching)되면 PEMFC를 피독시킬 수 있다.
- 백금 합금 촉매의 혼합 성분은 열화, 부식 그리고 비활성화를 가속시키기 쉽다.

위의 고려사항 중에서는 침출이 가장 중요한 사안일 것이다. 침출을 방지하기 위해, 연구자들은 MEA 준비 전에 미리 침출하는 방법을 제시하였는데, 이는 백금과 제대로 합금되지 않거나 탄소표면에 부착된 비귀금속을 제거토록 설계된 것이다.[97] 미리 침출된 백금합금 촉매들은 미침출 대조군과 비교해서 현저히 낮은 피독성을 띠었으며, 여전히 순수 백금 촉매에 비해 높은 활성을 지닌다. 놀랍게도, Pt-Co 합금에서 백금보다 낮은 조대화/소결/열화 속도가 관찰되었는데, 열화 문제 또한 합금을 사용하여 개선할 수 있음을 의미한다.

비백금산소 환원 반응(ORR) 촉매 PEMFC 공기극 촉매 설계를 위한 또 다른 접근법은 저렴한 비백금 촉매 재료를 개발하는 것이다. 기본 아이디어는 촉매 성능이 감소한 만큼 비용을 감소시켜 보완하는 것이다. 하지만 어떤 비백금 촉매 후보도 가격에 상관없이 합리적인 성능을 보여야 한다.

예비적 추정을 해보면 설령 '무비용' 공기극 촉매라도 최소한 백금의 1/10만큼이라도 단위 체적당 촉매 활성도를 보여야 한다. 그 이유는 연료전지 안에 넣을 수 있는 촉매의 양에 한계가 있기 때문이다. 만약 어떤 촉매가 백금보다 10배 성능이 떨어진다면, 공기극에 그 촉매를 10배 많은 양을 심어야 한다. 이것은 촉매층의 두께를 증가시켜야만 가능한데 촉매층의 두께가 증가하면, 전기적 저항과 기체 전달 저항 또한 증가하여 서로 상충된다. 따라서 촉매층의 두께는 이온 전달, 물질 전달과 전기적 저항에 따른 손실이 비상식적으로 증가되지 않는 한도에서 현재의 최신 촉매층의 두께보다 최대 10배 정도까지만 가능하다. 상대적으로 PEMFC가 가혹한 산성 환경에 노출되기 때문에 안정적인 비귀금속 공기극 재료 후보군을 찾는 연구는 매우 도전적인 과제이다. 사실, 산성에 대한 안정성 기준 하나만으로도 모든 비귀금속과 대부분의 산화물이 배제된다. 지금까지 오직 몇몇의 가능성 있는 비귀금속 촉매 재료들이 발견되었고, 그것들 중 그 어떤 것도 백금의 1/10만큼의 성능을 내지 못했다. 그래서 지금까지 조사된 후보군은 다음에 간략하게 묘사된 금속 매크로사이클(metal−macrocycles), 혼종다중산(heteropoly acid) 촉매, 그리고 도핑된 고표면적 탄소체를 포함한다.

금속 매크로사이클. 금속 매크로사이클은 Fe나 Co 같은 전이 금속이 방향족이나 흑연 같은 탄소 구조에 결합된 여러 개의 질소원자들에 의해 안정화된 물질이다. 이런 인공 구조체들은 헤모글로빈의 활성 중심부를 모방하거나 이와 비교될 만한 것으로 여겨진다. 이런 금속 매크로사이클의 예로는 철 프탈로사이아닌(iron phthalocyanine)과 코발트 메톡시테트라페닐포르피린(cobalt methoxytetraphenylporphyrin)이 있다.[98]

혼종다중산 촉매. 혼종다중산(HPA)은 산화에 안정적인 많은 종류의 다양한 무기 산화물로, 잠재적인 PEMFC 전기 화학적 촉매로서 주목 받아왔다. 현재는 ORR 활성화 값이 실제적으로 사용하기에는 너무 낮음에도 불구하고 바나듐과 철이 대체된 HPA 촉매가 가장 잠재적으로 주목받고 있다.[100] 활성화 에너지적 문제 외에도, HPA 물질들은 수용성이기 때문에 촉매층에 영구적으로 고정/흡수시켜야 되는 도전적 문제가 있다.

도핑 탄소. Fe, N, B, 또는 다양한 다른 원소들이 도핑된 고표면적의 탄소체들은 다른 그 어떤 비 백금 촉매 대체물보다 좋은 ORR 성능을 보여왔다. 이런 물질들에서 피리딘(pyridine) 종류 결합과 π−전자 비편재화(이종가 원자 도핑에 의한)가 ORR 촉매 활성을 가져온다는 가설이 제기되고 있다. 도핑된 탄소 촉매는 두 가지 중요한 장점이 있다. 그들은 상대적으로 저렴하고, 매우 넓은 표면적을 가지도록 생산이 가능하다. 하지만 이런 도핑된 탄

소 촉매 중 가장 좋은 성능을 보인 경우라도 백금의 50분의 1밖에 성능을 내지 못한다.[95]

위에 언급된 촉매 중 그 어떤 것도 산성의 PEMFC 환경에서 백금의 1/10만큼의 성능에도 근접해있지 않으며, 상당한 안정성/열화 문제를 보인다. 특히 이런 문제들은 상당한 양의 과산화물 중간물(peroxide intermediates)을 만드는 비백금 기반의 ORR 촉매들의 일반적인 문제다. 이런 과산화물 중간물들은 대부분의 PEMFC 전해질 물질에 주요한 열화를 야기한다고 알려져 있으며 따라서 이들의 생성 반응은 피해야 한다.

이처럼 비백금 PEMFC 공기극 촉매에 대한 전망은 어둡지만, 알칼리 기반의 연료전지에서는 상황이 상당히 다르다는 것을 살펴볼 필요가 있다. 알칼리 환경에서는 가능성 있는 잠재적 ORR 촉매의 숫자가 현저히 증가하고 있다. 이는 다음 두 가지 이유 때문이다. (1) 알칼리 매체에서는 더 많은 금속과 산화물이 안정적이고, (2) ORR의 반응 속도가 알칼리 매체에서 급격히 상승한다. 이런 이유 때문에 니켈, 은, 그리고 다양한 셰브렐 상 칼코겐 화합물(chevrel phase chalcogenides; 보통 셀레늄과 몰리브덴을 함유한) 같은 많은 비백금 촉매가 매력적인 대체물로 증명되었다. 하지만 8장에서 논의되었던 바대로 산성 연료전지에서 알칼리 연료전지로의 전환은 전해질의 열화와 결부된 문제와 같은 또 다른 우려와 도전적인 과제를 발생시킨다. 독자들은 알칼리 기반 연료전지 촉매와 물질에 대한 더 심도 있는 논의를 위해 훌륭한 내용이 많은 자료문헌을 참고하기 바란다.[100–101]

9.3 SOFC 전해질 물질

이 절에서는 PEMDC 물질에서 SOFC 물질로 초점을 바꾼다. SOFC는 높은 온도에서 결함 호핑 메커니즘(defect hoping mechanism)으로 이온을 전도하는 결정성 산화물 세라믹 전해질 물질에 기반한다. 그래서 PEMFC 전해질과 달리 SOFC 전해질은 막 수화 작용에 민감하지 않아 세밀한 물 관리 시스템을 요구하지 않는다. 하지만 절대치로 본다면, 세라믹 산화물 전해질에서의 이온 전도도는 대부분의 고분자 양성자 전도체보다 훨씬 낮다. 산화물 막에서 충분히 높은 이온 전도도를 얻으려면 SOFC 장치는 700~800℃에서 동작하여야 한다.

SOFC 전해질 물질로는 많은 후보군이 있다. 가장 주목 받는 것은 이트리아 안정화 지르코니아(yttria–stablized zirconia, YSZ)와 가돌리니아 도핑 산화 세륨(gadolinia–doped ceria, GDC)이다. 4.5.3절에서 이 물질들에 대한 간단한 논의를 했다. YSZ는 SOFC 전해질 물질로 가장 널리 알려졌으며, 높은 화학적 안정성과 화학적 불활성 같은 많은 강력한 장점을 가진다. 또한 YSZ의 파괴인성(facture toughness) 값은 모든 금속 산화물 중에 가장 높은 편에 속한다. 연료전지에 가장 중요한 점으로, YSZ는 이온 전도도(충분히 높은 온도에서)가 상당히 높고, 전자 전도도가 낮거나 아예 없다.

반대로, GDC는 YSZ보다 훨씬 높은 이온 전도도를 보이지만 환원조건에서 상당한 전자 전도도를 가진다. 그래서 연료전지 환경에서 GDC의 적합성은 여전히 논의되고 있다. 하지만 이 안정성 문제에 대응하여 공기극에 GDC, 연료극에 YSZ를 이용한 GDC/YSZ '다층' 전해질이 연구되어 왔다. 박막 GDC/YSZ 전해질 복합체는 400℃ 같은 낮은 온도에서도 400 mW/cm^{2}에 달하는 높은 전력밀도를 전달하는 것으로 나타났다.[102] YSZ와 GDC 모두에 대해 다음 하위 절에서 자세히 논의할 것이다.

YSZ나 GDC 같은 플루오라이트(fluorite) 결정성 구조 기반의 물질에 추가해서 도핑된 페로브스카이트 군(doped-provskite family)에는 가능성 있는 SOFC 물질이 많다. 이런 도핑된 페로브스카이트는 A와 B가 바륨이나 지르코늄, 또는 세륨 같은 금속 원자일 때 ABO_3의 일반식을 따른다. 흥미롭게도, 어떤 도핑된 페로브스카이트는 O^{2-} 전도도를 제공하고, 반면에 다른 것들은 H^+ 전도도를 제공하기도 한다. 이런 물질 또한 산화물 기반의 세라믹 전해질이기 때문에 이 장에서 추후에 자세히 논의될 것이다.

그림 9.5는 대표적인 4개의 대표 물질 그룹인 고분자 양성자 전도체, 고체산, 산화물 이온 전도체, 그리고 양성자 전도체 산화물을 보여줌으로써 연료전지의 주요 이온-전도성

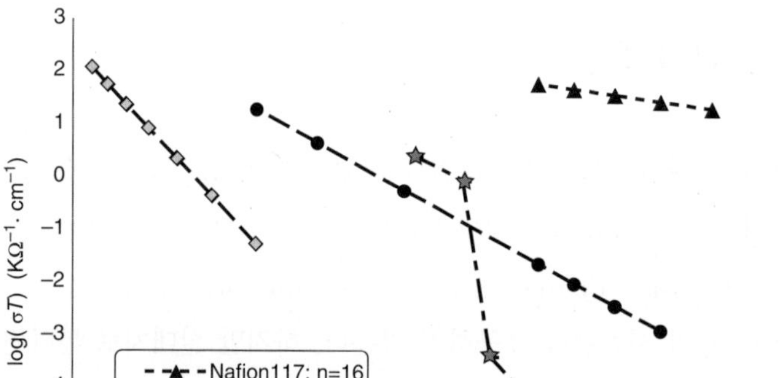

그림 9-5. 양성자 전도 고분자(Nafion), 고체산(CsH_2O_4), 산화물 이온 전도체(YSZ), 그리고 양성자 전도 산화물(BZY)의 전도도의 1/T에 대한 변화

전해질 물질들 간의 비교를 나타낸다. 특징적인 이온 전도도에 대해 앞서 논의한 바대로 (그림 4.18 참조) $\log(\sigma T)$를 $1/T$에 대하여 나타냈다. 다음 하위 절에서 O^{2-}와 H^+ 전도성의 세라믹 전해질 물질의 넓은 범위에 대한 심도 깊은 논의가 이루어질 것이다.

9.3.1 이트리아 안정화 지르코니아

고체 산화물 연료전지의 전해질 물질로 이트리아 안정화 지르코니아(YSZ)는 확실히 가장 중요한 전해질 물질이다. YSZ는 ZrO_2을 일정 비율의(일반적으로 8몰% 정도) Y_2O_3로 도핑하여 만든다. 그림 9.6처럼 기본 물질인 지르코니아의플루오라이트 결정성 구조(AO_2의 일반식을 갖는 칼슘 플루오라이트 CaF_2와 마찬가지로)를 유지한다. 이 그림에서 밝은 색의 공은 산소 원자를 나타낸 것이고, 더 어두운 공은 양이온이다. YSZ에서 매번 2개의 지르코늄 양이온(Zr^{4+})은 2개의 이트륨 양이온(Y^{3+})로 대체되고, 1개의 산소(O^{2-}) 이온이 있던 위치는 전하 균형을 맞추기 위해 비어있는 상태로 남는다. 4.5.3절에서 공부했듯이, 이트리아 함유량이 증가하면 이는 곧 비어있는 산소 이온 위치를 증가시키고, 따라서 높은 O^{2-} 전도도를 야기한다. 1개의 원자를 다른 원자가의 원자로 치환하는 것을 이종 원자가 도핑(aliovalent doping)이라고 한다.

사용 가능한 공동이 많아질수록 단위 시간당 더 많은 산소 이온이 전달 가능해지고, 따라서 전도도가 상승한다. 하지만이 전도도는 계속 증가하기보다는 감소가 시작되기 때문에 도핑할 수 있는 양의 최대치가 있다. 공동의 농도가 증가하면서 불순물(dopant)과 공동 사이의 정전기적 상호 작용이 증가하고, 궁극적으로 산화 이온과 산화 이온 공동의 이동

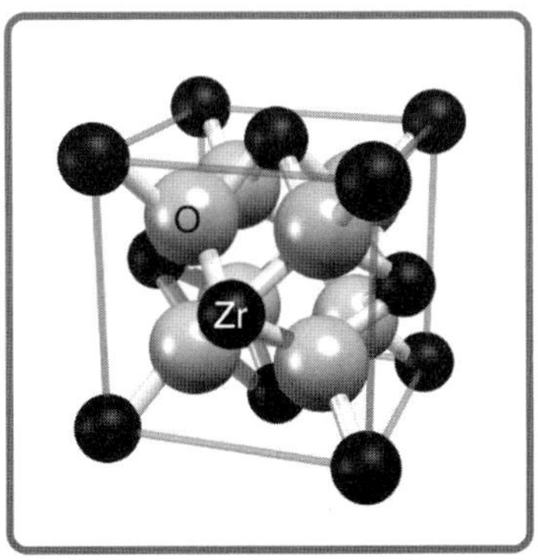

그림 9-6. 안정화된 지르코니아와 도핑된 세리아의 플루오라이트(fluorite) 결정성 구조

성을 방해한다. 사실, 공동과 불순물은 낮은 에너지 결합을 형성할 것이다. 공동과 불순물 사이의 공간이 작아질수록 더 많은 결합이 형성될 것이다. 공동과 불순물 사이의 거리가 가까워지면, 이온 이동성에 대해 장벽이 더 커지거나 빈 공동과 불순물 사이의 결합이 더 강해진다. 전도도를 향상시키는 공동의 비율 증가와 이와 동시에 형성되는 방해 결합의 균형으로 인해 전도도는 Y_2O_3의 몰농도가 6%에서 8% 사이일 때 가장 높다.

9.3.2 도핑된 세리아

도핑된 세리아는 SOFC 적용에 적합한 특성을 가진 또 다른 일반적인 산소 이온 전도성 세라믹 물질이다. 도핑된 세리아 물질은 세리아(CeO_2)를 이종가 란탄족 금속으로 도핑함으로써 $Ce_{1-\delta}(Ln)_\delta O_{2-1/2\delta}$의 일반식을 갖는 형태로 표시할 수 있다.

도핑된 세리아의 첫 번째 장점은 일반적으로 YSZ보다 높은 이온 전도도를 보인다는 것이다. 이 상대적인 전도도 장점은 저온에서 특히 중요하다. 이온 전도도는 불순물 이온의 종류와 농도에 매우 의존적이며, 세리아의 경우에는 Sm이나 Gd로 도핑한 경우에 가장 높은 전도도를 보인다. 사마리아(Sm)와 가돌리니아(Gd)로 도핑된 세리아 물질은 SDC와 GDC로 줄여 쓴다. SDC와 GDC를 위한 최적의 불순물 농도는 보통 10~20%의 범위 안에 있다. 예를 들어, SOFC 적용을 위한 전해질의 일반식은 $Ce_{0.9}Gd_{0.1}O_{1.95}$인데, 이는 보통

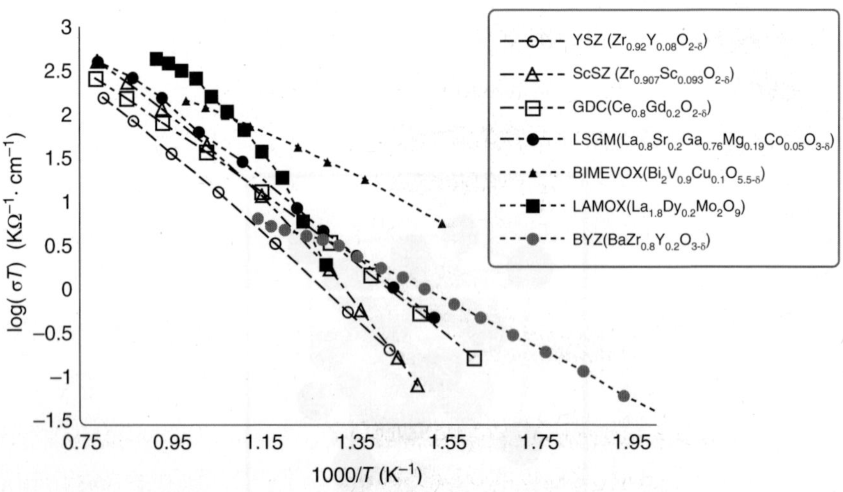

그림 9-7. 이 장에서 논의된 다양한 전해질 물질 그룹 중에서 대표적인 예들의 이온 전도도. 전도도는 산소 이온에 대한 것이고, 예외적으로 BYZ는 양성자의 전도도이다.

GDC10이나 GCO10으로 줄여 쓴다. GDC10은 500℃에서 0.01 $S \cdot cm^{-1}$이온 전도도를 보인다.[103] 안정화 지르코니아처럼 도핑된 세리아도 플루오라이트 구조를 보인다. 그림 9.7은 이 장에서 다룬 몇몇의 다른 전해질 물질과 GDC20($Ce_{0.8}Gd_{0.2}O_{1.9}$)의 이온 전도도를 보여주고 있다.

YSZ와 비교하여 상대적으로 높은 GDC의 전도도를 야기하는 요소들을 이해하는 것은 도움이 된다. 제일 중요한 원인은 기존의 이온의 크기와 비교해서 이를 대체하는 불순물 이온의 상대적인 크기이다. 공동을 만듦으로써 산소 이온 전도도를 야기하는 이종가 도핑과 도핑 농도가 높아짐에 따라 최고점까지 상승하다가 다시 감소하기 시작하는 전도도를 생각해보자. 이 전도도 감소는 불순물 이온과 산소와 공동 사이에서 상호작용의 상승 때문이다. 원래 이러한 상호작용은 중성 격자 안에서 불순물 이온과 공동이 서로 반대의 전하를 가진 듯이 행동하는 쿨롱 효과(Coulombic effect)라고 주로 여겨졌다.[106] 하지만 만약 이 효과가 순수하게 쿨롱 효과라면, 상대적으로 같은 양의 전하를 띠는 모든 불순물(예를 들어 Y^{3+}, Sc^{3+}, La^{3+})은 정확히 같은 정도의 전도도 상승을 가져와야 하지만, 실제로 그렇지 않다. 대신에 전하보다 크기가 가장 중요한 요인으로 밝혀졌다. 이러한 점 결함(point defect) 사이의 상호작용은 불순물 이온과 대체된 이온의 크기의 불일치에 의해 결정 격자에 생긴 탄성 변형 때문으로 밝혀졌다. 더 나아가 좋은 산소 이온 전도체를 만들기 위해서 결정 격자가 가능한 한 영향을 받지 않는 것이 더욱 바람직하다고 보여진다. 그래서 가장 좋은 불순물은 원래 이온의 크기와 최대한 비슷한 불순물이다. GDC의 경우에는 바탕이 되는 이온과 불순물 이온이 거의 흡사한 크기를 갖고 있고(YSZ의 경우에는 더욱 그렇다), 이는 유효한 불순물의 함량을 높이고, 이온 전도도를 더욱 증가시킨다.[106]

불행히도 도핑된 세리아 물질은 SOFC 전해질에 적용하기에 몇 가지 중대한 결점을 안고 있다. 도핑된 세리아의 최대 단점은 환원 조건에서(즉, 연료극) Ce^{4+}가 부분적으로 Ce^{3+}로 환원된다는 점이다. 이는 n타입 전자 전도도를 유발하는데, 이는 부분적인 내부 전기 단락을 유발하고 이 문제는 온도 상승과 더불어 더욱 불거진다. 두 번째 단점은 환원 조건에서 세리아가 화학적으로 확장되어 [공기 중에서의 정상적인 원자가(valency)에 비해 비화학량성(nonstoichiometry)을 가지게 되므로] 이 격자 확장이 기계적인 결함을 일으킨다는 것이다.[103]

실험은 GDC10이 GDC20보다 환원에 더 잘 견딘다는 것을 보여주었다. GDC10의 온도에 따른 전자 전도도와 이온 전도도 변화는 그림 9.8에 나타나 있다. 이 그림은 550℃ 이상의 연료극에서는 전자 전도도가 이온 전도도보다 더 크다는 것을 나타낸다.[103] 도핑된 세리아의 이러한 단점은 예를 들면, 공기극에 닿아있는 GDC layer와 연료극에 닿아 있는 다른 고체 전해질(가령 YSZ 같은)과 결합시켜 다중층을 만드는 방법으로 부분적 해결이 가능하다. 하지만 다중층 전지는 전해질 층 사이의 계면에서 형성되는 낮은 전도도를 가진 반응 생성물의 형성과 미소 균열을 발생시키는 전해질 층 사이의 열팽창 불균형 때문에 성능적인 측면에서 문제가 있다.

앞선 논의를 요약하면, YSZ에 비해 GDC가 가지는 강점은 GDC의 높은 전도도가 가장 두드러지고, 전기 전도도 및 기계적 불안정성과 관련된 의한 결함이 억제될 수 있는 낮은 온도에서 가장 현실적이다.

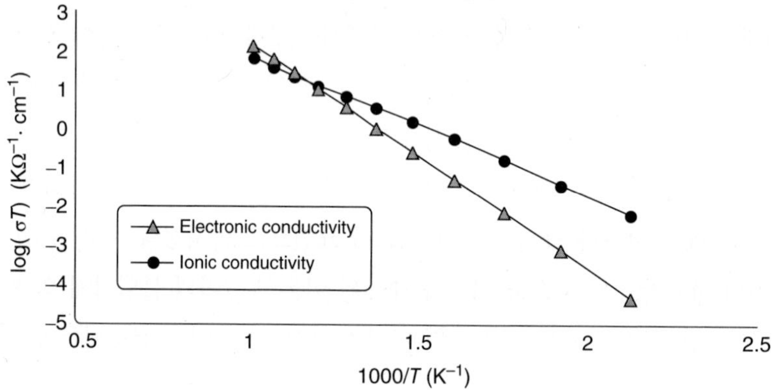

그림 9-8. 환원 환경에서 CGO10(GDC10)의 이온 전도도와 전자 전도도(10%H_2, 2.3% H_2O) [103]

9.3.3 비스무트 산화물

비스무트 산화물(Bismuth Oxides; Bi_2O_3)은 한 가지 이상의 결정 구조로 존재할 수 있는 특성을 뜻하는 **다형성**(*polymorphism*)을 가지고 있다. 사실 Bi_2O_3는 상온에서 $\alpha-Bi_2O_3$로 표현되는 단사 결정 구조를 포함한, 4개의 결정학적 다형체를 갖고 있다. 727℃ 이상으로 가열되면서 녹는점인 824℃에 도달하기 전까지 유지되면, 이 단사 구조는 입방체 플루오라이트-타입 결정 구조로 변형된다(β와 γ로 표시되는 다른 2개의 준안정성 중간 상이 존재한다). 산소 이온 전도체에서 가장 높은 이온 전도도가 측정되었기 때문에 고온의 δ상은 Bi_2O_3가 SOFC 전해질 물질로 유력하게 여겨지는 첫 번째 이유다.[107] 750℃에서 $\delta-Bi_2O_3$의 전도도는 보통 YSZ나 심지어 GDC보다도 훨씬 높은 1 S · cm^{-1} 정도다. δ상의 전도도는 대개 O^{2-}가 주 대전 입자인 이온의 전도도다. 이 예외적으로 높은 전도도는 $\delta-Bi_2O_3$가 단위 셀 안의 8개의 산소 위치 중 2개 자연적으로 비어 있어서 본질적으로 '결함이 있는' 플루오라이트-타입 결정 구조를 갖고 있는 것에서 기인한다. 이는 매우 높은(25%)의 산소 공동 비율을 초래한다.

δ-Bi_2O_3의 예외적으로 높은 전도도는 고온의 δ상을 낮은 온도로 안정화시키려는 노력을 유도했다. 안정화는 비스무트 원자를 희토류 불순물(Y, Dy, 또는 Er 같은)이나 W, Nb 같은 높은 원자가의 양이온으로 대체함으로써 달성했다. 그 결과, 도핑된 Bi_2O_3 물질은 낮은 온도에서도 높은 이온 전도도를 유지한다. Er-와 Y-가 함유된 이성분계 중에서 $Bi_{1-x}Er_xO_{1.5}$으로 표시되는 물질에서는 Er의 농도가 대략 20%, $Bi_{1-x}Y_xO_{1.5}$으로 표시되는 물질에서는 Y의 농도가 23~25% 범위에 있을 때 전도도가 최댓값을 가진다.[103]

안정화된 δ-Bi_2O_3에 더하여 높은 이온 전도도는 BIMEVOX계 물질을 알려지도록 만든 안정화 γ-비스무트 바나듐산염(γ-$Bi_4V_2O_{11}$)의 특성이다. δ-Bi_2O_3와 비교하여 BIMEVOX족 물질은 중간 정도의 온도에서 더 나은 상 안정성을 가진다. γ-비스무트 바나듐산염의 안정화는 바나듐을 Cu, Ni, 또는 Co 같은 전이 금속 양이온으로 대체하여 완성된다. $Bi_2V_{1-x}Cu_xO_{5.5-\delta}$(이 물질의 전도도는 그림 9.7에 나와 있다)나 $Bi_2V_{1-x}Ni_xO_{5.5-\delta}$을 포함하는 높은 전도성의 BIMEVOX 세라믹의 예들은 7~12%의 도핑 농도에서 최고의 전도도를 보여준다.

불행히도, δ-Bi_2O_3-와 BIMEVOX 기반의 물질들은 SOFC 시스템에 실제로 사용되기 전에 상당한 수준의 진전이 이루어질 필요가 있다. 도핑된 δ-Bi_2O_3 물질은 순수한 Bi_2O_3에 비해 상당히 향상된 안정성을 보여주는 반면, 이 물질들은 500~600℃ 이하에서 아직 준안정 상태를 보여주고, 때문에 느린 상변형이 발생하면서 시간에 따라 전도도가 손실된다. δ-Bi_2O_3을 기반으로 하는 물질의 다른 단점은 높은 전자 전도도, 중간 온도에서 비스무트 산화물의 휘발, 높은 부식성, 그리고 낮은 기계적 강도 등을 포함한다. BIMEVOX 물질의 경우에는 높은 화학 반응성과 낮은 기계적 강도가 단점이라고 할 수 있다.

9.3.4 $La_2Mo_2O_9$ 기반 물질(LAMOX족 물질)

LAMOX류로 알려진 물질의 모화합물은 $La_2Mo_2O_9$다. 비스무트 산화물처럼 전도도의 극적인 향상이 동반되는 높은 온도에서의 상변화로 인한 다형성을 보여준다. 600℃ 근처에서 $La_2Mo_2O_9$의 α상에서 β상으로 변화하면서 이온 전도도가 대략 100배 증가하여 약 720℃에서는 0.03 $S \cdot cm^{-1}$까지 도달한다.

SOFC에의 적용을 위해 조사되는 다른 신물질처럼, LAMOX 물질도 여전히 실제 적용 전까지는 상당한 발전을 필요로 한다. 하지만 고립 전자쌍 대체(lone pair substitution, LPS)라 알려진높은 전도도를 야기하는 고유의 특별한 메커니즘 때문에 매우 흥미로운 물질이다. LPS는 산소 이온 전도체의 대체물을 개발할 수 있는 잠재적이고 새로운 접근법을 제시하기 때문에 흥미로운 개념이다. 고립 전자쌍은 다른 원자들과 결합되거나 공유되지 않는 원자가 전자쌍을 말한다. Lacorre 등의 연구자들은 β-$La_2Mo_2O_9$의 높은 전도도 원인은, 결정 안에서 고립 전자쌍이 구조 요소로 작용하는 β-$SnWO_4$의 입방체 격자 구조와 그 문맥을 같이 한다고 제안했다. Sn 대신 La, 그리고 W 대신에 Mo가 있다는 점만 제외하면, $La_2Mo_2O_9$는 β-$SnWO_4$($Sn_2W_2O_8$)와 구조적으로 흡사하다고 알려져 있다. β-$SnWO_4$는 Sn^{2+} 양이온과 결합된 고립 전자쌍을 가지지만, La^{3+} 양이온이 대체되면, 대신 1개의 산소 이온과 1개의 산소 공동이 생성되어 β-$La_2Mo_2O_9$에는 높은 산소 이동성을 발현한다.

앞서 논의된 Bi_2O_3 물질들처럼 $La_2Mo_2O_9$는 고온의 β상에서만 좋은 이온 전도체다. 하지만 Bi_2O_3와 마찬가지로, 도핑을 통해 고온의 β상을 낮은 온도로 안정화시킬 수 있다. 안정화된 고전도도 복합체의 예시들로는 $La_{1.7}Bi_{0.3}Mo_2O_{9-\delta}$, $La_2Mo_{1.7}W_{0.3}O_{9-\delta}$와 $La_2Mo_{1.95}V_{0.05}O_{9-\delta}$을 들 수 있다. 하지만 도핑된 세리아처럼, LAMOX 물질은 환원에 민감하고 전자 전도도는 온도를 따라 증가한다. 그래서 SOFC 전해질 물질로서의 잠재력은 산화 환경과 중간 온도 범위에 가장 적합하다. 어떤 $La_2Mo_2O_9$ 기반의 물질은 중간 정도의 산소압에서 열화를 보이기도 한다. 대체물을 이용한 도핑과 다른 전략들이 현재 이런 문제들을 보완하기 위해 연구되고 있다.

9.3.5 산소 이온 전도성 페로브스카이트 산화물

페로브스카이트 산화물 물질은 A와 B는 금속 원자, O는 산소인 ABO_3 일반식을 따른다. 페로브스카이트 결정 구조는 그림 9.9에 나와있다. 페로브스카이트 구조는 불순물 대체가 가능한 2개의 서로 다른 금속 양이온 위치가 있기 때문에 넓은 범위의 가능성이 있는 이온 전도성 물질이다. 페로브스카이트 산화물은 산소 이온 전도도나 양성자 전도도, 또는 두 가지 모두를 보여줄 수 있다. 이번 절에서는 산소 이온 전도성 페로브스카이트에 대해 다룰 것이다. 지금까지 주요 산소 이온 전도성 페로브스카이트의 조사에 따르면, 갈산 란타늄($LaGaO_3$)이 SOFC 전해질 적용 물질에 가장 유력한 후보로 드러났다.

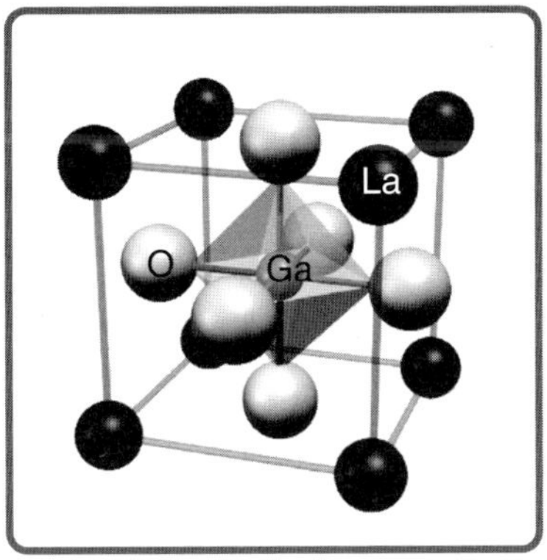

그림 9-9. 산소 이온 전도성 물질인 $LaGaO_3$, 그리고 양성자 전도성 물질인 $BaZrO_3$로 나타낸 페로브스카이트 구조

스트론튬, 칼슘 또는 바륨 등의 알칼리 토류 원소로 란타늄 중 일부를 대체함으로써 $LaGaO_3$는 높은 산소 이온 전도도를 갖는다. 이전 절에서 논의했던 것처럼 최소한의 격자 뒤틀림은 가장 높은 산소 이온 이동성을 야기한다. 이 때문에 스트론튬이 앞에서 언급한 세 가지 불순물 후보군 중 최고의 선택이다. 갈륨 중 일부가 Mg^{2+}같은 2가 금속 양이온으로 대체되면 산소 동공 비율(즉, 전도도)은 더욱 증가할 수 있다. 이러한 이중 대체법은 LSGM류으로 알려진 $La_{1-x}Sr_xGa_{1-y}Mg_yO_{3-\delta}$ 같은 복합 산화물 화학량식을 가지는 물질을 만든다. LSGM의 이온 전도도는 예를 들면 $La_{0.9}Sr_{0.1}Ga_{0.8}Mg_{0.2}O_{3-\delta}$처럼 불순물 Sr에 대해서는 10~20% 범위의 농도, 불순물 Mg에 대해서는 15~20%의 농도일 때 극대화된다. 더욱이, LSGM은 갈륨 위치에 코발트 같은 다양한 원자가의 추가적인 전이 금속 불순물 양이온을 적은 양(3~7% 농도 이하)을 넣어 전도도를 더욱 향상할 수 있는 것으로 알려졌다.[103-108] 이러한 추가 도핑은 LSGM의 이온 전도를 더욱 향상시키고, 전자 전도도는 증가하지 않거나 약간만 증가할 뿐이다.

LSGM의 전도도는 모두 이온으로만 발생하며, 넓은 범위의 산소 분압과 1000℃까지의 넓은 범위의 온도에서 YSZ보다 더 높다. 따라서 LSGM 기반의 SOFC는 YSZ 기반의 대조군과 비교하였을 때 다소 낮은 온도에서도 작동할 수 있다. 하지만 더욱 낮은 온도(<700℃)에서는 LSGM의 이온 전도도가 GDC만큼 높지는 않다. 게다가 LSGM은 GDC보다 상당히 비싼 단점이 있다. 하지만 LSGM의 전해질 작동 영역은 낮은 산소 농도 환경까지 포함하기 때문에 GDC만큼 쉽게 환원되지 않는다. 마지막으로 LSGM의 열팽창이 상대적으로 적고, YSZ와 비슷하다. 그러므로 700~1000℃의 중간 온도 영역에서는 SOFC 전

해질 적용 물질로는 LSGM이 제일 매력적인 물질이라 할 수 있다(대표적인 LSGM 물질의 이온 전도도는 그림 9.7에 나타나 있다).

$LaGaO_3$ 기반 물질의 단점은 갈륨 산화물의 휘발 가능성, 공정 중의 불필요한 2차상 형성, 갈륨의 상대적으로 비싼 단가, 그리고 산화 조건 하에서 일반적인 공기극 전극 물질의 대부분과의 상당히 높은 반응 가능성 등을 들 수 있다. 이는 B-위치 치환의 안정화와 공정 기술의 완성도 높은 최적화 등을 통해 부분적으로 해결 방법을 고민해볼 수 있을 것이다. 또 다른 $LaGaO_3$ 기반 물질의 단점은 SOFC 연료극의 전기 화학적 촉매로 가장 흔한 니켈과의 반응성이다. 이 문제는 전해질과 연료극 사이의 세리아 완충층을 통해 해결될 가능성이 있다.

9.3.6 양성자 전도성 페로브스카이트

앞서 말한 대로, 페로브스카이트 산화물은 가끔 산소 이온 전도도 대신 (또는 추가적으로) 양성자 전도도를 보이는 특성이 있다. 페로브스카이트의 양성자 전도도는 산소 공동이 OH^- 결손으로 수화되어 발생한다. 이러한 OH^- 결손은 페로브스카이트 물질이 높은 온도에서 수증기에 노출될 때 이뤄진다. 물에 노출되는 것에 더하여 페로브스카이트 격자 내의 산소 공동이 H_2O로 '채워지면', 물질로 H^+ 이온이 들어가는 결과를 낳는다. 이러한 H^+ 이온이 완전히 '자유'롭지는 않지만, 대부분 산소 이온과 각각 결합하게 된다. 따라서 보통 페로브스카이트 격자 내의 양성자의 성질을 설명할 때, 자유 H^+ 이온보다 OH^- 결손을 언급하게 된다.

이런 방법으로 들어간 양성자가 산소 이온과 잘 결합하기는 하지만, 그 결합 에너지가 그렇게 크지는 않기 때문에 중간 온도에서 양성자가 1개의 산소 이온으로부터 다음 산소 이온으로 '건너뛰는(hopping)' 방식으로 상당히 쉽게 이동할 수 있다. 이런 양성자 전도는 대부분의 PEMFC 전해질 물질과 연관되는 수송체에 의한 '액체 같은' 과정이 아니라 격자 확산 원리를 통해 발생한다.(사실, 페로브스카이트 양성자 전도는 단지 2~3%의 상대 습도 환경에서도 매우 잘 발생한다!)

양이온과 산소 이온의 결합이 약하기 때문에 매우 높은 전도도를 얻을 수 있다(500℃에서 약 0.1 $S \cdot cm^{-1}$의 전도도가 관찰됨).[108] 약 600℃ 밑으로는 양이온 이동이 전도도에 지배적인 영향을 끼친다. 예를 들어, $BaCe_{0.95}Sm_{0.05}O_3$의 이 온도 범위에서 양성자 수율(transference number)은 약 0.85이다.[108] 그러나 이 온도 범위보다 높은 경우에는 대부분의 페로브스카이트 물질이 점차 탈수되고, 산소 이온의 전도도가 양이온 전도도에 비해 지배적이게 된다. 게다가 양이온을 전도하는 많은 페로브스카이트 물질이 부분적으로 전자(정공, hole) 전도도를 띠기도 한다. 이런 이유로 GDC처럼 전해질 단락(short)이 발생할 수 있으며 결과적으로 OCV를 떨어트릴 수 있다. 양이온 전도 페로브스카이트에서는 이러한 기생적인 정공 전도도가 건조한 산화 환경에서 가장 일반적으로 나타난다. 산소이온 전도체처럼, 도핑된 물질 농도가 중간 정도일 때 양이온 전도도가 최곳값을 갖고 또한 기반 물질의 구조와 사이즈에 맞는 도핑 물질을 선택함으로써 양이온 전도도를 최대화 시킬 수 있다.

페로브스카이트 물질의 양이온 전도도에 관한 연구는 처음에는 4가(tetravalent)인 Ce^{4+} 자리가 Y^{3+}, Gd^{3+}, Nb^{3+} 같은 3가(trivalent)의 도핑 양이온에 의해 부분적으로 대체된 $SrCeO_3$, $BaCeO_3$ 족들에 대해 이루어졌다. 도핑을 통해 만들어진 페로브스카이트 물질의 대부분은 높은 양이온 전도도를 갖고 있지만, 이산화탄소(CO_2) 환경에서 화학적으로 매우 불안정한 단점도 있다. 이런 문제로 인해 이트륨이 도핑된 바륨 지르코산염(Y:$BaZrO_3$ 또는 BYZ) 같은 도핑된 지르코산염 페로브스카이트 족들이 대두되었다. BYZ는 높은 양이온 전도도와 이산화탄소 환경에서의 화학적 안정성을 바탕으로 주목 받는 세라믹 양이온 선도체이다. 세라믹 양이온 전도체를 만드는 데 가장 큰 어려움 중 하나는 도핑된 $A^{2+}B^{4+}O^{3}$ 페로브스카이트 물질의 화학 조성에 관한 것이다. 이 물질에 3가 이온이 도핑될 경우 본래 의도한 B^{4+} 이온 자리에 있는 것이 아니라 A^{2+} 양이온 자리에 있을 가능성이 이런 문제를 야기한다. B^{4+} 자리 대신에 A^{2+} 자리에 부분적으로 들어찬 도핑 이온으로 인해 산소 결핍 자리가 더 적게 생성되고 결과적으로 기대한 값보다 더 낮은 전도도를 보인다.

9.4 SOFC 전극/촉매 물질

고분자 전해질막 연료전지(PEMFC)와 마찬가지로 고체 산화물 연료전지(SOFC) 전극 물질 또한 다공성, 높은 전기 전도도, 그리고 높은 촉매 반응성을 모두 필요로 한다. 게다가 SOFC의 높은 작동 온도로 인해 물질 선택에 추가적인 어려움이 있다. 예를 들어, 보편적인 전기 전도체인 탄소나 대부분의 금속은 SOFC의 고온 환경에서 안정적이지 못하다. 게다가 전극 물질은 SOFC의 시동과 정지를 반복하는 동안 경험하는 열 사이클에도 기계적으로 견딜 수 있어야 한다. 가혹한 운전 조건에서의 열적, 화학적 안정성을 확보하기 위해 대부분의 SOFC 전극 물질은 전기 전도가 가능한 세라믹 물질이거나 서멧(cermets)이라고 하는 세라믹/금속 혼합체이다.

SOFC 전극/촉매 물질의 필요조건은 다음과 같다.

- 높은 촉매 반응성
- 높은 전기 전도도
- SOFC 작동 조건에서의 우수한 열적/화학적 안정성
- SOFC 전해질 및 각종 연결부 재료와의 고온 호환성(예: 비슷한 열팽창률, 제한된 반응성)
- 고온 작동과 운전-정지 반복에 의한 열 사이클에서의 우수한 내구성
- 유연한 연료 사용, 불순물에 대한 내성 (탄화수소 연료로 작동할 경우)
- 점결(coking) 저항 요구 (탄화수소 연료로 작동할 경우)
- 저렴한 생산단가

9.4.1 SOFC 이중층 방식

PEMFC 전극과 마찬가지로, 대부분의 SOFC 전극도 이중층(dual-layer) 구조로 이루어져 있다. 전해질과 맞닿아 있는 첫 번째 층은 매우 얇은(대개 10~30 μm) 촉매 활성 기능층으로, 전기화학 반응을 위한 밀도 높은 삼상계면(TPB)이 존재함과 동시에 전자와 이온 전도를 위한 길을 제공한다. 훨씬 더 두꺼운(100 μm~2 mm) 두 번째 다공성 전극층 또한 자주 사용된다. 이 두꺼운 전극층은 촉매층을 보호하고 지지하며, 우수한 전기 전도도와 기체 도달을 위한 높은 다공성 또한 갖추고 있다. 이 두 번째 전극층은 SOFC의 주요 구성 요소이므로, 셀의 나머지 요소들과 열적 호환성을 갖춰야 한다. 아래 박스에 SOFC 전극-막 조립체(membrane electrode assembly, MEA)의 몇 가지 전형적인 종류를 소개한다.

SOFC 전극-막 조립체 제조

SOFC MEA 제조 방법은 PEMFC의 것과는 매우 다르다. SOFC에 쓰이는 물질은 대부분 취성이 큰 세라믹이고 SOFC의 특성상 열 사이클에 노출되기 때문에 연료극, 공기극, 그리고 전해질 간 열적 호환성을 갖춰야 한다. SOFC MEA 제조 방법은 대표적으로 세 가지가 있는데, 그림 9.10에 나와 있듯이 전해질 기반 MEA, 공기극 기반 MEA, 그리고 연료극 기반 MEA로 나뉜다. 각 제조법은 장단점이 있다.

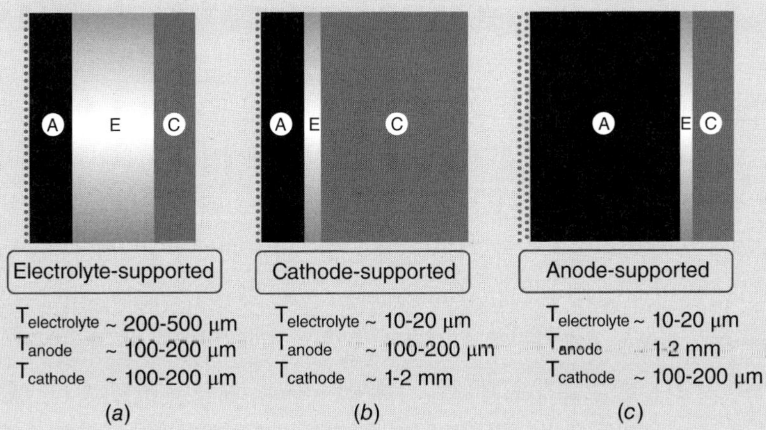

그림 9-10. SOFC MEA 제조 방법. (a) 전해질 기반(전해질이 전체 셀을 구조적으로 지지한다), (b) 공기극 기반(공기극이 전체 셀을 구조적으로 지지한다), (c) 연료극 기반(연료극이 전체 셀을 구조적으로 지지한다)

전해질 기반 MEA. 대부분의 초기 SOFC 시제품은 이 방법을 바탕으로 설계됐다. 이 구조에서는 연료전지의 MEA 중 전해질이 가장 두꺼운 부분이고($t_{electrolyte} > 100\ \mu m$), 전체 MEA의 구조적 지지체 역할을 한다. 전해질은 두껍고 치밀하게 만들어진 뒤에 강도를 확보하기 위해 굽는 과정을 거친다. 이후 얇은 다공성의 연료극과 공기극 층이 스프레이 코팅(spray-coating), 딥 코팅(dip-coating), 또는 테이프 캐스팅(tape-casting) 등의 공정을 통해 전해질의 양면에 증착되고 MEA를 다시 굽는다. 전해질 기반 SOFC는 대체로 좋은 기계적 성질을 갖는데, 구체적으로는 기계적으로 튼튼하고, 박리 현상과 열충격에 대한 내성이 있다. 하지만 두꺼운 전해질로 인한 높은 오믹(ohimc) 저항이 (혹은 그로 인한 높은 작동온도의 필요성) 단점이다.

공기극 기반 MEA. 공기극 기반 MEA 설계에서는 공기극이 가장 두껍고($t_{cathode}$ > 1 mm) 전체 MEA의 구조적 지지를 담당한다. 먼저 공기극 전극 파우더(주로 LSM)를 결합제와 기공형성제(주로 카본 블랙 또는 녹말)와 함께 섞음으로써 두껍고 다공성인 공기극을 만든 후 압출 성형, 다이프레스(die-pressing), 또는 테이프캐스팅하여 원하는 형상의 공기극을 성형한다. 그후, 공기극의 한 면에 얇고(10~30 μm) 고운 표면을 가진 혼합계면층(mixed interfacial layer)의 LSM+YSZ를 증착한다. 이 계면층의 목적은 이온 전도체(YSZ)와 전기 전도체(LSM)을 직접 섞음으로써 삼상계면을 최대한 늘리기 위한 것이다. 또한 이 층은 두꺼운 공기극보다 더 치밀한 구조를 갖고 있는데, 덕분에 다음 단계인 치밀한 전해질 증착이 한층 더 쉽다. 다음으로는 전해질 파우더(주로 YSZ)를 분산제와 용매(주로 알코올)와 함께 섞어 전해질 슬러리를 만든다. 스프레이 코팅, 딥 코팅, 또는 스크린 프린팅 등의 방법을 통해 공기극 위에 이 슬러리를 얇고 밀도 높게 코팅하고 난 뒤 이 공기극+전해질 복합체를 굽는다. 이 얇은(< 20 μm) 전해질 층을 결함 없이 만들려면 증착 과정과 굽는 과정에서 세심한 주의가 필요하다. 마지막으로 연료극 슬러리를 만들고(전해질 슬러리와 마찬가지 방법이지만 YSZ+NiO 파우더를 사용해서), 스프레이 코팅, 딥 코팅, 또는 스크린 프린팅의 공정을 통해 얇은(200 μm) 연료극 층을 전해질 위에 증착한다. 연료극 증착 후 전체 MEA를 한 번 더 구우면 전체 제조 공정은 끝난다. 공기극 기반 MEA의 기계적 특성은 전해질 기반 MEA보다 좋지 않은 경향이 있고, 금이 가거나 박리 현상이 발생하기도 한다. 또한 공기극의 두꺼운 구조는 산소의 물질 전달 저항을 크게 키워 결과적으로 산소 물질 전달 손실을 키운다. 반면, 전해질의 두께는 훨씬 얇아져 셀의 오믹 저항은 획기적으로 낮아진다. 전체적으로는 오믹 저항 감소로 인한 성능 개선이 산소 물질 전달 저항 증가로 인한 성능 감소보다 크기 때문에 공기극 기반 MEA는 대체적으로 전해질 기반 MEA보다 성능이 좋다.

연료극 기반 MEA. 연료극 기반 MEA 설계에서는 연료극이 가장 두껍고(t_{anode} > 1 mm) 전체 MEA의 구조적 지지를 담당한다. 공정은 기본적으로 공기극 기반 MEA 공정과 비슷하다. 두꺼운 다공성의 연료극 구조를 NiO와 YSZ 파우더를 섞어 만들고 난 후 기공도를 줄인 얇고 고운 표면의 연료극 층을 증착하고 이 위에 얇은 전해질과 공기극 층을 증착한다. 공기극 기반 MEA와 마찬가지로 연료극 기반 MEA의 기계적 성질도 대부분 전해질 기반 MEA 만큼 튼튼하지 못해 깨지거나 박리 현상이 문제가 된다. 연료극 기반 MEA에서는 연료 물질 전달 저항이 큰 값을 갖는다. 그러나 이는 공기극 기반 전지의 산소 물질 전달 문제만큼 크진 않은데, 여기에는 두 가지 이유가 있다. (1) 공기극에는 이미 21%로 희석된 산소(공기 중

산소비율은 21%)를 공급하는 것과 같지만, 연료극에는 보통 연료 100%를 공급한다. 따라서 이런 차이로 인해 연료극과 공기극의 농도 분극이 다섯 배로 차이난다. (2) 연료극에 탄화수소 연료를 직접 공급하는 경우에는 연료가 연료극 내에서 전기 화학적 활성 계면에 도달하기 전까지의 체류 시간을 늘려 개질률을 올릴 수 있기 때문에 두꺼운 연료극 구조가 오히려 바람직하다. 따라서 두꺼워진 연료극 전극은 실질적으로는 탄화수소 연료를 사용하는 연료전지의 성능을 개선할 수 있다. 이런 이유로, 대체로 연료극 기반 MEA가 세 가지 MEA 설계 방법 중 가장 뛰어난 성능을 보이며, 따라서 산업적인 용도나 학술적인 용도로 모두 활발히 개발되고 있다.

9.4.2 Ni-YSZ 서멧 연료극 물질

현재 대부분의 SOFC는 Ni-YSZ 서멧(cermet) 연료극을 사용한다. Ni-YSZ 서멧 물질은 앞 절에서 언급한 대부분의 전극 요구조건을 만족하는 데다가 몇 가지 강력한 이점도 갖고 있다. 보통 NiO와 YSZ 파우더를 소결시켜서 Ni-YSZ 서멧 연료극을 제소한나. 소결하고 난 산화물은 연료 가스에 노출되면서 환원되고(NiO가 Ni 금속으로 환원됨) 다공성의 Ni-YSZ 서멧 구조가 완성된다.

Ni-YSZ 서멧 연료극에서 Ni은 전기 전도도와 촉매 반응성을 제공하고 YSZ는 구조적 뼈대를 제공하여 열팽창 호환성이 개선되고 Ni의 응고과정 및 연료전지 작동 동안 발생하는 Ni의 결정립 조대화를 방지하는 역할도 한다. YSZ 또한 전극이 이온 전도도를 가지게 하여 삼상계면을 효과적으로 넓히게 된다. Ni과 YSZ는 기본적으로 섞이지 않고 매우 넓은 온도 범위에서 서로 반응하지 않기 때문에 환원 환경에서, 심지어 높은 온도에서도 Ni-YSZ 연료극은 화학적으로 안정적이다. Ni-YSZ의 열팽창 계수는 YSZ 전해질과 비슷하여 열팽창 계수 차이로 인한 응력이 발생할 일이 없어 금이 가거나 박리되는 결함을 걱정할 필요가 없다. 게다가 Ni-YSZ 경계에서 전기화학 반응과 관련된 고유한 전하 이동 저항이 매우 낮기 때문에 우수한 전기촉매적 성능을 낸다.

앞서 논의하였듯이, 다층 구조의 연료극 설계는 SOFC의 성능을 향상시킨다. 이층 구조의 제조법은 앞서 글상자에서 기술했고, 추가적인 개선 방안에 대해 근래의 다양한 연구가 진행되고 있는데 예를 들면, 이층 이상의 구조를 사용하거나 연속적으로 변하는 기공도를 갖는 층을 사용하는 것이다. 이 모든 설계 방식을 통해 실제로 제조할 때는 기공의 부피비, 기공 크기, 기공의 분포도 등을 포함한 다공성 조절과 함께 각 층의 두께를 신중히 조절해야 한다. 기본 목적은 전해질(주로 10~30 μm의 두께)에 인접한 얇은 중간층에는 매우 미세한 다공성을 확보하고 더 두꺼운 바깥쪽 층은 더 기공이 큰 다공성을 갖도록 하는 것이다. 이 방식은 전해질과 가까운 쪽의 Ni-YSZ-기체의 삼상계면을 늘려주고, 결과적으로 전기화학적 반응성을 높이고 활성화 손실을 줄이게 된다. 동시에 더 큰 다공성을 갖는 바깥쪽 층은 연료극으로 연료 기체를 쉽게 이송시키고 반응물을 쉽게 빼내면서 농도 손실을 줄인다.

그림 9.11에 나와있듯이, Ni-YSZ 서멧의 전기 전도도는 니켈 함량에 매우 영향을 받는다. 니켈 함량에 따른 전도도의 변화곡선은 침투 이론(percolation theory)에 따라 S자 형태를 갖는다. 전도도의 침투 역치값(percolation threshold)은 대략 니켈의 부피비가 30%일 때이다. 이 값 밑에서 서멧은 이온 전도 현상이 더 우세하게 나타난다. 반대로 이 값 위에서는 전도도가 세 자릿수 가량 증가하며 금속상을 통한 전기 전도가 지배적으로 나타난다. 침투 역치 자체가 기공도나 인접 구성요소들 간의 접촉에 따라 조금씩 값이 바뀌기도 한다.

Ni:YSZ의 비율은 여러 성능 변수[과전압(overpotential), 전기적 손실(electrical losses), 열팽창 계수의 불일치량 등]에 영향을 준다. Ni:YSZ 비율은 최소한 침투 역치값인 니켈의 부피비 30% 이상은 되어야 한다. 여러 연구 결과에 따르면 SOFC의 전형적인 운전 조건에서 니켈 농도가 40~45%의 범위일 때 과전압이 최솟값을 갖는다.[110] 이층 연료극 구조

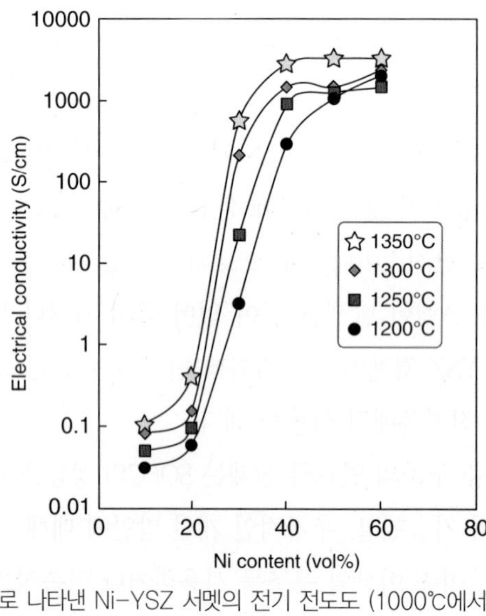

그림 9-11. Ni 농도의 함수로 나타낸 Ni-YSZ 서멧의 전기 전도도 (1000℃에서의 전도도이지만 서멧 샘플들은 다양한 온도에서 구워서 제작되었다.)

에서 전해질과 맞닿아 있는 얇은 층 영역에서는 전극과 전해질 사이에서 전하 이동을 더 촉진시키기 위해 니켈 농도가 보통 60%까지 올라간다.

Ni-YSZ의 큰 장점은 열팽창 계수가 전해질의 것과 매우 비슷하다는 점이다. 또한 Ni:YSZ 비율, 입자 크기 비, 그리고 다공성 정도의 세밀한 조율을 통해 열팽창 계수를 서로 더 잘 맞게 할 수 있다. 두께 방향으로 두 물질의 비율이 연속적으로 변하는 구조를 사용하면 더 비슷한 값을 맞출 수 있다.

반면, Ni-YSZ 연료극은 몇 가지 단점도 있다. 제일 중요한 것은 오랜 작동 시간에 따라 성능이 저하된다는 것이다. 이는 주로 니켈의 결정립 조대화, 입자 응집, 또는 산화 등 때문에 발생하며 결과적으로 삼상계면의 수와 전기 전도도의 저하로 이어진다(모든 연료전지에서 발생하는 성능 저하에 관해서는 9.5절에서 더 자세히 다룰 것이다). 또 다른 단점은 연료에 황(S)이 들어있는 경우에 매우 취약하다는 점과 탄화수소계 연료를 사용할 경우 탄소가 흡착(carbon deposits)된다는 점이다. 황화수소(H_2S)가 니켈의 활성 영역에 강하게 흡착되어 황 중독(sulfur poisoning)이 발생하고 이 때문에 삼상계면에서 전기화학 반응률이 급격하게 낮아진다. 탄소의 경우에는 니켈이 탄소-탄소 결합 형성의 매우 적합한 촉매이기 때문에 탄화수소계 연료를 사용하면 매우 많은 양의 수증기를 추가로 공급하지 않는 이상 긴 사슬 모양인 그을음 형태의 탄소 흡착이 발생한다. 황 흡착처럼 니켈 입자상의 탄소 흡착 현상은 전기화학 반응을 방해해 셀의 급격한 성능 저하를 야기한다. Ni-YSZ 연료극을 사용하는 SOFC에 탄화수소계 연료를 사용하려면 연료를 SOFC에 주입하기 전에 먼저 촉매 부분 산화 혹은 내부적/외부적 수증기 개질을 통해서 수소를 만들어야 한다. 이 과정은 11장에서 자세히 다룰 것이다. 내부 수증기 개질로 탄소 흡착 현상을 없애려면 수증기와 탄소의 비율이 일반적으로 3:1 이상은 되어야 한다. 반면에 수증기를 더하면 니켈 입자 응집 현상 발생이 발생하고 연료를 희석시켜 효율을 낮춘다는 한계점이 있다. 이를 개선하기 위해 여러 과학자들이 몰리브덴(Mo)이나 금(Au)을 도핑한 Ni-YSZ 서멧을 통해 탄소 흡착에 내성이 있는 연료극을 연구하고 있다. 탄소 흡착 문제는 앞으로 논의할 여러 대체 연료극 물질을 탐구하는 주된 요인이라고 할 수 있다.

9.4.3 세리아 기반 연료극 물질

최근 세리아 도핑된 물질을 SOFC 연료극으로 사용하는 연구가 활발히 진행되고 있다. 세리아 도핑된 물질의 가장 큰 이점은 탄소 흡착이 발생하지 않기 때문에 SOFC의 연료로 탄화수소계 연료를 사용할 수 있다는 것이다. 니켈처럼 도핑된 세리아는 메탄 산화 반응의 좋은 전기화학적 촉매이면서도 탄소 흡착에 더 내성이 있다. 도핑된 세리아는 환원 환경에서 산소 이온 전도체이면서 전기 전도체이기 때문에 도핑된 세리아 연료극에서 전기화학 반응이 바로 진행될 수 있다. 예를 들면, 메탄 산화 반응은 도핑된 세리아에서 바로 진행될 수 있는데, 반응식은 다음과 같다.

$$CH_4 + 4O^{2-} \rightarrow CO_2 + 2H_2O + 8e^- \qquad 식\ (9.2)$$

이 장에서 앞서 다룬 바와 같이, 세리아 기반 물질의 저온에서의 이온 전도도는 온도가 올라가면서 이온-전자 혼합 전도도로 변한다. 연료극 물질로서 전기 전도도를 가지면 전기화학 반응 활성 면적을 획기적으로 넓힐 수 있기 때문에 바람직하다고 할 수 있다(이온-전자 혼합 전도체를 다룬 4.5.4절 참고).

그러나 세리아를 SOFC 연료극으로 사용하려면 9.3.2절에서 다뤘듯이 세리아가 Ce^{4+}에서 Ce^{3+}로 부분 환원과 관련된 기계적 강도 문제를 극복해야 한다. 이 현상은 격자 팽창(lattice expansion)을 야기하는데, 전극-전해질 계면에서의 크랙(crack)과 전해질로부터 전극의 잇따른 박리현상으로 인한 기계적 파손으로 이어질 수 있다. Gd^{3+}, Sm^{3+} 또는 Y^{3+} 같은 낮은 가(價) 양이온을 상대적으로 높은 농도로 도핑시킴으로써 연료극의 구조적 안정성을 상당히 증가시킬 수 있다.

이 장의 앞부분에서 도핑된 세리아의 이온 전도도를 최대화하기 위한 최적 도핑 농도에 대해 다루었다. 하지만 연료극으로 사용될 때는 전기 전도도와 구조 안정성이 더 중요한 요소가 된다. 따라서 연료극으로는 더 높은 도핑 농도가 좋다(예를 들어, $Ce_{0.6}Gd_{0.4}O_{1.8}$ 또는 GDC40). 열역학적 안정성을 더 개선하려면 중간 금속(intermediate metal)이나 산화 장벽 막(oxide barrier layer)을 사용할 수 있다. 또는 작은 부피비의 YSZ 입자를 넣고 이 복합체를 저온에서 소결함(연료극과 전해질 간의 반응을 피하려면 저온 소결이 중요하다)으로써 얇은 GDC40 연료극 층을 안정화시킬 수 있다. 실험을 통해 이 복합체를 이용한 방법이 연료극과 YSZ 전해질 간 더 나은 접착력과 환원 팽창과 열팽창 계수 불일치로 인한 효과에 대한 더 나은 저항력을 보여준다는 것이 밝혀졌다.

세리아 기반 연료극의 성능은 Ni, Co 또는 Pt, Rh, Pd, Ru 같은 귀금속을 더함으로써 상당히 개선될 수 있다. 이 금속-세리아 서멧은 단일 세리아 서멧보다 메탄 산화 반응에서 더 나은 전기화학 촉매 반응을 보인다. 예를 들어, Ni-GDC 서멧은 482 K(~200℃)에서부터 시작하는 메탄 수증기 개질에 눈에 띌만한 탄소 흡착 없이 높은 반응성을 보인다.[110]

게다가 순 수소 운전에도 Ni/GDC 서멧은 Ni/YSZ보다 더 뛰어난 성능을 낸다.

마지막 대안으로 Cu, GDC, YSZ의 세 물질이 조합된 연료극도 조사되고 있다. 아직 매우 기초적인 개발 단계이지만, 다양한 탄화수소 기체에 대해 이 연료극을 이용한 짧은 시간 동안의 단위 셀 실험을 통해, 탄소나 황 흡착으로 인한 성능 저하 없이 우수한 결과가 보고되었다. 만약 장시간 안정성과 우수한 성능을 달성할 수 있다면 Cu/GDC/YSZ 복합체는 매우 전도유망한 SOFC 연료극 물질이 될 것이다.

9.4.4 페로브스카이트 연료극 물질

SOFC 연료극의 잠재적 후보군으로써 다양한 종류의 페로브스카이트(Perovskite) 산화물에 대한 연구가 진행되고 있다. 세리아 기반 연료극처럼 페로브스카이트 기반 연료극의 가장 큰 장점은 탄소 흡착을 최소화 할 수 있다는 점인데, 덕분에 탄화수소계 연료를 바로 사용할 수 있다. 페로브스카이트 연료극의 후보군은 LSCV−YSZ 복합체, 란타늄 크로마이트(Lanthanum Chromites), 그리고 산소가 결핍된 페로브스카이트이다.

LSCV는 페로브스카이트 물실로 소성비가 $La_{0.8}Sr_{0.2}Cr_{0.97}V_{0.03}O_3$이다. 이 물질은 전기적으로 전도체이고, 촉매 반응이 활발하다. 연료극에 적용하기 위한 안정성과 열팽창 계수 일치를 위해 주로 YSZ와 섞어 제조한다. LSCV−YSZ 연료극을 적용한 셀의 초기 실험에서 짧은 작동 시간이지만 전기화학적 성능은 Ni−YSZ와 견줄만한 결과를 냈고 탄소 피독에는 월등한 저항을 보였다. LSCV−YSZ 복합체는 Ni−YSZ와 비교해서 메탄 개질에 더 나은 촉매 반응을 보이진 않는다. 하지만 LSCV−YSZ 복합체에 Ru를 섞으면 메탄 개질 능력을 상당히 개선할 수 있다는 것이 밝혀졌다.[109]

순수한 란타늄 크로마이트는 환원 환경에서 격자 팽창으로 인한 문제와 p타입 전기 전도도로 인해 좋은 SOFC 연료극 물질이 아니다. 그러나 Sr과 Ti로 도핑된 란타늄 크로마이트는 n타입 전도도를 띠고 환원 환경에서 격자 안정성도 갖추게 된다. 하지만 전기화학적 성능은 Ni−YSZ와 견줄만큼은 되지 않는다.

산소 결핍 페로브스카이트는 괜찮은 촉매 반응성을 보이지만 충분한 전기 전도도를 띠지 못할 때도 있다. $La_{0.75}Sr_{0.25}Cr_{0.5}Mn_{0.5}O_3$와 $Sr_2Mg_{1-x}Mn_xMoO_{6-\delta}$를 예로 들 수 있다. 이 중 $La_{0.75}Sr_{0.25}Cr_{0.5}Mn_{0.5}O_3$는 전기화학적 성능뿐 아니라 안정성, 메탄 산화 반응에서 추가적인 증기가 필요 없을 만큼 좋은 촉매 반응성에서 Ni−YSZ와 견줄만하다. 그러나 전기 전도도와 황 내성이 부족하다. 현재까지 연구된 바에 따르면 $Sr_2Mg_{1-x}Mn_xMoO_{6-\delta}$는 황 내성과 장시간 작동 안정성 등을 포함해 좋은 결과를 보이고 있다.

9.4.5 그 외 연료극 물질

SOFC 성능을 더 최적화 시키기 위해 위에서 다룬 주요 연료극 물질 후보군뿐만 아니라 다양한 가능성을 가진 연료극 물질들에 대한 연구가 진행되고 있다. 이 물질들은 텅스텐 청동 산화물과 파이로클로르형 산화물(pyrochlore−type oxides) 등을 포함한다.

텅스텐 청동 산화물은 정방 정계 텅스텐 청동 격자 구조(tetragonal tungsten bronze crystal structure, TTB) 혹은 사방정계 텅스텐 동 격자 구조(orthorhombic tungsten bronze crystal structure, OTB)를 갖고 일반식은 $A_2BM_5O_{15}$(M=Nb, Ta, Mo, W, 그리고 A 또는 B = Ba, Na 등)로 표현한다. 이 산화물들은 이온−전기 혼합 전도도를 가질 뿐 아니라 환원 환경에서 안정된 경향을 보이기 때문에 SOFC 연료극으로의 잠재적 사용을 위해 연구가 진행되고 있다. 현재 연구 중인 텅스텐 청동 물질들은 일반 조성이 $(Ba/Sr/Ca/La)_{0.6}M_xNb_{1-x}O_{3-\delta}$(M=Mg, Ni, Mn, Cr, Fe, In, Ti, Sn)와 같이 이루어진 물질들을 포함한다. 현재까지 알려진 바로는 이들 중에 $Sr_{0.2}Ba_{0.4}Ti_{0.2}Nb_{0.8}O_3$가 가장 높은 전기 전도도를 보인다($p(O_2)=10^{-20}$ atm, $T=930$℃에서 ~10 S · cm^{-1}).[111] 또한 Mg와 In을 포함하는 복합체가 좋은 전도도를 나타내고, 환원 환경에서 장시간 안정성을 보이는 것으로 밝혀졌다. 하지만 이런 물질들의 SOFC 연료극 사용에 대한 완전한 적합성에 대한 검증은 계속되고 있다.

파이로클로르형 산화물(pyrochlore−type oxides)도 환원 환경에서 매우 높은 이온−전기 혼합 전도도를 보이므로 SOFC 연료극의 가능성이 있는 후보이다. 일반식은 $A_2B_2O_7$로 표현한다. $Gd_2Ti_2O_7$과 같은 (GT) 기반 물질들을 예로 들 수 있으며, Ca^{2+} 같은 2가 양이온이 부분적으로 Gd^{3+}을 대체하여 산소공핍(vacancy)을 만들고 따라서 이온 전도도를 상당히 증가시킨다. 1000℃에서 $(Gd_{0.98}Ca_{0.02})_2Ti_2O_7$의 이온 전도도는 10^{-2}S · cm^{-1}의 값을 갖는데, 이는 YSZ와 견줄 만한 값이다.[111] 다른 예로는 Mo가 도핑된 GT, $Gd_2(Ti_{1-x}Mo_x)_2O_7$인데, 환원 환경에서 매우 높은 이온−전자 혼합 전도도뿐만 아니라 뛰어난 황 내성도 갖고 있다. 하지만 대부분의 파이로클로르형 산화물은 고온에서 특정 산소 분압($p(O_2)$) 범위에서만 안정적이다. 추가적인 연구를 통한 조성비 최적화로 안정적인 산소 분압의 범위를 늘릴 수 있으리라 기대한다.

9.4.6 공기극 물질

SOFC 공기극은 산소의 전기화학 환원 반응에 활발히 반응해야 한다. 이 반응이 일어나는 삼상계면을 최대화하려면 공기극은 이온과 전기 전도 모두가 가능해야 하고 전기화학 반응성도 좋아야 한다. 밑에서 다루듯이, 복합체 공기극을 사용하거나 이온-전기 혼합 전도체(mixed ionic-electronic conductor, MIEC) 물질을 사용하여 이 요구조건들을 만족시킬 수 있다. 4.5.4절에서 논의했듯이, 전기화학 반응 영역이 삼상계면에 국한되는 전극 물질과 달리 MIEC는 공기극 전체로 반응 영역을 넓힐 수 있기 때문에 매우 매력적인 물질이다.

금속 전도체는 고온의 산화 환경에서 안정적이지 못하기 때문에 SOFC 공기극은 대부분 순수 세라믹이다. 따라서 금속/세라믹 조합을 사용할 수 있는 연료극보다 전기 전도도가 훨씬 낮은 편이다. 이는 공기극의 최적 설계에 중요한 영향을 끼치는데, 특히 공기극 두께에 큰 영향을 끼친다. 이온 이동은 주로 공기극 표면에 수직방향으로의 이온 흐름으로 일어나는데(이온은 공기극의 두께방향으로 움직이므로), 결과적으로 이온 저항은 공기극 두께에 직접적으로 비례한다. 이와 다르게 전자 이동은 전자가 상대적으로 먼 거리를 횡방향으로 공기극 표면과 평행하게 흐르면서 집전제를 향해 가기 때문에 전자 전도 저항은 공기극 두께에 반비례한다. 따라서 이온과 전기 전도에서의 총 저항을 최소화 할 수 있도록 공기극 두께 최적화가 이루어지게 된다. 전체 SOFC 셀의 반응률이 공기극에서의 병목현상으로 제한되기 때문에 공기극 두께 최적 설계가 특히 더 중요하다.

YSZ 기반 SOFC에서 가장 많이 쓰이는 공기극 물질은 스트론튬(Sr)이 도핑된 $LaMnO_3$ 페로브스카이트(LSM)이다. LSM은 우수한 물리적, 화학적 안정성, 전기 전도도, 그리고 촉매 반응성을 바탕으로 공기극으로 사용된다. LSM 같은 전이 금속 페로브스카이트의 표면에서 산소의 전자 환원 반응은 B위치(B-site) 양이온의 혼합 원자가(mixed valence)에 의존한다. LSM의 경우 2가 불순물(dopant) Sr^{2+}가 산화 조건에서 란타늄 망가나이트로 도핑되면 Mn^{4+} 종이 생성되어 $Mn^{3+} \leftrightarrow Mn^{4+}$ 전자 이동을 통해 높은 전자(p타입) 전도도를 띠게 된다. 예를 들어 $La_{0.5}Sr_{0.5}MnO_{3-\delta}$는 1000℃에서 전기 전도도가 290 $S \cdot cm^{-1}$에 가까운 값을 갖는다.[112] 하지만 LSM은 산소 이온 전도도가 매우 낮은 한계점이 있기 때문에 일반적으로 LSM 기반 공기극은 이온 전도도가 높은 YSZ와 혼합해 LSM-YSZ복합 공기극을 만든다.[108]

LSM-YSZ 공기극을 대체할 MIEC가 개발 중에 있다. 특히 저온 SOFC의 공기극 용도로 철이 도핑된 란타늄 코발타이트에 대한 연구가 활발히 진행되고 있다. 철의 도핑은 YSZ와의 반응을 억제한다는 점에서 특히 중요하다. 고온에서 철이 없을 경우 $LaCoO_3$가 YSZ와 반응하여 $La_2Zr_2O_7$과 CoO 절연층을 형성한다.

일반적으로 Sr 농도~20% 및 Fe 농도~80%를 가지는 $La_{1-x}Sr_xCo_{1-y}Fe_yO_3$또는 LSCF는 저온 작동 SOFC에 쓰일 현실적인 후보군으로 꼽힌다.[109] 정확한 값은 Sr−과 Fe−의 도핑 농도에 따라다르긴 하지만, 800℃에서 LSCF의 전기 전도도는 100 $S \cdot cm^{-1}$ 근처의 값을, 이온 전도도는 0.01~1 $S \cdot cm^{-1}$의 상대적으로 높은 값을 갖는다.[113] 연구가 진행 중인 또다른 유망한 물질은 $Sm_{0.5}Sr_{0.5}CoO_3$이다. 하지만 앞서 언급한 모든 페로브스카이트 산화물은 공기극 과전압, 화학적 안정성, 그리고 열−기계적 호환성과 같은 성능 변수를 결정하기 위한 연구가 아직도 활발히 진행 중이다. 그럼에도 불구하고, 페로브스카이트 구조의 뛰어난 성능과 호환성 덕분에 향후 개선의 가능성이 충분하다.

9.4.7 SOFC 연결부 물질

SOFC 스택에서는 연료극과 인접한 셀의 공기극 간의 전기적 연결을 확보하는 점이 중요하기 때문에 스택 개발에서 연결부는 핵심적인 역할을 담당한다. 연결부는 연료극과 공기극 환경 모두에 노출되기 때문에 양쪽 환경에서 다 안정적이어야 한다. 평면 SOFC 스택의 경우 연결부는 셀 너비만큼의 밀도 높은 판으로 만들어지기 때문에 스택의 기계적 안정성 확보를 위해 열팽창 특성이 나머지 셀들과 일치해야 한다. 연결부 물질의 필수 요구사항은 다음과 같다.

- 높은 전기 전도도 [최소 1 S/cm 이상 또는 면적−비저항(area specific resistance, ASR) 값이 0.1 Ω cm^2 이하]
- 100%에 가까운 전자 전도도
- 열응력을 최소화하도록 열팽창 계수(thermal expansion coefficient, TEC)가 전극과 전해질과 맞아야 한다.
- 우수한 열 전도도
- 연료극, 공기극, 그리고 전해질 물질과 반응하지 않아야 한다.
- 연료전지의 운전 동안 산화제와 연료가 직접 섞이지 않도록 산소와 수소 투과도가 낮아야 한다.
- 연료전지의 작동 온도 범위에서 산화 및 환원 환경에 노출돼 있을 때 화학적, 변형, 그리고 성능 안정성

- 고온에서 우수한 강도와 크리프 내성(creep resistance)
- 황과 탄소 흡착에 완벽한 내성과 산화에 대한 저항
- 용이한 제조 및 낮은 단가

전류 연결부는 세라믹 또는 금속의 두 가지 주요 물질로 나뉜다. 두 종류는 각각 장단점을 갖고 있다. 이에 대한 선택은 연료전지 스택 디자인, 작동 온도, 그리고 요구되는 내구력 등 구체적 사양에 달려 있다.

세라믹 연결부 세라믹 연결부는 주로 위에서 언급한 요구 조건을 갖춘 $LaCrO_3$를 기반으로 한다. $LaCrO_3$는 특히 훌륭한 화학적 안정성, 다른 셀 요소들과의 우수한 열팽창 계수 호환성을 갖는다. 하지만 순수한 $LaCrO_3$는 전도도가 낮고 좋지 못한 공기 소결성(air sintering characteristics)을 갖고 있어 연결부를 제작하는 데는 비용이 많이 든다. 반면에 Ca가 도핑된 $LaCrO_3$는 공기 중에서 훌륭한 소결성을 갖고 있다. Ca가 도핑된 $LaCrO_3$는 높은 전기 전도도를 갖지만 이온 전도도도 갖고 있어 산소 투과가 발생하는 경우가 있다. 다른 가능한 불순물(dopant)은 Mg와 Sr인데 $LaCrO_3$와는 다른 장단점을 가지고 있다. Mg와 Sr이 도핑된 $LaCrO_3$는 훨씬 적은 산소 투과율을 보이지만 공기 중의 소결성은 좋지 않다. Mg가 도핑된 $LaCrO_3$는 Ca 또는 Sr이 도핑된 $LaCrO_3$보다 낮은 전기 전도도를 갖지만 더 나은(적은) 부피 팽창 특성을 보인다.[114]

금속 연결부 세라믹 연결부가 주로 란타늄 크로마이트 기반인 반면, 금속 연결부는 주로 크롬 합금 기반이다. 금속 연결부는 세라믹 연결부에 비해서 높은 전기 전도도, 기계적 안정성 그리고 산소 침투 문제가 없다는 장점이 있다. 또한 높은 열전도율을 덕분에 더 균일한 온도 분포와 그로 인한 더 작은 열응력을 갖는다. 단점으로는 큰 열팽창 계수를 가져 YSZ 전해질과 열적 호환성이 떨어진다는 점이다. 그러나 최근에는 새로운 금속 합금(Siemens/Plansee사의 $Cr-5Fe-1Y_2O_3$ 합금 등)이 YSZ의 열팽창 계수에 좀 더 맞도록 개발되고 있다. 그렇지만 금속 크롬 연결부는 공기극의 크롬 피독을 야기할 수 있다. 공기극 같은 산화 환경에서는 연결부 표면상 산화크롬의 크기(chromia scale)가 계속 커질 것이다. 피독에 대한 저항을 갖고 있다는 점에서 산화크롬이 커지는 것 자체는 유리하다. 그러나 고온에서는 CrO_3나 CrO_2 같은 불안한 크롬 기반 물질들이 공기극에서 생성되고 증발되었다가 재증착되면서 전기화학적 반응을 저하시킬 수 있다.[115] 이런 휘발성 크롬 문제를 완화시키기 위해 새로운 산화제 내성 합금이 연구 중에 있다.

9.4.8 SOFC 밀봉 물질

대부분의 평면형 SOFC 스택 설계 시 연료전지 작동 간 연료와 공기가 혼합되는 것을 방지하기 위해 적절한 고온 밀봉제가 필요하다. 밀봉제 또한 다른 연료전지 부품들과 적절한 열팽창 계수 호환성, 접촉하는 부품들과의 적거나 무시할 만한 화학반응, 산화 및 환원 환경에서 높은 화학적 안정성, 그리고 연료전지 부품들에 스며들지 않는($\theta > 90$℃) 등의 요구조건을 갖춰야 한다(마지막 요구조건은 밀봉제가 다공성 전극 안으로 침투하지 않거나 연료전지 스택 제조 또는 셀 작동 동안 녹아 흘러나오지 않는 것을 의미한다). 게다가 밀봉제는 연료극과 공기극 모두에 접촉하기 때문에 전기적으로 절연체여야 한다.

밀봉 물질의 선택은 다른 셀 요소로 사용되는 물질 선택과 스택 디자인에 좌우된다. 세라믹 연결부를 사용하는 평면형 스택의 경우 대개 밀봉제는 세라믹 글래스로 만들어진다. 특히 인접한 셀 물질에 접착될 수 있고, 열팽창 거동이 셀의 다른 부품들과 같은 세라믹 글래스를 선택한다. 이러한 접근법은 스택 전체가 세라믹으로 이루어져 단일 재료 제조가 가능해 효율적이다. 반면, 금속 연결부를 쓰는 평면형 스택은 유리전이 온도가 낮은 알칼리 기반 연질 유리를 쓴다. 이 유리는 실리카에 많은 양의 알칼리 및 산화 알칼리 토류가 포함돼있다. 하지만 이 물질은 종종 연료전지 스택 안으로 스며들어 가거나 셀의 다른 부품들과 반응할 수 있다.

9.5 재료 안정성, 내구도, 그리고 수명

대부분의 여러 기기들처럼 내구성과 수명은 연료전지 기술의 궁극적인 성공을 결정하는 핵심 요소이다. 상업적 목표는 차량용 연료 전지의 경우 5,000시간, 고정형 발전기는 50,000시간 이상의 안정적인 작동이다. 중요한 것은 이런 장기간 작동이나 성능 목표치를 이미 시연한 사례가 있기 때문에 장시간 안정성과 내구도에 대한 연료전지 기술의 근본적인 한계가 없다는 것이다. 그러나 장기간 내구도 실험은 거의 이상적인 작동조건 혹은 귀금속 같은 값비싼 재료를 비현실적일 만큼 다량 사용해 수행한 경우가 대부분이다. 그러므로 실제적인 또는 상용화에 필요한 제약조건에서의 연료전지 내구도 및 수명 문제는 아직 연구개발의 중요한 숙제이다. 이 단원에서는 PEMFC와 SOFC 기술의 내구도에 대한 필수 고려요소를 자세히 다룰 것이다.

9.5.1 PEMFC 재료의 내구도와 수명 문제

PEMFC의 내구도는 작동 조건에 크게 좌우된다. 내구도를 최대화 할 수 있는 조건으로는 100%에 가까운 상대 습도와 75℃ 근처 온도에서 일정 부하 운전을 하는 것이다. 이런 조건에서 최적화가 잘된 PEMFC 스택은 40,000시간 이상의 작동에도 10% 이하의 효율 및 전력의 누적 손실을 보인다. 이런 최적화된 조건에서는 기체 확산층(GDL)의 수분 제거 능력의 느린 저하가 내구도를 좌우한다. 다른 내구도 문제로는 막의 손상과 Pt 입자 성장 등이 있다.

PEMFC 실사용 시에는 변동 부하, 반복적 시동-정지 사이클, 불완전한 가습, 온도 변동, 그리고 때때로 연료나 산화제의 부족 등 이상적이지 못한 조건에 노출될 것이다. 이런 조건 하에서는 성능 악화가 더 빨라지고 많은 내구도 문제가 심각해지게 된다. 아래는 이런 상황에서 주요 성능 악화 메커니즘에 대한 설명이다.

막 열화(membrane degradation). 유리기(free radical)의 전해질 막에 대한 화학 침식으로 인한 화학적 열화가 막 파단의 주요 원인 중 하나이다. 하이드록시(.OH) 그리고 하이드로페록시(.OOH) 라디칼(radicals)은 가장 반응성이 큰 화학종의 하나로 알려져 있기 때문에 막의 화학적 열화의 가장 유력한 원인이다. 라디칼로부터 유발된(radical-induced) 화학적 열화는 막의 기계적 강도와 양이온 전도도의 저하로 이어진다. 하이드록시(.OH) 그리고 하이드로페록시(.OOH) 라디칼은 PEMFC 공기극에서 불완전한 산소 환원 반응으로 생성되는 H_2O_2의 분해로 만들어지는 것으로 알려져 있다. 라디칼은 또한 반응물인 H_2와 O_2 분자가 막을 통해 넘어가 Pt 촉매 표면에서 반응하는 크로스오버(crossover)로부터 생성될 수도 있다.[116] 막 열화의 다른 주요 원인은 기계적 파단과 이온 오염이 있다. 기계적 파단은 핀홀(pinhole), 전극-막 조립체(MEA) 제조 시 사용하는 외부 물질, 혹은 온도나 습도 사이클로부터 생기는 스트레스 등으로 인해 발생할 수 있다. 이온 오염의 오염원은 금속 분리판, 가습기, 그리고 공기 등이 있다. 전해질 막의 구성 성분인 술폰산염은 양성자보다 대부분의 금속 이온(Li^+ 제외)과 친화력이 강하기 때문에 이온 오염원을 쉽게 흡수한다. 이런 금속 이온 오염원은 양성자을 대체하기 때문에 이 과정은 결국 양이온 전도도를 낮추게 된다.[116]

전극/촉매 열화(electrode/catalyst degradation). Pt 소멸과 입자 성장은 전기화학적 활성 표면적을 감소시켜 장기간 작동 시에 촉매 성능을 저하시킨다. Pt 소멸은 중간 정도의 포텐셜에서 매우 심각한 문제이지만 낮거나 높은 포텐셜에서는 무시할 수 있을 정도이다. 낮은 포텐셜에서는(즉,일반적인 H_2/공기 연료전지 운전 조건에서) 백금의 산 용해도가 낮은 편이다. 높은 포텐셜에서는 공기에 노출되어 형성된 PtO 산화막이 백금이 소멸되지 않도록 보호하는 역할을 한다. 그러나 중간 포텐셜에서는 백금촉매 표면이 보호되지 않아 백금이 빠른 속도로 소멸하기 쉽다. 두 번째 주요 열화 문제는 탄소 기반 촉매 지지체의 부식으로 인한 것이다. 특히 공기극에서 높은 온도일 때 탄소 원자는 산소 원자나 물 분자와 반응하여 CO나 CO_2 같은 기체를생성하여 전지로부터 떨어져 나간다. PEMFC의 시동 및 정지 동안 공기극의 국부 포텐셜은 1.5 V까지 높이 올라가는데,이 높은 산화 포텐셜이 탄소 부식을 촉진시킨다. 탄소 산화는 전지로부터 탄소를 영구적으로 제거해 촉매 지지체 표면적이 감소하게 되는데, 결국 전기 저항 증가와 전기적으로 연결된 백금 입자의 손실 혹은 조대화로 이어진다. 극단적인 경우, 전극이 구조적으로 완전한 붕괴가 일어날 수도 있다. 또 다른 전극 내구성 문제로는 산소 방출 가능성과 기체 확산층(GDL) 열화가 있다. 만약 연료극에서 (물의 전기화학적 산화로부터) 산소 방출이 발생하면 잔여 수소와 반응해 심각한 손상을 야기할 수 있다. 한편으로, 물과 다른 라디칼에 의한 기체 확산층의 화학적 표면 산화는 소수성 성질을 약화시켜 수분 제거 능력을 현저히 감소시키기 때문에 물질 전달 손실이 더 커지게 된다.

분리판과 밀봉제 열화(bipolar plate and seal degradation). 분리판으로부터의 불필요한 오염원 방출로 인해서 막과 촉매가 심각한 피독에 노출될 수 있다. 그래파이트(graphite)와 그래파이트 복합체 판은 오염 물질의 방출과 부식이 일반적인 주행 조건일 때는 관찰되지 않다가 연료전지의 시동-정지 또는 연료 부족 상황에서 발생할 가능성이 있다. 그러나 부식은 금속 기반 분리판에서 더 두드러지는 현상이다. 부식 정도나 오염 물질 방출은 작동 전압이나 상대 습도 같은 금속 합금이 노출된 조건에 따라 달라진다. PEMFC 밀봉제 열화는 대개 막을 수 있지만 만약 발생할 경우는 주로 부적절한 밀봉제 물질 선택 때문이다. 예를 들어, 실리콘 밀봉제에 과불소술폰산(perfluorosulfonic acid) 막(예: 나피온, Nafion)이 직접 접촉할 경우 산성 분해가 발생한다.

9.5.2 SOFC 재료의 내구도와 수명 문제

SOFC 시스템의 상업적 사용을 위한 요구 조건은(특히 고정형 SOFC 적용의 경우) 보통 매우 낮은 손상률과 함께 50,000~100,000시간 정도의 셀과 스택 수명이다. 이 수준의 내구도를 달성하려면 개별 셀 부품 수준과 전체 스택 수준 모두에서의 손상 메커니즘을 깊게 이해하고 다룰 수 있어야 한다.

스택 전체의 내구성은 처리 공정, 제조, 그리고 작동 간에 스택을 구성하는 모든 물질의 완벽한 호환성이 바탕이 돼야 한다. SOFC **작동 시** 스택의 부품들은 1000℃의 온도에 노출되고, SOFC **제조 시**에는 1400℃의 고온에 노출된다.[117] 이런 높은 온도에서는 물질의 형태나 미세구조, 그리고 상이 변함에 따라 열화가 진행된다. 특히, SOFC 작동 중의 화학적 반응이나 계면과 입자경계를 통한 상호 확산뿐만 아니라 소결과 응집 과정들은 노화 및 열화의 원인이 된다. 아래에서 부품별 내구도 문제를 자세히 다룬다.

전해질 열화. 장시간의 작동 동안 YSZ 기반의 전해질은 상당한 이온 전도도 감소가 작동 시간에 대한 함수로 나타난다. 이는 부분적으로 SOFC 작동 온도에서 YSZ 전해질의 최적 조성비(8 mol% Y_2O_3)가 이상단계(two phase field)로 존재하기 때문인데, 이 조성에서 느리게 상 분리가 발생해 전도도 저하로 이어지는 경향이 있다. 장시간 운전 시 전도도 저하의 다른 원인으로는 침전물의 성장과 입자 경계에서 입자-경계의 분리에 따른 저항층 생성이 있다.

세리아 기반 전해질에서는 주로 사용하는 GDC/YSZ 다중층 구조로 인해서 심각한 열화 문제가 생길 수 있다. GDC와 YSZ 층의 계면에서 낮은 전도도를 갖는 고용체가 형성될 수 있다.

LSGM 전해질에서는 환원 환경에서의 불안정성 때문에 심각한 내구성 문제가 생긴다. 이런 불안정성은 산화갈륨의 휘발에 따른 Ga의 결핍과 결과적으로 영구적인 이온 전도도 감소를가져온다.

연료극 열화. Ni/YSZ 서멧 물질(가장 흔한 SOFC 연료극)에서는 서멧의 미세구조가 장시간 안정성을 결정하는 중요한 역할을 한다. 특히 입자 크기, Ni과 YSZ 상의 분포, 다공성, 표면적, Ni 입자간의 연결, 그리고 삼상계면의 밀도 모두가 연료극 성능의 주요 결정 요인이다. Ni/YSZ 연료극 열화의 주요 메커니즘은 응집, 결정립 조대화, 그리고 Ni 입자 산화이고 이로 인해 전기 전도도와 삼상계면이 감소하게 된다. 게다가 탄화수소 연료 사용 시 나타나는 황 피독과 탄소 흡착이 전기화학 반응률의 상당한 감소, 과도한 연료극 손실,

그리고 셀 성능의 악화를 일으킨다.

공기극 열화. LSM-YSZ 복합 물질(SOFC 공기극으로 가장 많이 사용)에서는 산화로 인한 열화와 이차 반응이 주요 열화 메커니즘이다. 특히, 공기극/YSZ 전해질 계면에서 화학 반응이 발생해서 불필요한 $La_2Zr_2O_7$과 $SrZrO_3$가 생성될 수 있다. 이 두 물질은 모두 낮은 전기 전도도를 갖고 있고, 공기극/전해질 계면에 존재함으로써 셀 저항과 활성화 손실 증가를 초래해 결과적으로 셀 성능이 저하된다. 이러한 반응물의 생성은 철저하게 작동 온도를 제한함으로써(작동 온도를 낮출수록 열화 속도도 느려진다) 최소화 할 수 있다.

연결부와 밀봉제 열화. $LaCrO_3$ 기반 세라믹 연결부의 경우 주요 열화 원인은 연결부 물질의 매우 낮은 열 전도율이다. 낮은 열 전도율로 인해 연료전지 스택에 심각한 열구배가 생길 수 있다. 설상가상으로 세라믹 연결부는 공기극과 연료극을 연결하기 때문에 산화 및 환원 환경 모두에 노출돼 있는데, 각 환경에서 가열 시 다르게 팽창한다. 이 다른 팽창 거동으로 인해 연결부에 걸쳐 응력이 발생할 수 있고 결국 스택의 파단으로 이어지게 된다.

크롬 기반 금속 연결부는 주로 크롬의 휘발에 의해 열화가 진행된다. 9.4.7절에서 다루었듯이, 고온의 산화 환경(공기극)에서 작동할 때 크롬 기반 금속 연결부는 크로미아 막(chromia scale)의 보호층을 형성한다. 사실 크로미아 층은 부식의 추가적인 진행을 막는다는 점에서 좋지만, 고온에서는 CrO_3나 $CrO_2(OH)_2$ 같은 크로미아 물질(species)들이 막으로부터 휘발될 수 있다. 휘발된 크로미아 물질은 그 뒤 환원되고 공기극/전해질 계면에 증착되어(종종 Cr_2O_3의 형태로) LSM/YSZ/기체의 삼상계면을 막아 공기극의 반응을 저하시킨다.[115]

세라믹 글래스와 알칼리 글래스의 경우, 밀봉제는 주로 다른 연료전지 부품들과의 반응과 열팽창계수 불일치로 인한 응력 등으로 인해 열화가 진행된다. 앞서 기술하였듯이, SOFC의 작동 온도를 낮추는 것은 반응 속도와 밀봉제 열화 속도를 늦춰 좀 더 내구도를 보장한다. 고정형으로 쓰이는 고체 산화물 연료전지는 10년 이상 사용할 수 있기 때문에 시간에 따른 손상 누적이 어느 정도인지 완전히 이해하고 추정하는 것이 매우 중요하다.

9.6 요약

이 장에서는 다양한 PEMFC와 SOFC 물질 및 그에 관련된 문제들에 대해 간단히 살펴보았다. 새로운 물질과 현재 진행되고 있는 연구들, 그리고 오늘날 가장 널리 쓰이는 물질들에 대해 검토해 보았다. 그리고 각 물질의 수명과 내구성를 비롯한 장단점과 현재 개발 수준을 논의하였다.

- PEMFC 전해질의 경우 나피온(Nafion)과 과불소화 중합체(perfluorinated polymers)가 현재 가장 많이 쓰이고 있는 물질이다. 이들의 대체 물질로는 술폰화 탄화수소중합체(sulfonated hydrocarbon polymers), 인산이 도핑된 폴리벤즈이미다졸(phosphoric acid doped polybenzimidazole, PBI), 폴리머-무기물 복합막(polymer-inorganic composite membranes), 그리고 고체산막(solid acid membranes)이 있다.
- PEMFC 전해질 대체제의 주된 장점으로는 낮은 가격, 그리고 개선된 수분함유 능력과 습도에 대한 낮은 의존도 덕분에 100℃ 이상까지 높일 수 있는 작동 온도 영역이 있다. 단점으로는 기존 PEMFC 작동 온도에서의 낮은 이온 전도도(탄화수소 중합체와 폴리머-무기질 복합체의 경우), 산화 손상(PBI의 경우), 또는 환원 조건에서의 막 분해(고체산막의 경우)가 있다.
- PEMFC 전극과 촉매는 주로 이중층 제조법을 통해 생산된다. 촉매층은 매우 얇게 (주로 10~30 μm의 두께) 만들어져 값비싼 촉매(주로 백금) 사용을 최소화 한다. 기체확산층(GDL)은 저렴하기 때문에 훨씬 더 두껍고 (주로 100~500 mm) 다공성이며 전기적 전도체이다.
- 대다수 PEMFC의 기체확산층은 탄소섬유천(carbon fiber cloth)으로 만들어진다. 탄소섬유는 우수한 전기 전도도, 다공성, 그리고 기계적 성질을 갖는다. 기체확산층 물질은 일반적으로 소수성을 증대시키기 위해 폴리테트라플루오로에틸렌(polytetrafluoroethylene, PTFE, 또는 'Teflon')으로 처리하게 되는데, 이로 인해 연료전지의 제습 능력이 개선된다. 일반적으로 기체확산층과 촉매층 사이에 미세다공층(microporouslayer)을 넣는데, 이는 두 층의 서로 다른 규모의 기공(기체확산층의 큰 기공과 촉매층의 미세기공)을 이어주기 위해서이다. 미세다공층은 주로 마이크로 크기보다 작은 입자의 그래파이트(graphite)를 PTFE와 섞어주어 제조한다.

- 현실적으로 사용 가능한 GDL의 대체제는 한정적이다. 금속 기반 GDL 물질에 대해 많은 연구가 진행돼 왔지만, 쉽게 부식되고 친수성이라는 점 때문에 한계를 벗어나지 못하고 있다.
- 수소 연료전지의 가장 표준적인 연료극 촉매는 백금이다. 필요한 백금의 양을 줄이기 위해 넓은 표면적의 탄소 파우더가 극도로 작은 백금 입자를 지지하도록 만든다. 그러나 직접 알코올 연료전지(direct alcohol fuel cells)에서는 순수한 Pt에 비가역적으로 흡수되는 CO 같은 중간체가 생성될 수 있다. 이런 경우, Ru(메탄올 연료전지의 경우), 또는 Sn(에탄올 연료전지의 경우) 같은 이차적인 성분을 Pt와 같이 사용함으로써 CO에 대한 내성을 키울 수 있다.
- PEMFC의 공기극은 연료극보다 Pt 촉매 사용량이 훨씬 많아 촉매로 인한 비용이 커진다. 대체제로는 Pt 합금(예를 들어, Pt–Co 촉매)뿐 아니라 금속 매크로사이클(metal–macrocycles), 헤테로폴리산(heteropoly acids, HPA), 그리고 도핑된 탄소같이 Pt를 사용하지 않는 촉매가 있다. 그러나 현재까지 Pt를 쓰지 않는 공기극 촉매는 현실적인 대안으로는 여겨지지 않는다.
- SOFC 전해질은 세라믹 산화물을 기반으로 하며 현재까지는 YSZ가 가장 널리 쓰이는 전해질이다. YSZ는 순수 이온 전도체이고 전도도는 상대적으로 높은 편이다. 조성비가 8% 이트리아 몰분율일 때 최대 전도도가 나온다. YSZ의 또 다른 장점은 화학적 및 기계적 안정성과 상대적으로 낮은 열팽창 계수이다.
- 여러 다른 종류의 SOFC 전해질 물질에 대한 연구가 활발히 진행되고 있다. 이 중에는 가돌리니아가 도핑된 세리아(gadolinia–doped ceria, GDC)와 같은 도핑된 세리아 계열이 낮은 SOFC 작동 온도에서 (YSZ보다 높은 전도도를 바탕으로) 유망한 대체물질이다. LSGM 같은 페로브스카이트 산화물은 중간 온도 영역(700~1000℃) 작동에서 기대를 받고 있다. 특정한 다결정 구조에서 매우 높은 전도도를 보이는 비스무트 산화물(bismuth oxides)과 비스무트 바나듐산염(bismuth vanadate, BIMEVOX 물질로 알려져 있다) 기반 물질도 많은 관심을 받고 있다. 그러나 비스무트 산화물 기반 물질은 화학적 불안정성과 낮은 기계적 강성 등 여러 단점으로 인해 연구가 정체된 상태이다. 마찬가지로 LAMOX계 물질도 높은 이온 전도도를 보이는 특이한 메커니즘 때문에 많은 관심을 끌었지만, 아직 개발 초기 단계에 머물러 있다.
- 몇몇 도핑된 페로브스카이트는 산소이온 전도체와 반대로 양이온 전도체와 같은 거동을 보인다. 이트륨이 도핑된 바륨 지르코산염은 현재 가장 각광받는 양이온 전도

세라믹 전해질 물질이다.

- PEMFC 전극처럼 SOFC 전극도 주로 이중층 제조법을 사용한다. 첫 번째 층은 삼상 계면을 최대화하기 위해 매우 미세하고 얇으며(10~30 μm의 두께) 촉매 활성화돼있다. 두 번째 층은 훨씬 두꺼워(100 μm~2 mm) 기계적으로 지지하는 역할을 하며 전기 전도도와 기체 통과를 위한 높은 다공성을 갖고 있다.
- 현재 SOFC의 연료극으로는 주로 Ni/YSZ가 쓰인다. 연료극의 요구조건을 만족하며 특히 열팽창 계수 호환성 때문에 YSZ 전해질 기반 SOFC에 잘 맞는다. 단점으로는 황과 탄소 피독에 취약하다는 점이다.
- SOFC에 직접 탄화수소 연료를 사용할 수 있도록 탄소 피독을 최소화 할 수 있는 연료극 물질을 찾기 위한 연구가 활발히 진행되고 있다. 개발이 진행되고 있는 물질로는 도핑된 세리아(예: CG40)와 도핑된 페로브스카이트(예: LSCV. 주로 YSZ와 같이 쓰여 LSCV−YSZ 복합 연료극으로 사용)가 있다. 고려 중인 다른 물질로는 파이로클로르형 산화물과 텅스텐 브론즈계 물질 같은 이온−전자 혼합 전도체가 있다.
- SOFC 공기극은 산소의 전기화학적 환원반응과 관련이 있으므로 이온과전기 전도도 모두 가져야 한다. 스트론튬이 도핑된 $LaMnO_3$ 페로브스카이트(LSM)가 오늘날 가장 보편적으로 쓰이는 물질이다. 우수한 이온 전도도를 보이는 다른 물질과 함께 복합 연료극으로 사용된다(예: LSM−YSZ 복합 연료극). 다른 공기극 물질로는 $La_{1-x}Sr_xCo_{1-y}Fe_yO_{3-\delta}$(LSCF) 같은 이온−전자 혼합 전도체가 있다.
- SOFC 스택에서 연결부는 한 셀의 연료극과 인접한 셀의 공기극이 서로 전기적으로 연결되도록 한다. 스택의 기계적 안정성을 위해서는 연결부 물질과 전해질의 열팽창 계수를 맞추는 것이 중요하다. 연결부는 세라믹(주로 $LaCrO_3$ 기반)을 쓰기도 하고 금속(주로 크롬 기반의 Cr−5Fe−1Y_2O_3같은 합금)을 쓰기도 한다. 또한 평면형 SOFC 스택에서는 적절한 밀봉제 물질도 필요하다. 밀봉제는 일반적으로 세라믹 글래스나 연질 유리로 만들어진다.
- 연료전지의 내구성과 수명 문제는 실제적인 작동 조건과 전형적인 상업적 제약 조건으로 인해 계속 어려움에 직면한다. 이 장에서는 스택 전체의 내구성과 더불어 PEMFC와 SOFC 각 주요 부품들의 열화 과정을 검토해보았다.

연습문제

복습문제

9.1 과불소술폰산 막(perfluorosulfonated membranes)과 비교하여 탄화수소 기반 고분자 전해질 막의 장점과 단점을 논하라.

9.2 아래 용어 또는 약어를 정의/서술하라.

(a) ELAT (b) PTFE (c) GDL (d) GDC10
(e) MEA (f) Ni−YSZ (g) TPB (h) Aliovalent

9.3 왜 Pt가 없는 촉매는 가격이 저렴하더라도 PEMFC 공기극으로는 쓰기 어려운가?

9.4 연료전지에서 산화이온 전도 세라믹 전해질 막과 양이온 전도 고분자 전해질 막의 장단점에 대해 논하라. 성능, 안정성, 그리고 연료 다양성에 초점을 맞추어 논하라.

9.5 4장에서 다루었듯이, 연료전지 전해질의 전도도를 높이려면 작동 온도를 높이거나 전해질 두께를 줄이거나 더 높은 이온 전도도를 갖는 물질을 사용할 수 있다. 이 각각의 방법 간의 장단점을 논하라. 구체적인 물질로 예를 들어 논한 결과를 설명하라.

9.6 수송용으로 쓰이기 위한 연료전지 내구 목표는 5,000시간이다. 이 5,000시간의 내구 목표를 고려할 때, 미국인의 하루 평균 주행 시간을 기준으로 연료전지 자동차의 '엔진'은 몇 년을 사용할 수 있는가?

9.7 고정형으로 쓰이기 위한 연료전지 내구 목표는 50,000시간이다. 만약 고정형 연료전지 발전소가 24시간 쉬지 않고 1년 내내 작동한다면, 이 연료전지 발전소는 몇 년 동안 사용할 수 있는가?

9.8 생산 단가에 상관없이 전력밀도만 고려해서 최고의 성능을 낼 수 있는 연료전지를 설계해야 한다고 가정하자. 고전력밀도 PEM, 고전력밀도 SOFC, 그리고 고전력밀도 양이온 전도 산화물 전해질 연료전지 각각에 대해서 전극, 전해질, 촉매, 그리고 연결부(필요하다면)로 사용할 최적의 물질을 제안하라.

계산문제

9.9 PEMFC에서 전기화학적 활성 영역을 늘리기 위해 촉매층에 촉매 입자가 퍼져 있다. 이를 다음과 같이 모델링한다.

$$j_0 = j_0^0 \delta$$

여기서 δ는 촉매층 두께이다. 촉매층 두께를 늘릴수록 활성화 손실이 따라서 감소하지만, 농도 손실이 증가할 것이다. 이 간단한 모델을 이용하고 활성화 및 농도 손실만 고려하여 전압 손실을 최소화 할 최적의 촉매층 두께를 나타내는 식을 구하라. 답은 전류와 다른 관련 변수들에 의존해야 한다.

힌트: 농도 손실은 고전류에서 크게 나타나고, 이 때의 활성화 손실은 Tafel 방정식에 의해 대략적으로 다음과 같이 표현된다.

$$\eta_{act} = \frac{RT}{\alpha nF} \log \frac{j}{j_0}$$

9.10 4장에서 다뤘던 바와 같이, 적절한 성능을 위해서는 연료전지의 비면석 서항(ASR)이 0.15 $\Omega \cdot cm^2$ 이하여야 한다. SOFC에서는 고온에서 작동하거나 전해질 두께를 줄임으로써 이 목표치를 달성할 수 있다.

YSZ와 GDC 막이 0.15$\Omega \cdot cm^2$의 비면적 저항을 달성하기 위한 전해질 두께를 온도에 대한 함수로 계산하고 그래프로 나타내라. 그래프에는 고분자 전해질 막과 함께 다른 산화이온 그리고 양이온 전도 막에 대한 곡선도 추가하라. 결과를 논의하라.

9.11 저온 SOFC는 다공성 백금층의 연료극, 순수 이온 전도 전해질, 이온–전자 혼합 전도 공기극의 배열하여 제조할 수 있다. 공기극이 전기화학반응의 병목이라고(전체 반응률을 결정하는) 가정하자. 공기극 막 안에서 면 방향으로의 전자 흐름과 함께 산소 이온이 공기극 표면에 수직하게 동시에 흐른다. SOFC의 합성 저항(이온 저항과 전자 저항의 단순 합)이 최소일 때 최고 성능을 낸다.

이온–전자 전도 박막 공기극의 최소 저항이 있다는 것을 보여라. 합성 저항을 두께 t에 관한 함수로 나타내고, 합성저항이 최소일 때의 t를 구하라. 다음의 물질과 치수를 참조하라(그림 9.12). 이온은 $d \times d$의 면적을 갖는 단면에 수직하게 거리 t만큼 이동하고, 전자는 평면에 평행하게 $d \times t$의 면적을 갖는 단면을 거리 d만큼 이동한다. 전기 전도도는 $\sigma_e = 100$ S/cm이다. 이 장에서 주어진 그림으로부터 몇 가지 이온–전자 혼합 전도체의 적절한 σ 값을 선택하라. $\sigma_{ion}=1\times10^{-2}$ s/cm와 $d=1$ cm를 이용해서 t 값의 수치를 구하라.

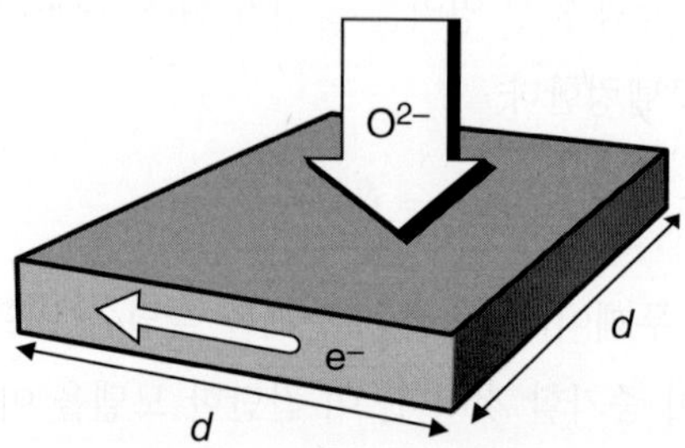

그림 9-12. 혼합 전도 공기극에서 산소 이온이 공기극에 수직으로 흐르고 전자는 평면에 평행하게 흐른다.

9.12 연료전지 촉매의 촉매 반응성은 때때로 촉매와 전해질 계면에 강하게 의존한다. GDC 전해질의 SOFC는 YSZ에 비해 뛰어난 촉매 성능을 보인다고 밝혀졌다. 그러나 GDC는 안정성 문제 때문에 전해질 전체에 쓸 수는 없다. 따라서, 그림 9.13에 나와 있듯이 촉매 반응성을 개선하기 위해 YSZ 전해질 위에 GDC의 '중간층'를 코팅하여 사용하는 것의 장점을 고려해야 한다. 이 GDC 중간층은 활성화 손실을 줄이지만 추가적인 층을 더하기 때문에 셀 저항이 커지게 될 것이다. $j=0.5$ A/cm²과 $T=400$℃라고 가정한다. 추가적인 수치는 아래 표와 같다.

	GDC	YSZ
j_0	4×10^{-3} A/cm²	2×10^{-3} A/cm²
A	0.29	0.22
층 두께	50 nm	20 nm

온도 $T=400$℃일 때, 이 장에서 주어진 그림으로부터 YSZ와 GDC에 대한 적절한 σ 값을 추정해야 한다.

(a) GDC 중간층이 없는 SOFC에서의 오믹 그리고 공기극 활성화 손실을 계산하라.

(b) GDC 중간층이 있는 SOFC에서의 오믹 그리고 공기극 활성화 손실을 계산하라.

(c) 전해질 내부에서의 전압 변화를 각각의 경우에 대해 거리의 함수로그려라.

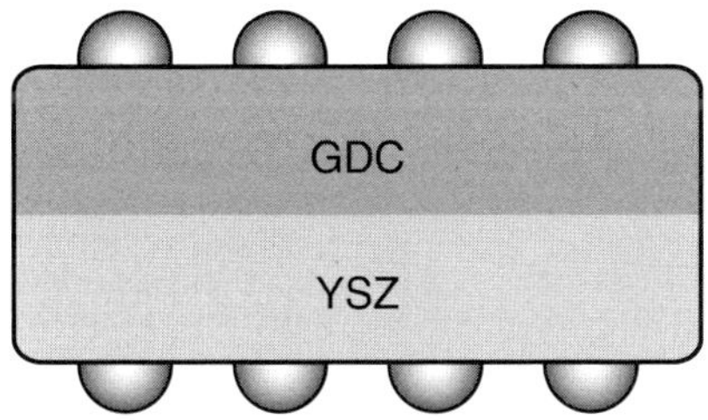

그림 9-13. 촉매 입자가 전해질 표면에 퍼져 있고 GDC 층과 YSZ 층으로 이루어진 복합 전해질

9.13 Nafion 117은 대략 0.1 S/cm의 전도도와 200 μm의 두께를 갖고 있다. 다음 성능을 만족하는 고체 산화물 전해질(O^{2-}전도)을 개발했다고 가정하자.

- 운반체 농도 $c=10^{-3}$ mol/cm^3
- $E_{act}=0.6$ eV
- $D_0=10^{-5}$ cm^2/s

온도 400℃에서 작동하고 비면적 저항(ASR)이 Nafion 117과 상응하는 SOFC 전해질을 만들어야 한다. Nafion 117과 같은 ASR 값을 가지려면 전해질의 두께는 얼마가 되어야 하는가?

CHAPTER 10

연료전지 시스템

이 장에서는 연료전지 단위 셀을 넘어 완성된 연료전지 시스템에 대해 다룰 것이다. 연료전지 시스템의 궁극적인 목표는 적절한 양의 전력을 적재적소에 제때 공급하는 것이다. 이러한 목표를 달성하기 위해, 연료전지 시스템은 일련의 연료전지들과 추가적인 요소를 포함한다. 연료전지 단위 셀은 작동 전류 수준에서 0.6~0.7 V 전압을 제공하기 때문에 여러 개의 연료전지가 필요하다. 연료전지 이외의 또 다른 요소는 셀이 계속 작동되도록 하기 위해 필요하다. 이러한 요소는 연료 공급, 냉각, 전력 제한, 시스템 모니터링 장치 등을 포함한다. 주로 이러한 장치는 연료전지 자체보다 더 많은 공간(그리고 비용)을 차지한다. 연료전지의 전력을 소비하는 이런 장치들을 보조 장치 혹은 기생 전력장치라고 부른다.

목표가 되는 용도는 연료전지 시스템의 설계에 큰 영향을 준다. 공공재 규모의 발전소 사업은 효율이 첫째 목표이며 유익한 시스템을 포함할수록 강점을 가진다. 이동식 연료전지 시스템에서는 이동성과 에너지 밀도가 최우선이기 때문에 시스템 요소를 최소화할수록 좋다. 그림 10.1은 이 두 가지 예의 다른 설계 접근 방식에 대해 보여준다.

이 장에서는 연료전지 시스템에 전형적으로 들어 있는 주요 하위 시스템(subsystem)에 대해 다룰 것이다. 이러한 하위 시스템은 그림 10.1에 나타나 있고 다음을 포함한다.

- 연료전지 하위 시스템
- 열 관리 하위 시스템
- 연료 공급 및 처리 하위 시스템
- 전기 전력 하위 시스템

추가적으로 이러한 하위 시스템에 의해 자세히 설명하기 위해 이 장은 시스템 가압, 가습, 이동식 연료전지의 크기 결정 등 적절한 시스템 디자인에 대해 논의할 것이다.

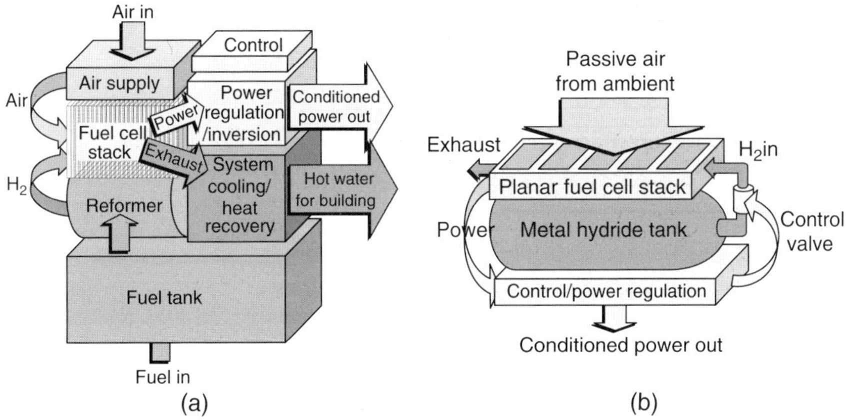

그림 10-1. 두 연료전지 시스템의 개략도. (a) 주거용 규모의 발전용 연료전지 시스템, (b) 이동식 연료전지 시스템

10.1 연료전지 하위 시스템

앞에서 배웠듯이, 연료전지 단위 셀의 전압은 대략 1 V로 제한된다. 추가적으로 부하가 걸릴 때 수소 연료전지 단위 셀의 전압은 0.6~0.7 V 정도이다. 이 전압 범위는 일반적으로 적절한 효율(45%)과 최대 전력밀도에 가까운 영역에서 작동될 때의 전압이다. 그러나 대부분의 실제 장치들은 수, 수십, 수백 V에 가까운 전압을 요구한다. 0.6 V의 단위 셀로 어떻게 실제 장비의 이런 고전압을 만족시킬 수 있을까? 하나의 방법은 여러 연료전지를 직렬로 연결하는 것이다. 직렬로 연결된 셀의 전압은 각 단위 셀 전압의 합이 된다. 적층이라고 알려진 이러한 기술은 연료전지 시스템이 어떤 전압 요구 조건도 만족시킬 수 있도록 한다. 연료전지 스택은 이러한 목표를 고려하여 디자인된다.

- 간단하고 값싼 제조 방식
- 셀 사이에서 낮은 전력 손실의 연결
- 효율적인 매니폴드 구조(반응기체의 분배를 위한)
- 효율적인 냉각 구조(특히 고전력 스택에서)
- 셀 사이의 신뢰성 있는 밀봉

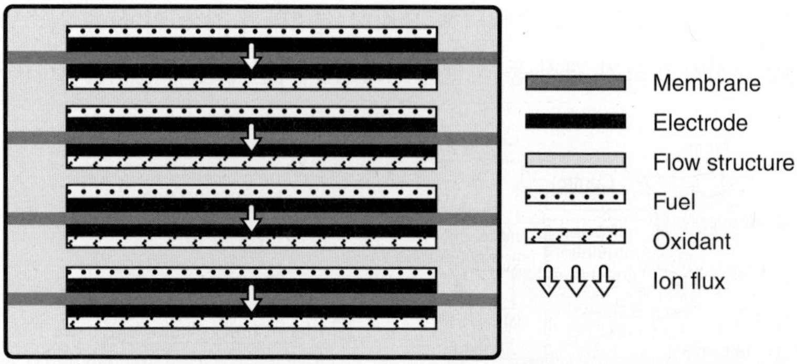

그림 10-2. 수직형 스택 상호연결. 연료전지는 분리판에 의해 직렬로 상호연결된다. 분리판의 한쪽은 산화극에 연결되고 다른 쪽은 이웃한 셀의 환원극에 연결된다. 이 그림에서 유로 구조는 전기 전도가 가능해야 분리판으로서 작동할 수 있다.

그림 10.2는 **수직으로 혹은 양극의 판**을 쌓는 가장 일반적인 연료전지 연결을 보여준다. 이러한 배열에서 전기 전도가 가능한 유로 구조 혹은 판의 한쪽은 산화극에 연결되고 또 다른 면은 다른 연료전지의 환원극에 연결되어 두 연료전지를 직렬로 연결시킨다. 이 판은 한쪽 면은 연료전지의 산화극에 연결되고 다른 한쪽은 다음 셀의 환원극에 연결되기 때문에 **양극판**(*bipolar plate* 혹은 분리판)이라고 명명한다. 분리판 적층은 배터리가 손전등에서 연결되는 것과 비슷하다. 분리판 스택은 셀 사이에서 곧바로 연결시키기 때문에 대면적으로 전기 접촉을 시켜 낮은 오믹 손실을 가지는 장점이 있다. 분리판 디자인은 연료전지 스택을 견실하게 만들어 준다. 대부분의 전통적인 PEMFC 스택은 이러한 배열을 채택한다.

분리판 배열은 밀봉하기가 힘든 단점이 있다. 그림 10.3에 나타나 있는 연료전지의 어셈블리를 생각해보자. 3D 사진에서 드러나듯이, 가장자리의 밀봉이 스택의 모든 셀에 적용되지 않는다면 다공성이고 기체 투과가 가능한 전극으로 기체가 샐 것이 분명하다. 가장자리 밀봉의 가장 일반적인 방법은 전해질을 수평방향으로 전극보다 더 크게 만들고, 각 셀 가장자리를 밀봉용 가스켓으로 기체가 새지 않도록 하는 것이다.

평면 연결 디자인은 수직 적층을 대체할 방법으로 연구되었다. 평면 배열에서는 셀이 **수직이 아니라 측면으로** 연결된다. 평면 디자인은 전기적 저항 손실이 증가하기 때문에 큰 규모의 전력 시스템에서 적용되기는 어렵지만, 이러한 구성 방식은 노트북이나 휴대전화 같은 특정한 이동식 장치에서는 유리하게 작용할 수 있다. 평면 디자인은 세라믹 연료전지에서도 사용되는데, 큰 셀을 만드는 것보다 여러 작은 셀을 연결시키는 것이 제조 수율, 크래킹, 재료 문제 등에서 유리하기 때문이다. 이러한 접근 방식은 때때로 '창유리(window pane)'디자인이라고 부른다. 예를 들어, 몇몇 작은 셀이 측면으로 연결되는 것이 창유리의 모습을 모방한 것처럼 보이기 때문이다. 그림 10.5는 두 가지의 실현 가능한 평면 연결 배열 구조를 보여준다. 상단의 그림은 한 셀의 환원극이 다른 셀의 산화극과 전해질을 가로질러 전기적으로 연결되기 때문에 이른바 *banded* **전해질** 디자인이라고 부른다. 이러한 구조는 저전력 장치에서 전통적인 수직 스택에 비해 더 나은 부피당 패키징을 할 수 있다. 그러나 이러한 구조의 가장 치명적인 단점은 상호연결이 반드시 전해질의 한쪽 면에서 다른쪽 면으로 가로지른다는 것이다. 이러한 크로스-전해질 상호연결은 'edge-tabs'이나 전해질 중심을 가로지르는 routing breach를 통해 셀 배열의 바깥 주변에서 이루어진다. 주변에서의 연결은 디자인 다양성을 제한하고 집전체의 길이를 길게 만들어 저항 손실이 증가한다. 전해질을 통과하는 breach 상호연결은 국부적인 밀봉 문제 때문에 매우 어려운 과제이며, 특별히 습도에 의해 변하는 고분자 전해질의 경우 심각하다. Banded 전해질 디자인의 이러한 문제를 극복하기 위해서 평면 *flip-flop* 구조배열이 제안되었다. 그림 10.5의 하단 그림은 이러한 배열을 보여준다. Flip-flop 디자인의 가장 탁월한 장점은 셀간 상호연결이 전해질의 같은 면에서 이루어진다는 것이다.

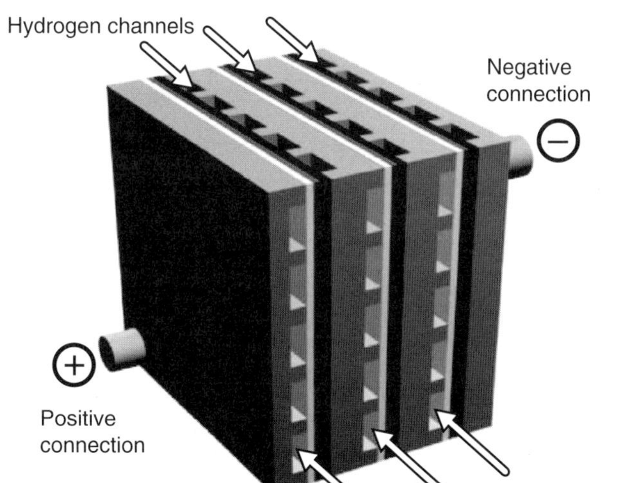

그림 10-3. 연료전지 분리판 스택의 3D 그림. 가장자리의 밀봉이 각 셀에 적용되지 않는다면 스택에서 가스 누출이 일어나는 것은 분명하다.

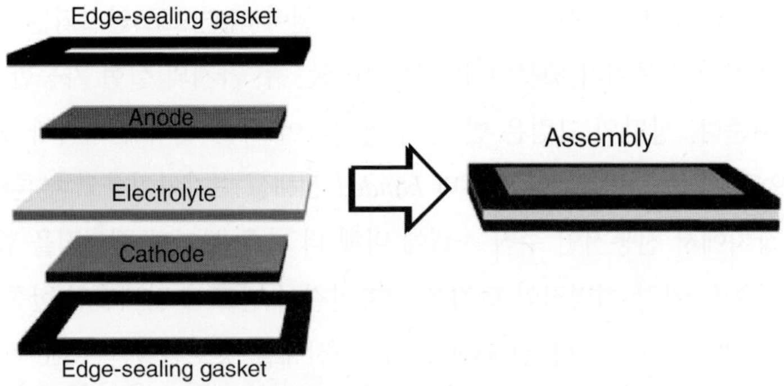

그림 10-4. 각 셀의 가장자리를 둘러싸는 가스켓을 포함한 밀봉 방법의 예

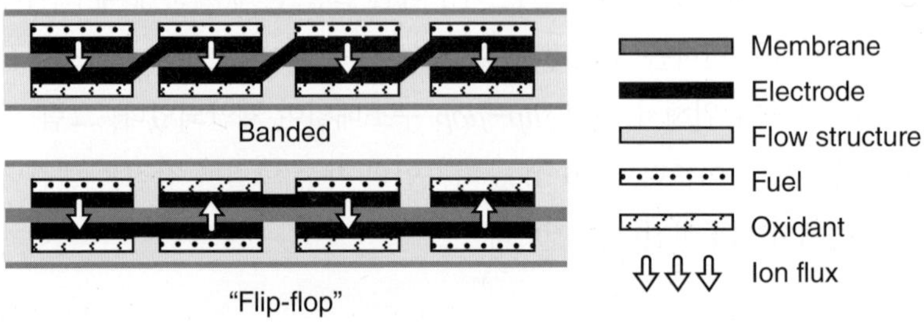

그림 10-5. 평면형 직렬 상호연결. 두 평면 상호연결 방식, banded와 flip-flop 디자인의 개략도가 나타나 있다. Banded 배열 구조와 대조적으로 flip-flop 배열 구조는 상호연결 시 전해질을 가로지르지 않는다.

재료와 제조공정 제약과 마찬가지로 SOFC에서 밀봉 문제는 그림 10.2와 그림 10.5에 나타나 있는 평면과 수직 적층 배열을 부적합하게 만든다. 이러한 디자인이 SOFC에서 성공적으로 실현될지라도 밀봉 재료와 연료전지 재료의 열팽창 계수를 비슷하게 해야 하는 역사적인 도전 과제에 의해 밀봉의 수를 최소화하는 적층 배열구조가 선호된다. 밀봉을 최소화하는 매우 성공적인 방법 중 하나는 그림 10.6에 나타나 있는 튜브형 디자인이다. 튜브형 디자인은 큰 온도 구배를 가진 고온의 연료전지에서 특히 유용하다. 큰 온도 구배에서 어떤 열팽창계수 차이 또한 극대화되기 때문에 재료에 대한 기계적 응력이 커지고, 크래킹의 위험이 높아진다. 그 결과로 밀봉 문제는 고온의 연료전지에서 더욱 심해진다. 밀봉하는 표면적을 줄이기 위해 Siemens-Westinghouse Inc.의 SOFC 디자인에서는 튜브형 디자인을 사용하였다. Siemens-Westinghouse의 튜브형 연료전지 스택은 그림 10.7에 나타나 있다.

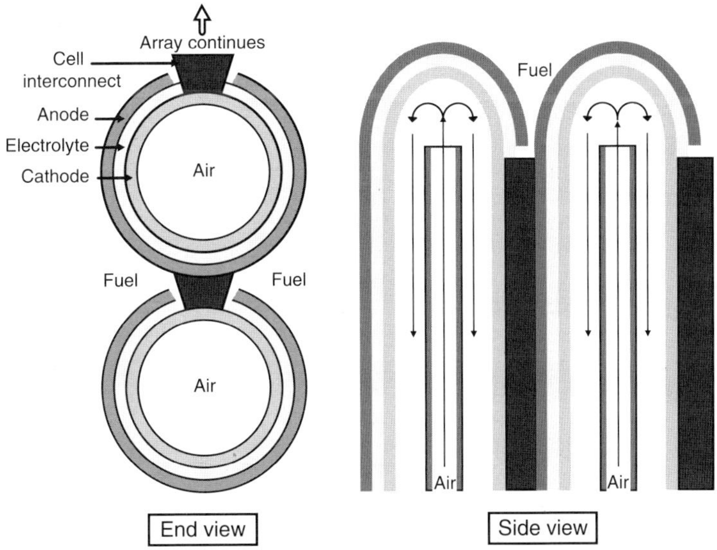

그림 10-6. Siemens-Westinghouse가 채택한 관형 SOFC 설계의 측면과 후면에서의 모습. 공기는 관 안쪽을 통해 공급되는 반면, 연료 흐름은 관 바깥쪽을 통해 공급된다. 직렬 적층은 전극과 전해질과 같은 면으로 더 많은 전지를 계속해서 쌓는 것이고, 병렬 적층은 전극과 전해질에 수직인 면으로 전지를 쌓는 것을 뜻한다.

연료전지 스택이 연료전지 하위 시스템에서 가장 중요한 요소이지만, 추가적인 장비 또한 적절한 작동을 위해 필요하다. 이러한 장비는 여전히 연료전지 하위 시스템에서 중요한 부분이다. 추가적인 장비의 하나의 예는 PEMFC 주입구의 기체에 가습을 할 수 있는 외부 가습기이다. 4장의 4.5.2절에서 논의했듯이, PEM 막의 전도도는 물 함량에 대한 함수이

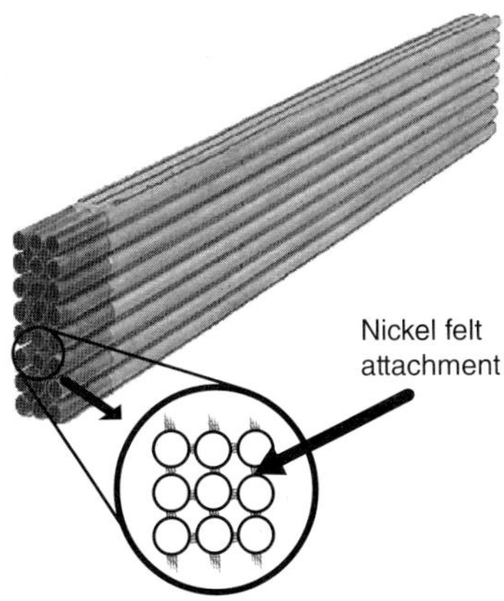

그림 10-7. 사진과 Siemens-Westinghouse 관형 SOFC의 작은(24셀) 스택 끝 단의 세부 모습. 각 관은 직경 2.2 cm에 150 cm의 길이이다.

다. 막의 습도를 제어함으로써 전도도를 제어할 수 있기 때문에 PEMFC 스택 하위 시스템은 외부 가습기를 사용한다. 예를 들어 환원극에 주입되는 공기의 습도를 조절하기 위해, 자동차의 PEMFC 스택 하위 시스템은 관형 가습기와 평판형의 막 가습기를 사용한다.[118]

10.2 열 관리 하위 시스템

알고 있다시피, 연료전지는 일반적인 전력 밀도에서 작동할 때보통 30~60%의 전기적 효율을 보인다. 전력으로 전환되지 못한 에너지는 연료전지 스택이나 배기 가스의 열로 배출된다. 이 열은 때때로 전기 화학적 과정에 따라 손실된 열이나 전기 화학적 폐열로 불린다. 만약 이 열 발생 비율이 너무 높으면, 연료전지 스택은 과열될 수 있다. 만약 스택 냉각이 충분치 않으면, 스택은 설정된 작동 온도 범위를 넘거나 스택 내에 발생하는 온도 변화가 급격해진다. 스택의 온도 변화율은 전지를 기존과 다른 전압에서 작동하게 하거나 열화 메커니즘을 향상시켜 전지 성능에 부정적인 영향을 끼칠 수 있다. 스택을 냉각하는 것은 스택을 최적의 온도 범위에서 작동하게 하고, 온도 변화를 막는 데 도움을 줄 수 있다. 또한 스택 냉각은 내부 연료전지 시스템과 연료전지 시스템 외부의 요구 에너지원을 가열하기 위한 열 회수의 관점에서 중요하다고 할 수 있다. 예를 들어, 차가운 유입구의 유체 흐름을 예열하고 흡열성 연료 개질을 위한 열을 공급하기 위해 스택의 열(그리고 연료전지 시스템의 다른 부분에서도)을 회수할 수 있다(다음 절에서 논의될 것이다). 연료전지 시스템 내에서 내부적인 열의 재사용은 연료전지 시스템 전체의 효율에 영향을 끼치는 매우 중요한 요인 중 하나가 될 수 있다. 또한, 연료전지 시스템의 열은 건물 난방이나 산업 공정 같은 연료전지 시스템 외부 공정을 위해 사용될 수 있고, 그럼으로써 다른 장치에 의한 열 발생이나 연료 소모라는 결과를 대신할 수 있다. 내부와 외부의 열 사용을 위한 열 회수에

발열과 흡열 반응기

연료전지 시스템 내부의 어떤 화학 반응기들은 열을 발생시킨다. 그런 반응들이 **발열성**이다. 다른 반응기들은 **흡열성**이다. 이들의 반응은 열의 공급을 필요로 한다. 흡열 반응기들은 열을 흡수하여 발열 반응기나 다른 열원으로부터 전달된 열을 필요로 한다.

대해서는 12장에서 좀 더 자세히 알아보기로 한다. 이런 이유들 때문에 연료전지 시스템의 열 관리 하위 시스템 설계는 매우 중대하다.

열 관리 하위 시스템 설계는 연료전지 스택의 '수동적' 또는 '능동적' 냉각을 모두 포함할 수 있다. 이 두 접근법 중 어떤 것을 선택하느냐는 연료전지 타입, 크기, 그리고 작동 전략에 따라 달라진다. 소형 저온 연료전지는(PEMFC 같은)주로 다음 내용을 포함하는 수동적 냉각에 의존한다.

1. 연료전지 스택의 외부 표면에 맞닿은 공기의 자연 대류를 통한 냉각
2. 전기화학적 제약(열적 제약이 아닌)으로 결정되는 공기-연료 비율에서 연료전지 스택을 통과하는 반응 혹은 생성 기체의 자유 또는 강제 대류를 통한 냉각

고온에서 작동하는 소형 연료전지 스택 또한 위의 1번과 2번 접근법을 통해 수동적인 냉각을 할 수 있다. 이와는 달리, 다른 타입의 연료전지 시스템은 능동적 냉각을 더 필요로 한다. 능동적 냉각을 더 필요로 하는 시스템의 예로는 (A) 중간이나 그 이상의 크기의 고온 연료전지(SOFC나 MCFC 같은), (B) 큰저온 연료전지(PEMFC나 PAFC 같은) 그리고 (C) 출력 전압이 급격히 올라가거나 내려가는 연료전지 시스템 등이 있다. 능동적 냉각은 보통 다음과 같다.

1. 연료전지 스택에 맞서거나 관통하여 강제 대류를 시킴으로써 열을 흡수하는 냉각 흐름을 최소한 1개 이상 추가하거나(반응물과 생성물의 흐름에 더해서)
2. 이미 존재하는 반응물이나 생성물의 흐름을 전기화학적 반응이 필요로 하는 이상의 유속으로 흐르게 하여 강제 대류를 증가시킨다.

능동적으로 냉각된 스택의 한 예로는 전기적 출력 변화가 가파른 ~80 kWe의 고전력밀도 자동차 PEMFC 스택이 능동적 액체 냉각 방식을 채택한 것을 들 수 있다.

언급한 대로, 저전력 휴대용 PEMFC 시스템(<100 W)은 오로지 수동적 냉각에 의존할 수도 있다. 연료전지 크기가 감소함에 따라 면적당 표면 비율이 증가한다. 열은 스택 표면 주변 공기의 자연 대류에 의해 스택의 벽에서 주변 환경으로 더욱 쉽게 전달된다. 사실, 소형 PEMFC 시스템의 **자체 발열 효과**는 도움이 될 수 있다. PEMFC는 60~80°C에서 가장 잘 작동하기 때문에 소형 PEMFC 시스템은 전기적 출력 수준의 범위를 고려하여 세밀한 열 전달 설계를 하면 자체적인 발열로 이 온도를 유지할 수 있다.

대조적으로, 크기가 더 큰 PEMFC 시스템은(>100 W) 보통 능동적 냉각을 이용한다. 그

림 10.8은 능동적 공기 냉각을 위한 유로가 추가된 분리판 설계의 예를 보여준다. 또 다른 설계 방법으로, 액체 냉각수(반응물이나 생성 기체의 흐름보다는)가 흐르는 분리판 유로를 사용하는 '각 셀'이 대략 1:1의 비율로 배치된 전기 화학적 전지로 설계한 자동차용 PEMFC 스택이 있다.[118a]

또한 능동적으로 냉각되는 스택은 팬이나 송풍기 또는 추가된 유체 냉각수를 순환시키기 위한 펌프 등 추가적인 장치가 필요할 것이다.

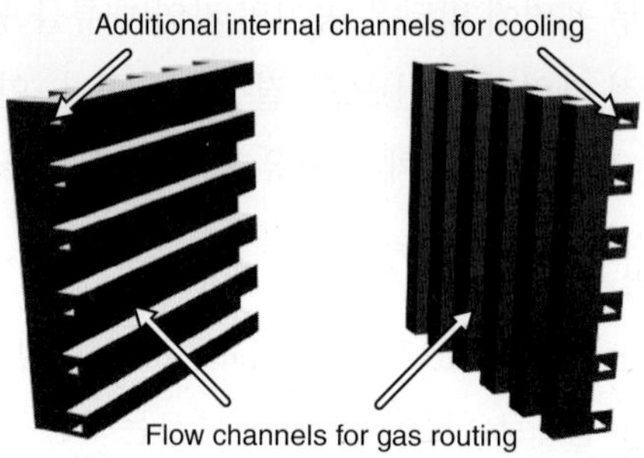

그림 10-8. 연료전지 스택의 통합 냉각을 위해 내부 유로가 추가된 연료전지 분리판의 예(냉각을 위한 추가적인 내부 유로, 가스 흐름을 위한 유로)

불행히도, 이런 추가 장치는 연료전지 스택에서 생성한 전력의 일정 부분을 소모하며, 이를 기생 전력이라 부른다. 팬, 송풍기 또는 펌프의 선택은 필요한 냉각 속도, 냉각제 유로의 압력 저하를 극복할 수 있느냐, 그리고 전체 시스템의 요구 전력 효율, 무게, 그리고 부피를 만족시키느냐에 따라 달라진다. 보통, 팬과 송풍기가 기체를 순환시키는 데 사용된다. 펌프는 액체를 순환시키는 데 쓰인다. 특정 냉각 장치의 유효치(effectiveness)는 그것이 소모하는 전력 대비 제거하는 열의 양을 고려하여 평가할 수 있다.

$$\text{유효치} = \frac{\text{열 제거 속도}}{\text{팬, 송풍기, 또는 펌프로 인한 전력소모}} \qquad \text{식 (10.1)}$$

20~40의 유효치는 보통 잘 설계된 냉각 시스템의 경우 달성할 수 있는 수치다. 고전력 밀도 스택은 종종 기체(공기 같은)를 이용한 능동적 냉각 대신 능동적 액체 냉각(물을 이용하는 것과 같은)을 채택한다. 액체의 부피당 열용량이 기체의 부피당 열용량보다 압도적으로 크다. 예를 들어, 물의 부피당 열용량($\sim$4.2 J/(cm^{3}K))은 공기($\sim$0.0013 J/(cm^{3}K))의 약 3,000배에 달한다. 결과적으로 다른 변수가 같다고 가정했을 때 훨씬 많은 양의 열을 휩쓸어 갈 수 있다. 그래서 연료전지 스택의 부피가 한정되어 있을 때 능동적 액체 냉각이 자

주 사용된다(예를 들어, 차량에 적용될 때). 액체 기반의 냉각 시스템에서 액체는 보통 닫힌 경로 내에 있다. 즉, 액체는 계속 순환되면서 일부가 새어나가거나 증발할 때만 주기적으로 보충해준다. 만약 액체 냉각제가 물이면, 이온이 제거되어 전류를 이동시킬 수 없게 한다. 대부분의 자동차용 연료전지 스택(50~90 kWe 범위의)들은 이온이 제거된 탈염수나 물-글리콜 혼합물을 액체 냉각제로 사용한다.

반대로, MCFC와 SOFC 같은 고온 연료전지의 경우에 고온에서 작동하기 때문에 다른 냉각 설계를 이용한다. 사실, 전기화학반응 과정에서 발산하는 열은 자주 내부 가열이나 다른 흡열 과정을 위해 연료전지 시스템 내에서 회수된다. 연료전지에서 제거된 고온의 열은 연료전지 시스템 내에서 다음과 같이 사용될 것이다.

1. 전지 자체의 반응을 위해 열공급
2. 유입 기체예열
3. 흡열 과정의 초기 공정에 열공급

MCFC와 SOFC는 대부분 (1) 별개의 냉각 흐름을 추가하거나 (2) 반응물이나 생성물 흐름을 더 빠른 속도로 이동시킴으로써 능동적으로 냉각한다.

연료전지 시스템의 한 부분에 의해 발생한 열은 유용한 목적을 위해 회수될 수 있다. 스택에서 발생한 열은 (1) 내부 연료전지 시스템 가열 (2) 외부 가열을 위해 회수된다. 내부 가열의 예로는 연료전지 스택을 향한 유입구 기체를 예열하고, 스택을 위해 유입구 기체를 가습하기 위해 물을 증발시키는 것이 있다. 외부 가열의 예로는 자동차 내의 탑승자를 위한 실내 난방을 제공하는 자동차용 연료전지 시스템을 사용하거나 건물의 온수나 난방을 제공하는 고정형 연료전지 시스템의 사용을 들 수 있다. 내부 시스템 가열과 외부 가열을 위한 열 회수는 12장에 자세히 다룬다. 12장에서 논의되는 대로, 열은 연료전지 스택뿐만 아니라 다른 시스템 장치에서도 회수된다.

예제 10.1.

그림 10.1 왼쪽에 보이는 연료전지 시스템은 소모되는 천연가스의 고위 발열량(HHV)에 기초하여 52%의 전력 효율로 200 kW의 전력을 생산하는 MCFC이다. (1) 연료전지에 의해 발생하는 열의 양을 계산하라. (2) 연료전지에서 발생한 열로 건물 난방을 하고 싶다. 이 목적으로 사용 가능한 열의 70%를 회수할 수 있고, 30%는 주변으로 손실된다. 회수된 열의 양과 주변으로 손실된 열의 양을 계산하라.

풀이

1. 2장에서 논의한 대로, 연료전지 스택의 실제 전기 효율은 아래와 같이 표현된다.

$$\varepsilon_R = \frac{P_e}{\Delta \dot{H}_{(\text{HHV}),\text{fuel}}} \quad \text{식 (10.2)}$$

여기서 P_e는 연료전지 스택의 전기적 출력이다. 스택에서 전력으로 생산되지 않은 에너지는 모두 열로 발생된다고 가정하자. 이 가정은 펌프나 압축기, 그리고 다른 성분의 기생 전력은 무시한다는 것을 뜻한다. 연료전지에서 발생하는 열의 양은 최대로 회수 가능한 열의 양이다. 최대 열 회수 효율($\varepsilon_{\text{H,MAX}}$)은

$$\varepsilon_{\text{H,MAX}} = 1 - \varepsilon_R = 1 - 0.52 = 0.48 = 48\% \quad \text{식 (10.3)}$$

연료전지에서 발생한 열의 양은

$$d\dot{H}_{\text{MAX}} = \frac{(1-\varepsilon_R)P_e}{\varepsilon_R} = \frac{(1-0.52)200\,\text{kW}}{0.52} = 185\,\text{kW} \quad \text{식 (10.4)}$$

2. 회수된 열의 양은 0.70×185 kW=130 kW이고, 주변으로 손실된 열의 양은 0.30×185 kW=55 kW다.

예제 10.2.

예제 10.1에 표현된 연료전지 시스템과 다른 열 관리 하위 시스템 설계 선택이 고려되고 있다. 연료전지 스택에서 발생한 배기 가스는 연료 개질 공정에 열을 공급하고 유입 유동을 예열하는 데 사용된다. 이 내부적인 열 교환 과정 후에 연료극 배기 가스가 300°C로 냉각되었다. 이 시점에서 연료극 배기 가스의 흐름은 시스템 전체의 회수 가능한 열의 1/3을 운반한다. 이 유체 흐름을 냉각하기 위해 고려되어야 할 첫 선택은 기체간 열 교환기 안에서 연료극 배기 가스 흐름에 대하여 2 kWe 압축기로 공기를 불어넣는 강제 공기 대류이다. (1) 연료극 배기 가스 흐름에서 회수 가능한 열의 양을 계산하라. (2) 열 교환기 안의 고온의 배기 가스와 저온의 냉각용 공기 흐름 사이의 열 교환 효율이 100%라고 가정하자. 압축기의 유효치를 계산하라. (3) 액체 물과 공기를 비교하고, 액체 대 기체의 강제 대류를 비교하여 연료극 배기 가스를 능동적으로 냉각하는 것의 타당성에 대해 견해를 밝혀라.

풀이

1. 연료극 배출 가스의 회수 가능한 열의 양은 1/3×130 kW = ~43 kW
2. 압축기의 유효치는 43 kW/2 kW = ~22

3. 연료극 배기 가스 열의 일부는 300℃ 정도의 온도에서 사용 가능하지만, 물은 대기압 100℃에서 상변화가 일어나기 때문에 이 유체 흐름을 물로 냉각하는 것은 어렵다. 유입구가 상온인 냉각용 물은 타당한 유량일 때 수증기로 상변화가 일어나 부피가 상당히 팽창할 것이다. 끓는점이 더 높은 다른 액체가 냉각용 액체로 더 적절할 것이다. 액체의 부피당 열용량은 기체보다 월등히 크기 때문에(물과 수증기의 경우 약 3000배의 차이), 같은 부피의 액체가 더 많은 열을 뽑아낼 수 있다. 그러므로 기체-액체간 열 교환기의 부피는 기체-기체간 열 교환기의 부피보다 작을 것으로 예상된다. 동시에, 특히 고온에 적용할 때 액체의 증발 온도에 주의를 기울여야 한다.

10.3 연료 운반/처리 시스템

연료전지에 연료를 공급하는 것은 시스템 설계자가 자주 직면하는 가장 어려운 업무가 될 수 있다. 오늘날의 실제 연료전지의 대부분은 수소나 수소를 포함하는 화합물을 사용한다. 그 결과, 연료전지에 연료를 공급하는 방법은 두 가지 선택권이 있다.

1. 수소를 직접 이용한다.
2. 수소 운반체를 이용한다.

수소 운반체는 수소를 연료전지로 운반할 수 있는 편리한 화학종이다. 예를 들어, 메탄(CH_4)은 수소보다 훨씬 더 쉽게 이용 가능하기 때문에 유용한 수소 운반체다. 만약 수소를 직접적으로 사용하게 되면, 먼저 11장에서 더 자세히 배우게 될 몇 가지 공정 중 하나를 이용하여 수소를 생성하고, 사용하기 전에 저장을 해야 한다.

고정형 연료전지 시스템의 경우에 가용성은 연료 선택에 영향을 끼치는 가장 중요한 기준 중 하나다. 하지만 대조적으로 휴대용 연료전지의 경우에는 연료의 저장 효율이 중요하다. 저장 유효치는 (1) 중량 에너지 밀도와 (2) 부피 에너지 밀도로 측정될 수 있다.

$$\text{중량 에너지 밀도} = \frac{\text{저장된 연료의 엔탈피}}{\text{총 시스템 중량}} \qquad \text{식 (10.5)}$$

$$\text{부피 에너지 밀도} = \frac{\text{저장된 연료의 엔탈피}}{\text{총 시스템 부피}} \qquad \text{식 (10.6)}$$

이 지표들은 연료 시스템에 저장된 에너지량을 연료 시스템 크기와 비교하여 표현한다. 이 지표들은 직접 수소(H_2) 저장 시스템이나 수소(H_2) 운반 시스템 중 어떤 것이 채택되었는지에 상관없이 사용될 수 있다.

이제부터 연료 공급의 주요 선택권 중 몇 개에 대해 자세히 논의하겠다.

10.3.1 수소(H_2) 저장

저장 시스템에서, 연료전지는 H_2 기체를 직접적으로 공급받는다. 직접 수소 공급에는 몇 가지 중요한 이점이 있다.

- 많은 종류의 연료전지가 순수 H_2으로 가장 잘 작동한다.
- 불순물/오염 문제가 급격히 줄어든다.
- 연료전지 시스템이 간단해진다.
- 수소는 저장소 내에서 긴 '저장 수명'을 가진다(액체 H_2 제외).

안타깝게도 H_2는 널리 사용 가능한 연료가 아니다. 더욱이, H_2 저장 시스템은 아직까지 화석 연료 저장소만큼 에너지 밀도가 높지 않다. 수소를 저장하는 가장 일반적인 방법 세 가지는 다음과 같다.

1. 압축된 기체
2. 액체
3. 금속 수소화물(metal hydride)

이 저장 방법들을 간단히 소개하겠다. 표 10.1에 직접적인 H_2 저장 방법 세 가지에 Lawrence Livermore National Laboratories(LLNL)이 자동차용으로 개발한 냉각-압축 기체 저장법[119-121,121a]을 포함하여 각각에 대한 전형적인 특성을 요약했다. LLNL의 방법은 기존의 기체 압축에 비해 에너지 밀도를 향상시켰음에도 불구하고, 기존의 극저온을 이용한 액체 수소 저장법에 비해서 냉각 요구 조건이 덜 까다롭다.

- ***압축 H_2.*** 수소를 저장하기 위한 가장 쉬운 방법이다. 특별히 설계된 기체용 실린더 내부에 H_2 기체가 초고압으로 압축되어 있다. 저장 효율은 그렇게 특별하진 않지만, 실린더 크기와 가한 압력에 따라 향상된다. 현재 실린더 기술은 저장 압력으로 700 bar 정도까지는 허용한다. 하지만 고압 저장은 중대한 안전 문제를 야기할 수 있다. 게다가

표 10.1 다양한 직접적 H_2 저장 시스템의 비교

Storage System	Mass Storage Efficiency (% kg H_2/kg storage)	Volumetric Storage Density (kg H_2/L storage)	Gravimetric Storage Energy Density (kWh/kg)	Volumetric Storage Energy Density (kWh/L)
Compressed H_2, 300 bars	3.1	0.014	1.2	0.55
Compressed H_2, 700 bars	4.8	0.033	1.9	1.30
Cryogenic liquid H_2	14.2	0.043	5.57	1.68
Cryo-compression tank (LLNL)	7.38	0.045	2.46	1.51
Metal hydride (conservative)	0.65	0.028	0.26	1.12
Metal hydride (optimistic)	2.0	0.085	0.80	3.40

주석: 여기서는 전체 저장 시스템의 중량과 부피(연료통,밸트,배관,그리고 조절기)를 고려하였다.

수소 저장 효율

직접 수소 저장 시스템의 효율은 (1) 수소 중량 저장 효율과 (2) 수소 부피 저장 밀도로 측정될 수 있다. 이 두 지표는 지장 시스템 크기 대비 직접 저장 시스템에 저장 가능한 수소의 양을 나타낸다.

$$\text{중량 저장 효율} = \frac{\text{저장된 } H_2\text{의 질량}}{\text{전체 시스템 중량}} \times 100\% \quad \text{식 (10.7)}$$

$$\text{부피 저장 밀도} = \frac{\text{저장된 } H_2\text{의 질량}}{\text{전체 시스템 부피}} \quad \text{식 (10.8)}$$

다른 H_2 저장 기술에 대한 이 지표값들의 예시는 표 10.1에 나타나 있다.

H_2의 압축은 에너지가 투입되는 방법이다. 대략 300 bar로 압축할 때, 압축된 H_2 기체의 10%의 내부 에너지가 압축에 사용된다. 다행히, 저장 압력이 더 상승한다고 해도 에너지 소모가 그와 같은 비율로 상승하지는 않는다. H_2를 더욱 압축하기 위해 소모되는 추가적인 에너지는 그로 인해 더 저장된 H_2로 균형이 맞춰진다.

- ***액체 H_2.*** 만약 수소 기체가 22 K로 냉각되면 H_2는 액체로 응결될 것이다. 액화는 H_2 저장을 낮은 압력에서도 가능케 한다. 액체 수소는 약 0.071 g/cm^{3}로 직접 저장 방법 중에서 가장 높은 중량저장밀도를 가진다. 저장 용기는 극저온을 유지하기 위해 두껍고, 강화된 이중벽 진공 단열재로 만들어져야 한다. 그러므로 중량저장효율은 매우

좋더라도 부피저장효율은 보통이다(이런 이유에서 액체 H_2는 중량저장효율이 특히 중요한 우주 비행에서 로켓 추진 연료로 자주 사용된다). 아마도 가장 문제가 될 여지는 H_2 액화에 필요한 에너지이다. H_2를 액화하기 위해 필요한 에너지는 H_2 연료 자체가 가지고 있는 에너지의 약 30%이다.

- ***금속 수산화물***. 일반적인 금속 수산화물 재료는 철, 티타늄, 망간, 니켈, 그리고 크롬 합금 등이다. 이 금속들은 매우 미세한 크기의 입자로 만들어져 용기 안에 담긴다. 이 금속 합금은 마치 '스펀지'처럼 작용하는데 보통 H_2 분자가 H 원자로 분리되고 금속에 흡수되어 많은 양의 기체를 흡수할 수 있다. 가열되면, 수산화물은 저장되었던 H_2 기체를 내놓는다. 금속 수산화물은 믿지 못할 만큼의 양의 H_2를 흡수할 수 있다. 사실, H 기체 원자는 이 방법을 통해 액체 수소보다 더 높은 부피 에너지 밀도로 금속 수산화물 안에 저장될 수 있다. 하지만 안타깝게도, 수산화물 금속이 그 자체만으로 무겁기 때문에 중량 에너지 밀도는 보통이다. 더욱이 재료가 비싸다. 금속 수산화물 저장법은 휴대용 장치에는 제일 매력적인 방법일 것이다.

10.3.2 수소(H_2) 매개체의 사용

수소 기체 대신 H_2 매개체를 사용하는 것은 상당히 높은 중량과 부피 에너지 저장 밀도를 가능케 한다. 이 H_2 매개체들은 휴대용이나 이동용 기기에 적용하기에 특히 매력적이다. H_2 매개체로는 메탄(CH_4), 메탄올(CH_3OH), 수소화붕소나트륨($NaBH_4$), 포름산(HCO_2H), 그리고 가솔린($C_nH_{1.87n}$)이 있다.

또한 수소 매개체는 고정형 용도로 적용하기에도 매력적이다. H_2 기체는 자연상태로 발생하지 않고, 다른 수소 함유 화합물에서 추출해야 하기 때문이다. 천연가스나 석유와 달리 수소는 '시추'할 수 없다. 그래서 대부분의 고정형 연료전지는 천연가스(주로 메탄으로 구성된)나 바이오 가스 같은 넓은 범위의 연료를 사용 가능하다. 이런 매개체 연료를 사용함으로써 연료전지는 다른 전력 발전소에 비해 높은 전기적 효율, 모듈성, 그리고 낮은 배기 가스 배출량을 보이고 있다.

불행히도, 대부분의 H_2 매개체는 연료전지에서 바로 사용할 수 없다. 즉, H_2 매개체 물질은 연료전지의 연료극에서 전기 화학적 산화를 통해 직접 반응하지 않는다. 대신, 대부분의 H_2 매개체는 화학적으로 H_2 기체를 생산하는 과정을 거쳐야 하고, 그 후에 연료전지로 공급된다. 몇 개의 H_2 매개체는 직접 사용 가능하다. 그 예 중 하나가 직접 메탄올 연료전지(DMFC)에서 사용되는 메탄올이다(8장 8.7.1절은 DMFC의 작동 원리에 대해 소개한다).

연료전지에 연료를 공급하는 측면에서 H_2의 '효율'을 비교하기 위해, 연료전지에서 원래의 매개체 안에 저장된 에너지가 얼마나 많이 사용될 수 있는가를 고려해야 한다. 예를 들어, 메탄올의 에너지 밀도는 압축된 수소보다 상당히 높지만, 연료전지는 메탄올의 에너지 중 20%만 전기로 전환할 수 있을 것이다. 반면에 수소의 경우에는 50%를 전기로 전환할 수 있다. 이 경우에, 수소 대비 메탄올 연료의 효율은 0.40이다. H_2 매개체 시스템의 효율은 수소 기체에서 전기로 전환 가능한 에너지의 백분율 대비 연료전지에서 전기로 전환될 수 있는 매개체의 에너지의 비율로 정의된다.

$$\text{매개체 시스템 효율} = \frac{\text{매개체에서 전기로 전환된 \%}}{H_2\text{에서 전기로 전환된 \%}} \quad \text{식 (10.9)}$$

이 효율값으로 조정된 값은 휴대용 연료전지에서 직접 H_2 시스템과 H_2 매개체 시스템의 저장 에너지 밀도 사이의 공정한 비교를 가능케 한다.

메탄올 예제로 돌아가서 메탄올 개질이 다음 반응식을 따르면, 50% 몰분율의 메탄올과 물의 혼합물이 필요하다.

$$CH_3OH + H_2O \rightarrow CO_2 + 3H_2 \quad \text{식 (10.10)}$$

만약 50% 메탄올 – 50% 물(몰분율로)연료 저장소에 추가적인 1 L의 개질기로 구성된 메탄올 연료 시스템을 가정하면, 연료 공급 시스템의 총 부피 에너지 밀도는 1.72 kWh/L일 것이다(표 10.2에 나온 대로 50−50 메탄올−물 혼합물은 1 L에 3.4 kWh를 가지므로 이를 연료 저장소와 개질기의 부피 2 L로 나누면 1.72 kWh/L).

표 10.2 다양한 매개체 H_2 저장 시스템의 비교

Storage System	Gravimetric Storage Energy Density (kWh/kg)	Volumetric Storage Energy Density (kWh/L)	Carrier Effectiveness
Direct methanol (50% molar mix with H_2O)	4	3.4	0.40
Reformed methanol (50% molar mix with H_2O)	2	1.7	0.70
Reformed $NaBH_4$ (30% molar mix with H_2O)	1.5	1.5	0.90

주석: 이 데이터는 전체 저장 시스템(연료통,배관,개질기 등)의 질량과 부피를 포함한다.

만약 이 연료–물 혼합물로 운반된 에너지의 이용 효율값이 0.7이라 가정하면, 이 메탄올 연료 시스템은 1.2 kWh/L의 부피 저장 에너지 밀도를 가지는 직접 수소 시스템과 동등하다고 할 수 있다. 중량 기반에서, 이 메탄올 연료 시스템은 1.4 kWh/kg의 중량 에너지 밀도를 가진 직접 수소 시스템과 동등할 것이다. 몇 개의 연료 저장 시스템의 매개체 저장 지표와 효율값은 표 10.2에 자세하게 나타나 있다.

이 절 앞부분에서 살짝 언급한 대로, 수소 매개체를 이용하는 방법에는 크게 두 가지가 있다. 연료전지에서 전기를 생산하기 위해 직접적으로 전기–산화되거나(하지만 오직 매개체가 상대적으로 간단하고 쉽게 반응되는 종류일 경우)매개체가 수소 기체로 개질되어(화학적인 방법으로) 연료전지에서 전기를 생산하는데 사용되는 방법이다. 개질은 (1) 연료전지 외부에서 화학 반응기에 의해 발생하느냐(외부 개질) 또는 (2) 연료전지 내부의 촉매 표면에서 발생하느냐(내부 개질)에 따라 세분화될 수 있다. 이 세 가지 방법을 이제 논의해보자.

- ***직접 전기–산화***. 직접 전기–산화는 간단하기 때문에 주로 매력적인 방법이다. 일반적인 H_2-O_2 연료전지와 촉매, 전해질, 그리고 전극 물질도 다르지만, 이에 비해 추가적인 외부 화학 반응기나 다른 부품이 필요하지 않다. 연료전지에서 직접 전기–산화의 연료로 사용되는 예는 메탄올, 에탄올, 그리고 포름산이 있다. 8장 8.7.1절에서 이런 타입의 연료전지에 대해 소개했다. 직접 전기–산화에서 전자는 연료 분자로부터 직접 떨어져 나온다. 그래서 처음 연료를 수소로 개질하는 부가적인 과정을 피할 수 있다. 한 예로, 직접 메탄올 연료전지의 반응 화학 이론은 8장 8.7.1절에 나타나있다. 안타깝게도, 비수소 연료를 직접적으로 사용하는 연료전지는 동적 복잡도 때문에 상당한 전력밀도와 전기적 에너지 효율의 손실을 겪는다. 이 복잡도 때문에, 비수소 연료를 직접적으로 사용하는 연료전지는 같은 전력을 생산하는 수소 기반 연료전지에 비해 훨씬 클 수밖에 없다. 어떤 설계에서는 10배 더 크게 설계되기도 하는데, 이는 매개체 연료로 전환에 의한 에너지 밀도 측면의 이점을 상쇄한다. 연료 매개체를 사용하는 것이 더 좋은 방법인지 결정하기 위해서는 직접 전기–산화 연료 저장소의 크기와 연료전지 크기, 그리고 연료 효율 간의 균형에 대한 상세한 검토가 필요하다.
- ***외부 개질***. 연료 처리기는 H_2 매개체 연료를 H_2로 분해하기 위해 열과 함께 종종 촉매와 증기를 이용한다. 연료 개질 과정에서 CO나 CO_2 같은 부산물이 생성되기도 한다. 아무리 좋게 가정하더라도 이런 부산물은 연료전지로 공급되는 H_2 기체를 희석함으로써 성능을 약간은 저하시킨다. 나쁜 경우에는 연료전지에 일종의 독처럼 작용하

여 성능을 심각하게 저하시킬 수도 있다. 이런 경우에는 개질된 H_2 기체 혼합물이 연료전지에 공급되기 전에 기체 내의 H_2 함유량을 올리고, 독성을 제거하기 위한 추가적인 공정이 필요하다. 이런 화학 공정 중 어떤 것은 열을 발생시키고(발열성), 다른 것은 열을 받는 것이 필요하다(흡열성). 고온 연료전지의 경우, 필요한 열은 연료전지 스택 자체에서 공급받을 수 있다. 저온 연료전지의 경우에, 공급된 연료 중 일부를 연소시켜 필요한 고온의 충분한 열을 발생시킬 것이다. 외부 연료 처리기의 크기와 복잡도는 개질되는 연료의 종류와 불순물과 독성이 제거될 필요가 있느냐, 그리고 얼마나 많은 개질이 행해져야 하는지에 따라 결정된다. 그림 10.9는 외부 연료 처리기의 몇 가지 예를 보여준다. 11장은 연료 처리기 하위 시스템에 대해 세부적으로 논의한다.

- ***내부 개질***. 내부 개질의 경우, 연료전지 스택 내부의 연료극 촉매 표면에서 개질 과정이 이루어진다. 내부 개질은 특정한 연료를 사용하는 고온 연료전지에서 이행된다. 이런 전지에서 고온 작동 촉매는 연료극에서 전기-산화를 가능케 할 뿐 아니라 연료 개질 반응도 일으킨다. 보통 내부 개질 방법에서 H_2 매개체 기체는 연료전지 연료극에 공급되기 전에 증기와 혼합된다. 기체와 증기는 연료극 촉매 표면 상에서 반응하면서 H_2, CO, 그리고 CO_2를 생성한다. CO는 더 많은 H_2를 생성하기 위한 수증기 진환 빈응을 통해 더 많은 증기와 반응한다. 수증기 전환 반응은 11장에서 더 자세히 설명되며 식 (11.4)에서 볼 수 있다. 외부 개질과 비교하여, 내부 개질은 몇 가지 잠재적 이점이 있다. 줄어든 시스템 복잡도(외부 화학 반응기를 위해 필요한 것들이 제거됨), 외부 화학 반응기가 필요 없기 때문에 줄어든 시스템 비용, 그리고 흡열성 개질 반응과 발열성 전기 화학적 반응 사이의 직접적인 열 교환 등이 이런 이점이라 할 수 있다. 어떤 설계에서내부 개질은 시스템의 효율과 전환 효율을 높이기도 한다.

직접 전기-산화는 간단한 시스템, 최소화된 보조장비, 저전력, 그리고 구동 가능 시간이 길어야 한다는 점에서 휴대용으로 적용하기에 매우 알맞다. 연료 개질은 연료 유연성이 중요하고 잔여열은 시스템이나 시스템 외부의 열이 필요한 곳에서 사용될 수 있기 때문에 고정형으로 가장 빈번하게 적용된다. 요즘은 연료 개질 기술이 자동차용으로는 그다지 매력적이지 않다. 2004년 미국 에너지부는 연료전지 자동차를 위한 차량 탑재형 연료 처리기의 연구 개발을 중단하기로 했다.

10.3.3 연료 운반/처리 하위 시스템 요약

연료전지 종류와 적용 분야는 주어진 상황에서 제일 알맞은 연료 운반 하위 시스템을 결정하는 가장 중요한 요소다.

(a)

(b)

그림 10-9. 외부 개질의 두 가지 예시. (a) 천연가스로부터 연료전지 자동차용 수소를 생산하고, 연료전지 열병합 발전으로 만든 전기와 온수는 집으로 공급하는 혼다(Honda)사의 가정용 발전소. 뉴욕에 위치한 이 제품은 2세대 모델이다(Plug Power사와 합작하여 개발). 이는 부피를 줄이기 위해 천연가스 개질기와 가압기를 하나의 소형화된 제품에 집어넣었다. 이 제품은 시간당 2입방 미터의 수소를 생산할 수 있다. (b) 메탄올을 수소와 이산화탄소로 변환하는 Pacific Northwest National Laboratory의 초소형 연료 처리기. 이 시스템은 촉매 연소기, 증기 개질기, 2개의 기화기, 그리고 열회복 교환기가 25센트 동전보다 작은 장치 안에 구성되어 있다! 이는 최초 제작 시점 때, 세계에서 가장 작은 통합 촉매 연료 처리기였다.

분산발전 같은 고정형 적용 분야에서 연료 처리 하위 시스템은 메탄이나 바이오가스로 구성된 천연가스 같은 주로 지역적으로 가용한 연료를 이용하여 작동했다. 교통 시스템용으로는 압축된 H_2 기체 저장이 유력한 후보다. 소형 휴대용 연료전지에서는 상대적으로 높은 부피 저장 에너지 밀도를 보이는 금속 수산화물 저장법과 연료의 직접 전기-산화법(특히 직접 메탄올)이 유력한 후보들이다. 직접 H_2 연료 운반 시스템이 상대적으로 간단한 반면, 기체 매개체 기반의 연료 처리기 하위 시스템이 꽤 복잡할 수 있다. 이 복잡성 때문에 연료 처리기 하위 시스템은 11장에서 다시 자세히 다루기로 한다.

표 10.3은 주 연료 운반/처리 하위 시스템들의 상대적인 저장 에너지 밀도, 장점, 단점, 그리고 적용 방안 등을 요약한 것이다. 이런 경향성은 실제 사용되는 하위 시스템으로부터 추론된 것임을 명심하라. 저장 밀도는 시스템의 설계, 크기, 그리고 의도하는 적용 분야의 세부사항에 따라 상당히 달라질 수 있다.

표 10.3 이동식과 고정형 연료전지 용도에 이용되는 여러 종류의 연료 및 연료 시스템 정성적 요약

Fuel System	Gravimetric Storage Energy Density	Volumetric Storage Energy Density	Fuel Availability	Fuel Suitability for Fuel Cell	Comments
Fuel Systems for Mobile Applications					
Compressed H_2	Moderate	Moderate	Low	High	For transportation
Cryogenic H_2	Moderate-high	Moderate	Low	High	Liquefaction is energy intensive
Metal hydride	Low	High	Low	High	Expensive, heavy
Direct methanol	High	High	Moderate	Low-moderate	For portable applications
Reformed methanol	Moderate-high	Moderate-high	Moderate	Moderate	For transportation applications
Reformed gasoline	Low	Low	High	Low	Expensive, hard to reform
Fuels for Stationary Generation Applications					
Neat hydrogen	Low	Low	Low	High	Must have H_2 source!
Methane	Moderate	Moderate	High	Moderate	Best for high-temperature fuel cells
Biogas	Low	Low	Low	Moderate	Best for high-temperature fuel cells

10.4 전력 전자 하위 시스템

전력 전자 하위 시스템은 (1) 전력 제어, (2) 전력 역변환, (3) 모니터링과 제어, 그리고 (4) 전력 공급 관리로 구성되어 있다. 전력 전자 하위 시스템의 이 네 가지 업무에 대해 다음 4개의 절에서 상세히 다룰 것이다.

연료전지 전력 조절은 보통 (1) **전력 제어** 그리고 (2) **전력 역변환** 두 가지로 나뉜다. 전력 제어는 정확한 전압에서 전력을 공급하고 시간에 지남에 따라 전류 부하가 변화더라도 이를 유지하는 것을 말한다. 전력 역변환은 연료전지로부터 받은 DC 전력을 대부분의 전자기기가 사용하는 AC 전력으로 바꿔주는 것을 말한다. 거의 모든 연료전지에 전력 제어는 필수적으로 적용된다. 대부분의 고정형, 자동차용 연료전지 시스템에는 전력 변환 또한 필수적이다. 고정형 시스템은 주변의 AC 전기망이나 건물의 AC 전력망에 전기를 공급한다. 자동차용 시스템은 DC 모터보다 더 널리 쓰이고, 비용이 싸며, 훨씬 효율적인 AC 전기모터를 위해 DC 전력을 AC 전력으로 전환할 필요가 있다. 일부 휴대용 연료전지에서는 전력 변환이 필요치 않다. 예를 들어, 연료전지 노트북은 DC 전력을 바로 사용한다. 불행히도, 전력 조절은 경제적으로나 효율적으로 상당한 비용이 든다. 전력 조절은 보통 연료전지 시스템의 자본비용을 10~15% 증가시킨다. 또한, 전력 조절은 연료전지 시스템의 효율을 5~20% 저하시킨다. 주어진 상황에서 최적의 전력 조절 해결책을 선택하는 것이 필수적이다. 전력 제어와 전력 변환은 다음 절에서 다루겠다.

10.4.1 전력 제어

대부분의 전자기기들은 시간이 지나도 안정적으로 특정 전압으로 공급하는 전력을 필요로 한다. 하지만 연료전지로 만들어진 전력은 완벽히 안정적이지는 않다. 연료전지의 전압은 기온, 압력, 습도, 그리고 반응 기체의 유속에 매우 민감하다. 전지 전압은 전류 부하에 따라 극적으로 변한다. 예를 들어, 그림 1.10에 나타난 단위 전지의 분극 곡선을 보면, 전류 사용에 따라 전압이 2대 1로 감소하는 경향을 볼 수 있다. 또한 복수의 연료전지가 직렬로 아주 잘 적층되어 있다 하더라도 그 시스템의 전압은 주어진 기기가 요구하는 양과 항상 정확하게는 일치하지 못할 것이다. 이러한 이유들로 인해 연료전지 전력은 보통 DC-DC 변압기에 의해 제어된다. DC-DC 변압기는 변화가 심한 DC 연료전지 전압을 입력 받아 고정되고 안정적이며 정확한 DC 전압을 출력한다.

DC-DC 변압기의 두 가지 주요 타입으로는 승압기와 강압기가 있다. 승압기에서는 연료전지로부터의 입력 전압이 높게 고정된 출력 전압으로 승압된다. 강압기에서는 연료전지로부터의 입력 전압이 낮게 고정된 출력 전압으로 강압된다. 어떠한 경우에든 입력 전압의 값에 관계없이 (전압 시간에 따라 변하더라도) 입력 전압은 약간의 오차 안에서 정해진 전압으로 출력될 것이다. 강압기의 경우에는 이것이 합리적으로 보이지만 승압기의 경우에는 불가능해 보인다. 아무 것도 하지 않고 무언가를 얻을 수 있는가? 답은 '아니오!'이다. 어떠한 경우에든 전력의 총량은 보존되거나 손실되어야 한다. 예를 들어 특정 승압기는 연료전지 스택의 10 V 그리고 20 A의 입력을 20 V 그리고 9 A으로 출력해 줄 것이다. 전압이 2배로 커졌음에도 불구하고 전류는 절반보다 더 많이 줄어들었다. 출력 전력과 입력 전력을 비교함으로써 컨버터의 효율을 구할 수 있다.

$$\text{Efficiency} = \frac{\text{output power}}{\text{input power}} = \frac{20\,\text{V} \times 9\,\text{A}}{10\,\text{V} \times 20\,\text{A}} = 0.90 \qquad \text{식 (10.11)}$$

이 승압기는 90%의 효율을 가진다. DC-DC 변압기는 일반적으로 85~98%의 효율을 가진다. 강압기는 보통 승압기보다 더 효율이 좋고 입력 전압이 높을수록 그 효율은 더 높아진다. 이러한 이유로 연료전지 적층은 아주 중요하다. 이론적으로 가능하지만 0.5 V의 단일 연료전지를 120 V로 승압하는 것은 굉장히 효율적이지 못하다. 그림 10.10은 승압기와 강압기의 이해를 돕기 위해 전압과 전류의 관계의 몇 가지 예를 그려놓은 것이다. 연료전지에서 승압기는 부하와 관계없이 일정한 전압을 얻기 위해 사용될 수 있다. 이것은 그림 10.11에서 도식적으로 볼 수 있다. 방금 언급 했듯이 전압을 승압시킨 만큼 정확히 반비례해서 떨어지지 않음을 잊지 말아야 한다. 따라서 화살표가 가리키는 것처럼 연료전지 j–V

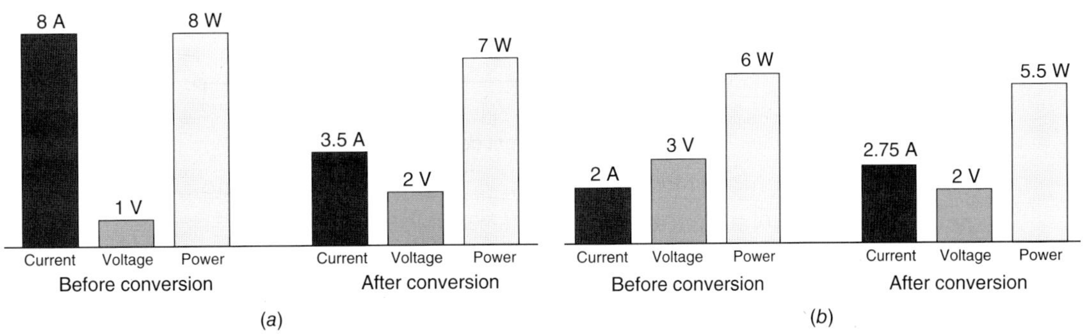

그림 10-10. (a) 승압기와 (b) 강압기의 전류-전압-전력 관계 예

곡선 위의 점 X와 Y는 각각 승압 곡선의 X'와 Y'에 해당된다.

10.4.2 전력 변환

공공 발전기나 가정용 전력원 같은 대부분의 고정형 기기에서는 연료전지가 주변 전력망에 연결되어 있거나 반드시 가전제품들의 조건을 충족시켜야 한다. 이러한 경우에는 직류 전력보다는 교류 전력이 요구된다. 정확히 어떤 기기인가에 따라 단상 또는 3상 교류 전력을 필요로 한다. 공공 발전기와 대형 산업 현장에서 3상 전력을 요구하는 반면에 대부분의 주택이나 사업에서는 단상 교류 전력을 필요로 한다. 다행히도 단상과 3상으로의 전력 변환기술은 잘 발전되었고 고효율을 가진다. DC–DC 변환기처럼 DC–AC 변환기는 보통 85~97%의 효율을 가진다.

그림 10.12는 펄스폭 변조(pulse–width modulation)로 알려진 보통의 단상 변환법을 보여준다. 이때 여러 개의 스위치가 조절기 회로를 이용해 주기적인 DC 전압 펄스를 발생시킨다. 이 펄스들의 폭을 다양하게 함으로써(몇 개의 짧은 펄스들로 시작해서 펄스의 폭을 늘렸다가 다시 줄이는 것) 사인파 형태 거의 비슷하게 응답 전류를 만들 수 있다.

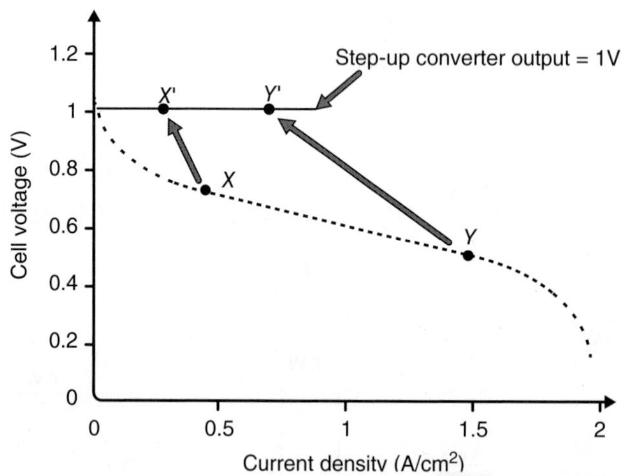

그림 10–11. DC–DC 변압기는 연료전지의 가변적인 $j-V$ 곡선을 일정한 전압의 출력으로 변환시킬 것이다. X vs. X'와 Y vs. Y' 점들이 보여주는 것처럼 높은 고정된 전압 출력으로의 승압은 그에 상응하는 전류 감소가 동반할 것이다.

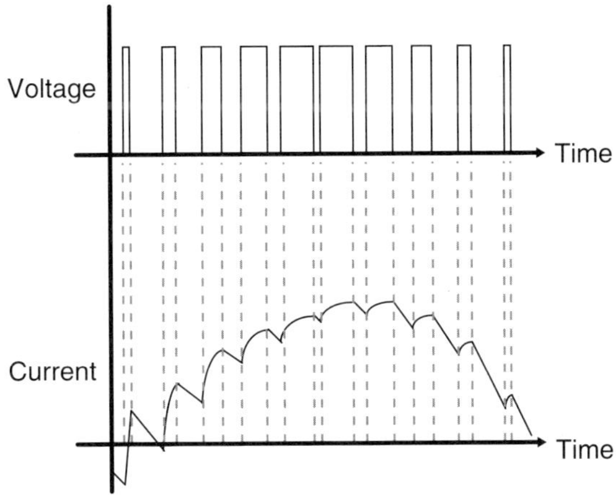

그림 10-12. 펄스폭 전압 변조는 직류를 사인파 비슷한 형태의 전류로 바꿔준다.

10.4.3 모니터링 및 제어 시스템

대형 연료전지 시스템은 근본적으로 복합적 전기화학 처리공장이다. 작동 중에 스택 온도, 기체 유량, 전력 출력, 냉각, 그리고 개질 등과 같은 여러 변수들은 모니터링과 제어가 필요하다. 연료전지 제어 시스템은 일반적으로 세 가지 양상으로 이루어져 있다. 시스템-모니터링(측정, 센서 등 연료전지의 상태를 관찰), 시스템 구동(밸브, 펌프, 스위치 등 시스템 변화를 조절할 수 있는 것), 그리고 모니터링 센서와 제어 작동기의 상호작용을 제어하는 중앙제어장치. 중앙제어장치의 목적은 주로 연료전지를 특정 상태에서 안정적으로 동작하도록 유지하는 것이다. 중앙제어장치는 연료전지 시스템에서 두뇌 같은 존재이다. 대부분의 제어 시스템은 연료전지를 특정 상태로 안정적으로 작동시키기 위해 피드백 알고리즘을 이용한다. 예를 들어, 피드백 회로는 연료전지 스택 온도 센서와 열 관리 시스템 사이에서 실행하도록 되어 있다. 이러한 피드백 회로의 제어 장치가 연료전지 스택의 온도가 오르는 것을 감지하게 되면 스택으로 흘려 보내주는 냉각 공기의 유량을 늘릴 것이다. 반대로, 연료전지 스택의 온도가 낮아지게 되면 제어 시스템은 냉각 공기의 유량을 줄일 것이다. 그림 10.13에 간단한 연료전지 제어시스템이 나와 있다.

10.4.4 전력 공급 관리

전력 공급 관리는 전력 하위 시스템의 한 부분으로서 연료전지 시스템의 전기적 출력과 부하에 의한 요구조건을 맞춘다. 연료전지는 펌프, 압축기, 그리고 연료 개질기와 같은 시스템 요소의 지연시간이나 특히 고온일 때 연료전지 스택에 걸리는 열적, 기계적 응력으로 인한 한계 때문에 배터리나 축전기 같은 다른 전기 기구들보다 동적 반응이 더 느릴 수 있다. 연료전지 시스템은 배터리나 축전기와 같은 에너지 완충장치가 있건 없건 작동할 수 있다. 어떠한 에너지 완충장치도 없으면, 연료전지 시스템의 반응은 몇 초부터 몇 시간 사이에 이루어질 것이다. 에너지 완충장치가 있다면 시스템의 반응 시간은 1000분의 1초 단위까지 줄일 수 있다. 전력 공급 관리는 또한 전기 부하를 바꿔서 출력할 수 있다. 중형차의 경우 평균적으로 25 kW의 전력을 소비하는데 최고 120 kW까지도 소비한다. 연료전지 시스템의 전력 공급은 큰 부하 변동에도 전력을 제대로 공급할 수 있도록 설계되고 제어되어야 한다. 분산 전력원에서는 전력 공급 관리가 연료전지 시스템이 지역망과 상호작용하고 전력을 제공하는 빌딩의 필요 전력에 반응할 수 있도록 해야 한다.

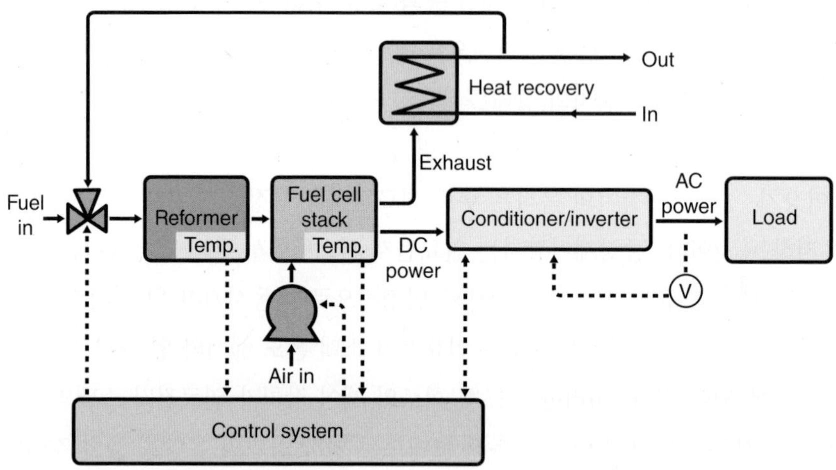

그림 10-13. 제어 시스템이 있는 간단한 연료전지 시스템의 도해

10.5 연료전지 시스템 설계 사례 연구: 고정형 열병합발전 시스템

앞서 배웠던 4개의 주요 연료전지 하위 시스템을 고정형 열병합발전(combined heat and power, CHP) 연료전지 시스템 설계를 통해 다시 살펴보기로 한다.

많은 고정형 연료전지 시스템은 연료의 화학 에너지를 전력과 유용한 열로 변환시키도록 설계되어 있다. 이는 열병합발전으로 알려져 있다. 그림 10.14는고정형 CHP 연료전지 시스템의 주요 화학 반응, 물질 전달, 그리고 열 흐름을 보여준다. 이 특정 연료전지 시스템은 수소 연료전지 스택을 이용하고 천연가스 연료를 소비한다. 이 연료전지 시스템은 전력과 열을 건물에 제공한다.

그림 10.14에 나타나있는 연료전지 시스템은 이 장에서 앞서 언급된 4개의 주요 하위 시스템을 포함하고 있다. (1) 연료 처리 하위 시스템, (2) 연료전지 하위 시스템, (3) 전력 하위 시스템, 그리고 (4) 열 관리 하위 시스템. 연료 처리 하위 시스템은 기체의 흐름(화살표 표시)과 화학 반응물의 종류들(실린더 표시)로 구성되어 있다. 연료전지 하위 시스템은 연료전지 스택, 펌프와 압축기 그리고 스택의 냉각수 회로로 표현되어 있다. 전력 하위 시스템은 오른쪽 위 코너에 있는 얇은 검은색 전기선과 연결된 상자를 포함한다. 열 관리 하위 시스템은 점선의 열 흐름선으로 표시되어 있고 물리적으로 열 교환기, 흐르는 유체, 그리고 펌프의 네트워크를 포함하고 있다.

그림 10.14에서 4개의 하위 시스템 각각의 기능을 보여주고 있다.

1. 연료 처리 하위 시스템은 화학적으로 천연가스 같은 탄화수소(HC) 연료를 수소(H_2)가 풍부한 가스로 만든다. 이 하위 시스템은 이 가스로부터 일산화탄소나 황 화합물과 같은 불순물을 제거하거나 줄인다. 예를 들어 그림 10.14에서 번호 3번이 붙여진 'CO clean-up' 반응기는 일산화탄소를 정화시킨다. 이러한 정제된 가스는 연료전지의 전극에 있는 백금과 같은 민감한 촉매들과 연료 처리 하류 화학 반응기에서 잘 반응이 일어나게 된다. 마지막으로 이러한 하위 시스템은 연료전지에서 소모되지 못한 연료나 산화제를 잡아 이를 시스템으로 재순환 시킨다. 그림 10.14는 연료극과 공기극 배기가스가 연료전지 시스템 내부적으로 열을 얻기 위해 촉매 재연소 장치에서 연소되는 것을 보여준다.

열병합발전

열병합발전(combined heat and power or cogeneration)은 전기와 열이 같은 에너지원에서 동시에 나오는 것이다. 열병합 발전소는 전력과 열 모두 발생시킨다. 이 열은 회수되어 난방, 온수 또는 산업용 등으로 유용하게 이용될 수 있다. 열병합발전 **전체 효율**(ε_O)을 정의하는 것은 유용하다. 전체 효율은 발전소의 전기 효율(ε_R)과 열 회수 효율(ε_H)의 합이다.

$$\varepsilon_O = \varepsilon_R + \varepsilon_H < 100\% \quad \text{식 (10.12)}$$

는 100%를 넘을 수 없다. 열병합발전 연료전지 시스템은 $\varepsilon_R=50\%$이고 $\varepsilon_H=20\%$로 $\varepsilon_O=70\%$에 이르고 있다.[122] 열병합 발전소 용어 중 또 중요한 것으로 열–전력 비(H/P)가 있다. H/P는 회수할 수 있는 열($d\dot{H}$)의 전체 전력($P_{e,\mathrm{SYS}}$)에 대한 비율이다.

$$\frac{H}{P}=\frac{d\dot{H}}{P_{e,\mathrm{SYS}}} \quad \text{식 (10.13)}$$

위와 같은 CHP 연료전지 시스템은 $H/P=\varepsilon_H/\varepsilon_R=0.20/0.50=0.40$을 가진다. H/P는 발전소 설계 종류에 따라 달라지며 주로 0.25와 2 사이의 값을 가진다. 다른 예로, 당신의 학교나 회사는 전기와 열을 공급하기 위해 CHP 천연가스 발전소를 이용할 것이다. 이러한 발전소는 $\varepsilon_R=40\%$와 $\varepsilon_H=20\%$인 $\varepsilon_O=60\%$과 $H/P=0.50$의 값을 가진다.

2. **연료전지 하위 시스템**은 주로 고순도 H_2 가스와 산화제를 직류 전기와 열을 만드는 연료전지 스택(그림 10.14의 번호 1번), 반응물과 생성물을 운반하는 펌프와 압축기 그리고 스택과 일련 흐름들에 필요한 가열 회로와 냉각 회로로 이루어져있다.
3. 그림 10.14에서 전선으로 표시된 **전력 하위 시스템**은 연료전지의 직류 전력을 건물에서 사용되는 교류 전력으로 변환한다. 전력 하위 시스템은 건전지나 축전기와 같은 에너지 저장 장치나 인근 교류 전력망을 이용한 연료전지 시스템으로부터 공급된 전기로 건물의 필요 전기의 균형을 맞춘다.

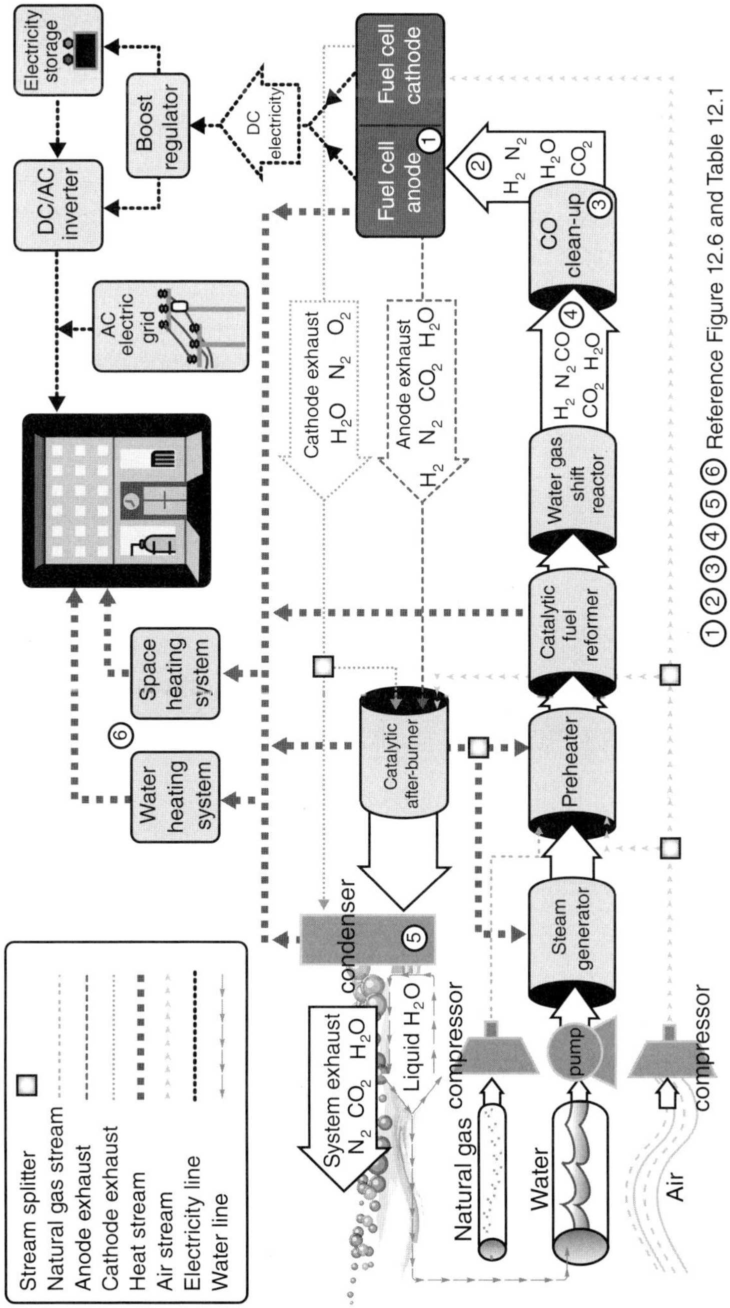

그림 10-14. CHP 연료전지 시스템 공정 개략도

4. 그림 10.14에서 점선의 열 흐름으로 표시된 열 관리 하위 시스템은 연료전지 스택과 연료 처리 하위 시스템으로부터 나온 열을 잡는다. 이 열은 다른 시스템 장치를 가열하거나 건물 난방에 쓰인다. 추가적인 열은 외부로 방출한다.

다음은 4개의 하위 시스템 설계에 대한 이해를 돕기 위해 고정형 연료전지 시스템에 대해 간단히 다룰 것이다.

천연가스 연료

천연가스는 난방과 발전소에 가장 많이 사용되는 연료 중 하나이다. 천연가스는 기본적으로 메탄(CH_4)으로 이루어져 있다. 수분을 포함하지 않은 탈황된 천연가스연료의 표본성분이 표 10.4에 나와있다. 천연가스의 구성 성분은 왼편에 나열되어 있고 성분의 몰 백분율은 오른편에 나열되어 있다. 실제 천연가스의 구성요소는 가스의 원천(가스가 추출된 곳)과 순도 규제에 의해 지역에 따라 다르다. 실제 천연가스는 황 화합물을 최소한의 양만을 함유하고 있다. 황 화합물은 가스 산지에서 자연적으로 나오지만 천연가스 공급 회사에서 착취제로 첨가되기도 한다.

표 10.4 건조 탈황 천연가스 연료의 표본 성분

Constituent	Percent Molar Composition (%)
Methane (CH_4)	96.74%
Ethane (C_2H_6)	1.64%
Carbon dioxide (CO_2)	0.91%
Nitrogen (N_2)	0.45%
Propane (C_3H_8)	0.19%
Butane (C_4H_{10})	0.05%
Pentane (C_5H_{12})	0.02%
Carbon monoxide (CO)	0.00%
Oxygen (O_2)	0.00%
Hydrogen (H_2)	0.00%
Water (H_2O)	0.00%

주석: 천연가스는 90%이상이 메탄이지만, 지역에 따라 성분은 달라진다. 일반적으로, 적은 비율의 에탄, 프로판, 부탄, 펜탄 등 더 복잡한 탄화수소를 포함하고 있다. 실제 천연가스는 극소량의 황 화합물도 포함하고 있다.

10.5.1 연료 처리 시스템

연료 처리 시스템의 자세한 사항은 그림 10.15에 나타나 있다. 이 연료 처리기의 주요 목적은 메탄과 같은 탄화수소 연료를 고순도 수소 가스로 변환시키려는 것이다. 이 시스템은 촉매 화학 반응기, 열 관리장치, 반응물과 생성물 전달 흐름, 그리고 추출 장치로 구성되어 있다. 첫째, 수증기 발생장치(1번)에서 액체상태의 물이 가열되고 수증기로 바뀐다. 수증기는 유입 가스에 가습하는 것과 연료 처리기에 반응물을 공급하는 것을 포함하는 연료전지의 몇몇 하류 공정에서 필요할 수 있다. 둘째, 압축된 천연가스 연료는 압축된 공기 그리고/또는 수증기와 섞여 있고 예열기에서 가열된다(2번). 셋째, 연료 혼합물이 높은 온도(>600℃)에서 반응하는 연료 개질기로 들어가서 다량의 H_2 흐름을 만들어낸다(3번). 종종 촉매를 이용하기도 한다(개질가스 흐름을 참고하라). 넷째, 개질된 연료의 흐름은 흐름의 H_2양을 늘려주고 CO를 줄여주는 수성 가스 전환 반응기에 들어간다(4번). 다섯째, CO 제거 반응기(5번)에서 개질된 연료에서 CO가 화학적 반응이나 물리적 분리로 인해 제거된다. 따라서 CO는 연료전지를 오염시키지 못하게 된다. 여섯째, 재연소 구간에서(6번) 다른 연료 변환단계 그리고/또는 내부나 바깥의 열을 요구하는 연료전지 시스템을 위한 열을 회수하기 위해 연료전지 연료극과 공기극에서 나온 배기가스를 촉매 반응으로 연소한다. 연료전지의 H_2 활용에 따라, 들어오는 연료 에너지의 5%에서 45% 사이의 많은 양의 H_2가 연료전지의 배출구의 가스에 들어 있을 수 있다. 또한, 재연소 장치에서의 H_2 연소는 시스템의 다른 부분에서 재사용될 수 있는 수증기 형태의 물을 만들어 낸다. 마지막으로 그림 10.15에서 보여지듯이 촉매 재연소 장치 이후에 응축기가 이를 냉각시켜 수증기를 다시 액체의 물로 바꾼다. 응축기는 응축할 때 나오는 잠열을 다시 잡는 데 쓰일 수 있다. 연료전지 시스템에서 응축기는 열을 잡는 것과 **중성시스템의 물균형**(*neutral system water balance*)을 맞추기 위한 액체 형태의 물을 회수하는 데 모두 중요하다. 연료의 원천에 상관없이 모든 연료 처리 시스템 설계는 전 시스템의 효율을 높이기 위해 (1) 재연소기, (2) 수증기 발생기, 그리고 (3) 응축기를 포함할 것이다.

연료 처리 산업 안에서 연료 개질기 효율은 연료 개질기에서 나오는 개질된 연료 안의 H_2의 고위발열량(HHV)과 연료 개질기로 들어가는 개질기 자체를 위해 사용되는 에너지를 제공하기 위한 다른 연료들을 모두 포함한 HHV와의 비로 표현한다.

$$\varepsilon_{\mathrm{FR}} = \frac{\Delta H_{(\mathrm{HHV}),\mathrm{H}_2}}{\Delta H_{(\mathrm{HHV}),\mathrm{fuel}}} \qquad \text{식 (10.14)}$$

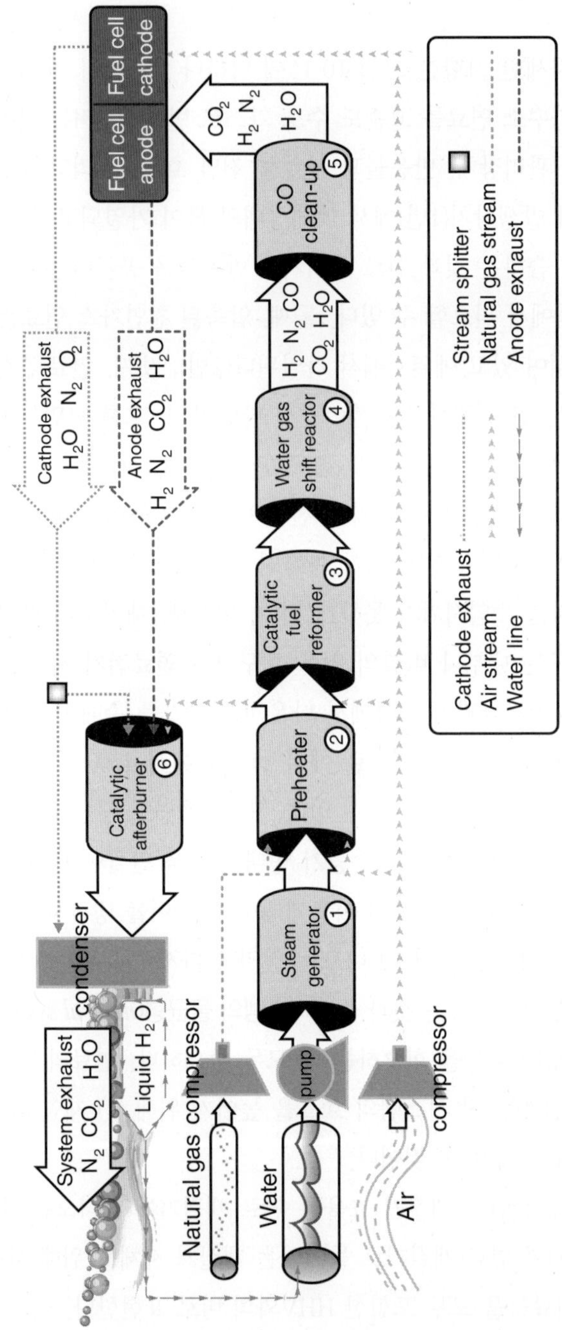

그림 10–15. 연료 처리 하위 시스템

(HHV에 관해서는 2장 참고) 연료 개질기의 검사체적 해석은 그림 10.15의 화학 반응기 3을 압축하고 있다. 연료 처리기의 효율(ε_{FP})은 비슷하게 해석된다. ε_{FP}는 연료 처리기에서 나가는 개질된 연료 안의 H_2의 HHV($\Delta H_{(HHV),H_2}$)와 연료 처리기 자체를 위해서 필요한 에너지를 제공하기 위해 연소되는 다른 모든 연료들을 포함한 연료 처리기로 들어가는 연료의 HHV와의 비이다.

$$\varepsilon_{FP} = \frac{\Delta H_{(HHV),H_2}}{\Delta H_{(HHV),fuel}} \qquad \text{식 (10.18)}$$

중성시스템의 물 균형(Neutral System Water Balance)

시스템 장치에 사용되는 모든 물이 시스템 내의 다른 장치들로부터 생성된 물일 때 neutral water balance가 된다. 다른 말로, 외부로부터의 추가적인 물이 필요하지 않다는 것이다. 예를 들어, 연료전지 시스템의 어떤 부분은 액체 형태의 물을 소비할 수도 있고(연료 처리기) 그리고 다른 부분은 물을 생성할 수 있다(특징 연료진지나 응축기). Neutral water balance을 달성하기 위해 연료전지 배기에 있는 수증기는 응축되어야 한다. 연료전지 시스템은

$$\sum \dot{m}_p - \sum \dot{m}_c \geq 0 \qquad \text{식 (10.15)}$$

일 때 neutral water balance를 달성한다. 이때 $\sum \dot{m}_p$는 생성된 물의 질량 유량의 합이고 $\sum \dot{m}_c$는 소비된 물의 질량 유량의 합이다. Neutral water balance를 달성하기 위해 시스템은 응축된 물의 합인 $\sum \dot{m}_{CD}$가 $\sum \dot{m}_c$과 같아야 한다.

$$\sum \dot{m}_{CD} = \sum \dot{m}_c \qquad \text{식 (10.16)}$$

이때,

$$\sum \dot{m}_p = \sum \dot{m}_{CD} + \sum \dot{m}_{NCD} \qquad \text{식 (10.17)}$$

이며 $\sum \dot{m}_{NCD}$는 시스템을 수증기 형태로 나가는 응축되지 않은 물의 질량 유량의 합이다. 응축되지 않은 물의 양은($\sum \dot{m}_{NCD}$) 주로 응축기 배출구나 기체의 온도에 달려 있다. 어떤 경우에는 주입 공기가 자연적으로 수증기를 포함하고 있다. 이 역시 시스템의 물 균형도를 계산할 때 포함되어야 하는 사항이다.

연료 처리기의 검사체적 해석은 그림 10.15의 화학적 반응기(1~6번) 모두를 압축하고 있을 것이다. 분모는 연료 개질 그리고/또는 연료 처리 단계들로 들어가는 에너지 모두를 포함하고 있다. 효율 높은 천연가스 연료 처리기의 실제 ε_{FP}는 85%이다. 연료 개질기와 연료 처리기의 효율 손실의 첫 번째 원천은 열 손실이다. 연료 처리/개질 시스템은 11장에서 더 자세히 다루도록 하겠다.

10.5.2 연료전지 하위 시스템

연료전지 하위 시스템은 H_2가 풍부한 연료를 직류 전력으로 바꾼다. 그림 10.16에서 보여지듯이 연료와 물이 연료전지의 연료극에 투입되고 있다. 이들은 PEMFC 시스템의 전해질의 물 함량을 유지시키기 위해 의도적으로 전해질을 가습한다. 동시에 압축된 공기는 연료전지의 공기극에 투입된다.

그림 10.17은 전체 연료전지 스택의 전기적 효율과 순 연료전지 하위 시스템 전기적 효율의 차이를 보여준다. 이들 효율의 차이는 펌프, 압축기, 그리고 다른 시스템 장치들을 돌리기 위한 소모 전력 때문에 생기는 것이다. 이 **소모 전력**은 연료전지 스택 자체에서 끌어 쓰는 것이기 때문에 실제 시스템으로부터 생기는 유효한 전력이 줄어 들 수밖에 없다. 그림 10.17은 연료전지 스택이 다른 모든 변수들이 일정하게 유지되어 최소의 전력을 끌어 쓸 때 최대 전기적 효율은 나타냄을 보여준다. 반대로 완성된 연료전지 하위 시스템에서는 보조적인 부하(펌프와 압축기 같은)가 적은 출력을 내기 위해 연료전지 스택이 만들어낸 전력을 대부분을 이용하기 때문에 전력을 적게 생산할 때는 전기적 효율은 매우 낮다. 연료전지 하위 시스템의 순 전기적 효율($\varepsilon_{R,\mathrm{SUB}}$)은 연료전지 하위 시스템의 순 전력($P_{e,\mathrm{SUB}}$)과 주입 연료에 포함된 H_2의 HHV($\Delta\dot{H}_{(\mathrm{HHV}),\mathrm{H_2}}$)로 나타낼 수 있다.

$$\varepsilon_{R,\mathrm{SUB}} = \frac{P_{e,\mathrm{SUB}}}{\Delta\dot{H}_{(\mathrm{HHV}),\mathrm{H_2}}} \qquad \text{식 (10.19)}$$

실제 $\varepsilon_{R,\mathrm{SUB}}$은 42%이다.

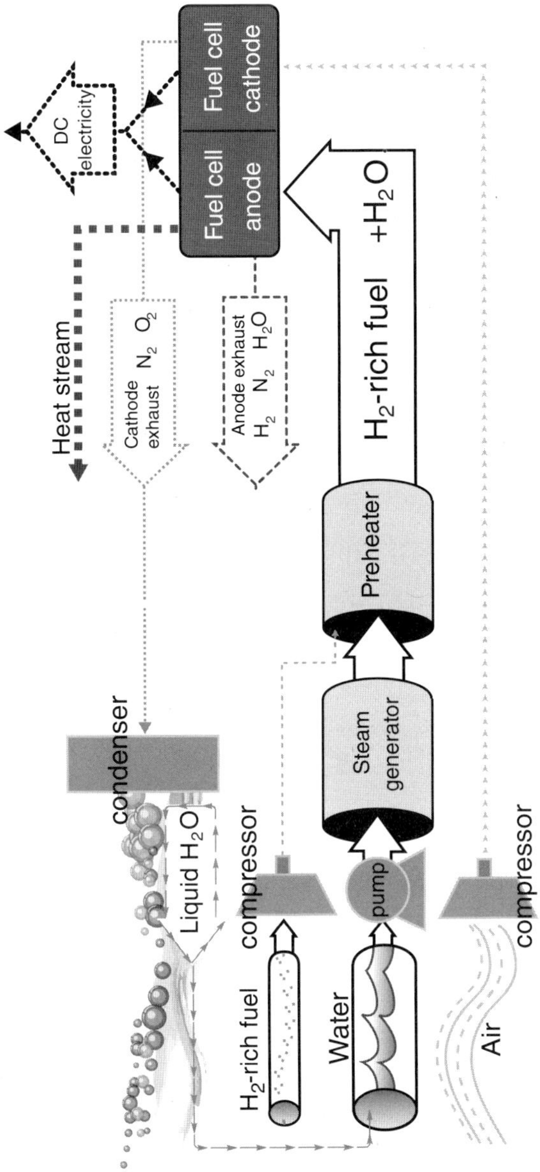

그림 10-16. 연료전지 하위 시스템

예제 10.3.

연료전지 하위 시스템 전체의 순 전력($P_{e,\mathrm{SUB}}$)은

$$P_{e,\mathrm{SUB}} = P_e - P_{e,P} \qquad \text{식 (10.20)}$$

로 나타낼 수 있고 이때 P_e는 전체 스택의 출력 전력이고 $P_{e,P}$는 소모 전력이다. 그림 10.17을 기준으로 $P_{e,P}$를 근사화하기 위한 식을 유도하라.

풀이

한 가지 가능한 답은 $P_{e,P}=\alpha+\beta P_e$이다. 이때 α는 고정된 소모 전력(예로 1 kW)이고 βP_e는 연료전지 출력 전력에 따라 변하는 소모 전력 변수이다(예로 $\beta=0.10$). α는 시스템을 작동시키기 위한 초기 에너지 비용을 나타내고 β는 시스템을 높은 파워로 작동시키기 위한 약간의 추가적인 에너지 비용을 차지한다. α는 펌프와 압축기 같은 장치를 작동시키는 데 필요한 최소한의 전력으로 볼 수 있고 β는 연료전지를 높은 파워에서 작동시키기 위해 유량이 늘어날 때 펌프와 압축기에 필요한 추가적인 전력을 포함한다.

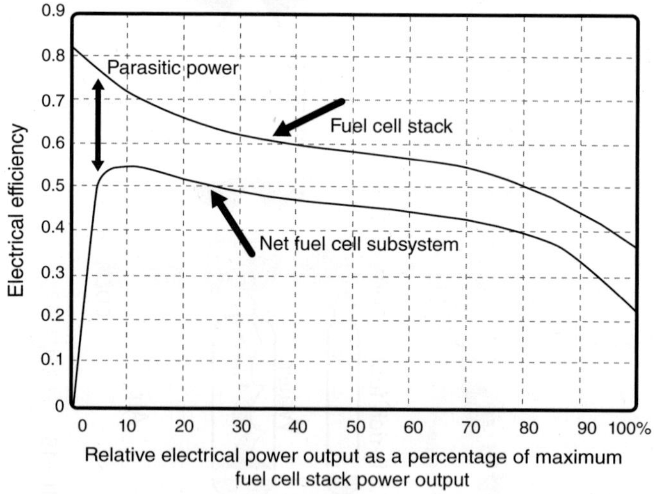

그림 10-17. 연료전지 하위 시스템의 전체 그리고 순 효율

10.5.3 전력 하위 시스템

그림 10.18에 나와 있는 전력 전자 시스템은 (1) 전력 제어(10.4절 내용)와 (2) 공급 관리를 모두 포함하고 있다.

1. **전력제어장치**는 연료전지의 저압 직류 전력을 양질의 직류 또는 교류 전력으로 바꾼다(주로 120 V 그리고 60 Hz 단상은 미국 가정용이고 삼상은 상업용과 산업기기용이다). 연료전지 하위 시스템은 출력 전력 수준에 따른 전압의 직류 전기를 만들어 낸다. 1장에서 배웠듯이, 그리고 그림 1.12에서 보여주듯이 하나의 연료전지의 전압은 높은 전류에서 반 이상 줄어들 수 있다. 연료전지 스택의 전압은 그림 10.17처럼 같은 경향을 따르고 시간이 흐를수록 더 나빠질 수 있다. 연료전지 스택 전압의 이러한 변화를 보완하기 위해, 그림 10.18에서처럼 승압 변환기(전압 조절기)가 사용될 수 있다. 전압 조절기는 전압 변동을 보완하여 연료전지 스택의 출력 전압을 변환기의 입력 전압과 맞춘다. 이 변환기는 연료전지 스택의 직류 전력을 교류 전력으로 바꾼다. 이 직류 전력 역시 질을 높이기 위한 과정을 거칠 것이다.
2. **공급 관리**는 즉각적인 전기 공급과 수요를 전기 저장 완충제나 주변 공공망(건물에 전력을 공급하는 전선 네트워크)을 통해 맞춘다. 전기 수요를 맞추는 것을 확실하게 하기 위해 연료전지 시스템은 배터리나 축전기와 같은 전기저장장치를 예비전력으로 이용할 것이다. 연료전지 시스템은 수요가 낮을 때 그림 10.18처럼 저장 장치를

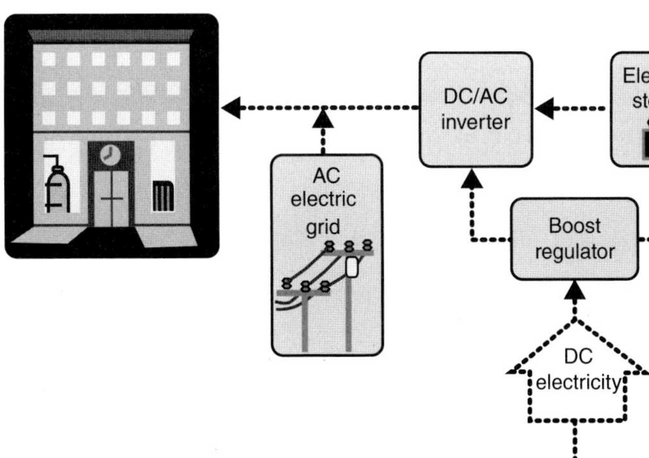

그림 10-18. 전력 하위 시스템

충전할 것이다. 다른 방법으로, 연료전지 시스템은 그림 10.18처럼 주변 교류 전력망을 추가적인 전력이 필요로 할 때 이용할 것이다. 또한 연료전지 시스템은 반대로 추가적인 전기를 주변 망으로 공급할 수도 있다.

전력 하위 시스템 순 전기적 효율($\varepsilon_{R,\text{PE}}$)은 연료전지 하위 시스템의 순 전력($P_{e,\text{SUB}}$)과 연료전지 시스템의 순 전력($P_{e,\text{SYS}}$)의 비이다.

$$\varepsilon_{R,\text{PE}} = \frac{P_{e,\text{SYS}}}{P_{e,\text{SUB}}} \tag{10.21}$$

만약 전기전력 하위 시스템이 DC–AC 변환기와 연결된 전압변환장치(DC–DC 변압기)만 포함하는 단순한 형태라면 $\varepsilon_{R,\text{PE}}$는

$$\varepsilon_{R,\text{PE}} = \varepsilon_{R,\text{DC-DC}} \times \varepsilon_{R,\text{DC-AC}} \tag{10.22}$$

가 되고, 이때 $\varepsilon_{R,\text{DC-DC}}$는 DC–DC 변압기의 전기적 효율이고 $\varepsilon_{R,\text{DC-AC}}$는 DC–AC 변환기의 전기적 효율이다. 만약 $\varepsilon_{R,\text{DC-DC}}=\varepsilon_{R,\text{DC-AC}}=96\%$이면 실제 $\varepsilon_{R,\text{PE}}$는 92%이다.

10.5.4 열 관리 하위 시스템

그림 10.19에 나와 있는 열 관리 하위 시스템은 시스템 내부 또는 난방이나 온수에 이용되는 외부에 이용하기 위해 시스템으로부터의 폐열을 회수한다. 열 관리 하위 시스템은 연료 처리 하위 시스템과 연료전지 하위 시스템에서 나온 열을 관리한다. 그림 10.19에 나와 있는 열 관리 하위 시스템에서 열은 (1) 촉매 연료 개질기(발열이나 열 손실하며 작동할 때), (2) 연료전지 스택, (3) 촉매 재연소기, 그리고 (4) 응축기로부터 열을 회수한다. 열은 (1) 수증기 발생기, (2) 예열기, (3) 건물의 온수 제조 시스템, 그리고 (4) 건물의 난방 시스템에 이용된다. 이 모든 흐름은 그림 10.19에 나와 있다. 열은 직간접적으로 시스템 안에서 전달이 이루어진다. 예를 들어, 어떤 연료 처리기 설계에서는 상류 발열 공정이 하류 흡열 공정으로 직접적으로 열을 공급한다. 이 방법의 예로는 그림 10.19처럼 촉매 재연소기로부터의 열 출력을 수증기 발생기에 이용되는 것을 들 수 있다. 열 관리 시스템의 열 회수 효율은 열 교환기의 설계와 제어 그리고 전체 시스템 설계의 냉각 흐름의 열 축적에 달려 있다.

열 회수 하위 시스템 효율은 연료 처리기 하위 시스템의 열 회수 효율과 연료전지 하위 시스템의 열 회수 효율로 나타낼 수 있다.

$$\varepsilon_{FP,H} = \varepsilon_{TM}(1 - \varepsilon_{FP}) \qquad \text{식 (10.23)}$$

$$\varepsilon_{SUB,H} = \varepsilon_{TM}(1 - \varepsilon_{R,SUB}) \qquad \text{식 (10.24)}$$

이때, ε_{TM}은 열 관리 하위 시스템 효율로, 유용한 목적으로 성공적으로 회수된 열과 회수 가능한 열의 비율이다. 잘 설계된 열교환기 시스템은 회수 가능한 열의 80%(ε_{TM}=80%)를 잡을 수 있을 것이다. 열 관리 하위 시스템은 12장에서 더 자세하게 다룰 것이다.

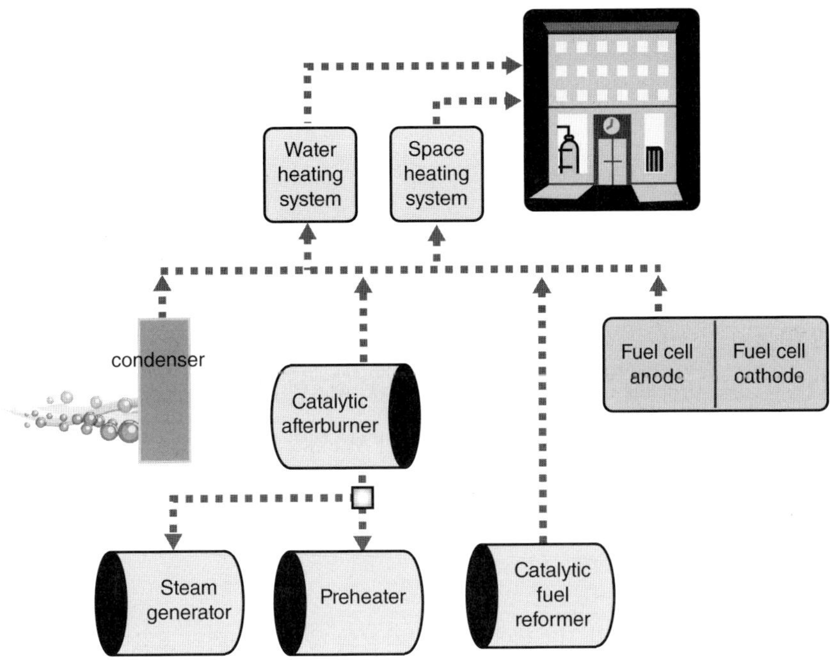

그림 10-19. 열 관리 하위 시스템

10.5.5 순 전기적 효율과 열 회수 효율

CHP 연료전지 시스템은 높은 전체 효율(ε_O)을 가진다.

$$\varepsilon_O = \varepsilon_R + \varepsilon_H \qquad \text{식 (10.25)}$$

이 연료전지 시스템의 전기적 효율(ε_R)은 시스템의 순 출력 전력과 주입 연료의 HHV의 비이다.

$$\varepsilon_R = \frac{P_{e,\text{SYS}}}{\Delta \dot{H}_{(\text{HHV}),\text{fuel}}} \qquad \text{식 (10.26)}$$

이때,

$$\varepsilon_R = \varepsilon_{\text{FP}} \times \varepsilon_{R,\text{SUB}} \times \varepsilon_{R,\text{PE}} \qquad \text{식 (10.27)}$$

$$= \frac{\Delta \dot{H}_{(\text{HHV}),H_2}}{\Delta \dot{H}_{(HHV),\text{fuel}}} \frac{P_{e,\text{SUB}}}{\Delta \dot{H}_{(\text{HHV}),H_2}} \frac{P_{e,\text{SYS}}}{P_{e,\text{SUB}}} \qquad \text{식 (10.28)}$$

이 연료전지 시스템의 열 회수 효율 ε_H는 연료전지 시스템의 본 연료의 열 회수 효율($\varepsilon_{\text{SUB},H,\text{fuel}}$)과 연료 처리기 열 회수 효율($\varepsilon_{\text{FP},H}$)의 합이다. 이는 다음과 같이 표현할 수 있다.

$$\varepsilon_{\text{SUB},H,\text{fuel}} = \varepsilon_{\text{FP}} \times \varepsilon_{\text{TM}} \times (1 - \varepsilon_{R,\text{SUB}}) \qquad \text{식 (10.29)}$$

$$\varepsilon_H = \varepsilon_{\text{SUB},H,\text{fuel}} + \varepsilon_{\text{FP},H} \qquad \text{식 (10.30)}$$

예제 10.4.

위 내용은 그림 10.14에 나와 있는 고정형 연료전지 시스템의 여러 하위 시스템의 실제 효율 값에 대해 알려주었다. 이 효율을 근거하여 (1) 연료전지 시스템의 전기적 효율, (2) 시스템의 열 회수 효율, (3) 시스템의 전체 효율 그리고 (4) *H*/*P*를 계산하라.

풀이

1. 앞서 언급한 4개의 하위 시스템에 대하여 각각의 하위 시스템의 효율이 표 10.5에 정리되어 있고 이를 통해 시스템의 순 전기 효율(ε_R)을 계산하면

$$\varepsilon_R = \varepsilon_{\text{FP}} \times \varepsilon_{R,\text{SUB}} \times \varepsilon_{R,\text{PE}} = 0.85 \times 0.42 \times 0.92 = 0.328 \qquad \text{식 (10.31)}$$

$$= 33\% \qquad \text{식 (10.32)}$$

2. 하위 시스템들의 열 회수 효율이 전체 시스템 열 회수 효율(ε_H)과 함께 표 10.5에 정리되어 있다. 80%의 열 관리 시스템은 열 변환 하위 시스템과 연료전지 하위 시스템으로부터의 유효 열 80%를 회수할 수 있다.

$$\varepsilon_{\mathrm{FP},H} = \varepsilon_{\mathrm{TM}} \times (1 - \varepsilon_{\mathrm{FP}}) = 0.80(1 - 0.85) = 0.12$$

$$\varepsilon_{\mathrm{SUB},H} = \varepsilon_{\mathrm{TM}} \times (1 - \varepsilon_{R,\mathrm{SUB}}) = 0.80(1 - 0.42) = 0.46$$

$$\varepsilon_{\mathrm{SUB},H,\mathrm{fuel}} = \varepsilon_{\mathrm{FP}} \times \varepsilon_{\mathrm{TM}} \times (1 - \varepsilon_{R,\mathrm{SUB}}) = 0.85[0.80(1 - 0.42)] = 0.39$$

$$\varepsilon_H = \varepsilon_{\mathrm{SUB},H,\mathrm{fuel}} + \varepsilon_{\mathrm{FP},H} = 0.12 + 0.39 = 0.51$$

$$= 51\% \qquad \text{식 (10.33)}$$

3. $\varepsilon_O = \varepsilon_R + \varepsilon_H = 0.33 + 0.51 = 84\%$
4. $H/P = \varepsilon_H/\varepsilon_R = 0.51/0.33 = 1.55$

표 10.5 주요 하위 시스템들의 전기적 효율과 열 회수 효율

	Fuel Processing Subsystem	Fuel Cell Subsystem	Power Electronics Subsystem	Thermal Management Subsystem	Overall System
Electrical efficiency	85%	42%	92%	NA	33%
Heat recovery efficiency	12%	46%	NA	80%	51%

예제 10.5.

삼중발전(combined cooling, heating and electric power, CCHP) 연료전지 시스템은 연료전지 시스템 안의 회수 가능한 열과 흡수식 냉각장치를 건물 냉방이나 산업용 냉각 공정에 사용되는 천연가스 흐름을 만들기 위해 연결한다. 흡수식 냉각장치는 열을 바로 냉각파워로 바꾼다. 냉각장치의 효율은 성적계수(COP)로 수치화 할 수 있다. 흡수식 냉각장치의 COP는 냉각파워 출력의 양과 열 투입의 비로 정의된다. 냉각장치의 COP는 열원의 온도와 연관되어 있다. 더 높은 온도의 열은 흡수식 냉각기가 더 높은 COP에 도달할 수 있게 한다. 표 10.6은 열원의 온도가 COP에 어떤 영향을 끼치는지 보여준다. 단일 효용 브롬화리튬(LiBr)−물 냉각장치는 냉장(냉동 제외)과 방안을 냉방하는 정도의 충분히 낮은 온도의 냉각파워을 제공한다. 열원의 온도가 높아질수록 고효율 냉각장치가 사용될 수 있고 COP도 늘어날 것이다.

예제 10.4의 연료전지가 100 kW의 순 전력을 만들어낸다고 가정하자. (1) 이 시스템으로부터 회수가능한 열(kW 단위), (2) 열의 100%를 단효용(single-effect) LiBr(물 흡수 냉각장치)가 COP 값 0.7로 이용되었을 때 가능한 냉각파워(kW 단위), 그리고 (3) 전체 시스템의 효율을 계산하라.

1. 회수 가능한 열은 0.51/0.33×100 kWe=~155 kW
2. 천연가스는 0.7×155 kW=~108 kW
3. 전체 효율은 0.7×0.51+0.33=~0.69

표 10.6 열원 온도의 기능으로서의 단일, 이중, 삼중효용 LiBr–Water 흡수식 냉각기의 성적계수

Absorption Chiller Type	Heat Source Temperature Range	COP
Single–effect LiBr–water	70~120℃	0.4~0.7
Double–effect LiBr–water	120~160℃	0.7~1.2
Triple–effect LiBr–water	160~200℃	1.2~1.5

10.6 연료전지 시스템 설계의 사례 연구: 휴대용 연료전지 용량 결정

휴대용 연료전지 시스템은 고정형 연료전지 시스템과 상관 없는 몇몇 주요 제약에 부딪힌다. 휴대용 전력 시스템을 설계할 때 두 가지의 치명적인 제약은 장치의 요구 전력과 요구 수명 에너지이다. 예를 들어, 노트북 컴퓨터는 10 W의 전력(요구 전력)이 필요하고 3시간 동안 작동(요구 에너지)해야 한다고 하자. 주어진 연료전지 전력밀도 정보에 따르면 10 W의 전력을 내는 연료전지 시스템의 용량을 결정하는 것은 비교적 쉽다. 주어진 연료 에너지 밀도 정보에 따르면 3시간 이용을 위해 시스템에 공급하는 충분한 연료원을 결정하는 것 역시 쉽다. 하지만 더 어려운 문제는 연료전지 용량과 연료원의 용량의 비가 최소의 부피와 무게로 요구 전력과 요구 에너지를 만족시키는 **최적비**(*optimal ratio*)가 되어야 한다는 것이다. 이 최적화는 연료전지 용량 결정의 사례이고 휴대용 연료전지 시스템의 복합적인 에너지 밀도와 전력밀도의 균형을 보여주는 것이다.

시스템 용량 결정의 중요한 세부사항들의 예로 99 L 연료원과 1 L 연료전지가 있고 이 연료전지 시스템은 100 W의 전력을 출력해야 한다고 보자. 그러면 1 L의 연료전지는 요구 전력을 내기 위해 100 W/L의 전력밀도를 얻어야 한다. 100 W/L에서 연료전지의 효율이 40%라고 가정하면 99 L 연료원은 효과적으로 추출할 수 있는 연료 에너지인 39.6 L를 제공할 것이다.

이제 연료원이 98 L이고 연료전지가 2 L인 시스템으로 용량을 변경했다고 하자. 100 W의 전력을 출력하기 위해 연료전지는 50 W/L의 전력밀도를 얻어야 한다. 이 줄어든 전력

밀도에 구간에서는 연료전지의 전기적 효율이 더 커질 것이다. (그림 10.17에서 보여지듯이 이 효율 증가가 생기는 이유는 연료전지 시스템이 낮은 전류밀도와 높은 전압점에서 작동하면서도 줄어든 전력밀도 요구를 충족시키기 때문이다.) 연료전지가 50 W/L 전력밀도에서 50% 효율을 가진다고 가정하자. 이 경우에는 50% 효율로 이용되는 98 L 연료원이 49 L의 추출 가능한 연료 에너지를 제공하는 것이다. 연료원과 연관된 연료전지의 용량을 바꿈으로써 우리는 전체 부피를 늘리지 않고도 시스템의 수명을 엄청나게 늘린 것이다. 근본적으로 더 큰 연료전지가 이용할 공간을 확보하기 위해 약간의 연료원의 부피를 희생했지만 이 희생은 우리가 남은 연료를 더욱 효과적으로 이용하게 되었다는 더 큰 보상을 얻었다(연료전지로부터 요구 전력밀도를 줄임으로써). 하지만 동시에 연료전지의 용량이 커짐에 따라 시스템의 금전적인 비용 역시 늘어났다. 비용, 시스템 sizing, 시스템 순 전기 효율, 시스템 부피, 그리고 시스템 무게는 모두 상충 관계이다.

위의 예를 보면, 연료전지의 효율을 높이기 위해 연료원을 더 희생하게 된다면 우리는 시스템 수명을 크게 늘리면서 발전할 수 있다. 이를 계속 하다 보면 어떤 순간에는 최적화 점에 도달하게 될 것이다. 하지만 언제 최적화 되었다고 볼 수 있을까? 기본적으로 우리는 주어진 고정된 시스템 부피와 고정된 요구 전력이 있는 상황에서 시스템 사용 시간을 최대한 늘리고 싶을 것이다. 이어서 나오는 보충설명은 주어진 연료전지, 연료원, 그리고 부피와 요구 전력의 상태에 따라 어떻게 최적화 점을 찾는지 보여준다. 시스템 사이즈와 요구 전력의 변화에 따른 최적화 점을 계산하면 **라곤 도표**(*Ragone plot*)를 만들 수 있다.

휴대용 연료전지 시스템 최적화

휴대용 연료전지 시스템을 최적화 하는 데 기본적으로 다음과 같은 문제가 따른다. 주어진 부피와 요구 전력을 만족할 때 연료전지 스택의 부피와 시스템의 수명을 최대화 하기 위한 연료원의 부피의 최적비는 얼마인가? (이 최적화 문제는 중량을 기준으로도 풀 수 있다.) 그림 10.20에 주요 용어가 표시되어 있다.

P_{FC} = 연료전지 단위의 전력밀도

x = 연료전지 단위가 차지한 부피 비율

e_F = 연료원의 에너지 밀도

$1-x$ = 연료원이 차지하는 부피 비율

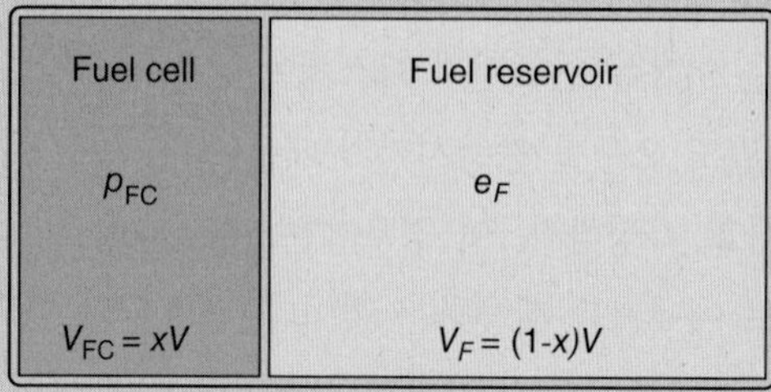

그림 10-20. 휴대용 연료전지 시스템 설계 최적화는 연료전지 스택 용량과 연료원의 용량의 최적비를 찾음으로써 시스템이 가능 최대의 시간 동안 요구전력을 만들어 내는 것이다.

V = 시스템의 전체 부피

P = 전체 시스템 요구 전력

시스템 이용 시간을 최대화 한다는 것은 연료원으로부터 뽑아 낼 수 있는 총에너지 E를 최대화 한다는 것이다. 시스템 전력, P, 그리고 전체 시스템 부피, V는 최대화에 제약조건이 된다. 단위 연료전지의 전력밀도(P_{FC})와 연료원의 에너지 밀도(e_F)는 알고 있는 값이고 단위 연료전지와 연료원의 부피비(x)는 모르는 값이다.

이 문제는 다음과 같은 방법으로 풀 수 있다. 첫째로, 우리가 최대화 하려고 하는 연료원으로부터 뽑아낼 수 있는 총에너지 양에 대한 식을 세워라.

$$E = (1-x)Ve_F\varepsilon \qquad \text{식 (10.34)}$$

이 식에서 ε은 연료전지에 이용되는 연료원에 포함되어 있는 연료의 효율이며 연료전지의 전력밀도(P_{FC}) 함수가 된다. 다른 말로 $\varepsilon=\varepsilon(p_{FC})$가 된다는 것이다. 그림 10.17에 나와있듯이 높은 전력밀도에서 연료전지 하위 시스템은 전기적 효율이 떨어진다. 반대로 낮은 전력밀도에서는 전기적 효율이 높아지게 된다. 연료전지 전력밀도와 전기적 효율의 함수적 종속관계는 정의되어야 한다. (이는 연료전지의 $i-V$ 선도, 부수적 부하 정보, 그리고 스택 부피 정보로 구할 수 있다.) 명확하게 ε의 함수적 종속관계를 알아내면 식 (10.34)는 다음과 같이 된다.

$$E = (1-x)Ve_F\varepsilon(p_{FC}) \qquad \text{식 (10.35)}$$

시스템은 P로 받은 총 전력에 반드시 도달해야 한다. 이는 p_{FC}를 $xVP_{FC}=P$와 같이 제한한다. 이러한 제한 조건을 최적화 식에 도입하면 다음과 같이 된다.

$$E = (1-x)Ve_F\varepsilon\left(\frac{P}{xV}\right)$$ 식 (10.36)

E를 최대화하는 부피비 x는 위 식을 x에 대하여 미분하여 그 식이 0이 되게 하는 x의 값을 구하면 된다. 이때의 x값을 다시 식 (10.36)에 넣으면 E의 최적값을 구할 수 있다.

라곤 도표(Ragone plot)는 에너지 밀도와 전력밀도 사이의 상충관계를 잘 정리해 놓았고 설계자가 서로 다른 전력 시스템의 최대 설계 한계를 비교할 수 있게 한다. 우주 임무를 위한 휴대용 전력원(무게가 중요하다)을 설계하는 NASA 공학자들은 그림 10.21과 같은 라곤 도표를 자세히 볼 것이다. 이 도표는 여러 종류의 휴대용 전력 시스템들의 무게당 전력밀도와 무게당 에너지 밀도의 관계를 보여준다. 부피당 전력과 에너지 밀도 라곤 도표도 비슷하게 생겼다. 라곤 도표에서의 곡선은 설계자가 사용할 수 있는 특정 기술의 전력/에너지 밀도 설계점의 궤적을 나타낸다. 예를 들어, 100 W의 출력을 내는 10 kg의 휴대용 연료전지 시스템을 생각해보자(전체 시스템 전력 밀도 10 W/kg). 그림 10.21에서 이 시스템은 250 Wh/kg 정도의 에너지 밀도를 낸다고 보여주기 때문에 우리는 이 시스템의 수명이 약 25시간 정도될 것으로 생각할 수 있다. 이 시스템이 200 W의 전력을 필요로 한다면(순 시스템 전력밀도를 20 W/kg으로 늘리는 것) 시스템의 에너지 밀도는 150 Wh/kg으로 떨어질 것이다. 따라서 우리는 시스템의 수명이 8시간 정도로 떨어질 것을 생각할 수 있다. 이 상충 관계는 연료전지 시스템의 전력을 높이기 위해서 더 많은 시스템 부분을 연료전지 자체에 할당해야 했기 때문에 나타난 것이다. 이러한 재설계는 연료가 차지하는 부분을 줄인 것이다. 극단적인 경우로 시스템의 무게 전부가 연료전지에 할당되었다고 보자(연료를 위한 공간 없음). 이러한 시스템의 전력밀도는 연료전지 자체의 전력밀도와 일치할 것이다. 하지만 시스템의 에너지 밀도는 0이 될 것이다. 이러한 설계는 연료전지 라곤 곡선(Ragone curve)이 전력밀도 축과 만나는 점에 해당할 것이다. 또 다른 극단적인 경우인 100% 연료인 연료전지 시스템은 전력밀도가0이 되고 에너지 밀도는 연료 자체의 에너지 밀도와 같아질 것이다. 이것의 설계 점은 연료전지 라곤 곡선이 에너지 밀도 축과 만나는 점에 해당될 것이다.

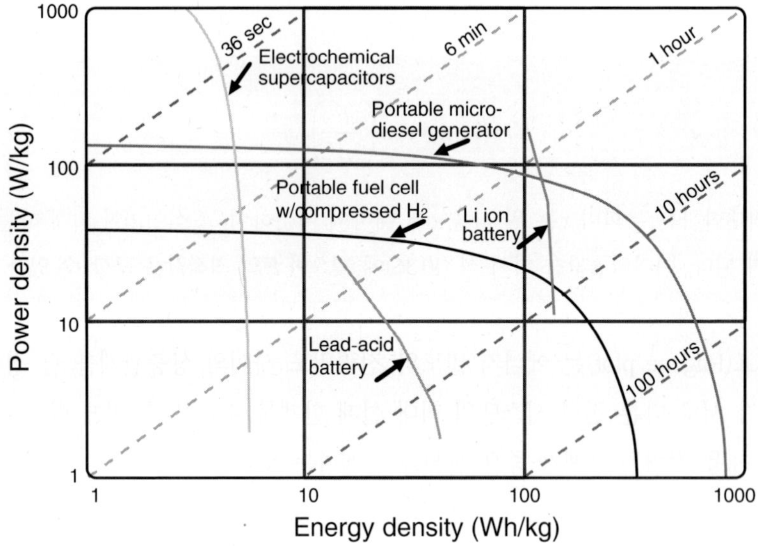

그림 10-21. 여러 종류의 휴대용 전력 장치의 시스템 전력 밀도와 시스템 에너지 밀도의 상충관계를 보여주는 라곤 도표. 점선으로 된 사선은 여러 전력/에너지 밀도 비에서의 일정한 수명 시간을 보여주는 것이다.

라곤 곡선은 에너지/전력 밀도 공간 전체에서 정의되어 있기 때문에 연료전지 시스템의 용량을 다양하게 할 수 있다. 배터리와 축전기에서는 전력과 용량을 라곤 곡선으로 그리면 둥글게 말려있기 때문에 에너지/전력 밀도 공간 전체를 채울 수가 없다.

연료전지와 배터리 시스템의 또 다른 차이점은 그림 10.22에 나타나 있다. 이 그림은 긴 작동 시간이 필요할 때는 액체 연료 휴대용 연료전지 시스템이 배터리보다 더 좋은데, 짧은 작동 시간이 필요할 때는 배터리보다 왜 더 좋지 못한지 보여준다. 앞서 이야기 했듯이 연료전지 시스템의 전체 사이즈는 연료전지 자체와 연료원의 사이즈에 의해 결정된다. 짧은 사용 시간에서 연료전지의 초기 사이즈 비용은 굉장히 크게 느껴지지만 배터리에 비해 연료전지는 액체 연료원의 높은 에너지 밀도로 득을 많이 볼 수 있기 때문에 긴 작동 시간에서는 연료전지의 사이즈 비용은 상대적으로 적다.

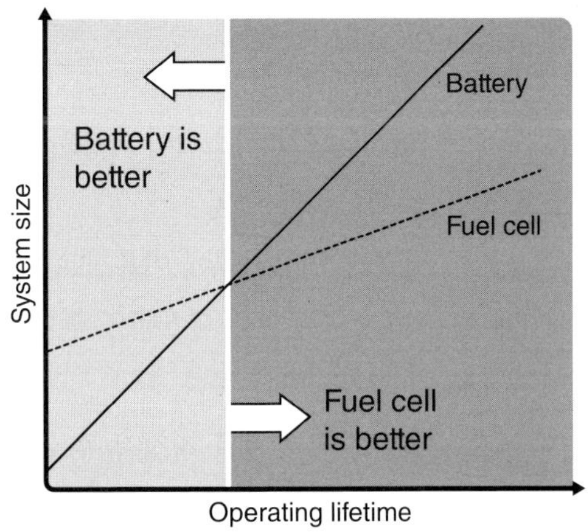

그림 10-22. 액체 연료 휴대용 연료전지 시스템과 배터리 시스템의 시스템 용량과 작동 시간 그래프. 작동 시간이 짧을 때의 큰 휴대용 연료전지 시스템의 용량 비용은 액체 연료의 높은 에너지 밀도를 이용한 긴 작동 시간에서는 그 비중이 줄어든다.

10.7 요약

- 연료전지 시스템은 보통 다른 시스템 요소들과 결합된 연료전지 세트로 이루어져 있다. 연료전지 세트는 실제 기기들의 요구 전압을 만족시켜야 한다. 시스템 구성 요소들은 일반적으로 연료전지 장치의 냉각, 연료, 모니터링, 전원 조절, 그리고 제어를 제공하는 장치를 포함한다.
- 연료전지 시스템 설계는 매우 장치 의존적이다. 예를 들어, 이동성과 에너지 밀도가 최고 수준인 휴대용 장치에서는 시스템 부속물을 최소화 하는 것이 중요하다.
- 연료전지 적층은 여러 개의 연료전지를 직렬로 연결하여 전압을 형성하는 것을 의미한다. 가장 흔한 적층 형태로는 수직(양극)형태, planar banded형태, 평면 flip-flop 형태, 그리고 관상 형태가 있다.
- 스택의 크기와 전력밀도가 증가함에 따라 스택을 냉각시키는 것은 더욱 중요해진다. 효율적인 냉각을 위해 내부 공기 또는 물 냉각 채널은 연료전지 스택 설계에 포함될 수 있다.
- 스택 냉각은 (1) 과열이나 (2) 스택 내 불규칙적 열 분포를 방지하기 위해 사용한다.

- 스택으로부터 나온 열은 (1) 내부 시스템 가열 그리고/또는 (2) 외부 수요(건물 난방 회로와 같은)를 위한 가열을 위해 회수될 수 있다.
- 냉각 시스템의 효율은 실제 냉각률과 냉각 시스템이 이용한 전력의 비로 계산할 수 있다. 잘 설계된 것은 효율비가 20~40 정도이다.
- 고정형 전력 기기에 이용되는 연료가 연료전지에 이용될 수 있는지 가장 먼저 평가되어야 한다. 이동식 기기에 이용되는 연료전지 시스템은 추가적으로 무게당 그리고 부피당 저장 에너지 밀도 metrics가 평가되어야 한다.
- 연료전지에는 두 가지 주요 연료 공급 방법인 직접적 수소 공급과 운반체를 이용한 수소 공급 옵션이 있다.
- 직접적 수소 공급의 장점은 좋은 성능, 단순함, 그리고 불순물에 대한 걱정을 할 필요가 없다는 것이다. 불행히도, 수소는 연료로서 이용하기 쉽지 않고 수소 저장 방식도 최적화되지 못했다.
- 주요 직접적 수소 공급 저장 방식에는 압축 기체 저장, 극 저온 액체 저장, 그리고 가역 금속수소화물 저장이 있다.
- 운반체를 이용한 것은 수소 기체 연료보다 훨씬 이용하기 쉽고 저장도 용이하다.
- 운반체를 통한 수소 공급은 전기를 만들기 위해 연료전지 안에서 바로 전기적으로 산화되는 것이나 전기적 산화가 되기 위한 H_2를 공급하기 위해 개질되는 것 둘 다 가능하다.
- H_2 외에 오직 몇몇 간단한 연료만이 바로 전기적 산화가 가능하다. 직접적 전기적 산화는 연료전지 시스템을 간단하게 만들지만 연료전지 성능을 크게 떨어뜨리기도 한다.
- 연료 개질 공정은 운반체로부터 수소를 공급한다. 불순물이나 피독 물질역시 생길 수 있다. 연료전지에 따라 이러한 오염 물질들은 연료를 사용하기 전에 제거될 필요가 있다. 고온형 연료전지에서는 개질 공정이 개별 화학 반응기를 이용하는 것(외부 개질)보다는 연료전지 안에서(내부 개질) 이뤄질 수 있다.
- 휴대용 기기에서는 직접적 또는 개질된 메탄올 연료 시스템이 직접적 수소 저장 방식보다는 에너지 밀도를 향상시킬 수 있다.
- 고정형 기기에서는 수소에 비해 이용하기 쉽고 가격이 저렴한 개질된 천연가스(주로 메탄) 그리고 바이오가스가 주 연료이다.
- 연료전지로부터 생성된 전력은 안정적으로 출력되기 위해 반드시 잘 조절되어야 한다.

- 전력 조절은 전력 제어와 변환을 포함한다. 전력 제어는 DC-DC 변압기를 이용하여 변동이 심한 연료전지 스택 전압을 앞서 정해진 고정된 출력값으로 승압하거나 강압한다. 전력 변환은 연료전지로부터 제공된 DC 전력을 AC 전력으로 변환시킨다. (전력 변환이 항상 필요한 것은 아니다)
- 전력 제어와 전력 변환 모두에서 전체 전력은 보존된다(약간의 손실 제외). DC-DC 변압기와 DC-AC 변환기는 보통 85~98% 정도의 효율을 가진다.
- 연료전지 제어 장치는 연료전지 시스템에서의 '두뇌'이다. 제어 장치는 원하는 범위 안에서의 작동을 유지시키기 위해 시스템 관찰 요소(센서)와 시스템 발동 요소 사이의 피드백 회로를 이용한다.
- 전력 공급 관리는 연료전지 시스템의 전기적 출력을 에너지 완충제 이용과 특정 제어를 위한 요구 전력에 맞춘다.
- 열병합 연료전지 발전 시스템의 전체 효율 ε_O은 전체 시스템의 전기적 효율 ε_R과 열 회수 효율 ε_H를 합한 값이다.
- 삼중발전(combined cooling, heating, and electric power, CCHP) 연료전지 시스템은 연료전지에서 나온 회수 가능한 열을 냉각파워로 변환시키는 흡수식 냉각기와 연결시킨다.
- 흡수식 냉각기의 효율은 냉각 출력을 열 입력으로 나눈 값인 성적 계수(coefficient of performance, COP)로 나타낼 수 있다.
- 휴대용 연료전지 용량 설계는 연료전지 장치의 용량과 연료원의 용량의 trade-offs 관계를 생각해야 한다. 최적화는 정확한 용량 결정의 상충관계를 파악해야 한다.
- 이러한 설계 상충관계 종류는 복수의 에너지 기술들의 전력/에너지 밀도의 한계를 시각적으로 서로 비교할 수 있게 해주는 라곤 도표로 해석할 수 있다.

연습문제

복습문제

10.1 수직으로 된 관 형태의 적층 형태를 생각해 보자. 튜브 형태의 중심 부분에 수소가 공급되고 공기가 주변에서 공급되는 일련의 적층된 도넛 모양의 셀을 포함한 가능한 적층 배열을 그려라. 밀봉을 고려하는 것을 잊지 마라.

10.2 어떤 직접 수소 저장 시스템이 가장 높은 무게당 저장 에너지 밀도를 갖는가? 어떤 직접 수소 저장 시스템이 부피당 저장 에너지 밀도를 갖는가? 표 10.1을 참고하라.

10.3 직접 전기 산화하는 연료들을 확인하라. 이 연료들로 일어날 수 있는 반응들을 설명하라.

10.4 내부 연료 개질과 특히 연관된 연료들을 확인하라. 이 연료들로 일어날 수 있는 반응들을 설명하라.

10.5 외부 연료 개질과 특히 연관된 연료들을 확인하라. 이 연료들로 일어날 수 있는 반응들을 설명하라.

10.6 연료전지 시스템의 4대 주요 하위 시스템은 무엇인가? 다른 하위 시스템의 요소들의 작동이 필요한 하위 시스템의 요소들은 어떤 것이 있는가? 이러한 하위 시스템 요소들은 어떻게 통합되는가?

10.7 스쿠터용 연료전지 시스템의 공정 구성도를 그려보아라. 이 시스템의 주요 요소에는 PEMFC 스택, 수소 탱크, 완충 부하를 위한 배터리나 축전기 같은 전기 저장 장치, 그리고 스쿠터의 바퀴 허브에 장착될 전기 모터가 포함된다. 주요 시스템 요소, 열 및 유체 흐름을 그려라. 4대 하위 시스템의 이름을 표시하라. (그림 10.14에 있는 공정 구성도부터 필요하지 않은 요소들을 지워나가는 것도 이 문제에 접근하는 방법 중 하나이다.)

계산문제

10.8 (a) 표준 상태(STP)에서 0.7 V로 작동되는 1000 W 수소/공기-연료 PEM의 열 생성률은 얼마인가? (ε_{fuel}=1로 가정)

(b) (a)의 연료전지는 효율 평가가 25인 냉각 시스템을 갖추고 있다. 다른 냉각원은

없다는 가정 하에 정상 상태의 작동 온도를 유지시키기 위한 냉각 시스템의 소모 전력은 얼마인가?

10.9 (a) 자동차용 PEMFC 스택은 88 kWe의 총 전력을 생산하고 65%의 전체 스택 전기적 효율로 작동한다. 스택은 380개의 전기화학 셀로 이루어졌 있고 전기화학 셀당 냉각 셀 비를 이용한다. 10.2절에서 언급했듯이, 냉각셀은 반응 가스와 생성 가스를 유입하고 제거하는 것보다는 냉각 유체를 순환시키기 위해 분리판 내 유로를 이용한다. 이 스택의 냉각 셀당 냉각 부하는 셀당 와트 단위로 약 어느 정도인가?

(b) PEMFC 스택의 작동 온도는 90℃이다. 냉각 셀당 냉각 유체에 적용되는 부피는 1 cm^3이다. 이 장치에 쓰일 냉각 유체로 탈염수, 공기, 그리고 물–글리콜 혼합물을 비교하는데 10.2절에 언급된 물과 공기의 체적 열 용량, 상 변화 온도, 그리고 여러 정보들을 이용하라. 어떤 냉각 유체가 이 장치에 적합하겠는가?

10.10 (a) 표 10.1의 값들을 참고하여 가장 높은 그리고 가장 낮은 무게당 저장에너지 밀도를 가진 2개의 직접적 H_2 저장 시스템을 확인하라. 고 에너지 밀도 시스템이 저에너지 밀도 시스템보다 몇 배의 에너지 밀도를 가지는지 계산하라. 시스템 설계와 적용 기기 선택에 대한 영향을 논의하라.

(b) 표 10.1의 값들을 참고하여 가장 높은 그리고 가장 낮은 부피당 저장에너지 밀도를 가진 2개의 직접적 H_2 저장 시스템을 확인하라. 고에너지 밀도 시스템이 저에너지 밀도 시스템보다 몇 배의 에너지 밀도를 가지는지 계산하라. 시스템 설계와 적용 기기 선택에 대한 영향을 논의하라.

10.11 10.3.2절에서 메탄올과 물이 50:50 몰 혼합인 1 L 연료원과 1 L 개질기로 이루어진 연료 시스템이 순 에너지 밀도가 1.72 kWh/L라고 명시되어 있다(연료의 발열량 면에서). 이 값을 유도하라. STP라 가정하고 메탄올의 HHV 엔탈피를 이용하라. 물의 밀도는 1.0 g/cm^3이고 메탄올의 밀도는 0.79 g/cm^3으로 가정하라. 모든 과정들을 보여라.

10.12 천연가스를 개질하는 연료전지의 운반체 시스템 효율을 구하고자 한다. 개질 공정이 완벽하게 효율적이지 않기 때문에 이 예제에서 연료전지에 공급된 H_2의 엔탈피가 본래 천연가스 엔탈피의 75% 정도밖에 이르지 못한다고 가정하자. 거기다 개질기로부터 공급된 H_2는 CO_2, 다른 불활성 기체, 그리고 피독 물질들과 섞일 것이다. 이러한 불순물들이 순수 H_2를 이용한 연료전지의 효율을 20% 정도 떨어뜨린다고

가정하자. 이 개질된 천연가스 시스템의 전체 순 효율은 얼마가 되겠는가?

10.13 단위 연료전지의 전력밀도와 연료 사용의 전기적 효율의 함수적 관계는 다음과 같다고 가정하자.

$$\varepsilon(p_{FC}) = A - Bp_{FC} \qquad \text{식 (10.37)}$$

이 식에서, 연료전지의 부피당 전력밀도 (p_{FC})가 커지면 에너지 효율 ε은 줄어든다 (A와 B가 양수일 때).

(a) 최적화 관련 보충설명에 나와있는 절차를 이용하여 최적값 X(단위연료전지가 차지하는 체적비)를 시스템 체적 V 그리고 요구 전력 P를 이용하여 유도하라.

(b) $V=100$ L, $P=500$ W, $A=0.7$, and $B=0.003$ L/W일 때 X를 계산하라. 연료전지 요구 전력밀도가 타당한지 확인하라.

10.14 10.6절에서 이야기 했듯이, 장시간 작동 기기에서는 액체 연료를 이용하는 휴대용 연료전지가 배터리보다 낫다. 직접 메탄올 연료전지(DMFC)를 기반한 20 W 노트북 시스템을 생각해보자. 20 W를 생산하기 위해서 이 시스템은 400 cm^3의 DMFC가 필요하다. 이 DMFC는 에너지 밀도 3400 Wh/L를 50%–50% 메탄올–물 연료원으로부터 공급받고 이 연료 에너지의 20%를 전기로 변환시킨다. 반대로, 리튬이온 배터리 시스템은 100% 전기로 변환될 수 있는 에너지 밀도 200 Wh/L를 제공한다. 이러한 특징들을 근거하여 연료전지 시스템이 배터리보다 더 큰 부피당 에너지 밀도를 제공하는 최소 작동 시간을 계산하라. 연료전지와 배터리 시스템의 용량과 작동시간의 관계를 정량적으로 비교할 수 있는 그림 10.22와 같은 그래프를 그려라.

CHAPTER 11

연료처리 시스템 설계

10장에서는 연료전지의 주요 네 가지 시스템에 대해서 살펴보았다. 이번 장에서는 4개의 주요 연료전지 시스템 중 하나인 연료 개질 시스템에 대해서 자세히 다뤄볼 예정이며 10장에서 예제로 주로 활용된 발전용 연료전지(stationary fuel cell)의 연료 개질 시스템을 중심으로 설명하도록 하겠다.

연료 개질 시스템은 화학공장의 축소판이라고 볼 수 있다. 연료 개질 시스템의 주요 목적은 탄화수소(HC) 형태의 연료를 화학적인 변환을 통해 수소가 풍부한 유체 형태로 만들어 연료전지의 연료극에서 산화반응이 원활하게 발생하도록 하는 것이다. 또한 연료 개질 시스템은 연료와 산화제(oxidant)를 연료전지의 연료극이나 공기극에서 활용되지 않는 유용한 형태의 에너지로 변환한다. 하지만 모든 연료전지들이 이러한 정교한 연료 개질 시스템을 필요로 하는 것은 아니며 오히려 많은 연료전지들은 단순하게 정제된 연료를 공급받아 작동하게 된다. 또한 탄화수소 연료를 기반으로 작동하는 개질기 시스템은 일정 수준 이상의 연료 정제 과정이 필요하다.

연료 개질 시스템은 탄화수소 형태의 연료를 불순물이 적고 높은 수소 함유량을 지닌 기체로 변환시키는 연속적인 화학적 촉매 반응기(catalytic chemical reactor)를 포함하고 있으며 시스템의 복잡도는 연료전지의 종류와 연료전지의 작동 방식에 따라서 달라지게 된다. PEMFC와 PAFC는 연료의 불순도(Impurity)에 의해서 쉽게 촉매층(catalytic site)에서 피독(poison)되기 때문에PEMFC와 PAFC의 연료 개질 시스템은 여러 단계의 하위 시스템이 존재하게 된다. 반면에 MCFC와 SOFC는 내부 개질(internal reforming)이 가능할 정

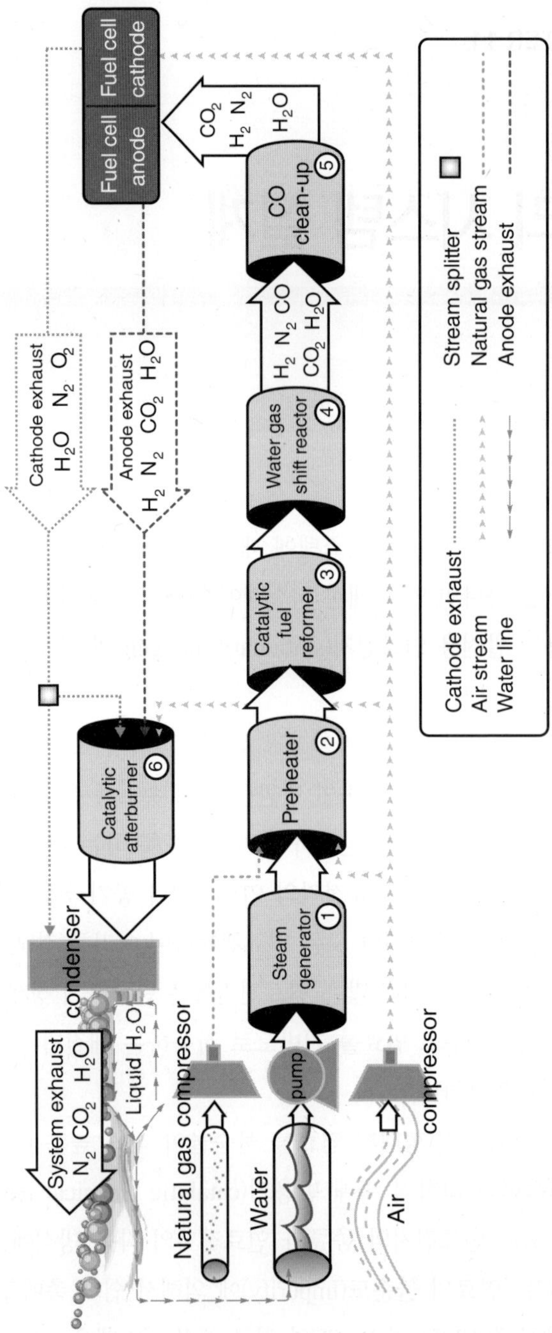

그림 11-1. 연료처리 하위시스템. 설명을 돕기 위해 10장의 그림을 그대로 가져왔다.

도의 높은 온도에서 작동하므로 인해서 연료 혼합물이 연료전지의 연료극에 주입되면, 연료극의 촉매층에서 연료 개질이 발생하게 되고 MCFC와 SOFC의 연료극의 촉매층은 산화반응을 용이하게 할 뿐만 아니라 개질 반응을 유발시키는 역할도 하게 된다. 10장의 10.3.2절에서는 내부 개질에 대한 개념을 소개하였다. 하지만 내부 개질은 연료극 표면의 탄소의 흡착현상(cocking)을 수반하므로 연료전지의 성능저하를 불러 일으키고 반응의 정밀한 제어를 김소시키는 요인으로 작용한다. 따라서 상용화된 MCFC와 SOFC는 적어도 1개 이상의 외부적인 개질 시스템을 포함하고 있다. 낮은 온도에서 작동하는 연료전지의 연료 개질 시스템은 MCFC와 SOFC와 달리 매우 엄격한 요구조건을 만족해야 하므로 앞으로 PEMFC와 PAFC의 연료 개질 시스템에 대해 자세히 살펴볼 예정이다. 앞서 10장에서 보았듯이, 이러한 연료전지의 연료 개질 시스템은 적어도 세 가지의 주요 반응과정(reactor process)을 수반한다(그림 11.1 참고).

- 연료의 개질(fuel reforming) [3번으로 명명]
- 수성가스 전환 반응(water gas shift reaction) [4번으로 명명]
- 일산화탄소 제거(carbon monoxide clean-up) [5번으로 명명]

이 장에서 설명하려는 범위 외의 내용이지만, 위에서 언급한 주요 세 가지 과정에 앞서 천연가스 혹은 다른 종류의 연료에 포함된 황은 제거되어야만 한다. 이제 위의 주요 세 가지 과정에 대해서 살펴보도록 하겠다.

11.1 연료 개질에 대한 개요

연료 개질의 전체적인 목적은 탄화수소의 연료를 수소가 풍부한 기체로 변환하는 데 있다. 이러한 변환은 촉매를 활용하거나 혹은 촉매 없이도 발생할 수 있으며 아래의 다섯 가지의 주요 개질 과정 중 한 가지 과정을 통해서 이루어진다고 할 수 있다.

- 증기 개질(steam reforming, SR)
- 부분산화 개질(partial oxidation (POX) reforming)
- 자열 개질(autothermal reforming,AR)
- 가스화(gasification)
- 혐기성 소화(anaerobic digestion,AD)

다양한 개질 방식의 효율성을 비교하기 위해서 H_2 수득률(y_{H_2})이라고 하는 개념을 도입하고자 한다. H_2 수득률은 개질기의 출구에서 발생하는 모든 기체의 몰 수와 H_2의 몰 수의 비로 정의된다.

$$y_{H_2} = \frac{n_{H_2}}{n} \quad \text{식 (11.1)}$$

위의 식에서 n_{H_2}는 개질기에서 생성되는 H_2의 몰 수를 의미하며 n은 개질기 출구에서 발생하는 모든 기체의 몰 수를 의미한다. 이와 비슷한 방법으로서, 메탄(CH_4)과 같은 연료 내부의 수증기의 몰 수(n_{H_2O})와 탄소원자(n_c)의 몰 수의 비를 의미하는 증기 탄소비(steam-to-carbon ratio, S/C)의 개념을 소개하고자 한다.

$$\frac{S}{C} = \frac{n_{H_2O}}{n_c} \quad \text{식 (11.2)}$$

각각의 개질 과정은 서로 다른 H_2 수득률을 보이며 요구하는 증기 탄소비 또한 다르다. 개질 과정은 각기 다른 장점과 단점을 나타내게 된다. 처음의 세 가지 주요 개질 과정의 특성에 대해서는 표 11.1과 표 11.2에 요약해 놓았다.

또 다른 개질 과정을 비교하기 위해서는 10장의 10.5.1절에서 언급했던 연료 개질기 자체의 효율과 연료 개질 시스템의 효율을 정량적으로 계산해야 한다. 10장에서 언급했듯이 주로 연료 개질기의 효율은 개질기의 출구로 배출되는 H_2의 에너지[H_2의 고위발열량(higher heating value, HHV) 기준]를 개질기를 작동시키기 위해 필요한 연료를 포함하여 개질기에 입력되는 연료의 총 에너지(연료의 HHV 기준)로 나눈 값으로 정의된다. (HHV에 대한 내용은 2장에 언급되어 있다.) 개질기의 효율에 대한 수식은 식 (10.14)로 표현된다. 개질기의 효율은 오직 개질기 자체의 효율만을 고려하게 된다. 이와 달리, 개질 시스템 효율은 연료 개질 시스템을 통해 나오는 H_2 에너지(H_2의 HHV 기준)를 개질 시스템을 작동시키기 위한 연료를 포함한 개질기에 입력되는 연료의 총 에너지로나눈 값으로 정의된다. 개질기 시스템의 효율에 대한 수식은 식 (10.18)로 표현된다. 개질기 시스템의 효율은 개질기의 전체 시스템의 효율까지 고려하는 용어이며 개질기 시스템은 개질기, 수성가스 전환 반응(water gas shift reaction), 일산화탄소 제거(carbon monoxide clean-up) 과정 등을 포함한다. 다음 절에서는 다섯 가지의 주요 개질 과정에 대해서 세부적으로 살펴보도록 하겠다.

표 11.1 3가지 주요 연료 개질 반응의 화학반응 특성 비교

Type	Chemical Reaction	Temperature Range(°C)	Gas Composition of Hydrogen Outlet Stream on a Dry, Molar Basis (with Natural Gas Fuel Input)					Exothermic or Endothermic?
			H_2	CO	CO_2	N_2	Other	
Steam reforming	$C_xH_y + xH_2O_{(g)}$ $\leftrightarrow xCO + (1/2y + x)H_2$ $\Rightarrow CO, CO_2, H_2, H_2O$	700–1000	76%	9%	15%	0%	Trace NH_3, CH_4, SO_x	Endothermic
Partial oxidation	$C_xH_y + 1/2xO_2$ $\leftrightarrow xCO + 1/2yH_2$	>1000	41%	19%	1%	39%	Some NH_3, CH_4, SO_x, HC	Exothermic
Autothermal reforming	$C_xH_y + zH_2O_{(g)} + (x - 1/2z)O_2$ $\leftrightarrow xCO_2 + (z + 1/2y)H_2$ $\Rightarrow CO, CO_2, H_2, H_2O$	600–900	47%	3%	15%	34%	Trace NH_3, CH_4, SO_x, HC	Neutral

주석: 표에서는 세 가지 주요 개질 반응의 출구쪽 기체의 조성을 몰 기준으로 출구가 건조하는 조건하에 요약해 놓았다. 증기 개질 반응은 가장 높은 H_2 수득률을 보이며 배기물 또한 가장 깨끗하다고 할 수 있다. 부분 산화 개질과 자열 개질의 낮은 H_2 수득률은 공기를 반응에 활용하기 때문에 나타나는 현상이다. 공기에 포함된 O_2는 연료를 부분적으로 산화시키지만 반응에 참여하지 않는 N_2는 출구쪽 기체에 포함되어 출구쪽 기체의 H_2 비율을 낮춘다. 세 반응은 모두 수성가스 이동 반응을 통해서 H_2 수득률을 높일 수 있다. 증기 개질에 대한 화학 반응에서, 첫 번째 줄은 특정 반응물과 생성물의 이론적인 몰 비(moral ratio)를 보여주고 있다. 두 번째 줄은 CO와 H_2 뿐만 아니라 CO_2와 H_2O를 포함해서 실제 반응에서 생성될 수 있는 모든 생성물에 대해서 나열해 놓았다. 자열 개질에 대한 화학 반응 또한 비슷한 방식으로 표에 나타나 있다. 농도는 건조한 조건 기준으로 명시되어 있다(즉, 기체에 증기는 포함되어 있지 않다).

표 11.2 3가지 주요 수소 생산 방법의 장점과 단점

Type	Advantages	Disadvantages
Steam reforming	Highest H_2 yield	Requires careful thermal management to provide heat for reaction, especially for (a) start-up and (b) dynamic response Only works on certain fuels
Partial oxidation	Quick to start and respond because reaction is exothermic Quick dynamic response Less careful thermal management required Works on many fuels	Lowest H_2 yield Highest pollutant emissions (HCs, CO)
Autothermal reforming	Simplification of thermal management by combining exothermic and endothermic reactions in same process Compact due to reduction in heat exchangers Quick to start	Low H_2 yield Requires careful control system design to balance exothermic and endothermic processes during load changes and start-up

주석: 자열 개질은 증기 개질과 부분 산화 개질을 모두 활용하여 열 관리를 단순하고 반응성을 빠르게 하는 등의 다양한 장점을 가지고 있다. 부분 산화 개질은 연료의 유연성(fuel-type flexibility)이 가장 높다.

11.1.1 증기 개질

증기 개질(steam reforming, SR)은 흡열과정으로서, 고온에서 촉매의 존재하에 탄화수소의 연료가 수증기와 혼합되면 다음과 같은 흡열반응이 발생하는 데 이를 증기 개질이라고 한다.

$$C_xH_y + xH_2O_{(g)} \leftrightarrow xCO + \left(\frac{1}{2}y + x\right)H_2 \Rightarrow CO, CO_2, H_2, H_2O \qquad \text{식 (11.3)}$$

10장에서 언급했듯이, 흡열반응은 에너지를 흡수하며 발열반응은 에너지를 방출한다. 천연가스를 대상으로 SR을 진행하면 H_2 수득률은 개질기 출구에서 수증기가 존재하지 않는 조건하에서 76%에 달한다.[123] 산소가 반응 과정에서 참여하지 않기 때문에 개질기의 출구에서 배출되는 기체는 공기의 N_2에 의해 희석되지 않으며, 따라서 처음 세 가지의 개질 과정(steam reforming, partial oxidation reforming, autothermal reforming) 중에서 가장 높은 H_2 수득률을 보인다. 2장의 2.4.2절에서 **르 샤틀리에의 원리**(*Le Chatelier's principle*)에 대해서 소개하였다. 르 샤틀리에 원리에 따르면, 수증기를 과도하게 공급하는 것은 H_2가 생성되는 방향으로 화학반응의 평형을 이동시키므로 H_2 수득률을 증가시키는 데 도움이 될 수 있다. 또한 개질기의 출구에서 배출되는 CO의 이차반응을 통해서 추가적인 H_2를 생성할 수 있는데, 이를 수성가스 전환반응(water–gas shift reaction, WGS reaction)이라고 한다.

$$CO + H_2O_{(g)} \leftrightarrow CO_2 + H_2 \qquad \text{식 (11.4)}$$

10장의 10.3.2절에서 수성가스 전환 반응을 처음 소개하였다. 이동반응은 H_2 수득률을 약 5% 정도 증가시킬 수 있다. 메탄가스의 개질의 주요 SR 반응을 표 11.3에 요약해 놓았다. 이 표와 이번 장에서 언급하는 반응 엔탈피는 표준 온도와 기압(STP)을 기준으로 계산한 엔탈피이다. 계산의 단순화를 위해서 이번 장에서는 STP 기준의 반응 엔탈피를 사용한다. 반응 엔탈피에 대해서는 2장에 설명되어 있다.

증기 개질기는 열이 외부로 방출되지 않도록 설계하여 내부의 흡열반응이 유지되도록 만드는 것이 필수적이다. 보통의 증기 개질기는 관형 개질기(tubular reformer)로 설계된다. 관형상의 개질기는 SR의 반응물이 통과하는 촉매로 차있는 튜브가 들어있는 히터(furnace)를 지니고 있다. 천연가스나 황을 수반하는 연료로 개질기가 작동하게 되면 SR 촉매는 점차적으로 연료 속에 포함된 황 화합물에 의해서 오염될 수 있다. 이러한 문제를 해결하기 위해서, 많은 개질기 시스템에서는 황을 제거할 수 있는 부분을 설계하여 개질기에 들어가는 연료의 황 함유량이 매우 작은 수준(10~15 ppm)을 유지하도록 만든다. SR의 흡열반응은 튜브 내부에서 발생하기 때문에 보통 입력되는 연료의 일부는 튜브를 가열하는 데 사용된다. 또는 SR의 흡열반응으로 인해 필요한 열은 그림 11.1의 6번 과정과 같이 양극에서 방출되는 배출가스(연료전지의 양극에서 사용되지 않는 연료)를 촉매후기연소기(catalytic afterburner)로 연소시킴으로써 제공할 수 있다. SR이 SOFC와 MCFC에서 활용된다면 SOFC와 MCFC는 SR에서 필요한 열을 충분히 공급할 수 있을 정도로 높은 온도에서 작동되기 때문에 SR의 필요한 열은 연료전지 스택 그 자체에서 공급할 수 있다.

표 11.3 증기 개질 반응

Reaction Number	Reaction Type	Stoichiometric Formula	$\Delta\hat{h}^0_{rxn}$ (kJ/mol)
1	Steam reforming	$CH_4 + H_2O_{(g)} \rightarrow CO + 3H_2$	+206.4
2	Water gas shift reaction	$CO + H_2O_{(g)} \rightarrow CO_2 + H_2$	−41.2
3	Evaporation	$H_2O_{(l)} \rightarrow H_2O_{(g)}$	+44.1

주석: 증기 개질의 반응은 흡열반응이다. 증기는 반응물이며 수성가스 전환 반응을 통해서 H_2 수득률을 높일 수 있다.

예제 11.1.

(1) 메탄(CH_4)을 연료로 활용하여 SR과 WGS를 통해서 개질을 진행하는 이상적인 개질기의 경우, 최대 H_2 수득률은 어떻게 되는가? (2) 두 가지 반응이 혼합된 경우, 증기 탄소비는 어떻게 되는가? (3) 실제 개질기의 경우에는 왜 더 높은 증기 탄소비에서 반응기가 작동하여야 하는가? (4) 반응에서 소모되는 열은 얼마나 되는가? 단순화를 위해 반응물과 생성물은 반응기에 STP 조건에서 들어가고 나온다고 가정한다.

풀이

1. CH_4에 대한 SR의 경우에는 다음과 같은 반응이 일어난다.

$$CH_4 + H_2O_{(g)} \leftrightarrow CO + 3H_2 \qquad \text{식 (11.5)}$$

그리고 WGS 반응의 경우에는 다음과 같다.

$$CO + H_2O_{(g)} \leftrightarrow CO_2 + H_2 \qquad \text{식 (11.6)}$$

두 반응을 결합하면 표 11.3에 나타난 반응 1과 반응 2를 더한 결과와 같다.

$$CH_4 + 2H_2O_{(g)} \leftrightarrow CO_2 + 4H_2 \quad \text{식 (11.7)}$$

이렇게 결합된 반응의 수득률은 0.8 혹은 80%이다.

$$yH_2 = \frac{4\ \text{mol}\,H_2}{4\ \text{mol}\,H_2 + 1\ \text{mol}\,CO_2} = 0.80 \quad \text{식 (11.8)}$$

2. 증기 탄소비는 2이다.

$$\frac{S}{C} = \frac{n_{H_2O}}{n_C} = 2 \quad \text{식 (11.9)}$$

3. 증기 탄소비가 더 높다면 탄소의 흡착을 줄이고 르 샤틀리에의 원리에 따라서 수득률을 높일 수 있다. 탄소의 흡착은 표 11.4의 반응 3에 의해서 발생한다. 일반적으로 3.5~4.0의 S/C비는 탄소의 흡착을 예방할 수 있다.
4. 표 11.3에 따르면 물이 증기상태로 반응할 경우, SR과 WGS 반응을 위해서는 1몰의 CH_4당 165.2 kJ의 열이 공급되어야만 한다. (206.4 kJ/mol−41.2 kJ/mol=165.2 kJ/mol) 이러한 반응 엔탈피는 식 (11.7)과 같은 반응에서의 반응 엔탈피이다. 만약 물이 액체상태로 반응한다면 1몰의 H_2O당 추가적인 44.1 kJ의 열이 필요하므로 1몰의 CH_4가 반응할 때는 추가적인 88.2 kJ의 열이 필요하다. 따라서 물이 액체상태로 공급될 시, STP 조건에서 1몰의 CH_4을 통해 SR과 WGS 반응을 발생시키기 위해서는 253.4 kJ의 열이 공급되어야만 한다.

표 11.4 부분 산화 반응

Reaction Number	Reaction Type	Stoichiometric Formula	$\Delta\hat{h}^0_{rxn}$(kJ/mol)
1	Partial oxidation	$CH_4 + 1/2\ O_2 \rightarrow CO + 2H_2$	−35.7
2	Partial oxidation	$CH_4 + O_2 \rightarrow CO_2 + 2H_2$	−319.1
3	Thermal decomposition	$CH_4 \rightarrow C + 2H_2$	+75.0
4	Methane combustion	$CH_4 + 2O_2 \rightarrow CO_2 + 2H_2O_{(l)}$	−890
5	CO combustion	$CO + 1/2\ O_2 \rightarrow CO_2$	−283.4
6	Hydrogen combustion	$H_2 + 1/2\ O_2 \rightarrow H_2O_{(l)}$	−286

주석: 자열 개질 반응은 이 표에 명시된 반응과 표 11.3에 명시된 증기 개질 반응을 포함한다.

11.1.2 부분 산화 개질

부분 산화 개질(partial oxidation reforming)은 발열반응으로서 탄화수소의 연료와 산소의 **부분적인 산화**(partially oxidize or partially combust)반응을 일으켜 연료가 CO와 H_2의 혼합물이 되도록 만드는 개질 방식이며 주로 촉매의 존재하에 반응이 진행된다. **완전 연소**에서는 탄화수소의 연료가 충분한 양의 산소에 의해 산화되면 반응의 생성물은 모두 CO_2와 H_2O가 된다. 완전 연소하에서는 반응 생성물에 H_2, CO, O_2 혹은 연료가 포함되지 않는다. 예를 들면 프로판(C_3H_8)의 완전 연소과정은 다음과 같다.

$$C_3H_8 + xO_2 \leftrightarrow yCO_2 + zH_2O \qquad \text{식 (11.10)}$$

H_2, CO, O_2 그리고 C_3H_8은 생성되지 않는다. 질량보존법칙에 따르면, 반응식의 왼쪽과 오른쪽 항의 H, C, 그리고 O의 몰 개수는 동일해야만 한다. 따라서 다음과 같은 식이 도출된다.

$$C_3H_8 + 5O_2 \leftrightarrow 3CO_2 + 4H_2O \qquad \text{식 (11.11)}$$

1몰의 C_3H_8의 완전연소에 필요한 최소량의 O_2는 5몰이다. 이렇게 완전연소를 위해 필요한 최소량의 O_2를 **산소의 화학량 적량**(*stoichiometric amount of* O_2)으로 부른다.

POX(혹은 **부분 연소**)에서는 탄화수소의 연료가 산소의 화학량 적량보다 적은 산소와 반응하게 만들고, 이러한 불완전연소를 통해서 CO와 H_2가 생성된다. 예를 들면, 프로판(C_3H_8)의 불완전연소는 다음과 같다.

$$C_3H_8 + xO_2 \leftrightarrow yCO + zH_2 \qquad \text{식 (11.12)}$$

질량보존법칙을 통해서 다음과 같이 식을 완성할 수 있다.

$$C_3H_8 + 1.5O_2 \leftrightarrow 3CO + 4H_2 \qquad \text{식 (11.13)}$$

1몰의 C_3H_8을 불완전연소 시키는 데 필요한 O_2는 1.5몰이며 완전연소에 필요한 산소량인 산소의 화학량 적량보다 훨씬 작다는 것을 볼 수 있다. 산소의 화학량 적량보다 적은 산소량 하에서 작동하게 되면, 이를 **연료가 풍부한 상태**(*fuel rich*)**에서 작동한다** 혹은 **산소가 부족한 상태**(O_2 *deficient*)**에서 작동한다**라고 말한다. 이를 좀 더 일반화시켜서 임의의 탄화수소계열의 연료에 대한 POX를 고려하면 다음과 같은 반응식을 완성할 수 있다.

$$C_xH_y + \frac{1}{2}xO_2 \leftrightarrow xCO + \frac{1}{2}yH_2 \qquad \text{식 (11.14)}$$

SR과 마찬가지로 출구에서 CO가 생성되기 때문에 H_2 수득률은 WGS 반응을 통해서 더욱 증가시킬 수 있다.

$$CO + H_2O_{(g)} \leftrightarrow CO_2 + H_2 \qquad \text{식 (11.15)}$$

메탄가스에 대한 POX를 활용한 개질 과정에서 발생하는 주요 반응은 표 11.4에 요약해 놓았다.

예제 11.2.

이상적인 POX 개질기는 메탄(CH_4)과 공기를 활용하여 개질을 진행한다. (1) 최대 H_2 수득률은 얼마인가? (2) 반응이 STP 조건상에서 발생하면 방출되는 열은 얼마나 되는가? (3) 식 (10.14)를 활용해서 개질기의 효율을 계산하면 개질기의 효율은 얼마나 되는가? STP 조건에서 메탄의 HHV는 55.5 MJ/kg (890 MJ/kmol)이며 H_2의 HHV는 142 MJ/kg (286 MJ/kmol)이다.

풀이

1. 산소를 공급받아 개질기가 작동하면, 1몰의 O_2당 3.76몰의 N_2을 공급받게 된다.

$$C_xH_y + \frac{x}{2}(O_2 + 3.76N_2) \leftrightarrow xCO + \frac{1}{2}yH_2 + 1.88xN_2 \qquad \text{식 (11.16)}$$

메탄의 경우에는 반응식은 다음과 같다.

$$CH_4 + \frac{1}{2}(O_2 + 3.76N_2) \leftrightarrow CO + 2H_2 + 1.88N_2 \qquad \text{식 (11.17)}$$

반응에 의해서 도출되는 H_2 수득률은 0.41 혹은 41%이다.

$$yH_2 = \frac{2 \text{ mol } H_2}{2 \text{ mol } H_2 + 1 \text{ mol CO} + 1.88 \text{ mol } N_2} = 0.41 \qquad \text{식 (11.18)}$$

공기 내의 O_2가 반응에 참여하기 때문에 출구쪽 기체는 공기 내의 N_2에 의해 희석되며, 따라서 처음의 세 가지 개질 방식(증기 개질, 부분 산화 개질, 자열 개질) 중 가장 낮은 H_2 수득률을 보인다.

2. 표 11.4에 따르면, 1몰의 CH_4당 35.7 kJ의 열이 방출된다.
3. HHV 기준에서 연료 개질기의 효율은 0.64 혹은 64%이다.

$$\varepsilon_{FR} = \frac{\Delta H_{(HHV),H_2}}{\Delta H_{(HHV),fuel}} = \frac{2 \text{ kmol } H_2 (286 \text{ MJ/kmol } H_2)}{1 \text{ kmol } CH_4 (890 \text{ MJ/kmol } CH_4)} = 0.64 \qquad \text{식 (11.19)}$$

11.1.3 자열 개질

자열 개질(autothermal reforming, AR)은 (1) SR 반응, (2) POX 반응 그리고 (3) WGS 반응을 하나의 과정으로 통합한 개질 방식을 일컫는다. 자열 개질은 (1) 동일한 반응기에서 반응을 진행하며 (2) 흡열반응인 SR과 WGS 반응으로 인해서 필요한 열을 발열반응인 POX 반응을 통해 공급받게 된다. 자열 개질에서는 증기를 반응물로 사용하므로 SR을 포함하게 된다. 이와 유사하게 자열 개질은 산소의 화학량 적량보다 적은 양의 O_2를 반응물로 사용하므로 POX를 포함한다. AR 반응은 다음과 같다.

$$C_xH_y + zH_2O + \left(x - \frac{1}{2}z\right) O_2 \leftrightarrow xCO_2 + \left(z + \frac{1}{2}y\right) H_2 \Rightarrow CO, CO_2, H_2, H_2O \quad \text{식 (11.20)}$$

증기 탄소비의 값은 z/x이며 증기 탄소비는 반응이 흡열반응이나 발열반응이 되지 않고, 에너지 평형(energy neutral)이 되도록 선정해야만 한다.

예제 11.3.

(1) 메탄(CH_4)의 경우, AR 반응이 에너지 평형이 되도록 하는 증기 탄소비를 선정하라. 단, H_2O는 액체상태로 입력되며 오직 CO_2와 H_2가 생성된다고 가정한다. 그리고 문제를 단순화하기 위해, 반응물과 생성물은 반응기에 STP 조건으로 들어가고 나온다고 가정한다. (2) H_2 수득률은 얼마인가? (3) 개질기의 효율은 얼마나 되는가?

풀이

1. 예제 11.1에서 보았듯이, WGS를 포함한 SR 반응(WGS+SR)은 흡열반응으로 반응식은 다음과 같다.

$$CH_4 + 2H_2O_{(l)} \leftrightarrow CO_2 + 4H_2 + 253.4\ \text{kJ/mol}\ CH_4 \quad \text{식 (11.21)}$$

표 11.4에서 보듯이, 발열반응인 POX 반응은 다음과 같다.

$$CH_4 + \frac{1}{2}O_2 \leftrightarrow CO + 2H_2 - 35.7\ \text{kJ/mol}\ CH_4 \quad \text{식 (11.22)}$$

POX 반응에서 생성되는 CO는 WGS 반응을 통해 사라지게 되고, 위의 두 식을 결합하게 되면 오직 CO_2와 H_2만 생성된다. 표 11.5는 이 문제의 답을 보여준다. 표 11.5는 WGS+SR (1), POX (2), WGS (3) 반응과 각 반응열에 대해 보여주고 있다. 반응 2 (POX)

와 반응 3 (WGS)을 결합함으로써 CO가 제거되고 오직 생성물이 CO_2와 H_2인 반응 4를 도출할 수 있다. 그리고 각 반응의 엔탈피는 더해진다. 반응 1에서 소모하는 열만큼의 열을 발생시키기 위해서는 반응 4가 7.73배 만큼 더 발생해야 함을 계산을 통해서 알 수 있다. 이는 반응 5에 나타나 있다. 반응 5와 반응 1을 결합하면 반응 6을 도출할 수 있는데, 반응 6의 반응열은 0이다. 그리고 반응 6의 양쪽 항에 CH_4의 몰 수만큼을 나누면 반응 7을 유도할 수 있다. 반응 7에 따르면 증기 탄소비는 1.115가 된다.

$$\frac{S}{C} = \frac{n\mathrm{H_2O}}{n_c} = 1.115 \qquad \text{식 (11.23)}$$

또는 다음과 같이 표현된다.

$$z = 1.115 \qquad \text{식 (11.24)}$$

2. 산소를 공급받아 개질기가 작동하면 1몰의 O_2당 3.76몰의 N_2을 공급받게 된다. 0.44몰의 O_2가 개질기에 입력되면 동시에 1.66몰의 N_2가 입력된다. 따라서 반응의 H_2 수득률은 0.54 혹은 54%이다.

$$y\mathrm{H_2} = \frac{3.11\ \mathrm{mol\,H_2}}{3.11\ \mathrm{mol\,H_2} + 1\ \mathrm{mol\,CO_2} + 1.66\ \mathrm{mol\,N_2}} = 0.54 \qquad \text{식 (11.25)}$$

공기 내의 산소가 반응에 포함되므로 출구쪽의 기체는 공기 내의 N_2에 의해서 희석된다. N_2의 존재는 H_2 수득률을 감소시킨다. 하지만 반응물인 증기의 존재는 H_2 수득률을 증가시키는 요인이다. 따라서 SR보다는 낮지만 POX보다는 높은 H_2 수득률을 보이게 된다. 이 결과는 예제 11.1, 예제 11.2, 예제 11.3에서 계산된 H_2 수득률의 비교를 통해서 확인해 볼 수 있다.

3. HHV 기준의 연료 개질기의 효율은 1 혹은 100%에 가깝다.

$$\varepsilon_{\mathrm{FR}} = \frac{\Delta H_{(\mathrm{HHV}),\mathrm{H_2}}}{\Delta H_{(\mathrm{HHV}),\mathrm{fuel}}} = \frac{3.11\ \mathrm{kmol\,H_2}(286\ \mathrm{MJ/kmol\ H_2})}{1\ \mathrm{kmol\,CH_4}(890\ \mathrm{MJ/kmol\,CH_4})} = \sim 1 \qquad \text{식 (11.26)}$$

표 11.5 예제 11.3의 답

Reaction Number	Reaction Type	Chemical Formula	$\Delta\hat{h}^0_{rxn}$(kJ/mol)
1	SR + WGS	$1CH_4 + 2H_2O_{(l)} \rightarrow 1CO_2 + 4H_2$	+253.4
2	POX	$1CH_4 + 0.5O_2 \rightarrow 2H_2 + 1CO$	−35.7
3	WGS	$1H_2O_{(l)} + 1CO \rightarrow 1CO_2 + 1H_2$	+2.9
4	POX + WGS	$1CH_4 + 1H_2O_{(l)} + 0.5O_2$ $\rightarrow 1CO_2 + 3H_2$	−32.8
5	(POX + WGS) × 7.73	$7.73CH_4 + 7.73H_2O_{(l)} + 3.86O_2$ $\rightarrow 7.73CO_2 + 23.2H_2$	−253.4
6	(POX + WGS) × 7.73 + (SR + WGS)	$8.73CH_4 + 9.73H_2O_{(l)} + 3.86O_2$ $\rightarrow 8.73CO_2 + 27.2H_2$	0.0
7	[(POX + WGS) × 7.73 + (SR + WGS)]/8.73	$1CH_4 + 1.115H_2O_{(l)} + 0.44O_2$ $\rightarrow 1CO_2 + 3.11H_2$	0.0

주석: 메탄에 대한 자열 개질의 경우, 적절한 증기 탄소비가 도출되도록 계산을 진행하였다. 자열 개질의 경우에는 증기 개질(SR), 부분 산화(POX), 그리고 수성가스전환(WGS) 반응들을 결합하여 에너지 평형을 이룬다.

예제 11.4.

연료전지 차량에 기체상태의 수소를 공급하고자 수소 발생기(hydrogen generator)를 설계 중이다. 가까운 가스관에서 얻을 수 있는 메탄과 액체상태의 물을 활용하고자 한다. 그리고 가장 높은 수소 수득률을 기대할 수 있는 SR 반응을 연료 개질 방식으로 선택하였다. 하지만 SR 반응의 흡열반응으로 인하여 시스템에 열을 공급해줘야만 한다. 열을 공급하기 위해서 당신은 일부의 메탄가스를 연소시키는 증기 개질기를 설계하였다. (1) 증기 개질기에 필요한 열을 공급하기 위해 연소시켜야 하는 최소한의 메탄가스의 양을 간단히 계산하라. 메탄 연소기와 증기 개질기 사이의 열전달 효율은 100%라고 가정한다. 예제 11.1과 같이 SR 반응은 최대의 H_2 수득률을 달성한다고 가정한다. CH_4의 완전연소는 산소의 화학당량 만큼의 산소에 의해서 일어난다고 가정한다. 단순화를 위해서, 반응은 STP 조건에서 일어난다고 가정한다. STP 조건하에서 메탄의 HHV는 55.5 MJ/kg(890 MJ/kmol), 그리고 H_2의 HHV는 142 MJ/kg(286 MJ/kmol)이다. (2) HHV 기준에서 개질기의 효율(ε_{FR})을 계산하라.

풀이

1. 완벽한 열전달을 가정하면, 에너지 보존법칙에 의해서 흡열반응에서 방출되는 열(Q_{out})은 흡열반응에서 흡수되는 열과 동일해야 한다.

$$Q_{in} = Q_{out} \qquad \text{식 (11.27)}$$

따라서

$$n_{CH_4,SR}(\Delta\hat{h}^0_{rxn})_{SR} = n_{CH_4,C}(\Delta\hat{h}^0_{rxn})_C \qquad \text{식 (11.28)}$$

$n_{CH_4,SR}$은 SR 반응에 의해서 소모되는 CH_4의 몰 수이며, $(\Delta\hat{h}^0_{rxn})$은 SR 반응의 반응열이고, $n_{CH_4,C}$는 연소반응에 의해서 소모되는 CH_4의 몰 수, 그리고 $(\Delta\hat{h}^0_{rxn})$는 CH_4의 연소의 반응열을 의미한다. 따라서 $n_{CH_4,C}$과 $n_{CH_4,SR}$의 비는 다음과 같다.

$$\frac{n_{CH_4,C}}{n_{CH_4,SR}} = \frac{(\Delta\hat{h}^0_{rxn})_{SR}}{(\Delta\hat{h}^0_{rxn})_C} \qquad \text{식 (11.29)}$$

그러므로 질량비는 반응열에 따라 달라진다. 표 11.3을 참고하면, SR 반응은 다음과 같으며 STP 조건에서 1몰의 CH_4당 165.2 kJ의 열을 필요로 한다.

$$CH_4 + 2H_2O_{(g)} \leftrightarrow CO_2 + 4H_2 \qquad \text{식 (11.30)}$$

SR 반응은 STP 조건에서 1몰의 CH_4당 165.2 kJ의 열을 필요로 한다. 단, 반응시 H_2O는 증기상태라는 가정하에 위와 같은 반응열이 도출된다. (g)는 기체상태를 의미한다.
우리는 H_2O를 액체상태로 공급받으므로 액체상태의 물을 기체상태의 물로 변환하는 다음과 같은 상변화 과정이 필요하다.

$$H_2O_{(1)} \rightarrow H_2O_{(g)} \qquad \text{식 (11.31)}$$

상변화시, 1몰의 H_2O당 44.1 kJ의 에너지가 필요하다. 따라서 1몰의 CH_4가 개질될 때마다 예제 11.1에서 보았듯이 다음과 같이 253.4 kJ의 열을 공급해야 한다.

$$\begin{aligned}(\Delta\hat{h}^0_{rxn})_{SR} &= 165.2\ \text{kJ/mol CH}_4 \\ &\quad + 44.1\ \text{kJ/mol H}_2\text{O} \times 2\ \text{mol H}_2\text{O / mol CH}_4 \\ &= 253.4\ \text{kJ/mol CH}_4\end{aligned} \qquad \text{식 (11.32)}$$

표 11.4를 참고하면 CH_4의 연소는 다음과 같다.

$$CH_4 + 2O_2 \leftrightarrow CO_2 + 2H_2O \qquad \text{식 (11.33)}$$

물이 액체상태로 생성되며 STP 조건이라는 가정하에 1몰의 CH_4가 연소되면, −890 kJ의 열이 방출된다. 이 값은 메탄의 HHV과 동일하다. 따라서 질량비는 다음과 같다.

$$\frac{n_{CH_4,C}}{n_{CH_4,SR}} = \frac{253.4\ \text{kJ/mol}\,CH_4}{-890\ \text{kJ/mol}\,CH_4} = \sim 0.285 \qquad \text{식 (11.34)}$$

증기 개질기에 소모되는 CH_4의 몰 수(질량 혹은 부피)에 비해 최소한 28.5%의 몰 수(질량 혹은 부피)만큼의 CH_4가 연소되어야 한다.

2. HHV 기준 하에서 개질기의 효율은 1 혹은 100%에 가깝다.

$$\varepsilon_{FR} = \frac{\Delta H_{(HHV),H_2}}{\Delta H_{(HHV),fuel}} = \frac{4\ \text{mol}\,H_2(286\ \text{kJ/mol}\,H_2)}{1.285\ \text{mol}\,CH_4(890\ \text{kJ/mol}\,CH_4)} = \sim 1 \qquad \text{식 (11.35)}$$

예제 11.5.

예제 11.4를 참고하여 설계 기사들이 28.5%의 추가적인 CH_4의 연소 없이 SR 반응에 필요한 열을 공급하는 시스템을 설계하고자 한다. (1) 어떠한 방식을 통해서 추가적인 연료의 연소과정을 없애고 이산화탄소(예:온실효과) 배출량을 줄일 수 있는가? 14장의 14.3절에서 온실효과가 환경에 미치는 영향에 대해서 다루고 있다. (2) 증기 개질기에 열이 공급되기 위해서는 어느 정도의 온도가 형성되어야 하는가? (3) CH_4 연소기를 대체하여 열을 공급할 수 있을 만큼 작동온도가 높고 규모가 큰 연료전지의 종류는 무엇인가?

풀이

1. 추가적인 연료의 연소를 피하기 위해서는 다른 열원을 통해서 열이 공급되어야 한다. 몇 가지 열원의 예는 (1) SR에 인접한 산업공정에서 발생한 열, (2)집약된 집열기(solar collector)에서 수집한 태양열, 그리고 (3) 연료전지 스택 시스템의 높은 온도로 인해 발생하는 열을 포함한다. 이 모든 대안들은 추가적인 28.5%의 CH_4를 연소시켜 열을 공급하는 방식에 비해 이산화탄소 배출량을 줄일 수 있는 대안이다.
2. 표 11.1에서 보듯이 증기 개질의 작동온도의 범위는 700~1000℃이다. 2장의 2.1.4절에서 보았듯이 열역학 제2법칙에 따르면, 증기 개질기에 필요한 열을 조금이라도 공급하기 위해서는 증기 개질의 작동온도보다 온도가 약간이라도 높아야만 한다.
3. MCFC나 SOFC이다. 실제로, MCFC나 SOCF가 시스템 효율 측면에서 SR 작동온도보다 낮은 온도에서 작동하는 PAFC나 PEMFC에 비해 가지는 주요 강점 중 하나는 SR 개질에 필요한 열을 공급하기 위해 추가적인 연료나 장비가 필요하지 않다는 점이다.

11.1.4 가스화

발전용 연료전지 시스템은 기체연료를 활용하는데, 이러한 기체연료는 고체연료를 가스화(gasification)라고 불리는 과정을 통해서 기체연료로 변환하여 만들어지게 된다. 보통, 가스화는 탄소를 포함한 고체연료(석탄)를 고온에서 O_2와 H_2O으로 압력을 가해서 H_2, CO_2, CO를 생성하는 과정으로 이루어진다. 탄소(C)를 포함하는 연료의 경우, 전반적인 (불균형적인) 가스화 반응은 다음과 같다.

$$C + aO_2 + bH_2O \leftrightarrow cCO_2 + dCO + eH_2 + \text{other species} \qquad \text{식 (11.36)}$$

가스화의 초기단계에서 탄소연료는 연료의 일부가 열분해되어 다공성의 고체의 목탄찌꺼기(char residue)를 남긴 채, 복잡한 기체상태의 혼합물로 변하는 탈취발화(devolatilization)가 발생한다. 기체상태의 혼합물은 앞서 언급했던 부분 산화, 증기 개질, 수성가스 전환 반응의 과정을 겪게 된다. 그리고 목탄 입자(char particle)는 CO로 가스화되는데, 목탄 입자가 CO로 가스화되는 방식에는 탄소의 부분 산화,

$$C + \tfrac{1}{2}O_2 \leftrightarrow CO \qquad \text{식 (11.37)}$$

탄소의 증기 개질이 존재한다.

$$C + H_2O \leftrightarrow CO + H_2 \qquad \text{식 (11.38)}$$

그리고 몇몇 CO는 수성가스 전환 반응에 참여하게 된다.

$$CO + H_2O \leftrightarrow CO_2 + H_2 \qquad \text{식 (11.39)}$$

흡열과정인 증기 개질에서 H_2O의 O−H 결합을 끊는 데 필요한 에너지는 발열반응인 탄소의 부분산화 반응에서 방출되는 에너지로부터 공급받게 된다.

석탄 연료($C_xH_{0.93x}N_{0.02x}O_{0.14x}S_{0.01x}$)의 경우, 전체적인 가스화 반응은 다음과 같다.

$$\begin{aligned} C_xH_{0.93x}N_{0.02x}O_{0.14x}S_{0.01x} &+ (0.955x - 0.5z - r)O_2 + zH_2O \leftrightarrow (x-r)CO_2 \\ &+ (0.465x + z)H_2 + 0.02xNO_2 + 0.01xSO_2 + rC_{(s)} \end{aligned} \qquad \text{식 (11.40)}$$

모든 CO는 수성가스 전환 반응에 의해 CO_2로 변환된다. r은 생성되는 목탄의 몰 수를 의미하며 z/x는 위의 반응에서 선정된 증기 탄소비를 의미한다. 상당량의 H_2는 반응하는

H_2O의 H에서 발생하므로 선정된 증기 탄소비는 석탄 가스화 공정의 이산화탄소 배출량에 지대한 영향을 미치며 특히 H_2 생산량 대비 CO_2 발생량에 많은 영향을 준다. 14장의 표 14.1에서는 에너지 대비 탄소함유량이 가장 많고, 수소 원자의 질량 대비 탄소 함유량이 가장 높은 석탄을 포함한 대중적인 연료의 탄소 함유량에 대해서 정량화 해놓았다. 그리고 석탄 가스화 반응에서 더 많은 H_2O가 반응에 참여할수록 O−H 결합을 끊고 그리고 액체상태의 H_2O를 증기로 변환하는 데 더 많은 에너지가 필요하다. 이러한 에너지는 석탄의 부분 산화나 외부 열원으로부터 공급받을 수 있다. CO_2 배출량을 감소시키기 위해서는 이러한 에너지를 (1) 연료전지의 회수열(recoverable heat) (2) 산업공정에서의 회수열 (3) 태양열 장비 혹은 (4) 지열로부터 공급받는 것이 필요하고 특히 낮은 온도에서 작동하는 가스화 장치(gasifier)의 경우에는 더욱 그렇다. 실제 가스화 공정에서 임의의 양의 H_2를 생성하는 데 필요한 수증기−탄소비(z/x)는 이론적인 z/x보다 높은데, 그 이유는 과도한 물을 공급하여 반응에 참여하지 않는 물이 냉각에 활용되도록 하기 위해서이다. 과도한 양의 물은 충분히 높은 산소 탄소비(O/C) 조건에서 가스화 장치의 온도를 적당히 유지하게 만들어 공급에 대한 변환이 용이(>95%)하도록 하는 요인이다. 석탄의 가스화를 통해 얻어지는 청정한 가스는 연료전지의 연료로서 활용될 수 있다.

가스화 장치는 높은 효율을 달성할 수 있다. 가스화 장치의 효율은 전체 연료 개질기의 효율을 정의하는 방식과 동일하다. 즉, 가스화 장치의 효율은 출구의 가스 내의 H_2의 HHV ($\Delta H_{(HHV),H_2}$)를 가스화 과정에서 자체적으로 소모되는 에너지를 포함한 입구에 입력되는 연료의 HHV($\Delta H_{(HHV),fuel}$)으로 나눈 값으로 정의된다. 이러한 정의에 따르면, 열로 변환되는 일부 에너지를 고려할 때 최신의 가스화 장치의 효율은 75%에 이른다. 석탄 가스화 시설은 입력 연료의 HHV에 6%에 해당하는 에너지(약 5%는 공기 분리에 의해 발생)를 공기 분리 장치(air separation unit)를 운영하기 위한 전기에너지로 소모하게 되며 이로 인해 효율이 감소한다. 전기에너지를 생성하는 데 발생하는 부수적인 부하에 의한 효율 감소는 고려하지 않았다.

11.1.5 혐기성 소화

발전용 연료전지 시스템은 신재생 연료(renewable fuel)로 인식되는 혐기성 소화가스(anaerobic digester gas, ADG)를 활용할 수 있다. ADG는 주로 CH_4와 CO_2의 혼합물로 가축의 분뇨, 오물, 도시의 쓰레기, 바이오매스, 음식물 폐기물 같은 분해성의 물질을 박테리아가 먹는 과정에서 발생한다. 혐기성(산소가 없음을 의미함) 소화(AD)는 대기온도나 약간 높은 온도(70℃)에서 생분해성의 물질이 산소가 존재하지 않는 기체의 혼합물로 변환되는 과정을 일컫는다. 1859년 인도 봄베이의 나환자 수용소에서 처음 개발된 이래로, 현재 AD 시설은 소의 배설물이 많은 낙농장과 사람의 배설물을 처리하는 하수 처리장에 널리 사용되고 있다.

AD는 동식물의 유기물질을 분해하는 연속적인 반응으로 구성된다. 먼저, 가수분해(hydrolysis)라고 알려진 과정을 통해서 생물학적 물질 내의 탄수화물,지방, 그리고 단백질이 물과 반응하고 분해되어 짧은 사슬 구조를 지닌 당, 지방산, 아미노산으로 변환된다. 그 이후에 다양한 박테리아들이 이러한 분자를 점차적으로 분해하여 좀 더 짧은 사슬 구조를 지닌 산, 알코올, 기체를 생성한다. 이러한 반응은 포도당($C_6H_{12}O_6$)이 CH_4와 CO_2로 분해되는 반응을 통해서 대표될 수 있다.

$$C_6H_{12}O_6 \leftrightarrow 3CO_2 + 3CH_4 \qquad \text{식 (11.41)}$$

AD 반응에 의한 생성가스는 CH_4와 CO_2 뿐만 아니라 N_2, H_2, 황화수소(H_2S), 그리고 O_2를 포함한다. ADG의 구성은 분해물(feedstock)의 구성의 변화에 따라서 매우 다양하다. 보통의 ADG의 구성은 CH_4(56%), CO_2(36%), N_2(5%), H_2(0.5%), H_2S(1.5%) 그리고 O_2(1%)로 이루어진다.

오염물질(H_2S과 같은)이 일단 제거되고 나면, ADG는 고온의 연료전지 시스템에 직접 공급될 수 있다. 저온의 연료전지 시스템에서는 추가적인 화학적 변환이 필요하다. 오염물질이 제거된 ADG의 CH_4는 SOFC나 MCFC에서 직접 사용될 수 있다. 이러한 연료전지에서는 연료극의 촉매층에서 증기 개질로 발생하고 그로 인해 CH_4가 H_2와 CO로 분해되며 대부분의 H_2는 동일한 표면에서 전기화학적인 산화과정을 겪게 된다. 또한 오염물질이 제거된 ADG는 PAFC나 PEMFC에서 활용될 수 있다. 이런 가스는 앞서 살펴본 SR, POX 혹은 AR의 연료 개질 과정을 거치게 되고 H_2가 풍부한 가스로 변환되어 PAFC나 PEMFC 시스템에 입력된다. PAFC나 PEMFC 스택의 회수열의 온도는 매우 낮기 때문에 이러한 개질과정에 필요한 열을 공급하기 위해서는 시스템에 추가적으로 높은 온도의 열이 더해져야 하는데, 이는 전체 시스템의 에너지 변환 효율을 낮추는 요인이 된다. 반면에, MCFC와 SOFC 시스템의 회수열의 온도는 내부 혹은 외부 개질에 필요한 열을 공급할 수 있을 만큼 충분히 높다. MCFC가 ADG를 활용할 때 얻는 추가적인 이점은 연료극 측에 입력되는 높은 농도의 CO_2는 공기극 측에서의 높은 농도의 CO_2와 균형을 이루기 때문에 두 부분에서의 CO_2농도의 불균형으로 인해 발생하는 성능 감소 현상을 피할 수 있다는 점이다.

ADG는 몇 가지 이유로 신재생 연료라고 인식되고 있다. 먼저, ADG의 주 원료는 보통 (1) 사람의 배설물 (2) 농산폐기물 (3) 음식물 쓰레기이다. 두 번째로, 생분해성의 물질이 자체적으로 분해되면 CH_4가 대기로 방출된다. 14장에서 보듯이, 100년 간의 CH_4의 온실가스 효과는 CO_2의 온실가스 효과에 비해서 23배나 높다. **만약 CH_4가 호기성 소화**(*aerobic digestion*)**, 연소, 혹은 연료전지 내의 전기화학적 산화에 의해서 CO_2로 변환된다면 온실가스 효과를 약 23배만큼 감소시킬 수 있다.** 세 번째로, ADG는 에너지 전환 장치(발전소 등)에서 사용되는 화석연료를 대체할 수 있고 따라서 화석연료가 발생시키는 온실가스 또한 대체할 수 있기 때문에 신재생 연료로 간주된다. 마지막으로 ADG에서 나온 고체 잔여물은 비료로 사용가능하기 때문에 많은 에너지를 필요로 하는 비료제조 공정에서 배출되는 온실가스를 대체할 수 있다.

11.2 수성가스 전환 반응기

연료 개질 단계에서 많은 양의 H_2가 생성된 이후에 개질된 가스는 보통 WGS 반응기로 이동한다. 예를 들면, 그림 11.1의 개질기 시스템에서 볼 수 있듯이, 촉매 개질기(3) 이후의 WGS 반응기(4)로 개질된 가스가 들어간다. WGS의 전체적인 목표는 (1) 개질된 가스의 H_2 수득률을 높이고 그리고 (2) CO 수득률은 낮추는 것이다. (작은 수준의 CO라도 PEMFC와 같은 특정 유형의 연료전지에 손상을 입힐 수 있으므로 배출되는 CO 수준을 10 ppm 이하가 되도록 해야 한다.) 우리는 앞서 어떻게 WGS가 H_2 수득률을 증가시키는지 보았다. 이제 WGS 반응에 대해 좀 더 자세히 살펴보고 어떻게 WGS가 개질된 가스의 수득률을 낮추는지에 대해서 알아보겠다.

WGS는 개질된 가스의 CO 수득률의 감소율은 H_2 수득률의 증가율과 같다. CO 수득률을 개질된 가스에 대한 CO의 몰 비율(molar percentage)로 정의된다.

$$y_{CO} = \frac{n_{CO}}{n} \qquad \text{식 (11.42)}$$

n_{CO}는 개질된 가스 내의 CO의 몰 수이며 n은 개질된 가스의 총 몰 수를 의미한다. WGS 반응은 보통 촉매의 존재하에서 CO 수득률을 0.2~1.0% 정도 감소시킨다.

촉매의 비활성화

촉매는 **소결**(*sintering*)과 **피독**(*poisoning*)을 포함한 몇 가지 방식에 의해서 비활성화 될 수 있으며 이 두 가지 모두 WGS 반응기에서 고려한 사항이다.

1. 소결은 높은 온도의 영향으로 인해 촉매의 표면적을 감소시킨다. 높은 온도에 노출됨에 따라 촉매입자는 서로 뭉치면서 표면적을 줄이고 낮은 에너지 상태를 유지하게 된다. 따라서 시간이 지남에 따라서 반응기의 촉매는 활성화되지 않는다. 예를 들면, WGS 반응기는 알루미늄 위에 구리와 산화아연을 놓고 촉매로서 활용한다. 산화아연 분자는 물리적인 막을 형성하여 구리 분자가 뭉치는 것을 방해한다. 하지만 온도가 매우 높아지면 어떻게든 구리 분자는 합쳐진다. 따라서 오직 높은 온도만으로도 반응기를 비활성화 시킬 수 있다. 예를 들면, 촉매층이 700℃ 이상의 작동온도에 노출되면 촉매층 표면적은 작동한 지 처음 며칠만에 2배로 감소한다. 작동온도를 낮추는 것은 구리 분자들의 이동성을 감소시키므로 소결을 줄일 수 있다.
2. 피독은 촉매층의 화학적 비활성화의 본질이라고 할 수 있다. 예를 들면, 황과 같은 화학적 불순물이 촉매입자 위에 쌓이면 반응 위치를 막기 때문에 촉매입자를 비활성화시킨다. 피독은 반응기의 전반부에서 촉매의 활성도를 낮춘다. WGS 반응기는 특히 황에 대한 피독에 취약하다.

만약 물이 증기의 형태로 입력된다면, WGS 반응은 약한 발열반응을 보인다.

$$CO + H_2O_{(g)} \leftrightarrow CO_2 + H_2 \quad \Delta\hat{h}_r(25°C) = -41.2 \text{ kJ/mol} \qquad \text{식 (11.43)}$$

르 샤틀리에의 법칙에 따르면, WGS 반응은 발열반응이므로 높은 온도에서는 평형이 반응물(CO와 H_2O)의 방향으로 기울어지게 된다. 낮은 온도에서는 평형이 생성물(CO_2와 H_2O)의 방향으로 기울어진다. 따라서 낮은 온도에서의 반응의 H_2 수득률이 높다. 하지만 높은 온도에서는 반응의 속도가 빠르다. 3장에서 반응속도론(reaction kinetics)에 대해 자세히 다루었다. H_2 수득률과 빠른 반응속도를 모두 달성하기 위해서, WGS의 진행과정은 두 단계 혹은 그 이상의 단계로 나누어진다. 먼저, 하나의 반응기에서는 WGS 반응이 높은 속도로 이루어지도록 높은 온도에서 작동한다. 그리고 첫 번째 반응기보다 아래 부분에 위치한 두 번째 반응기는 낮은 온도에서 작동하면서 수득률을 높인다. 물론 르 샤틀리에의 법칙에 따라서, 입구 측에서의 과도한 양의 증기의 공급은 H_2 수득률이 높아지는 방향으로 반응의 평형을 이동시킨다. (2장의 2.4.2절에 르 샤틀리에의 법칙이 설명되어 있다.)

11.3 일산화탄소 제거

고온과 저온의 WGS 과정을 통해서 만들어진 개질된 가스의 양은 저온 연료전지에 입력되기에는 여전히 많다. 예를 들어, 현재 가장 진보된 PEMFC의 촉매는 오직 100 ppm 이하의 CO를 견딜 수 있으나 WGS는 보통 0.2% (2000 ppm) 이상의 CO를 개질된 가스에 내보낸다. 따라서 그림 11.1의 개질기 시스템에 나타나 있듯이, 개질된 가스는 '제거 반응기(clean-up reactor)'를 통과한다. 제거 과정의 전체적인 목적은 수득률을 매우 낮은 수준으로 떨어뜨리는 것이다. 이러한 목표는 (1) 화학적 반응이나 (2) 물리적인 분리(physical seperation)를 통해서 달성할 수 있다. 화학적 반응에서는 서로 다른 두 가지 반응을 통해서 CO를 제거한다. 두 가지 과정은 다음과 같다.

1. 선택적 일산화탄소 메탄화(selective methanation of CO)
2. 선택적 일산화탄소 산화(selective oxidation of CO)

두 가지 반응에서 **선택적**이라고 하는 것은 촉매를 통해서 CO를 제거하는 반응을 촉진하고 H_2를 소모하는 반응을 억제함을 의미한다. 물리적 분리 과정에서는 선택적 흡착이나 선택적 확산을 통해 개질된 가스로부터 CO나 H_2를 추출한다. 이러한 두 가지 공정은 다음과 같다.

1. 압력변동 흡착법(pressure swing absorption)
2. 팔라듐막 분리(palladium membrane seperation)

이러한 네 가지 CO 제거 과정은 이어지는 네 절에서 자세히 설명하도록 하겠다.

11.3.1 일산화탄소에서 메탄으로의 선택적 메탄화

선택적 메탄화에서는 촉매가 CO를 제거하는 반응을 촉진하고 H_2의 소모하는 반응을 억제한다. 선택적 메탄화에서는 다음과 같은 CO의 메탄화를 촉진하고,

$$CO + 3H_2 \leftrightarrow CH_4 + H_2O \quad \Delta\hat{h}_r(25°C) = -206.1\ \text{kJ/mol} \qquad \text{식 (11.44)}$$

상대적으로 CO_2의 메탄화는 억제한다.

$$CO_2 + 4H_2 \leftrightarrow CH_4 + 2H_2O \quad \Delta\hat{h}_r(25°C) = -165.2\ \text{kJ/mol} \qquad \text{식 (11.45)}$$

표 11.6 증기개질 생성물에서 CO의 화학적 제거

Reaction Type	Chemical Reaction	$\Delta\hat{h}^0_{rxn}$ (kJ/mol)	Catalyst Promotes (✓) or Suppresses (x) Reaction?
1. Selective methanation	$CO + 3H_2 \leftrightarrow CH_4 + H_2O$	−206.1	✓
	$CO_2 + 4H_2 \leftrightarrow CH_4 + 2H_2O$	−165.2	x
2. Selective oxidation	$CO + 0.5O_2 \leftrightarrow CO_2$	−284.0	✓
	$H_2 + 0.5O_2 \leftrightarrow H_2O$	−286.0	x

주석: 촉매는 선택적으로 CO의 제거 반응이 H_2의 제거 반응에 비해 촉진된다.

첫 번째 반응에서는 CO의 수득률과 H_2 수득률을 모두 감소시킨다. 두 번째 반응은 CO의 수득률은 감소시키지 못하는 반면, H_2 수득률이 첫 번째 반응에 비해 더 감소되는 것을 확인할 수 있다. 따라서 선택적 메탄화에 사용되는 촉매는 첫 번째 반응을 촉진하는 동시에 두 번째 반응을 억제하도록 고안된다. 이러한 관계는 표 11.6에 요약되어 있다. 선택적 메탄화는 촉진되는 반응 또한 H_2를 소모한다는 점 때문에 오직 개질된 가스의 CO 농도가 낮을 때만 활용될 수 있다.

11.3.2 일산화탄소에서 이산화탄소로의 선택적 산화

선택적 산화에서는 촉매가 H_2를 소모하는 반응보다는 CO를 제거하는 반응을 촉진한다. 선택적 CO 산화는 산화를 촉진하고,

$$CO + 0.5O_2 \leftrightarrow CO_2 \quad \Delta\hat{h}_r(25^\circ C) = -284 \text{ kJ/mol} \qquad 식\ (11.46)$$

H_2의 산화는 억제한다.

$$H_2 + 0.5O_2 \leftrightarrow H_2O \quad \Delta\hat{h}_r(25^\circ C) = -286 \text{ kJ/mol} \qquad 식\ (11.47)$$

첫 번째 반응은 CO 수득률을 낮추는 반면, 두 번째 반응은 H_2 수득률을 낮춘다.

2장의 2.1.5절에서 깁스(Gibbs) 자유에너지의 변화에 대한 개념을 처음 소개하였다. CO 반응에서의 깁스 자유에너지의 변화(ΔG_{rxn})는 온도가 낮을수록 음의 값으로 커지게 되고, 이는 낮은 온도에서 반응이 일어나기 쉽다는 것을 의미한다. 결과적으로 낮은 온도에서는 높은 농도의 CO가 촉매층에 흡착된다. 그리고 CO는 H_2의 흡착과 산화를 막게 된다. 르 샤

틀리에의 법칙에 따르면, CO의 농도가 높을 때더 많은 CO가 흡착된다. 결과적으로 CO는 반응이 진행될수록 낮은 온도와 낮은 CO 농도에서 작동하는 촉매층에서의 연속적인 선택적 산화로 인해서 제거된다. 반응이 진행됨에 따라, CO의 낮은 농도로 인해 감소하는 CO 흡착은 반응이 진행됨에 따라 낮아지는 온도로 인해 증가하는 CO 흡착 효율로 인해 상쇄된다.

예제 11.6.

개질된 가스에서 0.2%의 몰농도에 해당하는 CO를 제거해야 한다. (1) 메탄화 반응을 사용하기로 결정하였다. 그리고 100%로 선택적으로 CO를 메탄화 할 수 있는 촉매를 결정하였다. 얼마만큼의 H_2가 소모되는가? (2) 동일한 양의 CO를 제거하고자 선택적 산화를 선택하였고, CO를 100%로 선택적으로 산화시킬 수 있는 촉매를 사용할 수 있다. 소모되는 H_2는 얼마인가?

풀이

1. 메탄화 촉매가 CO와 100%의 선택적 반응을 할 경우, 한 분자의 CO가 제거될 때마다 세 분자의 H_2가 소모되므로 해당 과정은 H_2를 낭비한다. 0.2%의 CO가 제거된다면 개질된 가스에서 제거되는 H_2는 0.6%이다.
2. 촉매가 CO와 100%의 선택적 산화를 한다면, H_2의 소모없이 0.2%의 CO를 제거할 수 있다.

11.3.3 압력변동 흡착법

압력변동 흡착법(pressure swing adsorption, PSA)은 물리적으로 CO를 분리하는 과정을 일컫는다. PSA는 CO뿐만 아니라 H_2를 제외한 다른 종류의 물질도 제거한다. PSA는 99.99% 수준의 순수한 H_2 가스를 생성할 수 있다. PSA 시스템에서는 개질된 가스(HCs, CO, CO_2, 그리고 N_2) 중 H_2를 제외한 모든 종류의 가스를 높은 표면적의 제올라이트, 실리카, 탄소로 구성된 흡착층을 통해서 우선적으로 흡착한다. 흡착층과 흡착물(solute)의 결합력은 흡착열에 의해서 결정되며, 이러한 흡착열은 흡착물의 분자량과 상관관계를 가진다. 오직 수소만이 다른 물질에 비해 작은 분자량을 지니기 때문에 흡착층에 흡착되지 않고 통과할 수 있다. (H_2의 분자량은 2.016 g/mol로 다른 분자는 모두 이보다 높은 분자량을 가진다.) 따라서 이러한 흡착층은 H_2를 제외한 모든 종류의 물질을 흡착하게 된다. 그리고 두 번째로 흡착 여부를 결정짓는 요인은 분자의 극성과 형상이다.

PSA는 적어도 2개 이상의 흡착층으로 구성된다. 각각의 흡착층에서의 흡착과정은 배치 프로세스(batch process)에 따라 진행된다. 따라서 연속적으로 개질된 가스를 정화하고자 적어도 2개의 흡착층 중 하나는 불순물(H_2를 제외한 개질 물질)을 흡수하고 나머지 하나는 흡수된 불순물을 제거하는 방식으로 병렬적으로 작동한다. 임의의 흡착층이 불순물로 포화상태에 이르면, 밸브 입구를 닫아 포화상태에 이른 흡착층이 개질된 가스와 분리되도록 만든다. 그리고 개질된 가스는 불순물로 포화되지 않은 두 번째 흡착층으로 이동하게 되고, 개질된 가스의 불순물은 흡착층에 흡수된다. 동시에, 포화상태인 첫 번째 흡착층에서의 불순물은 세 가지 회생 단계(regeneration step), (1) 감압(depressurization) (2) 퍼징(purging) (3) 증압(repressurization)을 통해 제거된다. 낮은 압력에서는 흡착층에서 유지하는 불순물의 양이 적다는 성질을 활용해서 첫 번째 단계(감압)를 통해 흡착층의 불순물을 제거한다. 두 번째 단계(퍼징)에서는 흡착관의 불순물을 제거한다. 세 번째 단계(증압)에서는 흡착층이 다시 개질 가스를 정화할 준비가 되도록 만든다. 개질된 가스를 연속적으로 정화하기 위해서 2개의 흡착층은 흡착과정과 흡착물을 제거하는 과정을 번갈아가며 진행한다.[124] 흡착층의 흡착 성능을 낮추기 위해 흡착층의 압력을 낮추고 다시 증압하는 과정은 압력변동 메커니즘(pressure swing mechanism)이라고 불린다.[125] PSA의 기생동력(parasitic power)에는 PSA로 입력되는 가스의 증압에 필요한 압축기를 작동시키는 전력을 포함한다. 하지만 대부분의 경우, PSA를 작동시키는 데 필요한 기생동력은 무시할 정도로 작다. 따라서 PSA 시스템은 전체 개질기 시스템이 소모하는 전기적 에너지 중 매우 작은 부분을 차지한다.

11.3.4 팔라듐막 분리

팔라듐-은 합금 막은 순수한 H_2가 생성되도록 정제한다. 서로 다른 종류의 물질은 막에 서로 다른 속도로 침투하게 된다. 팔라듐의 격자구조로 인해 H_2 분자는 CO, N_2, CH_4 등 어떠한 물질보다도 팔라듐 막을 통해 가장 먼저 확산된다.[126]

H_2 수득률은 팔라듐 막의 (1) 압력차 (2) 작동온도 (3) 두께에 따라 달라지게 된다.

1. 막을 따라서 압력차가 증가할수록 막을 통과하는 수소 플럭스는 증가하고 따라서 높은 농도의 수소분자가 막을 침투하게 된다. 높은 압력 강하는 H_2 분자가 막을 침투하게 하고 낮은 압력의 H_2를 생성한다.

2. 작동온도가 높을수록 수소 플럭스를 증가시킬 수 있다. 반응속도는 온도에 따라 기하급수적으로 변하는 활성화 에너지의 지배를 받기 때문에 온도가 높을수록 침투 속도는 빨라진다. 3장의 3.1.7절에서 활성화 에너지에 대한 개념을 소개하였다. 침투 속도는 낮은 온도에서는 확산에 의해 결정되고 높은 온도에서는 표면 흡착(surface chemisorption)에 의해 결정된다.[127] 높은 온도에서는 팔라듐은 α 상태(α phase)로 변하는데, 이 상태에서 팔라듐은 수소에 대한 용해도가 높아지게 되고 따라서 많은 수소 분자가 막을 침투하도록 만든다.
3. 압력차와 작동온도 이외에도 막의 두께는 침투성능에 영향을 미치게 된다. 수소 분자는 확산을 통해 얇은 막을 통과하면 누출될 위험성은 커지지만 확산에 필요한 에너지는 작아진다. Sievert의 법칙에 따르면, 임의의 물질이 압력차에 의해 특정 두께의 막을 따라 확산될 때, 정규화한 플럭스(물질의 플럭스와 두께의 곱)는 두께에 독립적이다. 하지만 현실에서는 Sievert의 법칙이 잘 성립되지 않는다.

높은 H_2 수득률은 (1) 퍼징과 (2) 누출로 인해 제한 받게 된다. 수소의 수득률 약간의 H_2를 방출하는 가스를 제거하는 퍼징 과정으로 인해서 감소하게 된다. 팔라듐 막은 H_2 가스는 통과시키고 이외의 H_2 가스는 통과되지 않지 않기 때문에 막의 표면에서 H_2 의외의 가스가 쌓이게 된다. 따라서 막의 표면에서의 H_2의 농도는 감소하게 된다. 대부분의 설계에서 막의 표면에서의 H_2 농도를 증가시키기 위해 주기적으로 가스를 제거하는데, 이로 인해 H_2와 H_2 이외의 물질은 모두 시스템 밖으로 방출된다. 주기적인 가스의 퍼징을 통해서 팔라듐 막 표면에서의 H_2 농도를 증가시키고, 따라서 H_2의 분압과 막을 통과하는 수소 플럭스를 증가시킬 수 있다. 또한 수소의 수득률은 핀홀 누출로 인해 감소되며 이는 가스의 수소에 대한 순도를 낮춘다.

11.4 개질기와 개질기 시스템의 손실

개질기와 개질기 시스템의 주요 손실은 열손실이다. 복사, 전도, 대류 열전달을 통해 열이 반응기에서 주변 환경으로 전달되면서 열손실이 발생한다.[128] 또한 바깥으로 배출되는 생성 가스의 열이 회수되지 않음으로써 열손실이 발생한다. 손실의 두 번째 주요 원인은 불완전 화학 변환(incomplete chemical conversion)으로 인해 발생한다.

높은 온도에서 작동하는 개질기의 경우에는 가장 큰 손실 중 하나는 다음과 같이 표현되는 복사 열전달(q_R)에 의해서 발생한다.

$$q_R = F_\varepsilon F_G \sigma A(T_1{}^4 - T_2{}^4) \qquad \text{식 (11.48)}$$

F_ε는 방사율(이상적인 흑체 표면에 가까운 표면이 방출/흡수하는 정도), F_G는 표면간의 기하적인 위치에 따른 계수이며, σ는 스테판–볼츠만 상수($5.669 \times 10^{-8}\,\mathrm{W/m^2 \cdot K^4}$), 그리고 T_1과 T_2는 두 표면의 온도를 의미한다. 개질기는 보통 단열제로 감싸서 반응기 벽과 관에서 발생하는 전도 열전달(q_C)과 자유대류로 인해 발생하는 대류 열전달(q_V)에 의한 열손실을 감소시킨다. 전도를 통해서 발생하는 열손실은 다음과 같다.

$$q_C = -kA\frac{\partial T}{\partial x} \qquad \text{식 (11.49)}$$

k는 반응기나 관의 물질에 대한 열전도율이며, A는 열이 전달되는 방향에 수직한 단면적, 그리고 $\partial T/\partial x$는 열전달 경로에 따른 온도구배를 의미한다. 자연대류로 인해 발생하는 열손실(q_V)은 다음과 같다.

$$q_V = hA(T_w - T_\infty) \qquad \text{식 (11.50)}$$

h는 열전달계수이며, A는 대류현상을 일으키는 유체(보통 공기)와 접촉하는 표면적, 그리고 $T_w - T_\infty$는 반응기 벽과 유체사이의 온도 차이를 의미한다.

개질기의 손실 중 상당 부분은 개질기를 통해 생성된 가스의 회생되지 않는 열로 인해 발생한다. 예열과정이 존재하지 않으면, 개질기에 입력되는 반응물은 개질기로 나가는 생성물에 비해 훨씬 낮은 온도로 들어오게 된다. 만약 입력된 연료와 배출된 생성물의 온도차로 발생한 열이 연료전지 시스템 내부에서 사용되거나 유용한 목적(건물의 난방이나 온수생산)을 위해 외부로 공급되지 않는다면 상당량의 열손실이 발생하게 된다. 이러한 열을 회수하기 위한 추가적인 열교환기를 설치하는 데 소모되는 비용과 열 자체의 금전적인 가치 간에는 경제학적인 상충관계가 존재한다. 12장에서 열 관리와 관련해서 자세히 다뤄보도록 하겠다.

손실에 영향을 주는 두 번째 요인으로는 불완전 화학변환이 있다. 불완전 변환은 반응물인 연료에 포함된 수소원자가 모두 다 H_2 분자로 변환되지 않는 것을 의미한다. 개질기 시스템의 반응기가 적절히 설계되지 않거나 작동되지 않을 때, 불완전 화학변환이 발생한다. 반응이 완전히 진행될 수 있을 정도로 충분히 많은 양의 촉매를 반응기가 포함하고 있지 않다면 반응기는 적절히 설계되지 않았다고 볼 수 있다. 잘 설계된 반응기는 시간에 따라서 진행되는 촉매의 소결과 활성 표면의 면적감소를 완화하기 위해서 여분의 촉매를 포함하고 있어야 한다. 만약 열 관리 시스템이 반응기의 온도를 설계범위 내에서 유지하지 못하면 반응기의 설계는 잘못 되었다고 할 수 있다. 설계범위를 초과하는 작동온도는 촉매의 소결 속도를 높이고 반응기를 완전히 망가뜨릴 수 있다. 만약 완전연료변환(complete fuel conversion)에 필요한 온도, 압력, 그리고 입력되는 가스의 조성이 유지되지 못하면 개질기는 적절히 작동되지 않는다고 할 수 있다. 설계된 작동점에 벗어나 반응기가 작동하게 되면 반복적으로 높고 낮은 변환수준을 보이거나 불규칙적으로 작동하면서 서로 다른 변환속도를 나타내게 된다. 잘 설계되고 일정한 변환속도로 적절히 작동하는 개질기 시스템은 불완전 화학변환이 손실의 주요 요인이 되지 않는다.

예제 11.7.

부분 산화 반응기는 지름이 5 cm이고 외부 면적은 40 cm^2이다. 반응기의 내부 온도의 최고점은 1100℃, 벽의 온도는 1000℃ 그리고 주변 공기의 온도는 30℃이다. 반응기의 벽을 감싸는 단열재는 존재하지 않는다. 공기와의 자유대류의 경우, 지름이 5 cm인 원통의 열전달계수는 0.00065 $W/cm^2 \cdot ℃$이다. (1) 식 (11.73)을 활용해서 자유대류를 통한 열손실을 계산하라.

풀이

1. 식 (11.50)에 따르면, 자유대류에 의한 열손실(q_V)은 0.00065 $W/cm^2 \cdot ℃$[40 cm^2 (1000℃ − 30℃)] = ~25 W이다.

11.5 개질기와 개질기 시스템을 위한 반응기 설계

촉매성능에 대한 실험적인 데이터는 화학 반응기의 크기를 결정하는 데 사용될 수 있다. 촉매층을 유체가 통과할 때, 유체가 촉매와 반응하기 위한 특정 체류 시간(residence time, τ)이 필요하다. 촉매의 활성도가 높을수록 반응을 완료하기 위해 가스가 필요로 하는 τ는 감소한다. 실험적 데이터는 설계자가 의도하는 반응물의 변환율에 필요한 τ의 범위를 설정하는 데 도움을 준다. 이러한 데이터는 반응기의 종류, 반응물의 상, 촉매의 종류, 그리고 작동온도와 압력에 따라서 달라지게 된다. 화학적 변환에 필요한 τ와 반응기를 통과하는 요구되는 유체의 유량($\dot{V}$)을 통해 요구되는 반응기의 부피 V는 다음과 같이 표현된다.

$$V = \tau \dot{V} = \frac{\dot{V}}{\mathrm{SV}} \qquad \text{식 (11.51)}$$

τ의 역수는 공간속도(space velocity, *SV*)이다. 예를 들면, 실험 데이터는 온도가 790℃, 압력이 13 atm이고 τ가 5.4 s인 조건하에서 증기 개질에 기체상태의 메탄과 증기는 수소가 풍부한 가스로 100% 변환됨을 보여주고 있다.

예제 11.8.

실험 데이터는 체류시간(τ)이 4초인 증기 개질 반응기가 메탄과 증기가 수소를 풍부한 가스로 100% 변환한다는 사실을 보여주고 있다. (1) 이 반응기의 공간속도(SV)를 s^{-1} 단위로 나타내라. (2) 반응기의 작동온도와 작동압력에서의 최대 유량은 0.02 L/s가 되도록 반응기가 설계되었다. 100%의 변환을 위해서는 반응기의 최소 부피가 리터(L) 단위로 얼마나 되어야 하는가? (3) 시간에 따라서 촉매의 성능은 저하된다. 촉매를 교체하는 것은 업무 시간의 측면에서 많은 비용이 소모된다. 개질기 시스템의 증기 개질 부분의 촉매층을 변화시키는 것은 매우 어렵다. 또한 촉매의 종류에 따라서 촉매의 재료는 매우 비싸다. 이를 모두 다 고려하여 설계자는 촉매층 부피의 안전계수를 3으로 설정하였다. 촉매의 지속적인 성능을 유지하기 위해서 반응기의 부피를 리터 단위로 얼마나 되도록 설계하여야 하는가?

풀이

1. 공간속도(SV)는 $1/\tau$ 혹은 $1/4\ \mathrm{s} = 0.25\ \mathrm{s}^{-1}$이다.
2. 최소의 반응기 부피 V는 $4\mathrm{s}(0.02\ \mathrm{L/s}) = 0.08\ \mathrm{L}$이다.
3. 반응기 부피의 설계 사양은 $3(0.08\ \mathrm{L}) = 0.24\ \mathrm{L}$이다.

11.6 요약

이번 장에서는 연료전지 시스템의 주요 하위 시스템 중 하나인 연료 개질 시스템에 대해 자세히 살펴보았다.

- 10장에서 언급하고 이번 장에서 다시 강조했듯이, 연료 개질기 시스템 효율은 개질기 시스템의 전체 효율을 가리키며 개질기, 수성가스 이동 반응기, 일산화탄소 제거 공정, 연료극과 공기극의 배출가스에 대한 애프터 버너(afterburner) 과정 등을 모두 고려한 효율이다. 반면에 개질기 효율은 오직 단일 개질기의 효율만을 고려한 효율을 의미한다.
- 10장에서 언급하고 이번 장에서 다시 강조했듯이, 개질기 시스템의 효율과 개질기 효율은 서로 다른 검사 체적(control volume)을 가진다는 점 외에 수학적으로는 유사하다. 개질기 시스템 효율(ε_{FR})은 생성된 가스 내의 HHV 기준의 H_2 에너지 ($\Delta H_{(HHV),H_2}$)와 개질기 시스템 자체를 작동시킴으로써 소모되는 연료를 포함해서 개질기 시스템에 입력되는 HHV 기준의 모든 연료 에너지($\Delta H_{(HHV),fuel}$)의 비로 정의된다.

$$\varepsilon_{FP} = \frac{\Delta H_{(HHV),H_2}}{\Delta H_{(HHV),fuel}} \qquad \text{식 (11.52)}$$

- 개질기 효율의 정의에서 검사체적은 오직 개질기일 뿐, 전체 개질기 시스템이 아닌 점을 제외하고는 유사하게 정의된다.
- 발열반응은 에너지를 방출한다. 흡열반응은 에너지를 소모한다.
- 수소 수득률 y_{H_2}는 수소가 포함된 전체 가스에 대한 H_2의 몰 비율을 의미한다.

$$y_{H_2} = \frac{n_{H_2}}{n} \qquad \text{식 (11.53)}$$

n_{H_2}는 H_2의 몰 수이며 n은 모든 가스의 몰 수이다.

- 수소는 탄화수소의 연료로부터 다섯 가지의 주요 과정을 통해 생성된다. (1) 증기 개질 (2) 부분 산화 (3) 자열 개질 (4) 가스화 (5) 혐기성 소화
- 증기 개질은 흡열과정으로 탄화수소 연료와 증기를 혼합한다.

$$C_xH_y + xH_2O_{(g)} \leftrightarrow xCO + \left(\frac{1}{2}y + x\right)H_2 \qquad \text{식 (11.54)}$$

- 부분 산화는 발열과정으로 탄화수소 연료와 산소의 화학량 적량보다 적은 산소를 혼합한다.

$$C_xH_y + \frac{1}{2}xO_2 \leftrightarrow xCO + \frac{1}{2}yH_2 \qquad \text{식 (11.55)}$$

- 자열 개질은 에너지 평형을 이루고 탄화수소 연료를 H_2O와 O_2로 혼합한다.

$$C_xH_y + zH_2O_{(l)} + \left(x - \frac{1}{2}z\right)O_2 \leftrightarrow xCO + \left(z + \frac{1}{2}y\right)H_2 \qquad \text{식 (11.56)}$$

- 세 가지 개질 방식을 비교해 보면 보통의 경우, 수소 수득률은 증기 개질이 가장 높고, 자열 개질의 수소 수득률이 두 번째로 높으며, 부분 산화의 수소 수득률은 가장 낮다.
- 탄소로 구성된 연료의 경우, 가스화 반응은 다음과 같다.

$$C + aO_2 + bH_2O \leftrightarrow cCO_2 + dCO + eH_2 + \text{other species} \qquad \text{식 (11.57)}$$

- 석탄($C_xN_{0.93x}N_{0.02x}O_{0.14x}S_{0.01x}$)의 경우, 전체적인 가스화 반응은 아래와 같다.

$$\begin{aligned} &C_xH_{0.93x}N_{0.02x}O_{0.14x}S_{0.01x} + (0.955x - 0.5z - r)O_2 + zH_2O \\ &\leftrightarrow (x - r)CO_2 + (0.465x + z)H_2 + 0.02xNO_2 + 0.01xSO_2 + rC_{(s)} \end{aligned} \qquad \text{식 (11.58)}$$

z/x는 수증기-탄소비이다.

- 생분해성 물질의 혐기성 소화의 전체적인 반응은 포도당($C_6H_{12}O_6$)이 CO_2와 CH_4로 분해되는 과정으로 단순화할 수 있다.

$$C_6H_{12}O_6 \leftrightarrow 3CO_2 + 3CH_4 \qquad \text{식 (11.59)}$$

- 수성가스 전환 반응은 (1) H_2 수득률을 증가시키고 (2) CO 수득률은 감소시킨다.

$$CO + H_2O_{(g)} \leftrightarrow CO_2 + H_2 \quad \Delta\hat{h}_r(25°C) = -42.1\ \text{kJ/mol} \qquad \text{식 (11.60)}$$

- 화학적 변환를 위한 체류시간(τ)과 반응기를 통과하는 연료의 요구 유량($\dot{V}$)에 따라서 결정되는 반응기의 부피는 다음과 같다.

$$V = \tau\dot{V} = \frac{\dot{V}}{SV} \qquad \text{식 (11.61)}$$

연습문제

복습문제

11.1 다섯 가지 연료 개질 과정에 대해서 설명하라. 각각의 장점과 한계에 대해서 논의하라.

11.2 가스화와 혐기성 소화를 비교 및 대조하라. 각각의 작동온도와 압력, 연료, 생성물, 그리고 에너지 요구량은 어떠한가?

11.3 STP 조건하에서 반응열을 계산할 때 물이 액체상태로 입력된다면, 수성가스 전환 반응은 흡열반응인가? 아니면 발열반응인가? 만약 STP 조건하에서 반응열을 계산하고 물이 증기상태로 입력된다면, 수성가스 전환 반응은 흡열반응인가? 아니면 발열반응인가?

11.4 일산화탄소 제거에서 활용되는 두 가지 화학반응에 대해서 서술하라. 각각의 반응의 장점과 한계에 대해서 논의하라.

11.5 일산화탄소 제거에서 활용되는 두 가지 물리적 분리 과정에 대해서 서술하라. 각각의 방식의 장정과 한계에 대해서 논의하라.

11.6 압력변동 흡착(PSA)이라고 명명된 이유를 포함해서 압력변동 흡착장치의 작동방식과 목적에 대해서 서술하라.

11.7 다음의 반응이 흡열반응인지 발열반응인지 아니면 흡열/발열반응 모두 아닌지 선택하라. (1) 연료전지에서의 수소의 산화, (2) 증기 개질, (3) 부분 산화, (4) 자열 개질, (5) STP에서 증기가 입력될 때, 수성가스 전환 반응, (6) 선택적 메탄화, (7) 선택적 산화, (8) 팔라듐 막을 통한 수소의 분리, (9) 압력변동 흡착, (10) 연료전지 배기가스의 연소, (11) 증기에서 액체의 물로의 액화, (12) 천연가스의 압축, (13) 수소 가스의 팽창.

11.8 개질기 시스템의 열손실의 네 가지 원인에 대해서 서술하라. 각 열손실에 대한 수식을 기술하라.

11.9 불완전 화학 변환이 개질기 시스템 효율에 미치는 영향에 대해서 서술하라.

11.10 공간 속도에 대해 수식과 함께 서술해보고 화학 반응기를 설계하는 데 이러한 용어가 어떻게 활용될 수 있는지 설명해보아라.

계산문제

11.11 액체석유가스(LPG)는 주로 프로판($C_3H_{8(g)}$)과 부탄($C_4H_{10(g)}$)으로 구성된 혼합물이다. LPG는 외진 지역이나 비상전력 시스템(back-up energy system)에서 활용되는 흔한 연료이다.

(a) 프로판 연료에 대한 전체적인 증기 개질의 반응식은 어떻게 되는가? 증기 탄소비는 얼마인가? 최대 수소 수득률은 얼마인가? 만약 증기 개질 이후에 수성가스 전환 반응이 진행된다면, 최대 수소 수득률은 얼마인가?

(b) 이러한 값을 식 (11.13)에서 보는 것과 유사한 반응의 프로판과 공기를 활용한 부분 산화반응의 최대 수소 수득률과 비교해보면 어떠한가? 만약 부분 산화반응 이후에 수성가스 전환 반응이 진행된다면 최대 수소 수득률은 얼마이고, 이 값을 앞서 구한 값과 비교해보면 어떠한가?

11.12 (a) 부탄($C_4H_{10(g)}$)에 대한 전체적인 증기 개질의 반응식은 무엇인가? 증기 탄소비는 얼마인가? 최대 수소 수득률은 얼마인가? 만약 증기 개질 이후에 수성가스 전환반응이 진행된다면, 최대 수소 수득률은 얼마인가?

(b) LPG 연료는 가스의 조성이 달라질 수 있다. 지역과 연료원(fuel source)에 따라서 LPG 내의 프로판과 부탄의 몰 농도는 시간에 따라서 달라지게 된다. 문제 11.11의 내용을 참고하라. LPG 연료의 프로판과 부탄의 몰 구성비가 달라지는 것을 고려하여 증기 개질 기반의 개질기 시스템을 설계할 때, 설계 특성으로 고려할 수 있는 것에는 무엇이 있는가?

11.13 이상적인 부분 산화 개질기가 휘발유와 유사한 아이소옥테인($C_8H_{18(l)}$)과 공기를 입력받아 개질을 진행한다. 최대 수소 수득률은 얼마인가?

11.14 (a) 에탄(C_2H_6)과 공기의 부분 산화에 대한 반응식은 어떻게 되는가? 최대 수소 수득률은 얼마인가? 부분 산화 이후 수성가스 전환반응이 진행되면, 최대 수소 수득률은 얼마인가?

(b) 에탄과 공기의 자열개질에 대한 반응식은 어떻게 되는가? 증기 탄소비는 얼마인가? 최대 수소 수득률은 얼마인가?

11.15 (a) 예제 11.1과 예제 11.4를 참고하여, 열교환기의 효율이 72%일 때, 증기 개질기에 열을 공급하기 위해 연소시켜야 하는 최소량의 메탄은 얼마인가?

(b) 10장의 식 10.14(혹은 식 11.19)를 참고하여, HHV 기준의 개질기 효율 ε_{FR}을

계산하라.

(c) 또 다른 방식으로 개질기 효율 ε_{FR}을 다시 계산하라. 연소되기 위해서 공급되는 메탄의 몰 수는 (a)와 같다고 가정한다. 하지만 개질기 효율을 STP 조건의 HHV 기준이 아닌 1000 K와 1 atm 조건에서의 메탄의 연소 엔탈피와 수소 엔탈피를 기준으로 계산하라. 완전연소의 경우, 반응물과 생성물의 온도와 압력이 일정한 조건에서 연소 엔탈피는 반응물과 생성물의 엔탈피 차이이다. 물은 증기상태로 생성된다고 가정하고 연소 엔탈피를 계산하라.

11.16 예제 11.4와 11.5를 기반으로, 증기 개질기를 PAFC 혹은 PEMFC에 활용하는 것보다 SOFC와 MCFC 시스템에 활용할 때 얻게 되는 효율 개선 효과에 대해 계산하라. 즉, 천연가스를 증기 개질기에 열을 공급하기 위해 연소시키지 않고 SOFC나 MCFC의 고온의 열을 회수하여 증기 개질기에 공급함으로써 얻는 효율 개선 효과에 대해서 계산하라.

11.17 예제 11.4에서 논의된 것처럼, 프로판($C_3H_{8(g)}$)과 같은 비상복구 연료(emergency back-up fuel)와 자열 개질을 활용하여 수소 발생기를 만들고자 한다. 100% 효율의 개질기의 경우, 스팀 카본비와 단위 연료당 생성되는 수소의 양은 얼마인지 계산하라. 반응물은 개질기에 1000 K의 온도로 들어가고 생성물 또한 개질기에서 1000 K의 온도로 나온다고 가정한다.

11.18 흡열반응의 증기 개질기는 필요한 열을 메탄을 연소시켜 얻는다고 가정할 때, (1) 증기 개질기 (2) 부분 산화 개질기 (3) 자열 개질기에 따라 단위 연료(메탄)당 생성되는 수소의 비를 비교하라. 세 경우 모두 예열과정을 통해서 반응물이 반응기에 1000 K의 온도로 들어가고 생성물은 반응기에서 1000 K의 온도로 나온다고 가정한다.

11.19 식 (11.40)을 활용해서 고체형태의 탄소가 생성되지 않는다는 가정하에, S/C가 3인 석탄의 가스화의 반응열(STP 조건)을 계산하라. 반응이 흡열반응도 발열반응 되지 않도록 하는 S/C는 얼마인지 계산하라. 식 (11.41)을 활용하여 포도당의 혐기성 소화에 대한 반응열(STP 조건)을 계산하라. 세 가지 경우에 대한 y_{H_2}를 계산하라.

11.20 PEM 연료전지 시스템은 1.5 kWe를 생산해내며 순 전기적 효율(HHV)은 32%이다. 원통형의 자열 개질기는 길이가 12 cm, 지름은 8 cm이고 검은색 금속으로서 표면의 온도는 700℃이고, 그리고 단열되지 않은 채 온도가 25℃로 유지되는 매우 큰 방에 놓여져 있다. 자열 개질기는 흑체와 같은 성질을 지니며 입구와 출구는 매우

좁다고 가정한다. 개질기 시스템은 다른 모든 구성 요소는 무시하라. 복사열 전달로 인해서 발생하는 열손실은 전체 사용 가능한 연료의 에너지 중 몇 퍼센트를 차지하는지 계산하라.

11.21 문제 11.20과 같이 개질기에서 발생한 대류열 전달에 의한 열손실은 활용 가능한 연료의 에너지 중 몇 퍼센트를 차지하는지 계산하라. 25℃의 공기는 원통의 모든 표면에서 대류현상을 일으키며, 그때의 열전달계수는 15 $W/m^2 \cdot K$이다.

11.22 5 kWe PEM 연료전지에 활용되는 증기 개질기의 부피를 추산하라. 식 (11.7)에 따라서 증기 개질 반응이 진행되는데, 개질기는 790℃와 13 atm에서 작동하면서 다관의 반응기에서 11.5절과 같이 니켈 촉매를 통해서 메탄과 증기를 반응시킨다. 10장의 식 (10.19)를 참고하고 $\varepsilon_{R,\mathrm{SUB}}$는 42%로 가정한다.

CHAPTER 12

열 관리 하위 시스템 설계

11장에서 연료 처리 과정의 중요한 부품들에 대해 배웠으니, 이제 두 번째로 주요한 열 관리 하위 시스템에 대해 살펴보도록 하자. 이 하위 시스템은 연료 처리 하위 시스템의 화학 반응기, 연료전지 스택, 시스템의 내부에서 열을 흡수하고 공급하는 모든 열원 사이의 열을 관리하는 데 사용된다. 열 관리 하위 시스템은 발열성 반응기(연료전지와 후 연소기 같은)의 회수 가능한 열을 흡열반응을 일으키는 곳(증기 발생기와 같은)과 외부 열 흡수원(예를 들면 건물에 열을 공급하는 CHP 연료전지 시스템)에 보내어 시스템 부품들을 냉각시키거나 가열하는 시스템을 포함한다. 10장에서 이야기한 바와 같이 흡열성 반응기는 에너지를 소모하고 발열성 반응기는 에너지를 방출한다. 열 회수에 최적화된 CHP 연료전지 시스템은 식 (10.12)에서 정의된 바와 같이 연료 에너지에 대한 전체 효율 (ε_O)를 80%까지 달성할 수 있다. 이번 장에서는 각기 다른 시스템이 요구하는 작동온도와 최대한의 열 회수를 목표로 연료전지 시스템의 열 관리 방법론에 대해 배워보도록 하겠다.

우리는 연료전지 시스템의 열 관리를 위해 핀치 포인트 분석법(pinch point analysis)이라는 기술을 사용할 것이다.[129,130] 이 분석법의 주요 목적은 플랜트가 필요로 하는 추가적인 열공급 또는 냉각의 요구가 최소가 되도록 전체적인 열회수를 최적화 하는것이다.[131,132] 가장 이상적인 솔루션은 외부 열원으로부터 추가적인 열공급을 최소화 하기 위해 고온흐름을 차가운 것을 데우는 데 사용하는 것이다. 불필요한 외부 열전달은 연료 소모를 증가시키고 전체 효율을 떨어뜨려 수익성을 감소시킨다. 열 교환기 구성을 디자인 함으로써 최대 열회수와 최소 외부 열 공급을 실현할 수 있다. 열교환기 구성의 다양한 조합을 시나리오 분석법과 화학공학의 연료전지 플랜트 모델을 통해서 시험할 수 있다.

12.1 핀치 포인트 분석 단계에 대한 개요

핀치 포인트 분석법은 다음 몇가지 단계를 따르는 열전달 분석법이다.

1. 시스템의 고온흐름과 저온흐름을 정의한다.
2. 이러한 흐름들의 열적 데이터를 정의한다.
3. 고온흐름과 저온흐름 사이의 최소한의 허용가능 온도 차이($dT_{min,set}$)를 선택한다. 허용가능 범위는 통상적으로 3℃에서 40℃까지이다.
4. 온도–엔탈피 도표를 그리고 핀치 포인트 온도를 확인한다. 즉, 관측된 고온흐름과 저온흐름 사이의 최소한의 온도 차이 (dT_{min}), $\geq dT_{min,set}$.
5. $dT_{min} < dT_{min,set}$이라면, 열교환기의 오리엔테이션을 변경하라.
6. $dT_{min} \geq dT_{min,set}$일 때까지 열 교환기의 오리엔테이션에 대한 시나리오 분석법을 수행하라.

이러한 단계들은 그림 10.14의 연료전지 시스템 디자인을 사용하여 예시한다. 이 그림은 참조의 용이성을 위해 이곳에 다시 표시하였다.

12.1.1 1단계: 고온 및 저온흐름 정의

1. 고온 및 저온흐름을 정의한다. 고온흐름은 냉각되어야 할 흐름이고, 저온흐름은 가열되어야 할 흐름이다. 그림 12.1의 시스템 디자인을 참조하여 냉각되어야 할 세 가지 중요한 고온흐름에 대해 알아볼 것이다.

    (a) 수성가스 전환 반응기(WFS)를 빠져나오고 결국 연료전지 연료극으로 들어가는 고온의 개질가스 흐름 (4에서 2로)
    (b) 연료전지 스택의 냉각 루프 (1)
    (c) 후연소기를 나와 응축기로 들어가는 고온의 연료극과 공기극의 배출 흐름 (5)

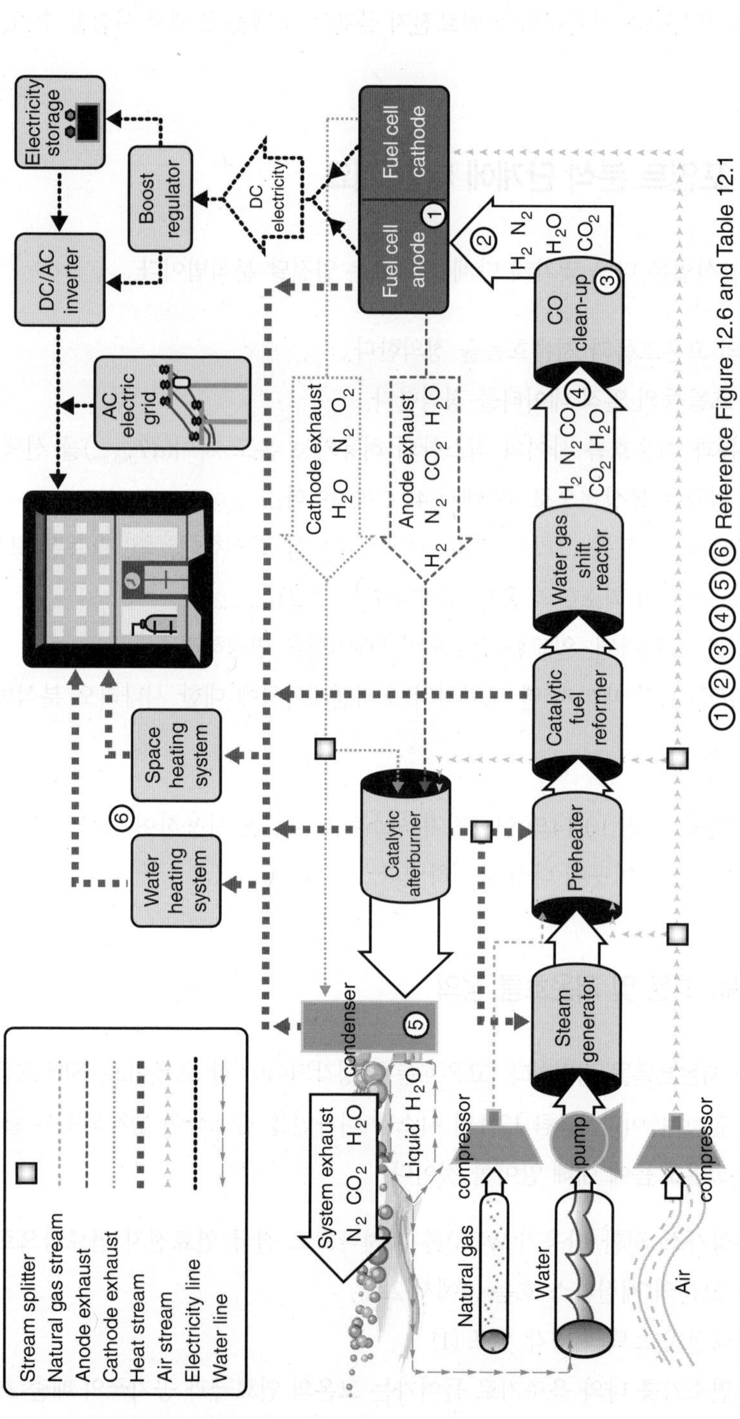

그림 12-1. CHP 연료전지 시스템의 과정 도표

각 흐름에 대한 열 관리는 매우 중요하다. (a) 고온의 개질 흐름은 일산화탄소 제거 반응기의 촉매와 연료전지의 연료극이 소결되는 것을 막기 위해 특정 범위의 온도 안에 머물러야 한다. (b) 연료전지 스택 또한 특정 온도범위에서 가장 효과적으로 작동할 수 있다. 또한 꽤 중요하게도 스택은 큰 비율의 회수가능한 열을 만들어 낸다. (c) 응축기 또한 큰 비

열 교환기는 어떻게 작동하는가

2.1.4절에서 언급된 열역학 제2법칙에 의하여 열은 뜨거운 곳에서 차가운 곳으로 흐른다. 열교환기는 고온흐름에서 저온흐름으로 에너지 또는 열(Q)을 전달하는 기계적 장치이다. 열전달은 두 흐름이 직접적으로 섞이지 않으면서 사이의 벽을 통해서 열을 전달한다. 열 교환기의 예로 엔진 안의 유체에서 주변 공기로 강제대류에 의한 열전달이 일어나는 자동차의 라디에이터가 있다. 그림 12.2는 열교환기 중 역방향 열교환기, 즉 고온흐름이 수평방향으로 흐르고 저온흐름은 반대의 수평방향으로 흐르는 형태의 열교환기를 소개한다. 고온흐름이 전도성 판위로 흘러서 아래쪽에 흐르는 저온흐름으로 전도성 판을 통해 열이 전달된다. 결과적으로 고온흐름은 입구($T_{H,\ \mathrm{IN}}$)로부터 출구($T_{H,\ \mathrm{OUT}}$)까지 온도가 감소한다. 열교환기의 온도강하는 비선형 형태의 프로파일이다.

열교환기의 길이만큼 저온흐름은 입구($T_{C,\ \mathrm{IN}}$)에서부터 출구($T_{C,\ \mathrm{OUT}}$)까지 온도가 상승하며 온도 프로파일은 그림에 표시된다. 고온흐름과 저온흐름의 온도 차이는 dT로 정의된다. 핀치 포인트($dT_{\min}$)는 열교환기 길이(L)상에서 고온흐름과 저온흐름의 $L=0$에서 최소 온도 차이이다. 동축류 또는 평행류 열교환기에서 유량이 같은 방향의 흐를 경우 출구 온도는 수렴한다. 핀치 포인트는 동방향 흐름이나 역방향 흐름에서 종종 출구에 위치한다.

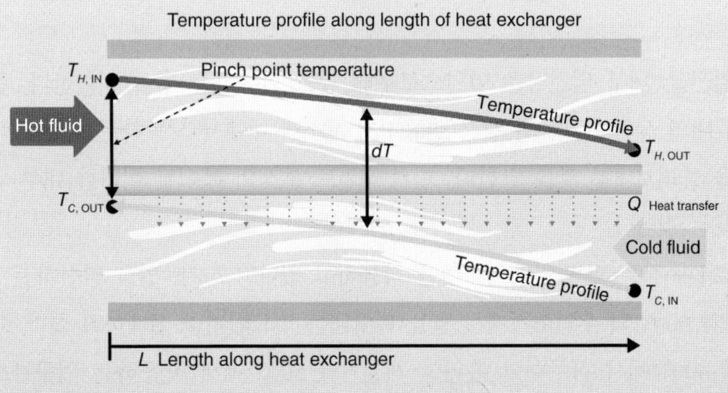

그림 12-2. 역방향 열교환기에서의 고온 저온흐름의 온도 프로파일

율의 회수가능한 열을 넓은 범위 온도에서 방출한다. 또한 열을 필요로 하는 가장 차가운 흐름에 대해서 알아볼 것이다: 건물 난방 루프(6). 이 루프는 건물의 온수와 공기를 데우는 역할을 한다.

왜 열 회수가 연료전지에서 중요한가

지금부터 연료전지의 두 가지 열전달 디자인 문제에 대해서 언급할 것이다.

- **외부 열전달.** 외부 열전달은 과잉의 연료전지 시스템의 열을 시스템 외부의 건물과 같은 열을 필요로 하는 열원으로 열을 전달하는 것을 의미할 수 있다. 핀치 포인트 분석법의 목적은 연료전지 시스템내에서 내부적 사용으로 회수할 수 없는 열을 사용하기 위함이다. 예를 들면 시스템 내부의 열 요구원이 사용하기에 충분한 온도가 아닌 경우이다.
- 외부 열전달은 외부의 열이나 에너지 형태로 연료전지 시스템의 내부 열 요구원에 열을 전달하는 것을 의미할 수 있다. 핀치 포인트 분석의 목적은 외부 열전달을 최소화시키는 것이다.
- 6 kW의 전기와 9 kW의 열을 생산하는 70℃의 PEMFC 스택을 가지고 있다고 하면, 주어진 높은 비율의 열방출량을 가지고 건물 난방에 쓰일 물을 90℃까지 올릴 수 있다. 열은 고온흐름에서 저온흐름으로만 흐르기 때문에 처음에 연료전지에서 나오는 열은 건물로 전달될 수 없다고 가정할 수 있다. 예제를 통해서 이를 확인할 수 있다.

효율적인 열회수는 고온흐름(T_H)과 저온흐름(T_C)의 온도차가 작을수록 그리고 고온흐름의 온도가 낮을수록 더 어려워진다. PEMFC와 PAFC 같은 저온 연료전지는 고온흐름의 온도가 낮기 때문에 이러한 열을 활용하기 위해서는 열교환기 구성을 신경써서 할 필요가 있다.[133]

- **내부 열전달.** 내부 열전달은 열원으로부터 열을 회수하는 것을 의미한다. 즉 연료전지 시스템 내의 장치나 흐름과 같은 연료전지 시스템 내에서 작동하는 다른 장치나 흐름으로 열을 돌려보내는 것을 말한다. 핀치 포인트 분석의 목적은 이러한 내부 열전달을 최대화 하는 것이다.
- 그림 12.1과 같은 연료전지 시스템을 작동하고 있다고 하자. 열을 발산하는 150℃의 연료전지와 600℃의 후연소기에서 열을 뽑아내는 열교환기를 설계하고 싶다. 이러한 열을 상류의 800℃에서 작동하고 흡열성 개질기와 500℃에서 작동하는 입구가스 예열기에

사용하고 싶다. 최적의 설계 디자인은 무엇일까? 핀치 포인트 분석법이 문제를 해결할 수 있다. 배운대로 열교환기 구성을 설계하는 것은 화학반응기, 복합 연료처리기, 에너지 저장 장치 등과 같은 각기 열을 소모하고 방출하는 각기 다른 장치들을 통합하는 연료전지 시스템에서는 매우 중요한 일이다.

12.1.2 2단계: 열적 데이터 정의

2. 이러한 흐름들의 열 데이터를 정한다. 각 고온/저온흐름의 열적 데이터들은 확인되어야 하고 편집되어야 한다. 이러한 데이터들은 다음과 같다.

   (a) 공급 온도 T_{in}, 열교환기에 들어가기 전인 흐름의 초기 온도
   (b) 목표 온도 T_{out}, 열교환기에 존재하는 흐름의 요구 출구 온도
   (c) 열 용량 흐름률, $\dot{m}c_p$는 흐름의 질량 흐름률과(kg/s) 흐름의 유체 비열(kJ/kg · ℃) c_p의 곱으로 나타낸다. 흐름의 비열은 많은 경우의 온도범위에서 상수로 처리된다(상화가 일어나는 경우를 제외하고).
   (d) 열 교환기를 지나는 흐름의 단위 시간당 엔탈피 변화 $d\dot{H}$

$\dot{m}$이나 $d\dot{H}$ 같은 변수 위의 점은 흐름률을 나타낸다. 즉, 단위 시간당 변수변화량이다. 이 두 가지의 변수는 질량과 에너지 흐름률을 나타낸다. 2장에서 논의된 것과 같이 열역학 제1법칙에 따라 정압,

$$d\dot{H} = \dot{Q} + \dot{W} \qquad \text{식 (12.1)}$$

열 교환기는 기계적 일을 하지 않기 때문에($\dot{W} = 0$), $d\dot{H} = \dot{Q} = \dot{m}c_p(T_{in} - T_{out})$, $\dot{Q}$는 흐름으로 또는 흐름에서부터의 열흐름을 나타내며 $d\dot{H}$는 단위 시간당 흐름의 엔탈피 변화를 나타낸다. 공급 온도 데이터는 작동 시스템에서부터 측정되거나 열전달 계산 또는 반응기의 화학공학적 모델링에 의해 계산될 수 있다. 요구 온도(요구되는 출구온도)는 이런 방법 또는 다른 시스템 제한조건에 의해 결정될 수 있다. 1단계에서 정의되는 고온흐름과 저온흐름에 대해 데이터는 표 12.1에 정리되어 있다.

표 12.1 그림에서 나오는 연료전지 시스템 디자인을 위한 고온흐름과 저온흐름의 열역학적 데이터

Stream Number	Source of Heat or Cooling	Stream Description	Hot or Cold?	Supply Temperature, T_{in}(°C)	Target Temperature, T_{OUT}(°C)	Heat Flow Capacity, $\dot{m}c_p$ (W/K)	Heat Flow $\dot{Q}$(W)
1	Fuel cell stack	Heat extracted from fuel cell stack	Hot	70	60	276	2760
2	Aftercooler	Heat extracted from reformate stream after selective oxidation reactor	Hot	110	70	276/6	860
3	Selective oxidation	Heat extracted from reformate stream at exothermic selective oxidation reactor	Hot	120	110	6	60
4	Post-WGS reactor	Heat extracted from reformate stream after shift reactor	Hot	260	120	6	840
5	Condenser	Heat extracted from condensing water from anode and cathode exhaust	Hot	219	65	200/9.5	3370
6	Building heat loop	Domestic water-cooling loop exchanging heat between fuel cell system and building	Cold	25	80	143	7890

주석: 흐름의 수는 그림 12.1의 명시된 숫자를 의미한다. 데이터는 *T-H* 도표를 그리는 데 쓰인다. 흐름 1-5는 연료전지 시스템 내의 고온흐름을 의미한다. 흐름 1은 연료전지 스택을 냉각시킨다. 흐름 2는 연료전지에 들어가기 전인 개질가스의 흐름이다. 흐름 3은 선택적 산화 화학 반응기를 거쳐가는 개질가스 흐름이다. 흐름 4는 수성가스 전환 반응기를 거쳐가는 개질가스 흐름이다. 2-4는 근본적으로 같은 다섯 가지 단계를 거쳐가는 인접류이다. 흐름 5는 응축기를 지나는 연료극과 공기극의 배출흐름이다. 흐름 6은 건물의 저온흐름을 의미한다. 이 흐름은 건물의 온수와 공기난방을 위해 열이 필요하다. 각 흐름은 (1)입구와 (2)출구 온도 (3)유동열용량 그리고 (4)흐름 안에서 열흐름이나 엔탈피 변화를 포함한 열역학적 데이터가 기록되어 있다. 유동열용량은 흐름의 질량 흐름률($\dot{m}$)과 열용량(c_p)의 곱이다.

예제 12.1.

SOFC 시스템에서 나오는 회수가능한 열은 건물 난방에 사용된다. 그림 12.2에서 설명된 것과 비슷한 역방향 이중 파이프 열교환기는 연료전지 시스템의 고온 오일과 건물로 보내지는 물 사이에서 열교환을 하도록 사용된다. 고온흐름은 열교환기 입구에서 25°C이고 0.5 kg/s의 저온흐름으로 140 kW의 열을 전달한다. 물의 열용량은 4.19 kJ/kg°C이다. (1) 물의 출구온도를 계산하라. (2) 첫 번째 열교환기가 제조상의 결함 때문에 예상치 못하게 부서졌고 이것이 평행류 열교환기로 교체되었다. 이러한 열교환기 종류의 변화로 고온흐름과 저온흐름의 최소 온도차(dT_{min}), 즉 핀치 포인트 온도는 줄어든다. 너무 큰 핀치 포인트 온도($dT_{min,set}$) 설정값을 피하기 위해서 저온흐름으로 전달되는 열이 20 kW만큼 감소했다. 물의 유량이 일정하다면 건물에 공급되는 새로운 물의 공급되는 온도는 몇 도일까? (3) 1에서처럼 똑같이 높은 출구 온도를 달성하기 위해서 물의 유량은 어디까지 감소할 수 있을까?

풀이

1. 열역학 제1법칙에 따르면 열전달($\dot{Q}$)은 흐름의 질량 흐름률($\dot{m}$)과 흐름의 유체 비열(c_p)의 곱이다. 그리고 흐름의 입구와 출구의 온도차이는 $T_{out} - T_{in}$ 또는

$$\dot{Q} = \dot{m}c_p(T_{out} - T_{in}) \qquad \text{식 (12.2)}$$

$$T_{out} = T_{in} + \frac{\dot{Q}}{\dot{m}c_p} \qquad \text{식 (12.3)}$$

T_{out} = 25℃ + 140 kJ/s/[(4.19 kJ/kg · ℃)(0.5 kg/s)] = 91.8℃일 때

2. T_{out} = 25℃ + 140 kJ/s/[(4.19 kJ/kg · ℃)(0.5 kg/s)] = 82.3℃

3. 같은 에너지 보존 방정식으로부터

$$\dot{m} = \frac{\dot{Q}}{[c_p(T_{out} - T_{in})]} \qquad \text{식 (12.4)}$$

$\dot{m}$ = 120 kJ/s/[(4.19 kJ/kg · ℃)(91.8℃ − 25℃)]=~0.43 kg/s

예제 12.2.

그림 12.1에서의 연료전지 시스템은 시스템에 의해 소비되는 기존의 천연가스의 고위발열량(HHV)이 기반하여 34%의 순 효율로 6 kW의 순 발열량 생산한다. 이러한 계산을 단순화 하기 위해 기생전력이 0이라고 가정한다. (1) 건물 난방을 위한 이용 가능한 시스템의 열의 최고 양을 계산하라. (2) 열역학 제1법칙만을 기반으로 이 시스템의 고온흐름이 이용할 수 있는 모든 에너지를 건물 난방을 위해 방열기를 통해 저온흐름으로 전달하는 것이 가능하다면 이 흐름의 물의 최대 유량을 계산하라. 건물을 순환하는 저온 물 흐름은 입구에서 25℃이며 80℃을 목표로 한다. (3) 건물의 폐가열 루프와 이동식 고온의 물을 위한 개루프 사이에 100%의 열전달 효율이 가능하다고 하자. 2에서 계산된 열이 건물을 위한 이동식 고온의 물에 사용되었다면, 얼마나 많은 온수 샤워를 제공할 수 있는가?

풀이

1. 2.5.2절과 10장의 식 (10.26)에서 배웠듯이 연료전지 스택의 순 전기 효율은 다음과 같이 정의될 수 있다.

$$\varepsilon_R = \frac{P_{e,\mathrm{SYS}}}{\Delta \dot{H}_{(\mathrm{HHV}),\mathrm{fuel}}} \qquad \text{식 (12.5)}$$

$P_{e,\mathrm{SYS}}$가 연료전지 스택의 순 전기출력일 때, 펌프와 압축기의 기생전력을 무시할 수 있고 10장의 식 (10.25)를 참고할 때 최대 열 회수 효율 ε_H은 다음과 같다.

$$\varepsilon_H = 1 - \varepsilon_R \qquad \text{식 (12.6)}$$

시스템으로부터 회수할 수 있는 최대 열량은

$$d\dot{H}_{\mathrm{MAX}} = \frac{(1-\varepsilon_R)P_e}{\varepsilon_R} \qquad \text{식 (12.7)}$$

$$= \frac{(1-0.34)\,6\ \mathrm{kW}}{0.34} = 11.6\ \mathrm{kW} \qquad \text{식 (12.8)}$$

2. 완벽한 열전달을 가정할 때 물의 질량 흐름률은

$$\dot{m} = \frac{\dot{Q}}{c_p(T_{\mathrm{in}} - T_{\mathrm{out}})} \qquad \text{식 (12.9)}$$

물의 열용량은 ΔT 상에서 4.19 kJ/kg · ℃이고

$$\dot{m} = \frac{11.6\ \mathrm{kW}}{4.19\ \mathrm{kJ/kg}\cdot{}^\circ\mathrm{C}\,(80^\circ\mathrm{C} - 25^\circ\mathrm{C})} = 0.05\ \mathrm{kg/s} \qquad \text{식 (12.10)}$$

3. 샤워기에서의 유량이 대략 0.20 kg/s로 추정된다. 100 L(100 kg)의 온수탱크 조건에서 이 유량은 30분마다 8분 샤워가 가능하다.

12.1.3 3단계: 최소 온도차 선택

3. **2장에서 논의된 고온흐름과 저온흐름의 최소 온도 차이($dT_{min,set}$)를 선택한다.** 열역학 제1법칙이 엔탈피 변화 계산을 위한 에너지 보존 방정식을 설명하는 반면 열역학 제2법칙은 열 흐름의 방향에 대해 설명한다. 열은 뜨거운 곳에서 차가운 곳으로만 흘러간다. 결과적으로 열교환기 안에서 고온흐름은 저온흐름보다 온도가 낮아질 수 없으며 저온흐름은 고온흐름보다 더 뜨거워질 수 없다. 최소한의 온도차이 dT_{min}는 고온흐름 온도 T_H과 저온흐름 온도 T_C 사이에서 벌어지는 열전달을 위한 흐름들 사이에 존재해야 한다.

$$T_H - T_C \geq dT_{min} \qquad \text{식 (12.11)}$$

열 교환기의 어떤 점에서든 흐름들의 집합에서 열 교환기 내에서의 모든 지점에서 관측되는 온도 차이의 최솟값이 핀치 포인트 온도이다. 그림 12.2에서의 열교환기에서 고온흐름과 저온흐름의 온도 차이(dT) 변화는 길이 L에 따라 고온 프로파일과 저온 프로파일의 형태로 나타나 있다. 이러한 열교환기에서 최소 온도 차이는 고온흐름의 입구 또는 저온흐름의 출구, $L=0$일 때이다. 핀치 포인트 분석의 목적에 맞게 열 교환기의 종류와 응용에 따라서 dT_{min}가 원하는 값인 3과 40℃ 사이에서 설정되어 있다. 예를 들면 원통다관식 열교환기는 5℃ 또는 그이상을 필요로 하는데 소형의 열교환기는 큰 유효 표면적 때문에 더 높은 열전달률을 달성할 수 있으며 $dT_{min,set}$은 3℃만 필요하다. 그림 12.1에서의 열흐름 분석에 따라서 $dT_{min,set}=20$℃로 선택한다.

12.1.4 4단계: 열역학적 그래프 평가

4. **온도-엔탈피 도표를 그리고 $T_{min} \geq dT_{min,set}$인지 체크하라.** 온도-엔탈피($T-H$) 도표는 고온흐름과 저온흐름의 엔탈피 변화에 대한 온도 변화를 보여준다. 온도-엔탈피 도표에서 일정한 c_p를 가지는 모든 흐름은 T_{in}에서 T_{out}까지 직선으로 표현되어야 한다.

표 12.1에서 얻은 온도 데이터를 $T-H$ 그래프를 그리는 데 사용한다. 응축기(표 12.1의 흐름 5)로부터 온 사용 가능한 많은 양의 에너지가 주어져 있으므로 $T-H$ 도표 위에 도시할 수 있다. 그림 12.3에 도시된 데이터는 응축기의 $T_{in}=219℃$, $T_{out}=65℃$, 그리고 $\dot{Q}=3370$ W 값에 기반하고 있다. 또한 $T_{in}=25℃$, $T_{out}=80℃$를 기반으로 건물의 저온흐름 루프의 데이터를 도시한다. 이 루프는 응축기로부터 전체 5개의 고온흐름으로부터 흡수할 수 있는 7890 W의 상당량을 차지하는 3370 W를 흡수할 수 있다고 가정하자. 이 데이터에 대해서 $T-H$ 도표를 도시한다.

그림 12.3은 $T-H$ 도표가 루프들이 분리되어 있다고 가정하는(열 교환기에 의해 연결되어 있지 않은) 건물의 저온흐름과 응축기의 고온흐름에 대한 최고의 이해를 돕는다. 고온흐름과 저온흐름이 어떻게 교차하지 않는 서로 다른 파이프에 나누어져 있는지를 설명해주는 도표의 아래 개략도를 주목하라. 만약 두 흐름에 나누어져 있다면 각각은 반드시 가열과 냉각을 위해 외부 에너지원에게 열전달을 의지해야 한다. 이 시나리오에서는 외부 열을 이용하는 방법은 낭비적이다. 예를 들어 외부 배열에서는 건물의 가열 루프는 응축기로부터의 열을 이용하는 대신 열을 만들어내기 위해 반드시 추가적인 천연가스를 연소시켜야 한다. 이러한 접근은 불필요한 추가연료를 소모하게 되고 14장에서 자세하게 다루어진 해로운 온실가스와 공기오염물질을 추가적으로 배출하게 된다.

그림 12.4는 두 흐름을 열적으로 연결하기 위해 열교환기를 통합하는 효과를 보여준다. 고온흐름과 저온흐름 사이에 일어나는 열교환에서 고온흐름 $T-H$ 곡선은 반드시 저온흐름 $T-H$ 곡선 위에 위치하게 된다. 저온흐름 $T-H$ 도표는 왼쪽으로 옮겨져서 저온흐름은 이제 고온흐름을 냉각하고 고온흐름은 저온흐름을 가열한다. 적은 외부 열전달은 필수적이다. 시스템의 열 회수 효율은 증가하므로 식 (10.25)를 참조하는 다음 식에 따르면 시스템의 전체 효율이 증가한다.

$$\varepsilon_O = \varepsilon_R + \varepsilon_H \qquad \text{식 (12.12)}$$

이 도표에서 고온 $T-H$ 도표와 저온 $T-H$ 도표가 각각 수평으로 옮겨진다면, x축을 따라 변화한 그 엔탈피는 열 교환기의 길이의 변화에 따른 관점에서 생각될 수 있다. 열교환기에 따라 주어진 길이에서 주변으로의 손실이 없다고 가정했을 때, 고온흐름을 저온흐름으로 가게 하는 열의 양은 (고온흐름의 엔탈피 누적 변화량) 저온흐름에서 고온흐름으로부터 흡수된 열의 양(저온흐름의 엔탈피 누적변화량)과 같아야만 한다.

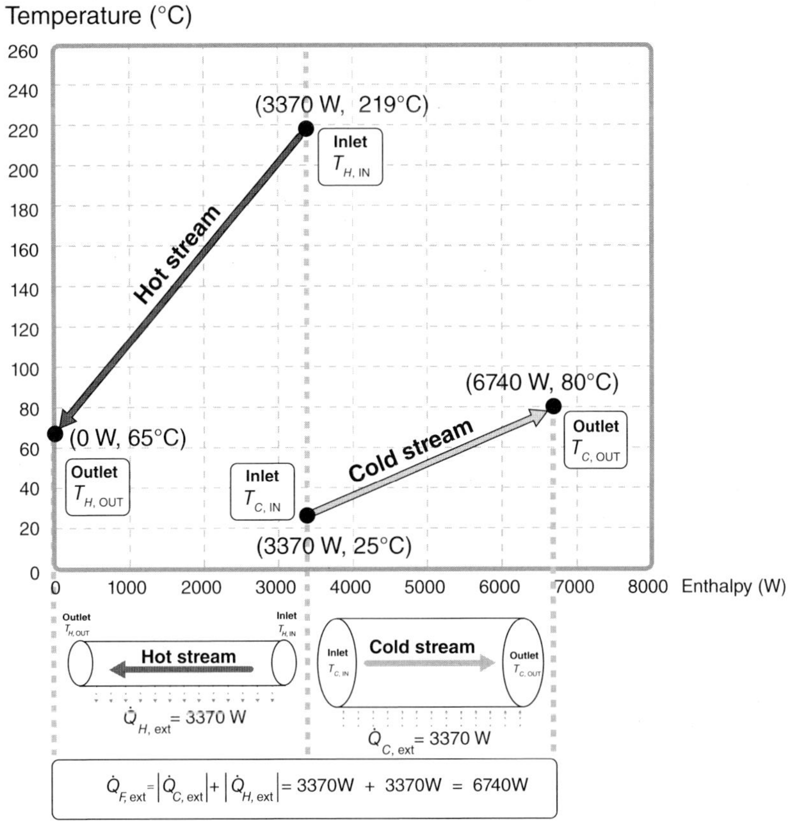

그림 12-3. 열교환기에 의해 연결되어 있지 않은 고온흐름 온도-엔탈피 도표와 저온흐름 온도-엔탈피 도표. 외부 열전달은 최고이다. 고온흐름은 환경에 3370 W를 버린다. 저온흐름은 3370 W를 외부 열원으로부터 흡수한다. *T*-*H* 도표의 화살표는 흐름의 방향을 가리킨다. 밑에서의 개략도는 유체를 운반하는 파이프와 파이프 간의 열전달을 보여줌으로써 과정을 설명한다. 엔탈피의 변화는 대략적으로 파이프의 길이의 변화에 상응한다.

그림 12.4의 밑부분은 분리된 두 파이프의 고온흐름과 저온흐름이 동심원의 파이프 2개, 즉 역방향 이중파이프 열교환기로 병합되었다는 것을 보여주며, 이것은 예제 12.1에서 말했던 것이다. 이런 방법으로, heat exchanger에 따른 길이는 흐름에서의 누적된 엔탈피 변화와 유사하다.

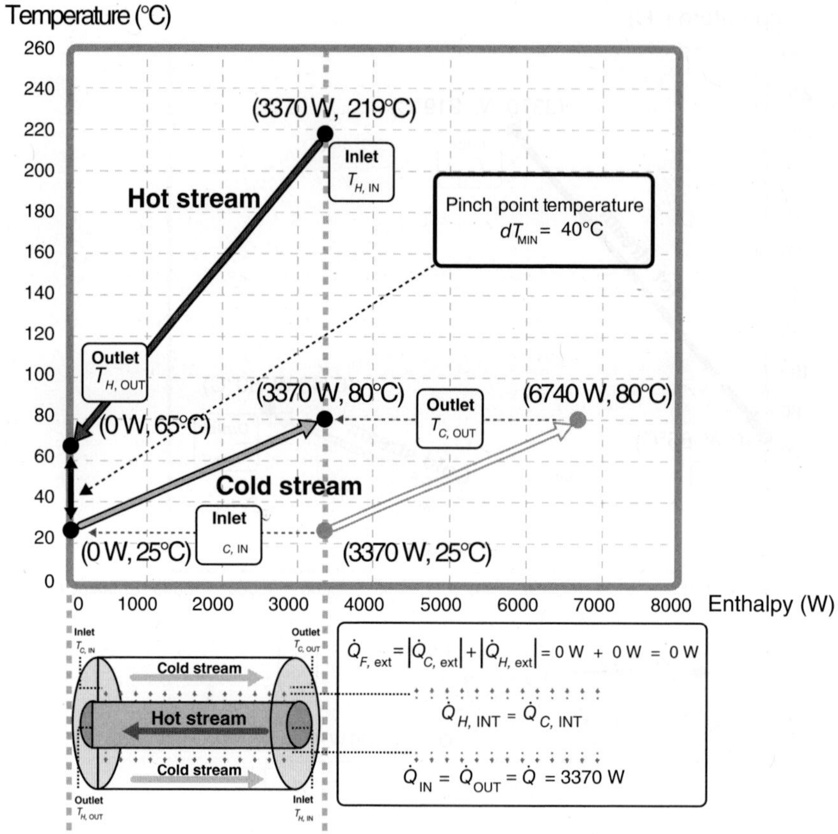

그림 12-4. 그림 12.3의 아래 부분에서 보이듯이 열 교환기에 의해 연결되어 있는 고온흐름과 저온흐름의 온도-엔탈피 도표. 외부 열 전달 $\dot{Q}_{ext}$는 0이다. 고온흐름은 저온흐름쪽으로 3370 W를 버린다. 고온흐름과 저온흐름의 최소 온도차인 핀치 포인트는 우리가 이용가능한 데이터에 의하면 저온흐름의 입구이며 온도는 40°C이다. 밑의 그림은 역방향 이중파이프 열교환기의 흐름이 결합되는 것을 보여준다.

예제 12.3.

응축기(표 12.1의 5번째)의 열을 사용하여 저온 유체를 25℃에서 80℃로 가열한 후 건물에 열을 공급하려고 한다. 표와 예제 12.2의 자료를 활용하여 다음에 답하라. (1) 이 요소에서 사용 가능한 열의 양을 들어간 연료의 HHV의 비율(%) 형태로 구하라. (2) 적절한 T–H 도표를 구성하고 핀치 포인트 온도를 확인하라. $T_{min} \geq T_{min,set}$=20℃임을 명심하라.

풀이

1. 예제 12.2와 식 (10.26)에 따르면

$$\Delta \dot{H}_{(\mathrm{HHV}),\mathrm{fuel}} = \frac{P_{e,\mathrm{SYS}}}{\varepsilon_R} = \frac{6\mathrm{kWe}}{0.34} = 17.6\ \mathrm{kW} \qquad \text{식 (12.13)}$$

고온 유체에서 사용 가능한 열의 최댓값은

$$d\dot{H}_{\mathrm{MAX}} = 3370\,\mathrm{W} \qquad \text{식 (12.14)}$$

$$\frac{d\dot{H}_{\mathrm{MAX}}}{\Delta \dot{H}_{(\mathrm{HHV}),\mathrm{fuel}}} = 19\% \qquad \text{식 (12.15)}$$

연료 에너지의 약 20%를 이 단일 요소에서 재생하여 열로 사용이 가능하다.

2. 다음 가정을 사용할 때 $T-H$ 도표는 그림 12.3과 12.4에 나타나 있다.

$$dT_{\min} = 40°\mathrm{C} > dT_{\min,\mathrm{set}} = 20°\mathrm{C} \qquad \text{식 (12.16)}$$

예제 12.4.

응축기에서 사용 가능한 열의 양이 주어졌다. 좀 더 자세히 들여다보자. 응축기에서 유체는 열 교환 과정 동안 수증기에서 액체인 물로 상이 변한다. 유체의 열 용량 c_p가 기체에서 액체로 변하기 때문에 $\dot{m}c_p$가 열 교환기 내부에서 일정하지 않다. 유체의 열역학적 특성들을 보다 자세히 측정하자. 유체의 구성 성분에 기반하여 질량 유량을 측정하고 증기와 기체 상태의 열 용량을 예상하자. 액체 상태에서 $\dot{m}c_{p,\mathrm{liq}}$=200 W/℃이고, 증기 상태에서 $\dot{m}c_{p,\mathrm{vap}}$=9.5W/℃이다. (1) 유체의 상이 변할 때 온도를 계산하라. (2) 적절한 $T-H$ 도표를 새로 구성하고, 핀치 포인트 온도를 확인하라.

풀이

1. 다음을 사용하여

$$\dot{Q} = \dot{m}c_{p,\mathrm{liq}}(T_{\mathrm{cond}} - T_{\mathrm{out}}) + \dot{m}c_{p,\mathrm{vap}}(T_{\mathrm{in}} - T_{\mathrm{cond}}) \qquad \text{식 (12.17)}$$

다음을 구할 수 있다.

$$3370\ \mathrm{W} = (200\ \mathrm{W}/°\mathrm{C})(T_{\mathrm{cond}} - 65°\mathrm{C}) + (9.5\ \mathrm{W}/°\mathrm{C})(219°\mathrm{C} - T_{\mathrm{cond}}) \qquad \text{식 (12.18)}$$

$$T_{\mathrm{cond}} = 75°\mathrm{C} \qquad \text{식 (12.19)}$$

2. 그림 12.5는 적절한 $T-H$ 도표를 보여준다. 이 응축기 예제에서는 열 교환기 입구나 출구에서 핀치 포인트가 나타나지 않지만, 열 교환기 내부에서 일어난다. 핀치 포인트는 기체에서 액체로 상 변화가 일어나는 동안 발생하고 그 값은 17℃이다. $dT_{min}=17$℃가 $dT_{min,set}=20$℃보다 작기 때문에 정해진 핀치 포인트와 맞추기 위해서 열 교환기를 새롭게 구성해야 한다. 예를 들어, 물 냉각 회로를 부분적으로 가열한 이후에 응축기 열을 저온 유체에 공급하고, 나머지 구간 동안 고온 유체가 물 순환 시설에 열을 공급하도록 하는 것이다.

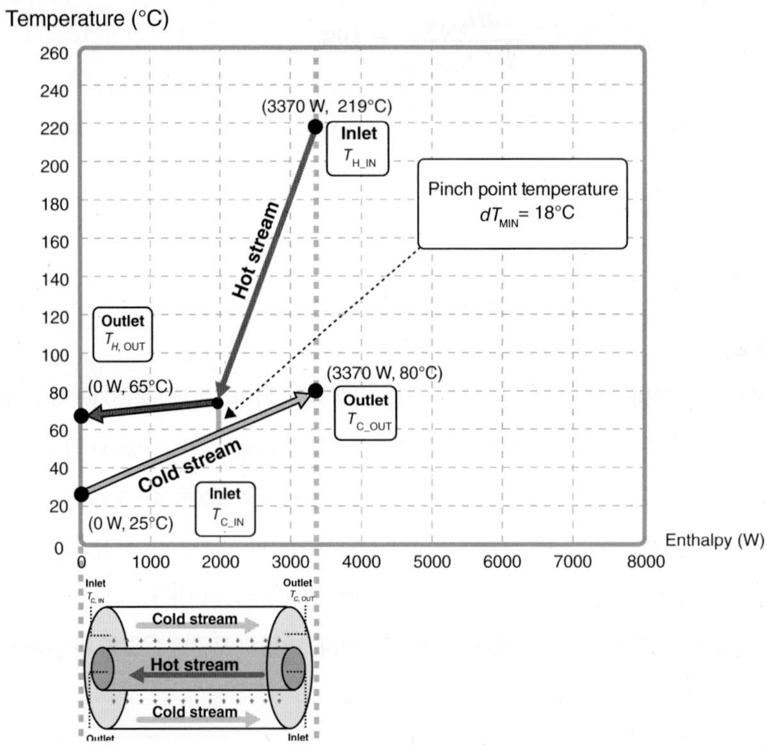

그림 12-5. 중간에 기체에서 액체로 상 변화가 일어나는 열 교환기로 연결된 고온과 저온 유체의 온도-엔탈피 도표. 기울기는 유동열용량 $\dot{m}c_p$의 역수이기 때문에, 상 변화는 고온흐름의 갑작스러운 기울기 변화를 통해 확인할 수 있다. 상의 변화는 핀치 포인트를 발생시킨다. 에너지 보존 법칙으로는 핀치 포인트를 확인하지 못할 수 있다.

이 예제는 재생 가능한 열의 많은 양이 응축기에서 재생되는 것을 확인할 수 있기 때문에 아주 중요하다. 이 예제는 또한 모든 연료전지 시스템이 생성물 유체 흐름에서 수증기를 발생시키고, 대부분이 열 재생과 물 균형을 위해 다른 요소에서 물을 냉각할 때 저온 유체를 사용하기 때문에 중요하다. 또한 핀치 포인트가 액체-기체 상 변화가 일어나는 요소에서 자주 발생하고, 그곳에서 혼합물이 상 변화를 일으킨다. 연료전지 시스템에서는 저온의 연료전지 스택, 응축기, 열 교환기 같은 요소들이 액체-기체 상 변화를 겪는다.

12.1.5 5단계: 열 교환기 네트워크 재설계

5. 만약 $dT_{\text{min}} < dT_{\text{min,set}}$이라면 열 교환기의 방향을 바꿔라. 실제 핀치 포인트 온도가 정해진 최소 핀치 포인트 온도보다 낮다면, 고온과 저온의 유체의 방향이 바뀌어야 한다. 새로운 방향에서는 다른 $T-H$ 도표가 그려지고, 열 네트워크 안에 있는 핀치 포인트 온도와 위치가 새롭게 계산된다.

12.1.6 6단계: 다양한 시나리오 평가

6. 열 교환기 방향 시나리오 분석을 $dT_{\text{min}} > dT_{\text{min,set}}$가 될 때까지 수행하라. 유체와 열 교환기의 다양한 방향에 대해서 시나리오 분석을 통해 평가할 수 있다. 시나리오 분석에서는 다양한 네트워크 설계와 열 교환기의 방향이 상정되고, $T-H$ 도표를 통해 이 네트워크를 분석한다. 분석을 통해 각 열 교환기에서 고온 유체와 저온 유체의 최소 온도 차이를 구할 수 있고, 네트워크에 있는 모든 열 교환기에 대하여 네트워크 단위의 핀치 포인트 알 수 있다. 만약 네트워크 설계가 정해진 핀치 포인트에서 핀치 포인트가 발생한다면, 설계 과정은 특정한 열 교환기 네트워크 설계에 수렴할 것이다. 그렇지 않다면 설계 과정이 반복되고, 네트워크 설계가 가장 높은 핀치 포인트 온도를 갖는 열 교환기 네트워크 설계를 찾을 때까지 반복될 것이다. 시나리오 분석은 화학 공학 공정 해석과 핀치 포인트 분석이 가능한 컴퓨터 소프트웨어의 도움을 많이 받는다. 비록 핀치 포인트 분석의 간단한 소개의 범위를 벗어나지만, 프로그램은 더 좋은 열 교환기 네트워크 설계를 위해 사용될 수 있다. 이러한 분석으로부터 필요한 많은 양의 열 교환기를 결정할 수 있고, 높은 연료 효율과 열 재생을 갖는 다양한 열 교환기 네트워크 시나리오의 비용을 비교하여 경제성 분석을 수행할 수 있다.

예제 12.5.

그림 12.1에 있는 연료전지 시스템의 열 관리 하위 시스템을 설계한다고 하자. 연료전지 시스템으로부터 열을 흡수하여 건물에 공급하려고 한다. 표 12.1에 연료전지 시스템에서 가장 중요한 고온 흐름 몇 가지의 열역학적 특성들이 나타나 있다(1–5). 그림 12.1은 시스템에 있는 다섯 가지 고온 흐름의 배열을 나타낸다(1–5 숫자로 표시). 이 5개의 고온흐름의 열을(총 7890 W) 건물에 공급하기로 하였다. 표 12.1은 열을 공급하려는 건물의 저온흐름(6)의 단일 흐름의 열역학적 특성이 나타나 있다. 표 12.1에 나타난 것처럼 이 저온흐름을 25℃부터 80℃로 가열하려고 한다. 고온 유체에서 최대한 많은 열을 건물에 공급하려고 한다. 이렇게 열을 사용하는 것은 연료전지 시스템의 열 재생 효율을 높이며 전체적인 효율도 올라간다.

가능한 가열 회로 설계 중 한 가지에 대하여 핀치 포인트 분석을 하라. 건물의 냉각 흐름은 다음 순서로 직렬로 위치한 고온흐름과 열 교환을 한다고 가정하자. (1) 연료전지 스택, (2) 최종 응축기, (3) 선택 산화 반응기, (4) WGS 후 반응기, (5) 응축기

1. T–H 도표에 고온과 냉각 흐름을 그리고 핀치 포인트의 위치를 표시하라.
2. 핀치 포인트 온도 dT_{min}을 계산하라.
3. 만약 $dT_{\text{min}} < dT_{\text{min,set}} = 10$℃라면 핀치 포인트를 증가시키기 위한 가열 회로 설계를 제시하라.

최종 응축기에서 액체 흐름 부분에 대한 유동열용량 $\dot{m}c_{p,\text{liq,aft}} = 276$ W/℃이고 증기 흐름 부분에 대한 유동열용량 $\dot{m}c_{p,\text{vap,aft}} = 9$ W/℃이다.

풀이

1. 분석을 위해서 열 용량 응축기 흐름의 c_p이 상수가 아님을 명심해야 한다. 최종 응축기 흐름에서도 마찬가지이다. 두 가지 흐름에서 물은 증기에서 액체 중류로 냉각된다. 다음을 사용하면

$$\dot{Q} = mc_{p,\text{liq,aft}}(T_{\text{cond,aft}} - T_{\text{out}}) + \dot{m}c_{p,\text{vap,aft}}(T_{\text{in}} - T_{\text{cond,aft}}) \quad \text{식 (12.20)}$$

다음과 같다.

$$860\ \text{W} = (276\ \text{W}/^\circ\text{C})(T_{\text{cond,aft}} - 70^\circ\text{C}) + (6\ \text{W}/^\circ\text{C})(100^\circ\text{C} - T_{\text{cond,aft}}) \quad \text{식 (12.21)}$$

따라서 최종 응축기 흐름은 다음 온도에서 응축된다.

$$T_{\text{cond,aft}} = 72.3^\circ\text{C} \quad \text{식 (12.22)}$$

예제 12.4로부터 응축기에서 유체는 T_{cond}=75℃에서 응축한다는 것을 알 수 있다. 표 12.1에 나온 열역학적 특성들을 이용하여 5개의 흐름에 대한 엔탈피 변화($d\dot{H}=\dot{Q}$)와 온도 변화(dT)를 구할 수 있다. 다섯 단계에 대한 dT를 dH에 대하여 가장 낮은 온도부터 높은 온도까지 연속적으로 그리면 응축기에서 핀치 포인트가 나타나는 것을 볼 수 있는 그림 12.6의 $T-H$ 곡선이 나온다.

2. 응축기의 핀치 포인트 온도 dT_{min} 값을 구하기 위하여 증기 응축처럼 핀치 포인트가 T_{cond}=75℃에서 일어나는 것을 확인하였다. 또한 T_b가 건물 회로 온도일 때 $dT_{min}=T_{cond}-T_b$이다. T_{cond}=75℃에서 x축 방향으로 축적된 엔탈피 전달률 ($d\dot{H}_{cum}$)을 구하려고 한다.

$$d\dot{H}_{cum} = \dot{Q}_{FC} + \dot{Q}_{AC} + \dot{Q}_{SO} + \dot{Q}_{PS} + \dot{Q}_{cond,\ liq,\ A} \quad \text{식 (12.23)}$$

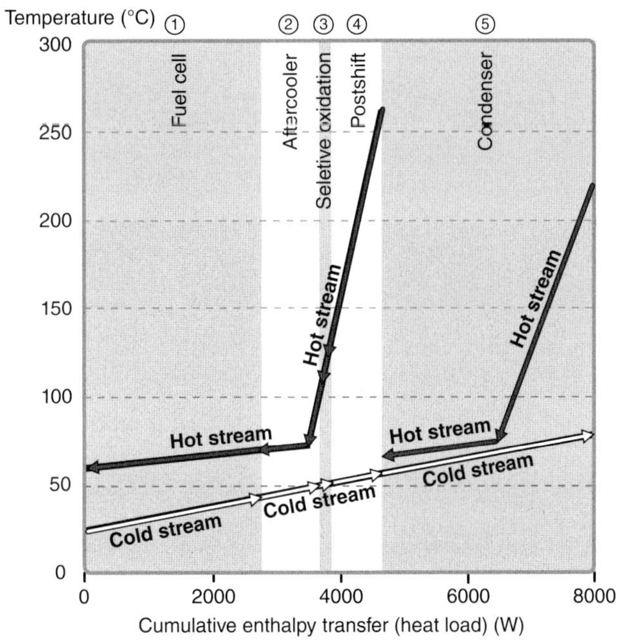

그림 12-6. 그림 12.1에 있는 연료전지 시스템에서 고온과 저온흐름의 온도-엔탈피 도표. 2개의 분리된 고온흐름은 시스템의 다른 2개의 부분에서 비롯되었다. 이 흐름들이 저온흐름을 직렬로 가열한다. 우선 저온흐름은 (1) 연료전지 스택, (2) 최종 냉각기, (3) 선택 산화 반응기, (4) 수성 가스 전환 반응기 순서로 열은 흡수한다. 다음으로는 저온흐름은 응축기에서 열을 흡수한다. 표 12.1의 데이터를 이용하여 $dT-dH$ 곡선을 그렸다.

여기서 $\dot{Q}_{FC}$는 연료전지에서 열 흐름이고, $\dot{Q}_{AC}$는 최종 냉각기의 열 흐름, $\dot{Q}_{SO}$는 선택 산화 반응기의 열 흐름, $\dot{Q}_{PS}$는 WGS 후 반응기 열 흐름, $\dot{Q}_{\text{cond liq,A}}$는 응축기의 저온 상태(액체)의 열 흐름을 나타낸다. 예제 12.4로부터

$$\dot{Q}_{\text{cond liq,A}} = \dot{m}c_{p,\text{liq}}(T_{\text{cond}} - T_{\text{out}}) = (200\ \text{W/°C})(75°\text{C} - 65°\text{C}) = 2000\ \text{W} \quad \text{식 (12.24)}$$

$$d\dot{H}_{\text{cum}} = 2760\ \text{W} + 860\ \text{W} + 60\ \text{W} + 840\ \text{W} + 2000\ \text{W} = 6520\ \text{W} \quad \text{식 (12.25)}$$

여기서 $d\dot{H}_{\text{cum}}$=6520 W는 핀치 포인트가 일어나는 x축에서 값이다. 건물 가열 회로에서 T_b와 $d\dot{H}$의 관계는 다음과 같다.

$$T_b = \left(\frac{80°\text{C} - 25°\text{C}}{7890\ \text{W}}\right) d\dot{H} + 25°\text{C} \quad \text{식 (12.26)}$$

$$= \left(\frac{80°\text{C} - 25°\text{C}}{7890\ \text{W}}\right) 6520\ \text{W} + 25°\text{C} \quad \text{식 (12.27)}$$

$$= 70.5°\text{C} \quad \text{식 (12.28)}$$

$$dT_{\min} = T_{\text{cond}} - T_b = 75°\text{C} - 70.5°\text{C} = 4.5°\text{C} < dT_{\text{min,set}} = 10°\text{C} \quad \text{식 (12.29)}$$

이 핀치 포인트 온도는 아주 낮은 값이다. 시나리오 분석의 접근법을 사용하여 핀치 포인트를 높이기 위한 새로운 열 교환기 네트워크 설계를 제안할 것이다.

3. 한 가지 방법은 건물의 냉각 흐름을 2개의 병렬적으로 분리된 흐름으로 나누는 것이다. 한 흐름은 처음 4개의 열원으로부터 열을 흡수한다. (1) 연료전지 스택, (2) 최종 냉각기, (3) 선택 산화 반응기, (4) WGS 후 반응기. 두 번째 흐름은 다섯 번째 열원인 응축기로부터 열을 흡수한다. 건물 회로의 병렬 흐름의 유량 비율은 핀치 포인트를 최대화 하기 위해서 최적화 될 수 있다. 이러한 자세한 분석은 컴퓨터 시뮬레이션을 통해 이루어지며, 다양한 유량 비율에서 $dT_{\text{min,set}}$(10℃)보다 큰 핀치 포인트를 얻을 수 있다.

12.2 요약

이번 장에서는 4개의 주요한 연료전지 하위 시스템인 열 관리 하위 시스템에 대하여 자세하게 다루었다. 핀치 포인트 분석을 통해서 효과적인 열 관리 하위 시스템을 설계하는 방법을 배웠다.

- 연료전지 시스템은 가열과 냉각 요구가 서로 다른 다양한 부품들로 구성되었다. 연료전지 스택과 응축 열교환기는 때때로 냉각을 필요로 한다. 연료 개질을 위한 화학 반응기는 가열을 필요로 할 때도 있다.
- 핀치 포인트 분석의 가장 중요한 목표는 부수적인 가열이나 냉각을 최소화하여 연료전지 시스템의 열 재생을 최적화 하는 것이다.
- 이상적인 핀치 포인트 해석 결과는 외부 열원(전기 히터 같은)으로부터 열 전달을 최소화 하면서 저온흐름(상온 상태의 입구 연료, 공기, 물)을 고온흐름(부분 산화 화학 반응기 등)의 열로 가열한다.
- 온도-엔탈피 도표는 핀치 포인트 온도, 즉 고온과 저온흐름의 온도 차이 dT_{min}을 최소화 한다.
- 열 교환기는 (1) 열의 내부 사용과 (2) dT_{min}을 최대화하도록 배열한다.
- 핀치 포인트 해석은 여섯 개의 단계로 나누어진다.
  1. 시스템에서 고온흐름과 저온흐름 정리
  2. 이 흐름들의 열역학적 데이터 결정
  3. 고온과 저온흐름 사이의 적절한 최소 온도 차이($dT_{\mathrm{min,set}}$) 설정
  4. 온도-엔탈피 도표를 그리고 $dT_{\mathrm{min}} > dT_{\mathrm{min,set}}$인지 확인
  5. 만약 $dT_{\mathrm{min}} < dT_{\mathrm{min,set}}$이라면 열 교환기의 방향 재설정
  6. $dT_{\mathrm{min}} > dT_{\mathrm{min,set}}$이 되도록 열 교환기의 방향에 대하여 시나리오 해석
- 핀치 포인트는 액체-기체 상 변화가 일어나는 요소에서 혼합물의 상이 변화하는 곳에 있을 경향이 높다. 연료전지 시스템에서 이러한 상 변화가 일어나는 요소는 저온의 연료전지 스택, 응축기, 열 교환기 등이 있다.
- 연료전지 시스템 디자이너는 높은 재생 효율의 목표와 응축 열 교환기의 추가 비용과 복잡성을 통한 중성/양의 물 균형의 목표 사이의 균형을 목표로 해야 한다.

연습문제

복습문제

12.1 연료전지 시스템을 가열하거나 냉각하기 위한 흐름의 종류에는 무엇이 있는가?

12.2 8장의 연료전지 종류와 10장의 연료전지 시스템 설계의 내용을 고려하여 연료전지 종류와 시스템 설계에 따라서 어떠한 가열과 냉각이 필요한지 예시를 보여라. 각 시스템 설계를 고려하여 필수적으로 가열되거나 냉각되어야 할 흐름을 찾아라.

12.3 열 교환기는 어떻게 작동하는가?

12.4 이중관 역류 열 교환기의 고온과 저온흐름에서 파이프 길이 방향으로 온도 분포가 어떻게 되는가?

12.5 이중관 동축류 또는 평행류 열 교환기의 고온과 저온흐름에서 파이프 길이 방향으로 온도 분포가 어떻게 되는가?

12.6 이번 단원에서 다루었던 **내부 열 전달**과 **외부 열 전달**은 무엇인가?

12.7 **핀치 포인트**는 무엇인가?

12.8 연료전지 설계에서 핀치 포인트 분석이 중요한 이유는 무엇인가?

12.9 핀치 포인트 분석은 흐름에 대한 어떤 종류의 열역학적 데이터를 필요로 하는가?

12.10 흐름에서 열이 들어가거나 빠져 나오는 흐름을 설명할 수 있는 식은 무엇인가?

12.11 11장의 11.2절과 11.4절에 있는 재료에 기반하여 연료전지 시스템의 화학 반응기 내부의 온도 변화가 촉매에 미치는 영향을 설명하라. 재료의 분자단위에서는 어떠한 일이 발생하는가? 반응기의 성능에 장시간에 걸친 영향은 무엇인가?

12.12 온도-엔탈피(T–H) 도표가 어떻게 유용한가? 기체에서 액체로의 상 변화는 T–H 도표에서 무엇을 통해 알 수 있는가?

12.13 효과적인 열 재생을 어렵게 하는 연료전지와 연료 처리 하위 시스템 요소의 종류는 무엇인가?

12.14 열 교환기와 핀치 포인트 분석에 의한 고온과 저온흐름의 적절한 최소 온도 차이 ($dT_{\text{min,set}}$)의 범위는 무엇인가? 특별한 적용 상황에서 이 범위는 무엇의 영향을 받는가?

12.15 11장의 11.2절과 11.4절의 재료에 기반하여 효과적인 열 재생, 어떠한 종류의 작동

방법(정상 상태, 동적 상태 등)이 반응기의 열 관리, 연료전지 시스템의 기기를 어렵게 하겠는가?

12.16 사용 가능한 열은 많지만 온도가 낮을 수 있는 연료전지 시스템 요소는 무엇인가?

12.17 주변으로의 손실이 없다고 가정할 때, 열 교환기 길이 방향에서 고온흐름의 엔탈피 변화 누적량은 어떠한 열역학적 값과 같겠는가?

12.18 어떠한 연료전지 시스템 요소의 흐름에서 상 변화가 일어나겠는가? 왜 이러한 요소들에 열 전달 해석을 집중해야 하는가?

12.19 11장 11.3절의 재료에 기반하여 다음이 열원과 열 흡수원 중에 무엇인지 구하라. (a) 선택 메탄 생성 반응기, (b) 선택 산화 반응기, (c) PSA 설비, (d) 팔라듐 막 설비. 이러한 설비들을 좁은 온도 영역에서 작동을 가능하게 할 때 핀치 포인트 해석의 효과를 가장 많이 볼 것은 무엇인가?

계산문제

12.20 10장에서 다루었던 예제 10.5의 냉각, 기열, 전기 출력이 혼합된(CCHP) 연료전지 시스템 설계를 떠올려보자. 연료전지 시스템으로부터 재생 가능한 열은 흡수식 냉동기 가열에 사용된다. 그림 12.2에 설명된 것과 비슷한 이중관 역류 열 교환기가 연료전지 시스템 냉각 회로의 고온 오일과 흡수식 냉동기의 유체의 열 교환을 위해 사용되었다. 고온흐름은 예제 10.5에 기술된 재생 가능한 열의 90%를 유량 0.8 kg/s이고 열 교환기 입구 60℃인 냉동기 유체로 전달한다. 냉동기 유체의 열 용량은 4 kJ/kg · ℃이다. (a) 냉동기 유체의 출구 온도를 구하라. (b) 시스템 설계와 열 교환기 구성의 변화가 있었다. 정해진 핀치 포인트 온도($dT_{\mathrm{min,set}}$)를 넘지 않기 위해서 냉동기 유체로 전달되는 열은 10 kW로 감소하였다. 작동 유체의 유량이 일정하다면 새로운 출구 온도는 몇이겠는가? (c) (a)에서와 같은 높은 출구 온도를 얻으려면 물의 유량은 얼마나 감소되겠는가?

12.21 2장에서 다루었던 열역학 제1법칙과 제2법칙을 고려하여, 상류에서 메탄 개질기를 통해 메탄 연료를 SOFC 스택을 위한 수소로 만들어내고, 외부로부터 연료전지 시스템으로 열 전달이 최소화되도록 최적화된 고정형 SOFC 시스템을 설계하라. 연료전지 스택으로부터 재생 가능한 열이 흡열 개질 반응을 위한 열로 쓰이도록 시스템을 설계하라. SOFC로부터 재생 가능한 열을 계산하고, 시스템이 특정한 설계 작동 상

황에서 상류 메탄 수증기 개질기에 필요한 열들을 공급할 수 있도록 충분히 크고(열역학 제1법칙) 충분히 온도가 높도록(열역학 제2법칙) 계산하라. 설계와 작동 조건을 설명하라. 설계 검증을 위해 핀치 포인트 분석을 수행하라.

12.22 MCFC에 대하여 위와 같은 분석을 수행하라.

12.23 2장에서 다루었던 열역학 제1법칙과 제2법칙을 고려하여 PAFC 스택에 메탄 연료로부터 수소가 풍부한 기체를 공급하기 위하여 상류 증기 메탄 개질기와 수성 가스 전환 반응기를 사용하고 외부로부터 연료전지 시스템으로 열전달이 최소화되도록 최적화된 고정형 PAFC 시스템을 설계하라. PAFC 스택으로부터 재생 가능한 열이 저온 입구 기체, 수성 가스 전환 반응기, 증기 개질기에 필요한 열을 공급하도록 설계하라. PAFC 스택으로부터 재생 가능한 열이 상류 메탄 수증기 개질기와 수성 가스 전환 반응기에 필요한 열들을 공급할 수 있도록 충분히 크고(열역학 제1법칙)지만 충분히 온도가 높지 않다는(열역학 제2법칙) 것을 계산하라. 외부로부터 열 전달을 최소화하고, 흡열 증기 개질기를 위한 충분히 높은 온도를 만들기 위해서 연소되어야 할 메탄이 최소화 되도록 특정한 설계와 작동점을 보여라. 설계 검증을 위해 핀치 포인트 분석을 수행하라.

12.24 예제 12.2에 설명된 연료전지 시스템이 난방에 사용될 때, 겨울 내내 외부 온도가 0℃이고 내부 온도를 23℃로 유지한다면 난방 가능한 공간의 크기를 구하라. 난방 유체는 건물을 순환하여 복사 난방 시스템은 닫힌 회로라고 가정하라. 난방 가능한 건물의 방의 개수는? 열 전도율 0.17 W/m · ℃이고 5 cm 두께의 나무로 만들어진 오두막을 구조를 가정하고, 창문이 없으며, 바깥에 공기의 대류는 없다고 가정하라.

12.25 물 자원이 부족한 개발도상국에서 사용될 PEMFC 스쿠터를 설계하고 있다. PEMFC 스택의 상대적으로 낮은 작동 온도의 장점을 이용하여 연료전지 시스템의 출구에서 생성되는 물을 응축하여 재사용하는 연료전지 시스템을 설계하고자 한다. 응축기에서 흡수하는 열에 대한 T–H 도표를 그려라. 스쿠터에 부딪히는 공기가 부수적인 공기 압축기나 송풍기가 필요 없이 응축기에 충분한 냉각을 어떻게 제공할 수 있는지 결정하라. 스택의 최대 전기 출력은 1 kW이다. 물 탱크의 크기와 질량을 예상하라. 연료전지 시스템의 폐열의 절반이 공기극의 배기 가스로 빠져나간다고 가정하고, 연료전지 시스템의 효율을 40%, 스쿠터에는 최소 2시간 동안 운행할 정도의 수소가 있다고 가정하자.

12.26 예제 12.5의 분석을 계속하자. 핀치를 증가시키기 위한 대체 열 교환기 네트워크를

구성하라. 만약 병렬형 흐름 네트워크가 적용된다면, $dT_{min} \geq dT_{min,set} = 10℃$에서 질량 유량비를 계산하라.

12.27 예제 12.5에서 응축기를 제외한 모든 고온흐름을 고려하여 핀치 포인트의 위치와 값을 계산하라.

12.28 10장의 10.3.1절에서 금속 수소화물의 작동을 소개하였다. 자전거에 수소를 저장하고 방출하는 데 가열과 냉각이 필요한 금속 수소화물에 수소가 저장되어 있다고 가정할 때, 10장의 연습문제 10.7의 과정 도표를 새로 작성하라. 열 관리에 관한 $T-H$ 도표를 작성하라. 금속 수소화물에서 중요한 열역학 특성을 논의하라.

12.29 금속 수소화물 저장고를 사용하는 PEM 연료전지 차량에 필요한 열 관리 하위 시스템 설계를 고려하자. (a) 10장의 식 (10.19)를 활용하여, $\varepsilon_{R,\mathrm{SUB}}$=60%에서 40 kWe로 연료전지 하위 시스템에 금속 수소화물로부터 수소를 공급하기 위해 필요한 열을 구하라. (b) 이 열을 공급하기 위한 내부 열 전달의 잠재적 열원을 규명하라. 금속 수소화물은 다음 두 단계 반응을 따르는 티타늄이 도핑된 나트륨 알라네이트 촉매로 가정하자.

$$NaAlH_4 \Longleftrightarrow 1/3Na_3AlH_6 + 2/3Al + H_2 \qquad \text{식 (12.30)}$$

$$Na_3AlH_6 \Longleftrightarrow 3NaH + Al + 3/2H_2 \qquad \text{식 (12.31)}$$

첫 번째 반응은 130℃, 1 atm에서 반응이 일어나 3.7 wt.%를 방출한다. 두 번째 반응은 130℃, 1 atm에서 반응이 일어나 1.8 wt.% 수소를 발생시킨다. 첫 번째 반응의 반응 엔탈피는 수소당 +36 kJ/mol이고, 두 번째 반응의 반응 엔탈피는 수소당 +47 kJ/mol이다. 반응 엔탈피의 논의를 위해서 2장을 참조하라. 10장에 정의한 대로 두 반응은 흡열반응이다. 열 전달의 효율은 100%로 가정하라.

12.30 이전 문제와 같은 차량 시스템을 고려하자. (a) 2분 동안 수소를 금속 수소화물에 충전한다고 할 때 필요한 냉각률을 구하라. 탱크부터 휠까지 차량의 효율($\varepsilon_{R,}$)은 52%, 또는 100 km당 2.9 L 수소를 사용하고 주행가능 거리는 400 km이다. (b) 이들 설계 요구 조건(문제에서의 가열 요구 또는 이번 문제에서의 냉각 요구) 중에서 가장 큰 제약을 받는 설계 요구 조건은 무엇인가?

12.31 이전 문제와 같은 차량 시스템을 고려하자. 내부 열 전달을 이용하여 금속 수소화물의 요구 열의 최소한을 제공할 수 있는 열 교환기를 개발하라. 핀치 포인트 해석을 통해서 다양한 열 교환기 구조를 구성하라.

CHAPTER 13

연료전지 시스템 설계

앞의 몇 장에서 연료전지와 관련 있는 주요 하위 시스템들에 대해 상세히 다루었다. 이 장에서는 완전한 연료전지 시스템을 통합해 만드는 것에 주의를 돌린다. 연료전지 시스템을 설계하는 작업은 복잡한 과정이다. 하지만 설계 과정의 전반적인 목표는 주된 설계목적이나 사양을 만족시키시는 시스템을 만드는 것이다. 보통 사양은 목표출력, 무게, 부피, 가격, 신뢰성, 수명, 유지보수 영역을 포함한다. 이러한 목표 사양에 따른 설계과정은 연료전지의 적용 분야에 따라서 크게 변화할 수 있다(예를 들면, 휴대용 시스템과 분산형 발전 시스템). 이 장에서 일반적으로 연료전지 시스템을 설계하는 데 이용되는 기본적인 도구와그 과정에 대해서 알아보도록 하겠다.

13.1 전산유체해석에 의한 연료전지 설계

연료전지 시스템 전체를 설계하는 첫 과정은 연료전지의 설계, 그 자체를 고려하는 것이다. 연료전지를 설계할 때 고려해야 할 여러 파라미터들이 있는데, 연료전지의 크기와 유로의 구조, 전극, 전해질과 촉매층의 최적 두께 등은 연료전지를 만들기 이전에 결정되어야 할 사항들이다. 반면에 작동 온도, 연료와 산화제의 과급률(stoichiometry number), 연료와 산화제의 가습량, 작동 전압 등의 파라미터는 연료전지가 만들어진 후에 (어느 정도는) 결정될 사항들이다.

6장에서 배웠듯이, 연료전지 설계를 할 때 어떤 파라미터를 결정하기 위해서 단순화된 연료전지 모델을 사용했었다. 하지만 모델의 단순화 과정에 적용된 많은 가정들은 연료전지 모델의 정확성을 떨어뜨리게 된다. 또한, 유로 최적화와 입/출구의 위치 선정 같은 기하학적인 파라미터들을 결정하고자 한다면, 6장에서 제시된 1차원 모델로는 설명하기 불충분하다.

연료전지의 자세한 기하학적인 설계 가이드라인을 얻어내기 위해서는 좀더 정교한 모델을 적용해야만 한다. 이러한 정교한 모델을 푸는 일은 쉬운 과정이 아니기 때문에 컴퓨터를 이용하여, 구체적으로 CFD(전산유체해석; computational fluid dynamics) 소프트웨어를 사용하여 해석해야만 한다. 앞으로 보겠지만, CFD의 사용은 연료전지의 성능 특성을 좀더 정확하게 예측할 수 있게 해준다. 더욱 중요한 것은, CFD는 연료전지 내의 특정 위치에 관한 정보를 제공해 줄 수 있다. 예를 들면, 수소(혹은 공기)가 고갈된 특정 위치를 알아낼 수 있거나 연료전지 내의 어떤 부분이 허용되지 않는 고온에 도달할 것인지도 알아낼 수 있다. 이 정보들로 설계자는 유로의 치수, 패턴의 변화를 통해 유리한 반응물의 분포와 냉각효과를 향상시키는 방향으로 연료전지를 재설계할 수 있다.

이 장의 첫 번째 부분에서는 일반적인 CFD 연료전지 모델을 소개하고, 사용방법을 배울 것이다. 연료전지 모델은 ANSYS Fluent, STAR-CCM+, CFD-ACE+®, COMSOL Multiphysics® 등의 상용 CFD 소프트웨어 패키지에 구현되어 왔다. 이들은 설계자가 생각하는 연료전지의 기하학적인 형상을 구현하고 경계조건(boundary condition)과 체적조건(volumecondition)을 정하며, 복잡한 지배방정식의 해법과 결과에 대한 적절한 시각화를 제공할 수 있도록 직관적인 인터페이스를 갖추고 있다. 이어지는 절에서는 이 상용 소프트웨어 중 하나이거나 이에 준하는 CFD 코드를 다뤄본 것으로 가정하고 연료전지 모델을 설계하는 과정을 설명한다. (CFD 코드를 직접 작성하는 것은 이 책에서 다루지 않는다.)

13.1.1 지배방정식

CFD에 의한 해석은 연료전지 모델의 정확한 구현을 보장해주는 일련의 광범위한 지배방정식들을 사용할 수 있다. 이는 연료전지 모델이 더욱 현실적이게 한다. CFD 모델에서 구성된 지배방정식은 보존법칙에서부터 시작된다. 이 절에서 언급할 CFD 모델에 사용되는 지배방정식들은 보존 법칙을 기본으로 한다. 6.2절에서 연료전지 모델을 단순화 시키기 위해 '플럭스 보존' 개념을 사용했다. 6장에서 언급한 유량 보존 개념은 '질량 보존', '화학종 보존', '전하량 보존'식을 단순화한 형태이다. 하지만 좀 더 정교한 연료전지 모델 설계를 위해서는 더욱 상세한 보존 방정식 적용이 필요하다. 3차원으로 표현되는 유체의 압력, 속도, 온도, 전류밀도, 과전압 분포 등이 포함된 다양한 연료전지 성능 파라미터들을 얻기 위해, 상기한 보존 방정식들을 서로 연계하여 해를 얻게 된다. 이 책에서는 각각의 보존식을 간단하게 소개하고(표 13.1), 이 공식들의 유도과정이나 자세한 사항들은 생략하겠다. 대신, 연료전지 모델을 설계함에 있어 실질적으로 필요한 방정식 내의 주된 물리적 변수들의 의미와 일반적인 수치에 중점을 둘 것이다. 이제부터 개발하게 될 CFD를 이용한 연료전지 모델에 있어, 6장의 1차원 모델에서 사용한 가정 중 하나[유로 내에는 액상이 포함되지 않은 수증기 단상(single phase)만 가정한다] 외의 다른 가정은 사용하지 않을 것이다. 또한, 여기서 제시하는 모델은 연료전지 연구에서 많이 사용되는 대표적인 모델 중 하나라는 것을 유념한다.[134–139]

표 13.1 CFD 모델에서 사용되는 지배공식

Category	Conservation equations
Mass conservation	$\frac{\partial}{\partial t}(\varepsilon\rho) + \nabla \bullet (\varepsilon\rho\mathbf{U}) = 0$
Momentum conservation	$\frac{\partial}{\partial t}(\varepsilon\rho\mathbf{U}) + \nabla \bullet (\varepsilon\rho\mathbf{U}\mathbf{U}) = -\varepsilon\nabla p + \nabla \bullet (\varepsilon\zeta) + \frac{\varepsilon^2\mu\mathbf{U}}{\kappa}$
Species conservation	$\frac{\partial}{\partial t}(\varepsilon\rho X_i) + \nabla \bullet (\varepsilon\rho\mathbf{U}X_i) = \nabla \bullet (\rho D_{dff,i}\nabla X_i) + \dot{S}_i$
Energy conservation	$\frac{\partial}{\partial t}(\varepsilon\rho h) + \nabla \bullet (\varepsilon\rho\mathbf{U}h) = \nabla \bullet q + \varepsilon\frac{dp}{dt} - j\eta + \frac{\mathbf{i} \bullet \mathbf{i}}{\sigma} + \dot{S}_h$
Charge conservation	$\nabla \bullet \mathbf{i}_{elec} = -\nabla \bullet \mathbf{i}_{ion} = j$
Electrochemical reaction	$j = j0\left[\exp\left\{\frac{n\alpha F}{RT}\eta\right\} - \exp\left\{\frac{-n(1-\alpha)F}{RT}\eta\right\}\right]\prod_{i=1}^{N}\left(\frac{X_i}{X_i^0}\right)^{\beta_i}$

주석: 굵은 활자의 기호들은 벡터를 나타낸다.

질량 보존 질량 보존식(혹은 연속방정식)이란 단위부피 내의 질량 변화량은 주어진 시간 동안 들어오고 나간 모든 화학종의 질량의 합과 같다는 것을 의미한다. 식 (13.1)에서 이 개념을 수학적으로 표현하면,

$$\underset{\substack{\textit{rate of mass change}\\ \textit{per unit volume}}}{\frac{\partial}{\partial t}(\varepsilon\rho)} \quad + \quad \underset{\substack{\textit{net rate of mass change}\\ \textit{per unit volume by convection}}}{\nabla\cdot(\varepsilon\rho\mathbf{U}) = 0} \qquad \text{식 (13.1)}$$

여기서 ρ와 $\mathbf{U}$는 각각 연료전지 내 유체의 밀도와 속도벡터를 나타낸다. 또한, 공극률(porosity) ε은 전극과 촉매층과 같이 공극이 있는 영역을 설명하기 위해 도입되었음을 알아둔다. 따라서 각각의 영역에 정확한 공극률 값을 입력함으로써, 이 식을 전체적인 연료전지 구조에 적용할 수 있게 된다. 예를 들면, 연료전지 전극에는 ε=0.4를 넣는데, 이 값은 연료전지 내 전극에 적용하는 공극률의 전형적인 값이다. 유로는 비어있기 때문에 ε=1을 적용한다. 반대로, 전해질에는 공극률 ε=0(혹은 0에 가까운 작은 값)을 적용하는데, 이는 전해질이 완전히 조밀하거나 그에 가까운 물질임을 나타낸다. 공극률은 다른 모든 보존식에도 유사하게 적용할 수 있다. 질량보존식을 풀면, 연료전지에 흐르는 유체의 밀도(ρ)와 속도분포 프로파일($\mathbf{U}$)을 얻을 수 있다.[1]

모멘텀 보존 질량 보존식과 유사하게, 아래와 같이 모멘텀 보존식을 세울 수 있다.

$$\underset{\substack{\textit{rate of}\\ \textit{momentum}\\ \textit{change}\\ \textit{per unit}\\ \textit{volume}}}{\frac{\partial}{\partial t}(\varepsilon\rho\mathbf{U})} + \underset{\textit{convection}}{\nabla\cdot(\varepsilon\rho\mathbf{U}\mathbf{U})} = \underset{\substack{\textit{net rate of}\\ \textit{momentum change}\\ \textit{per unit volume}\\ \textit{by pressure}}}{-\varepsilon\nabla p} + \underset{\substack{\textit{viscous}\\ \textit{frinction}}}{\nabla\cdot(\varepsilon\zeta)} + \underset{\substack{\textit{pore}\\ \textit{structure}}}{\frac{\varepsilon^2\mu\mathbf{U}}{\kappa}} \qquad \text{식 (13.2)}$$

여기서 ζ와 μ는 각각 전단응력 텐서와 유체의 점성을 나타낸다. 또한 오른쪽의 마지막 항은 다공성의 매체에서의 유체가 받는 점성력을 정량화하는 'Darcy 법칙'임을 알아둔다. $\kappa[\mathrm{m}^{-2}]$로 표현되는 투과도(permeability)는 기공구조에 따라서 달라지며, 상호 작용하는 점성력을 결정한다. 투과도가 작다는 말은 점성력이 커진다는 것을 의미한다. 분명히 말하면 마지막 항을 무시하기 위해 유로 내에서 매우 큰 투과도 $\kappa(10^5$ 혹은 그보다 큰 값)를 적용한다. 오른쪽 식의 두 번째 항은 유체와 유체 간의 상호작용을 나타낸다. 모멘텀 보존식을

---

1 유체 밀도 계산은 유체의 상태를 설명하는 부가적인 식을 필요로 한다. 이상기체방정식($p=\rho R_m T$)이 좋은 예가 될 것이다. 또한 지배방정식(표 13.1) 내의 (ρ)와 $\mathbf{U}$를 포함하는 대부분의 변수는 이들이 포함된 식을 연립하여 서로를 풀어낼 수 있다.

풀면, 연료전지 내의 유체압력(p) 분포를 얻을 수 있다.

물질 보존 앞에서 언급했던 질량 보존식과 모멘텀 보존식은 유체 혼합물의 전반적인 집단적 움직임(bulk motion)을 나타내는 데 사용됐다[예를 들면, 가습 수소=$H_{2(g)}+H_2O_{(g)}$, 가습 공기=$N_{2(g)}+O_{2(g)}+H_2O_{(g)}$]. 이와 반대로, 화학종 보존식은 유체 혼합물 내에서 개별적인 화학종[예를 들면, $H_{2(g)}$ 혹은 $H_2O_{(g)}$]의 생성/소모와 같은 각각의 움직임을 묘사한다.

$$\underbrace{\frac{\partial}{\partial t}(\varepsilon\rho X_i)}_{\substack{\textit{rate of a species}\\ \textit{mass change}\\ \textit{per unit volume}}} + \underbrace{\nabla\bullet(\varepsilon\rho\mathbf{U}X_i)}_{\textit{convection}} = \underbrace{\nabla\bullet(\rho D_i^{\mathrm{eff}}\nabla X_i)}_{\substack{\textit{net rate of a}\\ \textit{species mass change}\\ \textit{per unit volume by}\\ \textit{diffusion}}} + \underbrace{\dot{S}_i}_{\substack{\textit{electrochemical}\\ \textit{reaction}}}$$

식 (13.3)

여기서 X_i와 D_i^{eff}는 각각 화학종 i에 대한 질량분율과 유효확산도를 나타낸다. 간단하게 확산 질량 플럭스(오른쪽 식의 첫번째 항)를 고려하기 위해서는 Fick의 확산식을 이용할 수 있다. 하지만 이 항은 Maxwell–Stefan 식을 이용하여 더욱 정확한 확산현상을 나타낼 수 있다. $\dot{S}_i$는 화학종의 생성, 소모량을 나타낸다. 연료전지에서 전기화학반응은 화학종 생성원과 소모원의 구실을 한다(예: 수소와 산소의 소모, 물의 생성). 이 책의 앞부분에서도 언급했듯이, 연료전지 전류(j)와 화학종 생성/소모($\dot{S}_i$) 사이의 직접적인 관계 때문에 다음과 같이 나타낼 수 있다.

$$\dot{S}_i = M_i \frac{j}{n_i F} \qquad \text{식 (13.4)}$$

여기서 n_i는 화학종 i에 의해 운반되는 전하를, M_i는 화학종 i의 분자량을 나타내며 이로써 몰 플럭스(mol/cm^2 · s)를 질량 플럭스(g/cm^2 · s)로 변환시킬 수 있다. 결론적으로 화학종 보존식으로, 연료전지 전 영역에 해당하는 화학종의 질량분율(X_i)과 전류밀도(j)를 알 수 있다.

에너지 보존 에너지 보존식은 연료전지의 열평형을 설명한다.

$$\underbrace{\frac{\partial}{\partial t}(\varepsilon\rho h)}_{\substack{\text{rate of energy}\\\text{change per}\\\text{unit volume}}} + \underbrace{\nabla\bullet(\varepsilon\rho\mathbf{U}h)}_{\text{convection}} = \underbrace{\nabla\bullet k^{eff}\nabla T}_{\text{conduction}} + \underbrace{\varepsilon\frac{dp}{dt}}_{\substack{\text{net rate of}\\\text{energy change}\\\text{per unit volume by}\\\text{mechanical}\\\text{work}}} - \underbrace{j\eta}_{\substack{\text{activation}\\\text{loss +}\\\text{concentration}\\\text{loss}}} + \underbrace{\frac{\mathbf{i}\bullet\mathbf{i}}{\sigma}}_{\substack{\text{ohmic}\\\text{loss}}} + \underbrace{\dot{S}_h}_{\substack{\text{electro-}\\\text{chemical}\\\text{reaction}}}$$

식 (13.5)

여기서 h와 k^{eff}는 각각 유체의 엔탈피와 유효 열전도도를 나타낸다. 유체의 엔탈피는 유체의 온도 T와 유체 내의 화학종을 바탕으로 계산할 수 있다(엔탈피 계산은 2.2.2절에서 다뤘던 내용과 유사하다). 우측 식의 첫 번째 항은 열전도에 따른 에너지 변화율을 설명하며, 전극과 같이 공극 있는 영역에서의 열전도성을 설명하기 위해서 유효 열전도도(k^{eff})를 적용시킨다. 우측 식의 두 번째 항은 유체가 기계적인 일로부터 얻을 수 있는 에너지 변화율을 설명한다. 이 항은 연료전지에서 압력에 의한 부피 변화로 생기는 일이 매우 작기 때문에보통 무시된다. 우측의 마지막 세 가지 항들 η, $\mathbf{i}$, σ, $\dot{S}_h$는 각각 활성화 손실+농도 손실, 전류 플럭스 벡터, 전기 전도도, 반응 엔트로피 때문에 생기는 발열(혹은 열 소모)을 나타낸다. 이 항들은 연료전지의 전기화학적 손실 때문에 생기는 열 발생을 설명하는 데 있어서 중요하다. 구체적으로 우측의 세 번째 항($j\eta$)은 전하이동에 따른 열 발생을 나타내고, 네 번째 항($\frac{\mathbf{i}\bullet\mathbf{i}}{\sigma}$)은 저항손실 때문에 발생하는 열을 나타낸다. 마지막으로 $\dot{S}_h$는 전기화학 반응과($\dot{S}_h = \Delta\hat{s}_{\text{rxn}}\frac{j}{nF}$) 관계되어 발생하는 엔트로피 손실로 설명할 수 있다. 에너지 보존식을 풀면, 연료전지 모델 내의 온도 프로파일(T), 활성화 손실과 농도 손실(η), 전류 플럭스 벡터($\mathbf{i}$)를 구할 수 있다.

전하 보존 전도체 내 전류의 연속성으로부터

$$\nabla \bullet \mathbf{i} = 0 \qquad \text{식 (13.6)}$$

여기서 $\mathbf{i}$는 전류 플럭스 벡터를 나타낸다. 연료전지 시스템에서는 두 가지 유형의 전하(전자와 이온)가 있게 되는데, 두 전하 모두 전하를 띠지 않는 상태(수소와 산소)로부터 발생하기 때문에 전반적인 전하 중립도(neutrality)는 보존된다.

$$\nabla \bullet \mathbf{i}_{\text{elec}} + \nabla \bullet \mathbf{i}_{\text{ion}} = 0 \qquad \text{식 (13.7)}$$

여기서 $\mathbf{i}_{\text{ion}}$는 촉매층과 전해질과 같이 이온 전도상 내에서 흐르는 이온 전류를 나타내고, $\mathbf{i}_{\text{elec}}$은 촉매층이나 전극과 같이 전자 전도상 내에서의 전자가 흐르는 전류를 나타낸다. 식 (13.7)을 특정 위치의 전류밀도와 연관시켜 재정리하면,

$$-\nabla \bullet \mathbf{i}_{\text{ion}} = \nabla \bullet \mathbf{i}_{\text{elec}} = j \qquad \text{식 (13.8)}$$

식 (13.8)에 Ohm의 법칙을 도입하면,

$$\nabla \bullet (\sigma_{\text{ion}} \nabla \Phi_{\text{ion}}) = -\nabla \bullet (\sigma_{\text{elec}} \nabla \Phi_{\text{elec}}) = j \qquad \text{식 (13.9)}$$

여기서 Φ_{ion}와 Φ_{elec}는 이온 전도체와 전자 전도체 내에서 전압을 나타내고, σ_{ion}와 σ_{elec}는 전기 전도도를 나타낸다. 이 식은 각 영역에 적절한 값 σ를 대입함으로써, 연료전지의 모든 영역에 적용할 수 있음을 기억하자. 예를 들면, 유로에서는 $\sigma_{\text{ion}} = \sigma_{\text{elec}} = 0$, 전해질 내에서 전기 전도성이 없다면 $\sigma_{\text{elec}} = 0$을 적용하게 된다. 촉매층은 이온과 전자 전도도 모두가 고려되어야 한다.

전기화학적 반응 3.7절에서 설명했듯이, Butler-Volmer(B-V)식은 연료전지의 촉매층 내에서 전하전달 반응과정의 변화를 설명하고 있다. 복습차원에서, 완벽한 B-V식을 적어보면 다음과 같다.

$$j = j_0 \left[\frac{c_R^*}{c_R^{0*}} \exp\left\{ \frac{n\alpha F}{RT} \eta \right\} - \frac{c_P^*}{c_P^{0*}} \exp\left\{ \frac{-n(1-\alpha)F}{RT} \eta \right\} \right] \qquad \text{식 (13.10)}$$

앞에서 다루었던 보존식과 일관성을 이루기 위하여 식 (13.10)에서 나오는 농도 분율비를 질량 분율비로 대신 할 수 있다. 또한, 다양한 화학종들의 반응이 고려된 좀 더 일반적인 전기화학반응을 설명하기 위해서는 식 (13.10)을 어느 정도 수정해야 한다. 이러한 경우

의 식은 다음과 같다.

$$j = j_0 \left[\exp\left\{ \frac{n\alpha F}{RT}\eta \right\} - \exp\left\{ \frac{-n(1-\alpha)F}{RT}\eta \right\} \right] \prod_{i=1}^{N} \left(\frac{X_i}{X_i^0} \right)^{\beta_i} \qquad \text{식 (13.11)}$$

이 식은 곱의 기호($\prod_{i=1}^{N}$)를 이용하여 다양한 화학종이 참여하는 반응을 나타낼 수 있는데, 각각의 화학종 i는 개별적인 지수 β_i를 갖는다.

앞에서 배운 대로 활성화 손실 η은 전기화학반응 동안에 이온과 전자 전도체 간의 전압차를 나타낸다(그림 3.8). 식 (13.9)에서 Φ_{ion}와 Φ_{elec}는 각각 이온, 전자 전도체에서의 전압을 나타낸다. 따라서 두 전압의 차이가 전극의 과전압($\eta = \Phi_{ion} - \Phi_{elec}$)이고, 다음의 식을 얻을 수 있다.

$$j = j_0 \left[\exp\left\{ \frac{n\alpha F}{RT}(\Phi_{ion} - \Phi_{elec}) \right\} - \exp\left\{ \frac{-n(1-\alpha)F}{RT}(\Phi_{ion} - \Phi_{elec}) \right\} \right] \prod_{i=1}^{N} \left(\frac{X_i}{X_i^0} \right)^{\beta_i}$$

식 (13.12)

이 식을 다른 보존식들과 연계하여 풀면, 과전압($\eta = \Phi_{ion} - \Phi_{elec}$)과 전류밀도($j$) 그리고 연료전지 내에 화학종의 질량 분율(X_i)을 계산할 수 있다.

예제 13.1.

식 (13.12)를 바탕으로, 수소/산소 연료전지 모델의 전기화학반응 지배방정식을 세워라.

풀이

수소/산소 연료전지에서는 수소 산화(산화극)와 산소 환원(환원극)의 두 가지 전기화학 반응이 일어난다. 먼저, 산화극에서 일어나는 반응에 대한 지배방정식을 써보면,

산화극: $H_2 \leftrightarrow 2H^+ + 2e^-$

$$j = j_0^A \left[\exp\left\{ \frac{2\alpha^A F}{RT}(\Phi_{ion} - \Phi_{elec}) \right\} - \exp\left\{ \frac{-2(1-\alpha^A)F}{RT}(\Phi_{ion} - \Phi_{elec}) \right\} \right] \frac{X_{H_2}}{X_{H_2}^0}$$

식 (13.13)

위 식에서 A로 표기되어 있는 것은 산화극에서 일어나는 반응에 필요한 모델 상수이다.

환원극의 경우,

환원극: $2H^+ + 2e^- + \frac{1}{2}O_2 \leftrightarrow H_2O$

$$j = j_0^C \left[\exp\left\{ \frac{2\alpha^C F}{RT} \left(\Phi_{\text{ion}} - \Phi_{\text{elec}}\right) \right\} - \exp\left\{ \frac{-2\left(1-\alpha^C\right)F}{RT} \left(\Phi_{\text{ion}} - \Phi_{\text{elec}}\right) \right\} \right] \left(\frac{X_{O_2}}{X_{O_2}^0} \right)^{\frac{1}{2}}$$

식 (13.14)

수소와 산소와 같은 반응물과 비교했을 때 양자와 전자는 반응속도를 제한하지 않는다고 가정했기 때문에 위 식들에서 양자와 전자의 농도에 따른 영향은 무시하기로 한다. 위 두 식에서 온도(T)는 실제로 알 수 없고, 에너지 보존식과 함께 풀어야만 알 수 있다.

13.1.2 연료전지 모델 형상 구축

CFD 연료전지 모델을 만들 때는 가능한 실제 연료전지의 물리적 형상과 가장 가까운 수치적 형상를 만드는 것이 중요하다. 하지만 동시에 수치적으로 변환하는 데 있어서 물리적 형상의 어떤 부분들은 무시 혹은 배제되어도 모델의 타당성을 떨어뜨리지 않는다. 이를 설명하는 가장 좋은 예가 유로구조인데, 일반적으로 유로구조에 사용되는 그라파이트나 금속 등의 물질은 높은 열 전도도와전기 전도도를 갖는다. 여기서 우리는 유로구조에서 온도와 전압 프로파일이 거의 균일하다고 가정할 수 있다. 이 같은 가정을 함으로써 유로구조의 대부분을 무시하고, 수치적 구조에는 표면 부분만을 통합시킬 수 있다. (이는 유로구조 주위를 따라 적절한 경계조건을 부여함으로써 완성된다.) 그림 6.8에서 보여지는 연료전지 구조를 예로 들어보자. 컴퓨터의 수치적 형상은 유로의 판 구조를 포함하지 않는다. 이렇게 형상을 단순화 시키는 것으로 모델링과 계산에 필요한 시간을 단축시킬 수 있다.

연료전지 형상 모델을 만들 때, CFD 소프트웨어에서 몇 가지 다른 물리적 영역을 정의하여야 한다. 각각의 영역은 연료전지의 각기 다른 물리적 부분(예: 분리판, 유로, 전극층, 촉매층, 전해질 등)에 해당하며, 각각에 특정한 경계조건과 체적조건뿐만 아니라 부합되는 지배방정식이 적용된다. 각 영역에 들어가는 파라미터들은 각각의 물리적 성질에 따라서 다양하다. 예를 들면, 분리판과 전극에서의 공극률과 전기 전도도는 서로 다르다는 것을 알 수 있다.

연료전지 모델링에 필요한 다음 과정은 모델 내 각 영역을 '격자'로 조밀하게 나누는 것이다. 격자화의 목적은 모델을 이산화된(discrete) 작은 3차원 요소들로 나누고, 앞서 설명했던 지배방정식을 이용하여 나누어진 각 요소에 해당하는 수치적인 해를 구하는 것이다. 표 13.1의 지배방정식들이 수학적으로 연속적인 미분방정식이라 할지라도, 이런 식들을 해석적으로(analytically) 계산하기는 어렵다. 따라서 CFD 코드는 상기한 지배방정식을 수치적으로 풀기 위해 세분화된 형상(격자)을 이용한다. 구해진 해의 정확성과 연속성은 격자를 얼만큼 세밀하게 나누냐에 따라서 달라진다. 하지만 격자를 세분화 하면 할수록 그만큼 계산 시간도 늘어나게 되므로 해의 정확성과 계산 시간 간의 적절한 균형이 필요하다. 적절한 크기의 격자를 선택하는 일은 주로 비슷한 구조로부터 얻은 해에 기초하여 경험적으로 정해게 된다. 예를 들면, 일반적으로 유로에서는 상대적으로 조악한 격자로 나눔에 반해, 촉매층과 전극층에서는 더욱 세분화된 격자로 나눈다. 연료전지의 형상과 격자의 예는 그림 13.1에 나와 있다.

격자를 나눌 때는 구조화 격자(structured grid)와 비구조화 격자(unstructured grid) 중 어느 것을 선택해야 하는지 결정해야 한다. 비구조화 격자를 사용하는 경우, CFD 소프트웨어는 자동적으로 영역의 공간을 사전에 정의된 모양(사면체, 육면체, 프리즘, 피라미드 등)의 요소들의 배열로 채우게 된다. 비구조화 격자의 경우, 대부분의 CFD 소프트웨어 패키지들은 빠르고 쉽게 자동으로 격자를 배열하도록 되어 있다. 그러나 이 방법의 결점은 각 요소들의 모양과 배치를 완벽하게 제어할 수 없다는 것이다. 각 격자에 대한 정교한 제어가 필요하다면, 구조화 격자를 사용해야 한다. 하지만 격자 하나하나를 정의하고 각 요소의 크기를 수동으로 정해야 하기 때문에 구조화 격자를 이용하는 일은 어려운 과정이다. 하지만 전략적으로 잘 정의된 격자구조는 계산에 요구되는 요소의 수를 크게 줄일 수 있으며, 이를 통해서 상당한 계산 시간의 단축을 가져온다. 예를 들면, 연료전지에서 유체 농도의 변화는 유로를 따른 변화(x축 방향)가 전극 두께 방향(y축 방향)에 따른 변화보다 훨씬 미미하다. 이는 전해질과 전극 경계면 근처에서 발생하는 전기화학 반응이 반응물을 고갈시키기 때문이다. 따라서 전극에서는 납작한 사면체 모양의 x축 방향으로는 간격이 넓고, y축 방향으로 미세한 구조화 격자가 적용되어, 정확성을 유지시키는 동시에 계산 시간을 크게 단축시킬 수 있다(그림 13.1). 대부분의 CFD 소프트웨어 패키지들이 구조화 격자의 생성을 도와주는 다양한 기능을 제공하고 있다. 연료전지 모델에서 구조화 격자는 계산 시간을 크게 줄여줄 뿐만 아니라 전극과 전해질과 같이 얇은 층에서 일어나는 변화도 시각화

할 수 있다.

일반적으로 CFD 소프트웨어 환경 안에서 모델구조와 격자 구성이 모두 가능하다. 하지만 모델 형상이 너무 복잡하면 전문적인 CAD 소프트웨어 프로그램을 이용하여 형상을 생성하는 것도 고려할 수 있다. 대부분의 CFD 소프트웨어 패키지는 CAD 소프트웨어 프로그램으로부터 모델 형상을 전송 받을 수 있다.

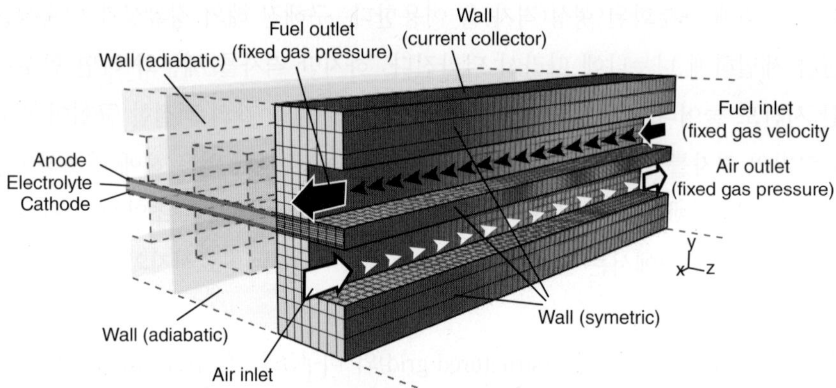

그림 13-1. 수치해석을 위한 격자와 경계조건을 포함한 단일 유로의 연료전지 구조. 얇은 전극층은 기체 농도와 온도, 전압의 큰 변화를 관찰할 수 있도록 세분화된 격자로 나뉘어졌다. 하지만 유로판에서는 큰 물리적 변화가 일어나지 않기 때문에 조악한 격자구조가 적용되었다. 유동과 연관한 격자들은 고체 영역과 유체 영역을 비교하기 위해서 그림에서 제외시켰다. 위 모델은 연료와 공기가 역방향으로 흐르는 '대향류(counter flow)'를 관찰하기 위하여 사용된다.

13.1.3 경계조건과 체적조건

연료전지의 형상 구축과 격자화가 끝나면, 각 모델 영역(유로 영역, 전극 영역 등)에 경계조건(boundary condition)과 체적조건(volume condition)을 할당해야 한다.

체적조건은 모델 형상 내의 각각의 영역을 정의하는 물리적 성질이다. 이러한 물리적 성질은 각각의 영역에 해당하는 지배방정식을 풀기 위해 필요로 한다. 예를 들면, 연료전지 모델 내의 산화극 촉매층 영역은 유체상태의 혼합물(수소와 수증기)과 전자 전도체, 이온 전도체, 반응지점으로 구성된다. 즉, 표 13.1에서의 여섯 가지 지배방정식이 이 영역에 적용된다. 영역 내의 지배방정식들을 풀기 위해서는 영역과 관련된 (또한 지배방정식과 관련된) 모든 물리적 성질들(공극률, 투과도, 전기 전도도, 이온 전도도 등)을 입력해야 한다.

표 13.2 (a) 일반적인 SOFC의 체적조건

Property	Channels	Anode	Electrolyte	Cathode	Flow Plate
Gas Property	Ideal Gas Law	Ideal Gas Law	Ideal Gas Law	Ideal Gas Law	7780 kg/m^3
Viscosity	Kinetic Theory	Kinetic Theory	Kinetic Theory	Kinetic Theory	—
Thermal Conductivity	Kinetic Theory	Kinetic Theory	Kinetic Theory	Kinetic Theory	33.443 W/m K
Diffusivity	Kinetic Theory	Kinetic Theory	Kinetic Theory	Kinetic Theory	—
Ionic Conductivity	10^{-20} S/m	10 S/m	10 S/m	10 S/m	10^{-20} S/m
Porosity	1	0.4	0.001	0.4	0
Permeability	—	1.523×10^{-12} m^2	10^{-18} m^2	2.67×10^{-12} m^2	0
Effective Thermal Conductivity	—	11 W/m K	2.7 W/m K	6 W/m K	—
Effective Diffusivity	—	Bruggman Model	Bruggman Model	Bruggman Model	—
Tortuosity	0	1.5	1.5	1.5	—
Electrical Conductivity	0	100,000 S/m	10^{-20} S/m	2512 S/m	—
Transfer Coefficient	—	0.5	—	0.5	—
Exchange Current Density	—	10^{14} A/m^3	—	10^{10} A/m^3	—

표 13.2 (b) 일반적인 PEMFC의 체적조건

Property	Channels	Anode		Membrane	Cathode		Flow Plate
		Catalyst	GDL		Catalyst	GDL	
Gas Property	Ideal Gas Law	Ideal Gas Law	Ideal Gas Law	Ideal Gas Law	Ideal Gas Law	Ideal Gas Law	2698.9 kg/m^3
Viscosity	Kinetic Theory	Kinetic Theory	Kinetic Theory	Mix Kinetic Theory	Mix Kinetic Theory	Mix Kinetic Theory	—
Thermal Conductivity	Kinetic Theory	Kinetic Theory	Kinetic Theory	Kinetic Theory	Kinetic Theory	Kinetic Theory	210 W/m · K
Diffusivity	Kinetic Theory	Kinetic Theory	Kinetic Theory	Kinetic Theory	Kinetic Theory	Kinetic Theory	—
Ionic Conductivity	10^{-20} S/m	4.2 S/m	10^{-20} S/m	Nafion Model	4.2 S/m	10^{-20} S/m	0.00027 S/m
Porosity	1	0.4	0.4	0.28	0.4	0.4	0
Permeability	—	10^{-11} m^2	10^{-11} m^2	10^{-18} m^2	10^{-11} m^2	10^{-11} m^2	0
Effective Thermal Conductivity	—	200 W/m · K	200 W/m · K	200 W/m · K	200 W/m · K	200W/m · K	—
Effective Diffusivity	—	Bruggman Model	Bruggman Model	Bruggman Model	Bruggman Model	Bruggman Model	—
Tortuosity	0	1.5	1.5	5	1.5	1.5	—
Electrical Conductivity	0	53 S/m	53 S/m	10^{-20} S/m	53 S/m	53 S/m	—
Transfer Coefficient	—	0.5	—	—	0.5	—	—
Exchange Current Density	—	10^8 A/m^3	—	—	10^6 A/m^3	—	—

주석: 전형적인 SOFC(a)와 PEMFC(b) CFD 연료전지 모델의 체적조건. 표 안의 값은 연료전지 시뮬레이션에서 사용될 수 있는 평균값들이다. 더 정확한 값은 실험 및 참고 문헌에서 얻을 수 있다.

표 13.2는 SOFC와 PEMFC의 유로, 산화극, 전해질, 환원극, 유동판 영역의 적절한 물리적 성질을 위한 체적조건을 요약한 것이다. 우리는 이 물성들에 대해 간단하게 검토할 것이다.

체적조건

공극률(porosity) (ε). 유로에는 구멍 구조가 없기 때문에 공극률이 1이다. 고체 구조인 유로 판 같은 경우에는 공극률이 0이다. 전극이나 촉매층의 공극률은 연료전지 문헌에서 얻을 수 있으며 일반적으로 0.3~0.6의 값을 갖는다.

투과성(permeability) (κ). 전극이나 촉매층 같은 다공성 매질에서는 공극률 값뿐만 아니라 투과성도 명시해야 한다. 고체 상태인 전극이나 유로 판 같은 경우에는 거의 0에 가까운 투과성을 나타내지만, 유로의 경우에는 아주 큰 투과성 값을 나타낸다.

교환전류밀도(exchange current density) (j_0). 공기극과 연료극의 전기화학적 반응의 기저를 설명하기 위해서는 각각의 교환전류밀도가 필요하다. j_0는 체적당 전류(A/m^3)이므로 3차원 연료전지 모델에 사용되어야 한다. 이러한 단위는 촉매층을 면으로 취급하는 것보다 체적으로 다루면서 실제에 가깝도록 한다. 6장에 간단한 연료전지 모델에서는 아주 얇은 촉매층을 가정하므로 면적당 전류(A/m^2)를 사용한다.

전달계수(transfer coefficient) (α). j_0와 마찬가지로 공기극과 연료극의 전기화학적 반응의 기저를 설명하기 위해 필요한 계수이다. 이상적인 경우에는 전달 계수가 0.5이어야 한다(3.7절). 이러한 값은 연료극에서 수소의 해리과정 실험값과 비슷하다. 공기극에서는 보다 작은 값인 0.2~0.5의 값이 실험값과 비슷하다.

전기 전도도(electronic conductivity) (σ_{elec}). 유로와 전해질에서는 전기 전도도를 0으로 정한다. 다른 영역에서는 연료전지 문헌에 실험값을 참고하여 정한다.

이온 전도도(ionic conductivity) (σ_{ion}). 일반적으로 촉매층과 전극을 제외한 나머지 영역에서는 이온 전도도를 0으로 정한다. 전극과 촉매층에서는 정확도를 위해서 이온 전도도에 대한 아레니우스 식 (4.32)에 상수 조건이 아닌 체적 조건을 반영하여 구한다. 이 식을 사용하여 각 지역 온도에 따라서 이온 전도도가 변하도록 할 수 있다. 아레니우스 식을 적용하기 위해서는 두 가지 파라미터가 더 필요한데, 기준 전도도와 활성화 에너지이다. 지역 온도는 모델의 해석 결과로부터 얻을 수 있다.

사행도(tortuosity) (τ). 전극이나 촉매층 같은 다공성 매질에서는 다공성 구조에 따라서 유체의 확산율이 보정되어야 한다(5.2.1절). 다공성 연료전지 매질에서의 사행도는 1~4

의 값을 갖는다.

열 전달률(thermal conductivity) (k). 열 전달도는 모든 매질에서 정해져야 한다. 유로의 유체 혼합물에서 열 전달률은 기체 이론에 의해서 구해진다. 대부분에 CFD 프로그램이 이러한 부분을 지원한다.

밀도(density) (ρ). 기체 상태에서는 일반적으로 이상기체 상태방정식에 의해서 정해진다.

점성률(viscosity) (μ)과 확산률(diffusivity) (D). 열 전달률과 마찬가지로 유체의 점성률과 확산율은 기체 운동론에 의해서 계산된다(5.2.1, 5.3.1절). 대부분의 CFD 프로그램에서는 몇 가지 근사식이 제공된다.

유효 확산률(effective diffusivity) (D^{eff}). 대부분의 CFD 프로그램은 확산율, 공극률, 사행도에 기반하여 유효 확산률을 계산할 수 있는 식을 제공한다. 가장 많이 사용되는 식은 5.2.1절에 소개되어 있다.

경계조건 경계조건은 모델의 바깥쪽 면들과 주변 물리적 환경과의 관계를 정의하기 위하여 필요하다. 연료전지 모델에서는 다음의 경계조건이 자주 사용된다.

입구 조건(inlet condition). 입구 조건은 연료전지 구조에서 유체가 들어오는 면에 적용된다. 입구 조건을 정의하기 위해서는 연료전지로 들어오는 유체의 조성, 속도, 온도를 명시하여야 한다. 입구 속도는 원하는 연료와 산화제의 과급률에 의해 정해지기도 한다.

출구 조건(outlet condition). 출구 조건은 연료전지 구조에서 유체가 나가는 면에 적용된다. 출구 조건은 주로 압력에 기반한다. 연료전지의 출구가 대기압 상태에 놓여있다고 가정하는 것이 가장 일반적인 출구 조건이다. 이러한 경우에 출구 압력은 1 atm이다.

벽 조건(wall condition). 출구와 입구를 제외하고 연료전지의 다른 바깥쪽 면의 대부분은 벽 조건이다 −벽면을 통한 유체의 흐름이 없는 상태. 연료전지 모델에서는 중요한 두 가지 벽 조건이 있다 – 열적 벽 조건, 전기적 벽 조건.

가장 일반적인 열적 벽 조건은 단열과 등온 조건이다. 단열 조건은 잘 단열된 벽면에 적용되며, 등온 조건은 단열되지 않은 벽에 적용된다.

전기적 (전위) 벽 조건은 공기극과 연료극의 집전판 가장 바깥쪽 면에 적용된다(그림 13.1). 공기극과 연료극의 전압 차이가 연료전지를 구동하는 과잉 전압을 나타낸다. η를 제어한다는 것은 연료전지의 출력 전압을 의미하는 것이 아니라 전기적 벽 조건을 통해 연료전지에 형성된 과잉 전압(전압 강하)을 의미한다. 연료전지의 출력 전압은 가역 전압(열역학에서 얻어진 전압, 2장)과 부과된 과전압의 차이($V = E_{\text{thermo}} - \eta$)로 계산된다. 공기극과 연료극의 과전압이 클수록 연료전지로부터 계산된 전류밀도가 증가한다. 여러 과전압 상태에서 연료전지 모델을 계산하여 완전한 $j-V$ 커브를 얻을 수 있다.

대칭 조건(symmetry condition). 대칭 조건은 모델 구성이나 계산 시간을 줄이기 위해서 사용된다. 만약 연료전지의 구조가 특정 평면에 대하여 같다면, 모델을 '대칭 평면'에 대하여 나누어 대칭 경계 조건을 적용한 후 나눈 모델의 한 쪽만 시뮬레이션 하면 된다. 대칭이기 때문에 절반의 결과는 모델의 반대편 반쪽 모델에 거울상으로 반영된다. 예를 들어 그림 13.1에서 대칭 조건을 적용하여 채널을 반으로 나누었다. 대칭 조건을 통해서 시간과 계산 자원을 줄일 수 있다.

13.1.4 해석 과정과 결과 분석

대부분의 CFD 패키지들은 반복 과정을 통해 연료전지를 관장하는 복잡하고 연관된 일련의 지배방정식을 수치적으로 해석한다. 반복 과정은 지배방적식의 초기 해를 가정하는 것에서 시작한다. 초기 해는 때때로 실제적이지 않다(예를 들어 모든 물리적 값들이 0인 경우). 몇 번의 연속적인 반복 과정 이후에, CFD 알고리즘은 근사적인 해를 계산하고, 이 근사적인 해는 점점 실제 해에 가까워진다. 이전 반복 단계와 현재 반복 단계의 정규화된 해의 차이가 무시할 정도로 작아지는 경우 반복 과정을 멈춘다. (충분히 작은 정도는 유저가 해석 과정을 시작하기 전에 미리 정해놓은 오차 범위를 통해 결정된다.) 반복 해석 과정은 긴 시간이 필요하다. 모델의 그리드 요소가 몇 천, 몇 십만, 또는 몇 백만인가에 따라서 몇 시간, 며칠, 또는 몇 주가 걸릴 수 있다. CFD 코드의 용인 가능한 오차 범위를 0.01%(10^{-4})에서 1%(10^{-2})로 증가시키면 약간의 오차를 감수하면서 계산 시간을 효과적으로 줄일 수 있다.

CFD의 이완 계수를 조절하여 해의 수렴도를 증가시킬 수 있다. 근본적으로 이러한 이완 계수는 CFD 알고리즘이 반복 계산에서 연속적인 해가 얼마나 급격하게 변화할 것인가를 결정한다. 작은 이완 계수는 수렴을 느리게 하지만 수렴의 안전성이 증가한다. 높은 이완 계수는 수렴을 빠르게 하지만 해가 심하게 변동하거나 실제 해에서 발산하는 등 수렴이 불안정해 질 수 있다.

반복 과정이 끝나면 다음으로는 해를 시각화하는 단계이다. 대부분의 CFD 패키지들은 해를 시각화하는 기능들을 제공한다. 부드러운 해의 형태를 보여주기 위하여 이러한 프로그램들은 CFD 해석에서 얻어진 이산화된 결과들을 보강하여 처리한다. 온도, 전류밀도, 유체 흐름, 반응물/생성물 농도, 전압 등 모델의 결과로 얻어진 물리적 성질들을 시각화 가능하다. 고체 산화물 연료전지 모델에서 얻은 몇몇 물리적 성질들의 시각화한 결과가 그림 13.2에 나타나 있다.

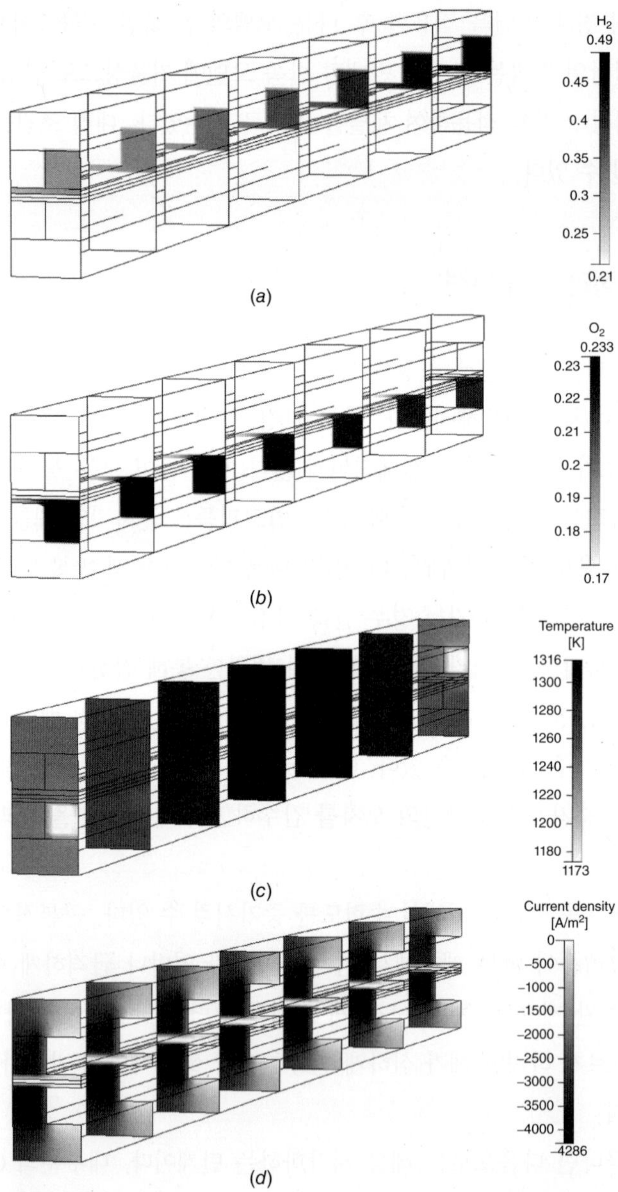

그림 13-2. SOFC 해석 결과. (a) 수소 농도 분포, (b) 산소 농도 분포, (c) 온도 분포, (d) 전류밀도 분포. 총 과전압은 0.3 V이며 입구 기체 온도는 900℃이다.

연료전지에서 예측된 출력 전류는 때때로 가장 중요한 물리적 성질이다. 집전 판의 길이 방향으로 전류밀도를 적분하는 방법으로 연료전지의 출력 전류를 예측할 수 있다. 전기적 벽 조건에 의한 과전압 차이와 앞서 계산된 출력전류를 이용하여 연료전지의 $j-V$ 커브의 한 점을 구할 수 있다. 한 번의 CFD의 해로부터 단 하나의 점만 얻을 수 있다는 것을 명심해야 한다. 따라서 전기적 벽 조건의 전압 조건을 바꿔가면서 여러 번 계산을 수행하여야 한다.

CFD 모델의 해를 통해 연료전지 내부에서 일어나는 전기화학적 현상에 관해 많은 정보와 통찰을 얻을 수 있다. 단일 채널 SOFC 모델의 수소, 산소, 온도, 전류밀도 분포 예시가 그림 13.2에 나타나 있다. 그림 13.2a와 13.2b를 보면, 이 SOFC 모델 채널에서 수소와 산소의 농도 분포가 두 물질이 소모됨에 따라 입구에서 출구로 갈수록 감소한다. 연료는 효율적으로 공급되어야 하는 반면, 공기는 많은 양을 초과하여 공급할 수 있다. 따라서 과급률이 1.1에서 2가 되도록 연료가 공급되는 것이 일반적이다. 이 효과는 그림 13.2b에 나타나 있는데, 공기가 과급률이 8배 많이 공급되었기 때문에 채널을 따라 감소하는 산소의 농도가 최소이다.

모델의 온도와 전류밀도 분포는 그림 13.2c와 d에 각각 나타나 있다. 이 연료전지 모델은 역류 형태이기 때문에(그림 13.1), 연료전지의 양 끝은 반응 기체가 들어오면서 상대적으로 낮은 온도를 보인다. 연료전지의 가운데에서는 연료전지 내부에서 일어나는 전기화학반응에 의한 열로 온도가 급격하게 증가한다. 온도와 마찬가지로 전류밀도 또한 양 끝에서 감소한다. 낮은 온도와 입구와 출구 쪽의 낮은 산소와 수소의 농도가 결합하여 끝부분의 낮은 전류밀도를 형성한다.

비록 CFD 연료전지 모델이 6장에서 소개된 간단한 1차원 연료전지 모델에 비해서 계산량이 많지만, 연료전지 설계를 최적화하는 데 중요한 연료 고갈 구역, 열 점, 또는 다른 구조적 효과들의 자세한 3차원 정보를 제공한다.

시스템-단계 설계로 넘어가기 전에 CFD 연료전지 모델에 대해서 한 가지 짚고 넘어갈 것이 있다. 다른 모델들과 마찬가지로 CFD 연료전지 모델의 타당성 확인은 연료전지 모델에 적용한 기본 가정과 물리적 특성(지배방정식, 부피조건, 경계조건)들의 타당성에 영향을 받는다. 오래된 속담인 "콩 심은 데서 콩 나고, 팥 심은 데서 팥 난다"라는 말이 정확히 들어 맞는 부분이다. 만약 CFD 모델의 근간을 이루는 기본 데이터나 가정들이 적합하지 않거나 틀렸다면 얻어지는 결과는 의미가 없다.

13.2 연료전지 시스템 설계: 사례 연구

지금까지 연료전지의 모델 기반 설계를 살펴보았다. 이번 절에서는 전체 연료전지 시스템 설계를 방법을 알아볼 것이다. 12 V에서 20 W의 출력을 내야 하는 휴대용 연료전지 시스템을 다룬다. 휴대용 연료전지 설계는 특히 어려운데, 열 관리와 패키징의 어려움과 연관되어 있다. 따라서 이번 사례 연구에서는 연료전지 시스템 설계에서 열과 질량 균형을 조절하는 좋은 예제를 다룰 것이다. 또한, 이번 사례 연구는 더욱 복잡한 고정형 또는 차량용 시스템 설계와는 다른 점을 확인하기에 충분할 정도로 작고 간단한 시스템을 다룰 것이다.

전체 연료전지 시스템 설계는 연료전지뿐만 아니라 BOP(balance of plant)라 불리는 연료전지 가동을 위한 기타 부수적인 요소들도 포함한다. 일반적으로 BOP는 전력변환장치, 열 교환기, 송풍기, 연료 개질기 등을 뜻한다. 이러한 요소들은 10장에서 간단하게 다룰 것이다. 전체 연료전지 시스템 설계는 연료전지 설계와 크기 결정과 함께 BOP 요소들을 적절히 선택하는 것도 포함된다.

연료전지 시스템 디자인은 원하는 목표치에 도달할 때까지 반복의 과정이다. 이번 사례 연구에서는 다음의 반복 과정을 이용할 것이다.

1. 적절한 전체 연료전지 시스템을 구성하고, 각각의 시스템 구성 요소들의 성능에 대한 적절한 초기 예측을 한다.
2. 1에서 예측한 전체 연료전지 시스템 성능에 기반하여 열과 질량 균형을 계산한다.
3. 2에서 계산한 열과 질량 균형에 기반하여 시스템 구성요소들의 성능을 개선한다. 상대적인 요소에 관해서는 예상된 물질, 열, 전류 전달의 크기와 변화율에 기반하여 양립 가능성을 확인해야 한다.
4. 설계한 시스템의 성능이 원래 목표한 성능에 도달하는지 확인한다. 만약 시스템의 성능이 충분하지 않다면, 설계 목표에 도달하기 위해서 어떠한 요소나 값들을 바꾸어야 하는지 확인하고 설계 과정을 반복한다.

13.2.1 휴대용 SOFC 설계

작은 전기 장치에 직류 전력을 공급할 수 있는 휴대용 연료전지 시스템 설계에 관심 있는 투자자에게 설계를 의뢰 받았다고 하자. 근래에 연료전지에 기반한 휴대용 전력 시스템은 기존 전지 기술의 치명적 한계를 극복하는 데 초점을 맞추고 있다. 예를 들어 군에서는 군인의 전장 임무 수행을 위한 소형 휴대용 연료전지 전력 시스템에 관심이 많고, 산업에서는 외딴 곳이나 환경에 민감한 곳에서 일하는 과학 분야 종사자들에게 적절한 시스템으로 각광받고 있다.

투자자의 요구사항은 다음과 같다. 연료전지 시스템은 12 V에서 20 W의 출력을 낼 수 있어야 하며, 출력 요구사항 외에는 다른 제한 조건은 없다. 이러한 요구사항을 만족하기 위한 연료전지 시스템은 얼마든지 다양하게 구성할 수 있다. 하지만 간단하게 하기 위해서 최소한의 필수적인 요소들만으로 연료전지 시스템을 구성할 것이다.

- **연료전지 스택.** 20 W의 출력을 낼 수 있는 연료전지를 설계하는 것이 목표다. 따라서 연료전지 스택은 20 W 이상의 출력을 낼 수 있어야 한다. 왜냐하면 송풍기, 직류-직류 변환기 등 BOP에서 스택 출력의 일부를 사용하기 때문이다. 휴대용 시스템에서는 스택 출력의 50% 정도를 BOP가 차지하는 경우도 있다. 따라서 20 W의 순 출력을 얻기 위해서는 연료전지 스택이 40~50 W 정도의 출력을 낼 수 있어야 한다. 두 번째 고려해야 할 사항은 연료전지 시스템이 12 V의 전압을 공급해야 한다는 것이다. 12 V의 전압을 얻기 위해서는 0.7 V(일반적인 연료전지 셀의 작동전압)로 작동하는 연료전지 셀이 약 17개 정도 필요하다. 17개 셀 스택을 설계하고 최적화 하는 것은 어렵기 때문에 6~8개 정도의 셀을 사용하고 12 V 직류-직류 변환기를 사용하는 것이 좋은 대안이 될 수 있다.
- **수소 공급.** 다음으로 고려해야 할 사항은 연료 공급 시스템이다. 연료 공급 시스템에는 제한조건이 없기 때문에 원통형 금속 수소화물을 사용할 것이다. 금속 수소화물은 체적당 저장 용량이 커서 휴대용 저장장치로 적합하다. 또한 간단하고 안전한 시스템으로 압축기나 송풍기에 필요한 수소를 상대적으로 높은 압력과 유량으로 공급할 수 있다. 대안으로는 탄화수소연료 기반의 개질기 시스템을 사용할 수 있으나, 시스템의 복잡성 때문에 휴대용 연료전지에는 적합하지 않다.
- **공기 공급.** 연료전지 셀 스택에 반응을 필요한 공기와 냉각을 위한 공기가 필요하다. 상대적으로 큰 유량이 필요하다. 따라서 압축기, 팬, 또는 송풍기가 필요하다. 여기서는 송풍기를 사용할 것이다. 연료전지 시스템이 12 V의 직류 출력을 내고 있기 때문에 송풍기 또한 12 V 직류 전류에서 구동이 되어야 한다.
- **열 관리.** SOFC 시스템에서는 많은 양의 열이 발생한다. 이 열을 낭비하지 않고 열 교환기를 통해 재활용 할 수 있다. 열 교환기를 통해 연료전지 출구의 뜨거운 기체의 열

로 입구의 차가운 기체의 온도를 높일 수 있다. 이를 통해 연료전지 내부의 온도 차를 줄일 수 있고, 성능을 향상시킬 수 있다.

- **직류–직류 변환기.** 6~8개의 연료전지 스택을 사용하기로 했기 때문에 직류–직류 변환기를 통해 연료전지의 전압을 12 V로 변환해 주어야 한다. 연료전지의 출력은 때때로 출렁거리는데, 직류–직류 변환기는 외부 부하에 따라서 출력 전압을 안정화 시켜줄 수 있어야 한다.

여기까지 분석을 통해서 구성한 연료전지 시스템이 그림 13.3에 나타나 있다.

연료전지 설계 초안을 요약해보자. 수소화물 용기에서 나오는 수소와 송풍기에서 나오는 공기가 SOFC로 들어가기 전에 열 교환기에서 데워진다. 이러한 예열 과정은 높은 온도에서 작동하는 SOFC가 입구 기체에 의해서 냉각되지 않도록 한다. 연료전지를 지난 기체는 매우 뜨거운 상태이며, 열 교환기에서 외부로 배출되기에 충분히 낮은 온도로 냉각된다. 연료전지의 전기에너지는 직류–직류 변환기에서 12 V로 승압된다. 이 중 일부는 송풍기를 작동하는 데 사용되고, 나머지(최소 20 W)는 외부 부하를 견디는 데 사용된다.

여기서 구성한 시스템은 사실 굉장히 간단한 시스템이다. 이후 반복 과정에서는 테일가스 연소실이나 연료 재순환기 등 배출 가스의 남은 연료를 활용하기 위한 시스템을 추가할 수도 있다. 상용 시스템에서는 유량이나 온도, 출력을 제어하기 위한 통합 센서, 밸브, 컨

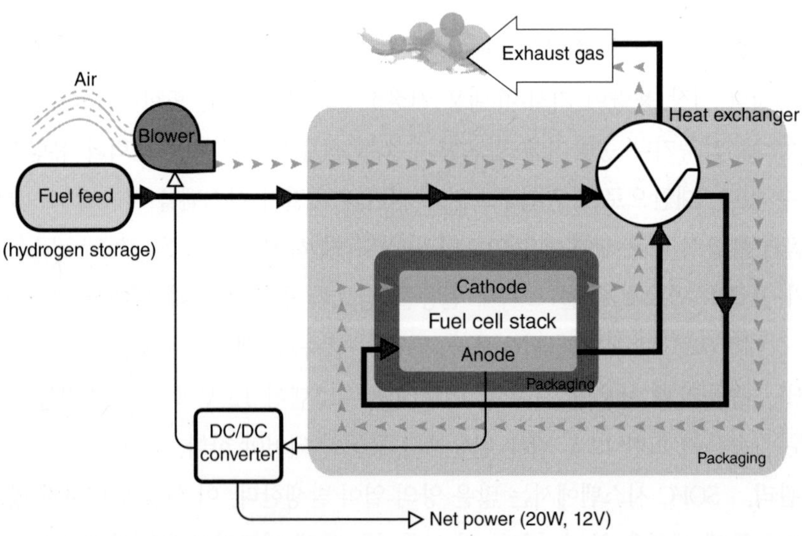

그림 13-3. 간단한 휴대용 SOFC 시스템 개념도

트롤러 등이 필요하다. 또한 연료전지 초기 시동과 운전 정지 상황도 고려되어야 한다. 예를 들어 냉각 시동을 위한 작은 히터가 필요할 수도 있다. 이번 사례 연구에서는 간단하게 하기 위해서 이러한 사항들을 고려하지 않았다.

기본적인 시스템 구성이 끝났으므로 다음 단계로 연료전지 스택 요구사항을 만족했는지에 대한 예측을 해야 한다. 연료전지 스택에 대한 자세한 성능을 예측하는 것은 어렵다. SOFC의 출력 밀도는 온도에 큰 영향을 받는다. 그러나 온도가 올라갈수록 많은 냉각이 필요하므로 송풍기에 소모되는 전력도 증가하게 된다. 송풍기가 얼마나 많은 전력을 소모하는지 알 수 없기 때문에 현재 연료전지 시스템이 얼마나 커질지 알 수 없다. 반대로 연료전지 스택의 크기와 과급률을 알 수 없으면 송풍기의 출력이 얼마나 필요한지 알 수 없다. 마치 닭과 달걀의 관계와 같다. 마찬가지로 다양한 변수들이 일반적으로 비선형적으로 연관되어 있기 때문에 명쾌하게 풀 수 없다.

그렇다면 어떻게 할 것인가? 어쩔 수 없이 초기 값들은 경험과 직관을 통해서 추측하는 수밖에 없다. 설계가 끝난 후에 처음으로 돌아가서 보다 현재 연료전지 스택에 맞는 값들로 수정해 주어야 한다. 이러한 설계 과정을 반복하여 최적값에 근접한 설계를 할 수 있다. 그림 13.4를 보면, 초기 값을 가정하기 위한 SOFC이 성능 정보가 나와있다.

그림 13.4는 현재 시스템에 사용하기 위한 몇 가지 j–V 성능 곡선을 나타낸다. 이러한

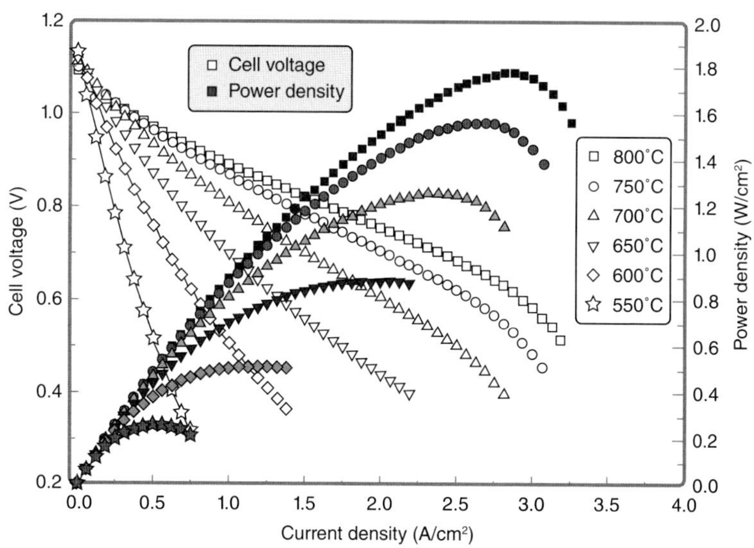

그림 13-4. CFD SOFC 모델에서 얻어진 연료극 분극 곡선. 모델에서 각각 1기압의 수소 1.2의 과급률, 공기 8.0의 과급률로 계산되었다.

$j-V$ 곡선은 두 가지 방법 중 하나의 방법으로 얻은 것이다. 13.1절에서 다뤘던 것처럼 CFD 연료전지 모델을 통해서 얻거나 단일 셀 실험을 통해 얻는 방법이다. 그림 13.4에 나온 $j-V$ 곡선은 수소는 1.2의 과급률, 산소는 8.0의 과급률이 사용되었다. 연료전지 출구는 대기압 조건이 주어졌다. 상기 데이터는 공기 과급률이 상당히 높은 상태에서 얻어진 것을 알 수 있다. 여기에는 두 가지 이유가 있다. 높은 공기 유량은 스택 냉각을 위해 필요하며 또한 연료전지의 성능 향상도 꾀할 수 있다. SOFC 시스템에서는 5 이상의 높은 공기 과급률이 좋은 선택일 수 있다.

연료전지 스택의 크기를 결정할 때에는 **효율**과 **전력밀도**에서 적절히 선택을 해야 한다. 만약 연료전지의 전력을 최대화 하기로 했다면 연료전지의 크기를 최소화 하면 된다. 그러나 연료전지 효율은 높은 전력밀도에서 낮고, 따라서 큰 수소 탱크가 필요하거나 시스템의 수명을 단축시킬 수 있다. 또한 높은 전력밀도에서 연료전지를 운행하면 많은 열이 발생하고, 이를 위한 냉각이 필요하기 때문에 송풍기의 소비 전력도 증가하게 된다. 반면에 만약 연료전지가 높은 전압에서 작동하기로 했다면, 연료전지의 효율은 증가하지만, 전력밀도는 감소한다. 이러한 경우에 커다란 스택이 필요하고 시스템의 크기와 가격을 상승시킨다.

앞서 논의한 내용에 기반하여 일반적인 연료전지 설계 목표는 셀 전압이 0.7 V 근처가 되도록 하여 50% 정도의 효율과 적당한 전력밀도를 형성하도록 한다.

표 13.3 SOFC 스택의 초기 설계 값

Stack Design Parameters	Value
Fuel cell operating temperature, T_{fc}	700 °C
Hydrogen and air pressure	1 atm
Hydrogen stoichiometry, λ_{H_2}	1.2
Air stoichiometry, λ_{O_2}	8
Fuel cell operating voltage, Voper	0.7 V
Fuel cell output power, P_{fc}	50 W

표 13.4 SOFC BOP 요소들의 초기 설계 값

System Component Design Parameters	Value
DC–DC converter efficiency, ε_{DC-DC}	90%
Heat exchanger efficiency, ε_{HX}	90%

작동 온도를 선택하는 것 또한 성능과 냉각 사이에서 타협이 필요하다. 초기 조건으로는 적당한 온도가 필요하다. 우선 700℃로 설정하자. 마지막으로 연료전지 스택의 출력을 정해야 한다. 송풍기와 직류-직류 변환기가 상당한 출력을 요구한다는 것을 예상할 수 있기 때문에 연료전지 스택 출력을 50 W로 하자. 이러한 방식으로 정한 연료전지 스택 작동 초기값들은 표 13.3에 나타나 있다.

마지막으로 몇 가지 시스템 요소에 대하여 효율 값들이 필요하다. 앞서 살펴본 직류-직류 변환기와 열 교환기에 기반하여(10.5.3절, 10.5.4절) 이러한 요소들의 효율을 표 13.4처럼 가정하였다.

13.2.2 열과 질량 균형

초기 설계 성능 값들을 정한 이후에는 연료전지 시스템의 열과 질량 균형을 고려해야 한다. 열과 질량 균형을 계산하면 시스템 전반의 열류속과 기체 유속의 양을 알 수 있기 때문에 시스템의 다양한 요소들의 사이즈를 결정할 수 있다.

질량 균형 그림 13.4를 보면 연료전지는 700℃, 0.7 V에서 j_{oper}=1.5 A/cm^{3}를 생성하고 있다. 따라서 50 W 출력을 내려면 A_{fc}=47.62 cm^2[=50 W/(0.7 V×1.5 A/cm^2)]의 면적이 필요하다. 총 생성 전류는 i_{total}=71.43 A(=50 W/0.7 V)이다. 이를 통해 필요한 수소 공급량은(수소의 과급률을 λ_{H_2}=1.2이라 할 때)

$$\begin{aligned} v_{H_2,supply} &= \frac{i_{total}}{nF} \times \lambda_{H_2} = \frac{71.43\,A}{2 \times 96,485\,C/mol} \times 1.2 \\ &= 4.442 \times 10^{-4}\,mol/s = 0.02665\,mol/min \end{aligned} \quad \text{식 (13.15)}$$

마찬가지로 공기의 과급률을 8이라 하면 산소의 공급량은

$$\begin{aligned} v_{O_2,supply} &= \frac{i_{total}}{nF} \times \lambda_{O_2} = \frac{71.42\,A}{4 \times 96,485\,C/mol} \times 8 \\ &= 0.001481\,mol/s = 0.08884\,mol/min \end{aligned} \quad \text{식 (13.16)}$$

이를 통해 질소의 공급률은

$$\begin{aligned} v_{N_2,supply} &= v_{O_2,supply} \times \omega = 1.481 \times 10^{-3}\,mol/s \times \frac{0.79}{0.21} \\ &= 0.005571\,mol/s = 0.3342\,mol/min \end{aligned} \quad \text{식 (13.17)}$$

여기서 ω는 대기 중의 산소와 질소의 비율이다.

총 공기의 공급량은 질소와 산소의 공급량의 합으로 나타낼 수 있다.

$$\begin{aligned} \upsilon_{air,supply} &= \upsilon_{N_2,supply} + \upsilon_{O_2,supply} = 0.3342 \text{ mol/min} + 0.08884 \text{ mol/min} \\ &= 0.4230 \text{ mol/min} \end{aligned} \quad \text{식 (13.18)}$$

이상기체 상태 방정식을 통해 STP에서 몰 공급률을 부피 공급률로 바꿀 수 있다.

$$\begin{aligned} \dot{V}^{25C}_{air,supply} &= \frac{\upsilon_{air,supply} RT}{p} = \frac{0.4230 \text{ mol/}min \times 0.0820578 \text{ atm} \times \text{L/mol} \times \text{K} \times 298.15 \text{ K}}{1 \text{ atm}} \\ &= 10.35 \text{ LPM} \end{aligned}$$

식 (13.19)

이 값이 송풍기를 통해 공급해 주어야 할 체적 공기 유량이 된다. 연료전지 전류를 통해 다음과 같이 물 생성량을 계산할 수 있다.

$$\upsilon_{H_2O,prod} = \frac{i_{total}}{nF} = \frac{71.42 \text{ A}}{2 \times 96,400 \text{ C/mol}} = 3.702 \times 10^{-4} \text{ mol/s} = 0.0222 \text{ mol/min}$$

식 (13.20)

이 값은 수소 소비량($v_{H_2,cons} = 3.702 \times 10^{-4}$ mol/s)과 같은 값이며, 산소 소비량($v_{O_2,cons} = 1.851 \times 10^{-4}$ mol/s)의 두 배이다. 이 값들을 통해서 연료전지 배기가스의 유량을 계산할 수 있다.

$$\begin{aligned} \upsilon_{H_2,exhaust} &= \upsilon_{H_2,supply} - \upsilon_{H_2,cons} = 7.403 \times 10^{-5} \text{mol/s} \\ \upsilon_{O_2,exhaust} &= \upsilon_{O_2,supply} - \upsilon_{O_2,cons} = 0.001296 \text{ mol/s} \\ \upsilon_{N_2,exhaust} &= \upsilon_{N_2,supply} = 0.005571 \text{ mol/s} \\ \upsilon_{H_2O,exhaust} &= \upsilon_{H_2O,prod} = 3.702 \times 10^{-4} \text{ mol/s} \end{aligned} \quad \text{식 (13.21)}$$

다양한 유량들이 표 13.5에 정리되어 있다.

열 균형 질량 균형과 비교했을 때 열 균형은 조금 복잡하다. 질량 균형 계산을 위해서는 시스템 내에서 유량 손실이 없는 한 질량이 보존된다는 점을 이용한다. 그러나 열 균형은 특히 연료전지 스택이나 열 교환기 같은 뜨거운 요소에서 시스템에서 열이 생성되거나 주변으로 열이 빠져나가는 것을 고려해야 한다. 하지만 사례연구의 간략화를 위해서 연료전지 시스템에서의 열 방출은 무시하여 단열 조건으로 가정한다.

수소-산소 반응의 엔탈피는 700℃에서 −247.7 kJ/mol이다. 따라서 이 반응 엔탈피에 대한 등가 전압은

$$E^H = \frac{|\Delta \hat{h}|}{nF} = \frac{247,700\ \mathrm{J/mol}}{2 \times 96,400\ \mathrm{C/mol}} = 1.28\ \mathrm{V}$$

이다. 따라서 연료전지에서 발생되는 열은 다음과 같이 계산된다.

$$\begin{aligned} P_{\text{heat}} &= (E^H - V_{\text{oper}}) \times i_{\text{total}} \\ &= (1.28\,\mathrm{V} - 0.7\,\mathrm{V}) \times 71.43 = 41.71\,\mathrm{W} \end{aligned} \quad \text{식 (13.22)}$$

표 13.5 SOFC 시스템의 다양한 유량

Flow Rates	Value (mol/s)
$v_{H_2,\text{supply}}$	4.442×10^{-4}
$v_{O_2,\text{supply}}$	0.001481
$v_{N_2,\text{supply}} = v_{N_2,\text{exhaust}}$	0.005571
$v_{H_2,\text{exhaust}}$	7.403×10^{-5}
$v_{O_2,\text{exhaust}}$	0.001296
$v_{H_2,\text{exhaust}} = v_{H_2,\text{cons}} = 2v_{O_2,\text{cons}}$	3.702×10^{-4}

현재 설계한 연료전지의 목표 작동점은 700℃에서 온도를 유지하는 것이다. 이 온도를 유지하기 위해서는 연료전지 스택에서 발생한 열이 모두 제거되어야만 한다. 연료전지에서 단열 조건을 가정했기 때문에 이렇게 발생한 열은 배기가스를 통해서만 제거된다. 따라서 다음과 같은 식을 세울 수 있다.

$$P_{\text{heat}} = \left(\sum_i c_{p,i} v_{i,\text{exhaust}}\right) \Delta T_{fc} = \left(\sum_i c_{p,i} v_{i,\text{exhaust}}\right) (T_{\text{fc,out}} - T_{\text{fc,in}}) \quad \text{식 (13.23)}$$

여기서 $c_{p,i}$(J/mol · K)와 ΔT_{fc}(K)는 각각 화학종 i의 열 용량과 입구와 출구의 온도 차를 나타낸다. 편의성을 위해서 $c_{p,i}$를 계산과정에서 상수(즉 온도가 변하지 않는다고)로 둘 것이다. $c_{p,i}$의 값들은 표 13.6에 나타나 있다.

연료전지의 열 소염의 발생을 줄이기 위해서 연료전지의 입구 기체는 충분히 예열되어 있다고 가정할 것이다. 따라서 입구 기체 온도 $T_{\text{fc,in}}$는 식 (13.23)에서의 연료전지 작동 온도인 T_{fc}와 같다. 표 13.5, 13.6의 값들을 식 (13.23)에 대입하면 연료전지의 출구 기체 온

도를 구할 수 있다.

$$\begin{aligned}
P_{\text{heat}} &= 41.71\,\text{W} \\
&= \left[c_{p,\text{H}_2}\upsilon_{\text{H}_2,\text{exhaust}} + c_{p,\text{O}_2}\upsilon_{\text{O}_2,\text{exhaust}} + c_{p,\text{N}_2}\upsilon_{\text{N}_2,\text{exhaust}} + c_{p,\text{H}_2\text{O}}\upsilon_{\text{H}_2\text{O},\text{exhaust}}\right] \\
&\qquad (T_{\text{fc,out}} - T_{\text{fc,in}}) \\
&= (30.116\ \text{J/mol}\cdot\text{K} \times 0.00007403\ \text{mol/s} \\
&\quad + 34.366\ \text{J/mol}\cdot\text{K} \times 0.001296\ \text{mol/s} \\
&\quad + 32.409\ \text{J/mol}\cdot\text{K} \times 0.005571\ \text{mol/s} \\
&\quad + 40.924\ \text{J/mol}\cdot\text{K} \times 0.00037\ \text{mol/s})(T_{\text{fc,out}} - 973.15) \\
\therefore T_{\text{fc,out}} &= 1145\ \text{K}
\end{aligned}$$

식 (13.24)

표 13.6 700℃에서 기체별 열 용량

Gas	$c_p^{700°\text{C}}$ (J/mol · K)
H_2	30.116
O_2	34.366
N_2	32.409
H_2O	40.924

주석: 여기서 열 용량이 온도에 따라서 변하지 않는다고 가정했기 때문에 700℃ 근처의 상당히 넓은 영역에서 적용이 가능하다. 연습문제 2.9를 돌이켜 보면 이 가정이 적절한 가정이라는 것을 확인할 수 있다.

시스템 설계에 따라서 연료전지에서 나온 뜨거운 기체는 열 교환기를 따라서 입구로 들어가는 차가운 기체에 열을 전달한다. 12.1절에서 살펴보았듯이 열 교환기에서 열 전달률 ($\dot{Q}_{HX}$)은 다음과 같다.

$$\begin{aligned}
\dot{Q}_{HX} &= \left(\sum_i c_{p,i}\upsilon_i\right)\Delta T_{\text{hot}}\varepsilon_{HX} = \left(\sum_i c_{p,i}\upsilon_i\right)\left(T_{\text{hot,in}} - T_{\text{hot,out}}\right)\varepsilon_{HX} \\
&= \left(\sum_i c_{p,i}\upsilon_i\right)\Delta T_{\text{cold}} = \left(\sum_i c_{p,i}\upsilon_i\right)\left(T_{\text{cold,in}} - T_{\text{cold,out}}\right)
\end{aligned}$$

식 (13.25)

여기서 $c_{p,i}$(J/mol · K)는 각 화학종의 열 용량을 나타내며, ΔT(K)는 열 교환기에서 고온 기체와 저온 기체의 온도 차이를 나타내고, ε_{HX}는 열 교환기의 효율을 나타낸다. 열 교환기에서는 완벽하게 열 교환이 이루어지지 않기 때문에 고온 기체의 열 중에서 일부만 저온 기체로 이동한다. 이 효과가 ε_{HX}로 적용되었다. 12장에서 살펴보았듯 이 값은 90% 정도의 값을 갖는 것이 일반적이다.

열 교환기를 빠져나가는 기체는 시스템 설계에 따라서 연료전지 작동 온도까지 예열이 되어야 한다. 따라서 $T_{\text{cold,out}} = T_{\text{fc,in}} = T_{\text{fc}}$이다. $T_{\text{cold,in}}$는 대기 온도($T_{\text{cold,in}} = 298.15$ K)로 열 교환기에 들어간다고 가정한다. 이 값들을 식 (13.25)에 적용하면 필요한 $\dot{Q}_{HX}$를 구할 수 있다.

$$
\begin{aligned}
\dot{Q}_{HX} &= \left[c_{p,\text{H}_2} v_{\text{H}_2,\text{exhaust}} + c_{p,\text{O}_2} v_{\text{O}_2,\text{exhaust}} + c_{p,\text{N}_2} v_{\text{N}_2,\text{exhaust}}\right] \left(T_{\text{cold,out}} - T_{\text{cold,in}}\right) \\
&= (30.116 \text{ J/mol} \cdot \text{K} \times 0.000444 \text{ mol/s} \\
&\quad + 34.366 \text{ J/mol} \cdot \text{K} \times 0.001481 \text{ mol/s} \\
&\quad + 32.409 \text{ J/mol} \cdot \text{K} \times 0.005571 \text{ mol/s})(973.15 \text{ K} - 298.15 \text{ K}) \\
&= 165.3 \text{ W}
\end{aligned}
$$

식 (13.26)

여기서 c_p 값은 표 13.6에 있는 상수 값을 사용하였다.

여기에서 필요한 모든 열은 고온 기체에서 제공되어야 한다. 따라서 열 교환기를 빠져나가는 고온 기체의 출구 온도를 계산할 수 있다. 이를 위해서 연료전지 출구에서 나오는 기체가 열 교환기로 바로 들어간다고 가정하여 $T_{\text{hot,in}} = T_{\text{fc,out}}$를 사용한다.

$$
\begin{aligned}
\dot{Q}_{HX} &= 165.3 \text{ W} \\
&= \left[c_{p,\text{H}_2} v_{\text{H}_2,\text{exhaust}} + c_{p,\text{O}_2} v_{\text{O}_2,\text{exhaust}} + c_{p,\text{N}_2} v_{\text{N}_2,\text{exhaust}} + c_{p,\text{H}_2\text{O}} v_{\text{H}_2\text{O},\text{exhaust}}\right] \\
&\qquad \left(T_{\text{hot,in}} - T_{\text{hot,out}}\right) \varepsilon_{HX} \\
&= (30.116 \text{ J/mol} \cdot \text{K} \times 0.00007403 \text{ mol/s} \\
&\quad + 34.366 \text{ J/mol} \cdot \text{K} \times 0.001296 \text{ mol/s} \\
&\quad + 32.409 \text{ J/mol} \cdot \text{K} \times 0.005571 \text{ mol/s} \\
&\quad + 40.924 \text{ J/mol} \cdot \text{K} \times 0.00037 \text{ mol/s}) \left(1145 \text{ K} - T_{\text{hot,out}}\right) \times 0.9 \\
\therefore T_{\text{hot,out}} &= 388 \text{ K} = 115^\circ\text{C}
\end{aligned}
$$

식 (13.27)

표 13.7 SOFC 시스템에 필요한 열 균형 계수

Thermal Parameters	Values
P_{Heat}	41.7 W
$\dot{Q}_{HX}$	165.3 W
$T_{fc,in} = T_{cold,out}$	973.15 K
$T_{fc,out} = T_{hot,in}$	1145 K
$T_{cold,in} = T_{ambient}$	298.15 K
$T_{hot,out}$	388 K

따라서 연료전지 열 교환기에서 출구 기체의 온도는 115℃이다. 이 온도는 열 교환기에 들어가는 저온 기체 온도($T_{cold,in}$=25℃)보다는 아직 90℃ 정도 높은 온도이다. 12장의 내용을 상기해보면, 고온 기체와 저온 기체의 온도 차는 이 열 교환기의 핀치 포인트를 나타낸다. 이 열 교환기의 핀치 포인트는 90℃이므로 상당이 높은 온도이다. 따라서 열 교환기가 명시된 효율인 90%에 근접하여 작동할 것이라는 것이다. 열 교환기를 빠져나가는 고온 기체의 온도는 115℃이다. 이 값은 거의 이상적인 값이다. 100℃ 이상이기 때문에 열 교환기 내부에서 수증기의 응결 현상을 고려할 필요는 없다. 또한 이 온도는 대기 중으로 바로 배출하기에 충분히 낮은 온도이다. 표 13.7에 열 균형에 관한 계산을 정리해 두었다.

13.2.3 시스템 요소 구체화

지금까지 시스템에 필요한 열 균형과 질량 균형에 대하여 알아보았는데, 다음 단계는 계산한 질량과 열 유량을 충분히 다룰 수 있는 시스템 요소를 선정해야 한다. 특히 송풍기, 열 교환기, 직류-직류 변환기와 금속 수소화물 탱크를 구체화해야 한다.

송풍기를 살펴보자. 식 (13.19)에서 공기 공급을 위한 질량 유량에 기반하면 송풍기는 최소한 10.35 LPM을 공급해야 한다. 또한 연료전지 시스템은 12 V 직류 전원을 만들어 내기 때문에 송풍기도 12 V 직류에서 작동(그렇지 않은 경우 또 다른 직류-직류 변환기가 필요하다)해야 한다. 표 13.8에서 조건을 만족하는 송풍기 성능의 예시를 나타내었다.

다음으로는 열 교환기를 살펴보자. 열 균형 계산에 따르면, 열 교환기는 872℃(= $T_{hot,in}$)를 견디어야 한다. 질량 균형 계산에 의하면, 열 교환기는 12~15 LPM의 유량이 흐를 수 있어야 한다. 그리고 열 교환기는 총 4개의 통로(연료극과 공기극의 배기 기체가 흐르는 2

개의 고온 통로와 입구로 들어가는 수소와 공기가 흐르는 2개의 저온 통로)가 필요하다. 표 13.9에 상기 시스템에 맞는 열 교환기의 성능이 나타나 있다.

표 13.8 송풍기의 성능 예시

Specification	Value
Maximum flow rate	15.5 LPM
Maximum current	3.2 A
Operating voltage	12 V
Max pressure	1200 mbars
Power vs. flow rate	Linear ($P_{blower} \propto \dot{V}_{air,supply}$)

표 13.9 열 교환기의 성능 예시

Specification	Values
Maximum fluid temperature	900°C
Rated flow range	5–20 LPM
Number of paths	4
Thermal efficiency	90%

표 13.10 직류–직류 변환기의 성능 예시

Specification	Values
Input voltage	Min 4.0 V, Max 25 V
Output voltage (adjustable)	Min 1.5, Max 15 V
Maximum input current	20 A
Maximum output current	5 A
Efficiency	90%

직류–직류 변환기는 출력전압이 12 V이어야 한다. 일반적인 변환기는 전압 증배율를 2~3배 정도 허용한다. 전압 증배율이 클수록 효율이 감소하고 변환기 비용이 증가한다. 표 13.10에는 직류–직류 변환기의 예시 성능이 나타나있다. 이 변환기는 최대 3배의 승압이 가능하다. 따라서 12 V의 출력 전압을 얻기 위해서는 최소한 4 V의 입력 전압이 필

요하다. 연료전지가 0.7 V로 작동하므로 연료전지 스택을 최소한 6개(0.7 V×6=4.2 V)의 셀이 필요하다. 4.2 V의 스택 전압에서 출력 전류는 11.9 A(i_{stack}=stack power/output voltage=50 W/4.2 V)이다. 상기 직류-직류 변환기는 20 A의 입력 전류까지 가능하므로 적절하다. 또한 변환기의 최대 출력을 확인해야 한다. 사용하는 변환기는 5 A의 출력 전류가 가능하다. 따라서 12 V에서 최대 출력은 60W가 된다. 연료전지 스택은 50 W이므로 출력 또한 적절하다.

표 13.11 금속 수소화물 실린더의 성능 예시

Specification	Values
Dimension	D 6.4 cm, H 26.5 cm
Weight	2.2 kg
Hydrogen capacity	250 L
Internal pressure	17 atm

이제 금속 수소화물 용기에 대하여 알아보자. 요구되는 작동 시간이나 시스템 크기 제약 조건에 따라서 용기 사이즈가 결정될 것이다. 두 조건 모두 설계 조건에 없기 때문에 저장 용기를 정하는 데 자유로운 편이다. 표 13.11에는 상대적으로 작은(330 ml 소다 캔 두 개 정도의 크기이다) 금속 수소화물 용기의 성능이 나와 있다. 비록 용기가 1리터도 되지 않지만 상온에서 250리터의 수소가 들어간다. 금속 수소화물 용기의 출구 압력은 17 atm이기 때문에 어느 정도 압력을 줄여줄 조절 장치가 필요하다. 질량 균형 분석에 따르면 연료전지 스택은 0.02665 mol/min의 수소가 필요하다(식 13.15). 이것은 STP에서 0.652 LPM에 해당한다. 따라서 저장 용기는 약 6.4시간(=250 L/0.652 LPM) 동안 충분한 수소를 공급할 수 있다. 만약 작동 시간이 더 필요하다면 금속 수소화물 용기의 용량을 늘리면 된다.

여기까지 시스템에 필요한 모든 요소들의 성능을 구체화 하였다. 따라서 시스템 전체의 순 출력과 효율을 구할 수 있다. 이번 예제의 순 출력을 구하기 위해서는 직류-직류 변환기의 효율과 송풍기의 동력에 의한 손실을 고려해야 한다. 따라서 순 출력은 다음과 같이 계산된다.

$$P_{net} = P_{fc} \times \varepsilon_{DC\text{-}DC} - P_{blower} \quad \text{식 (13.28)}$$

여기서 P_{fc}, ε_{DC-DC}, P_{blower}는 각각 연료전지 스택의 출력, 직류-직류 변환기의 변환 효율,

송풍기의 동력이 된다. 송풍기 성능(표 13.7)에 기반하여 송풍기에 의한 출력 손실을 유량에 따라서 선형적으로 스케일 할 것이다. 송풍기는 15.5 LPM의 공기를 보내기 위해서 12 V에서 3.2 A를 사용한다. 시스템이 10.35 LPM의 공기를 필요로 하기 때문에 송풍기에서 소모되는 예상 출력은 다음과 같다.

$$\begin{aligned} P_{\text{blower}} &= \frac{\text{max current}}{\text{max flow rate}} \times \text{actual flow rate} \times V_{\text{blower}} \\ &= \frac{3.2\ \text{A}}{15.5\ \text{LPM}} \times 10.35\ \text{LPM} \times 12\ \text{V} = 25.64\ \text{W} \end{aligned} \qquad \text{식 (13.29)}$$

따라서 연료전지 시스템의 순 출력은 다음과 같다.

$$P_{\text{net}} = 50\ \text{W} \times 0.9 - 25.64\ \text{W} = 19.36\ \text{W} \qquad \text{식 (13.30)}$$

이 값은 초기 목표치인 20 W에 거의 근접한다.

마지막으로 시스템의 순 효율을 계산해보자. 순 효율은 수소 연료에서 발생하는 엔탈피 중에서 외부 부하로 전달된 출력을 뜻한다. 이 정의를 사용하여 순 효율을 구하면 다음과 같다.

$$\begin{aligned} \varepsilon_{\text{net}} &= \frac{P_{\text{nct}}}{|\Delta \dot{h}_{\text{HHV}}|} = \frac{P_{\text{net}}}{|\Delta h_{\text{HHV}}| \times v_{\text{H}_2,\text{supply}}} \\ &= \frac{19.36\ \text{W}}{247,700 \dfrac{J}{\text{mol H}_2} \times 4.442 \times 10^{-4} \dfrac{\text{mol H}_2}{\text{s}}} = \frac{19.36\ \text{W}}{110\ \text{W}} = 0.176 \end{aligned} \qquad \text{식 (13.31)}$$

순 효율에 따르면 연료전지 시스템의 효율은 17.6%밖에 되지 않는다. 이렇게 효율이 낮은 이유는 연료전지 스택에서 나오는 출력의 대부분이 각 요소의 균형을 맞추는 데 사용되었기 때문이다. 만약 연료전지 스택 자체만 고려한다면 효율은 50 W/100 W=45.5%이다.

13.2.4 설계 검토

표 13.12에서 개발한 휴대용 SOFC 시스템의 성능을 정리하였다. 현재 설계에 대한 몇 가지 중요한 점을 짚고 가도록 하자.

- 송풍기는 전체 시스템 출력의 절반 이상을 사용한다. 송풍기가 이렇게 많은 출력을 요구하는 이유는 설계에서 선택한 높은 과급률(8) 때문이다. 심지어 이렇게 높은 과급률에서도 연료전지의 입구와 출구의 온도 차가 172℃(=872−700℃)나 난다. 송풍기

에서 소모되는 출력을 줄이기 위해서 공기의 과급률을 줄이면 온도 차는 더 증가하게 된다. 온도 차가 커지면 연료전지 스택이 심각한 열 응력을 받게 되므로, 송풍기의 출력을 줄이는 것이 어려울 수 있다. 그러나 실제에서는 연료전지 스택에서 주변으로 열이 손실된다(이러한 관점에서 우리가 가정한 단열 조건은 최악의 상황이다). 따라서 실제에서는 냉각 요구가 다소 낮아지므로 조금 낮은 과급률을 채택할 수 있다. 게다가 연료전지 스택에 공급되는 기체를 부분적으로만 예열하여(600℃ 정도)연료전지에 공급되는 기체를 냉각에도 사용할 수 있다.

표 13.12 SOFC 스택과 시스템의 최종 성능

Specification	Value
System net power	19.36 W
Fuel cell power	50 W
Fuel cell voltage	4.2 V
Number of cells in the fuel cell stack	6
Temperature range of the fuel cell	700–872°C
Temperature range of the heat exchanger	25–872°C
System operation time	6.4 h
Air blower power consumption	25.64 W

- 설계한 연료전지 시스템은 상대적으로 낮은 4.2 V의 전압을 발생시킨다. 만약 스택에 더 많은 셀을 넣어 스택의 출력 전압을 높이면, 더 효율이 좋은 직류–직류 변환기를 사용하여 시스템의 순 효율을 높일 수 있을지도 모른다. 그러나 스택에 있는 셀을 늘리는 것은 스택 제작 작업을 어렵게 할 수 있다.
- 열 교환기의 온도 차가 상대적으로 높은 편이다. 열 교환기는 최대 872℃의 온도를 견디어야 하기 때문에 다소 비싼 금속을 선택해야 할 수 있다. 마찬가지로 시스템에 사용되는 튜브와 밸브, 커넥터 등의 재질도 고려해야 한다.
- 시스템에서 압력 저항은 고려하지 않았다. 송풍기는 기체 배관, 연료전지 스택, 열 교환기 등의 저항을 견딜 수 있는 충분한 압력을 제공해야 한다. 송풍기는 1.2 bar까지 견딜 수 있다(표 13.8). 이 값은 충분해 보이지만, 검증이 필요하다.
- 앞서 살펴보았듯 시스템에 적용한 단열 조건은 현실적이지 않다. 실제 연료전지 시스템에서는 많은 시스템 요소나 배관에서 열 손실이 일어난다. 따라서 실제에서는 여러

요소에서 계산한 온도보다 다소 낮은 온도를 갖게 된다. 어떠한 경우에서는 이것이 문제가 될 수도 있다(예를 들어 연료 전지나 열 교환기의 성능을 떨어뜨린다). 열 확산에 의한 효과는 두 번째 설계 반복에서 고려할 수 있다.

- 시스템 설계에서는 무게, 크기, 효율, 가격을 고려하지 않았다. 이러한 제한 조건이 고려되면 보다 복잡한 상충 관계에 놓이게 된다. 마찬가지로 고려하지 않았던 열 패키징은 SOFC 시스템의 무게와 크기를 상당히 증가시킬 수 있다.
- 이번 설계에서는 단일 셀에서 측정되거나 모델링 된 그림 13.4의 j–V 곡선에 기반한다. 그러나 연료전지 스택에서는 6개의 셀이 직렬로 연결되어 있다. 여기서 6개 셀 각각의 성능은 단일 셀의 성능과 동일하다고 가정한 것이다. 하지만 이러한 가정은 그다지 좋지 않다. 여러 개의 셀이 스택이 될 경우 유량 분포나 온도 분포가 셀 마다 같기 힘들다. 따라서 단일 셀 성능과 스택 성능은 크게 차이가 날 수 있다. 일반적으로 단일 셀 성능보다 스택 성능이 5~20% 정도 낮다. 6개 셀로 스택을 만들면 보다 좋은 데이터를 얻을 수 있다.

운이 좋게도 초기 설계 값들로(표 13.3) 목표 설계 출력인 20 W에 근접한 출력을 낼 수 있었나. 반약 이러한 경우가 아니라면 저음으로 돌아가서 시스템 목표치에 근접할 때까지 초기 값들을 바꿔가며 반복을 해야 한다.

13.3 요약

이번 장의 목표는 연료전지를 모델링 하는 방법과 연료전지와 연료전지 시스템을 설계하는 방법을 알아보는 것이다. 단일 셀 단계에서는 설계하는 데 CFD가 얼마나 간편하고 강력한 도구가 되는지 알아보았다. CFD 연료전지 모델은 연료전지에 대한 통찰과 설계, 해석, 분석을 제공하지만, 많은 시간과 계산 용량을 필요로 한다. 또한 CFD 모델링은 기반 가정이나 초기 입력 값이 좋지 않은 경우 쓸모 없는 결과물을 제공할 수도 있다는 것을 확인했다. 연료전지 시스템을 설계하는 것은 반복 작업이다. 설계 과정은 통찰이나 경험에 기반한 초기 시스템 구성부터 질량, 열, 출력 균형을 분석하는 것, 시스템 요소의 성능을 정하는 것, 마지막으로 시스템 결과를 계산하는 것까지 포함한다. 연료전지 시스템의 요소들은 때때로 열, 질량, 동력 흐름에서 서로 내재적으로 연결되어 있다. 연료전지 시스템의 좋은 설계는 설계 목표를 만족하도록 시스템 요소들을 선택하고, 크기를 결정하고, 맞추는 작업에 결정적인 영향을 받는다.

- CFD에 기반한 연료전지 모델은 2D나 3D의 복잡한 형상에 대하여 질량, 운동량, 에너지 그리고 전하 보존에 대한 수치적 해를 포함한다. 이러한 식들은 Butler-Volmer 식과 연결되어 연료전지의 질량, 열, 전하 이동에 따른 전기화학적 반응을 설명한다.
- CFD 연료전지 모델에서 복잡한 2D 또는 3D 형상은 2D나 3D의 격자 구조로 나뉘어진다. 격자에서 각 요소들은 물리적 특성 값들과 관련된 이산화 된 성분들을 나타낸다.
- CFD 모델의 형상은 정렬 격자나 비정렬 격자로 이산화 된다. 정렬 격자는 요구 계산량을 줄여주고 연료전지 모델에서 유용할 수 있으나, 그리드를 생성하는 데 보다 많은 시간을 소모할 수 있다.
- CFD 연료전지 모델은 체적 조건과 경계 조건에서 다양한 물리적 특성들이 필요하다. 신뢰할만한 결과를 얻기 위해서는 이러한 값들을 적절히 선택해야 한다.
- CFD 연료전지 모델은 많은 양의 계산 자원을 필요로 한다. 계산 시간은 해의 정확도, 격자 요소의 개수, 완화 계수에 따라서 결정된다.
- CFD 연료전지 모델의 해는 연료전지에서 일어나는 전기화학적 과정에 대한 정돈되지는 않았지만 자세한 정보를 제공한다. 이러한 정보를 추려내고, 시각화 하고, 분석하는 것이 연료전지 모델의 결과에서 완전한 통찰을 얻기 위해서 가장 중요한 단계이다.
- 전체 연료전지 시스템은 연료전지 스택과 BOP라 불리는 보조 장치들의 합을 일컫는다.
- 연료전지 시스템 설계는 반복과정이다. 시스템 구성과 중요한 시스템 계수에 관해서 적절한 초기값을 선택하게 되면 반복 횟수를 줄일 수 있다.
- 연료전지 시스템의 많은 요소들이 질량, 열, 출력 균형에 의해서 연관되어 있다. 각각의 균형들을 고려하여 이렇게 연관된 요소들의 크기와 성능을 정하는 것이 중요하다.
- 시스템의 각 요소들은 질량, 열, 출력 균형으로 연관되어 있을 뿐 아니라 질량, 열, 출력 균형 또한 서로 연관되어 있다. 각 변화가 서로 어떻게 연관되는지 이해한다면 시스템 설계를 하는 데 도움이 될 것이다.

연습문제

복습문제

13.1 보존 식(표 13.1)에서 계산되어야 할 필요한 모든 변수(해의 결과)들을 나열하라.

13.2 SOFC CFD 모델의 균일 격자를 만들고 있다. 전극의 수직한 방향으로의 전류밀도 분포를 자세히 알고 싶다. 공기극을 수직방향으로 10개의 균일한 격자로 나누었다. 그렇다면 연료극도 공기극과 마찬가지로 격자를 구성할 것인가? 만약 아니라면 연료극의 그리드는 어떻게 할 것인가?

13.3 메탄올 연료의 연료극 반응은 다음과 같다.

$$CH_3OH + H_2O \leftrightarrow CO_2 + 6H^+ + 6e^-$$

식 (13.12)로부터 이 반응의 Butler–Volmer 식을 써라.

계산문제

13.4 등 간격 균일 격자를 사용하여 구불구불한 유로를 사용하는 3D PEMFC CFD 모델을 구축한다고 하자. 구불구불한 유로에서 유체가 갑작스럽게 방향을 바꾸는 U모양의 구간의 격자 수를 늘리기로 하였다. 전체 모델 부피의 1/10에 해당하는 U모양의 구간 안에서 x, y, z 모든 방향으로 격자의 길이를 1/2로 줄였다. 만약 모델의 계산 시간이 격자 요소의 개수의 제곱에 비례한다고 하면, 모델의 계산 시간이 얼마나 증가했겠는가?

13.5 표 16.1에 따르면 PEMFC 촉매층의 일반적인 교환전류밀도는 0.1 A/cm^{2}이다. 이는 단위 면적당 교환전류밀도이다. 만약 촉매층의 두께가 10 μm라면, 단위 체적당(A/cm^3) 교환전류밀도는 몇이겠는가?

13.6 13.2에서 다루었던 사례연구에서 정확히 20 W의 순 출력을 내기 위해서 필요한 연료전지 스택의 출력을 구하라. 비록 열, 질량, 출력 균형이 바뀌겠지만 같은 시스템 요소와 구조를 사용한다고 가정하자.

13.7 10 W의 순 출력을 낼 수 있는 휴대용 SOFC 시스템을 설계하고, 설계에 대하여 표 13.12와 같은 전체적인 시스템 변수들을 정리한 표를 작성하라. 13.2절에서 주어진

SOFC와 BOP 요소들에 관한 성능을 사용할 수 있다. 표 13.3과 13.4에 있는 시스템 변수들을 사용하고, 설계 목표만 20 W에서 10 W로 바꾸면 된다.

13.8 13.2절에서 다루었던 사례연구의 SOFC 시스템에서 열 손실을 고려하여 볼 것이다. 이를 위하여 연료전지 스택이 주변으로 열을 발산한다고 가정한다. 열 발산율 $\dot{Q}_{\text{diss}}$(W)은 연료전지 온도 T_{fc}와 대기의 온도 $T_{\text{amb}}=289$ K의 차이에 비례한다. 연료전지의 출력 또한 열 손실에 영향을 미치는데, 연료전지 스택이 클수록 외부 면적이 커지기 때문이다. 따라서 열 손실률을 다음과 같이 가정할 수 있다.

$$\dot{Q}_{\text{disspation}} = k(T_{\text{fc}} - T_{\text{amb}})P_{\text{fc,0.7V}}$$

여기서 $P_{\text{fc,0.7V}}$(W)는 0.7 V에서 연료전지의 출력이고, $k(\text{K}^{-1})$는 비례 상수이다. 또 다른 중요한 설계 제약 조건은 만약 핀치 포인트가 너무 작아지면 열 교환기가 정상적으로 작동하지 않을 것이라는 점이다. 따라서 열 교환기의 고온 유동과 저온 유동 사이의 온도 차이가 최소 20℃는 필요하다고 가정할 것이다. 13.2절의 사례연구에서 사용했던 설계 변수들을 사용하여 20 W SOFC 시스템을 만족할 수 있는 k의 최댓값을 구하라. SOFC가 19.36 W의 순 출력을 내고 있기 때문에 SOFC 시스템 설계를 바꿔야 할 수도 있다. 열 손실은 상기 식에 의해서 스택으로부터 발생한다고 가정하고, 나머지 열은 배기가스로 방출된다고 하자.

13.9 만약 입구와 출구 기체의 온도 차이가 150℃ 이상 난다면 13.2절의 사례연구에서 사용하였던 SOFC는 열 응력으로 부서질 위험이 있다. 이러한 문제를 시스템의 공기 과급률을 증가시켜 해결하려고 한다. 여기서 공기 과급률의 변화는 그림 13.4의 SOFC 분극 곡선에 영향을 주지 않는다고 가정하자. 이러한 스택 온도 조건이 있을 때 외부 부하에 20 W의 순 출력을 내는 데 필요한 연료전지 스택 출력과 공기 과급률을 구하라. 이러한 경우에 송풍기는 얼마나 많은 전력을 소모하겠는가?

13.10 13.2절에서 살펴보았던 SOFC 시스템은 0.7 V, 700℃에서 19.36 W의 순 출력을 낼 수 있다. 외부 부하에 의한 요구 파워가 감소하여 이제 각 셀이 0.8 V에서 작동한다고 하자. 다른 조건들은 동일(과급률이나 온도 등)하다고 할 때, 표 13.7의 값들을 다시 계산하고,이 새로운 작동점에서 송풍기의 소모 전력과 연료전지의 출력을 다시 계산하라. **힌트**: 과급률이 같더라도 작동 전압이 바뀌었기 때문에(전류도 바뀌었다) 수소와 공기 유량이 상당히 바뀌었을 것이다.

13.11 연료극과 공기극 사이의 전위차가 0.6 V인 1D PEMFC의 경계 조건을 전기적 벽 조건을 주었다고 하자. 이 모델의 저항 손실은 0.1 V이다. 전체 연료전지는 25℃ 등온 조건이다. 연료전지에는 순수한 수소와 산소가 1 atm으로 공급되고 있다. 촉매층과 전극에서 전기 저항은 무시하자. 연료극 촉매와 연료극 전극의 경계면과, 공기극 촉매층과 공기극 전극의 경계면에서 손실을 0이라고 할 때 다음 물음에 답하라.

(a) 연료극, 전해질, 공기극의 전기 전위 분포를 그려라.

(b) 촉매층과 전극에서 기체 농도가 일정하다고 할 때 촉매층과 촉매층의 교환전류 밀도 분포 식을 유도하라. (힌트: 예제 13.1의 식을 사용하고 역방향 반응을 무시하라.)

(c) 연료극과 공기극의 과전압을 계산하라. 전류밀도는 어떻게 되는가?각 촉매층의 두께는 10 μm라 하자. 필요하다면 표 13.2b의 값들을 사용하면 된다.

(d) 연료극, 전해질, 공기극의 이온 전위 분포를 그려라.

CHAPTER 14

연료전지의 환경적 영향

이번 장에서는 연료전지의 잠재적인 환경적 영향을 어떻게 정량화 하는가에 대해서 배울 것이다. 연료전지의 사용에 따른 배기가스를 변화를 계산하고, 이 변화가 지구온난화와 공기오염 그리고 인류 건강에 어떤 영향을 미치는가에 따라 배기가스의 포텐셜 변화를 계산한다. 단순히 차량 관점이나 발전소 관점에서 이러한 변화를 평가하는 것이 아닌 전체 공급 사슬에서, 즉 원재료 추출에서부터 최종 사용까지의 과정에서 이러한 변화를 계산하는 방법을 배울 것이다.

첫째로 새로운 에너지 기술이 에너지 사용과 효율 그리고 배기가스에 얼마나 영향을 미치는가를 평가하는 전과정평가라고 하는 방법론에 대해서 배울 것이다. 둘째로 전과정평가를 면밀하게 수행하기 위해 지구온난화와 배기가스를 정량화 할 필요가 있다. 그러므로 간단하게 지구온난화와 내연기관차량(ICE), 발전소, 연료전지 시스템에서 나오는 주요 지구온난화 배기가스에 대해서 이야기해 볼 것이다. 셋째로 화석연료 연소장치와 연료전지가 배출하는 주요 공기오염 물질이 인류 건강에 미치는 영향을 살펴볼 것이다. 마지막으로 전과정평가와 배기가스 영향에 대한 지식을 통해 어떻게 연료전지가 지구 환경의 맥락에서 얼마나 변화를 일으킬 수 있는지 알아볼 수 있는 완전한 가정 시나리오를 만들 것이다. 이러한 과정을 통해 우리는 연료전지의 영향력을 정량화 할 수 있는 능력을 갖추게 된다.

14.1 전과정평가

전과정평가(life cycle assessment, LCA)는 에너지 기술을 적용했을 때 일어나는 변화의 영향을 체계적으로 분석하기 위한 방법론이다.[1] 에너지 기술의 변화에 있어서 전과정평가는 효율과 배기가스 그리고 다른 환경적 결과[140,141]의 변화를 평가할 수 있게 도와준다. 이러한 환경적 결과는 지구온난화와 공기오염이 인류 건강에 미치는 영향의 경제적 비용을 포함한다.

14.1.1 도구로서의 전과정평가

전과정평가는 크게 주요한 세 가지 단계로 구성되어 있다.

1. 전체 공급사슬 차원에서 에너지 기술의 변화와 관련된 에너지 그리고 재료의 입력 그리고 출력에 대해서 분석한다. 공급사슬은 원재료 채취에서 시작하여 처리과정, 생산 그리고 최종 사용으로 이어지며 최종적으로 폐기물 처리까지 이어진다. 이러한 사슬 안에서 에너지 집약적 배기가스 집약직 과정(병목 과정)에 집중하는 것이 중요하다.[142]
2. 이러한 에너지와 재료의 변화에 관련된 환경적 영향을 정량화 한다.
3. 다른 시나리오에 반하여 제안된 에너지 기술의 변화에 대해 평가한다.

그림 14.1은 오늘날의 내연기관 가솔린 엔진 차량(ICE)의 공급사슬의 예를 보여준다. 이 그림은 석유의 채취, 생산, 수송, 처리, 저장, 그리고 차량에서 사용되는 과정 동안 주요 에너지와 오염물질의 흐름을 보여준다. 과정은 그림상자 안에 설명되어 있으며, 배기가스는 그림상자 위쪽으로 올라오는 물결모양의 화살표를 통해 표현되고, 에너지 흐름은 그림상자 아래쪽에서 들어오는 두꺼운 화살표로 표현되고 있다. 이러한 공급사슬은 대안적인 차량 공급사슬과 비교하는 데 기본 예가 될 수 있다.

---

1 전과정평가는 분석에서의 강조점에 따라 well-to-wheel analysis, 프로세스 사슬 분석 (process chain analysis), 공급사슬 분석(supply chain analysis)이라고 불리기도 한다. 그리고 이는 환경적 고려나 경제적 고려 또는 두 가지 모두를 포함한다.

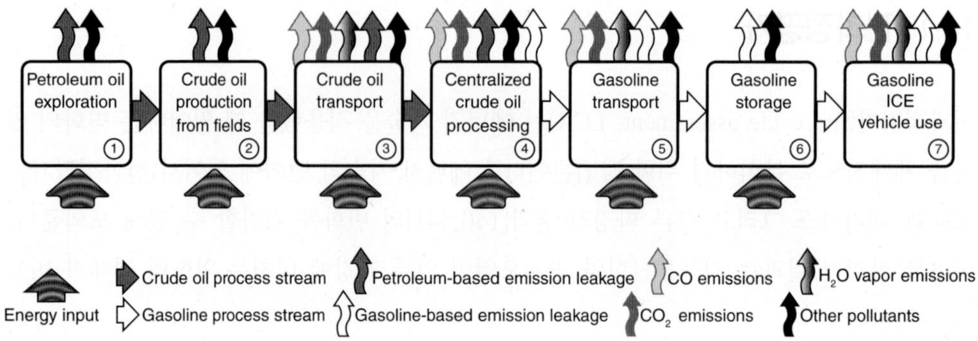

그림 14-1. 오늘날의 가솔린 내연기관 차량(ICE)의 공급사슬. 주요 과정인 석유 채취부터 차량에서의 소비 과정 동안(그림상자 안) 에너지는 소모되고(밑쪽 화살표) 배기가스는 생성된다(위쪽 화살표)

우리는 공급사슬과 병목 과정의 개념을 이해했기 때문에 전과정평가의 상세한 방법론에 대해 더욱 깊게 파고들 것이다. 유용한 전과정평가의 방법론은 다음과 같은 단계를 따른다.

1. 원재료 생산부터 사용까지의 공급사슬의 이해에 대한 연구 개발
2. 주요 과정과 주요 물질 및 에너지 흐름이 보이는 공급사슬을 그린다. 예들은 화학적 변환과 에너지 변환, 연료의 생산과 수송, 연료 저장과 같은 과정을 포함한다. 물질 흐름은 원재료, 연료, 쓰레기, 배기가스의 흐름을 포함한다. 에너지 흐름은 전력의 사용, 과정상의 화학적 에너지의 추가사용, 그리고 과정상 행해진 일들이 포함된다.
3. 가장 많은 양의 에너지를 소모하거나 가장 많은 양의 해로운 배기가스를 생산하는 병목 과정을 알아본다.
4. 검사체적 분석법과 질량보존, 에너지 보존법칙을 사용하여 공급사슬에서 에너지와 물질 흐름에 대해 분석한다. 검사체적은 물질 흐름이 들어가거나 나오는 공간의 체적을 말한다. 검사체적의 경계는 검사표면이다. 병목 과정에 특별히 초점을 맞춘 공급사슬에서의 각각의 과정 주변의 검사 표면을 그려라. 이러한 과정에 들어오거나 빠져나가는 에너지와 물질흐름을 분석하라. 질량 보존식을 적용하라.

$$m_1 - m_2 = \Delta m \qquad \text{식 (14.1)}$$

m_1은 들어가는 검사체적의 질량이고 m_2는 검사체적을 나가는 질량이다. 그리고 Δm는 검사체적 안에 쌓이는 질량이다. (6.2.1절에서 질량보존법칙의 적용은 이미 부각되었다.) 정상 흐름 가정인 $\Delta m = 0$ 조건하에서 에너지 보존식을 적용한다.

$$\dot{Q} - \dot{W} = \dot{m}\left[h_2 - h_1 + g\left(z_2 - z_1\right) + \frac{1}{2}\left(V_2^2 - V_1^2\right)\right] \quad \text{식 (14.2)}$$

$\dot{Q}$는 과정에서의 열 흐름이며, $\dot{W}$는 과정에 의해 행해진 일, $\dot{m}$은 질량 흐름률, h_2-h_1는 들어오고 나가는 흐름의 엔탈피 차이, g는 중력 가속도, z_2-z_1는 높이의 변화, $V_2^2 - V_1^2$는 속도 제곱의 차이이다. 마지막 세 가지 항들은 각 흐름들의 내부에너지, 위치에너지를 본다. (에너지 변환에 대한 토론을 위해 2.1.3절을 보는 것을 추천한다.)

5. 공급사슬 안의 각각의 과정들을 분석함으로써 **전체적인 공급사슬을 하나의 검사체적처럼 평가한다.** 순 에너지와 배기가스 흐름을 사슬 수준에서 종합한다.
6. **이러한 순 흐름들의 환경적 영향을 정량화 한다.** 예를 들면 인류 건강 영향, 외부 비용, 지구온난화의 포텐셜 등. 이러한 용어와 분석 방법에 대해서는 다음 장에서 이야기 할 것이다.
7. **하나의 공급사슬의 에너지 흐름, 배기가스, 환경적 영향 등을 다른 사슬과 비교한다.**
8. **각각의 공급사슬의 환경적 성능을 다른 것들과 비교해 평가한다.**
9. 공급사슬 차원에서 좀 더 확장되고 더 자세한 **과정들을 반복**한다.

이러한 각각의 단계들은 남아 있는 장에서 연료전지 관점에서의 예시와 설명을 통해 확장된다. 추가적으로 환경적 영향을 정량화 하는 방법에 대해 설명할 것이다.

14.1.2 전과정평가의 연료전지에 적용

1. **원재료 생산부터 최종 사용까지의 공급사슬에 대한 지식를 연구하고 개발한다.** 11장의 지식을 활용하여 천연가스를 수소가스로 화학적 처리가 가능하다는 것을 알고 있다. 천연가스를 개질하여 얻어진 수소가스를 연료전지 차량에 주입할 수 있다. 이러한 증기 개질은 기존의 가솔린 주유소에서 할 수 있고 기존에 존재하는 천연가스 파이프라인 망을 이용하여 소모할 수 있다. 이렇게 처리된 천연가스의 메탄은 주변 환경에 누출될 수도 있다. 연료 처리기에서 생산된 수소는 고압 탱크에 압축되어 공급의 완충 역할을 하기 위해 각 스테이션에 저장되고 마지막에는 차량의 고압 탱크에 충전할 수 있다. 이 처리과정에서 수소 또한 주변 환경으로 누출될 수 있다.
2. **주요한 물질과 에너지 흐름과 주요 과정들을 보여주는 공급사슬을 그려라.** 그림 14.2는 연료전지 차량의 공급사슬 그림을 보여준다. 천연가스 탐사에 대한 과정(그림상자 1), 가스전에서의 생산(그림상자 2), 지하 탱크 및 저장소에의 저장(그림상자 3), 착

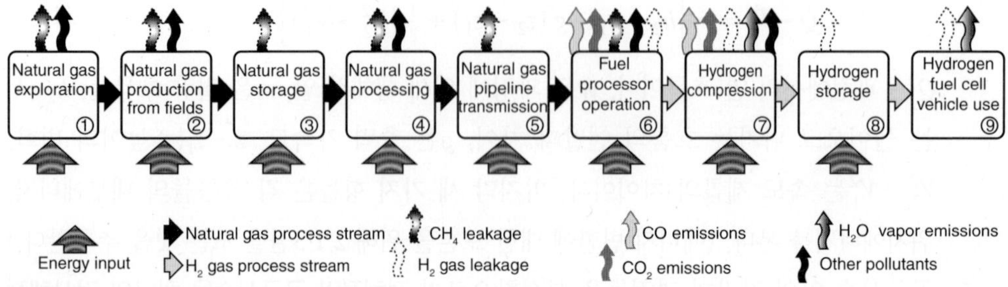

그림 14-2. 천연가스 개질을 통해 수소를 공급받는 수소 연료전지 자동차의 공급사슬. 대략 천연가스 고위발열량의 30%를 개질(그림상자 6), 수소의 고위발열량의 10%를 수소 압축에 사용한다(그림상자 7). 이 과정들이 공급사슬에서의 에너지 집약적인 연결들이다.

취제로서의 황이 첨가된 정제가스의 화학적 처리(그림상자 4), 파이프라인을 통한 수송(그림상자 5). 이러한 관점에서 볼 때 이러한 사슬은 기존에 존재했었던 가정과 건물 난방연료로 공급되고 가스터빈 발전소의 연료로 공급되던 천연가스 공급사슬과 같다. 남아있는 과정은 천연가스에서 수소로의 변환을 포함하며(그림상자 6), 수소 압축(그림상자 7), 저장(그림상자 8), 그리고 차량에서의 사용(그림상자 9). 그림 14.2에서 보여지듯이 이러한 과정들은 최소한의 추가 에너지나 일이 필요로 하다. 어두운 화살표는 천연가스 연료 흐름을 보여주고 밝은 화살표는 수소 연료의 흐름을 보여준다. 배기가스는 천연가스 흐름에서 메탄의 누출, 수소 흐름에서 누출된 수소, 수소 압축을 위한 전력생산 과정과 공급 과정에서 발생된 이산화탄소, 일산화탄소 그리고 다른 배기가스 그리고 차량에서 배출되는 수증기를 포함한다.

3. **가장 에너지 집약적인 그리고 사슬에서 가장 오염물질 비중이 많은 부분, 즉 병목 과정을 정의하라.** 과정 그림상자들의 밑에서 들어오는 화살표인 에너지 입력에 대해서 고려하라. 약 고위발열량(HHV)의 0.7% 정도가 자원 탐사를 위해 사용되며(그림상자 1), 5.6% 정도가 생산에(그림상자 2), 1.0% 정도가 저장과 처리에(그림상자 3와 4), 2.7% 정도가 수송에(그림상자 5) 사용된다. (2.5.1절에 고위발열량에 대한 개념이 소개 되었다.) 그러므로 10% 정도의 천연가스 고위발열량이 그림 14.2의 처음 다섯 가지 그림상자에 들어간다. 11장에 소개하였듯이 30% 정도가 연료처리기를 작동하는 데 사용된다. 10장에서 배웠듯이 수소를 압축하는 데 10% 정도 사용된다. 저장에 사용되는 에너지는 이것의 몇 분의 일 정도이다. 그러므로 사슬 내에서 2개의 에너지 집약적 과정은 (1) 천연가스의 연료처리와 (2) 수소의 압축이다.

표 14.1 두 종류의 수소 발생기와 두 종류 발전기의 방출계수

	Hydrogen Generator Emission Factors		Electricity Plant Emission Factors			
			Coal Combustion (Coal Boiler, Steam Turbine, low NO_x)		Coal Combustion (Coal Boiler, Steam Turbine, low NO_x)	
Emission	Natural Gas Steam Reformer (kg Emission/kg Natural Gas Fuel)	Coal Gasification (kg Emission/kg Coal Fuel)	(g Emission/kWh Electricity)	(kg Emission/kg Natural Gas Fuel)	(g Emission/kWh Electricity)	(kg Emission/kg Coal Fuel)
CO_2	2.6	2.37	390	2.5	850	2.4
CH_4	0.000048	Unknown	1.5	0.010	3.0	0.0084
Particulate matte	Negligible	0	0.074	0.00047	0.20	0.00056
SO_2	Negligible	0.000762	0.27	0.0017	1.0	0.0028
NO_x as NO_2	0.00046	0.000108	0.70	0.0045	2.0	0.0056
CO	0.0000033	0.00734	0.33	0.0021	0.12	0.00035
VOC	0.00000066	0	0.016	0.00010	0.013	0.000038

대부분의 에너지 집약적 과정들이 해로운 배기가스를 가장 많이 생성하는 경향을 가진다. 그러므로 대부분의 에너지 집약적 과정들은 엄밀하게 조사되어야 한다. 동시에 이러한 관계들이 항상 성립하는 것은 아니다. 어떤 종류의 배기가스들이 다른 것들보다 더 해로울 수도 있다. 그러므로 대부분의 에너지 집약적 과정들은 배기가스를 가장 많이 배출하는 과정을 찾는 가장 좋은 시작점이 될 수 있으며 다른 과정들도 반드시 조사되어야 한다.

그림상자들의 위에 있는 배기가스 화살표들을 가장 에너지 집약적인 과정들부터 시작하여 (1) 천연가스의 처리과정과 (2) 수소의 압축에 대해서 생각해 보자. 첫 병목 과정은 연료 처리이다. 연료전지와 연계되어 작동하는 개질기에 대한 연구로부터 얻어진 상용화된 천연가스 개질기의 방출계수는 표 14.1에 적혀 있다. 참고로 표 14.1은 다른 종류의 수소 생성기, 석탄가스화 플랜트, 천연가스나 석탄을 사용하는 발전소의 배기가스에 비교하여 개질기의 배기가스를 비교한 것이다. 개질기의 배기가스는 적은 편이다. 예를 들어 개질기는 매우 적은 양의 SO_x와 미세물질을 배출한다. 이제 두 번째 병목 과정(수소 압축)을 생각해보자. 수소 압축기는 주변의 배전망을 통해 공급되는 전기에너지로 작동한다. 비록 수소 고위발열량의 10%가 필요하지만 이 에너지는 압축기에 의해 사용된 전기에너지이다. 추가적인 에너지 손실은 전기 발전소의 효율 때문에 발생한다. 전기 배전망에 연결된 발전소의 평균 효율은 32%이며 그들의 연료사용 구성은 그림 14.3에 나와 있다. 미국의 반 이상을

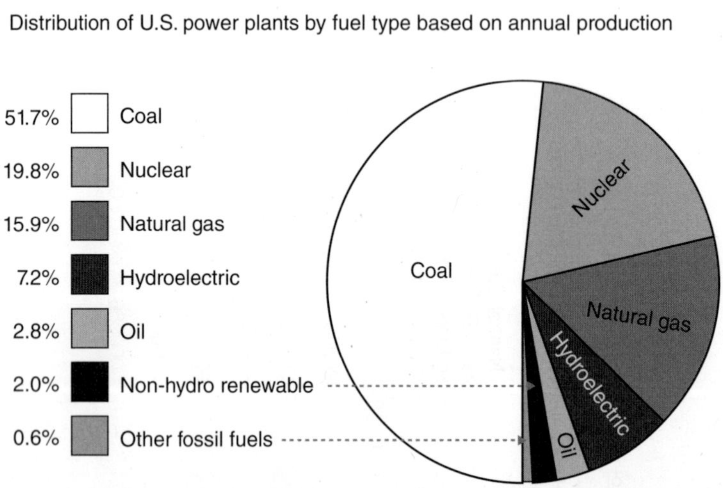

그림 14-3. 미국의 대부분의 전기 생산량은 보일러에서 석탄을 태워 증기를 생산하여 증기터빈을 작동시키는 석탄 화력 발전소에서 나온다. 두 번째로 큰 비중을 차지하는 것이 핵분열 반응에서 발생하는 열을 통해 보일러를 가열해 나온 증기로 터빈을 돌려 전기를 생산하는 핵 발전소이다. 세 번째는 터빈에서 천연가스를 연소시켜 전력을 얻는 가스 발전소이다.

차지하고 있는 석탄 발전소의 단위 전기량당 배기가스는 다른 어떤 발전소의 그것보다 해롭다. 상대적으로 낮은 천연가스 개질기의 배기가스와 발전소의 효율 손실을 고려하면, 수소 압축을 위한 전기에너지 사용에 따른 배기가스 배출은 어떻게 보면 가장 큰 공기오염의 주범이라고 생각할 수 있다.

예제 14.1.

(1) 가솔린 차량(ICE) 공급사슬에서 병목 과정을 정의하라. (2) 유전에서의 석유 생산(그림 14.1의 2번 상자)에서부터 가솔린 차량까지의 수송(6번 상자)에 이르기까지의 사슬에서 중요한 과정들의 에너지 필요량을 계산하라.

풀이

1. 병목 과정은 공급사슬에서 가장 많은 양의 에너지를 사용하거나 가장 많은 양의 해로운 배기가스를 배출하는 과정이다. 그림 14.1에서 보이듯이 석유산업과 공급사슬에 대한 연구에 기초하여 병목현상은 (1) 원유의 채취(2번 상자)와 (2) 원유의 가솔린으로의 화학적 중앙 처리(그림상자 4)와 (3) 차량 엔진에서의 가솔린 연소(7번 상자)이다. 그 밖의 에너지 집약적 과정은 유전에 대한 상대적인 차량의 위치에 따른 원유와 가솔린의 수송(3번과 5번 상자)이다. 이러한 병목 과정들은 전과정평가 방법을 통한 공급사슬의 연구에 초점이 되어야 한다.
2. 비록 추정치가 변하더라도 대략적으로 가솔린의 고위발열량의 12%는 생산과 수송, 처리(그림상자 2~5)에 들어간다.[143] 가솔린의 저장(그림상자 6)은 약간의 기화와 함께 상온에서 액체상태로 존재하기 때문에 큰 에너지를 필요로 하지 않는다. (이렇게 환경규제와 유전과의 거리에 따라 달라지는 추정치들을 정량화하기 위해 석유산업에 대한 추가적인 조사를 하는 것을 고려하라.)

예제 14.2.

전과정평가의 1~3단계를 완료했으므로 이제 질량과 에너지 보존 원리와 검사체적분석법을 사용하여 공급사슬의 에너지와 물질 흐름에 대해서 분석하는 4단계를 수행할 것이다. 그림 14.2의 연료전지 차량이 그림 14.1의 현재 사용되는 차량을 대체한다고 상상해보자. 연료전지 차량이 생산하는 배기가스는 결국 사용하는 수소연료의 양에 의존한다. 연료전지 차량이 차량무게, 공기역학적 저항, 구름저항, 전단면적, 그리고 회전관성까지 현재 차량과 같아서 추진에 필요한 요구 출력이 같다고 가정해보자.[144] 연료 세수 기록에 의하면 미국 환경보호국(EPA)은 1999년 차량의 이동거리를 2조6천8백 마일(2.68×10^{12}마일)이라고 추산하며 이 차량의 평균 연비는 17.11 mile per gallon이었다. 가솔린 연료의 고위발열량은 47.3 MJ/kg이며 수소의 고위발열량은 142.0 MJ/kg이다.[145] 가솔린의 밀도는 750 kg/m^{3}이다. 관련 서적을 살펴보면 현재 가솔린 차량(ICE)의 효율(차량을 추진하는 운동에너지/연료의 고위발열량)은 약 16%로 추산할 수 있다. 상용화 되기 전의 연료전지 차량 프로토타입의 성능을 고려하면, 연료전지 차량의 효율은 41.5%이다.[146,147] 10장에서 설명한 연료전지 시스템의 연료 효율항을 작성하라. 에너지 보존법칙에 기반하여 이 차량에 필요한 수소의 질량을 계산하라.

풀이

이런 과정의 물질흐름과 에너지 흐름을 비교하기 위해 그림 14.1의 그림상자 7과 그림 14.2의 그림상자 9에 검사 표면을 그려라. 에너지 보존법칙에 의해 현재 차량이 한 일($\dot{W}_c$)이 연료전지 차량이 한 일($\dot{W}_f$)과 같다고 가정하자: $\dot{W}_c = \dot{W}_f$. 각 차량의 평균 요구 추친 일의 양은 같다. 현재 차량의 추진 일은

$$\dot{W}_c = \dot{m}_g \Delta H_{(\mathrm{HHV}),g} \varepsilon_g \qquad \text{식 (14.3)}$$

$\dot{m}_g$는 가솔린 차량이 매년 사용하는 연료량(kg/yr)이고, $\Delta H_{(\mathrm{HHV}),g}$는 가솔린의 고위발열량, ε_g는 가솔린 차량의 효율이다. 1년 동안 소비된 가솔린의 무게는

$$\dot{m}_g = \frac{\rho_g V_{\mathrm{MT}}}{\overline{M}_{gvf} V_c} \qquad \text{식 (14.4)}$$

ρ_g가 가솔린의 밀도일 때(kg/m^3), V_{MT}는 차량의 1년 동안 주행한 거리(10^6 miles), $\overline{M}_{gvf}$는 기존 차량의 평균 연비(miles/gal), V_c는 변환 비이다(264.17 gallons/m^3). 연료전지 차량의 추진 일은

$$\dot{W}_f = \dot{m}_h \Delta H_{(\mathrm{HHV}),h} \varepsilon_h \qquad \text{식 (14.5)}$$

$\dot{m}_h$는 1년당 수소 소모량이며(kg/yr), $\Delta H_{(\mathrm{HHV}),h}$는 수소의 고위발열량(MJ/kg), ε_h는 연료전지 차량의 효율이다. $\dot{W}_c = \dot{W}_f$이라고 하고 마지막 3개의 방정식을 연립하면 차량에 의해 소모된 수소의 양은

$$\dot{m}_{H_2,C} = \frac{V_{\mathrm{MT}}}{F_h} \qquad \text{식 (14.6)}$$

$$F_h = \frac{\overline{M}_{gvf} V_c \Delta H_{(\mathrm{HHV}),h} \varepsilon_h}{\rho_g \Delta H_{(\mathrm{HHV}),g} \varepsilon_g} \quad \text{식 (14.7)}$$

는 수소 연료전지 차량의 연비(miles/kg H_2)이다. 예제의 정보를 바탕으로

$$F_h = \frac{(17.11\,\mathrm{miles/gal})(264\,\mathrm{gal/m^3})(142\,\mathrm{MJ/kg})(0.415)}{(750\,\mathrm{kg/m^3})(47.3\,\mathrm{MJ/kg})(0.16)} \quad \text{식 (14.8)}$$

$$\dot{m}_{\mathrm{H_2},C} = \frac{V_{\mathrm{MT}}}{F_h} = \frac{2.68 \times 10^{13}\,\mathrm{miles/yr}}{46.9\,\mathrm{miles/kg\,H_2}} = 5.71 \times 10^{10}\,\mathrm{kg\,H_2/year} \quad \text{식 (14.9)}$$

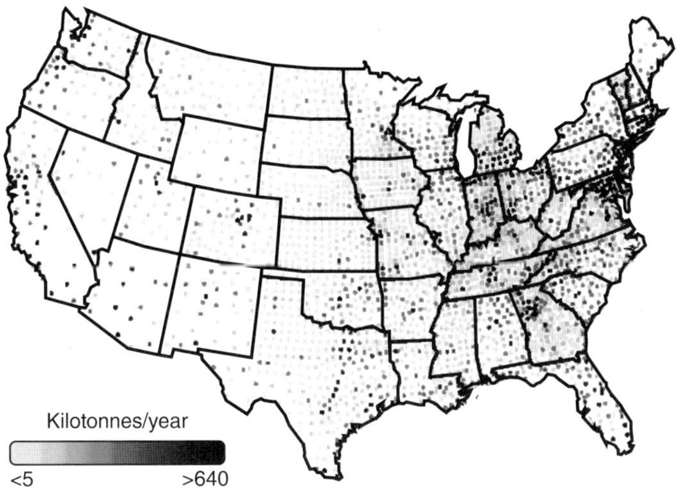

그림 14-4. 기존 차량에서 연료전지 차량으로 모두 교체되었다고 가정할 때 각 미 자치주 별로 나타난 연간 수소 소모량

위의 식을 바탕으로 연료전지 차량은 연간 57메가톤의 수소를 소모한다. 그림 14.4는 EPA에 의해 지역단위로 기록된 가솔린 차량의 연료 소모량을 기반으로[148] 지역별 연료전지 차량의 수소 소모량의 지역적 분포를 보여준다.

14.2 전과정평가의 중요한 배기가스

전과정평가에서 다음 단계를 진행하기 위해 (특히 5, 6번째 단계) 공급사슬에서 어떤 배기가스 종류가 중요한지 결정해야 한다. 중요한 배기가스는 두 가지 종류로 묶인다. (1) 지구온난화에 영향을 끼치는 것들과 (2) 공기를 오염시키는 것들. 이어지는 다음 2개의 장에서 이러한 내용에 대해 다룰 것이다. 이산화탄소와 메탄을 포함하는 배기가스들이 지구온난화에 영향을 준다. 공기오염에 영향을 주는 배기가스는 오존이나 일산화탄소, 질소산화물(NO_x), 미세물질(PM), 황산화물(SO_x), 그리고 휘발성 유기 화합물(VOC)이 있다. 이어지는 장에서 (a) 이러한 배기가스들의 중요성 (b) 그들의 환경적 영향성에 대한 정량화 방법에 대해 다룰 것이다.[2]

14.3 지구온난화와 관련된 배기가스

14.3.1 기후 변화

시간에 따라 지구의 기후가 변화하고 있다. 지구의 표면온도는 최근 평균 15℃이지만 지질학적 증거들에 의하면 지난 백 만년 동안 8℃에서 17℃까지 출렁거렸다고 한다. 기후 학자들은 인간들의 활동, 특히 대기의 온실효과를 가져오는 물질들을 배출하는 화석연료의 연소에 의해 이러한 증가세가 자연적인 변동을 추월했다고 우려를 표하고 있다.[149]

14.3.2 자연적 온실 효과

자연적 온실 효과는 일반적으로 대기에 포함되어 있는 이산화탄소와 수증기에 의해 적외선 형태의 태양에너지를 가두어 두는 현상이다. 그 결과 지구의 온도는 생명체가 살아갈 수 있는 정도로 온도가 유지된다. 태양광선이 지구의 표면에 도달했을 때 어느 정도의 에너지는 흡수되어 지구를 따뜻하게 한다. 그때 지구의 표면은 이 에너지를 다시 대기로 적

2 고층대기에서 오존이 형성하는 보호층은 생명체에 손상을 가할 수 있는 자외선을 흡수한다. 그러나 해수면에 생성된 오존은 스모그와 공기 오염의 원인으로 인체에 해를 끼친다.

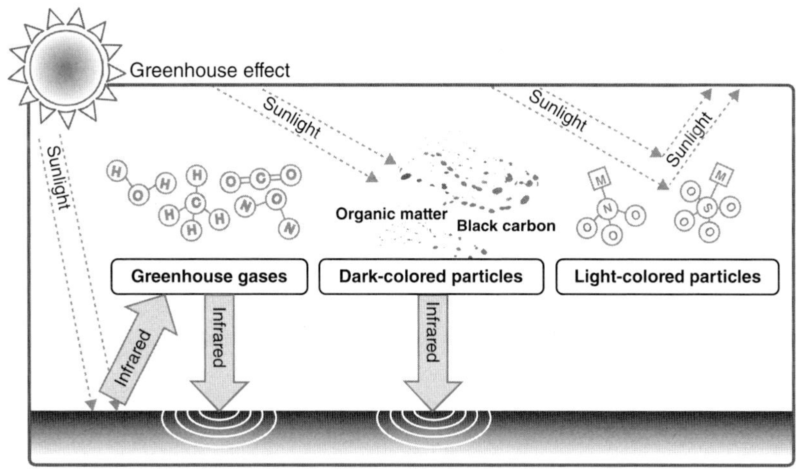

그림 14-5. 왼쪽: 태양광선이 지구 표면에 도달했을 때 부분적으로 흡수된다. 지구는 이 에너지의 일부를 적외선 형태(열에너지)로 방출한다. 물, 메탄, 이산화탄소, 산화질소(N_2O)와 같은 온실가스들은 적외선을 선택적으로 흡수하여 우주로 다시 방출하거나 지구표면으로 보내어 지구표면의 온도가 상승한다. 가운데: 태양이 대기에 존재하는 검은 탄소와 같은 어두운 입자에 도달한다. 이러한 어두운 입자들은 빛을 흡수하고 다시 적외선 형태로 방출하여 일부는 지표에 도달하여 온도를 상승시킨다. 유기물들은 검은 탄소들에 빛을 집중시켜 탄소의 온실효과를 증가시킨다. 오른쪽: 황산염, 질산염과 같은 밝은 입자들은 햇빛을 반사시켜 냉각효과를 가진다.

외선의 형태나 열에너지로 방출하게 된다. 온실가스들은 다른 분자들과 달리 특별히 선택적으로 적외선을 80% 정도 흡수하며 다시 우주로 돌려보내거나 지구표면으로 방출한다. 그림 14.5의 왼쪽 부분은 온실가스의 온실효과 메커니즘을 보여준다. 유리온실이 열을 잡아두는 효과와 비슷하게 온실가스들은 가시광선과 나머지 다른 파장의 빛이 50%의 투과율을 보이면서 적외선을 잡아 두거나 다시 방출한다. 결과적으로 대기에 존재하는 더 많은 온실가스들은 더 많은 열을 지표에 잡아준다. 자연적 온실효과는 지표 근처의 평균 공기 온도인 288 K에서 33 K만큼 기여한다. 이러한 효과가 없다면 지구는 생명이 살기에는 너무 낮은 온도가 될 것이다.

14.3.3 지구온난화

대부분의 기후학자들은 인위적으로 생성된 온실가스의 배출 증가가 지구온난화를 심화시킨다는 것에 동의한다. 인위발생적인 온실가스와 특정 물질들에 의해 발생하는 지구온난화는 자연적 온실효과보다 지구의 온도 상승에 기여도가 크다. 인위 발생적인 온실가스는 이산화탄소, 메탄, 물, 그리고 아산화질소가 있다. 또한 이러한 가스들과 함께 특정 물질들도 다른 메커니즘을 통해 지구에 온도를 올리는 영향을 준다. 예를 들면 그을음과 같은 어두운 입자들 태양광선을 흡수하고 그 에너지를 적외선 형태로 방출하고 그래서 지표의 온도 또한 올라간다. 검은 카본(BC)은 온실효과 물질 중 기여도가 큰 물질 중 하나이다.[150,151] 검은 탄소의 온실효과는 검은 탄소에 추가적인 태양광선을 집중시키는 유기물(OM)에 의해 증가한다. 그림 14.5의 가운데 부분은 어두운 입자들에 의한 온실효과의 메커니즘을 보여준다. 그림 14.5는 이러한 가스들과 입자들이 적외선을 지표를 향해 방출하여 온도를 올리는 것을 보여준다. 그들은 또한 지구 밖으로 적외선을 방출한다. 반면 밝은 입자들은 태양광선을 반사시켜 냉각효과를 가진다. 냉각효과를 가지는 밝은 입자들은 황산염(SULF)과 질산염(NIT)이다. 황산염은 또한 빛 역시 반사시키는 물을 흡수한다.

배기가스 중 SO_x, NO_x 비메탄 유기 화합물 또는 VOCs는 온도 저감 효과를 가진다. 이러한 가스들은 대기 중에서 반응하여 옅은 색을 나타내는 입자로 변환된다. 산화황은 SULF로, NO_x는 NIT로 그리고 VOCs는 밝은 색의 유기물로 변환된다. 그림 14.5의 오른쪽 부분은 옅은 색 입자의 온도 저감 메커니즘을 나타낸다.

14.3.4 지구온난화의 증거

1860년대 이후 주요 온실가스인 CO_2, CH_4, N_2O의 하층 대기의 농도는 각각 30%, 143%, 14% 증가하였다. 그림 14.6은 지난 150년간의 CO_2, CH_4의 증가추세를 보여준다. 약 200년 전 산업혁명과 함께 사람들은 산업현장에 필요한 에너지를 충당하기 위하여 화석연료를 연소시키기 시작하였으며 이에 따라 그 전보다 훨씬 많은 양의 CO_2가 대기 중으로 방출되었다. 산업혁명이 시작되는 시기에 농도는 약 280 parts per million by volume (ppmv) 정도였으며, 현재는 380 PPMV에 근접하여 2의 비율로 증가하고 있다. 그림 14.7은 같은 기간 동안 지구의 지표면 온도를 보여주고 있으며 1920년에서 2000년 사이 온도가 0.6℃ ±0.2℃ 증가함을 알 수 있다. 다른 과거 기록과 비교하여 이러한 온도 상승률을 매우 높은 수치이다. 추가적인 지구온난화의 증거는 다음과 같다.

1. 지난 40여년간 대기층 저층부 8 km 내의 온도 상승
2. 눈으로 덮인 지역 및 얼음, 빙하의 범위 감소
3. 최근 수십 년간 북극해 얼음 두께 40% 감소

4. 따뜻한 바다가 확장됨에 따라 10~20 cm의 해수면 상승
5. 해양의 열 함량 증가

이외의 인공적인 기후 변화를 나타내는 증거로는 개화 시기의 변경, 조류 부화 시기의 변경 및 대기 중간층의 온도저하 등이 있다.

14.3.5 지구온난화에 대한 수소 가스의 잠재적 기여

산업화로 인한 H_2의 대기층 농도는 200 parts per billion by volume (ppbv)[152]에서 530 ppbv[153]로 증가한 것으로 추산된다. 대부분의 가스는 HCs의 산화에서 비롯되며, 특히 자동차의 가솔린 및 디젤 연료의 불완전 연소 및 바이오매스 연료의 연소에서 비롯되고 있다. H_2는 대기 중으로 방출되었을 때 그 농도 및 온도가 낮아 대부분 대기 중의 산소와 반응하지 않는다. H_2의 자가 발화를 위한 온도는 858 K로 공기 중 발화를 위한 농도는 4~75%이다. 대기 중으로 한 번 방출될 경우 는 2~10년 정도 대기 중에 존재하는 것으로 평가되고 있다.

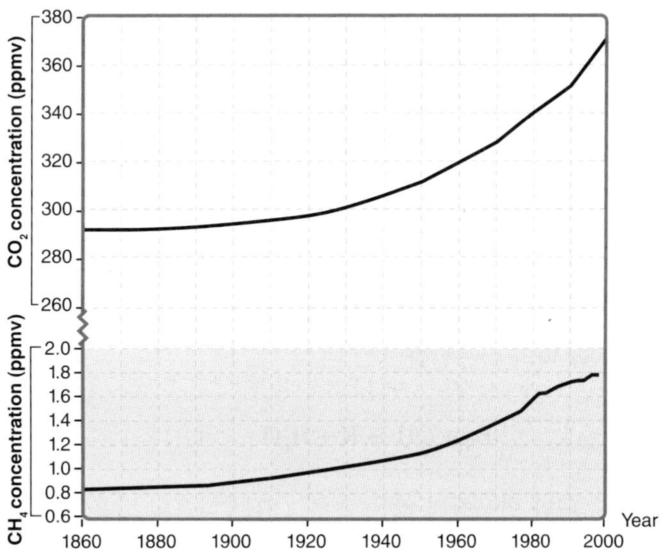

그림 14-6. 1860년대부터 최근의 대기 저층부의 주요 온실가스 CO_2, CH_4의 농도는 30% 및 140% 각각 증가하였다.

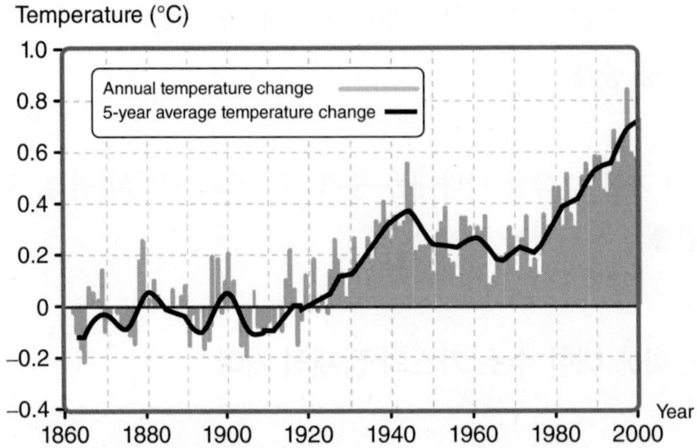

그림 14-7. 1860년대 이후 지구의 평균 지표면 온도는 0.6℃ 이상 증가하였다.

연료전지의 사용이 증가될 경우 의 방출 또한 가속화될 가능성이 크다. 그림 14.2에서 보듯이 H_2는 생산, 압축, 저장 및 차량에서의 사용 중에 대기 중으로 유출된다. 추가적으로 H_2는 오늘날 많은 천연가스가 그러하듯이, 운송 중에 특히 파이프 관을 통한 장거리 운송 중에 유출되고 있다. H_2는 가장 작은 분자 중에 하나로 다른 연료와 비교하여 작은 틈새에도 유출될 가능성이 크다. 예를 들어 H_2의 질량확산계수는 천연가스에 비해 4배 이상 높다. H_2는 이러한 유출 외에도 대기 중으로 의도적으로 방출된다. 예를 들어 몇몇 연료전지 시스템의 경우 양극의 배기가스(H_2를 포함)를 스택으로부터 정기적으로 방출되도록 설계되어 양극의 반응 영역이 다른 물질(물과 같은)로부터 차단되지 않도록 하고 있다. 또한 액체 탱크의 경우 압력 상승을 막기 위해 H_2를 주기적으로 방출하는 것이 필요하다.

이에 따른 결과로 기후 학자들은 지구온난화에 대한 H_2의 방출의 잠재적인 효과에 대해서 연구를 진행하고 있다. H_2의 방출이 지구온난화에 미치는 메커니즘 중의 하나로 온실가스 농도의 간접적인 증가가 있다. 대기 저층부의 경우 는 히드록실 라디칼(hydroxyl radical, OH)과 다음의 화학식에 따라 반응한다.

$$H_2 + OH \rightarrow H + H_2O \qquad \text{식 (14.10)}$$

이 반응에서 H_2가 OH와 반응하지 않은 경우, OH는 다음의 반응에 따라 CH_4를 감소시킬 수 있다.

$$CH_4 + OH \rightarrow CH_3 + H_2O \qquad \text{식 (14.11)}$$

그러나 수많은 다른 화학 반응들 또한 고려되어야 하며, H_2가 지구온난화에 미치는 영향을 정확히 평가하기 위해서는 많은 연구가 필요하다.

예제 14.3.

연료전지 차량이 추가적인 수증기 생산에 따라 지구온난화를 증가시킬 것이라는 글을 읽고 이에 대해 조사하기 위해 LCA(전과정평가)를 하기로 하였다. 이에 따라 현재의 차량(그림 14.1) 및 연료전지 차량(그림 14.2)에 대해 두 가지 다른 시나리오를 비교하는 것이 필요하다. 각각의 시나리오에 따라 방출되는 수증기를 계산하여 비교해보고 현재의 차량 및 연료전지 차량에 따른 실제 증가량을 확인하고자 한다. 1999대의 현재 차량의 경우 대략적으로 450 MT/yr 의 가솔린($C_nH_{1.87n}$) 과 경유($C_nH_{1.8n}$) 혼합물을 소비한다.[154] 가솔린 및 경유의 경우 78% 및 22%의 연료가 차량에서 각각 소비된다.[155]

1. 각 공급사슬(supply chain)에서 배출의 원인을 찾아라.
2. 배출 프로세스의 병목현상을 규명하라.
3. 질량보존법칙에 따라 병목현상 과정에서 배출되는 수증기의 양을 계산하라.
4. 이 글의 주장은 유효한가?

풀이

1. 현재의 차량에서 수증기는 연소의 결과물로 생산된다. 그림 14.1에서 보듯이 수증기는 트럭, 기차 또는 선박(그림상자 3과 5) 및 내연기관 차량(그림상자 7)과 같은 운송수단의 석유 연료 사용에 따라 발생된다. 그림 14.2에서 보듯이 연료전지 차량 시나리오의 경우 수증기는 연료전지 차량의 배기구에서 수소의 전기화학적 산화의 결과물로 생성된다. 수증기는 또한 수소 압축기가 전기적 에너지를 소비함으로 발전소에서(그림상자 7), 그리고 몇몇 발전소(석탄 및 천연가스 발전소)에서 연소의 결과물로 물을 생성함에 따라 간접적으로 생성된다.
2. 첫 번째 가정에서 대부분의 가스가 각 프로세스(그림 14.1의 그림상자 7과 그림 14.2의 그림상자 9) 마지막 단계의 차량 사용에 따라 생성된다.
3. 내연 기관에서 연소는 다음과 같이 표현될 수 있다.

$$CH_{1.85} + 1.4625O_2 \rightarrow CO_2 + 0.925H_2O + \text{work} + \text{heat} \qquad \text{식 (14.12)}$$

는 가솔린($C_nH_{1.87n}$)과 경유($C_nH_{1.8n}$)를 차량에서 소비되는 비율(각각 78% 및 22%)에 따른 화학식을 나타낸다. $CH_{1.85}$의 분자량은 13.85, H_2O의 분자량은 18이다. 1당 1.2 의 H_2O를 생성한다(18 g/mol×0.925 mol/13.85 g). 450 MT/yr의 연료 소모 시 약 540 MT이 소모된다. 연료전지 내에서 수소의 1몰이 소비될 때 1몰의 H_2O가 다음의 반응에 따라 생성된다.

$$H_2 + 0.5O_2 \rightarrow H_2O + \text{electricity} + \text{heat} \qquad \text{식 (14.13)}$$

H_2의 분자량은 2 g이다. 따라서 1 kg당 9 kg의 H_2O를 소모한다. 예제 14.2에서 연료전지 차량이 57 MT H_2/yr을 소모함을 계산하였다. 이에 따라 연료전지 차량의 510 MT/yr의 H_2O를 소모한다. 이러한 예측에 따라 연료전지 차량은 현재의 차량과 대략적으로 같은 양의 수증기를 생성한다.[156] (이 계산의 경우 연료전지 차량에서 모든 물이 수증기의 형태로 배출된다고 가정하였으므로 수증기의 양을 과대평가 했을 수 있다. PEM 연료전지의 낮은 작동 온도를 고려하였을 때 실제로 물은 액체 형태로 배출될 수 있다.)

4. 현재 차량 또는 연료전지 차량에서 배출되는 수증기의 양은 자연적으로 발생되는 수증기의 배출량(5×10^8 MT/yr)보다 백만 배는 작은 수치이다. 이에 따라 어느 경우에도 배출되는 수증기는 대기층에 큰 영향을 주지 않으며 이 글의 주장은 유효하지 않음을 알 수 있다.

14.3.6 저탄소연료 및 연료전지 사용에 따른 기후 변화의 완화

대기 중 온실가스의 증가 비율은 배출 비율과 감소 비율의 차이와 같다. 온실가스의 배출 비율은 새로운 저배기가스 기술의 도입 지연과 기존 기술의 높은 배기가스 배출에 따라 천천히 변경될 것으로 예상된다. 대기 중 온실가스 비율의 증가를 줄이기 위한 한 가지 방법은 기존의 연료를 저탄소연료로 변경하고 연료전지와 같은 보다 효율이 높은 장치를 사용하여 배기가스의 비율을 줄이는 것이다. 저탄소연료는 연료전지 시스템에서 차량을 구동하거나 빌딩의 전기, 난방 그리고 냉방에 필요한 에너지를 공급하는 데 사용될 수 있다. 예를 들어 미국의 경우 발전소에서 미국의 전체 에너지 소모량의 약 1/5인 2만1천조 Btu(British thermal units)가 매년 폐열로 소모되고 있다. 미국의 가정, 상업용 빌딩 및 공업용 시설들에서는 거의 같은 양의 열을 매년 다시 발생하고 있다. 발전용 연료전지 시스템은 이러한 건물에 전기를 공급하는 동시에 폐열을 건물의 난방에 쓰일 수 있게 함으로써 폐열로 인한 많은 에너지 손실과 이에 따른 온실가스의 배출을 완화시킬 수 있다. 이론적으로는 연료전지 시스템을 포함하는 저탄소연료의 사용을 기반으로 훨씬 적은 CO_2 가스의 배출이 가능하다.

표 14.2 다양한 연료의 탄소 함유량

			Carbon Content of Fuel	
			Per Unit Energy of Fuel	Per Unit Mass of Hydrogen
Fuel	Chemical Formula	LHV Fuel Energy (MJ/kg)	Mass of Carbon per Unit of Fuel Energy (kg carbon/GJ fuel)	Mass of Carbon per Unit Mass of Hydrogen (kg carbon/kg atomic hydrogen)
Coal	CnH0.93nn0.02nO0.14nS0.01n(s)	26.7	28.5	12.8
Gasoline	$C_nH_{1.87n}(l)$	44.0	19.6	6.5
Ethanol	$C_2H_6O(l)$	26.9	19.4	4.0
Methanol	$CH_4O(l)$	20.0	18.7	3.0
Natural gas	$C_nH_{3.8n}N_{0.1n}(g)$	45.0	15.5	3.1
Methane	$CH_4(g)$	50.0	15.0	3.0
Hydrogen	$H_2(g)$	120.0	0.0	0.0

주석: 석탄 및 가솔린은 단위 에너지당 가장 높은 탄소 함유량을 가지고 있다. 천연가스 메탄 그리고 수소가스는 단위 에너지당 가장 낮은 수소를 가지고 있다. 에너지 변환에 일정한 효율을 가정할 때 탄소 함유가 가장 높은 연료는 낮은 탄소 함유의 연료보다 많은 CO_2를 배출한다.

모든 다른 사항은 똑같다고 할 때, 단위 에너지당 보다 적은 탄소를 포함하는 연료를 소모한다면 에너지 프로세스는 보다 적은 CO_2를 배출할 것이다. 연료의 탄소 조합과 연료가 소모되는 효율이 단위 출력당 CO_2 가스의 배출량을 결정하게 된다. 가솔린, 천연가스, 석탄과 같은 거의 대부분의 상업용 연료는 어느 정도의 탄소를 포함하고 있다. 표 14.2는 몇몇 연료의 탄소 함유량을 비교하고 있다. 각 연료의 분자식, 저위발열량(LHV)에 기반한 단위 질량당 에너지(MJ/kg), 연료의 단위 에너지당 탄소의 질량(kg/GJ), 그리고 단위 수소 원자당 탄소량이 표에 나타나 있다.[3,4]

저위발열량(lower heating value, LHV)에 대해서는 2장 2.5.1절에서 설명하고 있다. 연료는 위에서부터 아래로 단위 에너지당 탄소가 많은 순서대로 표시되었다. 표에서 볼 수

3 다음을 참고함. (a) 액체연료 관련: Heywood, John B. Internal Combustion Engine Fundamentals (New York:McGraw-Hill, Inc., 1988), Table D.4 "Data on fuel properties," p. 915; (b) 석탄 관련: Starkman, Ernest S. Combustion-Generated Air Pollution (New York-London: Plenum Press, 1971) via Ohio Supercomputer Center (OSC) website http://www.osc.edu/research/perm/emissions/coal.shtml

4 저위발열량(LHV)을 기준으로 계산함.

있듯이 석탄은 단위 에너지당 탄소가 가장 많고 또한 가장 높은 비율을 가지고 있다. 대조적으로 화를 완화시킬 수 있는 하나의 방법은 이러한 기존의 연료 혼합물을 메탄(CH_4)이나 수소(H_2)와 같은 저탄소연료로 대체하고 이러한 연료의 손실을 최소화하고 연료전지와 같은 보다 효율적인 에너지 변환 장치를 사용하는 것이다.

14.3.7 환경에 대한 영향 평가–이산화탄소 환산량

지구온난화에 영향을 끼치는 배기가스의 환경적 영향을 평가하는 하나의 중요한 방법은 배기가스와 입자의 이산화탄소 환산량을 계산하는 것이다. 가스 혼합물과 입자가 지구온난화에 미치는 영향을 평가하기 위해 이러한 가스들의 $CO_{2\text{equivalent}}$를 계산할 수 있다. $CO_{2\text{equivalent}}$는 다른 가스 혼합물들의 지구온난화에 영향을 미치는 CO_2 가스의 등가 질량이다. $CO_{2\text{equivalent}}$는 우리가 각기 다른 종류와 양의 배기가스의 온난화 효과를 계산하고 이를 비교하는 데 도움을 준다. 여러 가지 가스들의 100년간 $CO_{2\text{equivalent}}$를 측정하는 식은 다음과 같다.[156,157]

$$\begin{aligned} CO_{2\,\text{equivalent}} &= m_{CO_2} + 23m_{CH_4} + 296m_{N_2O} + \alpha(m_{OM,2.5} + m_{BC,2.5}) \\ &\quad - \beta(m_{SULF,2.5} + m_{NIT,2.5} + 0.40m_{SO_x} + 0.10m_{NO_x} + 0.05m_{VOC}) \end{aligned} \qquad \text{식 (14.14)}$$

m은 각 배출된 입자의 종류를 나타낸다(예를 들어 $m_{OM,2.5}$의 경우 2.5 이하의 유기물의 질량을 나타낸다). 계수 α는 95에서 191 사이의 값을 가지며, β는 19에서 39 사이의 값을 가진다. 이 식은 그림 14.5에서 나타낸 다양한 가스와 입자가 지구온난화 또는 온도 저하에 따른 효과를 반영하였다. 이 식에서 온난화 효과에 해당하는 가스 및 입자는 양의 부호로 온도 저하 효과에 해당하는 가스 및 입자는 음의 부호로 표현되었다. 각 질량의 앞에 있는 계수(23,296, α, β)들은 각 입자들의 100년 기간의 지구온난화 잠재성(global warming potential, GWP)을 나타낸다. GWP는 이산화탄소의 단위 질량당 배기가스와 비교하여 특성 지구온난화 배기가스 및 입자의 단위 질량당 상대적인 지구온난화 효과의 기여도를 평가할 수 있는 지수이다. 예를 들어 GWP가 23인 CH_4는 이산화탄소에 비해 23배나 효율적으로 복사 에너지를 흡수한다는 의미이다. H_2의 GWP는 아직 기후 학자들에 의해 논의 중인 사항으로 위의 식에 포함되지 않았다.

GWP의 값은 대기 중 가스들의 수명이 다르기 때문에 각각 다른 시간 기준을 바탕으로 계산되었다. 인공적인 배출은 일반적으로 $CO_{2\text{equivalent}}$ 계산에 고려되지 않는데 그 이유는 우리가 예제 14.3에서 배웠듯이 자연적인 발생이 인공적인 발생에 비하여 10^5배 이상 크기 때문이다.

표 14.3 미국에서의 인간에 의해 생성된 모든 배기가스, 1999 (MT/year)

Species	On-Road Vehicles[a]	Total All Sources[b]
Gases		
Carbon monoxide (CO)	6.18×10^7	1.12×10^8
Nitrogen oxides (NO_x) as NO_2	7.57×10^6	2.19×10^7
Sulfur oxides (SO_x) as SO_2	2.72×10^5	1.81×10^7
Ammonia (NH_3)	2.39×10^5	4.53×10^6
Hydrogen (H_2)	1.55×10^5	2.79×10^5
Carbon dioxide (CO_2)	1.37×10^9	5.30×10^9
Water (H_2O)	5.19×10^8	1.99×10^9
Organics		
Paraffins (PAR)	3.53×10^6	1.40×10^7
Olefins (OLE)	1.61×10^5	5.21×10^5
Ethylene (C_2H_4)	2.27×10^5	9.12×10^5
Formaldehyde (HCHO)	4.43×10^4	2.23×10^5
Higher aldehydes (ALD2)	1.72×10^5	3.39×10^5
Toluene (TOL)	3.29×10^5	2.60×10^6
Xylene (XYL)	4.66×10^5	2.25×10^6
Isoprene (ISOP)	4.86×10^3	9.92×10^3
Total non-methane organics	*4.93×10^6*	*2.09×10^7*
Methane (CH_4)	7.91×10^5	6.31×10^6
Particulate matter		
Organic matter ($OM_{2.5}$)	5.04×10^4	2.64×10^6
Black carbon ($BC_{2.5}$)	9.07×10^4	5.92×10^5
Sulfate ($SULF_{2.5}$)	1.88×10^3	3.10×10^5
Nitrate ($NIT_{2.5}$)	2.47×10^2	2.67×10^4
Other ($OTH_{2.5}$)	2.40×10^4	8.26×10^6
Total $PM_{2.5}$	*1.67×10^5*	*1.18×10^7*
Organic matter (OM_{10})	7.19×10^4	5.77×10^6
Black carbon (BC_{10})	1.07×10^5	9.62×10^5
Sulfate ($SULF_{10}$)	2.99×10^3	4.91×10^5
Nitrate (NIT_{10})	3.15×10^2	7.10×10^4
Other (OTH_{10})	$3.66\times10_4$	3.75×10^7
Total PM_{10}	*2.19×10^5*	*4.48×10^7*

[a] 도로 상의 기존 화석연료 교통 수단들

[b] 산업시설과 발전소를 포함한 인간에 의한 모든 생성원

위의 $CO_{2equivalent}$ 수식은 몇몇 중요 가스 및 입자에 대한 지구온난화 효과를 평가하기 위함이며 추후에 기후 연구에 따라 주기적으로 보완되어야 할 것이다. 위의 식으로 도출된 것보다 정확한 결과는 지구 스케일의 컴퓨터를 이용한 대기 모델을 통해 얻어질 수 있다.

예제 14.4.

캘리포니아의 한 회사는 천연가스를 이용하여 열회수가 없이 전기만을 생산하는 발전용 고체산화물 연료전지(SOFC) 시스템을 판매한다. 해당 시스템은 전체 순 전기 효율 55%로 작동된다(LHV 기준). 계산을 보다 단순히 하기 위하여 천연가스가 100% 메탄으로 구성되어 있고, 반응물과 생성물이 시스템에 STP 상태로 들어가서 나오며 메탄의 LHV 값이 사용된다고 가정하자. 이 시스템의 연평균 CO_2 배기가스 인수(γ_{E-CO_2})는 CO_2 g/kWhe의 단위로 얼마인가? 이 인수는 발전소의 'carbon footprint'로 종종 표현된다. (2) 이 배기가스 인수/carbon footprint를 천연가스 및 석탄을 연소하는 전기 발전소의 인수와 비교하라.

풀이

1. 표 14.2를 참고하면 CH_4의 단위 에너지당 탄소의 질량은 15 kg으로 연평균 배기가스 인수는 다음과 같다.

$$\gamma_{E-CO_2} = \frac{15\,\text{kg C}}{\text{GJ CH}_4}\left(\frac{\text{GJ CH}_4}{0.55\,\text{GJe}}\right)\left(\frac{1\,\text{GJ}}{278\,\text{kWh}}\right)\left(\frac{1000\,\text{g}}{1\,\text{kg}}\right)\left(\frac{44\frac{\text{g}}{\text{mol}}\text{CO}_2}{12\frac{\text{g}}{\text{mol}}\text{C}}\right) \quad \text{식 (14.15)}$$

$$= 360\,\text{g CO}_2/\text{kWhe}$$

2. 계산된 배기가스 인수는 표 14.1의 천연가스를 연소시키는 combined-cycle gas turbine (CCGT) 발전소의 배기가스 인수의 390 CO_2/kWhe보다 작다. 또한 이 계산된 배기가스 인수는 표 14.1의 석탄 연소 발전소(증기 터빈과 결합된 석탄 보일러)의 CO_2 배기가스 인수인 850 g CO_2/kWhe 보다 작다. 실제로 SOFC 시스템의 배기가스 인수는 대부분의 석탄 발전소보다 작을 가능성이 크다. 그러나 이 인수는 천연가스를 사용하는 CCGT 발전소의 경우 발전소의 전기적 효율에 따라 크거나 작을 수 있다. 이러한 발전소의 전기적 효율은 40%에서 60%까지로 발전소의 규모, 설계, 운영 형태 및 용도에 따라 다르다.

14.3.8 환경에 대한 영향 평가-지구온난화의 외부비용

지구온난화에 관련된 배기가스의 환경에 대한 영향 평가를 할 수 있는 두 번째 중요한 방법은 지구온난화의 외부비용을 계산하는 것이다. 지구온난화의 잠재적 효과는 다음과 같다.

1. 해수면의 상승에 따른 저지대의 침수
2. 물 순환 사이클의 심화에 따른 강수의 증가로 인한 가뭄과 범람의 증가
3. 농경지의 이동 및 농업 지역의 변환
4. 생태계 파괴

연구자들은 지구온난화의 외부비용을 단위 $CO_{2eqivalnet}$ kg당 \$0.026에서 \$0.067 사이의 비용으로 평가하고 있다(2004년 달러 기준).[157,158] 이러한 외부비용은 대기의 추가적인 CO_2 (또는 등가 가스) 단위 질량당 손상비용이다.[5] 외부비용은 한 상품의 모든 가격이 그 자유시장(free-market) 가격에 포함되지 않을 때를 말한다.[159] 이러한 외부효과의 예를 들자면 지구온난화로 유발된 해수면의 상승으로 인한 침수로 부동산의 가격 하락이 있을 수 있다. 정의에 따르면 토지 이용과 관련된 지구온난화의 외부비용은 자유시장의 재화 가격에 포함되지 않는다. 연구자들의 외부비용에 대한 경제적인 가치 평가는 큰 폭으로 변동하는데 이는 이러한 비용을 정량적으로 정확하게 평가하는 것이 어렵기 때문이다. 그러나 이러한 이러한 외부비용을 무시하는 것은 외부비용의 가치가 전혀 없다고 잘못된 가정을 하는 셈이 된다.

예제 14.5

미국환경보호청(EPA)에서는 자동차, 발전소 그리고 다양한 모든 출처(National Emission Inventory, NEI)로부터의 배기가스를 목록화 하였다. 당신은 NEI에서 1999년 도로상 화석 연료 차량(on-road fossil fuel vehicles)의 배기가스를 확인하고 표 14.3을 작성하였다. 표 14.3에서 PM_{10}은 지름이 10 이하인 입자상 물질을 말하고, $PM_{2.5}$는 지름이 2.5 μm 이하인 입자상 물질을 말한다. 이때의 $CO_{2eqivalent}$을 계산하라. 이를 방출된 CO_2와 비교하라. (2) 이제 이러한 화석 연료 차량을 수소 연료전지 차량으로 바꾼다고 생각해보자. 차량의 변경만을 고려하여 $CO_{2eqivalent}$을 다시 계산

5 외부 비용은 비용의 원천에 따라 손상, 사회적, 그리고(혹은) 환경 비용으로 불린다.

하라. 미국의 전체 인공적 $CO_{2eqivalent}$ 절감률은 얼마인가? (3) 이러한 비교를 보다 정확히 하기 위해 고려해야 할 사항은 무엇이 있는가? (4) 외부비용의 절감은 어느 정도인가?

풀이

1. 표 14.3의 데이터와 $CO_{2eqivalent}$식에 의하면 우리는 도로상 차량에서 배출된 가스와 입자의 $CO_{2eqivalent}$상한, 하한 값을 계산할 수 있다.

$$CO_{2\,\text{equivalent, LOW}} = m_{CO_2} + 23m_{CH_4} + 296m_{N_2O} + 95(m_{OM_{2.5}} + m_{BC_{2.5}}) - 39(m_{SULF_{2.5}} + m_{NIT_{2.5}} + 0.40m_{SO_x} + 0.10m_{NO_x} + 0.05m_{VOC}) \quad \text{식 (14.16)}$$

$$CO_{2\,\text{equivalent, HIGH}} = m_{CO_2} + 23m_{CH_4} + 296m_{N_2O} + 191(m_{OM_{2.5}} + m_{BC_{2.5}}) - 19(m_{SULF_{2.5}} + m_{NIT_{2.5}} + 0.40m_{SO_x} + 0.10m_{NO_x} + 0.05m_{VOC}) \quad \text{식 (14.17)}$$

NEI에서 N_2O를 평가하지 않으므로 다른 요인들만을 고려하라. 이 범위는 1.36×10^9에서 1.39×10^9 tonnes/year이다. 이 수치는 전체 CO_2 배출량인 0.87, 1.75%와 다르다. 그러므로 이 예제에서 알 수 있듯이 $CO_{2equivalent}$에 주요 인자는 CO_2 자체이다.

2. 차량의 변경만을 고려하고 연료의 생산에 대한 사항을 고려하지 않을 때, 수소 연료전지 차량은 CO_2를 생성하지 않으므로 $CO_{2equivalent}$는 0이 될 것이다.

   표 14.3의 데이터와 식을 이용하여, 미국에서 배출되는 모든 출처의 가스 및 입자의 상한, 하한 값을 5.33×10^9, 5.86×10^9 tonnes/year로 계산할 수 있다. 이러한 결과는 $CO_{2equivalent}$의 절감률이 23.21~26.17%에 상응함을 알 수 있다.

3. 이러한 분석을 보다 정확히 하기 위하여 화석 연료와 수소의 생산 및 공급과정을 포함하는 $CO_{2equivalent}$ 가스 및 입자의 변화를 고려할 수 있다.

4. 지구온난화의 외부비용의 범위가 \$0.067 kg당 \$0.026에서 \$0.067인 것을 감안할 때 $CO_{2equivalent}$에서 $1.36\times10^9 - 1.39\times10^9$ tonnes/year에 해당하는 외부비용의 절감은 \$35.3에서 \$93.5 billion/year에 해당한다.

14.3.9 환경에 대한 영향 평가–적절한 배기가스 데이터 적용

정확한 LCA를 수행하기 위해서는 배기가스 데이터가 주의 깊게 입증되고 적용되어야 한다. 우리는 배기가스 데이터의 출처를 확인하고 이러한 데이터를 수집하고 목록화한 방법을 이해하며 정의를 적절히 적용함과 동시에 각각 독립적인 데이터 출처로부터의 평가를 비교하는 것이 필요하다. LCA의 흔한 한계 중 하나는 배기가스 데이터의 잘못된 사용이다.

CO_2 배기가스는 종종 연료 소비량 데이터로부터 평가된다. 대기오염 물질 배기가스는 전형적으로 한 공정의 마지막에서 특정되는 반면, CO_2 배기가스는 전형적으로 장치에 들어간 전체 연료량과 해당 연료의 탄소 함유량을 기반으로 하여 평가된다.

전기 발전소의 경우 미국 연방정부에서는 법적으로 특정 규모 이상의(1 MW) 발전소의 경우 법적으로 매달 및 연간 전체 연료 소모량(m_F)을 보고하도록 요구하고 있다. 정부에서는 m_F와 각각 다른 연료의 탄소 함유량을 질량보존법칙에 따라 평가하여 각 발전소의 CO_2 배출량을 역 계산한다. 그리고 정부는 각 발전소의 CO_2를 합산하여 전기 생산에 따른 CO_2 배출량(m_{CO_2})을 계산한다. 이러한 방법에 따르면 m_{CO_2}는 (1) m_F와 (2) 주어진 연료 타입($\bar{\gamma}_{F\text{-}CO_2}$)에 따른 각 전기 발전소 단위 연료 소모량당 연평균 배출량 계수의 총 합으로 표현된다.

$$m_{CO_2} = \sum_{i=m}^{n} \left(m_F \bar{\gamma}_{F\text{-}CO_2}\right)_i \qquad \text{식 (14.18)}$$

이러한 계산 방법은 발전소의 평균 효율 및 연료의 탄소 함유량을 가정한다. 예를 들어 천연가스와 석탄 발전소만 있다고 할 때 이러한 계산법은 m_{CO_2}를 천연가스와 석탄 발전소에서 나온 배기가스의 총 합으로 계산한다.

$$m_{CO_2} = \sum_{i=m}^{n} \left(m_F \bar{\gamma}_{F\text{-}CO_2}\right)_i = m_N \bar{\gamma}_{N\text{-}CO_2} + m_C \bar{\gamma}_{C\text{-}CO_2} \qquad \text{식 (14.19)}$$

평균 배출량 계수를 사용하는 대신에 다른 방법의 경우 CO_2 배기가스량을 할당된 발전소들의 한계 배출량(marginal emission)에 기반하여 평가하는 방법이 있다. 미국에서는 이러한 한계 배출량은 평균 배출량보다 높은 경향이 있으며 이는 전력 수요가 높은 시간에 전기 시스템에 많은 부하가 걸리며, 더 높은 배출량을 가진 발전소들이 이러한 추가적인 부하를 충족시키기 위해 운영되기 때문이다.

정확한 LCA를 수행하기 위해서는 이러한 배기가스 데이터에 적용된 제어 체적(control

volume)을 상세하고 주의 깊게 이해할 필요가 있다. 예를 들어 전기 발전소 부분에서 보고된 CO_2 배기가스의 경우 특정 연료 종류, 규모 그리고 지역의 발전소가 포함되거나 배제되었을 수 있다. 이러한 평가는 지역에서 수입된 또는 수출된 전력을 포함하거나 배제하였을 수도 있다. 몇몇 사례에서는, 특히 지역간 전력 수출 및 수입의 경우 연료 소비량 데이터가 누락되었을 수 있다. 예를 들어 미국 정부는 현재 주간 전기 교환에 따른 연료 소모를 보고하지 않으며 캘리포니아 주의 경우 30% 이상의 전기가 다른 주에서 수입되어 CO_2 배기가스를 도출하는 데 연방 정부의 데이터만을 사용하는 것은 바람직하지 않다.

차량의 경우에도 정부에서는 비슷한 방법을 사용한다. 정부는 각 차량 종류에 대해 연간 연료 소모량(m_F)을 평가하기 위해 가솔린, 디젤 그리고 에탄올 연료에 대해 판매 조세 수입 자료를 이용한다. 그리고 각 종류별 차량에 따른 연평균 CO_2 배기가스는 m_{CO_2}와 각 연료 종류별 단위당 연평균 배기가스 계수($\overline{\gamma}_{F\text{-}CO_2}$)에 기반하여 계산될 수 있다.

$$m_{CO_2} = \sum_{i=m}^{n} \left(m_F \overline{\gamma}_{F\text{-}CO_2} \right)_i \quad \text{식 (14.20)}$$

배기가스 데이터에 적용된 제어 체적(control volume)은 반드시 주의 깊게 이해되어야 한다. 교통 데이터는 승용차, 중량 자동차, 선박, 비행기 또는 다른 종류의 탈것이나 그 하위 항목 또는 조합에 대해서 포함하거나 배제하였을 수 있다.

14.4 대기오염에 관련된 배기가스

지구온난화에 영향을 미치는 배기가스 외에 추가적으로 배기가스와 관련하여 LCA의 마지막 단계들을 수행하기 위해서 생산 및 공급 과정 중 대기오염에 영향을 미치는 배기가스를 정할 필요가 있다. 대기오염의 주요 원인은 발전소, 용광로 그리고 차량의 연소이다. 이러한 대기오염 물질은 인류의 건강 및 동식물에 해를 끼칠 수 있다. 대기오염을 일으키는 여섯 가지 주요 배기가스는 O_3, CO, NO_x, PM, SO_x 그리고 VOCs이다. 휘발성 유기 화합물(volatile organic compounds)은 HC_S 화합물(C_xH_y)과 같은 비메탄 유기 화합물이다. 이러한 화합물 중 일부는 그 자체로 대기오염 물질이다. 다른 물질들은 화학반응을 통해 대기오염을 생성한다. 대기오염 물질은 호흡기 계통의 질병, 폐의 질병 및 중추신경계 손상, 암, 사망자 수의 증가 등으로 나타난다.

14.4.1 대기오염에 잠재적 영향을 미치는 수소가스

연료전지의 사용은 대기 중 H_2의 양적 증가를 일으킬 수 있으므로 기후 학자들은 H_2의 방출에 대한 대기오염의 잠재적 효과를 현재 연구하고 있다. 한 가지 H_2의 방출을 통한 대기오염 물질의 증가 메커니즘은 O_3의 농도를 증가시키는 일련의 화학 반응이다. 대류권에서 H_2는 O_3 원자의 농도를 증가시켜 O_3를 증가시킬 수 있다. 대기 중에서 몇 년이 흐르면 수소 분자는 hydroxyl radical (OH)에 의하여 원자 수소로 다음의 반응을 통해 분해된다.

$$H_2 + OH \rightarrow H_2O + H \qquad \text{식 (14.21)}$$

수소 원자(H)는 그 후에 빛의 광자에너지(O_2)를 이용하여 공기 중의 산소(hv)와 반응하여 다음의 반응과 같이 O_3를 생성한다.

$$H + O_2 + M \rightarrow HO_2 + M \qquad \text{식 (14.22)}$$

$$NO + HO_2 \rightarrow NO_2 + OH \qquad \text{식 (14.23)}$$

$$NO_2 + hv \rightarrow NO + O \qquad \text{식 (14.24)}$$

$$O + O_2 + M \rightarrow O_3 + M \qquad \text{식 (14.25)}$$

M은 반응 중에 생성되거나 파괴되지 않고 반응으로부터 에너지를 흡수하는 임의의 분자를 뜻한다. 그러나 다른 일련의 반응들 또한 고려되어야 하며, 반응들의 대기오염에 대한 순수 효과 또한 집중적으로 고려되어야 한다. 이러한 반응들의 순 효과는 대기 모델의 화학 반응들에 대한 컴퓨터 시뮬레이션을 통해 분석될 수 있다. LCA에서 배웠듯이 보다 정확한 분석을 위해서는 이러한 시뮬레이션들은 각각의 화학적 요소에 대해서 단순히 빼거나 더하는 것이 아닌 여러 가지 시나리오 간 배기가스량의 순 변화량을 모델링 하는 것이 필요하다.

14.4.2 환경에 대한 영향 평가-대기오염에 따른 건강 영향도

표 14.4는 몇몇 가장 중요한 배기가스들과 다른 화합물과 화학반응을 통해 생성된 대기오염 물질을 요약하고 있다.[160] 표는 또한 이러한 대기오염 물질들이 건강에 끼치는 몇몇 중요한 영향에 대해서도 나타내고 있다. 예를 들어 CO와 PM 배기가스는 모두 인간의 사망률을 증가시킨다. 마지막으로 표는 대기 중 오염물질 단위 질량당 각 건강 영향도의 사

표 14.4 대기오염 물질의 건강 영향도

Emission	Ambient Pollutant	Health Effect	Health Effect Factor (thousands of cases/ tonne ambient pollutant)		Change in Health Effects (thousands of cases) with a Fleet Change from Conventional to Fuel Cell	
			Low	High	Low	High
CO	CO	Headache	1.22	1.45	-7.53×10^4	-8.95×10^4
		Hospitalization	0.000572	0.000164	-3.54	-10.2
		Mortality	0.00000357	0.0000107	-0.221	-0.663
NO_x	NO_2	Sore throat	14.5	14.6	-8.68×10^4	-8.81×10^4
		Excess phlegm	5.26	5.34	-3.98×10^4	-4.04×10^4
		Eye irritation	4.73	4.81	-3.58×10^4	-3.64×10^4
VOC+NO_x	O_3	Asthma attacks	0.0811	0.255	-1.01×10^3	-3.19×10^3
		Eye irritation	0.752	0.830	-9.40×10^3	-1.04×10^4
		Low respiratory illness	1.08	1.80	-1.35×10^4	-2.25×10^4
		Upper respiratory illness	0.328	0.548	-4.10×10^3	-6.85×10^3
		Any symptom or condition (ARD2)	0	6.13	0	-7.67×10^4
PM_{10}, SO_2, NO_x, VOC	PM_{10}	Asthma attacks	0.147	0.155	-188	-199
		Respiratory restricted activity days (RRAD)	4.33	5.87	-5566	-7540
		Chronic illness	0.00190	0.00454	-2	-6
		Mortality	0.00391	0.00669	-5	-9

주석: 차량으로부터의 배기가스(1열)는 화학적 반응을 통하여 대기 중 오염물질(2열)로 변환된다. 이러한 대기 중 오염물질은 사람들의 건강에 다양한 영향을 미친다(3열). 건강 영향은 주로 자동차의 대기오염 물질에 대해 대기 중 오염물질의 단위 질량당 각 건강 영향도에 해당하는 사례의 수를 기준으로 상한값(4열) 및 하한값(5열)으로 평가되었다. 이 사례는 기존의 차량에서 수소 연료전지 차량으로 변경하였을 때 건강 비용의 변화를 보여준다(6,7열).

례 수의 평가를 보여주고 있다.[6] 표 14.4의 평가들은 주로 발전소가 아닌 차량에 적용되는 데 이는 차량들이 사람들이 많은 지역에서 주로 사용되기 때문이다. 그러므로 이러한 차량의 배기가스는 인구 밀집지역에서 멀리 떨어져서 위치한 발전소의 단위 배기가스 질량당 인간의 건강에 미치는 영향보다 큰 영향을 끼치고 있다. 표 14.4는 대기 중 오염물질 레벨에 따른 건강 영향도를 나타내고 있다. 배기가스 톤당 건강 영향도를 계산하기 위해서 VOC 또는 NO_x 1톤당 화학반응을 통해 1톤의 O_3 대기 중 오염물질을 배출한다고 추산할 수 있다.

$$m_{O_3,AMB} = m_{VOC} + m_{SO_x} \qquad \text{식 (14.26)}$$

m은 각 배기가스 종류별 질량을 나타내며 대기오염 물질 PM_{10}은 다음과 같이 계산될 수 있다.

$$m_{PM10,AMB} = m_{PM2.5} + 0.1(m_{PM10} - m_{PM2.5}) + 0.4m_{SO_2} + 0.1m_{NO_2} + 0.05m_{VOC} \qquad \text{식 (14.27)}$$

앞의 계수는 다른 물질과 반응을 통해서 대기오염 물질 PM_{10}을 생성하는 배기가스 질량의 백분율을 나타낸다.

14.4.3 환경에 대한 영향 평가 – 대기오염 물질의 외부비용

만일 사람들이 덜 건강하다면 사람들은 보다 많은 의료 서비스를 필요로 하고, 생산적으로 일할 수 있는 날들은 더욱 줄어들게 될 것이다. 추가적인 의료 서비스와 노동 생산성의 감소는 사회에 재무비용을 발생시킨다. 그러므로 대기오염에 대한 건강 영향도는 재무적인 관점에서 정량화 될 수 있다. 표 14.4의 건강 영향도 데이터를 기반으로 하여, 표 14.5는 이러한 대기오염 물질을 포함하는 배기가스들이 인간의 건강에 영향을 끼치는 데 대하여 재무비용을 평가한다.[160] 흥미롭게도 표 14.5의 건강 비용의 대다수는 자동차 배기가스의 결과물이다. 발전소의 경우 단위 배기가스 질량당 건강 비용은 사람들로부터 먼 거리로 인하여 자동차 배기가스보다 10배 이상 낮은 것으로 평가된다. 인간의 건강에 대한 재

6 추정치는 (NEI에 근거한) 자동차 공해와 미국 내 자동차 종류별 배기가스 전체로부터의 건강 영향치에 관한 수 건의 미국 사례로부터 도출되었다.

표 14.5 대기오염 물질의 재무 비용

Emission	Ambient Pollutant	Health Cost of Air Pollution ($2004/tonne of emission)		Change in Health Costs Due to Air Pollution ($2004) with a Fleet Change from Conventional to Fuel Cell	
		Low	High	Low	High
CO	CO	12.7	114	-7.87×10^{8}	-7.08×10^{9}
NO_x	Nitrate-PM_{10}	1.30×10^{3}	2.11×10^{4}	-9.83×10^{9}	-1.60×10^{11}
	NO_2	191	929	-1.45×10^{9}	-7.03×10^{9}
$PM_{2.5}$	$PM_{2.5}$	1.33×10^{4}	2.03×10^{5}	-2.22×10^{9}	-3.39×10^{10}
$PM_{2.5}$-PM_{10}	$PM_{2.5}$-PM_{10}	8.52×10^{3}	2.25×10^{4}	-4.38×10^{8}	-1.16×10^{9}
SO_x	Sulfate-PM_{10}	8.78×10^{3}	8.33×10^{4}	-2.39×10^{9}	-2.27×10^{10}
VOC	Organic-PM_{10}	127	1.46×10^{3}	-6.27×10^{8}	-7.21×10^{9}
VOC+NO_x	O_3	12.7	140	-1.59×10^{8}	-1.75×10^{9}
Total				-1.79×10^{10}	-2.40×10^{11}

주석: 차량으로부터의 배기가스(1열)는 화학적 반응을 통하여 대기 중 오염물질(2열)로 변환된다. 이러한 대기 중 오염물질은 사람들의 건강에 영향을 미치고 이에 따라 사회의 건강 비용에 영향을 미친다(3,4열). 이 사례는 기존의 차량에서 수소 연료전지 차량으로 변경하였을 때 건강 비용의 변화를 보여준다(5,6열).

무비용은 대기오염으로 인한 외부비용의 주요 항목이다. 지구온난화로 인한 외부비용과 함께 대기오염으로 인한 외부비용은 자유 시장 가격에 포함되지 않는다. 비록 이러한 비용은 정량화하기가 어렵지만 이 비용을 무시하는 것은 비용이 아예 없다고 잘못 가정하는 셈이 된다.

예제 14.6.

(1) 천연가스를 연료로 사용하고 구입이 가능한 발전용 연료전지 시스템을 조사하라. 이 시스템에 대하여 대기오염 배출량에 대해 조사하고 배출가스별 단위로 나타내라.

(2) 이 배기가스 계수를 표 14.1의 천연가스 CCGT 연소 및 석탄 연료 전기 발전소의 계수와 비교하라.

(3) 비교 결과에 대해 토의하라.

풀이

1, 2. 표 14.6은 코네티컷의 제조사에서 팔고 있는 molten carbonate fuel cell (MCFC) 시스템의 NO_x, SO_x, 그리고 PM_{10}의 배기 계수를 나타낸다. 배기가스가 매우 적음을 알 수 있다. 표 14.6은 또한 이러한 배기 계수를 CCGT 및 석탄 발전소의 계수와 비교하고 있다. 마지막 두 줄은 MCFC 시스템의 배기 계수를 CCGT 및 석탄 발전소의 수치와 비교하여 백분율로 나타내고 있다. MCFC 시스템의 NO_x 배기가스는 CCGT 및 석탄 발전소의 배기가스의 1% 이하이다. MCFC 시스템의 SO_2 및 PM_{10} 배기가스는 CCGT 및 석탄 발전소의 배기가스의 0.02% 이하이다.

3. 이 비교 결과는 연료전지 시스템의 다른 화석 연료 발전 시스템에 비해 훨씬 적은 대기오염 물질을 배출하는 장점을 가지고 있음을 정량적으로 보여준다. 이러한 점은 예제 14.4에서 보다 더 강조되는데 다른 세 가지 발전소와 비교하여 CO_2 배기 계수는 비슷한 수준임을 알 수 있다. 대조적으로 연료전지 시스템의 대기오염 배기가스 계수는 CCGT 또는 석탄 발전소보다 몇 십 배는 적은 것을 알 수 있다.

표 14.6 세 가지 발전소의 대기오염 배기 계수에 대한 비교

	Emission factor (g/kWhe)		
	NO_x	SO_2	PM_{10}
MCFC system	0.00453592	4.5359E-05	9.0718E-06
CCGT Plant	0.70	0.27	0.074
Coal Plant	2.0	1.0	0.2
% of CCGT emissions	0.65%	0.017%	0.012%
% of coal emissions	0.23%	0.005%	0.005%

예제 14.7.

(1) 예제 14.5의 연료전지 자동차 도입 시나리오에 따라 기존 차량을 연료전지 차량으로 대체하였을 때 건강 영향도의 변화를 계산하라. LCA 비교를 간단히 하기 위하여 배기가스의 전 단계를 고려하지 말고 차량의 배기가스 변화만을 고려하라.

(2) 외부비용의 변화를 계산하라.

(3) 지구온난화에 따른 대기오염의 외부비용의 변화를 비교하라.

풀이

1. 건강 영향도의 변화는 표 14.4의 마지막 부분에 나타나 있다. 휘발성 유기 화합물은 메탄을 제외한 표 14.3의 모든 유기물을 포함한다. 대기오염 물질인 오존의 양은 $m_{O_3,AMB} = m_{VOC} + m_{NO_x}$ 식에 따라 VOCs와 NO_x 배출량에 따라 계산될 수 있으며 대기오염 물질 PM_{10}은 다음의 식과 같이 몇 가지 배기가스로부터 계산될 수 있다.

$$m_{PM10,AMB} = m_{PM2.5} + 0.1(m_{PM10} - m_{PM2.5}) + 0.4m_{SO_x} + 0.1m_{NO_x} + 0.05m_{VOC} \qquad \text{식 (14.28)}$$

   표 14.4에 나타난 건강 영향도 감소는 상한으로 평가되었다. 보다 발전된 분석은 모든 각각의 생산 및 공급망에 대해 배기가스들의 순 변화를 고려하는 것이다.
2. 건강 비용의 변화는 표 14.5의 마지막 부분에 나타나 있다. 배기가스 단위 질량당 외부비용 역시 표 14.5에 나타나 있다. 차량 군을 변경하였을 때 건강 비용은 $18에서 $240 정도 감소한다.
3. 차량 군을 변경하였을 때 우리는 지구온난화의 비용이 $35.5에서 $93.5 정도 감소하는 것을 확인하였다. 건강 비용의 경우에도 비슷한 수준으로 감소된다.

14.5 전과정평가를 이용한 전체 시나리오의 분석

지금까지 LCA의 각 단계의 몇 가지 사례를 살펴보았다. 또한 각각 생산 및 공급망에 대하여 환경에 미치는 영향을 정량화 할 수 있는 도구에 대해서 배웠다. 지금부터는 이러한 도구들을 통합하고 에너지 효율의 측면에서 전력 생산에 대한 추가적인 시나리오를 분석할 것이다.

14.5.1 전력 시나리오

연료전지에 대해 많은 것을 읽으면서, 지역 대학교 캠퍼스에 연료전지 시스템을 설치하는 가능성에 대해 흥미가 생겼을 것이다. 이 시스템을 이용하여 주변 빌딩에 전기를 공급하고자 한다. 당신은 석탄이 풍부한 나라에 살기 때문에, 이러한 석탄을 원료로 사용하는 가능성에 대해 알아보고자 한다. 지역 대학교는 현재까지는 필요한 전기를 근처의 석탄 발전소로부터 얻고 있다. (1) 석탄 발전소로부터 전기를 공급받는 현재의 시나리오와 (2) 석탄으로부터 생성된 수소가스를 연료로 하는 연료전지 시스템의 공급망의 가능성을 비교하기로 하였다. 이러한 연료전지 시스템을 사용하는 것이 효율적인지 확인하고자 한다. 이러한 생산 및 공급 과정의 전체적인 전기 효율을 비교하여 어떠한 시나리오가 보다 효율적인지 확인하고자 한다.

1. **생산 및 공급 과정에 대한 이해와 연구.** 첫 번째로 현재의 전기 생산 및 공급 과정에 대해 생각해보라. 석탄은 광산에서 채굴되고 큰 덩어리에서 작은 조각으로 나누어지며, 기차나 배를 통해서 보통 가까운 발전소로 운송된다. 석탄 발전소는 전기를 생산하며 생산된 전기는 높은 전압의 송전선을 통해 긴 거리를 전송되고 전압을 낮춰 대학의 건물에 낮은 전압으로 분배된다.

   두 번째로 H_2 생산 및 공급과정에 대해 생각해보자. 11장에서 배운 연료 공정 및 추가적인 자료를 바탕으로 석탄 가스화(coal gasification)라고 불리는, 어떻게 석탄을 H_2-부 가스(rich gas)로 화학적인 공정을 통해 바꾸는지를 배웠다. 석탄 가스화는 화학적인 변환 과정으로 고체 석탄 및 증기를 증가된 압력과 온도의 H_2와 CO의 가스 혼합물로 변형시킨다. 석탄은 H_2를 조금밖에 포함하지 않기 때문에 대부분의 H_2가 추가된 증기로부터 발생된다. 생산에 최적화된 석탄 가스화 공장의 배기가스는 표 14.1에 나타나 있다. 이 공장은 60%의 HHV 효율을 가지고 있다.

   석탄 가스화 공장들이 기존의 석탄 공장과 비슷한 위치에 있다고 가정해보자. 공장들은 기존의 석탄 공장이 가진 석탄 채굴 및 공정, 운반과 같은 상위 과정을 똑같이 공유한다. H_2의 생산 후에 H_2는 대형 수소 전송 파이프라인을 이용하여 긴 거리를 이동하고 각 지역에서 작은 분배 관을 통해 나누어진다. 그 다음 H_2는 저장되거나 대학교 캠퍼스에 위치한 연료전지 시스템에서 소비된다. 각 연료전지 시스템의 하나 또는 그 이상의 건물들에 전기를 제공한다.
2. **생산 및 공급 과정을 도시하라.** 그림 14.8과 그림 14.9는 이러한 각각의 생산 및 공급 과정을 나타낸다. 그림 14.8과 그림 14.9의 처음 세 그림상자는 같다.
3. **병목현상이 일어나는 과정을 규명하라.** 그림 14.8에서 각 과정의 그림상자 아래의 에너지 입력 화살표에 대해서 효율의 관점에서 생각해보자. 처음의 채굴, 공정, 운송의 세 과정에서 HHV 효율은 약 90%이다. 석탄의 10% 원래의 에너지는 채굴(상자 1), 공정(상자 2) 그리고 운송(상자 3)에서 필요하다. 전형적인 석탄 발전소(상자 4)의

HHV 효율은 대략적으로 32%이다. 발전소에 유입되는 석탄 100개당 32개는 전기를 생산하고 68개는 폐열을 만드는 데 소비된다. 전기 송전의 효율(상자 5)은 97%이며, 3%의 고전압 송전을 통해 석탄 발전소에서 도시 지역으로 전송된 전기는 폐열로 소비된다. 전기 분배의 효율은 93%이며, 약 7%의 저전압 송전을 통해 각 지역에 분배된 전기는 폐열로 소비된다. 그러므로 그림 14.8의 시나리오에서 대부분의 에너지가 집중된 과정은 석탄 발전소의 전기 생산과 멀리 떨어져 있다.

그림 14.9에서 각 과정의 그림상자 아래의 에너지 입력 화살표에 대해서 효율의 관점에서 생각해보자. 첫 번째 세 그림상자(상자 1,2 그리고 3)의 HHV 효율은 그림 14.8의 생산 및 공급망에서와 같이 대략적으로 90%이다. 석탄 가스화 공장(상자 4)의 HHV 효율은 대략적으로 60%이다. 즉 공장에 들어가는 석탄 에너지 100개에 대

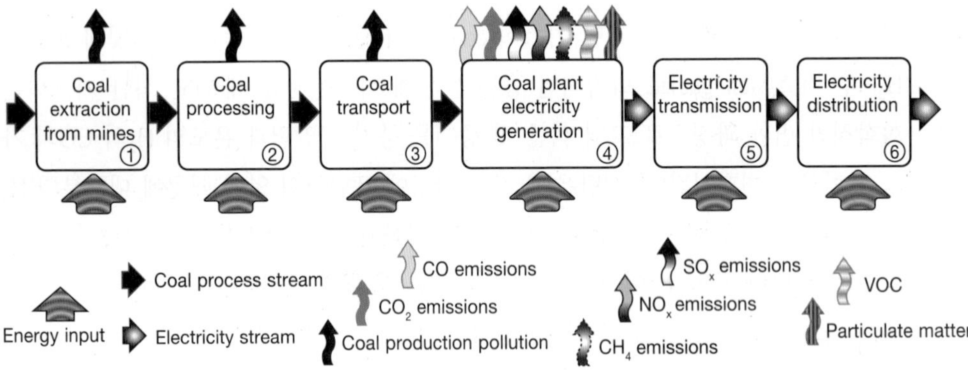

그림 14-8. 기존의 석탄으로부터 전기 생산에 따른 생산 및 공급망. 대부분의 에너지 및 배기가스는 전기 생산 과정에 집중된다(상자 4).

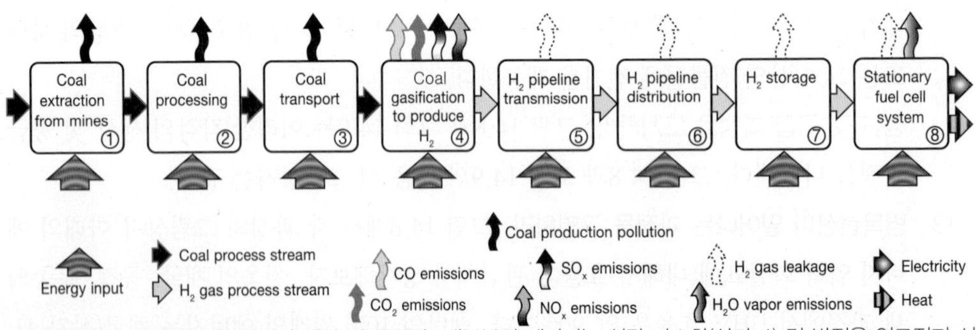

그림 14-9. 석탄 가스화 발전의 생산 및 공급망. 대부분의 에너지는 석탄 가스화(상자 4) 및 발전용 연료전지 시스템의 전기 생산 과정(상자 8)에 집중된다.

해 60개는 수소 에너지로 변환된다. 수소가스 수송 및 분배(상자 5)의 효율은 모두 97%로 천연가스의 효율과 비슷하다. 압력을 가하지 않았을 때 수소 가스의 저장에 있어 HHV 효율은 100%이다. 연료전지 시스템의 HHV 전기 효율은 50%이다. 그러므로 그림 14.9의 시나리오에서 대부분의 에너지가 집중된 과정은 석탄 가스화 과정과 연료 전지 시스템의 전기 생산 과정이다.

4. **생산 및 공급망의 에너지 및 질량 흐름 분석.** 병목현상이 일어나는 과정을 살펴보면 석탄 발전소 및 석탄 가스화 공장의 배기가스는 표 14.1에 나타나 있다. 연료전지 시스템의 경우 배기가스는 단지 수증기뿐이다.
5. **생산 및 공급망의 순 에너지 및 배기가스 흐름 종합.** 그림 14.8의 생산 및 공급망은 전체 과정에 거쳐 26%의 효율을 보여준다. 그림 14.9의 생산 및 공급망은 전체 과정에서 25%의 효율을 보여준다. 그러므로 이러한 시나리오에서 연료전지 시스템으로 변경하는 데 대한 전체 효율 면에서의 이득은 거의 없을 것이다.

   그러나 표 14.1의 연료 단위 질량당 배기가스 비교를 보면 그림 14.9의 생산 및 공급망으로 변경하였을 때 배기가스의 잠재적 감소량을 확인할 수 있다. 그러므로 당신의 캠퍼스에 연료전지 시스템 시나리오가 어떻게 작동할 것인지 생각할 수 있다. 또한 설치하고자 하는 연료전지 시스템이 열을 발생시킬 수 있다는 것도 깨달았을 것이다. 연료전지 시스템의 HHV 열 회수 효율은 20%이다. 이에 따라 전체 생산 및 공급망을 거친 열 회수율($\varepsilon_{H,\mathrm{SC}}$)은 10%이다. 즉 10%의 석탄 에너지가 캠퍼스에 난방시설에 사용될 수 있다는 것이다. 그러므로 이 시나리오에서 생산 및 공급망의 전체(전기적 및 열 회수) 효율은 다음과 같다.

$$\varepsilon_{O,\mathrm{SC}} = \varepsilon_{R,\mathrm{SC}} + \varepsilon_{H,\mathrm{SC}} = 25\% + 10\% = 35\% \qquad \text{식 (14.29)}$$

   보다 공평한 비교를 위해 그림 14.8의 생산 및 공급망의 열 회수 또한 조사하고자 한다. 석탄 발전소는 고체 연료를 이송하는 데 드는 높은 비용 때문에 거의 대부분 광산에 가까이 위치하고 있음을 발견하였다. 그 결과 석탄 발전소는 전기나 열이 필요한 인구 밀집 지역에서 멀리 떨어져 있다. 당신의 캠퍼스에 해당하는 석탄 발전소도 크게 다르지 않다. 발전소는 대학 캠퍼스에서 20마일 떨어져 있고 가장 가까운 도시에서 50마일 떨어져 있다. 그 결과 발전소로부터 난방에 필요한 열을 회수하는 것은 실용적이지 못하다. 따라서 이 생산 공급망의 실질적인 열 회수율은 0이다. 이에 따라 그림 14.8의 생산 및 공급망의 전체 전기 및 열역학적 열효율은 다음과 같다.

$$\varepsilon_{O,SC} = \varepsilon_{R,SC} + \varepsilon_{H,SC} = 26\% + 0\% = 26\% \qquad \text{식 (14.30)}$$

이제 대학교 캠퍼스에 열 회수가 가능한 연료전지 시스템의 설치하는 것에 대해 보다 긍정적으로 검토하여야 할 것이다.

14.6 요약

이 장의 목적은 연료전지의 도입에 따른 배기가스, 에너지 사용 그리고 효율에 대한 변화의 계산에 정량적인 도구를 적용함으로써 연료전지의 잠재적인 환경에의 영향을 이해하는 것이다. 또한 전과정평가(LCA)라고 불리는 방법에 대해서 배웠다.

- 각 에너지 기술에 따른 변화를 비교하기 위하여 각 기술과 관련된 전체 생산 및 공급망이 고려되었다.
- 생산 및 공급망은 원 재료의 추출로부터 재료의 가공 그리고 에너지 생산과 사용 마지막으로 폐기의 과정을 포함한다.
- 일련의 과정에서 에너지 및 배기가스의 배출이 가장 집중된 과정을 병목현상 과정(process bottlenecks)이라 한다.
- 시나리오들은 적절한 에너지와 재료 입력과 전체 생산 및 공급망에 따르는 출력을 질량보존법칙 $m_1 - m_2 = \Delta m$ 및 다음의 에너지 보존법칙을 기반으로 분석하여 비교되었다.

$$\dot{Q} - \dot{W} = \dot{m}\left[h_2 - h_1 + g\left(z_2 - z_1\right) + \tfrac{1}{2}\left(V_2^2 - V_1^2\right)\right] \qquad \text{식 (14.31)}$$

- 생산 및 공급망의 배기가스 및 에너지 총합은 다른 생산 및 공급망의 배기가스 및 에너지 총합과 비교되었다.
- 다른 조건이 같을 때, 단위 에너지당 적은 탄소(C)를 가지는 연료를 소모하는 과정에서는 적은 이산화탄소(CO_2)를 배출한다. 연료의 탄소 함유량과 연료가 소비되는 효율이 단위 출력당 배기가스의 배출량을 결정한다.
- 지구온난화와 관련하여 배기가스가 미치는 환경적 요인은 (1) 배기가스의 $CO_{2\ \mathrm{equivalent}}$를 계산하고 (2) 이러한 배기가스의 외부비용을 계산함으로써 정량화 할 수 있다.
- $CO_{2\ \mathrm{equivalent}}$는 다른 종류의 가스 및 입자 혼합물이 지구온난화에 미치는 영향을 고려한

CO_2 가스의 등가 질량이다. 가스 및 입자의 100년 기간에 걸친 $CO_{2\ equivalent}$를 계산하는 식은 다음과 같다.

$$CO_{2\,\mathrm{equivalent}} = m_{CO_2} + 23m_{CH_4} + 296m_{N_2O} + \alpha(m_{OM,2.5} + m_{BC,2.5}) - \beta[m_{SULF,2.5} + m_{NIT,2.5} + 0.40m_{SO_x} + 0.10m_{NO_x} + 0.05m_{VOC}] \quad \text{식 (14.32)}$$

- 외부비용은 재화의 가격이 그 자유 시장 가격에 포함되지 않은 가격을 의미하는 경제적 용어이다.
- 연간 CO_2 배기가스(m_{CO_2})는 (1) 전체 연간 연료 소모량(m_F)과 (2) 주어진 연료 종류($\overline{\gamma}_{F\text{-}CO_2}$)에 따른 각 에너지 변환 장치의 단위 연료 소모량당 연평균 배기 계수를 이용하여 모든 종류의 연료 생성물의 총합으로부터 계산될 수 있다.

$$m_{CO_2} = \sum_{i=m}^{n} \left(m_F \overline{\gamma}_{F\text{-}CO_2}\right)_i \quad \text{식 (14.33)}$$

- 대기오염과 관련한 배기가스의 환경에 대한 영향은 (1) 인간 건강에 대한 영향과 (2) 이러한 배기가스들의 외부비용을 계산함으로써 정량화 될 수 있다.
- 이러한 수치를 비교함으로써 다양한 생산 및 공급망에 대하여 환경 영향도를 정량화하고 다른 대상과 함께 비교할 수 있다.
- 이러한 분석은 생산 및 공급망의 다양한 부분들의 상세 내용을 포함하기 위해 반복될 수 있다.
- 다양한 생산 및 공급망들이 여러 가지 에너지 및 환경 지표에 따라 평가될 수 있다.

연습문제

복습문제

14.1 전과정평가의 각 주요 단계는 무엇인가?

14.2 지구에 온난화 효과를 일으키는 가스와 입자에는 무엇이 있고 어떻게 영향을 미치는가?

지구에 온도 저감 효과를 일으키는 가스와 입자에는 무엇이 있고 어떻게 영향을 미치는가?

14.3 인간의 건강에 영향을 미치는 가장 중요한 대기오염 물질에는 무엇이 있는가?

14.4 미국에서 50% 이상의 전력을 생산하는 발전소는 어떤 종류인가? 다른 국가와 비교하여 미국의 발전소 종류에 따른 전기 에너지 분배는 어떻게 되는가? 당신의 지역은 어떠한가?

14.5 National emission inventory (NEI)는 무엇인가? NEI가 포함하고 있는 정보의 종류에 대해서 설명하라.

14.6 누설된 수소가스가 공기 중 산소와 반응하는 것은 언제인가?

14.7 연료전지, 석탄 그리고 CCGT 발전소의 연 평균 CO_2 배기 계수(γ_{E-CO_2})를 상대적인 자릿수 단위로 비교하라.

14.8 연료전지, 석탄 그리고 CCGT 발전소의 대기오염 물질 계수를 상대적인 자릿수 단위로 비교하라. 두 가지 종류의 배기 계수 중 (이전 질문의 지구온난화 가스 vs 대기오염 배기가스 계수) 어떤 것이 연료전지 시스템의 장점을 보다 잘 보여주는가?

14.9 연료전지가 환경에 미치는 영향에 대해서 연구 제안서 요약문을 작성하라. 당신의 계획은 NEI 데이터와 LCA를 수행하는 것이다.

14.10 단위 에너지당 탄소 함유량이 높아 가장 많은 CO_2 배출량을 생성하는 연료는 무엇인가? 어떤 연료가 가장 작은 단위 에너지당 탄소 함유량을 가지고 있는가?

14.11 배기가스 목록은 전형적으로 대기오염 물질 배기가스의 직접적인 측정 결과를 포함하는가? 온실가스 배기가스 목록은 어떠한가? 연료 소비량과 재무 데이터에서 어떤 방법을 이용하여 CO_2 배출량을 평가할 수 있는가?

계산문제

14.12 예제 14.4는 SOFC 시스템과 시스템의 CO_2 배기 계수를 다루고 있다. 이 예제를 바탕으로 천연가스 파이프 라인에서 누락되는 메탄의 질량은 약 1%라고 가정하자. 이전에 계산된 CO_2 배기 계수와 메탄의 손실률을 바탕으로 할 때 SOFC 시스템의 연 평균 $CO_{2\text{equivalent}}$ 배기 계수는 얼마인가? 100년 동안의 가스의 $CO_{2\text{equivalent}}$를 측정하기 위해 식 (14.14)의 첫 번째 세 항목을 사용하고 나머지 항목들은 무시하라.

14.13 예제 14.4에 나오는 계산을 연료 조성이 100% 메탄이 아니라 표 14.2에서 기술된 천연가스의 연료 조성이라고 가정하고 다시 계산하라. 표 14.2에 나오는 천연가스

의 단위 에너지당 탄소 함유량을 사용하라. (a) 이 시스템의 연평균 CO_2 배기 계수 (γ_{E-CO_2})를 g당 CO_2/kWhe로 나타내라. (b) 이 배기 계수를 표 14.1에 나타나 있는 천연가스 연소 및 석탄 연소 전기 발전소의 계수와 비교하라. (c) 천연가스 파이프라인에서 1% 질량의 메탄이 누설된다고 가정하자. CO_2 배기가스 계수 및 메탄 손실률만을 고려했을 때, 이 SOFC 시스템의 연평균 $CO_{2equivalent}$는 얼마인가? 100년 동안의 가스들의 $CO_{2equivalent}$를 측정하기 위해 식 (14.14)의 첫 번째 세 항목을 사용하고 나머지 항목들은 무시하라.

14.14 코네티컷의 한 회사는 천연가스를 사용하여 전기와 회수 가능 열을 생산하는 발전용 열 및 전력 복합(combined heat and power, CHP) MCFC 시스템을 판매한다. CHP 연료전지 시스템은 10장에서 상세하게 다루고 있다. 이 시스템은 47%의 순 전기 효율, LHV 기준 순 열 회수 효율이 최대 43%로 작동된다고 한다. 계산을 보다 단순히 하기 위해 천연가스가 100% 메탄으로 구성되어 있고 반응물과 생성물이 시스템에 STP 상태로 출입하며, 메탄의 LHV가 사용될 수 있다고 하자. (a) 이 시스템의 연평균 CO_2 배기 계수(γ_{E-CO_2})를 g당 CO_2/kWhe로 나타내라. (b) 이 배기 계수가 CHP 발선소와 비 CHP 발전소를 비교할 때 사용하기에 적당한 단위인가?

14.15 (a) 이전 문제를 바탕으로 이러한 CHP MCFC 시스템을 CO_2 배기가스 계수에 따른 탄소 발자국(carbon footprint)에 대한 열 및 전기를 보여줄 수 있는 방법에 대해 생각해보라. (b) 제조사는 MCFC 시스템의 CO_2 배기 계수가 CHP의 효과를 고려하지 않았을 때 426 g/kWhe라고 발표하였다. CHP의 이득을 고려하였을 때 제조사는 MCFC 시스템의 CO_2 배기 계수가 236에서 308 g/kWhe라고 발표하였다. 이 수치를 계산 결과와 비교하라. 당신의 계산과 제조사의 계산 중 차이를 만들 수 있는 요소를 찾아라(시간에 따른 성능저하, 연료 조성, 발열량 등).

14.16 예제 14.6은 연료전지 시스템과 그 대기오염 배기 계수에 대해서 다루었다. 이 예제를 바탕으로 (a) 연료전지, CCGT 그리고 석탄 발전소의 배기가스를 공기 중 대기오염 물질로 변환하라. (b) 연료전지, CCGT, 석탄발전소의 대기오염 물질이 인간의 건강에 영향도 및 재무 비용에 대해 분석하라. (c) (i) 석탄 발전소를 연료전지 시스템으로 (ii) CCGT 발전소를 연료전지 시스템으로 변경함에 따라 공기 중 대기오염 물질에 따른 건강 비용의 변화를 계산하라.

14.17 예제 14.6에서 다루었던 시스템 외에 천연가스를 이용하며 구매가 가능한 발전용 연료전지 시스템을 조사하라. (a) 이 시스템에 대해 대기오염 배기가스를 조사하라.

이러한 대기오염 물질을 화학 물질별 g/kWhe로 나타내라. (b) 표 14.1에 나타난 석탄 발전소 및 CCGT 발전소와 배기 계수를 비교하라. (c) 이 비교 결과의 중요성에 대해서 생각해보라. (d) 연료전지, CCGT 그리고 석탄 발전소의 배기가스를 대기오염 물질로 변환하라. (e) 연료전지, CCGT, 석탄 발전소의 대기오염 물질이 인간의 건강에 영향도 및 재무 비용에 대해 분석하라. (d) (i) 석탄 발전소를 연료전지 시스템으로 (ii) CCGT 발전소를 연료전지 시스템으로 변경함에 따라 공기 중 대기오염 물질에 따른 건강 비용의 변화를 계산하라.

14.18 1999 NEI에 목록화된 모든 출처의 모든 유기 가스 및 입자에 대해 $CO_{2\ equivalent}$를 평가하라.

14.19 예제 14.2를 바탕으로 하위흐름(downstream) 증기 개질기에 충분한 연료를 공급하기 위해 가스 전에서 생산되어야 할 천연가스의 질량 생산 흐름 속도를 평가하라. 연료전지 차량의 효율에 대한 가솔린 차량의 효율이 2배라고 가정하고 2%의 전체 수소 생산량이 생산 및 공급망에서 손실되며 천연가스에서 1%의 메탄이 누설된다고 가정하자. 현재의 천연가스 생산에 비교하여 천연가스의 양은 얼만큼인가? $CO_{2\ equivalent}$를 계산하고 누설된 메탄에 대해 외부비용을 계산하라.

14.20 표 14.3과 예제 14.5의 미국 배기가스를 기반으로 하여 수소 및 화석 연료 생산 동안의 상위흐름(upstream) 배기가스의 변화를 고려하여 화석 연료 차량과 수소 연료 차량의 $CO_{2equivalent}$ 배기가스를 비교하라. 모든 수소는 고효율의 증기 개질기를 이용하여 생산된다고 가정하라. 미국의 모든 VOC 배기가스 중 절반이 교통 부문과 연관되고 가솔린과 디젤 생산 중에 배출된다고 가정하라. 1999 미국 NEI, 이용 가능한 EPA 웹사이트, 배기가스에 추가적인 데이터를 이용하라.

14.21 현재 미국의 전력을 발전용 수소 연료전지 발전소로 대체한다고 상상해보자. 생산 및 공급망에 대해 효율 및 배기가스 변화를 평가하라.

14.22 문제 14.21에 대해 연료전지 시스템으로부터 열 또한 회수가 가능하다는 점을 배제하고 같은 시나리오에 대해 생각해보자. 연료전지 시스템에서 회수되는 열은 벽난로에서 천연가스나 오일을 연소함으로써 생성되는 열을 대체할 것이다. 전 시즌 동안 평균적으로 HHV 30%의 천연가스가 사용 가능한 열로 회수되고 주변의 건물에서 난방이나 산업적인 용도로 사용된다. 표 14.1의 증기 개질기의 배기가스 목록이 동일하게 연료전지 시스템에서도 적용된다고 가정하자. 표 14.1의 원본 배기가스 데이터는 United Technologies Corporation의 PAFC 200 kWe 시스템의 자료이

다. 전기 및 열 생산 및 공급망에 대해 효율 및 배기가스의 변화를 평가하기 위하여 LCA를 수행하라.

14.23 예제 14.5와 14.7을 바탕으로, 동일한 LCA 비교에 대해 상위흐름 배기가스의 변화를 고려하여 대기오염 물질로 인한 외부비용과 건강 영향도의 변화를 다시 계산하라. 또한 전체 생산 및 공급망에 대해 지구온난화에 따른 $CO_{2\ equivalent}$ 변화 및 외부비용을 계산하라. 1999 미국 NEI, 이용 가능한 EPA 웹사이트, 배기가스에 추가적인 데이터를 이용하라.

14.24 수소가 석탄 가스화를 통해 공급되는 시나리오에 대해 LCA를 수행하라. 석탄 가스화 공장의 배기가스는 표 14.1의 목록과 같다고 가정한다.

14.25 예제 14.2를 바탕으로 연료전지 차량에서 대기 중으로 누설되는 수소의 양을 평가하라. 수소가스 손실률은 천연가스(대략적으로 생산의 1%)의 손실률과 비슷하다고 가정하라. 이 양은 표 14.3의 기존의 도로상 차량에서 누설되는 양과 비교하여 어느 정도인가?

14.26 표 14.2의 모든 연료를 소비하였을 때 연료 에너지당 기대되는 최소 CO_2 배기가스를 평가하라. 보나 단순히 하기 위하여, 이러한 연료들의 상위흐름 과정에서 방출되는 모든 배기가스와 소비되는 모든 에너지를 무시하라. 이러한 연료들이 수소 연료를 생산하기 위해 사용된다고 가정하고, 단위 수소 연료(H_2)당 기대되는 CO_2 배기가스의 최솟값을 평가하라. 대략적으로 계산하여 손실이 없는 100% 효율의 변환 과정을 가정하고 상위흐름 연료 과정의 배기가스를 무시하라.

14.27 당신의 나라 또는 지역의 교통 부문 연료 소비에 따른 연간 판매 조세 수입을 조사하라. 세율에 대한 정보와 함께 연료 종류별 연간 총 연료 소비를 평가하라. 이러한 연료는 디젤, 가솔린, 에탄올 그리고 다른 교통수단의 연료를 포함할 것이다. 교통 부문의 정의 및 포함되는 교통수단(승용차, 중량 트럭, 선박, 비행기 등)의 정의를 주의 깊게 살펴보라. 표 14.2를 바탕으로 각 연료의 배기 계수를 소모되는 연료 단위당 배출되는 CO_2를 바탕으로 평가하라. 당신이 있는 지역의 차량의 연간 CO_2 배기가스를 계산하고, 계산의 오차를 평가하라. 당신의 계산 값과 지역에 보고된 배기가스를 비교하라.

14.28 에이전시 F와 에이전시 S는 모두 지역 C의 전기 발전소의 CO_2 배기가스 데이터를 보고한다. 열 병합 발전소는 (*A*) 전기 (*B*) 건물의 난방과 같은 실용적인 목적을 위해 회수될 수 있는 열 (*C*) 폐열을 생산한다. 에이전시 F는 이러한 발전소의 모든 세

가지 목적($A+B+C$)을 위한 총 연료 소비량에 대한 CO_2 배기가스를 보고한다. 에이전시 S는 이러한 열 병합 발전소의 CO_2 배기가스를 전기 발전(A)과 폐열의 임의 부분(C의 일부)의 합에서 보고한다. 에이전시 S는 회수 가능한 열(B)과 폐열의 나머지 부분(C의 나머지 부분)에 관련된 CO_2 배기가스를 발전소가 아닌 제조 부문에 부과하였다. 각 보고 방식의 장점과 단점에 대해 논의하라. 당신은 낮은 CO_2 배출량의 새로운 발전소를 개발하고 있다. 지역 C의 열 병합 발전소와 비교하여 상대적으로 낮은 CO_2 배기가스 배출량을 증명하기 위해 어떠한 에이전시의 수치가 보다 신뢰성이 있고 그 이유는 무엇인가? 어떠한 방법이 당신의 새로운 기술의 적절한 기준을 제시하는가?

APPENDIX

APPENDIX A

유용한 상수들

Physical Constants		
Avogadro's number	N_A	6.02×10^{23} atoms/mol
Universal gas constant	R	0.08205 L · atm/mol · K
		8.314 J/mol · K
		83.14 bars · cm^3/mol · K
		8.314 Pa · m^3/mol · K
Planck's constant	h	6.626×10^{-34} J · s
		4.136×10^{-15} eV · s
Boltzmann's constant	k	1.38×10^{-23} J/K
		8.61×10^{-5} eV/K
Electron mass	m_e	9.11×10^{-31} kg
Electron charge	q	1.60×10^{-19} C
Faraday's constant	F	96485.34 C/mol

Conversions	
Weight	2.20 lb = 1 kg
Distance	0.622 mile = 1 km
	3.28×10^{-2} ft = 1 cm
Volume	1000 L = 1 m^3
	0.264 gal = 1 L
	3.53×10^{-2} ft^3 = 1 L

Conversions (cont.)	
Pressure	1.013250×10^5 Pa = 1 atm
	1.013250 bars = 1 atm
	10^5 Pa = 1 bar
	14.7 psi = 1 atm
Energy	6.241506×10^{18} eV = 1 J
	1 calorie = 4.184 J
	9.478134×10^{-4} Btu = 1 J
	2.777778×10^{-7} kWh = 1 J
Power	1 J/s = 1 W
	$1.34 \cdot 10^{-3}$ horsepower = 1 W
	3.415 Btu/h = 1 W

APPENDIX B

열역학 물성표

This appendix lists thermodynamic data for H_2, O_2, $H_2O_{(g)}$, $H_2O_{(l)}$, CO, CO_2, CH_4, N_2, $CH_3OH_{(g)}$, and $CH_3OH_{(l)}$ as a function of temperature at P = 1 bar.

표 B-1. $H_{2(g)}$ Thermodynamic Data

T (K)	$\hat{G}(T)$ (kJ/mol)	$\hat{H}(T)$ (kJ/mol)	$\hat{S}(T)$ (J/mol · K)	$C_p(T)$ (J/mol · K)
200	−26.66	−2.77	119.42	27.26
220	−29.07	−2.22	122.05	27.81
240	−31.54	−1.66	124.48	28.21
260	−34.05	−1.09	126.75	28.49
280	−36.61	−0.52	128.87	28.70
298.15	−38.96	0.00	130.68	28.84
300	−39.20	0.05	130.86	28.85
320	−41.84	0.63	132.72	28.96
340	−44.51	1.21	134.48	29.04
360	−47.22	1.79	136.14	29.10
380	−49.96	2.38	137.72	29.15
400	−52.73	2.96	139.22	29.18
420	−55.53	3.54	140.64	29.21
440	−58.35	4.13	142.00	29.22
460	−61.21	4.71	143.30	29.24
480	−64.08	5.30	144.54	29.25
500	−66.99	5.88	145.74	29.26
520	−69.91	6.47	146.89	29.27
540	−72.86	7.05	147.99	29.28
560	−75.83	7.64	149.06	29.30
580	−78.82	8.22	150.08	29.31
600	−81.84	8.81	151.08	29.32
620	−84.87	9.40	152.04	29.34
640	−87.92	9.98	152.97	29.36
660	−90.99	10.57	153.87	29.39
680	−94.07	11.16	154.75	29.41
700	−97.18	11.75	155.61	29.44
720	−100.30	12.34	156.44	29.47
740	−103.43	12.93	157.24	29.50
760	−106.59	13.52	158.03	29.54
780	−109.75	14.11	158.80	29.58
800	−112.94	14.70	159.55	29.62
820	−116.14	15.29	160.28	29.67
840	−119.35	15.89	161.00	29.72
860	−122.58	16.48	161.70	29.77
880	−125.82	17.08	162.38	29.83
900	−129.07	17.68	163.05	29.88
920	−132.34	18.27	163.71	29.94
940	−135.62	18.87	164.35	30.00
960	−138.91	19.47	164.99	30.07
980	−142.22	20.08	165.61	30.14
1000	−145.54	20.68	166.22	30.20

표 B-2. $O_{2(g)}$ Thermodynamic Data

T (K)	$\hat{G}(T)$ (kJ/mol)	$\hat{H}(T)$ (kJ/mol)	$\hat{S}(T)$ (J/mol · K)	$C_p(T)$ (J/mol · K)
200	−41.54	−2.71	194.16	25.35
220	−45.45	−2.19	196.63	26.41
240	−49.41	−1.66	198.97	27.25
260	−53.41	−1.10	201.18	27.93
280	−57.45	−0.54	203.27	28.48
298.15	−61.12	0.00	205.00	28.91
300	−61.54	0.03	205.25	28.96
320	−65.66	0.62	207.13	29.36
340	−69.82	1.21	208.92	29.71
360	−74.02	1.81	210.63	30.02
380	−78.25	2.41	212.26	30.30
400	−82.51	3.02	213.82	30.56
420	−86.80	3.63	215.32	30.79
440	−91.12	4.25	216.75	31.00
460	−95.47	4.87	218.14	31.20
480	−99.85	5.50	219.47	31.39
500	−104.25	6.13	220.75	31.56
520	−108.68	6.76	221.99	31.73
540	−113.13	7.40	223.20	31.89
560	−117.61	8.04	224.36	32.04
580	−122.10	8.68	225.48	32.19
600	−126.62	9.32	226.58	32.32
620	−131.17	9.97	227.64	32.46
640	−135.73	10.62	228.67	32.59
660	−140.31	11.27	229.68	32.72
680	−144.92	11.93	230.66	32.84
700	−149.54	12.59	231.61	32.96
720	−154.18	13.25	232.54	33.07
740	−158.84	13.91	233.45	33.19
760	−163.52	14.58	234.33	33.30
780	−168.21	15.24	235.20	33.41
800	−172.93	15.91	236.05	33.52
820	−177.66	16.58	236.88	33.62
840	−182.40	17.26	237.69	33.72
860	−187.16	17.93	238.48	33.82
880	−191.94	18.61	239.26	33.92
900	−196.73	19.29	240.02	34.02
920	−201.54	19.97	240.77	34.12
940	−206.36	20.65	241.51	34.21
960	−211.20	21.34	242.23	34.30
980	−216.05	22.03	242.94	34.40
1000	−220.92	22.71	243.63	34.49

표 B-3. $H_2O_{(l)}$ Thermodynamic Data

T (K)	$\hat{G}(T)$ (kJ/mol)	$\hat{H}(T)$ (kJ/mol)	$\hat{S}(T)$ (J/mol · K)	$C_p(T)$ (J/mol · K)
273	−305.01	−287.73	63.28	76.10
280	−305.46	−287.20	65.21	75.81
298.15	−306.69	−285.83	69.95	75.37
300	−306.82	−285.69	70.42	75.35
320	−308.27	−284.18	75.28	75.27
340	−309.82	−282.68	79.85	75.41
360	−311.46	−281.17	84.16	75.72
373	−312.58	−280.18	86.85	75.99

표 B-4. $H_{2O(g)}$ Thermodynamic Data

T (K)	$\hat{G}(T)$ (kJ/mol)	$\hat{H}(T)$ (kJ/mol)	$\hat{S}(T)$ (J/mol · K)	$C_p(T)$ (J/mol · K)
280	−294.72	−242.44	186.73	33.53
298.15	−298.13	−241.83	188.84	33.59
300	−298.48	−241.77	189.04	33.60
320	−302.28	−241.09	191.21	33.69
340	−306.13	−240.42	193.26	33.81
360	−310.01	−239.74	195.20	33.95
380	−313.94	−239.06	197.04	34.10
400	−317.89	−238.38	198.79	34.26
420	−321.89	−237.69	200.47	34.44
440	−325.91	−237.00	202.07	34.62
460	−329.97	−236.31	203.61	34.81
480	−334.06	−235.61	205.10	35.01
500	−338.17	−234.91	206.53	35.22
520	−342.32	−234.20	207.92	35.43
540	−346.49	−233.49	209.26	35.65
560	−350.69	−232.77	210.56	35.87
580	−354.91	−232.05	211.82	36.09
600	−359.16	−231.33	213.05	36.32
620	−363.43	−230.60	214.25	36.55
640	367.73	−229.87	215.41	36.78
660	−372.05	−229.13	216.54	37.02
680	−376.39	−228.39	217.65	37.26
700	−380.76	−227.64	218.74	37.50
720	−385.14	−226.89	219.80	37.75
740	−389.55	−226.13	220.83	37.99
760	−393.97	−225.37	221.85	38.24
780	−398.42	−224.60	222.85	38.49
800	−402.89	−223.83	223.83	38.74
820	−407.37	−223.05	224.78	38.99
840	−411.88	−222.27	225.73	39.24
860	−416.40	−221.48	226.65	39.49
880	−420.94	−220.69	227.56	39.74
900	−425.51	−219.89	228.46	40.00
920	−430.08	−219.09	229.34	40.25
940	−434.68	−218.28	230.21	40.51
960	−439.29	−217.47	231.07	40.76
980	−443.92	−216.65	231.91	41.01
1000	−448.57	−215.83	232.74	41.27

표 B-5. $C_{O(g)}$ Thermodynamic Data

T (K)	$\hat{G}(T)$(kJ/mol)	$\hat{H}(T)$ (kJ/mol)	$\hat{S}(T)$ (J/mol · K)	$C_p(T)$ (J/mol · K)
200	−150.60	−113.42	185.87	30.20
220	−154.34	−112.82	188.73	29.78
240	−158.14	−112.23	191.31	29.50
260	−161.99	−111.64	193.66	29.32
280	−165.89	−111.06	195.83	29.20
298.15	−169.46	−110.53	197.66	29.15
300	−169.83	−110.47	197.84	29.15
320	−173.80	−109.89	199.72	29.13
340	−177.81	−109.31	201.49	29.14
360	−181.86	−108.72	203.16	29.17
380	−185.94	−108.14	204.73	29.23
400	−190.05	−107.56	206.24	29.30
420	−194.19	−106.97	207.67	29.39
440	−198.36	−106.38	209.04	29.48
460	−202.55	−105.79	210.35	29.59
480	−206.77	−105.20	211.61	29.70
500	−211.01	−104.60	212.83	29.82
520	−215.28	−104.00	214.00	29.94
540	−219.57	−103.40	215.13	30.07
560	−223.89	−102.80	216.23	30.20
580	−228.22	−102.19	217.29	30.34
600	−232.58	−101.59	218.32	30.47
620	−236.95	−100.98	219.32	30.61
640	−241.35	−100.36	220.29	30.75
660	−245.77	−99.75	221.24	30.89
680	−250.20	−99.13	222.17	31.03
700	−254.65	−98.50	223.07	31.17
720	−259.12	−97.88	223.95	31.31
740	−263.61	−97.25	224.81	31.46
760	−268.12	−96.62	225.65	31.60
780	−272.64	−95.99	226.47	31.74
800	−277.17	−95.35	227.28	31.88
820	−281.73	−94.71	228.07	32.01
840	−286.30	−94.07	228.84	32.15
860	−290.88	−93.43	229.60	32.29
880	−295.48	−92.78	230.34	32.42
900	−300.09	−92.13	231.07	32.55
920	−304.72	−91.48	231.79	32.68
940	−309.37	−90.82	232.49	32.81
960	−314.02	−90.17	233.18	32.94
980	−318.69	−89.51	233.86	33.06
1000	−323.38	−88.84	234.53	33.18

표 B-6. $CO_{2(g)}$ Thermodynamic Data

T (K)	$\hat{G}(T)$ (kJ/mol)	$\hat{H}(T)$ (kJ/mol)	$\hat{S}(T)$ (J/mol · K)	$C_p(T)$ (J/mol · K)
200	−436.93	−396.90	200.10	31.33
220	−440.95	−396.25	203.16	32.77
240	−445.04	−395.59	206.07	34.04
260	−449.19	−394.89	208.84	35.19
280	−453.39	−394.18	211.48	36.24
298.15	−457.25	−393.51	213.79	37.13
300	−457.65	−393.44	214.02	37.22
320	−461.95	−392.69	216.45	38.13
340	−466.31	−391.92	218.79	39.00
360	−470.71	−391.13	221.04	39.81
380	−475.15	−390.33	223.21	40.59
400	−479.63	−389.51	225.31	41.34
420	−484.16	−388.67	227.35	42.05
440	−488.73	−387.83	229.32	42.73
460	−493.33	−386.96	231.23	43.38
480	−497.98	−386.09	233.09	44.01
500	−502.66	−385.20	234.90	44.61
520	−507.37	−384.31	236.66	45.20
540	−512.12	−383.40	238.38	45.76
560	−516.91	−382.48	240.05	46.30
580	−521.72	−381.54	241.69	46.82
600	−526.59	−380.60	243.28	47.32
620	−531.46	−379.65	244.84	47.80
640	−536.37	−378.69	246.37	48.27
660	−541.31	−377.72	247.86	48.72
680	−546.28	−376.74	249.32	49.15
700	−551.29	−375.76	250.75	49.57
720	−556.31	−374.76	252.15	49.97
740	−561.37	−373.76	253.53	50.36
760	−566.45	−372.75	254.88	50.73
780	−571.56	−371.73	256.20	51.09
800	−576.71	−370.70	257.50	51.44
820	−581.86	−369.67	258.77	51.78
840	−587.05	−368.63	260.02	52.10
860	−592.26	−367.59	261.25	52.41
880	−597.50	−366.54	262.46	52.71
900	−602.76	−365.48	263.65	53.00
920	−608.05	−364.42	264.82	53.28
940	−613.35	−363.35	265.97	53.55
960	−618.68	−362.27	267.10	53.81
980	−624.04	−361.19	268.21	54.06
1000	−629.41	−360.11	269.30	54.30

표 B-7. $CH_{4(g)}$ Thermodynamic Data

T (K)	$\hat{G}(T)$(kJ/mol)	$\hat{H}(T)$ (kJ/mol)	$\hat{S}(T)$ (J/mol · K)	$C_p(T)$ (J/mol · K)
200	−112.69	−78.25	172.23	36.30
220	−116.17	−77.53	175.63	35.19
240	−119.71	−76.83	178.67	34.74
260	−123.32	−76.14	181.45	34.77
280	−126.97	−75.44	184.03	35.12
298.15	−130.33	−74.80	186.25	35.65
300	−130.68	−74.73	186.48	35.71
320	−134.43	−74.01	188.80	36.47
340	−138.23	−73.27	191.04	37.36
360	−142.07	−72.52	193.20	38.35
380	−145.95	−71.74	195.31	39.40
400	−149.88	−70.94	197.35	40.50
420	−153.85	−70.12	199.36	41.64
440	−157.86	−69.27	201.32	42.80
460	−161.90	−68.41	203.25	43.98
480	−165.99	−67.51	205.15	45.16
500	−170.11	−66.60	207.01	46.35
520	−174.27	−65.66	208.86	47.54
540	−178.46	−64.70	210.67	48.73
560	−182.69	−63.71	212.47	49.90
580	−186.96	−62.70	214.24	51.07
600	−191.26	−61.67	215.99	52.23
620	−195.60	−60.61	217.72	53.37
640	−199.97	−59.53	219.43	54.50
660	−204.38	−58.43	221.13	55.61
680	−208.82	−57.31	222.80	56.71
700	−213.29	−56.16	224.46	57.79
720	−217.79	−55.00	226.10	58.85
740	−222.33	−53.81	227.73	59.90
760	−226.90	−52.60	229.34	60.93
780	−231.51	−51.37	230.94	61.94
800	−236.14	−50.13	232.52	62.93
820	−240.81	−48.86	234.08	63.90
840	−245.50	−47.57	235.64	64.85
860	−250.23	−46.26	237.17	65.79
880	−254.99	−44.94	238.70	66.70
900	−259.78	−43.60	240.20	67.60
920	−264.60	−42.23	241.70	68.47
940	−269.45	−40.86	243.18	69.33
960	−274.33	−39.46	244.65	70.17
980	−279.23	−38.05	246.11	70.99
1000	−284.17	−36.62	247.55	71.79

표 B-8. $N_{2(g)}$ Thermodynamic Data

T (K)	$\hat{G}(T)$ (kJ/mol)	$\hat{H}(T)$ (kJ/mol)	$\hat{S}(T)$ (J/mol · K)	$C_p(T)$ (J/mol · K)
200	−38.85	−2.83	180.08	28.77
220	−42.48	−2.26	182.82	28.72
240	−46.16	−1.68	185.31	28.72
260	−49.89	−1.11	187.61	28.76
280	−53.66	−0.53	189.75	28.81
298.15	−57.11	0.00	191.56	28.87
300	−57.48	0.04	191.74	28.88
320	−61.33	0.62	193.60	28.96
340	−65.22	1.20	195.36	29.05
360	−69.15	1.78	197.02	29.14
380	−73.10	2.37	198.60	29.25
400	−77.09	2.95	200.11	29.35
420	−81.11	3.54	201.54	29.46
440	−85.15	4.13	202.91	29.57
460	−89.22	4.72	204.23	29.68
480	−93.32	5.32	205.50	29.79
500	−97.44	5.92	206.71	29.91
520	−101.59	6.51	207.89	30.02
540	−105.76	7.12	209.02	30.13
560	−109.95	7.72	210.12	30.24
580	−114.16	8.33	211.19	30.36
600	−118.40	8.93	212.22	30.47
620	−122.65	9.54	213.22	30.58
640	−126.92	10.16	214.19	30.69
660	−131.22	10.77	215.14	30.80
680	−135.53	11.39	216.06	30.91
700	−139.86	12.01	216.96	31.02
720	−144.21	12.63	217.83	31.13
740	−148.57	13.25	218.69	31.24
760	−152.96	13.88	219.52	31.34
780	−157.35	14.51	220.34	31.45
800	−161.77	15.14	221.13	31.55
820	−166.20	15.77	221.91	31.66
840	−170.64	16.40	222.68	31.76
860	−175.11	17.04	223.43	31.86
880	−179.58	17.68	224.16	31.96
900	−184.07	18.32	224.88	32.06
920	−188.58	18.96	225.58	32.16
940	−193.10	19.61	226.28	32.25
960	−197.63	20.25	226.96	32.35
980	−202.17	20.90	227.63	32.44
1000	−206.73	21.55	228.28	32.54

표 B-9. $CH_3OH_{(g)}$ Thermodynamic Data

T (K)	$\hat{G}(T)$ (kJ/mol)	$\hat{H}(T)$ (kJ/mol)	$\hat{S}(T)$ (J/mol · K)	$C_p(T)$ (J/mol · K)
280	−268.11	−201.73	237.08	42.95
298.15	−272.44	−200.94	239.81	44.04
300	−272.88	−200.86	240.08	44.15
320	−277.71	−199.96	242.97	45.46
340	−282.60	−199.04	245.77	46.85
360	−287.54	−198.09	248.49	48.31
380	−292.54	−197.11	251.14	49.83
400	−297.59	−196.09	253.74	51.40
420	−302.69	−195.05	256.28	53.00
440	−307.84	−193.97	258.79	54.62
460	−313.04	−192.86	261.25	56.26
480	−318.29	−191.72	263.68	57.90
500	−323.59	−190.55	266.08	59.53
520	−328.93	−189.34	268.44	61.14
540	−334.32	−188.10	270.78	62.74
560	−339.76	−186.83	273.09	64.30
580	−345.25	−185.53	275.37	65.84
600	−350.78	−184.20	277.63	67.33
620	−356.35	−182.84	279.86	68.79
640	−361.97	−181.45	282.07	70.20
660	−367.64	−180.03	284.25	71.56
680	−373.34	−178.59	286.41	72.88
700	−379.09	−177.12	288.54	74.15
720	−384.88	−175.62	290.64	75.37
740	−390.72	−174.10	292.72	76.54
760	−396.59	−172.56	294.78	77.67
780	−402.51	−170.99	296.81	78.76
800	−408.46	−169.41	298.82	79.81
820	−414.46	−167.80	300.80	80.82
840	−420.50	−166.18	302.76	81.81
860	−426.57	−164.53	304.70	82.78
880	−432.68	−162.87	306.61	83.73
900	−438.84	−161.18	308.50	84.68
920	−445.02	−159.48	310.38	85.63
940	−451.25	−157.76	312.23	86.59
960	−457.51	−156.01	314.06	87.58
980	−463.81	−154.25	315.88	88.59
1000	−470.15	−152.47	317.68	89.66

표 B-10. $CH_3OH_{(l)}$ Thermodynamic Data

T (K)	$\hat{G}(T)$ (kJ/mol)	$\hat{H}(T)$ (kJ/mol)	$\hat{S}(T)$ (J/mol · K)	$C_p(T)$ (J/mol · K)
298.15	−276.37	−238.5	127.19	81.59
300	−276.61	−238.42	127.28	81.59
400	−290.56	−230.26	150.75	81.59

APPENDIX C

표준전위전극

Electrochemical Half Reaction		E^0
$Li^+ + e^-$	$\rightarrow Li$	−3.04
$2H_2O + 2e^-$	$\rightarrow H_2 + 2OH^-$	−0.83
$Fe^{2+} + 2e^-$	$\rightarrow Fe$	−0.440
$CO_2 + 2H^+ + 2e^-$	$\rightarrow CHOOH_{(aq)}$	−0.196
$2H^+ + 2e^-$	$\rightarrow H_2$	+0.00
$CO_2 + 6H^+ + 6e^-$	$\rightarrow CH_3OH + H_2O$	+0.03
$\frac{1}{2}O_2 + H_2O + 2e^-$	$\rightarrow 2OH^-$	+0.40
$O_2 + 4H^+ + 4e^-$	$\rightarrow 2H_2O$	+1.23
$H_2O_2 + 2H^+ + 2e^-$	$\rightarrow 2H_2O$	+1.78
$O_3 + 2H^+ + 2e^-$	$\rightarrow O_2 + H_2O$	+2.07
$F_2 + 2e^-$	$\rightarrow 2F^-$	+2.87

APPENDIX D

양자역학

20세기 초의 중요한 과학적 발견들은 현대 양자역학의 기초가 되었다. 여기서는 이러한 발견과 기본이 되는 가정에 대해 정성적으로 다루어본다. 이 분야에 관련하여 더 넓고 깊은 이해를 원한다면 양자역학이나 화학 분야의 관련서적[161,162]을 읽어볼 것을 권장한다.

현대 양자역학의 출현 이전에, 원자물리의 창시자인 Bohr[163]는 1913년, 전자가 단 하나의 허용된 궤도를 따라 핵 주변을 돈다는 수소원자 모델을 제시하였다. 그는 전자의 에너지는 양자화되어 있고, 전자의 에너지 변화는 전자의 궤도 변화와 관련이 있으며 불연속적인 크기를 갖는 광양자(light quanta)의 방출 혹은 흡수를 수반한다고 가정하였다. 이러한 Bohr의 모델을 이용하여 수소원자의 반지름을 0.529×10^{-10}m로 예측할 수 있었고, 이는 상당히 정확한 수치였다. 그럼에도 불구하고, Bohr의 모델은 Newton 역학에 기초하였기 때문에 에너지 준위가 불연속적으로 양자화되어 있는 이유를 설명할 수 없었다.

약 10년 후, de Broglie[164]는 전자가 입자 및 파동을 동시에 가진다고 처음 제안하였다. 1928년, Davisson과 Germer[165]가 진행한 원자 결정구조에서의 전자 회절실험은 de Broglie의 제안을 뒷받침하였다.

Schrödinger는 전자가 파동의 성질을 갖는다는 de Broglie의 주장과 수소원자 내 전자는 양자화된 에너지 준위를 갖는다는 Bohr의 주장을 결합하여 현대 양자역학을 형식화 하였다. 1926년, Schrödinger[166]는 학술지인 *Annalen der Physik*[1]에 다음과 같은 내용을 게재하였다.

1 참고문헌 [167]의 독일어를 번역함.

> 보편적인 양자화 규칙은 정수를 사용하지 않은 다른 공준(postulate)으로 대체할 수 있다. 대신, 정수를 도입하면 현의 진동에서 마디점(node)의 개수가 정수인 것과 동일한 원리를 갖게 된다. 이 새로운 개념은 일반화될 수 있고, 나는 이것이 양자규칙의 본질을 간파한다고 믿는다.

양 끝이 고정되어 있는 현의 진동에서 마디점의 위치는 시간이 지나도 변하지 않는다. 더 중요한 점은, 끝 점의 위치가 바뀌지 않을 경우, 가질 수 있는 마디점의 수는 연속적으로 변하지 않으며 자연수(1, 2, 3, ⋯, *n*) 내에서만 불연속적으로 변할 수 있다는 것이다. 즉, 현의 길이와 끝 점의 위치가 주어지면 진동하는 현에 파동의 일부분만 추가할 수 없고, 전체 파동을 통째로 추가해야 한다. 현의 진동과 유사하게, 양자역학 역시 질량은 진폭 $\boldsymbol{\Psi}(t, x, y, z)$를 가지는 파동의 형태로 표현할 수 있다고 가정한다. 이것은 '물질'의 파동이지, 전자기적 파동은 아니다. 파동 함수 Ψ는 직접적으로 관찰하거나 측정할 수 없지만, (t, x, y, z)에서 입자를 찾아낼 수 있는 확률, 즉, 특정 시간과 위치에서 물질의 밀도를 나타내는 $|\Psi(t, x, y, z)|^2$로 측정할 수 있다.

양자역학은 '시스템 내부의 모든 정보를 포함하는 파동이 존재한다'와 같은 몇 가지 공준에 기초한다는 것을 이해하는 것이 중요하다. (공준들에 대한 더 자세한 설명은 뒤에서 하도록 한다.) 공준이나 공리는 더 이상 설명될 수 없거나 자명한 가정들을 의미하며, 가정으로 인한 결론 및 결과의 현실성이 공준과 공리를 정의하는 기준으로 사용된다. 파동 함수는 측정할 수 없지만, 파동의 세기는 가능하다. 만약, 실험적 결과가 이론의 가정과 일치한다면, 그 이론은 틀렸다고 증명되기 전까지 유효한 것으로 판단한다.

주어진 원자구조에서 $\psi(t, x, y, z)$를 어떻게 계산해낼 수 있는지 생각해보자. Schrödinger 방정식을 통해 $\psi(t, x, y, z)$를 구할 수 있다는 것은 양자역학의 여러 공준 중 하나이다. Schrödinger 방정식은 시간에 따른 입자의 변화(파동함수)를 식으로 나타낸 것이다. 고전역학에서, 모든 입자 시스템의 시간에 따른 변화는 운동에너지와 위치에너지로 표현된다. 이와 마찬가지로, Schrödinger 방정식 역시 입자의 운동에너지와 위치에너지를 포함하고 있다. 사실, Schrödinger 방정식의 운동에너지와 위치에너지가 고전역학에서의 그것과 비슷하다는 것은 양자역학의 또 다른 공준이다.

여기서는 정상파(stationary wave)에 대해서만 논의하도록 한다. 정상파는 공간좌표에 의해서만 결정되므로, 마디점의 위치는 시간에 따라 변하지 않는다. 정상파의 위치에 따른 진폭을 시간에 독립적인 함수인 $\psi(x, y, z)$라 정의하자. 시간에 독립적인 함수는 상자 속의 전자, 양으로 대전된 핵에 둘러싸인 전자, 양으로 대전된 원자 격자 안의 전자와 같이 고정된 경계조건을 가지는 전자를 표현하기에 용이하다. Schrödinger 방정식에서 시간에 독립적인 부분의 해를 구할 때는 시간에 따라 변하는 항들을 정상파의 마디점처럼 상수로 둔다. 정상상태의, 혹은 시간에 독립적인 Schrödinger 방정식의 해를 제곱하면 입자(여기서는 전자)의 모양과 위치에 대한 정보 및 그것이 화학반응에 따라 어떻게 변화하는지 알 수 있다.

수십 년간 이루어진 양자역학 연구와 현대적 수치해석법을 통해 많은 과학자와 공학자들이 전자밀도를 시각화하고, 화학 결합의 형성, 전하 이동 반응, 확산현상을 정량화할 수 있게 되었다. 예를 들어, 3장의 양자 시뮬레이션 그림은 Gaussian[2]이라는 시판된 툴로 제작된 것인데, 이 프로그램을 이용하여 전자 밀도를 계산하고 원하는 양자 시스템의 최소에너지를 계산할 수 있다. Kohn[168]이 밀도함수이론(density functional theory, DFT)을 만들어낸 이후로, 양자역학 툴의 개발이 시작되었으며 이는 화학, 전기화학, 물리학 분야에서 일상적인 양자역학 연구를 가능하게 하였다. Gaussian 역시 이러한 밀도함수이론을 기반으로 만들어졌다.

D.1 원자 오비탈

Gaussian을 이용하면 가장 단순한 원자인 수소원자의 전자 모습을 표현할 수 있다. 그림 D.1(a)는 하나의 전자가 하나의 양성자를 중심으로 도는 Bohr의 수소원자이고, 그림 D.1(b)는 $|\psi^2|$을 계산하여 나타낸 수소원자이다. D.1(b)의 경우, 양성자를 전자구름이 둘

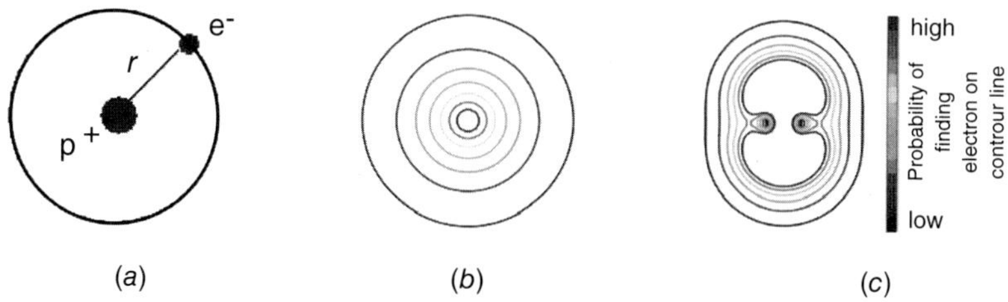

그림 D-1. (a) Bohr가 제시한 양성자 주변을 도는 전자, (b) 양성자 주변의 정상상태 전자밀도 (1*s*), (c) 산소 내의 (2*p*) 전자들. (b)와 (c)의 경우 같은 축척으로 그려지지 않았다.

2 Gaussian은Gaussian사에서 제작한 분자 시스템의 에너지, 분자구조, 진동주파수를 예측하는 소프트웨어이다.

러싸고 있으며 이 전자구름은 중심으로부터의 거리 r에 따라 전자밀도가 변하는 구대칭 형태를 띤다. 우연히도, Bohr 모델의 전자궤도 위치와 시간에 독립적인 Schrödinger 방정식을 이용하여 계산된 최대 전자밀도를 가지는 위치가 일치하는 것으로 밝혀졌다. 전자가 위치할 수 있는 공간을 **오비탈**(*orbital*)이라고 하며 원자가 더 많은 전자를 가질수록 더 많은 오비탈이 존재하게 된다. 오비탈의 기하학적 구조는 시각화하기 어렵지만 현의 정상파는 일차원적 움직임을 갖기 때문에 쉽게 생각해볼 수 있다. 양 끝이 고정된 현의 정상파에서 마디점의 개수는 항상 정수로만 증가할 수 있다는 점은 유추가 가능하지만(Schrödinger가 주장했던 위의 내용과 비교해보자), 삼차원의 파동은 상상하기 어렵다. 특히, 전기적으로 대전된 핵과 상호작용하는 고차의 삼차원 파동은 더더욱 그렇다.

Gaussian과 같은 컴퓨터 툴은 복잡한 삼차원 오비탈을 시각화할 수 있도록 도와준다. 보(column)의 좌굴(buckling)과 같은 기계적 현상과의 유사성 역시 우리가 직관적으로 생각할 수 있도록 도와준다. 사실, 상자 속 일차원 입자의 일차원 Schrödinger 방정식은 Euler 좌굴하중을 계산하기 위한 미분방정식과 일치한다. 공학자들은 1차, 2차, 3차 좌굴하중이 존재한다는 것을 알고 있다. 오비탈의 삼차원적 특성으로 인해, n과 같은 하나의 양자수(보의 좌굴처럼)로는 원자 안의 한 전자가 가질 수 있는 상태의 수를 표현할 수 없다. 대신, Schrödinger 방정식의 가능한 해와 각각의 에너지 준위를 표현하기 위해 다수의 양자수를 사용한다. 주로 사용되는 양자수로는 n(주양자수), l(각운동량 양자수), m(각운동량의 z 성분 양자수)이 있다. 정수 l, m, n에 대하여 $0 \le l \le n-1$, $-l \le m \le l$의 관계가 성립하고, 주어진 n에 대해 같은 에너지를 가지는 $\sum(2l+1) = n^2$개의 상태가 존재한다. 하나의 양자수 조합(n, m, l)은 두 개의 전자[하나의 스핀업(spin up)과 하나의 스핀다운(spin down) 전자]로 채워진다.

대부분의 주기계(periodic system)에서 사용되는 일반적인 전자 표기법인 s, p, d, f와 연관지어 생각해보자. 역사적으로, 이 표기법은 광분광학 문헌에서 유래했으며, s는 sharp, p는 principal, d는 diffuse, f는 fundamental을 뜻한다. s오비탈의 각 운동량 양자수 l은 0이며, p오비탈의 l은 1, d오비탈의 l은 2, f오비탈의 l은 3이다. 광분광학은 전자가 핵 주변의 비연속적인 오비탈에 존재한다는 것을 처음 관측할 수 있도록 하였고, 이는 앞서 다루어진 Bohr의 원자 모델에 있어서 매우 중요했다. 그림 D.1(b)는 수소의 1s 전자를, 그림 D.1(c)는 산소의 2p 전자를 나타낸 것이다.

다른 원자의 오비탈들이 서로 겹치면 화학결합의 형성이 유발된다. 예를 들어, 수소의 H–H 결합, 산소의 O–O 결합, 촉매와 수소 또는 촉매와 산소의 결합이 그렇다. 말할 것도 없이, 이러한 결과로 생성되는 '분자오비탈'은 상당히 복잡하다. 수치적 툴만이 화학 결합의 세기에 대한 정량적 정보를 제공할 수 있다.

D.2 양자역학의 공준

공리라고도 불리는 양자역학의 공준은 Schrödinger의 초기 논문 이후로 여러 세대의 물리학자에 의해 표명되었다. 공준 또는 공리는 더 이상 설명할 수 없는 가설로서, 추상적으로 들리거나 직관적이지 않을 수 있지만 유용하고 현실적이기 때문에 사실로 받아들여진다. 한편, 공준을 이용하여 실험적으로 증명할 수 있는 결과들을 유도해 내고 이를 실제 실험과 비교하여 공준의 진실성과 현실성을 간접적으로 확인해 볼 수 있다.

1. 양자역학의 첫 번째 공준: 시스템의 모든 정보를 포함하는 시간과 공간에 종속적인 파동 함수 ψ가 존재한다.
2. 파동함수 ψ는 미분가능하고, 유한하고, 유일하며 연속적인 수학적 성질을 가진다. ψ가 복소함수라는 것을 이해하는 것은 중요하며, 시간과 공간에 종속적인 두 함수의 곱으로 나타낼 수 있다.

$$\psi(t, x, y, z) = f(t)\psi(x, y, z) \qquad \text{식 (D.1)}$$

3. 파동함수 ψ는 측정할 수 없다. 오직 $|\psi|^2$만이 측정될 수 있으며, 이는 시간 t일 때 위치 (x, y, z)에 입자가 존재할 수 있는 확률을 나타낸다. 전자의 경우, $|\psi|^2$은 전자 밀도를 나타내고 다양한 방법에 의해 관찰될 수 있다. 전자는 어딘가에 존재한다는 사실을 고려했을 때, 전체 공간 내에서 전자를 찾을 확률을 1로 놓는 것은 합리적이다. 이를 식으로 표현하면 다음과 같다.

$$\int |\psi|^2 dV = 1 \qquad \text{식 (D.2)}$$

   파동함수의 이런 특성을 일컬어 규격화가 가능(normalizable)하다고 한다.
4. Hamiltonian 연산자 H가 존재하며, 이 연산자를 파동함수에 적용하면 파동함수의 시간에 따른 변화를 표현할 수 있다.

$$H\psi = -i\hbar\frac{\partial}{\partial}\psi \qquad \text{식 (D.3)}$$

위의 방정식을 Schrödinger 방정식이라 하며, $\hbar = h/2\pi$이다(h =Planck 상수). 시간에 따라 변하지 않는(시간에 독립적인) 정상상태에서는 Schrödinger 방정식을 다음과 같이 간소화시킬 수 있다.

$$H\psi_n = \varepsilon_n\psi_n \qquad \text{식 (D.4)}$$

ε_n은 상태 n에서 시스템이 가지는 에너지를 뜻하며, Ψ_n은 연산자 H와 그에 따른 고유값(eigenvalue)인 ε_n에 대한 고유함수(eigenfunction)를 나타낸다.[3]

5. Hamiltonian 연산자 H는 고전역학에서의 에너지와 같다. 즉, $H=T+V$, 운동에너지와 위치에너지의 합으로 나타낼 수 있다. 세부적으로 운동에너지는

$$T = \tfrac{1}{2}mv^2 = \frac{p^2}{2m} \qquad \text{식 (D.5)}$$

로 나타낼 수 있으며, m은 전자의 질량을 의미한다. 선운동량 p는 고전역학에서와는 다르게 연산자의 역할을 한다. 일차원에서,

$$p = -i\hbar\frac{\partial}{\partial x} \qquad \text{식 (D.6)}$$

로 나타낼 수 있으며, 삼차원에서는 다음과 같이 나타낼 수 있다.

$$p_x = -i\hbar\frac{\partial}{\partial x}\ p_y = -i\hbar\frac{\partial}{\partial y}\ p_z = -i\hbar\frac{\partial}{\partial z} \qquad \text{식 (D.7)}$$

편의상 기울기 벡터(gradient vector)가 다음과 같이 정의되는 것을 자주 볼 수 있다.

$$\nabla = \left(\frac{\partial}{\partial x}, \frac{\partial}{\partial y}, \frac{\partial}{\partial z}\right) \qquad \text{식 (D.8)}$$

위치에너지는 삼차원 함수 $V=V(x, y, z)$로 나타낼 수 있다.

이러한 공준들은 이해하려고 노력하는 것이 아니라 친숙해지거나 암기하는 편이 낫다. 위에 열거된 공준들은 완전한 것은 아니지만, 여기서 필요한 핵심 내용들은 포함되어 있다.

---

3 연산자, 고유함수, 고윳값의 참고자료: http://hyperphysics.phy-astr.gsu.edu/hbase/quantum/eigen.html.

D.3 일차원 전자 기체

길이가 L인 일차원 상자와 그 안의 '자유'전자 1개로 이루어진 가장 간단한 시스템을 이용하여 양자역학의 공준들을 설명할 것이다. 자유는 전자가 어떠한 형태의 위치에너지도 갖지 않음을 의미한다.

결과적으로, 자유전자(운동에너지만 가지는)의 Schrödinger 방정식은 다음과 같이 쓸 수 있다.

$$H\psi = -\frac{\hbar^2}{2m}\frac{d^2\psi}{dx^2} = \varepsilon_n\psi \qquad \text{식 (D.9)}$$

'상자'의 길이 L은 전자의 파동함수가 상자의 양 끝에 의해 제한됨을 의미한다. 즉,

$$\psi_n(0) = 0 \ \psi_n(L) = 0 \qquad \text{식 (D.10)}$$

이 방정식의 해는 조화함수임이 명백하고, 다음과 같은 해를 추측할 수 있다.

$$\psi_n = A\sin\left(\frac{n\pi}{L}x\right) \qquad \text{식 (D.11)}$$

위의 해를 확인하기 위해, 식 (D.11)을 x에 대해 미분해보면 다음과 같이 도출되고,

$$\frac{d\psi_n}{dx} = A\left(\frac{n\pi}{L}\right)\cos\left(\frac{n\pi}{L}x\right) \qquad \text{식 (D.12)}$$

$$\frac{d^2\psi_n}{dx^2} = A\left(\frac{n\pi}{L}\right)^2\sin\left(\frac{n\pi}{L}x\right) \qquad \text{식 (D.13)}$$

에너지 준위는 아래와 같이 쓸 수 있다.

$$\varepsilon_n = \frac{\hbar^2}{2m}\left(\frac{n\pi}{L}\right)^2 \qquad \text{식 (D.14)}$$

파동함수 ψ_n은 오비탈을 의미한다. 전자는 모든 n 오비탈 내에 존재할 수 있다. 위의 해로부터 알 수 있는 중요한 사실은 전자가 존재할 수 있는 불연속적이며 시간에 독립적인 '정상'상태가 있다는 것이다. 에너지 준위는 n^2에 비례하여 증가하며 전자가 한 오비탈에서 다른 오비탈로 전이되면 광양자의 방출이나 흡수가 수반된다. 여러 개의 전자가 한 상자 속에 존재할 수 있는 것은 당연하고, 여러 유효한 오비탈 내에 존재할 수 있다. 더 이상의 설명 없이 받아들여지는 파울리의 원리에 따르면, 최대 2개의 전자만이 같은 오비탈 수

n을 가질 수 있다. 이때, 두 전자는 스핀이 달라야 하며, 하나는 스핀'업', 다른 하나는 스핀'다운'이어야 한다. 또한, 한 시스템(상자) 안에 여러 개의 전자가 존재하면 Schrödinger 방정식의 Hamiltonian 연산자가 수정되어야 하는데, 이는 전자들의 상호작용으로 인해 0이 아닌 위치에너지를 갖기 때문이다. 자세한 내용은 이 부록의 범위를 벗어나기 때문에 다른 문헌[169]을 참고하길 바란다.

D.4 보 좌굴과의 유사성

이 책의 주 독자는 공학도이기 때문에 일차원 전자 기체의 Schrödinger 방정식과 보의 좌굴(column buckling)에 관한 역학의 유사성을 살펴보고자 한다. 한쪽 끝이 핀으로 고정된 길이 L의 간단한 보(그림 D.2 참조)를 생각해보자. 여기에 P만큼의 힘이 가해질 때, 보의 굽힘 모멘트를 나타내는 미분방정식은 상자 속 전자를 표현하는 Schrödinger 방정식과 같은 형태를 띤다.

$$EI\frac{\partial^2 y}{\partial x^2} = -Py \qquad \text{식 (D.15)}$$

E는 영률(Young's modulus)을, I는 단면의 관성 모멘트를 의미하며, y는 보의 처음 위치에서 측면 방향으로 얼만큼 굴절되었는지를 나타낸다. 보의 경계조건과 y의 해는 파동함수의 그것과 같을 것이므로, 해 $y_n(x)$는 다음과 같다.

그림 D-2. 핀으로 고정된 길이 l의 보에 p의 힘이 작용하면 불연속적인 모드로 좌굴이 발생한다.

$$y_n(0) = 0 \; y_n(L) = 0 \; y_n = A \sin\left(\frac{n\pi}{L}x\right) \qquad \text{식 (D.16)}$$

흥미롭게도, Schrödinger 방정식으로부터 도출된 불연속적인 에너지 준위 ψ_n은 Euler 좌굴하중으로도 알려진 보의 좌굴에 필요한 불연속적 하중과 같게 표현된다.

$$P_n = EI\left(\frac{n\pi}{L}\right)^2 \qquad \text{식 (D.17)}$$

우리는 Euler 좌굴이 위의 임계하중에서만 발생한다는 것을 알고 있으며, 이는 전자를 한 껍질에서 다른 껍질로 이동시키는 데 필요한 불연속적인 에너지 준위와 유사하다. 두 경우를 나타내는 수학적 표현은 서로 같다.

D.5 수소원자

분석적 해를 구할 수 있는 물질적인 양자역학 시스템으로는 수소원자가 유일하다. 수소원자는 하나의 양성자로 된 핵과 핵 수변에 손재하는 하나의 선사로 이루어져 있나. 앞서 나루어진 일차원 자유전자 기체는 가상에 불과하지만, 이를 통해 수소원자에 적용할 수 있는 방법론적 지식을 얻을 수 있다. 수소에 대한 Schrödinger 방정식의 해는 여러 세대의 물리학자들이 고찰하도록 만들었기 때문에 중대한 역사적 가치를 가진다. 이 해는 분석적 해를 구할 수 없는 복잡한 다중전자 시스템의 거동에 대한 정성적인 이해를 가능하게 한다.

수소에 대한 Schrödinger 방정식을 세워보자. 우리는 양성자에 대한 전자의 상대적 위치에만 관심이 있으므로, 원자 자체의 움직임은 중요시하지 않는다. Hamiltonian 연산자를 설정하는 것이 매우 중요한 단계이며, 나머지는 계산 및 대수학이다. 양자역학에서의 운동에너지는 운동량을 질량으로 나눈 것의 제곱이고(공준 5), 운동량은 파동함수의 미분연산자이다.

상자 속 전자에서, 전자는 어떠한 형태의 위치에너지도 가지지 않았다. 전기적으로 대전된 두 입자인 양성자와 전자 사이에는 거리의 제곱에 반비례하는 인력이 작용한다는 것을 고전 정전기학을 통해 알고 있다. 그러므로 위치에너지는 입자 간의 거리에 반비례할 것이다.

$$V(r) = -\frac{e^2}{4\pi\varepsilon_0 r} \qquad \text{식 (D.18)}$$

여기서, ε_0=8.854×10^{-12}C/V · m이다. $e^2/4\pi\varepsilon_0$의 단위가 동작(action, 동작의 단위는 에너지와 시간의 곱이다)과 속도의 곱으로 표현되므로 동작을 단위로 하는 Planck 상수와 광속 c를 이용하여 다시 쓸 수 있다. 즉, $e^2/4\pi\varepsilon_0 = \alpha\hbar c$이고, α는 대략 1/137이다. 이제 수소에 대한 Schrödinger 방정식을 다음과 같이 세울 수 있다.

$$\left(-\frac{\hbar}{2m}\nabla^2 - \hbar c\frac{\alpha}{r}\right)\psi = E\psi \qquad \text{식 (D.19)}$$

수소원자는 편향되지 않은 완전한 구형이다. 그러므로 모든 함수를 구좌표계로 표현하는 것이 편리하다.

$$\left(-\frac{\hbar}{2m}\nabla^2 - \hbar c\frac{\alpha}{r}\right)\psi(r,\theta,\varphi) = E\psi(r,\theta,\varphi) \qquad \text{식 (D.20)}$$

위와 같은 편미분 방정식에는 다음과 같이 변수분리가 가능하다는 '가설 풀이(Ansztz)'가 자주 사용된다.

$$\psi(r,\theta,\varphi) = R(r)\Theta(\theta)\Phi(\varphi) \qquad \text{식 (D.21)}$$

이러한 변수분리를 통해 3개의 미분방정식이 도출되고, 불연속적인 에너지 준위 E_n[$R(r)$의 고윳값]은 아래와 같이 나타낼 수 있다.

$$E_n = -\tfrac{1}{2}Mc^2\frac{\alpha^2}{n^2} \qquad \text{식 (D.22)}$$

3개의 미분방정식의 해는 다음과 같다.

$$R_{nl}(r) = -\left[\left(\frac{2}{na}\right)^3\frac{(n-l-1)!}{2n[(n+l)!]^3}\right]^{1/2} d^{-\rho/2}\rho^l L_{n+l}^{2l+1}(\rho) \qquad \text{식 (D.23)}$$

$$\Theta_{lm}(\theta) = \left[\frac{(2l+1)(l-|m|)!}{2(l+|m|)!}\right]^{1/2} P_l^{|m|}(\cos\theta) \qquad \text{식 (D.24)}$$

$$\Phi_m(\varphi) = \frac{1}{\sqrt{2\pi}}e^{im\varphi} \qquad \text{식 (D.25)}$$

세 미분방정식을 푸는 과정에서 보의 좌굴과 비슷하게 지표 (l, m, n)으로 표현되는 불연속적인 해 또는 모드가 존재함을 알 수 있다. 그러므로 Schrödinger 방정식의 정상해는 다음과 같은 형태를 가진다.

$$\phi_m(\varphi) = \frac{1}{\sqrt{2\pi}} e^{im\varphi} \qquad \text{식 (D.26)}$$

앞서 해를 나타낼 때 다항식 L과 P를 사용하였고, Schrödinger에 의해 사용된 Laguerre 다항식 L은 다음과 같다.

$$L_{n+l}^{2l+1}(\rho) = \sum_{k=0}^{n-l-1} (-1)^{k+1} \frac{[(n+l)!]^2}{(n-l-1-k)!(2l+1+k)!k!} \rho^k \qquad \text{식 (D.27)}$$

또한, 부 Legendre 함수(associated Legendre function) P는 다음과 같이 귀납적으로 정의된다.

$$P_l^{|m|}(\cos\theta) = (1-\cos^2\theta)^{|m|/2} \frac{d^{|m|}}{dz^{|m|}} P_l(\cos\theta) \qquad \text{식 (D.28)}$$

여기서, Legendre 다항식 P_l은 다음과 같다.

$$P_l(x) = \frac{1}{2^l l!} \frac{d^l}{dx^l} (x^2-1)^l \qquad \text{식 (D.29)}$$

나아가 $p=[2/(na)]r$이며, 더 중요한 것은

$$a = \frac{\hbar^2}{\alpha m e^2} = 0.5292 \times 10^{-10}\text{m} \qquad \text{식 (D.30)}$$

이다. a는 수소원자의 가장 안쪽 오비탈 반경을 나타내며, 이는 Bohr가 계산한 수소원자의 크기와 일치한다.

비교적 간단한 양자 시스템이 수학적으로 얼마나 복잡한지 보여주기 위해 수소에 대한 Schrödinger 방정식의 해를 알아보았다. 이러한 복잡성으로부터 수소보다 더 큰 시스템의 수학적 해를 구하기 위해서는 컴퓨터 툴이 필수적이라는 것을 분명하게 알 수 있다.

D.6 다중전자 시스템

수소원자에 대한 이해는 현대 양자역학의 기초를 다지는 데 중요한 역할을 하였다. 과학자들은 Schrödinger 방정식의 해와 수소기체의 광학 스펙트럼을 결부시킬 수 있었고, 이러한 스펙트럼은 불연속적인 전자상태 간에 얼만큼의 에너지 차이가 있는지 예측한 값을 매우 잘 뒷받침했다. 특히, 광 흡수 스펙트럼의 에너지 준위는 원자 오비탈간 전자 전이에 직접적으로 연관이 있었다.

연료전지 관점에서, 현대 양자역학은 수소방출반응과 산소환원반응에 사용되는 가장 좋은 촉매를 이해하고 선택하는 데 매우 중요하다. 3장에서 적은 수의 원자로 이루어진 백금 표면이 어떻게 산소와 수소의 분해를 용이하게 만드는지 알아보았다. 이런 이유에서 하나의 수소원자보다 더 넓은 양자역학에 대한 이해가 필요하며, 차세대 촉매를 고안하기 위해서는 최소한 다중원자 및 다중전자 시스템의 양자역학에 대한 정성적 이해가 요구된다.

Schrödinger 방정식은 하나의 개별원자에만 적용될 수 있는 것이 아니라 결정형태의 원자단에도 적용될 수 있다. 이를 위해 Hamiltonian 연산자의 일반화가 필요하며, 무수히 많은 원자에 대해 Schrödinger 방정식을 적용하기 위한 체계가 필요하다. 이는 식 (D.19)를 일반화함으로써 가능하다.

다중원자 및 다중전자 시스템에 대한 Schrödinger 방정식은 다음과 같다.

$$\left[-\sum_i \frac{\bar{h}^2 \nabla_i^2}{2m_i} - \sum_A \frac{\bar{h}^2 \nabla_i^2}{2M_A} - \sum_{i,A} \frac{Z_A e^2}{r_{i,A}} + \sum_{i,j>i} \frac{e^2}{r_{ij}} + \sum_{A,B>A} \frac{Z_A Z_B e^2}{R_{A,B}}\right]\Psi(x,y,z) = E\Psi(x,y,z) \quad \text{식 (D.31)}$$

수소에 대한 Schrödinger 방정식과 비슷하게, Hamiltonian 연산자는 공간좌표 x, y, z로 나타내어지는 다중전자 파동함수에 작용되고, 그에 따른 스칼라 량의 고유함수 $\Psi(x, y, z)$와 고윳값 E를 갖게 된다. 수소원자와는 달리, 결정구조는 구대칭 형태가 아니므로 다중전자 파동함수는 Cartesian 좌표로 표기한다.

식 (D.31)의 처음 두 항은 각각 전자와 핵의 운동에너지를 나타낸다. 세 번째 항은 핵과 전자간의 상호작용을, 네 번째 항은 전자와 전자간의 상호작용을 나타내며, 마지막 항은 핵과 핵의 반발작용을 나타낸다. 기호 A와 B는 양성자와 같이 전하를 가지는 핵을 나타내며, i와 j는 전자를 의미한다.

현재는 물론 가까운 미래에조차 가장 좋은 컴퓨터를 이용하더라도 수많은 원자를 가진 결정체에 대한 위의 식을 다룰 수는 없다. 때문에, 위 식을 풀기 위해서는 상당히 많은 단순화를 거쳐야한다.

D.7 밀도함수이론

Schrödinger 방정식을 파동함수가 아닌 전자밀도로 표현하는 것은 Schrödinger 방정식의 풀이에 있어서 매우 중요한 단순화 작업이다. 전자밀도와 파동함수의 관계는 D.2절에서 설명하였다.

전자밀도는 파동함수와 파동함수의 켤레복소수를 곱하고 이를 결정체 부피에 대하여 적분함으로써 얻을 수 있다. 더 중요한 것은, 전자와 핵의 전체 운동에너지와 위치에너지는 전자밀도의 함수로 표현될 수 있다는 것이다. 한편, 전체 에너지가 최소화되는 평형상태의 전하분포가 형성될 때까지는 전자밀도가 변할 수 있다. 따라서 전자밀도가 미정 함수로 남게 되고, 이는 많은 어려움을 발생시킨다. 이러한 문제를 해결하기 위해 Hohenberg와 Kohn[169a]은 전자밀도에 양함수(explicit function)가 아닌 범함수(functional)를 사용하였다. 범함수는 함수의 함수이고, 범함수의 변수들은 전자와 핵의 총 에너지가 최소화될 때까지 수치적으로 변한다. 이를 밀도함수이론(Density Functional Theory, DFT)라 한다.

DFT 알고리즘은 파동함수를 기반으로 한 방법들의 계산적인 복잡함을 줄이기 위해 개발되었다. 복잡성은 원자의 수가 변함에 따라 필요한 계산이 얼만큼 증가하는지 보여준다. 복잡성의 차수가 n^3이라면, 원자 시스템의 크기가 2배로 증가했을 때 필요한 계산자원은 8배로 증가한다. DFT 알고리즘의 경우 보통 원자 수의 제곱에 해당하는 복잡성을 가지는 반면, 파동함수는 그보다 더 큰 차수의 복잡성을 가진다.

실질적인 촉매반응 연구는 적어도 수십, 수백 개의 원자를 대상으로 이루어져야 한다. 21세기 초의 컴퓨터 클러스터 기술을 이용하여 수 백개 이상의 원자에 대한 Schrödinger 방정식을 푸는 데는 수일 또는 그 이상의 시간이 필요하다.

모든 양자역학 풀이에 내재하는 계산적 어려움 외에도, DFT 법은 최소에너지 상태만을 결정할 수 있다는 큰 한계를 가진다. 최소에너지의 전자밀도분포는 기저 상태(ground state)라고 불리는 가장 낮은 에너지 상태만을 표현할 수 있다. 그러므로 DFT 법은 반도체의 밴드갭을 포함한 들뜬 상태(excited state)에 대해서는 어떠한 신뢰성도 가지지 못한다.

하지만 연료전지에 분야에 한해서는 연료극과 공기극의 대체 촉매물질을 찾는 연구에 DFT 법이 매우 효율적인 것으로 나타났고, 실제로 최근 연구가 활발하게 진행되고 있다. 장차 DFT 계산을 통해 향상된 촉매물질과 촉매구조를 찾는 데 많은 영감을 얻을 수 있을 것이다.

촉매반응 외에도 DFT 법을 이용하여 안장점(saddle point)으로 불리는 에너지 장벽을 계산함으로써, 결정구조 내에서의 이온 확산도를 효율적으로 추정할 수 있다는 것이 알려졌다. 안장점은 이온이 격자구조 내의 한 위치에서 인접한 위치로 전이하기 위해 필요한 에너지이다.

전자전하분포를 결정할 때, DFT 법을 이용하는 것 외에도 추가적인 단순화가 가능하다. 원자 결정구조가 주기적으로 반복되는 형태를 가진다고 보면, 결정구조의 일부분이나 결정구조가 주기적으로 반복되는 최소 단위의 구조로 양자역학계산을 제한시킬 수 있다. 다만, 단위 구조끼리 접하는 면에서의 연속성 조건을 확인해야 한다. 예를 들어, 이러한 접촉면에서 파동함수는 연속적이어야만 한다. 경계에서의 접촉 조건만 잘 적용한다면, 단 몇 개의 원자에 대한 계산만을 가지고도 큰 덩어리일 때의 성질을 표현할 수 있다. 이차원 구조나 이차원 평판에 대해서는 주기적인 경계조건을 적용할 수 있을 것인데, 이차원 평판에 관련된 계산은 촉매반응에 매우 중요하다. 예를 들어, 평판의 표면을 이용하여 반응물과 생성물 사이의 접착력에 대한 연구를 진행함으로써 여러 물질의 촉매성능을 평가하고 비교할 수 있을 것이다.

APPENDIX E

원소 주기율표

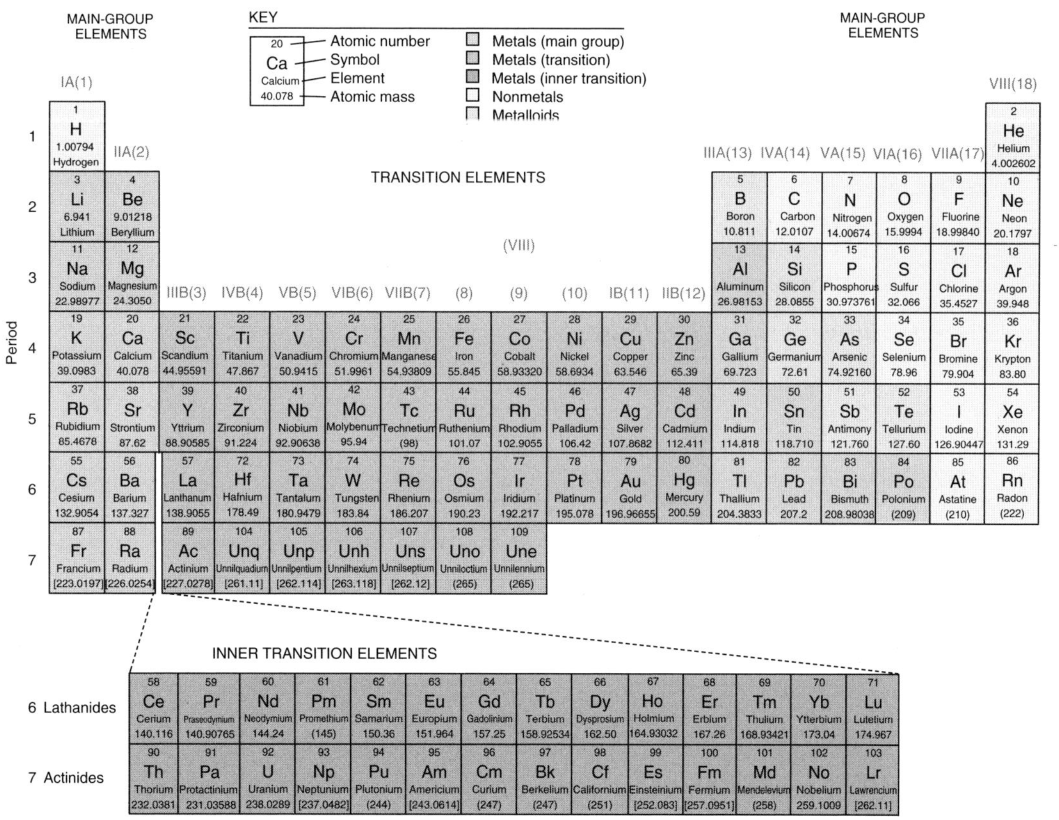

그림 E-1. 원소 주기율표

APPENDIX F

추가학습교재

연료전지나 전기화학과 관련된 추가적인 학습 필요한 경우, 다음의 참고문헌들을 추천한다. (상세한 내용은 참고문헌 페이지를 참조)

연료전지

- *Fuel Cell Handbook* [170]
- *Fuel Cell Systems Explained* [171]
- *Handbook of Fuel Cell Technology* [5]
- Springer Model of the PEMFC [8]

전기화학

- *Electrochemical Methods* [7]
- *Electrochemistry* [172]

기타

- Basic Research Needs for the Hydrogen Economy [173]
- *Transport Phenomena* [12]
- *Flow and Transport in Porous Formations* [174]
- CFD Research Corporation User Manual [138]

APPENDIX G

주요 식

열역학

$$dU = dQ - dW = dQ - p\,dV$$

$$dS = k \ln \Omega = \frac{dQ}{T}$$

$$H = U + pV$$

$$G = H - TS$$

$$\Delta G = \Delta H - T\Delta S \text{ (isothermal process)}$$

$$\Delta G = -nFE$$

$$\mu = \mu^0 + RT \ln a$$

$$E = E^0 + \frac{\Delta S}{nF}(T - T_0) - \frac{RT}{nF} \ln \frac{\prod a_{\text{prod}}^{V_i}}{\prod a_{\text{react}}^{V_i}}$$

$$\varepsilon_{\text{real}} = \varepsilon_{\text{thermo}}\, \varepsilon_{\text{voltage}}\, \varepsilon_{\text{fuel}}$$

$$\varepsilon_{\text{thermo, fc}} = \frac{\Delta G}{\Delta H}$$

$$\varepsilon_{\text{voltage}} = \frac{V}{E}$$

$$\varepsilon_{\text{fuel}} = \frac{i/nF}{v_{\text{fuel}}}$$

$$\varepsilon_{\text{thermo,electrolyzer}} = \frac{\Delta H}{\Delta G}$$

반응속도론

$$j_0 = nFC^* f e^{-\Delta G^{\ddagger}/(RT)}$$

$$j = j_0^0 \left(\frac{C_R^*}{C_R^{0*}} e^{\alpha nF\eta/(RT)} - \frac{C_P^*}{C_P^{0*}} e^{-(1-\alpha)nF\eta/(RT)} \right)$$

$$j = j_0 \frac{nF\eta_{\text{act}}}{RT} \qquad \text{(small overpotential/current)}$$

$$\eta_{\text{act}} = \frac{RT}{\alpha nF} \ln \frac{j}{j_0} \qquad \text{(large overpotential/current)}$$

전하 이동

$$\eta_{\text{ohmic}} = j(ASR_{\text{ohmic}}) = j\frac{L}{\sigma}$$

$$ASR_{\text{ohmic}} = A_{\text{fuelcell}} R_{\text{ohmic}} = \frac{L}{\sigma}$$

$$\sigma = |z|Fcu$$

$$u = \frac{|z|FD}{RT}$$

$$D = D_0 e^{-\Delta G/(RT)}$$

물질 전달

$$j_L = nFD^{\text{eff}} \frac{c_R^0}{\delta}$$

$$\eta_{\text{conc}} = \frac{RT}{\alpha nF} \ln \frac{j_L}{j_L - j} = c \ln \frac{j_L}{j_L - j}$$

모델링

$$V = E_{\text{thermo}} - \eta_{\text{act}} - \eta_{\text{ohmic}} - \eta_{\text{conc}}$$

$$\begin{aligned} V = E_{\text{thermo}} &- [a_A + b_A \ln(j + j_{\text{leak}})] \\ &- [a_C + b_C \ln(j + j_{\text{leak}})] \\ &- (jASR_{\text{ohmic}}) - \left(c \ln \frac{j_L}{j_L - (j + j_{\text{leak}})} \right) \end{aligned}$$

정의

$$Z_\Omega = R_\Omega$$

$$Z_C = \frac{1}{j\omega C}$$

$$Z_{\text{series}} = Z_1 + Z_2$$

$$Z_{\text{parallel}}^{-1} = Z_1^{-1} + Z_2^{-1}$$

$$Z_{\text{infinite Warburg}} = \frac{\sigma_1}{\sqrt{\omega}}(1 - j)$$

$$Z_{\text{finite Warburg}} = \frac{\sigma_1}{\sqrt{\omega}}(1 - j)\tanh\left(\delta\sqrt{\frac{j\omega}{D_i}}\right)$$

$$A_c = \frac{Q_h}{Q_m * A_{\text{geometric}}}$$

시스템

$$\text{Gravimetric energy storage density} = \frac{\text{stored enthalpy of fuel}}{\text{system mass}}$$

$$\text{Volumetric energy storage density} = \frac{\text{stored enthalpy of fuel}}{\text{system volume}}$$

$$\text{Carrier system effectiveness} = \frac{\%\ \text{conversion of carrier to electricity}}{\%\ \text{conversion of neat } H_2 \text{ to electricity}}$$

연료전지 시스템

$$\varepsilon_0 = \varepsilon_R + \varepsilon_H$$

$$\varepsilon_R = \varepsilon_{FP} \times \varepsilon_{R,\text{ SUB}} \times \varepsilon_{R,\text{ PE}} = \frac{\Delta \dot{H}_{(\text{HHV}),\ H_2}}{\Delta \dot{H}_{(\text{HHV}),\ \text{fuel}}} \times \frac{P_{e,\text{ SUB}}}{\Delta \dot{H}_{(\text{HHV}),\ H_2}} \times \frac{P_{e,\text{ SYS}}}{P_{e,\text{ SUB}}}$$

$$\frac{H}{P} = \frac{d\dot{H}}{P_{e,\text{ SYS}}}$$

$$y_{H_2} = \frac{n_{H_2}}{n}$$

$$\frac{S}{C} = \frac{n_{H_2O}}{n_C}$$

환경 영향

$$Q - W = \dot{m}\left[h_2 - h_1 + g\left(z_2 - z_1\right) + \frac{1}{2}(V_2^2 - V_1^2)\right]$$

$$\begin{aligned} CO_2 &= m_{\mathrm{CO_2}} + 23m_{\mathrm{CH_4}} + 296m_{\mathrm{N_2O}} + \alpha(m_{\mathrm{OM_{2.5}}} + m_{\mathrm{BC_{2.5}}}) \\ &\quad - \beta[m_{\mathrm{SULF_{2.5}}} + m_{\mathrm{NIT_{2.5}}} + 0.40m_{\mathrm{NO_X}} + 0.05m_{\mathrm{VOC}}] \end{aligned}$$

APPENDIX H

연습문제 해답

1장

1.7 –241 kJ/mol

1.8 386 L and 229 kg

1.10 (d)

2장

2.3 정해지지 못함

2.7 그렇다. ε는 $\Delta S < 0$일 때 보다 1 클 수 있다.
C/CO 연료전지를 위한 ΔG, ΔH 그리고 ΔS을 고려하라.

2.9 $T = 1010$ K = 747°C

2.10 (b) $T_2 = 254$ K

2.11 $P_{H_2} = 5.4 \times 10^{-42}$ atm

2.12 $\varepsilon = 0.46$ (46%)

2.13 (c) $P_h = 942$ W

2.14 (b)

2.15 (c)

2.16 (b)

3장

3.11 반응 A가 더 높은 반응속도를 가진다.
3.12 (a) 2.5 W, (b) 5 cells, (c) 18.7 g H_2, (d) 457 cm^3 (compressed gas), 37.3 cm^3 (hydride), (e) 99 g CH_3OH = 78.2 cm^3 CH_3OH
3.13 45.9 kJ/mol
3.14 (b) $\Delta T = 121$ K

4장

4.2 증가한다.
4.8 10 nm
4.10 75 mV
4.12 $a_w = 2.44$
4.13 $n_{\text{ohmic,FCa}} = 0.176$ V, $n_{\text{ohmic,FCb}} = 0.220$ V. 연료극의 가습이 더 효과적이다.
4.14 (a) 2.46×10^{-7} cm^2/s, (b) 1.1×10^{-3} mol/cm^3, (c) 9.65×10^{-4} $(\Omega \cdot cm)^{-1}$
4.15 $\Delta G_{\text{act}} = 89.4$ kJ/mol, $D_0 = 3.9 \times 10^{-2}$ cm^2/s
4.16 (d)

5장

5.1 Lower ($D_{O_2/He}$ is higher than D_{O_2/N_2})
5.4 3.44 A/cm^2
5.6 272 m/s
5.7 34 cm^2
5.11 (b)
5.12 (b)
5.13 True

6장

6.3 29.6 mV
6.4 (a) 1.19V, (b) $a_c = 0.196$V, $b_c = 0.0284$, (c) 0.1 $\Omega \cdot cm^2$, (d) 0.022 cm^2/s, (e) 1.33A/cm^2, (g) 0.77 W/cm^2 at 1.1 A/cm^2, (h) 0.418 (41.8%)
6.11 (c) $j_{L,c} = 14.3$ A/cm^2, $j_{L,a} = 18$ A/cm^2
6.14 (a) 1.0 V, (b) 4 A/cm^2, (d) 1.54 W/cm^2 at 2.67 A/cm^2
6.15 (a) 0.020 cm^2/s, (b) 3.32 A/cm^2, (c) 0.0035 cm^2/s, (d) 0.58 A/cm^2, (e) 0.016 V vs. 0.198 V, (f) 12 times
6.16 (a) 1.18V, (b) 0.175 V, (c) 8.88 A/cm^2, (d) 0.012 V, (e) 1.20 V, (f) 0.117 V, (g) 88.8 A/cm^2, (h) 0.00113 V

7장

7.4 (a) 높은 검사 비율은 분명히 높은 연료전지 성능을 보여줄 것이다.
7.8 760
7.9 True
7.10 False
7.11 0.22 V

8장

8.5 20.4 kW
8.6 (a) 65.2%, (b) 72.6%
8.7 (b)

9장

9.7 5.7 years
9.9 $\delta = nFD^{\text{eff}}c_R^0/(2j)$
9.12 (a) $\eta_{\text{ohmic}} = 5$ mV, $\eta_{\text{act}} = 360$ mV, (b) $\eta_{\text{ohmic}} = 7$ mV, $\eta_{\text{act}} = 240$ mV
9.13 4 nm

10장

10.8 (a) 1128 W, (b) 45.1 W
10.12 60%
10.13 (a) $x = (\text{BP/AV})^{1/2}$, (b) $x = 0.146$
10.14 $t = 5.6$ h

11장

11.13 28%(물-가스 전환 없이), 42%(물-가스 전환 완료)
11.15 (b) 89.8%, (c) 85.9%
11.17 $S/C = 1.5$, 9.6 mol H_2/mol fuel
11.18 (1) 3.23, (2) 3, (3) 3.23
11.20 32%
11.21 2%

12장

12.24 가열 가능 범위: 148m^2. 다양한 방의 크기와 모양을 바라면 방 안으로 나눌 수 있다.
12.27 47°C
12.29 (a) 11.9 kW
12.30 (a) 4.8 kW

13장

13.4 2.9번

13.5 100 A/cm^3

13.6 53.7 W

13.9 $\lambda_{O_2} = 9.21$, $P_{FC} = 64.6$ W

14장

14.18 ~4–7×10^8 metric tons/yr

14.19 46%, 4.6 ×10^{12} CO_2equiv/yr, $1.2–3.1 billion/yr

14.25 H_2 배출량이 4배 정도이다.(0.6 MT H_2/yr vs. 0.16 MT H_2/yr)

14.26 Part 1 : 석탄 104.5, 가솔린 71.9, 에탄올 71.1, 메탄올 68.6, 천연가스 56.8, 메탄 55, 수소 0;
Part 2 : 석탄 46.9, 가솔린 23.8, 에탄올 14.7, 메탄올 11.0, 천연가스 11.4, 메탄 11.0, 수소 0

참고문헌

[1] R. P. Feynman, R. B. Leighton, and M. Sands. *The Feynman Lectures on Physics*, Section 4-1. Addison-Wesley, Reading, MA, 1963.

[2] D. V. Schroeder. *An Introduction to Thermal Physics*. Addison-Wesley, Reading, MA, 2000.

[3] G. H. J. Broers and J. A. A. Ketelaar. In *Fuel Cells*, G. J. Young (Ed.). Reinhold, New York, 1960.

[4] W. Vielstich, A. Lamm, and H. A. Gasteiger. *Handbook of Fuel Cells*, Vol. **2**. John Wiley & Sons, New York, 2003.

[5] C. Berger (Ed.). *Handbook of Fuel Cell Technology*. Prentice-Hall, Englewood Cliffs, NJ, 1968.

[6] A. Damjanovic, V. Brusic, and J. O. Bockris. Electrode kinetics of oxygen reduction on oxide-free platinum electrodes. *Electrochimica Acta*, **12**: 615, 1967.

[6a] V. Viswanathan, H.A. Hansen, J. Rossmeisl, and J.K. Nørskov, Universality in oxygen reduction electrocatalysis on metal surfaces. *ACS Catalysis*, **2**, 1654–1660, 2012.

[6b] J. K. Nørskov, J. Rossmeisl, A. Logadottir, and L. Lindqvist, Origin of the overpotential for oxygen reduction at a fuel-cell cathode. *The Journal of Physical Chemistry B*, **108**(46): 17886–17892, 2004.

[7] A. J. Bard and L. R. Faulkner. *Electrochemical Methods*, 2nd ed. John Wiley & Sons, New York, 2001.

[8] T. E. Springer, T. A. Zawodzinski, and S. Gottesfeld. Polymer electrolyte fuel cell model. *Journal of the Electrochemical Society*, **138**(8): 2334–2342, 1991.

[9] *Handbook of Chemistry and Physics*, 62nd ed. CRC Press, Boca Raton, FL, 1981.

[10] H. Huang, M. Nakamura, P.-C. Su, R. Fasching, Y. Saito, and F. B. Prinz. High-performance ultrathin solid oxide fuel cells for low-temperature operation. *Journal of the Electrochemical Society*, **154**: B20–B24, 2007.

[11] A. I. Ioffe, D. S. Rutman, and S. V. Karpachov. On the nature of the conductivity maximum in zirconia-based solid electrolyte. *Electrochimica Acta*, **23**: 141, 1978.

[12] R. Bird, W. Stewart, and E. Lightfoot. *Transport Phenomena*, 2nd ed. John Wiley & Sons, New York, 2002.

[13] R. E. De La Rue and C. W. Tobias. *Journal of the Electrochemical Society*, **33**(3): 253–286, 1999.

[14] E. L. Cussler. *Diffusion: Mass Transfer in Fluid Systems*. Cambridge University Press, Cambridge, 1995.

[15] W. Sutherland. The viscosity of gases and molecular force. *Philosophical Magazine*, **5**: 507–531, 1893.

[16] J. Hilsenrath et al. Tables of thermodynamic and transport properties. *National Bureau of Standards (U.S.) Circular* 564.

[17] C. R. Wilke. A viscosity equation for gas mixtures, *Journal of Chemical Physics*, **18**: 517–519, 1950.

[18] R. K. Shah and A. L. London. Laminar flow forced convection. In *Supplement 1 to Advance in Heat Transfer*, T. F. Irvine and J. P. Hartnett (Eds.). Academic, New York, 1978.

[19] W. M. Rohsenow, J. P Hartnett, and Y. I. Cho (Eds.). *Handbook of Heat Transfer*, 3rd ed. McGraw-Hill, New York, 1998.

[20] R. L. Borup and N. E. Vanderborgh. Design and testing criteria for bipolar plate materials for pem fuel cell applications. *In Material Research Society Symposium Proceedings*, **393**, pp. 151–155, 1995.

[21] P. Adcock. *Development of Cost Effective, High Performance PEM Fuel Cells for Automotive Applications*. IQPC, London, 1998.

[22] D. P Davies, P. L. Adcock, M. Turpin, and S. J. Rowen. Stainless steel as a bipolar plate material for solid polymer fuel cells. *Journal of Power Source*, **86**(1): 237–242, 2000.

[23] R. C. Makkus, A. H. H. Janssen, F. A. de Bruijn, and R. K. A. M. Mallant. Use of stainless steel for cost competitive bipolar plates in the spfc. *Journal of Power Source*, **86**(1): 274–282, 2000.

[24] P. L Hentall, J. B. Lakeman, G. O. Mepsted, P. L. Adcock, and J. M. Moore. New materials for polymer electrolyte membrane fuel cell current collectors. *Journal of Power Source*, **802**: 235–241, 1999.

[25] D. R. Hodgson, B. May, P. L. Adcock, and D. P. Davies. New lightweight bipolar plate system for polymer electrolyte membrane fuel cells. *Journal of Power Source*, **96**(1): 233–235, 2001.

[26] H. Lee, C. Lee, T. Oh, S. Choi, I. Park, and K. Baek. Development of 1 kw class polymer electrolyte membrane fuel cell power generation system. *Journal of Power Sources*, **107**(1): 110–119, 2002.

[27] D. L Wood III, J. S. Yi, and T. V. Nguyen. Effect of direct liquid water injection and inter-digitated flow field on the performance of proton exchange membrane fuel cells. *Electrochimica Acta*, **43**(24): 3795–3809, 1998.

[28] J. S. Yi and T. V. Nguyen. Multicomponent transport in porous electrodes of proton exchange membrane fuel cells using the interdigitated gas distributors. *Journal of the Electrochemical Society*, **146**(1): 38–45, 1999.

[29] A. Kumar and R. G. Reddy. Effect of channel dimensions and shape in the flow-field distributor on the performance of polymer electrolyte membrane fuel cells. *Journal of Power Sources*, **113**: 11–18, 2003.

[30] E. Hontanon, M. J. Escudero, C. Bautista, P. L. Garcia-Ybarra, and L. Daza. Optimization of flow-field in polymer electrolyte membrane fuel cells using computational fluid dynamics techniques. *Journal of Power Sources*, **86**: 363–368, 2000.

[31] H. Naseri-Neshat, S. Shimpalee, S. Dutta, W. K. Lee, and J. W. Van Zee. Predicting the effect of gas-flow channels spacing on current density in pem fuel cells. *Proceedings of the ASME Advanced Energy Systems Division*, **39**: 337–350, 1999.

[32] D. M. Bernardi and M. W. Verbrugge. Mathematical model of the solid-polymer-electrolyte fuel cell. *Journal of the Electrochemical Society*, **139**: 2477, 1992.

[33] T. F. Fuller and J. Newman. Water and thermal management in solid-polymer-electrolyte fuel cells. *Journal of the Electrochemical Society*, **140**: 1218, 1993.

[34] V. Gurau, F. Barbir, and H. Liu. An analytical solution of a half-cell model for pem fuel cells. *Journal of the Electrochemical Society*, **147**: 2468–2477, 2000.

[35] T. V. Nguyen and R. E. White. Water and heat management model for proton-exchange-membrane fuel cells. *Journal of the Electrochemical Society*, **140**: 2178, 1993.

[36] J. W. Kim, A. V. Virkar, K. Z. Fung, K. Mehta, and S. C. Singhal. Polarization effects in intermediate temperature, anode-supported solid oxide fuel cells. *Journal of the Electrochemical Society*, **146**(1): 69–78, 1999.

[37] S. H. Chan, K. A. Khor, and Z. T. Xia. A complete polarization model of a solid oxide fuel cell and its sensitivity to the change of cell component thickness. *Journal of Power Sources*, **93**: 130–140, 2001.

[38] C. F. Curtiss and J. O. Hirschfelder. Transport properties of multicomponent gas mixtures, *Journal of Chemical Physics*, **17**: 550–555, 1949.

[39] S. Ahn and J. Tatarchuk. Air electrode: Identification of intraelectrode rate phenomena via ac impedance. *Journal of the Electrochemical Society*, **142**(12): 4169–4175, 1995.

[40] T. E. Springer, T. A. Zawodzinski, M. S. Wilson, and S. Gottesfeld. Characterization of polymer electrolyte fuel cell using impedance spectroscopy. *Journal of the Electrochemical Society*, **143**(2): 587–599, 1996.

[41] J. R. MacDonald. *Impedance Spectroscopy; Emphasizing Solid Materials and Systems*. Wiley-Interscience, New York, 1987.

[42] S. Ha, R. Larsen, and R. I. Masel. Performance characterization of Pd/C nanocatalyst for direct formic acid fuel cells. *Journal of Power Sources*, **144**: 28–34, 2005.

[43] R. M. Allen and H. P. Bennetto. Microbial fuel cells—Electricity production from carbohydrates. *Applied Biochemistry and Biotechnology*, **39/40**: 27–40, 1993.

[44] G. C. Gil, I. S. Chang, B. H. Kim, M. Kim, J. K Jang, H. S. Park, and H. J. Kim. Operational parameters affecting the performance of a mediator-less microbial fuel. *Biosensors and Bioelectronics*, **18**: 327–334, 2003.

[45] E. R. Choban, L. J. Markoski, A. Wieckowski, and P. J. A. Kenis. Microfluidic fuel cell based on laminar flow. *Journal of Power Sources*, **128**: 54, 2004.

[46] T. Hibino, A. Hashimoto, T. Inoue, J. Tokuno, S. Yoshida, and M. Sano. A low-operating-temperature solid oxide fuel cell in hydrocarbon-air mixtures. *Science*, **288**: 2031–2033, 2000.

[47] H. Kronemayer, D. Barzan, M. Horiuchi, S. Suganuma, Y. Tokutake, C. Schulz, and W. G. Bessler. A direct-flame solid oxide fuel cell (DFFC) operated on methane, propane, and butane. *Journal of Power Sources*, **166**(1): 120–126, 2007.

[48] T. Tao, M. Slaney, L. Bateman, and J. Bentley. Anode polarization in liquid tin anode solid oxide fuel cell. *ECS Transactions*, **7**(1): 1389–1397, 2007.

[48a] W. G. Colella, B. D. James, J. M. Moton, G. Saur, and T. Ramsden. Next generation hydrogen production systems using proton exchange membrane electrolysis. In *Proceedings of the ASME 2014 8th International Conference on Energy Sustainability & 12th Fuel Cell Science*, Engineering and Technology Conference, June 30th–July 2nd, 2014, Boston, MA, ESFuelCell2014-6649, 2014.

[48b] Web-posted PEM Electrolysis Case Studies—H2A Production Version 3 Excel Models. Available: http://www.hydrogen.energy.gov/h2a_prod_studies.html.

[49] T. A. Zawodzinski, T. E. Springer, J. Davey, R. Jestel, C. Lopez, J. Valerio, and S. Gottesfeld. A comparative study of water uptake by and transport through ionomeric fuel cell membranes *Journal of the Electrochemical Society*, **140**: 7, 1993.

[50] T. A. Zawodzinski, C. Derouin, S. Radzinski, R. J. Sherman, V. T. Smith. T. E. Springer, and S. Gottesfeld. Water uptake by and transport through Nafion® 117 membranes. *Journal of the Electrochemical Society*, **140**: 4, 1993.

[51] R. K. A. M. Mallant. PEMFC systems: The need for high temperature polymers as a consequence of PEMFC water and heat management. *Journal of Power Sources*, **118**: 1/2, 2003.

[52] C. Yang, P. Costamagna, S. Srinivasan, J. Benziger, and A. B. Bocarsly. Approaches and technical challenges to high temperature operation of proton exchange membrane fuel cells. *Journal of Power Sources*, **103**: 1, 2001.

[53] F. Barbir, and T. Gomez, *International Journal of Hydrogen Energy*, **21**: 10, 1996.

[54] N. M. Markovic, T. J. Schmidt, V. Stamenkovic, and P. N. Ross. Oxygen reduction reaction on Pt and Pt bimetallic surfaces: A selective review. *Fuel Cells*, **1**: 105, 2001.

[55] R. Ianniello, V. M. Schmidt, U. Stimming, J. Stumper, and A. Wallau. CO adsorption and oxidation on Pt and Pt-Ru alloys: Dependence on substrate composition. *Electrochimica Acta*, **39**: 11–12 (1994).

[56] G. Alberti, M. Casciola, L. Massinelli, and B. Bauer. Polymeric proton conducting membranes for medium temperature fuel cells (110–160°C). *Journal of Membrane Science*, **185**: 73–81, 2001.

[57] Q. Li, R. He, J. O. Jensen, and N. J. Bjerrum, Approaches and recent development of polymer electrolyte membranes for fuel cells operating above 100 °C. *Chemistry of Materials*, **15**: 4896–4915, 2003.

[58] M. Rikukawa and K. Sanui. Proton-conducting polymer electrolyte membranes based on hydrocarbon polymers. *Progress in Polymer Science*, **25**: 1463–1502, 2000.

[59] R. Bouchet, S. Miller, M. Duclot, and J. L. Souquet. A thermodynamic approach to proton conductivity in acid-doped polybenzimidazole. *Solid State Ionics, Diffusion & Reactions*, **145**: 1–4, 2001.

[60] H. Pu, W. H. Meyer, and G. Wegner. Proton transport in polybenzimidazole blended with H_3PO_4 or H_2SO_4. *Journal of Polymer Science, Part B*, **40**: 7, 2002.

[61] J. J. Fontanella, M. C. Wintersgill, R. S. Chen, Y. Wu, and S. G. Greenbaum. Charge transport and water molecular motion in variable molecular weight NAFION membranes: High pressure electrical conductivity and NMR. *Electrochimica Acta*, **40**: 13–14, 1995.

[62] J. J. Fontanella, C. A. Edmondson, M. C. Wintersgill, Y. Wu, and S. G. Greenbaum. High-pressure electrical conductivity and NMR studies in variable equivalent weight NAFION membranes. *Macromolecules*, **29**: 14, 1996.

[63] R. H. He, Q. F. Li, G. Xiao, and N. J. Bjerrum. Proton conductivity of phosphoric acid doped polybenzimidazole and its composites with inorganic proton conductors. *Journal of Membrane Science*, **226**(1/2): 169-184, 2003.

[64] J. S. Wainright, J. T. Wang, D. Weng, R. F. Savinell, and M. Litt. Acid-doped polybenzimidazoles: A new polymer electrolyte. *Journal of the Electrochemical Society*, **142**: 7, 1995.

[65] J. K. Gillham. *Critical Revew of Macromolecular Science*, **1**: 83, 1972.

[66] R. W. Singleton, H. D. Noether, and J. F. Tracy. The effects of structural modifications on the critical properties of PBI fiber. *Journal of Polymer Science-Polymer Symposia Part C*, **19**: 65-75, 1967.

[67] J. S. Wainright, J. T. Wang, R. F. Savinell, M. Litt, H. Moaddel, and C. Rogers. In *Electrode Materials and Processes for Energy Conversion and Storage*, S. Srinivasan, D. D. Macdonald, and A. C. Khandkar, (Eds), p. 255, The Electrochemical Society Proceedings Series. The Electrochemical Society, Pennington, NJ, 1995.

[68] O. Savadogo and F. J. R. Varela. Low-temperature direct propane polymer electrolyte membranes fuel cell (DPFC). *Journal of New Materials for Electrochemical Systems*, **4**: 2, 2001.

[69] R. He, Q. Li, J. Gao, J. O. Jensen, and N. J. Bjerrum. The CO poisoning effect in PEMFCs operational at temperatures up to 200°C. *Journal of the Electrochemical Society*, **150**: A1599, 2003.

[70] H. F. Oetjen, V. M. Schmidt, U. Stimming, and F. Trila. Performance data of a proton exchange membrane fuel cell using H_2/CO as fuel gas. *Journal of the Electrochemical Society*, **143**: 12, 1996.

[71] R. He, Q. Li, J. O. Jensen, and N. J. Bjerrum. *Fuel Cells*, **4**: 147, 2004.

[72] O. Savadogo and B. Xing. Hydrogen/oxygen polymer electrolyte membrane fuel cell (PEMFC) based on acid-doped polybenzimidazole (PBI), *Journal of New Materials for Electrochemical Systems*, **3**: 4, 2000.

[73] Q. Li, J. O. Jensen, R. He, G. Xiao, J. A. Gao, R. W. Berg, H. A. Hjuler, E. Hennesoe, and N. J. Bjerrum. *Recent Research Developments in Electrochemistry*, Vol. **6**, S. G. Pandalai (Ed.). Transworld Research Network, Trivandrum, India, 2003.

[74] J. T. Wang, R. F. Savinell, J. Wainright, M. Litt, and H. Yu. A $H\text{-}_2/O\text{-}_2$ fuel cell using acid doped polybenzimidazole as polymer electrolyte. *Electrochimica Acta*, **41**: 2, 1996.

[75] D. J. Jones and J. Roziere. Recent advances in the functionalisation of polybenzimidazole and polyetherketone for fuel cell applications. *Journal of Membrane Science*, **185**: 1, 2001.

[76] J. S. Wainright, M. H. Litt, AND R. F. Savinell. In *Handbook of Fuel Cells*, Vol. **3**, W. Vielstich, A. Lamm, and H. A. Gasteiger (Eds.), p. 436. John Wiley & Sons, New York, 2003.

[77] M. E. Schuster and W. H. Meyer. Anhydrous proton-conducting polymers. *Annual Review of Materials Research*, **33**: 233–261, 2003.

[78] K. T. Adjemian, S. J. Lee, S. Srinivasan, J. Benziger, and A. B. Bocarsly. Silicon oxide nafion composite membranes for proton-exchange membrane fuel cell operation at 80-140DGC. *Journal of the Electrochemical Society*, **149**: 3, 2002.

[79] K. T. Adjemian, R. Dominey, L. Krishnan, H. Ota, P. Majsztrik, T. Zhang, J. Mann, B. Kirby, L. Gatto, M. Velo-Simpson, J. Leahy, S. Srimvasan, J. B. Benziger, and A. B. Bocarsly. Function and characterization of metal oxide-naflon composite membranes for elevated-temperature $H\text{-}_2/O\text{-}_2$ PEM fuel cells. *Chemistry of Materials*, **18**: 9, 2006.

[80] I. Honma, H. Nakajima, O. Nishikawa, T. Sugimoto, and S. Nomura. Family of high-temperature polymer-electrolyte membranes synthesized from amphiphilic nanostructured macromolecules. *Journal of the Electrochemical Society*, **150**: 5, 2003.

[81] Q. Li, R. He, J. Gao, J. O. Jensen, and N. J. Bjerrum. The CO poisoning effect in PEMFCs operational at temperatures up to 200 degrees C. *Journal of the Electrochemical Society*, **150**: 12, 2003.

[82] G. Alberti and M. Casciola. Composite membranes for medium-temperature PEM fuel cells. *Annual Review of Materials Research*, **33**: 129–154, 2003.

[83] O. Savadogo. Emerging membranes for electrochemical systems: Part II. High temperature composite membranes for polymer electrolyte fuel cell (PEFC) applications. *Journal of Power Sources*, **127**: 1/2, 2004.

[84] S. M. Haile, D. A. Boysen, C. R. I. Chisholm, and R. B. Merle. Solid acids as fuel cell electrolytes. *Nature*, **410**: 6831, 2001.

[85] D. A. Boysen, T. Uda, C. R. I. Chisholm, and S. M. Haile. High-performance solid acid fuel cells through humidity stabilization. *Science*, **303**: 5654, 2004.

[86] C. R. I. Chisholm, Y. H. Jang, S. M. Haile, and W. A. Goddard. Superprotonic phase transition of $CsHSO_4$: A molecular dynamics simulation study. *Physical Review B (Condensed Matter and Materials Physics)*, **72**: 13, 2005.

[87] K. D. Kreuer. Fast proton conductivity: A phenomenon between the solid and the liquid state. *Solid State Ionics, Diffusion & Reactions*, **94**(1/4): 55-62, 1997.

[88] R. B. Merle, C. R. I. Chisholm, D. A. Boysen, and S. M. Haile. Instability of sulfate and selenate solid acids in fuel cell environments. *Energy and Fuels*, **17**: 1, 2003.

[89] D. A. Boysen, C. R. I. Chisholm, S. M. Haile, and S. R. Narayanan. Polymer solid acid composite membranes for fuel-cell applications. *Journal of the Electrochemical Society*, **147**: 10, 2000.

[90] M. S. Wilson and S. Gottesfeld. Thin-film catalyst layers for polymer electrolyte fuel cell electrodes, *Journal of Applied Electrochemistry*, **22**(1): 1–7, 1992.

[91] M. F. Mathias, J. Roth, J. Fleming, W. Lehnert. Diffusion media materials and characterization. In *Handbook of Fuel Cells—Fundamentals, Technology and Applications*, Vol. **2**, W. Vielstich, A. Lamm, and H. Gasteiger (Eds.), p. 517, Chapter 42. John Wiley & Sons, Chichester, 2003.

[92] J. W. Long, R. M. Stroud, K. E. Swider-Lyons, and D. R. Rolison. How to make electrocatalysts more active for direct methanol oxidation—Avoid PtRu bimetallic alloys! *Journal of Phisical Chemistry B*, **104**(42): 9772–9776, 2000.

[93] M. Gotz and H. Wendt. Binary and ternary anode catalyst formulations including the elements W, Sn and Mo for PEMFCs operated on methanol or reformate gas. *Electrochimica Acta*, **43**(24): 3637–3644, 1998.

[94] F. Vigier, C. Coutanceau, A. Perrard, E. M. Belgsir, and C. Lamy. Development of anode catalysts for a direct ethanol fuel cell. *Journal of Applied Electrochemistry*, **34**(4): 439–446, 2004.

[95] H. A. Gasteiger, S. S. Kocha, B. Sompalli, F. T. Wagner. Activity benchmarks and requirements for Pt, Pt-alloy, and non-Pt oxygen reduction catalysts for PEMFCs. *Applied Catalysis B: Environmental*, **56**: 9–35, 2005.

[96] N. M. Markovic, H. A. Gasteiger, and P. N. Ross. Oxygen reduction on platinum low-index single-crystal surfaces in alkaline solution: rotating ring DiskPt(hkl) studies. *Journal of Physical Chemistry*, **100**: 6715, 1996.

[97] S. Mukerjee and S. Srinivasan. O_2 reduction structure-related parameters for supported catalysts. In *Handbook of Fuel Cells—Fundamentals, Technology and Applications*, Vol. **2**, W. Vielstich, A. Lamm, and H. Gasteiger (Eds.), p. 502, Chapter 34. John Wiley & Sons, Chichester, 2003.

[98] H. Alt, H. Binder, W. Linder, and G. Sandstede. Metal chelates as electrocatalysts for oxygen reduction in acid electrolytes. *Journal of Electroanalytical Chemistry*, **31**: A19-A22, 1971.

[99] M. C. Kuo, R. J. Stanis, J. R. Ferrell III, J. A. Turner, and A. M. Herring. Electrocatalyst materials for fuel cells based on the polyoxometalates–K7 or H7[(P2W17O61)FeIII(H2O)] and Na12 or H12[(P2W15O56)2FeIII4(H2O)2], *Electrochimica Acta*, **52**: 2051–2061, 2007.

[100] E. Gulzow. Alkaline fuel cells: A critical view. *Journal of Power Sources*, **61**(1-2): 99–104, 1996.

[101] G. F. McLean, T. Niet, S. Prince-Richard, and N. Djilali. An assessment of alkaline fuel cell technology. *International Journal of Hydrogen Energy*, **27**(5): 507–526, 2002.

[102] H. Huang, M. Nakamura, P.C. Su, R. Fasching, Y. Saito, and F. B. Prinz. High-performance ultrathin solid oxide fuel cells for low-temperature operation. *Journal of the Electrochemical Society*, **154**: B20-B24, 2007.

[103] V. V. Kharton, F. M. B. Marques, and A. Atkinson, Transport properties of solid oxide electrolyte ceramics: A brief review, *Solid State Ionics*, **174**: 135–149, 2004.

[104] T.-Y. Jin, M. V. Madhava Rao, C.-L. Cheng, D.-S. Tsai, and M.-H. Hung. Structural stability and ion conductivity of the Dy and W substituted $La_2Mo_2O_9$. *Solid State Ionics*, **178**: 367–374, 2007.

[105] P. Babilo et al. Processing of yttrium-doped barium zirconate for high proton conductivity. *Journal of Materials Research*, **22**(5): 1322-1330, May 2007.

[106] S. J. Skinner and J. A. Kilner. Oxygen ion conductors. *Materials Today*, 30-37, March 2003.

[107] E. D. Wachsman. Stable high conductivity bilayered electrolytes for low temperature solid oxide fuel cells. U.S. Department of Energy, Contract # DE-AC26-99FT40712, Annual Report for Period 10/1/99–9/30/2000.

[108] S. M. Haile. Fuel cell materials and components. *Acta Materialia*, **51**: 5981–6000, 2003.

[109] W. Z. Zhu and S.C. Deevi. A review on the status of anode materials for solid oxide fuel cells. *Materials Science and Engineering*, **A362**: 228–239, 2003.

[110] P. Holtappels, C. Sorof, M. C. Verbraeken1, S. Rambert, and U. Vogt. Preparation of Porosity-Graded SOFC Anode Substrates, *Fuel Cells*, **6**(2), 113-116, April 2006

[111] C. Sun and U. Stimming. Recent Anode Advances in Solid Oxide Fuel Cells, *Journal of Power Sources*, **171**: 247–260, 2007

[112] A. Mackor et al. In *Proceedings of the 2nd International Symposium on SOFCs*, F. Grosz et al. (Eds.), The Electrochemical Society, Pennington, NJ. p. 463, 1991.

[113] W. Worrell. Electrical properties of mixed-conducting oxides having oxygen-ion conductivity. *Solid State Ionics*, **52**: 147, 1992.

[114] H. Yokokawa, N. Sakai, T. Horita, and K. Yamaji. Recent developments in solid oxide fuel cell materials. *Fuel Cells*, **1**(2): 117, 2001.

[115] P. Piccardo, S. Chevalier, R. Molins, M. Viviani, G. Caboche, A. Barbucci, M. Sennour, and R. Amendola. Metallic interconnects for SOFC: Characterization of their corrosion resistance in hydrogen/water atmosphere and at the operating temperatures of differently coated metallic alloys, *Surface and Coatings Technology*, **201**(7): 4471-4475, 2006

[116] F. A. de Bruijn, V. A. T. Dam, and G. J. M. Janssen. Review: Durability and degradation issues of PEM fuel cell components. *Fuel Cells*, **1**: 3–22, August 2008.

[117] H. Tu and U. Stimming. Advances, aging mechanisms and lifetime in solid-oxide fuel cells. *Journal of Power Sources*, **127** (1–2): 284-293, 2004

[118] B. D. James, J. M. Moton, and W. G. Colella. Fuel cell transportation cost analysis, 2014 DOE Hydrogen and Fuel Cells Program and Vehicle Technologies Office Annual Merit Review and Peer Evaluation Meeting, Washington, D.C., June 16–20, 2014.

[118a] B. D. James, J. M. Moton, and W. G. Colella, Definition and cost evaluation of fuel cell bus and passenger vehicle power plants, In *Proceedings of the ASME 2014 8th International Conference on Energy Sustainability & 12th Fuel Cell Science, Engineering and Technology Conference (ESFuelCell2014)*, Boston, MA, *June 30th–July 2nd, 2014 (ESFuelCell2014-6643)*, 2014

[119] S. M. Aceves, S. G. Berry, F. Espinosa, T. Ross, and A. Weisberg. *Insulated Pressure Vessels for Vehicular Hydrogen Storage*. Lawrence Livermore National Laboratory, U.S. Department of Energy Hydrogen Program Review Meeting, May 16–19, 2006.

[120] S. M. Aceves, G. Berry, and A. H. Weisberg. Lightweight cryogenic-compatible pressure vessels for vehicular fuel storage. U.S. Patent 6,708,502 B1, March 23, 2004. World Patent WO 2004/029503, April 8, 2004.

[121] G. Berry and S. Aceves. Storage of H_2 by absorption and/or mixture within a fluid. World Patent WO 2005/015076 A1, February 24, 2005.

[121a] S. M. Aceves, F. Espinosa-Loza, E. Ledesma-Orozco, T. O. Ross, A. H. Weisberg, T. C. Brunner, and O. Kircher. High density automotive hydrogen storage with cryogenic capable pressure vessels. *International Journal of Hydrogen Energy*, **35**: 1219–1226, 2010.

[122] H. Ghezel-Ayagh, A. J. Leo, H. Maru, and M. Farooque. Overview of direct carbonate fuel cell technology and products development. Paper presented at the ASME First International Conference on Fuel Cell Science, Energy and Technology, Rochester, NY, April, 2003, p. 11.

[123] M. V. Twigg. *Catalyst Handbook*. Manson, London, 1996.

[124] A. I. LaCava and S. V. Krishnan. Thermal effect of compression and expansion of gas in a pressure swing adsorption process. In *Fundamentals of Adsorption*, Vol. **6**, F. Meunier (Ed.). Elsevier, New York, 1998.

[125] M. H. Chahbani and D. Tondeur. Compression, decompression and column equilibration in pressure swing-adsorption. In *Fundamentals of Adsorption*, Vol. **6**, F. Meunier (Ed.). Elsevier, New York, 1998.

[126] A. G. Knapton. Palladium alloys for hydrogen diffusion membranes. *Platinum Metals Review*, **22**(2): 44–50, 1977.

[127] I. B. Elkina and J. H. Meldon. Hydrogen transport in palladium membranes. *Desalination*, **147**: 445–448, 2002.

[128] F. P. Incropera and D. P. DeWit. *Fundamentals of Heat and Mass Transfer*, 5th ed. John Wiley & Sons, New York, 2002.

[129] B. Linnhoff and P. Senior. Energy targets clarify scope for better heat integration. *Process Engineering*, **118**: 29–33, 1983.

[130] B. Linnhoff and J. Turner. *Heat recovery networks: New insights yield big savings. Chemical Engineering*, November 1981, pp. 56–70.

[131] C. B. Snowdon. Pinch technology: Heat exchanger networks. In *Process Design and Economics C5A*, p. 21. Department of Engineering Sciences, Oxford University, 2002.

[132] D. E. Winterbone. Pinch technology. In *Advanced Thermodynamics for Engineers*, p. 47. Butterworth-Heinemann, New York, 1996.

[133] W. Colella. Modelling results for the thermal management sub-system of a combined heat and power (CHP) fuel cell system (FCS). *Journal of Power Sources*, **118**: 129–149, 2003.

[134] S. Um, C. Y. Wang, and K. S. Chen. Computational fluid dynamics modeling of proton exchange membrane fuel cells. *Journal of the Electrochemical Society*, **147**: 4485, 2000.

[135] V. Gurau, S. Kakac, and H. Liu. Mathematical model for proton exchange membrane fuel cells. *American Society of Mechanical Engineers, Advanced Energy Systems Division (Publication) AES*, **38**: 205, 1998.

[136] W. He, J. S. Yi, and T. V. Nguyen. Two-phase flow model of the cathode of pem fuel cells using interdigitated flow fields. *AlChE Journal*, **46**: 2053, 2000.

[137] D. Natarajan and T. Nguyen. Three-dimensional effects of liquid water flooding in the cathode of a pem fuel cell. *Journal of the Electrochemical Society.* **148**: A1324, 2001.

[138] CFD Research Corp. *CFD-ACE(U)TM User Manual version 2002*. CFD Research Corp., Huntsville, AL, 2002.

[139] Z. H. Wang, C. Y. Wang, and K. S Chen. Two-phase flow and transport in the air cathode of proton exchange membrane fuel cells. *Journal of Power Sources*, **94**: 40, 2001.

[140] U.S. LCI Database Project–Phase 1 Final Report, NREL/SR-550-33807. National Renewable Energy Laboratory, Golden, CO, August 2003. Available: http://www.nrel.gov/lci/pdfs/.

[141] G. Rebitzer, T. Ekvall, R. Frischnecht, D. Hunkeler, G. Norris, T. Rydberg, W.-P. Schmidt, S. Suh, B. P. Weidema, and D. W. Pennington. Life cycle assessment part 1: Framework, goal and scope definition, inventory analysis, and applications. *Environment International*, **30**: 701–720, 2004.

[142] E. M. Goldratt and J. Cox. *The Goal*. North River Press, New York, 1992.

[143] Toyota FCHV–The First Step toward the Hydrogen Society of Tomorrow, Toyota Special Report. Available: http://www.toyota.co.jp/en/special/fchv/fchv_1.html.

[144] G. Sovran and D. Blaser. A contribution to understanding automotive fuel economy and its limits. SAE Technical Paper Series, 2003-01-2070:24, 2003.

[145] UTC Power, United Technology Corporation, 195 Governor's Highway, South Windsor, CT.

[146] Ballard Transportation Products Xcellsis HY-80 Light Duty Fuel Cell Engine. Ballard Power Corporation, Vancouver, BC, 2004. Available: http://www.ballard.com/pdfs/XCS-HY-80_Trans.pdf.

[147] Ballard Transportation Products A 600V300 MS High Power Electric Drive System. Ballard Power Corporation, Vancouver, BC, 2004. Available: http://www.ballard.com/pdfs/ballardedpc600v300ms.pdf.

[148] W. G. Colella, M. Z. Jacobson, and D. M. Golden. Switching to a hydrogen fuel cell vehicle fleet: The resultant change in emissions, energy use, and global warming gases. *Journal of Power Sources*, **150**: 150–181, 2005

[149] Intergovernmental Panel on Climate Change 2001. *Climate Change 2001: The Scientific Basis*. Cambridge University Press, Cambridge, 2001.

[150] M. Z. Jacobson. A physically-based treatment of elemental carbon optic: Implications for global direct forcing of aerosols. *Geophysical Research Letters*, **27**: 217–220, 2000.

[151] M. Z. Jacobson. Strong radiative heating due to the mixing state of black carbon in atmospheric aerosols. *Nature*, **409**: 695–697, 2001.

[152] M. A. K. Khalil and R. A. Rasmussen. Global increase of atmospheric molecular hydrogen. *Nature*, **347**: 743–745, 1990.

[153] P. C. Novelli, P. M. Lang, K. A. Masarie, D. F. Hurst, R. Myers, and J. W. Elkins. Molecular hydrogen in the troposphere: Global distribution and budget. *Journal of Geophysical Research*, **104**(30): 427–430, 1999.

[154] J. B. Heywood. *Internal Combustion Engine Fundamentals*. McGraw-Hill, New York, 1988.

[155] http://www.eia.doe.gov/cneaf/alternate/page/datatables/table10.html.

[156] M. Z. Jacobson, W. G. Colella, and D. M. Golden. Air pollution and health effects of switching to hydrogen fuel cell and hybrid vehicles. *Science*, **308**: 1901, 2005.

[157] Extern E, Externalities of energy. *Methodology*, **7**, 1998. Available: http://www.externe.info/reports.html.

[158] A. Rabl and J. Spadaro. Public health impact of air pollution and implications for the energy system. *Annual Review of Energy and the Environment*, **25**: 601–627, 2000.

[159] W. J. Baumol and A. S. Blinder. *Microeconomics: Principles and Policy*, 9th ed. South-Western College Publishing, Mason, OH, 2003.

[160] D. R. McCubbin and M. A. Delucchi. The health costs of motor-vehicle-related air pollution. *Journal of Transport Economics and Policy*, **33**(3): 253–286, 1999.

[161] L. Pauling and E. B. Wilson. *Introduction to Quantum Mechanics with Applications to Chemistry*. Dover, Mineola, NY, 1985.

[162] S. Brandt and H. D. Dahmen. *The Picture Book of Quantum Mechanics*. Springer, New York, 2001.

[163] N. Bohr. On the constitution of atoms and molecules, *Philosophical Magazine*, **26**: 1, 1913.

[164] L. de Broglie. Researches on the quantum theorey, Thesis. Sorbonne University, Paris, 1924.

[165] C. J. Davisson. Are electrons waves? *Franklin Institute Journal*, **205**: 597, 1928.

[166] E. Schrödinger. Quantization as an eigenvalue problem. *Annalen der Physik*, **79**: 361, 1926.

[167] E. Schrödinger. *Collected Papers on Wave Mechanics*. Blackie and Son, London, 1928.

[168] W. Kohn and L. J. Sham. Self-consistent equations including exchange and correlation effects, *Physical Review*, **140**: A1133, 1965.

[169] I. Levine. *Quantum Chemistry*. Allyn and Bacon, Boston, MA, 1983.

[169a] Hohenberg and W. Kohn . Inhomogeneous electron gas.*PhysicalReview*, **136**(3B): B864–B871, 1964.

[170] J. H. Hirschenhofer, D. B. Stauffer, R. R. Engleman, and M. G. Klett. *Fuel Cell Handbook*, 6th ed. U.S. Department of Energy, Morgantown, WV, 2003.

[171] J. Larminie and A. Dicks. *Fuel Cell Systems Explained*. John Wiley & Sons, New York, 2000.

[172] C. H. Hamann, A. Hamnet, and W. Vielstich. *Electrochemistry*. Wiley-VCH, Weinheim, 1998.

[173] M. Dresselhaus (Chair). Basic research needs for the hydrogen economy: Report of the basic energy sciences workshop on hydrogen production, storage, and use. Technical report, Workshop on Hydrogen Production, Storage, and Use, Rockville, MD, 2003.

[174] G. Dagan. *Flow and Transport in Porous Formations*. Springer-Verlag, Berlin, 1989.

INDEX

W

ㄱ

ㄴ

ㄷ

ㅇ